国家科学技术学术著作出版基金资助出版

中国蝽目昆虫

陈树椿　何允恒　著

中国林業出版社

图书在版编目（CIP）数据

中国蝽目昆虫/陈树椿，何允恒著．—北京：中国林业出版社，2008.4

ISBN 978-7-5038-5088-2

Ⅰ．中…　Ⅱ．①陈…②何…　Ⅲ．昆虫志-中国　Ⅳ．Q968.22

中国版本图书馆 CIP 数据核字（2007）第 153484 号

出版　中国林业出版社（100009　北京西城区刘海胡同 7 号）

网址　www.cfph.com.cn

E-mail：forestbook@163.com　**电话**　010－66162880

发行　中国林业出版社

印刷　北京林业大学印刷厂

版次　2008 年 4 月第 1 版

印次　2008 年 4 月第 1 次

开本　787mm×1092mm　1/16

印张　31　**图版**　12

字数　750 千字

印数　1～1500 册

定价　220.00 元

Supported By
The Committee of the National Fund for Academic Publication in Science and Technology

Phasmatodea of China

By
Chen Shuchun and He Yunheng

China Forestry Publishing House

前　言

蛸目昆虫（又名竹节虫）在昆虫纲中单立一目。全世界已知有3000余种，我国已记载300余种，约占世界总数的10%。竹节虫许多种类是热带和亚热带地区生物区系的重要成员，并以良好的保护色与惊人拟态著称于世。有些种类如叶䗛类以其扁宽似叶的肢体与色彩巧妙地模拟成树叶，即使近在咫尺，仍不知其行踪，真可谓大自然之杰作，在我国唐代房千里著的《投荒杂录》文中对该类昆虫就有生动的描述，而且一些种类还具有药用价值。䗛目昆虫也是较为典型的林栖昆虫，近年在我国就有10余种䗛目昆虫严重危害农、林业，已引起有关部门的重视。此外，在生物学、生态学、生理学、行为学等研究中，有许多材料就取自䗛目昆虫，如在昆虫胚胎发育、拟态、断肢再生、防御机制、生殖方式、体色变化、形态变异、昏迷以及探讨森林昆虫大发生原因等方面均有不少研究成果。迄今，我国昆虫纲中已发现的30余个目中，仅此目一直很少有人问津。新中国成立前仅少数国外学者有零星研究，记载不到60种，与我国实际情况相差甚大，远远满足不了科研与生产的需要。因此，自1985年在我国陕西安康、广西玉林地区连续发生两例竹节虫严重危害农、林业以来，作者一直注重该类昆虫的研究，今将近20年的研究成果整理总结，得以完成本书的编写。本书共包括两部分，总论包括䗛目昆虫分类概况与历史、形态构造、生物学与生态学、区系成分和地理分布、研究方法、经济意义与防治等；各论介绍各级分类阶元检索表及属种记述。全书共收编5科10亚科65属共336种䗛目昆虫，为了便于及时交流与缩短新属、种发表时间，本书记述了5个新属和76个新种。书中所列拉丁种名均拟定了相应的中名，并配有整体图与特征图900余幅，彩照与图共12版。

在研究与编写本书过程中，得到北京林业大学省部共建森林培育与保护教育部重点实验室大力支持，并承蒙中国科学院动物研究所、中国科学院上海昆虫研究所、中国科学院昆明动物研究所、广西科学院、中国林业科学研究院、南开大学、中山大学、贵州大学、中国农业大学、首都师范大学、西北农林科技大学、南京农业大学、华南农业大学、福建农业大学、西南林学院、北京市农林科学院、河南省科学院、广东省林业职业技术学校、北京自然博物馆、湖南省林业科学研究所、北京市林业保护站、四川省森林病虫防治检疫总站、陕西省森林病虫防治检疫总站、贵州茂兰自然保护区、江西庐山植物园、甘肃白水江自然保护区和广西国有博白林场等单位惠赠和借用资料、标本，北京林业大学科技处，北京林业大学林学院骆有庆教授、温俊宝副教授给予支持与帮助，并承英国 Bragg 和 Brock 以及德国 Zompro 等䗛目专家赠阅有关资料并提出宝贵建议，徐进、潘家迅等同志协助绘图与照相，在此一并致以衷心的感谢。

本书相当部分内容，是由本人主持并完成的两项国家自然科学基金资助项目《中国竹节虫分类区系及生物学研究》和《竹节虫发生动态与监控技术的研究》的研究成果。

由于作者水平有限，书中错误和疏漏之处，敬请读者批评指正。

著　者

2007年4月于北京

目　　录

总　论

各　论

腔缘亚目 Anareolatae

胫棱亚目 Areolatae

总　论

一、分类概况及分类系统

蝻目（竹节虫目）为昆虫纲中一个小目，全世界约 3 000 多种。过去长期将本目放在直翅类中。最早 1773 年由 Drury 将它放在蟋蟀科与螳螂科中给予描述，1825 年 Latreille 将其作为独立的科，当时包括 4 个属，有 *Phillie*、*Phasma*、*Bacterie* 与 *Bacille* 等。本目曾用名有 Phasmida、Cheleutoptera 与 Phasmodea、Phasmatoptera 等，1902 年 Jacobson 与 Bianchi 用 Phasmatodea。有关蝻目的分类地位，迄今无明确定论，1975 年 Kristensen 曾讨论过其分类地位，将其作为直翅目中的一类或作为其中一个孤立类群，这在其他著名分类学家也有反映。Burmeister（1838）将其作为直翅目中一个科，Ragge（1955）将其作为非常孤立的类群；Beier（1955）和 Bei-Bienko（1962）以及 Hennig（1969）将其作为直翅总目 Orthopteroidea 的一个目，即蝻目 Phasmatodea 看待。但在有的专著和教材中，仍可看到将蝻目放入直翅目中。早期分类著作，有 Westwood（1859）大英博物馆直翅类昆虫目录，其包括大量黑白图版与用拉丁文描述的种类，书中列出 39 属，分成有翅与无翅两类共 471 种。直至今天，仍是在鉴定中非常宝贵的。Stål（1875）用拉丁文撰写的蝻目昆虫分类专著，包括 95 属，并引入分类上的 2 个重要概念，即中、后足胫节端部的三角形凹陷“areola apicalis”和中节“segmentum medium”。Kirby（1904）年出版的竹节虫科目录中，列出了许多新名和分类上的变化，以及直至 1904 年收藏在伦敦自然历史博物馆的模式标本。但最出色的工作要推 Brunner von Wattenwyl 和 Redtenbacher 于 1906 ~ 1908 年出版的主要用拉丁文、少部分德文撰写的蝻科，计 589 页，另有 27 个黑白图版。该书几乎包括了所有已被描述过的属，记载了 1 899 种蝻目昆虫。至今，在鉴定种类上仍是有用的，但是描述简短，对于正确鉴定仍有困难。Brunner von Wattenwy1 在奥地利维也纳的历史博物馆收藏多达 1 100 种蝻目昆虫，主要为该书作者两人和 Stål 所鉴定，并指定了丰富的模式标本。但该书的缺点是存在许多同物异名，许多种描述的仅是两性中的雌或雄性，并将有些种的雌雄个体分别归于不同属中。该书虽然指出了许多同物异名（synonyms），但仍存在有许多同名问题。至今，除了该巨著外，几乎没有世界性的蝻目昆虫分类专著，仅有一些地区或某个国家的区域性专著，如欧洲（Brock，1991）、新西兰（Salmon，1991）、新加坡（Seow-Choen，1997）以及马来西亚和新加坡（Brock，2000）等。

1953 年出现了一些重要分类学论文，如 Günther 有关蝻目昆虫分类系统与地理分布。1957 和 1968 年 Beier 关于蝻目的分类检索表。但今天仍被认为广泛接受应用的，是 1977 年 Bradley 与 Galil 的论文，其中不少内容采取 Günther 的观点，并提供了将蝻目分成 6 科 17 亚科 35 族的检索表。Kevan（1982）作了一些分类改变，但并没有说明原因。2004 年，德国学者 Zompro 曾讨论过 Areolatae 系统发育关系，认为蛸目 Phasmatodea 可分成由单一属 *Agathemera* Stål 建立的亚目Agathemerodea 和真蛸亚目 Verophasmatodea 组成，而后者则包含了现存蛸目昆虫和已绝灭的 Archipseudophasmatidae，而叶蛸总科 Phyllioidea 确是现存胫棱亚目 Areolatae 和胫缘亚目 Anareolatae 的姐妹群。他与其他多数学者不同的是将异蛸科 Heteronemiidae 放于拟蛸总科 Pseudophasmatoidea 中，著者认为这一论点值得商讨。同年，他又发表了新世界（中美洲、北美洲和南美洲）胫缘亚目 Anareolatae 的分属检索表。

按 Crampton（1938）与 Martynov（1925）的观点，蛸目昆虫放于多新翅类 Polyneoptera 内的直翅类中（其他尚有直翅目、蜚蠊目和革翅目），但是近年研究认为多新翅类并非为一个单系群。

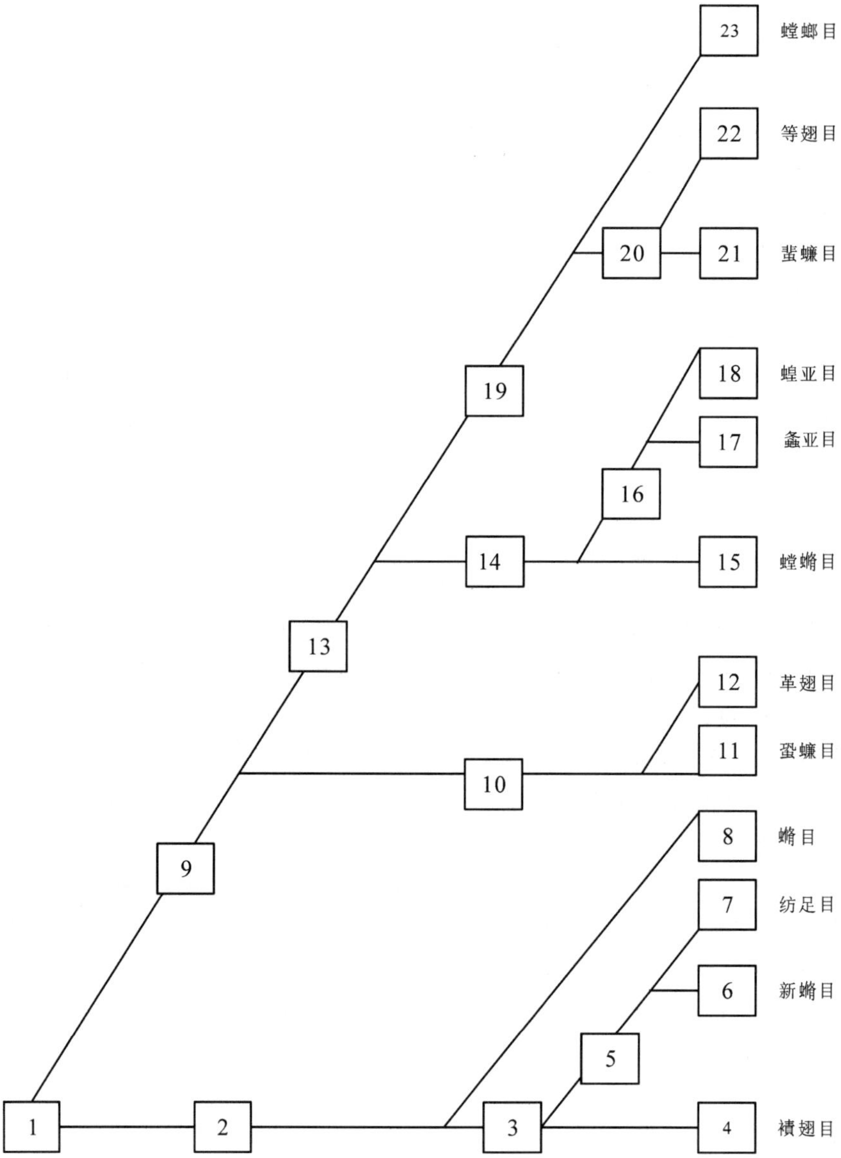

图 1　多新翅类 Polyneoptera（表示衍征与祖征之间相互关系）支序图（仿 Zompro 2005）

Zompro（2004）认为襀翅目、纺足目与䗛目之间的亲缘关系更为密切，由于它们之间卵的构造相似性。他指出新䗛目 Timematodea 过去被作为䗛目中的一个亚类，其亲缘关系与䗛目相比较似乎更近于纺足目与襀翅目。䗛型由于若干自有衍征即“自近裔形状”被限于严格界定的单元系统内。其主要特征为卵囊相对更为骨化，且有卵孔板与附着的卵盖，足胫节有一端区，延长呈三角形（端部腹面的一个凹痕）。

Zompro（2005）提出有关多新翅类 Polyneoptera 支序图，现对图中有关数字作如下说明：

1——翅发达，头前口式，具尾须，犁骨，产下的卵具外膜，找配偶时腹部凸起。

2——䗛形 Phasmatomorpha，胫节具端区，针突消失，卵囊具可分离的卵盖，外生殖器对称。

3——襀翅型，股节与胫节强烈侧扁，跗节 3 节。

5——单眼退化，无翅，尾须 1～2 节，且不对称，幼虫陆生。

6——新䗛目 Timematodea，前胸背板前缘有 2 个腺体，无翅，尾须 1 节，右尾须有分节痕迹，具中叶。

8——䗛型 Phasmatiformia 仅代表䗛目，前胸背板前侧缘有 2 个腺体，第一腹节与后胸愈合，跗节 5 节，尾须不分节，外生殖器对称，卵囊强烈骨化，内外卵孔板相连，幼虫陆生。

9——直翅形，头前口式，足基节延长且窄，卵囊膜质化。

Zompro 关于多新翅类 Polyneoptera 支序图，其主要构思如下：

多新翅类 Polyneoptera = 䗛形 Phasmatomarpha + 直翅形 Orthopteromorpha

䗛形 Phasmatomorpha = 襀翅型 Plecopteriformia + 䗛型 Phasmatiformia

䗛型 Phasmatiformia = 䗛目 Phasmatodea

直翅型 Orthopteriformia = 螳䗛目 Mantophasmatodea + 跳跃亚目 Saltatoria（ = 螽斯亚目 Ensifera + 蝗亚目 Caelifera）

新䗛目 Timematodea 的衍征是腺体位于前胸背板前缘与雄性外生殖器的中叶突。在所有已知新䗛目的种类中，缺单眼，雄性右尾须有两部分组成，显示了其与纺足目更为近源。Zompro（2004）认为新䗛类由于与䗛类的卵囊不同可提升为目级对待。而 Vickery（1993）仍认为可将其作为亚目放于䗛目之内。

䗛型 Phasmatiformia 仅包括一个目，即䗛目 Phasmatodea。此类有几个自有衍征，即卵囊强烈骨化，且有内外卵孔板，第一腹节与后胸愈合，形成所谓的中节，其跗节 5 节，也被认为比襀翅类更为原始的祖征。

有的作者认为直翅目，革翅目，䗛目和网翅总目所共有的一个衍征，是后翅具扇域。Kukalova-Peck & Brauckmann（1992）认为直翅目，䗛目和纺足目三者相近，其共有衍征为前翅 MA + 和 MP - 的基部与 M 脉主干有较长距离愈合，后翅 MA 与 R 脉近基部愈合，后翅具 AA 和 AP 分枝等，但这三目之间的确切亲缘关系仍不清楚。Sharov（1968）和 Hennig（1969）都认为蝗亚目和䗛目昆虫是姊妹群，其共有特征为足跗节中垫发达，嗉囊内膜简单，雌虫腹瓣由第 8 腹板扩展形成。但是 Kistensen（1991）认为这两类群之间的共有特征，尚有一些问题有待澄清。

Hennig（1969/1981）指出䗛目头略呈前口式，侧唇舌有背曲肌，前胸有驱避腺孔，中胸和后胸长，前跗节中垫大以及前翅短或消失等，均反映了此目自身的特征。前缘脉消失，脉纹退化，第 1 腹节与后胸愈合，雄虫第 9 腹节无生殖刺突，雄虫有第 8 腹板扩展形成的下生殖板，雌虫产卵器短小，尾须不分节，中肠后部有梨形、带丝的突起，精子无线粒体，卵具卵囊和卵盖等，均表现了其独特的自体衍征。另外，Kukalova-Peck（1991）指出䗛目昆虫翅脉上的一些自体衍征，如前翅 Cu 主干短，前翅 CuA 与 MP 之间有横脉，前翅 CuP 与 AA_{1+2}愈合，后翅 AA_{3+4}及 AP 分枝使臀区增大等。Rahle（1970）提出䗛目与纺足目可能为姐妹群，因为这两目的侧唇舌均有背曲肌。Jamieson（1987）指出特化的精子结构表明䗛目与革翅目有较近的亲缘关系。Carpenter（1977）认为䗛目属于原直翅目的一个分支，其亲缘关系与革翅目更为接近。

2002 年 5 月由 Klass，Zompro，Kristensen 和 Adis 等共同署名，在《科学》上发表一篇重要论文，宣称昆虫纲新目——螳䗛目 Mantophasmatodea 正式建立，该目拉丁学名由螳螂（mantis）和䗛（phasma）两目昆虫组成。这类昆虫分布于非洲，目前已知 2 属 3 种，其外观与直翅类近似，但是又缺乏这类昆虫的共同衍征。其不同于螳螂，除其前足外，中足也适于捕捉猎物；不同于䗛目昆虫，在于前胸发达并为肉食性；与绝大多数直翅目昆虫不同，在于后足为非跳跃足。因此，目前尚不清楚其在昆虫系统发育中的地位。综上所述，䗛目在系统发育上的地位仍有许多疑点有待深入探讨。

目前，䗛目分类上的难点，可归结为如下：

（1）许多种仅从单性雌或雄虫描述，有的则来自若虫。

（2）描述太简短。

（3）种阶元检索表通常太简化，没有考虑种内的变异，有些甚至重新描述作为新种处理。

（4）文献上的误导，如 1904 年 Kirby 列出的一些同物异名，而 Brunner 与 Redtenbacher 则作为独立的种对待，显然他们之间彼此缺乏沟通。

（5）估计尚有许多种由于无合适的分属检索表，而得不到正确鉴定。

不同学者建立的分类系统主要有如下：

（一）Stål 1875

根据足有否三角形凹陷，分成两类但未命名。

（二）Redtenbacher 1906

Areolatae 胫棱类

Anareolatae 胫缘类

（三）Kamy 1923，Günther，Beier 1957

1. Phylliidae 叶䗛科

2. Phasmatidae 䗛科

（四）Sharov 1968

Xiphopteriea（化石）

Chresmodidea（代表为已绝灭的 Chresmididae）

Phasmatidae

Phylliidae

（五）Günther 1953

Chresmodidae

Necrophasmidae

Aeroplanidae

Aerophasmidae

（以上均已灭绝）

Phylliidae（ = Areolatae）

Phylliinae

Korinninae

Pseudophasminae

Aschiphasminae

Bacillinae

Heteropteryginae

Pygirhynchinae

Timeminae

Phasmidae（ = Anareolatae）

Pachymorphinae

Phasminae

Phibalosominae

Eurycanthinae

Xeroderinae

Platycraninae

Podacanthinae

Palophinae

Necrosciinae

Heteronemiinae

Lonchodinae

（六）Beier 1968，Clark 1975

Phylliidae

Phylliinae

Timeminae

Aschiphasmatinae

Korinninae

Pseudophasmatinae

Bacillinae

Pygirhynchinae

Heteropteryginae

Phasmatidae

Pachymorphinae

Phasmatinae

Phibalosomatinae

Eurycanthinae

Xeroderinae
Platycraninae
Podacanthinae
Palophinae
Necrosciinae
Heteronemiinae
Lonchodinae

（七）Keven 1977

Timematodea
Timematidea
Timematoidea
Timematidae
Phasmatodea
Bacillidea
Bacilloidea
Bacillidae
Bacunculidae（Pseudophasmatidae）
Phyllioidea
Phylliidae
Phasmatidea
Necroscioidea
Necrosciidae
Heteronemiidae
Lonchodidae
Pachymorphidae
Palophidae
Phasmatoidea
Bacteriidae
Phasmatidae

（八）Bradley and Galil 1977

Areolatae
Timematidae
Bacillidae
Bacillinae
Heteropteryginae
Pygirhynchinae
Pseudophasmatidae
Aschiphasmatinae
Korinninae

Pseudophasmatinae

Phylliidae

Anareolatae

Heteronemiidae

Pachymorphinae

Palophinae

Necrosciinae

Heteronemiinae

Lonchodinae

Phasmatidae

Phasmatinae

C1adomorphinae

Eurycanthinae

Xeroderinae

Tropidoderinae

P1atycraninae

（九）Zompro 2005

Phasmatodea = Verophasmatodea + Agathemerodea

Verophasmatodea = （Areolatae + Anareolatae） + Phyllioidea

Areolatae = [Aschiphasmatoidea + （Pseudophasmatoidea + Bacilloidea）]

Aschiphasmatoidea = Damasippoididae + Prisopodidae + Aschiphasmatidae

Pseudophasmatoidea = Pseudophasmatidae + Heteronemiidae

Bacilloidea = Heteropterygidae + Anisacanthidae + Bacillidae

注：在这里 Zompro 未提出胫缘亚目 Anareolatae 的分科安排。

目前较广泛被接受的蛸目分类系统是由 Günther 1953 提出，经 Bradley 与 Galil 1977 修订而成的将本目分为 6 科 17 亚科 33 族的分类系统。本书主要采用这个分类系统。

本书模式标本来源和存放地点使用下列英文缩写字母标明：

北京林业大学（BJFU）

北京农业大学（BJAU）（现为中国农业大学）

中山大学（ZSU）

西北农林科技大学（NWSTUAF）

中国科学院动物研究所（IZAS）

中国林业科学研究院（CAF）

二、形态特征

（一）外部形态

䗛目昆虫（竹节虫目）（图2）除叶䗛科一些种类，体、足扁平，颜色等模拟树叶，为昆虫中著名的拟态代表外，另有不少种类体延长，呈圆筒状、杆状、棒状等，有的酷似竹节形或树枝等，有少数种类外形似蝗类。一般中至大型，成虫体长大多在30mm左右，有的超过30mm，体长从新䗛属 *Timema* 小于12mm至盖氏足刺䗛 *Phobaeticus kirbyi* 的328mm，而齿足刺䗛 *Phobaeticus serratipes* 长达278mm，如包括伸展的前足，则可达到555mm，为昆虫纲中体最长者。我国广西采的龙州佛䗛 *Phryganistria longzhouensis* 两性伸展前后足，长达近400mm，也可谓是大形䗛目昆虫。巨叶䗛 *Phyllium giganteum* 雌性长113mm，雄性为81mm。有些种类雌雄差别甚大，其大小、体壁外长物、及至颜色均有很大差别，甚至可误将两性放于不同科属中。

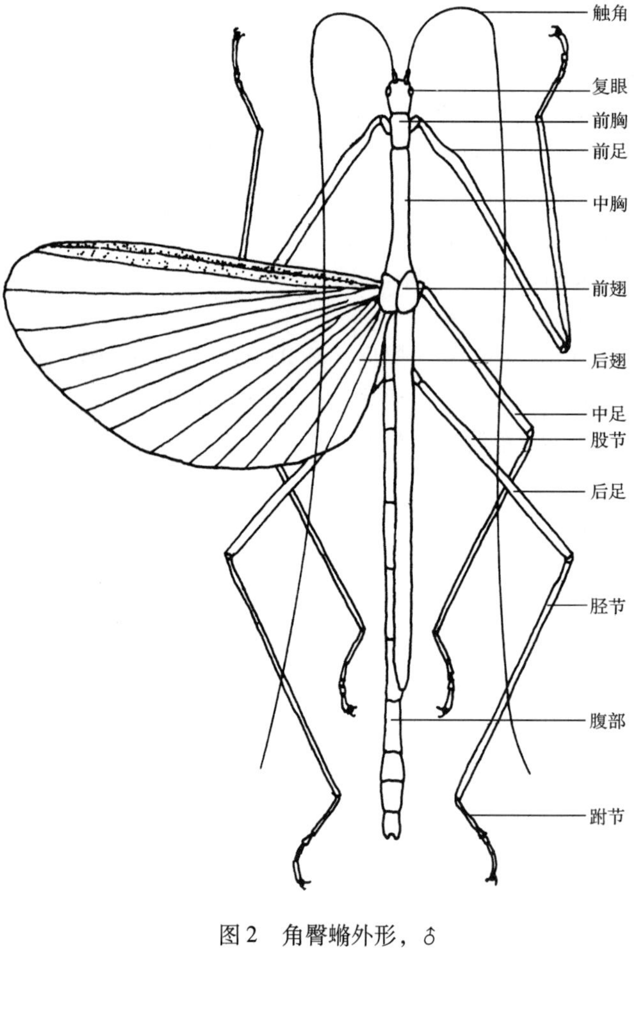

图2　角臀䗛外形，♂

1. 头　部

头部（图3）为前口式，额唇基沟发育良好，头盖缝与后头沟以及划分唇基的横沟不清楚。上唇大，端部开裂，幕骨闭锁，且有长的前臂与小体。复眼常有，单眼仅在一些有翅种类中发现。复眼之下的颊，其与复眼的比例，常作为分类的依据。触角长短不一，丝状或念珠状居多，一般8～100余节，少的甚至仅有3节组成，触角较长的种类一般至中部后分节界线模糊。过去认为䗛目昆虫无摩擦发音构造，但有人发现在叶䗛的雌性触角基部，有摩擦发音的齿状构造。口器为咀嚼式，上颚发达，下颚由2节的外颚叶与内颚叶组成，其内面有齿，下颚须5节。下唇可见颏和亚颏，侧唇舌发达，中唇舌较窄，下唇须3节，舌常存在。

2. 胸　部

3节组成，前胸短，一般有纵横沟形成十字形沟纹，中胸与后胸

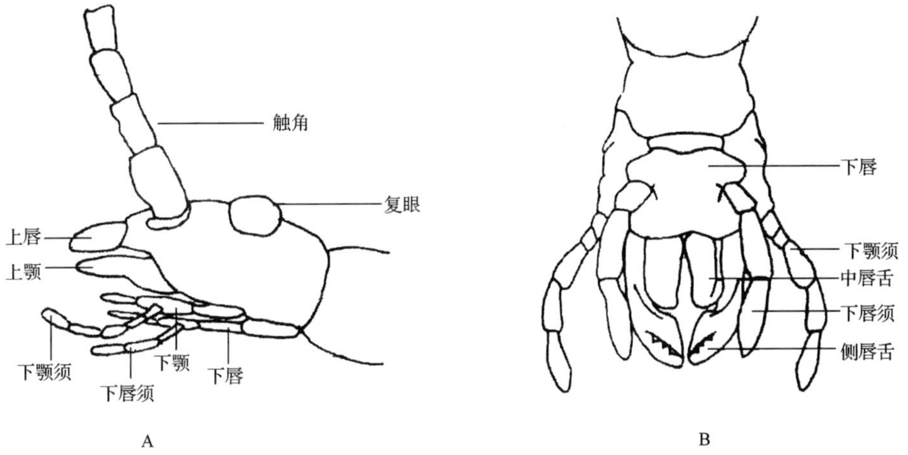

图3　头部示口器

A. 口器侧观（仿 Brock）　B. 口器腹观（仿 Chopard）

较长，后胸常与第1腹节（中节）合并，有时这两者之间的沟很模糊，无翅种类一般中胸背板长于后胸背板。在长筒形，无翅种类中，其背板常成管状，而侧板极为退化或消失，胸部腹面常为大形基腹片所占，每个胸节常有小腹片，中、后胸则有具刺腹片，前胸侧片正常，但在中、后胸的后侧片则很小。有些种类在遇敌害时，如 *Anisomorpha buprestoides*，有一对长管形腺开口在前足基节上方；津田氏大头䗛 *Megacrania tsudai* 一对腺体则开口在前胸背板两端，这些腺体均可喷射具防御功用的液体。据报道，前者分泌的液体还能导致人暂时失明。

1）足

䗛目昆虫的3对足相似，后足不特化，一般可分为基节、转节、股节（腿节）、胫节、跗节，末端有爪。前足股节基部多弯曲，足前伸时可保护头部。股节可分为上侧、下侧（底侧）、外侧、内侧，一般每侧的锐边又称隆线（脊），在下侧的中央有隆线（中脊），称下侧中隆线，但有些种类足的隆线不明显。一般在作分类形态描述时，按前足向前，中、后足向后来判断其内外面。䗛目昆虫中，后足胫节端部腹面有无三角形凹陷（图4），可作为划分亚目的重要依据。此外，三对足，尤其股、胫节不同隆线上常生有不同的叶突、刺、齿等构造，可作为分类鉴别的依据。在新䗛科（Timematidae）中基节小，远离，并且其跗节为3节，其余种类跗节均为5节。

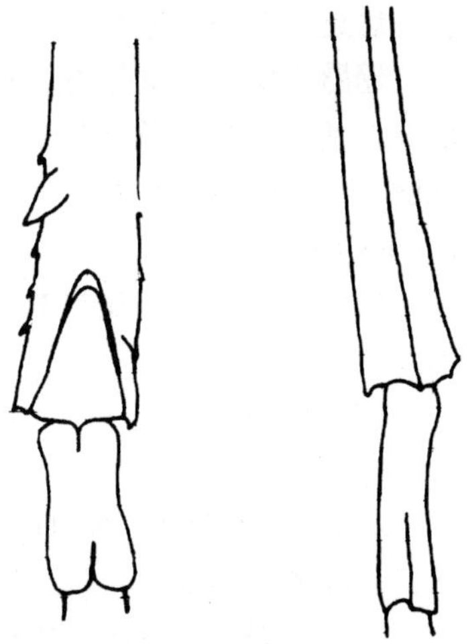

图4　䗛目昆虫胫节端部

A. 胫棱　B. 胫缘

2）翅（图5）

有不少种类前、后翅均消失，或有不同程度的退缩、变形等，当有翅时，前翅又称复翅，甚短，革质，后翅常发达。若虫发育时，后翅翅芽不重叠于前翅翅芽上。金平彪䗛 *Pharnacia westwoodi* 雄性具正常的前、后翅，而雌性仅保留鳞状的前翅；微翅滇䗛 *Dianphasma microptera* 雌性仅保留鳞

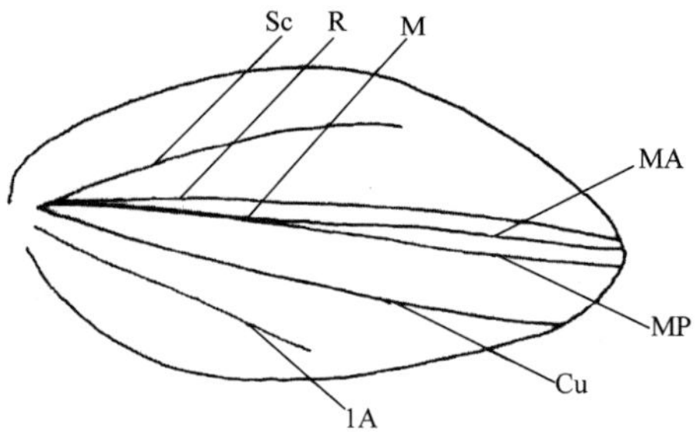

A

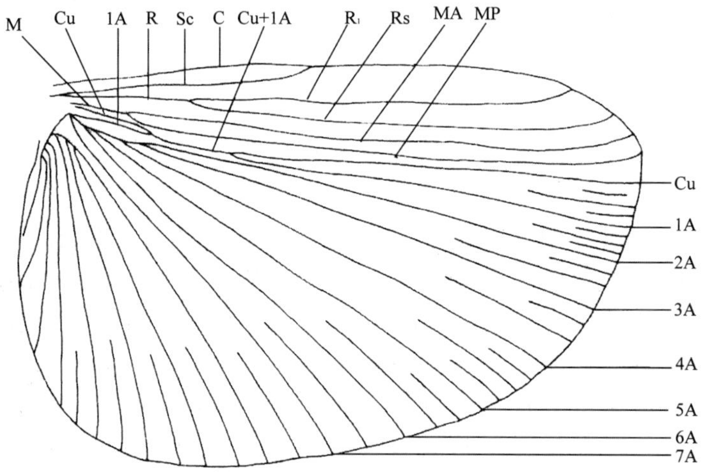

B

图 5　䗛目昆虫脉相（仿 Ragge）

A. *Tropidoderus* 前翅　B. *Metriodes* 后翅

状的后翅。有一些种类受惊时，前、后翅也可摩擦发音。

翅脉在䗛目昆虫分类上尚未充分应用。从化石证据，气管系统，翅脉形状，位置，凹凸情况，基部关节以及着生的长毛等，䗛目的翅脉可分为如下四种：围脉（ambient veins）；纵脉，又可分为原生脉（primary veins）和次生脉（secondary veins）两类；横脉；原脉网（archedictyon）。

（1）围脉：䗛目昆虫的围脉不发达，在叶䗛科中雄性前翅常有明显的围脉，但后翅无围脉。

（2）纵脉：

①原生脉：

a. 前缘脉（C）：䗛目昆虫前翅无前缘脉。后翅的前缘脉常与翅的前缘重叠，但不发达，而叶䗛科的雄性的前缘脉很发达，一般此脉是不分支的。

b. 亚前缘脉（Sc）：是前翅的第 1 支脉，在后翅该脉在前缘脉后，并与之平行，该脉很少达到翅的外缘，亚前缘脉不分支，在前后翅都为凹脉，在叶䗛属 *Phyllium* 有时很明显。

c. 径脉（R）：径脉是前翅及后翅臀前区中最发达的脉，在前翅大致位于中心，径脉常为 1 支，但在叶䗛科中，至少尚有一前分支。在后翅，径脉位于亚前缘脉之后，常可分为 2

条不分支的 R_1 和 Rs，偶尔均可分为 2 支，R 脉的分支点常位于基半部，在有的属如 *Marmessoidea*，*Haplopus* 等，其分支点位于近端部，个别如丽叶䗛亚属 *Pulchriphyllium* 的一些种，其分支点则位于翅中部处。径脉的主干在前后翅均为凸脉，在后翅 R_1 常为凸脉，若有 Rs，常为凹脉。

d. 中脉（M）：中脉常为前翅唯一分支的翅脉，一般分为 2 支，当前翅很退化时，该脉的基部常与径脉合并，在后翅中脉与径脉相似，在近基部发出两条同样发达的分支，即 MA 和 MP，它不像径脉，中脉的分支点常位于翅基部，中脉主干从未超过翅长的 1/6，中脉偶尔也可分为 3 支。有的䗛目昆虫如 *Eurycnema* 的雄性，第 3 分支，即 MP_2 常直接与 Cu 脉的大部分或整个长度合并，但有些种类 MP_2 和 Cu 是完全分离的。中脉及其分支的凹凸性不明显，但某些种类的后翅，MA 趋向为凸脉，MP 则趋向为凹脉。

e. 肘脉（Cu）：与其他直翅类昆虫不同，䗛目昆虫的前、后翅都有一条不分支的肘脉。后翅的 Cu 脉基部通常是和 M 与 MP 合并，如 *Calvisia maculicolis*；或仅和 MP 合并，如 *Cladoxerus ditomus*；或和 MP_2 合并，如 *Pharnacia serratipes*；或和 M，MP 及 1A 合并，如 *Candaules* 属的一些种类；或仅和 1A 合并，如 *Phyllium*。在比较原始种类的后翅中，Cu 脉与 M 脉和 1A 完全分离。前翅的 Cu 脉，没有明显的凹凸性，但在后翅，Cu 脉基部常为凹脉。

f. 臀脉（1A，2A 等）：除了前翅不发达的种类，A 脉为 1 支，有时在基部与 Cu 脉合并。后翅臀脉排列方式通常与直翅型相似，其支持一个大型扇形的臀区。尽管 1A 与其他臀脉都与第 3 腋片相接，但 1A 与其他臀脉不同，䗛目昆虫的 1A 不太发达，第 2 至第 7 臀脉，尤其是后几支，通常很粗壮，这组臀脉也是䗛目昆虫翅的特征，6 条臀脉，即 2A ~ 7A，每支都是从后一支的基部发出，而其他臀脉是从前一支的基部发出的，这恰好与若虫期的气管分布相一致。这两组臀脉可能相当于其他非直翅类昆虫的 2A 和 3A，但还没有直接证据可证实。第 2 组臀脉数目不定，一般为 8 ~ 14 支。

②次生脉：䗛目昆虫的翅通常无副脉，前翅和后翅臀前区无闰脉，但在臀叶上常有几支闰脉与原生臀脉交替排列。

（3）横脉：前翅上无横脉，但后翅的臀叶均有横脉分布，通常在翅的臀前区后部更多，有时扩展到亚前缘脉处，如翠䗛属 *Calvisia*；甚至到前缘脉处，如叶䗛科一些种类。

（4）原脉网：前翅的翅脉间由原脉网支撑，后翅则多分布于臀前区前部，但很少分布至肘脉以后。

综上所述，䗛目昆虫的脉相特点表现为前缘脉、亚前缘脉、肘脉和臀脉都是不分支的，常有径分脉，且常是不分支的；中脉从基部分为 2 或 3 支；第 1 臀脉不如第 2 至第 7 臀脉那样发达，第 2 至第 7 臀脉形成一组与其他臀脉不同的翅脉；此外，没有副脉；闰脉仅分布于臀叶上。由于䗛目昆虫的大多数翅脉不分支，因而导致整个翅脉减少，其不分支的肘脉，径分脉以及无副脉均表现了负征，其正向的鉴别特征则是具有第 2 至第 7 臀脉。䗛目昆虫的翅脉与其他直翅类昆虫之间无密切联系，虽然扇状臀域在网翅目、直翅目、襀翅目与等翅目的后翅中也存在，但在䗛目由 2A ~ 7A 形成的臀域，在其他目尚未发现。䗛目昆虫中脉的简单的 2 分支，在直翅目的蝗虫、蟋蟀类等以及襀翅目中也可见到，但这可能是由于趋同现象或翅脉减少而引起的。在直翅类一些目中，肘脉不分支是独特的。䗛目无副脉这一特点也与直翅目与蜚蠊目形成明显差别。

3. 腹　部

䗛目昆虫的腹部（图 6、图 7）一般由 11 节组成，每节由背板、腹板及侧膜三部分组成，腹部因其功能不同，构造也发生变化。第 1 节与后胸紧密相连，第 1 腹板消失，在新䗛属 *Timema* 的腹部第 1 节背板与后胸背板分离。生殖节因两性而异，第 10 节常发达，第 11 节则为小形肛上板及 1 对由腹板划分出来的肛侧板为代表。此外，还生有 1 对不分节的尾须，尾须在各类中形状差别很大，如 *Gigantophasma* 的尾须甚为庞大，有些种类甚至可在交尾时起辅助作用。

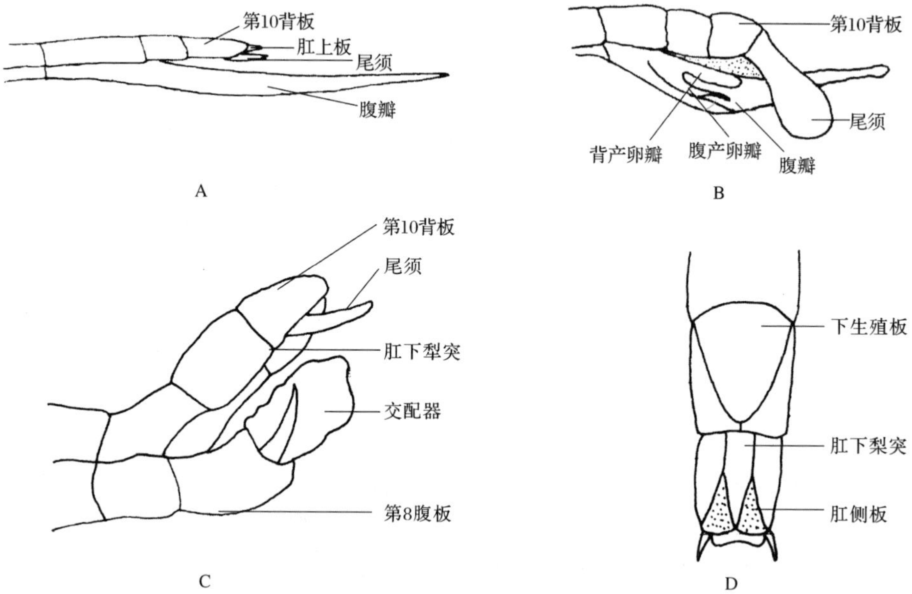

图 6　䗛目昆虫腹端

A. 长腹瓣䗛属 *Prosentoria* ♀ 侧观　B. *Gigantophasma* ♀ 侧观　C. *Gigantophasma* ♂ 侧观
D. *Galyndra* ♂ 腹观（B ~ D 仿 Günther）

（1）雄性外生殖器：一般由延长的第 8 腹板，将雄性外生殖器包在其内。第 8 腹板的端部常特化为明显的下生殖板（subgenital plate），雄性交配器（阳茎）不对称，它由几块膜质的折瓣所组成，起着膨胀体的作用，并且由骨片支持，交配器的骨片与直翅目的是否同源尚无定论。雄性第 10 腹板可能是单一骨片或有时骨化不强，其下面常有一个较大的肛下犁突（vomer subanalis），它因具特殊肌肉可自由活动，在交配时，雄性可将它伸入雌性第 7 腹板的盖前器（praeopercular organ）内。在昆虫纲中，这两个构造仅见于䗛目中，Günther 将肛下犁突称为阳茎附器，但似乎生殖道的任何部分都不穿过肛下犁突。

（2）雌性外生殖器：䗛目昆虫的产卵器是在典型的直翅类复合体基础上发展而成的，它由 3 对小瓣组成，第 1 对为第 8 腹节的附肢，后 2 对由第 9 腹节长出，整个构造包藏在扩大的第 8 腹板，即称之为腹瓣（operculum）内，腹产卵瓣与第一负瓣片相连，内产卵瓣与背产卵瓣两者均与第二负瓣片相连。第一负瓣片内有交配囊（bursa copulatrix），中输卵管延伸进入第 8 腹节，该管即开口在第一负瓣片基部。在第二负瓣片间，可见到延伸到第 9 腹节的另一个囊，此囊在不同专家有不同称呼，Cappe 将此囊以及交配囊的后部称为围阴腔

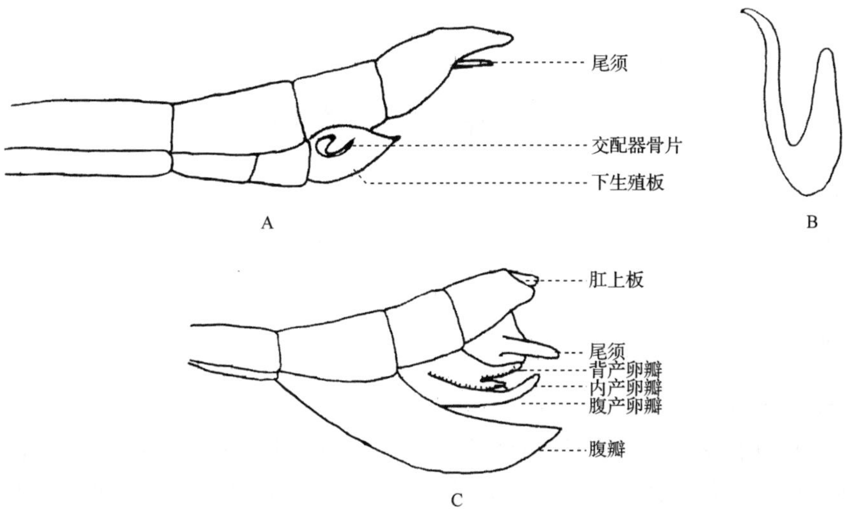

图 7　平利短肛䗛 *Baculum pingliense* 外生殖器

A. ♂外生殖器侧观　B. 交配器骨片　C. ♀外生殖器侧观

(chamber perivulvaire)。此外，在许多种类中，交配囊本身具有一个功能尚不清楚的特殊构造。腹瓣常为舟形，其长短差别很大，如长腹瓣䗛属 *Prosentoria* 、足刺䗛属 *Phobaeticus* 等，其腹瓣可长于腹端 3 节之和 2 ~ 3 倍以上。长角枝䗛亚科 Necrosciinae 中许多属，产卵瓣常超出腹瓣，形成产卵器，在 *Haaniella*、*Heteropteryx* 等属，其喙状产卵器与延伸的腹瓣可将卵产于土内或缝隙中。

（二）内部器官系统

（1）消化系统：消化道一般不曲折迂回，嗉囊正常，但砂囊萎缩，无胃盲囊。中肠的前面部分由加厚的环肌组成，其后部外表生有许多颗粒状乳突，每一乳突生有端丝。有许多马氏管，并且有一对大型双叶状的唾腺。

（2）神经系统：胸部三节各有一神经节，腹部有 5 ~ 7 个腹神经节，各神经节均为腹神经索相连。交感神经系统发达，有一额神经节、回神经、脑下神经节，以及部分愈合的心侧体和简单的食管神经组成。同时，也常有一对不对称的咽侧体。

（3）循环系统：背血管由第 9 腹节向前伸展进入作为心脏的后胸中，并进入头部形成大血管，有 9 ~ 11 对翼状肌和位于第 9 腹节向内流的一对心门，一对向外流的心门则位于后胸，另两对位于腹部前 2 节。

（4）生殖系统：新䗛属 *Timema* 的每个睾丸由一系列纵向排列的卵形泡（ovoidal follicles）组成，在其他䗛目昆虫则有一对长管状构造。输精管直形，开口于射精管，此处有许多管状附腺。储精囊未见报道，但 Sinely 声称在 *Leptyniella* 有 2 个管状构造与附腺极为相似，可作为储存精子用。雌虫每个卵巢由不等数量的无滋卵巢管组成，并沿侧输卵管中部侧向分开排列，输卵管开口于第 8 腹板后，其背面有一交配囊，并在生殖孔附近开口。单个或成对的受精囊位于交配囊后，并在此开口。

三、生物学特性

䗛目昆虫为渐变态类昆虫，其一生经历卵、若虫和成虫三个虫期，常显示出与其他目昆虫许多不同的特征。

（一）卵

1. 卵的类型和构造

卵通常为椭圆形或桶形，外形极似种子。但是，有些卵狭长，扁平或呈不规则形状。卵壳通常坚硬，有些种类表面光滑，有些具刻纹，还有其他类型的种类。卵的前极有一卵盖，有些种类卵盖上带有一球状的或呈各种形状的头端。各种类型的卵明显不同（如图 8），特征明显且比较稳定，目前，在分类上已得到具体应用。

杆䗛 *Bacillus libanicus* 的卵有三层主要的包膜：一层为较硬的，易碎的外卵壳，它又可分为七层（其中两层几乎仅由钙盐组成）；另一层为双层膜质的内卵壳以及一层薄薄的包围着卵黄的卵黄膜。在有些种类中，内卵壳与卵膜孔口相连，可能是在两性生殖的种类中，可使精子进入。在竹异䗛 *Carausius morosus* 中，卵孔可以使空气进入，空气可在内卵壳的两层之间扩散。

䗛目昆虫的卵似植物种子或虫粪，长 2～20mm 之间。有些卵大型似花生。产卵量依虫种，自几十至上千粒不等。早在 100 多年前，Kaup 曾认为卵有许多不同形状并具有分类价值。以后，有人曾重提过多次，但是一直未正式应用，主要是由于博物馆和昆虫标本馆保存的䗛目昆虫仅有少数种类保存了卵，采集者在采集成虫时，往往忽视了卵粒的收集。相近的卵具有较高的趋同性，可探索较高分类阶元的亲缘关系，通过卵的分类，验证过去分类的合理性，在实践中正得到应用。我国过去对䗛目昆虫的分类研究甚为薄弱，著者根据近年采集的标本和有关文献，将中国分布的䗛目昆虫中的 26 属编制成䗛目昆虫卵检索表，有些已知属由于标本与研究不够暂不收入。检索表中有两属分别出现两次，如叶䗛属 *Phyllium* 目前可分为两个亚属处理。据著者研究，短肛䗛属 *Baculum* 卵从其外形至少有 5 种类型（见图版 1），通过其两性成虫外部形态特征、卵形、雄性外生殖器的比较，一类其两性个体差异较明显，为中至大型，体相对细弱，触角多在 20 节以上，雌性中、后足股节腹中脊仅端部有少量小齿，其卵均为长扁形，卵盖平或周围具各种突起；另一类多为大型，体相对粗壮，触角多为 15 节左右，雌性中、后足股节腹中脊有成排小齿，其卵短宽为桶形，卵盖上有一盘状假球端。由于短肛䗛属 *Baculum* 种类多，多数种个体少，种间差异小等原因，迄今，尚未将其成虫分为两个独立的属，在这里仅作为两个不同类型讨论。应用本检索表前有下述一些有关卵的形态构造需作简单说明。

䗛目昆虫卵通常由卵囊和卵盖组成，卵盖扁平或显著突出于卵囊之上，有的卵盖上有一明显的突出物，称球端。这一构造通常为黄色或橘色，它很易吸收氢氧化钠溶液而软化，并可从卵盖上分离开来而不受损坏。有时卵盖扩伸成外形似球状的构造，称假球端。卵囊较凸起的一面为其背面，相反的一面为腹面。背面多少有一明显的板状小区，称卵孔板，为卵孔

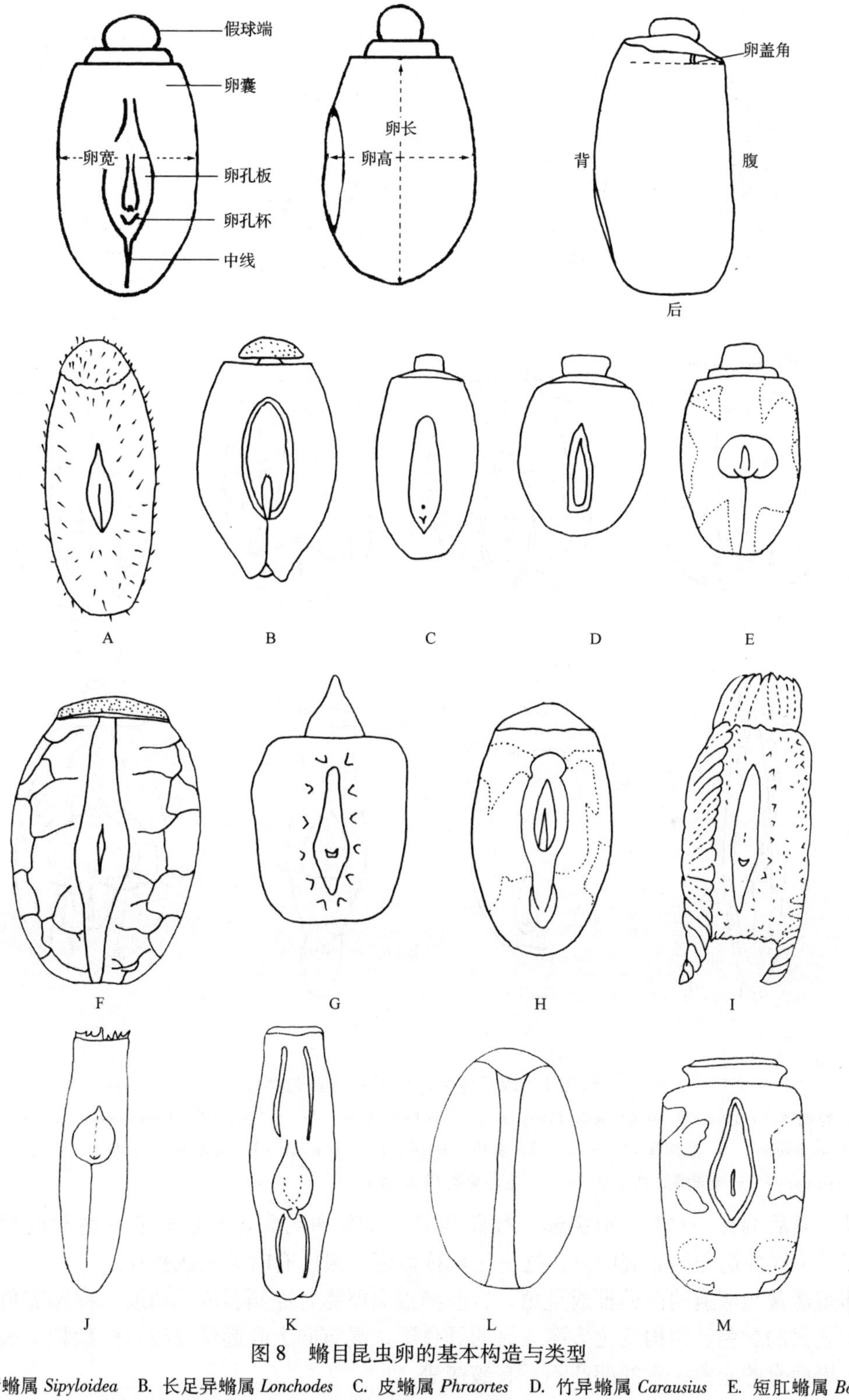

图 8　䗛目昆虫卵的基本构造与类型

A. 管䗛属 *Sipyloidea*　B. 长足异䗛属 *Lonchodes*　C. 皮䗛属 *Phraortes*　D. 竹异䗛属 *Carausius*　E. 短肛䗛属 *Baculum*（Ⅰ）　F. 华枝䗛属 *Sinophasma*　G. 叶䗛属 *Phyllium*（Ⅰ）　H. 光胸䗛属 *Clitarchus*　I. 叶䗛属 *Phyllium*（Ⅱ）　J. 长肛䗛属 *Entoria*　K. 短肛䗛属 *Baculum*（Ⅱ）　L. 柄枝䗛属 *Aschiphasma*　M. 小异䗛属 *Micadina*

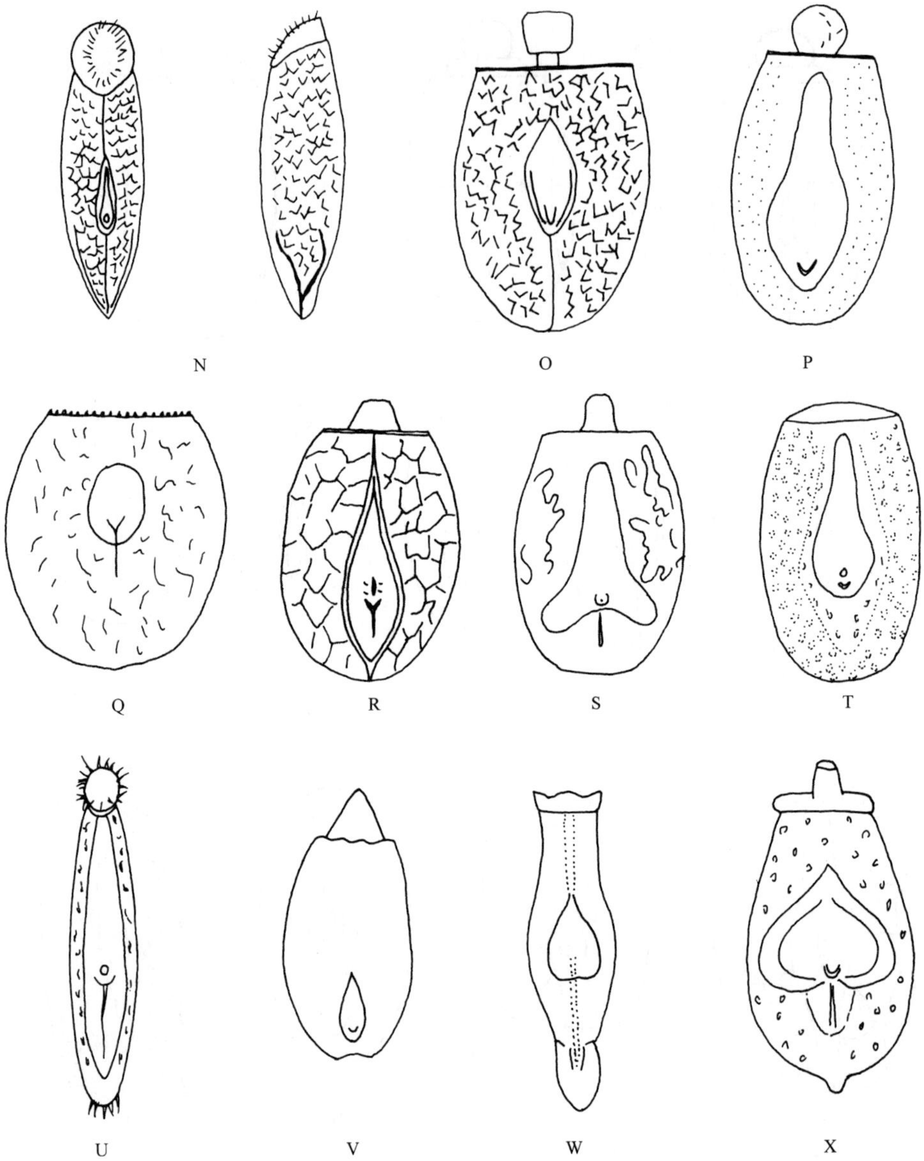

续图8 蛹目昆虫卵的基本构造与类型

N. 角臀蛹属 *Necroscia* O. 短足异蛹属 *Dixippus* P. 叶尾蛹属 *Acrophylla* Q. 刺背蛹属 *Paracentema* R. 无齿股蛹属 *Parasipyloidea* S. 彪蛹属 *Pharnacia* T. 副华枝蛹属 *Parasinophasma* U. 瘦蛹属 *Macellina* V. 大头蛹属 *Megacrania* W. 长腹瓣蛹属 *Prosentoria* X. 足刺蛹属 *Phobaeticus*

所在处。其后端有一“U”形突起，称卵孔杯。多数卵的卵孔杯后端有一明显的脊，称中线。有时中线伸达卵的后端中央，这一区域称极区。极区有时突出成极丘。

卵盖通常与卵囊的前后轴成直角，有些卵盖向卵囊背面倾斜成一角度，称卵盖角。

卵表面的颜色、结构变化多端。有的具色斑，或有向上隆起的脊线，瘤状物，凹陷或毛披等。表面有的光滑，有的凹凸不平有皱褶等。

卵盖中心至后端的中点为卵长，自卵的背面至腹面的最宽距离为卵高，卵背观最宽距离为卵宽。

蛸目昆虫卵检索表

1. 卵囊腹面具黏性胶状物质……2
   卵囊腹面无黏性胶状物质……3
2. 卵囊及卵盖光滑或具脊，扁形或椭圆形……玛异蛸属 ***Marmessoidea***
   卵囊及卵盖均有细刺，梭形或其他形……管蛸属 ***Sipyloidea***
3. 头端具皱纹……叶尾蛸属 ***Acrophylla***
   头端光滑……4
4. 卵盖明显具头端，或头端与卵盖分开……5
   卵盖无头端，或头端在卵盖处扩展……12
5. 头端有明显的柄……6
   头端无明显柄，直接附在卵盖上……8
6. 卵囊后端有 2 个光滑不等长的乳突……足刺蛸属 ***Phobaeticus***
   卵囊后端无突起……7
7. 头端近球形……短足异蛸属 ***Dixippus***
   头端如盘状……长足异蛸属 ***Lonchodes***
8. 卵囊具脊……无齿股蛸属 ***Parasipyloidea***
   卵囊无脊……9
9. 头端隆起球冠状……10
   头端隆起不规则……原异蛸属 ***Prosceles***
10. 卵囊较长，其长与宽比约 2∶1……皮蛸属 ***Phraortes***
    卵囊短圆，其长与宽比小于 2∶1……11
11. 卵孔板后中线较长……竹异蛸属 ***Carausius***
    卵孔板后中线较短……股枝蛸属 ***Paramyronides***
12. 卵囊披毛……瘤蛸属 ***Pylaemenes***
    卵囊无毛……13
13. 卵囊狭长……14
    卵囊宽圆……17
14. 卵盖边缘无突起构造……15
    卵盖边缘有突起构造……16
15. 卵盖倾斜，卵囊后端呈楔形，端尖……角臀蛸属 ***Necroscia***
    卵盖正常，卵囊侧扁，后端双叶状……长腹瓣蛸属 ***Prosentoria***
16. 卵孔板伸达卵囊大部，卵囊后端稍尖，具突起……瘦蛸属 ***Macellina***
    卵孔板位于卵囊中央，卵囊后端稍钝……长肛蛸属 ***Entoria***
17. 具黑色筒状假头端……短肛蛸属 ***Baculum***（Ⅰ）
    无黑色筒状假头端……18
18. 卵盖中央高起，有隆起构造……19
    卵盖中央无隆起构造……23
19. 卵盖中央隆起锥状……21
    卵盖中央隆起较平坦非锥状……20
20. 卵孔板较圆，占卵囊大部分，中线较短，卵囊表面光滑……副华枝蛸属 ***Parasinophasma***
    卵孔板不占卵囊大部，卵囊具突起……刺背蛸属 ***Paracentema***
21. 卵盖从边缘向中央逐渐升高，卵孔板高出卵囊背面……光胸蛸属 ***Clitarchus***

卵囊边缘不升高，中央强烈隆起，卵孔板不突出 …… 22
22. 卵囊表面具凹窝，卵囊延伸形成5条纵脊 …… **叶䗛属 *Phyllium*（Ⅰ）**
卵囊表面光滑 …… **大头䗛属 *Megacrania***
23. 卵盖和卵囊披有长的羽状毛 …… **叶䗛属 *Phyllium*（Ⅱ）**
卵盖和卵囊不披羽状毛 …… 24
24. 卵囊扁，背面具纵沟 …… **短肛䗛属 *Baculum*（Ⅱ）**
卵囊其他形状 …… 25
25. 卵囊表面具不规则的隆线形成网状花纹 …… **小异䗛属 *Micadina***
卵囊表面光滑 …… 26
26. 卵孔板约占卵囊背面的全部 …… 27
卵孔板不占卵囊背面全部 …… **杆䗛属 *Bacillus***
27. 卵囊近椭圆形，后端常具柄 …… **啬䗛属 *Asceles***
卵囊桶形，后端稍凹陷 …… **华枝䗛属 *Sinophasma***

2. 产卵方式

䗛目昆虫有如下几种产卵方式：

（1）散产，我国多数䗛目昆虫以此种方式产卵，如博白短足异䗛 *Dixippus bobaiensis*，爬至树木较高处，似排粪般将卵产出，卵粒自由下落，多滚动于枯枝落叶或草丛中。以此种方式产卵，可使卵分散开，使新孵化出的若虫立即爬上新鲜的寄主植物上，以减少卵被天敌危害的机会。

（2）卵粘于植物上，有些䗛目昆虫可将卵粘于寄主植物的叶片上或茎干上。如广西的腹指瘦䗛 *Macellina digitata* 将卵粘于马尾松或湿地松松针上，直至孵化。

（3）将腹部插入疏松的沙土中，产卵于其中，然后用足拨土埋上。此种方式极似蝗虫，隐蔽性很强，如 *Anisomorpha buprestoides*。

（4）将卵单产于植物皮下或缝隙内。

（5）直接将卵插入植物组织内，如国外 *Ophicrania* 属的一些种类和加州新䗛 *Timema californica* 等，我国产的黄色角臀䗛 *Necroscia flavescens* 可能也是这种产卵方式。

在人为笼养与野外自然条件下饲养䗛目昆虫，其产卵方式有时会有很大的差异，如 *Orxines macklottii* 有可将卵直接插入植物组织内与产于土坑内两种很不同的产卵方式。

3. 胚胎发育

卵核连续分裂形成胚盘，胚盘在后极分化，形成胚带，其背面充塞卵黄，当胚带延长和分节时，进行胚动并在卵黄表面顺时针或逆时针的180°旋转。由于羊膜和浆膜的发育，胚胎先以尾部向前极移动一段距离，当附肢分化时，胚动继续，胚胎冲破羊膜和浆膜，首先头部绕着卵的后极滑动并向上至卵黄腹面（和卵孔相对的一面）。当头部向前极运动的时候，通过体壁的背向闭合，将卵黄包围于体内。头部在卵盖下静止，胸部背靠于卵孔处，伸长的腹部通过胚胎左边生长。附肢继续发育，下颚骨化，刚毛出现并常出现绿色，接着虫体准备孵化。

在体节形成的早期，在第1腹节或第2腹节上出现一对小的附肢——胚足带，胚足带在胚胎发育结束时消失。对 *C. morosus* 的超微结构研究表明，胚足带是由一群大型细胞组成，可以释放孵化酶。

4. 滞 育

生活于温带地区种类的卵，在冬季常经历滞育或推迟发育。滞育可以发生在卵发育的不同时期，它可能发生在前胚胎期，也可以发生在孵化前。具有出生前滞育的卵发育期短，为类型Ⅰ卵，而经历上述两个滞育期的卵，发育时间长，为类型Ⅱ卵。

发生在卵期的这两种滞育就决定了其生活周期的长短。前胚胎滞育使卵经过第一个冬季，而后胚胎滞育使卵经过第二个和（或）第三个冬季，因此就产生了需要历时 2 年或 3 年的个体。不同的种类卵期差异很大，广东的英德小异䗛 *Micadina yingdeensis* 第 1 代和第 2 代的卵期为 40 ~ 45 天，而吉林的小齿短肛䗛 *Baculum minutidentatum* 长约 600 天。而同一种在不同季节，甚至同一季节产的卵都有较大差异，同一种分布于不同地区其滞育期也不同，在 *Podacanthus wikinsoni* 种中，分布于澳大利亚新南威尔士北部的种群有一个滞育期（后胚胎滞育），生活周期为 1 年，而分布于南部的种群有两个滞育期，则生活周期为两年。在 *Didymuria violescens* 中，滞育的发生率是由遗传因子决定的，其发生自澳大利亚新南威尔士北部向维多利亚南部增加。

滞育是由成虫期的光周期的影响控制的，长光照周期产不滞育型的卵，而短光照周期产滞育型的卵。

冬季的低温和每天气温的波动，为打破滞育使之孵化创造了必要的条件。例 *Diapheromera femorata* 的卵，如果被雪覆盖而不受气温波动的影响，在孵化前通常要经过两个冬季，若是在试验中将其暴露于野外气温下，冬季每天的冰冻与解冻的温度变化将打破滞育，这样可在产卵后当年的春天提前孵化。

5. 孵 化

卵的孵化期也随着种类的不同而异，从 10 多天至 100 多天。一般非受精卵孵化期要长于受精卵，且受精卵的孵化率高于非受精卵，未受精卵多发育为雌虫。

孵化时，初孵若虫先用头顶开卵盖，头先露出，身体摇动，前足伸出壳外抓着卵壳两侧，身体向上脱离卵壳。*Extatosoma tiaratum* 孵化过程约为 4.5 分钟，*C. morosus* 约为 2 分钟。孵化期间若遇干旱，将妨碍若虫从卵壳中完全孵出。有些种类在孵化时死亡率高，这是由于它们不能将所有的足从卵壳中伸展开来，而有些种类，如果仅后足被缠住，则若虫能拖着卵壳活动直到卵壳最后掉下。

（二）若 虫

1. 寄主植物

䗛目昆虫若虫与成虫的寄主植物通常是一样的。有些种类是单食性的，在野外仅在一种植物上发现，如广西的叉臀华枝䗛 *Sinophasma furcatum* 取食苦竹。新西兰不同的种需要特定的寄主植物，才能成功饲养。另外有些种类在野外和实验室条件下都为多食性的，如广华枝䗛 *S. largum* 可以取食红锥、米锥、丝栗、白栎、毛栗等。有些种类虽然其寄主范围很宽，但还是有明显的嗜好，如小齿短肛䗛 *B. minutidentatum* 最喜食蒙古栎、黑桦等 12 种植物，喜食卫矛、五味子等 9 种植物，稍食植物有水曲柳、美国白蜡等 18 种，红松、樟子松和落叶松上也有分布，但受害较轻，在食物不足条件下才取食杨树、黄波罗和核桃楸等树种。英德小异䗛 *M. yingdeensis* 多栖息在黎蒴栲纯林中。当食料不足时，也取食壳斗科及山毛榉等树种。若在混交林中，先把黎蒴栲叶片吃光后，再取食壳斗科其他树种叶片。在欧洲饲养一些热带种类时，也完全适应于新的寄主植物，如 *Phyllium bioculatum* 其天然寄主为番石榴，在欧洲则适应了山毛榉、蔷薇、黑莓和常绿橡树等植物。

食量在不同种类或同一种不同性别、不同虫龄均有很大差别，在广西造成经济损失的三种华枝䗛（表 1），例如斑腿华枝䗛 *Sinophasma maculicruralis* 和拟异尾华枝䗛 *Sinophasma pseudomirabile* 的 1～4 龄若虫，前者雌性与雄性食量相差较大，后者则相差较小；而两者成虫期的取食量则远大于若虫期，也说明了治理这类虫害，应抓住早期。

表 1　三种华枝䗛取食量及防治指标（广西博白，1997～1998）

虫种	性别	1～4 龄	5～7 龄	成虫期	食叶总量（g）	防治指标（头）
斑腿华枝䗛 *Sinophasma maculicruralis*	♀ ♂	4. 15% 7. 28%	25. 34% 28. 17%	70. 51% 64. 55%	23. 761 12. 232	113
拟异尾华枝䗛 *Sinophasma pseudomirabile*	♀ ♂	5. 48% 6. 20%	22. 71% 31. 10%	71. 81% 62. 70%	17. 881 7. 215	158
广华枝䗛 *Sinophasma largum*	♀ ♂	3. 13%	21. 95%	74. 92%	20. 802	93

2. 蜕　皮

若虫的生长发育需要几个月，在这期间若虫需要蜕数次皮。蜕皮时，若虫悬挂在寄主植物上，表皮沿着背中线裂开，若虫先露出头部，接着露出胸部和足，最后是腹部。如果若虫从其蜕皮的位置移开，或在足蜕出之前掉在地上，随即死亡，因为若虫以后几乎不能再从蜕皮中脱出。刚蜕皮的若虫非常柔软，但在几小时内，表皮就变硬。一般低温或高温能延长或缩短两次蜕皮间的间隔时间。许多种类在蜕皮后，立即食尽蜕下的皮。在笼养情况下蜕皮，一般需时 1 天或 1 天以上，野外常发生在晚上或清晨，一般 0. 5～2 小时完成。

若虫蜕皮次数与龄期因不同的种而不同，如博白短足异䗛 *D. bobaiensis* 雌雄都蜕 4 次皮为 5 龄，英德小异䗛 *M. yingdeensis* 雌雄都蜕皮 3 次为 4 龄。而在 *Diapheromera femorata* 中，有 24% 的个体蜕 4 次皮，75% 的个体蜕 5 次皮，1% 的个体蜕 6 次皮。将这些个体置于低温下饲养，蜕皮次数趋于减少，而高温下则增加蜕皮次数。

许多种类雌虫比雄虫多蜕 1 次皮，若虫多一龄。如 *D. violescens*、*Ph. bioculatum* 等的雄虫蜕皮 5 次，而雌虫蜕皮 6 次。随着蜕皮，虫龄的增加，具翅种类可通过翅上有无横脉，翅芽大小以及形状来判别若虫或成虫。䗛目无翅种类占很大比例，Carlberg 曾对短肛䗛属 *Baculum* 的雌虫腹瓣及产卵瓣发育程度与龄期之间关系的研究，用以区分不同龄期的若虫，取得了较满意的结果。

若虫发育因种类不同而异，如角臀䗛属 *Necroscia* 一些种类，自若虫发育至成虫大概需 2 个月，不到 1 个月卵即孵化。若虫生长缓慢的种类，如瘤䗛属 *Pylaemenes* 和异翅䗛属 *Heteropteryx* 一些种类，即使在热带地区仍需超过 1 年才成熟。

䗛目昆虫若虫的附肢在蜕皮或受天敌伤害时可能受到损伤，但在其后的蜕皮时能够再生。目前，我国已经分别对数种䗛目昆虫，如斑腿华枝䗛、拟异尾华枝䗛、广华枝䗛、小齿短肛䗛、平利短肛䗛等进行了断肢再生试验的观察与研究，其内容涉及到断肢的数量与不同龄期的断肢对其生长发育与再生等方面的影响。

蛸目昆虫断肢时间的早晚和数量对断肢再生的能力具有显著的影响。断肢 1 ~2 只，对其生长发育具有一定的影响；若断肢 3 只或 3 只以上，严重影响其生长发育，甚至造成该虫在断肢 2 ~3 天内死亡。

关于再生足的生长与正常足的协调性而言，蛸目昆虫的断肢再生为一渐变过程，再生足要经历“小突起”→“肢芽”→“罗圈腿”→“短小足”的过程，再生足的跗节短直，色泽比正常足深，且常为 4 节，比正常足少 1 节。断肢的龄期也影响其再生能力。在 1 ~4 龄内断肢 1 只或 1 对足，到成虫期或成虫前 1 龄若虫期，再生足即能生长到其对应的正常足的长度；5 龄初时断肢 1 ~2 只也具有再生能力，其再生足达不到与之对应的正常足的长度；若在 5 龄后期与成虫期时断肢，则断肢后多无再生能力。

有的蛸目昆虫不仅具有一次再生能力，而且还具有二次再生能力。如广华枝蛸雌性 2 龄时断 1 对足，长至 5 龄时的再生足，如断肢后还可再生。另外，有文献提到拟异尾华枝蛸的触角也可以再生，至于其他种是否也具有此习性还有待进一步验证。据国外报道，如 *Extatosoma tiaratum* 的雌虫，甚至在触角断失处，可长出类似足的构造（图 9）。

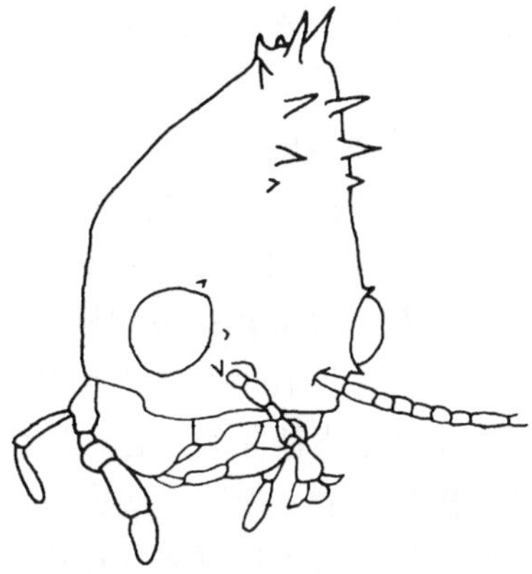

图 9 *Extatosoma tiaratum* 触角处再生出足的构造（仿 Clark）

3. 色 型

将 *D. violescens*、*P. wilkinsoni* 和 *Ctenomorphodes tessulatus* 的幼龄若虫在高密度或分开的条件下饲养，其颜色类型差别明显。这个现象与蝗虫类似，并且可持续到成虫期。生长在低密度下的若虫常表现为具有保护色，呈现较单一的绿色，而高密度下生长的若虫常为黑色、黄色或棕色等。

在野外，可用雌性若虫的色型构成估计种群密度，随着黑色类型的增加，种群数量在增加。这种现象可能是通过感觉刺激内分泌器官直接影响中枢神经系统而引起的。蛸目昆虫与蝗虫不同，它们没有明显的群居型，并且也不活跃，如 *P. wilkinsoni* 的若虫，即使处在高密度拥挤时，其 95% 的时间也处于相对静止状态。生长于高密度下若虫具色彩鲜明的警戒色，但在低密度时的色彩具有很强的隐蔽性，这两者通过何种方式转变尚不清楚。

（三）成 虫

1. 寿命、交尾和产卵量

雄虫常比雌虫较早进入到成虫期，雄虫的寿命比雌虫短，雄成虫一般生活 4 ~5 周，而雌成虫可生活 8 ~9 周。

孤雌生殖是蛸目昆虫极常见的生殖方式，小齿短肛蛸 *B. minutidentatum* 种群的繁殖完全通过孤雌生殖繁衍，目前尚未发现其雄虫。有些种类孤雌生殖与两性生殖兼而有之，杆蛸 *Bacillus rossius* 在法国南部和意大利西北部是通过产雌孤雌生殖繁殖的，产下的几乎都是雌虫。而在意大利南部和其他地中海地区则是雌雄都有，受精卵产生雌性和雄性个体。

有时能见雌雄嵌合，即同一个体上出现雌雄两性特征，如一半呈雌性，体绿色具短翅；

而另一半雄性为棕色具长翅，在这种情况下，生殖器发育不完整，就不能正常交配生殖。

在许多雌雄种群中，两性个体大小的差异显著，雄虫远比雌虫短小。当交尾时，雄虫爬上雌虫的背上，将其腹部向下并且绕在雌虫腹部的一侧以便交尾。这种交尾姿势的雄虫则由雌虫带着活动。有些种的雄虫有一种包围精子的囊状物——精包（Spermatophora），以便使雌虫更好的受精。

交尾时间在不同种类中差异很大，如博白短足异䗛 *D. bobaiensis* 约为 2～3 分钟，而 *Cyphocrania gigas* 则历时 12～14 小时。有的交配时间很长，如 *Pinnispinus harmani* 性成熟时，始终保持成对在一起，很少交尾，这可能是免受其他雄性竞争的一种机制。这样雌虫可自由活动，两性可单独取食。

产卵量在不同虫种明显不同，而且与拥挤度、食物的质量、丰富度以及与雌成虫的寿命长短均有关，例如博白短足异䗛 *D. bobaiensis* 产卵量为 180～302 粒，小齿短肛䗛 *B. minutidentatum* 在 90～120 粒之间。饥饿时，产卵量则降低，却增加了死亡率。

2. 染色体的多样性

据国外研究，在澳大利亚的 24 种䗛目昆虫中，发现核型的多样性。雄虫的双倍体范围为 26～45 对，性染色体结构为 XO 和 XY。生活在不同地理分布区的 *D. violescens*，染色体有 10 个类型，其双倍体数和核型形态差异极大（雄虫从 26～39 对），并有三种形式的性染色体系统。这些不同类型染色体的形成是由于一系列的染色体的重新排列的固定和扩展而引起的，特别是染色体的融合，导致了染色体数目的减少。杂合子的形成是通过两相邻地域间种的交配形成的，说明有些染色体的减少是发生在受精时，狭窄的杂交带代表部分遗传障碍，最终可能导致生殖隔离和种化。染色体变化的固定，可能对一些如䗛目昆虫这样不太活跃的昆虫，是非常重要的，它可能是种化的第一步。

3. 生殖方式

并非所有的䗛目昆虫都有雄性和雌性，许多竹节虫的雄性相当稀少甚至只能发现雌性的个体。竹节虫的生殖方式一般有两种：①孤雌生殖：很多营孤雌生殖的竹节虫中，其中有些种类还是重要的农、林业害虫。如，曾分别在吉林与甘肃大发生的小齿短肛䗛 *B. minutidentatum* 和崇信短肛棒䗛 *B. chongxinense*，估计营孤雌生殖为主，而平利短肛䗛则不存在孤雌生殖。再如台湾的津田氏大头䗛 *Megacrania tsudai*，目前仅有雌性个体的报道；广泛分布的棉管䗛 *Sipyloidea sipylus*，在野外雄虫也甚为罕见，估计以孤雌生殖为主，有性生殖为辅。② 两性生殖：又称有性生殖，营此种生殖方式的种类在整个䗛目中，比例也不小。如广东、广西的斑腿华枝䗛 *S. maculicruralis*、英德小异䗛 *M. yingdeensis* 以及台湾的兰屿筒胸䗛 *Phasmotania lanyuhensis* 和双色皮䗛 *Phraortes bicolor* 等。

4. 世　代

目前已经对黄色角臀䗛 *Necroscia flavescens*、平利短肛䗛 *Baculum pingliense*、断沟短肛䗛 *B. intersulcatum*、小齿短肛䗛 *B. minutidentatum*、崇信短肛䗛 *B. chongxinense*、浙江小异䗛 *Micadina zhejiangensis*、英德小异䗛 *M. yingdeensis*、异尾华枝䗛 *Sinophasma mirabile*、拟异尾华枝䗛 *S. pseudomirabile*、广华枝䗛 *S. largum*、斑腿华枝䗛 *S. maculicruralis*、腹指瘦䗛 *Macellina digitata* 及白带足刺䗛 *Phobaeticus albus* 等 10 余种䗛目昆虫的生活史进行了初步的研究。除英德小异䗛 *M. yingdeensis* 1 年发生 2～3 代，世代重叠；白带足刺䗛 *Phobaeticus albus*、崇信短肛䗛 *B. chongxinense* 等少数种类 2 年发生 1 代之外，其余大多为 1 年 1 代。而且

均是以卵或低龄若虫在枯枝落叶下或土下越冬。

5. 产卵和龄期

对 10 余种䗛目昆虫的生物学研究表明，产卵期约为 40～80 天，如斑腿华枝䗛的产卵期为 45～60 天；英德小异䗛世代重叠，第 1 代卵期是 70～80 天，第 2 代卵期是 40～50 天。具有滞育方式的种类，卵期可能更长，如小齿短肛䗛的滞育期较长，卵期约为 600 天。若虫的各龄期也是不同的，如黄色角臀䗛的 1 龄若虫平均为 7 天，2 龄 8 天，3 龄 26 天，4 龄 6 天，5 龄 23 天，6 龄 14 天。随着气温的升高，若虫 1 龄期所需时间也逐渐缩短，如平利短肛䗛的若虫 1 龄期在 3 月初平均温度 15.2℃时，平均为 33 天；4 月初气温是 23.2℃时，平均 16.25 天。一般的雌成虫期比雄成虫期长，如平利短肛䗛的雌成虫比雄成虫长约 10 天。成虫产卵量在 100～600 粒之间，但是瘤胸䗛属 *Trachythorax* 只有 50 粒左右，而小异䗛属 *Micadina* 最高可达 800 粒。

（四）防御机制

䗛目昆虫的防御行为包括原始的防御系统（此种防御为减少受敌害的可能性）和较为高级的防御体系（此种防御体系是在开始受到危害时才起作用，尽可能减少受到敌害的可能性）。有些种类，甚至还具有第三种类型的防御——主动攻击。

1. 隐　匿

䗛目昆虫的体色常为绿色或棕色，并且随叶片的颜色变化而改变，许多种类非常像枝条，叶䗛属的种类外观完全像树叶，而有些种类体表长满叶瘤，外观形似苔藓或地衣，使其混于生活场所之中而不易被发现。许多种类白天不活动而在黄昏及夜晚才在寄主植物上活动并取食。

2. 拟　态

Acrophylla titan 和 *E. tiaratum* 的幼龄若虫，可将腹部从体背上弯向前方，这样可以模拟蚁类或蝎子状（图 10），以威吓敌害。

3. 摆　动

许多种类的若虫和成虫将身体左右摆动，可以不停地持续半小时或更长时间，这样使其更像树叶或幼枝在微风中摆动。

4. 假　死

当受到惊扰时，许多种类处于假死状态而不活动。这种现象常随着龄期增加而增强，在成虫期尤为明显。

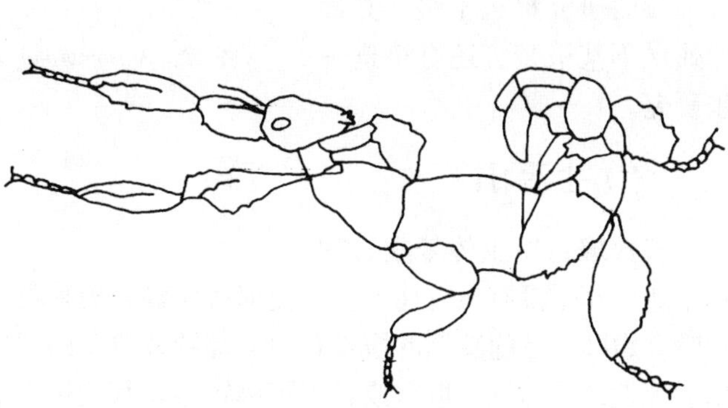

图 10　*Extatosoma tiaratum* 模拟蝎子状（仿 Clark）

5. 展现、发声及足的活动

当受到惊扰时，许多种类从隐蔽状态转变为具惊吓作用的伪警戒色，如突然竖起前翅和后翅，显出鲜艳颜色或花纹（图 11）。有的种类当翅展开时，其前后翅会发出声响，这就加强了惊吓作用。一些种类平时将后足伸展开，两足会很快合到一起，同时，后胸腹面转过来面向敌害。一些种类的后足在股节和胫节间弯曲，这样可利用股节上的刺齿抓捕敌害。

6. 防御性分泌物

许多种类的雌雄两性在前胸的前缘有一对腺体，如 *Anisomorpha buprestoides* 可以45°角向后喷射刺激性分泌物（图12），以抵御其天敌。有些种类的分泌物是散发出一股气味而不是喷射出液体，而这种分泌物是喷到自身上，而不是直接喷到敌害体上。台湾的津田氏大头䗛 *Megacrania tsudai* 的3龄若虫即能喷射一种刺激性防御物质，其主要成分为猕猴桃碱（actinidne）。

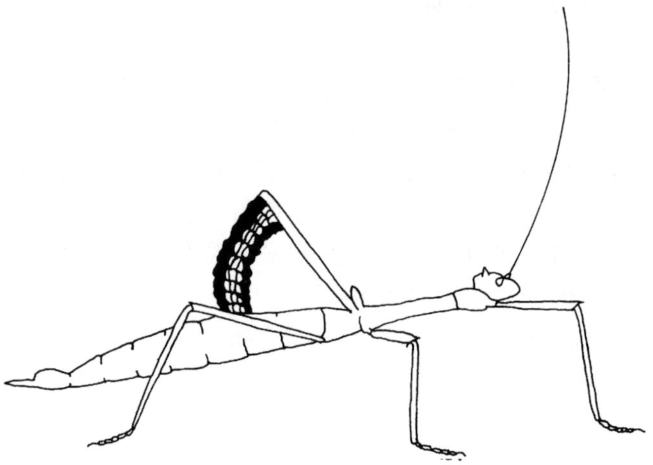

图11 *Orxines macklottii* 示警戒作用鲜艳的后翅（仿 Clark）

（五）天　敌

有关䗛目昆虫的天敌报道较多，从卵到成虫期有寄生性的蜂类、蝇类及捕食性的鼠类、蚂蚁、蜘蛛、螳螂、螨类、变色树蜴及鸟类等，其他尚有病毒及真菌等。目前，有关天敌的研究报道不多，其确切效果不甚清楚，还有待进一步研究。

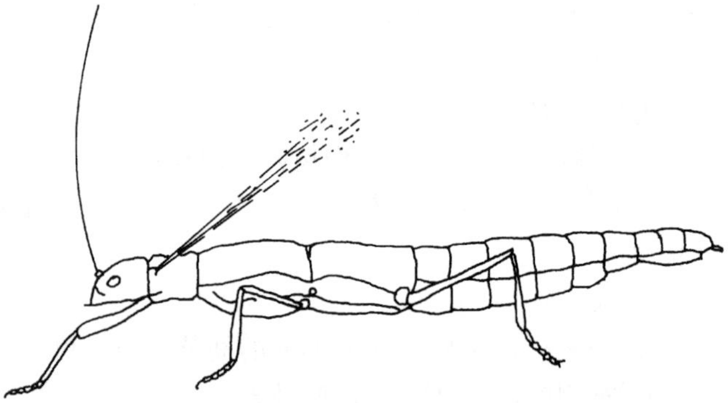

图12 *Anisomorpha buprestoides* 前胸喷射防御性体液（仿 Clark）

（六）生活习性

多数䗛目昆虫体笨重且翅不发达，几乎没有飞行能力，即使那些体轻有翅种类也主要是靠滑翔扩散。幼龄的竹节虫喜欢啃食嫩叶，且随龄期的增长有向上部转移取食的习性。当遇到外界干扰或者惊吓后会表现出假死性，然后继续取食或者短距离转移到其他树上取食。若虫在不利的自然条件下或受到人为干扰、天敌的攻击常会断肢，并且表现出很强的断肢再生能力。多数种类刚蜕皮的若虫及成虫尚有取食蜕的习性，如崇信短肛䗛、平利短肛䗛等。有的种类呈聚集分布，群集取食，但是浙江小异䗛无群聚习性；有的种类在不良环境条件下有滞育现象，而且滞育期对不良环境也有较强的抗性，如小齿短肛䗛和异尾华枝䗛。竹节虫卵的外形似草籽、沙砾、粪便等，成虫的保护色、拟态等对躲避天敌很重要。此外，斑腿华枝䗛和博白短足异䗛 *Dixippus bobaiensis* 成虫体色与寄主枝叶颜色和形状非常相近。瘤䗛属 *Pylaemenes* 某些种类的若虫，常数头群集一起，体背披有脱的皮、沙土与碎枝叶等物，在野外很不易被发现。斑腿华枝䗛还有向后反跳和假死现象，这些对采集都有很大帮助。迄今为止，国内已对数种䗛目昆虫的生活习性及发生规律进行过研究。下面以简表的形式介绍广西博白六种䗛目昆虫的生活习性（表2）：

表2 六种䗛目昆虫的生活习性（广西博白）

虫 种	交 尾	产 卵	栖 息	取 食	其 它
斑腿华枝䗛 *Sinophasma maculicruralis*	白天，5～10分钟/次	于树上产落地面；8～9粒/天，50天左右产完；平均291粒/头	若虫贴叶背；成虫如小枝附在枝干上	若虫食全叶或成缺刻；成虫食全叶、嫩梢，约22片/头	若虫无假死性，成虫有假死性，能向后反跳，可飞翔数十厘米
博白短足异䗛 *Dixippus bobaiensis*	白天，2～3分钟/次	于树上产落地面；60天左右产完；180～302粒/头	栖息于松针或椎树叶片上	若虫食嫩叶；成虫食全叶；食叶约60g/头	有假死性；成虫后期假死性不明显
广华枝䗛 *Sinophasma largum*	中午，数分钟/次	于树上产落地面；60天左右产完	若虫贴叶背；成虫如小枝附在枝干上	若虫咬成缺刻或食全叶；成虫食全叶、嫩梢	成虫有假死性；能向后反跳，傍晚大量下树活动
腹指瘦䗛 *Macellina digitata*	多在晚上，白天少见；历时1.5～2小时；雄性多次交尾	产于非寄主的松针上；状如针叶段斑；有胶状物粘附	多栖息于非寄主的松树上，入夜后喜将体左右摇晃	食全叶，一生食掉约30cm长带叶小枝15株左右，入夜至黎明前取食	多于夜晚活动，1龄若虫有假死性，其余各龄及成虫无假死性
平利短肛䗛 *Baculum pingliense*	多在晚上，白天少见；雌少雄多，历时约1小时多	于树上产落地面；约100粒/头；约15粒/天	栖息于枝条上方或下方，白天不活动，头向梢端	以晚上取食为主，腹面朝上；每天10片以上/头	断肢再生能力弱；若虫喜食蜕皮；晚间活动多于白天
金平彪䗛 *Pharnacia westwoodi*	未明	于树上产落地面；2～4粒/天	栖息于危害的枝条上，攀附或吊挂	日夜均取食；4～5片/头；食叶大部，留下近基部小块	成虫无明显假死性；活动迟缓，雄虫可作短距离飞翔

（七）大发生的影响及其原因

䗛目昆虫为我国近年来新发生的比较典型的森林害虫，并且仍处于上升趋势。在广西每年受䗛目昆虫危害的林木面积为267～400hm^2，最高年份达667hm^2，20世纪80年代，每年林木经济损失在5万元以上。在广东省英德县1988年仅轻度危害，到1990年受害面积即达到约3 500hm^2，其中枯死面积800hm^2，损失木材5万m^3，经济损失500多万元。在吉林、辽宁两省，䗛目昆虫大发生时，可将林木叶片全部食光，从而引起幼树死亡，大树枯梢。

大发生可引起林木大量落叶，导致林木大面积死亡，而大范围的树冠的损失，可以明显减少落叶以后第二年的干材，因为树木营养物都必须生成新的树冠。因而可以通过年轮的生长状况来测定过去危害的情况及严重程度。

大发生是一个复杂的现象，虽然对其中的一些种类做过大量的研究，但所有与之相关的因素还没有确定或充分评价。据国外报道，与发生有关的可能因素：第一个因素是林分的组成，林地主要由蛩目昆虫偏食的植物组成，则易大发生。第二个因素是火灾，林地至少在十年前未发生过火灾，或者 20～80 年前发生过火灾，使林木再生更旺盛，则易大发生。如果火势很大，在烧毁落叶的同时，蛩目昆虫卵与其寄生天敌也被烧死。同样，大火燃烧时带来的热和烟，对成虫和若虫的生存极为不利，也可能对种群起到长期的抑制作用。第三个因素是温度，其影响着卵的发育和滞育。第四个因素是与大发生的范围扩大有关，雄虫和尚未产卵的雌虫，可以滑行扩散一定距离。另外，天敌对种群密度的影响似乎也是重要的，特别是与那些蛩目昆虫的生活周期同步的种类。另一影响大发生的因素是害虫种群密度过大，由于食料供应严重短缺或完全落叶，从而导致种群数量下降。如果存活下来的林木可以很快重新发叶，则第二年可能再次大发生。

四、种类及地理分布

我国地域辽阔，地跨古北界（区）与东洋界（区），南至赤道附近的南沙群岛，北至北纬53.7°的黑龙江漠河地区。南北近50°的跨度，孕育着十分丰富的昆虫种类。但是，我国东部广大地区地势较平坦，无明显的天然屏障，两大区的种类互相交汇渗透，形成了丰富较复杂的昆虫区系。

（一）中国䗛目昆虫的地理区划

我国昆虫区系的起源来自几方面的影响。相对讲，中国-喜马拉雅区系与印度-马来亚区系，影响较大，尤其是后者包括广东、广西、云南等地南部和海南、台湾是我国东洋界䗛目昆虫种类较典型的分布区。现按朱弘复（1987）中国动物地理区划的意见将我国划分为2界3亚界7区16亚区的分法，对我国已知䗛目昆虫的区系作一个概要分析：

1. 古北界

古北界包括东亚亚界的东北区、华北区和中亚亚界的蒙新区、青藏区。

（1）东亚亚界：

Ⅰ. 东北区：本区包括了大、小兴安岭林区，张广才岭，长白山及松花江，辽河平原，可南至北纬41°处。本区主要种类有辽宁皮䗛 *Ph. liaoningensis*、小齿短肛䗛 *B. minutidentatum* 等。

Ⅱ. 华北区：东临黄海、渤海，南抵秦岭北坡、白龙江，西止于祁连山东端，北邻蒙新区与东北区，河北、北京的燕山、山东的泰山、山西的恒山、中条山及江苏、河南、安徽北缘均属此区。本区的䗛目昆虫以䗛科与异䗛科的种类较多，前者如短肛䗛属 *Baculum*、仿短肛䗛属 *Paraclitumnus* 的一些种类，后者有细长足异䗛 *Lonchodes confucius*、辽宁皮䗛 *Ph. liaoningensis* 以及索康瘦䗛 *Macellina souchongia* 等。

（2）中亚亚界：

Ⅲ. 蒙新区：包括内蒙古、新疆的柴达木、准噶尔、塔里木盆地及天山、阿尔金山等。总体而言，本区植被种类少，生长缓慢且不够茂盛。大部分地区为荒漠和草原地带，全境属于半干燥及干燥型，为较典型的大陆性气候。本区昆虫区系特点是种类较单一。目前，已知有异䗛科的皮䗛属 *Phraortes* 与䗛科的介䗛属 *Interphasma* 等个别种类，而且数量也较少，但这里地区广阔，随着调查采集的深入，可能尚有些种类有待发现，估计种数不会很多。

Ⅳ. 青藏区：本区包括青海及西藏西北大部分，北与新疆塔里木盆地相接，南邻喜马拉雅山，东与东南部为四川西部横断山、北边的昆仑山及南边的藏南山地。由于本区的高原，海拔平均高4 500m以上，而海拔较低的河谷地区，气候与植被相差较大。本区的䗛目昆虫相对贫乏，但是，也会发现一些较特殊和相对古老的䗛目昆虫，如叶尾䗛属 *Acrophylla* 个别种类。

2. 东洋界

我国东洋界范围属于中印亚界。中印亚界地处亚洲大陆的东南部，国外则包括越南、泰国、缅甸、柬埔寨、老挝及邻近的一些岛屿。我国则以秦岭山脉往东延伸至淮河流域以南或北纬40°以南的广阔地带。其南端的大岛如台湾岛、海南岛以及西沙群岛、南沙群岛等岛屿，均属中印亚界范围。本区昆虫以东南亚热带－亚热带成分为主。目前，许多学者认为西藏应包括古北界与东洋界成分，喜马拉雅北坡与西北部属古北界，喜马拉雅南坡及藏东南属东洋界。我国东洋界的䗛目昆虫共315种，约占全国总分布种类的94%。

我国中印亚界所辖区域可分为西南区、华中区和华南区3个区。

Ⅴ. 西南区：本区包括四川西部，南至云南北部，北抵青海、甘肃南缘地区，向西达喜马拉雅南坡针叶林带以下山地。本区气候较复杂，干湿季明显，冬季则较温和。本区境内地形起伏大，高山峡谷多，植物与昆虫分布随垂直高度差异也较大。本区昆虫区系复杂而又丰富多彩，大半以上为东洋区系的印度－马来亚种类，也掺杂着古北区系中国－喜马拉雅种类及少量中亚西亚区系种类。而毗邻尼泊尔的聂拉木与亚东，则属于喜马拉雅山亚区，也有一定的东洋界与古北界过渡的种属，如短肛䗛属 *Baculum*。本区䗛目昆虫主要为异䗛科与䗛科的种类，前者有华枝䗛属 *Sinophasma*、竹异䗛属 *Carausius*、股枝䗛属 *Pyramyronides* 等；后者有润䗛属 *Leiophasma*、仿润䗛属 *Paraleiophasma*、中䗛属 *Mesentoria*、短肛䗛属 *Baculum*、长肛䗛属 *Entoria* 等。此外，在藏东南的林芝、亚东、波密、察隅、墨脱等也有较丰富的种类，且有一定数量特有属与种。现已发现有长尾光䗛 *Leurophasma dolichocerca*、林芝藏䗛 *Zangphasma nyingchiense*、中华并胸䗛 *Arthminotus sinensis*、颗粒壮䗛 *Megalophasma granulata* 等新属种。其他有健䗛属 *Sosibia*、股枝䗛属 *Paramyronides* 和翠䗛属 *Calvisia* 等特有种。

Ⅵ. 华中区：本区包括东部长江中下游，东南沿海丘陵地区以及四川盆地、贵州高原，北抵秦岭，南部与华南区相邻，地处南亚热带北边，气候为亚热带湿暖类型。这里分布着许多植被良好的自然保护区，如安徽黄山，浙江的天目山、百山祖、乌岩岭，四川的峨眉山、青城山、万县的王二包、巫山的梨子坪，甘南的文县、康县，湖南的衡山以及武陵山区的张家界、桑植等，贵州江口的梵净山，江西的井冈山、庐山等。由于这里植被丰富，交通方便，历年来国内外组织的考察队多次来考察，因而䗛目昆虫的采集比较丰富，这些地方的䗛目种类总计采集到涉及5科近140种。

由于我国东部广大的长江流域地区，地势平缓，无天然屏障，古北界的种类也有一定的渗透。这里有相当的数量种类与华南区、西南区相同，但也有其自身的特点。

本区䗛目昆虫有短足异䗛属 *Dixippus*、华枝䗛属 *Sinophasma*、小异䗛属 *Micadina*、副华枝䗛属 *Parasinophasma*、皮䗛属 *Phraortes*、玛异䗛属 *Marmessoidea*、管䗛属 *Sipyloidea*、刺背䗛属 *Paracentema*、短肛䗛属 *Baculum*、长肛䗛属 *Entoria*、无肛䗛属 *Paraentoria*、喙尾䗛属 *Rhamphophasma* 及足刺䗛属 *Phobaeticus* 等。

Ⅶ. 华南区：本区属较典型的东洋区，昆虫以印度－马来亚种占优势，古北区系东方种类中的广布种也占一定比例。本区包括广东、广西大部分，福建东南部及沿海，台湾、海南及南海诸岛和云南中南部广大地区，这里南部气候为热带，其他大部为南亚热带。本区气候温热潮湿，植物生长良好，许多热带阔叶林很适宜䗛目昆虫栖息与取食。这里䗛目绝大多数科的种类均能采到。有些属则占相当大比例，如华枝䗛属 *Sinophasma*、小异䗛属 *Micadina*、瘤䗛属 *Pylaemenes*、叶䗛属 *Phyllium*、短足异䗛属 *Dixippus*、皮䗛属 *Phraortes*、阿异䗛属 *Aruanoidea*、瘤胸䗛属 *Trachythorax*、健䗛属 *Sosibia*、新健䗛属 *Neososibia*、长肛䗛属 *Entoria*、短肛䗛属 *Baculum*、彪䗛属 *Pharnacia*、刺异䗛属 *Oxyartes* 等。本区有些䗛目昆虫占相当优势，如观赏性很强的叶䗛属 *Phyllium* 有多种，体被瘤棘的瘤䗛属 *Pylaemenes*、粗棘䗛属 *Spiniphasma*，体型巨大的彪䗛 *Pharnacia* 以及体型比较特殊的优刺异䗛 *Oxyartes honestus*、津田氏大头䗛 *Megacrania tsudi* 和兰屿筒胸䗛 *Phasmotaenia lanyuhensis* 等，这些䗛目昆虫在我国其他区则较少见或无分布。

（二）中国䗛目昆虫的多样性及其分布特性

1. 分布特点

全世界已知䗛目昆虫约 3 000 余种，隶属于 6 科，近 300 余属，主要分布于热带、亚热带湿热地区，温带地区虽然也有分布，但种类明显减少。从我国现有种类组成分析，以东洋区种类最为丰富。据调查，如台湾有 30 余种，海南有近 40 种，而东北、西北、青藏以及蒙新等广大边远地区仅知少数几种。棉管䗛 *Sipyloidea sipylus* 在我国除广布南方数省以外，向北至河南，向西至甘肃均有，国外除分布东南亚、南亚、东亚一些国家外，有人认为可达非洲马达加斯加和澳大利亚的昆士兰，无论从我国或其他国家分布看，无疑是本目中有代表性的广布种；短肛䗛属 *Baculum* 为一大属，全世界有近 160 种，我国即有 80 余种，跨古北界和东洋界两界，我国目前至东北均有，但仍以长江以南地区占绝大多数。华枝䗛属 *Sinophasma* 除 1 种分布越南外，其余 22 种均分布于我国华南、西南、华中地区；叶䗛属 *Phyllium* 全世界 23 种，我国即有 10 种，本属个体数量少，形态奇特，可谓珍稀种类，但分布很广，现知离海岸线很远的内陆地区，如云南就有 3 种，并且超过北纬 29°的西藏也有分布，本属有半数左右为我国特有种。叶尾䗛属 *Acrophylla* 为较原始的类群，全球仅知 9 种（1 种分布新几内亚），以往认为它是大洋洲区的昆虫，近年在我国四川又发现一种，这为探讨䗛目昆虫的生物地理学提供了新资料。我国现有的䗛目昆虫 5 科中，以异䗛科中的长角枝䗛亚科 Necrosciinae 包括的属最多，达 27 个，且绝大多数为有翅种类，主要分布于长江以南地区。我国特有属种很多，特有属有 19 个，特有种超出总数的一半以上。也有少数种分布在相邻的 1～2 个国家，如泛叶䗛 *Phyllium celebicum* 在我国分布于华南、西南 4 省区，国外则分布于东南亚 6 个国家与地区，金平彪䗛 *Pharnacia westwoodi* 除我国外，国外则分布于印度与越南。有些种如雅小异䗛 *Micadina yasumatsui* 则为我国，日本与韩国共有种。刺异䗛属 *Oxyartes* 全世界共 7 种，在我国，除 1 种与越南为共有外，即有 3 个特有种，其余 3 种则分布越南与印度。河南省可谓是古北界与东洋界交汇处，近年从代表该省的南部大别山，中部伏牛山至北部的太行山，共采到䗛目昆虫 19 种，其中新种 9 个，约占新种比例的 53%。这些种分布于 6 个属内，除 1 属为两界共有外，就有 5 属为东洋界种类，如广布种棉管䗛 *Sipyloidea sipylus*、腹锥小异䗛 *Micadina conifera*、河南仿短肛䗛 *Paraclitumnus henanensis*、河南副华枝䗛 *Parasinophasma henanense* 以及皮䗛属 *Phraortes* 的种类等，均属于古北界偏南、东洋界偏北的种类。

我国地域辽阔，地形复杂，气候多样，植被丰富，为众多的物种繁衍、分化创造了有利的条件。同时，我国地跨古北界与东洋界两大动物区系，动、植物资源十分丰富，许多自然保护区，则成为䗛目昆虫良好的栖息地。以下就近十余年与䗛目昆虫区系研究有关的代表性采集地作一简述：

武夷山　为许多生物新种模式标本产地，1937～1938 年德国学者 Klapperich 在武夷山挂墩一带采集昆虫标本 16 余万号。其采集的䗛目昆虫，就有意为中国字首命名的华枝䗛属 *Si-*

nophasma，并以 Klapperich 命名的属模标本克氏华枝䗛 *Sinophasma klapperichi*。此外，也是异尾华枝䗛 *M. mirabile*、迪小异䗛 *M. difficilis*、光泽小异䗛 *M. involuta* 以及宽翅管䗛 *S. adelpha* 等䗛目昆虫的模式标本产地。

茂兰自然保护区 由于其所处特殊地理位置与地貌、地质构造，形成了目前地球上唯一保存下来的，具有独特的喀斯特森林生态系统，其所保存的生物资源及其基因库具有重要科研价值。1997 年在本区考察采集的 16 种䗛目昆虫中，就发现 1 新属与 3 新种。

广西十万大山 地处热带北缘和南亚热带交汇的中间地带，一年四季气候温热，雨量充沛，很适宜多种生物生长发育。而呈现生物资源异常丰富的热带季雨林成分，演化了大量生物物种，十分适宜于喜温湿、生长有多种䗛目昆虫喜食的阔叶林。这里以东洋区成分为主，虽有古北区成分，但所占比例甚小。这里，许多东洋区种类与越南相同，如优刺异䗛 *Oxyartes honestus*、金平彪䗛 *Pharnacia westwoodi*。1998 ~ 2000 年中国科学院在十万大山及其周边地区的昆虫考察中，采有多种䗛目昆虫，隶属于 3 科 11 属，其中即有 1 新属与 5 新种，2 个新记录种。

秦岭中西段及甘南山区 秦岭山脉由东向西走向，为我国两大江河，即长江与黄河两大水源的分水岭，也是我国众所周知的亚热带与暖温带分界线，为热带常绿阔叶林分布北线。在动物区系上也是古北与东洋两界在我国的代表性分界线，其特殊的地理位置和其自身的明显垂直景观使本地区成为研究我国的动植物区系的构造特征、起源和演化的重要地区。总的来看，其昆虫区系为古北、东洋两界之间过渡区的种类，但仍以古北区的种类占较大比重。1998 ~ 1999 年组织该区系昆虫考察中，共鉴定的 11 种䗛目昆虫中，以广布属短肛䗛属 *Baculum*的种占很大比重，达 90% 以上。

长江三峡库区 东起湖北宜昌，西至四川、重庆，跨度 600 多 km。其主要由巴山 - 巫山山区和川东平行岭谷区组成，最高峰为 3 100m 高海拔的大神农架，丘陵和山地占全区总面积的绝大部分，属于湿润亚热带季风气候，雨季与干旱较分明。库区除了东区较平坦外，其他方面由于秦岭、大巴山、巫山、大娄山、邛崃山、大凉山等高山阻隔，寒流不易侵入，呈现出整个库区气温要比其他地区相近纬度、海拔气温略高的特点。库区许多山岭海拔超过 1 500m，山峦重叠，地形复杂多变，无论从气候特点、生物组成等因素分析，其垂直变化极为明显。尤其是库区海拔 1 500m 以下的常绿阔叶林，主要由壳斗科的栎属 *Quercus*、栲属 *Castanopsis*、青冈属 *Cyclobalanopsis*、石栎属 *Lithocarpus* 等组成，为䗛目昆虫的取食、繁衍提供了良好的栖息场所。近年，由于国家实施巨大三峡水库工程，必将对该区生物种类、数量及其区系特征产生明显影响。为了对建设库区前后昆虫区系的对比提供重要科学依据，1993 ~ 1995 年，在国家科委、中国科学院动物研究所等单位支持下，开展了该项目的调查研究。从已采集的 10 种䗛目昆虫中，就包括 2 科，发现 1 新属 6 新种。按三峡库区昆虫区系成分分析，东亚成分中，库区分布就达 7 种，占其总数的 70%。

武陵山地区 处于我国西部高原高山向东部低矮丘陵山地过渡的中间地带。整个地区处于亚热带温暖湿润气候区，昆虫种类复杂且多样，本地区的䗛目昆虫共采有 2 科 10 属 29 种，其中特有种 12 种。就区系成分分析，仍以东洋区成分占优势，多数种类仍以广布属短肛䗛属 *Baculum* 为主。但一些有翅昆虫，如广华枝䗛 *Sinophasma largum*、长臀蔷䗛 *Asceles longicauda*、短瓣小异䗛 *Micadina brevioperculina* 等为较典型的东洋区种。梵净山是本地区最高大的山体，垂直高差明显，森林覆盖率在 80% 以上，拥有我国较好的常绿阔叶林带，对蛸目昆虫的取食繁衍甚为有利。近几年，仅是梵净山自然保护区的蛸目昆虫，就采到2科8属17种，其中就有6个特有种。

天目山 天目山自然保护区位于北纬30°，东经119°，本区地质古老，主峰仙人顶，海拔仅1 506m。本地气候具备中亚热带向北亚热带过渡的特点，一年四季分明，气候温和，雨量充足，森林覆盖率94%左右。由于这里为避暑胜地，交通方便，加上这里丰富的生物资源，早年就有许多中外学者、专家来此考察研究。虽然昆虫纲各类群按昆虫区系成分表现为多样性，其侧重也不同，仅以这里蛸目昆虫为例，仍以东亚成分占绝对优势。如1998～2000年组织的“浙江天目山自然保护区昆虫资源考察”，共采集到蛸目昆虫2科8种，其中有5种是中外学者以天目山为模式产地发表的新种，如小角短肛蛸 *B. brachycerum*、天目山短肛蛸 *Baculum tianmushanense*、瓦腹华枝蛸 *Sinophasma hönei*、角臀华枝蛸 *S. angulata* 和双叶小异蛸 *Micadina bilobata*。

河南四大山系 河南省自南向北有桐柏山、大别山、伏牛山和太行山。这些大山中，除太行山基本为南北走向外，其余为东西走向。秦岭山脉由东进入河南后，分成小秦岭、熊耳山和伏牛山等，呈扇形扩展。海拔由2 000m逐渐降至100m以下，在这一地理区域内，随着海拔高度的降低，昆虫区系受垂直地带性制约逐渐减弱，而受纬度地带性的制约性则逐渐增强，形成了东洋区种类北进和古北区种类南下的格局，表现出昆虫种类较明显的渐变性与渗透性，也形成了古北区与东洋区之间的过渡地带。总体上看，就昆虫的大多数类群而言，在河南仍以古北区种类略占优势，东洋区种类约占40%或以下。昆虫种类以中部伏牛山最为丰富，其区系性质自北往南，呈现出东洋区种类比例逐渐大于古北区的种类，也呈现了以古北区为主的东亚区系成分。河南的有翅蛸目昆虫占很小比例。例如与有翅的华枝蛸属 *Sinophasma* 的近缘属副华枝蛸属 *Parasinophasma* 以及无翅的与短肛蛸属 *Baculum* 相近的仿短肛蛸属 *Paraclitumnus* 种类为其分布的北界，其他则有广布种棉管蛸 *Siyploidea sipylus* 、小异蛸属 *Micadina* 的个别种类，如腹叉小异蛸 *M. conifera* 以及短肛蛸属 *Baculum* 的一些种类，而且，后者的种类与特有种占了相当大的比例。

台湾 属于东洋区，又邻近古北区，大部分昆虫种类属于东洋区成分。在几千万年前，台湾岛曾出现过下沉、上升变迁过程，加上冰河时期从大陆迁移来的一些种，构成了如今台湾的蛸目昆虫区系。在已发现的34种蛸目昆虫中，与内陆不同的就有29种。但台湾的蛸目昆虫也有其独特性，长期的岛屿隔离，分化形成许多与大陆尤其与福建相近的种类，并且独立演化为本地种。如台湾的兰屿筒胸蛸 *Phasmotaenia lanyuhensis*、津田氏大头蛸 *Megacrania tsudai* 为台湾的特有种，这2属仅在菲律宾及其南部国家如印度尼西亚、马来西亚有分布，但与菲律宾的蛸目昆虫却有很深的渊源关系。此外，台湾南部的龙脊角胸蛸 *Hoploclonia draconina* 与前述3国的为共有种。如果与邻近的琉球群岛、日本、菲律宾、印度尼西亚与加里曼丹、巴布亚新几内亚、斯里兰卡等岛屿国家和地区相比，其特有种所占的比例也是相当高的。

西藏高原 根据魏格纳（Wegener，1912）大陆漂移学说发展为当今的“板块运动学说”，认为南亚次大陆即印度板块向东北漂移，并与欧亚板块碰撞，该接触地区长期受到多种力量的作用，逐渐隆起抬升，形成了当今世界上海拔最高、面积最大的西藏高原，一般地势在海拔3 000m以上。西藏高原环境与气候复杂，经过长期的进化，逐步形成目前西藏地区的昆虫区系，这里昆虫区系由东洋区与古北区两大区支配，但由于地域广阔，绝大部分地区仍属于古北区范围。黄复生根据昆虫种类包括其数量与出现的频率、分布类型的特点，并且结合地貌、气候和植被等进行昆虫区划，认为西藏区系的东洋区包括喜马拉雅热带雨林、季雨林亚区和藏东山地森林亚区，前者包括2个小区即墨脱察隅小区和中喜马拉雅小区。后者2个亚区为横断山脉小区与林芝波密小区。古北区包括了广大的高寒草原草甸亚区与西部较小的中亚荒漠亚区。由于各专家研究的昆虫类群不全，陈世骧则认为林芝属于古北区系；波密区系则与云南、缅甸和印度的阿萨姆区系近似。

其中横断山脉地跨著名的金沙江、澜沧江与怒江三江峡谷与高山相间，相对高差1 000 ~ 2 700m，其向东与川西相邻，向南与滇西北相接，这里的昆虫区系比较复杂，相对于海拔低的河谷，以东洋区成分为主，而海拔高的山地则适应那些高山、高寒种类。这里有相当多的昆虫种类是横断山脉的特有成分，并且与川西、滇北甚至青海南部相同，这里相当多的䗛目昆虫为我国特有属及其种类。如长尾光䗛 *Leurophasma dolichocera*、颗粒壮䗛 *Megalophasma granulata*、中华并胸䗛 *Arthminotus sinensis*、林芝藏䗛 *Zangphasma nyingchiense*、多种股枝䗛 *Paramyronides* spp.，以及刺䗛属 *Cnipsus*、短肛䗛属 *Baculum* 与健䗛属 *Sosibia* 的一些特有种类。此外，还发现了深入内陆的叶䗛属 *Phyllium* 的种类——藏叶䗛 *Ph. tibetense*。

2. 我国䗛目昆虫区系组成的特点

（1）我国䗛目昆虫区系及其组成，在起源上隶属于古北界及东洋界，但其东洋界的属种占有明显优势，我国华南及西南区南部则展示了印度－马来区系成分为主的特点。由于䗛目昆虫均为植食性昆虫，植物区系种属组成的地理因素，也是认识䗛目昆虫区系特征的一大要素。

（2）我国西北干旱区与青藏高原，尤其是广阔的蒙新区、青藏区与华北北部，由于气候寒冷干燥、植物种类相对贫乏以及植被稀疏等因素，这里的䗛目昆虫主要为无翅的种类，如异䗛科的皮䗛属 *Phraortes*、䗛科的短肛䗛属 *Baculum* 等少数种类。目前已知我国䗛目昆虫分布海拔的最高处为3 100m的云南维西的云南润䗛 *Leiophasma yunanense* 与3 200m的四川芒康的中华短肛䗛 *B. chinense*，而在台湾的䗛目昆虫则生活于海拔2 500m以下的栎林中。

（3）我国昆虫区系在东洋界和古北界东线的分界线，从目前掌握的䗛目昆虫分布看，在几个省区各有侧重，在河南境内大致在北纬32°以南，在甘肃则以白龙江、汉水流域的康县、文县、武都、成县近北纬34°处，在陕西则以秦岭为界，在西藏境内古北界与东洋界分界应以喜马拉雅南坡3 500m处。西藏东部由于横断山脉南北走向，虽然海拔较高，但在垂直分布上，由于树种组成与林带的不同，常以海拔2 800m以下常绿阔叶林属于东洋区，而以海拔3 200m以上的暗针叶林带属于古北区系，海拔在2 800 ~ 3 200m之间的针阔混交林带则为两大区系的过渡带，这也在一些䗛目昆虫分布与区系组成上得到证实。西藏由于其独特的地质历史与构造，西藏陆地形成后，其生物区系有其多源性，既有古老的生物群，也有次大陆特有的生物群，北方欧亚大陆的古老生物群也可侵入。此外，高原上众多山体，不但在水平上有很大差异，而且不同海拔的垂直差异，造成许多独特生境，也使之成为当今世界上物种分化最为活跃地区之一。尤其是藏东南喜马拉雅热带雨林、季雨林地区，包括雅鲁藏布大峡谷，䗛目昆虫的特有成分占相当大比例。

（4）特有属与种占很大比例。我国已发现的5科65属䗛目昆虫中，特有属占很大比例，达19个，大多数属仅包含1种，分布很窄，而分布较广的介䗛属 *Interphasma* 就有11个特有种。这些特有属中，以西藏、云南、广西、海南等省份居多，如西藏就发现4个新属，

如壮蝌属 *Megalophasma*、光蝌属 *Leurophasma*、并胸蝌属 *Arthminotus* 和藏蝌属 *Zangphasma*。

（5）有翅种类不亚于无翅种类。总的讲，我国蝌目昆虫的相当比例的属，隶于有翅类的长角枝蝌亚科 Necrosciinae 内，多达27 属，其中较大的属有华枝蝌属 *Sinophasma* 达22 种，小异蝌属 *Micadina* 有 12 种。此外，管蝌属 *Sipyloidea* 有 10 种，健蝌属 *Sosibia* 有 8 种。

（6）种类分化明显。短肛蝌属 *Baculum* 为蝌目中一大属，我国种类已知 88 种，约占世界种类的一半以上，其中有 76 种为特有，因而，我国很可能为此属主要发源地与分布区。其他如华枝蝌属 *Sinophasma*、小异蝌属 *Micadina*、介蝌属 *Interphasma* 以及皮蝌属 *Phraortes* 等均有较多种类，而且有相当数量为我国特有种。

（7）山区与植物种类，主要以壳斗科木本植物为主的山林区种类相对丰富。我国南方一些保护良好的自然保护区和壳斗科木本植物丰富的林子，如福建武夷山、广西十万大山、广东南岭山区、浙江天目山、江西庐山、海南尖峰岭、河南伏牛山、贵州梵净山与茂兰自然保护区等，均有丰富的种类。如台湾有 5 个属的种类，就以壳斗科植物为食。

（8）个体少，分布区面积相对要小。在采集时可发现许多种蝌目昆虫，个体很少，有的则见雌性，未发现雄性，有的种类雌雄性比相差很悬殊，有的连续几代以孤雌生殖为主后，再出现两性世代。我国有 10 种叶蝌，至今仅在少数几个博物馆或标本馆有保存，但数量极少，如加上若虫在内，总共不到 30 头。有的如尖峰岭彪蝌 *Pharnacia jianfenglingensis*、金平彪蝌 *Pharnacia westwoodi* 和刺蝌属 *Cnipsus* 的种类，在野外即便仔细采集，也很少见，这些无翅或小翅蝌目昆虫，不但数量小，分布范围也极为有限。有些种如瓦腹华枝蝌 *Sinophasma hönei*、叶蝌属 *Phyllium* 中几个我国特有种，仅在模式产地发现，其他地区尚未发现。蝌目昆虫中除少数种，如辽宁皮蝌 *Phraortes liaoningensis*、河南副华枝蝌 *Parasinophasma henanense*、广西瘤蝌 *Pylaemenes guangxiensis*、索康瘦蝌 *Macellina souchongia*、广华枝蝌 *Sinophasma largum*、冠花刺背蝌 *Paracentema stephanus*、棉管蝌 *Sipyloidea sipylus* 以及叶蝌属个别种类如泛叶蝌 *Phyllium celebicum* 等10 余种分布较广外，大多数种，仅分布某一省区某一狭小地区。即使哪些危害严重，种群数量较大的种类，如斑腿华枝蝌 *Sinophasma maculicruralis*、崇信短肛蝌 *Baculum chongxinense* 和小齿短肛蝌 *B. minutidentatum* 等，虽然连续几年大发生，但仍局限于个别省区的小范围分布。除自然条件，如气候、寄主植物、地形等条件外，蝌目昆虫绝大多数种类，由于体粗笨、无翅或飞翔力很弱等因素，也极大地限制了蝌目昆虫的分布范围。

（9）岛屿昆虫的分布特点。这是指分布于岛屿上，或主要分布于岛屿上的昆虫，由于岛屿地理位置，自然条件与大陆差异较大，因此形成了自己独有的昆虫区系。如海南 38 种蝌目昆虫中有 20 种与内陆不同；在台湾已发现的 34 种蝌目昆虫中，有 29 种与内陆不同。但 2 岛共有的蝌目昆虫却很少，如叶蝌在海南有 4 种，而台湾则无分布，而台湾有的蝌目昆虫，如筒胸蝌属 *Phasmotaenia*、大头蝌属 *Megacrania*、角胸蝌属 *Hoploclonia* 等属的种类，至今则在海南岛与大陆其他地区尚未发现。其中，仅有少数种，如短肛蝌属 *Baculum*、管蝌属 *Sipyloidea* 和华枝蝌属 *Sinophasma* 等个别种类与内陆共有。我国已知长肛蝌属 *Entoria* 有 23 种，仅台湾就有 12 种。除少数与日本共有外，多数为当地特有，特有种就近达40%。

（10）蝌目昆虫的垂直分布。据黄世富的观察与研究，台湾蝌目昆虫的垂直分布很明显，其植被带可分成从海滨的海岸林、500m 以下的榕-楠林带、500～1 500m 的楠-槠林带、1 500～2 000m 的栎林带下层、2 000～2 500m 的栎林带上层、2 500～3 100m 的铁杉-云杉林带、3 100 ~ 3 600m 的冷杉林带以及 3 600m 以上的高山植物带。由于大陆块的加热效应与东北季风的双重作用，其植被带和台湾䗛目昆虫分布呈现自北至南越来越丰富的态势。按植被带，台湾的䗛目昆虫主要分布于海拔 2 500m 的栎林带以下。因此，认为台湾的䗛目昆虫适合生存于温暖而潮湿的环境。瘤䗛 *Pylaemenes* sp. 与粗粒长足异䗛 *Lonchodes illepidus* 仅分布于1 000m以下林相较好的林中；双色长足异䗛 *Lonchodes bicolor* 与台湾皮䗛 *Phraortes formosanus* 分布于2 000m 以下的山区；小异䗛属 *Micadina* 分布于500 ~ 1 200m 的山区；截臀华枝䗛 *Sinophasma truncata*、六斑瘤胸䗛 *Trachythorax sexpunctatus* 及恒春长肛䗛 *Entoria koshunensis* 则分布于从海岸林至海拔 800m 的山区。从目前采集纪录，台湾的䗛目昆虫种类在海拔1 500 ~ 2 000m 种类相当少，仅发现长肛䗛属 *Entoria* 与长足异䗛属 *Lonchodes* 各 2 种共计 4 种，海拔 2 000m以上则很难发现。大陆纬度越高则仅能采到皮䗛属 *Phraortes*、短肛䗛属 *Baculum* 的种类，而长肛䗛属 *Entoria* 的种类可分布于纬度较低的偏南地区。中䗛属 *Mesentoria* 和润䗛属 *Leiophasma* 等则分布于海拔较高处。

3. 属的区域分布

我国地域辽阔，自然条件复杂，为䗛目昆虫的繁衍生存提供了极为多样化的条件，昆虫区系丰富，特有属种多，我国目前已知 65 属 336 种䗛目昆虫，占世界已知种类的 1/10 强，其中特有种 264 个，占中国种类的 78%，特有属 19 个，占我国已知属近 30%。我国䗛目昆虫属的大小相差很远，种数在 10 种以上的有叶䗛属 *Phyllium*、小异䗛属 *Micadina*、华枝䗛属 *Sinophasma*、短肛䗛属 *Baculum*、长肛䗛属 *Entoria*、短足异䗛属 *Dixippus* 和皮䗛属 *Phraortes* 等，而种数在 1 ~ 2 种的属占很大比例。在众多属中以短肛䗛属 *Baculum* 为最大，约占䗛目昆虫总数的 26%。绝大多数䗛目昆虫为东洋界成员，但少数如皮䗛属 *Phraortes*、短肛䗛属 *Baculum* 一些种类可跨两大界，有些属如副华枝䗛属 *Parasinophasma* 与仿短肛䗛属 *Paraclitumnus* 一些种类，最北可分布至两界交汇处。今参照中国动物地理区划，对我国已知䗛目昆虫属的分布作如下论述：

（1）广布属：短肛䗛属 *Baculum* 已知分布有东北、华北、华中、华南、西南以及西藏等。本属分布广，危害种类也多。介䗛属 *Interphasma* 分布于华中、华南、西南、蒙新。长肛䗛属 *Entoria* 分布于华中、华南。管䗛属 *Sipyloidea* 分布华南、西南以及西藏。华枝䗛属 *Sinophasma* 分布华中、华南、西南、华北。股枝䗛属 *Paramyronides* 分布西南、华南以及西藏。皮䗛属 *Phraortes* 分布华中、华南、西南、东北。刺背䗛属 *Paracentema* 分布于华中、华南。长足异䗛属 *Lonchodes* 分布有华北、华中、华南。短足异䗛属 *Dixippus* 分布有华北、华中、华南以及西藏。竹异䗛属 *Carausius* 分布华南、华中、西南。小异䗛属 *Micadina* 分布于华中、华北、华南、西南。叶䗛属 *Phyllium* 分布于华中、华南以及西藏。玛异䗛属 *Marmessoidea* 分布华南、西南、华中。蔷䗛属 *Asceles* 分布华南、华中。副华枝䗛属 *Parasinophasma* 分布华中、华南。瘦䗛属 *Macellina* 分布华中、华南、华北。短角棒䗛属 *Ramulus* 分布西南、蒙新。仿短肛䗛属 *Paraclitumnus* 分布华南、华中、华北、西南。拟短肛䗛属 *Parabaculum* 分布华中、华北。无齿股䗛属 *Parasipyloidea* 分布华中、华南。刺䗛属 *Cnipsus* 分布华南、西南。新健䗛属 *Neososibia* 分布华中、华南。喙尾䗛属 *Rhamphophasma* 分布华中、西南。瘤胸䗛属 *Trachythorax* 分布华中、华南。健䗛属 *Sosibia* 分布华南、西藏。

（2）窄分布属：窄分布属是指仅分布某大区甚至某省区。

华南分布 圆足䗛属 *Gongylopus*、仿圆足䗛属 *Paragongylopus*、瘤䗛属 *Pylaemenes*、阿异

蝽属 *Aruanoidea*、角胸蝽属 *Hoploclonia*、南华蝽属 *Nanhuaphasma*、大头蝽属 *Megacrania*、彪蝽属 *Pharnacia*、筒胸蝽属 *Phasmotaenia*、原异蝽属 *Prosceles*、仿原异蝽属 *Paraprosceles*、琼蝽属 *Qiongphasma*、粗棘蝽属 *Spiniphasma*、角臀蝽属 *Necroscia*、新棘蝽属 *Neohirasea*、拟刺背蝽属 *Pseudocentema*、佛蝽属 *Phryganistria*、刺异蝽属 *Oxyartes*、偏健蝽属 *Hemisosibia*、齿臀蝽属 *Paramenexenus*、厚蝽属 *Pachymorpha*、副厚蝽属 *Parapachymorpha*、长腹瓣蝽属 *Prosentoria*。

西南分布 润蝽属 *Leiophasma*、仿润蝽属 *Paraleiophasma*、中蝽属 *Mesentoria*、叶尾蝽属 *Acrophylla*、滇蝽属 *Dianphasma*。

华中分布 无肛蝽属 *Paraentoria*、足刺蝽属 *Phobaeticus*、棘蝽属 *Acanthophasma*、光胸蝽属 *Clitarchus*。

西藏分布 壮蝽属 *Megalophasma*、并胸蝽属 *Arthminotus*、光蝽属 *Leurophasma*、藏蝽属 *Zangphasma*、翠蝽属 *Calvisia*、宽腹蝽属 *Menexenus*。

（三）一些蝽目昆虫属的地理分布

1. 叶蝽属 *Phyllium*（图 13）

本属包括 2 个亚属即丽叶蝽亚属 *Pulchriphyllium* Griffini 和叶蝽亚属 *Phyllium* Illiger。本属主要分布于东南亚地区以及巴布亚新几内亚，前者全世界 5 种，我国包括 1 特有种（即中华丽叶蝽 *Ph. sinensis*）在内仅知 2 种；后者全世界已知 18 种，我国包括 5 个特有种在内共计 8 种。现知这 10 种叶蝽在华南沿海一些省份至内陆地区如云南、贵州甚至西藏均有分布。

图 13 叶蝽属 *Phyllium* 地理分布

叶䗛多生活在近海地区和岛屿上，我国迄今已知海南、福建、广东、广西、云南、贵州、江西、西藏等省份均有分布，仍以海南（4 种）、广西（4 种）、云南（3 种）居多。这类珍稀昆虫至今在湖南、台湾仍未发现，是否个体数量太少不易发现，仍然是个谜。而且这类昆虫一些种类分布至远离沿海的西藏、云南、贵州等省份，这一现象有必要从地球变迁、喜马拉雅高地抬升与气候变化等多方面因素深入分析。

2. 皮䗛属 *Phraortes*（图 14）

本属建于 19 世纪上叶，当时仅知 1 种，以日本的 *Phraortes elongata* Thunberg 作为模式种。1935 年日本昆虫学家 Shiraki 曾记述了日本与中国台湾的一些种类，日本有 4 种，中国台湾仅有 2 种。20 世纪 80 年代，我国䗛目分类学者经过多年采集与调查研究，至今我国的种类已达 27 种，为当今世界主要分布区。今已知有十余省份分布，个别种如辽宁皮䗛 *Phraortes liaoningensis* 往南可达江苏、浙江，向北可达内蒙古和辽宁为偏北种外，其他大多数种以南方省份为主，尤以广东、广西、福建、台湾居多。

图 14　皮䗛属 *Phraortes* 地理分布

3. 华枝䗛属 *Sinophasma*（图 15）

本属于 1940 年 Günther 根据福建武夷山产的，以采集人 Klapperich 命名的克氏华枝䗛 *S. klapperichi* 作为属模标本。当时 Günther 定了 4 个种，另一种也产于武夷山，其余 2 种分别产于江西庐山与浙江天目山。此后，我国学者陆续发现，迄今共知 22 种，主要分布于我国长江以南大部分省份的热带和亚热带林区。但是，近年在越南也有发现。从其种类组成分析，绝大多数为东洋区成员。

图 15　华枝䗛属 *Sinophasma* 地理分布

图 16　小异䗛属 *Micadina* 地理分布

4. 小异䗛属 *Micadina*（图 16）

本属与华枝䗛属 *Sinophasma* 近缘，主要分布于我国，少数分布于日本、韩国。迄今，我国共知 12 种，其中有 3 种与日本及韩国共有外，其余 9 种均为我国特有种。有趣的是本属在台湾也有分布，但在海南尚未发现。按迄今已知我国种类分析，除少数种类适宜于华南亚热带山林中生活外，大多数种类为东亚种系，即介于古北界、东洋界两界过渡区分布的种。

5. 长肛䗛属 *Entoria*（图 17）

本属我国已知 23 种，除少数种分布于内陆腹地四川外，绝大多数分布于台湾与福建两地。但在香港有 4 种外，迄今，尚无广东其他地区的分布记录。从其分布点分析，其与叶䗛属 *Phyllium* 主要分布于沿海与岛屿的特点相似，台湾海峡两岸可能是本属种类分化的一个活跃地区。

图 17　长肛䗛属 *Entoria* 地理分布

6. 无肛䗛属 *Paraentoria*（图 18）

本属为我国特有，现共知 2 种，主要分布长江中上游的江西庐山与四川万县两地，是否由于该地特殊地形、气候与寄主限制，或由于采集资料不全造成的结果，尚有待进一步研究。

7. 短肛䗛属 *Baculum*（图 19）

短肛䗛属 *Baculum* 为一大属。就其世界范围看，古北区、新北区、东洋区均有分布。在纬度较高处，如我国的吉林、俄罗斯远东地区、日本、韩国等地均有发现。迄今，我国已知短肛䗛属 *Baculum* 有 88 种，也是我国䗛目昆虫中最大的属，其种数超过世界短肛䗛属总数

图 18　无肛䗛属 *Paraentoria* 地理分布

图 19　短肛䗛属 *Baculum* 地理分布

的50%以上，约占我国䗛目昆虫的1/4。本属在我国已知分布于21省份，其中以平利短肛䗛 *Baculum pingliense* 和断沟短肛䗛 *B. intersulcatum* 分布最广，均为古北区和东洋区的共有种。此外，我国发现大量特有种，其寄主也较多样化，种类分化明显，有些种类严重危害农、林业。我国短肛䗛属的多数种类分布于南方省份，如云南17种、四川14种、广西13种。因而，我国广阔的东洋区范围内的丰富种类很可能是该类昆虫发源与演化的中心。

8. 新健䗛属 *Neososibia*（图20）

本属为我国特有。迄今，本属共发现3种，分别位于广东封开的短刺新健䗛 *N. brevispina*、广西大瑶山的金秀新健䗛 *N. jinxiuensis* 和贵州茂兰国家级自然保护区的贵州新健䗛 *N. guizhouensis*。这些地区地势不高，一般海拔在800～1 500m，这3种新健䗛分布区的连线自西向东跨3省份，为一东南西北走向的直线，纬度虽然仅差2°，但是种类分化明显，尚未显现明显的“内陆效应”。

图20 新健䗛属 *Neososibia* 地理分布

9. 股肢䗛属 *Paramyronides*（图21）

本属在我国有5种，有2种各分布于广西龙州的白斑股肢䗛 *P. albopunctata* 与云南西双版纳的云南股肢䗛 *P. yunnanensis*，这两种分别位于北回归线南北附近，而白斑股肢䗛 *P. albopunctata* 临近沿海，云南股肢䗛 *P. yunnanensis* 位于内陆云南南部的低海拔地区，另有3种为分布于西藏、云南较高海拔地区，如分布于察隅的察隅股肢䗛 *P. zayuensis* 和墨脱的细尾股肢䗛 *P. angusticauda*，海拔分别在2 280m和2 650m，而单齿股肢䗛 *P. unideutatus* 则分布于云贵高原的波密与兰坪，海拔在 2 300 ~ 2 400m，这些离沿海甚远的内陆地区，同类昆虫分布的海拔则越高，这种分布格局是否是“内陆效应”引起的，还有待考证。由此可见，同类昆虫不同种的分布规律是错综复杂的。

图 21 股肢蝌属 *Paramyronides* 地理分布

10. 中蛸属 *Mesentoria*（图 22）

本属为我国特有属，现已知 5 种。即分布于云南丽江的尖尾中蛸 *M. acuticudata*、元谋的褐纹中蛸 *M. testacea*、双带中蛸 *M. bifasciata* 和元谋中蛸 *M. yuanmouensis* 以及四川盐边的盐边中蛸 *M. yanbianensis*。从目前已知种的分布看，这几种中蛸主要集中分布于川南与滇东、滇西的三角地带，也即是东洋界西南区海拔 1 180 ~ 2 750m 的西南山地亚区。

11. 介蛸属 *Interphasma*（图 23）

本属分布较广，为我国特有，已知四川有 4 种，江西、云南、广西、陕西、甘肃、贵州、新疆各 1 种。总的讲，本属绝大多数为东洋区种类，有的种已分布至我国西部古北界南缘，甚至已渗透至古北界的新疆地区。其纬度自北纬 22°至近北纬 40°处，而主要分布于东洋界西南、华中及华南 3 区 7 个省份。自南从低海拔的云南西双版纳至具有 1 800 ~ 2 000m 较高海拔的四川峨眉山均有分布。

图 22　中䗛属 *Mesentoria* 地理分布

图 23　介䗛属 *Interphasma* 地理分布

五、䗛目昆虫的采集、饲养与标本制作

综上所述，我国䗛目昆虫的适生环境仍以南方省份居多。一般在热带雨林、亚热带林区小道，邻近小溪、河边僻静处，常能发现多种䗛目昆虫。此外，一些小山顶或海拔较高处常可能有意外的收获。由于大多数䗛目昆虫晚上活动，白天静伏。在白天采集时，应该特别注意一些具有拟态或伪装巧妙的䗛目昆虫，有的形态模拟植物的枝叶，有的体色与植物颜色基本一致。那些生活于地表和树皮的种类有的似苔藓，有的体上粘有很多黏性物混在一起的杂质，有的体肢带刺，使人们与其他动物不敢接近。由于许多䗛目昆虫无翅、短翅、体重或飞翔不远，所以一旦发现目标，可直接用手抓住或用虫网敲落或扣住。晚上采集，灯具总是不可缺少的，根据需要可自由选择手电筒、头灯或电瓶式灯具。在南方热带雨林中，晚上7～8时则是较合适的采集时间。用手或镊子捕虫时，应尽量避免直接夹住任何足的部位。䗛目昆虫很易断肢，但是，再生能力也很强，许多种的鉴定，需要根据3对足的构造特征，因而在采集时，应注意保存完好的肢体。为了更多了解䗛目昆虫的生活习性及完整的生活史，不仅是用毒瓶将虫一杀了之，可适当采集一些幼龄若虫或卵带回室内饲养。此外，也要了解有关寄主植物及周围生态环境。一般幼龄若虫喜在嫩叶反面栖息、取食。当发现虫情时，可直接将网放于其下，触动枝叶或用口吹即可落网。常备装虫容器在市面均可购到，也可用一些通气的塑料盒或硬纸盒代用品装盛。室内饲养要选择通风处，保持一定的湿度和温度，经常换新鲜枝叶，并防止一些天敌如蚂蚁、蜘蛛、蜥蜴等进入。若在野外可直接将纱网虫笼套住带虫的枝叶观察，这样可避免每隔数天换食料的麻烦。

无论是用化学制品或其他方法毒杀的䗛目昆虫，最后应制成标本加以妥善保存。有的可以直接投入70%酒精中保存，但很容易褪色。干制标本时，体大易腐者，则可沿腹部侧膜处剪开，取出内脏，再用药棉填充，然后用不锈钢昆虫针可依据虫体大小选择不同号数，一般将针垂直插入中胸后方，即中足着生处稍前位置。有的由于体甚长或体重腹部易掉者，可直接在虫体下填以较硬狭长纸片托住，或用长短合适的火柴棍、不锈钢昆虫针等连接，待干燥后，取下加上标签即成。签上至少要记载采集地、采集日期、采集人，尽可能将寄主、海拔等标上则更完整。采集地不要随便用小地名，如某某温泉、某某山庄等，其前面应标有省地县等大地名，否则时间久了就易遗忘。此外，随意将不同个体的残肢拼凑在一起，容易导致记载出错。在整肢有翅种类的同时，最好将其后翅展开与体呈直角摆放固定，这样也有利于观察脉相与后翅膜质部分（臀域）的颜色和花纹。

六、中国重要䗛目昆虫的发生与治理

自 1985 年陕西省安康地区报道我国第一起竹节虫大发生以来，竹节虫已逐步成为林业上的重要害虫，主要表现为种类较多、危害严重和分布广泛。一些重要的种类不仅对林业生产已造成重大经济损失，并且对农业生产已构成一定威胁。这类害虫蔓延迅速，南至浙江、广西，北至辽宁、吉林，西至甘肃均有报道和研究，已引起有关专家和生产单位的重视。至今，经整理这些重要䗛目昆虫隶属于 2 科 8 属 17 种，现将其鉴别依据与生物学特性，以及目前可行的治理方法介绍如下：

（一）主要种分种检索表

主要种分种检索表

1. 触角线形，分节不明显，尤其在中部之后，长于前股节，通常长于身体；若短于前股节和分节明显，则所有股节腹面边缘无齿，中、后足股节中脊非锯齿状，通常仅具少数端齿或无（异䗛科 Heteronemiidae） ………… 2

   触角线形，分节明显，通常短于前股节；雌虫股节基部明显锯齿形或触角长于前股节，但从不如体长；中、后足股节腹面脊明显地呈均匀锯齿形（䗛科 Phasmatidae） ………… 11

2. 触角线形，分节明显，短于前股节；中、后足股节腹面边缘无齿、刺（短角棒䗛亚科 Pachymorphinae）雄性臀节截形或略成凹缘，第 9 腹节后侧具尖齿，雌虫臀节变化大（瘦䗛属 *Macellina*）

   触角 19 节；前足股节超过中胸背板的 1.5 倍，下生殖板非矛形 … **腹指瘦䗛 *M. digitata* Chen et Wang**

   触角线形，分节不明显，长于前股节，通常长于身体：中、后足股节腹脊有不均匀齿，通常仅具少数端齿或无，多数无翅：体细长如棍棒状 ………… 3

3. 具翅或翅芽；若无翅，则中胸背板长于后胸背板；雄虫臀节不裂开呈双叶状，雌虫不具喙状产卵器（长角枝䗛亚科 Necrosciinae） ………… 4

   无翅；中足股节等于或短于后胸背板加中节之和；雄虫臀节裂开呈双叶状，或至少具有 2 个指形弯曲的突起（长角棒䗛亚科 Lonchodinae） ………… 10

4. 雄性臀节略短；尾须圆柱形，略内弯（小异䗛属 *Micadina*） ………… 5

   雄性臀节背板明显延长，弯曲，并膨大；雌性臀节正常，第 8 腹节背板较短，产卵器外露；尾须形态多样（华枝䗛属 *Sinophasma*） ………… 7

5. 第 7 腹节腹板端部有明显叉突 ………… **腹锥小异䗛 *M. conifera* Chen et He**

   第 7 腹节腹板端部无明显叉突 ………… 6

6. 肛上板超出腹端；腹瓣伸至第 9 腹节前端；有雄性 ………… **英德小异䗛 *M. yingdeensis* Chen et He**

   肛上板与腹端平齐；腹瓣伸至第 9 背板后缘；未见雄性 ………… **浙江小异䗛 *M. zhejiangensis* Chen et He**

7. 尾须圆柱形 ………… 8

   尾须非圆柱形 ………… 9

8. 雄性腹部第 9 背板侧后角叶状扩大；下生殖板无角突 ………… **斑腿华枝䗛 *S. maculicruralis* Chen et He**

   雄性腹部第 9 背板侧后角正常；下生殖板具不对称角突 ………… **广华枝䗛 *S. largum* Chen et Chen**

9. 雄性尾须锥形，水平向前伸向第 8 腹节两侧；臀节背面中央处具锥突，端部平截；下生殖板短，无角状

突…………………………………………………………………………… 异尾华枝䗛 *S. mirabile* Günther

雄性尾须扁平，端部渐尖，近垂直向下；臀节背面中央略内凹，端部具两锥角略内卷；下生殖板具三个角状突 …………………………………………………… 拟异尾华枝䗛 *S. pseudomirabile* Chen et Chen

10. 雌性头部有1对角突；肛上板短宽；雄性中后胸两侧有红棕色纵线 …………………………………………………………………………… 双线皮䗛 *Phraortes bilineatus* Chen et He

雌性头部无1对角突；肛上板尖长；雄性中后胸两侧无红棕色纵线 ……………………………………………………………………… 博白短足异䗛 *Dixippus bobaiensis* (Chen et He)

11. 前足股节锯齿多，中后足股节下中脊齿密（足刺䗛属 *Phobaeticus*）

前足股节上有两排齿，中节短，腹瓣很长，且端部尖形……………… 白带足刺䗛 *P. albus* (Chen et He)

前足股节齿少或无，中后足股节下中脊齿疏或无 ………………………………………………………… 12

12. 臀节与肛上板愈合（喙尾䗛属 *Rhamphophasma*）

3对足较短，股节端部无齿状物；腹瓣端尖，稍开裂 ………………… 褐喙尾䗛 *Rh. modestum* Brunner

臀节与肛上板分离 …………………………………………………………………………………… 13

13. 前足股节光滑（拟短肛䗛属 *Parabaculum*） ……………… 巫山拟短肛䗛 *P. wushanense* (Chen et He)

前足股节具齿列（短肛䗛属 *Baculum*） ………………………………………………………… 14

14. 头部有1对角突 …………………………………………………………………………………… 15

头部无1对角突 ……………………………………………………………………………………… 16

15. 腹瓣不超过肛上板；臀节端部两侧叶截形，宽大 ……………… 断沟短肛䗛 *B. intersulcatum* Chen et He

腹瓣超过肛上板；臀节端部两侧叶锐角形 ……………………… 崇信短肛䗛 *B. chongxinense* Chen et He

16. 体小；足短，中后足胫节基部无齿……………………… 小齿短肛䗛 *B. minutidentatum* Chen et He

体大；足长，中后足胫节基部具1齿 ……………………………… 平利短肛䗛 *B. pingliense* Chen et He

（二）主要种的发生危害及生物学特性

1. 平利短肛䗛 *Baculum pingliense* Chen et He

分布：陕西、甘肃、广西、四川、湖北、贵州。

寄主：勒仔树、栎、构树、梧桐、合欢、枫杨、苹果等林木，以及玉米、水稻、大豆等农作物，常与断沟短肛䗛混生，危害面积累计约10 000～13 000hm^2。2005年7月，在四川东南部与广华枝䗛混合大发生，危害面积超过1 000 hm^2。

生物学特性：在陕西安康一年一代，以卵在地下、杂草、枯枝落叶中越冬。越冬卵在3月下旬孵化即出现1龄若虫，4月初为孵化盛期；6月下旬至9月中旬为成虫危害期；危害盛期在7月中旬至7月底，主要表现为食量增加，7月下旬至9月下旬为产卵期，雌虫产卵后一般不取食，第5天开始死亡，10天后基本自然死亡。雄虫在8月初开始死亡，9月上旬全部自然死亡。在广西博白一年发生一代，若虫、成虫期长达4～5个月，4月下旬至5月上旬为孵化盛期，6～7月为交尾产卵盛期。

2. 断沟短肛䗛 *Baculum intersulcatum* Chen et He

分布：陕西、甘肃、湖南、湖北、四川、贵州。

寄主：勒仔树、栎、构树、梧桐、合欢、枫杨、苹果、玉米、水稻、大豆，常与平利短肛䗛混生。危害面积累计约10 000～13 000hm^2。

生物学特性：据观察，在陕西安康地区与平利短肛䗛相似。

3. 崇信短肛䗛 *Baculum chongxinense* Chen et He

分布：甘肃。

寄主：千金榆、辽东栎等10多种林木。1988年的成灾面积700余hm^2，每株虫口1 000~5 000头。至1998年发生面积达2 666.7hm^2，成灾面积2 133.3hm^2。

生物学特性：据李秀山等研究，崇信短肛䗛在甘肃新窑林区2年发生1代，以卵在朽枝落叶下越冬；翌年4月中旬开始孵化，4月下旬至5月上旬为孵化盛期，若虫共3龄，每龄约1个月，若虫期大约90天，成虫期长约60天。8月上旬开始产卵，8月中旬为产卵盛期，8月下旬成虫开始死亡，至10月中旬全部死亡。翌年卵全年滞育，室内饲养未见孵化，第3年4月中旬开始孵化。若虫取食量占叶片总重量的10.4%，成虫取食量占叶片总重量的89.6%。室内测定，平均每头雌虫产卵量为41.8粒。7月中下旬，若虫2~3龄时，为防治最佳时期。

4. 小齿短肛䗛 *Baculum minutidentatum* Chen et He

分布：吉林、辽宁。

寄主：蒙古栎、黑桦、糠椴、春榆、山丁子、忍冬、卫矛等10多种林木，以及玉米、大豆等多种农作物。危害面积近3 000hm^2。

生物学特性：生物学比较复杂。在吉林地区跨3个年度两年完成一个世代。由于成虫产卵期长，若虫和成虫出现的时间相互重叠。卵经两个冬季后于第3年4月下旬开始陆续孵化，长达20个月近600多天，孵化期从4月下旬延续到6月上旬约45天，孵化盛期为5月上旬至下旬约30天；1龄若虫出现在4月末至6月初，6龄若虫出现在7月中旬至8月下旬；若虫发育期80~85天，于7月下旬开始出现成虫，一直延续到9月上旬，约40天。成虫产卵期8月上旬（室内早于室外为7月下旬）至10月上中旬约65天。由于10月中旬气温剧降，8月中旬至9月初出现的成虫未产完卵即被冻死。

5. 巫山拟短肛䗛 *Parabaculum wushanense* (Chen et He)

分布：四川、河南、陕西。

寄主：栓皮栎、麻栎、青冈栎、板栗、茅栗、橡树、榛、槭树、树莓、刺梅、蔷薇等。

生物学特性：尚待深入研究。2006年在陕西宁强县与腹锥小异䗛 *Micadina conifera* 混合大发生，危害面积约1 380hm^2。8月上旬为危害盛期，阳坡重于阴坡，多发生于海拔1 200~1 700m的高山密林，危害以栎类为主，其次为槭树类。重灾区85%林木树叶被食光，约10%林木濒临枯死。大发生时，400~500头/株，多者达10 000余头/株。至8月中旬，开始由阳坡向阴坡，由海拔高处向低处扩散蔓延。估计此虫1年1代，以卵越冬。

6. 白带足刺䗛 *Phobaeticus albus* (Chen et He)

分布：四川、湖北。

寄主：柏树、油桐、乌桕、青冈栎、麻柳、化香树等林木，以及玉米、马铃薯等农作物。其中危害柏树纯林比混交林重。危害面积累计达3 000~6 000hm^2。

生物学特性：在四川东部2年1代，以卵和2龄若虫越冬。在越冬期的卵和若虫均能忍受0℃的低温。若虫在越冬期体色加深，在树的枝叶丛中静伏不动，当气温上升到9℃以上时，仍可取食危害，1龄若虫于9月上旬出现，历期35天；2龄若虫10月上旬出现，并于

11 月中旬进入越冬直至翌年 3 月上旬，历期约 155 天；3 龄若虫于 3 月下旬出现，历期约 28 天；4 龄若虫 4 月中旬出现，历期 17 天；5 龄若虫于 5 月上旬出现，历期 17 天；6 龄若虫 5 月下旬出现，历期 22 天；成虫于 6 月中下旬出现，7 月上旬开始产卵，历期 50 ~ 75 天，雄虫羽化一般早于雌虫，羽化后 3 ~ 4 天开始交尾，有的羽化后仅 8 小时便可交尾，每虫可交尾2 ~ 4 次，每次历时 7 小时左右；雌雄比为 1∶2；成虫交尾后 15 ~ 17 天开始产卵；每头雌虫每天产卵 0 ~ 9 粒，平均 3. 5 粒，其一生产卵量 74 ~ 158 粒，当年 8 月下旬以后产卵，于翌年 8 月下旬孵化，卵期长达 315 ~ 371 天。其危害特点是低山比高山重，疏林重于密林，植被稀的林地较植被多的为重。

7. 英德小异䗛 *Micadina yingdeensis* Chen et He

分布：广东、江西、湖南。

寄主：黎蒴栲、山毛榉等。累计危害面积约 6 000 ~ 10 000hm^2。

生物学特性：在广东英德县每年发生 2 ~ 3 代，世代重叠，2 月下旬越冬卵开始孵化，3 月中旬至 4 月上旬是孵化高峰期，卵期为 70 ~ 80 天；4 月中下旬是若虫高峰期，若虫期为 50 ~ 60 天；5 月中下旬是成虫高峰期，6 月下旬第 1 代卵孵化，卵期为 40 ~ 45 天，此时林间可存在多种虫态。成虫在 8 月上中旬交尾产卵，这是林间出现的第 2 个成虫高峰期，也是林木受害最严重期。9 月下旬为第 2 代卵的孵化始见期，卵期为 40 ~ 45 天；若虫生长期 40 ~ 45 天；11 月上中旬成虫交尾产卵，12 月中下旬遇到低温、霜冻，成虫死亡。第 1、2 代雌成虫产的卵在林间枯枝落叶层下越冬，越冬代成虫于 8 月中下旬全部死亡，第 1 代成虫和第 2 代成虫至 12 月中下旬遇低温霜冻影响而死亡，第 1 代成虫寿命最长，雌虫比雄虫寿命长，雌雄性比为 5∶2，越冬代平均每头雌虫产卵量 348 粒，最高 498 粒，日平均 7. 4 粒。第 1 代平均每头雌虫产卵量 606 粒，最高 818 粒，日平均 9. 4 粒；第 2 代平均每头产卵 200 粒，最高 270 粒，日平均 8. 4 粒。卵的孵化率平均为 90% 以上，若虫成活率 85% ~90%。

8. 浙江小异䗛 *Micadina zhejiangensis* Chen et He

分布：浙江。

寄主：甜槠、米槠。危害面积约 20hm^2。

生物学特性：1 年发生 1 代，以卵越冬，3 月下旬卵孵化，7 月初出现成虫，雄虫少见，主要以雌成虫进行孤雌生殖，9 月下旬自然死亡。

9. 腹锥小异䗛 *Micadina conifera* Chen et He

分布：湖北、河南、陕西。

寄主：栓皮栎、麻栎、青冈栎、板栗、茅栗、橡树、榛、槭树、树莓、刺梅、蔷薇等。

生物学特性：尚待深入研究。2006 年在陕西宁强县与巫山拟短肛䗛 *Parabaculum wushanense* 混合发生，危害面积约 1 380hm^2。8 月为危害盛期，危害以栎类为主，其次为槭树类。

10. 异尾华枝䗛 *Sinophasma mirabile* Günther

分布：浙江、福建。

寄主：甜槠、米槠。危害面积约 20hm^2。

生物学特性：以卵越冬，4 月中下旬卵孵化。7 月初出现成虫，雌雄比约 1∶1。雌虫交尾后产卵，直至 9 月上旬。

11. 拟异尾华枝䗛 *Sinophasma pseudomirabile* Chen et Chen

分布：广西。

寄主：红锥、米锥。单生或与斑腿华枝䗛混生，至 1996 年危害面积累计约 1 500 ~ 3 000hm^2。

生物学特性：在广西博白一年发生一代，以卵越冬，卵期从 6 月下旬至翌年 3 月中下旬，长达 9 ~ 10 个月，3 月中下旬为卵孵化盛期；6 月上中旬成虫出现，6 月中下旬为盛期；成虫出现后 5 ~ 10 天开始交尾，产卵前期 5 ~ 7 天，6 月下旬至 8 月上旬为产卵期，若虫期 50 ~ 60 天，多为 6 龄，成虫期 60 ~ 80 天，整个生长发育期 125 ~ 155 天。5 ~ 6 龄若虫和成虫期为主要危害期，占其一生食量的 80% ~ 95%。

12. 斑腿华枝䗛 *Sinophasma maculicruralis* Chen et He

分布：广西。

寄主：米锥、红锥。单生或与拟异尾华枝䗛混生，至 1996 年危害面积累计约 1 500 ~ 3 000hm^2。

生物学特性：在广西博白一年一代，以卵越冬，从 6 月中旬至翌年 3 月中下旬约 9 ~ 10 个月，3 月中下旬至 4 月上旬卵开始孵化，若虫期 3 月中旬至 5 月下旬，成虫期为 5 月上旬至 8 月上中旬，6 月上中旬雌虫经交尾产卵，产卵期约 2 个月，8 月下旬成虫全部自然死亡。

13. 广华枝䗛 *Sinophasma largum* Chen et Chen

分布：广西、贵州、四川、湖南、湖北、浙江。

寄主：米锥、红锥等栎类植物。1990 年前后在广西、贵州等省份小面积危害，2005 年在四川东南部兴文等地再一次暴发，危害面积累计超过 1 000hm^2。

生物学特性：在广西博白一年一代，以卵越冬；3 月中旬卵孵化，4 月中下旬为孵化盛期，若虫期为 3 月中旬至 5 月下旬，两性若虫多为 6 龄；5 月上旬出现成虫，6 月上旬可见交尾，成虫期为 5 月上旬至 10 月下旬，6 ~ 7 月雌虫大部分产卵。

14. 褐喙尾䗛 *Rhamphophasma modestum* Brunner

分布：湖南、贵州、四川。

寄主：杉木、桦、火棘、山胡椒等上百种植物。自 1995 年至今，累计发生面积超过 200hm^2。

生物学特性：据刘正忠等研究，本种在贵州毕节地区一年一代，以卵越冬，3 月上旬越冬卵孵化，下旬为孵化盛期。幼龄若虫具群集性，若虫多为 5 龄，自 5 龄以后食量猛增，常将整株树叶食尽。6 月上旬出现成虫，6 ~ 8 月为成虫期，也是危害高峰期，成虫有假死性。根据有害生物风险性定量分析，表明此虫属于中度危险性林业害虫。

15. 博白短足异䗛 *Dixippus bobaiensis* （Chen et He）

分布：广西、海南。

寄主：红锥、米锥、勒仔树、马尾松。危害累计面积约 100hm^2。

生物学特性：在广西博白一年一代，以卵越冬；4 月中旬卵孵化，4 月下旬至 5 月上旬为孵化盛期，若虫期为 4 月中下旬至 6 月上中旬；5 月下旬出现雌雄成虫，6 月上旬可见交尾，成虫期为 5 月下旬至 8 月中旬，6 月下旬雌虫产卵，8 月下旬雄性成虫自然死亡，10 月上旬雌虫死亡。

16. 双线皮䗛 *Phraortes bilineatus* Chen et He

分布：湖南、浙江、安徽。

寄主：厚朴、杜鹃。1989 年在浙江松阳地区危害面积约 100hm^2。

生物学特性：尚待研究。

17. 腹指瘦䗛 *Macellina digitata* Chen et Wang

分布：广西。

寄主：岗松。

生物学特性：在广西一年发生一代，以卵和成虫越冬，但以成虫为主。越冬成虫于 6 月上旬陆续交尾，6 月下旬至 7 月下旬为产卵盛期，7 月下旬为产卵末期，7 月下旬至 8 月下旬为孵化盛期；9 月下旬出现成虫，而上年的越冬成虫于 10 月上旬才全部死亡。

综上所述，这些䗛目昆虫发生世代不一，有的一年 1 代，有的两年 1 代，越冬虫态多半为卵，也有以卵与若虫同时越冬，主要寄主是以壳斗科植物为主，不同种䗛目昆虫常有混合发生现象，寡食性与多食性均有，生殖方式以孤雌生殖，两性生殖均有。䗛目昆虫的发生有的几乎连年发生，如小齿短肛䗛 *B. minutidentatum*、崇信短肛䗛 *B. chongxinense*、斑腿华枝䗛 *S. maculicruralis* 等；有的如贵州乌当地区的广华枝䗛 *Sinophasma largum*，1983 年6 月，严重危害西南米槠林，据当地反映，这样的大发生在历史上是第 2 次，30 多年前也曾发生过。因而，䗛目昆虫的危害是我国近年新发生的一类森林害虫，其危害不容低估，应引起有关部门注意和重视。

（三）综合治理措施

（1）加强预测预报工作：䗛目昆虫大部分危害种类具有间隙性爆发等特点，广泛建立预测预报点，预测其发生期、发生量，以及危害范围。

（2）搞好营林措施：建立一个适宜于林木生长而不利于害虫生长发育的林间环境。冬季对发生区林地应合理抚育，结合清除林内枯枝落叶，破坏卵的越冬场所，降低卵的数量和卵的孵化率，这样有利于降低危害的虫口基数。

（3）生物防治：保护蚂蚁、螳螂、蜘蛛、螨类、变色树蜥以及多种鸟类，这些天敌可捕食一定数量的若虫和成虫；䗛目昆虫若虫和成虫多出现于春季末和夏季，此类害虫常发生于湿度大、郁闭度高的林内，施放白僵菌等生物制剂，常易收到较好效果。

（4）化学防治：䗛目昆虫是我国近年来新发生的害虫，其抗药性不强，一般胃毒、触杀、烟雾剂均能奏效。经试验下列农药对其成虫或若虫防治效果均在 90% ~95% 以上：2. 5%敌杀死乳油 5 000 倍液，50% 甲基 1 605 乳油 1 500 倍液，40% 水胺硫磷乳油 2 000 ~ 4 000倍液，5% 来福灵乳油 2 000 倍液，21% 灭杀毙乳油 2000 倍液等。

七、䗛目昆虫的经济意义及其保护利用

䗛目昆虫与人类的关系不外乎益和害两方面，对于那些经济上有害种类则要采取防治，压低种群数量使之与大自然保持生态平衡；对于那些具有观赏性和娱乐性的䗛目昆虫，应坚持开发利用与资源保护相结合的原则，在保护环境和保持生态平衡的前提下进行适度开发，应及时采取积极措施，尽量避免恣意捕捉，导致这类昆虫资源枯竭。我国与东南亚一些国家也将有些种类作为入药或观赏用。我国唐朝就有记载将叶䗛作为春药。东南亚国家一些华人收集䗛目昆虫取食石榴后排出的粪便，类似于我国民间做药用的“蚕沙”，据称可用于治疗肠胃甚至气喘等疾病。马来西亚的少数民族饲养扁䗛 *Heteropteryx dilatata*，收集其产下的卵连成串，认为这样有助于驱除恶魔并可以免灾，甚至有些传统的马来西亚人在自己家园内饲养一些䗛目昆虫，认为这样会带来好运。䗛目昆虫一些种类由于体大，活动迟缓，在野外个体较少及生活史较长等特点，引起一部分喜好者的兴趣而加以饲养，好似人们饲养螽蟖喜好听其鸣声一样各有所好。

19 世纪中叶，欧美一些国家就将䗛目昆虫作为宠物饲养或观赏。目前，国际上也有一些为䗛目昆虫爱好者开办的俱乐部，如英国的䗛目昆虫研究团体 The Phasmid Study Group（简称 PSG），参加者有 30 多个国家约 350 个会员，从业余爱好者到专家均有，每年举行 2 次会议，1 年 2 期的专刊，主要目的是为促进交流，增加对䗛目昆虫深入了解。参与活动者仅可以赠与或交换活虫或标本，但不容许以金钱交易。

由于某些䗛目昆虫形态奇特、个体稀少等原因，有些种类已被列入国家保护动物名录中。2000 年 8 月，我国颁布了“国家保护的有益的或者有重要经济、科学研究价值的陆生野生动物名录”，已经收录了包括叶䗛属整属 10 种与其他䗛目昆虫共 17 种。名录种类之多，保护力度之大可想而知。今后，如何加以合理保护和利用这些昆虫资源，则是摆在我们面前的一项新课题。

“国家保护的有益的或者有重要经济、科学研究价值的陆生野生动物名录”䗛目栏内收录的种类如下：

科	种
异䗛科 Heteronemiidae	褐脊瘤胸䗛 *Trachythorax fuscocarinatus* Chen et He
	中华仿圆足䗛 *Paragongylopus sinensis* Chen et He
䗛科 Phasmatidae	金平彪䗛 *Pharnacia westwoodi*（Wood-Mason）
	尖峰岭彪䗛 *Pharnacia jianfenglingensis* Bi
	四川无肛䗛 *Paraentoria sichuanensis* Chen et He
	污色无翅刺䗛 *Cnipsus colorantis* Chen et He
杆䗛科 Bacillidae	广西瘤䗛 *Pylaemenes guangxiensis*（Bi et Li）

（续）

科	种
叶䗛科 Phylliidae	丽叶䗛 *Phyllium*（*P.*）*pulchrifolium* Serville
	中华丽叶䗛 *Ph.*（*P.*）*sinensis* Liu
	滇叶䗛 *Ph.*（*Ph.*）*yunnanense* Liu et Cai
	藏叶䗛 *Ph.*（*Ph.*）*tibetense* Liu et Cai
	翔叶䗛 *Ph.*（*Ph.*）*westwoodi* Wood-Mason
	东方叶䗛 *Ph.*（*Ph.*）*siccifolium* Linnaeus
	珍叶䗛 *Ph.*（*Ph.*）*rarum* Liu et Cai
	同叶䗛 *Ph.*（*Ph.*）*parum* Liu et Cai
	泛叶䗛 *Ph.*（*Ph.*）*celebicum* de Haan
	独龙叶䗛 *Ph.*（*Ph.*）*drunganum* Yang

八、䗛目昆虫化石的研究

地球上已绝迹的，也即是以化石形式保留下来的䗛目昆虫，也仅有少数种类被研究过。与现存昆虫相比较，至今对其科的构成也甚少了解。目前，世界上保存相对完整的化石代表，要数我国从事昆虫化石研究的学者任东（1997），在河北与辽宁两省的晚侏罗纪地层中首次发现了一些䗛目昆虫化石，并建立了一新科——神䗛科 Hagiphasmatidae，该科包括 *Hagiphasma paradoxa*（图 24、图 25）、*Aethephasma megista* 和 *Orephasma eumorpha* 三新种和新属，并认为这类古老䗛目昆虫发达的前后翅有利于飞翔，较大的爪垫适宜爬树，长而坚硬的腹瓣便于将卵产于土内，而其消化道构造及残存食渣表明其主要食物为裸子植物。与此同时，尚讨论了这些形态构造在适应长距离飞行与在躲避天敌所起的作用与意义。此外，最近在巴西白垩纪的沉积物中与多米尼加共和国的琥珀中均发现了䗛目昆虫的化石。Gorochov（1994）认为最早的䗛目昆虫化石是在距今 2.25 亿年前三叠纪发现的，其特征具有狭长前翅和稍宽的后翅。

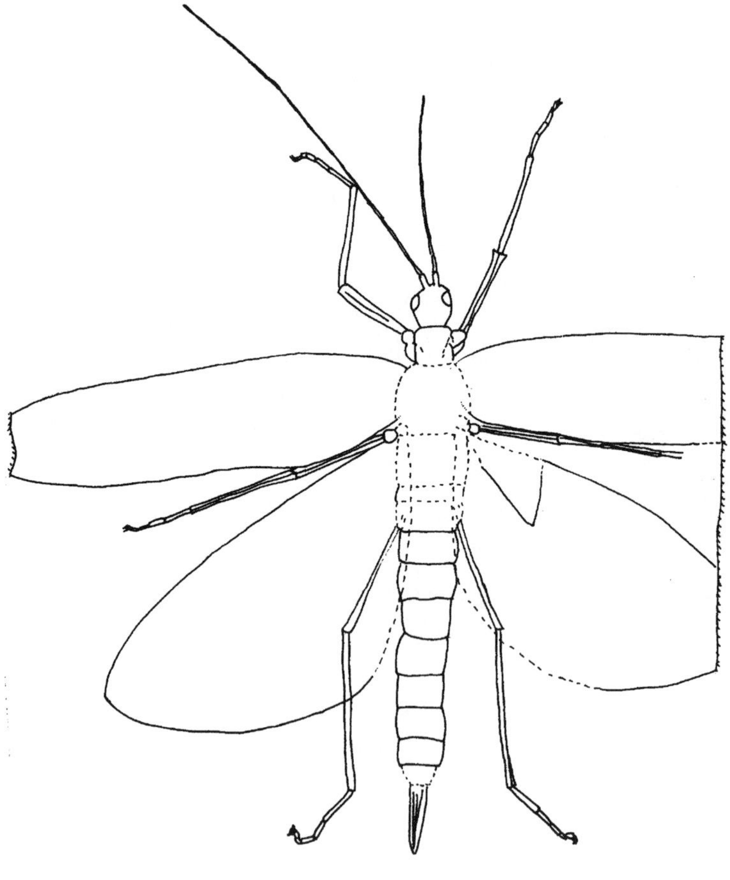

图 24　神䗛 *Hagiphasma paradoxa* ♀省略脉相整体（仿任东）

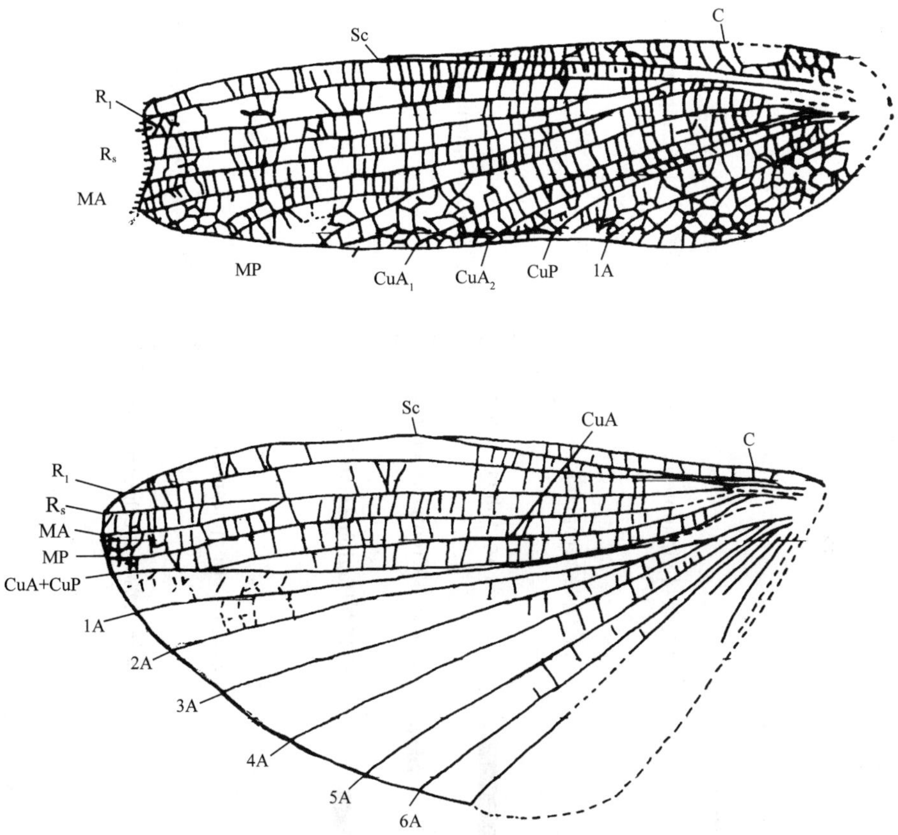

图 25　神蝽 *Hagiphasma paradoxa* 前后翅脉相（仿任东）

目前，尚无直接证据说明现今生存的蝽目昆虫的祖先。Sharov 在直翅类系统发育一文中，认为蝽目昆虫在热带地区得到充分发育，至少位于乌兹别克斯坦、塔吉克斯坦、吉尔吉斯斯坦交界的费尔干纳（Fergana）三叠纪早期的高温气候，是发现最古老的蝽目昆虫的重要因素。Clark Sallick（1994）报道，目前，已知地球上有 9 科蝽目昆虫已绝迹，共有 17 属已被描述，翅的特征构造则为其重要分类依据。

至古生代后期，距今 2.25 亿～2.7 亿年的二叠纪，在世界多个地区发现了大量昆虫化石。大约在二叠纪晚期已经发现少量蝽目昆虫化石。从三叠纪以后至侏罗纪（距今 1.35 亿～1.8 亿年），直至中生代后期（距今 0.7 亿～1.35 亿年）的白垩纪，也许是已绝迹蝽目昆虫大量分化的活跃时期。

Gorochov 根据不同的地质年代，将目前已知的绝迹蝽目昆虫分成 3 总科 7 科并表述如下：

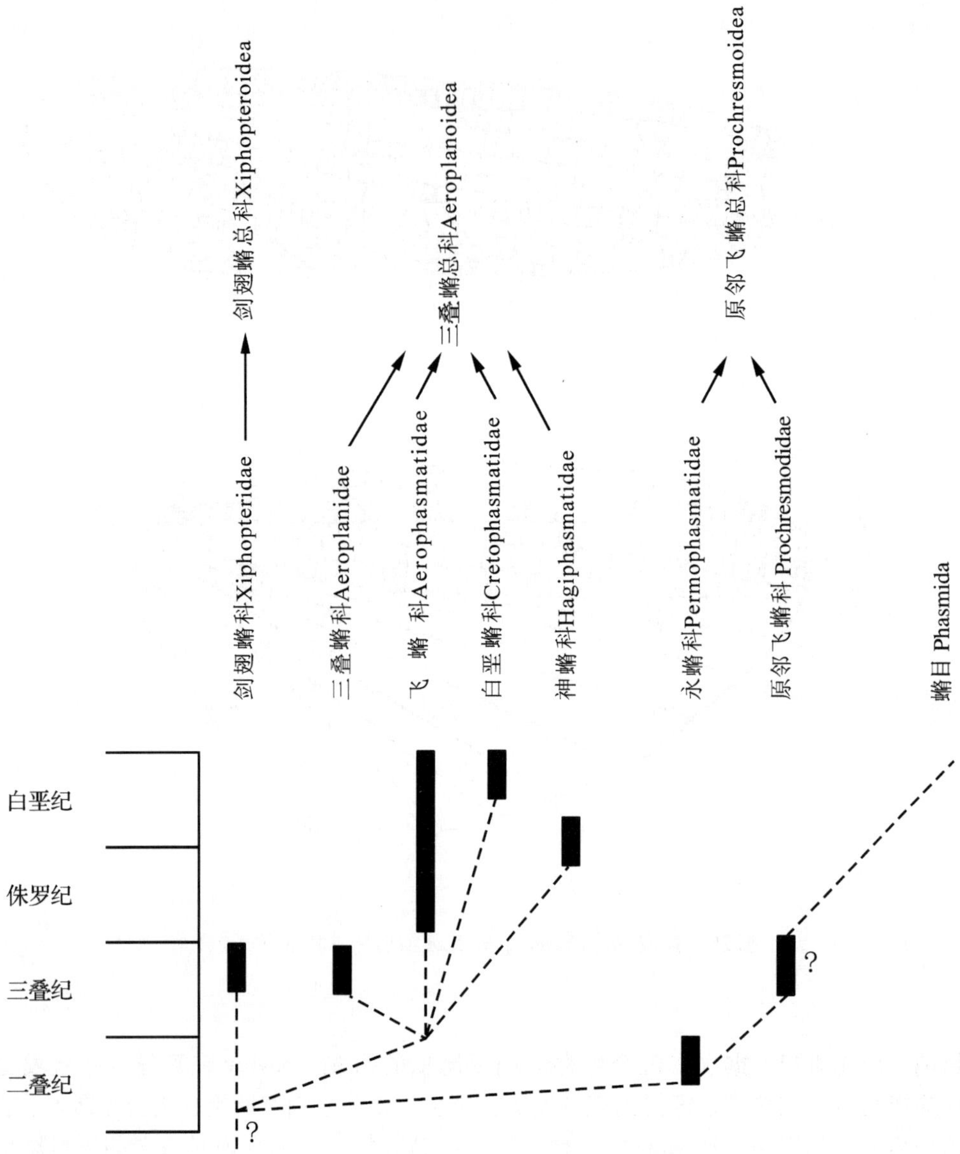
剑翅䗛总科Xiphopteroidea
三叠䗛总科Aeroplanoidea
原邻飞䗛总科Prochresmoidea
剑翅䗛科Xiphopteridae
三叠䗛科Aeroplanidae
飞 䗛 科Aerophasmatidae
白垩䗛科Cretophasmatidae
神䗛科Hagiphasmatidae
永䗛科Permophasmatidae
原邻飞䗛科 Prochresmodidae
䗛目 Phasmida
白垩纪
侏罗纪
三叠纪
二叠纪
?
?

各论

蛸目昆虫分科检索表

1. 中、后足胫节端部腹面有三角形凹窝（胫棱亚目 Areolatae）…………………………………………… 2
   中、后足胫节端部腹面无三角形凹窝（胫缘亚目 Anareolatae）………………………………………… 4
2. 并胸腹节短于后胸背板，两者不愈合 ……………………………………………………… **杆蛸科 Bacillidae**
   并胸腹节长于或等于后胸背板，两者愈合 ………………………………………………………………… 3
3. 两性触角长；中胸背板长于宽；腹部不扩展成叶状 ……………………………… **拟蛸科 Pseudophasmatidae**
   雌虫触角很少长于头部，雄虫甚长且有细毛；后胸背板短于宽；腹侧强烈扩展呈叶状；股节或有时胫节扩大呈叶状；雌虫前翅几乎盖及整个腹部，雄虫前翅则常短 ………………………………… **叶蛸科 Phylliidae**
4. 触角线状，分节不明显，长于前股节，或常长于体长，若短于前股节且分节明显，则所有股节腹面边缘光滑，中、后股节腹脊非锯齿状，通常仅有少量端齿或无……………………………… **异蛸科 Heteronemiidae**
   触角分节明显，常短于前股节；雌虫股节基背面明显锯齿状；或触角长于前股节，但不如体长，中、后股节腹脊明显均匀呈锯齿状 ……………………………………………………………… **蛸科 Phasmatidae**

胫缘亚目 Anareolatae

一、异䗛科 Heteronemiidae

无翅或有翅，触角常为丝状，比前足股节长或超过体长，一般在中部以后分节不明显，若分节明显并短于前股节，通常 3 对足股节腹面光滑，中、后足股节的腹脊无明显锯齿，无齿或仅有少量端齿。本科可分 3 亚科，而以长角枝䗛亚科 Necrosciinae 包含的属最多。

异䗛科 Heteronemiidae 分亚科检索表

1. 触角分节明显，短于前股节，后股节腹缘无刺齿 ………………………… **短角棒䗛亚科 Pachymorphinae**
   触角线形，分节不明显，长于前股节，常长于体长，中、后足股节腹脊有不均匀锯齿，通常有少数端齿或完全无齿，多数无翅，体细长似棒状……………………………………………………………… 2
2. 有翅或具翅芽，若无翅，则中胸背板长于后胸背板，或至少雄虫臀节不开裂呈双叶状，雌虫无喙状产卵器 ……………………………………………………………………… **长角枝䗛亚科 Necrosciinae**
   无翅（*Phantasca* 例外），中胸背板常短于后胸背板，雄虫臀节开裂呈双叶状，或至少有 2 个指状弯曲的突起 ……………………………………………………………… **长角棒䗛亚科 Lonchodinae**

长角棒䗛亚科 Lonchodinae

长角棒䗛亚科 Lonchodinae 分族检索表

1. 雄虫臀节后缘分裂，并伸长成 2 叶呈指状突，雌虫腹瓣简单 ……………………… **长角棒䗛族 Lonchodini**
   雄虫臀节后缘不分裂，但仅有 2 个弱且明显的指状突，雌虫臀节和腹瓣长，雌虫肛上板与臀节无缝，臀节与腹瓣延长，后者形成喙状产卵器 ……………………………………………… **新棒䗛族 Neopromachini**

□长角棒䗛族 Lonchodini

长角棒䗛族 Lonchodini 分属检索表

1. 中足股节长于后胸背板与中节之和……………………………………………………………………… 2
   中足股节等于或短于后胸背板与中节之和（在某些 *Carausius* 中足股节则很短） ………………………… 4
2. 雌虫第 2 腹节横形或四方形，雄虫长小于宽的 1.5 倍 …………………………………… **新棘䗛属 *Neohirasea***
   雌虫第 2 腹节长为宽的 1.5 倍或 2 倍，雄虫长为宽的 2～3 倍 ………………………………………………… 3
3. 中、后股节下面近端部具叶突 ……………………………………………………………… **皮䗛属 *Phraortes***
   中、后股节除下端具刺，齿外，无叶突 ……………………………………………… **长足异䗛属 *Lonchodes***
4. 中胸腹板具纵脊…………………………………………………………………………… **竹异䗛属 *Carausius***
   中胸腹板无纵脊 ………………………………………………………………………… **短足异䗛属 *Dixippus***

（一）竹异䗛属 *Carausius* Stål，1875

模式种：*Caraucius strumosus* Stål，1875

雌体具皱或粒突，雄较光滑，头球状或扁平，头顶无刺或有横脊，或具 2 刺、2 角，后头略具瘤；中胸腹板光滑，多少具脊，后胸腹板则无脊；中节长为后胸背板之半，或稍超过；足无刺齿，或具少量叶突，前足股节背面无齿，或在雌有小圆齿；中胸背板短，中股节略长于后胸背板，后股节稍超过第 3 腹节，前足胫节较大，中、后胫节稍扁，前足第 1 跗节短于其余跗节之和。雄臀节扁，屋脊状，分裂成两叶；雌臀节具凹缘，有肛上板；腹瓣扁舟形，后缘平圆。本属分布在东洋区和大洋洲区，已知 50 余种，我国有 6 种，均分布在南方省区。

竹异䗛属 *Carausius* Stål 分种检索表（雌性）

1. 头部无角；胫节光滑 ………………………………………………… **广东竹异䗛 *C. jesuitae* Brunner**
   头部有 2 角突；胫节具叶突 ……………………………………………………………………………… 2
2. 前足胫节 2 叶突波形 ………………………………………………… **波竹异䗛 *C. undatus* Chen et He**
   前足胫节 2 叶突椭圆形 ………………………………………… **股叶竹异䗛 *C. femoralis* Chen et He**

竹异䗛属 *Carausius* Stål 分种检索表（雄性）

1. 眼间有1对小角 …………………………………………………………………………… 2
   眼间有1对瘤突 ………………………………………… **粒胸竹异䗛 *C. thoracius* Chen et He**
2. 中、后胸腹面非橘色；腹部粒突明显 …………………… **丽江竹异䗛 *C. lijiangensis* Chen et He**
   中、后胸腹面橘色；腹部无粒突 ……………………………… **峨眉竹异䗛 *C. emeiensis* sp. nov.**

1. 峨眉竹异䗛，新种 *Carausius emeiensis* sp. nov.（图26）

雄性：体长85mm。体较大，杆状，无翅，体背具纵中脊。褐绿色，中、后胸背板及侧板被不规则淡黄色粒突。头长卵形，背具纵沟，后头具小瘤突；眼圆凸，眼间隆起，有1对角刺；触角丝状，褐色，远长于前股节，第1节长方形，端厚，第2节短柱形。前胸背板矩形，与头部约等长，横沟位于近中央，中胸较长于后胸（含中节）；中节长大于宽，约为后胸长的1/3。前股节略长于后股节，基部弯曲，腹端外侧具2小齿，中、后足股节腹端各有2小齿。腹圆筒形，其长约为头、胸部之和，端部2节膨大，臀节略收缩，分裂成2叶，外缘呈弧形，下生殖板兜状，背中央具背脊，端较钝，伸达第9腹节后半部；尾须短，略弯曲，稍露。

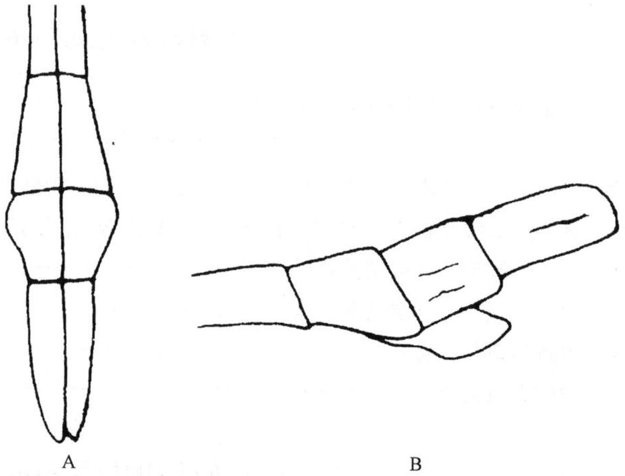

图26 峨眉竹异䗛 *Carausius emeiensis* sp. nov.，♂
A. 腹端背观 B. 腹端侧观

雌性：未知。

体各部分长度（mm）：体长85.0；前胸背板3.0；中胸背板20.0；后胸背板（含中节）15.0；中节4.0；前足股节21.0；中足股节15.0；后足股节18.0。

正模：♂（IZAS），四川峨眉山清音阁（800～1 000m），1957-VIII-30，王宗元。

新种与丽江竹异䗛 *C. lijiangensis* Chen et He 相似，但头部1对角刺粗壮，腹部无粒突以及臀节外形均不同。

2. 粒胸竹异䗛 *Carausius thoracius* Chen et He，2005（图27）

Carausius thoracius Chen et He，2005，*Insects from Mt. Fanjing Landscape*. 97.

雄性：体长88 mm。细杆状。头长方形，眼圆突，眼间较隆起，具瘤突1对，后头具6个小瘤突；触角丝状，长于前足，第1节矩形，端厚，第2节圆柱形，短于第1节的0.5倍。前胸背板长方形，较长于头部，背面具十字形沟痕，横沟位于中央；中胸背板后侧加粗，被稀疏具光泽粒突，腹面纵脊黄色；后胸背板被稀粒突；中节长大于宽。3对足中等长，前股节与后股节约等长，腹外脊近端部1齿，中、后足股节腹内脊近端部2齿，中股节略长于后胸（含中节）。腹部圆筒状，第8与9节加粗，两者约等长，臀节长于前2节，开

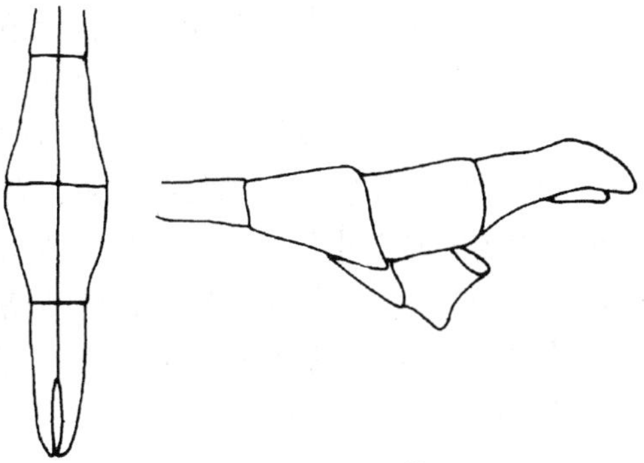

图 27　粒胸竹异䗛 *Carausius thoracius* Chen et He，♂
A. 腹端背观　B. 腹端侧观

裂成 2 叶，其外缘向后斜切；下生殖板兜状，具纵脊，端略尖，约伸达臀节基部；尾须稍内弯，不超过臀节端部。

雌性：未知。

体各部分长度（mm）：体长 88.0；中胸背板 20.0；后胸背板（含中节）14.6；中节 3.6；前足股节 20.0；中足股节 15.0；后足股节 19.0。

分布：贵州（梵净山）。

3. 波竹异䗛 *Carausius undatus* Chen et He，2002（图 28）

Carausius undatus Chen et He，2002，*Acta Ent. Sinica.* 45 *Suppl.* 1.

雌性：体长约 120mm。体大，杆状。腹面较平坦，头与胸背面被较密粒突，至腹部较稀疏；中、后胸与腹部腹面具不规则瘤突；体背面具纵脊。头椭圆形，被粒突，后头具 6 个瘤突；眼圆凸，眼间有脊及粗角 1 对；触角长于前足股节，第 1 节长于第 2 节，背面凹入具纵脊。前胸背板长方形，中央具十字形沟纹，横沟位中央；中胸背板后侧加宽，较长于前足股节或后胸背板（含中节），中胸腹板具纵脊；中节长大于宽，短于后胸之半。3 对足股节与胫节较扁，前足股节基部弯曲，外侧具数条纵脊，背面波状，腹外脊端部有 1 小齿，胫节外侧扁，背面具对称的弓状叶突 2 个，基跗节背面叶状；中、后足股节腹内脊端部各具 2 齿，胫节腹面基部薄片状。腹部圆筒形，腹面较平，第 7 腹板后缘具中突，腹端 4 节略窄，臀节约与第 9 节等长，端缘凹入；肛上板浅弧形，具纵脊，稍超过臀节端部；腹瓣舟形，后缘圆弧形，呈不规则齿状，纵脊明显，略超过肛上板；尾须短小，不显露。

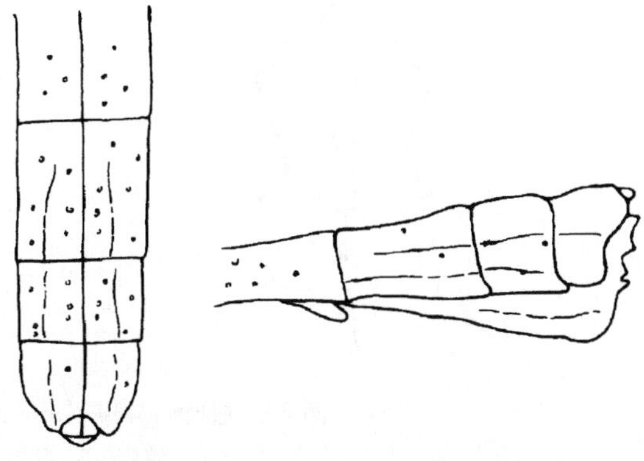

图 28　波竹异䗛 *Carausius undatus* Chen et He，♀
A. 腹部背观　B. 腹端侧观

雄性：未知。

体各部分长度（mm）：体长 120.0；中胸背板 28.0；后胸背板（含中节）18.5；中节 5.4；前足股节 24.0；中足股节 18.0；后足股节 20.0。

分布：四川（青城山）。

4. 股叶竹异䗛 *Carausius femoralis* Chen et He，2002（图 29；图版 2-1）

Carausius femoralis Chen et He，2002，*Acta Ent. Sinica.* 45 *Suppl.* 2.

雌性：体长约 110 mm。体大，杆状。棕褐色。头与体背具不规则粒突；背面具纵脊，腹部前数节腹面具2脊。头近似长方形，眼圆凸，后头具6个瘤突；眼间具粗角1对；触角长于前足股节，第1节长于第2节，端厚，背面凹入，具纵脊。前胸背板近矩形，后缘弧弯，中央具十字形沟纹，横沟位中央；中胸后侧加宽，腹板具纵脊，中胸长于前股节或后胸背板（含中节）；中节较长，短于后胸之半。前足股节基部弯曲，外侧扁，具数条纵脊，背面波形，胫节外侧扁，背面具2个近似圆形的叶突，端部腹内脊具2小齿；中、后足股节稍扁，端部腹内脊具1~2小齿。腹部长筒形，第7腹板后缘具中突，端部3节较窄，臀节略长于第9节，端缘中央宽凹，侧后角宽；肛上板小，具纵脊，不超过侧后角；腹瓣舟形，端部宽弧形，端中央纵脊呈不规则齿状，稍超过腹端；尾须短小。

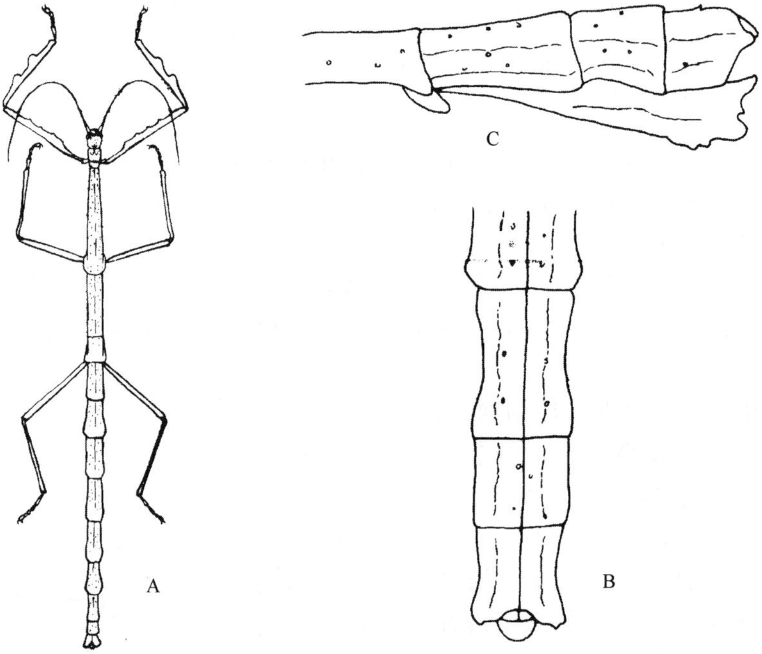

图29 股叶竹异䗛 *Carausius femoralis* Chen et He，♀
A. 整体 B. 腹端背观 C. 腹端侧观

雄性：未知。

体各部分长度（mm）：体长110.0；中胸背板23.5；后胸背板（含中节）18.0；中节5.0；前足股节19.0；中足股节14.0；后足股节15.5。

卵：长2.10 mm，宽1.38 mm，高1.56mm。桶形，稍扁，深褐色。表面有较密平钝粒突。头端球状，黑色。卵孔板梭形，下端较宽。卵孔位于其底部。中线浅色，伸达腹端。

分布：云南（宁蒗县）。

5. 丽江竹异䗛 *Carausius lijiangensis* Chen et He，2002（图30）

Carausius lijiangensis Chen et He，2002，*Acta Ent. Sinica.* 45 *Suppl.* 2.

雄性：体长约78 mm。体中等偏大。体灰褐色，中、后胸腹面橘红色，被少量橘红或黄色小瘤，腹部2~6节前缘与背中央各具1~2浅色小瘤；体背具纵脊。头椭圆形，眼圆凸，眼间隆起，具小角1对，后头具6个小瘤，近后头中央具黑色粒突1对；触角约伸达腹部第

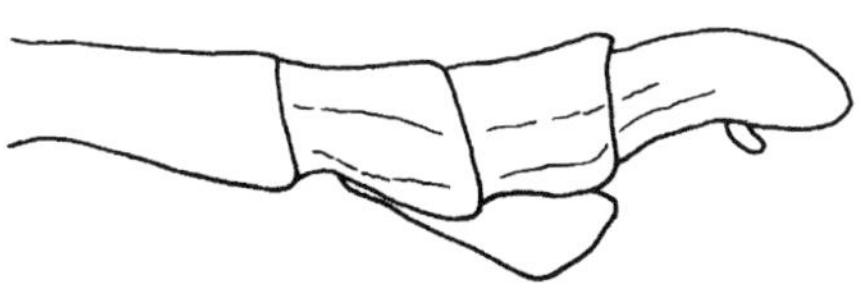

图 30　丽江竹异䗛 *Carausius lijiangensis* Chen et He，♂ 腹端侧观

2 节，第 1 节长扁，端厚，并长于第 2 节。前胸背板后缘弧弯，中央具十字形沟纹；中胸后侧与后胸两端加粗，中胸具不规则浅色小瘤，腹板具纵脊，后胸背板（含中节）短于中胸背板，中前方具数个小瘤。3 对足均称，前足股节基部弯曲，近端部腹外脊具 1 齿，中、后足股节端部腹外脊各具 2 齿。腹部圆筒形，腹面较平坦，第 8 节后侧至第 9 节加粗，具 3 脊，臀节长于前 2 节，深裂，端部弧状；下生殖板兜状，端缘浅凹，伸达第 9 节端部；尾须短，稍弯，不超过腹端。

雌性：未知。

体各部分长度（mm）：体长 78.0；中胸背板 17.5；后胸背板（含中节）13.0；中节 3.6；前足股节 19.0；中足股节 13.0；后足股节 16.0。

分布：云南（丽江）。

6. 广东竹异䗛 *Carausius jesuitae* Brunner，1908

Carausius jesuitae Brunner，1908，*Die Insektenfamilie der Phasmiden.* 274.

雌性：体长约 92mm。体较大，杆状。头部具两行刺粒，中、后胸背板扁截形，背面具中脊与侧脊，侧板被不规则刺粒，各股节全缘，端腹面每侧各 1 齿，前侧略膨大，胫节细长，无齿叶等物，跗节细长。腹端多脊，臀节凹入；腹瓣舟形；肛上板甚小。

雄性：未知。

体各部分长度（mm）：体长 92.0；中胸背板 24.0；后胸背板（含中节）15.0；中节 4.0；前足股节 25.0；中足股节 18.0；后足股节 21.0。

分布：广东。

（二）短足异䗛属 *Dixippus* Stål，1875

模式种：*Dixippus crawangensa*（de Haan），1875

体细长，光滑或有粒突。头长圆，头顶无刺或眼间有小刺；胸圆桶形，无脊，雄后胸有时弯曲，中节短于后胸背板的 1/3，或稍短；股节短，端下有小刺；雌虫明显短于中胸背板，雄虫则稍短，中股节弯曲，有时膨大，稍长于后胸（个别种有带小齿的叶突），后股节细长，不超过第 4 腹节；跗节光滑或具叶。雄臀节扁，屋脊状，深裂；下生殖板兜状。雌臀节截状或略有凹缘，可见肛上板；腹瓣扁舟形，端圆。

本属主要分布在东洋区，已知 84 种，我国有 12 种，均分布在南方省区。

短足异䗛属 *Dixippus* Stål 分种检索表（雌性）

1. 眼间有 1 对角刺 ………………………………………………………… 2
　眼间无 1 对角刺 ………………………………………………………… 5
2. 体长约 50mm；头纵沟两侧有 2 对小瘤 ………………… 小短足异䗛 *D. parvus* Chen et He
　体长 80mm 以上；头纵沟两侧无成对小瘤 ………………………………… 3

3. 头长方形…………………………………………………………………………………………………… 4
头近圆形 ………………………………………………………… 花坪短足异䗛 *D. huapingensis* Bi et Li
4. 体背粒突稀疏；第7腹板中突向下呈片状扩展 …… 少粒短足异䗛 *D. paucigranulatus* Chen et Xu，sp. nov.
体背粒突稠密；第7腹板中突稍凸 ………………………… 广东短足异䗛 *D. guangdongensis* Chen et He
5. 后头明显凸起；腹部第7背板侧后角扩大 …………………… 海南短足异䗛 *D. hainanensis* Chen et He
后头稍凸起；腹部第7背板侧后角正常 ……………………………… 博白短足异䗛 *D. bobaiensis* Chen

短足异䗛属 *Dixippus* Stål 分种检索表（雄性）

1. 前胸背板黑色 …………………………………………………………………… 基黑短足异䗛 *D. basalis* sp. nov.
前胸背板非黑色……………………………………………………………………………………………… 2
2. 眼后具白斑 ……………………………………………………………… 白斑短足异䗛 *D. albopictus* sp. nov.
眼后无白斑…………………………………………………………………………………………………… 3
3. 中、后胸侧面具黄纵条 …………………………………………… 花坪短足异䗛 *D. huapingensis* Bi et Li
中、后胸侧面无黄纵条……………………………………………………………………………………… 4
4. 尾须细窄……………………………………………………………………………………………………… 5
尾须粗壮 ………………………………………………………… 广东短足异䗛 *D. guangdongensis* sp. nov.
5. 尾须端部较扁 ………………………………………………………… 细尾短足异䗛 *D. gracicercatus* sp. nov.
尾须端部正长………………………………………………………………………………………………… 6
6. 头黄色，胸绿色；臀节短宽 ……………………………………… 黑角短足异䗛 *D. nigriantennatus* sp. nov.
头和胸均为绿色；臀节狭长…………………………………………………………………………………… 7
7. 臀节基部窄；下生殖板短于臀节基部 ……………………… 海南短足异䗛 *D. hainanensis* Chen et He
臀节基部宽；下生殖板长于臀节基部 ………………………………… 博白短足异䗛 *D. bobaiensis* Chen

7. 黑角短足异䗛 *Dixippus nigriantennatus* Chen et He，2002（图31）

Dixippus nigriantennatus Chen et He，2002，*Forest Insect of Hainan*. 102.

雄性：体长近75 mm。体杆状；头与体密被颗粒；背中央具纵脊。体绿色，头、触角第1节基背面、腹端3节和前足股、胫节端部橙色，眼前侧，股、胫节脊及端齿深褐色，尾须端部浅褐色。头近椭圆形，背面较凸，具纵沟与侧沟；眼半球形；触角长丝状，远长于前足端部，约伸达第4腹节端部，触角第1节圆柱形，基部较扁，第2节短柱形。前胸背板稍短于头部，中央具十字形沟纹，横沟位于中前方；中、后胸背板端部较膨大，中胸背板长于后胸背板加中节之和，后胸背板为中节长的6倍；中节近方形。前足股节腹端外脊有2齿，中足股节略长于后胸背板加中节之和，其腹端内外脊各有4～5齿，后足缺损。腹部圆筒形，第2～7节延长，腹端3节短宽，以第9节为最短，臀节稍长于第8节，开裂

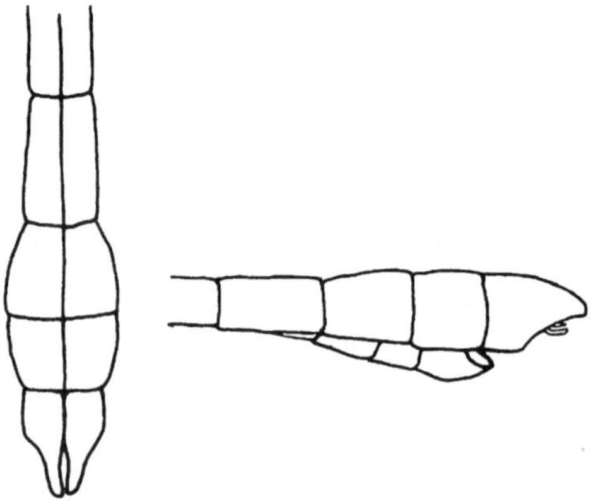

图31 黑角短足异䗛 *Dixippus nigriantennatus* Chen et He，♂
A. 腹端背观 B. 腹端侧观

成两叶，侧观臀叶短宽，端半部较圆钝；下生殖板拱起，端较钝，中央略凹入，背中央有中脊，超过臀节基部；尾须圆柱形，稍内弯，不超过腹端部。

雌性：未知。

体各部分长度（mm）：体长 75.0；中胸背板 18.0；后胸背板（含中节）14.0；中节 2.0；前足股节 19.0；中足股节 14.5；后足股节（缺失）。

分布：海南（尖峰岭）。

8. 海南短足异䗛 *Dixippus hainanensis* Chen et He，2002（图 32）

Dixippus hainanensis. Chen et He，2002，*Forest Insect of Hainan*. 103.

雌性：体长 110mm 左右。杆状；体被较密粒突；背中央具纵脊。体褐色，头、足与胸腹面具不规则白斑。头宽卵形，被粒突，背面强烈隆起；眼褐色，半球形；触角长丝状，超过前足端部，第 1 节扁长，端厚，第 2 节圆柱形。前胸背板近梯形，中央具十字形沟纹，横沟位中前方，粒突较稀，中、后胸背板后侧加宽，被均匀较密粒突；后胸（含中节）稍短于中胸；中节近横形。前足股节基部弯曲，近基处隆线扩张，基跗节背面叶状，中足股节约与后胸等长；中、后足股节内外腹脊各具 2～3 小齿的三角形叶突，胫节近基处腹中脊扩大成片状。腹部圆筒状，自第 2 节往后粒突渐疏，腹端第 7 节至第 9 节基部则加密，第 7 腹节背板后侧扩大成叶状，其后缘具舌状中突；肛上板明显延长，背面似剑状，具纵脊；腹瓣舟形，具 1 纵脊 2 侧脊，端缘弧状，伸达臀节基部；尾须短。

雄性：体长 82mm。较雌性瘦长。体绿色，3 对足股节端部与腹端 3 节黄褐色，触角与足隆线黑色。中、后足股节端部内外腹脊各具 5～6 小齿突起。臀节分裂，端半部指状；下

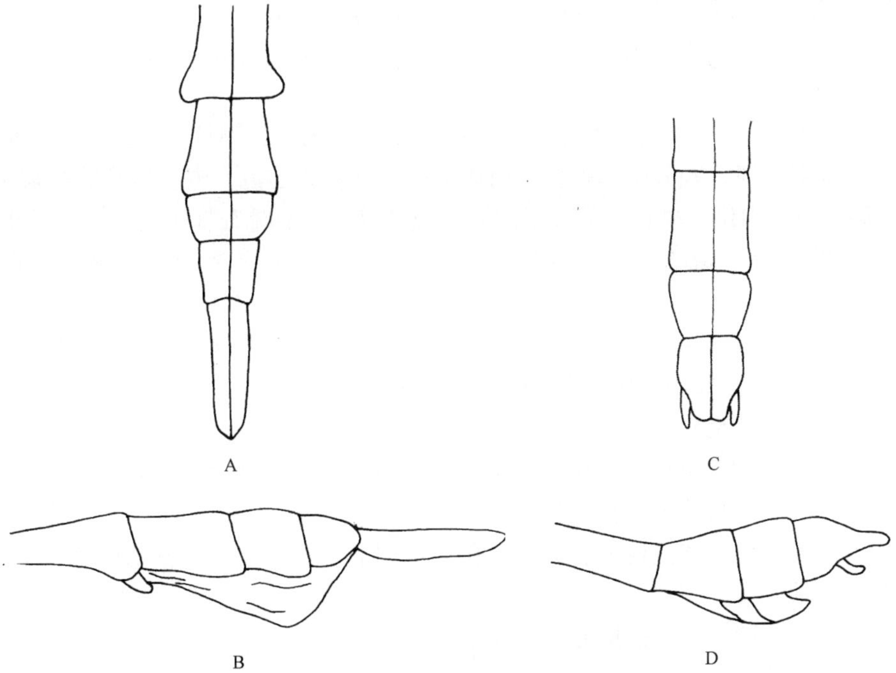

图 32　海南短足异䗛 *Dixippus hainanensis* Chen et He，♀♂

A. 雌性腹端背观　B. 雌性腹端侧观　C. 雄性腹端背观　D. 雄性腹端侧观

生殖板具纵脊，端部较尖，约伸达第 9 腹节端部；尾须略内弯。

体各部分长度（mm）：体长♀110.0，♂82.0；中胸背板 20.0，♂23.0；后胸背板（含中节）♀16.0，♂18.6；中节♀3.4，♂2.6；前足股节♀18.0，♂22.0；中足股节♀13.0，♂18.0；后足股节♀15.0，♂21.0。

分布：海南（五指山）。

9. 花坪短足异䗛 *Dixippus huapingensis* Bi et Li，1991（图 33）

Dixippus huapingensis Bi et Li，1991，*Cont. Shanghai Inst. Entomol.*，10：106.

雌性：体长 105mm。体细长。体具较密的细小颗粒，背板全长具纵隆线。头近圆形，头顶在复眼间具 1 对圆锥形小刺。触角丝状，较长，远长于前足股节。胸部圆筒形，前胸背板长略大于宽宽，近中部具横沟；中胸较长，后胸（含中节）短于中胸，中节较短，宽大于长。前，后翅均缺。前足股节较细长，基部内弯，其端部腹面具 1 列小齿；前足跗节基节扁宽为叶状；中足股节较粗，短于后胸（含中节），股节背面缺刺，其端部腹面具 2 列小齿；后足股节端部腹面具 2 列小齿；3 对足胫节基部腹面中脊膨大突起。臀节后缘为三角形凹入，成波状；肛上板圆形突出，顶端略具凹口；腹瓣舟形，顶端略钝，其长略超过肛上板顶端；尾须圆锥形，其长略超出肛上板。

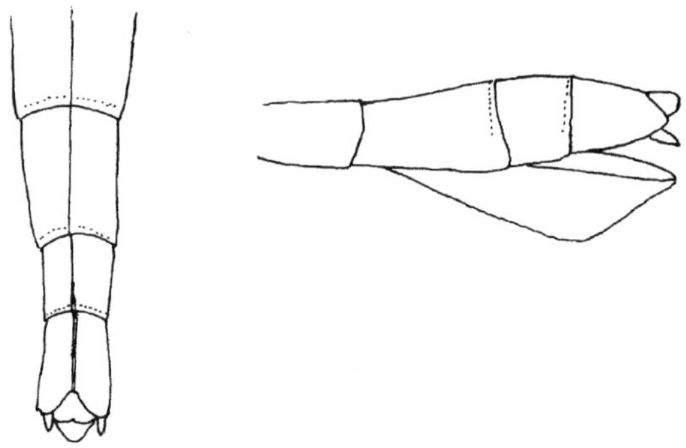

图 33 花坪短足异䗛 *Dixippus huapingensis* Bi et Li，♀
A. 雌性腹端背观 B. 雌性腹部末端侧观（仿毕道英）

雄性：体长约 72mm。体污黄字至褐色，胸背中央绿色，胸侧具黄纵纹，腹黄褐色，前胸背板两侧及 3 对足股，胫节端部黑色。前股节腹端外脊 2 小齿，中、后股节腹端两脊 2 ~ 3 小齿。前胸背板横沟位中央，中胸长于后胸（含中节）。腹端 3 节膨大，臀节长于第 9 节的 2 倍，侧端叶细狭呈指状；下生殖板兜状，端钝，超过臀节基部；尾须圆柱形，中部略弯。

体各部分长度（mm）：体长♀105.0，♂72.0；中胸背板♀25.0，♂15.0；后胸背板（含中节）♀19.0，♂12.0；中节♀3.0，♂2.2；前足股节♀25.0，♂30.0；中足股节♀16.5，♂25.0；后足股节♀20.3，♂28.0。

卵：长 2.38mm，宽 1.47mm，高 1.61mm。扁桶形，表面不光滑，具凹凸网状坑陷，黄褐色。具一球状头端，棕黄色，具短柄，卵盖为深棕色。卵孔板长卵形，约为卵长的 1/3，位于卵背中央。卵孔位于卵孔板中后方，卵孔杯不明显，卵孔上方具网状隆线，中线明显，细长，未伸达后端。

分布：广西（花坪、兴安猫耳山、百寿 、桂林）。

10. 广东短足异䗛，新种 *Dixippus guangdongensis* sp. nov.（图 34）

雌性：体长 105mm。体大，杆状，无翅。体披较细密颗粒，背面具细纵脊，黄褐色。

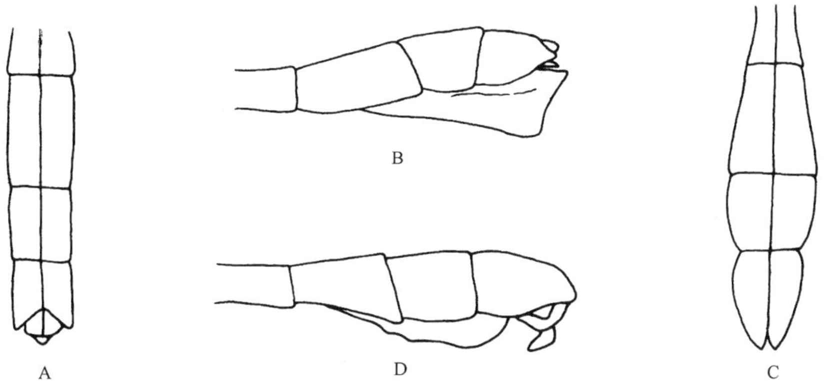

图 34　广东短足异䗛，新种 *Dixippus guangdongensis* sp. nov.，♀♂

A. 雌性腹端背观　B. 雌性腹端侧观　C. 雄性腹端背观　D. 雄性腹端侧观

头宽，长卵形，眼圆凸，较小，眼间具短钝角突 1 对；触角丝状，长于前足，第 1 节长方形，端厚，第 2 节短柱形，约为第 1 节长之半。前胸背板矩形，稍短于头部，横沟位中央稍前方；中胸后端与后胸两端较宽大，中胸明显长于后胸（含中节）；中节横形。前股节约与中胸等长，并长于后股节，基部弯曲，腹端外侧具 2 ~ 3 小齿叶突，前足基跗节背面叶状，中股节短于后胸（含中节），后股节伸达第 4 腹节基部，中、后股节腹端两侧各生有 4 小齿的叶突，中、后足胫节基部腹面具叶状突。腹圆筒形，端部 3 节不明显膨大，呈屋脊状，以第 8 节最长，臀节与第 9 节约等长，其侧后角短，略尖，后缘中央有三角形凹缘；肛上板短宽，背有纵脊，稍超过臀节侧后角；腹瓣舟形，具纵和侧脊，端稍尖，略超过腹端；尾须圆柱形，端窄，略短于腹瓣。

雄性：体长 72mm。中型，较雌细瘦。头、前、中、后胸两端及 3 对足绿色，余为黄棕色。头卵形，眼间呈弧形，稍隆起，眼圆突，眼间无角刺。前胸背板矩形，横沟位于近中央；中、后胸两端较宽，中胸较长于后胸（含中节），中节长略大于宽，约为后胸长的 1/5.5。前股节略长于后股节，基部弯曲，腹端外侧具 2 小齿，中、后足股节腹端两侧各有 3 ~ 5 小齿，胫节基部内侧叶突不扩展。腹圆筒形，短于头、胸部之和，端部 3 节膨大，臀节短宽，分裂成 2 叶，外缘斜切，与第 8 节约等长；下生殖板兜状，具背脊，伸达臀节基部；尾须较粗，柱状，中部弯曲，伸于臀节下。

体各部分长度（mm）：体长♀105.0，♂72.0；中胸背板♀23.0，♂17.0；后胸背板（含中节）♀18.0，♂13.0；中节♀3.0，♂2.0；前足股节♀23.0，♂21.0；中足股节♀16.0，♂17.0；后足股节♀18.0，♂19.0。

正模♀（BJFU），广东英德（水晶宫），1992-VIII-5，陈树椿，副模 1♂（ZSU），1985-VII-16 ~ 20，余翔，余同正模。

新种与花坪短足异䗛 *D. huapingensis* Bi et Li 相似，但体上粒突较细，头长方形，眼间 1 对角刺小，肛上板超过臀节端部等可相区别。

11. 少粒短足异䗛，新种 *Dixippus paucigranulatus* Chen et Xu，sp. nov.（图 35）

雌性：体长 92mm。棕黄色；体披稀疏颗粒，背中纵脊明显。头长卵形，触角丝状，柄节较扁宽，长于梗节，梗节圆柱形，两侧有稀毛；复眼圆凸，眼间有 1 对小角突，端黑色。

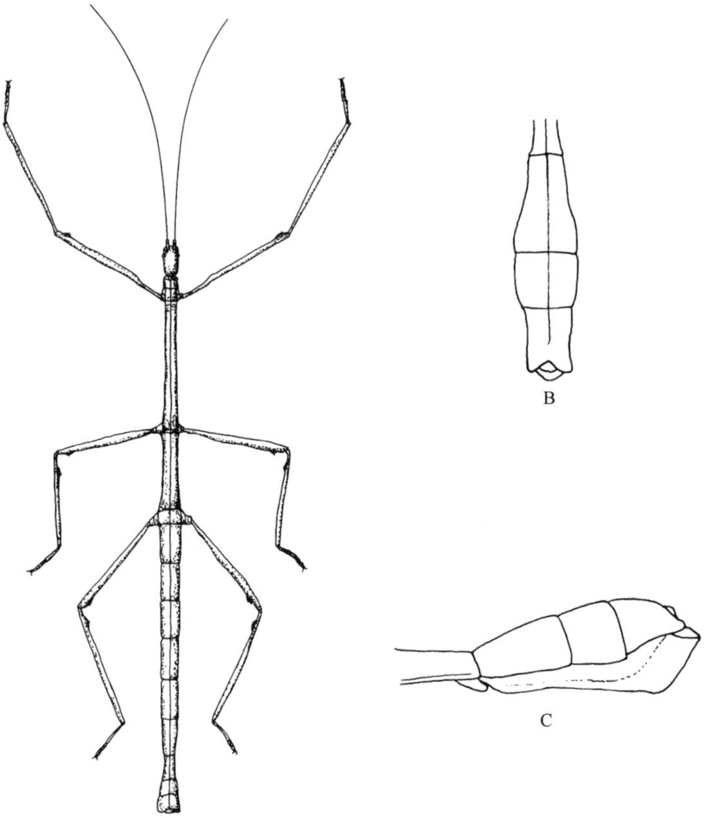

图 35 少粒短足异䗛，新种 *Dixippus paucigranulatus* Chen et Xu，sp. nov.，♀

A. 整体 B. 腹端背观 C. 腹端侧观

前胸背板长为宽的 2 倍，中央具十字形纹；中胸从前往后渐窄，披稀颗粒，中节宽大于长，约为后胸长的四分之一。3 对足较细长，前足股节基部弯曲，胫节脊上无外长物，第 1 跗节较长，第 4 节较短。中足股节稍短于后胸（加中节），中、后足股节端腹部内侧两侧各有 2 个齿，胫节无外长物，第 1 跗节较长。腹部第 3 ~6 节约等长，第 7 节腹板端部有 1 纵扁小叶突，腹端部 3 节不明显膨大，第 8 节最长，臀节（第 10 节）端部呈三角形凹缘，两侧叶稍钝；肛上板不超过臀节，端部微凹，近乎截形；腹瓣舟形，略超过臀节，纵脊明显，两侧有皱脊；尾须短直。

雄性：未知。

体各部分长度（mm）：体长 92.0；前胸背板 4.0；中胸背板 22.0；后胸 16.5（中节 3.0）；前足股节 23.0；中足股节 16.5；后足股节 19.5。

正模♀（BJFU），浙江泰顺，2005-VIII-5，徐进。

卵：长 3.64 mm，宽 1.75 mm，高 2.10mm。近桶形，稍扁，表面凹凸不平具隆起花纹，黄褐色。具一近球状头端，头端明显具柄，其与卵盖连接处光滑。卵孔板较窄长，约为卵长的 2/3，卵孔位于卵背中下部，卵孔杯明显，卵孔上方有一近三角突起，中线不明显。

本种与广东短足异䗛 *D. guangdongensis* sp. nov. 相近，其主要区别在于体披粒突稀少，第 7 腹板中突扁平扩展。

12. 细尾短足异䗛，新种 *Dixippus gracicercatus* sp. nov.（图 36）

雄性：体长 85mm。体较大，细杆状，披均匀细颗粒，背具纵中脊。头、前胸和中、后胸两端绿色，触角与体其余部分为污黄色，3 对足污绿色，第 9 腹节后侧具白斑。头宽卵形，背面稍隆起，中央具细纵沟；眼圆突，眼间无角刺；触角丝状，远长于前股节，第 1 节长方形，端厚，第 2 节短柱形，约为第 1 节长之半。前胸背板矩形，横沟位于近中央；中、后胸两端较宽，中胸较长于后胸（含中节）；中节长略大于宽，约为后胸长的 1/6。前股节略长于后股节，基部弯曲，腹端外侧具 2 小齿；中、后足股节腹端两侧各有 3 ~ 4 小齿状的叶突，胫节基部内侧叶突不扩展。腹圆筒形，略短于头、胸部之和，端部 3 节膨大，臀节短宽，端半部宽三角形，分裂成 2 叶，端较钝，与第 8 节约等长；下生殖板兜状，具背脊，稍超过臀节基部；尾须细窄，中部弯曲，端较扁，垂直下伸。

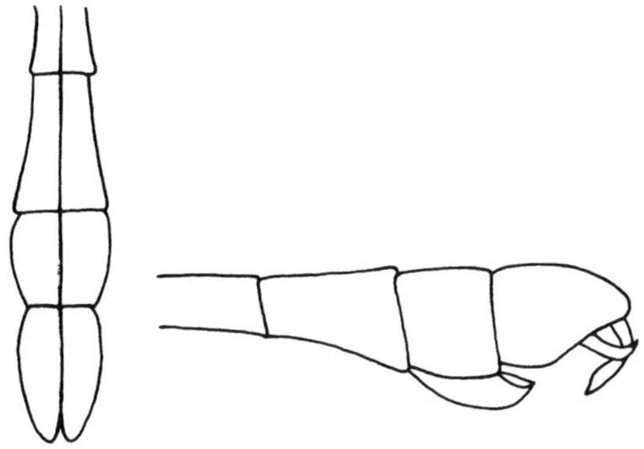

图 36 细尾短足异䗛，新种 *Dixippus gracicercatus* sp. nov.，♂
A. 腹端背观 B. 腹端侧观

雌性：未知。

体各部分长度（mm）：体长 85.0；中胸背板 21.0；后胸背板（含中节）16.5；中节 2.4；前足股节 25.0；中足股节 19.0；后足股节 22.0。

正模♂（ZSU），广东乳源天井山大坪，1974-VI-6，李建魁。

新种与广东短足异䗛 *D. guangdongensis* sp. nov. 相似，但头为宽卵形，触角第 1 节绿色，中、后足股节端叶突齿少，臀节外形以及尾须细窄等可相区别。

13. 白斑短足异䗛，新种 *Dixippus albopictus* sp. nov.（图 37）

雄性：体长 76mm。中型，细杆状，无翅，披细密颗粒，背具纵中脊。体棕黄色，头部眼后具白纹，3 对足，除基节、股节端部褐色外，余为黄色，中、后胸两侧具黑纵线，腹部第 8 ~ 9 节有不规则白斑。头宽卵形，前侧宽，背面较平坦，中央具细纵沟；眼圆突，眼间无角刺；触角丝状，长于前足，第 1 节长方形，端厚，第 2 节短柱形，约为第 1 节长之半。前胸背板矩形，横沟位于中央稍前方，其后具“八”字形短侧沟；中、后胸后端明显加宽，中胸较长于后胸（含中节）；中节横形。前股节稍长于后股节，基部弯曲，腹端外侧具 2 小齿；中、后足股节腹端两侧各有 2 小齿。腹部圆筒形，略长于头、胸部之和，腹面较平坦，腹端 3 节膨大，第 8 ~ 9 节约等长，臀节约长于前 2 节，分

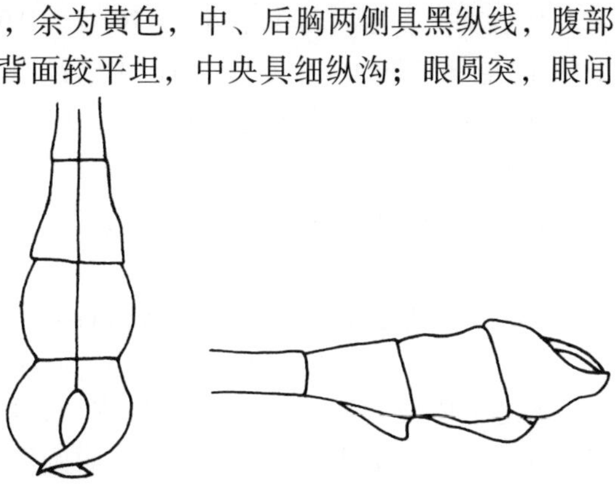

图 37 白斑短足异䗛，新种 *Dixippus albopictus* sp. nov.，♂
A. 腹端背观 B. 腹端侧观

裂成2叶，背缘显凹，端叶尖长；下生殖板兜状，较平，具背脊，端部几呈截状，伸达臀节基部；尾须柱形，中央稍弯，端窄。

雌性：未知。

体各部分长度（mm）：体长76.0；中胸背板17.0；后胸背板（含中节）13.0；中节2.2；前足股节22.0；中足股节16.0；后足股节20.5。

正模♂(ZSU)，广西平乐，1985-VI-13，张宣达。

新种与花坪短足异蛸 *D. huapingensis* Bi et Li 相似，但头部具白斑，胸侧具黑纵纹，足股节端齿少，以及臀节外形等可相区别。

14. 基黑短足异蛸，新种 *Dixippus basalis* sp. nov.（图38）

雄性：体长70mm。中型，细杆状，无翅，披细颗粒，背具纵中脊。头、和中、后胸绿色，前胸黑色，腹与3对足，除基节、股、胫节端部黑色外，均为黄棕色。头短卵形，背面稍隆起，披细疏粒突，中央具3细纵沟；眼圆突，眼间无角刺；触角丝状，远长于前足，第1节长方形，端厚，第2节短柱形，约为第1节长之半。前胸背板矩形，横沟位于近中央，其后侧具“八”字形侧沟；中胸后和后胸两端较宽大，中胸较长于后胸（含中节）；中节约为后胸长的1/5。前股节长于后股节，基部弯曲，腹端外侧具2小黑齿，中、后足股节腹端两侧各有4~5小齿（其中2个较明显）。腹部圆筒形，略长于头、胸部之和，腹面平坦，腹端部3节膨大，以第9节最短，臀节长于第8节，分裂成2叶，端叶短钝；下生殖板兜状，具背脊，端窄钝，伸达臀节基部；尾须较长，近端约1/3处弯曲，垂直下伸。

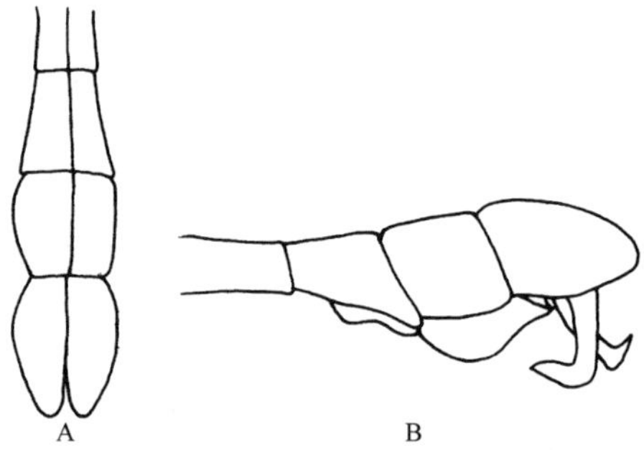

图38 基黑短足异蛸，新种 *Dixippus basalis* sp. nov.，♂
A. 腹端背观 B. 腹端侧观

雌性：未知。

体各部分长度（mm）：体长70.0；中胸背板17.0；后胸背板（含中节）12.0；中节2.0；前足股节20.0；中足股节16.0；后足股节18.5。

正模♂(ZSU)，广东龙门南昆山，1987-VI-9~14，陆勇军。

新种与细尾短足异蛸 *D. gracicercatus* sp. nov. 相似，但前胸与3对足基节黑色，尾须长，近端部弯曲，以及臀节外形等可相区别。

15. 博白短足异蛸 *Dixippus bobaiensis* (Chen, 1986) comb. nov.（图39）

Entoria bobaiensis Chen, 1986, *Acta Ent. Sinica.* 29 (4): 401.

雌性：体长113~114mm。体黄褐色，体背具细中脊。头部明显长于前胸背板，长大于宽，头后渐窄，后头有3条短中沟；眼圆形，外突，自眼至头后缘有黑条纹；触角超过前足胫节端部，第1节扁平，长约为宽的2倍，中间宽两端窄，但不扁平，侧缘脊状，有较整齐细毛，背面有宽中脊；第2节小，圆筒形，端部窄，约为第1节的1/2；第3节窄于第2节，与第2节约等长；下颚须筒形，第2节甚小，约为第1节长的2/3，端部3节中，第4节等

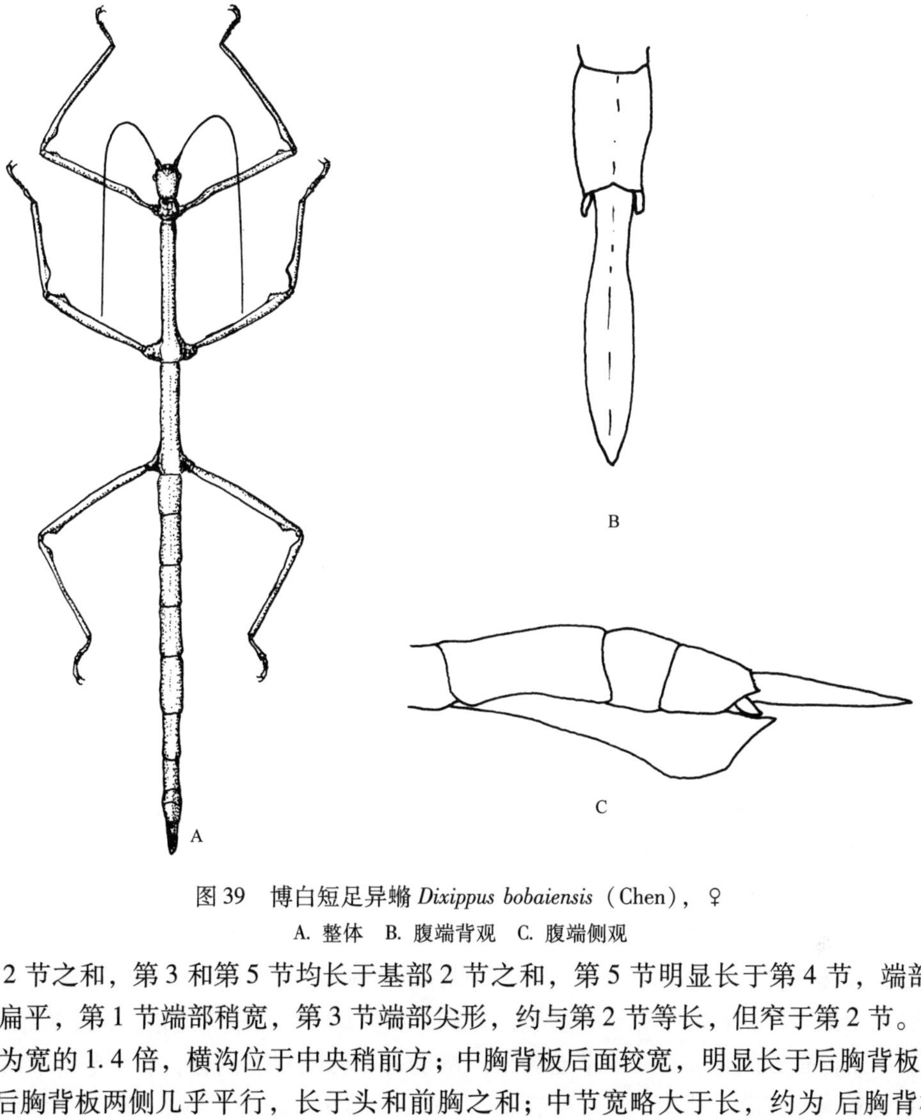

图 39　博白短足异䗛 *Dixippus bobaiensis*（Chen），♀
A. 整体　B. 腹端背观　C. 腹端侧观

于基部 2 节之和，第 3 和第 5 节均长于基部 2 节之和，第 5 节明显长于第 4 节，端部狭圆；下唇须扁平，第 1 节端部稍宽，第 3 节端部尖形，约与第 2 节等长，但窄于第 2 节。前胸背板长约为宽的 1.4 倍，横沟位于中央稍前方；中胸背板后面较宽，明显长于后胸背板加中节之和；后胸背板两侧几乎平行，长于头和前胸之和；中节宽略大于长，约为 后胸背板长的 1/4，中前方有新月形窝 1 对。前足股节比中、后足股节为长，端部内侧有短齿 3 枚；后足股节长于中足股节，短于前足股节，中、后足股节端部内侧有小齿 2 排；前足第 1 跗节扁宽，叶状，约为其余 4 节之和；中、后足胫节基部内中脊膨大呈叶突。腹部长于头、胸部之和，腹部第 2 节背板略短于第 3 节背板，但比端部 3 节中任一节均长，腹部第 5 节背板长于其后任一节背板，并且长于端部 3 节之和，臀节背板稍长于第 9 节背板；肛上板长，剑形，约与前两节之和等长；腹瓣稍长于腹端 3 节背板之和，端部刚超过肛上板基部，中央向下突出，有明显中脊；尾须短 圆柱形，端尖。

雄性：长约 90 ~ 95mm。体披粒突与细纵脊。体绿色，触角基部两节与 3 对足基节黑色，股与胫节端为黄色。头卵形，背面较平坦，稍长于前胸背板，中央具十字形沟纹，横沟位中央，中胸较长于后胸（含中节）。腹部略短于中胸和后胸之和，腹端 3 节膨大，臀节狭长，基半部较宽；下生殖板兜形，超过臀节基部；尾须细圆柱形，中央稍弯曲。

体各部分长度（mm）：体长 ♀113.0 ~ 114.0，♂90.0 ~ 95.0；中胸背板 ♀22.3 ~ 22.8，

♂23.5；后胸背板（含中节）♀18.5～19.1，♂19.0；中节♀3.5～3.7，♂3.0；前足股节♀22.3～23.0，♂25.0；中足股节♀16.5～18.2，♂20.0；后足股节♀19.1～20.0，♂24.0。

卵：长2.8mm，宽1.4mm，高2.0mm。桶形，表面具网状隆线，棕褐色，具一球状头端，与卵盖用短柄相连，卵盖棕褐色光滑。卵孔板长，剑状，约为卵长的2/3，位于卵背中上部，卵孔位于卵孔板中后方，卵孔杯不明显，卵孔上具一直隆起线。中线明显，末伸达后端。

分布：广西（博白），海南（黎母岭、尖峰岭、吊罗山）。

16. 小短足异䗛 *Dixippus parvus* Chen et He，1994（图40）

Dixippus parvus Chen et He，1994，*Ent. Sinica.* 312.

雌性：体长约50 mm。体细长，具背纵脊，披稀疏粒突。体褐色。头宽，背面略隆起，中央具浅纵沟，沟侧各有2个斜生的黑色小瘤，后头有4个稍隆起的瘤突；头顶在复眼间具1对褐色角刺；眼圆外突，眼后有短褐纵纹；触角长丝状，第1节长，第2节短，约为第1节长的1/2。前胸背板亚梯形，后缘圆钝，中央具十字形浅沟，背面披少量不规则粒突；中胸后侧稍宽，略长于后胸（含中节），中胸每侧有1侧脊，沿侧脊具4黑色小瘤，近腹侧各有1纵脊，且有数个浅色小瘤；后胸背板短，有1纵脊2侧脊，且披稀粒突；中节横宽，具纵脊与横脊。3对足短，前股节端腹外脊有3小齿，中、后足股节腹端两侧各有3～4小齿，胫节腹中脊略呈片状，跗节无叶状突起。腹部稍长于头、胸部之和，第6节后端与第7节稍宽，腹基部3节，除纵脊外，每侧各有3侧脊，自第6节至臀节除纵脊外，每侧有1侧脊，第2至7节沿纵脊两侧有少量钝粒突，腹端3节中，以第8节最短，横形，第8节略长于臀节，臀节后缘浅弧形凹入，侧端叶角形；肛上板具纵脊，后缘钝，略超过侧叶；腹瓣扁舟形，顶端略钝，具纵脊与侧脊；尾须扁，端尖，伸达腹端。

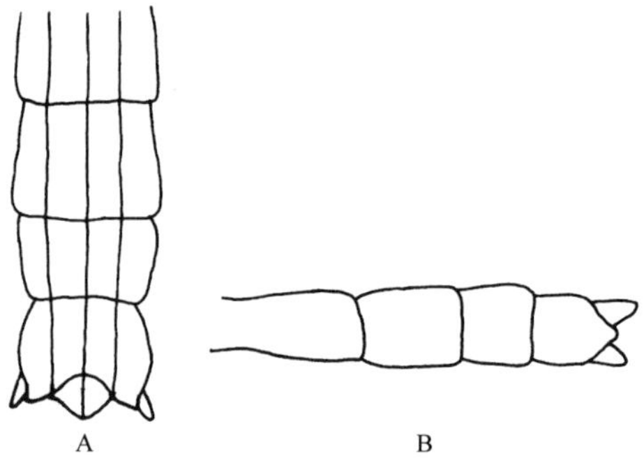

图40 小短足异䗛 *Dixippus parvus* Chen et He，♀
A. 腹端背观 B. 腹端侧观

雄性：未知。

体各部分长度（mm）：体长49.6；前胸背板2.4；中胸背板10.6；后胸背板（含中节）5.8；中节2.4；前足股节8.8；中足股节6.4；后足股节7.8。

分布：西藏（墨脱）。

17. 亮短足异䗛 *Dixippus glabra*（Günther，1940）comb. nov.

Phasgania glabra Günther，1940，*Decheniana.* 99B：246.

雄性：体长135 mm.。体大，光滑具光泽。头隆起，其后部较平坦，头部具1对短小的瘤突，并具浅的半月形凹陷。前胸背板具十字形沟纹；中、后胸前后端较膨大，中胸背板纵脊不明显，约与后胸背板加中节之和等长。足粗壮，后股节较长于中股节，中、后股节腹脊端部具小齿。腹部背板前后端较膨大，腹末数节向下后方倾斜，臀节向后变窄，分裂成两瓣，侧端叶短，纵脊较扩展，但不达中部，臀节略短于第8节，稍长于第9节；下生殖板兜状，中央具脊，后缘较尖；尾须较直，后部略弯曲，不超过臀节。

本种体大，其他特征与 *D. cornuta* Kirby 相似，但其外观与越南种 *D. margaritata* Brunner 更相近。据记载此种采自北京，但未见标本。

雌性：未知。

体各部分长度（mm）：体长135.0；前胸背板4.5；中胸背板28.0；后胸背板（含中节）25.0；中节2.7；前足股节40.0；中足股节24.0；后足股节30.0。

分布：北京。

18. 粗糙短足异蝌 *Dixippus squeleton*（Olivier，1792）comb. nov.

Mantis squeleton（Olivier，1792），*Enc. Meth. Ins.*，VII，639.

Phasgania squelenton Kirby，1904，I，324

Phasma squeleton Lichtenstein，1796，*Cat. Mus. Zool. Hamburg.* III，78.

Phasma simplex Stoll，1813，*Spectres*，*Phasmes.* 45.

体长约130mm。体披较粗糙颗粒。触角长于前足。胸、腹部圆筒形，被浅色颗粒，颗粒至后方渐趋减少。前足细长，第1跗节背面具1近三角形的片形突起。本种未见标本。

分布：中国。

（三）皮蝌属 *Phraortes* Stål，1875

模式种：*Phasma elongata* Thunberg，1815

头后无瘤，具短沟，眼间有2刺。中节短于后胸的1/4。中、后股节下端有叶齿，第5跗节长于其余跗节之和。雄臀节膨大，下生殖板有凹缘；雌腹瓣扁舟形。

本属全世界26种，我国已知27种，主要分布于南方地区。

皮蝌属 *Phraortes* Stål 分种检索表（雌性）

1. 头顶无刺……………………………………………………………… 2
   头顶有2刺……………………………………………………………… 6
2. 触角具环纹……………………………………………………………… 3
   触角不具环纹……………………………………………………………… 4
3. 触角具黑白相间环纹，第7腹板中突端部正常，腹瓣不超过肛上板 …… **邻皮蝌 *Ph. similis* Chen et He**
   触角具褐色环纹，第7腹板中突端部凹入，腹瓣明显超过肛上板 ……………………………………… **龙胜皮蝌 *Ph. longshengensis* Chen et He**
4. 中、后足股节腹面纵隆线顶端各有1个三角形大齿 ………………… **雷山皮蝌 *Ph. leishanensis*（Bi）**
   中、后足股节端内侧具叶突……………………………………………… 5
5. 尾须圆柱形，远长于腹瓣端部 ……………………… **辽宁皮蝌 *Ph. liaoningensis* Chen et He**
   尾须锥状，与腹瓣齐平 ……………………………… **细弯尾皮蝌 *Ph. gracilis* sp. nov.**
6. 第7腹板后缘有1突起……………………………………………… 7
   第7腹板后缘无突起 ……………………………………………… 16
7. 头顶角刺较粗，端尖……………………………………………… 8

头顶角刺较短小 ………………………………………………………………………………………… 13

8. 体大100mm以上；黄褐色 ………………………………………………………………………… 9

体中等大小60~100mm；灰白色，3对足灰白与褐色相间 …………… 花皮䗛 *Ph. speciosus* Chen et He

9. 第7腹板后缘突起较大，横扁 ………………………………………………… 粗壮皮䗛 *Ph. grossa* sp. nov.

第7腹板后缘有小突起 ……………………………………………………………………………… 10

10. 第7腹板后缘有2个小突起，腹瓣基部有一纵扁舌状突起 …………… 囊突皮䗛 *Ph. gibba* sp. nov.

第7腹板后缘有1个小突起，腹瓣基部无突起 ……………………………………………………… 11

11. 中、后足股节腹端侧有1对1~3齿的三角形叶突 …………… 双线皮䗛 *Ph. bilineatus* Chen et He

中、后足股节腹端侧有1对3~4齿的三角形叶突 ………………………………………………… 12

12. 第7腹板中突为短锥状，第8腹节短于后2节之和 …… 封开皮䗛 *Ph. fengkaiensis* Chen et Xu, sp. nov.

第7腹板具中突，瘤状，其上具有2个突起的尖角，第8节约等于第9、10节之和 ……………………
…………………………………………………… 拟弯尾皮䗛 *Ph. paracurvicaudatus* Chen et Xu, sp. nov.

13. 第7腹板有一尖长的中突，纵扁 …………………………………… 台湾皮䗛 *Ph. formosanus* Shiraki

第7腹板突起较小 ………………………………………………………………………………………… 14

14. 前足第1跗节长扁叶突较大，尾须短直 ………………………… 粒突皮䗛 *Ph. granulatus* Chen et He

前足第1跗节叶突较小，尾须弯曲 ……………………………………………………………………… 15

15. 体颗粒较粗密，肛上板较小 ……………………………………… 连州皮䗛 *Ph. lianzhouensis* sp. nov.

体颗粒较疏，肛上板较大 ………………………………………… 连南皮䗛 *Ph. liannanensis* sp. nov.

16. 头顶角刺较粗大 ………………………………………………………………………………………… 17

头顶角刺较短小 ………………………………………………………………………………………… 18

17. 头长卵形，体黄褐色 ……………………………………………………… 大皮䗛 *Ph. major* sp. nov.

头长方形，略扁，头和3对足黄绿色 …………………………………… 双锥皮䗛 *Ph. biconiferus* (Bi)

18. 肛上板后缘钝圆，长与臀节两侧叶 ……………………… 莫干山皮䗛 *Ph. moganshanensis* Chen et He

肛上板后缘截形，约与臀节两侧叶等长 ……………………………… 短足皮䗛 *Ph. brevipes* Chen et He

皮䗛属 *Phraortes* Stål 分种检索表（雄性）

1. 头和前、中后胸端部绿色或浅绿 …………………………………………………………………… 2

头和前、中后胸端部非绿色或浅绿 ……………………………………………………………… 11

2. 中、后胸两侧有纵线 …………………………………………………………………………………… 3

中、后胸两侧无纵线 …………………………………………………………………………………… 5

3. 体两侧纵线为黄色 ………………………………………………… 连南皮䗛 *Ph. liannanensis* sp. nov.

体两侧纵线为红棕色 …………………………………………………………………………………… 4

4. 头长形；腹部第8、9节向外扩展不明显，臀节侧端叶细窄 …… 辽宁皮䗛 *Ph. liaoningensis* Chen et He

头近方形；腹部第8、9节向外扩展明显，臀节侧端叶稍钝 ……… 双线皮䗛 *Ph. bilineatus* Chen et He

5. 臀节细窄，不膨大 ……………………………………………………………………………………… 6

臀节稍宽，略膨大 ……………………………………………………………………………………… 7

6. 尾须短直 ………………………………………………………………… 邻皮䗛 *Ph. similis* Chen et He

尾须较长，端部相对而接 ……………………………………………………………………………… 8

7. 臀节膨大，端部稍尖 …………………………………………………………………………………… 9

臀节不明显膨大，端部钝 ………………………………………… 细弯尾皮䗛 *Ph. gracilis* sp. nov.

8. 臀节侧端叶长，后缘钝 ……………………………………………… 粗壮皮䗛 *Ph. grossa* sp. nov.

臀节侧端叶短，外缘直线斜切 …………………………………… 锤尾皮䗛 *Ph. clavicaudatus* sp. nov.

9. 臀节背观球状；尾须明显内弯，端尖细 ………………………… 球臀皮䗛 *Ph. sphaeroidalis* sp. nov.

臀节背观半核桃形；尾须弯曲，顶端尖锐，呈锥状 ……………………………………………… 10

10. 中、后足股节端腹内侧具 3～5 小齿，尾须基部粗且下伸，中部粗大 ……………………………………………………………………………………………… **弯尾皮蛸 *Ph. curvicaudatus* (Bi)**
中、后足股节端腹内侧具 2 个黑色小齿；尾须扁宽，中部正常…………………………………………………………… **拟弯尾皮蛸 *Ph. paracurvicaudatus* Chen et Xu, sp. nov.**
11. 体两侧有条纹……………………………………………………………………………… 14
体两侧无条纹……………………………………………………………………………… 13
12. 体两侧纵线黑色…………………………………………………………………………… 12
体两侧纵线黄色 ………………………………… **宽尾皮蛸 *Ph. eurycerca* Chen et He, sp. nov.**
13. 尾须强烈内弯，端尖 ………………………………………… **台湾皮蛸 *Ph. formosanus* Shiraki**
尾须扁柱形，中央弯曲 ………………………………… **黑背脊皮蛸 *Ph. nigricarinatus* Chen et He**
14. 臀节背板近端处成直角下垂，两端角尖锐 ……………………… **角臀皮蛸 *Ph. corniformis* Chen et He**
臀节背板近端处不成直角…………………………………………………………………… 15
15. 尾须近端处内侧有 1 突起 ………………………………………… **奇尾皮蛸 *Ph. miranda* sp. nov.**
尾须近端处内侧无突起 ……………………………………………………………………… 16
16. 体黄褐色；臀节侧后角钝 ………………………………… **连州皮蛸 *Ph. lianzhouensis* Chen et He**
体绿色；臀节侧后角尖 ……………………………………………………………………… 17
17. 体长 91 mm；尾须基部宽，近端部 1/3 处弯曲 ……… **江西皮蛸 *Ph. jiangxiensis* Chen et Xu, sp. nov.**
体长 78 mm；尾须基部正常，近中部弯曲 ……………………………… **雷山皮蛸 *Ph. leishanensis* (Bi)**

19. 雷山皮蛸 *Phraortes leishanensis* (Bi, 1993) comb. nov.（图 41）

Paramyronides leishanensis Bi, 1993, *Insects of Wuling Mountains Area, Southwestern China.* 66.

雌性：体长约 120mm。体为黄褐色；头和 3 对足为黄绿色，中足和后足股节下侧中隆线顶端齿为黑色。头长方形，略扁平，后头缺刺；触角丝状，其长超过前足股节。前胸背板为长方形，具细颗粒，纵沟明显，横沟位于中部；中胸细长，较长于后胸，颗粒尤为明显，后胸略粗；中节略宽短。前、后翅均缺。前足股节具隆线，基部明显内凹，跗节基节简单；中足和后足股节腹侧中隆线顶端具 1 个三角形大齿（其上具数个小齿），胫节略长于股节；后足不超出腹部末端。腹部第 10 节后缘具明显三角形凹缘；腹瓣舟形；尾须较短。

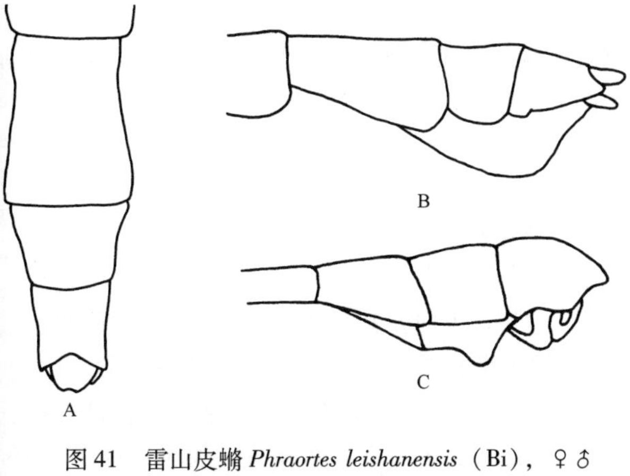

图 41　雷山皮蛸 *Phraortes leishanensis*（Bi），♀♂
A. 雌性腹端背观　B. 雌性腹端侧观
C. 雄性腹端侧观（A、B 仿毕道英）

雄性：体长 78mm。中型偏大，杆状，无翅，体披细颗粒，背面具细纵脊。体绿色，腹部黄绿色，端部 3 节橙色，侧缘具白斑，触角（除基部 2 节），3 对足股节端及胫节两端为黑褐色。头卵形，背面稍平，眼间略凹，中央具细纵沟；眼圆突；触角基部 2 节浅绿色，第 1 节长方形，端厚，第 2 节柱形，短于第 1 节。前胸背板矩形，中央具十字形沟纹，横沟位中央；中、后胸两端加宽，中胸背板稍长于后胸（含中节）；中节横形，短于后胸长的 1/5。前股节稍长于后股节，基部弯曲，腹外脊端具 3 小齿，中、后股节端部 2 腹脊各具数黑小齿。腹部圆筒形，端部3节膨大，第8节略短于臀节，臀节背观略呈球状，分裂为两瓣，端部较短，稍尖；下生殖板兜状，背中央具脊，伸达臀节基部；尾须垂直下伸，端尖细，明显弯曲。

体各部分长度（mm）：体长♀120.0，♂78.0；中胸背板♀25.0，♂17.0；后胸背板（含中节）♀20.0，♂14.0；中节♀3.0，♂2.4；前足股节♀25.5，♂24.0；中足股节♀20.0，♂18.0；后足股节♀21.0，♂22.0。

分布：贵州（雷山）。

20. 黑背脊皮䗛 *Phraortes nigricarinatus* Chen et He, 1995（图42）

Phraortes nigricarinatus Chen et He, 1995, *Insects of Baishanzu Mountain, E. China.* 66.

雄性：体长约79mm。杆状，无翅。身披细颗粒，中胸至腹端背中央具细脊。体褐色，中、后胸侧线黑色，中胸至腹部第6节背脊黑色。头长卵形，后侧略收缩，头背中央1纵沟，后头形成4瘤突；复眼半球形，外突；触角长丝状，远长于前股节（部分缺失），第1节扁柱形，端部加厚，第2节短柱形，短于第1节。前胸背板近似长方形，背面具十字形沟纹，横沟位于中央，纵沟不伸达后缘，横沟后有2斜向后方的侧沟；中胸细长，后侧稍宽，长于后胸加中节；后胸背板两端较宽，长为中节7倍；中节长宽约等，1对新月凹窝位中央之前。3对足以前足最长，前股节基部弯曲，端部腹中脊外侧生2齿，中、后足股节端部腹中脊每侧生1~2齿。腹部细长，端部3节加粗，以臀节（第10腹节）最长，分裂成两瓣，端部渐窄，内侧具齿；下生殖板隆起，具中脊，端部圆弧形，中央略内凹，伸达臀节基部；尾须扁柱形，被细毛，中部稍弯。

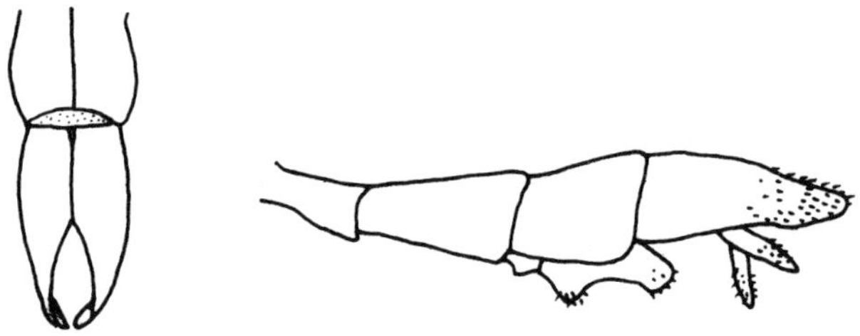

图42 黑背脊皮䗛 *Phraortes nigricarinatus* Chen et He，♂
A. 腹端背观 B. 腹端侧观

雌性：未知。

体各部分长度（mm）：体长78.5；前胸背板2.8；中胸背板16.4；后胸背板13.0；中节1.6；前足股节20.5；中足股节15.5；后足股节18.5。

分布：浙江（百山祖）。

21. 锤尾皮䗛，新种 *Phraortes clavicaudatus* sp. nov.（图43）

雄性：体长82mm。细杆状，披细颗粒，背具纵脊。体黄褐色；头、前胸、中、后胸后端、中节暗绿色，腹部第8~9节背板侧后方具白斑；3对足股、胫节端黑色。头宽卵形，背中央有纵沟，眼圆凸，触角丝状，长于前足，第1节长方形，端厚，第2节短柱形，约为第1节长之半。前胸背板矩形，横沟位中央，沟后有"山"字形纵沟，中胸后端与后胸两端膨大，中胸明显长于后胸（含中节）；中节约为后胸长的1/5。前股节略长于后股节，基部弯曲，腹端外侧具2小齿，中股节长于后胸，后股节伸达第5腹节端部，其腹端两侧各生有4齿（其中2个较大）。腹圆筒形，端部3节膨大，上弯，臀节长于前2节，开裂成2叶，

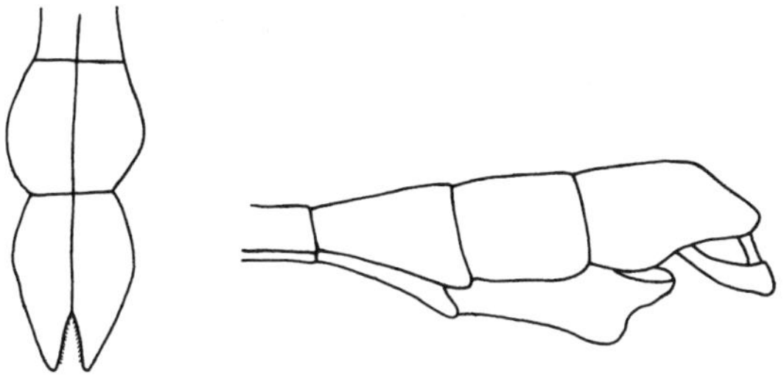

图 43　锤尾皮蝽，新种 *Phraortes clavicaudatus* sp. nov.，♂
A. 腹端背观　B. 腹端侧观

侧后角短，外缘直线斜切；下生殖板兜状，具背脊，伸达臀节基部；尾须显弯，下伸，端部呈锤状，相对接。

雌性：未知。

体各部分长度（mm）：体长 82.0；中胸背板 21.0；后胸背板（含中节）13.0；中节 2.2；前足股节 25.0；中足股节 19.0；后足股节 23.0。

正模♂（BJFU），广东乳阳南岭森林公园，2001-VII，黄少彬采。

新种与粗壮皮蝽 *Ph. grossa* sp. nov. 相近，但臀节侧后角短以及尾须端部膨大呈锤状等可相区别。

22. 龙胜皮蝽 *Phraortes longshengensis* Chen et He，1989（图 44）

Phraortes longshengensis Chen et He，1989，*Acta Zootaxonomica Sinica*. 14（3）：340.

雌性：体长 103mm。体粗壮，黄褐色，全身生有细颗粒状突起。头较短，头顶无刺，前端较宽，两复眼间有 1 对浅形凹陷，额至头顶有 1 细纵沟；复眼褐色，圆形，外突，宽约为眼后至后头的 1/3；触角丝状，与前足约等长，柄节扁宽，两侧平行，约为梗节长的 2 倍，略长于鞭节第 1 节，触角具褐色环纹。前胸背板稍短于头部，前侧略宽，中部收缩，有一横沟，沟后有 1“八”字形凹陷；中胸背板约为前胸背板长的 4.5 倍，后侧略宽大，背中央有纵隆线，纵线后方有 1 对褐色斜行刻线；后胸背板（加中节）约为中胸背板长的 5/6，中央两侧捎凹入，背中央有纵隆线；中节横形，其长小于后胸背板的 1/3，中部前方有 1 对新月形窝，纵隆线不甚明显。足细长，除了股节内端具有带齿叶突外，无其他外长物；前足股节略长于中胸背板，长于中足股节或后胸背板（加中节），后足股节与胫节等长，中足胫节稍短于股节。腹部长于头、胸部之和，后端渐窄，其中以第 5 与第 6 背板为最长，第 9 背板最短，第 8 背板短于第 9 与第 10 背板之和，第 10 背板端部三角形凹入，两侧端叶三角形；肛上板截形，明显超过第 10 背板两侧端叶；第 7 腹板中突端部凹入，达到该节腹板后缘；腹瓣舟形，略扁，显然超过第 10 背板端部与肛上板，背中央有清楚纵脊。

雄性：未知。

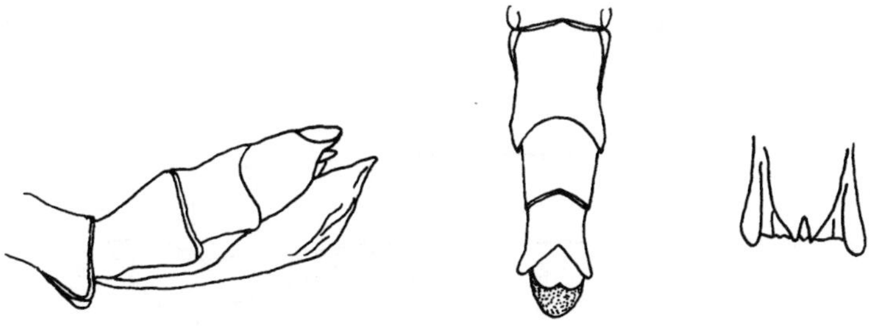

图 44　龙胜皮蝽 *Phraortes longshengensis* Chen et He，♀
A. 腹端侧观　B. 腹端背观　C. 第 7 腹板与中突

体各部分长度（mm）：体长 103.0；前胸背板 4.0；中胸背板 18.5；后胸背板（含中节）14.5；中节 3.1；前足股节 21.2；中足股节 15.8；后足股节 20.5。

分布：广西（龙胜县花坪）。

23. 邻皮䗛 *Phraortes similis* Chen et He，1994（图 45）

Phraortes similis Chen et He，1994，*Acta Zootaxonomica Sinica*. 19（1）：105.

雌性：体长约 112mm。褐色，体粗壮，全身披细颗粒状突起。头卵圆，散生颗粒突起，背面较凸，无刺突，两复眼间有 1 对凹窝，额至头顶有 1 浅纵沟；复眼褐色，圆形，外突，宽约为眼后至后头的 1/3；触角长丝状，柄节较扁宽，两侧几平行，端部加厚，长约为梗节的 2 倍，并长于鞭节第 1 节，触角具黑白相间环纹。前胸背板略短于头部，前侧稍宽，中部收缩，横沟位于中央稍前方，沟后有 1 对斜向外方的侧沟；中胸背板约为前胸背板长的 4.5 倍，后侧略宽大，背面有纵隆线，线后有 1 对浅刻痕；后胸背板（加中节）约为中胸背板

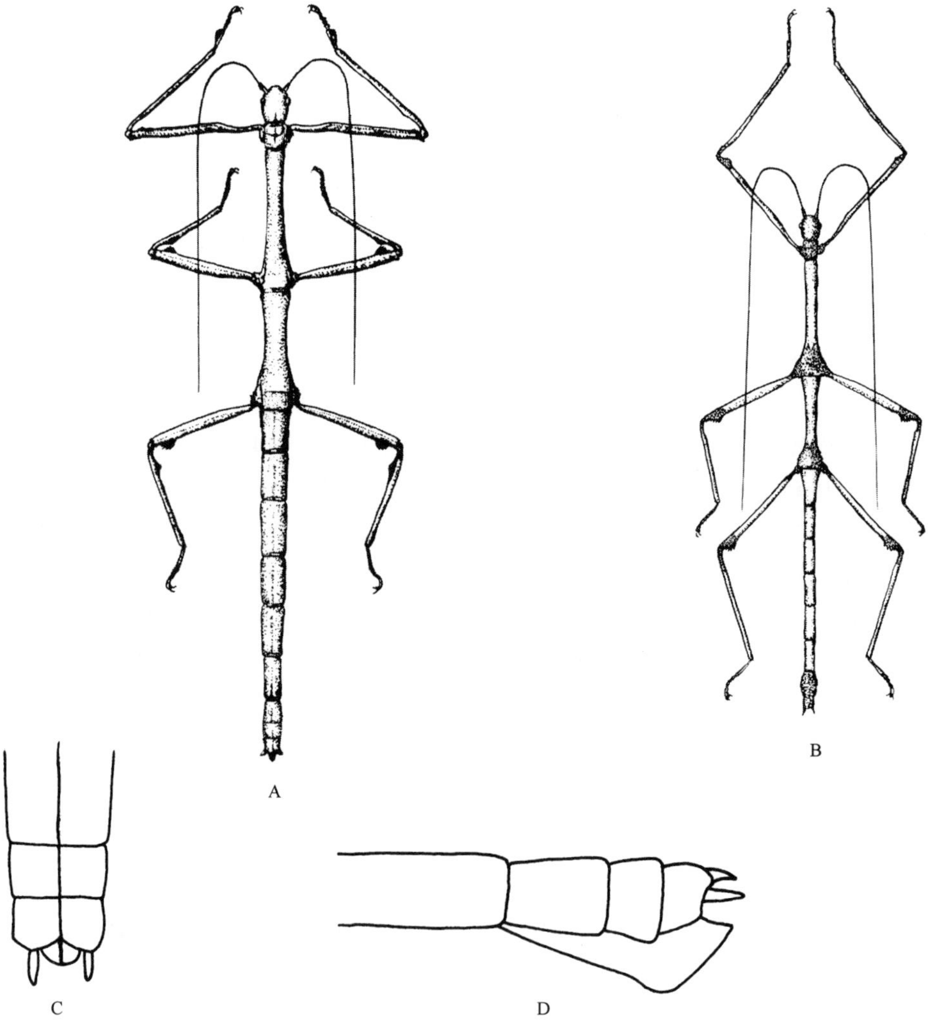

图 45 邻皮䗛 *Phraortes similis* Chen et He，♀♂

A. 雌性整体 B. 雄性整体 C. 雌性腹端背观 D. 雌性腹端侧观

的 5/6，中侧稍凹，背有纵隆线；中节横形，长约为后胸背板的 1/4，中部前有 1 对新月形凹窝，背面有纵隆线。3 对足中等长，中、后足股节内端具 2～3 齿的叶突，3 对足以前足股节最长，略短于中胸背板；后足股节与后胸背板加中节之和约等长，并长于中足股节；前、中足胫节短于各该股节，后足股节与胫节约等长；前足第 1 跗节背叶宽圆。腹部略长于头、胸部之和，以第 5 背板为最长，第 4 背板次之，第 10 腹节（臀节）背板最短，第 9 与 10 背板之和稍长于第 8 背板，第 10 背板端部浅凹，两侧叶钝角形；肛上板端缘略呈弧形，明显超过第 9 背板两侧端叶；腹瓣舟形，端部较平，不超过肛上板，中央稍后方至端部具明显背中脊；尾须短直，稍长于肛上板。

雄性：体长 88mm。体粗壮，背中央具细纵脊，全身披细颗粒状突起。黄褐色，头、前胸、中、后胸两端，3 对足基节、股节基部绿色，各股节端，胫节基部、跗节与腹端 3 节褐色。头宽卵形，眼圆凸，眼间无角刺，但具凹窝，前方稍隆起；触角长丝状，柄节较扁宽，两侧几平行，端部加厚，长约为梗节的 2 倍。前胸背板与头部约等长，横沟位于中央，沟后有 1 对斜向外方的侧沟；中胸背板后与后胸背板两端较宽；后胸背板（加中节）约为中胸背板的 6/7；中节长宽约等，长约为后胸背板的 1/5。3 对足中等长，中、后足股节内端具 4～5 齿的叶突。腹部略短于头、胸部之和，第 2 背板较粗，第 3～6 节背板约等长，第 7 节加宽，臀节背板短，与第 9 背板约等长，两侧叶短钝；下生殖板兜形，伸达臀节基部；尾须短直，端窄，稍长于腹端。

体各部分长度（mm）：体长 ♀112.4，♂88.0；前胸背板 ♀5.4，♂3.4；中胸背板 ♀24.2，♂21.0；后胸背板（含中节）♀20.2，♂17.0；中节 ♀4.0，♂3.0；前足股节 ♀21.0，♂23.0；中足股节 ♀17.0，♂18.0；后足股节 ♀20.0，♂21.5。

卵：长 2.52mm，宽 1.4mm，高 1.61mm。桶形，表面具网状隆线，黄色，具一短柱状头端，上具刺毛状结构。卵孔板四周具黄色隆线，卵孔板桃形，靠近卵盖方向窄，近中线处渐宽。卵孔板约为卵长的 1/2，位于卵背中央，卵孔位于卵孔板中后方，卵孔杯不明显，卵孔板上无外物。中线不明显，其上具黄色隆线，直伸达后端。

分布：广西（龙州、宁明陇瑞）。

24. 大皮䗛，新种 *Phraortes major* sp. nov.（图 46）

雌性：体长 125mm。体大，杆状，无翅。黄褐色。体披粒突，背面具细纵脊。头长卵形，背有纵脊，眼圆凸，眼间具褐色粗角刺 1 对；触角丝状，长于前足，第 1 节矩形，端厚，第 2 节短柱形，第 1 节长约为第 2 节的 2.6 倍。前胸背板横沟近中央，呈浅“V”形，中胸后与后胸两端较膨大，中、后胸颗粒明显且密，后胸（含中节）略短于中胸；中节横形。前股节基部弯曲，腹端外侧 2～3 齿，中、后足股节腹端两侧各有 4～5 齿的叶突，后股节略短于前股节，约伸达第 4 腹节中后方。腹部第 3～4 节颗粒明显加密，腹端第 8 节后与第 9 节稍加宽，臀节略长于第 9 节，后缘中央有三角形凹缘；肛上板超过臀节侧后角，背有纵脊；腹瓣舟形，

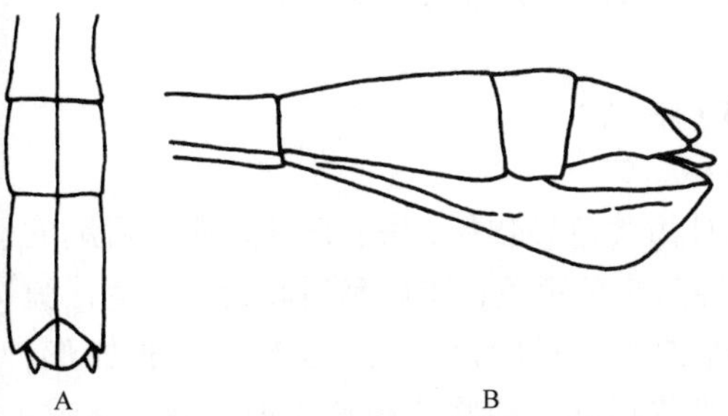

图 46　大皮䗛，新种 *Phraortes major* sp. nov.，♀
A. 腹端背观　B. 腹端侧观

具纵和侧脊，端较圆钝，略超过腹端；尾须圆柱形，端窄，略内弯，略超过肛上板。

雄性：未知。

体各部分长度（mm）：体长125.0；中胸背板27.0；后胸背板（含中节）22.0；中节3.2；前足股节27.0；中足股节22.0；后足股节25.0。

正模♀（BJFU），广东乐昌龙山林场，2000-VII-23，黄少彬采。

新种与*Ph*. *formosanus* Shiraki相似，但体大，第7腹板无明显中突，臀节侧后角较尖，肛上板明显超过侧后角等可相区别。

25. 囊突皮䗛，新种 *Phraortes gibba* sp. nov.（图47）

雌性：体长98mm。较大，杆状，无翅，体背具细中脊，体披颗粒。黄褐色，间具不规则白斑。头宽卵形，前侧略宽，背中央有细沟；眼圆突，眼间具黑色粗角刺1对；触角长丝状，远长于前股节，第1节矩形，端厚，第2节柱形，短于第1节。前胸背板矩形，横沟位中央，中、后胸颗粒较密，中胸后端与后胸两端加宽，后胸（含中节）明显短于中胸；中节横形，其长约为后胸的1/4.5。前股节基部弯曲，腹端外侧2～3小齿，中股节稍短于后股节，其腹端两侧各有3～4小齿的叶突。腹部圆筒形，第2节粒突较密，端部2节稍膨大，呈屋脊形，臀节长于第9节，后缘三角形深凹；肛上板具纵脊，略长于侧后角；腹瓣舟形，基底具明显囊突，端部稍圆钝，约伸达腹端；尾须圆柱形，略内弯，端窄，超过腹端。

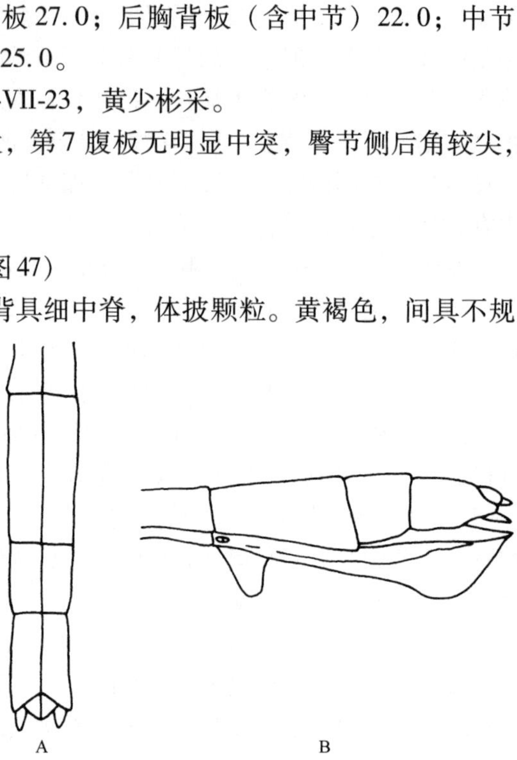

图47 囊突皮䗛，新种 *Phraortes gibba* sp. nov.，♀
A. 腹端背观 B. 腹端侧观

雄性：未知。

体各部分长度（mm）：体长98.0；中胸背板21.0；后胸背板（含中节）16.4；中节3.0；前足股节21.0；中足股节15.0；后足股节18.0。

正模♀（BJFU），广东乐昌金鸡山，2000-VII-23，黄少彬采；副模1♀（IZAS），广东连县，1965-VI-26，章有为采。

新种与*Ph. formosanus* Shiraki相似，但腹瓣基底具明显囊突可与本属其他种区分。

26. 弯尾皮䗛 *Phraortes curvicaudatus* Bi，1993（图48）

Phraortes curvicaudatus Bi，1993，*Animals of Longqi Mountain*. 37.

雄性：体长80～85mm。体细长，完全无翅。体具污黄色细颗粒；头、前胸及中、后胸的后端膨大部分为暗绿色，股节和胫节为暗绿色，其端部略呈黑色；中胸和后胸为橙黄色，腹部为污黄色，最后3节背板侧下缘和第8、9节后缘各具1对白色斑纹。头较小，长卵形，后端较狭；触角丝状，较长于前足股节，超过后足股节端部。前胸背板长方形，后端略狭；从中胸至腹部末端背板中央具细中隆线；中胸细长，后胸较中胸粗；中节长约为宽的2倍，其上1对新月形凹窝位于中部偏前；后胸背板长为中节的5倍左右，足着生处较膨大。前足

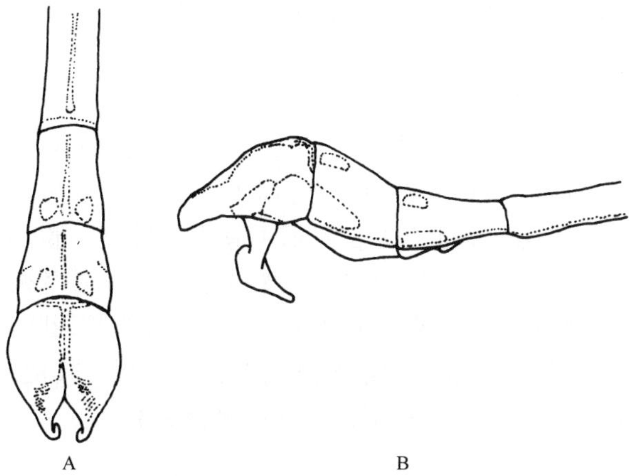

图 48　弯尾皮䗛 *Phraortes curvicaudatus* Bi，♂
A. 腹端背观　B. 腹端侧观（仿毕道英）

股节基部弯曲并具隆线；股节顶端腹面具 3 ~ 5 小齿。腹部向后逐渐趋细，最后 3 节向上翘起，第 8 腹节后端稍粗，第 9 腹节粗大，臀节呈半核桃形，中有裂口，呈三角形，其末端趋狭，内侧具细齿；腹瓣短舟形，具中隆线，顶端圆弧形，其长到达臀节基部；尾须基部粗，向下伸，中部粗大，向前弯曲，顶端尖锐，圆锥形。

雌性：未知。

体各部分长度（mm）：体长 80.0 ~ 85.0；中胸背板 19.0 ~ 20.0；后胸背板（含中节）15.0 ~ 16.0；中节 2.5 ~ 2.5。

分布：福建（将乐龙栖山、德化李山）。

27. 粒突皮䗛 *Phraortes granulatus* Chen et He，1991（图 49）

Phraortes granulatus Chen et He，1991，*J. Beijing For. Univ.*，13（1）：19.

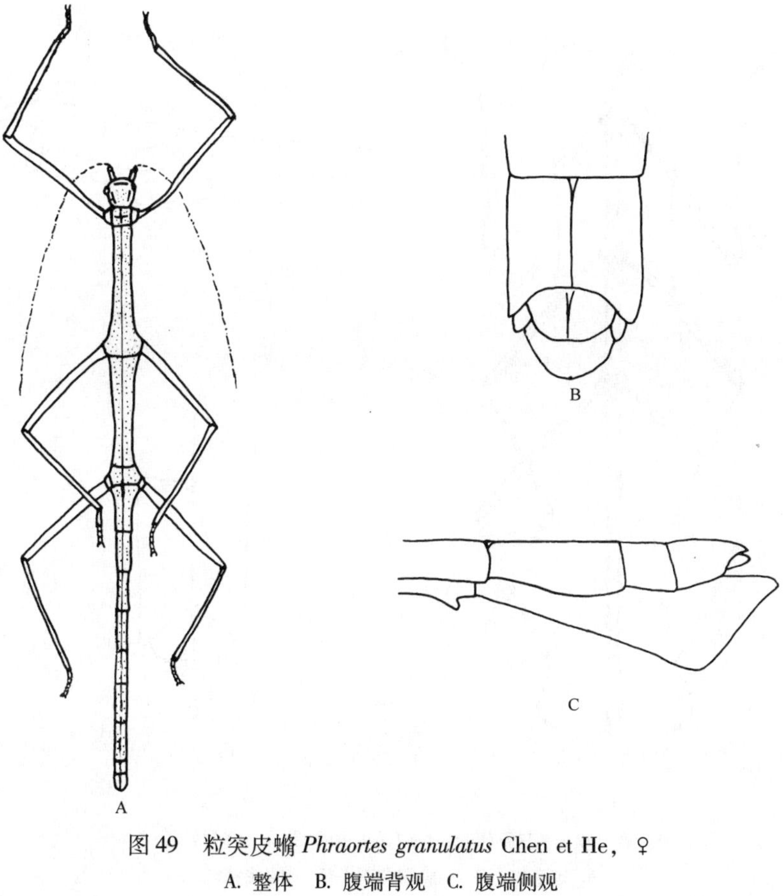

图 49　粒突皮䗛 *Phraortes granulatus* Chen et He，♀
A. 整体　B. 腹端背观　C. 腹端侧观

雌性：体长约120mm。体长杆状。胸部至腹部均披细颗粒突，中胸至腹部末节的背板中央有纵脊。体褐色。头长于前胸，头后3/5处中央有1沟，复眼间有黑色短角突1对，前方有凹窝1对；眼深褐色，球形；触角约与前足等长，第1节长，较扁。前胸背板长方形，中央具纵沟与横沟，呈十字形，横沟略成弧形，位中央；中节宽大于长，近中央处有1对新月形凹窝。前足股节约与中胸背板等长，端外侧有1具齿的叶突，有明显的棱脊；中、后足股节端内侧各有1对具2~4齿的较平缓的叶突，胫节基部有1长扁形不具齿的叶突。腹部长于头、胸部之和，颗粒突比胸部稀少，末端2节明显变窄，末端3节粒突更少；第8背板明显长于第9、10背板；第10背板屋顶形，端部有凹缘；肛上板略长于第10背板两侧叶；第7腹板有稍向后伸的中突，中突不超过该节端部；腹瓣不或稍超过肛上板，舟形，较扁，端部中央有明显的脊，基部有瘤突，端部宽圆；尾须短，圆柱形，伸达肛上板端部。

雄性：未知。

体各部分长度（mm）：体长119.1；中胸背板24.5；后胸背板（含中节）20；中节3.7；前足股节24.5；中足股节19.0；后足股节21.5。

分布：湖南（湘南），江西（大岗山林场）。

28. 双线皮䗛 *Phraortes bilineatus* Chen et He，1991（图50）

Phraortes bilineatus Chen et He，1991，*J. Beijing For. Univ.*，13（1）：20.

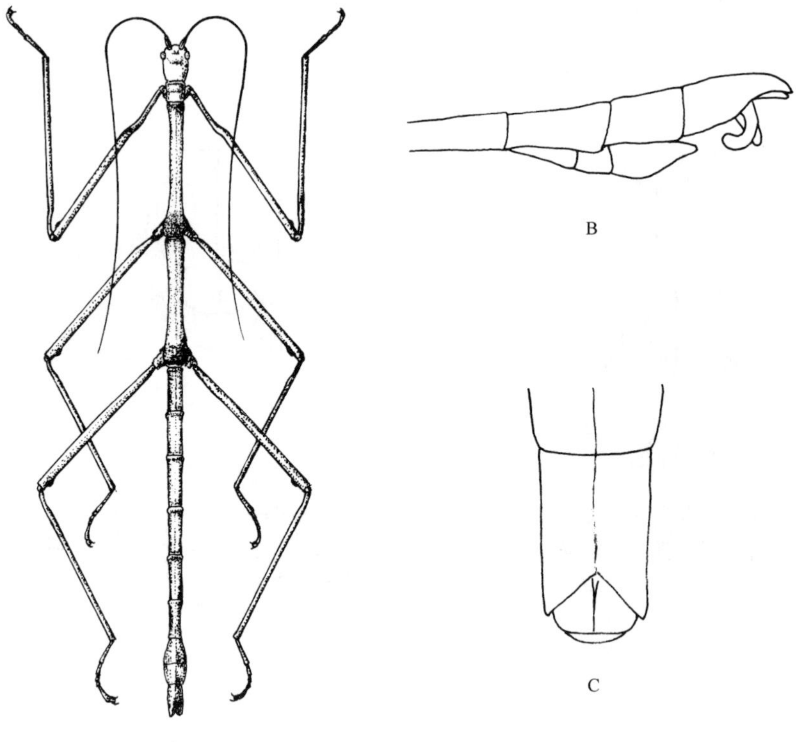

图50 双线皮䗛 *Phraortes bilineatus* Chen et He，♀♂

A. 雄整体 B. 雄腹端侧观 C. 雌腹端背观

雄性：体长约71mm。黄绿至褐色，密披颗粒突与皱折，背中有纵脊。头比前胸长，头顶有细纵沟，眼间无角突，眼后有浅黄色侧线；触角长于前足，第1节长约为第2节的1.8倍；前胸背板横沟在中央稍前方，其后有深“八”字形侧沟；中、后胸两侧有红棕色侧线；中节宽略大于长，中央稍前方有新月形凹窝1对。足细长，3对足股节端部及端内侧具齿的叶突深褐色，胫节上棱脊密生刚毛。腹部略长于头、胸部之和，第4～6背板最长；第9背板屋顶形，端部窄，第10背板长于第8背板，分裂成左右两片，侧观端半部窄，端部钝圆，内缘具许多小齿；下生殖板远长于第9腹板，略长于第8腹板，背中有脊，端部平截；尾须短而略扁，端部1/3处弯曲，上密生颗粒及较粗的毛。

雌性：体长约96mm。褐色，披颗粒突，但至腹端5节较稀疏；背中有纵脊，但在中节前不远处开始至中节处中断。头顶中央后缘有细纵沟，眼间有较粗大角突1对。前胸背板横沟后的“八”字形侧纵沟较浅；中节前缘弯弧形。足中等长，中、后足股节端部有1对1～3齿的三角形叶突，胫节基部叶突稍隆起，前足第1跗节扁叶状，明显长于余4节之和，中、后足跗节不如上述。腹部明显长于头、胸之和，端部3节明显变窄，屋脊形；第7腹板后缘中央的中突明显，略超过该节腹板后缘；第8背板短于后2节之和，第10节端缘深凹成三角形；肛上板后缘平直，两侧弧形，稍伸过第10节两侧叶；腹瓣舟形，略超过肛上板，在端部中央1/2～1/3处有纵脊，端部宽圆。

体各部分长度（mm）：体长♀95.8，♂71.4；中胸背板♀19.8，♂15.6；后胸背板（含中节）♀16.4，♂12.4；中节♀2.8，♂1.9；前足股节♀20.6，♂18.2；中足股节♀15.0，♂13.0；后足股节♀17.0，♂16.0。

分布：湖南（湘南、湘西、湘中），安徽，浙江。

29. 宽尾皮䗛，新种 *Phraortes eurycerca* Chen et Xu，sp. nov.（图51）

雄性：体长81mm. 体棕黄色，背中脊明显，中、后胸中脊两侧略具黄色纵线。头长方形，复眼圆，外凸，眼间略突起；触角丝状，基部2节圆柱形，第1节明显长于第2节。前胸马鞍状，具十字形沟纹；中、后胸沿背中脊颗粒细密，两侧较疏，中胸明显长于后胸；中节长宽约等。前足股节基部弯，端部呈黑色，跗节第1节较长，中、后足股节端部黑色，其腹脊两侧各有2～3个小齿，后股节明显超过后胸（含中节）。腹部圆筒形，前4节约等长，端部3节略向两侧扩展，臀节（第10节）侧端叶钝，略膨大；下生殖板兜状，具纵脊，超过臀节基部；尾须宽扁，1/3处内弯，端部指状。

雌性：未知。

体各部分长度（mm）：体长81.0；前胸背板3.0；中胸背板19.0；后胸背板14.0；中节2.5；前足股节22.0；中足股节16.0；后足股节20.0。

正模♂（BJAU），湖南南岳，1963-VI-21，杨集昆。

新种与双线皮䗛 *Ph. bilineatus* Chen et He 相近似，主要区别为头长且尾须宽扁。

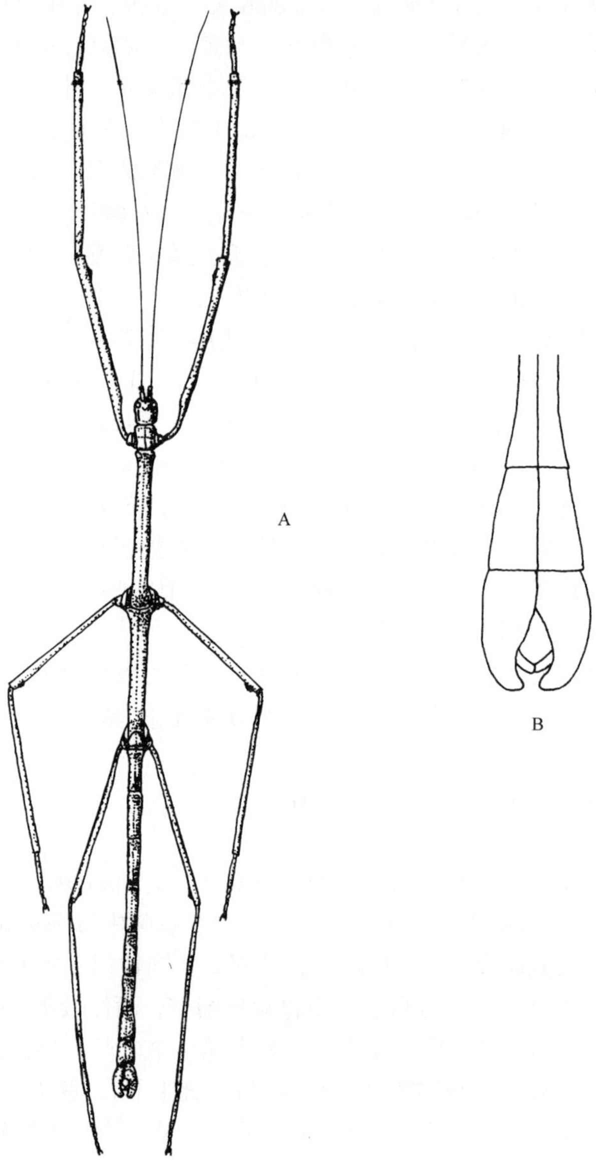

图 51 宽尾皮蝽，新种 *Phraortes eurycerca* Chen et Xu, sp. nov.，♂
A. 整体 B. 腹端背观

30. 封开皮蝽，新种 *Phraortes fengkaiensis* Chen et Xu, sp. nov.（图 52）

雌性：体长约 122mm。体棕褐色，披有较均匀颗粒和不规则白斑。头卵圆且稍凸，披稀疏颗粒，复眼半球形，红棕色，眼间 1 对锥形角突；触角丝状，第 1 节背观矩形，稍扁，第 2 节圆柱形，较短。前胸背板矩形，具十字形纹，横纹后具“八”字形沟纹；中胸长筒形，披细颗粒，两端膨大；后胸稍比中胸宽；中节横形。前足股节基部弯曲，第 1 跗节具小扁叶突，中、后足较粗壮，其腹内脊端侧各有 3～4 三角状小齿突起。腹部长筒形，第 7 节端部两侧略呈叶状扩展，第 8 节短于后 2 节之和；第 7 腹板端部中突呈锥状；臀节侧端叶略尖；肛上板近平截，中央略凹；腹瓣舟形；尾须短直，端稍尖，略超过肛上板。

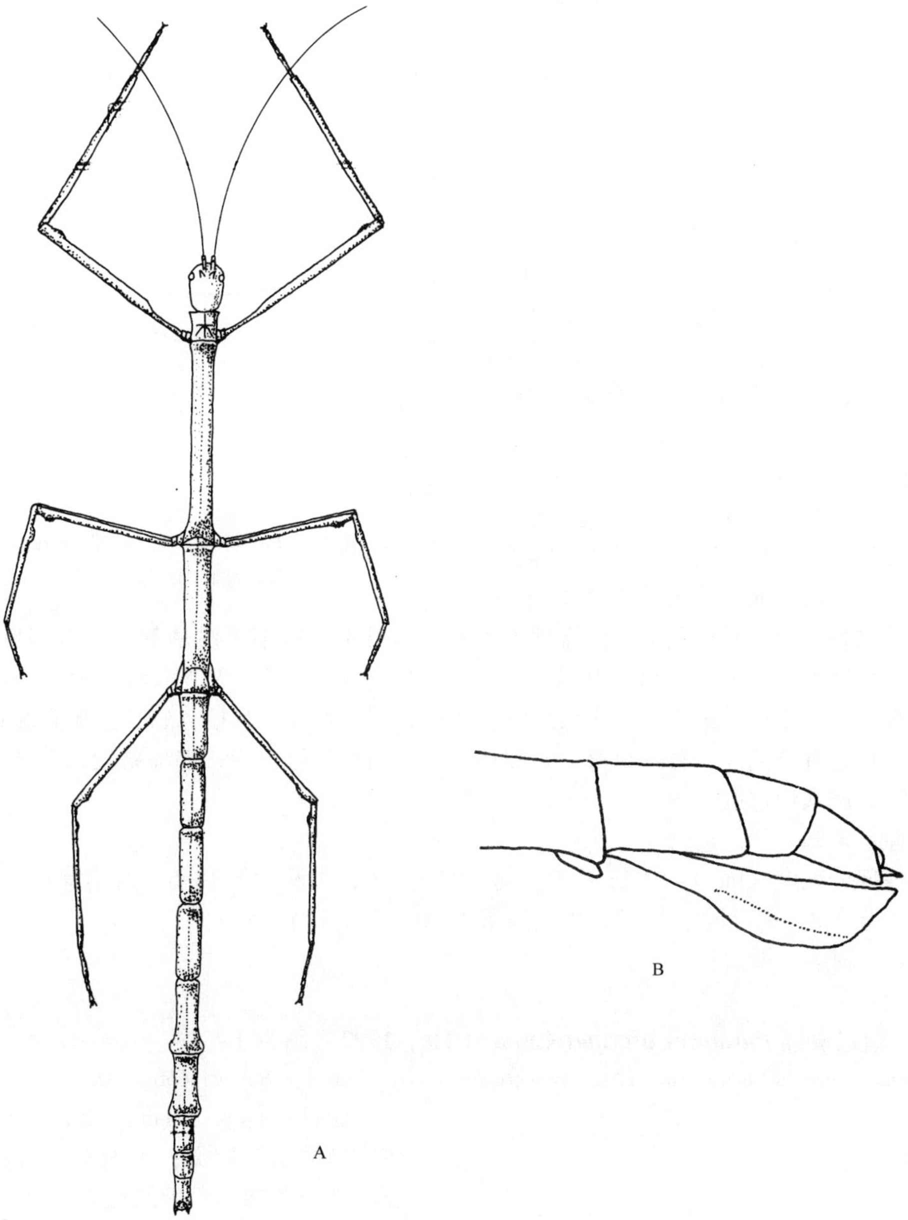

图 52　封开皮䗛，新种 *Phraortes fengkaiensis* Chen et Xu，sp. nov.，♀

A. 整体　B. 腹端侧观

雄性：未知。

体各部分长度（mm）：体长 121.5；前胸背板 5.0；中胸背板 28.0；后胸背板 21.0（中节 4.0）；前足股节 24.0；中足股节 18.0；后足股节 20.0。

正模♀（ZSU），广东封开黑石顶。1986-VII-4，谭昆智采。

新种近似于粗壮皮䗛 *Ph. grossa* sp. nov.，其主要区别在于胸部两侧纵纹上颗粒较少，第 7 腹板中突为短锥状，第 8 腹节短于后 2 节之和。

31. 花皮䗛 *Phraortes speciosus* Chen et He, 1992（图 53）

Phraortes speciosus Chen et He, 1992, *Iconography of Forest Insects in Hunan*, *China*. 43.

雌性：体长 91mm。中等大，灰白色，密布褐色斑纹，体上披有小而圆的颗粒突，中胸至腹端背中央有 1 细纵脊。头长卵形，至后方较窄，眼间有 1 对较大而明显的角突；眼圆而外突，长约为其后至头后缘长的 1/3.5；触角第 1 节略扁，长约为宽的 2 倍，第 1 节长为第 2 节的 2 倍。前胸背板长方形，有中纵沟与横沟，横沟位于中央，背板侧缘中央凹入；中胸背板长约为前胸背板的 6 倍，后端加宽，后胸背板加中节长约为中胸的 5/6；中节长略小于宽，约为后胸长的 1/5，1 对半月形凹窝位于中央稍后方。3 对足灰白与褐色相间，前足股节与中胸背板几乎等长，胫节与股节约等长，中、后足股节约等长，中足股节稍短于后胸加中节之和，中、后足股节下沿端部两侧有具齿叶突，胫节下沿基部中央具扁叶突；中、后足第 1 跗节短于余 4 节之和。腹部长于头、胸部之和，第 3～7 节背板约等长，第 8 背板约等于端部 2 节之和，第 7 腹板中央后缘有中突；臀节后缘弧形凹入；肛上板后缘直，中央稍凹入，超过臀节侧叶，背中央有脊；腹瓣舟形，略超过肛上板，端部略尖，端半部中央有明显脊突；尾须伸过肛上板。

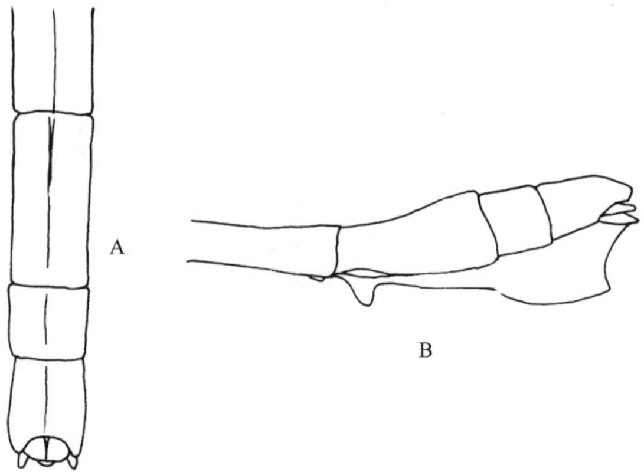

图 53　花皮䗛 *Phraortes speciosus* Chen et He，♀
A. 腹端背观　B. 腹端侧观

雄性：未知。

体各部分长度（mm）：体长 91.0；前胸背板 3.0；中胸背板 18.6；后胸背板（含中节）15.0；中节 2.2；前足股节 19.0；中足股节 14.0；后足股节 15.0。

分布：湖南（郴州）。

32. 短足皮䗛 *Phraortes brevipes* Chen et He, 1992（图 54）

Phraortes brevipes Chen et He, 1992, *Iconography of Forest Insects in Hunan*, *China*. 43.

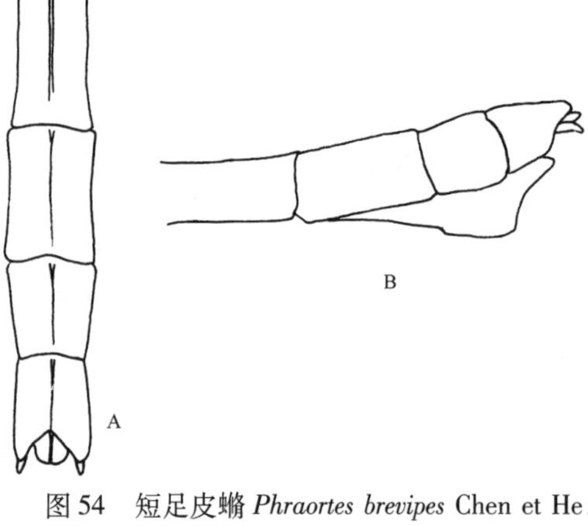

图 54　短足皮䗛 *Phraortes brevipes* Chen et He，♀
A. 腹端背观　B. 腹端侧观

雌性：体长 74mm。褐色，全身披有较均匀的细颗粒突，中胸至腹端具有背中脊。头长于前胸，后端较窄，头顶有 1 纵沟；眼间有 1 对角突，眼圆而外突，长约为其后至头后缘的 1/2.4；触角第 1 节略扁，长约为第 2 节的 2 倍，第 3 节与第 2 节等长。前胸背板长方形，具中纵沟与横沟，中纵沟近后缘为 1 脊代替，横沟位于中央稍前方，横沟两侧有侧纵沟；中胸背板长约为前胸背板的 6 倍，向后加宽，后胸背板加中节约为中胸长的 3/4，中部两侧略窄；中节横形，1 对新月形凹窝位于中央稍前方。足短，前足股节端部下沿有 2 齿，后足股节下沿端内叶有 2 齿，胫节有基内叶，胫节与股节约等长。腹部长于头、胸部之和，第 7、8 节略宽，第 4 ~7 节等长，第 7 腹板后缘无中突；腹端 3 节中以第 8 节最长，臀节略长于第 9 节，后缘凹弧形；肛上板后缘截形，约与臀节两侧叶等长；腹瓣舟形，端圆，背中央有明显龙骨突，约伸达臀节后缘；尾须超过肛上板。

雄性：未知。

体各部分长度（mm）：体长 74.0；前胸背板 2.6；中胸背板 16.0；后胸背板（含中节）12.0；中节 2.2；前足股节 16.0；中足股节（缺失）；后足股节 11.0。

分布：湖南。

33. 细弯尾皮䗛，新种 *Phraortes gracilis* sp. nov.（图 55）

雄性：体长 86mm。体细长，无翅，披细颗粒，背面具细纵脊。体污黄色，头、前胸、中胸两端、后胸后端、3 对足股、胫节（端部为黑色）为暗绿色，余为污黄色，腹部第 8 ~9 节侧下缘各具 1 对白斑。头卵形，背有纵沟，眼圆凸；触角长丝状，超过前足，第 1 节矩形，端厚，第 2 节柱形，短于第 1 节。前胸背板长方形，横沟位中央，中胸细长，后胸粗于中胸，胸部两端较膨大；中节长宽约等，约为后胸（含中节）长的 1/5。前股节基部弯曲，其腹端外侧具 2 小齿，中股节略短于后股节，分别伸达第 2 与 8 腹节，其腹端两侧生有约 4 齿的叶突。腹圆筒形，端部 3 节膨大，臀节宽短，较长于前 2 节，开裂成 2 叶；下生殖板兜状，具纵脊，端钝，伸达臀节基部；尾须圆柱形，垂直向下弯曲，近端处扁宽。

雌性：体长 102mm。体大，无翅，细杆状，背中央具纵脊，披较密颗粒。中、后足股节近端部有白斑，前股节与腹端 2 节具散白斑。头宽卵形，披粒突，触角长于前足，第 1 节长方形，第 2 节短柱形；眼圆凸，眼间无角刺。胸部密披粒突，前胸背板矩形，横沟位中央，中胸后与后胸两端加宽，后胸（含中节）稍短于中胸；中节横形。3 对足中等长，前股节基部弯曲，其腹端外侧具 3 小齿状的叶突，中、后足股节端部具 3 ~5 小齿状的叶突。腹

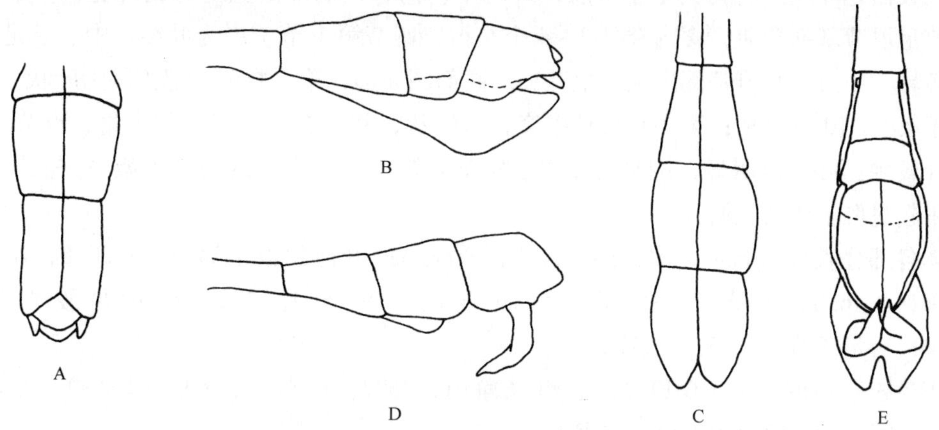

图 55　细弯尾皮䗛，新种 *Phraortes gracilis* sp. nov.，♀♂

A. 雌性腹端背观　B. 雌性腹端侧观　C. 雄性腹端背观

D. 雄性腹端侧观　E. 雄性腹端腹观

部圆筒形，端部8~9节稍膨大，臀节屋脊状，具纵脊，侧后角短钝；肛上板超过侧后角端部；腹瓣舟形，具纵脊，端钝；尾须锥状，与腹瓣齐平。

体各部分长度（mm）：体长♀102.0，♂86.0；中胸背板♀20.0，♂20.8；后胸背板（含中节）♀17.0，♂14.6；中节♀3.2，♂2.5；前足股节♀22.0，♂24.0；中足股节♀16.0，♂18.0；后足股节♀18.0，♂20.5。

卵：长2.73mm，宽1.58mm，高1.82mm。桶形，表面具网状花纹，有光泽，黄褐色。具一近球状头端，黄棕色，明显具柄，与卵盖连接处光滑。卵孔板近椭圆状，约为卵长1/3，位于卵背中央，卵孔位于卵孔板后方，卵孔杯明显，卵孔上方具网状隆线。中线明显，细长，直伸达后端。

正模♂，副模2♂♂2♀♀（BJFU），四川华蓥山（130m），1993-VII-27，胡光纬；1♂（BJFU），四川江津，1991-VII-27，程琼秋。

新种与弯尾皮䗛 *Ph. curvicaudatus* Bi 相似，但臀节后端宽钝，尾须近端处扁宽，端部尖窄可相区别。

34. 拟弯尾皮䗛，新种 *Phraortes paracurvicaudatus* Chen et Xu，sp. nov.（图56）

雄性：体长约89mm。棕黄色，头、前胸及中、后胸基、端部和3对足为绿色。中、后胸披颗粒。复眼圆凸，眼间略隆起；触角丝状，第1、2节圆筒状，第1节明显长于第2节。前胸背板具十字形沟纹；中胸细长，端部沿中脊左右有1对白斑；后胸较宽；中节近方形，约为后胸1/6。前足基部略弯，前股节端部黑，其腹内脊具2小齿，胫节基部无扩展，第1跗节较长，中、后足股节端部呈黑色，腹内脊两侧各有2黑色齿。腹部圆筒形，第1、5节约等长，第2~4节等长；端部3节稍扩展，端部两侧有白斑；臀节中央略呈半核桃形隆起，侧端叶钝；下生殖板兜状，超过臀节基部；尾须扁且宽，其1/2处内弯，端部尖呈锥状。

雌性：体长约123mm。体型较大，黄褐色且披颗粒。头卵圆形，眼间1对黑角刺；触角线状，具白色环纹。前胸具十字形纹，中胸窄，筒状，端部渐宽与后胸等宽；中节长大于宽。前足股节基部弯曲，腹内脊具3~4个小齿，跗节第1节扩展为叶突，中、后足股节腹内脊各具4小齿，胫节基部内侧具扁叶突。腹部圆筒形，第7腹节端部扩展为叶状，第8节约等于第9、10节之和；第7腹板具中突，呈瘤状，其上有2个突起的尖角；臀节具凹缘，侧端叶较尖；肛上板明显，端部近平截；腹瓣舟形，具纵脊，约与肛上板齐平；尾须圆锥状，稍超过肛上板及腹瓣。

体各部分长度（mm）：体长♀122.5，♂88.5；中胸背板♀24.0，♂20.0；后胸背板♀20.0，♂16.0；中节♀4.0，♂2.5；前足股节♀25.0，♂24.0；中足股节♀18.0，♂19.0；后足股节♀21.5，♂22.0。

正模♂，副模1♂（BJFU），贵州梵净山，2002，徐芳玲；1♀（IZAS），采集地点（550m）同正模，1988-VII-14，王书永。

新种与弯尾皮䗛 *Ph. curvicaudatus* Bi 相近，主要区别是臀节侧端叶宽短且钝，尾须中部不加粗。

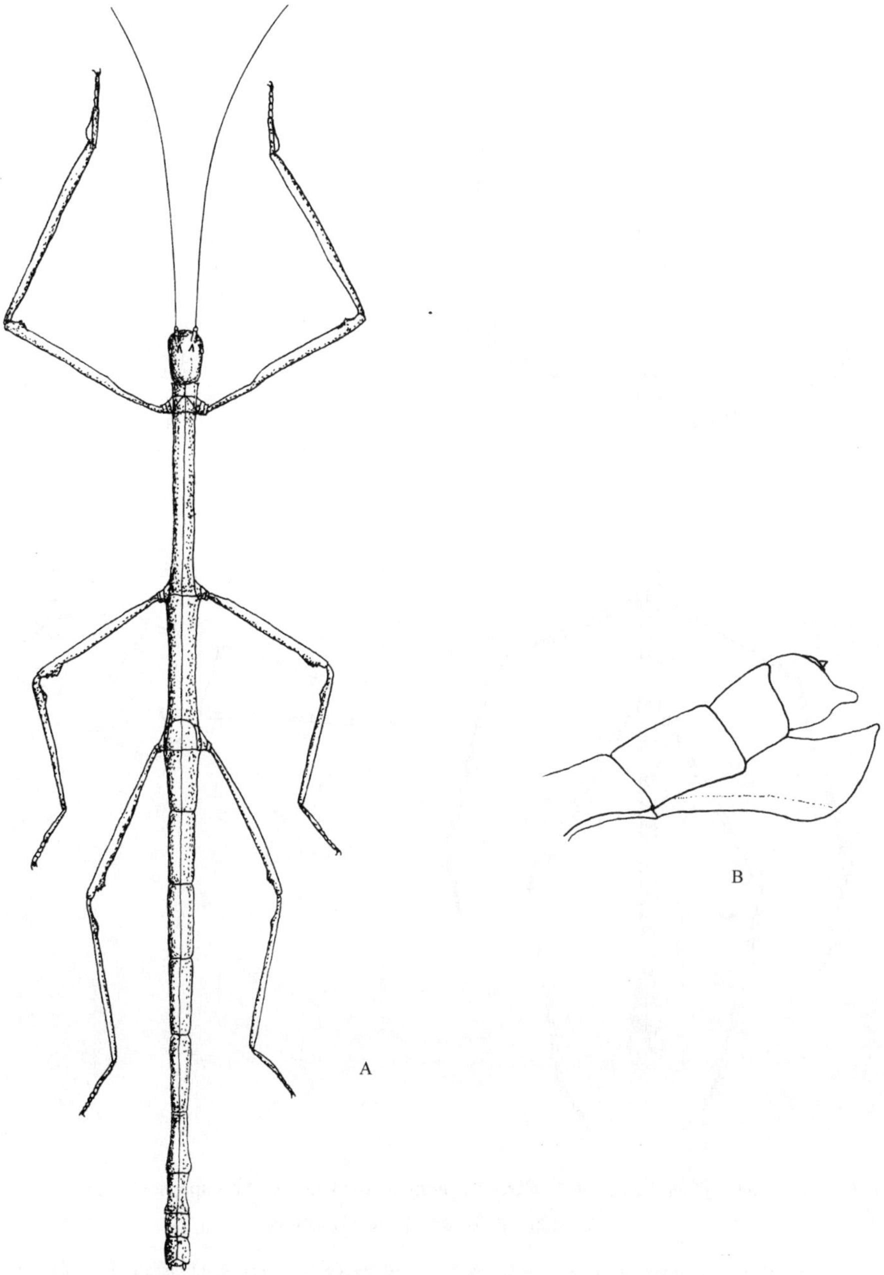

图56　拟弯尾皮䗛，新种 *Phraortes paracurvicaudatus* Chen et Xu, sp. nov.，♀
A. 整体　B. 腹端侧观

35. 江西皮䗛，新种 *Phraortes jiangxiensis* Chen et Xu, sp. nov.（图57）

雄性：体长91mm。细杆状，披细颗粒，背面具纵中脊。体绿色，腹端3节橙色，触角基部2节色浅，其鞭部，3对足股节端部，胫节两端及跗节均为黑色。头宽卵形，背中央有纵沟，眼圆凸，眼间无成对角刺，但有不规则隆起；触角丝状，远长于前足，第1节长方形，端厚，第2节柱形，远短于第2节。前胸背板矩形，与头部约等长，中央具十字形沟痕，横沟位中央稍前方；中胸后端与后胸两端较膨大，中胸明显长于后胸（含中节）；中节

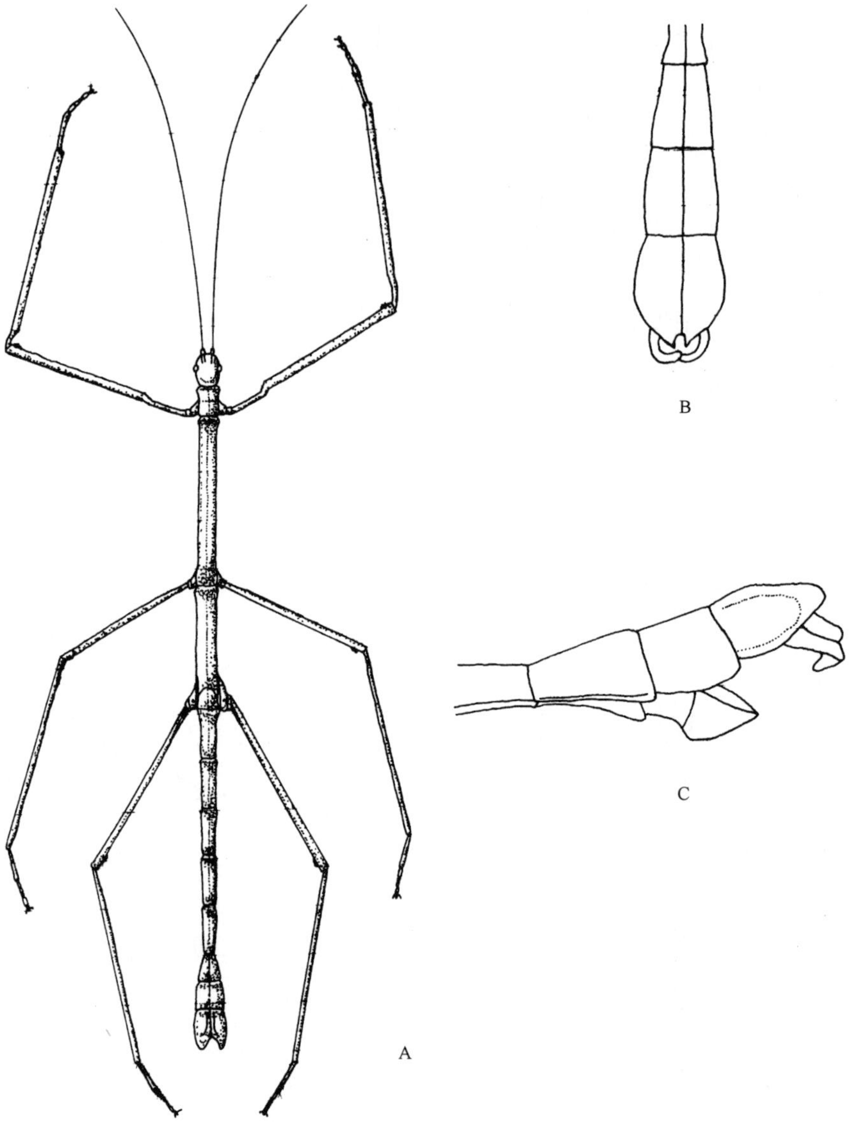

图 57 江西皮蛸，新种 *Phraortes jiangxiensis* Chen et Xu, sp. nov.，♂
A. 整体 B. 腹端背观 C. 腹端侧观

约为后胸长的 1/5.5。前股节与后股节约等长，基部弯曲，腹端外侧具 1～2 小齿，中股节长于后胸，后股节伸达第 5 腹节端部，其腹端两侧各生有 2～3 小齿（其中 2 个较大）。腹部圆筒形，稍长于头、胸部之和，腹端部 3 节膨大，以第 9 节最宽，臀节长于前 2 节，开裂成 2 叶，基半部凸起，端部呈锐角；下生殖板兜状，具背脊，端钝，伸达臀节基部；尾须柱状，下伸，近中部显弯，端部较扁宽。

雌性：未知。

体各部分长度（mm）：体长 91.0；前胸背板 3.2；中胸背板 22.0；后胸背板（含中节）17.0；中节 2.6；前足股节 25.0；中足股节 20.0；后足股节 25.0。

正模♂（BJFU），江西九连山，2005-VI-3，陈超采。

新种与拟弯尾皮蛸 *Ph . paracurvicaudatus* sp. nov. 相近，但头、胸部均为绿色，臀节背缘弧弯及尾须柱状等可相区别。

36. 双锥皮蛸 *Phraortes biconiferus* (Bi, 1993) comb. nov. （图 58）

Paramyronides biconiferus Bi，1993，*Animals of Longqi Mountain.* 38.

雌性：体长 125 mm。体为黄褐色，头和 3 对足为黄绿色，头上的双锥刺、中足和后足股节腹面中隆线顶端齿为黑色。头长方形，略扁平，头背两复眼之间具 1 对锥刺；触角丝状，其长超过前足股节。前胸背板为长方形，具细颗粒，纵沟明显，横沟位于中部；中胸细长，较长于后胸，颗粒尤为明显；后胸略粗大；中节较短宽。前、后翅均缺。前足股节具隆线，基部明显弯曲，跗节基部简单，背面隆线略扩大；中足和后足股节腹面中隆线的顶端具 1 个三角形大齿（其上有数个小齿），胫节略长于股节；后足不超过腹部末端。腹部臀节后缘具有明显的三角形凹缘；腹瓣舟形；尾须较短，不露出腹端。

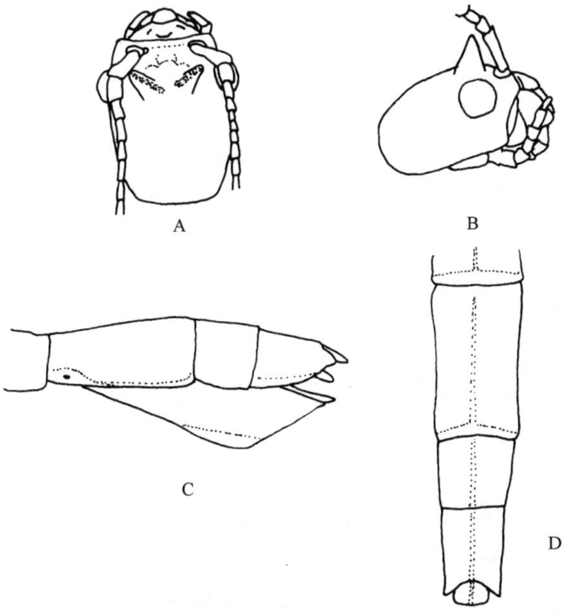

图 58　双锥皮蛸 *Phraortes biconiferus*（Bi），♀
A. 头部背观　B. 头部侧观　C. 腹端侧观
D. 腹端背观（仿毕道英）

雄性：未知。

体各部分长度（mm）：体长 125.0；中胸背板 27.0；后胸背板（含中节）22.0；中节 4.0。

分布：福建（将乐龙栖山）。

37. 连南皮蛸，新种 *Phraortes liannanensis* sp. nov. （图 59）

雌性：体长 95mm。中型偏大，杆状，无翅，体披细颗粒，背面具细纵脊。黄褐色。头椭圆形，后侧较窄，眼圆凸，眼间具小角刺 1 对；触角长丝状，第 1 节长方形，端厚，第 2 节柱形，约为第 1 节长的 1/2. 5。前胸背板矩形，横沟位中央，中、后胸后侧略宽，中胸约为前胸长的 5 倍，后胸（含中节）稍短于中胸；中节横形，约为后胸长的 1/4。前股节长于中、后股节，腹外脊端具 2 齿，中股节约与后胸（含中节）等长，中、后足股节内外腹脊端部具齿叶，中、后足胫节腹中脊基部刀片状。腹部圆筒形，略长于头、胸部之和，第 3 ~ 5 节为最长，3 节约等长，第 2 节与第 6 节次之，两者约等长，第 7 腹板具中突；端部 3 节屋脊状，第 8 节长约等于第 9 节与臀节之和，臀节略长于第 9 节，后缘宽弧形凹入；肛上板宽圆，超过臀节端部；腹瓣舟形，具纵和侧脊，端部宽圆，约伸达腹端；尾须柱形，与肛上板约平齐。

雄性：体长 75mm。较雌性细瘦。头、触角基部 2 节、前胸背板、中、后胸侧与腹面黄色，中、后胸背面绿色，3 对足股、胫节端部黑色。腹端 3 节膨大，以臀节为最长，基宽端窄，向内弯曲，分裂为两叶；下生殖板兜状，具纵脊，端部弧形，伸达臀节基部；尾须弯曲下伸。

体各部分长度（mm）：体长♀95.0，♂75.0；中胸背板♀21.0，♂18.0；后胸背板（含中节）♀16.0，♂13.0；中节♀3.0，♂2.2；前足股节♀21.5，♂22.0；中足股节♀15.0，♂15.5；后足股节♀17.0，♂19.0。

卵：长2.38 mm，宽1.75 mm，高2.1mm。卵囊桶形，略扁，褐色，光滑，具黄色短柱状球端。卵孔板梭形，位于中央处，卵孔位于其底部处。中线不甚明显。

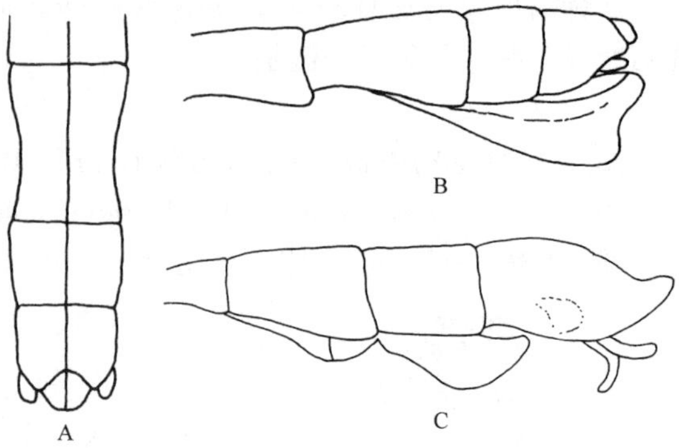

图59　连南皮䗛，新种 *Phraortes liannanensis* sp. nov.，♀♂
A. 雌性腹端背观　B. 雌性腹端侧观　C. 雄性腹端侧观

正模♀（ZSU），广东连南大龙山，1994-VII-12，陈振耀，副模1♂（ZSU），1994-VII-16，余同正模。

新种与 *Ph. formosanus* Shiraki 相似，但肛上板长以及臀节外形不同等可相区别。

38. 连州皮䗛，新种 *Phraortes lianzhouensis* sp. nov.（图60）

雌性：体长104m。体大，杆状，无翅。除腹端3节，体披细颗粒，背面具细纵脊。黄褐色。头椭圆形，后侧稍窄，眼间具褐色角刺1对；触角长丝状，第1节长方形，端厚，第2节柱形，短于第1节。前胸背板矩形，横沟位中央，中胸后侧与后胸两端较宽，后胸（含中节）稍短于中胸；中节横形，约为后胸长的1/5.5，1对凹窝位于中央稍前方。前股节长于中、后股节，腹外脊端具2~3小齿，中股节约与后胸（含中节）等长，腹端两侧具带齿三角形片，胫节近基部腹中脊刀片状，后足生齿情形与中足相仿。腹部圆筒形，略长于头、胸部之和，第3~5节约等长，第6节稍长于第2节，第7腹板具中突；端部3节屋脊状，第8节长约短于第9节与臀节之和，臀节约与第9节等长，后缘向下斜切；肛上板小；腹瓣舟形，具纵和侧脊，端部宽圆，稍超过腹端。

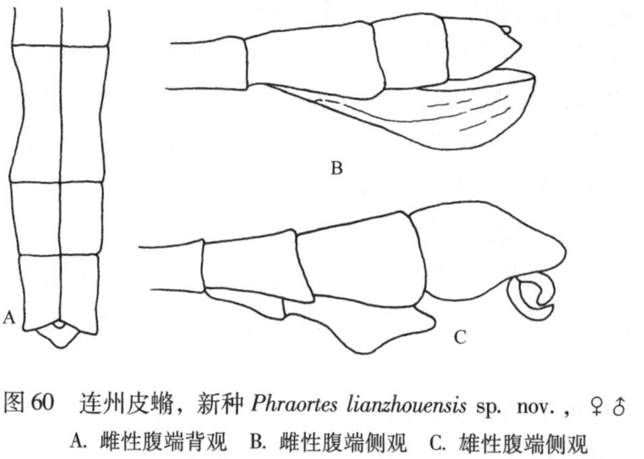

图60　连州皮䗛，新种 *Phraortes lianzhouensis* sp. nov.，♀♂
A. 雌性腹端背观　B. 雌性腹端侧观　C. 雄性腹端侧观

雄性：体长80mm。较雌性细小，体披粒突。体黄褐色，3对足股节端深色。前股节腹端具1~2齿，中、后足股节腹端叶突平钝，具2~3齿。腹端3节膨大，臀节略呈三角形，端部较圆且窄；下生殖板兜状，伸达臀节基部；尾须向内强烈弯曲。

体各部分长度（mm）：体长♀104.0，♂80.0；中胸背板♀22.5，♂19.0；后胸背板（含中节）♀18.4，♂14.8；中节♀3.0，♂2.4；前足股节♀22.5，♂22.0；中足股节♀17.0，

♂17.5；后足股节♀19.5，♂20.0。

正模♀（ZSU），副模1♂（ZSU），广东连县大东山，1995-VII-4，朱利斌，陈振耀。

卵：长2.8 mm，宽1.61 mm，高2.52mm。卵囊桶形，较扁，光滑，咖啡色。球端短柱状，棕黄色。卵孔板椭圆形，约位于中央，卵孔位于其底部处。中线色浅，较短，不伸达后端。

新种与连南皮䗛 *Ph. liannanensis* sp. nov. 相似，但体上粒突更为粗密，中、后股节叶齿与臀节外形不同，以及肛上板小等可相区别。

39. 球臀皮䗛，新种 *Phraortes sphaeroidalis* sp. nov.（图61）

雄性：体长82mm. 体中型偏大，杆状，无翅。体披细颗粒，背面具细纵脊。头、前胸、中、后胸为浅绿色外，余为黄棕色，腹部第8～9节具白斑。头宽卵形，前侧较宽，背中央具细沟，后头形成数个瘤突，复眼圆突，眼间无角刺；触角远长于前股节，第1节长方形，端厚，第2节柱形，短于第1节长的1/2。前胸背板矩形，横沟位中央，中胸后侧与后胸两端较宽，后胸（含中节）约为中胸长的3/4；中节长大于宽，约为后胸长的1/5.25。前足（部分缺失）股节基部弯曲，中股节短于后股节，其腹端两脊各具2～3齿。腹部圆筒形，略短于头、胸部之和，腹面较平坦，腹端3节膨大，第9节短，臀节较长于第8节，背观呈球状，端部细窄；下生殖板兜状，较平，端较尖，伸达臀节基部；尾须柱状，明显内弯，端尖细。

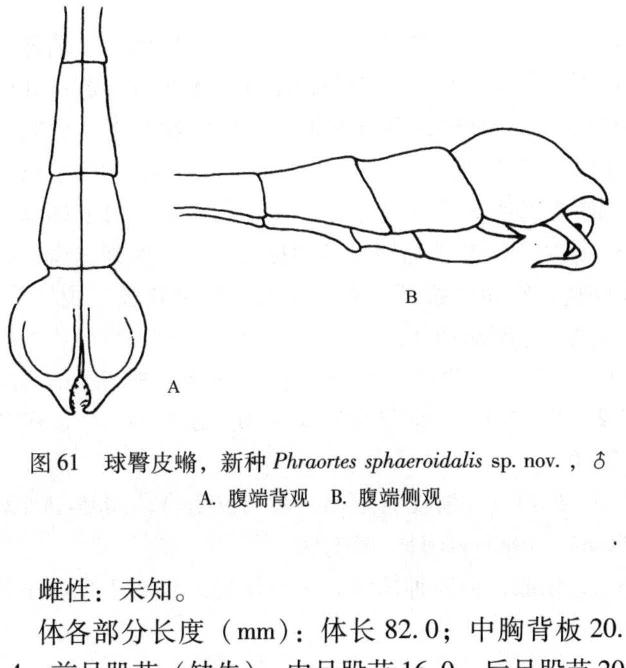

图61　球臀皮䗛，新种 *Phraortes sphaeroidalis* sp. nov.，♂
A. 腹端背观　B. 腹端侧观

雌性：未知。

体各部分长度（mm）：体长82.0；中胸背板20.0；后胸背板（含中节）15.0；中节2.4；前足股节（缺失）；中足股节16.0；后足股节20.0。

正模♂（ZSU），云南元阳，1986-VIII-2，陶洪。

新种与细弯尾皮䗛 *Ph. gracilis* sp. nov. 相似，但以其扩大的球状臀节，与已知此属其他种均不同。

40. 粗壮皮䗛，新种 *Phraortes grossa* sp. nov.（图62）

雌性：体长140mm。体大，粗杆状，无翅。体披细颗粒，背面具细纵脊。中、后胸，腹端2节与中、后股节具不规则白斑。头宽卵形，背面稍隆起，中央具细纵沟；眼圆突，眼间具粗角刺1对；触角长丝状，长于前股节，第1节长方形，端厚，第2节柱形，短于第1节。前胸背板略短于头部，矩形，披稀粒突，中央具十字形沟纹，横沟位中央；中胸背板明显长于后胸（含中节），后侧较宽；中节横形，约为后胸长的1/5.5。前股节稍长于中股节，基部弯曲，第1跗节具叶突，腹外脊端具3小齿，中股节短于后胸（含中节），端部两侧腹脊具约4齿的叶突，胫节近基部腹中脊刀片状，后股节约伸达第4腹节，生齿情形与中足相仿。腹部圆筒形，明显长于头、胸部之和，自第2节后粒突稀疏，第7节腹板端部具囊突；腹端部3节屋脊状，第8节长于第9节与臀节之和，臀节稍长于第9节，后缘中央凹弧形，侧后角尖；肛上板宽，具纵脊，稍长于侧后角；腹瓣舟形，具纵脊，端略尖，与肛上板平齐；尾须锥形，端部略弯，几伸达腹端。

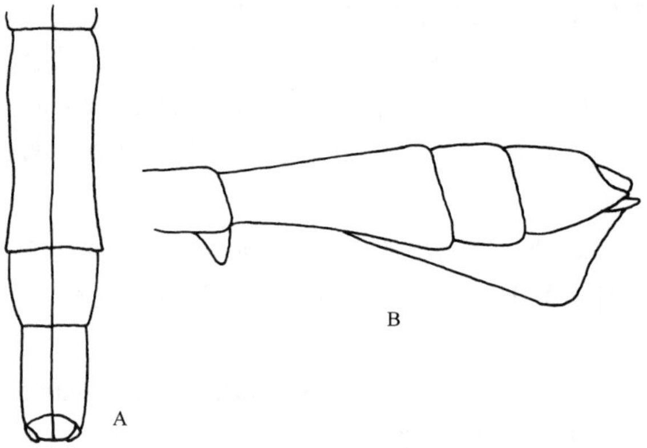

图62 粗壮皮䗛，新种 *Phraortes grossa* sp. nov.，♀
A. 腹端背观 B. 腹端侧观

雄性：86~99mm。体中等偏大，无翅，全身密披颗粒。头、前、中、后胸基、端部及3对足均为绿色，其余为红棕色。头长卵形，复眼红棕色，圆凸，眼间有不规则突起；触角线状，较长，不超过体长。前胸背板中央有十字形纹，下方有1“八”字纹，中、后胸细长，端部稍膨大。沿背中脊两侧各有1白斑。前足股节基部弯曲，端内侧无齿，中股节长于后胸（包括中节），中、后股节端部两侧腹脊各有3个明显小齿。腹部圆筒形，每节端部沿背中脊两侧均有1白斑；腹端3节膨大，第7、8、9节后缘端部两侧各有1不规则白斑；臀节开裂，侧后角长，后缘钝；下生殖板舟状，刚超过腹部第8节末端；尾须较长，圆柱形，1/2处向内弯曲，末端稍膨大向下伸，两尾须似相对而接。

体各部分长度（mm）：体长♀140.0，♂86.0~99.0；中胸背板♀29.5，♂25.0；后胸背板（含中节）♀24.5，♂18.5；中节♀4.5，♂3.0；前足股节♀29.0，♂27.0；中足股节♀22.5，♂20.0；后足股节♀25.5，♂24.0。

正模♀（BJFU），副模6♀♀，9♂♂（BJFU），浙江泰顺乌岩岭（800m），2005-Ⅶ-29，徐进；1♀（IZAS），福建崇安星村（800m），1963-VII-15，章有为。

新种与细弯尾皮䗛 *Ph. gracilis* sp. nov. 相似，但新种体大，中节较短，腹部7腹板端具囊突等可相区别。

41. 奇尾皮䗛，新种 *Phraortes miranda* sp. nov.（图63）

雄性：55 mm。体中等大。杆状，无翅，全身密披颗粒（中胸至第7腹节更密），背面具细纵脊。体黄褐色，触角鞭节、3对足股节端部、股、胫节棱脊、前胸背板纵沟与后侧沟为黑色，腹端3节栗色，第8~9腹节两侧具浅斑。头宽卵形，与前胸背板约等长，背面稍隆起，具5条浅纵沟并披稀疏粒突；复眼圆凸，眼间有1对凹痕；触角长线状，超过前足，第1节长方形，端厚，第2节柱形，远短于第1节。前胸背板呈矩形，中央有十字形纹，横沟位于中部，其下方有1黑色“八”字纹，中胸后及后胸两端部膨大；后胸（含中节）略短于中胸；中节长小于宽，约为后胸长的1/3.5。3对足中等长，前足股节基部弯曲，腹外脊近端有3~4齿黑色叶突，中股节长于后胸（包括中节），中、后股节端部内外腹脊各有4~5小齿的黑色叶突。腹部圆筒形，稍长于头、胸部之和，第3~6节较长，腹端3节缩短

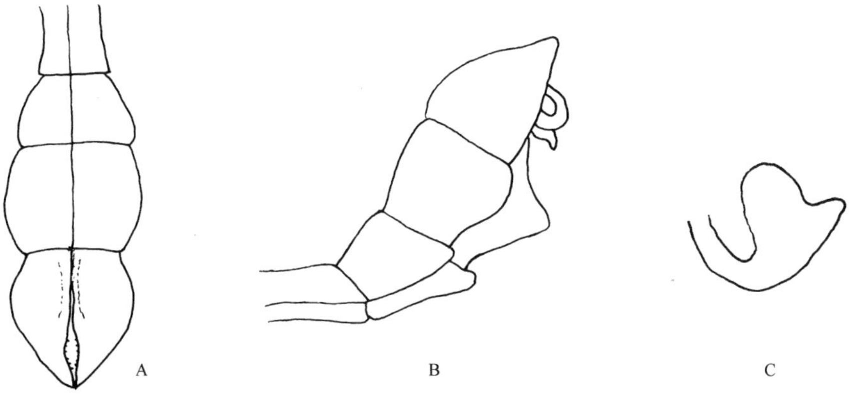

图 63 奇尾皮䗛，新种 *Phraortes miranda* sp. nov.，♂
A. 腹端背观 B. 腹端侧观 C. 尾须端部

且膨大，向上弯曲，第 8、9 与臀节长度之比为 1∶1.5∶2；臀节宽短，开裂为两叶，侧后角短，后缘稍钝；下生殖板兜状，具纵脊，端部稍凹入，伸达臀节基部；尾须圆柱形，1/2 处向内弯曲，末端稍窄，其内侧具明显突起。

雌性：未知。

体各部分长度（mm）：体长 55.0；前胸背板 2.8；中胸背板 13.0；后胸背板（含中节）9.0；中节 2.0；前足股节 16.5；中足股节 12.0；后足股节 15.0；腹部 30.0。

正模♂（IZAS），广西龙胜花坪，2006-VIII-8，林美英采。

新种与细弯尾皮䗛 *Ph. gracilis* sp. nov. 相似，但其特殊的尾须与已知此属其他种均不同。

42. 角臀皮䗛 *Phraortes corniformis* Chen et He，1993（图 64）

Phraortes corniformis Chen et He，1993，*J. Guangxi Acad. Sci.*，9（1）：41～44.

雄性：体长 83mm。体褐色，披稀疏颗粒，中胸至腹端背面有中脊。头近似长方形，背面稍凹，头顶有浅纵沟；眼间无角突，两触角基部间有弧形沟；眼圆，外突，眼长约为其后至头后缘的 1/3；触角约与前足等长；柄节长，柄节长于梗节的 1/2。前胸长方形，稍短于头部，具中纵沟，横沟位于中央处，横沟后有 1 对伸向后方的侧纵沟；中胸后侧宽大，长约为前胸的 7 倍；后胸两端较宽，后胸加中节约为中胸长的 2/3；中节约为后胸长的 1/5.5，中央处有 1 对新月形凹窝。3 对足以中足股节稍短，前、后足股节约等长，前股节端下外侧具齿 2 枚，中、后足股节端下两侧各具 2 齿。腹部约与头、胸部之和等长，以第 3～5 腹节最长，腹端 3 节渐次膨大，第 8 节与第 9 节约等长，略短于臀节（第 10 节），臀节背板分裂，近端处成直角下垂，两端角尖锐；下生殖板伸达臀节基部，端圆，背中央具明显中脊；尾须近中部弯曲。

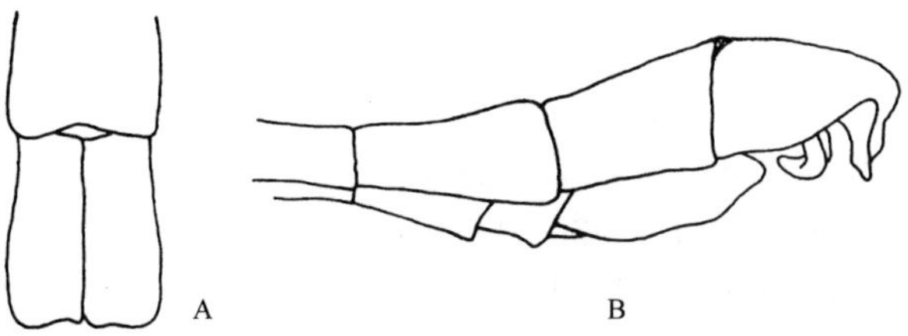

图 64 角臀皮䗛 *Phraortes corniformis* Chen et He，♂
A. 腹端背观 B. 腹端侧观

雌性：未知。

体各部分长度（mm）：体长 83.0；中胸背板 21.0；后胸背板（含

中节）14.2；中节 2.2；前足股节 23.2；中足股节 19.0；后足股节 23.0 。

分布：广西（兴安猫儿山）。

43. 莫干山皮䗛 *Phraortes moganshanensis* Chen et He，1991（图 65）

Phraortes moganshanensis Chen et He，1991，*J. Beijing For. Univ.*，13（1）：18.

雌性：体长约 81mm。体长杆状，体披细颗粒突起，中胸至腹末有明显细纵脊。灰绿至褐色。头约为前胸长的 1.3 倍，背面较平，后面略窄，头顶中央有浅纵沟，眼圆形，外突，长约为其后至头后缘的 1/3.5，眼间有两个黑色短角突；触角较前足长，第 1 节稍扁，约为第 2 节长的 2 倍。前胸背板长方形，长大于宽，有明显的纵沟与横沟，横沟后的纵沟两侧有“八”字形侧沟，中胸背板近后端变宽，长约为前胸背板的 4.8 倍，后胸加中节约为中胸的 3/4，两侧几乎平行；中节宽大于长，长约为后胸的 1/6，中节中央稍前方有 1 对新月形凹窝。前股节略长于中胸，其端外侧有 2 小齿，后足股节端内侧叶突不显著，有 2～3 枚褐齿 2 列，胫节基内侧有叶突，后股节短于前股节；其内，外侧有 1 列凸纹，后足胫节约与股节等长。腹部长于头、胸部之和，腹端数节略窄，前 5 节约等长，第 8 背板屋顶形，明显短于后两节之和，第 10 节背板亦呈屋顶形，稍长于第 9 节，其端缘成角状凹入，两侧叶为三角形；肛上板端圆，超过第 10 背板两侧叶；第 7 腹板后缘有 1 中突，不超过该腹板后缘；腹瓣舟形，近端部中央略扁，中央有脊，端部近于钝圆，不超过第 10 背板后缘；尾须圆柱形，端窄，超过肛上板。

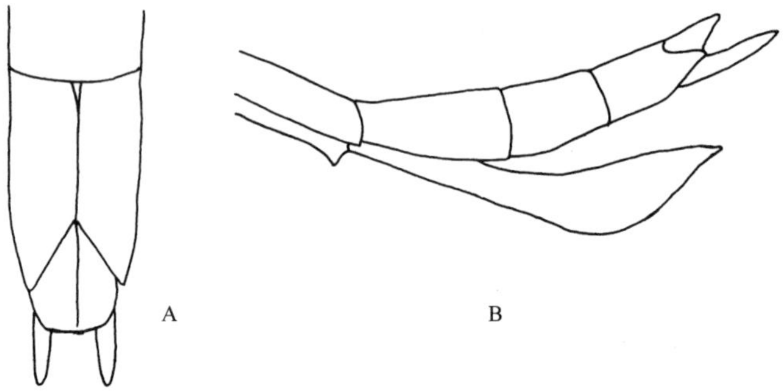

图 65 莫干山皮䗛 *Phraortes moganshanensis* Chen et He，♀
A. 腹端背观 B. 腹端侧观

雄性：未知。

体各部分长度（mm）：体长 81.3；中胸背板 16.5；后胸背板（含中节）13.0；中节 2.2；前足股节 17.6；中足股节（缺失）；后足股节 15.0。

卵：长 2.31 mm，宽 1.26 mm，高 1.47mm。桶形，表面光滑，具金属光泽。具一近球状黄色头端，与卵盖相连处光滑。卵孔板近长卵形，约占卵长的 1/2，位于卵背中央。卵孔位于卵孔板中后方，卵孔杯不明显，卵孔上光滑。中线不明显。

分布：浙江（莫干山）。

44. 辽宁皮䗛 *Phraortes liaoningensis* Chen et He，1991（图 66）

Phraortes liaoningensis Chen et He，1991，*J. Beijing for. Univ.*，13（1）：21.

Staelonchodes borealis Cai，1993，*Fauna of Shandong Forest Insect.* 21.

雄性：体长 58mm。休细长。披稀疏颗粒突，中胸至腹部末端有 1 纵脊。体黄褐色。头长形，稍长于前胸，端部较宽，两触角间凹入，头顶有 1 纵沟，头上无角突；眼褐色，球形，外突，其长约为其后至头后缘的 1/3；触角第 1 节基部扁，端部加厚，第 2 节柱形，约

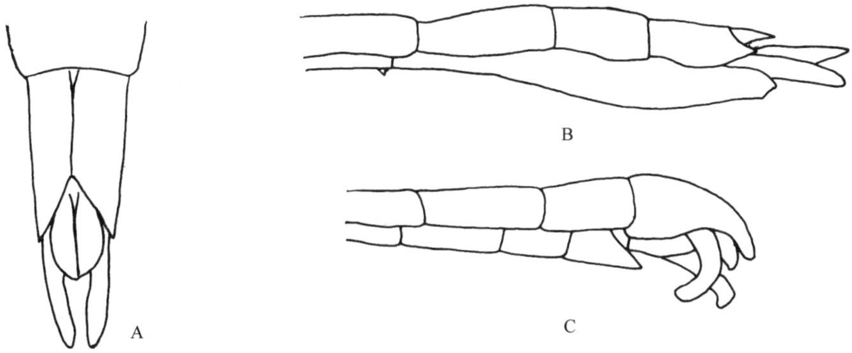

图 66　辽宁皮䗛 *Phraortes liaoningensis* Chen et He，♀♂
A. 雌性腹端背观　B. 雌性腹端侧观　C. 雄性腹端侧观

为第 1 节的 1/2，第 3 节约与第 2 节等长。前胸背板长方形，中纵沟与横沟明显，横沟后有八字形侧纵沟，中胸背板长为前胸的 6.5 倍，前、后方加宽；后胸加中节约为中胸背板长的 3/4；中节长略大于宽，约为后胸背板长的 1/4，中央处有新月形凹窝 1 对。足长，后足股节端内侧有 1 对具 2 ~ 3 齿的叶突，叶突平缓，后足股节约与前胸加中胸之和等长，并长于中足股节，中足胫节长于股节；后足股节与胫节约等长，各足第 1 跗节长于其余 4 节之和。腹部长于头、胸部之和，以第 4、5 节为最长，第 9 节最短；前 7 节约等宽，第 8、9 节变宽；第 10 节屋顶形，分裂为两叶，且长于前 2 节，端叶向后渐窄，其内缘有许多小齿；下生殖板超过第 9 节，端缘呈浅弧形凹入，背面有明显中脊；尾须圆柱形，端半部向内弯曲。

雌性：体长 84mm。体较雄性粗壮。黄绿色。头和前胸特征与雄相似，触角稍长于前股节，第 2 节略长于第 3 节。前胸背板长方形，背面有纵沟，横沟位于中央，中胸背板后方稍宽；中节横形，约为后胸背板长的 1/4.5，中央稍后有新月形凹窝 1 对。3 对足细长，前足股节略长于胫节，与中胸约等长，后足股节约与中胸等长，但长于后胸加中节之和，其端内侧有 1 对不大隆起的叶突，上生有 3 ~ 4 齿，后足胫节与股节约等长。腹部明显长于头、胸部之和，至端部数节渐窄，以第 4 背板最长，第 3、4、6 背板约等长，略短，第 9 背板最短，第 8 背板屋顶形，略短于后 2 节之和，第 10 背板亦呈屋顶形，后端凹缘三角形，两侧叶成锐角；肛上板宽叶状，远超过第 10 背板两侧叶；腹瓣舟形，端部略尖、稍超过肛上板，第 7 腹板后缘的中突较扁，不超过腹板后缘；尾须圆柱形，端部略细，密披细毛，远长于腹瓣端部。

体各部分长度（mm）：体长♀84.4，♂58.1；中胸背板♀17.0，♂13.0；后胸背板（含中节）♀13.2，♂9.2；中节♀2.4，♂1.8；前足股节♀17.0，♂（缺失）；中足股节♀12.0，♂（缺失），后足股节♀16.0，♂15.0。

卵：长 2.52 mm，宽 1.4 mm，高 1.75mm。桶形，表面较光滑，棕黄色。一近球状头端直接附在卵盖上，卵盖光滑。卵孔板近卵形，位于卵背中央，靠中线端略尖。卵孔不明显。中线较短，末伸达后端。

分布：辽宁，山东（青岛），江苏（南京），山西，河南（商城），河北，浙江（安吉），内蒙古。

45. 台湾皮䗛 *Phraortes formosanus* Shiraki, 1935 (图 67)

Phraortes formosanus Shiraki, 1935, *Mem. Fac. Sci. Agric.*, 14 (3): 62.

雌性：体长 90 ~ 100mm。粗壮，长杆状。浅绿至暗棕色，胸部两侧无条纹。头较长，后侧较窄，头顶有 1 对尖刺；眼圆，较凸，其后部约为头侧长的 1/3；触角长于前股节，第 1 节长，两侧平行，约为第 2 节长的 2 倍。前胸背板长方形，中纵沟与横沟明显，横沟近中央；中胸背板披粒突，长为前胸的 5 倍，至后方加宽，背中央具细脊，后胸加中节披细粒突，约为中胸背板长的 4/5；中节长于宽，约为后胸背板长的 1/4，中前方有 1 对横痕。前足股节略长，稍短或等于中胸背板之长，脊上无锯齿，前胫节长于股节，或与头、前及中胸之和等长，中股节短，约与后胸加中节等长，腹端叶窄，膝叶小而尖，后股节长于中股节，端部腹面两脊具叶齿。腹部略长于头、胸部之和，至端部数节渐窄，背中央具细脊，粒突较胸部少，第 3 ~ 6 节背板几等长，第 7 腹板有 1 尖长的中突；第 8 节稍短于端 2 节之和，臀节屋脊状，光滑，背具脊，其侧缘中间较弯入，后端呈三角形凹缘；肛上板端圆，具脊，不超过臀节侧端叶；腹瓣匙状，具脊，较侧扁，端宽圆，不超过肛上板。

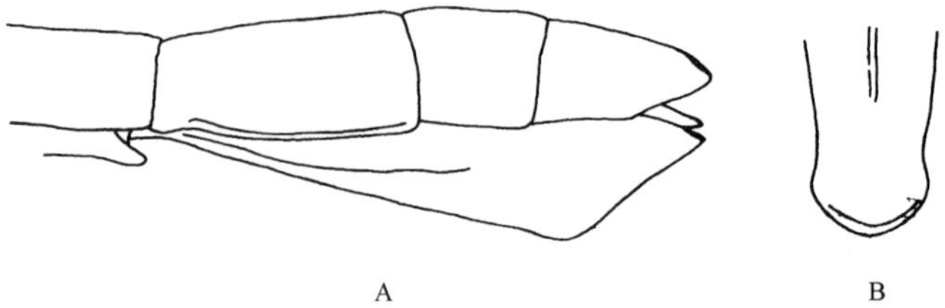

图 67 台湾皮䗛 *Phraortes formosanus* Shiraki, ♀
A. 腹端侧观 B. 腹瓣端部腹观（仿 Shiraki）

雄性：体长 63 ~ 79mm。休细长，除腹端半部外，披稀疏粒突。浅绿至橘色，胸背棕褐色，两侧有黑色条纹。头较长，后侧略窄，头顶无尖刺，后头有 4 小瘤；眼圆，较凸，长约为其后至头后缘的 2/5；触角与前足约等长，第 1 节基部稍窄，约为第 2 节长的 2 倍。前胸背板短于头，横沟近中后方；中胸背板长约为前胸的 6 倍，后胸加中节短于中胸背板长的 1/4，纵脊不显；中节长略大于宽，约为后胸背板长的 1/5，中央后方有新月形凹窝 1 对。足细长，前足稍长于后足，无齿与叶等外长物。腹部长于头、胸部之和，第 6 与 7 节背板最窄，第 3 与 4 节最长，第 9 节最短，臀节长于第 8 节，屋脊状，侧扁，背具脊，其端半部深切，形成三角形端叶，端部明显变窄，内具小齿，侧端叶略呈弧状；下生殖板略具三角形凹缘；尾须强烈内弯，端较尖。

体各部分长度（mm）：体长 ♀90.0 ~ 100.0，♂63.0 ~ 79.0；中胸背板 ♀20.0 ~ 22.0，♂17.0 ~ 18.5；后胸背板（含中节）♀15.0 ~ 16.8，♂13.0 ~ 14.0；中节 ♀3.0 ~ 3.1，♂2.0 ~ 2.1；前足股节 ♀21.0 ~ 23.0，♂19.1 ~ 21.1；中足股节 ♀16.0 ~ 16.3，♂15.0 ~ 16.5；后足股节 ♀19.0 ~ 20.2，♂19.0 ~ 21.0。

本种在台湾可分布至 2 000m 以下较高山区，多生活于透光较好的林缘。5 ~ 10 月为主要发生期，每头雌虫平均产卵 600 ~ 700 粒，孵化期长达 6 个月，若虫经 2 ~ 3 个月为成虫，6 月初成虫大量出现，至 10 月骤降。

寄主：荨麻科、锦葵科和蔷薇科等植物。

分布：台湾，贵州（雷山）。

（四）长足异蛸属 *Lonchodes* Gray，1835

模式种：*Lonchodes brevipes* Gray，1835

体光滑。头延长，后稍窄，眼间无刺或有 2 刺。中节短于后胸背板的 1/3。足细长，股节仅端下有小刺，中股节长于后胸加中节之和。腹部长，各节长为宽的 3 倍，雄臀节深裂，端尖；下生殖板近似屋脊状；尾须短直；雌臀节有凹缘，具肛上板；腹瓣舟形，伸达腹端。

本属我国已知 5 种，主要分布于南方地区。

长足异蛸属 *Lonchodes* Gray 分种检索表（雄性）

1. 胸部背面脊明显……………………………………………………………………… 2
   胸部背面脊不明显…………………………………………………………………… 4
2. 胸光滑；尾须稍弯 …………………………………… **粗粒长足异蛸 *L. illepidus* Brunner**
   胸多少有颗粒；尾须显弯……………………………………………………………… 3
3. 头几乎呈方形；臀节端叶钝 ……………………………… **双角长足异蛸 *L. stomphax* Westwood**
   头延长；臀节端叶三角形且尖 …………………………… **细长足异蛸 *L. confucius* Westwood**
4. 胸部多少呈橘红色；尾须角形弯曲…………………………… **双色长足异蛸 *L. bicolor* Brunner**
   胸部背侧橘红色；尾须弧形弯曲 ……………………………… **中华长足异蛸 *L. chinensis* Brunner**

46. 细长足异蛸 *Lonchodes confucius* Westwood，1859（图 68）

Lonchodes confucius Westwood，1859，*Cat. Phasm.*，46；Brunner，1907，258.

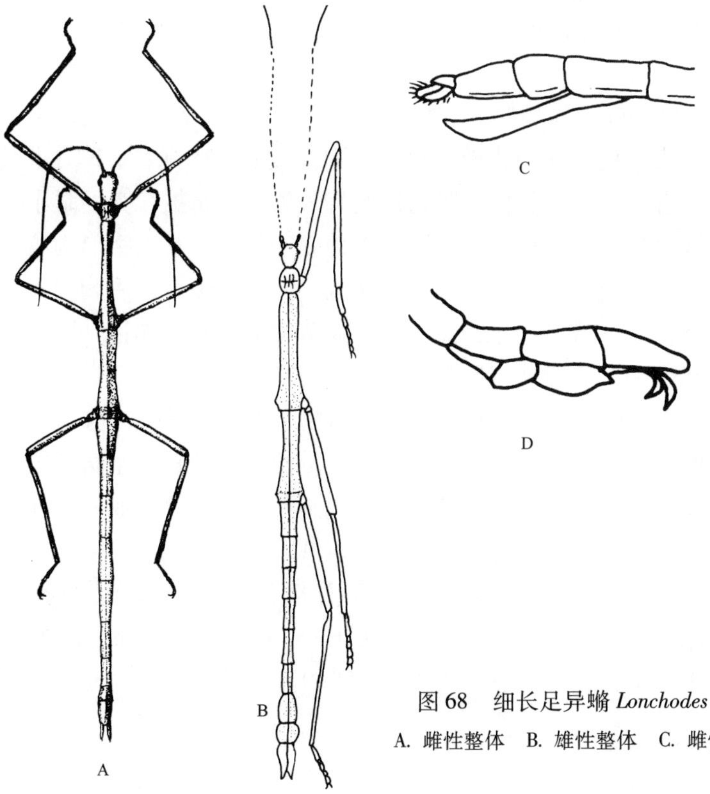

图 68　细长足异蛸 *Lonchodes confucius* Westwood，♀♂
A. 雌性整体　B. 雄性整体　C. 雌性腹端侧观　D. 雄性腹端侧观

雌性：体长 95mm，雄性 77mm。绿色，体中部带有褐色，身体光滑，仅中胸具细颗粒。头长卵形；触角长，分节不明显；头及前胸背板纵中线凹入，中、后胸及腹部纵中线细，隆起；中足股节比后胸和中节（并胸腹节）之和长，所有股节腹面端部具刺齿。雌性腹部末端渐尖，最后 2 节短小；肛上板小；腹瓣舟形，不伸达第 10 背板末端；尾须超出腹部末端。雄虫腹部圆筒形，最后 3 节形成长卵状，后端稍尖；尾须下弯，背观未见。

体各部分长度（mm）：体长♀95.0，♂77.0；中胸背板♀20.0，♂15.5；后胸背板（含中节）♀15.5，♂13.0；中节♀3.0，♂3.0，前足股节♀19.5，♂18.5，中足股节♀14.5，♂15.0；后足股节♀17.5，♂17.5。

卵：长 2.87 mm，宽 1.61 mm，高 1.75mm。桶形，略扁。卵囊近黑色，有光泽，表面光滑，具盘状头端，中央稍隆起，具黄色光泽，与卵盖有短柄连接。卵孔板明显，近桃形，黄色，约为卵长的 1/3，位于卵背中央。中线明显，细长，末伸达后端。

寄主：棉花。

分布：福建（武夷山挂墩），山东，河南（内乡、西峡、桐柏、信阳、商城），江苏，安徽。

47. 双角长足异蛸 *Lonchodes stomphax* Westwood，1859（图 69）

Staelonchodes stomphax（Westwood），1904：318.

Dixippus cornutus Kirby，1896：459. Syn. nov.

Lonchodes cornutus（Kirby）；1904：322.

Dixippus cornutus（Kirby）；Brunner，1907：282.

Lonchodes stomphax Westwood，1859，*Cat. Phasm.*，38；Brunner，1907：258；Brock & Seow-Choen，2000：119.

雌性：体长 118mm，雄性 81mm。体长杆状，粗壮，体略披粒突，雌暗棕色，足上具灰白带纹，雄较细长稍具光泽，头棕色，前胸背板与中、后胸背板后端暗绿色，3 对足股、胫节端黑色。头长于宽，雌眼间有 1 对黑色长角，眼与角间有短黑纹，略披粒突；眼小；触角稍长于前足，雌性基部 2 节橘黄色，余为深色。前胸背板稍短于头部，具十字形沟纹，前方具 2 横沟，体背具细纵脊，中胸背板长且窄于头部，后端宽，有 2 黑短脊，后胸背板甚短于中胸背板，但较宽，胸部略披粒突。雄足比雌为短粗，各股节腹面有宽亚端齿，胫节基腹面叶状，雌性前足第 1 跗节叶状，中、后股节端部具灰白色宽粉带。腹部细长，具粒突，雌第 7 节短于第 6 节，第 7 节后下方叶状，第 8 节具侧叶，约为第 7 节长的 2/3，与第 9 与臀节之和等长，臀节后具三角形凹缘；肛上板圆；腹瓣长舟形，端圆；尾须短，基宽端窄；雄性腹基至第 7 节渐窄，基与端部较膨大，第 8 与 9 节宽，近似圆形，臀节开裂成 2 弯叶，其内有小齿；下生殖板短，稍超过第 9 节端部；尾须长且弯，端圆，下伸。

体各部分长度（mm）：体长♀118.0，♂81.0；前胸背板♀4.5，♂3.0；中胸背板♀24.0，♂19.0；后胸背板（含中节）♀20.0，♂15.0；中节♀5.0，♂3.0；前足股节♀26.0，♂24.0；中足股节♀18.0，♂20.0；后足股节♀20.0，♂22.0。

分布：香港。

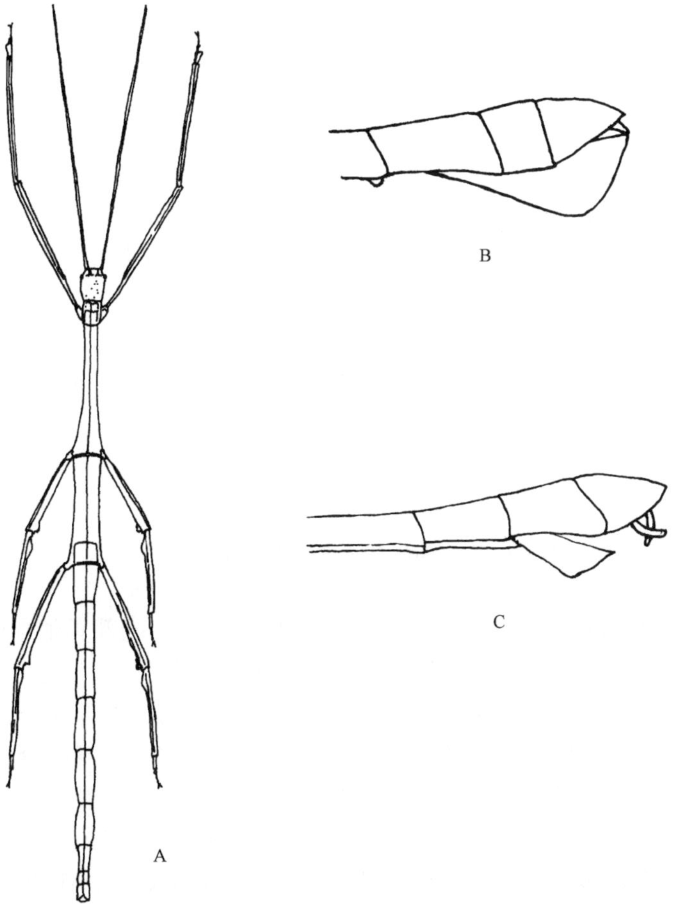

图 69　双角长足异蛸 *Lonchodes stomphax* Westwood，♀♂
A. 雌性整体　B. 雌性腹端侧观　C. 雄性腹端侧观
（A 仿 Brock et Seow-Choen）

48. 粗粒长足异蛸 *Lonchodes illepidus* Brunner，1907

Lonchodes illepidus Brunner，1907，*Die Insektenfamilie der Phasmiden*. 258.

雌性：体长 105 ~ 115mm，雄性 75 ~ 88mm。体长杆状，具粒突，体背具中纵脊。雌绿、绿褐、或褐色，胸两侧具红色带状条纹，雄有绿或黑色 2 种色型，胸两侧具红色纵条。头长，具纵沟。各股节端部深色，前股节端腹外脊 2 齿，中、后股节端部两侧各 2 齿。腹端膨大，臀节侧叶三角形，下弯；下生殖板具脊，后端钝；尾须较直，略内弯。

体各部分长度（mm）：体长 82.0；中胸背板 19.0；后胸背板（含中节）14.5；中节 2.0；前足股节 25.0；中足股节 18.5；后足股节 22.0。

本种在台湾生活于海拔 1 000m 以下的山区。成虫全年可见，营两性生殖，产卵量约 50 ~ 90 粒，若虫 4 月初出现，若虫期约 3 个月，5 ~ 7 月大量发生，但 10 月至翌年 3 月则较罕见。

寄主：竹、栎、灌木。

分布：河南（信阳、桐柏），台湾；日本。

49. 双色长足异䗛 *Lonchodes bicolor* Brunner，1907

Lonchodes bicolor Brunner，1907，*Die Insektenfamilie der Phasmiden.* 259.

雌性：体长 90 ~ 108mm，雄性 63 ~ 79mm。体长杆状，胸部具细小粒突或不明显，体背具中纵脊。雄棕红至黄褐色，体两侧具黑色条纹，雄头长，中股节短于中胸背板，各股节端两侧各 2 齿。腹端不膨大，臀节端叶长三角形，尾须角状弯曲，下生殖板长，具脊，后端钝。雌性橄榄绿色，头延长，眼间无角刺，胸、腹部密披粒突，胸部具黑色细条纹，中、后股节端部腹面两侧具 2 齿的叶突，臀节具凹缘，肛上板端部截形，具纵脊；腹瓣舟形；尾须短直。

体各部分长度（mm）：体长♀90 ~ 108.0，♂63.0 ~ 79.0；中胸背板♀22.0，♂19.0；后胸背板（含中节）♀17.0，♂14.0；中节♀4.0，♂2.5；前足股节♀23.0，♂23.0；中足股节♀17.0，♂16.0；后足股节♀20.0，♂20.0。

分布：台湾。

50. 中华长足异䗛 *Lonchodes chinensis* Brunner，1907

Lonchodes chinensis Brunner，1907，*Die Insektenfamilie der Phasmiden.* 259.

雌性：体长 90mm。雌头长，几乎光滑，眼间有 2 刺。胸部具细小而密的粒突，腹较光滑。中、后股节端部腹面两侧具小齿的叶突。臀节具凹缘；肛上板钝，三角形，具纵脊。

雄性：体长 72mm。橄榄绿色，后侧橙红色。头延长。胸部光滑。中股节短于中胸背板，中、后股节端下两侧各 2 ~ 3 齿。腹端正常，臀节端长三角形；下生殖板不太隆起，具脊，端部具小三角形凹缘；尾须稍圆而弯曲。

体各部分长度（mm）：体长♀90.0，♂72.0；中胸背板♀19.0，♂16.5；后胸背板（含中节）♀15.0，♂13.0；中节♀3.0，♂2.0；前足股节♀20.0，♂19.0；中足股节♀14.0，♂14.0；后足股节♀17.0，♂18.0。

分布：江西。

（五）新棘䗛属 *Neohirasea* Rehn，1904

模式种：*Neohirasea japonica*［*Phasma*（*Acanthoderus*）*japonicum*］de Haan，1842

体披粒突或刺，胸部粗糙，具尖刺或粒突。头扁，无刺，有 2 刺或 4 刺。中节长于后胸背板之半。中、后股节光滑或具叶齿。雌第 2 节横形，雄长则小于宽的 1.5 倍；雄臀节扁，屋脊形，分裂成尖叶；雌臀节弧形，具肛上板；腹瓣舟形，端尖。

本属主要分布于东洋区，我国已知 2 种。

新棘䗛属 *Neohirasea* Rehn 分种检索表（雄性）

1. 后胸背板后部有 1 对刺 ………………………………………… 广东新棘䗛 *N. guangdongensis* **sp. nov.**
   后胸背板中部有 1 对刺 ………………………… 香港新棘䗛 *N. hongkongensis* Brock et Seow-Choen

新棘䗛属 *Neohirasea* Rehn 分种检索表（雌性）

1. 腹部各节端中有尖刺状隆起 …………………… 香港新棘䗛 *N. hongkongensis* Brock et Seow-Choen

51. 广东新棘䗛，新种 *Neohirasea guangdongensis* sp. nov.（图 70）

雄性：体长 43mm。中型，杆状，无翅。褐色。头长略大于宽，基本光滑，眼小；触角

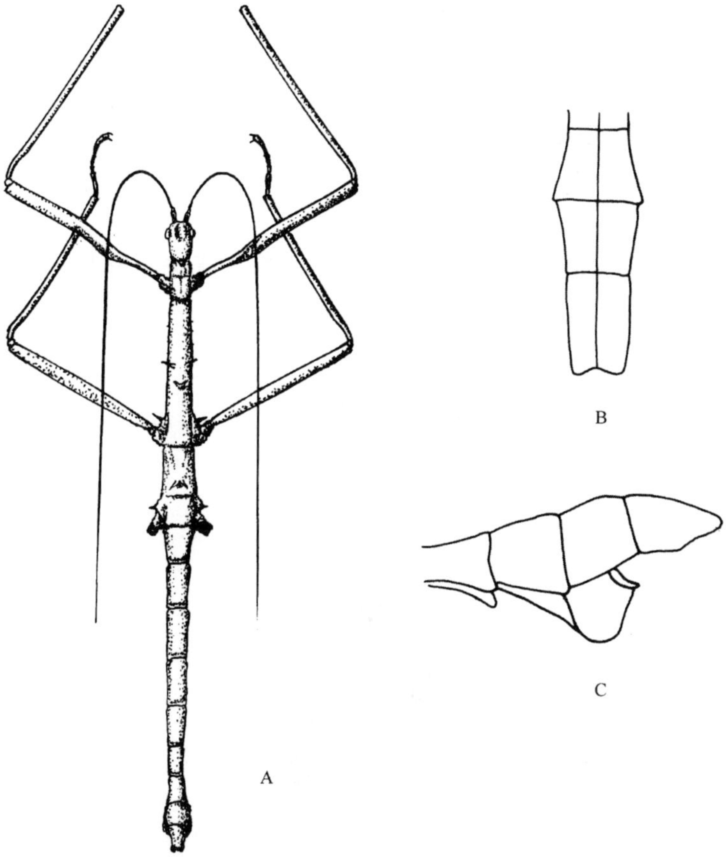

图 70　广东新棘䗛，新种 *Neohirasea guangdongensis* sp. nov.，♂
A. 整体　B. 腹端背观　C. 腹端侧观

基节长且宽，第 2 节柱形，略短。前胸长于头，散生粒突，前缘具 1 对刺；中、后胸稍宽大，中胸长约为前胸的 4 倍，其前缘与中部各 1 对刺，另在中刺前具 1 对较远离的刺，侧板具 1 粗刺，后胸背板近后缘 1 对刺，侧板具 1 粗刺。足中等长，无齿刺，前股节略长于中股节，前、中足股节腹脊端部具小刺。腹部无刺，腹端 3 节屋脊形且膨大，臀节后缘稍凹入；下生殖板兜形，伸达臀节基部，后缘平截；尾须隐蔽。

雌性：未知。

体各部分长度（mm）：体长 43. 0；前胸背板 3. 0；中胸背板 11. 0；后胸背板（含中节）6. 0；中节 2. 6；前足股节 13. 0；中足股节 11. 0；后足股节（缺失）。

正模♂(ZSU)，广东封开黑石顶，1984-X-8，朱锋。

新种与 *N. hongkongensis* Brock et Seow-Choen 相似，但中胸背板后缘无刺，而近中刺前方具 1 对刺。

52. 香港新棘䗛 *Neohirasea hongkongensis* Brock et Seow-Choen，2000（图 71）

Neohirasea hongkongensis Brock et Seow-Choen，2000，*Serangga*. 5（1）：123.

雄性：长约 41 ~ 47mm。体中型，细杆状，无翅。体暗棕色，中胸背板色较浅，但有暗棕色宽中线。头、胸、腹披瘤，胸部具成列刺，中胸背板有 3 对刺。头长于宽，披少数瘤，眼小，触角基节宽，第 2 较细长。前胸长于头，前缘具 1 对弯刺，中央具十字形沟痕，中部与侧面具数瘤，后半部中央粗大，中胸背板长于前胸背板的 3 倍，前、中、后方各有 1 对瘤，中胸侧板有粗刺，腹面浅黄棕色，中部有 3 粗壮颗粒；后胸背板短于中胸背板，中部有 1 对直刺，后胸侧板也有粗刺，稍下倾。足中等长，略披毛，股节粗壮，有成对端刺。腹部仅有少量颗粒，第 8 节增宽，臀节端双叶形，中央凹入；下生殖板宽，舟形，超过第 9 节端部；尾须短，隐蔽。

雌性：长约 50 ~ 59mm。体宽，较雄性粗壮。头略长于宽，披少量瘤。前胸背板前方中

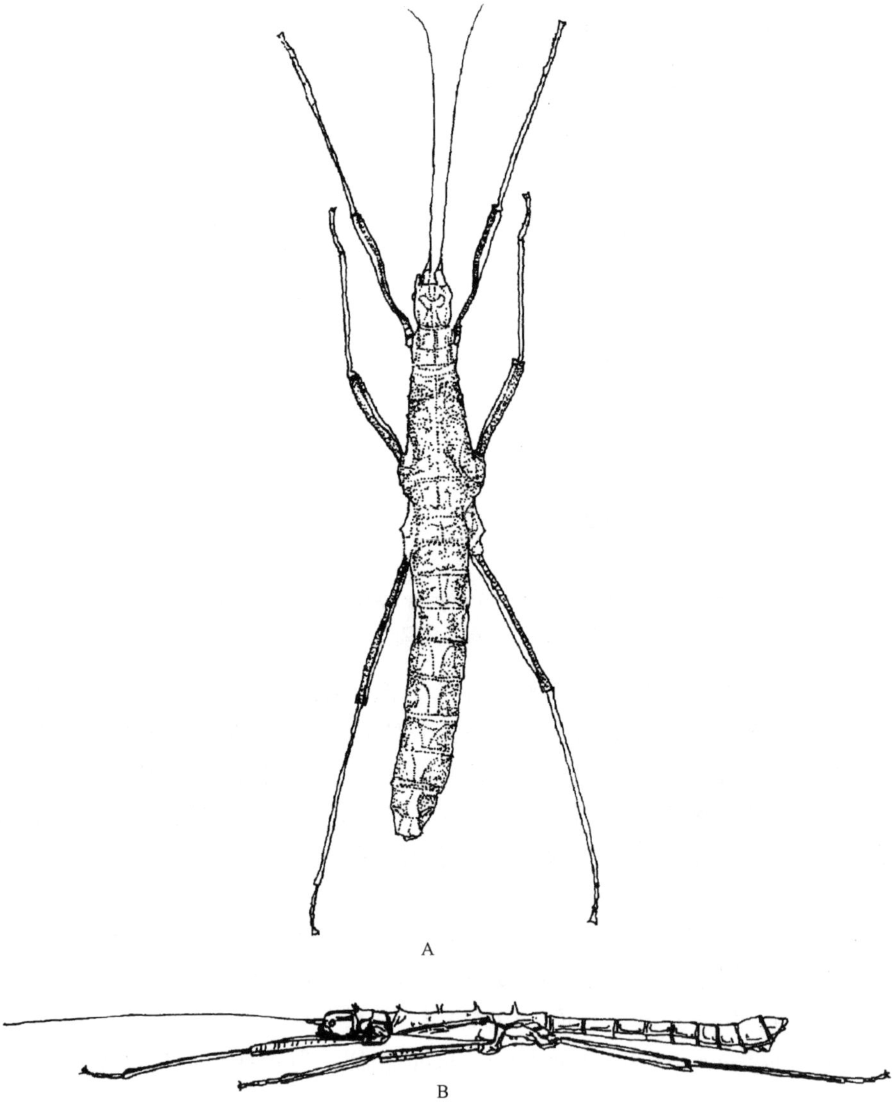

A

B

图 71　香港新棘䗛 *Neohirasea hongkongensis* Brock et Seow-Choen，♀♂

A. 雌性整体　B. 雄性整体（仿 Brock et Seow-Choen）

央有1对刺，余披少量瘤，后方的瘤较显著；中胸背板前至后方略加宽，披少量侧刺，其腹面具3褐色粗颗粒；中胸背板长约为前胸背板的3倍，前、中、后方各有1对粗瘤，其前缘有1对短刺，中胸侧板有粗刺；后胸背板甚短于中胸背板，中部有1对直刺，后胸侧板也有粗刺。3对足无刺叶，股节粗壮，端部有1对短刺。腹部无刺，中央有少些粒突，各节端中有尖刺状隆起，臀节端亚截形；腹瓣宽舟形，端尖，伸达臀节端部；尾须短，隐蔽。

体各部分长度（mm）：体长♀50～59，♂41～47；前胸背板♀3.5～5.0，♂2.5～4.0；中胸背板♀10.5～12.5，♂9.0～10.0；后胸背板（含中节）♀6.0～7.0，♂5.5～6.0；前足股节♀11.0～13.0，♂10.0～11.0；中足股节♀10.0～11.5，♂12.0～13.5；后足股节♀13.0～15.0，♂12.0～13.5。

分布：香港。

□新棒䗛族 Neopromachini

（六）宽腹䗛属 *Menexenus* **Stål**，1875

模式种：*Acanthoderus lacertinus* Westwood [*Menexenus lacertinus* (Westwood)]，1848

体披粒突或刺。头扁，无刺，2刺或4刺。胸部具尖刺或皱摺；中节长于后胸背板之半。中、后足股节具叶齿或无。雌虫第2腹节横形，雄虫第2腹节长小于其宽的1.5倍，雄臀节侧扁，屋脊状，分裂成两尖叶；雌臀节波形，具肛上板；腹瓣舟形且尖。

本属主要分布在东洋区，已知近20余种，我国有1种。

53. 藏宽腹䗛 *Menexenus rotunginus* Giglio-Tos，1914

Menexenus rotunginus Giglio-Tos，1914，*Othoptera*，III，*Rec. Indian Mus.*，8：421.

雌性：体长69mm；雄性58mm。体具皱折与粒突。头后触角间有1对前伸的尖角刺，雌性刺后披密粒突，雄性则较光滑，触角长丝状，具黄环，多数节黄褐色，端部浅褐色，雌前胸背板披粗粒突，在雄性则不明显，雌中胸背板侧扁，屋脊形，具脊，并披稀疏粒突与皱折，中脊侧方披很多较大粒突，后缘中央具2瘤突，雄性中胸背板呈亚筒形，无中脊，但披稀疏小粒突，后缘中央有成对小瘤，雌性后胸背板与中胸背板相似，雄性较光滑，后缘披许多细小粒突，中节短于中胸背板的1/2，边缘具刺，在雌性刺扁平，雄刺则呈锥形且直立；雌胸部腹面披细粒突，雄则披粗粒突。雌前股节背侧不规则扩张，雄性则不显著，雌中股节长于后胸背板加中节之和，背面两侧具4圆形叶齿，以中间2个较大，其腹面近端处2叶成钝三角形，侧方的叶齿为圆三角形，雄中股节背面两侧具4小钝齿，腹面近端处两侧具三角形齿，后股节背脊不明显，其腹面近端处两侧具齿；雌性各胫节背面呈多叶扩张，前胫节叶突大，后胫节则小，在雄性则近乎成圆形。雌腹部扁，多脊与粗粒突，第1～5节后缘具扁平中刺，至第8节则呈扁叶状，脊突为三角形，向后伸成突起；臀节短，披粗粒突，具3脊，端部截状；肛上板短，横形并具脊；雄腹部亚筒形，具结节状钝粒突，第1～5节前缘具直立锥形刺，第6～8节前端具钝形中瘤，臀节侧扁，端部深裂，侧叶内侧具小齿；两性尾须短，膨大而扁，端部截状；腹瓣宽舟形，具脊，端部截状；雄第8节下生殖板膨大成兜状，后缘圆，端具脊。

体各部分长度（mm）：体长♀69，♂58；前胸背板♀4.5，♂4.0；中胸背板♀16.0，♂13.5；后胸背板（含中节）♀10.0，♂9.0；中节♀6.0，♂6.0；前足股节♀17.0，♂18.0；中足股节♀13.0，♂13.0；后足股节♀19.0，♂17.0。

分布：西藏。

长角枝䗛亚科 Necrosciinae

长角枝䗛亚科 Necrosciinae 分属检索表

1. 前足股节基部直 …… 2
   前足股节基部弯曲 …… 3
2. 头光滑；2 对翅 …… 翠䗛属 *Calvisia*
   头具刺；仅具 1 对鳞状后翅 …… 棘䗛属 *Acanthophasma*
3. 前翅无或小，叶状，后翅无或短缩 …… 4
   前翅明显，少见刺状，后翅多少发达 …… 17
4. 股节上具叶突或刺 …… 粗棘䗛属 *Spiniphasma*
   股节上无叶突或刺 …… 5
5. 中胸背板近中央具刺瘤 …… 刺背䗛属 *Paracentema*
   中胸背板近中央缺刺瘤 …… 6
6. 雌虫臀节截状，端部具齿或叶突；雄虫中胸背板一般有刺 …… 7
   雌虫臀节无齿或叶突；两性中胸背板光滑或有粒突 …… 10
7. 后胸背板与中节愈合 …… 拟刺背䗛属 *Pseudocentema*
   后胸背板与中节分离 …… 8
8. 后翅缺 …… 齿臀䗛属 *Paramenexenus*
   后翅鳞状 …… 9
9. 头与腹部无刺 …… 刺异䗛属 *Oxyartes*
   头与腹部有刺 …… 琼䗛属 *Qiongphasma*
10. 后头较隆 …… 11
    后头较扁 …… 13
11. 后头稍隆起；具鳞状后翅 1 对 …… 滇䗛属 *Dianphasma*
    后头较扁；缺后翅 …… 12
12. 头部有 1 对锥突；体表有粒突 …… 壮䗛属 *Magalophasma*
    头部无锥突；体表除粒突外尚具刺 …… 新健䗛属 *Neososibia*
13. 中、后股节腹中脊端部有 1～2 齿 …… 14
    中、后股节腹中脊端部无齿 …… 15
14. 后胸背板与中节分离 …… 股枝䗛属 *Paramyronides*
    后胸背板与中节愈合 …… 并胸䗛属 *Arthminotus*
15. 头长扁；中、后股节端部无齿 …… 无齿股䗛属 *Parasipyloidea*
    头短，稍隆起；中、后股节端部或外侧有齿 …… 16
16. 具鳞状后翅；后胸长于中节的 2 倍 …… 仿原异䗛属 *Paraprosceles*
    无后翅；后胸短于中节的 2 倍 …… 原异䗛属 *Prosceles*
17. 腹瓣端部具凹缘或平截 …… 18
    腹瓣端部尖或圆 …… 23
18. 常无单眼；腹瓣端部细窄，常为角质化，部分成管状 …… 角臀䗛属 *Necroscia*

腹瓣端部正常 ………………………………………………………………………………………… 19
19. 常有单眼 ……………………………………………………………… 阿异蛸属 *Aruanoidea*
常无单眼 ………………………………………………………………………………………… 20
20. 头顶平坦 ………………………………………………………………………………………… 21
头顶隆起或锥状 ………………………………………………………………………………… 22
21. 胸部具粒突或刺 ………………………………………………………………… 蔷蛸属 *Asceles*
胸部光滑 ………………………………………………………………… 瘤胸蛸属 *Trachythorax*
22. 中胸背板光滑，前方收缩，中央具 2 瘤 …………………………… 瘤胸蛸属 *Trachythorax*
中胸背板前方正常，中央无 2 瘤 ……………………………………… 玛异蛸属 *Marmessoidea*
23. 头长扁；后翅长 ………………………………………………………………… 管蛸属 *Sipyloidea*
头圆凸或锥状 ………………………………………………………………………………… 24
24. 前足短；产卵器隐蔽 ………………………………………………………………………… 25
前足正常；产卵器露于腹瓣外 ……………………………………………………………… 26
25. 无单眼 ……………………………………………………………………… 健蛸属 *Sosibia*
有单眼 …………………………………………………………………… 偏健蛸属 *Hemisosibia*
26. 雌虫后头甚凸；雄虫第 9 腹节侧后角尖；尾须上弯 ……………… 副华枝蛸属 *Parasinophasma*
雌虫后头正常；雄虫第 9 腹节侧后角钝；尾须不上弯 ……………………………………… 27
27. 雄虫臀节延长且弯曲；尾须多样 ……………………………………… 华枝蛸属 *Sinophasma*
雄虫臀节较短；尾须圆柱形，略内弯 ………………………………………… 小异蛸属 *Micadina*

（七）刺背蛸属 *Paracentema* Redtenbacher，1908

模式种：*Paracentema stephanus* Redtenbacher，1908

头背面较扁，无角刺，头后有 6 瘤突。前胸背板前 2 刺，中央 2 瘤；中胸有脊，粒突或瘤，其前后有 2 对刺，中央两侧有较大刺外，尚有小刺，近中央有多刺瘤突；后胸背板有脊，粒突，中央 2 对刺，侧面无刺。缺前、后翅。前足基节近侧板具刺，前股节弯，各足具脊，无刺齿，基跗节简单。腹部具粒突和瘤，前方具刺瘤，后方具大鳞状瘤，臀节后倾，具瘤，后缘圆截，具钝齿，腹面光滑，腹板具稀齿；腹瓣矛状，端尖具脊；尾须不外露。

本属分布在东洋区，仅知 1 种。

54. 冠花刺背蛸 *Paracentema stephanus* Redtenbacher 1908，new record to China（图 72；图版 2-2）

Paracentema stephanus Redtenbacher 1908，*Die Insektenfamilie der Phasmiden.* 477；Bi et Li，1991，107.

Neohirasea japonica de Haan；Chen et He，1992：46（misdentification）

雌性：体长 60～70mm。暗褐色，腹面为黄褐色；胫节褐色或淡褐色，具暗褐色小条纹和刻点。头长形，较扁平，背面缺刺，但在其后缘具 4～6 个钝圆形突起；复眼卵形，突出；触角丝状，较长于前足股节。前胸背板较短，短于中、后胸背板，前缘具有明显的 1 对小刺，近中部具 2 对钝圆形小突起；中胸背板较长，具短隆线和小的颗粒状突起，在其近前缘和后缘各具 1 对锥形刺，位于中部背面具有较粗大的刺，并在其基部丛生许多小刺；后胸背板也具颗粒状突起和短隆线，在中部背面具有 1 对粗大的刺，侧缘均具刺；各足基节前的侧板均具粗刺。前、后翅均缺。前足股节基部内弯，背侧隆线较明显，股节和胫节均缺粗大的

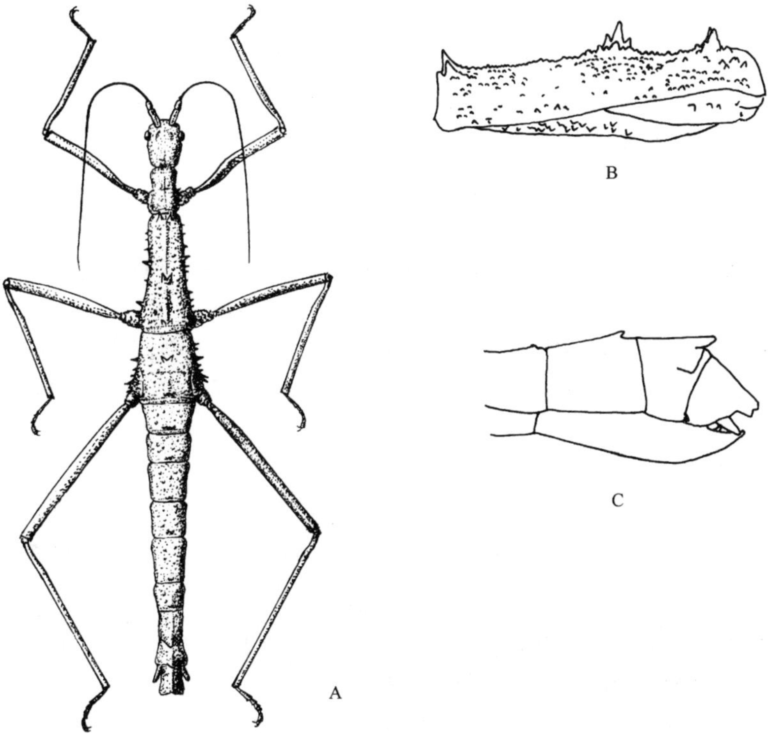

图 72　冠花刺背䗛 *Paracentema stephanus* Redtenbacher，♀
A. 整体　B. 中胸侧观　C. 腹端侧观（仿毕道英）

刺，跗节的基节简单。腹部各节具颗粒状突起和隆线，腹部腹面平滑，第 1 腹节背板中部具 1 对刺，腹部末端数节的背板后缘均具有较大的鳞片状突起；臀节隆起，具突起，后缘圆形平切，具钝齿；腹瓣长舟形，顶端略尖；尾须隐蔽。

雄性：体长 44 ~ 52mm。体略小于雌性。外部形态同雌性，腹部末端数节背板具短隆线和颗粒，背板后缘具有较大的鳞片状突起，其臀节后缘两侧具有 2 个粗大的圆齿，中央具有 2 个小钝齿；下生殖板长形，顶端略尖，其长略超过腹部第 8 节背板后缘；尾须为扁菱形，其长略超过腹端后缘。

体各部分长度（mm）：体长♀60.0 ~ 70.0，♂44.0 ~ 52.0；中胸背板♀15.0 ~ 18.0，♂12.2 ~ 13.2；后胸背板（含中节）♀8.5 ~ 9.0，♂6.5 ~ 7.5；前足股节♀16.0 ~ 16.5，♂12.0 ~ 13.0；中足股节♀13.0 ~ 14.0，♂10.5 ~ 11.0；后足股节♀20.5 ~ 21.0，♂13.0 ~ 15.0。

卵：长 2.10 mm，宽 1.80 mm，高 1.92mm。桶形，褐色，表面具密粒突与不规则脊线。卵盖中央稍隆起。卵孔板宽，椭圆形，卵孔位于其下半部，卵孔杯“Y”形。中线黑色，约伸达后端。

分布：广西（桂林），香港，广东（深圳、广州），浙江，湖南；越南。

（八）拟刺背䗛属 *Pseudocentema* Chen et He，2002

模式种：双棘拟刺背䗛 *Pseudocentema bispinatum* Chen et He，2002

中型。体粗糙，被粒突、短刺与皱纹。头长较扁，触角丝状，远长于前足股节。前胸背板有数对短刺与粒突；中胸背板前缘具2棘的瘤突；中节与后胸愈合。无翅。前足股节基部弯曲，中、后足股节端部腹脊有少量小齿。腹部背板大多数具鳞状突起，臀节后缘宽弧形凹入；腹瓣扁舟形；尾须扁宽。

本属为我国特有，仅1种，分布于海南。

55. 双棘拟刺背蟾 *Pseudocentema bispinatum* Chen et He，2002（图73）

Pseudocentema bispinatum Chen et He，2002，*Forest Insects of Hainan*. 107.

雌性：体长50mm左右。体粗糙具皱，披不规则粒突与短刺。头较长扁，披稀粒突，后头具6瘤突；复眼卵形，外突；触角丝状，远长于前足股节。前胸背板中央具十字形沟纹，前缘与近后缘各有1对钝短刺，近中央具2对小突起；中胸远长于后胸（含中节），具隆线和不规则粒突，前缘生有1对钝齿的瘤突，近后缘有1对小突起；中节与后胸愈合，后胸背板和中节有不规则粒突与皱折；胸部侧板具粒突，腹板具稀粒突。无翅。前足股节稍扩张，基部弯曲，中、后足股节端部内外腹脊各2齿。腹部圆筒状，第2~9背板后缘中央具鳞突，2~5背板鳞突前尚各有1对突起；臀节后缘宽弧形凹入，肛上板具纵脊，外露；腹瓣舟形，较扁，超过第9节；尾须扁宽，端尖，外露。

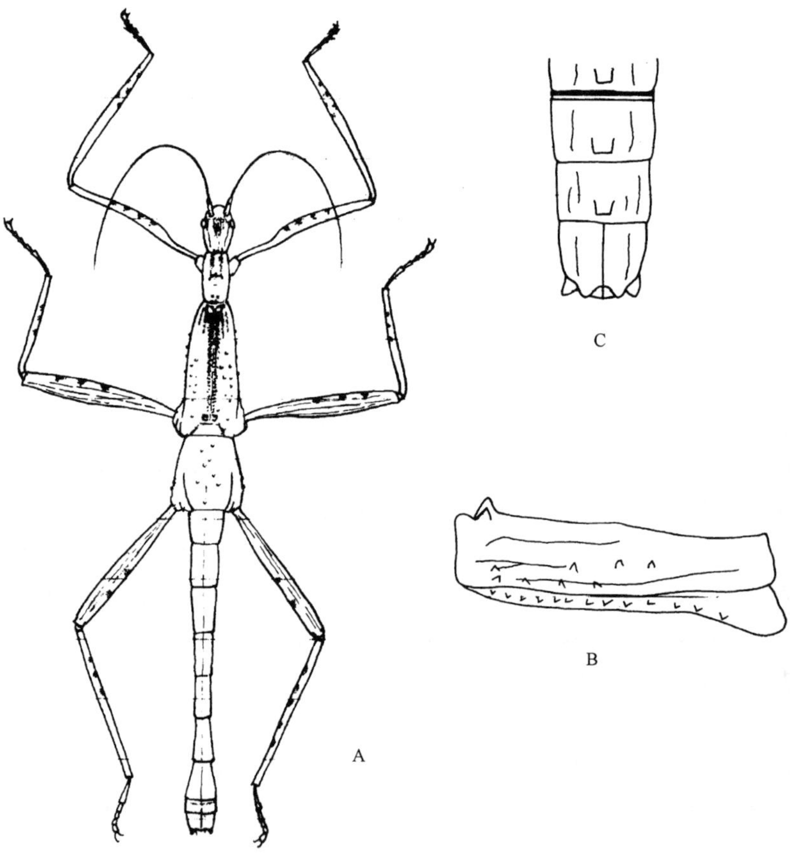

图73 双棘拟刺背蟾 *Pseudocentema bispinatum* Chen et He，♀
A. 整体 B. 中胸侧观 C. 腹端背观

雄性：未知。

体各部分长度（mm）：体长50.0；中胸背板10.8；后胸背板（含中节）6.0；前足股节11.0；中足股节8.5；后足股节11.0。

分布：海南（尖峰岭）。

（九）滇蛸属 *Dianphasma* Chen et He，1997

模式种：微翅滇蛸 *Dianphasma microptera* Chen et He，1997

体中型。圆筒形，腹部第3节后略扁；体披细毛；胸、腹部背面具纵隆线与侧线；头、胸和腹基部3节披较密颗粒。头较长，后头稍隆起，披颗粒，眼间无成对角突；触角丝状，远长于前足股节。前胸背板横沟前侧明显凹入，后胸背板约与中节等长。无前翅，后翅小，鳞状。3对足较短，披细毛，无齿及叶状物，前足股节基部内弯。腹部第1~8节后缘中央均具1后倾的角突，至后端2~3节角突渐短而钝，第4、5节背板前方各具1对瘤突，尤以第4节更为突出；臀节较狭长，端钝；腹瓣较扁平，匙形，端窄钝；尾须直，粗短。

本属为我国特有，仅1种，分布于云南。

56. 微翅滇蛸 *Dianphasma microptera* Chen et He，1997（图74）

Dianphasma microptera Chen et He，1997，*Acta Zootaxonomica Sinica.* 22（2）：159.

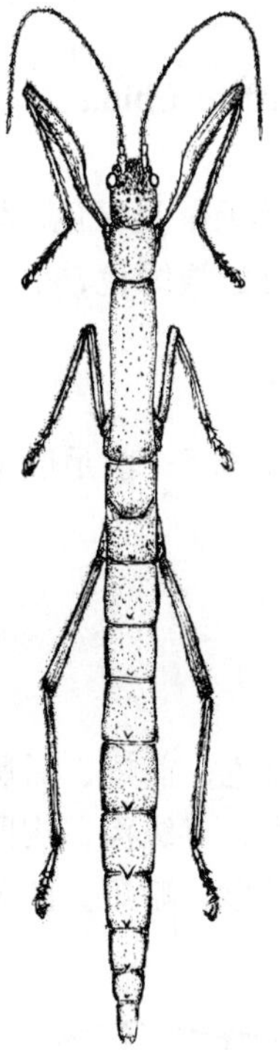

图74　微翅滇蛸 *Dianphasma microptera* Chen et He，♀整体

雌性：体长52mm。中型，圆筒形，腹部第3节后略扁，向后变窄，体背及腹面披不规则颗粒与细毛。体暗褐色。头略呈长方形，头背面与后头披颗粒，侧面披较密细毛；复眼圆形，外突，眼间无成对角突；触角披细毛，远长于前足股节，柄节扁长，端厚，梗节圆柱形，短于柄节。胸、腹部具中隆线与侧线；前胸背板长方形，被颗粒，稍短于头部，横沟位于前半部，沟前面胸背板侧面明显凹入，纵沟不达后缘；中胸背板长于前胸背板的3倍；后胸背板加中节明显短于中胸的2倍；中节与后胸等长。无前翅，后翅小，鳞状，伸达中节前缘。3对足稍短，密披细毛，无齿及叶状物，前足股节基部内弯。腹基3节圆筒形，每节背板后缘中央具1角突；腹部第4与第5节背板除后缘中央具1角突，前方尚各具1对瘤突，尤以第4节更为突出，第6~8节逐渐变窄，每节后缘中央的角突逐渐短而钝，臀节约与第8节等长，但明显变窄，后缘微弧形；腹瓣较扁平，匙形，无明显中脊与颗粒，后缘窄钝，约伸达臀节中部；尾须圆柱形，短粗，端钝，略超过臀节。

雄性：未知。

体各部分长度（mm）：体长52.0；前胸背板3.2；中胸背板10.4；后胸背板（含中节）6.0；中节3.0；前足股节8.6；中足股节7.0；后足股节10.0。

分布：云南（小中甸）。

（十）阿异蛸属 *Aruanoidea* Redtenbacher，1893

模式种：*Necroscia marmessus* Westwood［*Marmessoidea marmessus*（Westwood）Brunner］， by indication of Brunner, 1893 and acceptance by Rehn, 1904

头稍扁，长大于宽，单眼常明显。胸部甚少光滑，常具粒突或瘤。前翅多少突起。足细长有脊，前股节基部弯曲。雄臀节具凹缘或截状；雌臀节具凹缘，肛上板常明显，腹瓣正常，端部不角质化，但具凹缘。

本属已知5种，分布于东洋区，在我国分布于南方省区。

阿异蛸属 *Aruanoidea* Redtenbacher 分种检索表

1. 前翅具黑斑，后翅臀域透明 …… **弯足阿异蛸 *A. inflexipes* Stoll**
   前翅无黑斑，后翅臀域烟色 …… 2
2. 单眼明显；第9腹节侧后角后伸呈尾须状 …… **拟尾阿异蛸 *A. pseudocerca* sp. nov.**
   单眼无或仅留痕迹；第9腹节侧后角正常 …… 3
3. 中胸背板无明显粒突；臀节后缘有2齿 …… **双齿阿异蛸 *A. bidentata* sp. nov.**
   中胸背板粒突明显；臀节后缘无齿 …… 4
4. 中胸背板几乎光滑 …… **小翅阿异蛸 *A. microptera* Redtenbacher**
   中胸背板粒突明显 …… **刺粒阿异蛸 *A. mista* sp. nov.**

57. 小翅阿异蛸 *Aruanoidea microptera* Redtenbacher, 1908, new record to China

Aruanoidea microptera Redtenbacher, 1908, *Die Insektenfamilie Der Phasmiden*. 520.

雄性：体长42mm。体中等偏小，细长。体橄榄绿色，触角鲜绿色，无色环；足绿色。胸部几乎光滑，披细小粒突，侧板光滑，后胸侧板白垩色，中胸背板具脊。前翅淡绿色，小且圆，翅突较凸起，几伸达后翅基部；后翅绿色，后面略呈烟色。

雌性：未知。

体各部分长度（mm）：体长42.0；中胸背板8.0；后胸背板（含中节）6.5；前足股节10.5；中足股节8.0；后足股节12.0。

分布：海南（尖峰岭）；马来西亚，印度尼西亚。

58. 刺粒阿异蛸，新种 *Aruanoidea mista* sp. nov.（图75）

雄性：体长45mm。体中等偏小。体绿色，前胸浅黑色，中胸前半部黑色，前翅、后胸后半部与中足股、胫节端部褐色，触角具多数褐环。头宽卵形，背面较平坦，具纵沟，沟两侧各有1列稀粒突；眼圆突；触角长于前足，第1节矩形，端厚，第2节柱形，略短。前胸背板长方形，中央具十字形沟纹，沿背中脊侧面各1约4个粒突组成的纵列，中胸背板稍短于后胸（含中节），具背纵脊，沿中脊侧面各1列3~4刺与4~5粒突，中、后胸侧板与腹板均具小粒突。前翅鳞状，翅突位中央稍前方；后翅伸达第7腹节中部，臀域烟色。3对足细长，中股节短，前股节略长于后股节。腹端3节屋脊状，第8与9节等长，略长于臀节，臀节具背中脊，后缘中央

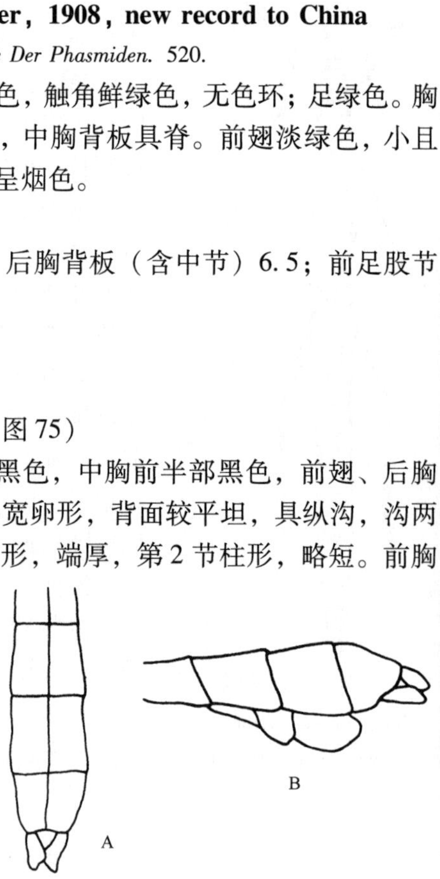

图75 刺粒阿异蛸，新种 *Aruanoidea mista* sp. nov.，♂
A. 腹端背观 B. 腹端侧观

略凹；下生殖板兜状，伸达臀节基部；尾须柱形，端部扁宽，露于腹端外。

雌性：未知。

体各部分长度（mm）：体长45.0；前胸背板2.4；中胸背板6.6；后胸背板（含中节）7.0；前足股节14.5；中足股节9.0；后足股节13.0。

正模♂（ZSU），广东封开黑石顶，1985-IX-10，德安。

新种与 *A. falcata* Redtenbacher 相似，除前翅形状不同外，中胸背板前半部披刺突，后半部披粒突可相区别。

59. 拟尾阿异䗛，新种 *Aruanoidea pseudocerca* sp. nov.（图76）

雄性：体长55mm。体中等，细杆状。褐色。头宽卵形，背面平坦，具中脊，复眼圆凸，具褐纵纹，3单眼明显，其后呈“人”字形；触角细长，多节端部具浅环，第1节扁长，端厚，第2节柱形，略短。前胸背板光滑，呈梯形，中央具十字形沟纹，横沟位较前方，另有2短侧沟，中胸背板除纵脊外，每侧各有2侧纵脊，粒突稀疏几乎成纵列，腹板也具稀粒突但仅至中后方，后胸侧板基部具深褐色亮斑。前翅鳞状，较宽，褐色，翅突位中后方；后翅伸达第5腹节端部，臀域烟色。腹部细长，端部3节屋脊状且膨大，第8节略长于第9节，臀节矩形，与第8节约等长，后缘中央凹入，具齿，第9节背板侧后角细长，后伸似尾须；下生殖板兜状，伸达臀节基部；尾须柱形，稍内弯，端窄。

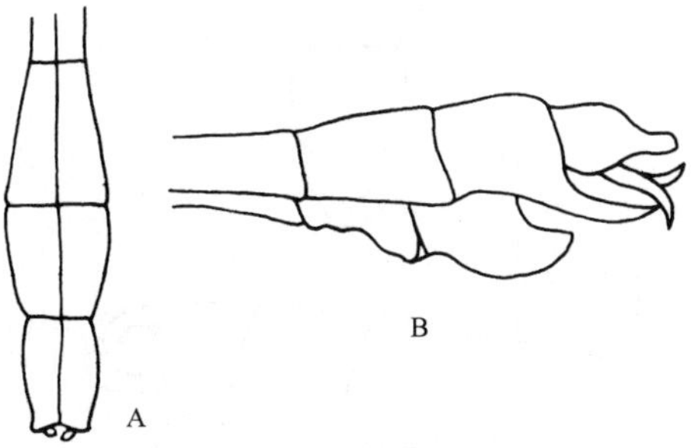

图76　拟尾阿异䗛，新种 *Aruanoidea pseudocerca* sp. nov.，♂
A. 腹端背观　B. 腹端侧观

雌性：未知。

体各部分长度（mm）：体长55.0；前胸背板2.2；中胸背板9.0；后胸背板（含中节）6.6；前足股节13.0；中足股节10.0；后足股节15.0。

正模♂（BJFU），海南尖峰岭，1981-VII-24，顾茂彬；副模1♂（BJFU），采地同正模，1981-XII-1，1♂（BJFU），广东始兴车八岭，1990-IX-26，采集人不详。

新种与小翅阿异䗛 *A. microptera* Redtenbacher 相似，但前翅为褐色，后胸侧板无白斑以及第9腹节背板侧后角细长，后伸似尾须等可区别。

60. 双齿阿异䗛，新种 *Aruanoidea bidentata* sp. nov.（图77）

雄性：体长65mm。中型，杆状，具翅。触角中央有3~4浅色环；前、后翅前缘黄色。头宽短，背面稍平坦，眼圆凸；触角褐色，长于前足，第1节长于第2节。前胸背板略呈矩形，光滑，中央具十字形沟纹，横沟位前半部，中胸背板具纵中脊，披稀疏不规则粒突。前翅卵形，翅突钝，后缘斜切；后翅伸达第6腹节，前缘近基部黄色，革质部栗色，臀域烟色。3对足无齿刺，前股节略长于后股节。腹圆筒状，腹面较平，第8节略膨大，臀节稍拱起，略短于第9节，后缘中央凹入，每侧1齿；肛上板小，约与臀节端平齐；下生殖板兜状，中央具沟，端窄钝，伸达臀节基部；尾须圆柱状，内弯，显露于腹端。

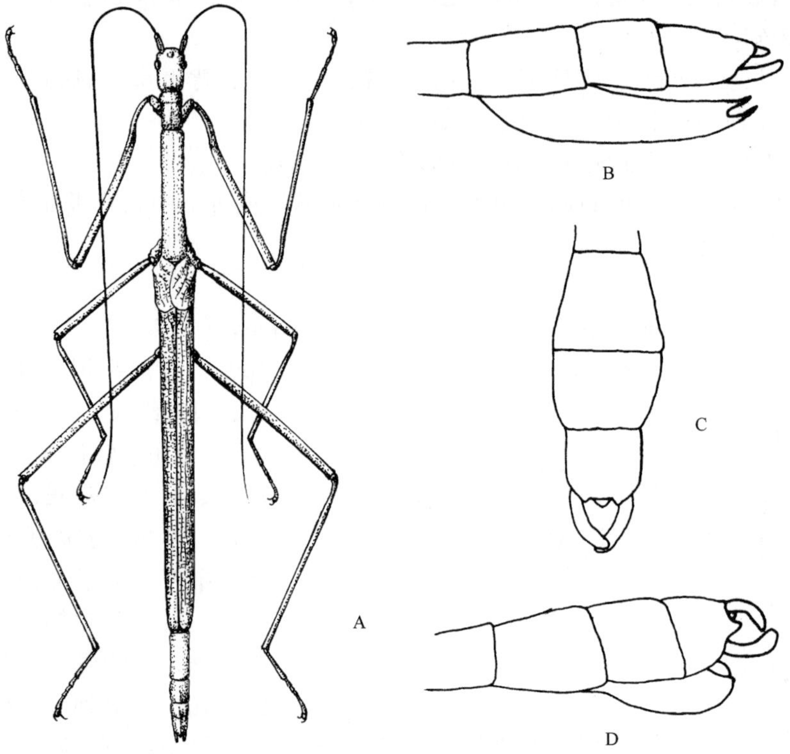

图 77 双齿阿异䗛，新种 *Aruanoidea bidentata* sp. nov.，♀♂
A. 雌性整体 B. 雌性腹端侧观 C. 雄性腹端背观 D. 雄性腹端侧观

雌性：体长 77mm。体较雄性大。臀节后缘截状，肛上板三角形，显露；腹瓣舟形，端缘凹入，约伸达腹端；尾须圆柱状，端尖，明显超过腹端。

体各部分长度（mm）：体长 ♀77.0，♂65.0；中胸背板 ♀14.0，♂12.0；后胸背板（含中节）♀10.0，♂8.0；前足股节 ♀20.5，♂21.5；中足股节 ♀14.0，♂15.0；后足股节 ♀19.5，♂20.0。

正模♂（IZAS），云南西双版纳勐腊（620～650m），1959-VI-10，张发财，副模 1♀（IZAS），采集地等同正模，蒲富基；1♂（IZAS），海南尖峰岭，1982-IX-8，梁承丰。

新种与 *A. planicercata* Redtenbacher 相似，但体大，前翅突钝以及尾须圆柱形，向内弯等可相区别。

61. 弯足阿异䗛 *Aruanoidea inflexipes* Stoll，1815

Aruanoidea inflexipes Stoll，1815

Phasma curvipes Stoll，1815，*Spectr.*，43.

Necroscia curvipes Westwood，*Cat. Phasm.*，151.

Mantis inflexipes Oliver，*Enc. Meth.*，VII：641.

Phasma inflexipes Serville，*Ann. Sc. Nat.*，XXII：58.

Phasma valgum Lichtenstein，*Linn. Trans.*，VI：16.

Phasma（*Necroscia*）*roseipenne* Serville，*Orth.*，252.

雄性：体长54mm。体细长。灰褐色，触角黑色。中胸背板圆桶形，隆起。前翅短，卵形，具黑斑；后翅透明。前足股节基部弯曲。

雌性：未知。

分布：中国。

（十一）角臀蝤属 *Necroscia* Audinet-Serville，1838

模式种：*Necroscia roseipennis* Audinet-Serville［＝*Necroscia prasina*（Burmeister）］，1904

头短，球状或稍扁，常缺单眼。中胸长。前翅短，卵形，后翅狭长，臀域常为单色，烟色，白色或玫瑰色，罕见栗色条纹。前股节基部直或略弯曲，股、胫节圆桶形，腹中脊无刺。雌腹瓣矛形，尖或圆，其端部收窄，部分呈管状，后缘有凹缘。

本属主要分布于东洋区，我国已知3种，在我国分布于南方。

角臀蝤属 *Necroscia* Audinet-Serville 分种检索表

1. 单眼明显 ………… **黄色角臀蝤 *N. flavescens*（Chen et He）**
   单眼无或仅留痕迹 ………… 2
2. 前翅宽短；臀节侧端叶细长 ………… **斑角臀蝤 *N. maculata*（Chen et Wang）**
   前翅狭长；臀节侧端叶平钝 ………… **卵翅角臀蝤 *N. ovata* sp. nov.**

62. 卵翅角臀蝤，新种 *Necroscia ovata* sp. nov.（图78）

雄性：体长63mm。体中型，杆状，具翅，胸披稀粒突。体褐色，眼上后侧、及前、后翅前缘具黄纵纹，足与后翅具花斑。头长卵形，稍大于宽，背面较平，无明显粒突，具纵沟，后头形成小瘤突；眼圆突；触角长于前足，第1节矩形，端厚，第2节柱形，短于第1节。前胸背板长方形，披很稀粒突，横沟位于中前方，中胸背板纵脊隆起，具不规则细粒突，粒突至侧缘则成列，中、后胸侧板与腹板也具粒突。前翅较长，伸达后胸中后方，翅突较钝，位于基部1/3处；后翅伸达第6腹节中部，臀区烟色，具不规则浅斑。3对足股节无刺齿，前股节基部弯曲，后股节明显长于前股节，中股节则较短。腹部明显长于头、胸部之和，端部第8～9节膨大，臀节明显窄于前2节，背面具纵脊，且短于第8节，其后缘稍凹入；下生殖板较平，后缘平钝，伸达第9节端部；尾须圆柱形，中部稍内弯，超过臀节。

图78　卵翅角臀蝤，新种 *Necroscia ovata* sp. nov.，♂
A. 腹端背观　B. 腹端侧观

雌性：未知。

体各部分长度（mm）：体长63.0；前胸背板4.0；中胸背板11.0；后胸背板（含中节）7.0；前足股节18.5；中足股节14.0；后足股节21.0。

正模♂（ZSU），广东深圳梧桐山，副模2♂♂（ZSU），广东龙门南昆山，1987-VI-

9～14，陈勇军采；广东连南大龙山，1994-VII-16，陈振耀采。

新种与斑角臀蛹 *N. maculata*（Chen et He）相似，但前翅较长以及臀节侧端叶非角状等可相区别。

63. 斑角臀蛹 *Necroscia maculata*（Chen et He, 2000）comb. nov.（图 79）

Aruanoidea maculata Chen et He, 2000, *Acta Zootaxonomia Sinica.* 25（4）: 396.

雄性：体长 66mm。细杆状。体黄色，眼后具黑纵纹；触角背面深褐色，腹面浅色，具6～7 浅环；中胸背板具褐色侧线，侧板端上方边缘褐色；复翅与后翅前缘浅咖啡色，后翅臀域浅色；3 对足跗节褐色。头椭圆形，后侧收缩与前胸背板约等宽，背面略平坦，中央有纵沟，后头具瘤突；复眼圆，外突；单眼留痕迹；触角长丝状，伸达腹端，第 1 节黄色，外侧褐色。前胸背板中央具十字形沟纹，横沟位于中前方，中央具 4 个较粗粒突，侧缘具少量粒突；中胸背板具纵脊，每侧沿纵脊至侧缘具 3 纵列粒突，中、后胸侧板纵脊上具 1 列粒突。足细长，前足股节基部弯曲，脊上具整齐细毛。复翅卵形，角突钝；后翅伸达第 6 腹节中部。腹端 3 节屋脊状，以第 9 节最长，臀节短于第 8 节，背面具纵脊，外缘内凹，侧端叶角状，较钝；下生殖板拱起，端部略尖，具纵脊，约伸达第 9 腹节端部；尾须柱形，端部膨大，明显露于腹端。

雌性：未知。

体各部分长度（mm）：体长 66. 0；前胸背板 3. 4；中胸背板 10. 0；后胸背板（含中节）

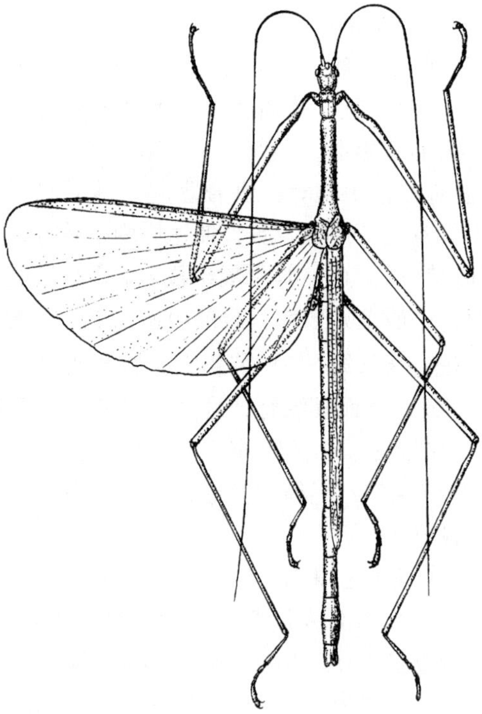

A

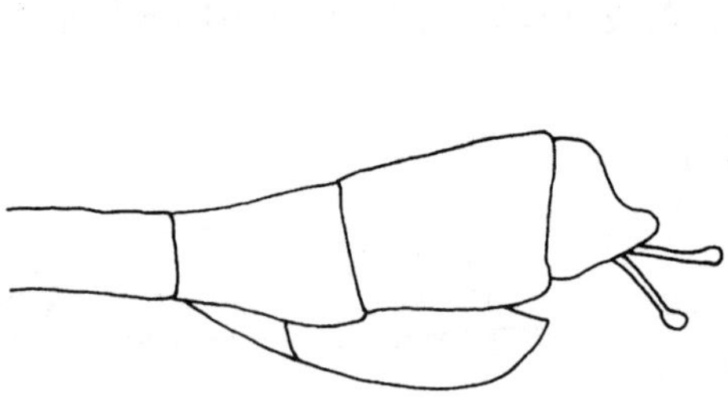

B

图 79 斑角臀蛹 *Necroscia maculata*（Chen et He），♂

A. 整体 B. 腹端侧观

9.0；前足股节 20.5；中足股节 14.0；后足股节 22.0。

分布：广西（龙州龙岗）。

64. 黄色角臀蝌 *Necroscia flavescens*（Chen et Wang，1998）comb. nov.（图 80）

Aruanoidea flavescens Chen et Wang，1998，*J. Guangxi Acad. Sci.*，14（1）：1.

雌性：体长 74mm。体杆状。体黄色，复眼橙色，触角除基部 2 节为黄色外，鞭部背面主要为褐色，并间有 9～10 个浅色环；后翅臀域乳白色。头近似四方形，长稍大于宽，背面平坦，中央具纵沟，后头具 2 个隆起；复眼圆凸，中央具 3 浅色单眼；触角长丝状，约伸达腹端，第 1 节背观长方形，基部略扁，第 2 节圆柱形，短于第 1 节。前胸背板长方形，光滑，中央具十字形沟痕，横沟位于中央前方，不伸达两侧；中胸背板长约为前胸的 2.85 倍，有 1 纵脊与 2 侧脊，颗粒几乎排成 6 纵列，每侧除侧脊上具 1 列外，近纵脊及侧脊处各有 1 列，但往后颗粒则稀疏，中胸腹板也具颗粒。复翅卵形，前缘弧形，顶角钝，后翅约伸达第 7 腹节中部。3 对足无刺齿，前股节基部弯曲。腹部圆筒形，基部 4 节较宽，第 6～7 节略窄，腹端 3 节中，以第 8 节略宽长，第 9 节与臀节略窄，两者约等长，臀节后缘中央弧形凹入，两侧端叶角状；肛上板超过臀节端部；腹瓣较长，后端变窄，两侧略上卷，较骨化，色浅，端缘呈三角形凹入，明显超过腹端；尾须圆柱形，约伸至腹瓣端部。

雄性：体长 55mm。明显比雌虫瘦小。头部具 3 单眼，触角超过腹端，后翅伸至腹部第 6 节基部。腹部细长，腹端 3 节中，第 8 与 9 节加宽，臀节较窄，以第 9 节最长，第 8 节长于臀节，臀节具中脊，端中央角形凹入，两侧端叶呈角状，加厚，内侧具小齿；肛上板具中脊，短于臀节；下生殖板膨大，端尖，约伸达第 9 节端部；尾须圆柱形，稍内弯，端钝，明显超过腹端。

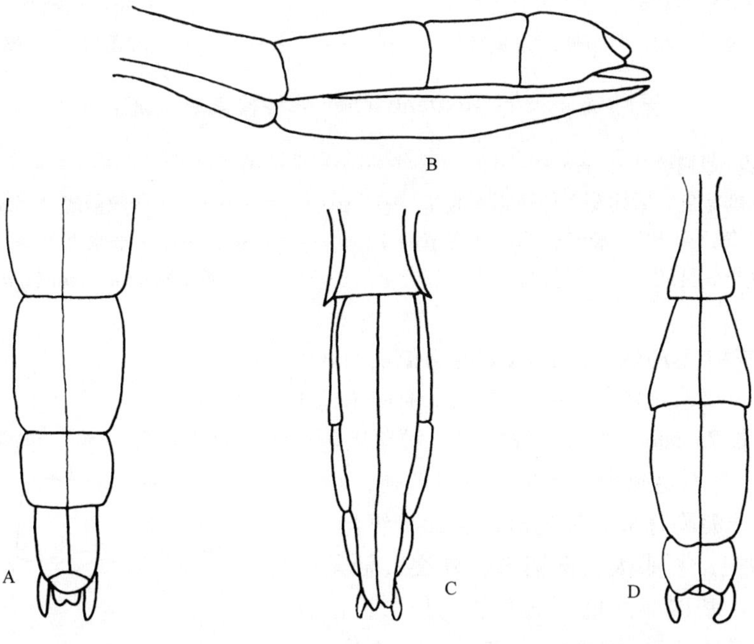

图 80　黄色角臀蝌 *Necroscia flavescens*（Chen et Wang），♀♂

A. 雌性腹端背观　B. 雌性腹端侧观　C. 雌性腹端腹观　D. 雄性腹端背观

体各部分长度（mm）：体长♀74.0，♂55.0；前胸背板♀4.2，♂2.4；中胸背板♀12.0，♂9.2；前足股节♀20.5，♂21.5；中足股节♀16.0，♂15.0；后足股节♀15.0，♂21.0。

卵：长4.8 mm，宽1.14 mm，高1.14mm。梭形，黄色，表面具不规则网纹脊。卵盖周围具毛，中央凹入，卵盖角倾斜。卵孔板瓶状，位于中部，卵孔与卵孔杯清楚。中线脊状，伸达后端。腹端楔形，两侧具脊。

寄主：红锥。

分布：广西（博白）。

（十二）蔷䗛属 *Asceles* Redtenbacher，1908

模式种：*Asceles malaccae*（Saussure）[*Necroscia malaccae*]，1868

头扁长，常无角刺，单眼罕见。中胸背板略扁，少见光滑，多有粒突。足无刺齿，有时呈波状扩展，前股节弯曲，较扁。前翅突钝或呈刺状，甚少全呈刺形，后翅发达。两性臀节具凹缘或呈截状，腹瓣平坦，矛状，端有凹缘、截状或分裂，但不呈管状。

本属全世界超过40种，我国已知5种。

蔷䗛属 *Asceles* Redtenbacher 分种检索表（雌性）

1. 中型，长约65mm；中胸披粒突；中足股节端部无叶突 ………………… **棒尾蔷䗛 *A. clavatus* Chen et He**
   体较大，长80mm以上；中胸披刺；中足股节端部具叶突 ………………… 2
2. 中胸背板具纵列整齐长刺；臀节侧后角窄 ………………… **长臀蔷䗛 *A. longicauda*（Bi）**
   中胸背板具不规则短刺；臀节侧后角宽叶状 ………………… **膨股蔷䗛 *A. dilatatus* Chen et He**

蔷䗛属 *Asceles* Redtenbacher 分种检索表（雄性）

1. 臀节长，下弯，似鸭嘴状 ………………… 2
   臀节正常；中胸蓝色；后翅短，伸达第4腹节 ………………… **蓝胸蔷䗛 *A. caesius* Chen et He**
2. 中胸背板近纵脊处具刺突；臀节长为第9腹节的3倍 ………………… **长臀蔷䗛 *A. longicauda*（Bi）**
   中胸背板近纵脊处具粒突；臀节长为第9腹节的4倍 ………………… **四斑蔷䗛 *A. quadriguttatus* Chen et He**

65. 蓝胸蔷䗛 *Asceles caecius* Chen et He，1999（图81）

Asceles caecius Chen et He，1999，*J. Guangxi Acad. Sci.*，15（2）：86.

雄性：体长75 mm。中型，细杆状。触角黑色，眼后具褐纵纹，头、前胸、翅与腹部褐色，中胸蓝色，3对足除中、后足股节绿色外，余为褐色。头短于前胸背板，较光滑，背面具纵沟，后头形成4瘤突；复眼大，椭圆形，外突；触角长，伸达腹端，基部节浅色，第1节宽长，长于第2节，触角间具半圆形凹窝。前胸背板长方形，披稀疏粒突，横沟位于中前方；中胸背板较长，

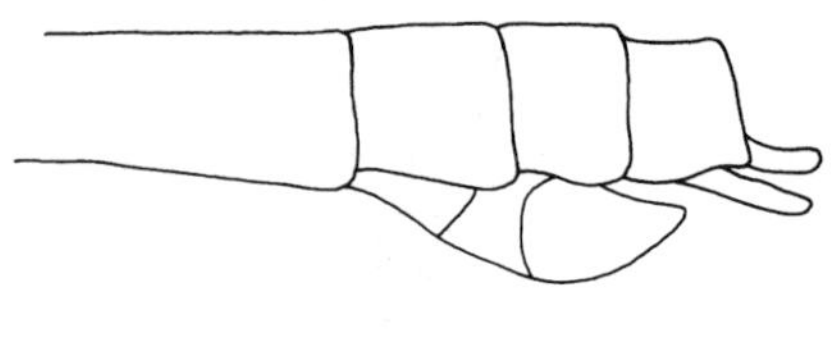

图81 蓝胸蔷䗛 *Asceles caecius* Chen et He，♂ 腹端侧观

约为前胸长的 4.5 倍，披稀疏均匀黑色粒突与细密横皱，背面具细纵脊。3 对足无刺齿，隆脊披整齐细毛。前翅菱形，前缘角突平钝，后翅伸达第 4 腹节基部，臀域烟色。腹部圆筒形，臀节屋脊状，短于第 8 节，约与第 9 节等长，后缘截状，背中央具纵脊；下生殖板拱形，端钝，伸达臀节基部；尾须圆柱形，端窄，露于腹端。

雌性：未知。

体各部分长度（mm）：体长 75.0；前胸背板 4.0；中胸背板 18.4；后胸背板（含中节）6.8；前足股节 28.0；中足股节 21.0；后足股节 28.0。

分布：广西（环江、靖西底定、龙州三联），贵州（茂兰）。

66. 膨股蔷蛸 *Asceles dilatatus* Chen et He，2004（图 82）

Asceles dilatatus Chen et He，2004，*Insects from Mt. Shiwandashan Area of Guangxi*. 49.

雌性：体长 85mm。体中等偏大，杆状。褐色。头宽卵形，具纵脊；眼圆凸；触角远长于前足，第 1 节长，第 2 节柱形，略短于第 1 节。前胸背板长方形，光滑，中央具十字形沟纹，横沟位前半部，中胸背板后侧加宽，具纵中脊，披不规则粒突，仅前半部具 10 余枚疏刺。前翅短宽，翅突略尖，后翅伸达第 6 腹节基部。3 对足尤以中股节为短，其端部背内与腹内两侧扩展成叶状。腹圆筒状，臀节长于第 9 节，后缘中央凹入，腹瓣舟形，端窄，约伸达臀节基部；尾须扁宽，三角形，短于腹端。

雄性：未知。

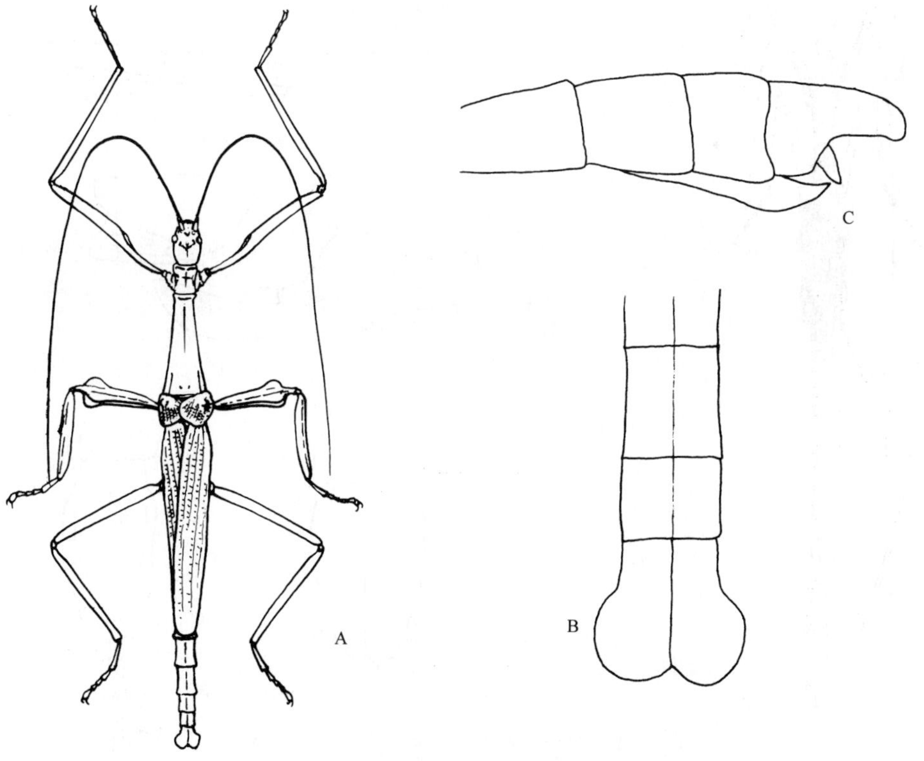

图 82　膨股蔷蛸 *Asceles dilatatus* Chen et He，♀

A. 整体　B. 腹端背观　C. 腹端侧观

体各部分长度（mm）：体长 85.0；中胸背板 16.0；后胸背板（含中节）9.0；前足股节 21.0；中足股节 13.5；后足股节 19.5。

分布：广西（大青山）。

67. 长臀蔷䗛 *Asceles longicauda*（Bi，1989）comb. nov.（图 83）

Sinophasma longicauda Bi，1989，*Contr. Shanghai Inst. Entomol.*，Vol. 9：151；Chen，1993：87.

雄性：体长 74～75mm。体杆状。体绿色，头褐色，后头两侧各具深褐色条纹；复眼后缘至头后缘，前翅基部和后胸侧板均各具 1 短绿色斑纹；有时后翅前缘基部也具 1 短翠绿色条纹。头宽卵形，背面稍凸起，后头具纵沟；复眼半球形，外突；触角细长，超过后足股节端部，第 1 节长大于宽，第 2 节圆柱形，短于第 1 节。前胸背板近长方形，前方两侧突出成角状，前端具横沟；中胸背板明显长于头与前胸背板之和，除纵脊外，其两侧各具 5 个锥刺与少数瘤状颗粒。前翅甚短，近方形，后翅伸达第 6 腹节。后足股节细长，其长约为头、前胸和中胸之和。腹部狭长，末端 3 节明显膨大，第 8 节后端略宽，基部较窄，第 9 节背板后端形成宽平的三角形，侧缘正常，等于或短于第 8 节，臀节（第 10 节）背板平坦，向后延伸，基部稍宽，后端较窄，其长约为第 9 节的 3 倍，背观似鸭嘴状，背面具中脊，后缘中央，具较深凹陷；下生殖板明显膨大，后缘弧形；尾须较直，扁柱形，较短。

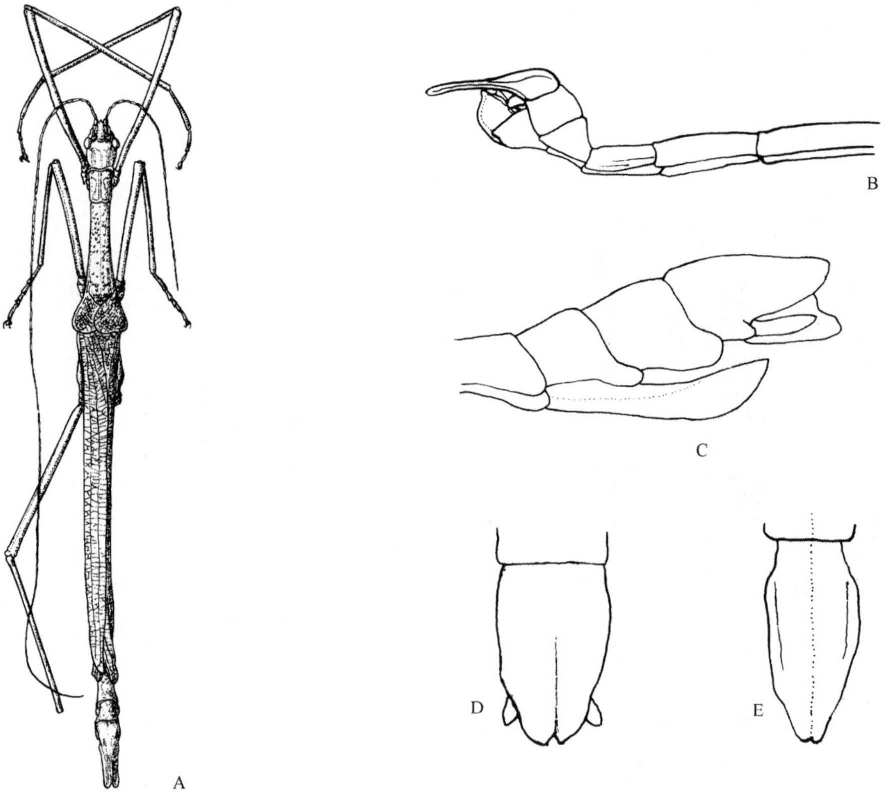

图 83　长臀蔷䗛 *Asceles longicauda*（Bi，1989），♀♂

A. 雄性整体　B. 雄性腹端侧观　C. 雌性腹端侧观　D. 雌性臀节背观　E. 腹瓣腹观（A，B 仿毕道英）

雌性：体长 75 ~78mm。比雄性粗壮。触角短于体长；中胸背板中脊每侧有 2 排 4 ~6 枚不等的黑色刺突，两侧具深色瘤突。3 对足胫节有深色环纹，中足股节 3 条棱脊端部 1/3 处稍扁宽。臀节屋脊形，端缘中央开裂，明显长于前 2 节；腹瓣端窄，具裂缝，长于第 9 腹节，端部开裂，钝圆，端部 1/2 处有中脊；尾须短粗，不超过腹端。

体各部分长度（mm）：体长♀75.0 ~78.0，♂74.0 ~75.0；前胸背板♀5.0，♂4.0 ~4.0；中胸背板♀13.1 ~13.5，♂11.0 ~11.5；前足股节♀19.0 ~19.2，♂22.0 ~22.0；中足股节♀11.2 ~11.5，♂14.5 ~15.0；后足股节♀18.5 ~19.5，♂21 .5 ~22.0。

分布：贵州（梵净山），湖南（张家界），广西（龙胜）。

68. 四斑蔷蛸 *Asceles quadriguttatus* Chen et He，1996（图 84；图版 2-3）

Asceles quadriguttatus Chen et He，1996，*J. Beijing For. Univ.*，18（4）：41.

雄性：体长 64mm。体中型，杆状，被细毛。体黄褐色，头背面褐色；触角具白环；眼后、中、后胸侧板灰白色；前翅基部与后翅基下各具 1 对明显黄斑；3 对足股胫节端部褐色，胫节基部黄色。头卵形，背面略隆起，稍宽于前胸背板，背中央具 1 纵沟，眼间轻度凹入；复眼圆形，外凸；触角细长，约伸达腹端，柄节长于梗节，端厚，梗节圆柱形，鞭节长丝状，密披细毛。前胸背板近似长方形，前侧外突成角，除前缘具 1 横沟外，背中央具十字形沟，此横沟位前半部；中胸圆筒形，背板后侧稍宽，远长于头与前胸之和，背中央具 1 纵脊，纵脊两侧各具 2 排较疏的低钝瘤突。前翅短宽，后缘几乎平截，近前缘中央的角突短钝，后翅伸达第 6 腹节后半部。3 对足以前、后足为长，中足较短。腹部细长，明显长于头、胸部之和，末端 3 节膨大，向上弯曲，第 8 节向后加宽，第 9 节稍长于第 8 节，第 10 节（臀节）窄长，长约为第 9 节的 4 倍，基窄端宽，背面具纵脊，后缘中央具角状凹缘，背观似鸭嘴状；下生殖板伸达臀节基部，后缘平截；尾须短而直，扁形。

图 84 四斑蔷蛸 *Asceles quadriguttatus* Chen et He，♂
A. 腹端侧观 B. 臀节背观

雌性：未知。

体各部分长度（mm）：体长 64.0；前胸背板 3.2；中胸背板 11.8；第 8 腹节 1.2；第 9 腹节 1.8；第 10 腹节 7.6；前足股节 20.0；中足股节 12.8；后足股节 18.8。

分布：云南（西双版纳勐腊），贵州（梵净山），广东（封开），海南（尖峰岭）。

69. 棒尾蔷蛸 *Asceles clavatus* Chen et He，1998（图 85）

Asceles clavatus Chen et He，1998，*J. Guangxi Acad. Sci.*，14（2）：16.

雌性：体长约 65mm。体杆状。头部深褐色，体与翅褐色。头宽卵形，背面较平坦，后头具 1 纵沟和 2 侧沟，披稀疏颗粒；眼椭圆形，外突；触角长丝状，约伸达后翅端部，第 1

节长，端部加厚，第 2 节短柱形。前胸背板近长方形，中央具十字形沟纹，横沟位于中前方，背面较稀颗粒，中胸背板长于后胸背板加中节之和，背中央具纵脊，近纵脊每侧具 1 纵列黑色颗粒，其余部分除前端颗粒较密外，均较稀疏，侧板除后端具少数颗粒，基本光滑，但其边缘具成列颗粒，后胸侧板具颗粒，前端具黑纹，中、后胸腹板具较密颗粒。复翅卵形，近前缘的角突钝；后翅长，将伸达腹端，臀域浅褐色，具不规则黑纹。3 对足无刺齿，前足股节基部弯曲。腹部圆筒形，第 7 腹节腹板后缘呈宽"V"形隆起，具中脊，端部 3 节以第 8 节最长，臀节略长于第 9 节，背面拱起，两侧及后缘中央较平直；肛上板三角形，具明显中脊；腹瓣短舟形，端缘凹入，具 1 纵脊与 2 侧脊；尾须膨大，粗棒状。

雄性：未知。

体各部分长度（mm）：体长 65. 0；中胸背板 13. 4；后胸背板（含中节）10. 0；前足股节 23. 0；中足股节 15. 5；后足股节 24. 0。

分布：广西（博白江宁）。

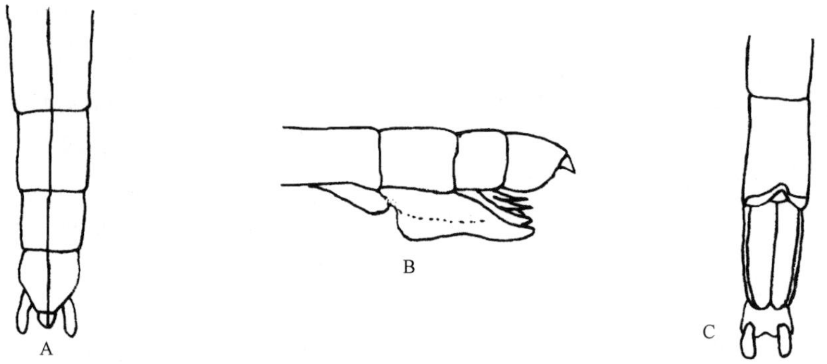

图 85　棒尾蔷䗛 *Asceles clavatus* Chen et He，♀

A. 腹端背观　B. 腹端侧观　C. 腹端腹观

（十三）翠䗛属 *Calvisia* Stål，1875

模式种：*Calvisia sangarius*（Westwood）[*Necroscia sangarius*]，1859

头甚凸，光滑，缺单眼。中胸背板前侧收缩且扁，中央具 2 瘤。前翅短，突起，后翅宽长，臀域常为暗色。足短，圆桶状，前股节基部直。雄臀节圆，雌则短并有凹缘，无肛上板；下生殖板拱形，端圆；腹瓣尖，钝或具凹缘。

本属全球超过 30 种，主要分布于东南亚和南亚，我国仅知 1 种。

70. 墨脱翠䗛 *Calvisia medogensis* Bi，1993（图 86）

Calvisia medogensis Bi，1993，*Contr. Shanghai Inst. Entomol.*，11：81.

雄性：体长 53 ~ 55mm。体形中等。体背面、足、前翅和后翅臀域之前的部分为翠绿色，后翅臀域为褐色，其边缘具 9 个三角形白色斑纹；头部两侧和中胸背板之后为淡褐色，雌性较明显，前翅基部有 1 明显黄色斑纹；3 对足的股节顶端和胫节基部为淡黄色；少数雄性腹部为红色，镶嵌褐色环纹。头为球形，后头略凸，光滑，前额中央具菱形凹刻，后接中纵

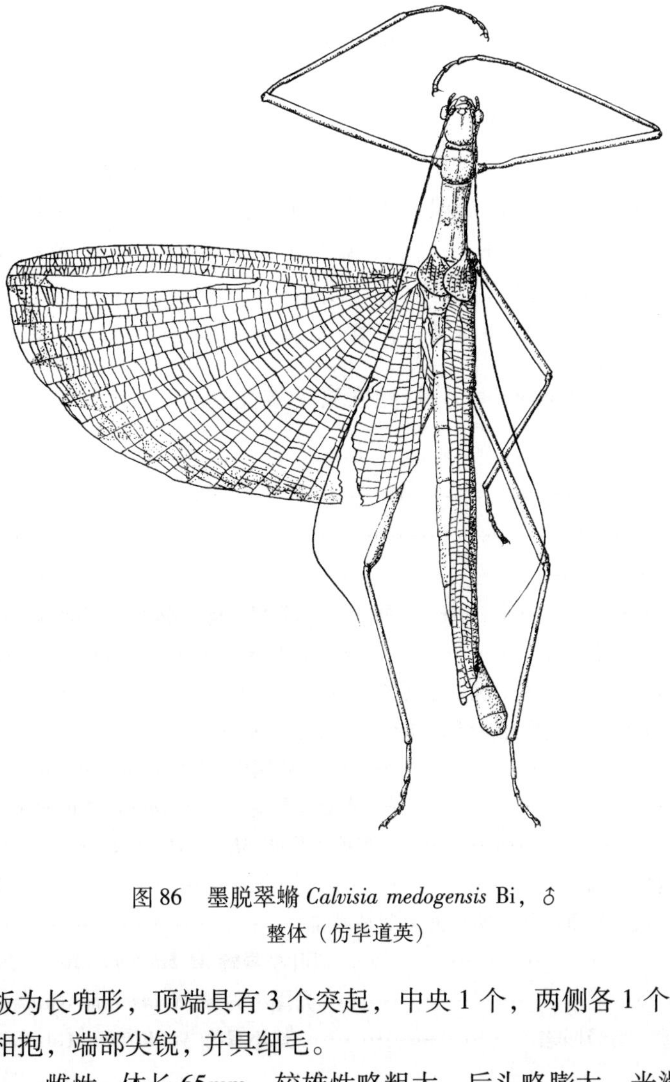

图 86　墨脱翠蝻 *Calvisia medogensis* Bi，♂ 整体（仿毕道英）

沟；复眼卵圆形，较突出；触角丝状，较长，其长超过前足股节，到达腹部末端。前胸背板较短，前缘平直，后缘为弧形，其长略长于宽，背板中部之前具中横沟，切割中隆线，其前具前横沟，沟后区侧隆线较明显，侧缘向下，前侧角较突出；中胸背板前狭后宽，略向前倾斜，背板中部之后具有 1 对明显的钝锥形刺；后胸（含中节）较长。3 对足均具密的细毛，均缺齿，前足股节长于中足股节，短于后足股节，其基部较直，方柱形，其胫节短于股节；跗节 5 节。前翅革质，较短，不到达后胸中部，前侧角较突出，顶端近乎平直；后翅较长，到达腹部第 8 节，臀域之前稍骨化，臀域较扩大，膜质。腹部圆筒形，其末端略粗大，臀节较短，其长短于宽，近乎梯形，后缘为平弧形，后缘腹面具 1 列小黑齿；下生殖板为长兜形，顶端具有 3 个突起，中央 1 个，两侧各 1 个；尾须为圆柱形，向内弯于腹面而相抱，端部尖锐，并具细毛。

雌性：体长 65mm。较雄性略粗大。后头略膨大，光滑，具 1 条细中纵沟；复眼卵圆形，较突出；触角丝状，较长，其长超过前足股节，近乎到达腹部的末端。胸部和足的特征如同雄性。前翅较短，前侧角较突，顶端近乎平切，革质；后翅较长，略超过腹端，臀域之前稍骨化，臀域扩大，膜质。腹部圆筒形，末端数节较细，臀节较短，短于第 7 节，略长于第 8 节；腹瓣为半舟形，基部较宽，顶端较狭而平切，其长未到达臀节的中部；尾须圆筒形，顶端略向上斜翘，端部钝形，其长明显超过臀节。

体各部分长度（mm）：体长♀65.0，♂53.0～55.0；中胸背板♀7.0，♂6.5～7.0；后胸背板（含中节）♀10.0，♂9.1～10.0；前足股节♀15.0，♂13.0～16.0；中足股节♀13.0，♂12.0～13.0；后足股节♀16.5，♂16.0～18.0；前翅♀5.0，♂4.5；后翅♀50.0，♂38.0～40.0。

分布：西藏（墨脱）。

（十四）小异䗛属 *Micadina* Redtenbacher，1908

模式种：*Marmessoidea phluctaenoides* Rehn，1904

头略凸且延长，光滑；常无单眼。前胸背板扁。足短，光滑，前足股节基部弯曲，各足股节腹中脊无明显刺齿。前翅平、凸或隆起，端部截状，雄后翅稍长于后足股节，在雌则更长；雄臀节具脊，端部截状或略有凹缘，雌则延长，桶状，端圆；无肛上板；下生殖板端圆；腹瓣矛状，端尖，不超过腹部，产卵器常外露；尾须稍弯或显弯。

本属分布于中国、日本和韩国。我国为主要分布区，已知12种。

小异䗛属 *Micadina* Redtenbacher 分种检索表（雄性）

1. 臀节明显长于第8腹节；尾须基部直，端部略内弯 ………… 6
   臀节不长于或明显短于第8腹节；尾须基部直或弯 ………… 2
2. 臀节明显短于第8腹节；尾须明显伸出臀节端部 ………… 4
   臀节与第8腹节约等长 ………… 3
3. 臀节后缘凹缘明显；尾须内弯 ………… **浙江小异䗛 *M. zhejiangensis* Chen et He**
   臀节后缘弧形，中央略凹；尾须直，伸达臀节端部 ………… **准小异䗛 *M. phluctaenoides* (Rehn)**
4. 臀节背板具隆线，后半部扁窄，明显倾斜，后缘平截；尾须基部略粗且直，端部圆，略内弯 ………… 5
   臀节背板具纵沟（无隆线），后缘宽圆弧形；尾须强烈内卷，端部具1小齿 ………… **环尾小异䗛 *M. sonani* Shiraki**
5. 第9背板两侧缘明显弧形，中央凸出 ………… **福建小异䗛 *M. fujianensis* Liu et Cai**
   第9背板两侧缘微弧形，后半部分略凸 ………… **英德小异䗛 *M. yingdeensis* Chen et He**
6. 臀节后半部完全下垂；尾须较短，伸达臀节端部 ………… 7
   臀节后半部扁平，倾斜向下，后缘亚平截；尾须较长，明显伸出臀节端部 ………… **双叶小异䗛 *M. bilobata* Liu et Cai**
7. 臀节后半部近下垂，向内卷 ………… **光泽小异䗛 *M. involuta* Günther**
   第9背板两侧缘直线形；臀节完全下垂，后缘凹陷 ………… **迪小异䗛 *M. difficilis* Günther**

小异䗛属 *Micadina* Redtenbacher 分种检索表（雌性）

1. 腹部第7腹板后缘具1对尖形叉突 ………… **腹锥小异䗛 *M. conifera* Chen et He**
   腹部第7腹板后缘无此构造 ………… 2
2. 尾须短，伸至臀节末端 ………… **准小异䗛 *M. phluctaenoides* (Rehn)**
   尾须长，明显伸出臀节末端 ………… 3
3. 臀节后缘平截，中央无明显凹陷 ………… 4
   臀节后缘圆弧形，中央明显内凹 ………… 7
4. 腹瓣不达第9背板中央，端部宽圆，近平截；肛上板明显长于臀节端部 ………… **英德小异䗛 *M. yingdeensis* Chen et He**
   腹瓣超出第9背板中央 ………… 5
5. 后翅达第4背板后缘；肛上板明显伸出臀节末端 ………… **环尾小异䗛 *M. sonani* Shiraki**
   后翅达第6背板中部；肛上板与臀节末端近平截 ………… 6
6. 腹瓣屋脊状，伸达第9背板后缘，端部宽圆 ………… **浙江小异䗛 *M. zhejiangensis* Chen et He**

腹瓣不呈屋脊状，略伸出第 9 背板中部，端部宽圆，较窄长 …… **福建小异䗛 *M. fujianensis* Liu et Cai**

7. 腹瓣短，略伸出第 8 背板后缘；产卵瓣短，端部宽，伸达第 9 背板前缘 ……………………………………………………………………………………… **短瓣小异䗛 *M. brevioperculina* Bi**

腹瓣伸至第 9 背板中后部；产卵瓣长、端尖，伸达臀节背板中部 …………………………………… 8

8. 后翅较短，伸达第 4 背板后缘；腹瓣仅伸达第 9 背板中央 ……… **短翅小异䗛 *M. brachyptera* Liu et Cai**

后翅较长，伸达第 5 或第 6 背板；腹瓣伸至第 9 背板后缘 ………………………………………… 9

9. 前胸背板横沟位于前方 1/3 前；腹瓣端部尖；臀节两侧呈叶突状…… **双叶小异䗛 *M. bilobata* Liu et Cai**

前胸背板横沟位于前方 1/3 后；腹瓣端部扁宽，近平截；臀节两侧呈三角形， ……………………………………………………………………………………… **雅小异䗛 *M. yasumatsui* Shiraki**

71. 准小异䗛 *Micadina phluctaenoides*（Rehn，1908）comb. nov.

Marmessoidea phluctaenoides Rehn，1904，*Proc. Ac. Nat. Sc. Philadelphia.* 73；Shiraki，1935，72.

雌性：体长 50mm，雄性 40mm。头稍延长，光滑，略隆起，雌性额端缘很窄，触角暗棕色，中胸背板具纵脊，两性中胸背板均披很密粒突。前翅短，端部几呈亚截状，前域黄色，纵脉黑色，具白线，雄性前翅后域棕色，雌侧缘黄色；后翅前域黄色，雌侧缘绿色，两性臀域均为玫瑰色。雌臀节端部截状，中央略具三角形凹缘；尾须稍弯，伸达臀节端部；雄臀节约与腹部第 8 节等长，端部有少量齿；尾须直。

体各部分长度（mm）：体长♀50.0，♂40.0；中胸背板♀10.0，♂7.0；后胸背板（含中节）♀8.0，♂6.5；前足股节♀12.0，♂11.0；中足股节♀8.0，♂8.0；后足股节♀12.0，♂10.5。

分布：上海；日本，韩国。

72. 腹锥小异䗛 *Micadina conifera* Chen et He，1997（图 87；图版 2-4）

Micadina conifera Chen et He，1997，*Insects of the Three Gorge Reservoir Area of Yangtze River.* 119.

雌性：体长 45mm。体中型。黄褐色，后翅前缘绿色，臀域浅玫瑰红色。头宽卵形，宽于前胸背板，头顶略拱起，额前缘较宽，触角间宽弧形凹入；眼半球形；触角长丝状，几伸达腹端，触角第 1 节扁宽，第 2 节柱状。前胸背板亚长方形，纵中沟不伸达后缘，横沟位于前方 1/3 处；中胸长，背面具不规则瘤突，纵脊与侧脊明显。前翅短，近似方形，后缘几平截，翅脉疏网状；后翅伸达第 4 腹节端部。足较短，前足股节基部弯曲，3 对足无齿叶等外长物。腹部基半部较粗，端部 3 节渐窄，第 7 节腹板后缘具 1 对尖形叉突，臀节略长于第 9 腹节，与第 8 腹节约等长，后缘中央凹入，两侧叶明显；肛上板不明显；腹瓣较短，伸达第 9 腹节中央，产卵瓣超过臀节基部；尾须圆筒形，明显超过腹端。

雄性：未知。

体各部分长度（mm）：体长 45.5；前胸背板 2.0；中胸背板 8.2；后胸背板（含中节）2.0；中节 3.4；前足股节 9.0；中足股节 7.2；后足股节 11.5。

分布：湖北（兴山龙门河），河南（内乡、西峡），陕西（宁强县、火地塘）。

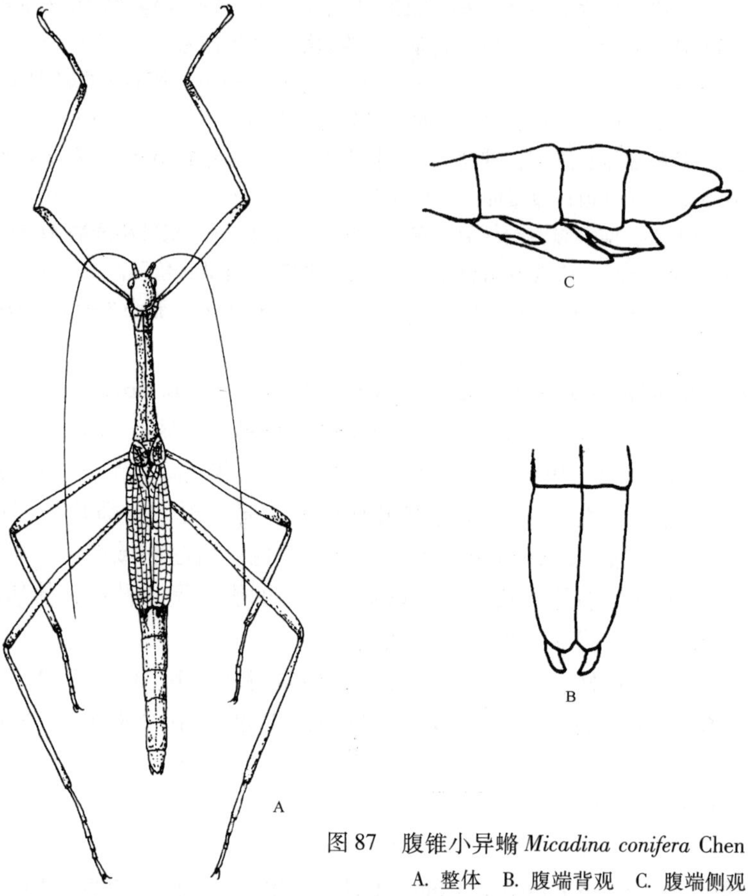

图 87 腹锥小异蝽 *Micadina conifera* Chen et He，♀
A. 整体 B. 腹端背观 C. 腹端侧观

73. 福建小异蝽 *Micadina fujianensis* Liu et Cai，1994（图 88）

Micadina fujianensis Liu et Cai，1994，*Acta Ent. Sinica.* 37（1）：88.

雄性：长约 37mm。头椭圆形，稍宽于前胸背板，后头稍隆起，中央具明显的纵沟；触角丝状，长于前足股节，向后超过腹部中央。前胸长方形，较短，前胸背板为亚梯形，在中央前方有 1 明显的十字形沟痕；中胸圆筒形，背板具不规则颗粒，并具中隆线和侧隆线。前翅鳞状，后翅较发达。第 9 腹节略膨大，臀节较短，短于第 9 腹节背板，其后缘平截；下生殖板兜形，伸达臀节中部；尾须稍内弯。

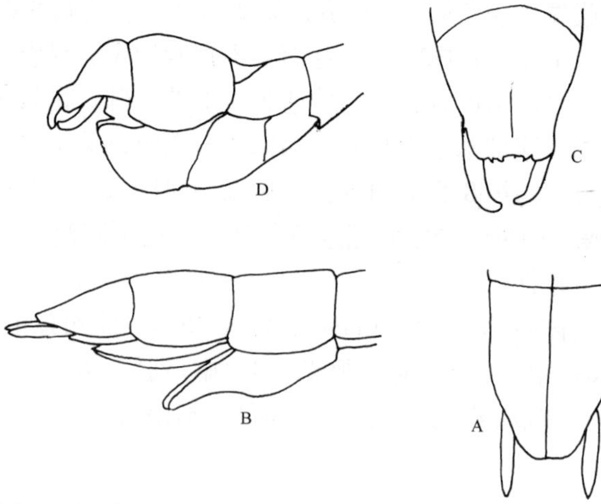

图 88 福建小异蝽 *Micadina fujianensis* Liu et Cai，♀♂
A. 雌性腹端背观 B. 雌性腹端侧观 C. 雄性腹端背观
D. 雄性腹端侧观（仿刘胜利，蔡保灵）

雌性：长约 39mm。体较雄性粗壮。第 7 腹节以后明显窄缩，臀节背面中央具纵隆线，后端较宽钝；肛上板隐约可见；腹瓣后端宽扁，不呈屋脊状；尾须圆筒形，明显超过腹部末端。

体各部分长度（mm）：体长♀39.2，♂37.5；前胸背板♀2.3，♂1.6；中胸背板♀7.0，♂5.4，后胸背板（含中节）♀5.5，♂5.0；前足股节♀9.4，♂9.9；中足股节♀8.0，♂7.5；后足股节♀11.3，♂11.2。

分布：福建（龙栖山、武夷山、建阳、德化）。

74. 短翅小异䗛 *Micadina brachyptera* Liu et Cai，1994（图 89）

Micadina brachyptera Liu et Cai，1994，*Acta Ent. Sinica*. 37（1）：87.

雌性：体长约 40 mm。体黄褐至暗褐色，后翅端部深绿，臀域浅玫瑰红色。头较大，椭圆形，宽于前胸背板，额前缘较窄，后头略隆起；眼半球状，其直径小于眼后头长之半；触角长丝状，向后超过腹部中央，第 1 节甚扁宽，第 2 节柱状，端部变细，第 3 节几呈圆筒形。前胸背板亚长方形，中央具十字形沟纹，横沟位于后部 2/3 前方，纵沟不伸达后缘；中胸圆筒形，背面有不规则皱纹和瘤突，中央及侧缘有显著纵脊。前翅短，后缘平截，近方形，翅脉疏网状；后翅短，略超过第 3 腹节中央。足较短，前足股节基部弯曲，前跗节约为其余各跗节之和。腹部棒状，基半部明显粗壮；臀节后缘中央凹入；肛上板可见，不超过臀节后缘；腹瓣屋脊状，端部较窄，向后不伸达第 9 节后缘；尾须圆筒形，明显超过腹端。

雄性：未知。

体各部分长度（mm）：体长 40.3；前胸背板 2.1；中胸背板 7.4；后胸背板（含中节）4.8；前足股节 11.0；中足股节 7.5；后足股节 11.2。

分布：贵州（梵净山、雷公山）。

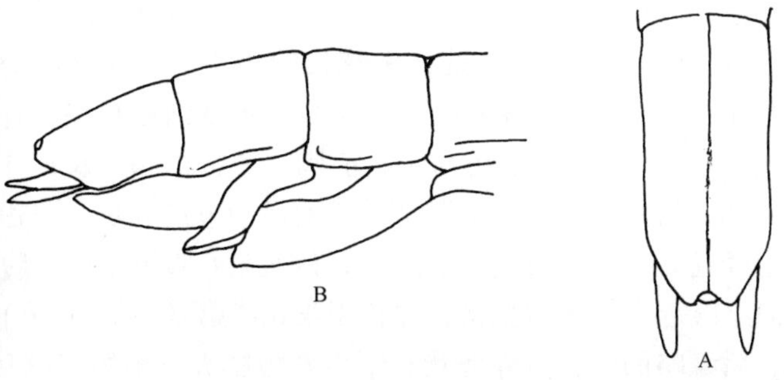

图 89　短翅小异䗛 *Micadina brachyptera* Liu et Cai，♀
A. 腹端背观　B. 腹端侧观（仿刘胜利，蔡保灵）

75. 短瓣小异䗛 *Micadina brevioperculina* Bi，1993（图 90）

Micadina brevioperculina Bi，1993，*Insects of Wuling Mountains Area*，*Southwestern China*. 67.

雌性：体长 50～58 mm。绿色至黄褐色，前翅后部和后翅前缘部分为绿色，后翅臀域为玫红色。头长卵形，较大，光滑，额前部略窄，后头略隆起，具 1 纵沟；复眼卵形；触角长丝状，超过前足股节顶端，第 1 节扁柱形，第 2 节稍窄于第 1 节，为长圆柱形。前胸背板长方形，横沟位于前方 1/3 处，中纵沟不伸至后缘，在其后部 1/3 处中纵沟两侧具浅眉形凹陷；中胸扁圆筒形，较长，背面具不规则颗粒，具明显纵脊，其前、后缘处各具 1 横脊。前翅短，近方形，翅突顶端平切，翅脉网状；后翅略短，伸至腹部第 5 节中央或后缘。足较短，前足股节基部弯曲。腹部 2～7 节粗壮，8～10 节（臀节）趋窄，第 10 节约与第 8 节等长，端部成锐角凹入，略见肛上板，两侧后缘为圆弧形；腹瓣较短，稍超过第9节基部，产卵瓣短宽，仅伸至第10节基部；尾须长圆柱形，明显超出腹端。

雄性：未知。

体各部分长度（mm）：体长50～58；前胸背板2.7～3.3；中胸背板11.0～12.5；后胸背板（含中节）7.0～8.0；中节4.0～4.5；前足股节11.0～13.0；中足股节10.0～10.5；后足股节13.0～14.0。

分布：贵州（梵净山），湖北。

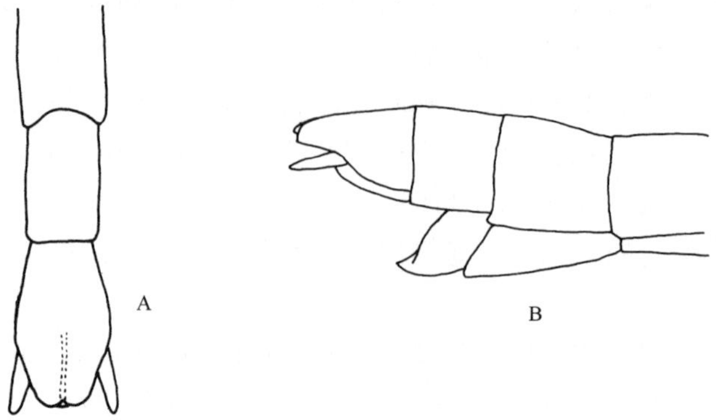

图90 短瓣小异䗛 *Micadina brevioperculina* Bi，♀
A. 腹端背观 B. 腹端侧观（仿毕道英）

76. 英德小异䗛 *Micadina yingdeensis* Chen et He，1992（图91）

Micadina yingdeensis Chen et He，1992，*For. Res.*，5（2）：207.

雄性；体长约37 mm。体中型偏小。绿色。头较大，两侧近乎平行，明显宽于前胸，至后端收缩，额的端缘宽度长于触角第1节，头顶至后头有3条纵沟；眼圆外突，长约为其后至头后缘的2/3；触角第1节长略大于宽，稍长于第2节，短于第3节。前胸背板长方形，中央有黑色宽纵纹，中纵沟伸达后缘，横沟位于前方1/3处；中胸长约为头、前胸之和的1.5倍，中胸背板两侧几乎平行，向后渐宽，约与中足股节等长，表面有不规则颗粒突，有背中脊与侧脊，中脊中央具细沟。3对足中等长，前股节约与头、前胸、中胸之和等长，并长于胫节，中足股节短于前胸、中胸之和，后足胫节长于前胫节并与前足股节约等长。前翅鳞片状，长大于宽，中域前有钝形黑色隆起，前缘为黄色；后翅长，伸达第6腹节中部。腹部明显长于头、胸部之和，第9背板向上隆起，侧缘微弧状，并长于第8或第10节（臀节）背板，臀节斜向下后方，中脊不明显，后缘略凹入，侧缘波状；下生殖板膨大，稍短于第9腹板，端圆；尾须明显，端部向内弯曲。

雌性：体长约42 mm。体色与一般构造和雄性相似。眼长约为其后至头后缘的1/2；触角第1节约为第2节的2倍，并短于第3节。前足股节短于前胸、中胸之和，并长于胫节，中足股节短于中胸，后足股节短于前足股节。后翅伸达腹部第5节中部。腹端部3节约等长，臀节后缘略内凹；肛上板小，略钝，背中央具脊；腹瓣端部角状，伸达第9腹板前缘，产卵器露于腹瓣后面；尾须直，伸向后方，明显超过肛上板。

体各部分长度（mm）：体长♀42.0，♂37.0；前胸背板♀2.5，♂2.2；中胸背板♀8.4，♂6.8；前足股节♀9.8，♂10.2；中足股节♀6.8，♂7.0；后足股节♀10.8，♂10.4；腹部♀22.0，♂20.4。

分布：广东（英德），湖南（湘东、湘南），江西。

77. 双叶小异䗛 *Micadina bilobata* Liu et Cai，1994（图92）

Micadina bilobata Liu et Cai，1994，*Acta Ent. Sinica.* 37（1）：87.

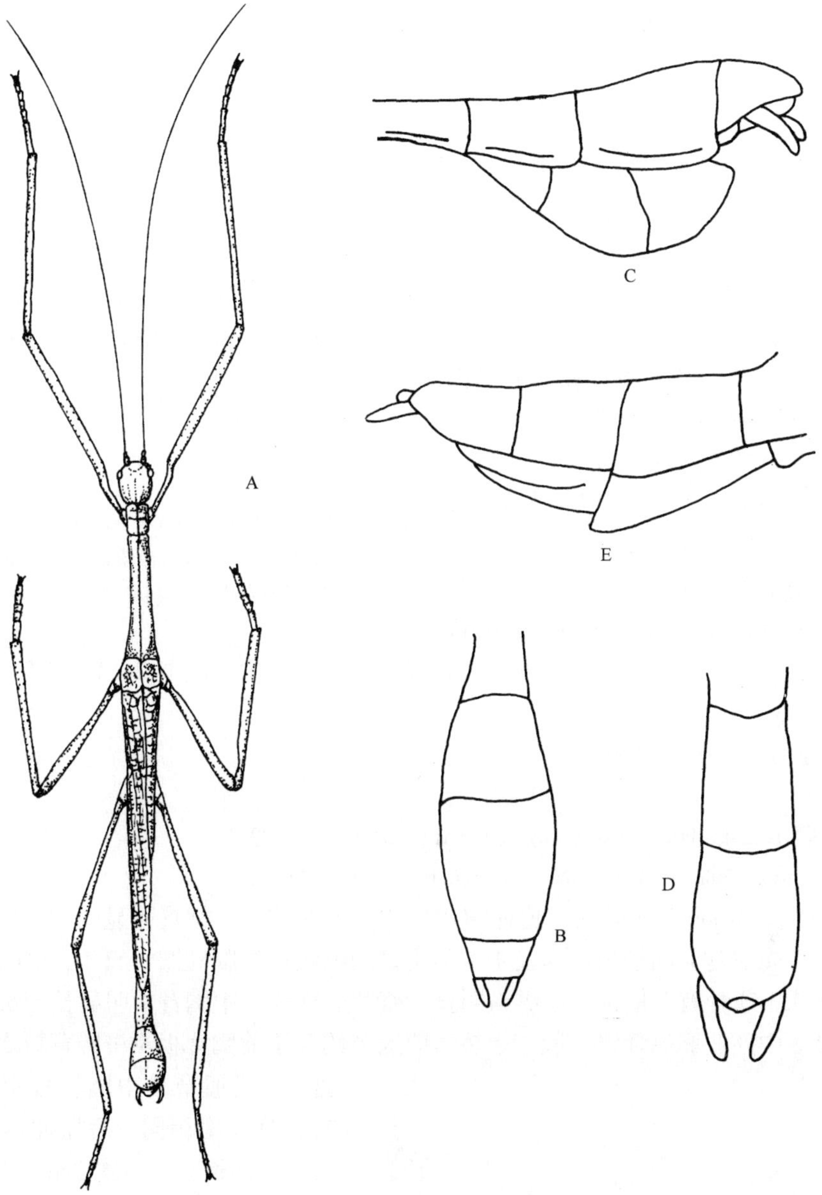

图 91　英德小异䗛 *Micadina yingdeensis* Chen et He，♀♂

A. 雄性整体　B. 雄性腹端背观　C. 雄性腹端侧观　D. 雌性腹端背观　E. 雌性腹端侧观

雌性：体长约 41mm。黄褐至棕褐色，前足胫节及后翅端半部暗绿色，后翅臀域玫红色。头亚球形，较大，稍宽于前胸背板，头顶略隆起，光滑，额前缘较宽且平直，其后部呈宽弧形凹入；触角长，丝状。前胸背板长方形，其前域处有 1 个十字形刻痕；中胸圆筒形，中部略增粗，背面具参差瘤突，后部瘤突更不规则。前翅短，稍长于宽，后缘几平截，翅脉网状；后翅较发达，伸达第 5 腹节中央。足较短，前股节基部明显弯曲。腹部基半部较粗，第 7 腹节以后明显窄缩，臀节端部中央具纵脊，后缘中央呈宽弧形凹入，两侧呈叶突状；腹瓣较窄长，伸达第 9 腹节后缘，产卵瓣超过臀节中央；尾须圆筒形，其末端稍尖，明显超过腹端。

雄性：体长 39mm。体较瘦长。黄绿至黄褐色，眼后常有 1 条暗棕色纵带纹。后头具中央纵沟；触角长丝状，后伸几达腹端，第 1 节较扁平，长为宽的 1.5 倍，第 2 节柱状，长为前节之半，第 3 节长筒形，与第 1 节约等长。中胸后端明显加粗。后翅较长，几达第 6 腹节后缘。臀节后半部扁宽，明显向下倾斜，后缘亚平截，中央具切刻，其腹缘有弯齿；下生殖板兜状，向后不超过第 9 腹节后端；尾须圆筒形，稍向内弯曲，伸达臀节末端。

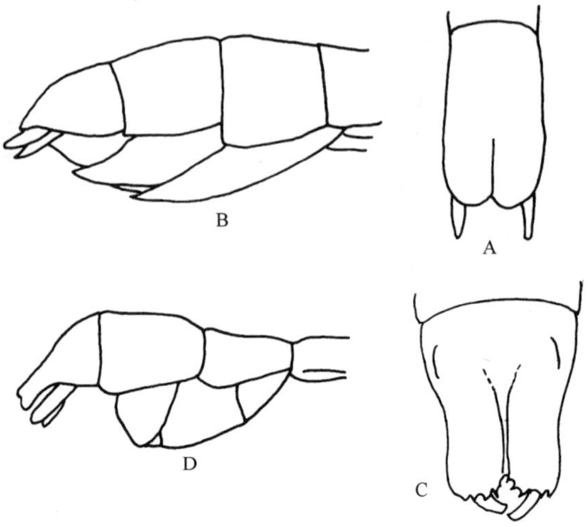

图 92 双叶小异䗛 *Micadina bilobata* Liu et Cai，♀♂
A. 雌性腹端背观 B. 雌性腹端侧观 C. 雄性腹端背观
D. 雄性腹端侧观（仿刘胜利，蔡保灵）

体各部分长度（mm）：体长♀40.5，♂39.0；中胸背板♀7.5，♂6.9；后胸背板（含中节）♀5.2，♂6.3；前足股节♀11.2，♂11.6；中足股节♀6.2，♂8.8；后足股节♀9.9，♂12.3。

分布：浙江（天目山老殿）。

78. 环尾小异䗛 *Micadina sonani* Shiraki，1935（图 93）

Micadina sonani Shiraki，1935，*Mem. Fac. Sci. Agric.*，14（3）：75.

雌性：体长 40 mm。头较大，比前胸背板宽，中部扩展；额具明显的"V"字形沟，后头有 3 条明显向前延伸的细长纵沟及 4 条不明显的纵线；复眼椭圆，较小，单眼缺。前胸背板较长，前缘 1/3 处有 1 横沟，中纵沟明显，直达后横线；中胸背板明显长于头与前胸背板之和，具显著中隆线和侧隆线。股节较短，前股节约等于前胸背板及中胸背板之和，基部弯曲，中足股节较中胸腹板短，后股节与前股节长度相同。后翅伸达第 3 背板后缘。腹部长于头与胸之和，且稍宽，第 4 节处最宽，第 8～9 背板屋顶状但无脊，第 10 节后端窄而平截，肛上板明显暴露，宽大于长，后端圆形，中纵隆线明显；腹瓣屋顶状后端尖，不达第 9 背板后缘，产卵器明显暴露；尾须长且直。

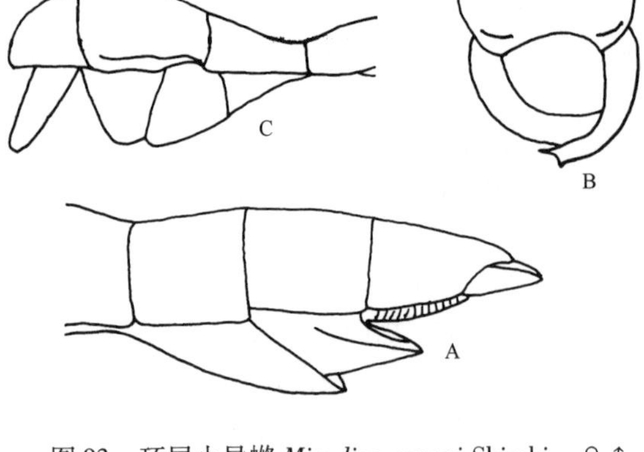

图 93 环尾小异䗛 *Micadina sonani* Shiraki，♀♂
A. 雌性腹端侧观 B. 雄性腹端背观
C. 雄性腹端侧观（仿 Shiraki）

雄性：体长约 40 mm。头较大，明显宽于前胸背板，后头两侧沟很短，中间沟较长。前胸与雌性相似，中胸背板中部相对较窄，后部明显加宽。股节较长，前股节约等于头、前胸及中胸背板之和，中股节较前胸和中胸背板之和稍短，后股节较前股节稍长。后翅长，明显超过第 4 节背板。腹部明显长于头与胸之和，腹端膨大；肛上板未见；尾须长且弯曲，近端部有 1 对短齿。

体各部分长度（mm）：体长♀40.0，♂39.5；中胸背板♀7.9，♂7.0；后胸背板♀7.9，♂7.0；前足股节♀8.6，♂10.8；中足股节♀5.0，♂7.8；后足股节♀8.6，♂11.0。

本种在台湾生活于海拔 1 200m 以下的山区，营两性生殖，雌雄性比约为 1∶1。在人工饲养条件下，1 头雌虫约产卵 620 粒，若虫于 3 月底出现，经历 2～3 个月发育为成虫，

寄主：壳斗科植物。

分布：福建（武夷山、九仙山、光泽），台湾。

79. 雅小异䗛 *Micadina yasumatsui* Shiraki，1935（图 94）

Micadina yasumatsui Shiraki，1935，*Mem. Fac. Sci. Agric.*，14（3）：74.

雌性：体长约 43～52 mm。头大，明显宽于前胸背板，后部较窄。前胸背板长大于宽，其横沟位于前 1/3 处，中纵沟明显，后端分叉成为 2 条不甚明显的细脊，直达前胸背板后缘；中胸背板长于头与前胸背板之和，后端稍宽。足短，前股节长度约等于前胸与中胸背板之和，中足股节与中胸约等长，后足股节较前足股节稍长。后翅伸达或超过第 4 背板后缘。腹部稍宽，最宽处在第 3～4 背板，臀节稍长于第 9 背板，后端中部近三角形凹入；肛上板明显可见，其后缘与臀节背板后缘两侧叶等长；尾须直，其长超过臀节末端。

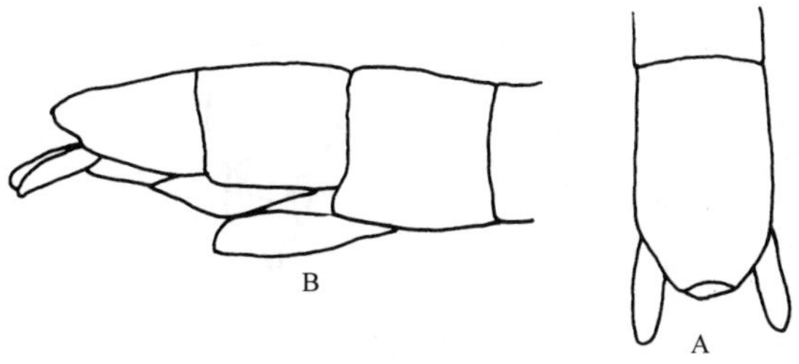

图 94　雅小异䗛 *Micadina yasumatsui* Shiraki，♀
A. 腹端背观　B. 腹端侧观（仿 Shiraki）

雄性：未知。

体各部分长度（mm）：体长 43.0～51.5；前胸背板 2.8～3.0；中胸背板 7.8～8.0；前足股节 9.5～11.3；中足股节 7.2～8.6；后足股节 11.1～12.9；腹部 21.6～27.0。

分布：福建（武夷山、光泽）；日本。

80. 光泽小异䗛 *Micadina involuta* Günther，1940（图 95）

Micadina involuta Günther，1940，*Decheniana.* 99B：238；Cai，1998：68.

雄性：体长 38～41mm。虫体大小和色彩均相似于 *M. difficilis*，但本种触角第 3 节不长于第 1 节。中胸具颗粒。第 8 腹节后端膨大，第 9 节稍长于第 8 节，臀节几乎垂直向下；尾须细长，圆筒形，明显后伸超过腹端。

雌性：未知。

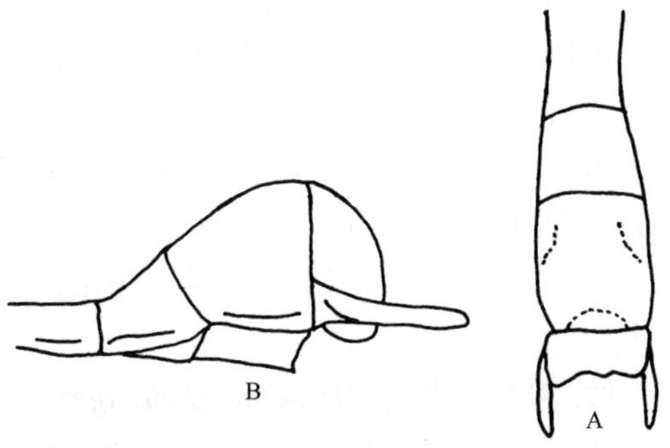

图 95　光泽小异䗛 *Micadina involuta* Günther，♂
A. 腹端背观　B. 腹端侧观（仿 Günther）

体各部分长度（mm）：体长 38.0～40.5；前胸背板 2.0；中胸背板 6.2～7.0；后胸背板（含中节）5.3～5.4；前足股节 10.0；中足股节 7.5；后足股

节 11.5。

分布：福建（光泽）；日本。

81. 迪小异蛸 *Micadina difficilis* Günther，1940（图 96）

Micadina difficilis Günther，1940，*Decheniana.* 99B：237.

雄性：体长 43～46mm。暗绿色，腹面浅棕色，前翅具暗纹及白色带纹，后翅中部红葡

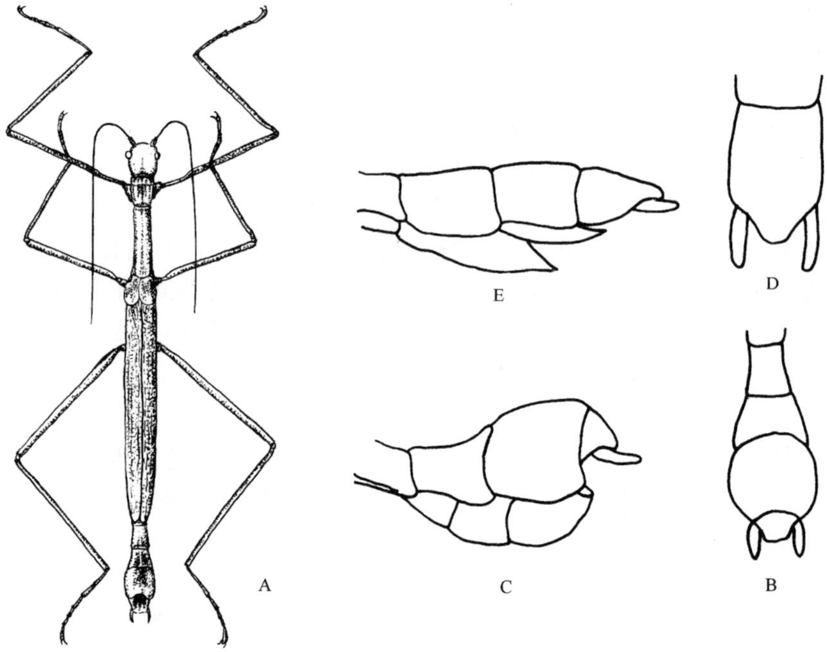

图 96 迪小异蛸 *Micadina difficilis* Günther，♀♂

A. 雄性整体 B. 雄性腹端背观 C. 雄性腹端侧观 D. 雌性腹端背观

E. 雌性腹端侧观（B～E 仿 Günther）

萄酒色。头长大于宽，后部较窄缩；触角长，第 3 节较第 1 节长，第 2 节为第 1 节之 1/2。前翅长大于宽，粗网状；后翅伸达第 7 腹节中央。腹部第 9 背板明显长于第 8 节和第 10 节，臀节后端近圆形，中间稍弯曲。

雌性：头后部圆；单眼明显，复眼相对较小，约等于眼后头部侧缘之一半。前翅短，粗网状。第 10 背板后端近圆形，中间稍弯曲；腹瓣不伸达第 9 背板端部。

体各部分长度（mm）：体长 43.0～45.5；前胸背板 2.0；中胸背板 7.0～7.8；后胸背板（含中节）6.0；前足股节 12.0；中足股节 9.0；后足股节 11.8。

分布：福建（武夷山、光泽、德化）。

82. 浙江小异蛸 *Micadina zhejiangensis* Chen et He，1995（图 97）

Micadina zhejiangensis Chen et He，1995，*Insects of Baishanzu Mountain*，*E. China.* 64.

雌性：体长 48mm。杆状。体绿色，前翅角突黑色，后翅臀域为玫红色。头宽卵形，光滑，宽于前胸背板，后头隆起，头背具细纵沟；复眼卵形外突；触角长丝状，远长于前足，

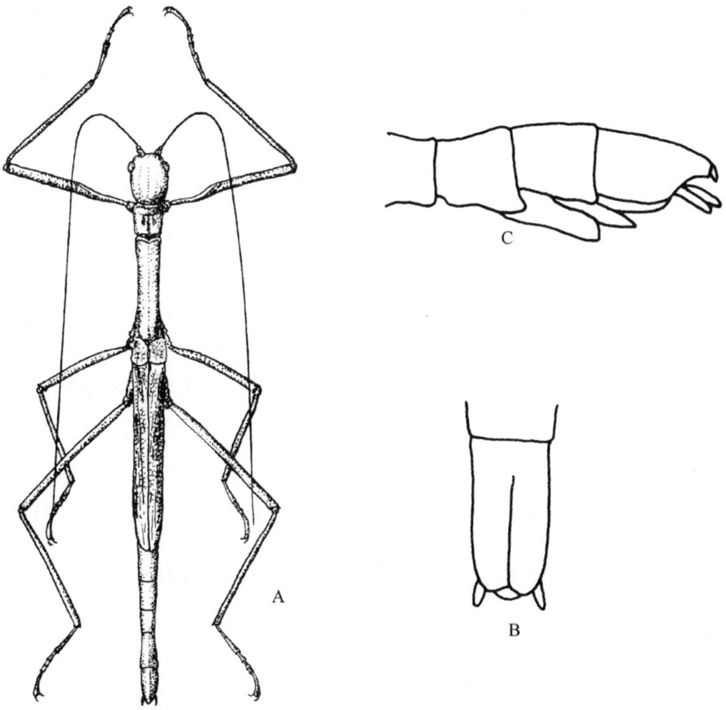

图 97　浙江小异䗛 *Micadina zhejiangensis* Chen et He，♀

A. 整体　B. 腹端背观　C. 腹端侧观

第 1 节扁柱形；第 2 节圆柱形，短于第 1 节。前胸背板近似长方形，背面具十字沟纹，横沟位于前部 1/3 处，中纵沟不伸达后缘；中胸略呈圆筒形，背板具不规则颗粒，具 1 中脊与 2 侧脊。前翅短略呈方形，前缘中央角突短钝，外缘平截状；后翅短，伸达第 3 腹节端部。足短，前足股节基部弯曲，足上无齿刺等外长物。腹端 4 节变窄，8 ~ 10 节（臀节）逐渐延长，臀节略长于第 9 节，明显长于第 8 节，臀节后半部中央具纵脊，后缘中央钝角状凹入；肛上板超过第 10 节侧叶；腹瓣伸达第 9 节端部，产卵瓣超过第 10 节基部；尾须长圆柱形，超过腹端。

雄性：体长 37 ~ 46mm。体暗绿色，触角大部分、前胸背板、前翅翅突褐色，3 对足股节大部为绿色，但其端部和胫节为污黄色。头椭圆形，稍宽于前胸背板，后头较隆起；触角长丝状，远长于前足，第 1 节扁，长方形，第 2 节圆柱形，短于第 1 节。前胸背板近似长方形，背面具十字沟纹，横沟位于前部 1/3 处；中胸略呈圆筒形，背板具不规则颗粒，具 1 中脊与 2 侧脊。前翅短略呈方形，前缘翅突钝；后翅较长，伸达第 6 ~ 7 腹节，臀域暗玫红色。足短，前足股节基部弯曲，足上无齿刺等外长物。腹部第 8 节后膨大，臀节约与第 8 节等长，与第 9 节近于向下垂直，后端明显凹缘；下生殖板兜状，向后伸达臀节基部；尾须长圆柱形，内弯，端细窄。

体各部分长度（mm）：体长 ♀48.0，♂37.0 ~ 46.0；前胸背板 ♀2.4，♂2.0；中胸背板 ♀8.0，♂7.0；后胸背板（含中节）♀4.6，♂5.2；前足股节 ♀9.0，♂9.0；中足股节 ♀7.0，♂8.0；后足股节 ♀10.5，♂11.0。

卵：长 1.82 mm，宽 1.33 mm，高 1.40mm。桶形，灰褐色，表面具不规则网脊。卵盖圆形，窄于卵囊，中央具圆脊。卵孔板瓶形，卵孔近其底部，卵孔杯“U”形，具边。中线不明显。卵后端较平坦，具放射形脊线。

分布：浙江（庆元百山祖、泰顺乌岩岭）。

（十五）华枝䗛属 *Sinophasma* Günther，1940

模式种：*Sinophasma klapperichi* Günther，1940

体细杆状。头卵形，背面隆起，光滑，复眼半球形，外突；触角细长，雄虫常超过后足股节端部。前胸背板前侧较宽，中部稍前方有横沟，中胸背板前半部常具粒突。前翅革质，甚短，近平方形；后翅膜质，雌虫后翅常较雄虫短。足股节无明显刺齿。雌虫第7腹板后缘中央常有鳞状突起；雄虫第9腹节背板延长，弯曲或膨大；臀节常有特化的尾须；产卵器露于腹瓣外。

华枝䗛属全世界23种，除1种分布于越南外，其余22种均分布于我国长江以南省份。

华枝䗛属 *Sinophasma* Günther 分种检索表（雌性）

1. 第8腹节明显向两侧延伸，并具狭叶状后角 ………… 2
   第8腹节两侧正常，无狭叶状后角 ………… 4
2. 第7腹节腹板向后形成端部呈叉状的叶突 ………… **单棘华枝䗛 *S. unispinosum* Chen et Chen**
   第7腹节腹板正常 ………… 3
3. 尾须圆柱形 ………… **垂臀华枝䗛 *S. brevipenne* Günther**
   尾须几乎直，但非圆柱形，端半部强烈变窄 ………… **瓦腹华枝䗛 *S. hönei* Günther**
4. 尾须圆柱形 ………… 6
   尾须非圆柱形 ………… 5
5. 第7腹节腹板正常；产卵瓣达第9腹节后缘；尾须桃铲形，基部最宽，端部尖， ………… **异尾华枝䗛 *S. mirabile* Günther**
   第7腹节腹板向后伸至第8腹节中部；产卵瓣不达第9腹节后缘；尾须伸展，中部最宽，端部渐尖 ………… **拟异尾华枝䗛 *S. pseudomirabile* Chen et Chen**
6. 腹瓣伸达第9腹节前缘，产卵瓣伸达第9腹节后缘 ………… 7
   腹瓣伸达第9腹节中部，产卵瓣伸达第10腹节中前部 ………… 10
7. 后翅浅黄色 ………… 8
   后翅玫红色 ………… 9
8. 头部明显长大于宽；中胸背板无宽条纹；产卵瓣凸起 ………… **叉臀华枝䗛 *S. furcatum* Chen et He**
   头部圆凸，长与宽约相等；中胸背板具褐色宽条纹；产卵瓣菱状 ………… **斑腿华枝䗛 *S. maculicruralis* Chen**
9. 中胸具褐纵带；臀节后缘浅凹 ………… **暗黑华枝䗛 *S. atratum* Chen et He**
   中胸无褐纵带；臀节后缘深凹 ………… **玫翅华枝䗛 *S. rosarum* sp. nov.**
10. 体粗短；前胸两侧具黑色纹 ………… **广华枝䗛 *S. largum* Chen et Chen**
    体细长；前胸两侧无黑色纹 ………… **克氏华枝䗛 *S. klapperichi* Günther**

华枝䗛属 *Sinophasma* Günther 分种检索表（雄性）

1. 尾须圆柱形 ………… 5
   尾须非圆柱形；腹部第9节与臀节垂直，第9节侧缘不向腹面或外侧延伸 ………… 2

2. 第 9 节约为第 8 节的 1.5 倍；臀节背面无锥突 ………………………………………………………………… 3
第 9 节约为第 8 节的 2 倍，两者约等宽，臀节背面中央处具锥突；尾须锥形，水平向前伸出第 8 腹节两侧 ……………………………………………………………………… **异尾华枝䗛** ***S. mirabile*** **Günther**
3. 尾须端部扁宽 ………………………………………………………… **扁尾华枝䗛** ***S. obvium*** **(Chen et He)**
尾须端部尖窄 ………………………………………………………………………………………………… 4
4. 臀节中央内陷，具中脊，两侧圆形鼓起，后端平截；下生殖板无明显角突；尾须桃铲形，近垂直向下……
……………………………………………………………………………………… **海南华枝䗛** ***S. hainanense*** **Liu**
臀节中央略凹，后端具锥角；下生殖板具 3 个角突；尾须片状，"八"字形，端渐尖 ……………………
……………………………………………………………… **拟异尾华枝䗛** ***S. pseudomirabile*** **Chen et Chen**
5. 臀节背板具 1 或 3 个棘 ………………………………………………………………………………… 6
臀节背板无棘 ………………………………………………………………………………………………… 7
6. 第 9 背板拱起呈圆弧形；臀节背板具 1 棘 …………………… **单棘华枝䗛** ***S. unispinosum*** **Chen et Chen**
第 9 背板弯曲呈直角下垂；臀节背板具 3 棘……………………… **三棘华枝䗛** ***S. trispinosum*** **Chen et Chen**
7. 第 9 节背观头盔形；腹端 3 节中以第 9 节最庞大 ………………………………………………………… 8
第 9 节背观非头盔形；腹端 3 节中以第 9 节最长 ……………………………………………………… 11
8. 第 9 节与臀节交角水平状，且前者大于后者 …………………………………………………………… 9
第 9 节与臀节互相垂直，两者约等长 …………………………………………………………………… 10
9. 足股节与后翅革质部无花纹；腹部第 9 节侧缘明显向下扩展；臀节窄长，侧端叶钝……………………
……………………………………………………………………………… **瓦腹华枝䗛** ***S. hönei*** **Günther**
足股节与后翅革质部有褐纹；腹部第 9 节侧缘正常；臀节短宽，侧端叶尖……………………………
……………………………………………………………………………… **斑华枝䗛** ***S. striatum*** **Chen et He**
10. 臀节较宽，末端较齐平，两端角稍突 ………………………… **垂臀华枝䗛** ***S. brevipenne*** **Günther**
臀节较长，末端叉状，两端角明显突出 ……………………………… **角臀华枝䗛** ***S. angulata*** **Liu**
11. 腹端 3 节以第 8 节末端最宽，第 9 节拱起，后端略收缩 …………………………………………… 12
腹端 3 节以第 9 节最宽，或第 8 节后端与第 9 节约等宽，第 9 节背板后端正常 ……………………… 14
12. 第 9 节与臀节近垂直；下生殖板隆凸；第 9 节两侧略弯，非膜质化 ………………………………… 13
第 9 节与臀节成钝角，其两侧缘膜质形；下生殖板中央呈"T"形 ……………………………………
…………………………………………………………………… **曲腹华枝䗛** ***S. curvatum*** **Chen et He**
13. 臀节后端浅裂，裂口不达臀节中央；下生殖板端缘与臀节端部齐平 …………………………………
…………………………………………………………………… **克氏华枝䗛** ***S. klapperichi*** **Günther**
臀节后端深裂，裂口超过臀节中央；下生殖板端缘明显超过臀节端部 …………………………………
…………………………………………………………… **臀沟华枝䗛** ***S. latisectum*** **Chen et Chen**
14. 第 9 节与臀节成直角，其两侧不向腹面延伸，侧缘为圆弧形 ……………………………………… 15
第 9 节与臀节成钝角 ……………………………………………………………………………………… 17
15. 臀节近方形，后缘平截 …………………………………………………………………………………… 18
臀节宽短，直角下垂，两侧角"八"字形向前前斜伸，后缘平直……………………………………… 16
16. 臀节侧后角扁宽 ……………………………………………………… **叉臀华枝䗛** ***S. furcatum*** **Chen et He**
臀节侧后角细长……………………………………………………… **金秀华枝䗛** ***S. jinxiuense*** **sp. nov**
17. 下生殖板后缘具 2 个不对称角突 ………………………………………………………………………… 19
下生殖板完整，无角突 ……………………………………………… **截臀华枝䗛** ***S. truncata*** **(Shiraki)**
18. 下生殖板后缘突起呈角状 ……………………………………………… **广华枝䗛** ***S. largum*** **Chen et Chen**
下生殖板后缘突起呈圆瓣状………………………………………… **暗黑华枝䗛** ***S. atratum*** **Chen et He**
19. 第 9 腹节侧缘向腹面延伸；臀节宽短；下生殖板端宽。 ………… **斑腿华枝䗛** ***S. maculicruralis*** **Chen**

第 9 腹节侧缘正常；臀节延长；下生殖板端部呈棒状 …………………………………………………………… 20

20. 臀节端部有 1 对尖角；下生殖板不超过腹端 ………………… **双尖华枝蝽 *S. biacuminatum* Chen et He**

臀节端部呈舌状；下生殖板超过腹端 ……………………………… **粗粒华枝蝽 *S. rugicollis* Chen et He**

83. 金秀华枝蝽，新种 *Sinophasma jinxiuense* sp. nov.（图 98）

雄性：体长 48mm。体中型。细杆状，具翅。头、翅、足（前、中足股节端黑色）为褐色。头圆，背面稍隆起，具细纵沟；复眼圆凸；触角长丝状，第 3 节长于第 1 节，鞭部各节具浅环。前胸背板略短于头，颗粒不明显，中央具十字形沟纹，横沟位于前方 1/3 处；中胸背板具纵脊，披不规则较密粒突。前翅鳞状，翅突较钝，翅突边具黄纵条；后翅伸达腹部第 5 节基部，臀区玫红色。3 对足无齿刺，前股节略长于中股节，短于后股节。腹端 3 节膨大，第 9 节背观长方形，长于第 8 节与臀节，臀节具纵脊，垂直向下，侧后角棒状，两侧平行，端部较膨大，向外伸；下生殖板兜形，后中央深凹，与臀节相对；尾须圆柱形，略内弯。

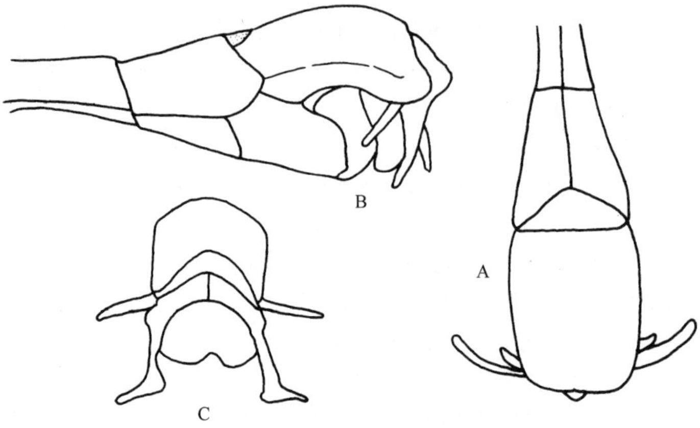

图 98 金秀华枝蝽，新种 *Sinophasma jinxiuense* sp. nov.，♂
A. 腹端背观 B. 腹端侧观 C. 臀节后观

雌性：未知。

体各部分长度（mm）：体长 48.0；中胸背板 10.0；后胸背板（含中节）5.6；前足股节 11.0；中足股节 10.0；后足股节 13.0。

正模♂（BJAU），广西金秀大瑶山，1982-VI-13，李法圣采。

新种与叉臀华枝蝽 *S. furcatum* Chen et He 相似，但臀节侧后角棒形且两侧平行，下生殖板后缘弧形凹入等可相区别。

84. 截臀华枝蝽 *Sinophasma truncata*（Shiraki，1935）comb. nov.（图 99）

Sipyloidea truncata Shiraki，1935，*Mem. Fac. Sci. Agri.*，14（3）：82.

雌性：体长 75～93mm。较粗壮。体褐色，足与腹部绿色，前翅翅突黑色，其下方为浅黄绿色纵条，后翅革质部有黄绿色纵条。头较圆且短，宽于前胸，侧面略外弯，头顶较凸，具 3 条细纵沟；额前缘与触角第 1 节约等宽，并向前弯，具中沟；触角短于体长，基部稍隆起，第 1 节长为第 2 节的 1.5 倍，第 3 节长于第 2 节；眼圆，前方较窄，其长约为其后至头长的 1/2，单眼多少明显。前胸背板光滑，长约为宽的 1.5 倍，两侧平行，横沟位于前方 1/3处，纵沟细，伸达两侧，中胸背板后侧加宽，约为前胸背板长的 4 倍，中脊处密披粒突，侧板有少量粒突。前翅短，后缘几为截状，翅突钝，位于中前方；后翅短，伸达第 4 腹节中部，臀域烟褐色，径脉基部分叉，中脉简单，横脉较规则。足短，前股节与中胸约等长，基部弯曲，中股节长为中胸的 2/3，后股节与中胸等长。腹部圆筒状，远长于头、胸部之和，

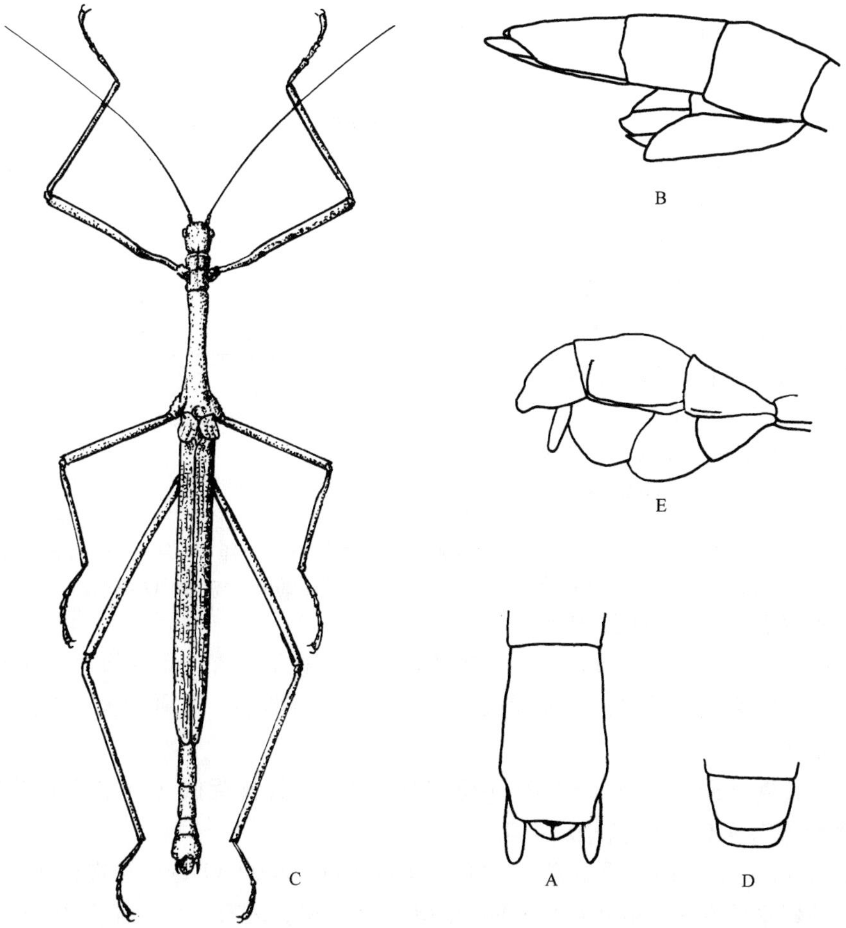

图 99　截臀华枝䗛 *Sinophasma truncata*（Shiraki），♀♂
A. 雌性腹端背观　B. 雌性腹端侧观　C. 雄性整体　D. 雄性腹端背观
E. 雄性腹端侧观（A，B，D，E 仿 Shiraki）

端部略扁，第 7~8 背板最窄，臀节长于第 7~8 节，略后伸，端部截状，其侧缘后方波形；肛上板端圆；腹瓣短于第 9 节，具脊，端尖；尾须较短且直。

雄性：体长 49~54mm。体小于雌性，细瘦。头甚宽于前胸背板，额端部窄于触角第 1 节，后头凸起不如雌性明显；有单眼；触角短于体长，其第 1 节明显长于第 2 节，或与第 3 节约等长。中胸背板，具粒突与脊，约为前胸背板长的 4 倍。前翅似雌性，后翅伸达第 6 腹节。腹部第 6 节最窄，端部 3 节膨大，第 9 节长约第 8 节的 2 倍；下生殖板兜形，端略尖；尾须短而直。

体各部分长度（mm）：体长♀75.0~93.0，♂49.0~54.0；中胸背板♀15.0~18.3，♂9.0~10.2；前翅♀4.5~5.2，♂3.0~3.1；后翅♀21.0~24.5，♂23.8~26.6；前足股节♀15.0~16.5，♂12.4~13.5；中足股节♀10.1~11.8，♂8.6~9.8；后足股节♀14.9~17.2，♂13.0~14.6。

据在台湾观察，成虫出现于 8~9 月。

寄主：主要取食壳斗科植物。

分布：河南（栾川、卢氏、灵宝、西峡、内乡、桐柏、信阳、商城、新县），台湾。

85. 玫翅华枝䗛，新种 *Sinophasma rosarum* sp. nov.（图 100）

雌性：体长 67mm。体中型，杆状，具翅。体绿色，头背面具 4 条黑纵纹，前胸背板 1 条黑纵纹，触角黑色具浅纹。头圆，背面隆起；复眼圆凸，中央具黑纹；触角长丝状，伸达第 4 腹节，第 1 节矩形，端厚，第 2 节柱形，第 3 节长于第 2 节。前胸背板长方形，颗粒不明显，中央具十字形沟纹，横沟位于前方 1/3 处，中胸背板具纵脊，背腹面披不规则较密粒突。前翅鳞状，翅突黑色，较钝，后翅伸达腹部第 4 节端部，臀区玫红色。3 对足无齿刺。腹圆筒形，第 7 腹板后缘具尖中突，腹端 4 节较窄，屋脊状，第 8 节较长，后 2 节较短，约等长，臀节后缘凹入；肛上板小，不超过臀节侧叶；腹瓣短，具脊，产卵瓣锥状，伸达第 9 节端部；尾须柱状，明显超过腹端。

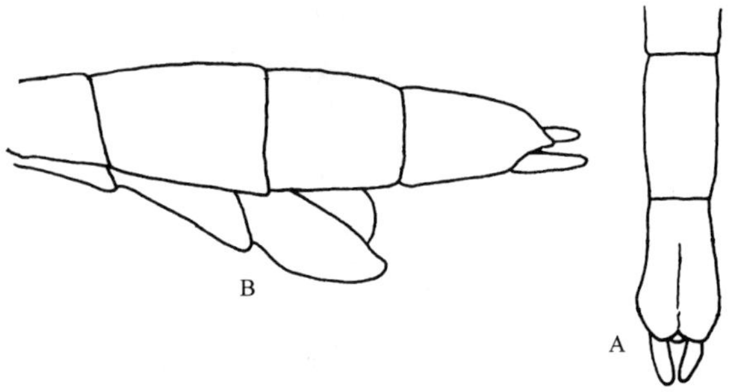

图 100　玫翅华枝䗛，新种 *Sinophasma rosarum* sp. nov.，♀
A. 腹端背观　B. 腹端侧观

雄性：未知。

体各部分长度（mm）：体长 67.0；中胸背板 13.0；后胸背板（含中节）8.4；前足股节 12.5；中足股节 9.0；后足股节 14.0。

正模♀（IZAS），广西金秀圣堂山（900～1 900m），2000-VI-29，李文柱采。

新种与异尾华枝䗛 *S. mirabile* Günther 相似，但后翅臀区玫红色，第 7 腹板后缘具尖中突，腹瓣短，不超过第 9 腹节等可相区别。

86. 扁尾华枝䗛 *Sinophasma obvium*（Chen et He，1995）comb. nov.（图 101）

Sipyloidea obvius Chen et He，1995，*Insects of Baishanzu Mountain*，*E. China*. 65.

雄性：体长 52mm。细杆状，光滑。体褐黄色，眼及触角褐色，前翅翅突浅褐色，前缘深褐色，翅突前具黄纹，后翅烟色。头宽卵形，宽于前胸，背面微隆，背中央具纵沟，眼间具横印痕；眼圆外突；触角长丝状，远长于前股节，第 1 节宽厚，第 2 节柱形，短于第 1 节。前胸背板亚长方形，背面具十字沟纹，横沟明显位于前半部；中胸背板长，具背中脊。前翅鳞状，脉疏网状，翅缘明显外突，前缘角钝；后翅伸达第 7 腹节。3 对足细长，前股节基部弯曲，除披整齐细毛外，无其他外长物。腹部瘦长，端部 3 节膨大，第 8 节后侧略宽，第 9 节为最长，具中脊，第 10 节（臀节）几乎向下垂直，背板梯形具背中脊，后侧稍宽大，后缘几乎平截，端部具细齿；下生殖板端狭钝，超过第 9 腹节；尾须基宽端

图 101　扁尾华枝䗛 *Sinophasma obvium*（Chen et He），♂
腹端侧观

扁，下伸。

雌性：未知。

体各部分长度（mm）：体长52.0；中胸背板9.4；后胸背板（含中节）8.0；前足股节16.0；中足股节12.5；后足股节17.0。

分布：浙江（庆元百山祖、泰顺乌岩岭）。

87. 暗黑华枝䗛 *Sinophasma atratum* Chen et He，2000（图102）

Sinophasma atratum Chen et He，2000，*Entomotaxonomia*. 22（1）：18.

雄性：体长46mm。细杆状。头背面与眼后浅黑色，前、中胸和腹部除侧缘为黄褐色外，余为黑色；前、后翅前缘绿色，余为褐色；3对足股节的背面、腹侧与胫节为黑色。头宽卵形，背面具3浅纵沟；复眼咖啡色，具深色纵纹；触角深褐，线状，远长于前足，第1节内侧淡绿色，长并宽于第2节，第3节长于后2节之和。前胸背板近梯形，中央具宽黑纵带，前侧各有1黑斑，横沟约位于前方1/3处；中胸背板具纵脊，中央具黑色宽纵带，粒突沿纵脊较粗且均匀。前翅短小，鳞状，前缘翅突平钝；后翅短，伸达第5腹节基部。3对足较短，无刺齿，中足股节约与中胸等长。腹部圆筒形，自第8节后明显加粗，第9节向上隆凸，臀节略长于第9节，其背板宽并垂直向下，后侧稍收缩，背中央具纵脊，近底部有横沟；下生殖板黄色，端侧各具1宽卵形瓣状物并与臀节相接；尾须深褐色，垂直向下，稍超过臀节端部。

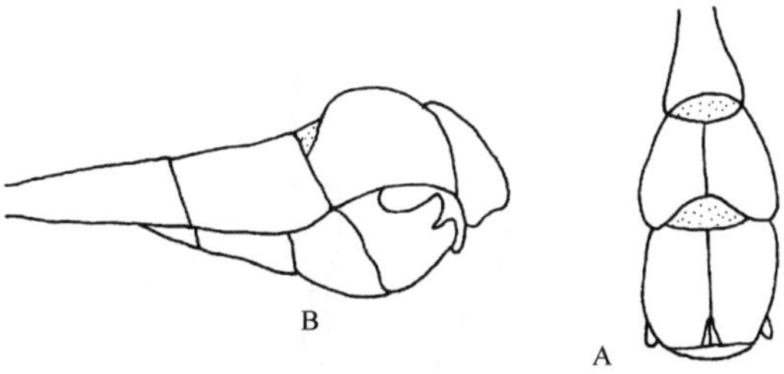

图102　暗黑华枝䗛 *Sinophasma atratum* Chen et He，♂
A. 腹端背观　B. 腹端侧观

雌性：体长44mm。头圆凸，触角褐色，基节宽，第2节柱形，两者约等长。中胸背板具褐纵带。前翅近方形，翅突褐色较平钝；后翅伸达第5腹节前部，臀域浅玫色。臀节端微浅凹，未见肛上板；腹瓣伸达第9节前缘，产卵器伸达臀节中前方；尾须圆柱形，超过腹端。

体各部分长度（mm）：体长♀44.0，♂46.0；中胸背板♀9.0，♂10.0；前足股节♀10.5，♂14.0；中足股节♀8.0，♂10.0；后足股节♀12.0，♂15.0。

分布：广西（那坡）。

88. 广华枝䗛 *Sinophasma largum* Chen et Chen，1998（图103）

Sinophasma largum Chen et Chen，1998，*Ent. Sinica*. 5（1）：47.

雄性：体长约47 mm。体中型，细长。头宽卵形，隆起，背面具数条纵纹；复眼圆突；触角丝状，长于体长，第1节扁圆，略宽，第2节圆柱形，第3节长于后2节之和。前胸短，中央具十字形沟纹，横沟位于前方1/3处后；中胸背板长，密披颗粒，两侧具黑线。前翅鳞状，近方形，具明显黑色短纵纹；后翅长伸达第6腹节端部。3对足以后足最长，中足最短。腹部长于头、胸部之和；第7节背板后端较宽，其后3节膨大，第8腹节略短于第9节，第9节隆起，背观近方形，其长约等于并与臀节垂直，臀节垂直或向后斜伸，背面具纵脊，后缘平截；雄性下生殖板隆起，具2个不对称的尖形角突；尾须圆柱形，超过腹端。

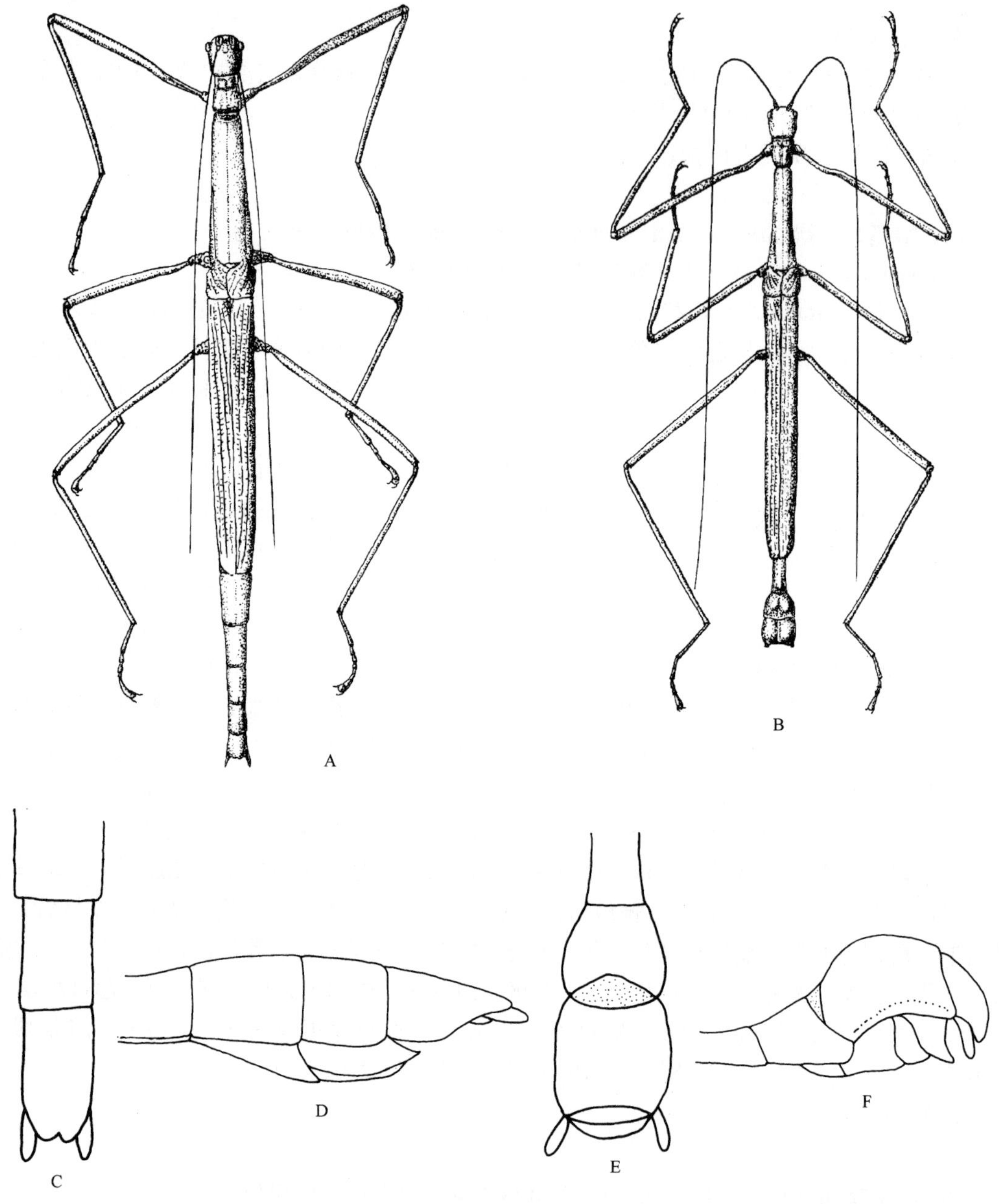

图 103　广华枝䗛 *Sinophasma largum* Chen et Chen，♀♂

A. 雌性整体　B. 雄性整体　C. 雌性腹端背观　D. 雌性腹端侧观　E. 雄性腹端背观　F. 雄性腹端侧观

雌性：体长约 58mm。较粗壮，第 7 腹板端部具中突，腹端 4 节正常，不膨大，臀节略长，屋脊形，后缘中央呈三角形内凹；肛上板端略尖；腹瓣锥状，伸达第 9 节腹节，产卵瓣端尖，伸达臀节前缘；尾须圆柱形，向后斜伸。

体各部分长度（mm）：体长 ♀57.6，♂47.1；中胸背板 ♀11.8，♂9.1；前足股节 ♀11.5，♂13.7；中足股节 ♀9.6，♂9.6；后足股节 ♀15.0，♂15.3；腹部 ♀35.0，♂30.0。

分布：贵州（梵净山、茂兰、石阡），四川，湖南，湖北，广西（龙胜），浙江（泰顺）。

89. 双尖华枝䗛 *Sinophasma biacuminatum* Chen et He，2005（图 104）

Sinophasma biacuminatum Chen et He，2005，*Insects from Mt. Fanjing Landscape*. 96.

雄性：体长 40 mm。细杆状。体黄褐色，3 对足股、胫节端部黑色。头卵形，后头稍凸；复眼圆突；触角长丝状，伸达第 7 腹节，第 1 节宽厚，第 2 节圆柱形，第 3 节远长于基部 2 节。前胸背板矩形，中央具十字形沟纹，横沟位于前方约 1/3 处；中胸长约为前胸的 3 倍，背中央具纵脊，其前方 2/3 具较密粒突，其后粒突较稀疏。前翅鳞状，后缘稍斜切，翅突处具黑纵纹，其前方绿色；后翅伸达第 8 腹节基部，臀区暗玫红色。3 对足无刺齿，中足股节较短，后足股节略长于前足股节。腹部细杆状，端部 3 节膨大，上弯，第 8 节与第 9 节约等长，臀节远长于前 2 节，端部中央深凹，两侧后角成尖齿状；下生殖板兜状，端尖，约伸达臀节中央；尾须较扁，向下伸，不超过腹端。

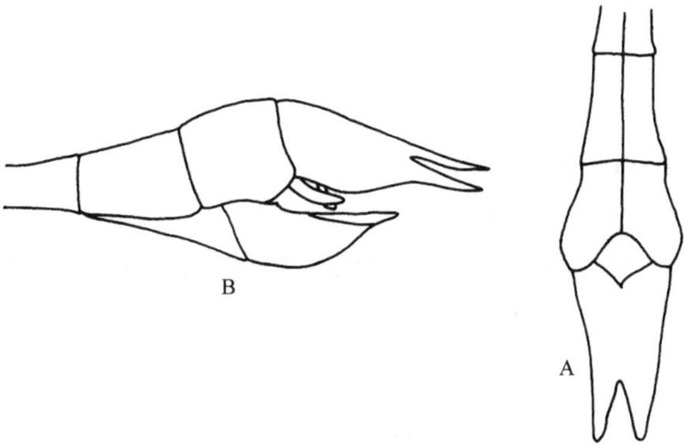

图 104　双尖华枝䗛 *Sinophasma biacuminatum* Chen et He，♂
A. 腹端背观　B. 腹端侧观

雌性：未知。

体各部分长度（mm）：体长 40. 0；前胸背板 2. 2；中胸背板 6. 4；前足股节 11. 5；中足股节 9. 0；后足股节 12. 5。

分布：贵州（梵净山）。

90. 斑华枝䗛 *Sinophasma striatum* Chen et He，2005（图 105）

Sinophasma striatum Chen et He，2005，*Insects from Mt. Fanjing Landscape*. 96.

雄性：体长 59 mm。杆状。体黄褐色，头、前胸、中胸侧缘，后翅革质部及 3 对足股、胫节端部具黑色斑纹。头圆凸，其背面 2 条及眼后各 1 条粗黑斑纹；复眼圆突；触角长丝状，具黑色环纹，约伸达腹端，第 1 节矩形，第 2 节圆柱形，短于第 1 节。前胸背板矩形，前缘具黑纹，中央具十字形沟纹，横沟位于前方 1/3 处；其后具 3 条黑纵纹；中胸背板具纵脊，前半部披不规则密集粒突，后半部近纵脊处粒突较密。前翅鳞状，后缘截状，翅突较隆起，但不尖锐；后翅伸达第 7 腹节，革质部分具不规则黑斑，臀域浅玫红色。3 对足无刺齿，后足股节稍长于前股节。腹部自第 7 节后加宽，第 8 节为最宽，瓦状，第 9 节略短于第 8 节，背观圆凸，后缘略窄，臀节明显

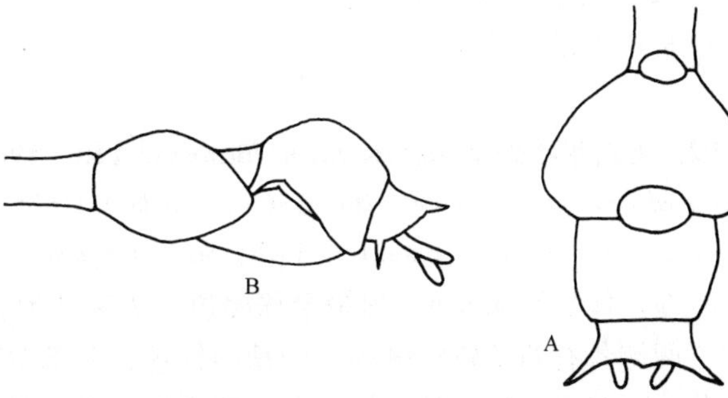

图 105　斑华枝䗛 *Sinophasma striatum* Chen et He，♂
A. 腹端背观　B. 腹端侧观

变窄，稍呈长方形，每侧1尖角；下生殖板伸达臀节基部，左后侧具1角突；尾须圆柱形，明显超过腹端。

雌性：未知。

体各部分长度（mm）：体长59.0；前胸背板3.2；中胸背板9.2；前足股节14.5；中足股节11.0；后足股节16.0。

分布：贵州（梵净山）。

91. 粗粒华枝䗛 *Sinophasma rugicollis* Chen et He, 1991（图106）

Sinophasma rugicollis Chen et He, 1991, *Acta Ent. Sinica.* 34 (4): 450.

雄性：体长约55mm。体细长。体暗绿色，触角褐色，前胸背板中央具宽褐纵条，侧缘淡绿色；中胸背板纵脊褐色；前翅翅突处脉域褐色，外侧有窄黄色条纹，后翅黄褐色，侧方具绿色纵线，内杂有不规则绿色斑纹，腹部除末端2节外，均为褐色；3对足除股、胫节大部为绿色外，余为浅褐色。头宽卵形，后头较隆起，背面中央具1浅纵沟；复眼圆突，单眼位其内侧；触角长丝状，伸达后足股节端部，第2节略细，与第1节约等长，鞭部第1节略长于第1节。前胸背板长方形，中央具十字形沟纹，横沟位于前方1/3处；中胸背板约为头与前胸之和的1.5倍，两侧披稀而粗的粒突，中央具背中脊。前翅鳞状，翅突较钝；后翅伸达第6腹节中部。足细长，披毛。腹部稍扁，明显长于头、胸部之和，端部3节膨大，向上弯曲，第8背板后缘宽大，长于第7背板，与第9背板约等长，侧缘下凹，臀节长形，向后下方斜伸，与第8及第9节腹节约等长，两侧成宽舌状，端末边缘具多枚小齿；肛上板微小；下生殖板锥形，端部成棒突，超过臀节；尾须稍弯，略超过腹端。

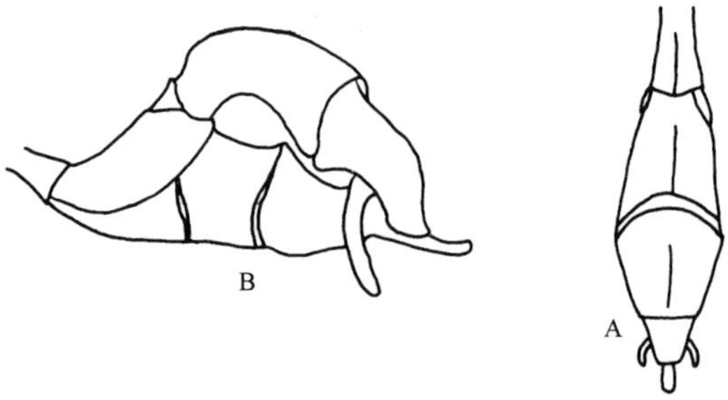

图106 粗粒华枝䗛 *Sinophasma rugicollis* Chen et He, ♂
A. 腹端背观 B. 腹端侧观

雌性：未知。

体各部分长度（mm）：体长54.5；前胸背板2.4；中胸背板8.1；前足股节14.0；中足股节10.2；后足股节15.5。

分布：贵州（梵净山）。

92. 海南华枝䗛 *Sinophasma hainanense* Liu, 1987（图107）

Sinophasma hainanense Liu, 1987, *Cont. Tianjin Nat. Hist. Mus.*, 4: 1.

Sinophasma conicum Chen et He, 1995, *Sci. Sil. Sinicae.* 31 (4) 328.

雄性：体长约50mm。褐绿至深绿色。头椭圆形，光滑，后头稍隆起，中央有1条显著纵沟，两侧各有两条较短纵沟；触角暗棕色，基部两节，明显粗壮，其余各节呈线形，中部以远分节不明显；第1节近长方形，背腹较扁平，第2节桶形，第3节较细而略延伸，其余各节长短不一；眼半球状，着生于头近前方，其直径大于头眼后长之半。前胸背板亚长方形，近前缘1/3处有1显著的十字形沟痕，横沟前方两侧加宽，其侧缘具光滑隆脊；中胸背

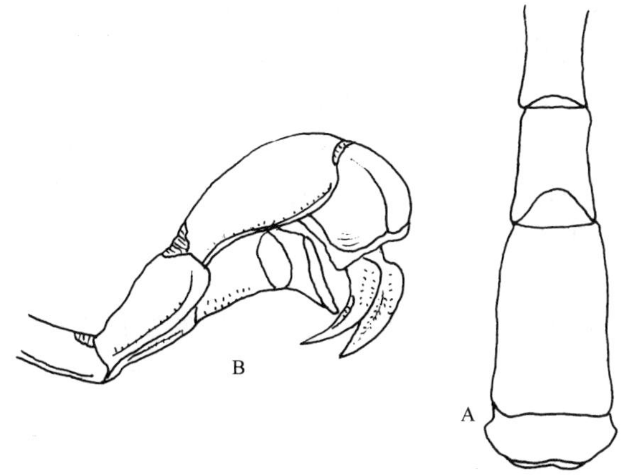

图 107　海南华枝蛸 *Sinophasma hainanense* Liu，♂
A. 腹端背观　B. 腹端侧观（仿刘胜利）

板圆柱形，向后端明显加粗，其长接近头与前胸背板长之和的 2 倍，中央纵脊显著，在中央前方有显著大小不等的密瘤突，而向后渐稀疏至不明显，后端光滑。中胸腹面褐绿色，具瘤突和不规则短脊。前翅甚短，其前缘常灰白色，在近前缘中部有 1 棕黑色翅突，末端钝，翅脉显著，呈网状，后缘斜直；后翅前部绿色，臀域玫红色，静止时，背面中央常有 1 棕褐色宽带，末端常超过第 6 腹节中央。各足具隆脊，股节和胫节末端黑褐色，前足股节基部弯曲。腹部较细，腹节背板拱形，腹面较扁平，端部 3 节显著发达，第 8 节亚三角形，后缘中央向前凹入；第 9 腹节背板显著延伸，背面强烈隆起，其下侧缘几乎平直，后角钝圆，后缘呈宽弧形前凹；臀节较短缩，背面两侧呈球形隆起，中部具宽沟，中央及后缘具隆脊，侧后角突出，钝齿状；下生殖板后缘扩展，有上翘的光滑宽边；尾须桃铲状，其内侧扁平，中央具强隆脊，内叶基部宽圆，远大于外叶基部，末端稍尖并向前弯曲。

雌性：未知。

体各部分长度（mm）：体长 49.7；前胸背板 2.4；中胸背板 9.6；前足股节 12.8；中足股节 8.9；后足股节 14.0。

分布：海南（尖峰岭）。

93. 角臀华枝蛸 *Sinophasma angulata* Liu，1987（图 108）

Sinophasma angulata Liu，1987，*Contr. Tianjin Nat. Hist. Mus.*，4：2.

雄性：体长约 51mm。黄绿至黄褐色，触角、眼、头顶、胸及后翅中央 1 宽纵带；各足股节及胫节末端暗棕至棕黑色。头椭圆形，光滑，后头微隆起；触角线形，中央以远分节不明显，基部 2 节显著粗壮，第 3 节明显细缩且较延伸，其余各节长短不一；第 1 节亚长方形，背腹较扁平，第 2 节桶状，第 3 节锥柱形，稍短于基节；眼突出，半球形，直径明显大于头眼后长之半；后头中央纵沟常明显。前胸背板近长方形，在前部约 1/3 处有 1 明显横沟，横沟前方稍加宽，其侧缘具光滑隆脊，中央略凹入，中央纵沟明显但不达后缘；中胸背板长筒状，长于中足股节，略大于头及前胸长的 2 倍，中部稍细缩，两端较粗大，背面有稀疏不均的小颗粒，但向后端颗粒渐不明显直至光滑，中央有 1 明显细纵隆脊；中胸侧板光滑，腹板具细密横脊。前翅短，后缘几乎平截，

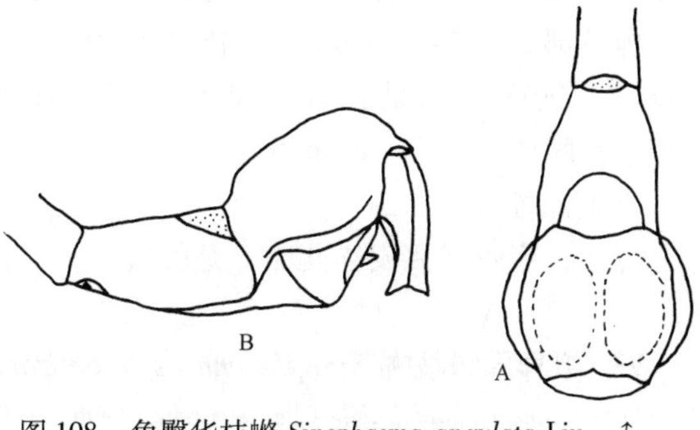

图 108　角臀华枝蛸 *Sinophasma angulata* Liu，♂
A. 腹端背观　B. 腹端侧观（仿刘胜利）

亚前缘近中央有1黑褐色翅突，翅脉明显，网状；后翅相对较短，稍超过第3腹节后缘。各足具隆脊，前股节基部弯曲。腹部细而延伸，腹面稍扁平，端部3节发达，第8腹节背板亚三角形，其前缘稍宽于前节，后缘呈弧形向前深凹，第9节背板几呈半球状，稍短于前节，中央有1浅的宽槽，背板下侧缘呈宽弧形外弓，具宽边，其后角宽圆；臀节发达，长锄形，后角突出，其端缘中央相凹入，其内侧具不规则短齿突；臀节中央纵脊明显；下生殖板中部稍隆起，后缘宽弧形；尾须细圆棒状，超过臀节末端。

雌性：未知。

体各部分长度（mm）：体长50.7；前胸背板2.6；中胸背板11.2；前足股节13.7；中足股节10.0；后足股节13.9。

分布：浙江（西天目山）。

94. 叉臀华枝蝽 *Sinophasma furcatum* Chen et He，1993（图109；图版2-5）

Sinophasma furcatum Chen et He，1993，*J. Guangxi Aca. Sci.*，9（1）：9.

雄性：体长47mm。体细长。绿色。头宽卵形，后缘略隆起，背面具1纵沟，两触角基部间有凹窝；触角长丝状，褐色，约伸达后足股节端部；柄节宽并长于梗节，约等于两触角基间距离，鞭部第1节长于柄节；复眼圆球形，外突，眼中央具黑色纵纹，单眼位于复眼内侧。前胸背板长方形，具中纵沟，横沟位于前方1/3处；中胸背板长，后侧稍宽，长为前胸背板的4倍，前方2/3部分披粗而密的颗粒，余1/3部分颗粒则较稀疏，背中央具中脊。前翅鳞形，具褐色钝角，前缘深褐色，与钝角间为黄色；后翅长，伸达第5腹节。3对足细长，以中足较短。腹部较扁，端部3节膨大，第8、9节向上弯曲，第8背板后侧宽，第9背板最长，侧缘略凹入，臀节（第10节）宽，直角下垂，两侧成尖矛形向后斜伸，后缘中央较平直；下生殖板基宽端窄，后缘成角形突起，伸达臀节后缘；尾须微弯。

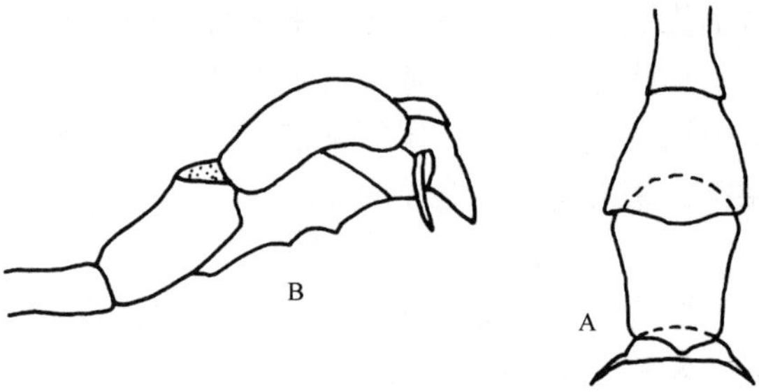

图109 叉臀华枝蝽 *Sinophasma furcatum* Chen et He，♂
A. 腹端背观 B. 腹端侧观

雌性：体长64mm。体较雄虫粗大。后翅伸达第9腹节基部。第7腹板端部具1鳞突，臀节端略凹入；肛上板略呈弧形，与臀节侧端叶约等长；尾须直，超过肛上板。

体各部分长度（mm）：体长♀64.0，♂47.0；前胸背板♀3.0，♂2.4；中胸背板♀13.4，♂9.6；前足股节♀12.5，♂11.0；中足股节♀9.0，♂9.0；后足股节♀13.0，♂12.5；腹部♀38.0，♂26.5。

寄主：苦竹。

分布：广西（兴安猫儿山、龙胜）。

95. 拟异尾华枝蝽 *Sinophasma pseudomirabile* Chen et Chen，1996（图110）

Sinophasma pseudomirabile Chen et Chen，1996，*J. Beijing For. Univ.*，5（2）：88；Chen，1997：99.

雄性：体长约68mm。体细长。绿色。头宽卵形，背面具5条纵纹；复眼暗红色，圆

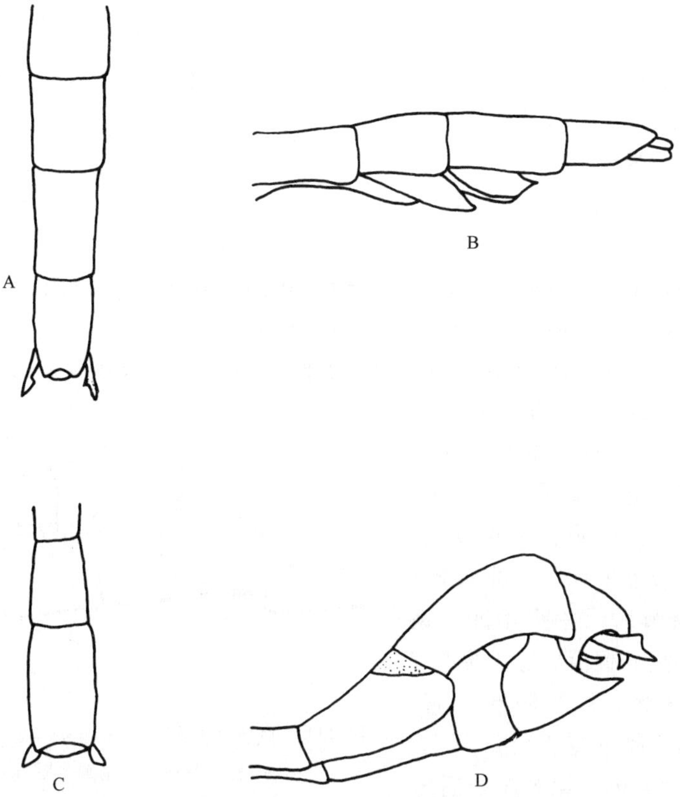

图 110　拟异尾华枝䗛 *Sinophasma pseudomirabile* Chen et Chen，♀♂
A. 雌性腹端背观　B. 雌性腹端侧观　C. 雄性腹端背观　D. 雄性腹端侧观

突，内具黑点；触角黑褐色，线形，长于前足，但略短于身体，端部具 3 白 3 黑相间的环，第 1 节扁圆形，宽于第 2 节，第 2 节圆柱形，第 3 节长于第 4 与第 5 节之和。前胸短，横沟明显，位于背板前方的 1/3 处之后；中胸密披颗粒，长于头与前胸之和，与中足股节约等长。前翅很短，背观近方形，具明显而很粗的网状纹和黑黄相间的短纵纹；后翅长，伸达第 6 背板中部，两侧具有相当规则的网状纹。足浅绿色，跗节灰色；中股节最短，后股节最长；前股节端部的黑色斑纹明显。腹部长于头与胸部之和，腹端 3 节膨大，第 7 腹节后端渐宽，第 9 背板最长，隆起，背具褐色的条纹，其两侧缘圆弧形；臀节与第 9 背板近垂直，略凹，具中脊，其端部两锐角略内弯；下生殖板端具 3 个角状突；尾须红色，较扁，中部最宽，端部渐尖，向后斜伸。

雌性：体长 52mm。比雄性更为细长。头较扁，长明显大于宽，呈长方形；复眼球形，强烈外突；触角线形，第 1 节扁平，第 2 节圆柱形，第 3 节端部具 3 黑 3 白相间的环。前胸短小，背板具十字形沟，中胸较长，具中脊，披稀疏的颗粒，长约为前胸的 4 倍。前翅卵形，甚短，具黑色短条纹；后翅较长，伸达第 6 腹节后缘。3 对足以中足最短，后足最长，前足次之。腹部较长，约为头与胸部的 2.5 倍，腹部前面 5 节粗而长，端部 4 节细而短，腹瓣伸达第 9 腹节前半部，产卵瓣尖锐，超过第 9 腹节中央，第 10 腹节（臀节）具中脊，其后缘三角形内凹，两侧三角形；肛上板超过臀节；尾须非圆柱形，中部最宽，端部渐尖，明显伸过腹端。

体各部分长度（mm）：体长♀52.0，♂67.6；前胸背板♀2.2，♂3.0；中胸背板♀10.2，♂12.0；前足股节♀13.5，♂13.7；中足股节♀10.5，♂14.1；后足股节14.0，♂15.3；腹部♀31.0，♂48.4。

寄主：红锥、米锥。

分布：广西（博白）。

96. 克氏华枝䗛 *Sinophasma klapperichi* Günther, 1940（图111）

Sinophasma klapperichi Günther, 1940, *Decheniana*. 99b: 240.

雌性：体长75mm。体杆形。头卵形，表面光滑，背面成拱形；复眼半球形；触角细长，其长超过后足股节端部。前胸背板前端较宽，中部偏前具横沟，中胸背板常具颗粒状突起，胸部具中隆线。前翅革质，甚短，近方形；后翅较长，膜质，伸达第5腹节中部。腹部末端3节几乎等长；臀节后缘中央稍凹，略见肛上板；第7腹节腹板后缘中央具1个褐黑色鳞片状突起；产卵器外露；尾须直，圆柱形，超过臀节端部。

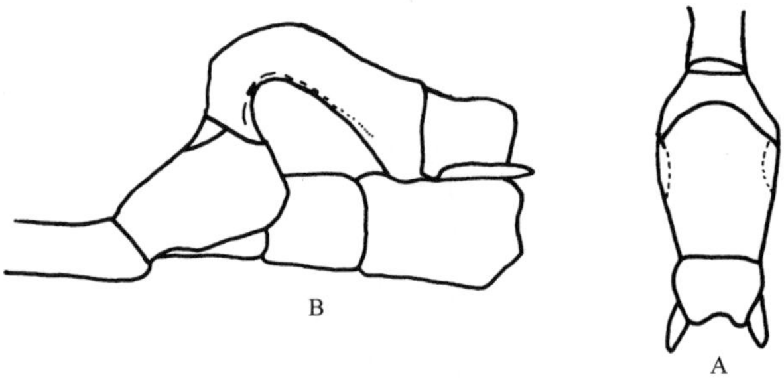

图111 克氏华枝䗛 *Sinophasma klapperichi* Günther，♂
A. 腹端背观 B. 腹端侧观（仿Günther）

雄性：体长54mm。第8腹节后方加宽并向上弯曲，第9节延长，其前半部稍膨大，侧观前面1/3处下弯，两侧缘稍凹入，臀节明显短于前2节，后侧向内斜切，侧后角钝三角形；肛上板小；下生殖板膨大，端半部隆起；尾须粗壮，圆柱形，水平方向后伸。

体各部分长度（mm）：体长♀75.0，♂54.0；前胸背板♀3.0，♂2.7；中胸背板♀13.0，♂9.5；后胸背板（含中节）♀8.6，♂7.6；前足股节♀13.5，♂12.5；中足股节♀12.0，♂9.2；后足股节♀14.0，♂14.0。

分布：福建（龙栖山、光泽）。

97. 异尾华枝䗛 *Sinophasma mirabile* Günther, 1940（图112）

Sinophasma mirabile Günther, 1940, *Decheniana*. 99b: 242.

Sinophasma crassum Chen et He, 1995, *Insects of Baishanzu Mountain*, *E. China*. 65. Syn. nov.

雌性：体长约65mm。体中型。全体除前足股节基部绿色，端部为黑色，余为黄褐色外，中、后足及其余部位为绿色。头卵圆，后凸，并有几条黑色纵条纹；复眼圆，外凸；触角细丝状，柄节长于梗节，圆柱形。前、中胸密披颗粒；前胸背板具十字形沟，横沟位于前胸1/3处，中胸较粗。前足股节基部弯曲，中足股节明显短于中胸，后足股节较长，且中、后股节端部无外长物。前翅鳞片状，后翅较长。腹部从前至后逐渐变细，端部3节约等长；肛上板较小；腹瓣短，产卵瓣伸出腹瓣，伸达第8节末端，不超过产卵瓣，纵脊明显；尾须锥状，端尖，伸出腹部末端。

雄性：体长56～61mm。杆状。黄褐色。头背具6条黑纹，前股节端部与前翅翅突黑

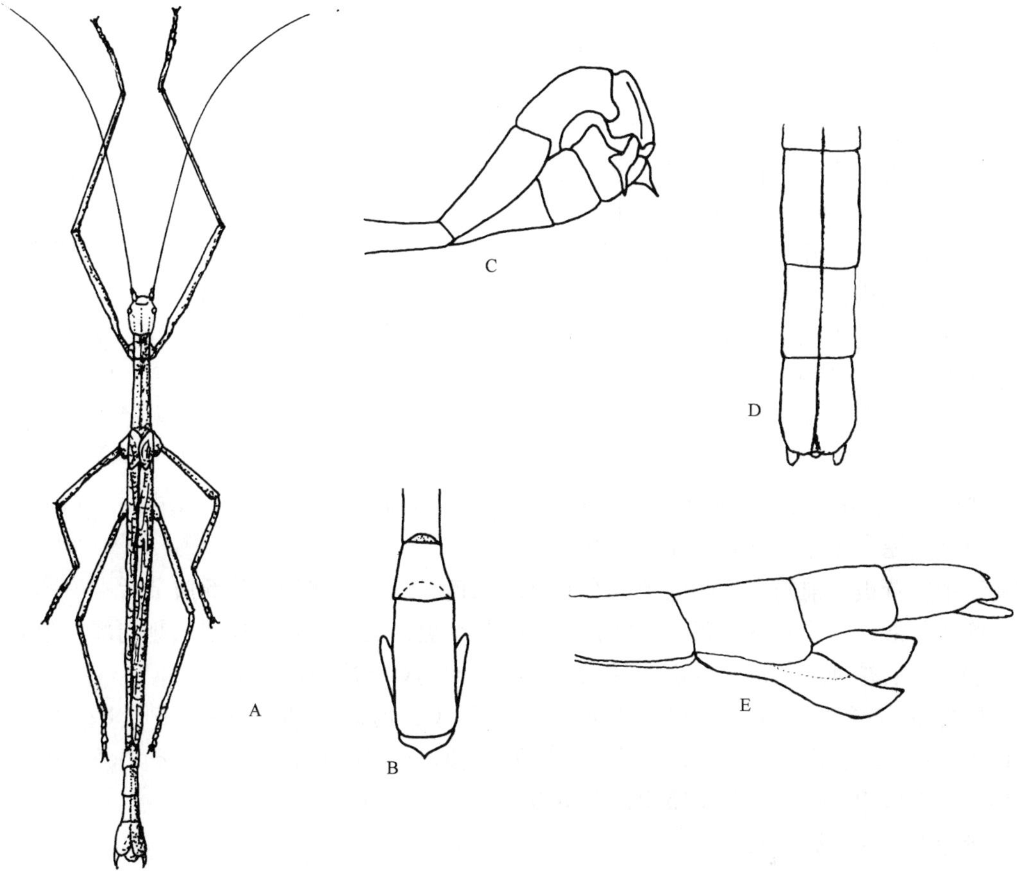

图 112　异尾华枝䗛 *Sinophasma mirabile* Günther，♀♂

A. 雄性整体　B. 雄性腹端背观　C. 雄性腹端侧观　D. 雌性腹端背观　E. 雌性腹端侧观

色，翅突前缘具黄斑，后翅前缘黄绿色。头圆，背面具浅纵沟；眼圆外突；触角长丝状，远长于前足，第 1 节略扁，端厚，第 2 节圆柱形，略短于前节。前胸背板亚梯形，背中央具十字形沟纹，横沟位于前面 1/3 处；中胸圆筒状，中部略收缩，具背中脊，中、后胸密披颗粒。前翅鳞状，翅突钝；后翅烟色，伸达第 5 腹节前部。3 对足短，均无齿刺等外长物。腹部后 3 节加粗，第 9 节背板长，兜状，第 10 节（臀节）垂直下伸，其长不到前节的一半，具中脊，后缘中央略凹入呈两叶，侧角略成直角；下生殖板后端窄钝，不超过第 9 腹节；尾须明显，基部肿胀，端部细窄。

体各部分长度（mm）：体长♀74.0，♂56.0～61.0；前胸背板♀3.3，♂2.8；中胸背板♀13.0，♂9.5；后胸背板（含中节）♀9.3，♂7.8；前足股节♀14.5，♂（缺失）；中足股节♀10.0，♂9.5；后足股节♀15.0，♂15.0。

卵：长 1.96 mm，宽 1.40 mm，高 1.61mm。桶形，灰黑两色相间，表面具不规则网脊。卵盖具网纹，黑色，中央稍凹，具圆形脊。卵孔板长，端尖，卵孔处黑色，卵孔杯“U”形，具脊。中线较短，伸达后端。后端中央具黑色圆斑。

分布：浙江（百山祖），福建（武夷山）。

98. 垂臀华枝蛸 *Sinophasma brevipenne* Günther，1940（图 113）

Sinophasma brevipenne Günther，1940，*Decheniana*. 99b：244.

雄性：体长约 56mm。前翅鳞状；后翅伸达第 7 腹节中部。第 8 腹节后面较宽，第 9 腹节比前节更为宽大，并向上凸起，呈半球形；臀节垂直向下，其前面 3/4 略成四边形，后面 1/4 外突呈宽瓣状，臀节前缘比后缘稍内凹，背中央有 1 脊，中脊近后面 1/4 处内凹；下生殖板伸达第 9 腹节端部，后缘波形，两侧角较钝，不对称；尾须圆柱形，直伸下方，略长于臀节。

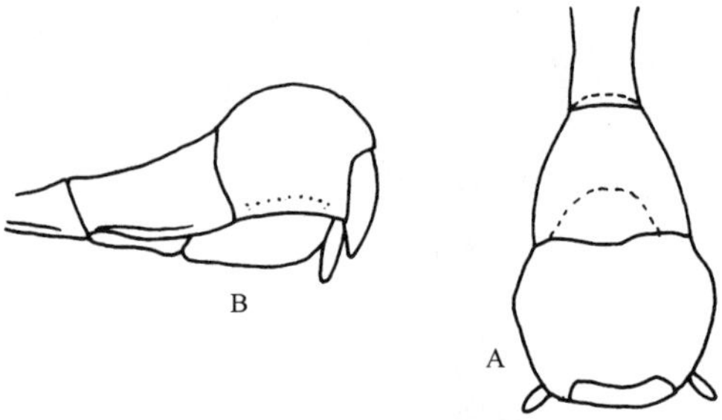

图 113 垂臀华枝蛸 *Sinophasma brevipenne* Günther，♂
A. 腹端背观 B. 腹端侧观（仿 Günther）

雌性：体长 69mm。体深绿色，体上包括前、后翅有褐色宽纵条，臀节后面、前胸和中胸背板、前翅和后翅的顶部有明显的绿色纵线。后翅伸达第 5 腹节后端。腹末 4 节中以第 7 节最长，第 8 节与臀节次之，第 9 腹节最短；肛上板超过臀节两侧端部；腹瓣伸达该节端部，后端钝三角形，两侧龙骨状，产卵器伸达第 9 腹节端部。

体各部分长度（mm）：体长 ♀69.0，♂56.0；前胸背板 ♀3.0，♂2.8；中胸背板 ♀14.0，♂11.6；后胸背板（含中节）♀7.5，♂6.3；前足股节 ♀14.0，♂15.5；中足股节 ♀10.0，♂12.0；后足股节 ♀15.0，♂18.0。

分布：江西（庐山）。

99. 瓦腹华枝蛸 *Sinophasma hönei* Günther，1940（图 114）

Sinophasma hönei Günther，1940，*Decheniana*. 99b：245.

雌性：体长 105mm。体大，较粗壮。头圆凸，具 6 条不甚明显黑纹，眼半球形，触角长丝状，远长于前股节，其端半部具褐白相间的斑纹。前胸背板矩形，沿两侧具少数粒突，中央具十字形沟纹，横沟位于前方 1/3 处；中胸背板前侧稍窄，密披粗粒突，背中脊明显，侧板和腹板的粒突不明显。前翅短宽，鳞状，其中央大部分为褐色，翅突较平钝；后翅伸达第 5 腹节中部。3 对足无齿刺，中股节较短，中、后股节约等长。腹部圆桶形，长于头、胸部之和，第 2～4 节粗大，6～7 节稍窄，8～9 节较宽，臀节窄，端部 3 节中，第 8 节长于后两节，臀节约与第 9 节等长；腹瓣较扁宽，具 1 纵脊和 2 侧脊，端钝，伸达臀节基部，产卵器外露；尾须柱形，端窄，稍超过腹端。

雄性：体长 77mm。比雌性瘦小。体绿色，3 对足股节端与胫节端黄褐色，前翅黄色，中央具褐斑，后翅绿色。头圆凸，具不明显褐纵纹。中胸背板后 1/3 处，粒突明显稀疏。前翅鳞状，中央具深褐斑纹，后翅伸达第 6 腹节。腹部圆桶形，腹面较平坦，端部 3 节向上弯曲，第 8～9 腹节明显加宽，第 9 背板背观呈宽瓦状，中央两侧变宽，侧缘凹入，背中央有脊，臀节背板长方形，稍下弯，上面有细脊，后缘中央向内浅凹成波形，侧后角略钝；下生殖板左右不对称，具龙骨状突起，伸达第 9 腹节端部或臀节基部；尾须短柱形，略扁，下

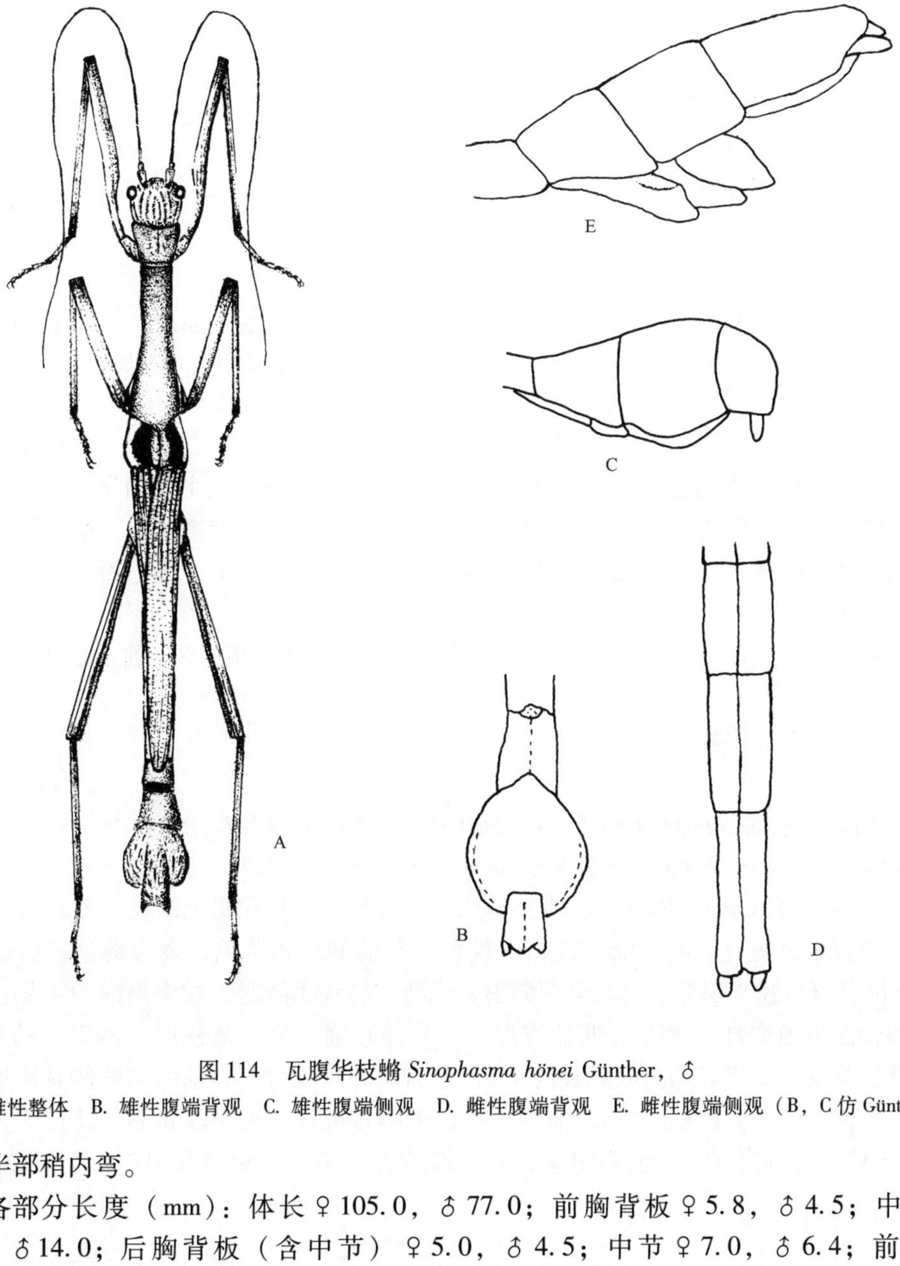

图 114　瓦腹华枝蛸 *Sinophasma hönei* Günther，♂

A. 雄性整体　B. 雄性腹端背观　C. 雄性腹端侧观　D. 雌性腹端背观　E. 雌性腹端侧观（B，C 仿 Günther）

伸，端半部稍内弯。

体各部分长度（mm）：体长♀105.0，♂77.0；前胸背板♀5.8，♂4.5；中胸背板♀20.0，♂14.0；后胸背板（含中节）♀5.0，♂4.5；中节♀7.0，♂6.4；前足股节♀22.0，♂19.0；中足股节♀15.0，♂14.0；后足股节♀22.0，♂19.0。

分布：浙江（西天目山）。

100. 曲腹华枝蛸 *Sinophasma curvatum* Chen et He, 1994（图 115）

Sinophasma curvatum Chen et He, 1994, *Sci. Sil. Sinicae.* 30（2）：124.

雄性：体长 43mm。体细杆状，披疏毛。虫体各部分，除复眼，触角鞭部、前翅翅突部分，3 对足股节端部与尾须为褐色，其余部分浅色。头宽卵形，后缘拱起，两眼前内侧与触角根间有凹陷，头背中央具 1 纵沟；眼球形，外突；触角细长多节，基部两节粗，其余节较细，柄节短于两触角根间距离，梗节略短于柄节，鞭部第1节稍长于柄节。前胸背板近似长方形，近前缘具1横沟，背中央具1纵沟；中胸背板长，明显长于头与前胸之和，后侧加宽，其前面3/5密披粗颗粒突，其余部分颗粒平钝且稀疏，背中央具纵脊。前翅短，近方形，近外侧中央部分隆起，翅脉纹网状；后翅向后延伸至第8腹节。3对足细长，披整齐细毛，以后足股节为最长，稍长于头、前胸与中胸之和；前、中足股节约等长。腹部细长，腹端3节明显膨大，第8腹节后侧加宽，第9腹节最长，背观前后宽大，中央两侧凹入，侧观自中央向上弯曲呈弧状，背板下侧方质地较软，骨化程度浅，臀节（第10腹节）向后几乎直伸，端缘微凹，端侧钝角状；下生殖板约与第9腹板等长，基宽，端部两侧突出成瓣状；尾须短直，超过臀节端部。

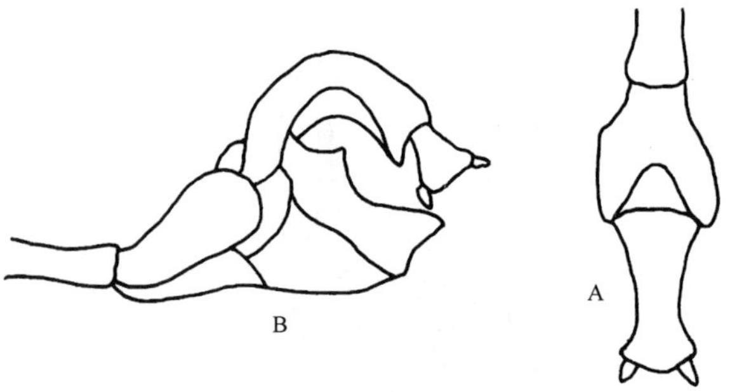

图115 曲腹华枝䗛 *Sinophasma curvatum* Chen et He，♂
A. 腹端背观 B. 腹端侧观

雌性：未知。

体各部分长度（mm）：体长43.0；前胸背板2.2；中胸背板7.8；前足股节9.2；中足股节9.4；后足股节12.8。

分布：四川（江津县）。

101. 臀沟华枝䗛 *Sinophasma latisectum* Chen et Chen，1997（图116）

Sinophasma latisectum Chen et Chen，1997，*Guangxi Sci.*，4（2）：124.

雄性：体长约58mm。体杆状。体黄褐色，头背与眼后具浅褐色纵纹；复眼及触角深褐色。前胸背板中央褐色；前翅前方钝角深褐色，与前侧缘间黄色，余为褐色，后翅前缘浅色；3对足股节与胫节端部黑色。头宽卵形，光滑，后头稍隆起，背中央纵沟明显；触角长丝状，约伸达后翅端部，第1节近长方形，背腹面较扁，第2节柱形，第3节稍长于第2节；眼圆，外突，其直径约为眼后长的3/5。前胸背板近长方形，前缘与两侧具边框，中纵沟明显，横沟位于前方1/3处，横沟前侧加宽；中胸背板长，近半圆筒形，其长约为前胸背板的3.75倍，后侧变宽，中纵沟明显，背面密披大小不等的颗粒状突起，至后端渐稀疏。

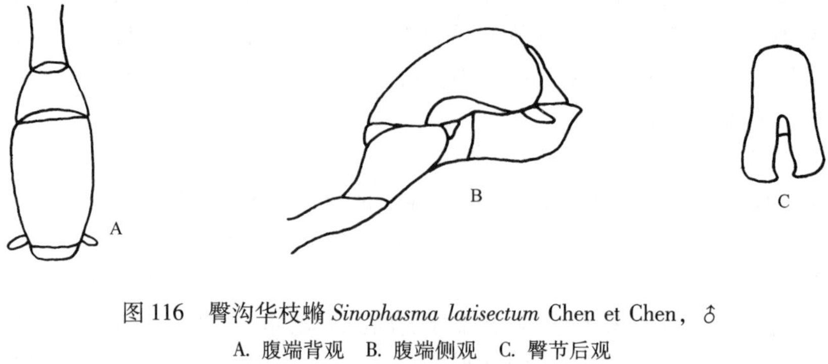

图116 臀沟华枝䗛 *Sinophasma latisectum* Chen et Chen，♂
A. 腹端背观 B. 腹端侧观 C. 臀节后观

前翅宽短，鳞状，前缘中央翅突较钝，网状脉纹清楚，后翅伸达第6腹节中央。3对足隆脊明显，无刺齿，前足股节基部细弯。腹部长筒形，背腹略扁，腹端3节显著膨大，第8节向上弯曲，杯状，后缘向前凹入，第9节长，背面隆起，后侧略收缩，其前侧缘凹入较深，臀节延伸，与第8节约等长，与第9节成直角排列，臀节中央至端部深裂成宽沟，其两侧端叶长瓣状，内外成弧形，端内角较尖；下生殖板隆起，后缘超过臀节，中央凹入；尾须圆柱形，稍弯。

雌性：未知。

体各部分长度（mm）：体长58.5；前胸背板3.0；中胸背板10.8；前足股节16.0；中足股节11.0；后足股节17.0。

分布：广西（百寿）。

102. 三棘华枝䗛 *Sinophasma trispinosum* Chen et Chen，1997（图117）

Sinophasma trispinosum Chen et Chen，1997，*J. Beijing For. Univ.*，6（2）：93.

雄性：体长约51mm。体杆状。体绿褐色，头背与眼后具多条浅黄色纵纹；复眼及触角深褐色；前胸背板中央褐色；前翅前方钝角深褐色，与前侧缘间黄色，余为褐色，后翅前缘浅色；3对足股节与胫节端部黑色。头宽卵形，光滑，后头明显隆起，背中央纵沟明显；触角长丝状，约伸达后翅端部，第1节近长方形，背腹面较扁，第2节柱形，第3节稍长于第2节；眼圆，外突，其直径约为眼后长的3/5。前胸背板近长方形，前缘与两侧具边，中纵沟明显，横沟位于前方1/3处，横沟前侧加宽；中胸背板长，长约为前胸背板的3倍，后侧

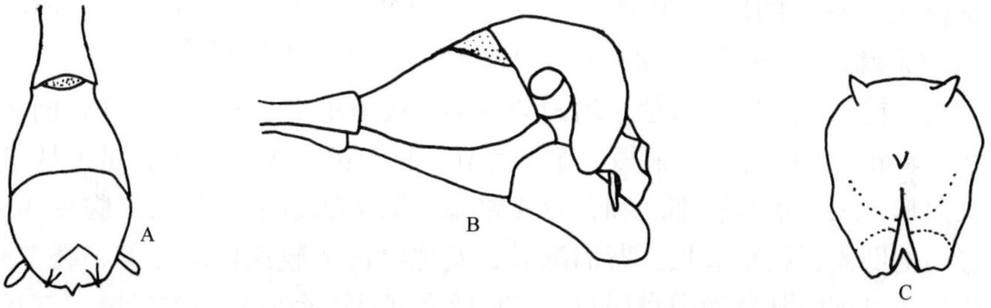

图117　三棘华枝䗛 *Sinophasma trispinosum* Chen et Chen，♂

A. 腹端背观　B. 腹端侧观　C. 臀节后观

宽，中脊明显，披大小不等的颗粒状突起，但至后端渐稀疏。前翅宽短，鳞状，前缘中央较钝，网状脉纹清楚；后翅伸达第7腹节中部。3对足强壮，前足股节基部细弯，后足股节最长，中足股节最短，第1跗节最长，足上隆脊明显，无刺齿。腹部长筒形，长于头与胸部之和，背腹略扁平，腹端3节明显膨大，第8节后缘向前凹入，第9节长，背面隆起成直角下垂，其后缘向前凹入，后侧略收缩，侧缘凹入较深，其后半部背面中央具凹沟，其两侧缘不延伸，臀节短于第8节，与第9节前半部成直角排列，其背面具3个排列成倒三角形的锥形突（上面2个，下面1个），其后缘浅裂，裂口不到臀节中部；下生殖板隆起，后缘成倒“M”形，且超过臀节，中央凹入；尾须圆柱形，向两侧斜伸，稍弯，端部深黑色。

雌性：未知。

体各部分长度（mm）：体长51.1；前胸背板2.9；中胸背板9.8；前足股节14.1；中足股节10.3；后足股节15.2。

分布：广东（连县）。

103. 单棘华枝䗛 *Sinophasa unispinosum* Chen et Chen，1997（图 118）

Sinophasma unispinosum Chen et Chen，1997，*J. Beijing For. Univ.*，6（2）：95.

雄性：体长约 59mm。体杆状。体绿褐色，头背与眼后具多条浅黄色纵纹；复眼及触角深褐色；前胸背板中央褐色；前翅前方钝角深褐色，与前侧缘间黄色，余为褐色，后翅前缘浅色；3 对足股节与胫节端部黑色。头宽卵形，光滑，后头明显隆起，背中央纵沟明显；触角长丝状，约伸达后翅端部，第 1 节近长方形，背腹面较扁，第 2 节柱形，第 3 节稍长于第 2 节；眼圆，外突，其直径约为眼后长的 3/5。前胸背板近长方形，前缘与两侧具边框，中纵沟明显，横沟位于前方 1/3 处，横沟前侧加宽；中胸背板长，近半圆柱形，其长约为前胸背板的 3 倍，后侧变宽，中脊明显，背面密披大小不等的颗粒状突起，至后端渐稀疏。前翅宽短，鳞状，前缘中央较钝，网状脉纹清楚；后翅伸达第 6 腹节中部。3 对足强壮，前足股节基部细弯，以后足股节最长，中足股节最短，第 1 跗节最长，第 4 跗节最短，足上隆脊明显，无刺齿。腹部长筒形，长于头与胸部之和，背腹略扁，第 7 腹板端部具叉突腹端 3 节明显膨大，第 8 节后缘向前凹入，第 9 节长，背面隆起，其侧缘凹入较深但不延伸，臀节长于第 8 节，与第 9 节成钝角排列，其背面中脊明显，在其后半部具 1 个明显的锥形突，其后缘浅裂成三角形，其裂口不到臀节中部，其两侧端底角加厚；下生殖板隆起，后缘略超过臀节，端缘中央较尖；尾须圆柱形，向两侧斜伸。

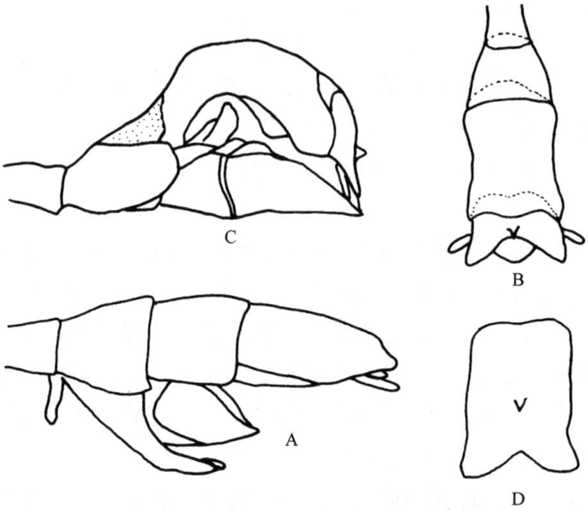

图 118 单棘华枝䗛 *Sinophasma unispinosum* Chen et Chen，♀♂

A. 雌性腹端侧观 B. 雄性腹端背观 C. 雄性腹端侧观 D. 雄性臀节后观

雌性：体长约 76mm。外形同雄性相似，但体粗壮。腹部前面 6 节较长，腹端 4 节较短，第 7 腹板端部具较长而明显的叉状鳞突；臀节屋脊形，分别长于第 8、第 9 腹节，其后缘中央三角形内凹，第 8 腹节两侧延伸，其侧缘弧形；肛上板端部尖钝，与臀节端部平齐；腹瓣伸达第 9 节中央，端部尖锐，产卵瓣凸起，端部较尖，伸达第 9 腹节后缘；尾须圆柱形。

体各部分长度（mm）：体长 ♀75.5，♂58.6；前胸背板 ♀4.0，♂3.0；中胸背板 ♀10.5，♂14.4；前足股节 ♀15.0，♂14.2；中足股节 ♀11.0，♂10.6；后足股节 ♀15.7，♂15.7。

分布：广东（连县）。

104. 斑腿华枝䗛 *Sinophasma maculicruralis* Chen，1986（图 119）

Sinophasma maculicruralis Chen，1986，*Acta Ent. Sinica.* 29（1）：85.

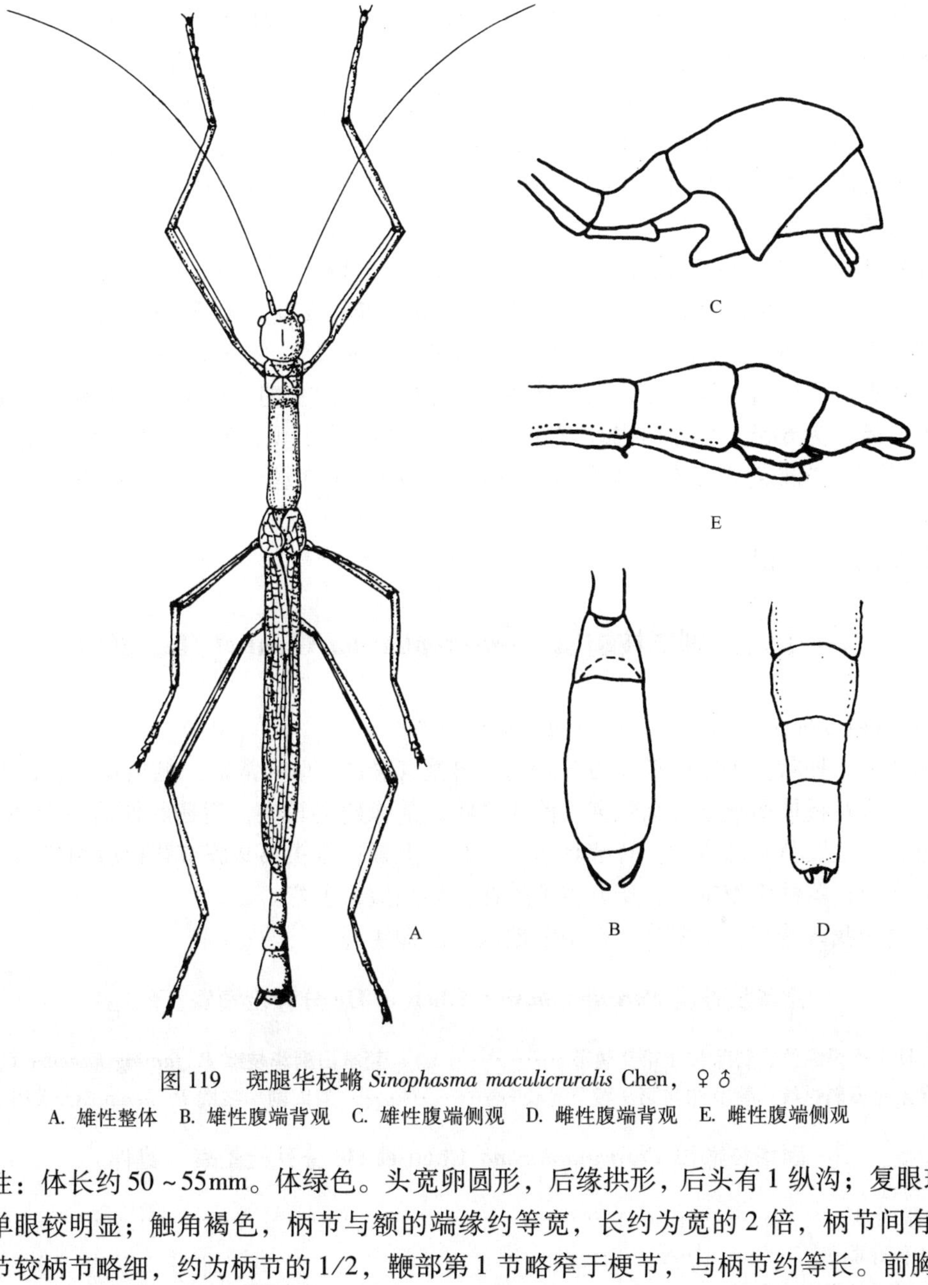

图 119　斑腿华枝蝻 *Sinophasma maculicruralis* Chen，♀♂

A. 雄性整体　B. 雄性腹端背观　C. 雄性腹端侧观　D. 雌性腹端背观　E. 雌性腹端侧观

雄性：体长约 50～55mm。体绿色。头宽卵圆形，后缘拱形，后头有 1 纵沟；复眼球形，外突，单眼较明显；触角褐色，柄节与额的端缘约等宽，长约为宽的 2 倍，柄节间有 1 圆坑，梗节较柄节略细，约为柄节的 1/2，鞭部第 1 节略窄于梗节，与柄节约等长。前胸背板略呈长方形，前方 1/4 处向两侧加宽，前方 1/3 稍后有 1 明显横沟，背中有 1 浅纵沟；中胸背板明显长于头与前胸之和，上有 1 纵脊；前半较宽，密披大小不匀粒突，后半较稀疏，两侧有侧线；中胸侧板平滑。前翅短，近似方形，近前半部有向上突出的褐色翅突，翅面有粗网纹；后翅伸达第 6 腹节中部。3 对足的股节和胫节端部暗褐色。腹部稍扁，明显长于头、胸之和，末端 3 节膨大，第 8 背板后缘加宽，短于第 7 和第 9 背板，第 9 背板延长，前缘较窄，后缘加宽并向上凸出，侧观向下突出呈宽瓣状，侧缘凹下，臀节明显短于第 8 和第 9 腹节，端部较窄，后缘中央缺刻弧形，两端成尖角突，每 1 角突上有 5～6 枚黑色小齿；下生殖板梯形，侧面稍凹，后缘弧形，向内卷曲；尾须直，明显超过臀节端部。

雌性：体长约 53 ~ 57mm。体较雄性粗壮。头部、前胸背板和前翅特征与雄性相似。前胸背板侧方有黑色纵纹；前足股节与胫节端部褐色。后翅超过第 5 腹节端部。第 7、8 腹节与臀节约等长；第 7 腹板后缘中央有褐色鳞片状突起 1 个，第 8 腹板端部尖，伸达第 9 腹节中部，第 9 腹节稍短于第 8 腹节与臀节；臀节窄于第 8 腹节，背板两侧宽圆，后缘中央浅凹；肛上板露于臀节端叶间，不超过背板端部；产卵器外露，超过第 9 腹节；尾须直，圆柱形，超过臀节端部。

体各部分长度（mm）：体长♀53.3 ~ 56.8，♂49.5 ~ 55.2；前胸背板♀2.8 ~ 3.0，♂2.4 ~ 2.7；中胸背板 10.1 ~ 10.2，♂8.1 ~ 8.6；前足股节♀10.3 ~ 12.1，♂11.2 ~ 11.3；中足股节♀7.8 ~ 8.1，♂8.0 ~ 8.2；后足股节♀11.5 ~ 12.3，♂12.2 ~ 13.0。

本种在广西博白一年一代，以卵越冬，3 月初为孵化初期，3 月中旬为孵化盛期，雄性为 5 龄，雌性为 6 龄。5 月初出现成虫，中旬成虫大量出现，6 月下为产卵盛期，产卵期 1.5 ~ 2 个月。光照对产卵有很大影响，每雌可产卵近 170 粒，无光照条件下，仅产卵不到 150 粒。

分布：广西（博白）。

（十六）副华枝䗛属 *Parasinophasma* Chen et He，2001

模式种：*Micadina henanensis* Bi et Wang，1998

体较大。杆状。头宽卵形，后头隆起，雌性甚隆凸，单眼常缺；触角长丝状，明显长于前足。中胸背板披稀疏不规则粒突。前翅鳞状，前缘翅突较尖，后翅约伸达腹中部。3 对足无刺齿，前足股节基部弯曲。臀节具凹缘，有肛上板；雄虫第 9 腹节背板后侧多为尖形，下生殖板兜形；雌性腹瓣锥形，产卵器不外伸；尾须短，上弯。

本属为我国特有，主要分布在南方地区，已知 4 种。

副华枝䗛属 *Parasinophasma* Chen et He 分种检索表（雌性）

1. 头背具 4 条黑纵纹；臀节长于第 9 腹节 ………………… **梵净山副华枝䗛 *P. fanjingshanense* Chen et He**
   头背无明显黑纵纹；臀节约与第 9 腹节等长 ………………… **河南副华枝䗛 *P. henanense*（Bi et Wang）**

副华枝䗛属 *Parasinophasma* Chen et He 分种检索表（雄性）

1. 3 单眼明显 ……………………………………………… 3
   单眼不明显 ……………………………………………… 2
2. 尾须底部具尖突 ………………………… **广东副华枝䗛 *P. guangdongense* sp. nov.**
   尾须底部无尖突 ………………………… **河南副华枝䗛 *P. henanense*（Bi et Wang）**
3. 眼后具黑纹；尾须较扁 ………………………… **梵净山副华枝䗛 *P. fanjingshanense* Chen et He**
   眼后无黑纹；尾须圆柱形 ………………………… **海南副华枝䗛 *P. hainanense* sp. nov.**

105. 河南副华枝䗛 *Parasinophasma henanense*（Bi et Wang，1998）comb. nov.（图 120）

Micadina henanensis Bi et Wang, *Insects of the Funiu Mountains Region.*（1）: 12.

雄性：体长 63mm。体绿至褐色，眼后具暗色纵带纹。头宽卵形，后头隆起；复眼圆突；触角长丝状，远超过前足端部，第 1 节扁柱形，第 2 节柱状，为第 1 节长的 2/3。前胸背板

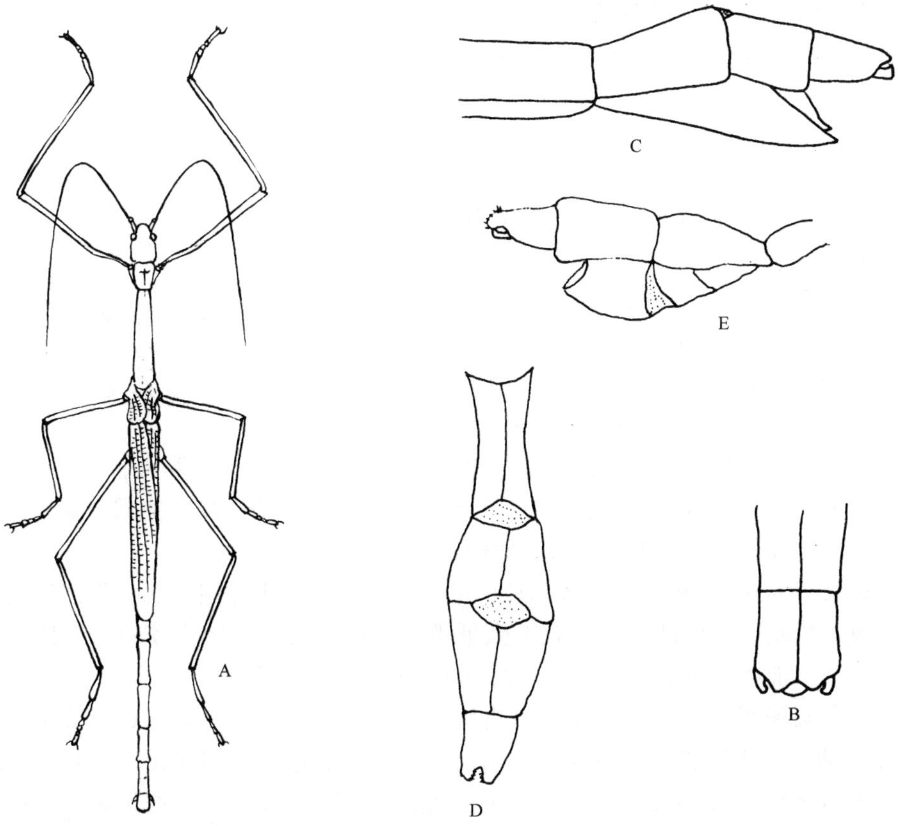

图 120 河南副华枝䗛 *Parasinophasma henanense* (Bi et Wang)，♀♂

A. 雌性整体 B. 雌性腹端背观 C. 雌性腹端侧观 D. 雄性腹端背观 E. 雄性腹端侧观（D，E 仿毕道英）

亚梯形，中央具十字形沟纹，横沟位于中央稍前方；中胸圆筒形，长约为前胸的 3 倍，具纵脊和侧脊，散生稀疏不规则粒突。前翅短，脉呈网状，长约为宽的 2 倍，翅突较尖，黑色；后翅约伸达第 6 腹节中部。腹部第 7 节长于第 8 节和第 9 节，第 8 ~ 9 节较扁，第 9 节背板后侧尖形，臀节短窄，其长稍大于第 9 节之半，具纵脊，端部中央弧形凹入，具短毛与小齿，两侧端部加厚，稍下倾；下生殖板兜状，不超过第 9 节端部；尾须圆锥形，较短，顶端上翘，与端部向下的臀节相对。

雌性：体长 73mm。较雄性粗大。后头更强烈隆凸。前翅长大于宽，翅突较尖，后翅约伸达第 5 腹节端部或第 6 节。腹部自第 7 节后渐窄，端部 3 节屋脊状，第 8 节长且上弯，臀节与第 9 节较短，两者约等长，端部稍内凹，肛上板超过臀节端部；腹瓣锥形，伸达臀节基部，产卵器不超过其端部；尾须圆柱形，端厚，向上弯曲。

体各部分长度（mm）：体长 ♀73.0，♂63.0；前胸背板 ♀3.0，♂3.0；中胸背板 ♀13.0，♂10.0；前足股节 ♀15.0，♂17.0；中足股节 ♀10.0，♂11.5；后足股节 ♀14.0，♂16.0。

卵：长 2.40 mm，宽 1.74 mm，高 1.68mm。圆筒形，咖啡色，表面具不规则网纹。卵盖较平坦。卵孔板梭形，卵孔位于其近低部。

分布：贵州（梵净山），河南，浙江，江西，四川（峨眉山），广西。

106. 梵净山副华枝䗛 *Parasinophasma fanjingshanense* Chen et He, 2005（图 121）

Parasinophasma fanjingshanense Chen et He, 2005, *Insects from Mt. Fanjing Landscape*. 98.

雄性：体长 62mm。细杆状。体褐色，头中央 3 条黑纵纹，眼后各 1 条黑纵纹，前胸背板以及中、后足股节、胫节端部褐色。头卵形，后头较凸，复眼圆突，眼间 3 单眼明显；触角长丝状，远长于前足，第 1 节矩形，第 2 节圆柱形，与第 1 节约等长，第 3 节长于基部 2 节。前胸背板长方形，中央具十字形沟纹，横沟位于前半部约 1/4 处；中胸背板具纵脊，披稀粒突。3 对足纤细，无刺齿，前足股节基部弯曲，中足股节较短，后足股节略长于前足股节。前翅鳞状，后缘几平截，翅突钝，其后为黑色；后翅伸达第 6 腹节。腹端 3 节略膨大，呈屋脊状，第 9 节略长于第 8 节，其侧后角钝，臀节较短，后缘中央稍凹入；下生殖板兜状，端部圆，约伸达第 9 节端部；尾须较扁，端尖，上弯，约伸达腹端。

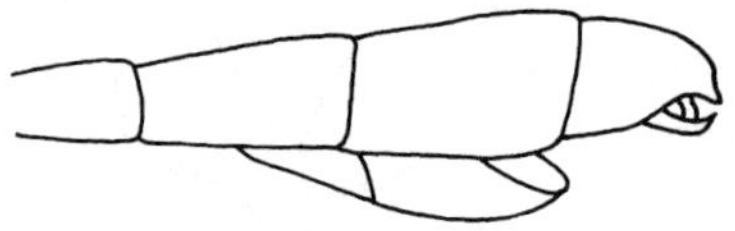

图 121 梵净山副华枝䗛 *Parasinophasma fanjingshanense* Chen et He，♂ 腹端侧观

雌性：体长 71mm。体中型。体棕褐色，中、后足绿色。头卵圆，后头强烈突起，上披有 4 条黑纵纹；复眼圆，外凸，眼间有 1 弧形黑纹；触角线状，柄节较扁宽，梗节近圆柱形，且短于柄节。前胸背板前宽后窄，长大于宽，中央具十字形纹，横沟位于前方 1/3 处，中胸具稀疏黑色圆颗粒，背中脊明显。前翅鳞片状，后翅较长，伸达第 6 腹节中部。前足（缺失），中足股节短于后股节，约等于中胸长度，中、后足股节端部无外长物。腹端 3 节稍隆起，第 8 节稍长，第 10 节（臀节）具小三角形凹缘；肛上板小；腹瓣未超过产卵瓣端部，产卵瓣端尖，超过腹部第 9 节；尾须短粗，端部稍尖，不超过臀节。

体各部分长度（mm）：体长 ♀71.0，♂62.0；前胸背板 ♀3.0，♂2.4；中胸背板 ♀11.0，♂10.0；前足股节 ♀（缺失），♂15.0；中足股节 ♀10.0，♂12.0；后足股节 ♀14.0，♂17.0。

分布：贵州（梵净山），浙江（泰顺乌岩岭），广西（龙胜）。

107. 广东副华枝䗛，新种 *Parasinophasma guangdongense* sp. nov.（图 122）

雄性：体长 55mm。体中型。细杆状，体较光滑。褐色。头宽卵形，后头稍凸，具纵沟；复眼圆突，眼间具褐色"八"字纹；触角丝状，远长于前股节，基部 2 节浅色，余为深褐色，第 1 节长方形，第 2 节短柱形。前胸背板呈矩形，横沟位前半部，中胸背板长于后胸背板（含中节），具纵脊。前翅鳞状，翅突略尖；后翅伸达第 6 腹节中央。3 对足无齿刺，前股节略长于后股节。腹部第 7 节后至 8～9 节加宽，第 9 节侧后角稍尖，臀节较长，略短于第 9 节，后缘中央凹入，侧端叶尖；下生殖板兜状，伸达臀节基部；尾须膨大，端部呈细钩状上弯，中部底下有刺。

雌性：未知。

体各部分长度（mm）：体长 55.0；前胸背板 2.0；中胸背板 8.2；后胸背板（含中节）7.0；前足股节 15.5；中足股节 10.0；后足股节 13.0。

正模♂（ZSU），广东连县大东山，1993-IX-10，徐建敏。

新种与河南副华枝䗛 *P. henanense*（Bi et Wang）相似，但臀节与尾须形状等不同可明显区别。

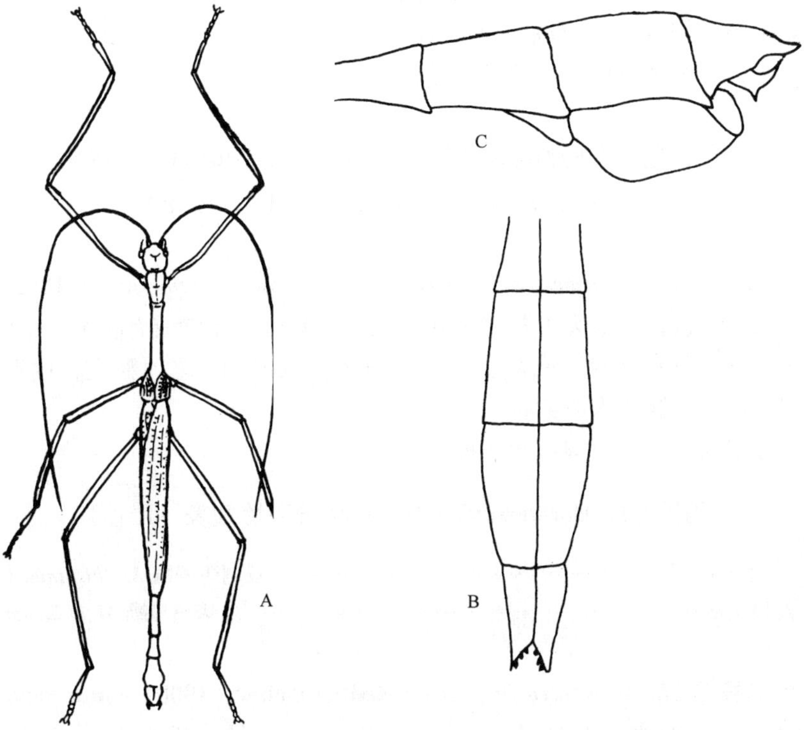

图 122　广东副华枝䗛，新种 *Parasinophasma guangdongense* sp. nov. ，♂
A. 整体　B. 腹端背观　C. 腹端侧观

108. 海南副华枝䗛，新种 *Parasinophasma hainanense* sp. nov.（图 123）

雄性：体长 51mm。中型。细杆状。褐色。头圆，后头稍凸，具纵沟，复眼圆突，3 单眼明显；触角丝状，远长于前股节，第 1 节长，第 2 节圆柱形，短于第 1 节。前胸背板呈矩形，中央具“人”字黑纹，横沟位前方，中胸背板细长，具纵脊，无明显粒突。前翅短宽，近前缘浅褐色，翅突位于中后方；后翅伸达第 6 腹节中央，臀域烟色。3 对足无齿刺，前股节明显长于中股节。腹部细长，端部 3 节较膨大，第 8 节略上弯，第 9 节远长于第 8 节与臀节，呈弧形弯曲，臀节稍长于第 8 节，后缘中央略凹；下生殖板兜状，伸达臀节基部；尾须圆柱形，稍上弯，端窄，超过腹端。

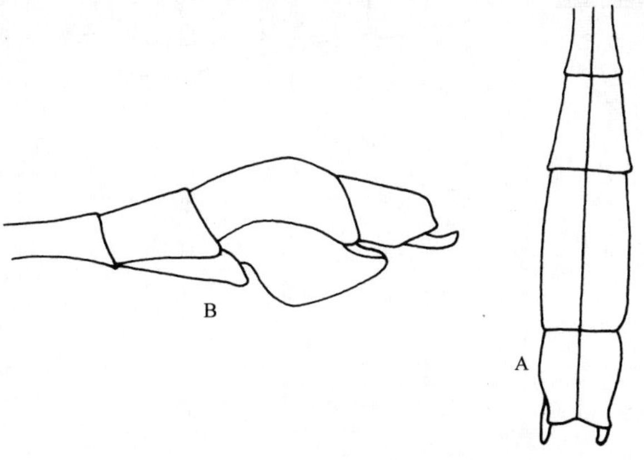

图 123　海南副华枝䗛，新种 *Parasinophasma hainanense* sp. nov. ，♂
A. 腹端背观　B. 腹端侧观

雌性：未知。

体各部分长度（mm）：体长 51.0；前胸背板 1.6；中胸背板 8.0；前足股节 19.0；中足股节 13.0；后足股节（缺失）。

正模♂（IZAS），海南乐东，1984-VIII-26，陈芝卿。

新种与梵净山副华枝䗛 *P. fanjingshanense* Chen et He 相似，但头部无明显黑纵纹，尾须圆柱形，略上弯，以及臀节后缘浅凹等可相区别。

（十七）玛异䗛属 *Marmessoidea* Brunner，1893

（ = *Trigonophasma* Kirby，1904 syn. n）

模式种：*Marmessoidea marmessus*（Westwood）［*Necroscia marmessus*］，1893

头短，球状或锥状，一般无单眼。中胸常延长，具脊，光滑或有粒突。前翅短，多少凸起，后翅发达。雄臀节常有凹缘或截状，下生殖板截状或圆；尾须膨大，内弯；雌则直钝，腹瓣矛状，较平坦，端缘凹入或截状。

本属主要分布东洋区，我国已知 2 种。

玛异䗛属 *Marmessoidea* Brunner 分种检索表（雌性）

1. 头背正常；前翅翅突尖形 ······ **双刺玛异䗛 *M. bispinus*（Redtenbacher）**
  头甚凸起；前翅正常 ······ **中华玛异䗛 *M. chinensis* Redtenbacher**

109. 双刺玛异䗛 *Marmessoidea bispinus*（Redtenbacher，1908）comb. nov.（图 124）

Asceles bispinus Redtenbacher，1908，*Die Insektenfamilie der Phasmiden*. 496；Chen，1999，69.

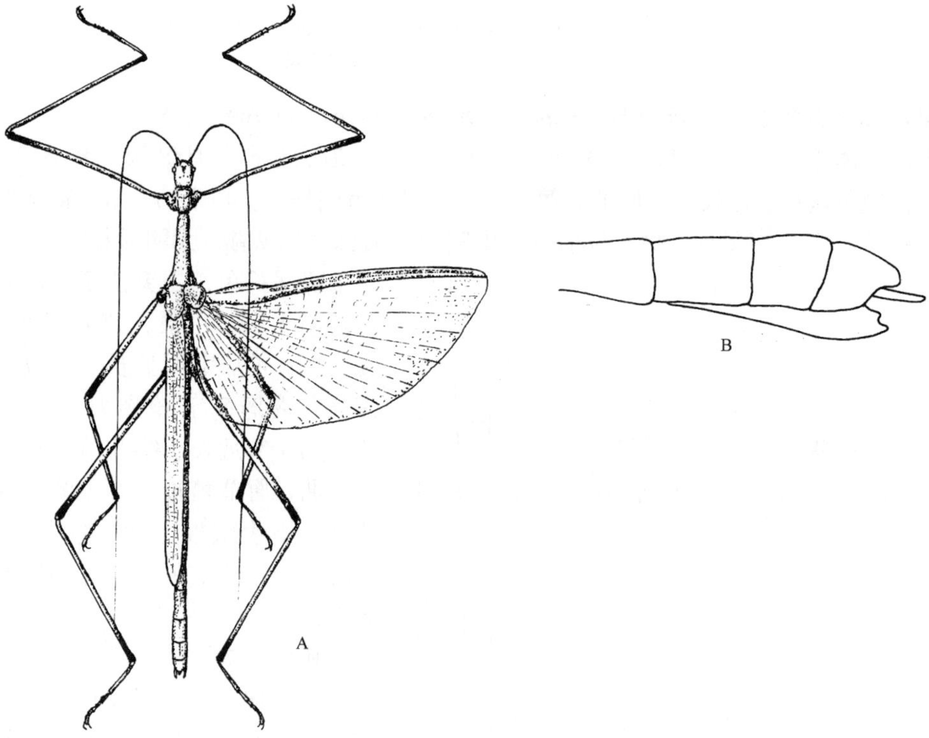

图 124 双刺玛异䗛 *Marmessoidea bispinus*（Redtenbacher），♀
A. 整体 B. 腹端侧观

雌性：体长75～80mm，雄53～60mm。体绿色，触角褐色具白环，足绿色，股节中部与胫节端部黑褐色。头部具数列粒突。前胸背板粒突稀疏，中胸背板具纵脊，具较密粒突，中、后胸腹板疏生粒突。前翅鳞状，褐色，前缘翅突尖刺形，黑色；后翅约伸达腹端，前缘绿或污褐色，臀域烟色。雌虫臀节端部收缩，后缘略凹；腹瓣矛状，端缘凹入；雄虫臀节屋脊状，端侧成三角形钝齿；下生殖板圆突；尾须直，柱状。

体各部分长度（mm）：体长♀79.0，♂57.0；中胸背板12.5，♂11.0；后胸背板（含中节）♀12.0，♂9.0；前足股节♀18.0，♂19.0；中足股节♀12.0，♂12.0；后足股节♀18.0，♂19.0。

卵：长2.64mm，宽1.68 mm，高1.72mm。卵形，腹面平坦，褐色，披密粒突。卵盖平坦，卵盖角倾斜。卵孔板椭圆形，卵孔位中部处。中线白色，较短，不伸达后端。

分布：贵州（梵净山），浙江（泰顺乌岩岭），福建，云南，广西（龙州弄岗），海南；越南。

110. 中华玛异蛸 *Marmessoidea chinensis* Redtenbacher，1908

Marmessoidea chinensis Redtenbacher，1908，*Die Insektenfamilie der Phasmiden.* 514.

雌性：体长65mm。深橄榄色。头甚凸起，具黑线，触角黑色。中胸背板具脊。前翅与后翅前域深橄榄色，翅突稍带白色，端部截形，后翅臀域烟色。

体各部分长度（mm）：体长65.0；中胸背板13.0；后胸背板（含中节）5.5；前足股节12.0；中足股节10.0；后足股节（缺损）。

雄性：未知。

分布：四川（峨眉山）。

（十八）壮蛸属 *Megalophasma* Bi，1995

模式种：颗粒壮蛸 *Megalophasma granulata* Bi，1995

体较粗大。圆筒形，略扁，具中隆线。中胸较细，中部偏后较粗；体表粗糙，背面和腹面均具大小不等的颗粒和侧隆线；触角、足和腹瓣中脊等均具细毛。头部具有1对锥形突，顶端钝圆，位于复眼之间；触角丝状，长于前足股节。后头和胸部具有大小不等的颗粒，尤其在胸部侧板上的颗粒更较粗密。腹部背板颗粒明显减少，但具侧隆线，侧板无突出的颗粒。前、后翅均缺。前足股节基部略向内弯，并具隆线，但缺齿和叶状突；前足跗节简单；臀节后缘具较宽的凹口，背面具中隆线。

本属为我国特有，仅知1种，分布于西藏。

111. 颗粒壮蛸 *Megalophasma granulata* Bi，1995（图125）

Megalophasma granulata Bi，1995，*Acta Ent. Sinica.* 38（4）：454.

雌性：体长92～100mm。体圆筒形，略扁，较粗壮，体表粗糙，背面具中隆线。触角、足和腹瓣腹面的中脊具细毛。体为褐色或深褐色，3对足为青黄色或黄褐色。头部呈长方形，具有1对锥形突起，顶端钝圆形，位于复眼之间；复眼为半球形突出；后头具有大小不等的颗粒和中隆线；触角丝状，长于前足股节，第1节长而扁，其余各节为圆柱形。前胸背板长方形，前横沟和中横沟均割断中隆线，背面具大小不等的颗粒，侧板具少数颗粒；中胸背板较长，其长为前胸背板的 4 倍，背面和侧板均密披颗粒；后胸背板（含中节）较短于中胸背板，其长为前胸背板的 3 倍，背面和侧板均密披颗粒。无翅。前足股节基部略向内弯，并具隆线；前、中和后足股节的内外下侧隆线近顶端具2～3 个小齿，其胫节基部下面具弧形突起；跗节 5 节；前足股节长于后足股节，中足股节短于后足股节。腹部扁棒状，背板具颗粒与颗粒串联一起的侧隆线；第 6 腹节两侧后角向外突出，末端 3 节较短，臀节后缘具较宽的凹口，两侧角向后突出，顶端近乎直角形，背面具中隆线和不连续的侧隆线；肛上板较短，顶端钝角形，宽为长的 2 倍，背面具中隆线；腹瓣匙形，顶端为较狭的圆弧形，腹面具明显中脊，且具细毛，其长到达臀节的后缘；尾须较短，未超出腹端。

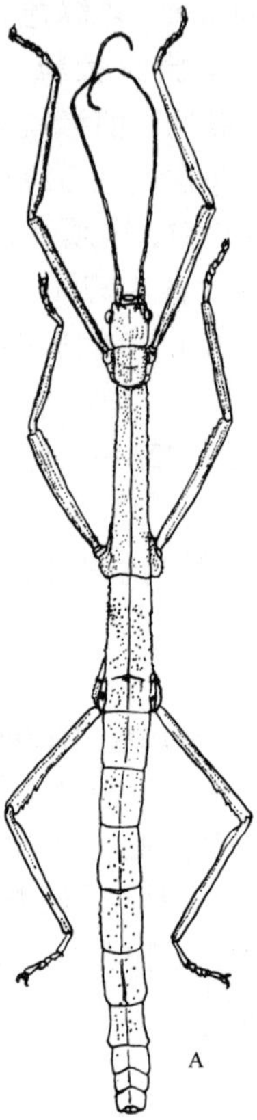
A

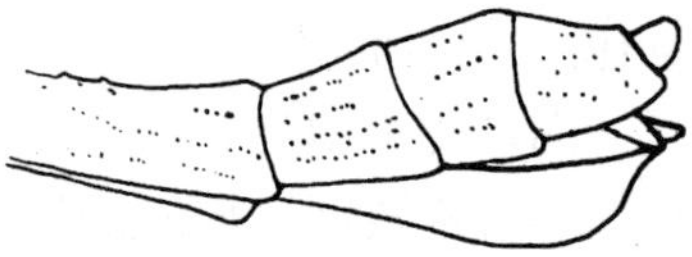
B

图 125 颗粒壮䗛 *Megalophasma granulata* Bi，♀
A. 整体 B. 腹端侧观（仿毕道英）

雄性：未知。

体各部分长度（mm）：体长 92.0～100.0；前胸背板 4.8～5.0；中胸背板 20.0～22.0；后胸背板（含中节）15.0～16.2；中节 4.0～4.2；前足股节 19.0～20.5；中足股节 13.0～14.8；后足股节 17.5～18.5。

分布：西藏（墨脱）。

（十九）棘䗛属 *Acanthophasma* Chen et He，1992

模式种：杂色长角棘䗛 *Acanthophasma varia*（Chen et He，1992）

中型。体粗糙，被瘤突与刺。前翅缺，仅保留 1 对鳞状后翅。头扁，稍延长，具刺。胸、腹部具刺与瘤。3 对足无齿刺，前足股节基部近乎直形。臀节背面稍拱起，后缘几成截状；下生殖板兜状：尾须略弯。

本属为我国特有，仅 1 种，分布于湖南。

112. 杂色长角棘䗛 *Acanthophasma varium*（Chen et He，1992）comb. nov.（图 126）

Oxyartes varius Chen et He，1992，*Iconography of Forest Insects in Hunan*. 44.

Acanthophasma varia（Chen et He，1992），*Sys. Fau. Res. Chinese Ins.*，33.

雄性：体长 50mm。中型。杆状。体粗糙，具刺与瘤。体绿色间有褐色花纹。无前翅，1

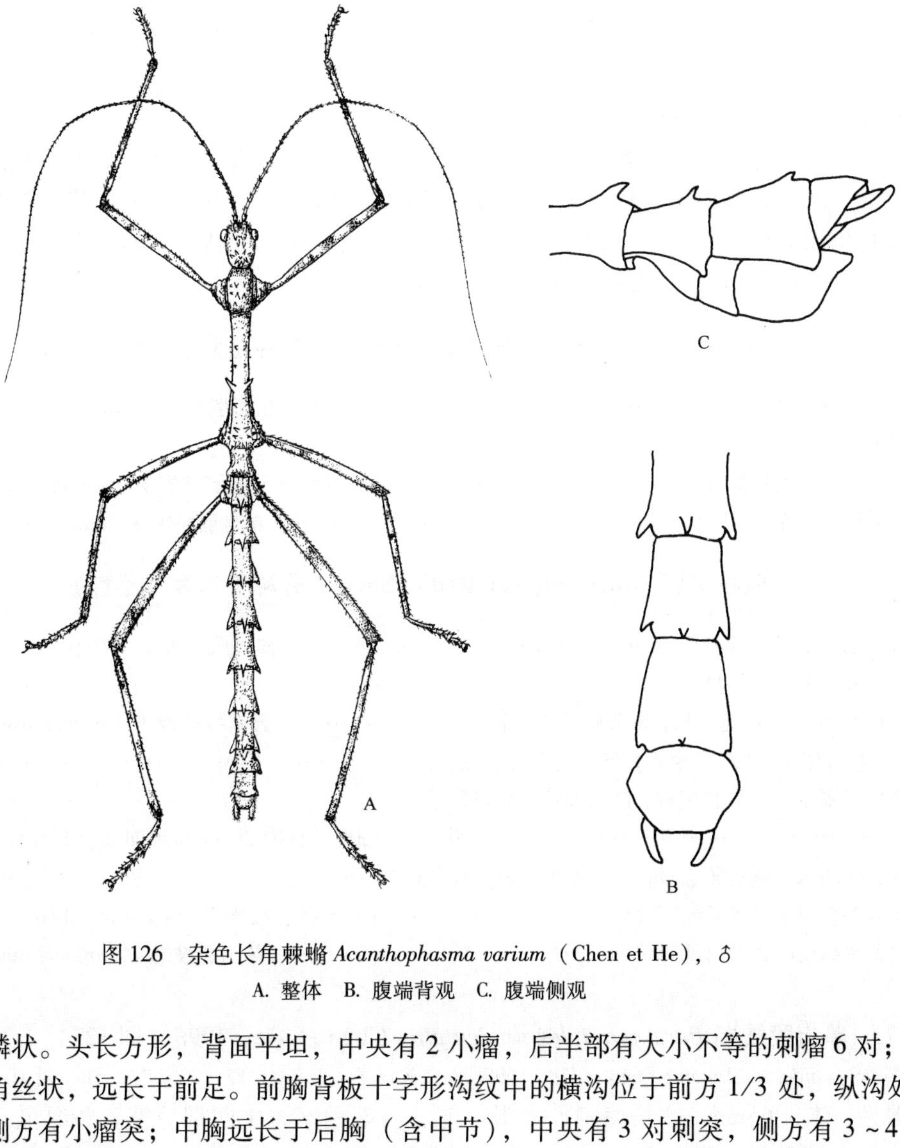

图 126　杂色长角棘䗛 *Acanthophasma varium*（Chen et He），♂
A. 整体　B. 腹端背观　C. 腹端侧观

对后翅呈鳞状。头长方形，背面平坦，中央有 2 小瘤，后半部有大小不等的刺瘤 6 对；复眼圆突；触角丝状，远长于前足。前胸背板十字形沟纹中的横沟位于前方 1/3 处，纵沟处有 3 对刺突，侧方有小瘤突；中胸远长于后胸（含中节），中央有 3 对刺突，侧方有 3～4 个大小不等的刺突；后胸与中节约等长，中央近后端有 2 对大小不等的刺突；中节后缘中央有 1 长刺。3 对足无刺齿，前足股节基部近乎直形。腹部第 1 至第 7 节背中央后缘各有 1 刺，每侧各有 1 后倾的短刺，第 8 至第 9 节背中刺退化成瘤突，腹部第 1 至第 8 腹板具成对瘤突；臀节背面稍拱起，后缘几成截状；下生殖板兜状，端圆钝，约伸达臀节基部；尾须圆柱形，稍内弯，超过臀节。

雌性：未知。

体各部分长度（mm）：体长 50.0；前胸背板 2.8；中胸背板 11.4；后胸背板（含中节）6.0；中节 3.2；前足股节 14.2；中足股节 11.0；后足股节 16.0。

分布：湖南（桑植天平山）。

（二十）股枝䗛属 *Paramyronides* Redtenbacher，1908

模式种：*Lonchodes porus* Westwood，1859

头长扁。胸部光滑或有粒突。中、后股节腹中脊端有 1 齿。通常无前翅，或留痕迹。腹部常光滑，两性第 2 腹节长约为宽的 2 倍，臀节短，屋脊形，具凹口或截状，臀节有齿，雌性臀节几呈四方形，稍扁并具凹缘；尾须短；下生殖板罕见兜状；腹瓣舟形，端尖或钝。

本属世界已知 10 种，分布于东洋区，我国有 5 种。

股枝䗛属 *Paramyronides* Redtenbacher 分种检索表（雌性）

1. 胸部有不规则白斑 ………………………………… 白斑股枝䗛 *P. albopunctata* Chen et He
   胸部无明显白斑 ……………………………………………………………………… 2
2. 体棒形；中节和后胸分开 ……………………………… 云南股枝䗛 *P. yunnanensis* Chen et He
   体扁棒形；中节和后胸合并 …………………………… 单齿股枝䗛 *P. unidentatus* Chen et He

股枝䗛属 *Paramyronides* Redtenbacher 分种检索表（雄性）

1. 中胸浅蓝色，被不规则白斑 …………………………… 白斑股枝䗛 *P. albopunctata* Chen et He
   中胸褐或绿色，无明显白斑 ……………………………………………………………… 2
2. 体长达 80mm；3 对足细长；臀节侧后角尖长 ………………… 云南股枝䗛 *P. yunnanensis* Chen et He
   体长 70mm 以下；3 对足较短；臀节侧后角短钝或稍长 ……………………………………… 3
3. 臀节后缘平截，侧后角短钝；尾须细长，超过臀节 ……………………………………………
   ……………………………………………………… 细尾股枝䗛 *P. angusticauda* Chen et Xu，sp. nov
   臀节后缘凹入，侧后角尖窄；尾须粗短，短于臀节臀节 ………………………………………… 4
4. 头侧具黑纵纹；臀节后缘三角形凹入 ………………… 察隅股枝䗛 *P. zayuensis* Chen et Xu，sp. nov
   头侧无黑纵纹；臀节后缘弧形凹入 ……………………… 单齿股枝䗛 *P. unidentatus* Chen et He

113. 单齿股枝䗛 *Paramyronides unidentatus* Chen et He，1995（图 127）

Paramyronides unidentatus Chen et He，1995，*J. Beijing For. Univ.*，17（3）：73；Chen et He，1996：98.

雌性：体长 65mm. 体长略扁、光滑、前、后端稍窄，中间部分宽。青绿色。头近似长方形，后头稍隆起，背中央 1 纵沟，触角间有 1 凹窝；头顶无角刺；触角细长，远长于前股节，约伸达第 3 腹节，柄节长，端部加厚，梗节圆柱形，短于柄节。前胸背板长方形，前侧宽，略内凹成角，背中央具十字形沟纹，横沟位于前半部；中胸至腹端背中央具纵脊，中胸远长于后胸加中节之和，前窄，后侧明显加宽；后胸与中节之间具略能分辨的痕线，两者宽度相仿，呈长方形。3 对足仅股节端部腹中脊各具 1 齿，其余无其他刺齿等外长物。腹部长于头、胸部之和，第 2～4 腹节加宽，腹端 3 节较窄，屋脊状，第 8 节短于后 2 节之和，第 9 节稍长于第 10 节（臀节），臀节宽于第 9 节，后缘几平截，中央稍凹入，后半部中央中脊明显；腹瓣舟形，端尖，约伸达腹端，中央与两侧具脊；尾须圆柱形，被细毛，稍超过臀节。

雄性：体长 62mm。体细长，光滑。体棕色，中胸绿色，体背纵脊，触角除基部 2 节外，3 对足股、胫节端部及跗节均为褐色，腹端 3 节浅色，第 9 节背板每侧 1 褐斑。头椭圆略短于前胸背板，背面比较平坦，中央有纵沟；眼圆凸，眼间有成对锥突；触角长丝状，长

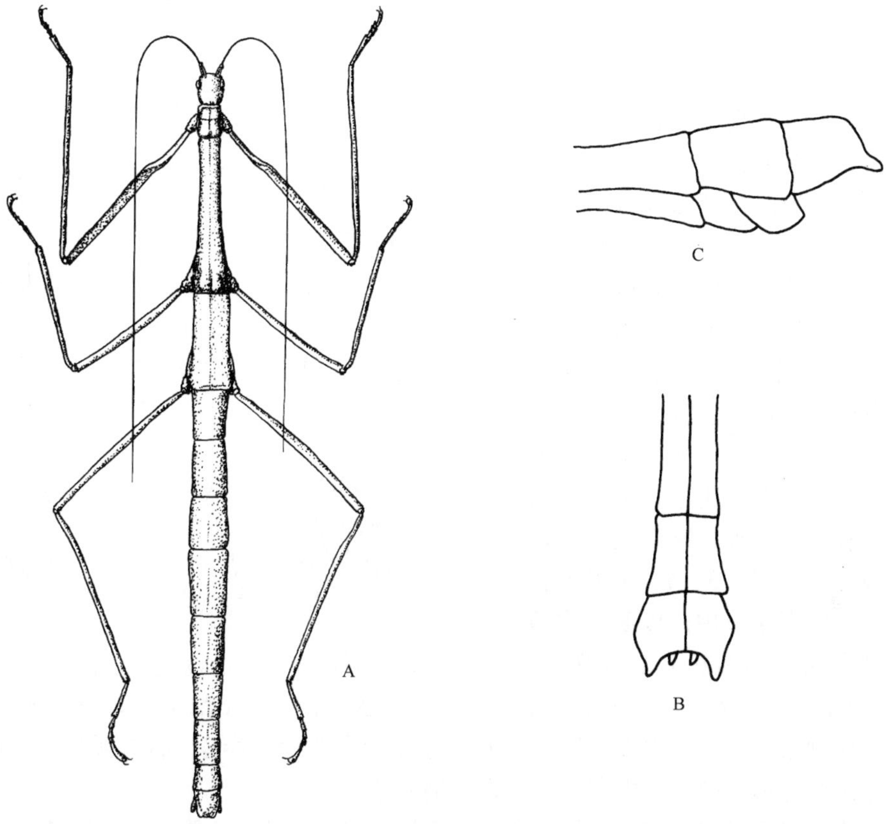

图 127 单齿股枝蛸 *Paramyronides unidentatus* Chen et He，♂
A. 整体 B. 腹端背观 C. 腹端侧观

于前股节端部，柄节较扁长，端厚，梗节圆柱形，略短于柄节。前胸背板近似长方形，前侧略宽，前缘具横沟，中央具十字形沟，横沟位于前半部，纵沟不达后缘；胸腹部背中脊清楚，中胸背板后侧稍宽，明显长于后胸加中节之和；中节约为后胸长的1/3。3 对足细长，除股节腹中脊端部具 1 褐齿，无其他外长物；前、后股节约等长，中股节稍短。腹部略长于头、胸部之和，腹端 3 节膨大，以第 8 节为长，第 9 节最短，臀节稍呈屋脊状，背面具纵脊，后缘凹入，侧后角尖锐，内侧具多枚齿；下生殖板兜形，后缘略弧形，伸达臀节基部；尾须短柱形，不超过腹端。

体各部分长度（mm）：体长♀65.0，♂62.0；中胸背板♀13.6，♂12.2；后胸背板（含中节）♀8.0，♂7.4；中节♀2.6，♂2.5；前足股节♀15.0，♂16.2；中足股节♀11.0，♂12.0；后足股节♀14.0，♂16 .6。

分布：西藏（波密），云南（兰坪）。

114. 云南股枝蛸 *Paramyronides yunnanensis* Chen et He，1995（图 128）

Paramyronides yunnanensis Chen et He，1995，*For. Res.*，8（6）：658.

雄性：体长 80mm。体细长，光滑。无翅。体草绿色，眼褐黄色，触角外侧褐色，内侧绿色，3 对足除股，胫节棱脊，胫端与跗节褐色外，余为绿色。头延长，背面平坦，背中央有1褐色纵沟，沟中央处有1对小形圆坑；眼圆，外突；触角长丝状，密披细毛，略长于腹端，柄节较宽大，梗节圆柱形，短于柄节。前胸背板长方形，前侧稍宽，稍长于头部，背面具十字形沟纹，横沟位于前半部，其后纵沟两侧各有1条斜伸的侧纵沟；中、后胸细长，背中央褐色纵脊清楚，中胸背板长，后侧较宽；后胸背板加中节约为中胸背板长的1/2；中节略长于后胸的1/4。3对足细长，各棱脊披褐色整齐细毛，各足股节端部腹中脊具1齿，前股节与后股节约等长，跗节5节，正常，第1跗节长。腹部细长，长于头、胸部之和，以第4腹节最长，第2、3、4、6腹节稍短，约等长；腹端3节中，以第8腹节最长，第9节次之，端部2节较膨大，臀节（第10腹节）后缘中央深凹，背面具中脊，两侧后角尖直，内缘具褐齿；下生殖板宽舌状，稍隆起，后缘弧状，约伸达第8节端部；尾须圆柱形，中央稍内弯，短于臀节侧后角。

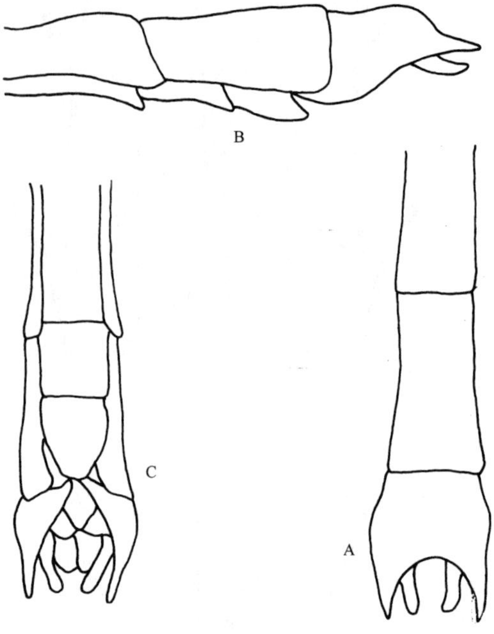

图128 云南股枝蝌 *Paramyronides yunnanensis* Chen et He，♂
A. 腹端背观 B. 腹端侧观 C. 腹端腹观

雌性：头长卵形，背面较平，具粒突；触角长丝状，伸达第5腹节。前胸背板矩形，横沟位中前方；中胸明显长于后胸（含中节），两侧具成排粒突；中节长大于宽。3对足细长，中、后股节端部腹中脊各1齿。腹部远长于头、胸部之和，腹端3节依次短缩，腹瓣舟形、端尖，伸达臀节基部；尾须圆柱状，端尖，显露。

体各部分长度（mm）：体长♂80.0，♀83.0；前胸背板♂3.2，♀3.2；中胸背板♂19.4，♀19.0；后胸背板（含中节）♂10.2，♀11.4；中节♂2.8，♀3.6；前足股节♂25.0，♀21.0；中足股节♂18.0，♀16.0；后足股节♂24.5，♀19.0。

分布：云南（西双版纳）。

115. 白斑股枝蝌 *Paramyronides albopunctata* Chen et He, 2004（图129）

Paramyronides albopunctata Chen et He，2004，*Insects from Mt. Shiwandashan Area of Guangxi*. 49.

雌性：体长104mm。体较大，杆状。无翅。褐色，头至后胸具不规则白斑。头长卵形，稍隆起，具数列不规则白斑；眼圆，外突；触角长丝状，约伸达腹端，第1节宽厚，第2节柱状，稍短。前胸背板矩形，具少量白斑，中央具十字形沟纹，横沟位前半部；中胸背板具不规则白斑，侧缘具纵脊与粒突，后胸两侧具成列稀疏粒突；中节短于胸的1/2。3对足以中股节较短，前、后股节约等长，腹中脊近端部具钝齿1个。腹圆筒状，端部3节屋脊状，各节依次向后缩短，臀节具纵脊，端缘三角形凹入，肛上板小，稍露；腹瓣舟形，端尖细，超过腹端；尾须柱状，端尖，明显露于腹端。

雄性：体长80mm。较雌性细瘦。中、后胸具不规则白斑，两侧具成列稀粒突。3对足

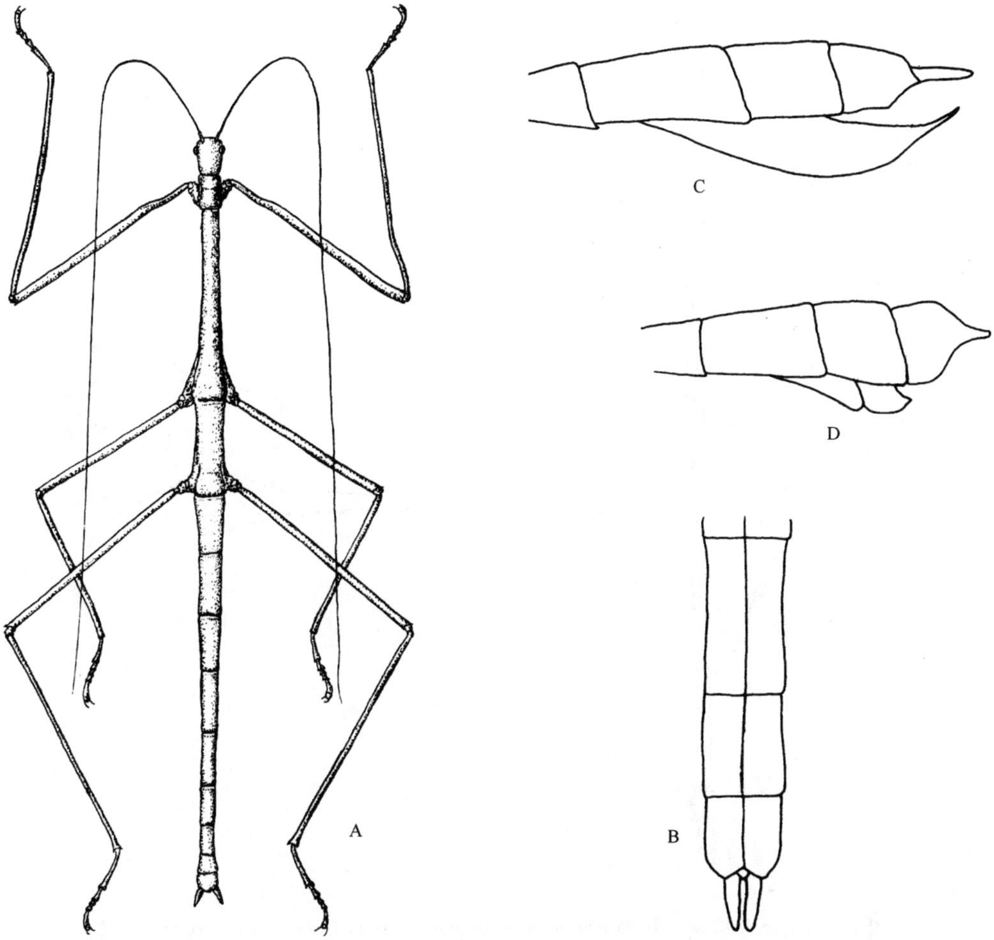

图 129　白斑股枝䗛 *Paramyronides albopunctata* Chen et He，♀♂

A. 雌性整体　B. 雌性腹端背观　C. 雌性腹端侧观　D. 雄性腹端侧观

股节端部褐色，腹中脊端部各具 1 褐齿。腹端 3 节略隆起，背面具浅白斑，臀节与第 9 腹节约等长，后缘三角形凹入，侧端叶尖细；下生殖板伸达臀节基部；肛上板小；尾须短，不超过腹端。

体各部分长度（mm）：体长♀104.0，♂80.0；中胸背板 27.0，♂21.0；后胸背板（含中节）♀14.0，♂11.0；前足股节♀31.0，♂29.0；中足股节♀22.0，♂22.0；后足股节♀32.0，♂28.0。

分布：广西（龙州三联）。

116. 细尾股枝䗛 *Paramyronides angusticauda* Chen et Xu，sp. nov.（图 130）

雄性：体长 54mm。体较小，黄褐色，眼后有 1 条黑色纵纹，沿体背中央中脊有 1 黑线。头略呈方形，头背部沿中线有 2 个如“8”字形的黑斑；复眼半球形；触角线状，褐色，超过体长，基部 2 节圆柱形，柄节较宽，触角窝颜色较浅。前胸背板长大于宽；中胸具稀少颗粒，后胸明显短于中胸；中节长大于宽，光滑，约占后胸长的 1/3。前足股节长于中足股节，

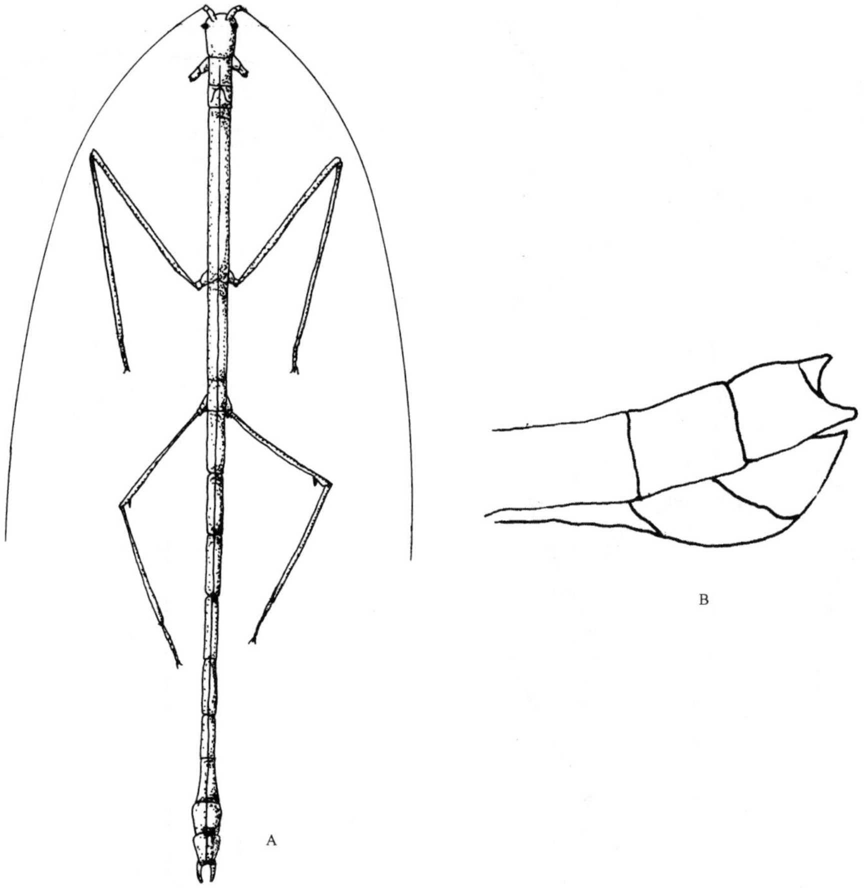

图 130 细尾股枝䗛，新种 *Paramyronides angusticauda* Chen et Xu, sp. nov. , ♂
A. 整体 B. 腹端侧观

中足股节与中胸约等长，股节端部黑色，腹中脊端部有 1 齿，后足发育不全。腹部圆筒形，第 1～5 节长度几乎相等，第 6～9 节依次变短，端部 3 节稍膨大，两侧有不规则白斑，中脊明显；下生殖板兜状，不超过腹部第 9 节；臀节（第 10 节）侧后角直线状斜切；尾须超过臀节，圆柱形，稍内弯，端稍尖。

雌性：未知。

体各部分长度（mm）：体长 54.0；中胸背板 11.5；后胸背板（含中节）8.0；前足股节 14.0；中足股节 11.0；后足股节 8.0。

正模♂（IZAS），西藏墨脱（2 050m），1975-VIII-22，黄复生采。

新种与云南股枝䗛 *P. yunnanensis* Chen et He 相似，但新种眼后 1 条黑线，臀节后缘平截且尾须较长超过腹端等可相区别。

117. 察隅股枝䗛 *Paramyronides zayuensis* Chen et Xu, sp. nov.（图 131）

雄性：体长 54mm。体较小。黄褐色。头略呈方形，头背部至腹部末端沿中脊有 1 黑线，中、后胸具稀疏颗粒。复眼圆形，外凸，眼后有两条黑色条纹；触角线状，长于体长，

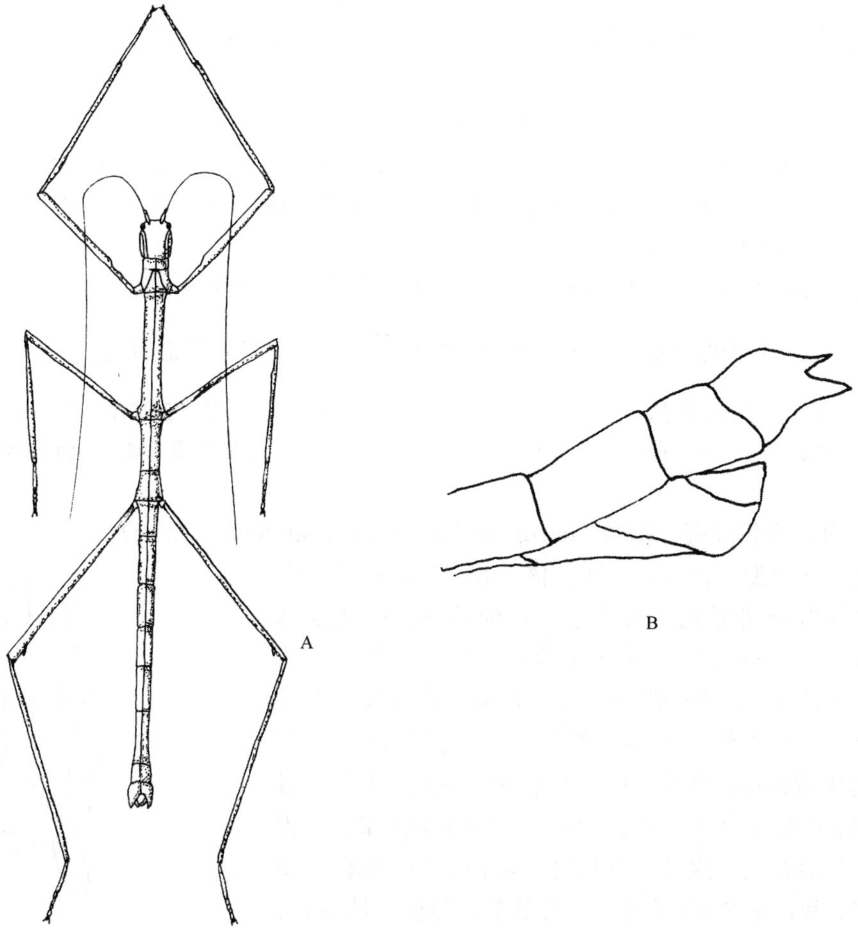

图 131 察隅股枝蛸，新种 *Paramyronides zayuensis* Chen et Xu，sp. nov.，♂
A. 整体 B. 腹端侧观

柄节较扁宽，梗节圆柱形。前胸背板马鞍形，中央有十字形沟纹，沿中脊两侧有如“几”形的黑线纹；中胸背板较短，略短于中足股节；中节梯形，约占后胸长 1/3，中央沿中脊两侧各有 1 月牙形凹陷。前足股节基部弯曲，端部黑色，无齿，跗节第 1 节较长，约等于其他 4 节之和，后足股节长于腹部第 4 节，中、后足股节腹中脊端部各有 1 齿；跗节 5 节，爪简单。腹部圆筒形，腹部第 6 ~ 8 节稍扩展，第 5 节长于第 6 节，臀节（第 10 节）分裂，具三角形凹缘，两臀叶尖端内侧具若干小齿；下生殖板兜状，刚伸达臀节基部；尾须短，内弯，圆柱形，披细毛，不超过臀节。

雌性：未知。

体各部分长度（mm）：体长 54.0；中胸背板 11.5；后胸背板（含中节）8.0；前足股节 13.0；中足股节 12.0；后足股节 19.0。

正模♂（IZAS），西藏察隅（2 280m），1973-VII-26，黄复生采。

新种与单齿股枝蛸 *P. unidentatus* Chen et He 相似，但新种眼后各有 2 条黑色纵纹，臀节后缘三角形凹入等可相区别。

（二十一）无齿股蛸属 *Parasipyloidea* Redtenbacher，1908

模式种：*Parasipyloidea aenea* Redtenbacher，1908

头扁长，无角刺。胸部光滑或具粒突。前翅通常无或退缩。足细长无刺齿，前股节基部弯曲，各足具脊或不明显。雄臀节较平坦具凹缘，雌臀节则延长，端尖或钝；尾须长直，锥状或剑状；腹瓣矛状，端尖或钝。

本属全球共 11 种，主要分布于东洋区和大洋洲区，我国仅知 2 种。

无齿股蛸属 *Parasipyloidea* Redtenbacher 分种检索表（雄性）

1. 中胸背板具细横皱与少量粒突 ·················· 皱背无齿股蛸 *P. rugulosa* sp. nov.
   中胸背板光滑 ·················· 峨眉无齿股蛸 *P. emeiensis* Chen et He

118. 皱背无齿股蛸，新种 *Parasipyloidea rugulosa* sp. nov.（图 132）

雄性：体中型。杆状，无翅。体披粒突。体棕色，中胸背与侧纵脊处暗绿色。头扁平，具少数颗粒；复眼圆突；触角长（部分缺失），第 1 节扁长，第 2 节柱形，约为第 1 节长的 1/2。前胸背板披较稀粒突，除纵沟外尚具侧沟，中胸背板具细横皱与少量粒突，后胸背板（含中节）约为中胸背板长之半；中节与后胸背板约等长。3 对足无齿刺，前股节基部弯曲，后股节略短于前股节，后股节腹外脊部分扩展。腹部具稀粒突，除中纵脊外尚具 2 ~ 3 条侧纵脊，腹部第 8 ~ 9 节膨大，臀节窄，与前节约等长，两侧呈扁叶状，后缘截状；下生殖板兜状，伸达臀节基部；尾须短，扁锥形。

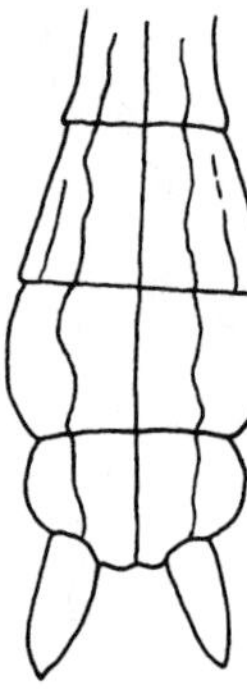

图 132　皱背无齿股蛸，新种 *Parasiphyloidea rugulosa* sp. nov.，♂ 腹端背观

雌性：未知。

体各部分长度（mm）：体长 48.0；中胸背板 11.0；后胸背板（含中节）5.6；中节 2.8；前足股节 13.0；中足股节（缺失）；后足股节 12.0。

正模♂（IZAS），云南勐龙（1 600m），1958-IV-24，王书永采。

新种与 *P. shiva* Westwood 相似，但胸部不扩大，臀节后缘截状，尾须扁锥形等可相区别。

119. 峨眉无齿股蛸 *Parasipyloidea emeiensis* Chen et He，1994（图 133）

Parasipyloidea emeiensis Chen et He，1994，*J. Beijing For. Univ.*，16（4）：121；Chen et He，1996：664.

雌性：体长 65mm。体中型，光滑。中胸后端、后胸及腹部第 3 ~ 4 节宽大。体黄褐色。头较平坦，背中央具纵沟，眼间无角刺。复眼圆突；触角长丝状，约伸达第 5 腹节，第 1 节较扁宽，第 2 节柱形，长于第 1 节长的 1/2。前胸背板长方形，背面具十字形沟纹，横沟位于前半部，沟前背板向两侧凸出，侧沟达后缘；中胸背板短于后胸背板（含中节）的 2 倍，中节横宽，短于后胸。无翅。3 对足无齿刺，前股节基部弯曲，后股节长于前股节，股、胫

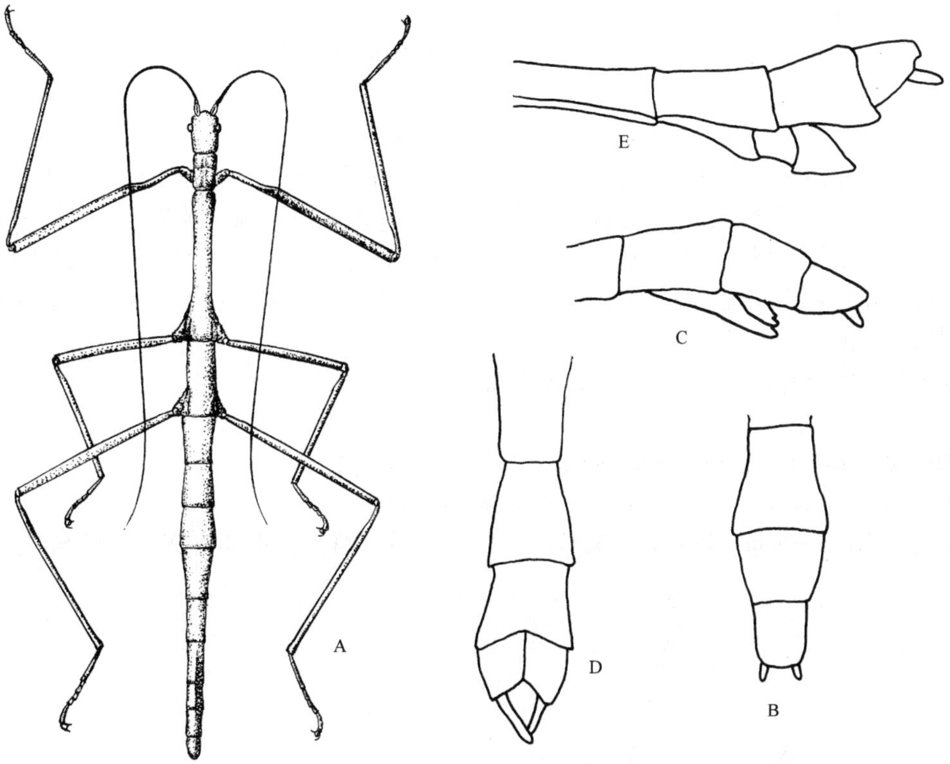

图 133 峨眉无齿股蝻 *Parasiphyloidea emeiensis* Chen et He，♀♂
A. 雌性整体 B. 雌性腹端背观 C. 雌性腹端侧观 D. 雄性腹端背观 E. 雄性腹端侧观

节棱脊明显。腹部稍长于头、胸部之和，第 7 腹板后缘中部低凹，色深，腹端 3 节略呈屋脊状，第 8 节与第 9 节连接处较宽，臀节较窄，与第 9 节约等长，背中央具脊，后缘微弧形，肛上板不明显，腹瓣舟形，约伸达臀节基部，端部宽钝；尾须较扁，剑状，明显超过腹端。

雄性：体长 59mm。体中型，光滑。黄褐色。头部中央与两侧、前胸背板中央黑色；触角除基部两节黄色外，余为黑色；中胸至腹部背中央与腹侧黑色，3 对足股、胫节端部黑色。头近似宽卵形，头顶稍平坦，中央具 1 纵沟；触角远长于体长。前胸背板长方形，具中纵沟，横沟位于前半部，中、后胸圆筒状，近后侧加宽。3 对足中等长，前股节略长于后股节，棱脊清楚，无齿叶等外长物。腹部细长，末端 3 节膨大，臀节略呈屋脊形，后缘加厚，略内凹成三角形，中脊清楚；下生殖板兜状，伸达第 8 节后半部，后缘稍尖，端背具中脊；尾须粗短，披细毛、略内弯。

体各部分长度：体长♀65.0，♂59.0；中胸背板♀14.6，♂14.6；后胸背板（含中节）♀8.4，♂7.8；前足股节♀12.5，♂22.0；中足股节♀7.0，♂15.5；后足股节♀16.0，♂20.0。

卵：长 2.31 mm，宽 1.47 mm，高 1.54mm。近桶形，表面具网状黄色隆线，具一盘状假球端，上具突起。卵孔板梭形，其长约占卵长的全部，位于卵背，卵孔位于卵孔板中后方，卵孔上方具脊，卵孔杯明显。中线明显，较短。

分布：四川（华蓥山、峨眉山）。

（二十二）并胸䗛属 *Arthminotus* Bi，1995

模式种：中华并胸䗛 *Arthminotus sinensis* Bi，1995

体较长，扁棒状，前部和后部略细，中部略宽，即后胸和腹部前数节较宽。体表平滑或具颗粒。触角、体部腹面，3 对足和尾须均具细毛。头部缺或具刺；触角丝状，长于前足股节。中胸背板较长，后胸背板与中节愈合，略具愈合的微痕。前、后翅均缺。前足股节基部略向内弯，并具隆线，股节背面缺或具刺，齿和叶状突；跗节简单；中、后足股节腹面中隆线顶端具 1 个齿。腹瓣具中隆线。

本属为我国特有，仅知 1 种，分布于西藏。

120. 中华并胸䗛 *Arthminotus sinensis* Bi，1995（图 134）

Arthminotus sinensis Bi，1995，*Acta Ent. Sinica.* 38（4）：454.

雌性：体长 110mm。体较长，扁棒状，前部和后部略细，中部略宽，即后胸和腹部 1、

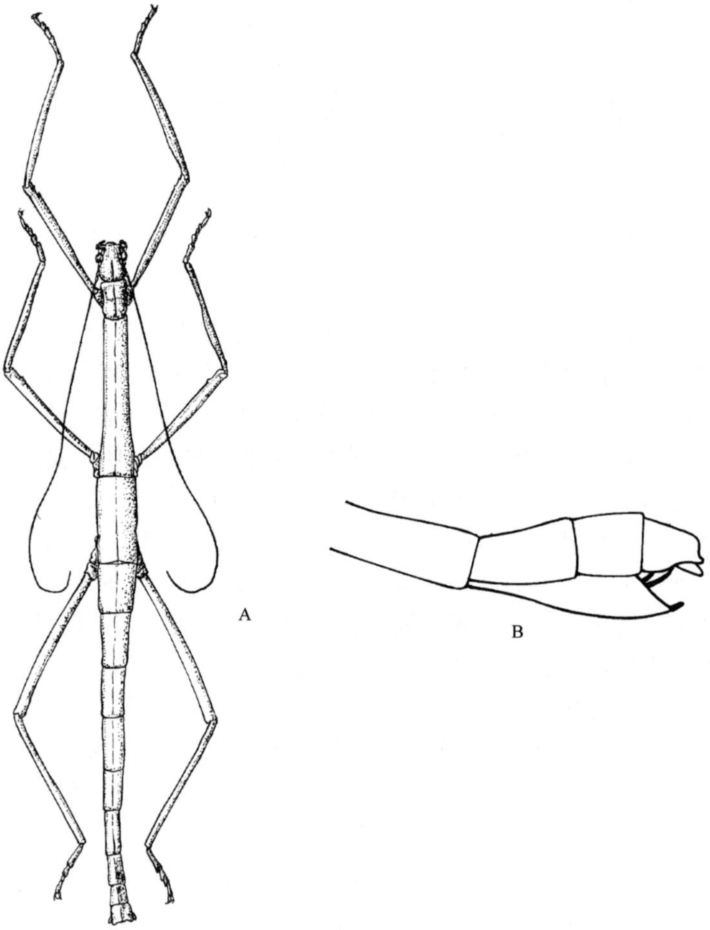

图 134　中华并胸䗛 *Arthminotus sinensis* Bi，♀

A. 整体　B. 腹端侧观（仿毕道英）

2 节较宽。体表光滑，具中隆线。体褐色或黄褐色。触角、体腹面、3 对足及尾须均具细毛。头为长方形，复眼近半球形，突出于头部两侧；触角丝状，长于前足股节，伸达体长的 2/3，第 1 节圆柱形，略扁。前胸背板略长，其长为最宽处的 1.5 倍，为最狭处的 2 倍；两侧缘中央向内弯，中部之前具中横沟和近前缘具前横沟，横沟均割断中隆线，中胸背板较长，前端细，后端较宽，其长为前胸背板的 4 倍以上；后胸背板与中节愈合，略具微痕。前、后翅均缺。前足股节基部略向内弯，并具隆线；前、中和后足股节背面缺刺，腹面中隆线顶端具明显的 1 个齿，内、外膝片顶端呈锐角形；跗节 4 ~ 5 节；中足较短，后足较长，超过腹部末端。腹部向后端趋细，末端 3 节较短，最后 2 节之和略长于第 8 节，臀节后缘平切，在中隆线处略凹，两侧角钝形；腹瓣舟形，顶端较狭，其长未超过臀节后缘，其腹面具中隆线；尾须圆锥形，顶端较钝，略超过或不到达臀节后缘。

雄性：未知。

体各部分长度（mm）：体长 110. 0；前胸背板 6. 0；中胸背板 26. 0；后胸背板 15. 0；前足股节 22. 0；中足股节 20. 0；后足股节 27. 0。

分布：西藏（墨脱）。

（二十三）管䗛属 *Sipyloidea* Brunner，1893

模式种：*Sipyloidea sipylus*（Westwood）[*Necroscia sipylus*] by indication of Brunner，1893，and acceptance by Rehn，1904

头扁长，缺单眼。中胸背板长。前翅扁，翅突钝。前股节基部弯曲，一般光滑无齿刺。雄臀节常略有凹缘，下生殖板钝或尖；雌臀节呈屋脊形，端钝或尖；腹瓣尖或端圆；常无肛上板。

本属较大，全世界超过 60 种，主要分布于东洋区，我国已知 10 种，分布于南方省区。

管䗛属 *Sipyloidea* Brunner 分种检索表

1. 中、后足股节腹面近端部有齿 …… 2
   中、后足股节腹面近端部无齿 …… 3
2. 中胸背板光滑 …… 友善管䗛 *S. amica* Bei-Bienko
   中胸背板具颗粒 …… 五指山管䗛 *S. wuzhishanensis*（Chen et He）
3. 前翅稍宽，翅突较尖 …… 宽翅管䗛 *S. adelpha* Günther
   前翅突圆钝 …… 4
4. 前翅中央有 2 个黄色斑纹 …… 双斑管䗛 *S. biplagiata* Redtenbacher
   前翅中央无黄色斑纹 …… 5
5. 雌虫臀节端部凹入 …… 6
   雌虫臀节端部不凹入 …… 8
6. 中胸背板光滑 …… 大国氏管䗛 *S. okunii* Shiraki
   中胸背板具颗粒 …… 7
7. 中胸背板颗粒稀疏；尾须长 …… 凹臀管䗛 *S. cavata* Chen et He
   中胸背板颗粒密集；尾须短 …… 短须管䗛 *S. brevicerca* sp. nov.
8. 眼后有橘黄色纵条 …… 全臀管䗛 *S. completa* Chen et He
   眼后缺有色纵条 …… 9
9. 中胸背板颗粒稠密 …… 棉管䗛 *S. sipylus*（Westwood）
   中胸背板颗粒较稀疏 …… 树基管䗛 *S. shukayi* Bi，Zhang et Lau

121. 五指山管蛸 *Sipyloidea wuzhishanensis*（Chen et He，2002）comb. nov.（图 135）

Marmessoidea wuzhishanensis Chen et He，2002，*Forest Insects of Hainan.* 105.

雌性：体长 70 mm。体杆状，具翅种类。体褐色，触角、前足与翅为绿色，触角具若干浅色环，背面褐色，腹面灰绿色，除基部 2 节与端部1/3后为褐色外，其余为灰绿色，前翅前缘与后翅基部为褐色，余为绿色。头宽卵形，长且宽于前胸，后头稍隆起，并具短纵沟；复眼圆凸；触角伸达第 5 腹节，第 1 节背观长方形，端厚，第 2 节圆柱形，较短。前胸背板具十字形沟纹，横沟位前方；中胸背板具纵中脊，长约为后胸（含中节）的 2 倍。前翅鳞状，外缘截状，翅突钝，后翅伸达第 5 腹节基部，翅臀域为乳白色。3 对足匀称，前足股节基部弯曲，后股节稍短于前股节，中、后足股节端部内外腹脊各具 1 ~ 2 小刺。腹端 3 节屋脊状，臀节窄，约与第 9 节等长，端缘弧形；具肛上板；腹瓣舟形，较扁平，具 1 纵脊 2 侧脊，端窄钝，约伸达臀节端部；尾须圆柱形，端略尖，显著超过腹端。

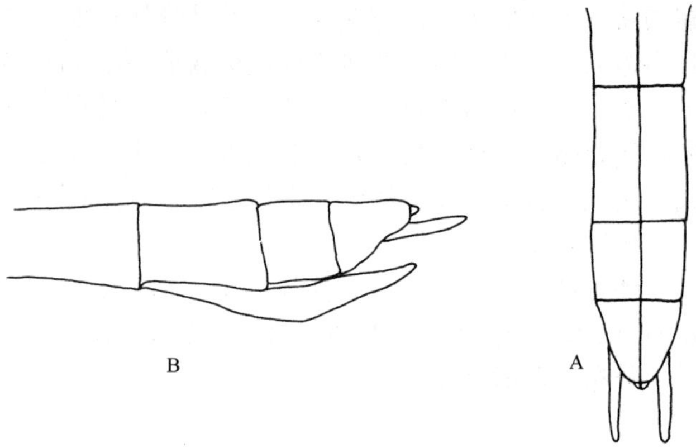

图 135 五指山管蛸 *Sipyloidea wuzhishanensis*（Chen et He），♀
A. 腹端背观 B. 腹端侧观

雄性：体长 67mm。体较雌虫细瘦，触角褐色，眼后与前胸背板边框黄色；前翅与后翅前缘浅黄色。后翅超过第 5 腹节；臀节端部加厚，端缘中央凹入；下生殖板后缘微凹，伸达第 9 节端部；尾须内弯。

体各部分长度（mm）：体长♀70.0，♂67.0；中胸背板♀12.0，♂13.0；后胸背板（含中节）♀7.0，♂8.2；前足股节♀19.5，♂23.0；中足股节♀13.0，♂16.0；后足股节♀18.0，♂22.0。

分布：海南（五指山）。

122. 凹臀管蛸 *Sipyloidea cavata* Chen et He，1993（图 136）

Sipyloidea cavata Chen et He，1993，*J. Guangxi Acad. Sci.*，9（1）：40.

雌性：体长 80mm。全身除中胸背板与侧板披稀粒突外，余较光滑。头较短宽，后头稍隆起，头背面具 3 条纵沟；眼卵形，外突，长约为其后至头后缘的 1/2 倍，单眼具痕迹；触角短于体长，第 1 节长约为第 2 节的 2 倍。前胸背板光滑，长为宽的 1.5 倍，横沟位于中央稍前方，纵中沟不达后缘，中胸背板前侧约与其后侧等宽，中胸长约为前胸的 3.1 倍，背中脊明显，背面披稀疏大小不等的粒突，每侧缘有 1 排较粗粒突，中胸侧板具 1 列疏生粒突。前翅短，后缘斜切，脉纹呈网状，翅突较平坦，后翅短，伸达第 2 节或 3 腹节端部，径脉域近中央被 1 纵脉分割成 2 排横脉。3 对足中等长，前足股节长于中胸背板，后足股节略短于前足股节。腹部长于头、胸部之和，端部 4 节较窄，稍侧扁，臀节短于第 8 节背板，稍长于第 9 节背板，端部中央向内凹入；腹瓣较长，端尖，具中脊，约伸达臀节端部；尾须直，明显超过腹端。

雄性：体长 55 ~ 60mm。较雌虫细瘦。体绿色，眼后具黄纵条，触角基部 2 节侧面黄色。后翅伸达第 2 节腹节。腹端 3 节膨大，呈屋脊状，臀节约与第 9 腹节等长，稍短于第 8 节，其后缘几平截；下生殖板伸达臀节基部；尾须圆柱形，露于腹端。

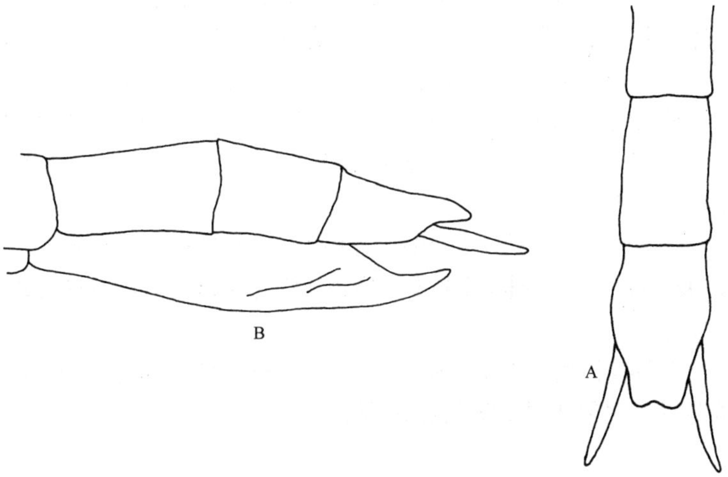

图 136　凹臀管蝌 *Sipyloidea cavata* Chen et He，♀
A. 腹端背观　B. 腹端侧观

体各部分长度（mm）：体长♀80.0，♂55.0 ~ 60.0；中胸背板♀14.0，♂12.0；后胸背板（含中节）♀9.8，♂7.0；前翅♀6.2，♂3.0；后翅♀20.0，♂9.4；前足股节♀21.0，♂14.0；中足股节♀15.0，♂13.0；后足股节♀19.0，♂13.5。

分布：贵州（梵净山），广西。

123. 短须管蝌，新种 *Sipyloidea brevicerca* sp. nov.（图 137）

雌性：体长 70mm。体中型，杆状。具翅。绿至褐色。头短，略凸，眼圆突，其后具橘色纵纹；触角远长于前股节，第 1 节矩形，第 2 节柱形，较短。前胸背板光滑，横沟位于中前方，中胸背板具纵脊，披较密粒突，尤以两侧较粗成纵列。前翅翅突稍凸，后缘几平截，后翅约伸达第 5 腹节中央。3 对足较短，无齿刺。腹端 3 节屋脊状，第 8 节长于第 9 节，臀节与第 9 节约等长，后侧收缩，呈浅弧形凹入；腹瓣舟形，约伸达臀节中央；尾须圆柱形，稍超过臀节端部。

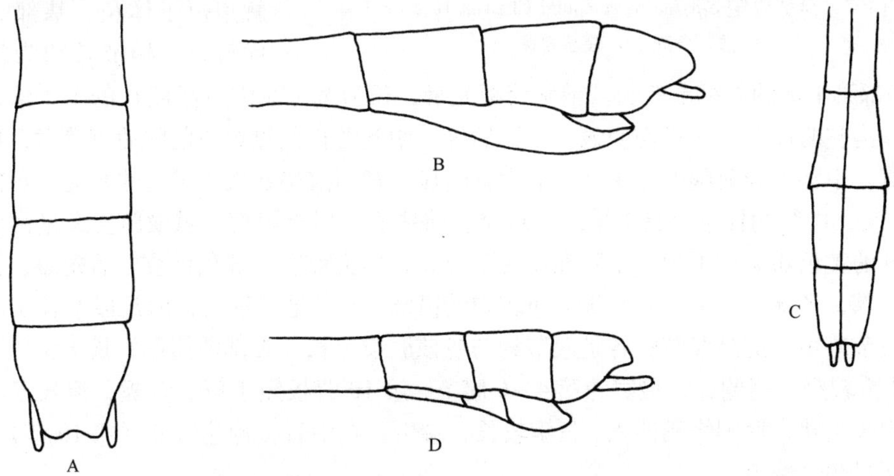

图 137　短须管蝌，新种 *Sipyloidea brevicerca* sp. nov.，♀♂
A. 雌性腹端背观　B. 雌性腹端侧观　C. 雄性腹端背观　D. 雄性腹端侧观

雄性：体长 54mm。体细瘦。中胸背板两侧各有 2 条较粗纵脊。前翅卵形，后翅伸达第 5 腹节前半部。腹端 3 节膨大，屋脊状，臀节与第 9 节约等长，但短于第 8 节，其后缘浅凹；下生殖板伸达臀节前方，后缘平钝；尾须圆柱形，超过臀节端部。

体各部分长度（mm）：体长 ♀70.0，♂54.0；中胸背板 ♀13.0，♂11.6；后胸背板（含中节）♀7.5，♂6.0；前足股节 ♀17.0，♂21.5；中足股节 ♀12.0，♂15.5；后足股节 ♀17.5，♂20.0。

正模 ♀（IZAS），四川峨眉山金顶（800～3 160m），1963-VIII-12，张学忠；副模 1 ♂（IZAS），与正模同时采集，副模 1 ♀（BJFU），四川华蓥山瓦店乡（750m），1994-VI-19，胡光玮。

新种与凹臀管䗛 *S. cavata* Chen et He 相似，但体上粒突较粗密，后翅较长，臀节后缘微凹以及尾须明显短等可相区别。

124. 全臀管䗛 *Sipyloidea completa* Chen et He，1993（图 138）

Sipyloidea completa Chen et He，1993，*J. Guangxi Acad. Sci.*，9(1)：39.

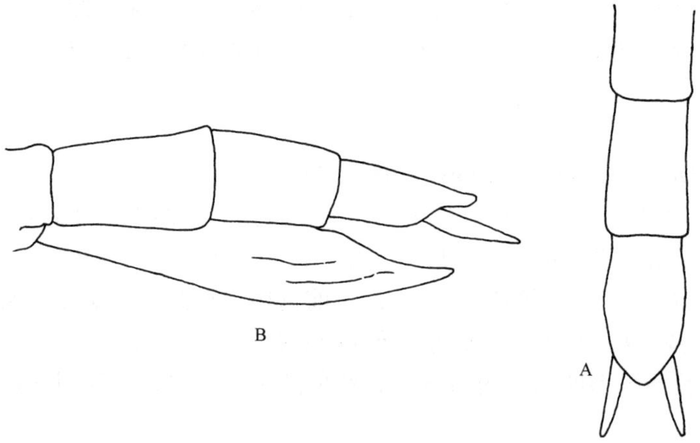

图 138 全臀管䗛 *Sipyloidea completa* Chen et He，♀
A. 腹端背观 B. 腹端侧观

雌性：体长 74mm。体绿色，眼后有黄线（新鲜时呈粉色）。头背有褐线 6 条，以中央 2 条为宽，全身除中胸背板与侧板外，具有少量颗粒，其余较光滑。头较短宽，背面略平坦，但至后头稍隆，额前缘约与触角柄节等长，头背有 1 浅纵沟；眼卵形，突出，长约为其后至头后缘的 1/2，单眼不明显；触角短于体长，基部 2 节侧面粉色，柄节长约为梗节的 1.5 倍，鞭部第 1 节约与柄节等长。前胸背板光滑，长为宽（横沟后区域）的 1.3 倍，横沟位于中央，沟侧略前弯，纵中沟明显，不达后缘；中胸背板前侧约与前胸后侧等宽，后侧约与后胸等宽，中胸长为前胸的 3.4 倍，前中脊明显，背面披稀疏大小不匀的粒突，每侧缘有 1 排较粗粒突，中胸侧板中央具 1 排疏生粒突。前翅短，后缘斜切，纵横脉交叉呈网状，近前缘中央处的黄色翅突较平坦，中脉在翅突下分叉，翅突前有 1 黄色纵纹；后翅短，仅伸达第 2 腹节中部，径脉域中央处有 1 排分布较匀的横脉。3 对足中等长，前足股节长于中胸背板；后足股节略短于前足股节；各足股节约与各该胫节等长。腹部圆筒形，长于头、胸部之和，末端 4 节较窄，稍侧扁，最宽为第 4～6 腹节，第 10 背板短于第 8 背板，但长于第 9 背板，端部中央角状，后侧缘稍凹入；腹瓣较长，端尖，具中脊，伸达臀节（第 10 节）端部；尾须直，明显超过臀节。

雄性：未知。

体各部分长度：体长 74.0；前胸背板 4.0；中胸背板 13.6；后胸背板（含中节）8.6；前

翅 6.0；后翅 18.2；前足股节 22.0；中足股节 14.5；后足股节 20.0。

分布：广西（兴安猫儿山）。

125. 大国氏管䗛 *Sipyloidea okunii* Shiraki，1935（图 139）

Sipyloidea okunii Shiraki，1935，*Mem. Fac. Sci. Agric.*，80.

雌性：体长约 70～73mm。体中型偏大，细长。橄榄绿色，腹和足色浅。头光滑，较扁，稍宽于前胸背板，两侧平行，额前缘具脊，且窄于触角第 1 节，中央有 1 "V" 形沟，后头不甚隆起，有 3 明显纵沟；眼较凸，椭圆形，前稍窄，无单眼；触角未伸达腹端，橄榄绿色，向后渐变浅色，至端部褐色，端部有 1 白色环，第 1 节长为宽的 1.5 倍，约为第 2 节长的 1.7 倍，第 3 节与第 1 节约等长。前胸背板光滑，长为宽的 1.5 倍，横沟位于中前方，纵沟明显但不达后缘，中胸背板光滑，具纵脊，稍宽于前胸背板，约为前胸背板长的 3.3 倍，中、后胸侧板光滑。足细长，无齿叶，前股节基部弯曲，长于头、前胸与中胸之和，后股节与前股节约等长。前翅长，端圆，具规则网脉，径、肘脉不分叉，中脉间或两分叉，臀脉 2 支，后翅不达腹端，横脉多，侧缘有 2 加插脉，臀域浅粉红色。腹部细长，第 10 节（臀节）多少呈屋脊状，侧端叶扁，端缘具凹缘；肛上板小且圆，不超过臀节端部；腹瓣舟形，不超过第 9 节；尾须长，具毛，端部 1/3 较扁，且向下斜切。

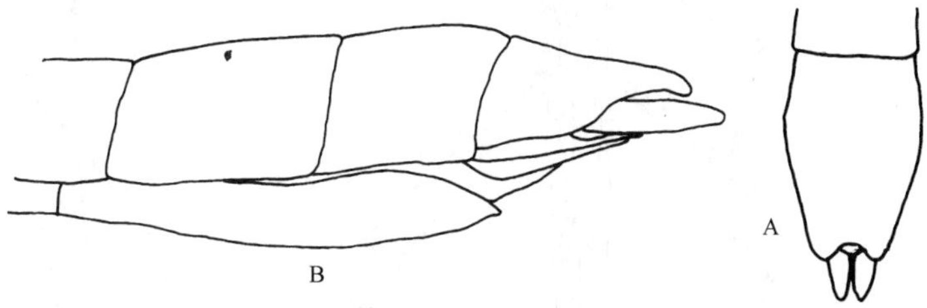

图 139 大国氏管䗛 *Sipyloidea okunii* Shiraki，♀

A. 腹端背观 B. 腹端侧观

雄性：未知。

体各部分长度：体长 70.0～73.0；前胸背板 3.5～4.0；中胸背板 11.5～12.0；前翅 5.4～5.9；后翅 36.0～39.0；前足股节 20.0；中足股节 13.0～15.0；后足股节 19.8。

据在台湾观察，本种营有性生殖，每头雌虫产卵 50～80 粒，卵孵化期约半年，若虫须 3 个月发育为成虫，成虫期约为 6～8 个月。

分布：台湾（兰屿）。

126. 友善管䗛 *Sipyloidea amica* Bei-Bienko，1959（图 140）

Sipyloidea amica Bei-Bienko，1959，*Zool. Zhurn.*，*Moscow.* 38：1818.

Marmessoidea viridescens Chen，He et Chen，2000，*Acta Sci. Nat. Univ. Sunyatseni*. 39（4）：129.

Sipyloidea peelensis Brock et Seow-Choen，2000，*Serangga*. 5（1）：128～130.

雌性：体长约 78mm。体中型偏大，光滑。头、胸和翅绿色，前翅前缘浅黄，前缘翅突褐色，眼后与中胸两侧具浅色纵纹，触角背面褐色，腹面浅色，前、中足绿色，后足褐色。头宽卵形，背面隆起，后头具纵沟；复眼圆凸；触角第 2 节圆柱形，略短于第 1 节。前胸背板长方形，窄并短于头部，中央具十字形沟纹，横沟位于中前方。前翅宽卵形，后缘弧形，后翅伸达第 5 腹节端部，臀域乳白色。前足股节基部弯曲，中、后足股节内外腹脊端部有 5～6 小刺。腹端 3 节屋脊状，臀节窄，与第 9 节约等长，后缘亚平截，中央稍外突；肛上板

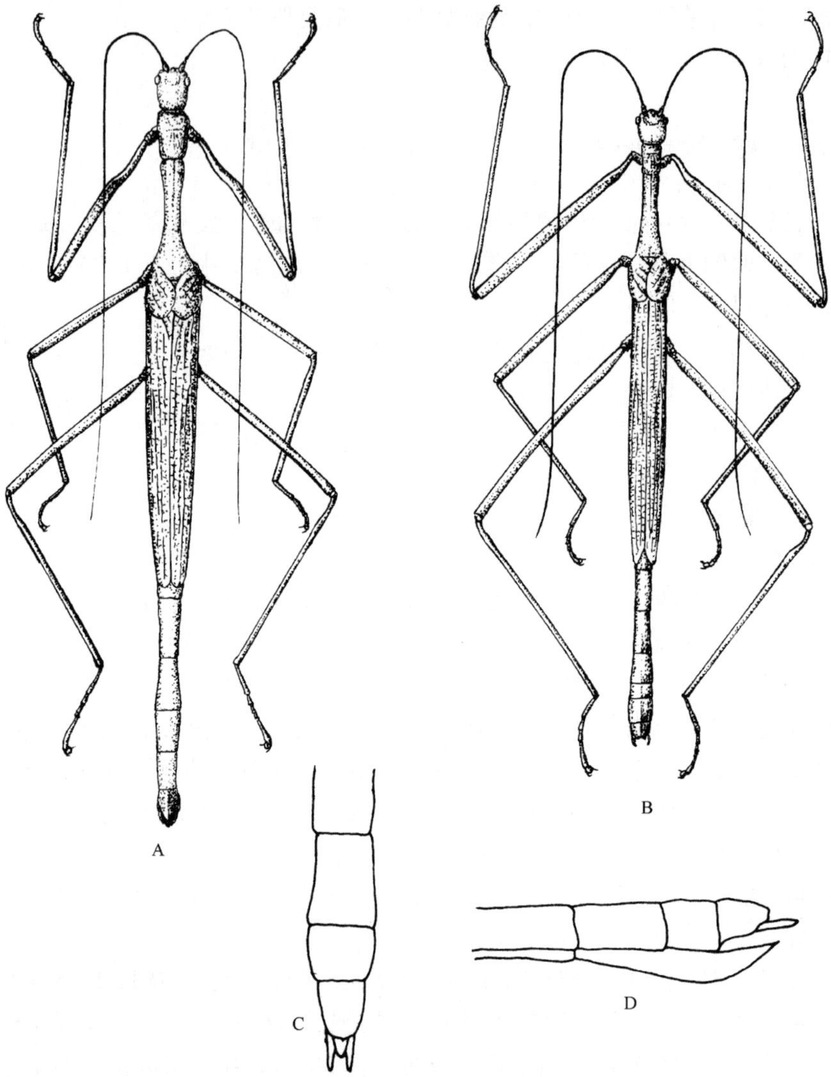

图 140 友善管䗛 *Sipyloidea amica* Bei-Bienko，♀♂
A. 雌性整体 B. 雄性整体 C. 雌性腹端背观 D. 雌性腹端侧观

小；腹瓣舟形，稍扁，具 1 纵脊 2 侧脊，端窄，略凹，明显超过臀节；尾须圆柱形，端较尖，超过腹端。

雄性：体长约 65mm。中型偏大。光滑。眼后与中胸两侧具浅黄色纵纹，3 对足股节端部，胫节基与端部深色。头稍长于宽，较光滑，眼小；触角长于前足，基部 2 节宽且长，鞭节近端处具浅色环。前胸背板与头约等长，中央有凹陷，侧缘有窄的白纹，中胸背板较长，向后加宽，长于前胸背板的 3 倍，两侧具成列的稀疏粒突，中胸腹板与后胸侧板具浅色斑纹。3 对足细长，前，后足股节约等长，前足股节基部较弯曲，中、后足股节端部腹面两脊具数小刺；前、后足跗节长。前翅较宽，端部亚截状；后翅中等长，伸达或超过第 5 腹节。腹部细长，基部数节长度相仿，第 8 节端部加宽，臀节与第 9 节约等长，臀节端缘中央浅凹，其内侧生有数小齿；下生殖板宽，较隆起，端部圆，约伸达或超过第 9 节；尾须圆柱形，较细，端部圆。

体各部分长度（mm）：体长♀78.0，♂65.0；中胸背板♀12.0，♂10.0；后胸背板（含中节）♀9.0，♂8.0；前足股节♀21.0，♂20.0；中足股节♀16.0，♂15.0；后足股节♀20.0，♂20.0。

卵：长2.70 mm，宽0.78 mm，高1.80mm。略呈方形，较扁。背面上半部斜切，向内凹入。腹面大部分凹入，边缘粗糙不平。卵盖平坦具边框，球端具短柄，短柱形，具数条咖啡色脊线。卵孔板心形，位中央处，卵孔位于其底部，卵孔杯弧形，后端中央凹入。

分布：广东（鼎湖山、连县潭岭、大东山），香港。

127. 树基管蟾 *Sipyloidea shukayi* Bi，Zhang et Lau，2001（图141）

Sipyloidea shukayi Bi，Zhang et Lau，2001，*Entomotaxonomia.* 23（4）：256～257

雄性：体长约70mm。体色褐色，头部及前胸背板呈淡褐色，前翅和后翅的前缘脉域具1条淡色条纹；前翅褐色，后翅前缘脉域为褐色，其余为烟色，边缘具透明斑纹，股节和胫节端部为暗色。头较平，背面缺颗粒，其长略大于宽，头部前缘与后缘近乎等宽（除复眼向两侧突出外）；触角丝状，较长于前足股节，分节不明显，第1节粗大，圆柱形，第2节较短于第1节，第3节为丝状；触角基部之间具1凹窝。前胸背板具小颗粒，在中部之前具明显的横沟，沟后区仅具纵沟；中胸背板具明显隆起的中隆线，并具较密的黄色颗粒，其腹面和侧面亦具隆线和颗粒；后胸背板侧面和腹面亦具颗粒。前翅卵状，其长超过后胸背板中部，未到达后胸背板的后缘，翅突较低，其臀域在背面相互连接，到端部分开；后翅较长，伸达腹部第6节中部。前足股节较长，较长于头、前胸背板及中胸背板之和，其基部略向内弯，中足和后足股节均缺齿，较短于前足股节，后足股节与前足股节等长，中足和后足胫节端部的腹面缺三角形凹窝。腹部平滑，其背面具中隆线，自第8节之后逐渐向端部扩宽，并略上翘，第9节至端部近乎等宽，臀节（第10节）后缘明显凹入，呈钝圆形；下生殖板平滑，向端部趋狭，顶端钝圆，到达第9腹节端缘；尾须较粗短，其长超过臀节端缘，顶端钝圆，向内弯曲，两顶端在腹端相遇；。

雌性：体长约89mm。体较大于雄性。体烟色具黑斑，前翅同体色，后翅前缘域同体色，后缘域灰色。头长形，扁平，其背面具颗粒和隆线，在触角基部之间的后方具有1凹陷；复眼位于头前部两侧，圆形，较外突；触角丝状，长于前足股节，第1节扁平。前胸背板较扁，具数列不规则的细小颗粒，

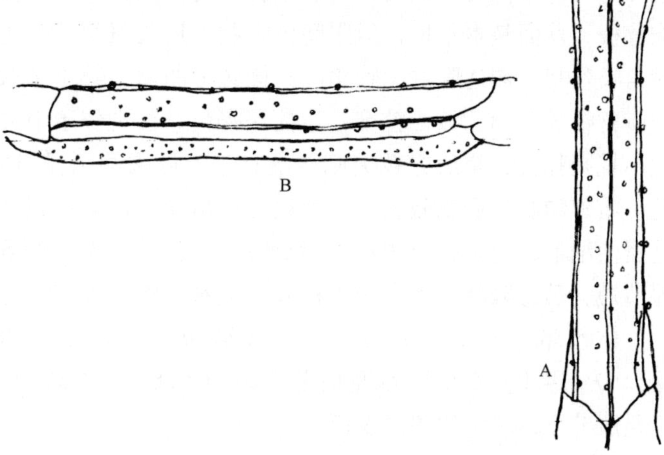

图141　树基管蟾 *Sipyloidea shukayi* Bi，Zhang et Lau
A. 中胸背板背观　B. 中胸侧板侧观（仿毕道英等）

在中部之前具中横沟，中隆线较低，较细；中胸背板较长，圆筒形，其前端和后端颗粒较多，中隆线略明显，侧隆线由整齐的颗粒组成，中隆线两侧各有 1 条由颗粒组成的细隆线，右侧明显，左侧不规则；中胸侧板和腹板亦具较密的颗粒；后胸侧板和腹板亦具小颗粒。前翅卵形，较短，不伸达后胸背板的中部，其臀域在背面相连接，到端部又分开，翅突较低；后翅较长，超过腹部之半。前足股节较长于头、前胸背板及中胸背板三者之和，其基部略向内弯；中足股节较短，较短于前足股节，后足股节与前足股节近等长，中足和后足股节腹面端部均缺齿。腹部较长，具颗粒，臀节顶尖，为锐角形；腹瓣舟形，顶端钝形，其长不达臀节端部；尾须较直，扁锥形，顶较钝，圆形，超过臀节顶端。

体各部分长度（mm）：体长♀89.0，♂70.0；前胸背板♀4.0，♂4.0；中胸背板♀15.0，♂12.0；后胸背板♀11.0，♂9.0；前足股节♀24.0，♂23.0；中足股节♀16.0，♂16.0；后足股节♀24.0♂，♂23.0；前翅♀6.0，♂6.0；后翅♀45.0，♂33.0；腹部♀51.0，♂39.0。

分布：香港（西贡区鲫鱼湖）。

128. 棉管䗛 *Sipyloidea sipylus*（Westwood，1895）comb. nov.（图 142）

Necroscia siphlus Westwood，1859，*Cat. Phasma.* XVIII：138.

Necroscia samsoo Westwood，1859，*Cat. Phasma.* X：132.

Sipyloidea sipylus Westwood，1895，*Die Insektenfamilie der Phasmiden.* 544.

Asceles longzhouensis Chen et He，2000，*Acta Zootaxonomica Sinica.* 25（4）：395.

雌性：体长约 87～108mm。褐色。头椭圆形，有黄色纵线 6 条，复眼黑褐色；触角丝状，长于前足，分节不明显，约与身体同长。前胸短，中央有 1 条明显的横沟。前翅小，卵圆形、褐色；后翅几伸达腹部 2/3，前区狭窄，淡褐色；臀区大，透明。足细长。腹部延伸，产卵瓣不伸出；尾须长，侧扁。

雄性：体长 48～71mm。细杆状。体被不规则粒突。体黄褐色，触角褐色，具 4～5 个浅色环；头部纵沟处，眼后，前、中胸，复翅角突及腹部背面均为褐色。头长方形，稍短于前胸背板，背面基本平坦，但眼间较隆起，后头具纵沟，形成 4 个瘤突；眼大，椭圆形外突；触角长丝状，伸达腹端，触角间具椭圆形凹窝，第 1 节长方形，第 2 节柱形并短于第 1 节。前胸背板长方形，披稀粒突，边框深褐色，横沟位于中央稍前方，中胸背板具纵、侧脊，散生不规则粒突，至后方粒突则稀疏；中、后胸侧板具纵脊与粒突；中胸腹板粒突具明显短毛。前翅鳞状，后缘截状，角突较钝；后翅伸达第 6 腹节基部。3 对足细长，无刺齿，纵脊处密生细毛；前足股节稍长于后足股节。腹端 3 节，第 8 节宽长，第 9 节自基至端部变窄、臀节短，后缘截状；下生殖板拱起，端窄，伸达臀节基部；尾须圆柱状，超过臀节。

体各部分长度（mm）：体长♀87.0～108.0，♂48.0～71.0；后胸背板（含中节）♀12.0～14.0，♂7.0；前足股节♀24.0～28.0，♂17.0；中足股节♀16.0～21.0，♂10.0；后足股节♀24.0～28.0，♂17.0。

卵：长 3.30mm，宽 1.32 mm，高 1.32mm。长椭圆形，褐色，表面具有不规则脊纹与小毛状刺。卵盖角倾斜。卵孔板梭形，位于中央处，两端较尖，卵孔位于其底部。

本种在台湾一年 2～3 代。野外雄虫甚为罕见，可能以孤雌生殖为主。在人工饲养条件

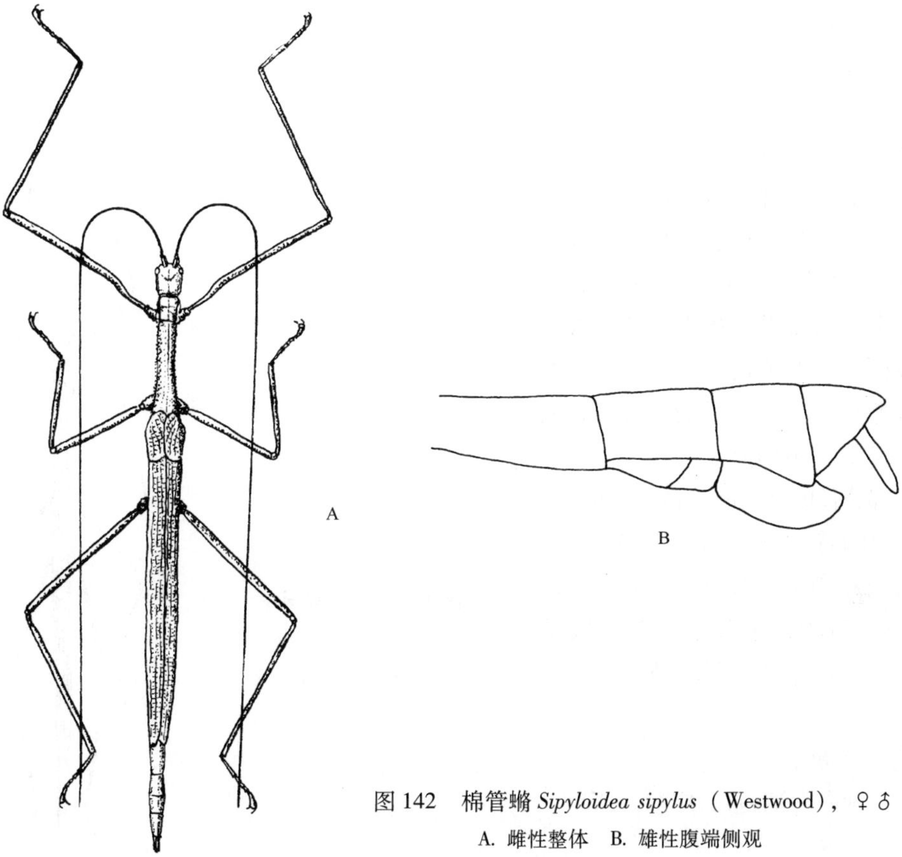

图 142　棉管蝽 *Sipyloidea sipylus*（Westwood），♀♂
A. 雌性整体　B. 雄性腹端侧观

下，成虫期长达 10～12 个月，产卵量约在 400～600 粒，卵孵化期视季节而异，夏季约 1.5 个月，秋、冬季则约 3 个月。

寄主：蔷薇科、荨麻科、壳斗科、樟科、锦葵科和棉花等。

分布：河南（商城），福建（武夷山），台湾，香港，广东（封开、深圳），四川，广西，云南，海南，浙江，甘肃，四川，贵州（雷山）；印度尼西亚，印度，泰国，越南，老挝，孟加拉国，日本，马达加斯加。

129. 宽翅管蝽 *Sipyloidea adelpha* Günther，1940

Sipyloidea adelpha Günther，1940，*Decheniana.* 99B，245.

雄性：体长 55mm。头延伸，背面扁平；触角具白色环带。前足较细长且纤弱。前翅近基部外侧具角突。腹部光滑，尾须粗细均匀，稍曲，略超过臀节末端。

雌性：未知。

体各部分长度（mm）：体长 55.0；前胸背板 2.8；中胸背板 8.0；后胸背板（含中节）8.9；中节 5.3；前足股节（缺失）；中足股节 11.5；后足股节 17.0。

分布：福建（武夷山挂墩）。

130. 双斑管蝌 *Sipyloidea biplagiata* Redtenbacher, 1908, new record to China（图 143）

Sipyloidea biplagiata Redtenbacher, 1908, *Die Insektenfamilie der Phasmiden.* 544.

雄性：体长 83mm；雌性 108mm。体黄褐色，头光滑。眼后有褐线，前胸背板散生颗粒，中胸背板背中脊褐色，两侧黑色，背板中央与侧面均披较密而尖的颗粒突，腹板中线常为褐色。前翅卵圆，稍隆起，前缘黄色，中域的黄斑长方形，后翅前缘黄褐色，翅脉不甚明显，翅后域黄色。足褐色，披细毛。雄虫臀节后缘双叶状，较圆；下生殖板尖形；雌虫臀节为长形，腹瓣尖形；雄虫尾须直而钝，雌虫则为扁形，不明显。

体各部分长度（mm）：体长♀108.0，♂83.0；中胸背板♀19.0，♂14.0；后胸背板（含中节）♀15.0，♂10.0；前足股节长♀31.0，♂28.0；中足股节♀22.5，♂18.5；后足股节♀31.0，♂27.0。

寄主：黎蒴木。

分布：湖南（湘西），广东；越南。

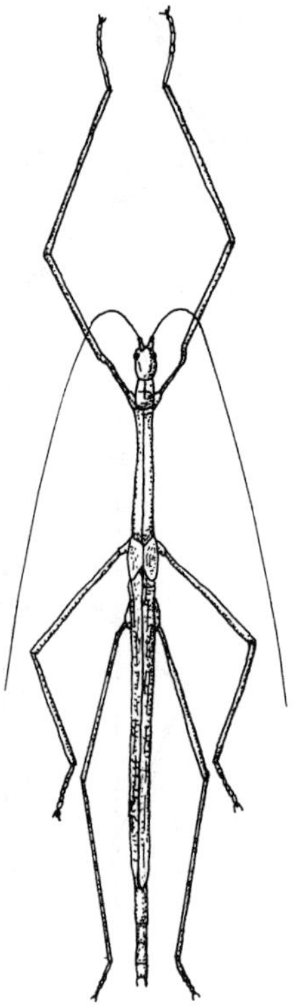

图 143 双斑管蝌 *Sipyloidea biplagiata* Redtenbacher，♂ 整体

（二十四）瘤胸蝌属 *Trachythorax* Redtenbacher，1908

模式种：*Trachythorax maculicollis*（Westwood）［*Phasma*（*Necroscia*）*maculicollis*］，1848

头与胸光滑。头顶后凸起，呈球状，个别种类则稍扁。中胸背板前多少收缩，中央两侧具瘤突。足具脊，前足股节基部弯曲，各足无齿刺，腹中脊明显。前翅短，翅突隆凸，后翅延长。雄臀节钝形，下生殖板短，拱起；雌臀节则短，圆截或具凹口，第 7 腹板具圆孔；腹瓣矛状，端部裂开或截状。

本属已知 11 种，分布在东洋区，我国有 4 种。

瘤胸蝌属 *Trachythorax* Redtenbacher 分种检索表（雌性）

1. 后头平坦 …………………………………… **褐脊瘤胸蝌 *T. fuscocarinatus* Chen et He**
   后头隆起 ……………………………………………………………… 2
2. 头部具黑斑 …………………………………… **暗斑瘤胸蝌 *T. atrosignatus* Brunner**
   头部无明显黑斑 ………………………………………………………… 3
3. 后翅较长，明显超过腹端 ……………………………… **长翅瘤胸蝌 *T. longialatus* Cai**
   后翅较短，不超过腹端 ……………………………… **六斑瘤胸蝌 *T. sexpunctatus* Shiraki**

131. 暗斑瘤胸蛸 *Trachythorax atrosignatus* Brunner，1893，new record to China

Calvicia atrosignata Brunner，1893，*Revis.* 85.

Trachythorax atrosignatus Brunner，1893，*Die Insektenfamilie der Phasmiden.* 507.

雌性：体长 66～74mm，雄性 39～43mm。体中型，雌性较雄性粗壮。杆状，具翅。暗棕色，头、胸部具黑斑与条纹，足深褐色，具不明显斑纹。头长于宽，沿眼有黑线，眼间有短黑线。雌性头呈锥状突起，触角深褐色具黄环。前胸背板具数条黑带，中胸长为前胸的 2 倍，具黑带，近中央有 2 瘤突。前翅圆凸，棕绿色有散斑，后翅臀域前棕绿色也有散斑，其余部分为棕色。腹部具数条纵脊，雄臀节稍圆，后缘截状，具 4 小齿，下生殖板拱起，端较尖；雌虫腹部第 7 节端部具圆窝；臀节短，端缘有凹口；腹瓣端部尖且开裂。

体各部分长度（mm）：体长♀66.0～74.0，♂39.0～43.0；中胸背板♀8.0，♂7.0；后胸背板（含中节）♀12.0～13.0，♂7.0；前足股节♀13.0～15.0，♂12.0～13.0；中足股节♀9.0～10.0，♂6.0～7.0；后足股节♀15.0～16，♂12.0～13.0。

分布：云南（景洪）；越南，缅甸，马来西亚，老挝，印度尼西亚。

132. 六斑瘤胸蛸 *Trachythorax sexpunctatus* Shiraki，1911（图 144）

Necroscia 6-punctatus Shiraki，1911，*Ann. Zool. Jap.*，*Vol.* 304.

Trachythorax sexpunctatus Shiraki，1935，*Mem. Fac. Sci. Agric.*，14（3）：78.

雌性：体长 75～85mm。中型偏大。体杆状，粗壮，具翅。暗褐色，前胸和中胸背板呈红色，约有 10～14 个黑斑。后头圆突，额前缘较宽，约与触角第 1 节等宽；触角远长于前足，第 1 节长且宽于第 2 节。前胸较宽，中央具十字形沟纹，横沟位于近中央，中胸背板近侧缘有 2 黑斑。足较短，中股节最短，后股节等于或略长于前股节。前翅翅突显著，具脊；后翅约伸达腹端，臀区黑褐色。腹部向后变窄，腹部第 7 节腹板与腹瓣约等长，其中央有深槽；臀节屋脊状，端具脊，明显长于第 9 节，端缘具三角形凹缘，侧观近似三角形且较尖；腹瓣较扁，伸达臀节中央，端半部具纵脊，端缘具三角形凹缘；尾须短直，端较尖，腹面具圆沟。

雄性：体长 46～55mm。黄褐色，斑纹与后翅颜色与雌虫相仿。体细长较小，约为雌虫长的一半，其他与雌性不同在于额很窄；后头向上隆起；触角长于体长，其第 1 节与 2 节约等长且较窄。前胸背板横沟位于中央稍后方。

体各部分长度（mm）：体长 80.0～83.0；前胸背板 4.5～5.0；中胸背板 7.3～7.5；前足股节 16.5～18.5；中足股节 13.0～13.2；后足股节 18.0～19.5；腹部 44.0～47.0；腹瓣 5.2～5.8。

本种若虫期 3～5 个月，成虫期较长，约 8～10 个月。

寄主：主要取食壳斗科植物。

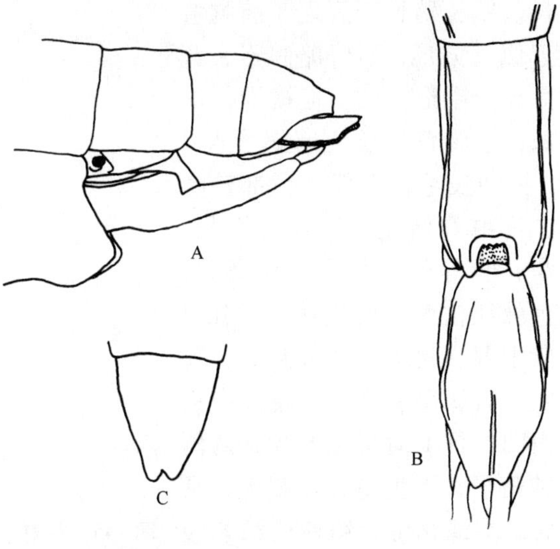

图 144　六斑瘤胸蛸 *Trachythorax sexpunctatus* Shiraki，♀
A. 腹端侧观　B. 腹端腹观　C. 臀节背观（仿 Shiraki）

分布：台湾（恒春、台东）。

133. 褐脊瘤胸蝽 *Trachythorax fuscocarinatus* Chen et He，1995（图 145；图版 3-1）

Trachythorax fuscocarinatus Chen et He，1995，*Acta Zootaxonomia Sinica.* 20（2）：197 ~ 199；Chen et He，1996：665.

雌性：体长 68mm。体粗壮。褐色，触角基至端部，背面深褐色；前胸背板有 5 个不规则黑斑，尤以前方 3 个较大；中胸背板中域有 4 个黑斑，后缘有 2 黑斑；3 对足股、胫节纵脊深褐色，第 6 ~7 腹节背板有 7 条褐色细纵纹。头宽圆，光滑，后头隆起不明显，背中央有 1 浅纵沟；复眼半球形；触角线形，不达腹端，各节披细毛，基部第 1 节扁宽，第 2 节近似圆柱形。前胸背板前缘弧形凹入，后缘略平直，横沟位于前半部，纵沟较浅；中胸背板前窄后宽，密披细毛，背中央具细纵脊，近前方较平坦，其余部分较隆起，中域近前方 2 黑斑处似有瘤突，背中央具细脊，后缘中央稍凹入。前翅宽卵形，后缘较平直，外侧中央稍隆起，纵脉粗，色深；后翅长，略超过腹端，脉纹清楚。3 对足中等长，前足股节基部弯曲，各足股节无齿、叶等外长物，背腹纵脊明显。腹部较粗，至端部 3 节渐窄，腹端 3 节以臀节背板最长，第 8 背板次之，臀节背板后缘中央浅角形凹入，第 7 腹节腹板后缘中央呈“U”形凹入，两侧脊状隆起；腹瓣较扁平，中脊不明显，有两侧脊，端缘浅弧形凹入；尾须圆柱形，端钝，稍超过腹端。

雄性：体长 40mm。体远较雌性为小。黄褐色，触角基部 2 节背面褐色；前胸背板前有 3、后有 2 黑斑；中胸背板前有 1 个、中央至后有 6 个黑斑；3 对足股节褐色脊明显；腹部有 7 条褐色纵线。头宽圆、后头稍隆起；触角长丝状，稍长于腹端。前胸背板近似长方形，后缘略弧形，背中央具十字形沟纹，但横沟位前半部；中胸背板长为前胸背板 2 倍，披细长毛，中部至后部较隆起，背中脊清楚。3 对足细长，无齿、叶等外长物。前翅鳞状，褐色脉纹清楚；后翅约伸达第 7 腹节中部。腹端 3 节较膨大，臀节宽，后缘呈亚梯形，端部中央略内凹，具 1 对褐色弯齿，两侧叶钝角形；下生殖板略膨大，具中脊，端缘角形，约伸达第 8 腹节中部；尾须明显超出腹端，圆柱形，略内弯，端部截状。

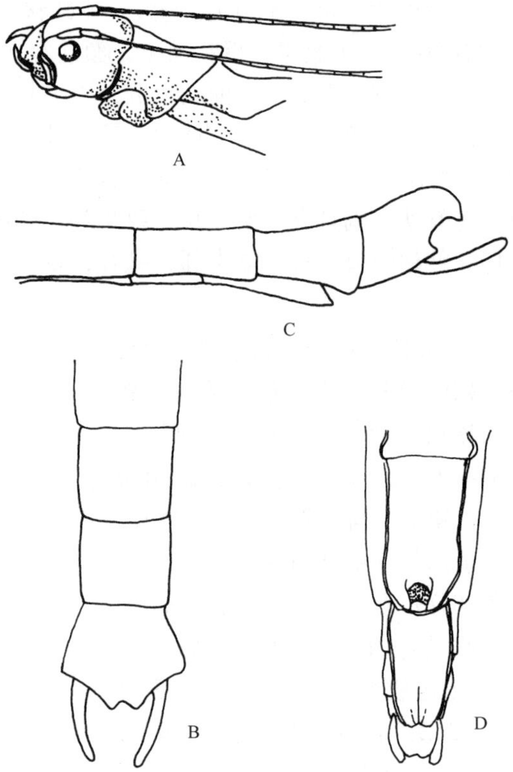

图 145 褐脊瘤胸蝽 *Trachythorax fuscocarinatus* Chen et He，♀♂

A. 头与前胸侧观 B. 雄性腹端背观

C. 雄性腹端侧观 D. 雌性腹端腹观

体各部分长度（mm）：体长♀68.0，♂40.0；中胸背板♀5.4，♂4.4；后胸背板（含中节）♀15.0，♂6.8；前足股节♀14.5，♂10.8；中足股节♀10.5，♂7.4；后足股节♀15.0，♂10.4。

分布：海南（尖峰岭），广东，贵州（荔波）。

134. 长翅瘤胸蛸 *Trachythorax longialatus* Cai，1989（图 146）

Trachythorax longialatus Cai, 1989, *Acta Ent. Sinica.* 32 (3): 322.

雌性：体长76mm。体较粗壮。褐至暗褐色，头前部、前胸背板中域、中胸背板中央及各足为黄褐色；前胸背板前缘及后缘棕红色；眼间1模糊斑纹、触角基部背、腹两面及前胸背板后缘中央斑纹、中胸背板两侧1宽带、中部横列两个圆斑均为黑色；后头、前、后翅纵脉及各足股节纵脊均为黑棕色。头光滑，后头强烈膨胀呈球形，其后部中央具1浅纵沟痕；复眼发达，半球形，近于头前端；触角线形，具密短毛，基部两节显著扁宽，触角不伸达腹端，其中部以远分节不明显。前胸背板前缘弧形凹入，边缘具光滑脊，盘域前方有十字形沟痕；中胸背板无颗粒状突起，前部明显窄缩，拱形，中央具光滑纵脊，中部似有两个瘤突，后缘中央明显向前切人。前翅短，端缘近平截，外侧中央显著隆脊状，纵脉明显；后翅发达，超过腹端，前域狭长，革质、褐色，后域宽大，膜质，灰褐色，几乎透明，纵脉明显，

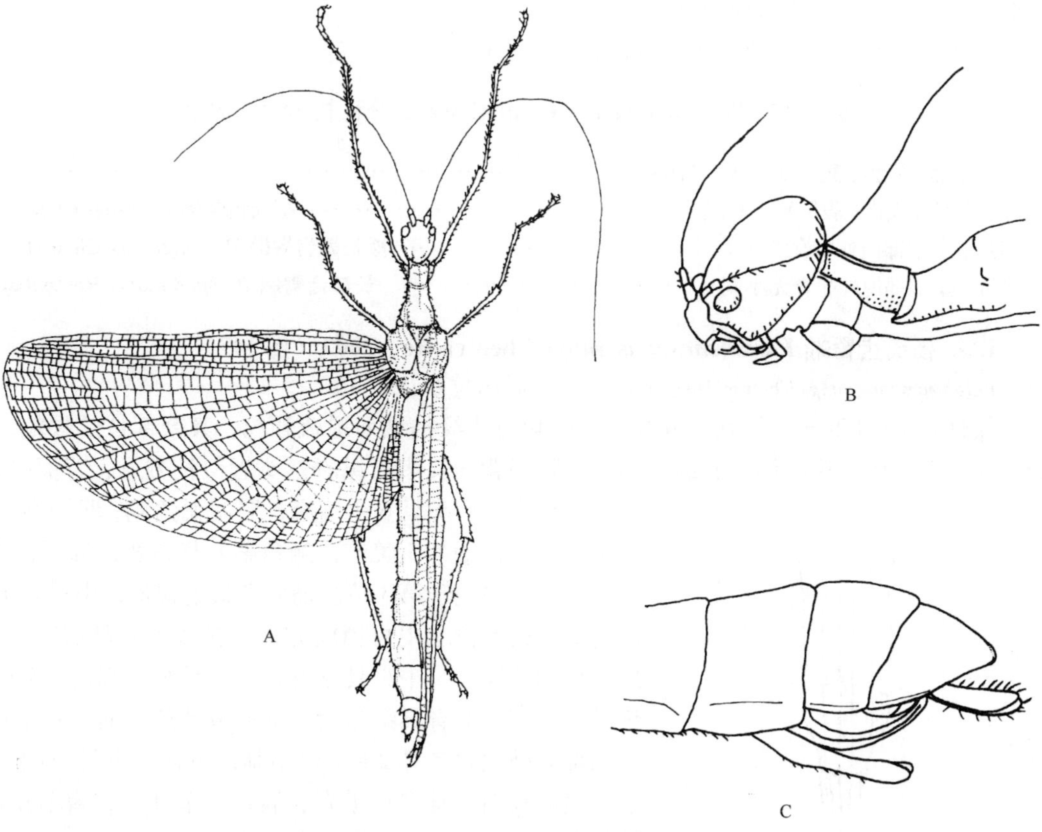

图146　长翅瘤胸蛸 *Trachythorax longialatus* Cai，♀

A. 整体　B. 头与前胸侧观　C. 腹端侧观（仿蔡保灵）

放射状。前足股节基部弯曲，所有股节具纵脊，无刺、无叶突，横断面四边形。腹部较粗壮，第2~6节逐渐加粗，第7节以后显著窄缩，腹端尖，臀节背板短于第9背板，远短于第8背板，第7腹节腹板后缘中央呈"U"形凹入，两侧具显著宽隆脊；腹瓣稍扁平、腹面基部中央具纵脊，末端呈弧形凹入；第10背板亚三角形；尾须较直，圆筒状，末端稍钝，明显超过腹端。

雄性：未知。

体各部分长度（mm）：体长76.0；中胸背板6.5；后胸背板（含中节）15.0；前足股节17.0；中足股节12.0；后足股节17.5。

分布：四川（灌县、峨眉山）。

（二十五）齿臀蛸属 *Paramenexenus* Redtenbacher，1908

模式种：*Paramenexenus molestus* Redtenbacher，1908

头扁长，无角刺，后头具瘤突，缺单眼。雄性中胸背板有刺，雌性有时带颗粒。前翅退化，小或呈鳞状，无后翅。前足股节基部弯曲，各足4脊明显，中、后足股节腹面端部无刺或有小刺。雄臀节圆或略具凹缘，下生殖板圆或略有凹缘；雌臀节端部有3~5枚齿；腹瓣舟形，具脊，端尖；尾须细而直。

本属全球11种，分布于东洋区，我国有3种。

齿臀蛸属 *Paramenexenus* Redtenbacher 分种检索表（雌性）

1. 臀节后缘3宽齿；腹瓣明显长于腹端 ······ 2
   臀节后缘2尖齿；腹瓣短于腹端 ······ **杨氏齿臀蛸 *P. yangi* Chen et He**
2. 前足股节端部内外腹脊各具2~3小刺 ······ **拟长瓣齿臀蛸 *P. congnatus* Chen et Chen**
   前足股节端部内外腹脊无小刺 ······ **长瓣齿臀蛸 *P. operculatus* Redtenbacher**

135. 杨氏齿臀蛸 *Paramenexenus yangi* Chen et He，2002（图147）

Paramenexenus yangi Chen et He，2002，*Forest Insects of Hainan*. 105.

雌性：体长82mm。杆状。灰青色。中胸与侧缘具纵列稀疏颗粒，其余部位的颗粒，稀疏且较分散，中、后胸侧板有纵列细齿，腹部背面具多行纵脊。头近似长方形，背面平坦，中央具纵沟，后头具6个瘤突；眼间无角刺；眼圆凸；触角长丝状，伸达第5腹节，触角第1节扁宽，端厚，第2节圆柱形，略短于第3节。前胸背板近梯形，中央具十字形沟痕，横沟位于中央稍前方；中胸背板后侧加宽，中、后胸披稀疏颗粒，中央具纵脊，侧板具纵列细齿。3对足细长，所有股节脊具细锯齿，前股节基部弯曲，3对足股节端部内外腹脊各具2~3枚小刺，中脊具少量小刺。腹部背腹面较扁，具多行纵脊，腹端2节狭窄，臀节拱起，端部强烈收缩，具2尖齿，臀节约与第9节等长；腹瓣较平坦，舌状，端钝，不超过腹端，具1纵脊2侧脊；尾须短柱形，端窄。

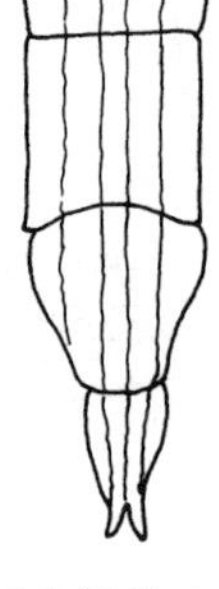

图147 杨氏齿臀蛸 *Paramenexenus yangi* Chen et He，♀腹端背观

雄性：未知。

体各部分长度（mm）：体长 82.0；前胸背板 4.8；中胸背板 18.6；后胸背板（含中节）11.0；中节 4.2；前足股节 20.0；中足股节 14.0；后足股节 22.0。

分布：海南（五指山）。

136. 长瓣齿臀䗛 *Paramenexenus operculatus* Redtenbacher，1908

Paramenexenus operculatus Redtenbacher，1908，*Die Insektenfamilie der Phasmiden.* 476.

雌性：体长 108～113mm。绿色。前股节无齿叶，中、后足具小锯齿，端下每侧有 1～3 枚刺。雌性披不规则稀疏粒突，侧缘刺密，多数体节端部有后伸小齿。臀节端部 3 叶状，中叶则较长；腹瓣远超过腹端，背面具脊，端尖。

雄性：雄性 82～91mm。中胸背板光滑，中央具 6～8 枚不规则较大的刺，侧缘被小刺，臀节亚方形，端圆，中央略有凹缘；下生殖板短，端圆。

体各部分长度（mm）：体长 ♀ 108～113，♂ 82.0～91.0；中胸背板 ♀ 25.0～25.5，♂ 18.0～21.0；后胸背板（含中节）♀ 12.0～13.0，♂ 11.0；前足股节 ♀ 30.0，♂ 26.0～31.0；中足股节 ♀ 21.0，♂ 18.0～20.0；后足股节 ♀ 28.0～30.0，♂ 25.0～29.0。

分布：广西（金秀、上思）；越南。

137. 拟长瓣齿臀䗛 *Paramenexenus congnatus* Chen，He et Chen，2000（图 148）

Paramenexenus congnatus Chen，He et Chen，2000，*Acta Sci. Nat. Univ. Sunyatseni.* 39（4）：129.

雌性：体长约 111mm（不计腹瓣）。体大型。杆状，体背较隆起。体黄绿色。中胸与腹部两侧具纵列稀疏粒突。头延长，背面平坦，后头具瘤突；复眼圆凸；触角长丝状，第 1 节扁宽，第 2 节柱状，第 3 节稍长于前节。前胸背板长方形，中央具十字形沟纹，横沟位于中前方；中、后胸背中央具纵脊；中胸后侧加粗，两侧具纵列稀疏粒突；中、后胸侧板具纵列细齿，后胸背板（含中节）约为中胸长之半；中节略短于后胸。3 对足长，前足股节基部弯曲，前足股节端部内外腹脊各具 2～3 枚小刺，中、后足股节腹脊具细锯齿，端部内外腹脊各具 2～3 枚小刺。腹部细长，具多行纵脊，两侧具纵列稀疏粒突，腹端 3 节明显变窄，臀节长于第 9 节，背面隆起，有 3 纵脊，

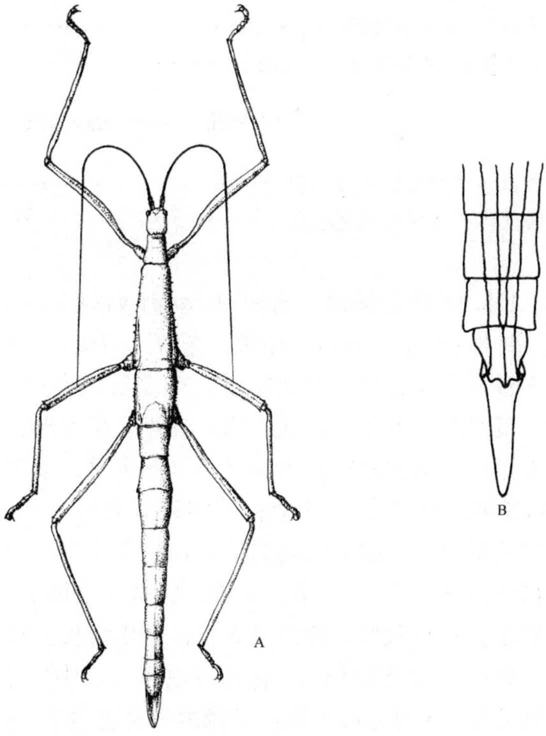

图 148　拟长瓣齿臀䗛 *Paramenexenus congnatus* Chen，He et Chen，♀
A. 整体　B. 腹端背观

后端窄，有3钝齿；腹瓣长舟形，具1纵脊与2侧脊，端较尖，明显超过腹端；尾须短小，端尖。

雄性：未知。

体各部分长度（mm）：体长111.0；前胸背板6.8；中胸背板27.0；后胸背板（含中节）13.6；中节6.0；前足股节28.0；中足股节21.0；后足股节28.5。

分布：广东（连县）。

（二十六）刺异䗛属 *Oxyartes* Stål, 1875

模式种：*Oxyartes despectus* [*Phasma*（*Acanthoderus*）*despectum* Westwood]，1848

头扁，方形，后面具钝瘤；无单眼。胸部具刺或尖粒突。前足股节基部弯曲，背面扁，中、后足腹面端部两侧具小刺。前翅无或退缩，后翅明显，鳞状。雄腹部圆桶形较光滑，雌则扁，具粒突并有脊，雄臀节屋脊状，端部截状或具三角形凹缘；下生殖板拱起，端圆；雌臀节扁，横形，端部有不规则齿；腹瓣平坦，端圆或略尖；尾须短，内弯。

本属全世界共7种，国外4种，内有1种和越南共有外，我国就有3个特有种。

刺异䗛属 *Oxyartes* Stål 分种检索表（雌性）

1. 体粗大；后翅大而明显；腹部第6~7节背端具片状齿突 ………… **优刺异䗛 *O. honestus* Redtenbacher**
   体细窄；后翅小；腹部无明显齿状突 ………… 2
2. 中胸背板具4列小刺 ………… **广东刺异䗛 *O. guangdongsis* sp. nov.**
   中胸背板具小瘤突 ………… 3
3. 腹部第8~9节背板后端具瘤突 ………… **瘤背刺异䗛 *O. dorsalis* sp. nov.**
   腹部第8~9节背板后端光滑 ………… **云南刺异䗛 *O. yunnanus* sp. nov.**

刺异䗛属 *Oxyartes* Stål 分种检索表（雄性）

1. 腹部各节背板后端具小瘤 ………… **瘤背刺异䗛 *O. dorsalis* sp. nov.**
   腹部各节背板后端无小瘤 ………… **云南刺异䗛 *O. yunnanus* sp. nov.**

138. 云南刺异䗛，新种 *Oxyartes yunnanus* sp. nov.（图149）

雄性：体长63mm。杆状，光滑。黄褐色。中胸沿中纵脊各有1列疏刺；腹部第7~8节具3脊。头长且扁，背面粗糙，有少量粒突；背中央具纵脊，后头有6个瘤突；头顶无角刺；眼圆凸；触角长丝状，第1节背观长方形，端厚，第2节圆柱形，短于第1节。前胸背板近矩形，前侧略宽，中央具十字形沟纹，横沟位于中前方；中胸背板具细纵脊，沿纵脊具2列黑刺，每列约4~5个；后胸背板略短于中节，具纵脊。前翅缺，后翅微小呈鳞状。前股节基部弯曲，端部腹面内外脊各具3小刺，中、后股节端部腹面内外脊各具2~4枚小刺。腹部圆筒状，第7~8节具3脊，腹端3节膨大，以第8节为最长，臀节略短于第9节，呈屋脊状，端缘截形，背面具3脊；下生殖板拱形，端圆，伸达臀节基部；尾须短柱状。

雌性：体长101mm。体比雄虫粗大。中、后胸披不规则黑色粒突。前翅缺；仅保留1对鳞状后翅。3对足股节腹面端部内外脊各具2~4小刺。腹部具6~8行纵脊，第7腹板后缘凹陷，臀节后缘3齿；腹瓣扁舟形，端中央略凹入；尾须扁短。

体各部分长度（mm）：体长♀101.0，♂63.0；中胸背板♀23.0，♂18.0；后胸背板

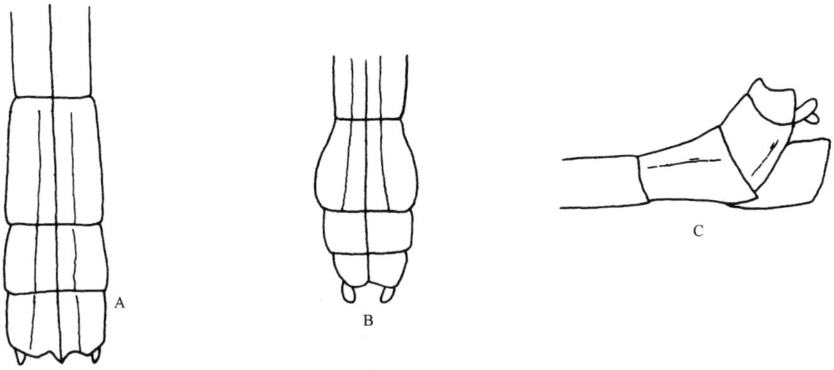

图 149　云南刺异䗛，新种 *Oxyartes yunnanus* sp. nov.，♀♂
A. 雌性腹端背观　B. 雄性腹端背观　C. 雄性腹端侧观

(含中节) ♀15.0，♂10.0；前足股节♀21.0，♂19.0；中足股节♀15.0，♂13.0；后足股节♀21.0；♂18.5。

正模♂(IZAS)，副模1♀ (IZAS)，云南西双版纳孟宋 (1 600m)，1958-IV-22-24，张毅然、孟绪武采。

新种与越南产的 *O. spinulosus* Redtenbacher 相似，但体小，中胸背板的刺排成2列且较规则可相区别。

139. 瘤背刺异䗛，新种 *Oxyartes dorsalis* sp. nov. (图 150)

雄性：体长82mm。杆状，光滑。黄褐色。中胸沿纵中脊各有1列疏刺，腹部第8~9节具3脊。头长且扁，背面粗糙不平，背中央具纵沟，后头有瘤突；头顶无角刺；眼圆凸；触角长丝状，第1节矩形，端厚，第2节圆柱形，短于第1节。前胸背板长方形，中央具十字形沟纹，横沟位于中前方；中胸背板具纵脊，沿中脊每侧有3~4黑刺1列；后胸(含中节)约为中胸长的1/2，有纵脊。前翅缺，后翅小，鳞状。前股节基部弯曲，3对足股节端部腹面内外脊各具约3小刺。腹部长筒形，第1~9节背中央端部具小形皱瘤，第8~9节有3纵脊，腹端3节膨大，第8节为最长，第9节约为前节长的2/3，臀节短，约为第9节之半，呈屋脊状，具纵脊，端缘浅形凹入；下生殖板拱形，端圆；尾须短柱形。

雌性：体长106mm。中、后胸具不规则深色粒突。前翅缺；仅保留小形鳞状后翅1对。3对足股节端部腹面内外脊具2~4枚小刺。腹部具多列纵脊，第8~9节中央端部具小角突，第1~9腹节背中央端部具小瘤，以8~9节更为明显，第7腹板后缘凹陷；腹瓣舟形，端圆，约伸达腹端；尾须扁短。

体各部分长度 (mm)：体长♀106.0，♂82.0；中胸背板♀29.0，♂23.0；后胸背板(含中节) ♀15.0，♂12.0；前足股节♀22.0，♂24.0；中足股节♀16.0，♂18.0；后足股节♀23.0；♂23.5。

正模♂(IZAS)，副模♀ (IZAS)，云南西双版纳孟仑 (600m)，1993-XI-11，杨龙龙、许怀李采。

新种与前种云南刺异䗛 *O. yunnanus* sp. nov. 近似，但腹部各节背板端中央具小瘤，臀节端缘凹入等可相区别。

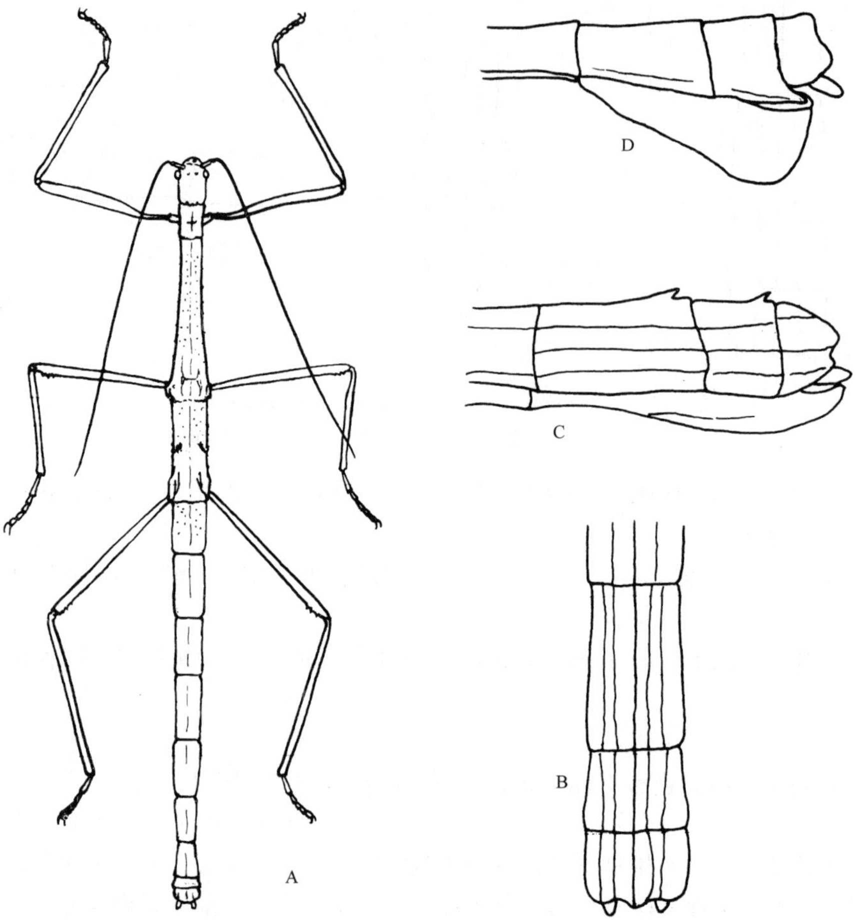

图 150 瘤背刺异䗛，新种 *Oxyartes dorsalis* sp. nov.，♀♂
A. 雌性整体 B. 雌性腹端背观 C. 雌性腹端侧观 D. 雄性腹端侧观

140. 广东刺异䗛，新种 *Oxyartes guangdongensis* sp. nov.（图 151）

雌性：体长 105mm。杆状。褐色。体表粗糙不平，中、后胸披短刺，腹部具皱褶。头阔卵形，背面较平，后头有 6 个小瘤突；眼半球形；触角远长于前股节，第 1 节矩形，第 2 节短柱形。前胸背板长方形，中央具十字形沟纹，横沟位前半部；中胸背板具不规则纵皱与粒突，有 4 列较整齐的短刺；后胸背板（含中节）略长于中胸背板之半，披很稀较尖粒突，侧板约有 1 列短钝刺；中节中央后缘具 1 小瘤。前翅缺，后翅小，鳞状。3 对足前、后股节约等长，前股节端部内外腹脊各具 2 ~ 3 枚小刺，中、后股节相应部位具 2 ~ 4 枚小刺。腹部圆筒形，第 2 ~ 5 背板中央后缘各具 1 小瘤，第 7 腹板具刺突 1 对，腹端数节具侧脊 6 ~ 8 条，第 9 节背板后缘中央具小片状突，臀节略长于第 9 节，后缘弧形具 3 突起，并具 1 纵脊 2 侧脊；腹瓣舟形，较扁，短钝，约伸达臀节中央；尾须短，不超过臀节。

雄性：未知。

体各部分长度（mm）：体长 105.0；中胸背板 26.0；后胸背板（含中节）14.6；前足股节 24.0；中足股节 18.0；后足股节 24.5。

正模♀（ZSU），广东封开黑石顶，1986-VII-7，采集人不详。

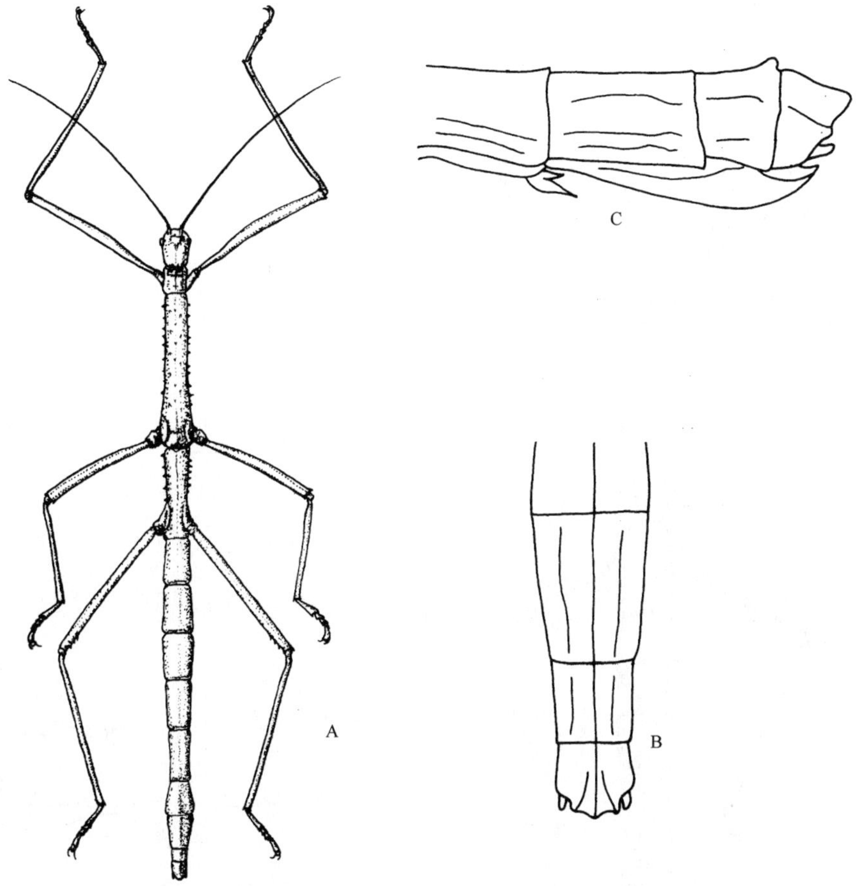

图 151 广东刺异䗛，新种 *Oxyartes guangdongensis* sp. nov. ，♀
A. 整体 B. 腹端背观 C. 腹端侧观

新种与优刺异䗛 *O. honestus* Redtenbacher 近似，但前胸背板光滑，中胸背板前缘无刺，中节与腹部第 2 ~ 5 节背板具小瘤可相区别。

141. 优刺异䗛 *Oxyartes honestus* Redtenbacher, 1908, new record to China（图 152；图版 3-2）

Oxyartes honestus Redtenbacher 1908, *Die Insektenfamilie der Phasmiden*. 475.

雌性：体长 97 ~ 123mm。粗杆状。体栗黄色，3 对足具褐斑，中胸后端深褐色。头短宽，后头具 6 瘤突，背面较扁，披稀粒突；触角长丝状，褐色，远长于前足。前胸背板前缘具一约 6 小刺组成的横列，余披稀疏粒突，横沟位前半部；中胸前窄后宽，前缘 1 对刺，后缘由瘤突组成的短脊，两侧披成列短刺，余为散生粒突，胸部腹面具稀粒突；后胸（含中节）约为中胸长的 3/5。仅具明显鳞状翅 1 对。3 对足匀称，前股节稍短于后股节，端内外脊各有 2 枚小刺，中、后股节端内脊约 3 枚刺，外脊约 1 ~ 2 枚小刺。腹部圆桶状，腹面有多条纵脊，腹部 1 ~ 4 与第 8 节背板后缘各具 1 后倾小刺，第 6 ~ 7 节端部有具刺的片状脊突，第 7 腹板后缘具叉突 1 对；臀节后缘 3 叶形（非齿状）；腹瓣舟形，较扁，端尖，伸达腹端；尾须短，圆柱形。

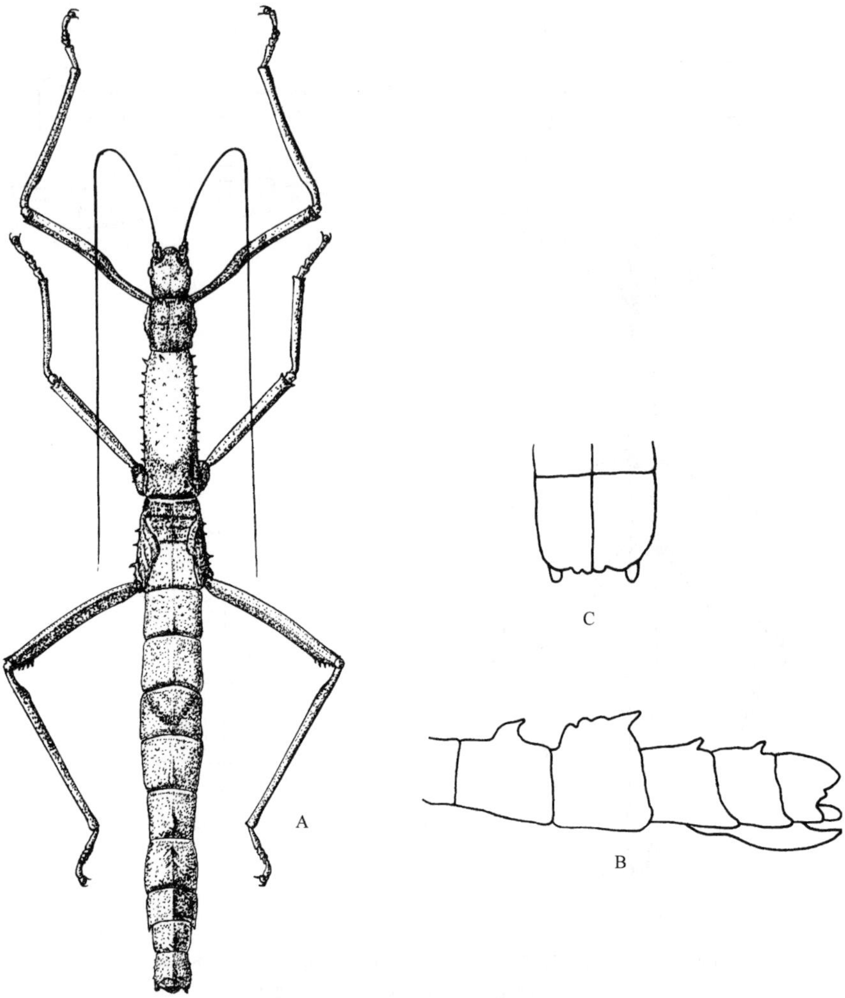

图 152 优刺异䗛 *Oxyartes honestus* Redtenbacher，♀
A. 整体 B. 腹端侧观 C. 臀节背观

雄性：未知。

体各部分长度（mm）：体长 97.0，中胸背板 21.0，后胸背板（含中节）14.0，前足股节 18.0，中足股节 17.0，后足股节 20.0。

分布：广西（上思）；越南。

（二十七）原异䗛属 *Prosceles* Uvarov，1940（= *Perisceles* Redtenbacher）

模式种：*Prosceles modestus* Redtenbacher，1908

头短，略呈方形，后头不凸起。胸部光滑或披稀疏粒突。常无前翅。足股节脊明显，中、后足股节端部两侧具小齿或无齿。臀节圆，腹瓣端圆；尾须细而直。

本属分布于东洋区，共计 4 种，我国有 2 种。

原异䗛属 *Prosceles* Uvarov 分种检索表（雌性）

1. 中胸背板粒突较尖锐；臀节后缘几平截 ……………………………… **粒带原异䗛 *P. balteatus* Chen et He**
   中胸背板粒突较平钝；臀节后缘凹入 ……………………………… **广西原异䗛 *P. guangxiensis* Chen et He**

142. 广西原异䗛 *Prosceles guangxiensis* Chen et He, 1999（图 153）

Prosceles guangxiensis Chen et He, 1999, *J. Guangxi Acad. Sci.*, 85.

雌性：体长 88mm。体较粗大，杆状，黄褐色。体除头、前胸背板、中、后胸侧板具有

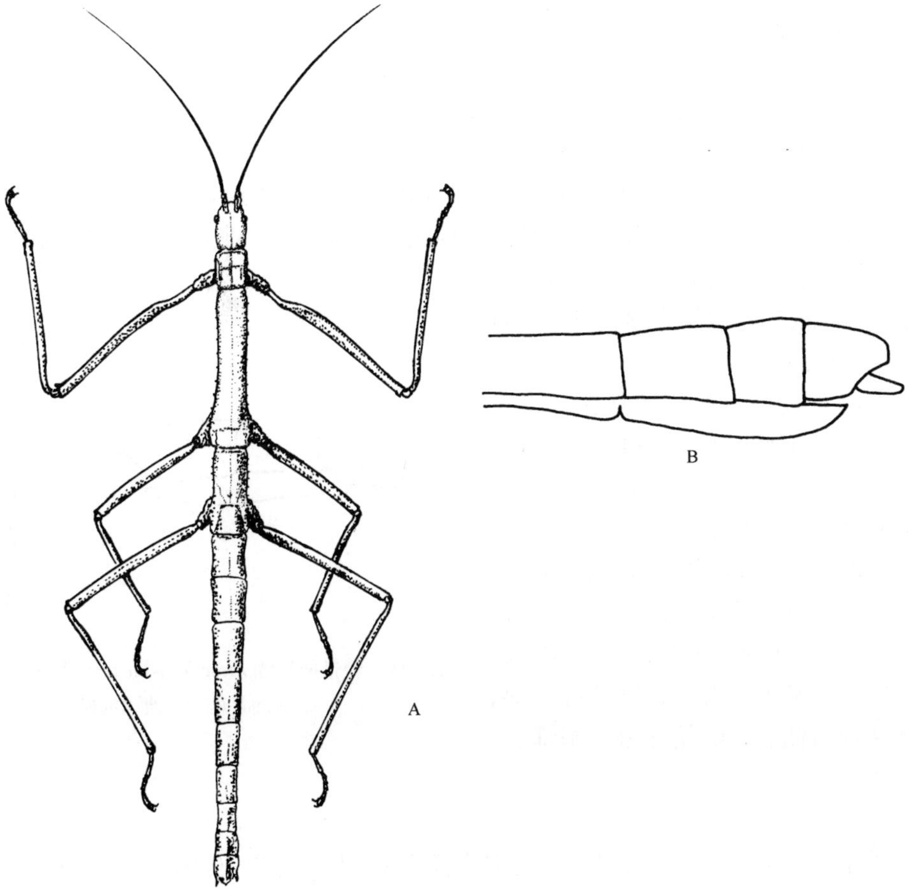

图 153 广西原异䗛 *Prosceles guangxiensis* Chen et He，♀
A. 整体 B. 腹端侧观

粒突外，其余部分光滑。头近长方形，与前胸背板约等长，背面较扁平，具粒突，眼后与背中央具纵沟，后头形成 6 个瘤突；复眼半球形；触角长丝状，长于前足股节，第 1 节扁宽，第 2 节短柱形。前胸背板近长方形，前缘具 1 横列稀疏粒突，中央具十字形沟纹，横沟位前半部；中、后胸侧板具纵列粒突，中胸长约为后胸（含中节）的 2 倍；中节长于后胸的 1/2。3 对足较长，前足股节基部弯曲，近中部较扁宽，各足股节端部内外腹脊各具 2～3 枚小刺。腹部圆筒形，端部 3 节略收缩，第 8 腹节长于后 2 节，臀节略长于第 9 节，背面具纵脊，后缘中央浅凹；腹瓣舟形，较扁，具 2 侧脊，端稍尖，伸达臀节中部；尾须圆柱形，端窄，稍超过臀节。

雄性：体长 70 mm。较雌性细瘦。腹部第 7 节后至第 9 节渐加宽，至臀节变窄，腹端 3 节较长，端部 2 节长度相仿，臀节具纵脊，后缘浅凹；下生殖板兜状，端圆钝，伸达臀节基部；尾须圆柱状，内弯。

体各部分长度（mm）：体长 ♀ 88.0，♂ 70.0；前胸背板 ♀ 5.2，♂ 4.0；中胸背板 ♀22.0，♂20.0；后胸背板（含中节）♀11. 0，♂9. 4；前足股节 ♀23.0，♂22.0；中足股节 ♀15.5，♂15.0；后足股节 ♀20.0；♂20.0。

卵：长 2.28mm，宽 1.38mm，高 1.92mm。桶形，光滑略扁，黄褐色间具褐色碎纹。头端隆起不规则，咖啡色。卵孔板界线不明显。

分布：广西（博白）。

143. 粒带原异䗛 *Prosceles balteatus* Chen et He，2002（图 154）

Prosceles balteatus Chen et He，2002，*Forest Insects of Hainan.* 104.

雌性：体长 79mm。杆状。体光滑，胸侧具成排颗粒突。头近长方形，背面较平坦，略短于前胸，眼后与背中央具纵沟，背面具皱与瘤突；复眼较小，半球形；触角丝状，远长于前足端部，第 1 节扁，具侧脊，第 2 节圆柱形，短于前节。前胸背板长方形，背中央具十字形沟纹，横沟位于中央稍前方，前缘颗粒成列；中胸背板长约为后胸背板（含中节）的 2 倍，其下侧与侧板各具 1 纵行颗粒；中节稍短于后胸背板。3 对足较长，前足股节基部弯曲，近中部略加宽，股节端部腹面侧脊具 3 小刺。腹部约与头、胸部之和等长，两侧具侧脊，腹端 3 节，以第 8 节最长，臀节较长于第 9 节，其后缘几平截；腹瓣舟形，较平，略短于臀节，其端缘矛形，较钝，具纵脊与侧脊；尾须柱形，基部宽，稍露于腹端。

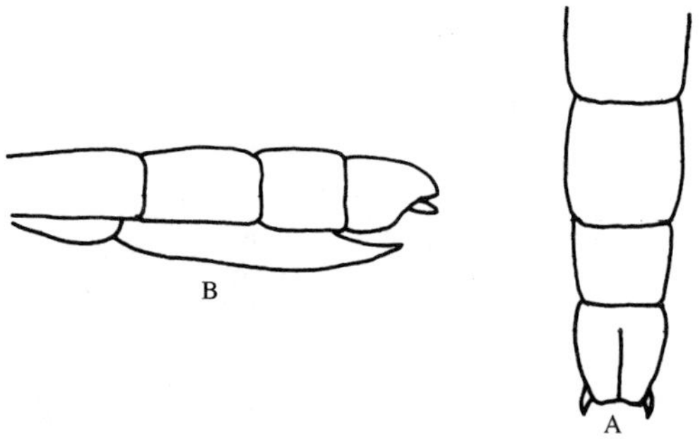

图 154 粒带原异䗛 *Prosceles balteatus* Chen et He，♀
A. 腹端背观 B. 腹端侧观

雄性：未知。

体各部分长度（mm）：体长 79.0；前胸背板 5.4；中胸背板 20.0；后胸背板（含中节）10.4；中节 4.2；前足股节 20.0；中足股节 15.0；后足股节 21.0。

分布：海南（尖峰岭）。

（二十八）仿原异䗛属 *Paraprosceles* Chen et He，2004

模式种：*Paraprosceles micropterus* Chen et He，2004

体较粗壮；背中央具细纵脊。头、胸与腹部数节背腹面具较密细颗粒；触角、足与腹瓣等具细毛。头背较平坦，无角刺；触角丝状，远长于前足股节。中节短于后胸之半。缺前翅，仅保存鳞状后翅 1 对。前股节基部弯曲，中、后股节端部两侧脊具少数小齿。臀节后缘几成截状；腹瓣舟形，较扁。

本属为我国特有，仅 1 种，分布于广西。

144. 小翅仿原异䗛 *Paraprosceles micropterus* Chen et He，2004（图 155）

Paraprosceles micropterus Chen et He，2004，*Insects from Mt. Shiwandashan Area of Guangxi*. 50.

雌性：体长 110mm。体大。杆状，背中央具纵脊。褐色。头、胸和腹基部 2 节披较均匀的细颗粒。头宽卵形，背面披密颗粒，后头具 6 瘤突；眼小，外突；触角远长于前足，第 1 节矩状，端厚，第 2 节柱形，略短。前胸背板矩形，中央具十字形沟纹，横沟位于中央稍前方；中胸长约为后胸（含中节）的 2 倍，近侧缘具成排稀疏较粗颗粒；后胸长约为中节的 2.5 倍；中节长略小于宽。具小形鳞状翅 1 对。3 对足的中、后股节约等长，中股节稍短，前股节基部弯曲，各股节端部内、外脊约 3 刺。腹部圆筒形，较长于头、胸部之和，腹端 3 节，以第 8 节最长，臀节略长于第 9 节，屋脊状，后缘几成截状，中央稍内凹；腹瓣较扁，舟形，具纵与侧脊，端部宽圆，伸达臀节中部；尾须短小，不超过腹端。

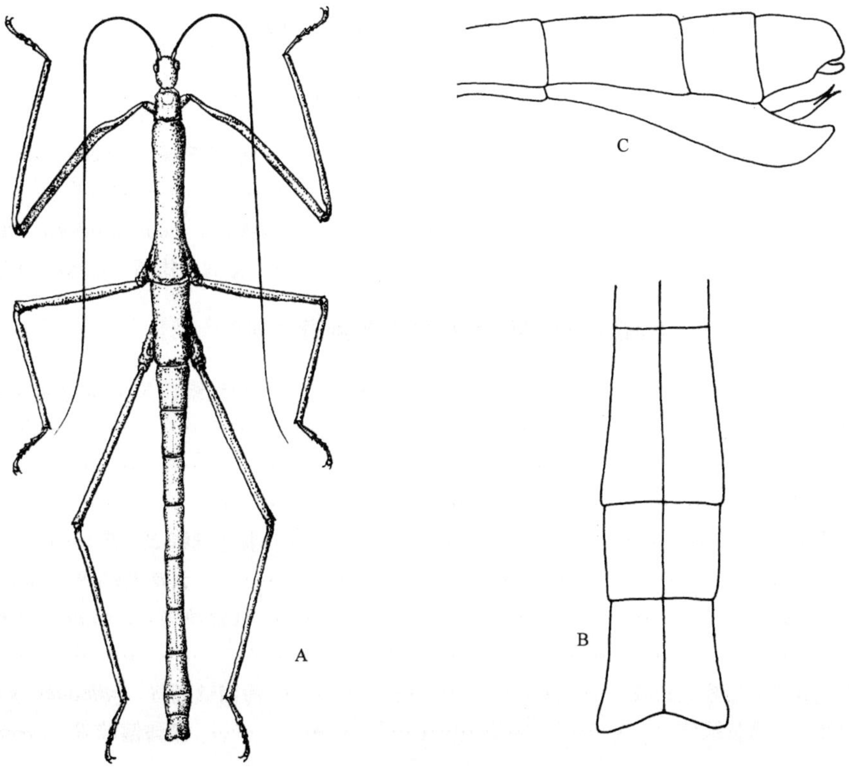

图 155　小翅仿原异䗛 *Paraprosceles micropterus* Chen et He，♀
A. 整体　B. 腹端背观　C. 腹端侧观

雄性：未知。

体各部分长度（mm）：体长 110.0；中胸背板 25.0；后胸背板（含中节）14.0；中节 4.0；前足股节 28.0；中足股节 20.0；后足股节 28.5。

分布：广西（上思南屏乡、龙州大青山）。

（二十九）健蛸属 *Sosibia* Stål，1875

模式种：*Sosibia nigrispina* Stål，designated by Rehn，1904

头短，球状或稍扁，光滑具粒突或刺；无单眼。中胸背板有粒突或刺。3 对足中，前足尤其短，前股节扁，基部内弯，腹外脊膨大，中、后足脊与腹中脊明显，一般无刺齿，膝叶钝。前翅翅突尖或钝，后翅发达或退缩。雄臀节短，横形，圆形或微凹；雌腹瓣矛状，平坦，端圆，稀见尖形。

本属已知 31 种，分布于东洋区与大洋洲区，我国有 8 种。

健蛸属 *Sosibia* Stål 分种检索表（雌性）

1. 中胸背板披刺与粒突……………………………………………… 墨脱健蛸 ***S. medogensis* Chen et He**
   中胸背板仅披粒突……………………………………………………………………… 2
2. 体长约 90mm；后头明显凸起；体上粒突较尖粗 …………… 广东健蛸 ***S. guangdongensis* Chen et Chen**
   体长约 70mm；后头较平坦；体上粒突小而钝 ……………………… 截臀健蛸 ***S. truncata* Chen et Chen**

健蛸属 *Sosibia* Stål 分种检索表（雄性）

1. 后翅短，仅伸达第 1 腹节……………………………………… 短翅健蛸 ***S. brachyptera* Chen et He**
   后翅长，远长于第 1 腹节 ……………………………………………………………… 2
2. 前翅后缘具黄边 …………………………………………………………………………… 3
   前翅后缘无黄边 …………………………………………………………………………… 4
3. 后头凸起，披刺 ……………………………………………… 黄边健蛸 ***S. flavomarginata* sp. nov.**
   后头平坦，披粒突 ………………………………………………… 云南健蛸 ***S. yunnana* sp. nov.**
4. 前翅宽短；尾须端尖……………………………………………… 截臀健蛸 ***S. truncata* Chen et Chen**
   前翅狭长；尾须端钝 …………………………………………………………………… 5
5. 3 对足具两色斑纹；后翅具斑纹 ………………………………… 海南健蛸 ***S. hainanensis* Chen et He**
   3 对足无斑纹；后翅黄绿色…………………………………………… 角臀健蛸 ***S. cornuta* sp. nov.**

145. 黄边健蛸，新种 *Sosibia flavomarginata* sp. nov.（图 156）

雄性：体长近 56mm。中型。体杆状，头、胸部披粒突与刺。头与中胸稍呈褐绿色，余为褐色。头圆凸，头顶至后头被大小不等的刺 10 余枚；眼圆凸；触角长丝状，近端处有数浅环，约伸达腹端，第 1 节长，端厚，第 2 节较短，圆柱形。前胸背板矩形，中央具十字形沟纹，横沟位前方，中部有 2 尖粒突，后缘有 4 短刺，稍前方有 2 枚较长刺；后胸背板除披一般粒突外，尚散生尖粒突，近后缘 2 刺略长。前翅短宽，外缘具黄边，翅突较钝，位中

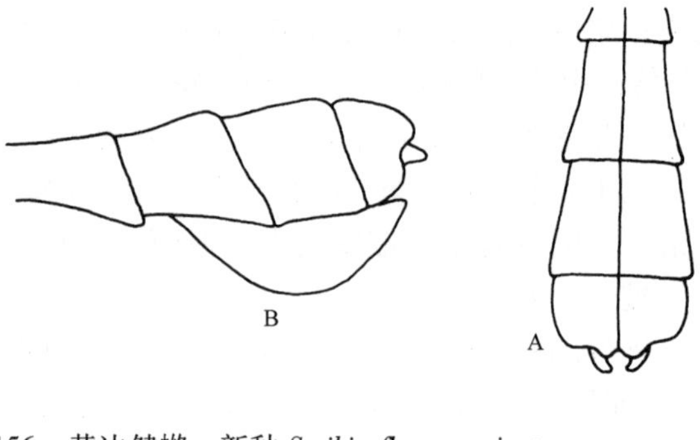

图 156 黄边健蛸，新种 *Sosibia flavomarginata* sp. nov.，♂
A. 腹端背观 B. 腹端侧观

央；后翅伸达第 7 腹节。3 对足无刺齿，前股节稍短于后股节。腹细长，端部 3 节屋脊形，第 8 与 9 节约等长，臀节略短于第 9 节，后缘中央略凹入；下生殖板兜形，伸达臀节中部，端窄；尾须披毛，短柱形，稍露于腹端。

雌性：未知。

体各部分长度（mm）：体长 56.0；中胸背板 8.4；后胸背板（含中节）7.0；前足股节 13.0；中足股节 9.0；后足股节 15.0。

正模♂（BJFU），海南尖峰岭，1983-V-21，顾茂彬采。

新种与 *S. esepus* Westwood 相似，但头部披大小不等的刺，前胸背板后缘 4 刺，中胸背板前无明显长刺以及第 6 腹节正常等可相区别。

146. 云南健䗛，新种 *Sosibia yunnana* sp. nov.（图 157）

雄性：体长 70mm。中型偏大。体杆状。体褐色，中胸深绿色，3 对足黄色，具杂斑。头近圆形，短宽，披明显粒突，触角长丝状，第 1 节矩形，第 2 节圆柱形，短于第 1 节。前胸背板梯形，中央具十字形沟纹，横沟位前半部，披不规则稀疏粒突；中胸背板具纵脊，披均匀粒突，每侧各有 2 脊。前翅卵形，翅突较钝，后缘斜切，具黄边；后翅伸达第 6 腹节中央。3 对足无齿刺，前股节稍短于后股节。腹细长，端部 3 节较膨大，背面具中纵脊外，尚有侧脊，臀节短于第 9 节，后缘几平截，中央具小凹口；下生殖板兜状，端钝，伸达臀节基部；尾须短，端部粗壮，稍露于腹端。

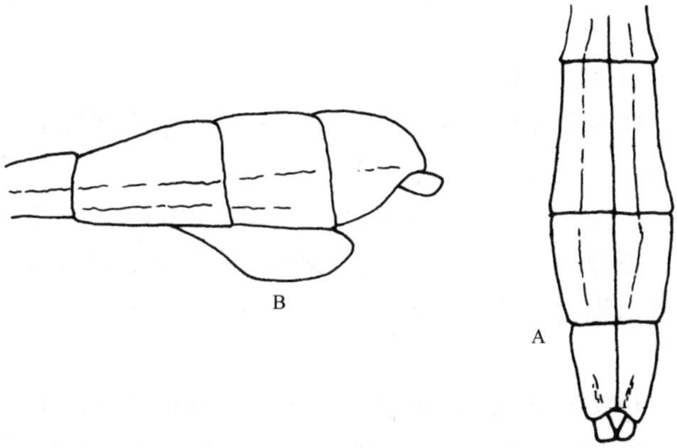

图 157　云南健䗛，新种 *Sosibia yunnana* sp. nov.，♂
A. 腹端背观　B. 腹端侧观

雌性：未知。

体各部分长度（mm）：体长 70.0；中胸背板 11.4；后胸背板（含中节）8.6；前足股节 15.0；中足股节 10.0；后足股节 16.0。

正模♂（IZAS），云南西双版纳勐宋（1 600m），1958-IV-24，张毅然采。

新种与 *S. platycerca* Redtenbacher 相似，除体色不同外，前翅具黄边，尾须端部膨大等可相区别。

147. 角臀健䗛，新种 *Sosibia cornuta* sp. nov.（图 158）

雄性；体长 52mm。中型。体黄褐色，头背有 3 条及眼后侧各 1 条黑纵纹，前胸背板 1 条间断黑纹，中胸背板有不规则黑纹；前翅突前黄色，后翅黄色，纵脉褐色；3 对足股节端褐色。头略呈长方形，长大于宽，背面无明显粒突；眼圆凸；触角长丝状，第 1 节矩形，端厚，长于第 2 节。前胸背板长方形，略短于头部，披少量粒突，横沟位前方 1/3 处，两侧具纵脊；中胸背板长约为前胸的3倍，背腹面披不规则粒突，除中脊外，尚有3~4条不规则纵脊；后胸（含中节）较长于中胸。前翅卵形，翅突钝；后翅伸达第8腹节。3对足股节无刺齿，后股节略长于前股节。腹端3节膨大，稍呈屋脊状，臀节具纵脊，与第8节约等长，短于第9节，后缘几平截，每侧有1角突，超过腹端；下生殖板较平坦，端圆，约伸达臀节中部；尾须圆柱形，略内弯，端部较膨大。

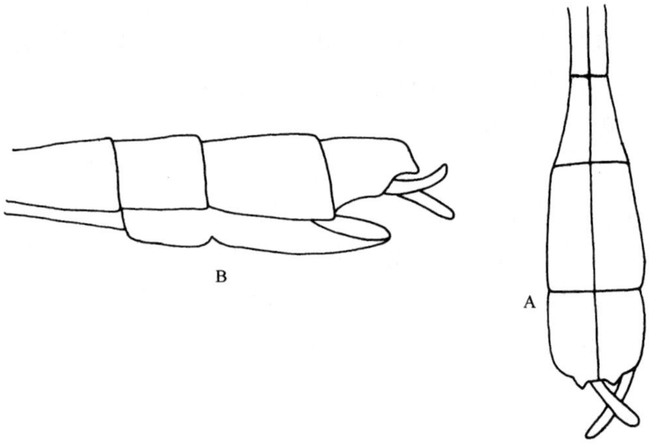

图158 角臀健䗛，新种 *Sosibia cornuta* sp. nov.，♂
A. 腹端背观 B. 腹端侧观

雌性：未知。

体各部分长度（mm）：体长52.0；中胸背板7.4；后胸背板（含中节）8.0；前足股节14.0；中足股节10.0；后足股节15.0。

正模♂（BJAU），广西龙州龙岗（240m），1982-V-20，李法圣采。

新种与 *S. platycerca* Redtenbacher 相似，但前翅卵形，中胸背板较短，中央无黄斑，尾须端部膨大等可相区别。

148. 广东健䗛 *Sosibia guangdongensis* Chen et Chen，2000（图159）

Sosibia guangdongensis Chen et Chen，2000，*Acta Sci. Nat. Univ. Sunyatseni.* 39（1）：121.

雌性：体长90mm。体较大。杆状，具翅。褐色，触角中部后具浅环，后胸侧与腹面具灰斑，2对翅具淡绿色斑，3对足具浅色斑。头宽卵形，后头甚隆起，头前缘有浅色粒突，后头具多枚大小不等的褐刺；眼圆突；触角远长于前足，第1节扁长，第2节短柱状。前胸背板窄且短于头部，披短刺与粒突，中央具十字形沟纹，横沟位于中前方，每侧有1纵脊；中胸约与后胸（含中节）等长，有纵脊与侧脊，其背、侧与腹板有大小不等的粒突。3对足中，前足明显短于后足，股节基部弯曲，腹外脊处较扁宽。前翅卵形，前缘翅角钝；后翅伸达第7腹节基部，前缘棕色，臀域浅棕色。腹端4节窄，第

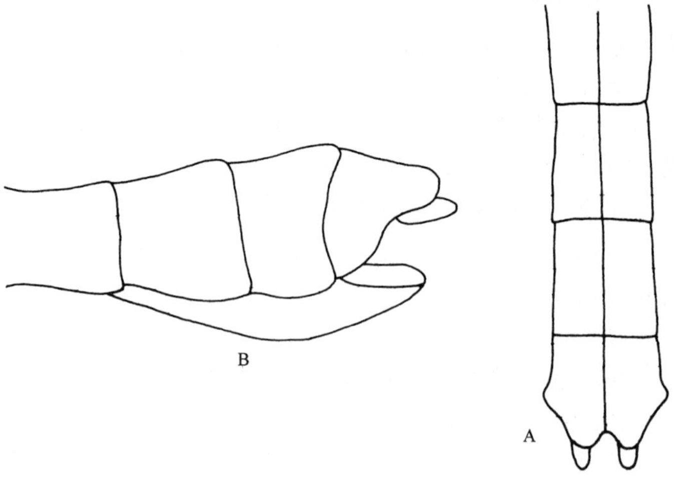

图159 广东健䗛 *Sosibia guangdongensis* Chen et Chen，♀
A. 腹端背观 B. 腹端侧观

8～9 节屋脊状，臀节端缘凹入，具纵脊；腹瓣舟形，较扁，具 1 纵脊 2 侧脊，端圆，中央微凹，约伸达腹端；尾须柱状，略超过臀节。

雄性：未知。

体各部分长度（mm）：体长 90.0；中胸背板 13.0；后胸背板（含中节）13.4；前足股节 13.0；中足股节 11.0；后足股节 18.5。

分布：广东（连州）。

149. 截臀健蛸 *Sosibia truncata* Chen et Chen，2000（图 160）

Sosibia truncata Chen et Chen，2000，*Acta Sci. Nat. Univ. Sunyatseni.* 39（1）：121.

雌性：体长 71mm。体中型，杆状，具翅。褐色。头宽卵形，披稀疏粒突，后头几乎平坦，具 3 短纵沟；眼圆突；触角远长于前足，中部前多数节端部深褐色，中部后具多数浅色环。前胸背板具粒突，中央有十字形沟纹，横沟位于中前方，每侧有 1 纵脊；中胸背板、侧板与腹板披粒突，中央具纵脊，后半部有椭圆形凹痕。3 对足具浅色斑，前足较短，股节基部弯曲，腹面稍加宽，后股节伸达第 4 腹节。前翅卵形，前缘翅角钝；后翅伸达第 7 腹节，基部浅褐色，前缘棕褐色，臀域浅棕色。腹端 4 节变窄，端部 3 节屋脊状，具 1 纵中脊，其

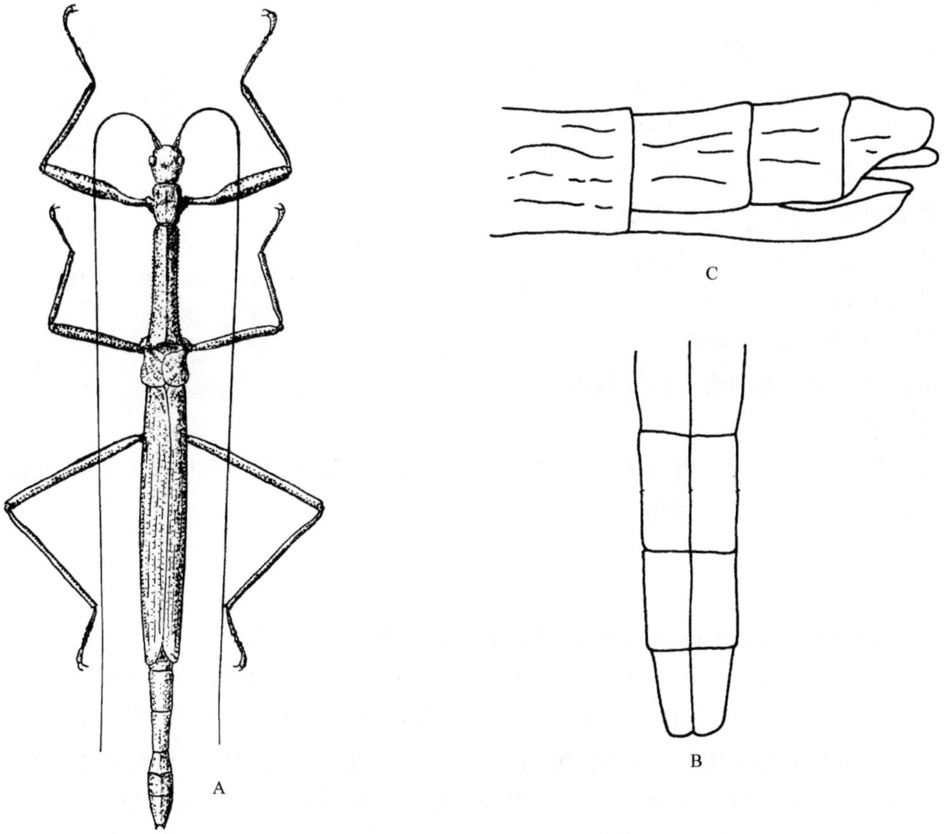

图 160　截臀健蛸 *Sosibia truncata* Chen et Chen，♀

A. 整体　B. 腹端背观　C. 腹端侧观

外每侧有 2 ~3 侧脊，臀节端缘几成截状；腹瓣舟形，具 2 侧脊，端部圆钝，约伸达腹端；尾须圆柱形，稍超过臀节。

雄性：未知。

体各部分长度（mm）：体长 71.0；中胸背板 12.4；后胸背板（含中节）9.0；前足股节 12.0；中足股节 10.0；后足股节 15.0。

分布：广东（连州市大东山）、香港。

150. 海南健䗛 *Sosibia hainanensis* Chen et He，2002（图 161）

Sosibia hainanensis Chen et He，2002，*Forest Insects of Hainan*. 107.

雄性：体长 60mm。细杆状。体褐色具黄斑，头黄褐相间，眼后具浅黄纹，触角与足黄褐相间，中胸背中央具较大淡黄斑，2 对翅褐色具不规则绿斑。头短宽，卵形，背面较平坦，披稀疏不规则粒突，具 3 短纵脊，后头有 6 小瘤突；眼半球形；触角长于前足，第 1 节短形，端厚，第 2 节柱形，短于前节。前胸背板短形，中央具十字形沟纹，横沟位于前半部，背面披不规则粒突，粒突近纵沟处较密；中胸稍长于后胸（含中节），具纵中脊，两侧纵脊披稀粒突，中、后胸侧板也披粒突。前翅卵形，前缘翅角钝；后翅伸达第 6 腹节中部。3 对足无刺齿，前足股节略长于后足股节，基部弯曲。腹部腹面较扁，端部 5 节具明显侧纵脊，而以 8 ~9 节更明显，臀节短于第 9 节，背面弧弯，后缘几乎截，中央有小凹口；下生殖板短矛状，后缘较尖，不超过第 9 腹节；尾须略内弯，露于腹端。

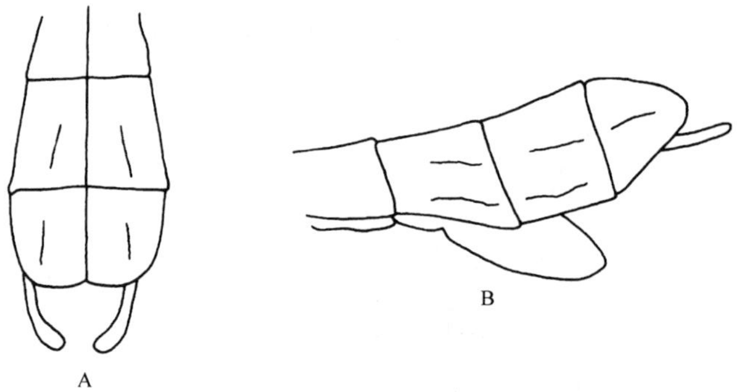

图 161 海南健䗛 *Sosibia hainanensis* Chen et He，♂
A. 腹端背观 B. 腹端侧观

雌性：未知。

体各部分长度（mm）：体长 60.0；中胸背板 9.0；后胸背板（含中节）8.0；前足股节 22.0；中足股节 13.0；后足股节 21.5。

分布：海南（尖峰岭）。

151. 墨脱健䗛 *Sosibia medogensis* Chen et He，2004（图 162）

Sosibia medogensis Chen et He，2004，*Insects of the Great Yarlung Zangbo Canyon of Xizang*，*China*. 26.

雌性：长 85mm。体中型偏大。具翅，杆状。体、翅与足褐色，具不规则浅斑，头与前翅暗绿色，触角各节端部黑色，胸侧与腹面具不规则白斑。头宽卵形，长且宽于前胸，背面披大小不等粒突与刺，后头明显隆起，多披刺；眼圆，外突；触角长（部分缺损），第 1 节扁宽，端厚，第 2 节短柱形。前胸背板披稀疏短刺与粒突，近纵脊处刺较粗大，腹板具两侧脊，并具刺与粒突，中央具十字形沟纹，横沟位于中前方；中胸背板披刺与粒突，中、后胸侧板与后胸腹板粒突较稀少。前足股节基部弯曲，背侧较扁宽。前翅鳞状，卵形，外缘斜

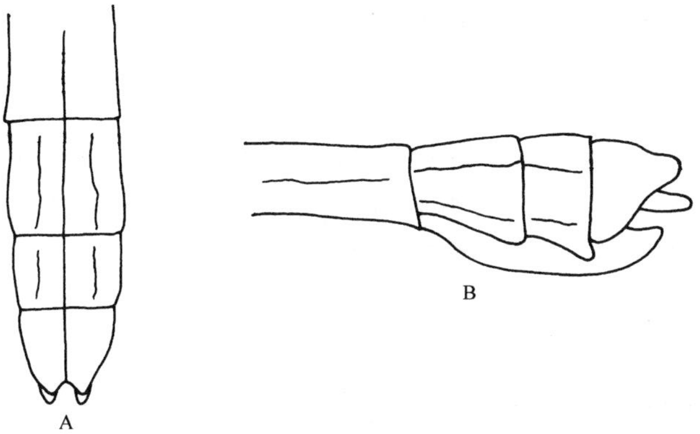

图 162　墨脱健蛸 *Sosiba medogensis* Chen et He，♀
A. 腹端背观　B. 腹端侧观

切，前缘翅突钝；后翅伸达第 6 腹节端部，其前缘褐色，臀域浅棕色。腹端 4 节窄，具纵与侧脊，端部 3 节屋脊状，臀节端缘中央凹入；腹瓣舟形，具 1 纵脊与 2 侧脊，伸达臀节中部；尾须圆柱形，略超过臀节。

雄性：未知。

体各部分长度（mm）：体长 85.0；中胸背板 15.5；后胸背板（含中节）11.5；前足股节 15.0；中足股节 12.0；后足股节 17.5。

分布：西藏（墨脱）。

152. 短翅健蛸 *Sosibia brachyptera* Chen et He，2004（图 163）

Sosibia brachyptera Chen et He，2004，*Insects of the Great Yarlung Zangbo Canyon of Xizang*，*China*. 26.

雄性：长 58mm。体中型。具翅，杆状。体黄褐色，前、中胸与腹部第 4 ~ 10 节杂以橘黄色，触角灰黄色，基部至中央多数节端部及中段后为褐色。前翅黄褐色，后翅暗绿色，基部橘黄色。头较短，背面隆起不明显，具不规则粒突，后头形成 4 个瘤突；复眼圆突；触角长丝状，第 1 节扁柱形，第 2 节短于第 3 节。前胸背板长方形，披稀粒突，中央十字形沟纹的横沟位于中前方，中胸背板纵中脊橘色，除不规则粒突外，每侧各有 2 条纵脊，腹板具粒突，有 4 条纵脊，中、后胸侧板与腹板具粒突，后胸腹板具 2 条宽纵脊。前翅鳞状，前缘翅突平钝；后翅甚短，仅伸达腹部第 1 节后缘，前缘基部橘色。3 对足无刺齿，后足股节略长于前足股节。腹部第 6 ~ 7 节纵中脊不明显外，其余节除臀节外每侧有 2 ~ 3 条侧脊，基部 5 节腹面尚具稀疏粒突，腹端 3 节稍向上翘起，各节略等长，臀节盔状，具纵脊，后缘平截；下生殖板角状隆起，后端黑色，约伸达臀节基部；尾须短柱形，略内弯。

雌性：未知。

体各部分长度（mm）：体长 58.0；中胸背板 14.0；后胸背板（含中节）7.0；前足股节 15.0；中足股节 12.0；后足股节 16.5。

分布：西藏（墨脱）。

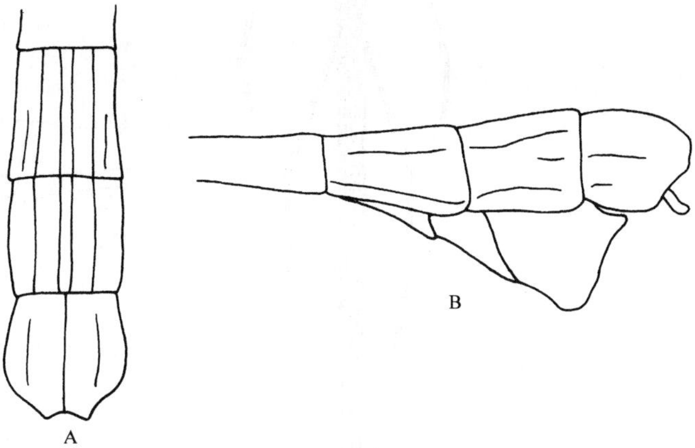

图 163　短翅健蛸 *Sosibia brachyptera* Chen et He，♂
A. 腹端背观　B. 腹端侧观

（三十）偏健䗛属 *Hemisosibia* Redtenbacher，1908

模式种：*Hemisosibia incerta* Redtenbacher，1908

本属与健䗛属 *Sosibia* Stål 相似。头扁平，有单眼。中胸背板具脊，较光滑，或披小粒突；后胸腹板和侧板光滑。前足股节扁，略膨大，短于中胸背板。前翅粗糙，截状，后翅发达。臀节竖扁，略有凹缘，缺肛上板；腹瓣侧扁，具脊，端圆；尾须短直。

本属全球 2 种，分布于东洋区，我国有 1 种。

153. 胸白偏健䗛，新种 *Hemisosibia thoracica* sp. nov.（图 164）

雌性：体长 90mm。体较大。具翅，体披少量粒突。体褐色，3 对足具褐斑，触角近端

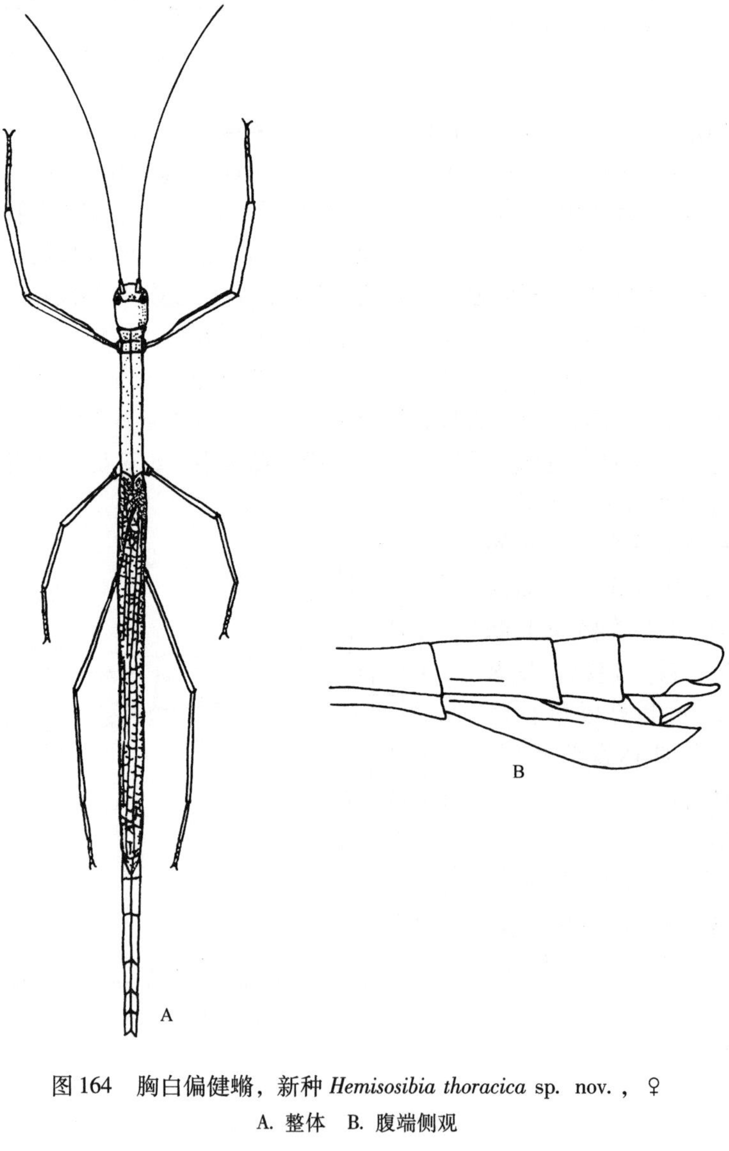

图 164　胸白偏健䗛，新种 *Hemisosibia thoracica* sp. nov.，♀

A. 整体　B. 腹端侧观

部具浅环，后翅具不规则灰斑，胸腹面白色间有褐纹。头圆，具不规则斑纹，后头稍凸；触角长丝状，远长于前足，复眼圆突，眼间有三角形排列3桔色单眼。前胸背板光滑，中央具十字形沟纹，横沟位于前方1/4处；中胸背板具纵脊，每侧有稀疏褐色粒突5～6个。前翅鳞状，翅突钝，外缘有绿斑纹，后翅伸达第5腹节中部。3对足无齿刺，前股节短，向两侧扩展，后股节远长于前股节。腹端3节屋脊状，臀节略短于第8节，远长于第9节，后缘几平截，中央有小凹口；腹瓣舟形，竖扁，端尖，伸达臀节中央；尾须圆柱形，伸达腹端。

雄性：未知。

体各部分长度（mm）：体长90.0；中胸背板14.0；后胸背板（含中节）10.4；前足股节11.0；中足股节10.0；后足股节17.0。

正模♀（BJAU），海南尖峰岭，1974-XII-14，李法圣采。

新种与 *H. incerta* Redtenbacher 相似，但后头稍凸，前足股节甚短，腹瓣端尖等可相区别。

（三十一）新健䗛属 *Neososibia* Chen et He，2000

模式种：*Neososibia brevispina* Chen et He，2000

体粗壮，圆筒形。无翅。头部较隆起，光滑，无角刺；触角长丝状，远长于前足股节。中胸散生颗粒与短刺，后胸仅散生颗粒。前足股节基部弯曲，基半部稍扩张，隆线明显；3对足股节端部具小齿。腹部光滑，第7腹板端部中央具叉突，腹部前数节背中央各具1瘤突，至腹端几节呈小脊突；臀节端部圆弧形，具纵脊；腹瓣扁舟形。

本属为我国特有，已知3种，分布于我国南方省区。

新健䗛属 *Neososibia* Chen et He 分种检索表（雌性）

1. 中、后胸侧方各1列短刺 ………………………………… 贵州新建䗛 ***N. guizhouensis* Chen et Ran**
 中、后胸侧方各1列粒突 ………………………………………… 短刺新健䗛 ***N. brevispina* Chen et He**

新健䗛属 *Neososibia* Chen et He 分种检索表（雄性）

1. 中、后胸腹面无刺；腹部前数节两侧无黑纵纹 ……………………… 金秀新健䗛 ***N. jinxiuensis* sp. nov.**
 中、后胸腹面有刺；腹部前数节两侧具黑纵纹………………… 贵州新建䗛 ***N. guizhouensis* Chen et Ran**

154. 短刺新健䗛 *Neososibia brevispina* Chen et He，2000（图165）

Neososibia brevispina Chen et He，2000，*Sys. Fau. Res. Chinese Ins.*，31.

雌性：体长104mm。体粗壮，圆筒形。体背面具纵脊，中胸侧板与腹部两侧具纵脊。体黄褐色。头部宽卵形，背面较隆起，光滑，无角刺；复眼半球形；后头具中隆线，有6个瘤突；触角长丝状，远长于前足股节，第1节扁长，第2节柱形，较短。前胸背板长方形，光滑，中央十字形沟纹中的横沟位于中前方，不达侧缘；中胸前半部较窄，长约为后胸（含中节）的1.5倍，中央散生前倾短刺，两侧各有1纵列粒突，腹面具2排疏生粒突；后胸背、腹面散生少量粒突，侧板具1纵列粒突；中节约与前胸等长，光滑。前足股节基部弯曲，具隆线，基半部稍扩展，3对足股节腹面内外脊端部各具3～4枚小齿，胫节基腹面呈

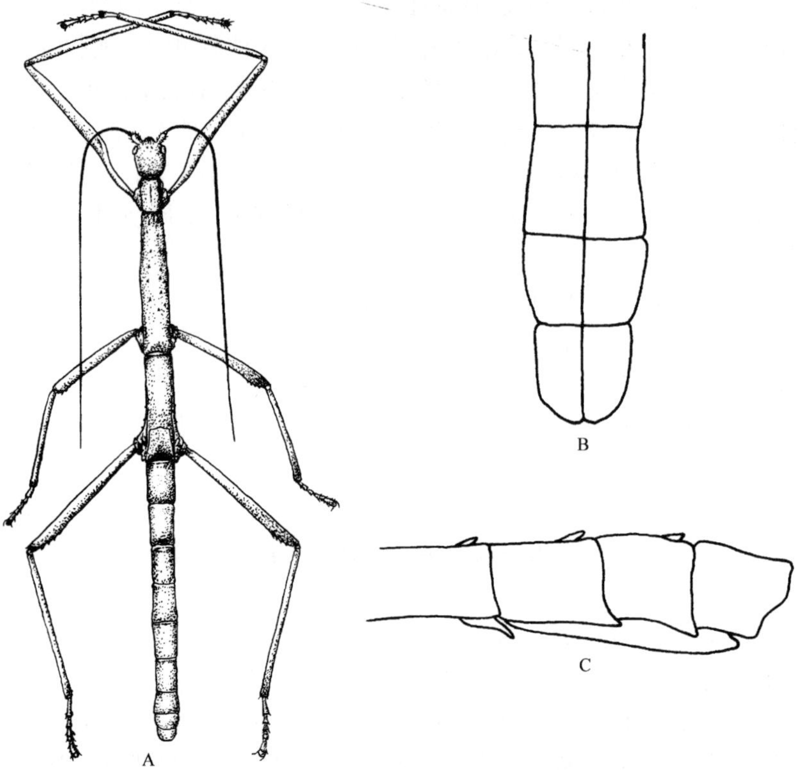

图 165 短刺新健䗛 *Neososibia brevispina* Chen et He，♀
A. 整体 B. 腹端背观 C. 腹端侧观

刀片状突起。腹部圆筒形，基本光滑，第 1 至第 6 节背中央近端处具小瘤，第 7 至第 9 节沿纵脊端部具小脊突，第 7 腹板后端具叉突；腹端 3 节略呈屋脊状，臀节长于第 9 节，与第 8 节约等长，后缘圆弧状，具浅凹口，背面具中脊；腹瓣较扁，端部较钝，中央具脊，不超过腹端；尾须不显露。

雄性：未知。

体各部分长度（mm）：体长 104.0；前胸背板 3.0；中胸背板 6.4；后胸背板（含中节）20.0；中节 6.4；前足股节 28.0；中足股节 18.0；后足股节 24.0。

分布：广东（封开）。

155. 贵州新建䗛 *Neososibia guizhouensis* Chen et Ran，2002（图 166）

Neososibia guizhouensis Chen et Ran，2002，*Insects from Maolan Landscape*. 124.

雌性：体长 108 mm。体粗壮，圆筒形。背中央具细纵脊，中胸侧板与腹部具纵脊。头宽卵形，背面较隆起；眼圆突，后头具 3 细纵沟；触角长丝状，远长于前股节，第 1 节近似矩形，端厚，第 2 节柱形，较短。前胸背板长方形，光滑，横沟位于中前方；中胸背板近纵脊每侧有 7 ~ 8 枚前倾短刺，侧缘各有 1 纵列约 12 枚短刺，中胸腹板散生短钝刺；后胸背板侧缘前方各有 3 颗粒突，侧板有 4 枚短刺，腹板散生较尖短粒突；中节略长于前胸。无翅。前股节基半部稍扩展；3 对足端部外脊各具 3 ~ 4 枚小齿；胫节近基部腹中脊呈薄片状。腹

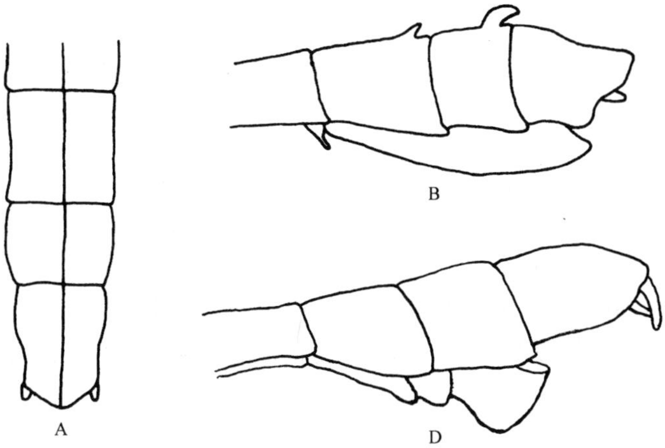

图 166 贵州新建䗛 *Neososibia guizhouensis* Chen et Ran，♀♂
A. 雌性腹端背观 B. 雌性腹端侧观 C. 雄性腹端背观 D. 雄性腹端侧观

部圆筒状，基本光滑，第 1 ~6 节背端具小瘤突，第 7 腹板后缘具叉突，第 7 ~9 节背板后缘具依次增大的脊突；腹端 3 节屋脊状，臀节长于第 8 节，与第 9 节约等长，后缘钝角状；腹瓣较扁平，端略尖，伸达臀节中部；尾须柱状，端较窄，不超过臀节。

雄性：体长 91 mm。较雌虫细瘦。胸与腹前数节两侧具黑纵纹。中、后胸生刺与粒突情况似雌虫。腹端 3 节加宽，屋脊状，臀节宽弧形拱起，后缘几平截；下生殖板兜状，端部宽圆，伸达臀节基部；尾须柱状，约伸达腹端。

体各部分长度（mm）：体长 ♀108.0，♂91.0；前胸背板 ♀5.6，♂4.0；中胸背板 ♀22.0，♂28.0；后胸背板（含中节）♀18.0，♂14.0；中节 ♀4.8，♂6.0；前足股节 ♀28.0，♂30.0；中足股节 ♀17.0，♂18.5；后足股节 ♀25.5，♂25.0。

分布：贵州（荔波县茂兰）。

156. 金秀新健䗛，新种 *Neososibia jinxiuensis* sp. nov.（图 167）

雄性：体长 84 mm。体中等偏大。杆状。体绿色，后胸两侧具黑纵纹，背面具中纵脊。头长卵形，背面较平坦，后头具 6 瘤突；眼圆凸；触角长丝状，伸达腹部第 8 节，第 1 节矩形，第 2 节短柱形。前胸背板矩形，横沟位中央，中胸背板近中脊处披 6 黑刺，侧缘仅 1 短刺，余为稀粒突，侧板具少量短刺，至后方刺加粗；后胸（含中节）约为中胸长的 1/2，仅侧板有黑色短刺；中节略短于后胸。3 对足以中股节较短，前股节略长于后股节，各股节内外腹脊近

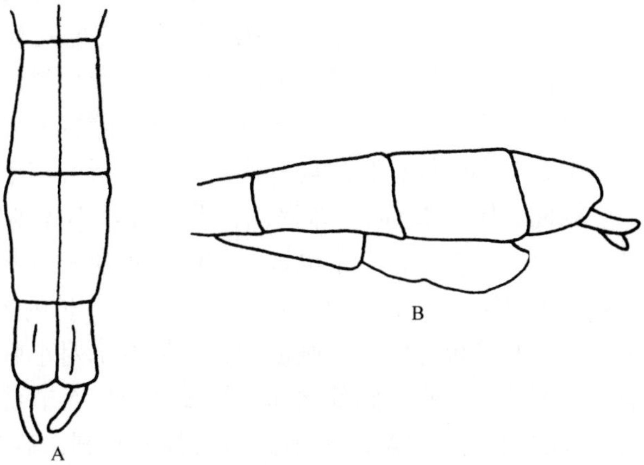

图 167 金秀新健䗛，新种 *Neososibia jinxiuensis* sp. nov.，♂
A. 腹端背观 B. 腹端侧观

端部各有约 2 小齿。腹部圆筒形，端部 3 节膨大，具 3 纵脊，第 8～9 节约等长，臀节较短，拱形，后缘几平截，中央具小凹口；下生殖板兜状，端窄，伸达臀节基部；尾须柱形，端较细，露于腹端。

雌性：未知。

体各部分长度（mm）：体长 84.0；前胸背板 4.0；中胸背板 19.0；后胸背板（含中节）9.2；中节 4.0；前足股节 26.0；中足股节 19.0；后足股节 25.0。

正模♂（IZAS），广西金秀林海山庄（1 000m），2000-VII-2，李文柱采。

新种与贵州新健䗛 *N. guizhouensis* Chen et He 相似，但中胸背板中脊处刺少，侧缘基本无刺，中、后胸侧板具多数短刺，但腹面无刺，3 对足股节腹脊近端处少刺以及臀节外形等可相区别。

（三十二）粗棘䗛属 *Spiniphasma* Chen et He，2000

模式种：*Spiniphasma guangxiense* Chen et He，2000

体小。短杆状。无翅。头与体表具粗刺。眼间具角刺 1 对；触角丝状，远长于前足股节。中胸背面隆起，两侧膨大。3 对足股节脊上具钝齿突，腹中脊清楚，前足股节基部略弯。腹部圆筒形，略扁，背面具刺，多数腹节两侧具叶突；臀节后缘具凹口；腹瓣扁舟形，端部圆钝；尾须扁。

本属为我国特有，仅 1 种，分布于广西。

157. 广西粗棘䗛 *Spiniphasma guangxiense* Chen et He，2000（图 168）

Spiniphasma guangxiense Chen et He，2000，*Sys. Fau. Res. Chinese Ins.*，32.

雌性：体长 36mm。体小。短杆状。无翅。头与体具粗刺。体褐色。眼间具较长角刺 1 对，其后具刺 3 对；触角分节明显，近 20 节，远长于前足股节。前胸背板具大小不等的刺 4 对；中胸约为后胸（含中节）长的 2 倍，中、后胸侧膨大并向上隆凸，沿中线有刺 7 对，中央隆起部分 3 对较大，后缘 1 对较小，侧缘各有刺 4 个，后胸背板远长于中节，中央有 2 对刺，几乎成 1 横列，近后方具小刺 1 对，中、后胸尚具少量不规则刺；中节横形，具刺 2 对。3 对足较短，前、后足股节约等长；前足股节基部稍弯，脊明显；脊上有间距不等的数个小钝齿；中、后足基节上方具刺，股节腹中脊清楚。腹部圆筒形，较扁，第 2 至第 5 节各有 2 对刺，第 6 节至第 9 节各有 1 对刺，除臀节外，各节近腹侧具成对叶突；臀节后缘亚平截，中央有小凹缘；腹瓣扁舟形，端部弧形，短于腹端；尾须扁，端窄。

雄性：体长 43mm。体褐色，背中央具不规则锈斑。头后隆凸，眼间 1 对刺，其后 3 对刺，以第 1 对较长，间距也宽。前胸背板亚长方形，沿中线 3 对刺，近后缘 1 对较小，中、后胸宽大且隆起，中胸约为后胸（含中节）长的 2.5 倍，中胸背板沿中线 6 对刺，最末 1 对则小，后胸背板近中央 4 刺横列，其后有 1 对小刺；中节横形，中央 1 对大刺，其后 1 对则小。腹部略长于头、胸部之和，第 2 节至第 5 节各有 2 对刺，第 6 至第 9 节各有 1 对刺，至后 2 节的刺短钝，第 2～9 节近后缘各 1 对刺，后 2 节刺突几呈叶状；下生殖板兜形，稍超过臀节基部；尾须不外露。

体各部分长度（mm）：体长♀36.0，♂43.0；前胸背板♀8.0，♂15.0；中胸背板

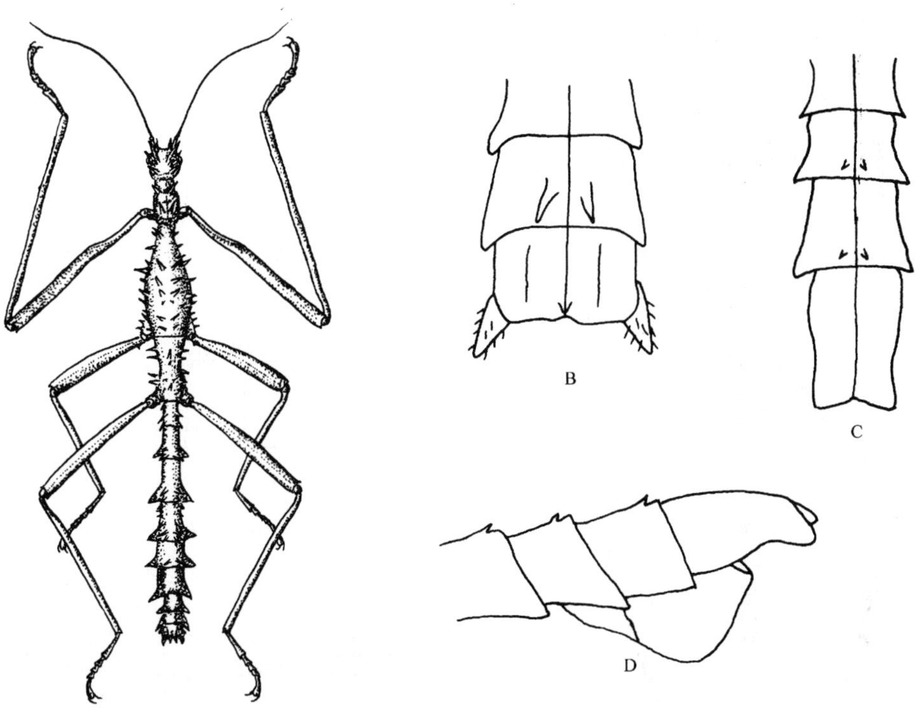

图 168 广西粗棘蛸 *Spiniphasma guangxiense* Chen et He，♀♂

A. 雌性整体 B. 雌性腹端背观 C. 雄性腹端背观 D. 雄性腹端侧观

♀8.0，♂15.0；后胸背板（含中节）♀4.0，♂6.0；中节♀1.0，♂2.0；前足股节♀10.0，♂16.0；中足股节♀9.4，♂10.5；后足股节♀10.0，♂14.6。

分布：广西（武鸣大明山、花坪红滩）。

（三十三）琼蛸属 *Qiongphasma* Chen et He，2002

模式种：*Qiongphasma jianfengense* Chen et He，2002

中型。杆状。头、胸和腹大部披刺。头扁，较短，具刺。胸、腹部披刺与瘤。前翅缺，仅保留鳞状后翅1对。3对足股节端部腹脊两侧具小齿，前股节基部弯曲。臀节背面略拱起，后缘向内浅凹；下生殖板兜状；尾须短，略内弯。

本属为我国特有，仅1种，分布于海南。

158. 尖峰琼蛸 *Qiongphasma jianfengense* Chen et He，2002（图 169）

Qiongphasma jianfengense Chen et He，2002，*Forest Insects of Hainan.* 106.

雄性：体长 65 mm。杆状。体黄褐色。头与体披刺，腹端4节具瘤突。头近似长方形，除后头稍隆起外，背面平坦，后头具6瘤突，其前方有刺3对（靠中央左前1刺短缩）；眼半球形，眼间较隆起，但无成对角刺；触角长于前足，第1节矩形，端厚，第2节柱形，短于第1节。前胸背板与侧板几乎愈合，横沟位中央处，沟前、后各有明显刺1对，后1对略小；中胸约为后胸（含中节）长的2倍，侧面有1列粒突，中央有大小不等刺5对，第1对

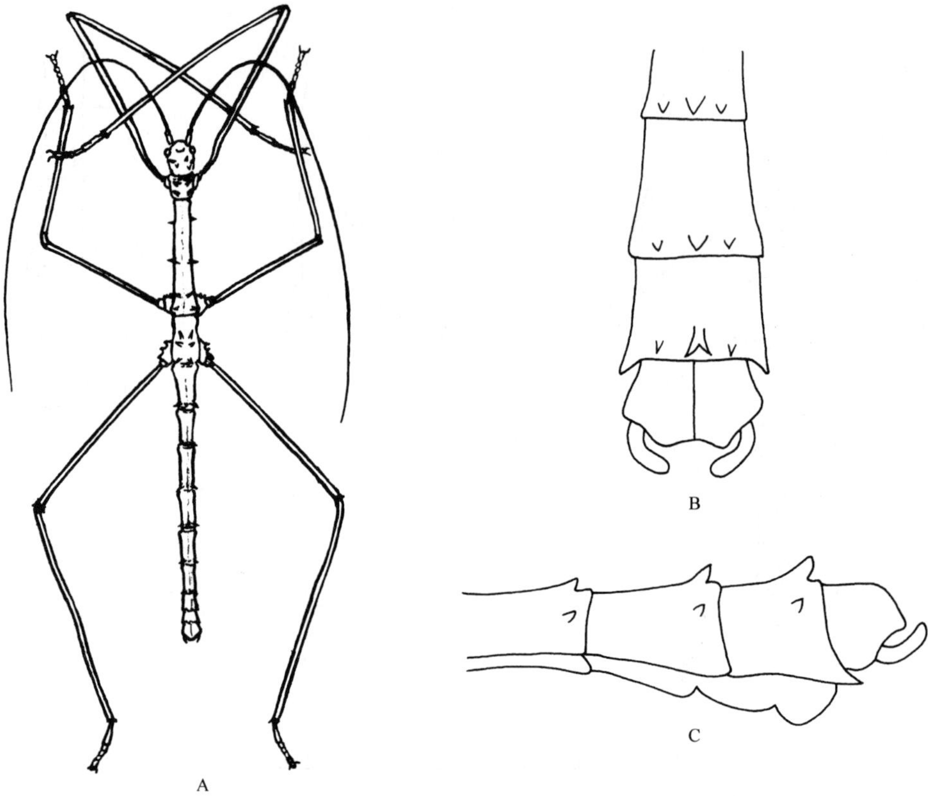

图 169　尖峰琼䗛 *Qiongphasma jianfengense* Chen et He，♂
A. 整体　B. 腹端背观　C. 腹端侧观

小，第 2 ~ 3 对大，第 4 对生于纵脊处；后胸背板近后方具刺 2 对，以前方 1 对为大；中节近后缘具 1 对刺。缺前翅，后翅呈鳞状。3 对足细长，股节棱脊清楚，前足与中、后足基节各具 1 和 3 刺；前股节基部弯曲，近端处内外腹脊具 1 ~ 3 枚刺；中、后股节相应处各有刺 2 个。腹部圆筒状，第 2 ~ 6 节背板后缘各有 1 对刺，除第 2 节外，中央尚各有 1 略小纯刺，第 7 ~ 9 节后缘各有瘤突 3 个，依次向后扩大，第 8 ~ 9 节加宽，侧后角较尖；臀节宽弧状，后缘略凹入；下生殖板后缘弧弯，伸达臀节基部；尾须柱形，端窄，内弯，明显伸于腹端。

雌性：未知。

体各部分长度（mm）：体长 65. 0；前胸背板 3. 4；中胸背板 15. 6；后胸背板（含中节）8. 0；中节 3. 0；前足股节 23. 0；中足股节 17. 0；后足股节 23. 0。

分布：海南（尖峰岭）。

短角棒䗛亚科 Pachymorphinae

短角棒䗛亚科 Pachymorphinae 分族检索表

1. 触角短于前足股节；中、后足股节无外长物或仅有少量小刺；第 2 腹节长为宽的 2 倍；雄虫臀节截状或略有凹缘，雌虫臀节多样；尾须有时延长，但不呈叶状 ………………………… **短角枝䗛族 Ramulini**
   触角等于或长于前足股节；前足股节下具齿；尾须叶状 ……………………… **短角棒䗛族 Pachymorphini**

□短角棒䗛族 Pachymorphini

（三十四）厚䗛属 *Pachymorpha* Gray，1835

模式种：*Pachymorpha squalida* Gray，1835

体黄或褐色，有少数披皱纹或粒突。头扁长，无角刺或有 2 叶角、2 刺。两性触角短于前股节的 2/3；前股节短，背面无或有少量小齿，腹面无刺齿，中、后股节有少量齿，跗节短。雄性第 2 腹节长小于宽的 1/2，雌性则为横形，雄臀节扁长，后缘弧形；下生殖板兜状，不超过第 9 腹节端部；尾须甚短；雌臀节长扁，平坦、截状或矛状，偶有肛上板；腹瓣舟状，具脊或平坦，或呈矛状、三角形。

本属分布于大洋洲区和东洋区，共计 12 种，我国有 2 种。

厚䗛属 *Pachymorpha* Gray 分种检索表（雌性）

1. 眼间有 1 对小瘤突；尾须短小，不超过腹端 ……………………………… **尖腹厚䗛 *P. arguta* sp. nov.**
   眼间无成对瘤突；尾须尖矛形，明显超过腹端 ………………………… **突尾厚䗛 *P. belocerca* sp. nov**

159. 突尾厚䗛，新种 *Pachymorpha belocerca* sp. nov（图 170）

雌性：体长 50mm。中型。杆状。体棕褐色。体粗糙不平，头与体具不规则粒突，体背腹面有多列纵脊。头略长且宽于前胸，被不规则粒突；眼间无成对瘤突；触角分节明显，15 节，第 1 节扁长，第 2 节柱形，约为第 1 节长的 1/3。前胸背板梯形，披较均匀粒突，背面具十字形沟纹，横沟位中央稍前方，中、后胸背板具稀疏粒突，每侧具 2 ~ 3 列纵脊，侧板纵脊上有成列粒突；中节横形。3 对足无刺齿。腹部圆筒形，第 7 节后收窄，除中纵脊外，每侧各有 3 条纵脊，腹面有 4 条纵脊，第 7 腹板中突较尖，盖及腹瓣基部；腹端 3 节屋脊状，第 9 节较短，臀节约于第 8 节等长，端缘有三角形凹口；腹瓣背面具 1 纵脊与 2 侧脊，端尖，不

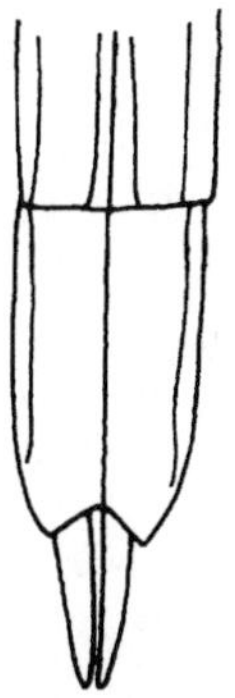

图 170　突尾厚䗛，新种
Pachymorpha belocerca sp. nov.，
♀ 腹端背观

超过腹端；尾须尖矛形，明显超过腹端。

雄性：未知。

体各部分长度（mm）：体长 50.0；中胸背板 11.4；后胸背板（含中节）13.6；中节 2.0；前足股节 16.0；中足股节 11.0；后足股节 14.5。

正模♀（BJFU），云南呈贡，1940-VII-3，采集人不详。

新种与 *P. finitima* Brunner 相似，但前、中足股节无齿以及尾须尖长等可相区别。

160. 尖腹厚蛸，新种 *Pachymorpha arguta* sp. nov.（图 171）

雌性：体长 74mm。体中等偏大。杆状。褐色。腹面较扁，体披稀疏粒突。头长且宽于前胸，后头具 3 纵沟形成 4 个瘤突；背面披较密短毛与不规则粒突，眼间有 1 对小瘤突；眼圆，较扁；触角第 1 节扁长，具纵脊，第 2 节柱形，短于第 1 节的 1/2，鞭部（缺失）。前胸背板梯形，前缘与纵沟处披较粗颗粒，余较稀、小，横沟位中央，其前有斜侧沟；中胸背板前半部粒突较密，中、后胸背板侧缘具纵列较尖稀疏粒突；中节横形，短于后胸的 1/3。中、后足除中股节背外脊基部至中部具 2～3 小刺与胫节端半部具少量小刺外，无其他外长物，中股节较长于中胸。腹部具极稀粒突，每侧约有 3 列侧脊，腹部第 5 节后变窄，第 7 腹板中突针状，腹端 3 节屋脊状，臀节长于第 9 节，短于第 8 节，端部收缩，后缘具三角形凹缘；腹瓣舟形，背具 1 纵脊 2 侧脊，端较尖，约伸达腹端；尾须短小，不超过臀节。

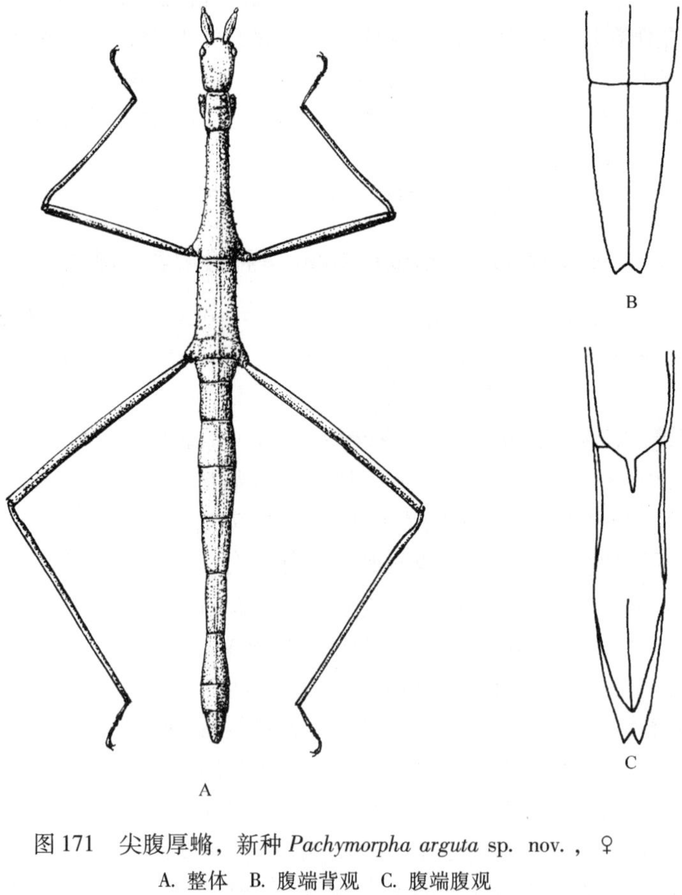

图 171 尖腹厚蛸，新种 *Pachymorpha arguta* sp. nov.，♀

A. 整体 B. 腹端背观 C. 腹端腹观

雄性：未知。

体各部分长度（mm）：体长 74.0；中胸背板 13.4；后胸背板（含中节）10.0；中节 2.4；前足股节（缺失）；中足股节 17.5；后足股节 23.0。

正模♀（IZAS），云南西双版纳勐龙（650m），1958-VII-16，张毅然采。

新种与 *P. squalida* Gray 相似，但体较小，头与体披粒突，头部有 1 对瘤突等可相区别。

□短角枝䗛族 Ramulini

短角枝䗛族 Ramulini 分属检索表

1. 雄虫第 2 腹节长小于宽的 1.5 倍，雌虫则为横形 ……………………………… **副厚䗛属 *Parapachymorpha***
   雌虫与雄虫第 2 腹节长为宽的 2 倍 …………………………………………………………………… 2
2. 中节与后胸愈合；3 对足中垫大 ……………………………………………… **藏䗛属 *Zangphasma* gen. nov.**
   中节与后胸分离；3 对足中垫正常 ……………………………………………………………………… 3
3. 触角第 2 节长大于宽 …………………………………………………………… **短角棒䗛属 *Ramulus***
   触角第 2 节念珠形 ………………………………………………………………………………………… 4
4. 中、后足股节背面脊不明显 ………………………………………………………………………………… 5
   中、后足股节背面具脊；雄虫第 9 腹节后侧具尖刺 ………………………………… **瘦䗛属 *Macellina***
5. 胸腹部具瘤突；3 对足股，胫节具钝齿 ………………………………………… **仿圆足䗛属 *Paragongylopus***
   胸腹部光滑；3 对足股，胫节无齿 ……………………………………………… **圆足䗛属 *Gongylopus***

（三十五）圆足䗛属 *Gongylopus* Brunner，1907

模式种：*Gongylopus adiposus* Brunner，1907

头延长，眼间有 2 刺；触角较长，第 1 节膨大，第 2 节甚短。胸、腹部光滑。前股节背面具脊，中、后足股节背面圆桶状，腹面具钝脊，各胫节圆桶状，跗节长。臀节延长，端部有小凹缘；肛上板甚小，腹瓣矛形，甚扁，端尖，伸达臀节端部；尾须短钝。

本属为我国特有，仅知 1 种，分布于我国南方。

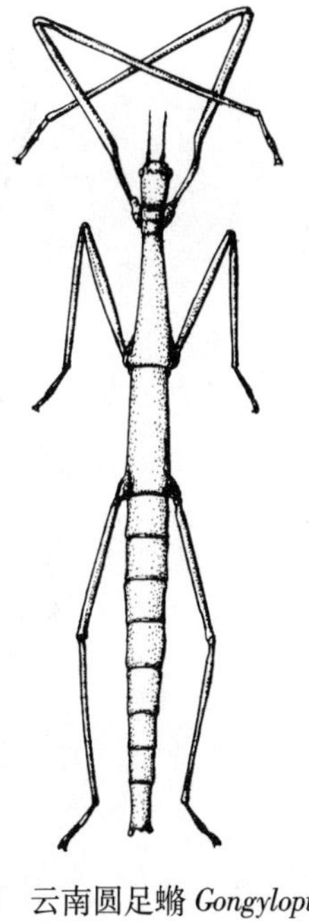

图 172　云南圆足䗛 *Gongylopus adiposus* Brunner，♀整体

161. 云南圆足䗛 *Gongylopus adiposus* Brunner，1907（图 172）

Gongylopus adiposus Brunner，1907，*Die Insektenfamilie der Phasmiden*. 233.

雌性：体长 102mm。体较大。深橄榄色，具光泽。头长，眼间有 2 刺；触角较长，第 1 节膨大，第 2 节甚短。胸、腹部光滑。中、后足股节背面圆桶状，腹面具钝脊，各胫节圆桶状。臀节延长，端部有小凹缘，肛上板甚小；腹瓣矛形，甚扁，端尖，伸达臀节端部；尾须短钝。

雄性：未知。

体各部分长度（mm）：体长 102.0；中胸背板 20.0；

后胸背板（含中节）19.5；中节3.0；前足股节32.0；中足股节22.0；后足股节26.0。

分布：云南。

（三十六）仿圆足蝽属 *Paragongylopus* Chen et He，1997

模式种：*Paragongylopus sinensis* Chen et He，1997

体中型。圆筒状。体表粗糙，背与腹面披不规则瘤突，具纵脊与侧脊。头略延长，眼间有1对锥突；触角短，3节，远短于前股节，柄节膨大，梗节短小，鞭部仅1节，呈不规则棒状。缺前、后翅。3对足股、胫节具少量钝齿，前股节棱脊明显，基部略内弯，中、后足股、胫节棱脊平钝而不明显。臀节稍长，后缘中央微内凹；腹瓣较扁平，后缘几成截形，不超过腹端；尾须短，较扁。

本属为我国特有，仅知1种，分布于我国南方。

162. 中华仿圆足蝽 *Paragongylopus sinensis* Chen et He，1997（图173；图版3-3）

Paragongylopus sinensis Chen et He，1997，*Acta Ent. Sinica.* 40（3）：297.

雌性：体长45mm。体中型。圆筒状。褐色。体表粗糙，体背面与腹面具不规则低钝瘤突，背面具1纵脊与2侧脊，腹面具2侧脊。头略延伸，背面几乎不隆起，后头具不规则小瘤突；复眼圆形，外突，眼间具1对前倾的锥突，锥突基部隆起，具背脊与侧脊；触角短，

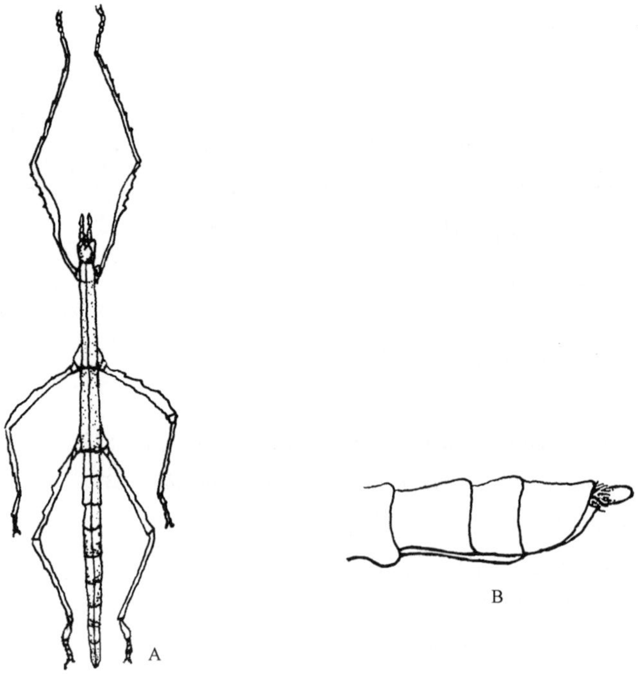

图173 中华仿圆足蝽 *Paragongylopus sinensis* Chen et He，♀
A. 整体 B. 腹端侧观

远短于前股节，3节组成，分节明显，柄节膨大，具棱脊，梗节短小，鞭部仅1节，呈不规则棒状，基部3/4边缘棱脊状，内侧有1排较整齐短刺，外侧披毛，近端1/4部分稍收缩，呈指突。前胸背板亚梯形，与头部约等长，表面粗糙，中部与侧面具宽脊，中央具横沟，纵沟伸达前半部；中胸与后胸加中节之和约等长；中节甚短，横形。缺前、后翅。3对足股、胫节具钝齿突，尤以背面齿突显著；前股节基部略内弯，背腹面棱脊清楚，背面内外脊各具6枚以上钝齿，腹面齿突小而不显著，胫节仅背面具少数小形钝齿，中、后足股节棱脊平钝，背面具3对钝齿，腹面具少数钝齿，胫节背面具少数钝齿。腹部自第6节以后渐窄，第5背板后缘的瘤突明显的大，第6~9背板中脊与侧脊端部各具1明显瘤突，第7腹板后缘中央凹入，第8和9节背板屋脊状；臀节稍长于第9节，宽瓦状，后缘微弧形，中央微内凹，背中脊清楚；腹瓣较扁平，后缘几乎截状，不超过第9节后端；尾须稍扁宽，腹面具中脊，略超过臀节端部。

雄性：未知。

体各部分长度（mm）：体长45.0；前胸背板2.6；中胸背板8.0；后胸背板（含中节）8.0；中节1.2；前足股节13.0；中足股节9.0；后足股节10.6。

分布：广西（武鸣大明山）。

（三十七）藏蛸属，新属 *Zangphasma* gen. nov.

模式种：林芝藏蛸 *Zangphasma nyingchiense* sp. nov.

体较小。表面具光泽，缺中隆线。头、胸部散生短钝粒突。缺翅。头宽卵形，背面稍隆起，眼间具1对锥突；触角分节明显，短于前股节，第2节为念珠形；中节和后胸背板愈合。3对足股节四棱形，前股节基部弯曲，中、后股节腹中脊具成列小齿，中垫大，几伸达爪端。腹部第2节长小于宽的2倍；腹端3节较膨大，臀节后缘稍凹入；下生殖板兜状；尾须圆柱形，内弯。

本新属近似于短角棒蛸亚科 Pachymorphinae 的 *Leptynia* Pantel，但主要区别如下：①中、后股节腹中脊具成列小齿。②中节和后胸背板愈合。③3对足中垫大，几伸达爪端。

本属为我国特有，仅知1种，分布于西藏。

163. 林芝藏蛸，新种 *Zangphasma nyingchiense* sp. nov.（图174）

雄性：体较小。细杆状。无翅。体背无纵中脊；头、胸部具散生粒突。头宽卵形，背面稍隆起，眼半球形；眼间具1对短钝角刺；触角分节明显，12节，短于前股节，第1节矩形，第2节念珠形，约为第1节长的1/2，第3节长于基部2节之和。前胸背板盾状，前半部具圆形突起，披粒突，中胸背板稍长于后胸（含中节），披粒突，近中央与两侧的粒突较整齐，后胸背板的粒突较稀，至中节处消失；中节和后胸背板愈合。3对足股节四棱形，前股节基部弯曲，中、后股节腹中脊具成列小齿；3对足中垫大，几伸达爪端。腹部圆桶形，光滑，第2节长小于宽的2倍，端部3节略膨大，屋脊状，臀节略短于第9节，稍拱起，具中脊，后缘略凹入；下生殖板兜状，伸达臀节基部；尾须圆柱形，内弯，明显超过腹端。

雌性：未知。

体各部分长度（mm）：体长39.0；前胸背板1.6；中胸背板6.6；后胸背板（含中节）

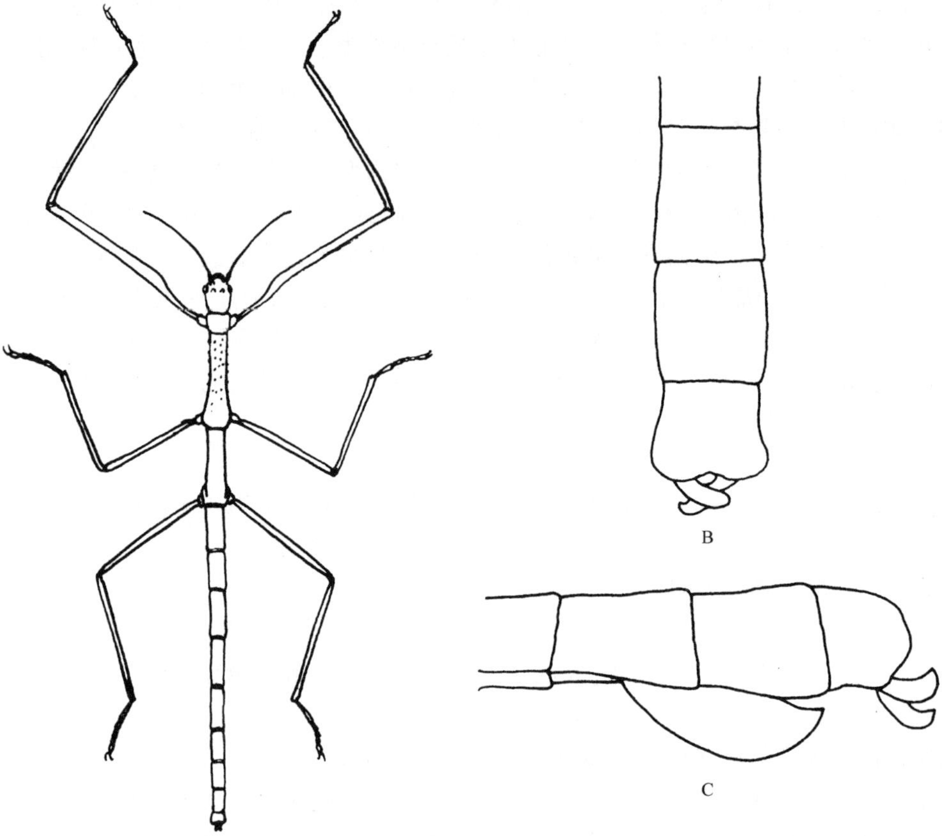

图 174 林芝藏䗛，新种 *Zangphasma nyingchiense* sp. nov.，♂
A. 整体 B. 腹端背观 C. 腹端侧观

6.0；前足股节 14.0；中足股节 8.0；后足股节 9.5。

正模♂（ZSU），西藏林芝，1980-VIII-7，梁铬球采。

（三十八）副厚䗛属 *Parapachymorpha* Brunner，1893

模式种：*Parapachymorpha nigra* Brunner，by designation of Kirby，1904

体坚实。头亚球形或后头隆起，触角伸达前股节中部，20 节，第 1 节扁。胸部具皱或有刺。中、后足股节有齿。第 2 腹节横形，臀节下弯，端圆，缺肛上板；腹瓣舟形。

本属分布于东洋区，共计 4 种，我国有 1 种。

164. 四刺副厚䗛 *Parapachymorpa tetracantha* Chen et He，2001（图 175）

Parapachymorpa tetracantha Chen et He，2001，*Entomol. J. E. China.* 10（1）：9.

雌性：体长约 40mm。中型。体粗短，多皱折，披短刺与不规则粒突。褐色。头宽卵形，背面稍凸，披大小不等粒突，近后头处有 4 个短粗刺；眼圆突；触角 15 节，第 1 节扁宽，有纵脊，第 2 节约为第 1 节长的 2/3。前胸背板梯形，横沟位于中央稍后方，后缘有 1

对短钝刺；中、后胸具纵脊，中胸后侧较宽，披不规则粒突，以腹侧与侧板粒突较尖突，后缘具1对短刺；后胸与中胸情况相仿；中节后缘也具1对短刺。前足缺失，中、后足股节与胫节背腹脊各具约3钝齿，胫节背腹脊尚具较小钝齿数个。腹部具粒突与侧纵脊6～8条，第2～5腹节背板后缘各具短刺1对；第7腹板后缘中突舌状；臀节后缘微弧状，中央具小凹缘；腹瓣舟状，具纵与侧脊，不超过腹端；尾须锥形，稍露于腹端。

雄性：未知。

体各部分长度（mm）：体长40.0；中胸背板8.6；后胸背板（含中节）5.6；前足股节（缺失）；中足股节10.0；后足股节11.5。

分布：云南（西双版纳景洪）。

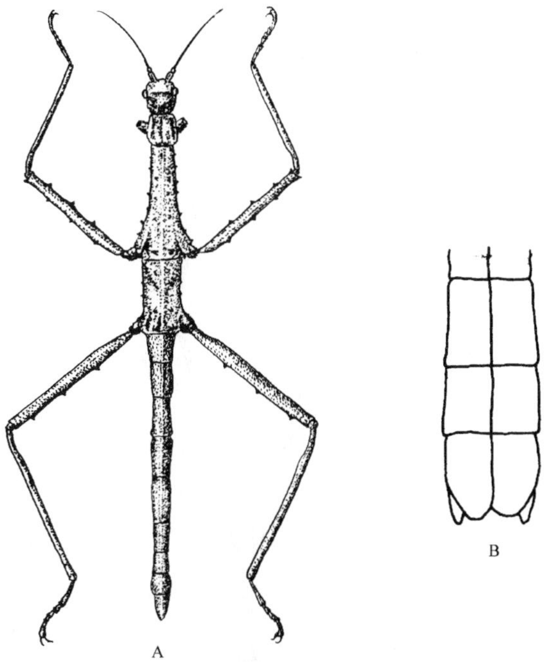

图175 四刺副厚䗛 *Parapachymorpa tetracantha* Chen et He，♀
A. 整体 B. 腹端背观

（三十九）瘦䗛属 *Macellina* Uvarov，1940

模式种：*Bacillus souchongia* Westwood [*Macella souchongia*（Westwood）Stål]，by designation of Rehn，1904

体细杆状。头延长，触角分节明显，雌虫不超过前股节的1/4，雄虫则较长。无翅。腹部光滑，雌臀节短，端圆，具肛上板；腹瓣具2纵脊，端尖，不超过第9腹节端部；尾须直，尖长且扁；雄第9腹节有长尖突，臀节后缘弧形凹入；下生殖板矛形，伸达第9腹节端部；尾须圆柱形，内弯下伸。

本属世界共3种，我国有2种。

瘦䗛属 *Macellina* Uvarov 分种检索表（雄性）

1. 触角18节；前足股节短于中胸背板的1.5倍；下生殖板矛形 …… **索康瘦䗛 *M. souchongia*（Westwood）**
   触角19节；前足股节长于中胸背板的1.5倍；下生殖板非矛形 ……… **腹指瘦䗛 *M. digitata* Chen et He**

165. 索康瘦䗛 *Macellina souchongia*（Westwood，1859），comb. nov.（图176）

Bacillus souchongia Westwood，1859，*Cat. Phasma.* VII：11.

雌性：体长78mm。细长。青褐色。头延长，背面平坦，眼较小，圆突；触角18节，短于前股节，第1节扁宽，端加厚，第2节短柱形，短于第1节1/2。前胸背板矩形，中央具十字形沟纹，横沟位于近中央；中胸至腹部中央背纵脊清楚，中胸长于后胸（含中节）；后胸约为中胸长的5/8；中节横形。3对足细长，无刺齿，前股节略长于后股节，中股节则

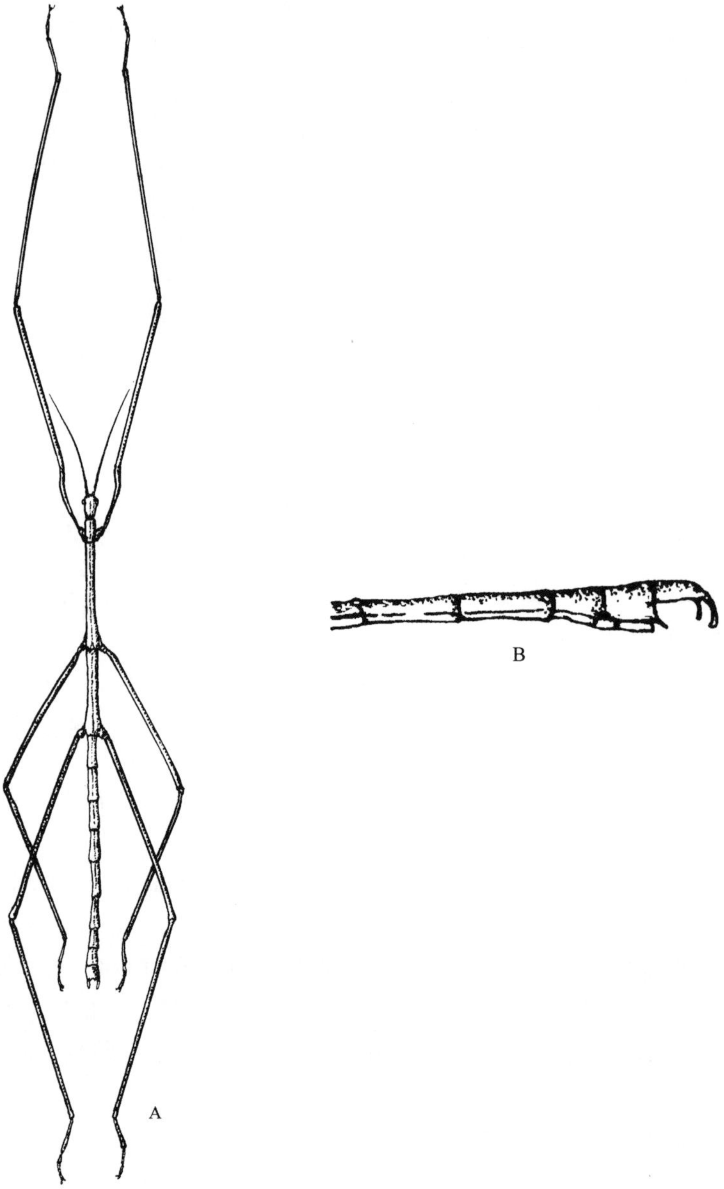

图 176　索康瘦䗛 *Macellina souchongia* Westwood，♂

A. 整体　B. 腹端侧观

较短。腹部长于头、胸部之和，自第 6 节后渐变窄，第 5 ~ 7 节较长，腹端 3 节，以第 8 节最长，臀节较长于第 9 节，后缘近截形；肛上板三角形，外露；腹瓣扁舟形，端尖，伸达臀节基部，两侧脊明显，产卵瓣露于腹瓣外；尾须较扁，矛形，内侧具纵脊，明显超过腹端。

雄性：体长 53mm。远较雌性细瘦。头背至腹端具黑色纵纹，至第 4 腹节黑纹变细。头部远长于前胸背板，两眼间较隆起。前胸背板中部两侧较宽，中、后胸后端较宽，中胸长约为后胸（含中节）的 1.2 倍，中节长大于宽。3 对足细长，无刺齿，前股节较长于后股节，中股节则短于后股节。腹部略短于头、胸部之和，第 2 ~ 7 节延长，腹端 3 节增宽，向后渐次缩短，臀节背板侧端叶较宽，后缘中央稍凹入，两侧成角状；第 9 背板侧后角尖，呈尖指状向后伸；下生植板兜形，端尖，不超过第 9 节端部；尾须长且内弯，下伸。

体各部分长度（mm）：体长♀78.0，♂53.0；中胸背板♀17.0，♂17.0；后胸背板（含中节）♀12.0，♂9.5；中节♀2.5，♂2.0；前足股节♀26.0，♂25.0；中足股节♀20.0，♂18.0；后足股节♀24.0，♂21.0。

分布：福建（厦门），广东（深圳），广西，海南，湖南，四川，贵州，江苏，山东，浙江，香港，澳门。

166. 腹指瘦䗛 *Macellina digitata* Chen et He，1993（图 177）

Macellina digitata Chen et He，1993，*Acta Ent. Sinica.* 36（4）：472.

雄性：长约 54mm。体细瘦。褐色，头部背中央与眼后具长方形褐纹，前胸背板中央褐色，中、后胸两侧有深褐色纵纹，胸腹部背中脊两侧具褐色纵纹，至腹部第 3 节后褐纹细狭。头明显长于前胸背板，后缘几与前胸等宽；头上无瘤突；头顶中央有 1 纵沟，至后半部较浅；触角 19 节，长约为前足股节的 1/2，第 1 节长，两侧近乎平行，背面有中脊，基部 2/3 处扁形，端部 1/3 处为圆柱形，长约为第 2 节的 3 倍，第 3 节略长于第 1 节，第 4 与 5 节略短，其余各节稍长；端节端部略钝。前胸背板长约为宽的 1.8 倍；背中有 1 纵沟，沟中央处深凹；中央横沟不达两侧，稍曲折，纵沟中央每侧各有 1 条侧纵沟；中胸长于后胸加中节之和，背中央有纵脊；中节长方形，长大于宽。3 对足细长，前足股节稍长于后足股节；中足股节最短；各足胫节略长于股节，足上披细密的小刺；各足第 1 跗节长于余各节之和。腹基部至臀节背中央有纵脊；腹基部 5 节约等长，第 7 节略短，端部 3 节最短，约等长；臀节后缘略凹入，两侧向内倾斜，形成两个侧瘤，端部显著加厚，披细毛；下生殖板短，中央圆凸，端缘略凹入，不超过第 9 腹节端部，第 9 背板后下侧各有 1 指形突；尾须向内稍弯曲，约与臀节等长，端部较细，钝形，内侧稍凹，具许多小齿。

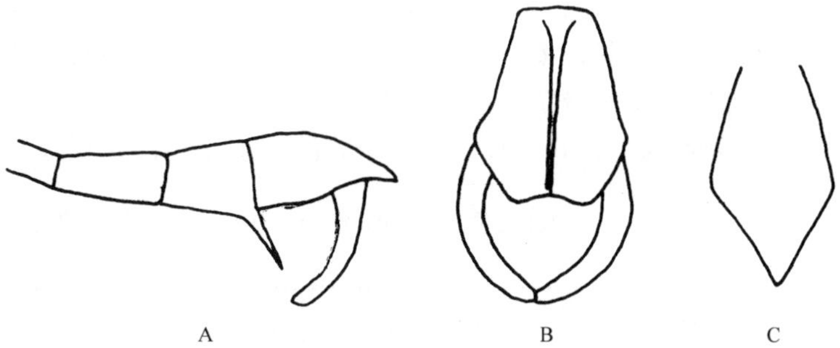

图 177　腹指瘦䗛 *Macellina digitata* Chen et He，♀♂
A. 雄性腹端侧观　B. 雄性臀节背观　C. 雌性腹瓣腹观

雌性：长约 69mm。外形与雄性相似，但体较粗。头部较光滑，头顶与眼后共有 3 条浅纵沟；触角 19 节，长约为前足股节的 1/3，第 1 节圆柱形，约为第 2 节长的 2 倍，第 3 节稍长于第 2 节，余各节均为圆柱形，以第 8、10、12、14、18 节较长，各节约等长，端节最长，端部圆，长约为第 3 节的 2 倍。前胸背板长约为宽的 1.5 倍，中央纵沟明显，两侧沟在中央处中断，中横沟略向前弯曲，横沟后的纵沟深凹；中胸至腹端背中央有 1 纵脊；中节长宽约等。腹部各节中以第 5、6 节最长，两者约等长，第 4、6、7 节略短，约等长，第 9 节最短，臀节略成弧形，后缘截形；肛上板三角形，背中脊明显；腹瓣中央略凸，矛形，端部尖，不伸达臀节，两侧具明显的边；尾须扁，端尖，后伸，明显超过肛上板。

体各部分长度（mm）：体长♀69.1，♂54.2；中胸背板♀14.0，♂13.0；后胸背板（含中节）♀10.8，♂9.4；中节♀1.6，♂1.2；前足股节♀20.8，♂23.0；中足股节♀15.6，♂16.6；后足股节♀20.4，♂20.0。

卵：长5.10 mm，宽0.78 mm，高0.78 mm。细长，黄褐色，具不规则碎纹。卵盖周围具突起。卵孔板长，梭形，浅黄色，卵孔位于中央处。中线伸达后端。腹端凹入，边缘具突起。

分布：广西（博白）。

（四十）短角棒蛸属 *Ramulus* Saussure（= *Gratidia* Stål），1875

模式种：*Bacillus carinulatus* Saussure，1868

体细长。较光滑，少刺。头延长，后侧窄，雄性触角伸达前股节中部或超过，雌性则较短，15~18节，第2节长大于宽。足细长。雄臀节变化，狭窄，侧扁，亚截形或截形，多少有凹缘，后缘具边框，有时生有小突起；下生殖板短，甚隆起；尾须圆柱形或凹入，但不膨大；雌臀节扁平且窄，后缘截形，或略有凹缘；具肛上板；腹瓣略呈舟形，不伸达腹端。

本属较大，有40余种，分布于非洲、东洋、古北等区，我国已知3种。

短角棒蛸属 *Ramulus* Saussure 分种检索表（雌性）

1. 两眼间有2瘤………………………………… **双瘤短角棒蛸 *R. bituberculata*（Redtenbacher）**
   两眼间无瘤…………………………………………………………………… 2
2. 臀节后端强烈延伸呈剑状……………………………… **剑臀短角棒蛸 *R. lanceus* Liu et Cai**
   臀节后端延伸呈刀状………………………………… **刀臀短角棒蛸 *R. scalpratus* Liu et Cai**

167. 剑臀短角棒蛸 *Ramulus lanceus* Liu et Cai，1992（图178）

Ramulus lanceus Liu et Cai，1992，*Insects of the Hengduan Mountains Region.* 2：62.

雌性：体长65mm。体光滑，黄褐色。头光滑，稍延伸，触角较粗短，稍长于头与前胸背板长之和，远短于前股节，具稀疏短刚毛，分节明显，18节，其第1节宽叶状，第2节明显长于宽，第3节几乎长于宽的4倍。前胸背板长方形，前缘具宽隆脊，中央横沟不伸达侧缘；中胸背板光滑，中央脊细而显著，侧缘隆脊前部微皱；中节稍长于宽，胸腹板光滑，侧缘具光滑隆脊。足稍短，背面光滑，前股节有显著脊，无齿突；中、后足股节腹面中央脊具4~5端刺；中、后足胫节脊末端有少数短黑刺。腹部圆筒形，光滑，中央脊不明显，侧缘脊向腹端渐消失；臀节较侧扁，屋脊状，后端呈剑状强烈延伸；第7腹板光滑；腹瓣舟形，末端稍钝，不达臀节中央；尾须短，不超过腹瓣末端。

雄性：未知。

体各部分长度（mm）：体长65.0；前胸背板2.2；中胸背板11.0；后胸背板(含中节)9.9；中节2.1；前足股节17.5；中足股节9.0；后足股节11.4。

分布：云南（维西）。

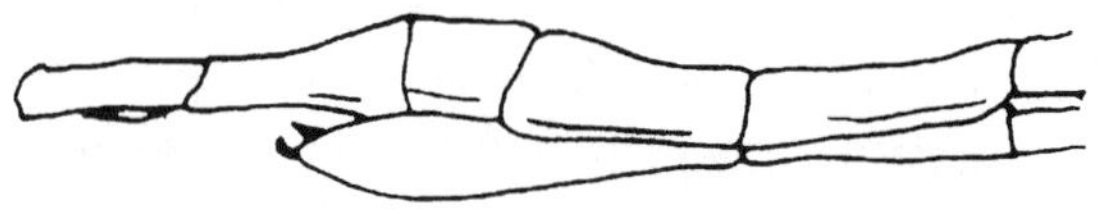

图178 剑臀短角棒蛸 *Ramulus lanceus* Liu et Cai，♀ 腹端侧观（仿刘胜利，蔡保灵）

168. 刀臀短角棒蛸 *Ramulus scalpratus* Liu et Cai，1992（图 179）

Ramulus scalpratus Liu et Cai，1992，*Insects of the Hengduan Mountains Region.* 2：63.

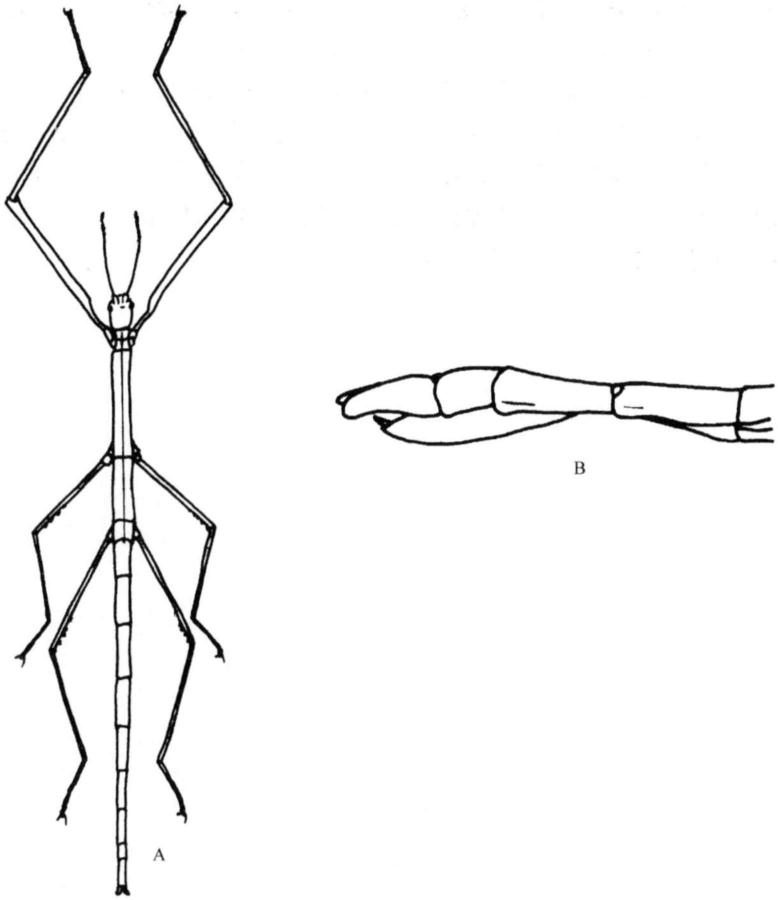

图 179　刀臀短角棒蛸 *Ramulus scalpratus* Liu et Cai，♀

A. 整体　B. 腹端侧观（仿刘胜利，蔡保灵）

雌性：体长 68mm。体光滑。棕褐色。头光滑，明显伸长，触角较粗短（标本部分缺损），分节明显，披细刚毛。头顶几乎不隆起，侧部中央略收缩，后头稍加宽，有 3 条短纵沟，形成 4 个隆起，其后端亚平截。前胸背板几长方形，中央有 1 个清楚的十字形沟纹，横沟不达侧缘，纵沟不达后缘，前胸腹板横宽，近侧缘有 2 条向前会聚的显著斜脊，中、后胸背板光滑，中央细脊隐约可见；中节光滑，明显长于宽；中、后胸腹板光滑，侧缘具光滑隆脊。前股节具光滑脊，全无刺齿；中、后股节背面光滑，腹面中央脊近端部有 5～6 枚钝齿，各足胫节脊上无明显刺齿。腹部第 2～6 节圆筒形，第 7 节明显细缩，至端部渐侧扁，中央脊渐加强，臀节略伸长，刀形，末端钝，亚平截，分为双叶；腹瓣舟形，末端稍尖，明显伸过臀节中央；尾须枪矛形，明显超过腹瓣，但远不伸达腹端。

雄性：未知。

体各部分长度（mm）：体长 65. 3；前胸背板 2. 3；中胸背板 6. 6；后胸背板（含中节）

12. 1；中节 2. 2；前足股节 17. 9；中足股节 10. 5；后足股节 13. 9。

分布：云南（泸水片马）。

169. 双瘤短角棒䗛 *Ramulus bituberculata*（Redtenbacher，1889）comb. nov.

Gratidia bituberculata Redtenbacher，1889，*Orth. Fauna Turkom.* VIII：26.

雌性：体长 71mm；雄 52mm。两性头扁平，眼间有 2 短脊；触角短，不超过前股节长的 1/3。胸部较扁，具 3 条脊。腹部背面 3 脊，雄性 1 脊，腹面则光滑无脊，雄臀节端钝，具 1 脊；尾须直，三棱状，下生殖板短，隆起，略具脊；雌臀节有 3 脊，端部截形；第 7 腹板端具尖突，腹瓣光滑，尖矛形，不超过臀节基部；尾须稍超过臀节。

分布：新疆（准噶尔盆地）；土库曼斯坦。

二、䗛科 Phasmatidae

有人将本科提升为䗛次亚目（Phasmatidea）。本科触角分节明显，常短于前足股节，雌性股节基背面锯齿状，或触角长于前股节，但从不如体长，中、后股节腹脊呈均匀锯齿状。本科一般中节较短，雌性腹瓣后伸不多，但有的可明显超过腹端。本科分成6个亚科。我国已知有3亚科：即䗛亚科 Phasmatinae，粗刺䗛亚科 Eurycanthinae 和宽颊䗛亚科 Platycraninae。

䗛科 Phasmatidae 分亚科检索表

1. 前足股节横切面稀有三角形，如为三角形，则其基部既非锯齿形，也无齿（无翅 Cladoxerini 除外），前足股节具4条明显的脊 …………………………………………………………………………………………… 2
   前足股节横切面近似三角形，至少基背面锯齿形，或有翅芽，或中胸背板长于后胸背板（缅甸与印度尼西亚的一些小型、无翅种类，前足股节基背面光滑，中胸背板短）；雄虫臀节分裂 ……………………… …………………………………………………………………………………………… **䗛亚科 Phasmatinae**
2. 雌虫腹瓣和长形肛上板形成喙状产卵器；雄虫后足股节常加厚和有刺齿 …… **粗刺䗛亚科 Eurycanthinae**
   雌虫腹瓣和肛上板两者不形成喙状产卵器；雄虫后足股节既不加厚也无刺齿；颊宽于眼；有前翅，常有短的后翅或无翅 ……………………………………………………………… **宽颊䗛亚科 Platycraninae**

蛸亚科 Phasmatinae

蛸亚科 Phasmatinae 分族检索表

1. 两性具翅或有翅痕；雌虫尾须强烈扁宽，或延长呈矛状；雄虫单眼明显 ················ **蛸族 Phasmatini**
   两性，至少雌虫中无翅 ··· 2
2. 两性无翅；中节明显短于后胸背板，通常很短 ·· 3
   雄虫有翅，雌虫中节几乎与后胸背板等长 ·· **彪蛸族 Pharnaciini**
3. 亚洲 ·· **短肛蛸族 Baculini**
   澳大利亚，新西兰 ··· **棘刺蛸族 Acanthoxylini**

□短肛蛸族 Bacalini

短肛蛸族 Bacalini 分属检索表

1. 3 对足股节具锯齿；腹瓣明显超过腹端 ·· **佛蛸属 *Phryganistria***
   前足股节锯齿状或无齿 ·· 2
2. 雌性第 1 腹节横形 ·· **介蛸属 *Interphasma* gen. nov.**
   雌性第 1 腹节非横形 ·· 3
3. 雌性臀节截形或有凹缘；肛上板有或无 ·· 4
   雌性臀节多变，雌虫臀节长，矛形或短，具凹缘或有长形肛上板 ································ 5
4. 前足股节具锯齿 ··· **短肛蛸属 *Baculum***
   前足股节无锯齿 ·· **拟短肛蛸属 *Parabaculum***
5. 臀节具凹缘；肛上板长形或缺 ·· 6
   臀节常延长；肛上板短或缺 ·· 8
6. 头顶有 2 叶或横脊；腹瓣远长于臀节 ·· **长腹瓣蛸属 *Prosentoria***
   头顶有 2 刺或无；腹瓣与臀节端部成喙状 ·· 7
7. 无肛上板 ·· **无肛蛸属 *Paraentoria***
   有肛上板 ·· **长肛蛸属 *Entoria***
8. 雌性尾须尖长，呈叶状 ·· **仿短肛蛸属 *Paraclitumnus***
   雌性尾须正常 ·· 9
9. 雌性臀节端部完整 ··· **喙尾蛸属 *Rhamphophasma***
   雌性臀节分裂 ·· 10
10. 臀节甚为延长，自基部 1/3 或中部处深裂成 2 叶；腹瓣矛形，伸达臀节基部·································
    ··· **中蛸属 *Mesentoria* gen. nov.**
    臀节稍延长或延长，浅裂或中部处分裂成 2 叶；腹瓣舟形 ······································ 11
11. 前足股节腹中脊具小齿；臀节稍延长，近端部浅裂；腹瓣约伸达臀节基部 ·······························
    ··· **润蛸属 *Leiophasma* gen. nov.**
    前足股节腹中脊光滑；臀节延长，近中部深裂；腹瓣约达臀节基部 ··
    ··· **仿润蛸属 *Paraleiophasma* gen. nov.**

（四十一）无肛蛸属 *Paraentoria* Chen et He，1997

模式种：*Paraentoria sichuanensis* Chen et He，1997

体长。杆状。触角分节明显，短于前足股节，眼间具 2 锥突。前股节基部向内弯曲，中足股节略长于后胸与中节之和，后足股节不超过第 6 腹节。缺前、后翅。雌虫臀节后缘具凹缘，缺肛上板。腹瓣舟形，伸达腹端；尾须短。

本属为我国特有，分布于南方，已知 2 种。

无肛蛸属 *Paraentoria* Chen et He 分种检索表（雌性）

1. 中足股节近基部叶突单叶状，后股节基背面及胫节叶突发达…… **庐山无肛蛸 *P. lushanensis* Chen et He**
   中足股节近基部叶突非单叶状，后股节基背面及胫节无明显叶突 …… **四川无肛蛸 *P. sichuanensis* Chen et He**

170. 四川无肛蛸 *Paraentoria sichuanensis* Chen et He，1997（图 180；图版 3-4）

Paraentoria sichuanensis Chen et He，1997，*Insects of the Three Gorge Reservoir Area of Yangtze River*. 114.

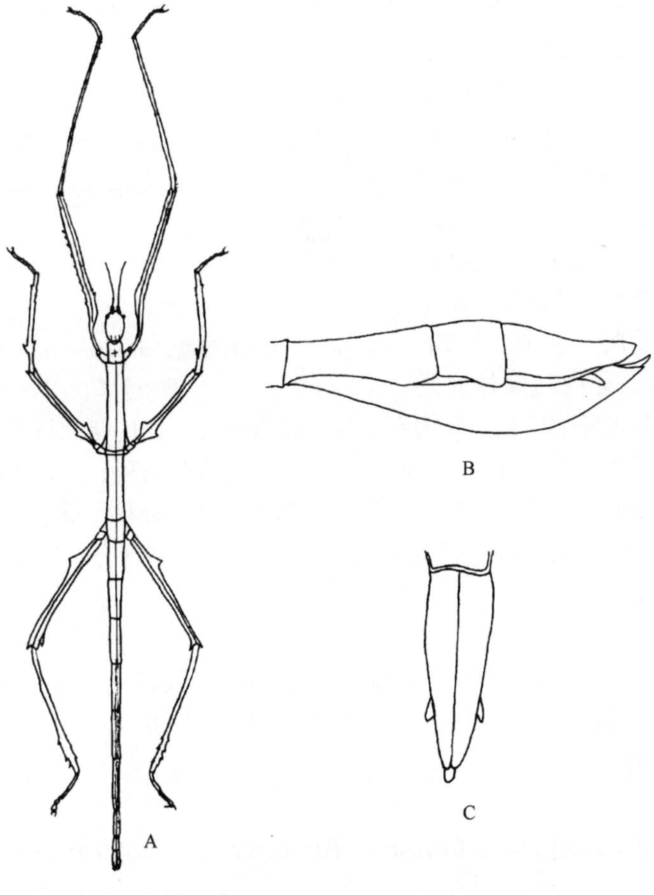

图 180　四川无肛蛸 *Paraentoria sichuanensis* Chen et He，♀

A. 整体　B. 腹端侧观　C. 臀节背观

雌性：体长 118.0mm。长杆状，褐色，背面具中脊，体披不规则颗粒与短毛。头椭圆形，前宽后窄，背面几不隆起，后头具 3 短纵沟；眼间具 1 对扁形锥突；触角分节明显，24 节，短于前足股节之半，第 1 节扁宽，端厚，第 2 节短柱形。前胸背板亚梯形，中央具十字形沟纹，纵沟两侧具侧沟；中节横形。缺前、后翅。前足股节基部向内弯曲，背内脊与腹外脊具齿列，中足股节略长于后胸与中节之和；中足股、胫节背腹面近基部具明显叶突，胫节具小刺，后足除胫节基部无明显叶突外，其余与中足相仿，中、后足股节的腹中脊端部具数小齿，后股节伸达第 5 腹节基部。腹部圆筒形，端部 3 节收缩，屋脊状，第 9 腹节长约为第 8 节之半，臀节（第 10 腹节）略向后延伸，长于第 9 节，端部中央略内凹；缺肛上板；腹瓣舟形，具背中脊，端尖，稍超过腹端；尾须短，稍外露。

雄性：未知。

体各部分长度（mm）：体长 118.0；前胸背板 3.4；中胸背板 20.0；后胸背板（含中节）17.6；中节 3.6；前足股节 37.0；中足股节 22.5；后足股节 30.0。

分布：四川（万县）。

171. 庐山无肛䗛 *Paraentoria lushanensis* Chen et He，2000（图 181）

Paraentoria lushanensis Chen et He，2000，*Entomotaxonomia*. 22（3）：17.

雌性：体长 116.0mm。长杆状。黄褐色，体有黑色碎纹，背中央具纵脊，体披较稀短毛与不规则粒突。头近似椭圆形，后侧略窄，后头具纵沟，形成 4 个瘤突；眼间具较大扁锥突 1 对；触角分节明显，26 节，短于前足股节之半，第 1 节扁宽，背中央具脊，第 2 节短柱形。前胸背板近梯形，中央具十字形沟纹，中胸前侧较窄，稍长于后胸（含中节），中节远短于后胸。缺前、后翅。前足胫节基部弯曲，背内与腹外脊具成列叶齿，中足股节近基部背内与腹内脊均具 1 显著叶突，但内侧的远为缩小，腹中脊端部具小齿，胫节近基部背、腹内脊各具 1 叶突，胫节背腹脊具齿列，后足生叶突与齿等情况与中足相似。腹部圆筒形，远长于头胸部之和，端部 3 节呈屋脊状，臀节短于第 8 节而长于第 9 节，端部略尖，具小凹缘；缺肛上板；腹瓣长舟形，背中央具脊，端部较尖，明显超过腹端；尾须短，稍外露。

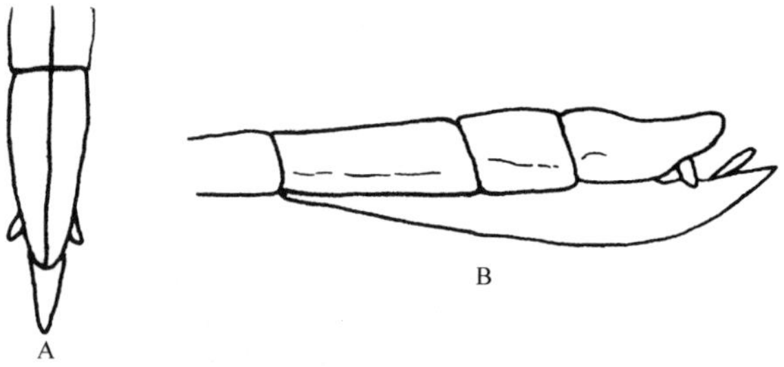

图 181 庐山无肛䗛 *Paraentoria lushanensis* Chen et He，♀
A. 腹端背观 B. 腹端侧观

雄性：未知。

体各部分长度（mm）：体长 116.0；前胸背板 4.6；中胸背板 19.0；后胸背板（含中节）16.0；中节 3.6；前足股节 36.0；中足股节 25.0；后足股节 30.0。

分布：江西（庐山）。

（四十二）仿短肛䗛属 *Paraclitumnus* Brunner（= *Dubreuilia* Brunner），1907

模式种：*Paraclitumnus lineata* Brunner，1893

头扁，无角刺；两性触角超过前股节中部，各股节光滑。腹部细长，雄臀节基部分裂，臀叶长；下生殖板平坦，矛状，伸达臀节基部；尾须短；雌臀节长，具深凹缘；肛上板尖短；腹瓣尖矛状，几乎伸达腹端；尾须长，尖矛状。

本属主要分布在东洋区，共计 8 种，我国有 5 种。

仿短肛䗛属 *Paraclitumnus* Brunner 分种检索表（雌性）

1. 眼间具 1 对角刺或瘤突 ………………………………………………………… 2
   眼间无成对角刺或瘤突 ………………………………………………………… 3
2. 眼间具粗刺 1 对；中、后股节腹中脊无细齿 ………………… **刺槐仿短肛䗛 *P. robinius* Cai**
   眼间具小瘤突 1 对；中、后股节腹中脊有 1 列细齿 ………… **河南仿短肛䗛 *P. henanensis* Chen et He**
3. 头短，背面较隆起；臀节侧端叶钝 ………………………… **显尾仿短肛䗛 *P. apicalis*（Chen et He）**
   头长，背面较平坦 ………………………………………………………… 4
4. 中、后足股节腹中脊有 6 ~ 7 枚齿 ……………… **版纳仿短肛䗛 *P. bannaensis* Chen，Shang et Pei**
   中、后足股节腹中脊有 1 ~ 2 枚齿 ……………… **黑齿仿短肛䗛 *P. nigrodentatus*（Chen et Yin）**

172. 版纳仿短肛䗛 *Paraclitumnus bannaensis* Chen，Shang et Pei，2000（图 182）

Paraclitumnus bannaensis Chen，Shang et Pei，2000，*Entomotaxonomia*. 22（1）：99.

雌性：体长约 88mm。体较大。杆状。光滑，无翅。体黄褐色，背中央具纵脊。头椭圆形，背面较平坦，后头具 1 纵沟 2 侧沟，头后侧宽于前胸背板；眼圆稍凸起；触角分节明显，第 1 节扁长，具纵沟，第 2 节扁，约为第 1 节长的 1/3。前胸背板亚梯形，背中央具十

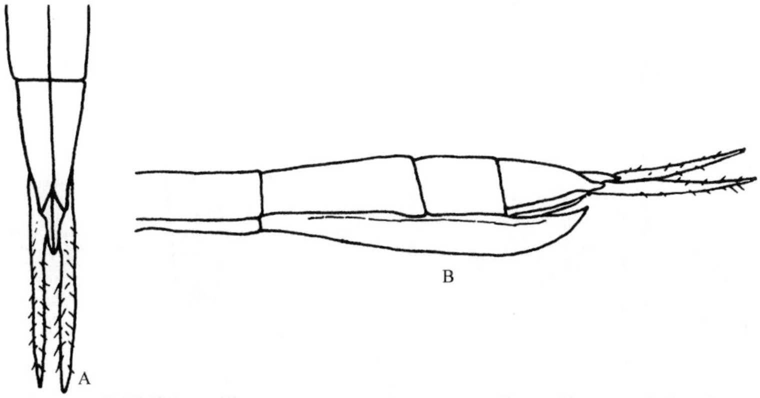

图 182　版纳仿短肛䗛 *Paraclitumnus bannaensis* Chen，Shang et Pei，♀
A. 腹端背观　B. 腹端侧观

字形沟纹，横沟稍呈弧形，位于中央稍后方；中胸后侧略加宽，长于后胸（含中节），后胸长为中节的 4 倍；中节长宽约等。前足股节背内脊自基至中央具 7 枚细齿，中、后足股节腹中脊端部具 6 ~ 7 枚小齿；中足股节短于中胸背板。腹部圆筒形，自第 7 节后变窄，第 8 节至臀节屋脊状，以第 8 节最长，臀节较长于第 9 节，端缘凹入呈三角形，侧端叶尖锐；肛上板短矛状，略呈屋脊状，具纵脊，明显超过臀节端部；腹瓣舟形，端尖，约伸达腹端；尾须长矛形，端尖，中央具纵沟。

雄性：未知。

体各部分长度（mm）：体长 88.0；前胸背板 3.0；中胸背板 19.4；后胸背板（含中节）

15.0；中节 3.0；前足股节 27.0；中足股节 16.0；后足股节 20.0。

分布：云南（西双版纳勐遮）。

173. 显尾仿短肛䗛 *Paraclitumnus apicalis*（Chen et He，1994）comb. nov.（图 183）

Bacalum apicalis Chen et He，1994，*Acta. Ent. Sinica.* 37（2）：196.

雌性：体长 86～87mm。绿色。体密披均匀细颗粒和疏毛。头长于前胸，背面有浅中沟，两侧有短纵沟，两眼间无角突，但有横形凹陷；眼小，圆形，外突；触角短，长约为前足股节的 1/3，第 1 节较长，扁宽，长约为宽的 2 倍，边缘有细毛，具背中脊，第 2 节扁而短，长宽约等，长约为第 1 节的 1/4，第 3 节略长于第 2 节；下颚须基部 2 节短，第 3、4 节稍长且等长，端节最长、端部尖；下唇须 3 节，自基节开始，逐节延长。前胸背板长大于宽，中纵沟不伸达后缘，横沟位于中央处，横沟后有 2 条浅侧纵沟，并斜向外侧；中胸长于后胸加中节之和，后侧略加宽，背中脊明显；后胸稍宽于中胸，约为中胸长的 3/5，背中脊伸达中节前消失；中节长宽约等，无背中脊，1 对新月形凹窝位于中央。前足股节略短于胫节，背内脊有 1 排小型黑色锯齿，中、后足股节端内脊无明显隆起，但生有极少小齿，各足棱脊上生有整齐细毛。腹部长于头、胸部之和，以第 5 与第 6 腹节最长，第 9 背板长于第 8 背板的 1/2；第 10 背板稍长于第 9 背板，后缘中央呈三角形凹入，两侧端叶成角状，背中

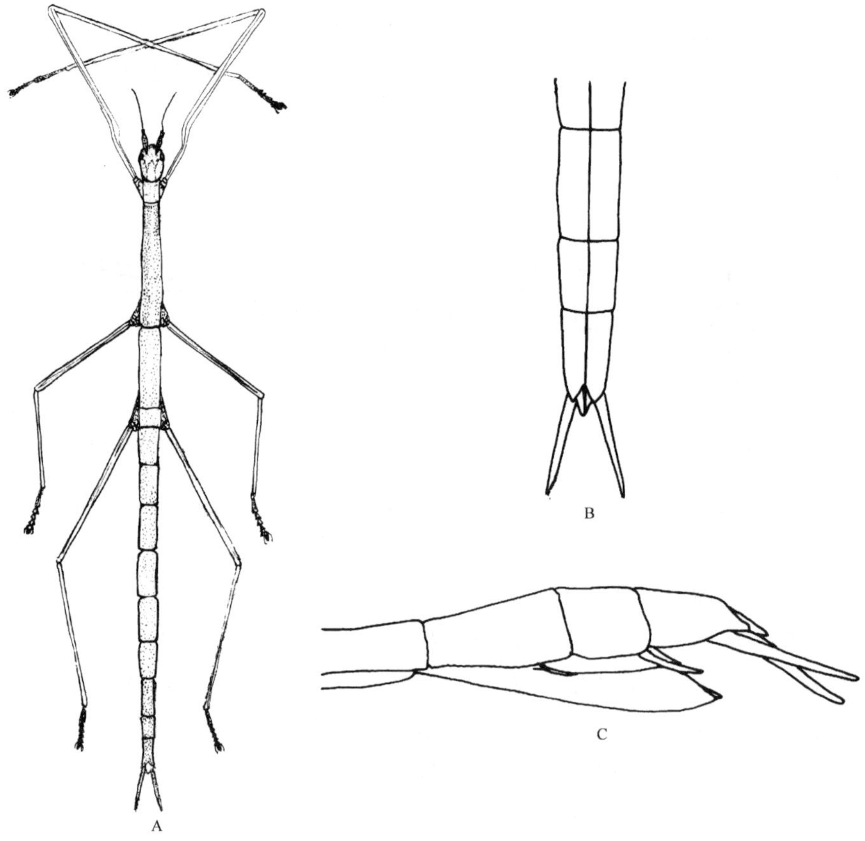

图 183 显尾仿短肛䗛 *Paraclitumnus apicalis* Chen et He，♀

A. 整体 B. 腹端背观 C. 腹端侧观

脊明显；肛上板端尖，超过第10背板侧叶；腹瓣狭长，舟形，侧脊明显，端部略尖，伸达第10节中后方；尾须明显长于第10背板，披细毛，基宽端尖，直伸向后方。

雄性：未知。

体各部分长度（mm）：体长86.0～87.0；前胸背板3.0～3.2；中胸背板19.0～19.4；后胸背板（含中节）15.0～15.2；中节3.0；前足股节32.0；中足股节17.0；后足股节23.0；腹瓣8.8～9.0。

分布：浙江（安吉、余杭）。

174. 河南仿短肛䗛 *Paraclitumnus henanensis* Chen，2002（图184）

Paraclitumnus henanensis Chen，2002，*Insects of the Mountains Taihang and Tongbai Region*. 11.

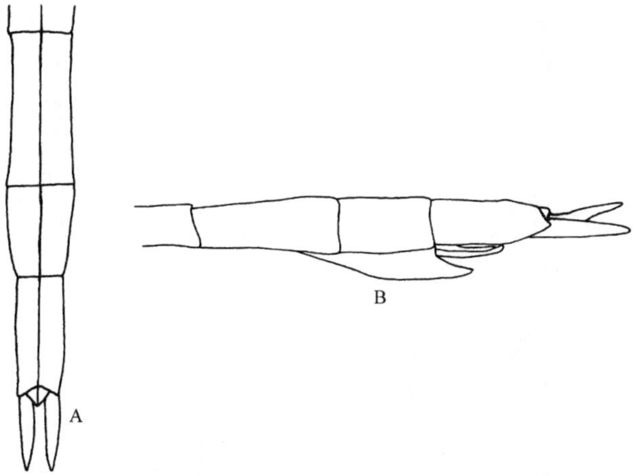

图184　河南仿短肛䗛 *Paraclitumnus henanensis* Chen，♀
A. 腹端背观　B. 腹端侧观

雌性：体长92mm。中型偏大。杆状。光滑，无翅。体黄绿色，眼后具褐纹，背中央具细纵脊。头椭圆形，背面略平坦；眼圆突，眼间具褐色小瘤1对；触角远短于前足股节之半，14节，第1节扁宽，具脊，第2节短柱形。前胸背板梯形，中央具十字形沟纹，横沟位中央处；中胸背板后侧稍宽，约与后胸（含中节）等长；中节横形，约为后胸长的1/4。前股节背内脊具8～12枚成列褐齿，中股节短于后股节，中、后股节腹中脊具1列细齿，胫节腹面3脊各具1列细齿。腹部自基至端部变窄，腹端3节屋脊状，以第8节最长，臀节稍长于第9节，端缘凹入；肛上板三角形，具2纵脊，略超过臀节端部；腹瓣舟状，较扁，产卵瓣外伸；尾须剑状，端尖，短于臀节。

雄性：未知。

体各部分长度（mm）：体长92.0；前胸背板3.4；中胸背板17.8；后胸背板（含中节）17.6；中节2.4；前足股节24.5；中足股节16.0；后足股节18.0。

分布：河南（桐柏）。

175. 黑齿仿短肛䗛 *Paraclitumnus nigrodentatus*(Chen et Yin,1996) comb. nov.（图185）

Baculum nigrodentatus Chen et Yin，1996，*J. Beijing for. Univ.*，18（1）：60.

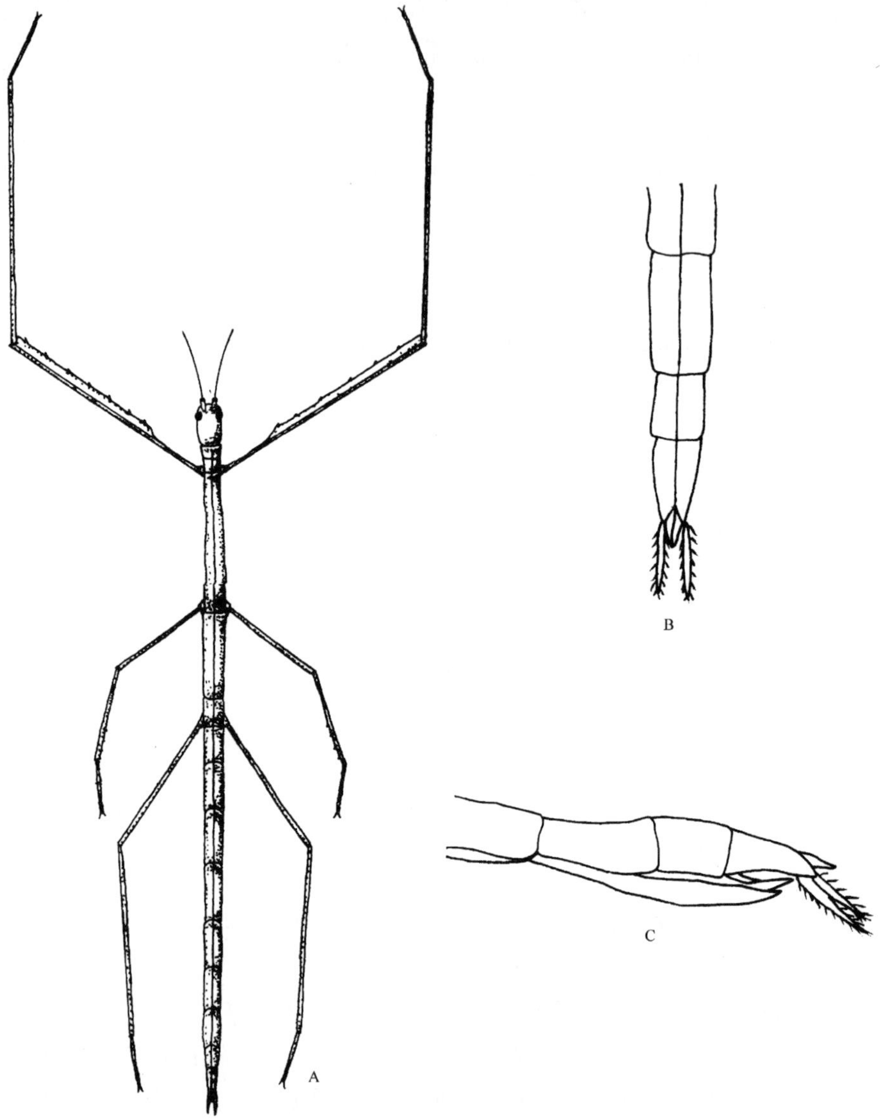

图 185 黑齿仿短肛䗛 *Paraclitumnus nigrodentatus* Chen et Yin，♀
A. 整体 B. 腹端背观 C. 腹端侧观

雌性：体长 90mm。体杆状。黄绿色，较光滑。头卵圆，长于前胸，背面有浅中沟；眼间无角刺；眼圆外突；触角柄节扁宽，长小于宽的 2 倍，具背中脊。前胸背板矩形，具十字形沟纹，横沟位中央处，中胸至腹端具背中脊，中胸长于后胸加中节之和；中节长约为后胸的 1/4，1 对新月形凹窝位于后半部。3 对足细长，前股节基部弯曲，背内脊具 7 ~ 8 枚黑齿，中、后股节端部腹中脊具 1 ~ 2 枚小齿，胫节近端处，背腹面具少量小刺。腹端 3 节逐渐变窄，以第 8 节最长，臀节（第 10 节）后缘中央深凹，侧端叶后伸成锐角形；肛上板矛状，具中脊，明显超过侧端叶；腹瓣舟形，端尖，超过臀节中部，产卵器明显伸于腹瓣外；尾须尖刀形，基部稍宽，披细毛。

雄性：未知。

体各部分长度（mm）：体长 90.0；前胸背板 3.0；中胸背板 18.2；后胸背板（含中节）15.0；中节 3.0；前足股节 31.5；中足股节 12.5；后足股节 19.0。

分布：云南（怒江）。

176. 刺槐仿短肛䗛 *Paraclitumnus robinius* Cai，1993

Paraclitumnus robinius Cai，1993，*Fauna of Shandong Forest Insect*. 21.

雌性：体长 105～125mm。暗绿色或暗褐色。头为倒卵形；复眼球形，深褐色；复眼间后有 1 对粗壮角刺；触角短，长仅达前足股节的中部；触角第 1 节扁形较长，两边凸出似剑柄状，第 2 节球形且短小；第 1～2 节为深褐色，其余为黄褐色。前胸背板近方形，长约为中胸的 1/5；中胸细长，淡色，背板中央有 1 不明显的隆线；后胸较中胸略粗短，深色。足细长，中、后足股节末端各有 1 对深栗色齿刺；胫节中下部内侧下缘生有 1 列锯齿状小刺。腹部长，超过头、胸之和；自第 5 腹节向后明显逐渐变细，并向上弯曲；腹瓣长，超过肛上板；尾须呈矛状。

雄性：未知。

寄主：刺槐、胡枝子、山槐、山杏等。

分布：山东（泰安、枣庄、济宁、临沂），江苏，安徽，浙江。

（四十三）短肛䗛属 *Baculum* Saussure，1861

模式种：*Baculum ramosum*（Saussure）［*Bacillus*（*Baculum*）*ramosum*］，1861

体细长。头球状或平坦，无角刺，或有 2 刺、2 角或横脊；触角一般短于前股节。胸部光滑或具粒突。雄虫足细长，雌较短，具齿或有叶突，雌前股节多为锯齿状；中、后足股节具齿或叶突，腹中脊端部具小齿。腹部第 2 节长为宽的 2～3 倍；雌臀节常有凹缘，多有短形肛上板；腹瓣舟形；雄虫臀节深裂，下生殖板兜形，不超过腹端；尾须常较短。

本属为一大属，种数多，分布广，我国已知 88 种，大部分种类分布于我国南方地区，少数则分布于北方纬度较高地区。

短肛䗛属 *Baculum* Saussure 分种检索表（雌性）

1. 眼间具角突或横脊 …… 2
   眼间光滑无角突 …… 37
2. 腹部第 7 节腹板中突明显 …… 3
   腹部第 7 节腹板中突不明显 …… 16
3. 头部具 1 对叶角 …… **叶角短肛䗛 *B. phyllodeum* sp. nov.**
   头部 1 对角刺非叶状 …… 4
4. 中、后足股节腹中脊光滑 …… **海南短肛䗛 *B. hainanense* Chen et Li**
   中、后足股节腹中脊具齿 …… 5
5. 中、后足股节腹中脊具成列小齿 …… 6
   中、后足股节腹中脊仅端部具数枚小齿 …… 12
6. 中足股节仅腹内与中脊具成列小齿 …… **短须短肛䗛 *B. brevicercatum* Chen**
   中足股节仅腹内与中脊具小齿非上述 …… 7

7. 中、后足胫节腹内、中、外脊上各具成排黑色小刺 …………… **岳西短肛蝽 *B. yuexiense* (Chen et He)**
中、后足胫节仅内、中脊上具刺 ………………………………………………………………………… 8
8. 前足股节光滑 …………………………………………………………………………………………… 9
前足股节背或腹脊具齿 ………………………………………………………………………………… 10
9. 中股节腹中脊1列齿 ………………………………………… **长角短肛蝽 *B. longicornis* (Bi et Wang)**
中足股节腹中脊约3齿 ……………………………………… **文县短肛蝽 *B. wenxianense* Chen et Wang**
10. 前足股节背内脊自基部至中部具棕齿，腹脊光滑无齿 …………… **晋南短肛蝽 *B. jinnanense* Chen et He**
前足股节背脊具齿，腹脊光滑无齿 ……………………………………………………………………… 11
11. 前足股节背内脊自近基部至中央具5枚黑齿；第7腹板中突较扁 ……………………………………
…………………………………………………………………… **褐纹短肛蝽 *B. brunneum* Chen et He**
前足股节背内脊基部至中部具9枚黑色大齿；第7腹板中突较尖 ……………………………………
……………………………………………………………… **长须短肛蝽 *B. dolichocercatum* Bi et Wang**
12. 中足股节背脊光滑无齿 ………………………………………………………………………………… 13
中足股节背脊具齿刺或叶突 ……………………………………………………………………………… 15
13. 前足股节无齿刺 ………………………………………………… **台湾短肛蝽 *B. formosanum* Shiraki**
前足股节有齿 ……………………………………………………………………………………………… 14
14. 前足股节背内脊有7~9枚小齿 ………………………………… **间齿短肛蝽 *B. interdentatum* Chen**
前足股节背内脊近中央有4枚小齿；中、后足胫节中、下方具数列小刺 ……………………………
……………………………………………………………………… **光泽短肛蝽 *B. politum* Chen et He**
15. 头部两眼间具1间断的横脊；中足股节腹内、外脊各具1大型叶突，并各具1列小齿 …………………
……………………………………………………………… **断脊短肛蝽 *B. interruptum* sp. nov.**
头部两眼间具2角刺；中足股节腹外脊基部具1叶突，端部具2刺 ……………………………………
…………………………………………………………………… **基氏短肛蝽 *B. perfida* Giglio-Tos**
16. 3对足无叶突或齿，仅中、后足胫节具少量小刺 …… **聂拉木短肛蝽 *B. nyalamense* Chen, Shang et Pei**
3对足有叶突或齿 …………………………………………………………………………………………… 17
17. 前足股节背脊具齿 ……………………………………………………………………………………… 18
前足股节背脊光滑无齿刺 ………………………………………………………………………………… 20
18. 头部两角突扁形似鼠耳状 ………………………………………… **泰短肛蝽 *B. thaii* Hausiethner**
头部两角突非鼠耳状 ……………………………………………………………………………………… 19
19. 前足股节背、腹脊均无齿 ……………………………………… **下关短肛蝽 *B. xiaguanense* sp. nov.**
前足股节背或腹脊有齿 …………………………………………………………………………………… 31
20. 前足股节仅腹外脊有4~5枚齿 ………………………………… **西峡短肛蝽 *B. xixianense* Chen**
前足股节腹外脊被齿非上述 ……………………………………………………………………………… 21
21. 前足股节背脊具齿，腹脊光滑 ………………………………………………………………………… 22
前足股节背脊和腹外脊各具1列齿 ……………………………………………………………………… 24
22. 中足股节背面光滑 ……………………………………………… **中华短肛蝽 *B. chinense* (Brunner)**
中足股节背面具齿 ………………………………………………………………………………………… 23
23. 尾须短锥形，端尖，与肛上板等长 …………………………… **藏短肛蝽 *B. rotunginum* Giglio-Tos**
尾须宽扁，伸出腹端 ……………………………………………… **花角短肛蝽 *B. versicolorum* Chen et Wang**
24. 腹瓣非舟状 ……………………………………………………………………………………………… 25
腹瓣舟状 …………………………………………………………………………………………………… 26
25. 体大型；中足股节基部下沿有2叶突；腹瓣半圆筒形 …………… **硕短肛蝽 *B. arrogans* (Brunner)**
体略小；腹瓣长匙状 …………………………………………………… **匙瓣短肛蝽 *B. spatulatum* Bi**

26. 中足股节腹内、外脊近基部各有 1 齿 ………………………… **康县短肛䗛 *B. kangxianense* Chen et Wang**
中足股节腹内、外脊被齿非上述 …………………………………………………………………………… 27
27. 中足股节腹内、外脊各有 1 列齿；腹瓣长舟状，远超过肛上板 … **歪角短肛䗛 *B. obliquum* Chen et He**
中足股节腹内、外脊基部各具叶突；腹瓣舟形，不达或略超过腹端 ………………………………… 28
28. 中、后胸腹侧披稀粒突 ………………………………………………………… **荔波短肛䗛 *B. liboense* Chen et He**
中、后胸腹侧光滑 ……………………………………………………………………………………………… 29
29. 体中型；中节长宽约等 ……………………………………………… **华蓥短肛䗛 *B. huayingense* Chen et He**
体大型；中节横阔 ……………………………………………………………………………………………… 30
30. 中、后股节腹中脊端部 6 ~ 8 枚小齿………………………………… **拟硕短肛䗛 *B. pseudoarrogans* sp. nov.**
中、后股节腹中脊端部 2 ~ 3 枚小齿 ……………………………… **梵净大短肛䗛 *B. grandis* Chen et He**
31. 胸部光滑 …… 32
胸部密披细颗粒 ………………………………………………………………………………………………… 35
32. 中足股节短于中胸背板的长度 ……………………………………………………………………………… 33
中足股节长于中胸背板的长度 ……………………………………………………………………………… 34
33. 中足股节内、外腹脊基部处无齿 ……………………………… **疏齿短肛䗛 *B. sparsidentatum* Chen et He**
中足股节内、外腹脊基部处有齿 ………………………………………………… **畸股短肛䗛 *B. femoratum* Chen**
34. 前足股节腹外脊有 3 齿，中足股节基部腹内脊有 1 宽齿 ……… **小角短肛䗛 *B. brachycerum* Chen et He**
前足股节光滑无齿，中足股节腹内脊中部具 3 枚齿，外脊 1 齿 ………………………………………
……………………………………………………………………… **异齿短肛䗛 *B. irregulariter-dentatum* (Brunner)**
35. 中足股节短于中胸背板的长度，除腹中脊端部具数枚小齿外，腹脊无齿或叶突 ………………………
………………………………………………………………………………… **断沟短肛䗛 *B. intersulcatum* Chen et He**
中足股节长于中胸背板的长度，除腹中脊端部具数枚小齿外，腹内、外脊各具齿或叶突 …………… 36
36. 眼间有 1 对较大型角突；触角 23 节 ………………………………… **密粒短肛䗛 *B. granulosum* Chen et He**
眼间 1 对黑色短角突；触角 16 节 ………………………………… **崇信短肛䗛 *B. chongxinense* Chen et He**
37. 腹部第 7 节腹板中突明显 …………………………………………………………………………………… 38
腹部第 7 节腹板中突不明显 ………………………………………………………………………………… 43
38. 中足股节背脊具齿或叶突 …………………………………………………………………………………… 39
中足股节背脊光滑无齿 ……………………………………………… **罗平短肛䗛 *B. luopingense* Chen et Yi**
39. 中足股节腹脊具叶突 ………………………………………………………………………………………… 40
中足股节腹脊具齿或刺 ……………………………………………………………………………………… 42
40. 中、后足股节腹中脊具 1 列小齿；腹第 7 节腹板中突齿状 ……… **叶足短肛䗛 *B. porrectum* (Brunner)**
中、后足股节腹中脊端部具少量齿 ………………………………………………………………………… 41
41. 中足股节腹中脊端具叶齿 …………………………………………… **茂兰短肛䗛 *B. maolanense* Chen et He**
中、后足股节腹中脊端部具数枚小齿；腹第 7 节腹板中突尖锐 …… **尖突短肛䗛 *B. acutum* Chen et He**
42. 体大型；第 7 腹板中突三角形伸展 ……………………………………… **颗粒短肛䗛 *B. granulatum* Shiraki**
体中型；第 7 腹板中突大而明显 ……………………………………… **圆粒短肛䗛 *B. rotundum* Chen et He**
43. 前足股节背脊具齿 …………………………………………………………………………………………… 44
前足股节背脊光滑无齿 ……………………………………………………………………………………… 55
44. 中足股节背脊散生数枚小齿，中、后足股节腹中脊端部无齿 ……… **寡粒短肛䗛 *B. paulum* Chen et He**
中足股节背脊光滑，中、后足股节腹中脊端部具齿 ………………………………………………………… 45
45. 中足股节腹脊除腹中脊具齿外，余无齿 …………………………………………………………………… 46
中足股节腹脊除腹中脊端部具齿外，尚具小齿或叶突 …………………………………………………… 47
46. 中足股节略长于中胸背板；中、后足胫节光滑无齿刺 ……………… **隐脊短肛䗛 *B. asaphum* Chen et He**

中足股节短于中胸背板；中、后足胫节近基部具 1 枚黑齿，端部具 0 ~ 1 枚黑齿，腹脊具几枚细刺 ……………… 邻短肛䗛 ***B. vicinum*** **Chen**

47. 中足股节短于中胸背板的长度 …… 48
中足股节长于中胸背板的长度 …… 51

48. 前足股节背脊基半部具 1 ~ 2 枚小齿，腹脊光滑 …… 猫儿山短肛䗛 ***B. maoershanense*** **Chen et He**
前足股节背脊与腹脊各具 1 列齿 …… 49

49. 体密披颗粒；中足胫节背基部具 2 叶突 …… 细粒短肛䗛 ***B. elaboratum*** **(Brunner)**
体光滑 …… 50

50. 中胸至第 5 腹节背中央无黄色纵条；中足胫节仅具小刺 …… 龙门短肛䗛 ***B. longmenense*** **sp. nov.**
中胸至第 5 腹节背中央有 1 黄色纵条；中足胫节基部近 1/4 背外脊具 1 ~ 2 个叶突，端腹面有 2 列小刺 …… 黄纵条短肛䗛 ***B. flavovittatum*** **Chen et Li**

51. 体中型，体密披疏毛与稠密的细颗粒，中足股节近基部 1/3 处腹内、外脊各有 1 枚小齿 …… 稀毛短肛䗛 ***B. sparsihirtum*** **Chen et He**
体中或大型；体光滑 …… 52

52. 中足股节腹脊具成列齿 …… 54
中足股节仅腹中脊具少量齿 …… 53

53. 中足胫节基部处背脊有 1 ~ 2 枚齿 …… 金秀短肛䗛 ***B. jinxiuense*** **sp. nov.**
中足胫节背脊无齿 …… 蔡氏短肛䗛 ***B. caii*** **Brock et Seow-Choen**

54. 两复眼间具 1 黑色横带，后足股节仅腹外脊具 1 列齿；腹瓣短，短于腹端部 …… 大短肛䗛 ***B. giganteum*** **Chen et Li**
复眼间具 1 黄色横带；后足股节腹内、外脊具 1 排齿；腹瓣长，明显超过腹端部 …… 连县短肛䗛 ***B. lianxianense*** **Chen, He et Chen**

55. 前足股节腹脊光滑无齿刺 …… 56
前足股节腹脊具齿或刺 …… 59

56. 前胸背板侧缘具粒突；中足股节腹中脊端部具 1 列疏齿 …… 永仁短肛䗛 ***B. yongrenense*** **sp. nov.**
前胸背板光滑，中足股节腹中脊端部具少数齿 …… 57

57. 中节具中脊；中足股节腹中脊端部具 1 ~ 2 枚齿，中足胫节腹脊近端部具个别小刺 …… 天目山短肛䗛 ***B. tianmushanense*** **Chen et He**
中节无中脊；中足股节腹中脊端部具 3 枚以上小齿 …… 58

58. 中足股节约等于中胸背板的长度；腹瓣不超过腹端 …… 三线短肛䗛 ***B. trilineatum*** **sp. nov.**
中足股节长于中胸背板的长度；腹瓣超过腹端 …… 鸡公山短肛䗛 ***B. jigongshanense*** **Chen et Li**

59. 胸、腹部无中脊 …… 缺隆线短肛䗛 ***B. ecrinatum*** **Bi et Lian**
胸、腹部具中脊 …… 60

60. 中足股节内侧脊具 1 枚大三角形齿 …… 无锥短肛䗛 ***B. inermum*** **Bi**
中足股节内侧脊无大三角形齿 …… 61

61. 中足股节内、外腹脊具齿列 …… 二列短肛䗛 ***B. bifarium*** **sp. nov.**
中足股节内、外腹脊无齿列 …… 62

62. 体大型；3 对足细长，中、后足胫节基部具齿 …… 平利短肛䗛 ***B. pingliense*** **Chen et He**
体中型；3 对足较短，中、后足胫节基部无齿 …… 小齿短肛䗛 ***B. minutidentatum*** **Chen et He**

短肛䗛属 *Baculum* Saussure 分种检索表（雄性）

1. 两眼间具角刺 …… 2
两眼间无角刺 …… 18

2. 两角刺扁叶形 ………………………………………………………………………………………… 3
两角刺其他形 ………………………………………………………………………………………… 4
3. 两角刺扁长；前胸背板黄色 ……………………………… 梵净大短肛䗛 ***B. grandis*** **Chen et He**
两角刺粗短；前胸背板褐色 ……………………………… 叶角短肛䗛 ***B. phyllodeum*** **sp. nov.**
4. 中、后足股节腹中脊光滑无齿刺 ……………………………………………………………… 5
中、后足股节腹中脊端部或全部具齿 ………………………………………………………… 10
5. 前足股节短于中胸与后胸（含中节）之和……………………………………………………… 6
前足股节长于中胸与后胸（含中节）之和……………………………………………………… 8
6. 眼间具两粗刺；中、后足股节腹中脊细锯齿状……………… 棕胸短肛䗛 ***B. fusco-thoracicum*** **Liu et Cai**
眼间具两小刺 …………………………………………………………………………………… 7
7. 中胸与后胸（含中节）约等长 ……………………………… 小刺短肛䗛 ***B. spinulosum*** **Chen et Wang**
中胸与后胸（含中节）不等长 ……………………………… 中华短肛䗛 ***B. chinense*** **(Brunner)**
8. 眼间角突长刺状；腹部第 2 ~ 7 节腹板后缘中部具 2 突起 ……… 刺角短肛䗛 ***B. spinicornum*** **Chen et He**
眼间角突短圆锥状；腹部第 2 ~ 7 节腹板非上述 …………………………………………… 9
9. 下生殖板端宽，端部开裂，背面呈角脊状，不超过第 9 腹节端缘 ……………………………
……………………………………………………………… 白水江短肛䗛 ***B. baishuijiangense*** **(Chen et He)**
下生殖板端尖，不开裂，超过第 9 腹节端缘 ………………… 波密短肛䗛 ***B. bomiense*** **Chen et He**
10. 中胸短于后胸（含中节）的长度…………………………………………………………………… 11
中胸长于后胸（含中节）的长度…………………………………………………………………… 15
11. 中、后足股节背内脊具齿 ………………………………… 甘肃短肛䗛 ***B. gansuense*** **Chen et He**
中、后足股节背内脊无齿 ……………………………………………………………………… 12
12. 体中型；触角 23 节；中、后足股节腹中脊端部具 2 ~ 3 枚小齿 ……………………………
……………………………………………………………… 黑线短肛䗛 ***B. nigrolineatum*** **Chen et He**
中、后股节腹中脊具成列细齿 ……………………………………………………………………… 13
13. 尾须扁 …………………………………………………… 扁须短肛䗛 ***B. platycercatum*** **sp. nov.**
尾须圆柱形 ……………………………………………………………………………………………… 14
14. 中、后股节腹中脊 1 列细齿……………………………… 文县短肛䗛 ***B. wenxianense*** **Chen et Wang**
中、后足股节腹内、中、外脊各具 1 列小齿 ………………… 长角短肛䗛 ***B. longicornis*** **(Bi et Wang)**
15. 中、后胸两侧具褐与浅绿相间的侧线 ……………………… 绿线短肛䗛 ***B. viridulum*** **Chen et Li**
中、后胸两侧无两色相间的侧线 ………………………………………………………………… 16
16. 中、后胸腹面具 1 条黄纵线 ……………………………… 武夷山短肛䗛 ***B. wuyishanense*** **Chen**
中、后胸腹面无黄纵线 …………………………………………………………………………… 17
17. 头栗色；角突与眼间为橘色 ………………………………… 硕短肛䗛 ***B. arrogans*** **(Brunner)**
头褐色；眼下侧浅黄色 ……………………………………… 兴山短肛䗛 ***B. xingshanense*** **Chen et He**
18. 中、后足股节腹中脊光滑无齿 …………………………………………………………………… 19
中、后足股节腹中脊端部或全部具齿 …………………………………………………………… 20
19. 体大型；中、后足胫节光滑………………………………… 中华短肛䗛 ***B. chinense*** **(Brunner)**
体中型；中、后足胫节端部具稀疏小刺 ……………………… 小短肛䗛 ***B. obnoxium*** **(Brunner)**
20. 中、后足股节腹中脊具 1 列小齿 ………………………………………………………………… 21
中、后足股节腹中脊仅端部具数枚小齿 …………………………………………………………… 22
21. 眼后具 1 褐色纵带纹；中足股节仅腹中脊具 1 列齿 ……… 长须短肛䗛 ***B. dolichocercatum*** **Bi et Wang**
眼后无褐色纵带；中足股节腹内、中、外脊上各有 1 列齿 ………… 光泽短肛䗛 ***B. politum*** **Chen et He**
22. 头部颜色单一 ……………………………………………………………………………………… 23

头部复眼后或下方具异色带纹 …… 34
23. 前足股节长于或等于中胸与后胸（含中节）之和 …… 24
前足股节短于中胸与后胸（含中节）之和 …… 30
24. 体大型；眼间具黄色横纹 …… **横纹短肛蛸 *B. fasciatum* Chen et He**
体中型；眼间无黄色横纹 …… 25
25. 中、后胸两侧无异色纵带 …… **五指山短肛蛸 *B. wuzhishanense* Chen et Li**
中、后胸两侧具异色纵带 …… 26
26. 臀节侧端叶尖长 …… **龙门短肛蛸 *B. longmenense* sp. nov.**
臀节侧端叶短钝 …… 27
27. 中、后胸至前 8 腹节有 3 条纵线 …… **三线短肛蛸 *B. trilineatum* sp. nov.**
中、后胸至前 8 腹节无 3 条纵线 …… 28
28. 中胸与后胸（含中节）约等长；臀节侧端叶短钝 …… **尖峰岭短肛蛸 *B. jianfenlingense* sp. nov.**
中胸与后胸（含中节）不等长 …… 29
29. 体长约 100mm；前股节黑色，中、后股节黄色 …… **蔡氏短肛蛸 *B. caii* Brock et Seow-Choen**
体长约 70 ~ 88mm；3 对足股节均为黑色 …… **平利短肛蛸 *B. pingliense* Chen et He**
30. 触角明显长于前足股节；臀节后缘收缩后伸成长指状 …… **显角短肛蛸 *B. antennatum* Chen et Li**
触角短于前足股节 …… 31
31. 多数腹节端为棕色 …… **环腹短肛蛸 *B. annuliventris* Chen et He**
多数腹节为单色 …… 32
32. 体腹面中央具黑纵线 …… **金秀短肛蛸 *B. jinxiuense* sp. nov.**
体腹面中央无黑纵线 …… 33
33. 中、后胸至腹部两侧具黑纵线 …… **康县短肛蛸 *B. kangxianense* Chen et Wang**
中、后胸至腹部两侧无黑纵线 …… **黑胸短肛蛸 *B. nigrifactum* Chen et Li**
34. 中、后足胫节具小刺 …… 35
中、后足胫节光滑无刺 …… 38
35. 中、后胸背面黑色；腹部两侧具黑纵条 …… **兴安短肛蛸 *B. xinganense* Chen et He**
中、后胸背面非黑色；腹部两侧无黑纵条 …… 36
36. 体大型；眼两侧下方有黄带 …… **黄带短肛蛸 *B. flavofasciatum* Chen et He**
体中型；眼后有 1 条深褐色纵带 …… 37
37. 眼后具褐纹；中足股节长于中胸背板 …… **天目山短肛蛸 *B. tianmushanense* Chen et He**
眼后至第 7 腹节两侧有 1 条黑褐色细带纹；中足股节与中胸背板约等长 …… **长臀短肛蛸 *B. longianalum* sp. nov.**
38. 两眼间有 1 条宽的黄色隆脊；臀节后缘几呈截形 …… **鸡公山短肛蛸 *B. jigongshanense* Chen et Li**
两眼间无黄色隆脊 …… 39
39. 下生殖板中央有 1 个显著角突 …… **线纹短肛蛸 *B. lineatum* Liu et Cai**
下生殖板正常 …… 40
40. 下生殖板端部有凹口 …… **短臀短肛蛸 *B. brevianalum* sp. nov.**
下生殖板端部完整 …… **黄线短肛蛸 *B. lineaticeps* (Brunner)**

177. 尖峰岭短肛蛸，新种 *Baculum jianfenglingense* sp. nov.（图 186）

雄性：体较大。细杆状，光滑。黄褐色，中、后胸两侧具浅纵条。头椭圆，背面稍隆起，具纵沟，后头具瘤突；无成对角刺；眼圆凸；触角丝状，分节明显（部分缺），第 1 节长，端厚，第 2 节圆柱形，短于第 1 节。前胸背板较短于头部，中央具十字形沟纹，横沟位于中央，但不达侧缘；中、后胸背板具中纵脊，后胸（含中节）与中胸约等长。前股节长，中股节伸达第 3 腹节，腹中脊端具 4 ~ 5 枚小黑齿。腹圆筒形，第 8 ~ 9 节膨大，第 9 节较短，臀节长于第 8 节，分裂为两叶，侧端叶短钝；下生殖板端尖，伸达臀节基部；尾须圆柱形，稍内弯，端窄，不超过腹端。

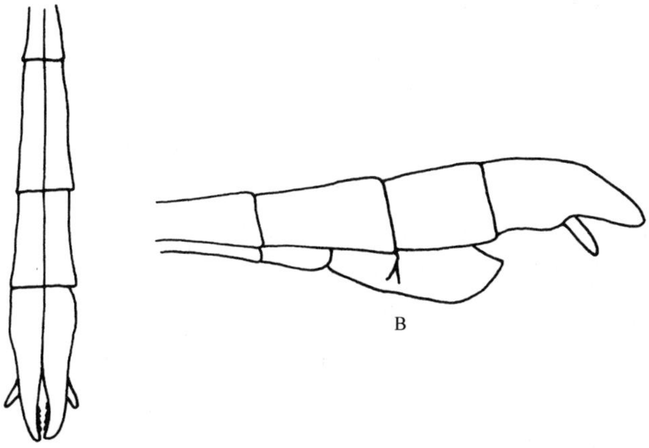

图 186　尖峰岭短肛蛸，新种 *Baculum jianfenglingense* sp. nov.，♂
A. 腹端背观　B. 腹端侧观

雌性：未知。

体各部分长度（mm）：体长 80.0；前胸背板 2.2；中胸背板 16.4；后胸背板（含中节）16.0；中节 2.4；前足股节 36.0；中足股节 25.0；后足股节（缺失）。

正模♂（IZAS），海南尖峰岭，1982-VIII-21，陈芝卿采。

新种与断沟短肛蛸 *B. intersulcatum* Chen et He 相似，但中股节腹中脊端部 4 ~ 5 齿较粗密，下生殖板伸达臀节基部，臀节侧端叶较短钝等可相区别。

178. 扁须短肛蛸，新种 *Baculum platycercatum* sp. nov.（图 187）

雄性：体中型偏大。细杆状，光滑。无翅。头、前胸、3 对足，中、后胸两端及多数腹节后端为黄褐色外，余为深褐色，眼后具黑纵纹。体背具细中纵脊。头长卵形，后头具纵沟，眼圆凸，较小，眼间 2 角刺较小并向前倾斜；触角分节明显，24 节，第 1 节长，扁叶形，具中脊，第 2 节短柱形，远较第 1 节短。前胸背板梯形，较短于头部，中央具十字形沟纹，横沟位于中央处，中胸背板较长，后胸（含中节）约为中胸长的 5/6；中节长大于宽。前股节光滑并长于后股节，中、后足股节仅端部腹中脊具 3 枚小齿。腹部圆筒形，端部 3 节略膨大，屋脊状，第 9 节最短，臀节稍长于第 8 节，其端部 1/3 处开裂成两叶，侧端叶细窄，下生殖板兜形，端尖长，伸达臀节基部；尾须扁，略弯，不超过腹端。

雌性：未知。

体各部分长度（mm）：体长 84.0；前胸背板 2.5；中胸背板 19.0；后胸背板（含中节）16.5；中节 2.4；前足股节 37.0；中足股节 23.0；后足股节 31.0。

正模♂（BJFU），浙江泰顺乌岩岭（750m），1998-IX-20，包其敏采；副模 2♂♂（BJFU），同正模，徐进采，2005-VIII-4。

新种与绿线短肛蛸 *B. viridulum* Chen et He 相似，但头部具 1 对前倾小角刺，下生殖板端部尖长与体色不同等可相区别。

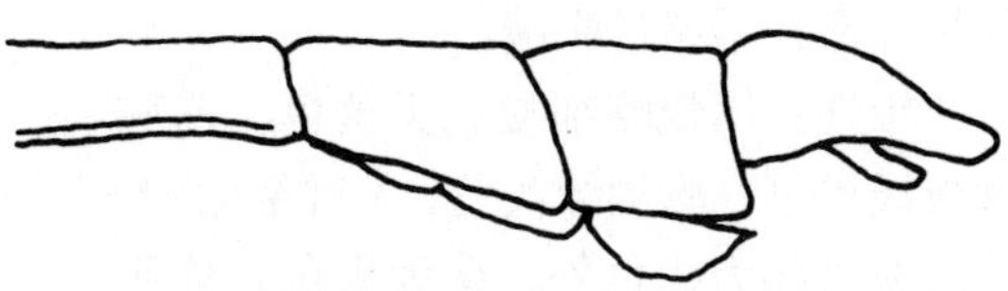

图 187　扁须短肛蛸，新种 *Baculum platycercatum* sp. nov.，♂
腹端侧观

179. 下关短肛䗛，新种 *Baculum xiaguanense* sp. nov.（图 188）

雌性：体较大。杆状，光滑。无翅。黄褐色，体背具细中纵脊。头长卵形，背具 3 条细沟，眼圆凸，较小；眼间2 角刺；触角（不全），第 1 节扁叶形，第 2 节短柱形，远较第 1 节短。前胸背板矩形，较短于头部，中央具十字形沟纹，横沟位于中后方，中胸背板较长，后胸（含中节）约为中胸长的5/6；中节长略大于宽。前股节光滑并长于后股节，中、后足股节仅端部腹中脊具 3 ~ 4 枚小齿。腹部圆筒形，端部3 节略膨大，屋脊状，第 9 节较短，臀节远短于第 8 节，其侧后角短钝，中央具三角形凹缘；肛上板短于臀节端部；腹瓣舟状，较平坦，约伸达臀节中后方；尾须小，扁宽，稍内弯，端部较尖。

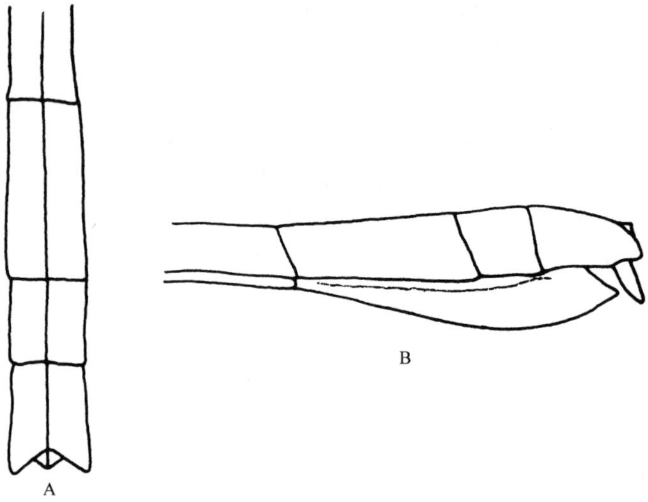

图 188 下关短肛䗛，新种 *Baculum xiaguanense* sp. nov.，♀

A. 腹端背观 B. 腹端侧观

雄性：未知。

体各部分长度（mm）：体长 90. 0；前胸背板 2. 6；中胸背板 18. 0；后胸背板（含中节）15. 0；中节 2. 6；前足股节 25. 0；中足股节 16. 5；后足股节 21. 0。

正模♀（BJAU），云南下关（2 010m），1981-V-13，李法圣采。

新种与小短肛䗛 *B. obnoxium*（Brunner）相似，但体较大，中胸背板长于后胸（含中节），中、后足股节端部腹中脊具 3 ~4 枚小齿等可相区别。

180. 金秀短肛䗛，新种 *Baculum jinxiuense* sp. nov.（图 189）

雌性：体大。杆状，光滑。无翅。黄褐色，体背具细中纵脊。头卵形，后窄，眼圆凸，眼间具黑色横纹；触角分节明显（不全），第 1 节扁宽，第 2 节短柱形。前胸背板近矩形，中央具十字形沟纹，横沟位于中央，中胸背板略长于后胸（含中节）；中节长约为后胸的1/4. 5。前股节稍长于后股节，背内脊具 1 列小齿，腹外脊具 7 ~8 枚较粗黑齿，中足股节略短于头、前胸与中胸之和，中、后足股节内外腹脊近基部各有 1 ~2 枚齿，腹中脊近端处约8 ~9 枚小齿，胫节背腹脊具少数齿刺。腹端 3 节屋脊状，臀节明显长于第 9 节，后缘三角形凹入；肛上板具纵脊，略超过侧端叶；腹瓣舟状，端尖，稍超过腹端；尾须短柱形，不超过腹端。

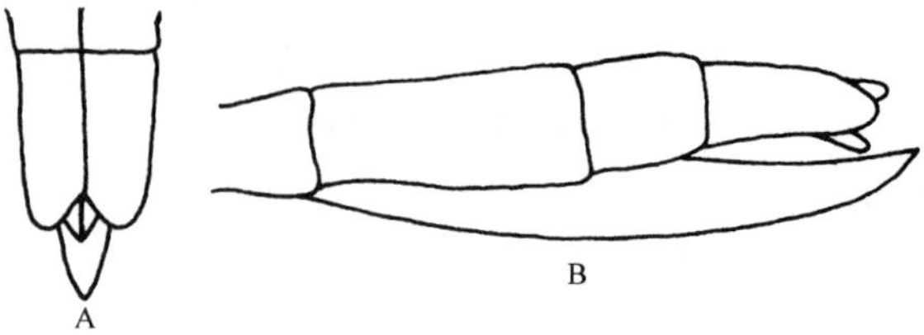

图 189 金秀短肛䗛，新种 *Baculum jinxiuense* sp. nov.，♀

A. 腹端背观 B. 腹端侧观

雄性：体较雌细瘦。头黄色，前胸背板浅褐色，胸侧缘浅色，3 对足除中、后股节大部为棕色外，余为褐色，体腹面中央具黑纵线，第 8 ~9 腹节背板后侧具浅斑。3 对足细长，前与后股节约等长，中、后股节端部腹中脊约 3 齿。臀节端缘弧形，呈钝角斜切；下生殖板兜状，端窄，伸达第 9 节端部；尾须圆柱形，稍内弯，端窄，不超过腹端。

体各部分长度（mm）：体长♀128.0，♂122.0；前胸背板♀3.0，♂3.0；中胸背板♀25.0，♂27.0；后胸背板（含中节）♀22.0，♂22.5；中节♀4.0，♂3.0；前足股节♀38.0，♂43.0；中足股节♀29.0，♂39.0；后足股节♀34.0，♂44.0。

正模♀（IZAS），副模 1♂（IZAS），广西金秀罗香（450m），2000-VII-1，李文柱、姚建采。

新种与猫儿山短肛䗛 *B. maoershanense* Chen et He 相似，但前股节背腹面具齿列，中、后足股节具少量齿以及肛上板短小等可相区别。

181. 龙门短肛䗛，新种 *Baculum longmenense* sp. nov.（图 190）

雌性：体大。杆状，光滑。无翅。体背具细中纵脊。黄褐色，眼间具黑色横纹，触角除第 1 节为黄褐色外，余为深褐色。头宽卵形，后窄，背中央具纵沟，眼圆凸；眼间无角刺；触角远长于前股节之半，分节明显，第 1 节狭长，具纵脊，第 2 节短柱形，约为第 1 节长的 1/5。前胸背板近矩形，稍短于头部，中央具十字形沟纹，横沟位于中央，但不达侧缘；中胸背板略长于后胸（含中节）；中节长大于宽，约为后胸长的 1/6。前股节明显长于后股节，基部弯曲，背内脊具 1 约 9～10 枚小齿的锯齿，腹外脊具稀疏排列的 4 枚小齿，中、后足股节内外腹脊近基部各有 2 枚小齿，腹中脊近端处约 6～7 枚小齿，胫节背腹脊具少数小刺。腹部圆桶形，长于头、胸部之和，腹端 3 节不明显膨大，略呈屋脊状，第 8 节等于后 2 节之和，臀节较长于第 9 节，端缘凹入；肛上板具纵脊，略长于臀节端部；腹瓣长舟形，端部处 1/3 具纵脊，端尖，超过腹端；尾须圆柱形，端窄，伸达臀节端。

雄性：体远较雌细瘦。背中央具细纵脊。头和前胸黄褐色，中、后胸和 3 对足及腹部深褐色。头宽卵形，触角 22 节。前胸背板横沟近中央。中股节略短于后股节，中、后足股节腹中脊近端部约 2～3 枚小齿。腹端 3 节膨大，臀节分裂，明显长于前 2 节，端半部细窄；

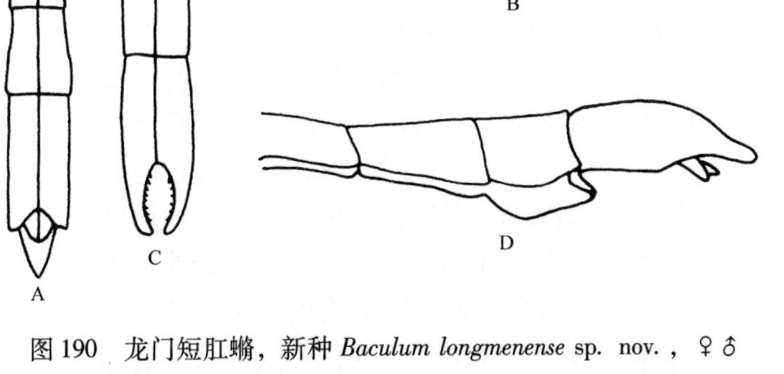

图 190　龙门短肛䗛，新种 *Baculum longmenense* sp. nov.，♀♂

A. 雌性腹端背观　B. 雌性腹端侧观　C. 雄性腹端背观　D. 雄性腹端侧观

下生殖板兜状，具纵脊，端较尖，略超过第 9 节端部；尾须短柱状，稍内弯。

体各部分长度（mm）：体长♀117.0，♂78.0；前胸背板♀4.0，♂2.6；中胸背板♀27.0，♂16.4；后胸背板（含中节）♀21.0，♂14.0；中节♀3.0，♂2.0；前足股节♀36.0，♂35.0；中足股节♀24.0，♂24.0；后足股节♀28.0，♂28.0。

正模♀（ZSU），副模 1♂（ZSU），广东龙门南昆山，1987-VI-9～14，张高贤，陆勇军采。

新种与黄纵条短肛蛸 *B. flavovittatum* Chen et Li 及金秀短肛蛸 *B. jinxiuense* sp. nov. 相似，与前者不同在于前股节背腹面具齿列，中、后足股节具少量齿以及肛上板短小等；与后者不同在于前股节腹外脊齿少，胫节无叶突以及臀节外形等。

182. 二列短肛蛸，新种 *Baculum bifarium* sp. nov.（图 191）

雌性：体大。杆状，光滑。无翅。体背具细中纵脊。体和 3 对足股节褐色，胫、跗节绿色。头卵形，后窄；眼圆凸，眼间具 1 黑色横纹，无角刺；触角远短于前股节，第 1 节扁叶形，第 2 节短柱形，远短于第 1 节。前胸背板近梯形，中央具十字形沟纹，横沟位于近中央，中胸背板略长于后胸（含中节）；中节长约为后胸的 1/4.5。中、后足股节内外腹脊具 5～8 枚齿的齿列，腹中脊近端处约 5～6 枚小齿，胫节腹中脊基部刀片状，其背腹脊具少量小刺。腹部圆筒形，臀节屋脊状，略长于第 9 节，后缘三角形凹入；肛上板小，三角形，短于臀节侧叶；腹瓣舟状，端尖，稍超过腹端；尾须短柱形，超过腹端。

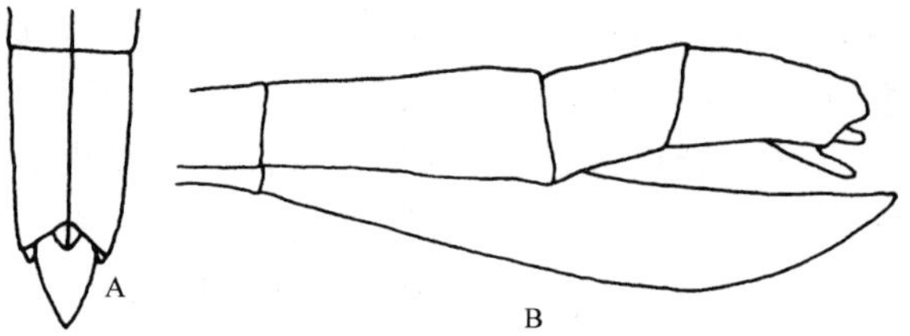

图 191 二列短肛蛸，新种 *Baculum bifarium* sp. nov.，♀
A. 腹端背观 B. 腹端侧观

雄性：未知。

体各部分长度（mm）：体长 140.0；前胸背板 3.0；中胸背板 27.0；后胸背板（含中节）22.0；中节 4.0；前足股节（发育不全）；中足股节 33.0；后足股节 38.0。

正模♀（IZAS），广西金秀罗香（450m），2000-VII-1，姚建采。

新种与 *B. operculatum*（Brunner）相似，但腹瓣不明显延长，稍超过腹端可相区别。

183. 永仁短肛蛸，新种 *Baculum yongrenense* sp. nov.（图 192）

雌性：体大。杆状。无翅。体几乎光滑，背具细中纵脊。褐色。头长卵形，后侧不收窄，眼圆略凸；触角分节明显（不全），第 1 节扁长，第 2 节短柱形，约为第 1 节长的 1/3。前胸背板近梯形，披细疏粒突，中央具十字形沟纹，横沟位于中央稍前，中胸背板光滑，与后胸（含中节）约等长；中节横形。3 对足长，前足无齿刺，中、后足股节腹中脊具稀疏齿 1 列，胫节腹内与中脊各 1 列细齿。腹细长，臀节长于第 9 节，端缘角形凹入；肛上板大，后缘凹凸不平，明显超过臀节；腹瓣舟状，端尖，超过臀节基部；尾须

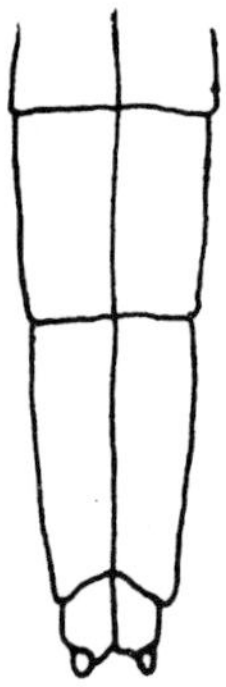
图 192 永仁短肛蛸，新种 *Baculum yongrenense* sp. nov.，♀腹端背观

小，隐蔽。

雄性：未知。

体各部分长度（mm）：体长 118.0；前胸背板 4.0；中胸背板 25.0；后胸背板（含中节）24.0；中节 2.6；前足股节 32.0；中足股节 24.0；后足股节 22.0。

正模♀（NWSTUAF），云南永仁，1981-III-22，周尧、静若采。

新种与 *B. siamense*（Brunner）相似，但前胸背板披粒突，中、后股节腹中脊具稀疏齿 1 列，胫节腹面脊具 2 列细齿可相区别。

184. 叶角短肛䗛，新种 *Baculum phyllodeum* sp. nov.（图 193）

雌性：体较大。杆状。无翅。体披较均匀粒突，背具中纵脊，腹端 5 节有侧纵脊。褐色。头椭圆形，披稀粒突，眼圆凸，眼间具 1 对叶状角；触角分节明显（不全），第 1 节扁

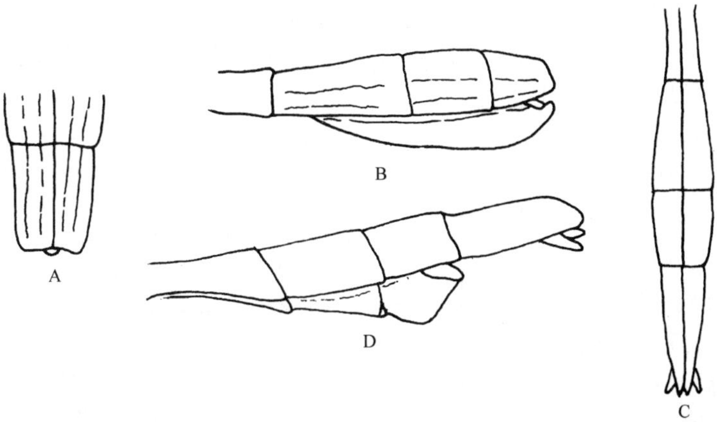

图 193　叶角短肛䗛，新种 *Baculum phyllodeum* sp. nov.，♀♂
A. 雌性腹端背观　B. 雌性腹端侧观　C. 雄性腹端背观　D. 雄性腹端侧观

宽，具纵脊，披粒突，第 2 节短柱形，约为第 1 节长的 1/4。前胸背板梯形，披粒突，中央具十字形沟纹，横沟位于中央，中胸背板略长于后胸（含中节）；中节横宽，长约为后胸的 1/4。3 对足中等长，前股节稍长于后股节，背内脊与腹外脊各具 1 列锯齿，中股节近基部内外腹脊各有 1 叶突，其背与腹脊内外各 4～5 枚刺，胫节基部背内脊 2 齿，腹内脊 1 齿，后股节仅背腹内外脊具一些均匀小刺，中、后股节腹中脊端具 4～6 枚小齿，胫节近基部腹内脊 2 刺，中、后足胫节端部被小刺。腹部圆筒形，第 7 腹板具尖短中突；端部 3 节屋脊形，以第 8 节最长，臀节略长于第 9 节，具纵脊，后缘向内斜切；肛上板小；腹瓣舟状，较扁，稍短于腹端；尾须短柱形，端尖，约与腹瓣端部齐平。

雄性：体较大。远较雌细瘦。体光滑，背中央具细纵脊。触角深褐色，体除中、后胸为棕色外，其余为褐色。头卵形，后侧稍窄，背面具细纵沟；眼圆半球形；眼间具短锥形角刺（右 1 角刺退化）；触角长于前股节之半，24 节，第 1 节长，端厚，第 2 节短柱形，第 3 节略长于第 1 节。前胸背板梯形，与头部近等长，横沟近中央，其后有侧纵沟；中、后胸后端较宽，中胸较长于后胸（含中节）；中节长大于宽，约为后胸长的 1/5。3 对足细长，前股节明显长于中、后股节，各足股节腹脊近端部未见小齿，中、后足胫节近端处有若干小刺。腹部圆筒形，较长于头、胸部之和，腹端 8～9 节膨大，臀节收缩，分裂为两叶，明显长于

前2节，侧观近长方形，外缘稍斜切；下生殖板兜状，端较尖，伸达臀节基部；尾须短柱状，端窄，稍内弯，不超过腹端。

体各部分长度（mm）：体长♀92.0～106.0，♂98.0；前胸背板♀3.0～3.4，♂3.0；中胸背板♀19.0～21.0，♂20.4；后胸背板（含中节）♀16.0～19.0，♂18.6；中节♀3.0～4.0，♂3.0；前足股节♀24.5～28.0，♂41.0；中足股节♀16.0～18.0，♂28.0；后足股节♀21.0～23.0，♂34.0。

正模♀（NWSTUAF），云南永仁，1981-III-22，周尧、静若采；副模1♀（BJAU），云南昆明，采集日期与采集人不详；1♂（BJFU）云南昆明，2006-X-1，潘湧智采。

新种与 *B. recessa*（Brunner）相似，但前股节腹脊具成列齿，中股节背脊无齿，中、后股节背腹脊具均匀小刺列等可相区别。

185. 三线短肛蛸，新种 *Baculum trilineatum* sp. nov.（图194）

雄性：体较大。细杆状。无翅。体光滑，背中央具细纵脊。体黄棕色，中、后胸至前8腹节沿纵脊与两侧各1黑纵线。头长卵形，后侧收缩，眼间较隆起，无角刺；触角丝状，分节明显（不全），第1节扁长，第2节短柱形。前胸背板近矩形，中央具十字形沟纹，横沟位于中央；中胸背板略长于后胸（含中节）；中节长大于宽。3对足细长，前股节无刺齿，中股节较长于中胸，中、后股节腹中脊端具4～5枚小齿。腹部圆筒形，端部3节屋脊状，臀节略长于第8节，后半部细窄，端较尖，下缘略上弯；下生殖板兜状，端窄，约伸达第9节后缘；尾须（断缺）。

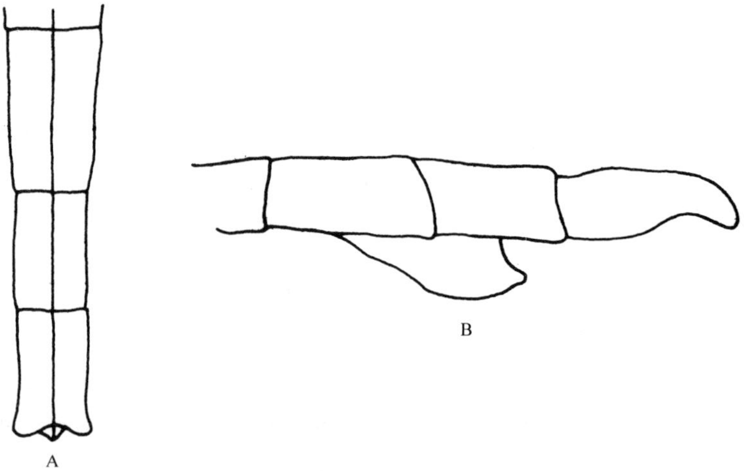

图194 三线短肛蛸，新种 *Baculum trilineatum* sp. nov.，♀♂
A. 雌性腹端背观 B. 雄性腹端侧观

雌性：体较大。杆状。头狭长，眼间具1黑色横脊；触角24节，远短于前股节，第1节扁叶形，第2节短柱形。前足无刺齿，中股节与中胸约等长，中、后股节腹中脊端具5～6枚小齿，胫节端部被少量小刺。腹端3节屋脊形，以第8节最长，臀节略长于第9节，侧后叶较钝，肛上板小，短于腹端；腹瓣舟状，伸达臀节后半部，产卵瓣外露；尾须短，略可见。

体各部分长度（mm）：体长♀92.0，♂68.0；前胸背板♀3.0，♂2.2；中胸背板♀18.0，♂14.0；后胸背板（含中节）♀14.0，♂11.0；中节♀3.0，♂2.0；前足股节♀25.0，♂27.0；中足股节♀17.0，♂18.0；后足股节♀22.0，♂23.0。

正模♂（NWSTUAF），副模2♀♀（NWSTUAF），云南昆明，1987-X-20，冯纪年、薛增召采，1♀（NWSTUAF），云南通海，1981-III-25，周尧、刘铭汤采。

新种与黑线短肛䗛 *B. nigrolineatum* Chen et He 相似，但眼间无成对角刺，臀节窄长以及外形等均有明显不同。

186. 短臀短肛䗛，新种 *Baculum brevianalum* sp. nov.（图 195）

雄性：中型。细杆状。无翅。体光滑，背中央具细纵脊。体棕色，头、前胸黄色，头背中央和眼上侧具褐纹，中、后胸纵脊处与侧缘具深褐色纵纹，后胸背板侧缘具黄纵条，3 对足股、胫节端部褐色。头宽卵形，前宽后窄，背面稍隆起，具纵中沟，眼圆突，眼间浅弧形凹入；无角刺；触角丝状，长于前股节之半，分节明显，21 节，第 1 节长，浅黄色，端厚，具背纵脊，第 2 节短柱形，约为第 1 节长的 1/4。前胸背板近矩形，短于头部，其前缘有两凹窝，中央具十字形沟纹，横沟位于中央稍前方；中胸背板略长于后胸（含中节）；中节长大于宽，约为中胸背板长的 1/4。前股节长于后股节，基部弯曲，中、后股节腹中脊端具 3 ~ 4 枚小褐齿。腹部圆筒形，较长于头、胸部之和，端部 3 节膨大，屋脊状，以第 8 节最长，臀节次之，与第 9 节约等长，臀节短钝，背缘较直，外缘稍呈直线斜切；下生殖板兜状，端部具凹口，伸达臀节基部；尾须短小，柱形，端窄，中央略弯曲。

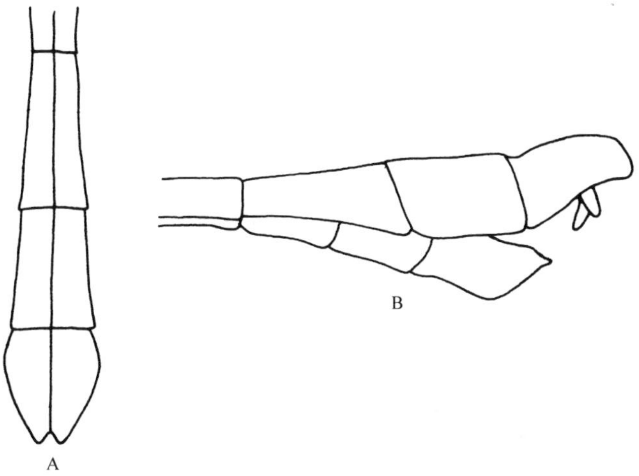

图 195　短臀短肛䗛，新种 *Baculum brevianalum* sp. nov.，♂
A. 腹端背观　B. 腹端侧观

雌性：未知。

体各部分长度（mm）：体长 63.0；前胸背板 2.0；中胸背板 14.5；后胸背板（含中节）11.0；中节 2.2；前足股节 26.0；中足股节 16.0；后足股节 20.0。

正模♂（ZSU），广东罗浮山，1935-VII-20，Tinkham。

新种与三线短肛䗛 *B. trilineatum* sp. nov. 相近，但腹部两侧无褐色纵纹，臀节短钝及其外形不同等可相区别。

187. 兴安短肛䗛 *Baculum xinganense* Chen et He，1999（图 196）

Baculum xinganense Chen et He，1999，*J. Guangxi Acad. Sci.*，15（2）：85.

雄性：体长 123mm。体大。杆状。褐色，体具光泽与细密横皱。头背面褐色，触角深褐色，眼下具黄纹，前胸背板黄褐色，中、后胸背面黑色，前足股节基部黑色，腹部第 2 ~ 8 节侧方具黑纵条。头椭圆形，后侧略窄于前胸背板，头背面具 1 纵沟 2 侧沟，头顶中央具两小窝，触角间具椭圆形凹窝；眼半球形；触角分节明显，24 节，远长于

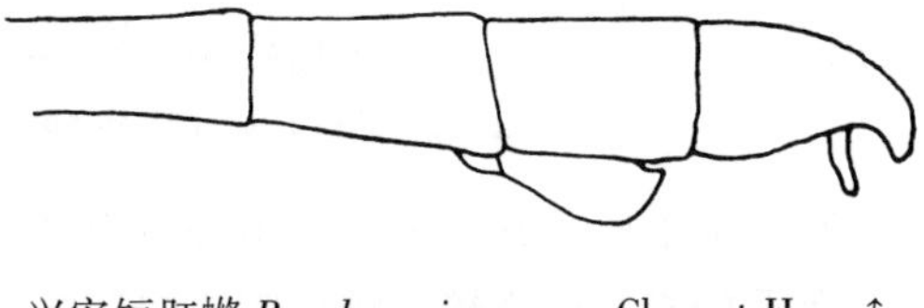

图 196　兴安短肛䗛 *Baculum xinganense* Chen et He，♂
腹端侧观

前足股节之半。前胸背板亚梯形，中央具十字形沟纹，横沟位于近中央；中胸后侧与后胸两端较粗，中胸长于后胸（含中节）；中节长略大于宽。3 对足细长，中、后足股节腹中脊端部具 5 ~6 枚小齿，胫节端部腹脊有少量小刺。腹部圆筒形，长于头、胸部之和，腹端 3 节加粗，屋脊状，第 9 节稍短于第 8 节与臀节，臀节约与第 8 节等长，分裂成两叶，端半部浅弧形下弯，顶端略呈弯钩状；下生殖板兜状，伸达第 9 节后半部；尾须短柱形，端窄，稍内弯。

雌性：未知。

体各部分长度（mm）：体长 123.0；前胸背板 3.4；中胸背板 27.5；后胸背板（含中节）21.5；中节 3.6；前足股节 45.0；中足股节 33.0；后足股节 39.0。

分布：广西（兴安）。

188. 断沟短肛䗛 *Baculum intersulcatum* Chen et He，1991（图 197）

Baculum intersulcatum Chen et He，1991，*Sci. Sil. Sinicae.* 27（3）：230.

雌性：体长 88 ~99mm。体较大。杆状；体背有中脊。暗绿至褐色。头椭圆形，背面较

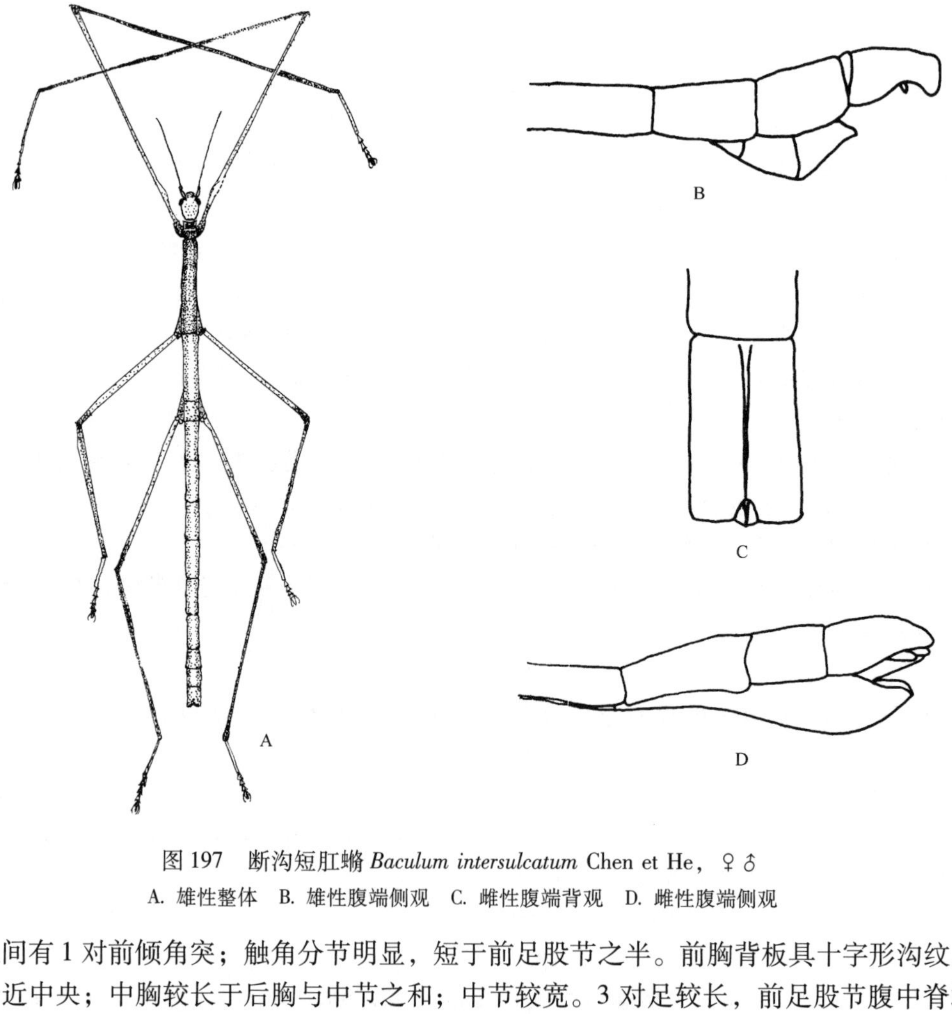

图 197　断沟短肛䗛 *Baculum intersulcatum* Chen et He，♀♂
A. 雄性整体　B. 雄性腹端侧观　C. 雌性腹端背观　D. 雌性腹端侧观

凸；眼间有 1 对前倾角突；触角分节明显，短于前足股节之半。前胸背板具十字形沟纹，横沟位于近中央；中胸较长于后胸与中节之和；中节较宽。3 对足较长，前足股节腹中脊端部有 1 ~2 枚齿，腹外脊中部有 3 ~5 枚齿；中后足股、胫节近基部间或有 1 ~2 枚齿，股节腹

中脊端部具少量小齿。腹部第 8 节与 9 第节屋脊状；臀节较宽，后缘几平截，中央略凹入；肛上板小；腹瓣舟形，后端较钝，不超过腹端；尾须短小。

雄性（首次发现）：体长 67mm 左右。细杆状，光滑。中、后胸深褐色，余为褐色，体背中央具纵脊。头宽卵形，黄褐色，眼后有 1 条褐色纵带，头上散布有不规则褐色斑纹；中胸至腹部第 7 腹节背板两侧具黄色纵线。头部光滑，眼圆外突，眼间无角刺；触角分节明显，23 节，长为前足股节的 1/3。前胸背板长方形，长大于宽，后方具 1 领状物，背中央具十字形沟纹，横沟略呈前弯的弧形；中、后胸具细密横皱；中节梯形，长大于宽，1 对新月形凹窝位于中央。3 对足细长，前足股节仅腹中脊端部具 0 ~ 2 枚极细小的齿，中、后足股节腹中脊端部具 3 ~ 5 枚小齿的齿叶，其上方还有 1 ~ 4 枚小齿。腹部细长，第 8 节后端与第 9 节前端加宽，臀节略收缩，第 9 节略短，第 8 节与臀节等长，臀节黄色，第 8、9 节两侧有不规则的黑纹，第 8 节后缘黑色，余为黄色；臀节端部浅裂，端缘几为平截状；下生殖板隆起，基半部黄色，端半部深褐色，端缘略凹，约伸达第 9 腹节端部；尾须短柱状，内弯，几乎不外露。

体各部分长度（mm）：体长♀88.3 ~ 98.5，♂67.0；前胸背板♀3.2 ~ 3.5，♂3.0；中胸背板♀18.0 ~ 20.2，♂13.0；后胸背板（含中节）♀14.2 ~ 16.0，♂11.0；中节♀2.8 ~ 3.0，♂2.4；前足股节♀29.5 ~ 31.5，♂34.0；中足股节♀17.4 ~ 19.5，♂20.0；后足股节♀21.0 ~ 24.5，♂23.5。

卵：长 2.77mm，宽 0.80mm，高 1.67mm。略呈"S"形，扁平，卵表面密披细颗粒，并有不规则隆脊，褐色。卵盖平，上密披颗粒。卵孔板深凹，呈梨形，色深，位于卵背中下部，约为卵长的 1/3，卵孔位于卵孔板的后缘，卵孔上方有 1 纵隆脊，卵孔杯成脊片状突出，卵孔板上方中央纵隆起，两侧各具 1 黄色纵隆线。卵孔板下方隆起，两侧各具黄色隆线。中线极短，突出，卵腹面中央具纵隆起，两侧各具黄色纵隆线。

寄主：麻栎、栓皮栎、构树、苹果、枫杨、合欢、马桑、梧桐等 50 多种用材林与经济林树种。此外，尚危害玉米、水稻、大豆等农作物。

分布：陕西（平利），甘肃（文县），湖北（秭归），湖南（桑植、张家界），四川（峨眉山），贵州（雷山）。

189. 平利短肛䗛 *Baculum pingliense* Chen et He，1991（图 198）

Baculum pingliense Chen et He，1991，*Sci. Sil. Sinicae.* 27（3）：231；Chen，1993：88.

Baculum intermedium Chen et Wang，1993，*J. Beijing For. Univ.*，43. syn. nov.

雌性：体长 95 ~ 100mm。头椭圆形，无角刺；眼圆突，长约为其后至头后缘的 1/3，眼间有 1 褐色横纹；触角约为前股节长的 1/3，第 1 节扁宽，长约为第 2 节的 4 倍。前胸背板呈梯形，背中央具十字形沟纹，横沟位于中央处；中胸后侧稍宽，后胸（含中节）约为中胸长的 4/5，两端较宽大；中节梯形。前足股节腹外脊有 4 ~ 5 枚黑齿，中、后足股节近基部外侧有 1 齿，腹中脊端部具数小齿。腹部明显长于头、胸部之和，以第 5 节最长，第 4 节次长，臀节略长于第 9 节，后缘三角形凹入；肛上板略长于臀节端部；腹瓣长舟形，背面具纵脊，略超过肛上板；尾须圆柱形，短于腹瓣端部。

雄性：体长 70 ~ 88mm。体较大，细杆状，黄褐至深褐色，中、后胸深褐色，侧面具黄色纵线，体背具细中脊。触角分节明显，超过前足股节的 2/3，基部两节浅色，前胸背板具

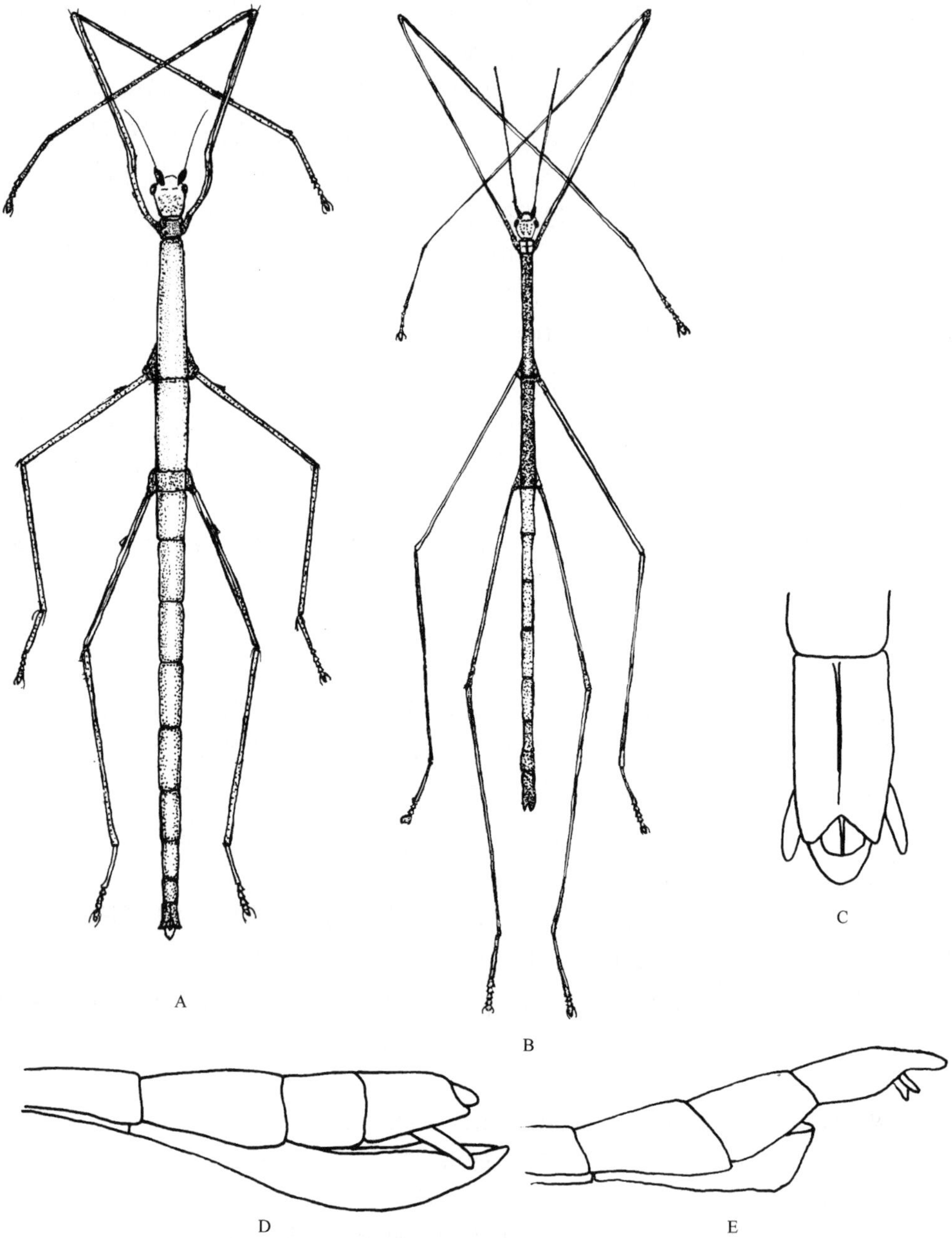

图 198 平利短肛䗛 *Baculum pingliense* Chen et He，♀♂

A. 雌性整体 B. 雄性整体 C. 雌性腹端背观 D. 雌性腹端侧观 E. 雄性腹端侧观

十字形沟纹；中节梯形。3 对足细长，中、后足股节腹中脊端部具数小齿。腹部第 8 节后侧与第 9 节稍加宽；臀节背板深裂成 2 叶，其后缘向下斜切，端部尖窄；下生殖板不超过第 9 腹节，端尖，背面具中脊；尾须短，中央略弯曲。

体各部分长度（mm）：体长♀94.4～99.0，♂70.0～88.0；前胸背板♀3.0～3.2，♂2.6；中胸背板♀19.2～21.2，♂19.0；后胸背板（含中节）♀16.0～17.0，♂15.0；中节♀3.0～3.1，♂2.0；前足股节♀31.0，♂34.0；中足股节♀20.0，♂24.0；后足股节

♀23.5～24.5，♂27.5；腹部♀51.6～52.4，♂48.4。

卵：长3.84 mm，宽0.59 mm，高1.44mm。长扁形，密披颗粒，黄褐色。背腹面较平而直，卵背中央具纵隆起，两侧各具1纵隆线，卵盖平，具明显边缘，卵盖四周具一圈刺片状突起，卵孔板微凹，椭圆形，位于卵背中下部，约为卵长的1/4，卵孔位于卵孔板下缘，卵孔上方具1纵隆脊，卵孔杯成脊片状突出，中线明显，极短。卵腹中央具纵隆脊，两侧具纵隆线。

本种于1985年在陕西平利县与断沟短肛䗛 *Baculum intersulcatum* Chen et He 混合发生，危害多种果树林木与农作物。

分布：甘肃，陕西，湖北，广西，四川，贵州。

190. 无锥短肛䗛 *Baculum inermum* Bi，1992（图199）

Baculum inermum Bi，1992，*Insects of Wuling Mountains Area.* 69.

雌性：体长103～105mm。体中等。青褐色或黄褐色。体平滑，无翅。头较长于前胸背板，头顶向前倾斜；复眼为半球形，位于头中部之两侧，复眼之间具1条黑纹和黄纹；头侧窝位于复眼内侧，明显为小的圆锥点，后头较鼓起，中间具明显的纵沟；触角丝状，分节明显，23节，其长度短于前足股节，其基节为花瓶状，前宽后狭，较扁而大，长为宽的3倍，基节为第2或第3节长的3倍以上，顶端1节较长，为中段最长1节的2倍左右，中段节皆为长柱形。前胸背板长方形，较平滑，前侧角略向外突出，中横沟明显切割中纵沟，后缘平弧形；中胸较长，呈长圆筒形，近后部略宽，其长为前胸背板的6倍，中间具明显的细中隆线；后胸扁筒形，前狭后宽，中间具细隆线；中节短宽，梯形，前狭后宽。前足股节基部较弯曲，短于其胫节，其外侧隆线具稀少的大三角形黑色齿，内侧隆线也具稀少的刺；腹侧中隆线近顶端为弧形片，其上具数枚小齿；中足股节内侧隆线具1枚大三角形齿，腹侧中隆线近顶端为弧形片，其上具数个大小不等的齿；胫节背侧中隆线近基部具1枚大三角形黑齿，腹侧中隆线近基部具1个弧形片，缺齿；内外侧和腹侧中隆线近顶端具数个稀的刺；后足股节外侧隆线近基部具1～2枚三角形黑色齿，腹侧中隆线顶端为弧形片，其上具数枚小齿，胫节背侧中隆线基部具1枚三角形黑齿，内侧和外侧中部之前具稀少的刺；腹侧中隆线近基部具弧形片，缺齿，近顶端具稀少的刺。腹部远长于头、胸部之和，中央具中隆线，端部3节较细，具明显中隆线，第10节略长于第9节，几乎等于中节之长，其后缘为三角形凹入，沿着顶端中隆线呈短裂缝，第10节背板两侧斜向下侧角，为钝角；肛上板明显超过后缘，具中隆线；腹瓣长，为舟形，顶端略锐，其长几乎不超出或少数超过第10节后缘；尾须圆锥形，顶端较钝。

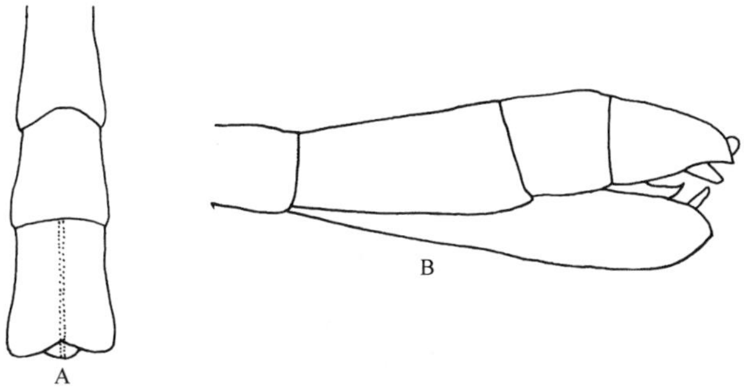

图199　无锥短肛䗛 *Baculum inermum* Bi，♀
A. 腹端背观　B. 腹端侧观（仿毕道英）

雄性：未知。

体各部分长度（mm）：体长 103.5～105.0；前胸背板 3.0～3.3；中胸背 20.0；后胸背板（含中节）17.5；中节 3.5；前足股节 31.5～33.0；中足股节 22.0～22.5；后足股节 27.0。

分布：四川（黔江），贵州（雷山）。

191. 花角短肛䗛 *Baculum versicolorum* Chen et Wang，1993（图 200）

Baculum versicolorum Chen et Wang，1993，*J. Beijing For. Univ.*，41.

雌性：体长 102mm。体较大。光滑。灰色，披有不规则棕色斑纹，眼间两角突及中、后足股节灰褐色相间。头光滑，近似椭圆形，背面不太隆起，头顶中央有 1 浅纵沟，眼间具

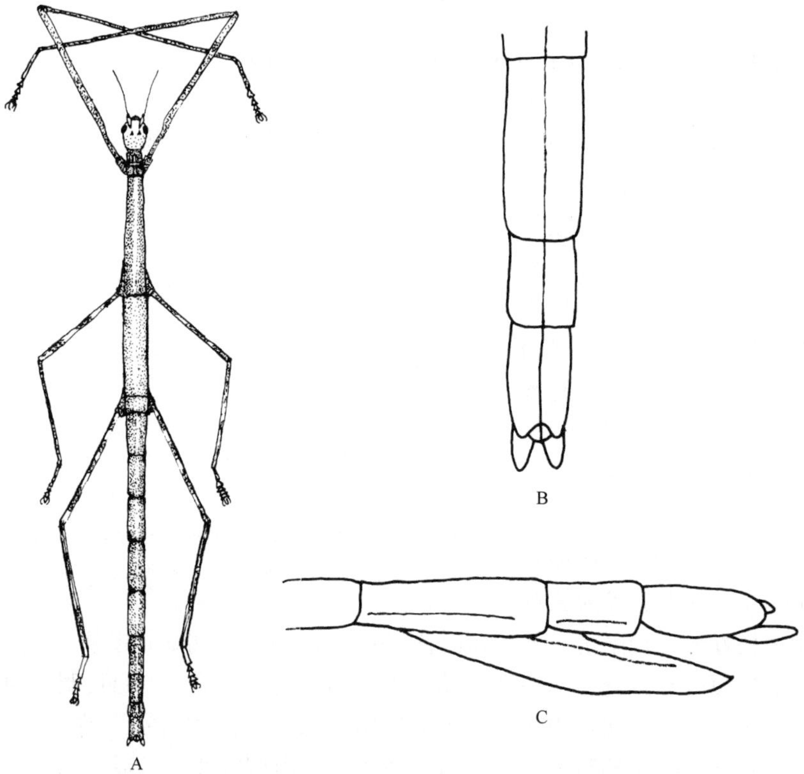

图 200 花角短肛䗛 *Baculum versicolorum* Chen et Wang，♀

A. 整体 B. 腹端背观 C. 腹端侧观

1 对短粗角刺；触角分节明显，15 节，披细毛，约伸达前股节之半，柄节扁长，长于鞭部第 1 节，第 2 节约为第 1 节长的 1/3，第 3 节略短于第 1 节。前胸背板约呈梯形，具中纵沟，横沟位中央，稍向前弯，中、后胸背中央具深褐色细纵线，中胸背板后侧较宽，约为前胸背板长的 5.5 倍，后胸背板略短于中胸背板，其后 1/3 处，背中脊不明显。前股节远长于中、后股节，其背内脊中央处有 3 枚褐齿，中、后股节近基处背外脊有 1 褐齿，背内脊有 2 枚褐齿，与此对应的内、外腹脊各具 1 叶突，腹中脊端部具大小不等的褐齿 2～3 个，胫节内外腹脊各具数小刺。腹部圆桶形，背中脊模糊，腹端 3 节中以第 8 节最长，第 9 节最短，约为第 8 节长的 1/2，臀节稍长于第 9 节，呈屋脊状，后侧较窄，后缘深凹，侧端叶钝角形；肛上板端部弧形，短于臀节；腹瓣较平，端稍尖，具侧脊，约伸达腹端；尾须扁宽，超过臀节端部。

雄性：未知。

体各部分长度（mm）：体长 102.0；前胸背板 4.0；中胸背板 21.6；后胸背板（含中节）20.8；前足股节 32.5；中足股节 20.5；后足股节 22.0；腹瓣 10.0。

卵：3.43mm 长，0.52mm 宽，1.44mm 高。长扁形，密披细颗粒，黄褐色，其间散布有褐色卵毛，卵盖平，边缘明显，卵盖周围具 1 圈刺片状突起，卵背中央具纵隆脊，两侧具纵隆线，卵孔板牡蛎形，具明显边缘，位于卵背中下，约为卵长的 1/4，卵孔位于卵孔板下缘，卵孔上方具 1 纵隆脊，卵孔杯成脊片状突出。中线不明显。卵腹中央隆起。

分布：甘肃（文县）。

192. 密粒短肛蛸 *Baculum granulosum* Chen et He，1992（图 201）

Baculum granulosum Chen et He，1992，*Insects of Wuling Mountains Area*. 70.

雌性：体长 92mm。全身密披细颗粒突与疏毛。体褐色，有深色斑。中胸至腹末有细背中脊，背中脊在后胸离中节不远处至第 1 背板基半部不明显。头长大于宽，背面略拱起，眼间有 1 对较大形角突；头部中央有细沟，两边有侧沟，侧沟靠近头侧面；眼圆而外突，长约为其后至头后缘的 1/3；触角短，短于前股节的 1/2，第 1 节扁叶状，背面有中脊，长于第 2 节的 2.5 倍，第 3 节长于第 2 节。前胸背板短于头部、背中沟至后方近 1/2 处消失，横沟位于中央稍前方；中胸远短于前足股节，与中足股节约等长，并长于后胸加中节之和。3 对足较长，前足长于中、后足；中足股节最短；各足棱脊上密生整齐细毛，前足股节下外侧方基部不到 1/2 处有 1 小形扁齿；中足股节基部下沿内外方各有 0 ~1 个大型扁叶状突起，外方在中部还有 0 ~1 个小型扁叶状突起，胫节基部有 0 ~1 个扁叶状突起；中、后足股节端部下沿中央生有数齿，胫节也有平缓突起，但无齿；前足第 1 跗节明显长于其余 4 节之和。腹部明显长于头、胸部之和，以第 5 节最长；第 8、9、10（臀节）节侧扁，第 8 节明显长于第 9 节或第 10 节，并约与 9、10 节之和等长，第 10 节末端平直，中央处有三角形凹陷；肛上板小，略超过臀节；腹瓣舟形，不超过臀节，基半部有横皱，并有较粗短毛，端半部有明显中脊，端部略圆；尾须短，圆柱形，末端略尖。

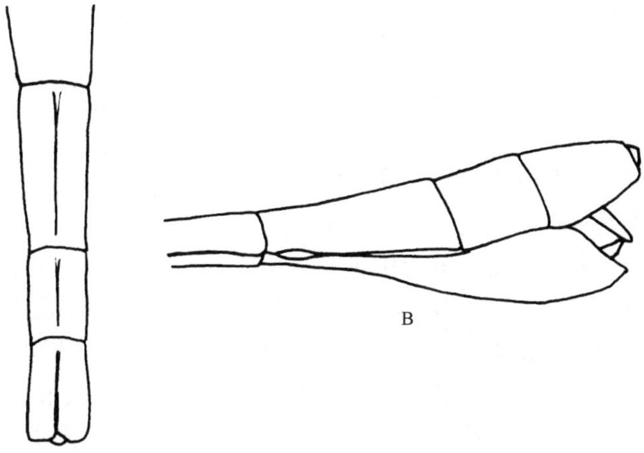

图 201　密粒短肛蛸 *Baculum granulosum* Chen et He，♀

A. 腹端背观　B. 腹端侧观

雄性：未知。

体各部分长度（mm）：体长 92.0；前胸背板 2.7；中胸背板 17.6；后胸背板（含中节）15.0；中节 3.0；前足股节 29.0；中足股节 18.0；后足股节 22.0。

分布：湖北（利川）。

193. 稀毛短肛䗛 *Baculum sparsihirtum* Chen et He，1992（图 202）

Baculum sparsihirtum Chen et He，1992，*Insects of Wuling Mountains Area.* 70.

雌性：体长 70mm。褐色。体略带光泽，披疏毛与稠密的细颗粒突，由中胸背板至腹部末端有 1 条细中脊。头宽卵形，基部略窄，背中央有浅纵沟；眼圆形；触角短于前足股节的 1/4，第 1 节长而扁，第 2 节约为第 1 节长的 1/4。前胸背板长大于宽，横沟位于中央，中纵沟明显，但不伸达后缘；中胸背板略短于中足股节，约为前胸背板长的 6 倍，并略长于后胸加中节之和；中节长略大于宽，在中央稍前方有 1 对新月形凹窝。前足股节长于中、后足股节，其上沿内脊上有 1 排小齿，下外侧脊中央有数枚齿；中足股节近基部 1/3 处下沿外内脊线上各 1 小齿，胫节近基部 1/3 处背脊线上有 1 齿，近端部 1/3 处，下沿内、中、外脊上各 1 齿；后足股节与中足胫节相应部位也有几乎同样的齿，下沿近端部中脊上有细齿数枚。腹部明显长于头、胸部之和，以第 5 节为最长；端部 3 节中以第 8 节为最长，第 10 节次之，但长于第 9 节，第 10 节端缘中央内凹成三角形，两侧边几成截形；肛上板大，半圆形，长于第 10 节端部，边缘透明，上有毛，背中脊明显；腹瓣舟形，超过第 9 节基部，端部 1/3 处有中脊；尾须长，圆柱形，超过第 10 节。

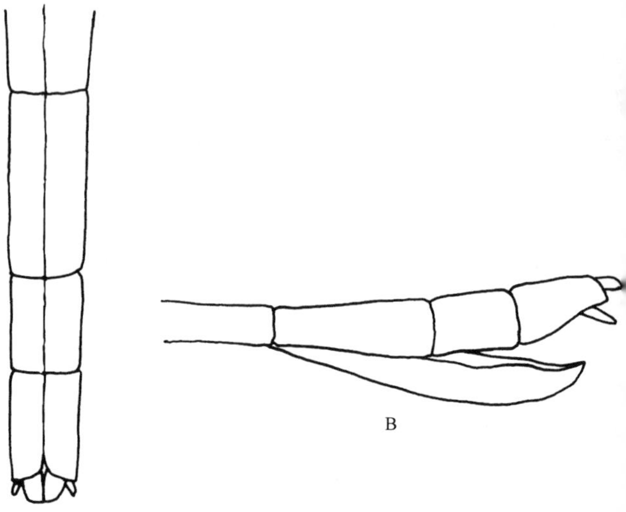

图 202　稀毛短肛䗛 *Baculum sparsihirtum* Chen et He，♀
A. 腹端背观　B. 腹端侧观

雄性：未知。

体各部分长度（mm）：体长 70.0；前胸背板 2.2；中胸背板 13.0；后胸背板（含中节）12.0；中节 2.2；前足股节 21.0；中足股节 15.0；后足股节 17.0。

分布：四川（武隆）。

194. 兴山短肛䗛 *Baculum xingshanense* Chen et He，1997（图 203）

Baculum xingshanense Chen et He，1997，*Insects of the Three Gorge Reservoir Area of Yangtze River.* 117.

雄性：体长 134mm。大型。杆状。光滑，具细密横皱，体背具中脊。体褐色，眼下侧浅黄色。头椭圆形，后端收缩，略长于前胸背板；后头有 3 短纵沟，形成 4 个隆起；眼间具短角刺 1 对；复眼半球形；触角分节明显，24 节，远长于前足股节中部，第 1 节端厚，第 2 节短柱形，第 3 节长于第 1 节。前胸背板亚长方形，背中央具十字形沟纹，横沟不达侧缘，中、后胸两端稍宽；中节长大于宽，

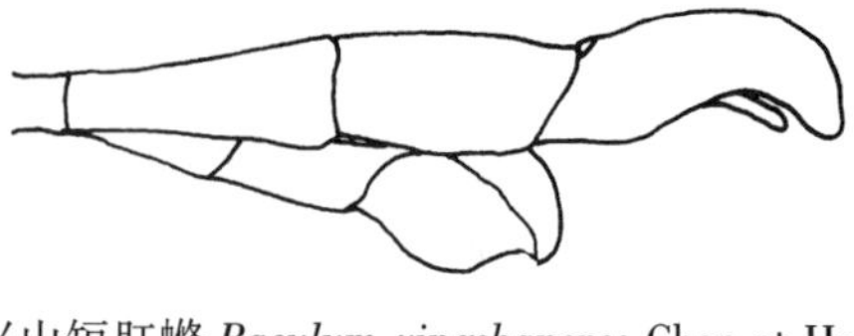
图 203　兴山短肛䗛 *Baculum xingshanense* Chen et He，♂
腹端侧观

1 对新月形凹窝位于后半部。3 对足细长，中、后足股节腹中脊端部具 3~4 枚小齿，胫节端部腹脊上具小刺。腹部细长，圆筒形，端部 2 节增粗，臀节略长于第 9 腹节，与第 8 腹节约等长，后端深裂，背缘微弧形，后侧弯曲呈指突；下生殖板隆起，具中脊，伸达第 9 腹节端部；尾须短，略内弯，不超过腹端。

雌性：未知。

体各部分长度（mm）：体长 134.0；前胸背板 3.8；中胸背板 30.0；后胸背板（含中节）25.2；中节 3.4；前足股节 49.5；中足股节 34.0；后足股节 41.0。

分布：湖北（兴山龙门河）。

195. 黑线短肛䗛 *Baculum nigrolineatum* Chen et He，1997（图 204）

Baculum nigrolineatum Chen et He，1997，*Insects of the Three Gorge Reservoir Area of Yangtze River*. 118.

雄性：体长 85mm。体中型。细杆状，背面具中脊。光滑。体黄褐色，眼后有 2 条黑带，前胸至腹基部 4 节沿背中线与两侧各有 3 条黑色纵线。头椭圆形，光滑，前宽后窄；眼圆外突，眼间具 1 对前弯的锥刺；触角分节明显，23 节，几乎伸达前足股节端部，触角第 1 节端部加厚，第 2 节短柱形，第 3 节约与第 1 节等长。前胸背板亚长方形，背中央具十字形沟纹，横沟不达侧缘，中胸后侧与后胸两侧略增粗，腹面披直立细短毛；中节略延长。3 对足细长，中、后足股节腹中脊端部具 2~3 枚小齿，后足胫节背腹面近端部披少量小刺，第 1 跗节远长于其余各节之和。腹部细长，第 8 腹节后侧与第 9 腹节加宽，臀节略收缩，第 8 腹节较长，第 9 腹节与臀节较短，两者约等长，臀节端部裂开，背面几乎平截，端缘略斜切；下生殖板隆起，基部凹陷，背面具脊，约伸达第 9 腹节端部；尾须粗短，不超过腹端。

图 204　黑线短肛䗛 *Baculum nigrolineatum* Chen et He，♂
腹端侧观

雌性：未知。

体各部分长度（mm）：体长 85.0；前胸背板 3.0；中胸背板 16.8；后胸背板（含中节）17.4；中节 2.4；前足股节 35.5；中足股节 22.0；后足股节 27.5。

分布：四川（万县）。

196. 梵净大短肛䗛 *Baculum grandis* Chen et He，2005（图 205）

Baculum grandis Chen et He，2005，*Insects from Mt. Fanjing Landscape*. 99.

雌性：体长 150mm。体杆状且光滑。无翅。体深褐色，头背中央具 5 条纵纹，眼后具宽纵纹，中、后足股节具白斑。头卵形，后侧较宽，眼间具较短角刺 1 对；触角分节明显，24 节，远短于前足股节，第 1 节扁宽，第 2 节柱形，约为第 1 节长的 1/5。前胸背板矩形，中央具十字形沟纹，横沟近中央，纵沟浅，不伸达后缘；中胸背板后侧稍宽，长约为前胸背板的 7 倍，背中央具细纵脊，后胸背板（含中节）短于中胸，具细纵脊；中节横宽。3 对足长，前足股节背内与腹外脊各具 1 列粗齿，胫节近基部背面有 1 齿，中足股节基部背腹脊内外各具 1 叶突，胫节基部背面 1~2 个叶突，腹面 0~1 个叶突，后足股节基部仅腹外脊有 1 齿，胫节生齿情况与中足相似，胫节端部背腹面具多枚小刺；中、后足股节腹中脊端部处

2~3 枚齿。腹部圆筒状，以第节 5 与第 6 节最长，腹端 3 节屋脊状，第 8 节约与后 2 节之和等长，臀节具纵脊，后缘略凹入；肛上板小，不超过腹端；腹瓣舟形，约伸达腹端；尾须短，约与腹端齐平。

雄性：体长 106mm。细杆状并光滑。无翅。体褐色，前胸浅黄，中、后胸黑色，但两端色浅。头部具扁形角刺 1 对；触角 24 节，短于前足股节。中、后股节基部腹内脊各具 1 个叶突，胫节近基部背腹脊具 0~1 叶突，胫节端部具小刺。腹端 3 节屋脊状，以第 9 节为最短，臀节长于第 8 节，后缘稍斜切；下生殖板兜状，约伸达臀节基部；尾须圆柱状，不超过腹端。

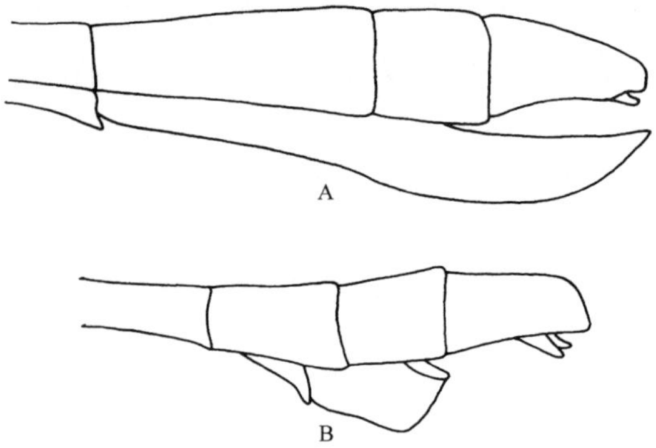

图 205 梵净大短肛蛸 *Baculum grandis* Chen et He，♀♂
A. 雌性腹端侧观 B. 雄性腹端侧观

体各部分长度（mm）：体长 ♀150.0，♂106.0；前胸背板 ♀4.0，♂2.0；中胸背板 ♀27.5，♂22.0；后胸背板（含中节）♀23.5，♂20.0；前足股节 ♀39.0，♂43.0；中足股节 ♀26.0，♂28.0；后足股节 ♀30.5，♂35.0。

分布：贵州（梵净山）。

197. 横纹短肛蛸 *Baculum fasciatum* Chen et He，2005（图 206）

Baculum fasciatum Chen et He，2005，*Insects from Mt. Fanjing Landscape*. 100.

雄性：体长 97mm。细杆状，光滑。无翅。体深褐色，头与前胸浅褐色，眼间具明显横纹；背面具细纵脊。头卵形，后侧狭窄，眼圆突，中央具纵沟；触角丝状，较长，22 节，略超过前足股节。前胸背板梯形，中央具十字形沟纹，横沟位中央处，不达边缘；中、后胸两侧稍宽，中胸背板稍长于后胸背板（含中节）；中节长大于宽。3 对足细长，中、后足股节腹中脊端部 4~5 枚小齿。腹部圆筒状，以第 3~5 节最长，各节约等长，腹端 3 节屋脊状，第 8 节长，臀节最短，开裂成 2 叶，其下侧呈弧形弯曲，背侧较平缓，端部呈指突状；下生殖板兜状，端尖，伸达第 9 节后半部；尾须圆柱状，不超过腹端。

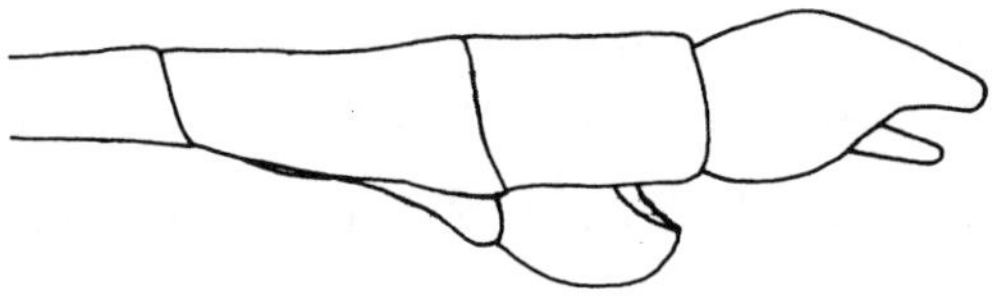
图 206 横纹短肛蛸 *Baculum fasciatum* Chen et He，♂
腹端侧观

雌性：未知。

体各部分长度（mm）：体长 97.0；前胸背板 2.0；中胸背板 18.0；后胸背板（含中节）16.2；中节 4.4；前足股节 38.0；中足股节 27.0；后足股节 31.0。

分布：贵州（梵净山）。

198. 缺隆线短肛蛸 *Baculum ecarinatum* Bi et Lian，1991（图 207）

Baculum ecarinatum Bi et Lian，1991，*Contr. Shanghai Inst. Entomol.*，10：104.

雌性：体长 108mm。体青绿色，腹面褐色。体平滑，胸部与腹部缺中隆线。前、后翅均缺如。头为长卵形，长于前胸背板，头顶向前倾斜；复眼半球形；头部背面在近两复眼之间

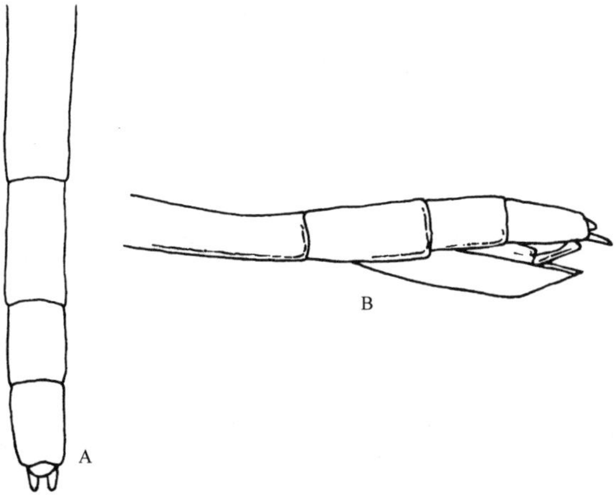

图 207　缺隆线短肛䗛 *Baculum ecarinatum* Bi et Lian，♀
A. 腹端背观　B. 腹端侧观（仿毕道英等）

具有 1 对明显的凹窝；后头较隆起，中央具明显的纵沟；触角丝状，较短，14 节，分节明显，其长明显短于前足股节，基节较长，其长为宽的 3 倍，约与第 2 和第 3 节之和等长，顶端节较长，为长柱形。前胸背板近长方形，其前、后缘为宽弧形，前侧角略向外突出，中部之前具有不明显的中纵沟，中横沟位于中纵沟终止处；中胸较长，为圆筒形，略短于后胸（含中节）；中节较短，宽大于长。前足股节基部内弯，其长较短于胫节，外侧隆线缺三角形齿，但内侧隆线具稀少的刺；中足和后足股节腹面中隆线具许多个大、小不等的齿，中足和后足胫节腹面中隆线具稀少的小齿，其余各侧面全缺齿，3 对足的股节外侧上、下纵隆线之间具明显整齐的颗粒状构造。腹部各节之和明显长于后胸背板，末端 4 节较细，第 10 节略长于或等于第 9 节，略长于中节，其背板后缘具小三角形凹入，但顶端不具裂缝，背板两侧向下斜切，呈钝角状；肛上板明显超出后缘，呈舌形；腹瓣为长舟形，顶端略锐，其长约达第 10 节背板后缘；尾须圆锥形，顶端较钝，超出肛上板顶端。

雄性：未知。

体各部分长度（mm）：体长 108.0；前胸背板 3.5；中胸背板 21.5；后胸背板（含中节）23.5；中节 2.5；前足股节 31.0；中足股节 20.5；后足股节 23.0。

分布：云南（东川）。

199. 寡粒短肛䗛 *Baculum paulum* Chen et He，1994（图 208）

Baculum paulum Chen et He，1994，*For. Res.*，7（3）：311.

雌性：体长约 61mm。体较小。杆状。披疏颗粒突；胸、腹部背中央具细脊。青褐色。头宽卵形，背面稍隆起，无角突，散生粒突，眼间有 1 短纵沟；触角短于前足股节的 1/3，柄节扁宽，背面有中脊，梗节短窄，约为柄节长的 1/3；眼圆，外突，长约为其后至头后缘的 1/3。前胸背板长方形，前缘稍凹入，后侧加宽，具中纵沟，横沟位于中央处；中胸背板长，散生具短毛的颗粒突，尤以着生于两侧的更为显突，中胸长约为前胸的 5.6 倍，后胸加中节之和略短于中胸，后胸背板侧面生有较明显粒突；中节长约为后胸背板的 1/4。3 对足中等长，较细，以前足股节为最长，稍短于中、后胸之和，前足股节上内脊具 1 列细齿，下内脊具褐色小齿数枚，中足股节略短于后足股节，上沿内外脊散生小齿

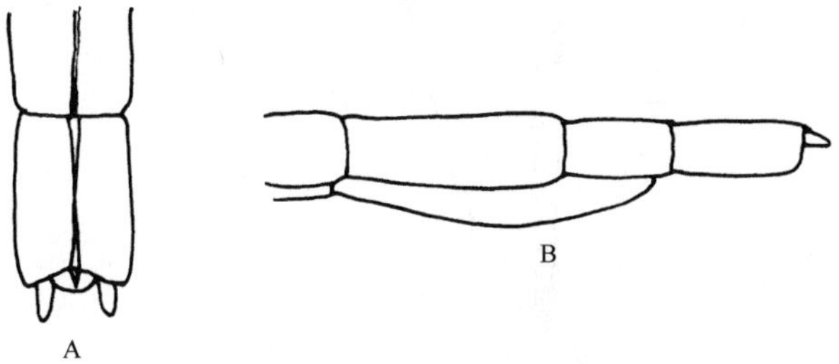

图 208　寡粒短肛䗛 *Baculum paulum* Chen et He，♀
A. 腹端背观　B. 腹端侧观

数枚，中、后足股节端下无齿状物，胫端背脊具小刺数枚。腹部略长于头、胸部之和，以第4节至第7节为最长，各节约等长，腹端3节中以第8节最长，第9节略短于臀节（第10节），臀节端缘内凹，两侧叶呈弧形；肛上板后缘截形，约与臀节侧叶等长，背面具纵脊；腹瓣较平，伸达第9节端缘，近端中央具纵脊；尾须短，稍超过肛上板。

雄性：未知。

体各部分长度（mm）：体长61.4；前胸背板2.2；中胸背板12.4；后胸背板（含中节）11.0；中节2.2；前足股节20.0；中足股节12.0；后足股节14.2；腹部32.2；腹瓣4.4。

分布：四川（乐山）。

200. 天目山短肛䗛 *Baculum tianmushanense* Chen et He，1995（图209）

Baculum tianmushanense Chen et He，1995，*Sci. Sil. Sinicae.* 31（3）：220.

雌性：体长74mm。体中型。光滑。黄褐色。头椭圆，背部与后头稍隆起；复眼褐色，

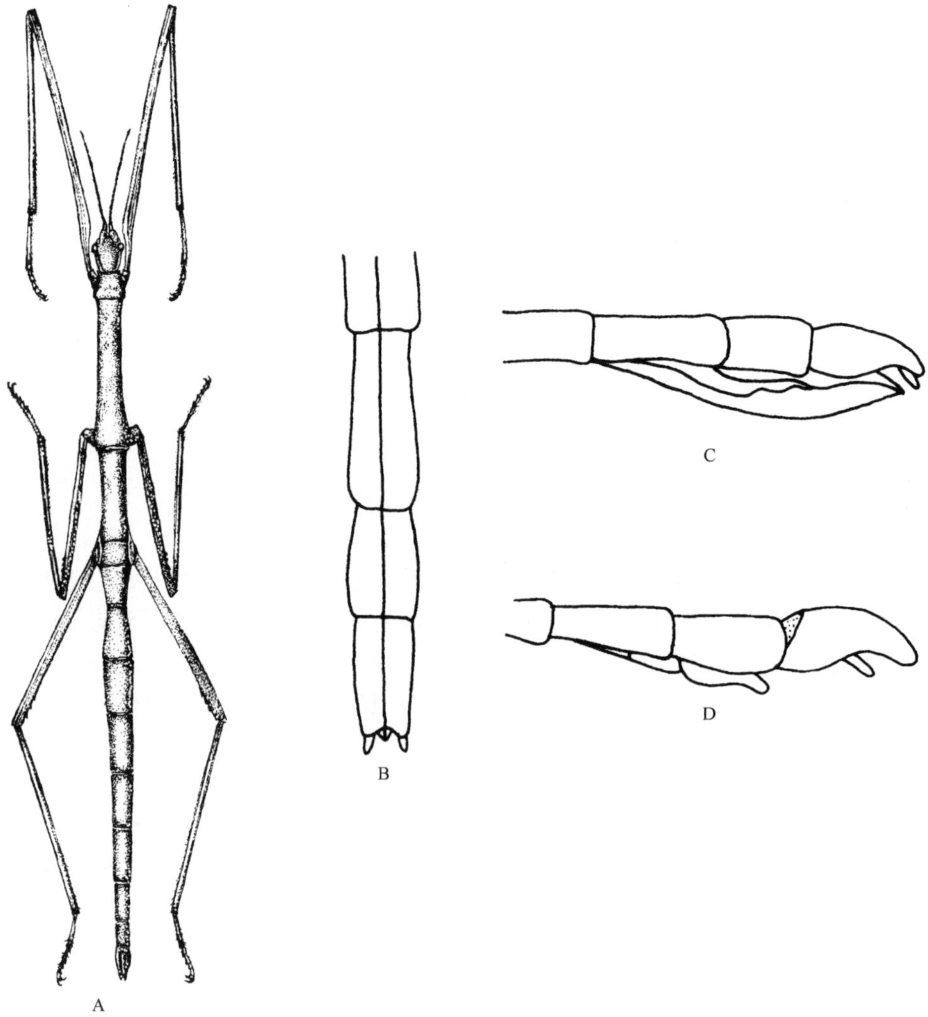

图209 天目山短肛䗛 *Baculum tianmushanense* Chen et He，♀♂

A. 雌性整体 B. 雌性腹端背观 C. 雌性腹端侧观 D. 雄性腹端侧观

圆形外突，眼后具褐纹，眼间有2小凹陷；眼间无角刺；触角（部分断失）柄节长扁，具宽脊，梗节短柱形，约为柄节长的1/3。前胸背板近似长方形、中央具十字形沟纹，侧沟不达侧缘；中、后胸后侧稍宽，背面具细中脊；中节横阔，具中脊，1对新月形凹窝位后半部。前股节无齿刺，中、后足股节端部腹中脊具1～2枚小齿，胫节近端部腹面具个别小刺。腹部圆筒形，背面具细纵脊，第2节稍短，第3～7节较长，端部3节略呈屋脊形，以第8节最长，臀节次之，臀节后缘角形凹入，背板端侧稍凹入；肛上板小，后缘弧形，短于臀节侧端叶；腹瓣舟形，端尖，背面具中脊，几伸达臀节端部；尾须圆柱形，端略窄，稍超过腹端。

雄性：体长68mm。体纤细。光滑。黄褐色，眼后有1纵纹，眼间散布不规则褐斑。中、后胸及腹部背侧有浅色纵纹。头前端略宽，头顶纵沟明显，近后头中央有2个隆起；眼间无角刺；触角分节明显，共21节，约伸达前股节中央。中、后胸具细中脊；中节长大于宽。足细长，前足无刺齿，中、后足股节端部腹中脊有3～4枚小齿，胫节自中部至端部间具数小刺。腹部圆筒形，第3～6节较长，第8节后部及第9节略加粗；臀节深裂，背面弧形，端钝；下生殖板隆起，端部浅裂，几伸达臀节端部；尾须圆柱形，稍向内弯，短于臀节侧叶。

体各部分长度（mm）：体长♀74.0，♂68.0；前胸背板♀2.8，♂2.2；中胸背板♀14.6，♂14.2；后胸背板（含中节）♀9.8，♂9.6；中节♀2.2，♂1.8；前足股节♀22.6，♂29.0；中足股节♀14.6，♂20.5；后足股节♀18.0，♂23.5；腹部♀40.4，♂38.0。

分布：浙江（天目山）。

201. 小角短肛䗛 *Baculum brachycerum* Chen et He, 1995（图210）

Baculum brachycerum Chen et He, 1995, *Sci. Sil. Sinicae.* 31 (3): 221.

雌性：体长95mm。体光滑。深褐色。头近乎宽卵形，背面具纵沟，头后处形成4个隆起；眼圆外突；眼间具短小角刺1对；触角短，分节明显，不达前股节中部，柄节扁宽，长大于宽的2倍，梗节短柱形，远短于柄节。前胸背板亚梯形，背中央具十字形沟纹；中胸长于后胸加中节之和；中、后胸背面具中脊；中节横阔，短于后胸长的1/4。前足远长于中足，前股节腹外脊有3枚齿；中股节基部腹内脊有1宽齿，端部腹中脊有3～4枚齿，胫节基部背内脊有1枚宽齿。腹部圆筒形，有背中脊；以第3～6腹节为长；腹端3节，以第8节最长，第9节最短，臀节屋脊形，背面具中脊，端缘向内斜切；肛上板小，弧形，具背脊，约与臀节侧叶等长；腹瓣舟形，端稍钝，

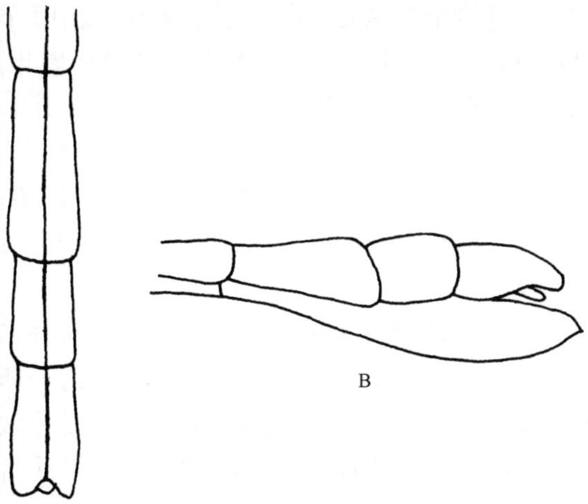

图210 小角短肛䗛 *Baculum brachycerum* Chen et He，♀
A. 腹端背观 B. 腹端侧观

中央具脊，略超过腹端；尾须短小，端钝，不超过腹端。

雄性：未知。

体各部分长度（mm）：体长95.0；前胸背板3.2；中胸背板19.0；后胸背板（含中节）15.8；中节3.0；前足股节34.0；中足股节21.0；后足股节（缺损）。

分布：浙江（天目山）。

202. 猫儿山短肛䗛 *Baculum maoershanense* Chen et He，1993（图211）

Baculum maoershanense Chen et He，1993，*J. Guangxi Aca. Sci.*，9（1）：34.

雌性：体长105～106mm。光滑。体黄褐色。头宽卵形，头后稍凸，头顶具浅纵沟，眼间有1黑色横纹；眼圆突，眼长约为其后至后头的1/4，触角间有弧形刻痕；触角长于前足股节的1/3，柄节扁宽，背面有中脊，梗节长约为柄节的1/3.5。前胸背板长方形，短于头部，前侧稍宽，具中纵沟，中横沟浅弧形，位于中央，中横沟前有1横沟，其后有1伸向后侧的"⌒"字形沟，除中节外，中胸至腹端具背中脊，中胸背板后侧稍宽，长约为前胸背板的7.8倍，后胸与中节之和短于中胸；中节长宽约等，其长约为后胸的1/5.5，近中央具1对新月形凹窝。3对足以前股节最长，后股节略长于中股节，前股节背内脊基半部具1～2枚小齿，中、后股节下外脊具3～4枚黑齿，端内中脊无明显叶突，但具细齿2～3枚，胫节中下部几乎各脊均具数枚小刺。腹部长于头、胸部之和，前6个腹节中以第2节最短，第5节最长，其余各节约等长，腹端3节以第8节为长，第10节（臀节）次之，并长于第9节，第10节屋脊形，端缘深凹弧形，两侧叶锐角形；肛上板端缘角形，具背中脊，超过第10背板侧叶；腹瓣舟形，近端处具中脊，端部尖矛形，伸至肛上板端部；尾须柱形，伸达肛上板端部。

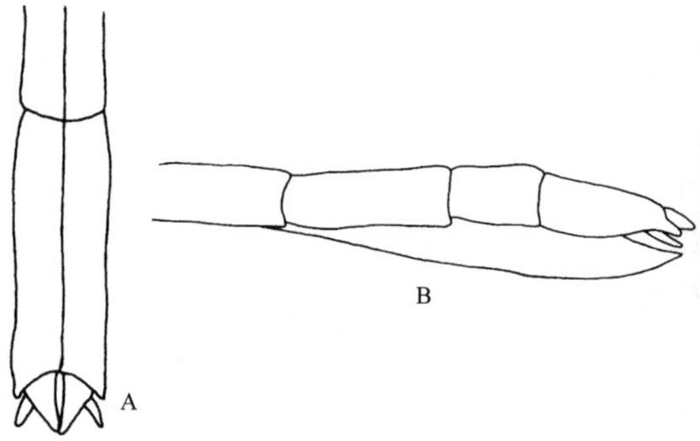

图211 猫儿山短肛䗛 *Baculum maoershanense* Chen et He，♀
A. 腹端背观 B. 腹端侧观

雄性：未知。

体各部分长度（mm）：体长105.0～106.0；前胸背板2.8～3.2；中胸背板21.6～22.0；后胸背板（含中节）16.2～17.0；中节2.6；前足股节29.5～31.0；中足股节20.0～20.5；后足股节23.0～24.0；腹部58.0～60.0；腹瓣12.0。

卵：长20mm，宽0.84mm，高1.68mm。长扁形，密披黄色细颗粒，其间均匀散布许多红褐色颗粒突，卵盖上具1褐黄色的济公帽似突起，长0.7mm，卵孔板长椭圆形，约为卵长的1/5，位于卵背中下方，卵孔位于卵孔板后缘，卵孔上方具1纵隆脊，卵孔杯成脊片状突出，卵孔板上方中央具1纵隆起，其两侧各有1隆线，中线明显，位于1隆脊上，伸达后端，隆脊两侧也各有1隆线。背侧边缘较明显。腹侧中央隆起，纵贯卵长，两侧各具1隆线。

分布：广西（兴安猫儿山）。

203. 黄带短肛䗛 *Baculum flavofasciatum* Chen et He，1993（图 212）

Baculum flavofasciatum Chen et He，1993，*J. Guangxi Aca. Sci.*，9（1）：35.

雄性：体长 131mm。大型。褐色。体光滑，具丝光泽及细密横皱，两侧眼下有黄纹。头短，前阔后略窄，背面较平坦，后缘约与前胸等宽；头背有浅中沟，其两侧具浅纵沟，围成 1 椭圆形褐斑，后头中央具 2 隆起，眼后具褐纹；眼圆外突，纵径略大于其后至头后缘1/3；触角褐色，分节明显，24 节，约伸达前股节端部，柄节端厚，长为梗节的 2 倍；鞭部第 1 节略长于柄节。前胸长方形，后侧略宽，纵中沟较浅，横沟位于中央处；中、后胸后侧明显加宽，背中央具细脊，中胸约为前胸长的 8.7 倍；后胸加中节之和明显短于中胸；中节长大于宽，1 对新月形凹窝位于后半部。3 对足细长，前股节股脊无齿刺；中、后足股节腹中脊端部具褐齿 2～3 枚，中足胫节端部腹面 3 脊上有 2～4 枚小刺，中足股节略短于头、前胸与中胸之和；后足胫节近端部的背、腹脊上有数枚小刺。腹部长于头、胸部之和，腹部第 2～7 节较窄，端部 3 节中以 8、9 节略宽，臀节（第 10 节）长于前 2 节，背面具纵脊，稍侧扁，后缘深裂，端瓣背面斜切，端缘钝；下生殖板隆起，伸达臀节基部，背中脊明显，端缘浅裂；尾须圆柱状，稍弯，约伸达臀节端部。

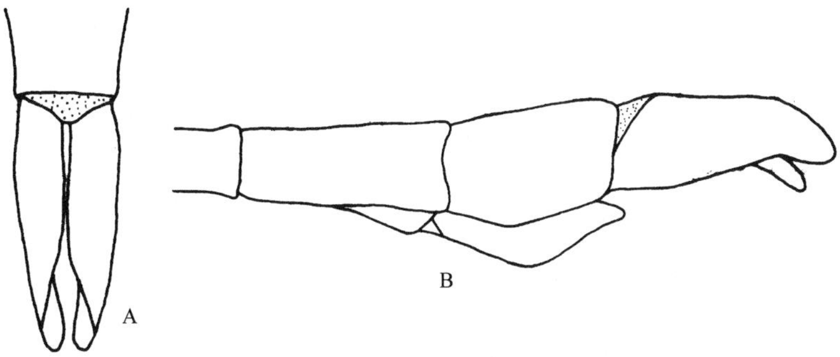

图 212　黄带短肛䗛 *Baculum flavofasciatum* Chen et He，♂
A. 腹端背观　B. 腹端侧观

雌性：未知。

体各部分长度（mm）：体长 131.0；前胸背板 3.6；中胸背板 31.5；后胸背板（含中节）24.5；中节 3.4；前足股节 46.0；中足股节 36.0；后足股节 42.0；腹部 70.0；下生殖板 3.2。

分布：广西（兴安猫儿山）。

204. 鸡公山短肛䗛 *Baculum jigongshanense* Chen et Li，1999（图 213）

Baculum jigongshanense Chen et Li，1999，*Insects of the Jigong Mountains Region.* 7.

雌性：体长 95mm。体较大。杆状且光滑。黄褐色。头椭圆形，背面隆起，长于前胸背板，后端略收缩，后头具 3 纵沟，眼间光滑无角刺，但具两黑褐色斑，斑后具两圆形凹窝；复眼半球形，突出；触角灰绿色，触角基部后方有两圆形凹窝，触角分节明显，23 节，约伸达前足股节的 1/3 处，第 1 节宽扁具纵脊，第 2 节短柱状。前胸背板长方形，背中央具十字形沟纹，横沟不达侧缘，横沟前尚有 1 前横沟；中、后胸后端略宽，纵脊明显；中节横宽，1 对新月形凹窝位于中央。3 对足细长，中、后足股节腹中脊端部具 5～6 枚齿，后足胫节背内脊端部具 2～3 枚小刺。腹部长筒形，端部 3 节屋脊状，以第 8 节最长，臀节次之，第 9 节最短，臀节后缘凹入，侧叶端缘宽弧形；肛上板小，不超过侧叶端部；腹瓣舟形，超过腹端，端部具纵脊，较钝；尾须圆柱形，端尖，略内弯，不达腹端。

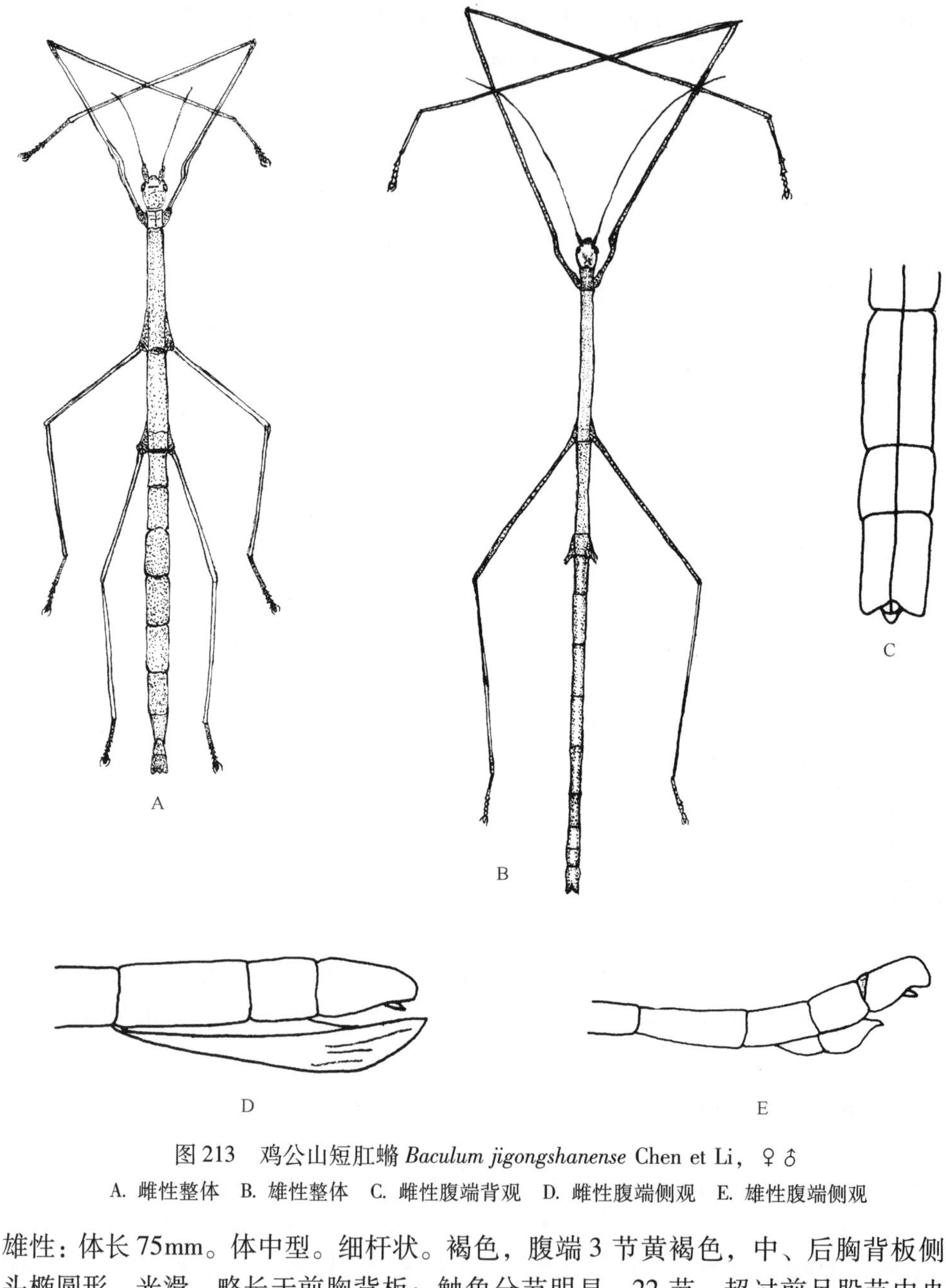

图 213 鸡公山短肛䗛 *Baculum jigongshanense* Chen et Li，♀♂

A. 雌性整体 B. 雄性整体 C. 雌性腹端背观 D. 雌性腹端侧观 E. 雄性腹端侧观

雄性：体长 75mm。体中型。细杆状。褐色，腹端 3 节黄褐色，中、后胸背板侧缘为黄色。头椭圆形，光滑，略长于前胸背板；触角分节明显，22 节，超过前足股节中央；眼间无角刺，但有 1 宽的黄色隆起，后头稍收缩，具纵沟，隆起后为褐、黄相间纵条纹，愈向两侧条纹愈宽。前胸背板长方形，背中央具十字形沟纹，横沟不达侧缘，中、后胸背板具细密横皱与纵脊；中节长大于宽，1 对新月形凹窝位于后方。足细长（后足断失），中足股节腹中脊端部具 5 枚齿，胫节光滑具整齐细毛。腹部圆筒形，具纵脊，第 8 腹节后端与第 9 腹节前端加粗，臀节与前节基本等长，端部开裂，背面较平坦，后缘几呈截形；下生殖板隆起，屋脊状，端部尖锐，超过第 9 腹节端部；尾须甚短，内弯，斜下伸。

体各部分长度（mm）：体长 ♀95.0，♂75.0；前胸背板 ♀3.0，♂2.4；中胸背板

♀19.6，♂16.0；后胸背板（含中节）♀15.4，♂13.6；中节♀2.0，♂3.0；前足股节♀33.5，♂32.0；中足股节♀20.5，♂20.0；后足股节♀25.5，♂（缺损）。

卵：长3.13mm，宽0.80mm，高1.70mm，卵略呈"S"形，密披细颗粒，褐色，卵上有不规则隆起，凹陷处披金黄色附属物。卵背中央灰褐色，两侧有金黄色附属物，卵盖平，有明显边缘，中间散布金黄色附属物，卵孔板深凹，梨形，约为卵长的1/4，位于卵背中下部，卵孔位于卵孔板后缘，卵孔杯脊片状突出，黄色。中线极短，黄色。卵腹中央隆起，褐色，两侧凹陷并有金黄色带。

分布：河南（鸡公山），安徽（黄山）。

205. 邻短肛䗛 *Baculum vicinum* Chen，1999（图214）

Baculum vicinum Chen，1999，*Insects of the Jigong Mountains Region.* 8.

雌性：体长85mm。杆状。无翅。体光滑，背中央具纵脊。黄褐色，体与足具不规则黑斑，眼间有1横形黑纹。头椭圆形，背面较隆起，后头具3短纵沟；复眼圆突；眼间无角刺；触角分节明显，23节，远短于前足股节，第1节宽扁，具纵脊，第2节短柱状，约为第1节长的1/4。前胸背板梯形，略短于头长，背中央具十字形沟纹，横沟位于中央稍前方，不达侧缘；中胸后侧及后胸两端加宽，后胸（含中节）稍长于中胸；中节宽稍大于长。前足股节明显长于中、后足股节，腹外脊具2～3枚齿，中足股节基部1/3腹内脊有1枚齿，中、后足股节端部中脊3～4枚小齿，后足胫节端部具少量小齿。腹端3节屋脊状，第8节短于后2节之和，臀节稍长于第9节，后缘中央有凹缘；肛上板小，稍短于臀节端部；腹瓣舟形，略超过腹端；尾须短小，锥形，不超过臀节。

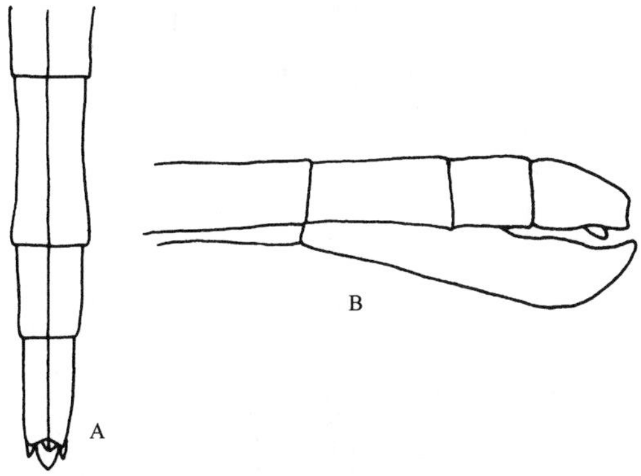

图214　邻短肛䗛 *Baculum vicinum* Chen，♀
A. 腹端背观　B. 腹端侧观

雄性：未知。

体各部分长度（mm）：体长85.0；前胸背板3.2；中胸背板18.0；后胸背板（含中节）19.0；中节3.0；前足股节25.5；中足股节16.0；后足股节19.0。

分布：河南（鸡公山）。

206. 长须短肛䗛 *Baculum dolichocercatum* Bi et Wang，1998（图215）

Baculum dolichocercatum Bi et Wang，1998，*Insects of the Funiu Mountains Region.*（1）：9.

雌性：体长145mm。体大型。平滑。褐色。头与前胸背板为淡褐色。头长椭圆形，头背稍隆起，近中部具1对锥形刺；中隆线明显，隆线两侧各具3行点状条；复眼圆形，外突，眼后各具1褐色纵带纹，其侧面为淡黄色；触角较短，分节明显，14节，第1节长扁形，长为宽的2.5倍。前胸背板长梯形，其长短于头部，中央具中隆线和横沟，前横沟较弱，后横沟位于背板中央偏后，未伸达侧缘；中胸和后胸背板的后端均略粗，侧板具不明显的小刻点，中隆线在中、后胸背板前端较明显，中胸略长于后胸（含中节）；中节宽约为长

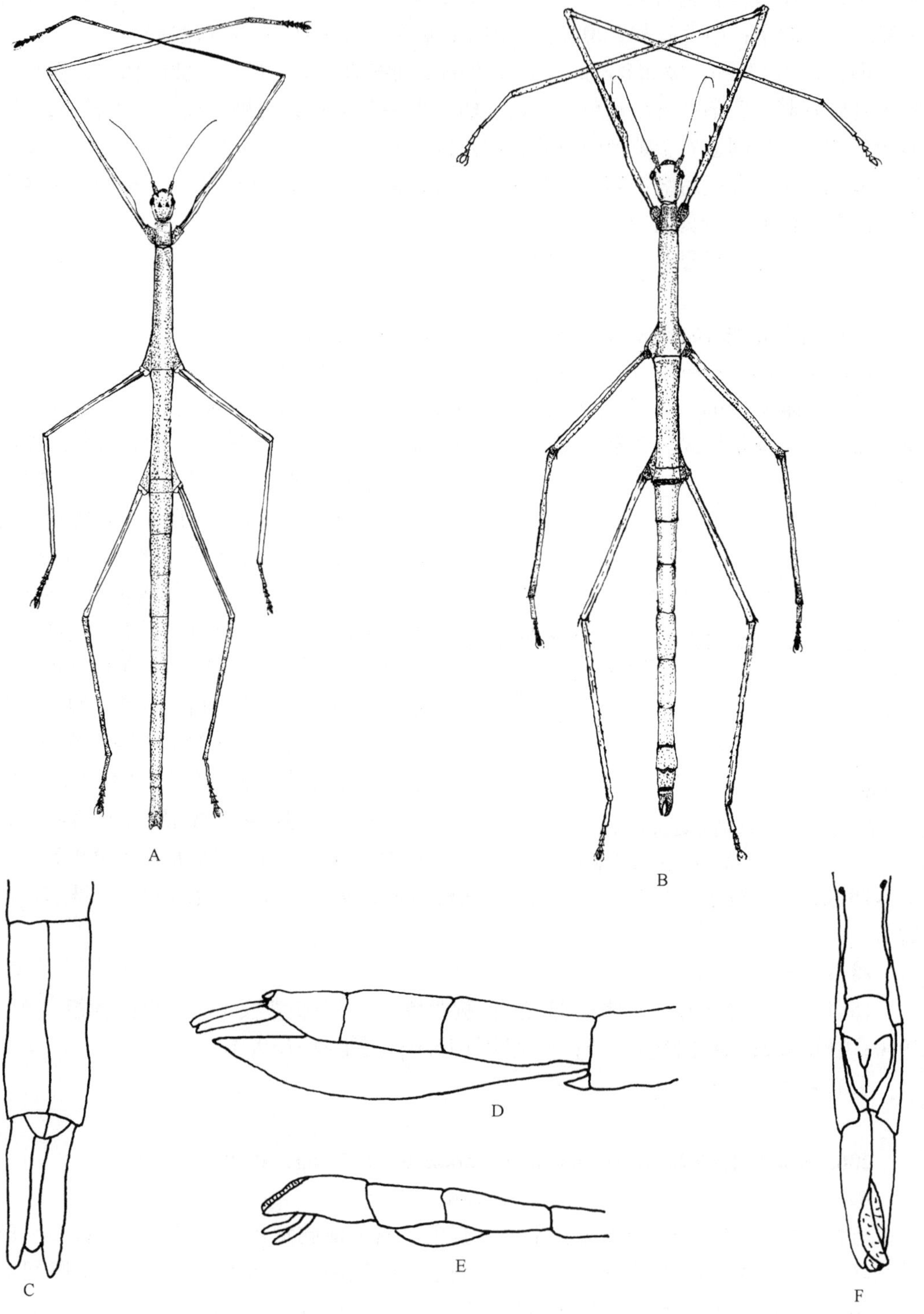

图 215 长须短肛䗛 *Baculum dolichocercatum* Bi et Wang，♀♂
A. 雌性整体 B. 雄性整体 C. 雌性腹端背观 D. 雌性腹端侧观
E. 雄性腹端侧观 F. 雄性腹端腹观（C～F 仿毕道英等）

的2倍。3对足的股节内、外侧均具1列整齐椭圆形斑纹；前足股节基部弯曲，背面基部和中部的中隆线具9枚黑色大齿，其腹面和胫节缺齿，胫节长于股节，前足股节长于中胸背板；中足股节腹面仅中隆线具1列大小不等及间距不等的齿，胫节腹面中隆线及内侧隆线具稀疏的齿，第1跗节具4~6枚齿；后足股节和胫节腹面具齿与中足相同，但胫节腹面内侧隆线具1~2枚齿，第1跗节具4~6枚齿。腹部第2~7节几乎呈圆筒形，前数节较粗，向后渐趋细，第8节以后侧扁，长于第9节而短于臀节，臀节后缘中央为凹形，中隆线明显，两侧板为圆弧形；肛上板极短，其顶端略超过臀节两侧板后缘；腹瓣长舟形，顶尖，向后延伸但不达尾须端部；尾须长，圆锥形，顶圆，较直，具短刚毛，超过腹瓣。

雄性：体长121mm。细长型。体表光滑。体淡褐色，3对足为草绿色。头为长椭圆形，头背隆起较低，头顶缺刺或具2枚小刺，复眼之间较低凹，复眼圆形，外突；触角较雌性长，分节明显，15节，其长为前足股节的1/2以上；第1节长扁形，长大于宽的2倍；头背具中隆线，其两侧各具2条短隆线，眼后各具1条褐色纵带纹，其侧面为淡黄色。前胸背板长方形，其长短于头部，中央略低凹，具中隆线和横沟，均未伸达边缘，横沟位于背板中部之后；中、后胸背板端部稍粗；中节宽大于长的1.5倍。3对足的股节内、外侧均各具1列整齐椭圆形斑纹；前足股节基部弯曲，背面中部之后具2~10枚小齿，其腹面和胫节均缺齿，跗节具密毛；胫节长于股节，前足股节长于中胸背板，中足股节短于中胸背板，其腹面仅中隆线具1列稀疏的小齿，胫节腹面中隆线及内侧隆线均具稀疏的小齿，第1跗节具数个齿；后足股节和胫节腹面中隆线和内侧隆线各具1列稀小齿，第1跗节亦具数枚小齿。腹部第2~7节圆筒形，光滑，体表具褐色点状斑纹，第8节基部与第9节端部较粗大，第8节长于第9节，臀节背面具粗中隆线，后端中央裂开，两侧叶背缘斜切形向下，内侧具黑色短刺齿，端部近锐角；下生殖板较隆起，后端之半中央具隆脊，端部超过第9腹节中部；尾须长扁形，略伸达腹端。

体各部分长度（mm）：体长♀145.0，♂121.0；前胸背板♀5.0，♂3.8；中胸背板♀28.5，♂27.5；后胸背板（含中节）♀27.5，♂25.0；中节♀3.5，♂2.0。

卵：长2.87mm，宽1.57mm，高1.90mm。桶形，表面光滑，有光泽，褐色。具有1盘柄状假球端，黄褐色，卵盖与假球端连接处为黑色隆起，卵孔板牡蛎形，约为卵长的1/2，位于卵背中上部，卵孔位于后端，卵孔杯不明显，卵孔上方有1瘤突。中线明显，细长，未伸达后端。

寄主：栎。

分布：河南（信阳鸡公山、桐柏水帘洞、嵩县白云山、新县、西峡）。

207. 长角短肛䗛 *Baculum longicornis*（Bi et Wang，1998）comb. nov.（图216）

Phobaeticus longicornis Bi et Wang, *Insects of the Funiu Mountains Region.*（1）：10.

雄性：体长130mm。大型。体光滑。体深黄褐色，3对足色较淡，头侧面为淡黄色。头椭圆形，后缘略呈弧形，复眼间具1对小突；复眼圆形，外突，眼后各具1条褐色纵带纹；头顶具2对小凹窝，具细中隆线，左、右侧各具1条纵纹；触角基部具1对深的凹窝；触角分节明显，15节，第1节长约为第2节的2倍，第3节长约为第2节的3倍，第4节长约为第2节的2倍，第5节起逐渐增长，其长到达前足股节2/3处。前胸背板长方形，其长短于头部，中央具中隆线和横沟，横沟位于背板中部，未伸达侧缘；中、后胸背板后端略粗，侧

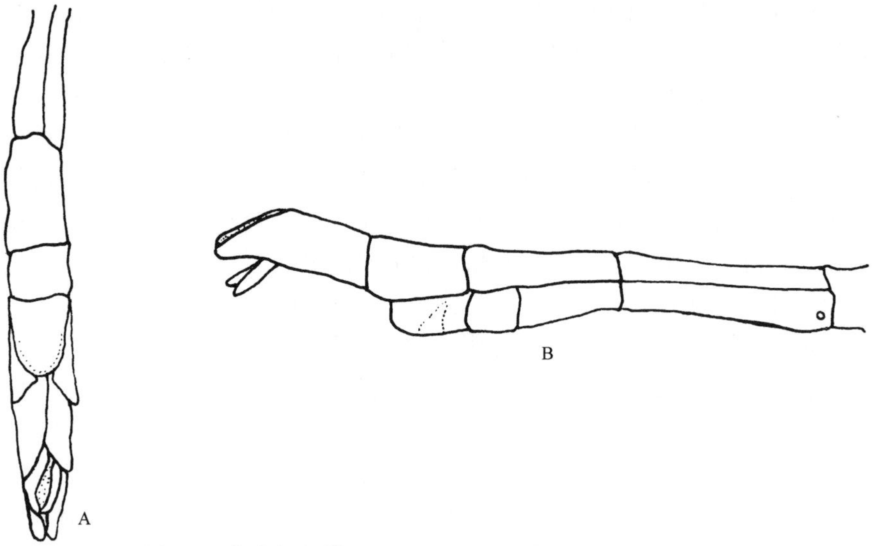

图 216 长角短肛䗛 *Baculum longicornis*（Bi et Wang），♂
A. 腹端腹观 B. 腹端侧观（仿毕道英等）

板前部具细小刻点，中隆线在中胸背板后端较明显；中胸长等于后胸（含中节）；中节长宽略等，光滑。前足股节外侧与中、后足股节内、外侧均具 1 列整齐椭圆形斑纹；前足股节基部弯曲，背面基部和中部中隆线具 1 列间距不等的 8 枚齿，腹面和胫节缺齿，胫节长于股节，前足股节长于中胸背板；中足股节略等于中胸背板，其腹面中隆线和内、外侧隆线各具 1 列锯齿，中隆线上锯齿明显，胫节锯齿排列与其股节相同，第 1 跗节亦具数个齿；后足的锯齿排列和数目与中足基本相同。腹部第 2 ~7 节几乎呈圆筒形，第 8 节后端至第 9 节增粗，臀节略侧扁，背面具宽脊，后端深裂，稍向下扩展，其内侧具黑短刺齿；腹部每节侧面向外扩展呈狭片状，腹面光滑；下生殖板短而隆起，中央呈角脊状，后端平弧形，超过第 9 节背板中部；尾须宽扁，具密短刚毛，其末端较钝，向下直伸出臀节腹面，不伸达腹端。

雌性：体长 117mm 左右。大型。杆状。体光滑，中、后胸具背中脊。褐色。头椭圆形，背面平坦，前宽后窄，略长于前胸背板，眼间具角突 1 对，在角突后方有两圆形凹陷，后头为褐色花纹纵带与黄色纵带相间；眼半球形，外突；触角分节明显（部分断失）。前胸背板长方形，前横沟伸达侧缘，中横沟不达侧缘，中纵沟明显，中横沟后每侧具 1 条弧形侧纵沟，中、后胸后端加宽；中节横阔，1 对新月形凹窝不明显。3 对足细长，股节的内外两侧各具 1 列整齐的浅色椭圆形花纹，前足股节、胫节光滑无齿刺，中、后足股节腹中脊具 1 列齿，端半部齿明显，较密，基半部齿小，较稀，中、后足胫节端部 2/3 腹内、中脊各具 1 列刺齿，第 1 跗节腹内、中脊具几枚小刺。腹部长筒形，腹部第 7 腹板后缘中突尖刺状；端部 3 节屋脊状，臀节长于前节，但短于第 8 节，臀节后缘弧形凹入；肛上板三角形，略超过侧叶；腹瓣舟形，端尖，不超过肛上板，近端部处具背脊；尾须长且扁宽，明显伸出腹端。

体各部分长度（mm）：体长♀117.0，♂130.0；前胸背板♀5.0，♂5.0；中胸背板♀25.0，♂26.0；后胸背板（含中节）♀23.5，♂26.0；中节♀2.4，♂3.0；前足股节♀35.5，♂42.0；中足股节♀23.5，♂26.0；后足股节♀27.0，♂32.0。

寄主：栎。

分布：河南（栾川龙峪湾），山东（济南），四川（马尔康）。

208. 黄纵条短肛䗛 *Baculum flavovittatum* Chen et Li，2002（图 217）

Baculum flavovittatum Chen et He，2002，*Forest Insects of Hainan*. 108.

雌性：体长 148 mm 左右。大型。杆状且光滑。背中央具纵脊。体棕色，眼间具 1 黑色横带，眼后和胸、腹腹面具不规则黑纹，中胸至第 5 腹节背中央有黄色纵条。头椭圆形，光滑；触角分节明显，24 节，远短于前足股节之半，触角第 1 节长扁，背中央具宽脊，第 2 节短柱形；眼圆，较小，外突；后头稍凸，背面具 3 条纵沟，中央 2 隆起明显。前胸背板长方形，后侧稍宽，中央具十字形沟纹，横沟不达侧缘，中胸背板稍长于后胸背板（含中节）；中节梯形，长宽约等。3 对足细长，前足股节背内脊具 1 列锯齿，腹外脊自基部至端部 1/4 具 1 列较粗锯齿；中足股节腹面内外脊各具 1 列至中部的锯齿，股节基部近 1/4 背外脊处具 1～2 个叶突，端腹面有 2 排小刺；后足股节仅腹外脊有 1 列锯齿，股节端部背与腹

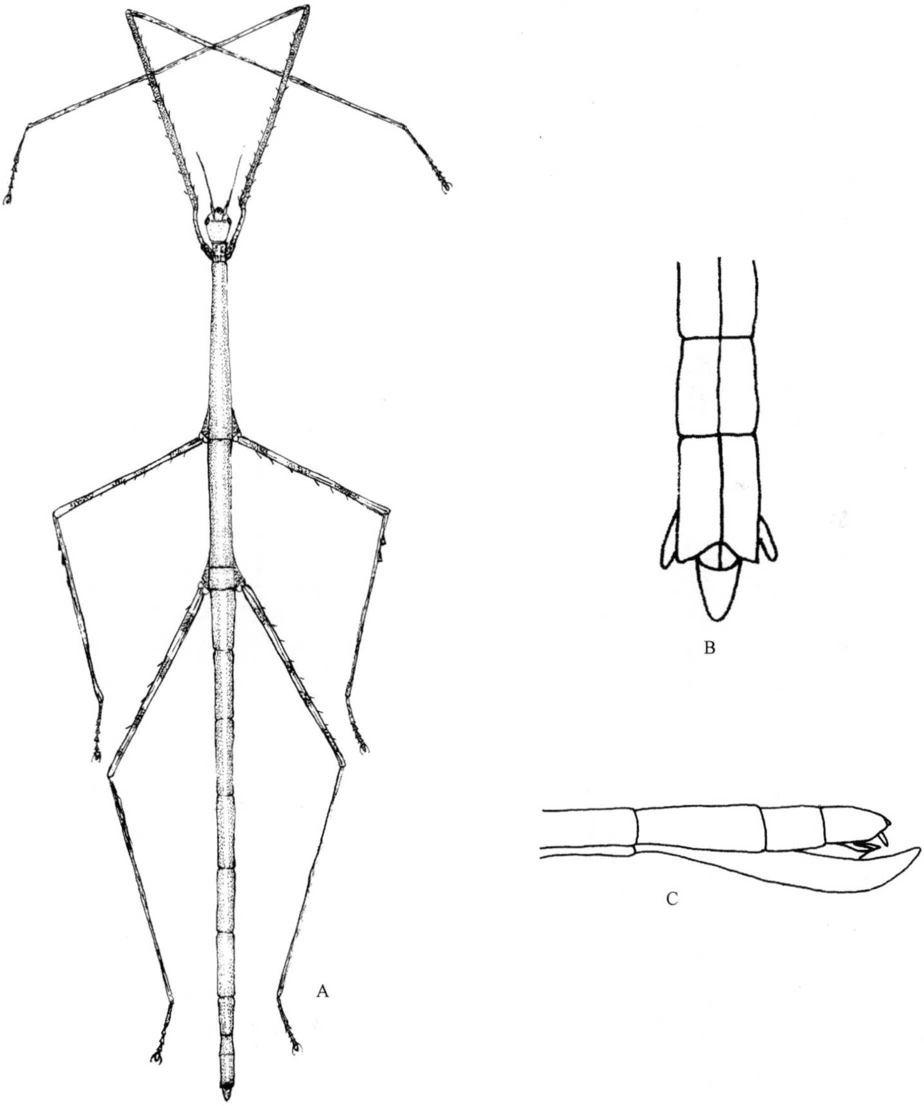

图 217　黄纵条短肛䗛 *Baculum flavovittatum* Chen et Li，♀

A. 整体　B. 腹端背观　C. 腹端侧观

面中下部具成排小刺，中、后足股节端部腹中脊具三角形叶突，上具4～5枚小齿。腹部圆筒形，腹端3节，以第8节最长，第9节短于前节之半，臀节长于第9节，端缘中央弧形凹入，侧端叶几乎截形；肛上板圆钝，具中脊，略超过臀节；腹瓣舟形，端尖，明显超过臀节；尾须圆柱形，端都略窄，伸达腹端。

雄性：未知。

体各部分长度（mm）：体长148.0；中胸背板31.0；后胸背板（含中节）26.0；中节3.8；前足股节43.0；中足股节30.0；后足股节34.5。

卵：长4.90mm，宽0.84mm，高1.75mm。长扁形，密披细颗粒，黄褐色，背腹面黄色，卵盖上方具褐黄色僧帽似的突起，长1.37mm，卵孔板椭圆形，约为卵长的1/5，位于卵背中央，卵孔位于卵孔板后缘，卵孔杯成脊片状突出，卵孔上方位于隆脊上。中线伸达后端，背部边缘明显成脊，在卵孔板上方隆脊和边缘脊上散生有1排红色卵毛，腹面似背面。

分布：海南（五指山）。

209. 大短肛䗛 *Baculum giganteum* Chen et Li，2002（图218）

Baculum giganteum Chen et He，2002，*Forest Insects of Hainan*. 109.

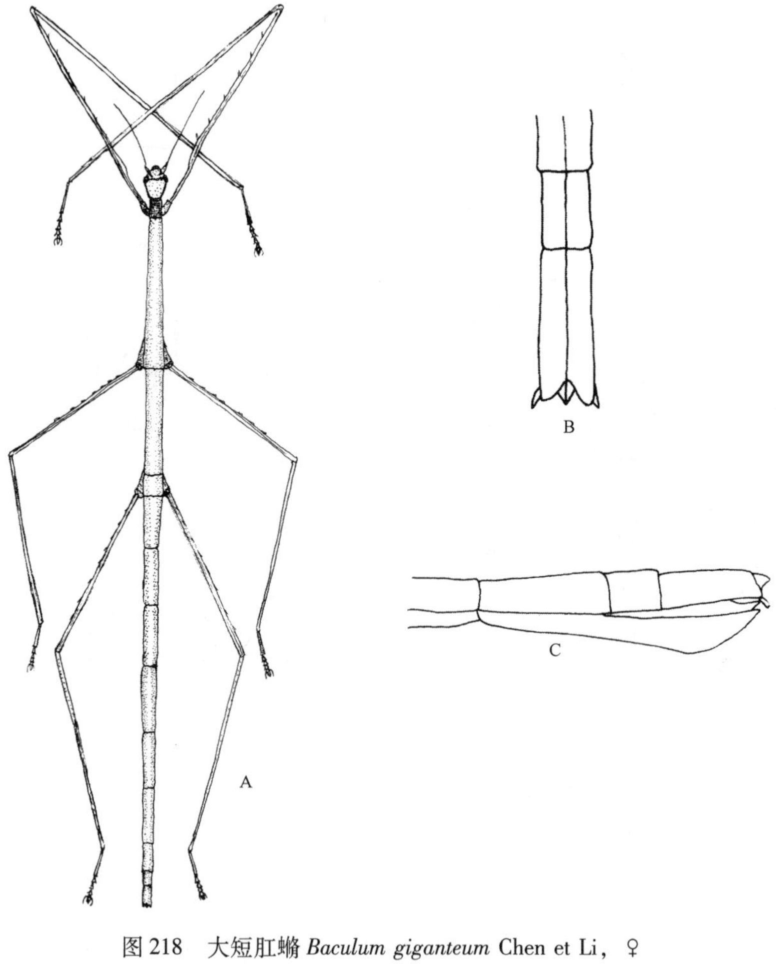

图218　大短肛䗛 *Baculum giganteum* Chen et Li，♀

A. 整体　B. 腹端背观　C. 腹端侧观

雌性：体长162mm左右。大型。体杆状且光滑。背中央具纵脊。体黄褐色，眼间具1黑色横带，眼后具不规则褐纹。头椭圆形，光滑；眼半球形；后头稍凸，具纵沟3条，形成4个甚明显的隆起；眼间无角刺；触角远短于前股节中部；触角第1节长扁，具宽脊，第2节短柱形。前胸背板长方形，中央具十字形沟纹，横沟不达侧缘；中胸略长于后胸（含中节）；中节梯形，长稍大于宽。足长，前足股节背内脊与腹外脊各具1列锯齿，锯齿近1/3端部消失，腹面的锯齿大于背面；中足股节腹面内外脊各有1列锯齿，近端处渐消失；后足股节仅腹外脊有1列不达端部的锯齿，中、后足股节端部腹中脊具6～7枚小齿的平钝叶突，胫节基部近1/4处背内脊1～4枚齿，其腹面内外脊具成列小刺。腹部圆筒形，腹端3节，以第8节最长，臀节长于第9节，其端缘中央三角形凹入，侧端叶锐角形；肛上板小，具中脊，稍短于臀节；腹瓣长舟形，端较尖，短于臀节；尾须圆柱形，略超过腹端。

雄性：未知。

体各部分长度（mm）：体长162.0；中胸背板33.0；后胸背板（含中节）29.0；中节4.2；前足股节49.0；中足股节36.0；后足股节40.0。

分布：海南（五指山）。

210. 五指山短肛䗛 *Baculum wuzhishanense* Chen et Li，2002（图219）

Baculum wuzhishanense Chen et He，2002，*Forest Insects of Hainan*. 110.

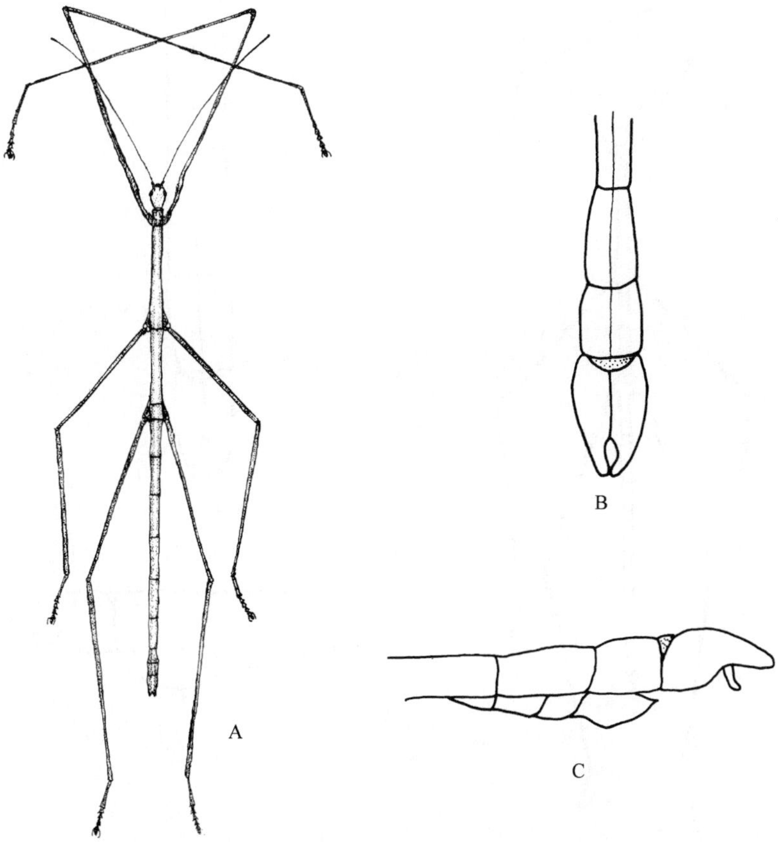

图219　五指山短肛䗛 *Baculum wuzhishanense* Chen et Li，♂

A. 整体　B. 腹端背观　C. 腹端侧观

雄性：体长95mm。杆状。体背有中脊并具细密横皱。头及前胸黄褐色，余为深褐色，3对足股节黄褐色，端部深褐色。头长椭圆形，光滑，后头收缩，具中纵沟与两浅侧纵沟，中央具2个隆起，眼间光滑无角刺；触角分节明显，22节，几乎伸达前足股节端部。前胸背板长方形，背面具十字形沟纹，横沟不伸达侧缘；中、后胸后端加宽；中节长大于宽，1对新月形凹窝位于中央。3对足细长，前足股节、胫节无刺齿，各脊具整齐细毛；中、后足股节腹中脊端部具5枚小齿，胫节光滑无刺齿，各脊具整齐细毛。腹部细长，圆筒形，第8节端半部及后两节增粗，腹端3节，以臀节最长，第8节次之，第9节最短，臀节后端深裂，内缘具黑色小齿，基半部背面呈弧形，后缘几乎截状，端部较尖；下生殖板隆起，具中脊，几伸达第9节端部；尾须略内弯，基部宽，端部细，下伸，不超过腹端。

雌性：未知。

体各部分长度（mm）：体长95.0；前胸背板2.8；中胸背板18.5；后胸背板（含中节）16.0；中节2.8；前足股节39.0；中足股节24.0；后足股节31.0。

分布：海南（五指山）。

211. 黑胸短肛䗛 *Baculum nigrifactum* Chen et Li，2002（图220）

Baculum nigrifactum Chen et He，2002，*Forest Insects of Hainan*. 110.

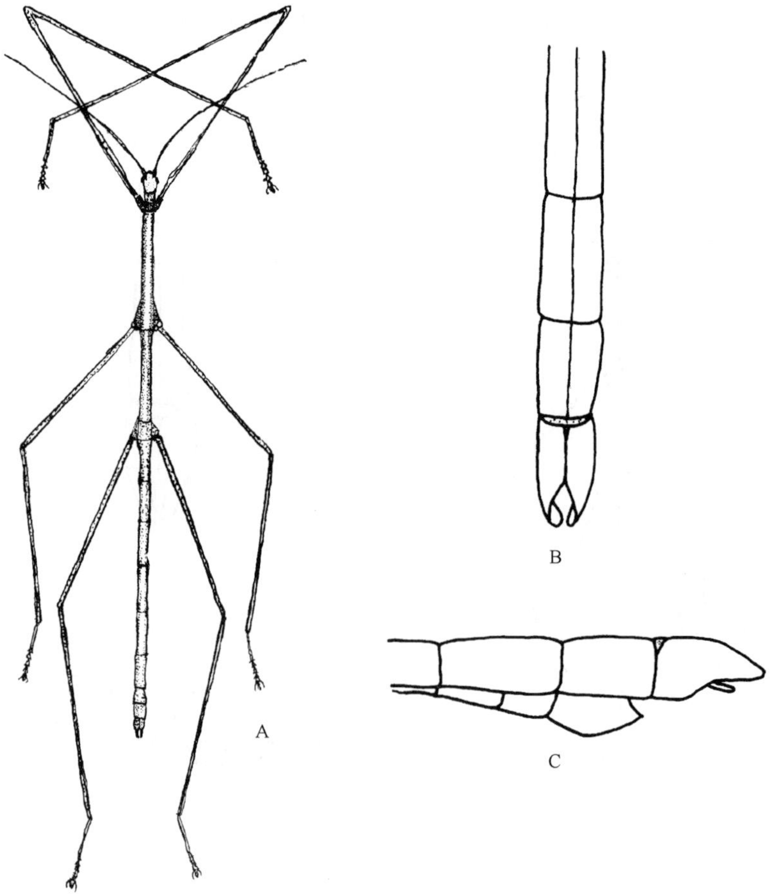

图220 黑胸短肛䗛 *Baculum nigrifactum* Chen et Li，♂

A. 整体 B. 腹端背观 C. 腹端侧观

雄性：体长 89mm。体披短茸毛。触角基部两节浅色，其余各节深褐色；中、后胸深褐色，余为黄褐色；3 对足黄褐色，各股节端部深褐色。头延长，前宽后窄，具 3 条纵沟，中纵沟明显，后头中央具两隆起；触角分节明显，23 节，超过前足股节的 3/4；两眼间无角刺。前胸长方形，中部略宽，中纵沟明显，横沟位于中央处，横沟后具两浅纵沟，中、后胸后端明显加宽，中、后胸具细密整齐的横皱，背中脊明显，止于中节前；中胸长于后胸；中节长大于宽，1 对不明显新月形凹窝位于中央。3 对足细长，上均具整齐的细毛，前足股节、胫节无齿刺，中、后足股节端部腹中脊具 2 枚齿，胫节端部 1/3 处腹中脊具 3 枚小刺。腹部细长，圆筒形，端部 3 节略增粗，臀节约与第 8 节等长，第 9 节最短，臀节后端深裂，后缘向下斜切，端部钝圆；下生殖板稍短于第 9 腹节端部，隆起，端部尖；尾须短，圆柱形，稍内弯，不超过臀节端部。

雌性：未知。

体各部分长度（mm）：体长 89. 0；前胸背板 2. 6；中胸背板 19. 0；后胸背板（含中节）16. 6；中节 2. 4；前足股节 35. 0；中足股节 25. 0；后足股节 29. 0。

分布：海南（琼中）。

212. 显角短肛䗛 *Baculum antennatum* Chen et Li，2002（图 221）

Baculum antennatum Chen et Li, 2002, *Forest Insects of Hainan* . 111.

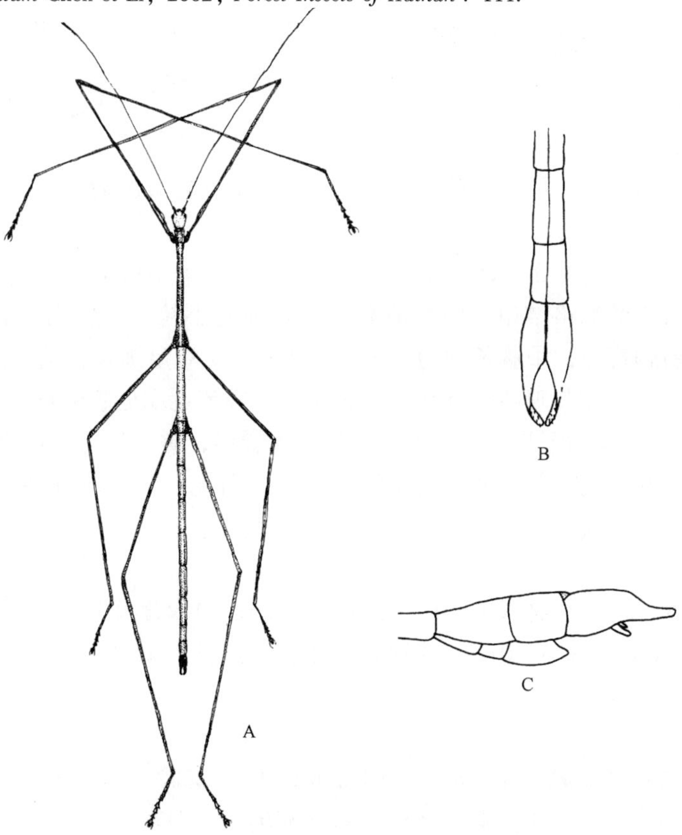

图 221　显角短肛䗛 *Baculum antennatum* Chen et Li，♂

A. 整体　B. 腹端背观　C. 腹端侧观

雄性：体长109mm左右。细杆状。光滑并具细密横皱。体背具中脊。体黄褐色至褐色，腹部深褐色，腹端3节黄褐色。头椭圆形，略长于前胸背板，光滑，具3条浅纵沟；触角分节明显，22节，长于前足股节；眼间光滑无角刺。前胸背板近长方形，背面具十字形沟纹，横沟不达侧缘，两侧弧状前弯；中、后胸后端加宽，具细密横皱，中胸背板长于后胸背板（含中节）；中节梯形，1对新月形凹窝位于近中央处。3对足细长，前足光滑无齿刺，具整齐细毛；中、后足股节端部腹中脊具3~4枚小齿，胫节近端部背腹脊具少量小刺。腹部圆筒形，腹端3节，以臀节最长，第8节次之，第9节最短；臀节端部深裂，端背面后缘略向下凹入，呈长指状，内缘具小齿数枚，外缘具细毛；下生殖板隆起，具中脊，伸达第9节腹板端部；尾须圆柱形，内弯，上有细毛，斜伸向后方，远短于腹端。

雌性：未知。

体各部分长度（mm）：体长109.0；前胸背板2.6；中胸背板24.0；后胸背板（含中节）20.0；中节2.8；前足股节45.0；中足股节31.5；后足股节37.0。

分布：海南（尖峰岭、儋州市）。

213. 绿线短肛䗛 *Baculum viridulum* Chen et Li，2002（图222）

Baculum viridulum Chen et He，2002，*Forest Insects of Hainan*. 112.

雄性：体长84mm。细杆状。光滑。体黄褐色，中、后胸背面褐色，侧缘具褐与浅绿两色组成的侧线。头宽卵形，后侧宽，后头具1纵沟2侧沟，形成4个小瘤突；复眼圆突；眼间具小形钝角1对；触角分节明显，22节，长于前足股节之半，基部2节浅色，余为深褐色，第1节扁长，端厚，具背脊，第2节短柱形，约为第1节长的1/2。前胸背板亚梯形，中央具十字形沟纹，横沟位于中央处，但不达侧缘；中、后胸两端略增粗，中胸前端具稀而钝的小粒突，后胸（含中节）稍短于中胸；中节略短于前胸背板，中胸长约为中节的5.5倍。3对足细长，前股节最长，后股节略长于中股节，中、后足股节腹中脊近端处具3小齿，胫节近端处腹侧具少量小刺。腹部圆筒形，第3~5节长，三者约等长，腹端3节加粗，屋脊形，臀节约与第8节等长，但长于第9节，臀节分裂为两叶，端半部背面向后直线斜切，端角钝；下生殖板拱形，具中脊，顶尖，约伸达第9节端部；尾须短柱形，端窄，向下伸，稍内弯。

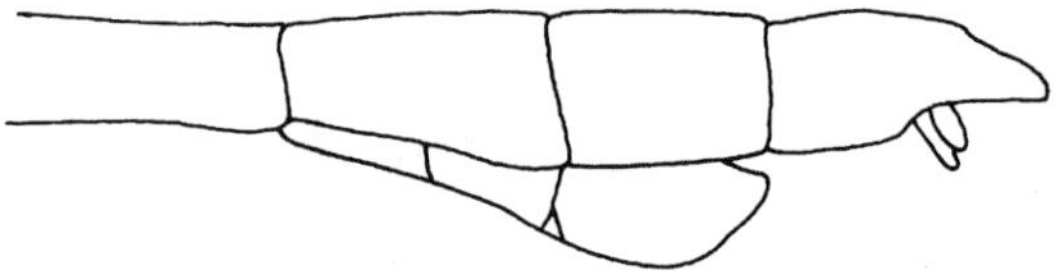

图222 绿线短肛䗛 *Baculum viridulum* Chen et Li，♂
腹端侧观

雌性：未知。

体各部分长度（mm）：体长84.0；前胸背板2.6；中胸背板17.0；后胸背板（含中节）15.5；中节2.4；前足股节34.0；中足股节23.0；后足股节26.5。

分布：海南（儋州市）。

214. 海南短肛䗛 *Baculum hainanense* Chen et He，2002（图223）

Baculum hainanense Chen et He，2002，*Forest Insects of Hainan*. 112.

雌性：体长80mm。中型偏大。杆状。体披稀疏粒突，背面具纵脊。体褐色。头宽卵形，后侧较窄，后头有3短纵沟；眼半球形；眼间具1对短钝角；触角短，分节明显，第1节扁宽，具纵脊，第2节短柱形。前胸背板近似矩形，横沟位前半部，中胸后侧与后胸两端稍宽大，中胸长于后胸（含中节）；中节短于后胸长的1/3，长宽约等。前足股节背内脊6~8枚细齿，腹外脊2~3较粗齿，胫节背腹面有少量小刺；中足股节与中胸约等长，背内脊近基处有2枚较大叶齿，端部2尖齿，腹内、外脊各有4齿，胫节近基处有1枚叶齿，中、内脊各1齿；后足股节背腹内外脊有匀刺3~4枚，中、后足胫节背腹脊具少量小刺。腹部圆筒形，第7腹板具中突；第8腹节稍长于臀节，臀节较长于第9节，呈屋脊状，后缘几乎成截状，肛上板微露，具纵脊；腹瓣舟状，伸达腹端；尾须不超过臀节端部。

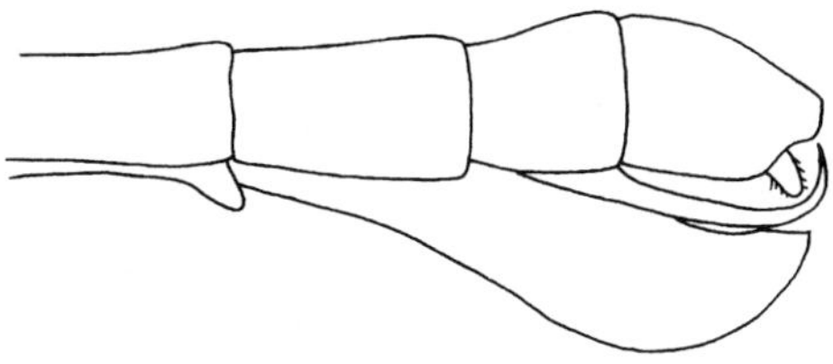

图223　海南短肛䗛 *Baculum hainanense* Chen et He，♀腹端侧观

雄性：未知。

体各部分长度（mm）：体长80.0；前胸背板3.2；中胸背板18.6；后胸背板（含中节）13.4；中节3.2；前足股节31.0；中足股节18.0；后足股节23.0。

分布：海南（尖峰岭）。

215. 棕胸短肛䗛 *Baculum fusco-thoracicum* Liu et Cai，1992（图224）

Baculum fusco-thoracicum Liu et Cai，1992，*Insects of the Hengduan Mountains Region*. 2：59.

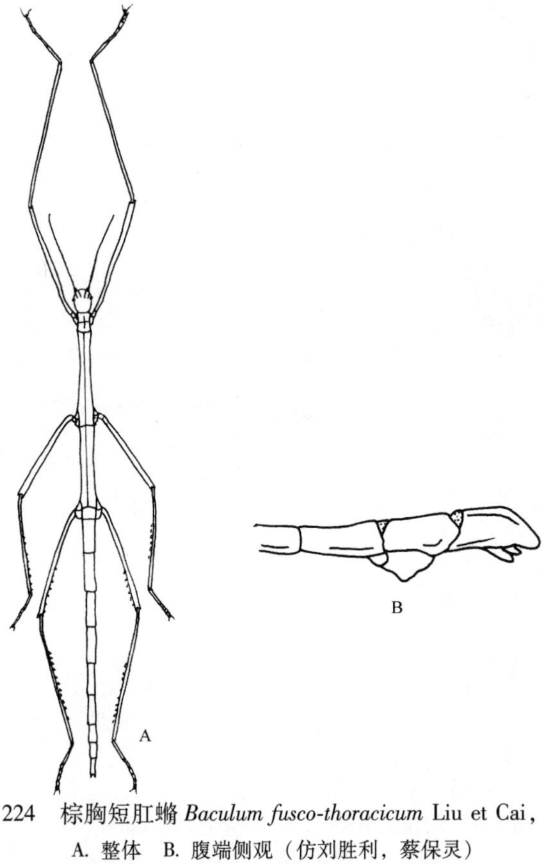

图224　棕胸短肛䗛 *Baculum fusco-thoracicum* Liu et Cai，♂

A. 整体　B. 腹端侧观（仿刘胜利，蔡保灵）

雄性：体长118mm。大型，光滑。体黄绿色，中、后胸背板，腹板中央红棕色。头椭圆形，光滑，触角稍粗壮，具细密毛，分节明显，14节，几乎伸达前腿节末端；眼间具1对粗刺，向前弯曲；头顶几乎不隆起，后头有5条短纵沟。胸光滑，前胸背板亚梯形，前部较窄缩，中央有1个十字形沟纹，横沟更明显，不伸达侧缘；中胸背板后端略加粗，中、后胸背板中央脊细而清楚；中节甚短，横宽，光滑。足细长，背面光滑，无明显棱脊；前股节腹面脊光滑，中、后股节腹面脊具短毛列，中、后胫节背面脊明显，光滑，腹面中央脊细锯齿状，后胫节侧脊近末端常有2小刺。腹部第2～7腹节近圆筒形，第8节后端至第9节增粗，臀节略侧扁，背面具宽脊，后端深裂，端钝，稍向下扩展，其内侧具短黑刺齿；腹部腹面具细微横皱，各腹节腹板近端缘有1宽横脊；下生殖板短而强烈隆起，中央脊呈纵片状，其后缘钝圆，双叶形，稍超过第9背板中央；尾须宽扁，具密短刚毛，其末端宽，平截，不伸达腹端。

雌性：未知。

体各部分长度（mm）：体长118.0；前胸背板3.6；中胸背板23.5；后胸背板（含中节）25.1；中节2.3；前足股节28.6；中足股节23.0；后足股节27.8。

分布：四川（泸定、新兴）。

216. 线纹短肛蟾 *Baculum lineatum* Liu et Cai, 1992（图225）

Baculum lineatum Liu et Cai, 1992, *Insects of the Hengduan Mountains Region*. 2: 60.

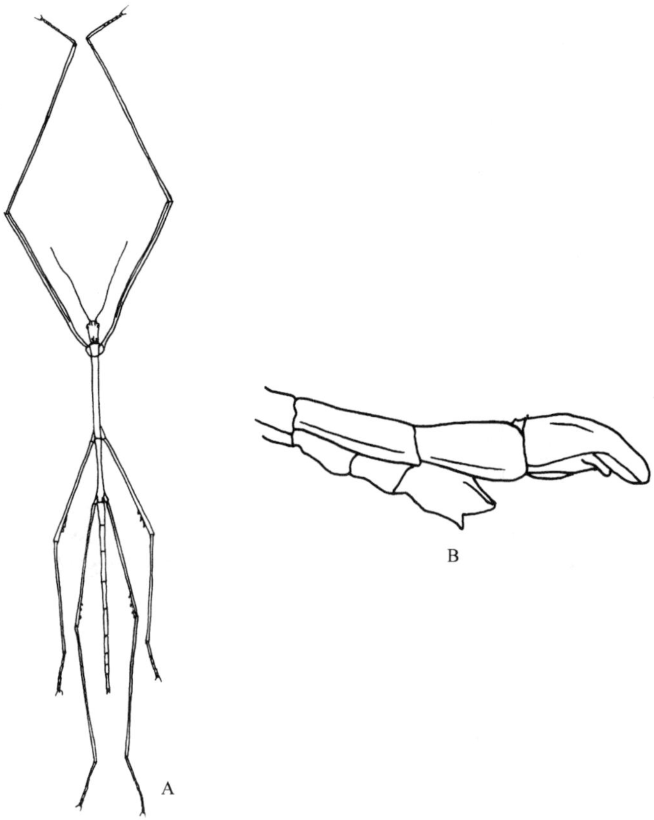

图225 线纹短肛蟾 *Baculum lineatum* Liu et Cai, ♂

A. 整体 B. 腹端侧观（仿刘胜利，蔡保灵）

雄性：体长 56mm。中型。体纤细而光滑。绿褐色，眼后有 1 纵带，中、后胸背板近侧缘有 1 条细带纹，棕黑色，在近后缘处常消失。头较延伸，光滑；触角分节明显，23 节，稍超过前股节中央；眼间几不隆起，无刺或脊；头顶较平滑，侧面中央微收缩，后头略增粗，背面有 3 条短纵脊，形成 4 个明显隆起。前胸背板长方形，中央具十字形沟纹，横脊不达侧缘；中、后胸背板有极细密横皱，中央脊明显；中节光滑，稍长于宽；前胸腹板梯形，腹板具光滑隆脊。足甚细长，前足光滑，中、后股节腹面中央脊末端有 3 ~4 个黑色齿，中、后胫节无齿突。腹部圆筒形，第 8 腹节侧扁，端部稍增粗，臀节延伸，基部具强隆脊，端部深裂，背面弧形，末端稍钝；下生殖板强烈隆起，屋脊状，中央有 1 显著角突，后端钝角形，不伸达第 9 腹节后缘；尾须甚短，稍向内弯曲，远不达腹端。

雌性：未知。

体各部分长度（mm）：体长 56. 0；前胸背板 2. 1；中胸背板 13. 6；后胸背板（含中节）10. 1；中节 1. 7；前足股节 24. 7；中足股节 16. 8；后足股节 20. 0。

分布：云南（大理点苍山）。

217. 畸股短肛蛸 *Baculum femoratum* Chen，1999（图 226）

Baculum femoratum Chen，1999，*Insects of the Mountains Funiu and Dabie Regions*. 9.

雌性：体长 80mm。中型。体光滑，体背具纵中脊。褐色。头宽卵形，体背具褐纹，中央与两侧具短纵沟；眼圆凸，眼间有角刺 1 对；触角远短于前足股节，分节明显，23 节，第 1 节扁宽，背面具纵脊，长小于宽的 2 倍。前胸背板近矩形，略短于头长，中央具十字形沟纹，横沟较深，位于中央稍前方，不达侧缘；中、后胸后侧稍增宽，后胸（含中节）短于中胸；中节长宽约相等，与前胸背板约等长。前足股节腹外脊 4 ~5 枚齿，中足股节黄褐相间，短于中胸，腹外脊近基部 2 ~3 枚齿，内脊 1 ~2 枚齿，腹中脊端部具 5 ~6 枚小齿的平钝小叶，胫节背脊具 1 ~2 枚齿，后足股节腹外脊 2 齿，腹中脊与胫节齿数与中足相仿。腹端 3 节较窄，屋脊形，其余各节粗度相仿，第 9 节长约为第 8 节的 1/2，臀节略长于第 9 节，后缘几呈截状；肛上板小，稍外露；腹瓣舟形，端较尖，稍超过腹端；尾须短，约伸达腹端。

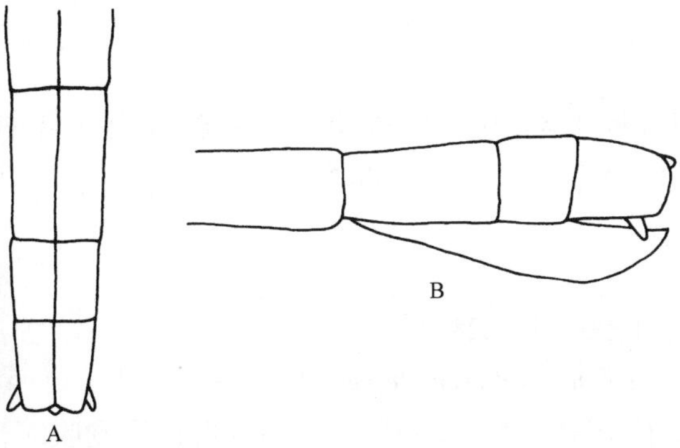

图 226　畸股短肛蛸 *Baculum femoratum* Chen，♀
A. 腹端背观　B. 腹端侧观

雄性：未知。

体各部分长度（mm）：体长 80. 0；前胸背板 3. 0；中胸背板 16. 8；后胸背板（含中节）13. 4；中节 3. 0；前足股节 24. 0；中足股节 15. 0；后足股节 18. 5。

分布：河南（内乡）。

218. 间齿短肛蛸 *Baculum interdentatum* Chen，1999（图 227）

Baculum interdentatum Chen，1999，*Insects of the Mountains Funiu and Dabie Regions*. 3.

雌性：体长 125mm。大型。体光滑。褐色，头与前胸背板浅褐色。头近似椭圆形，后侧收缩较直，背面较平坦，中央具白色细纵纹，眼后具粗细相间的褐纹；眼圆凸，眼间具粗刺 1 对；触角短，分节明显，15 节，基部 2 节色深，第 1 节长扁，第 2 节短，约为第 1 节长的 1/3。前胸背板梯形，中央具十字形沟纹，横沟近中央处，不达侧缘；中胸后侧与后胸两端稍增粗，中胸几乎与后胸（含中节）等长；中节横形。3 对足股节内外侧具纵列不规则椭圆形斑纹；前足股节背内脊 7～9枚齿，中足股节具浅斑纹，中、后足股节腹中脊端部 4～6 枚齿，胫节腹面内与中脊具成排小齿，第 1 跗节腹面具 8～9 枚小齿。腹部圆筒形，第 7 腹板后缘具尖中突；腹端 3 节屋脊状，臀节略长于第 9 节，远短于第 8 节，后缘中央角形凹入；肛上板小，具中脊，短于臀节端部；腹瓣舟形，具纵脊与侧脊，端尖，稍超过腹端；尾须扁锥形，超过腹瓣端部。

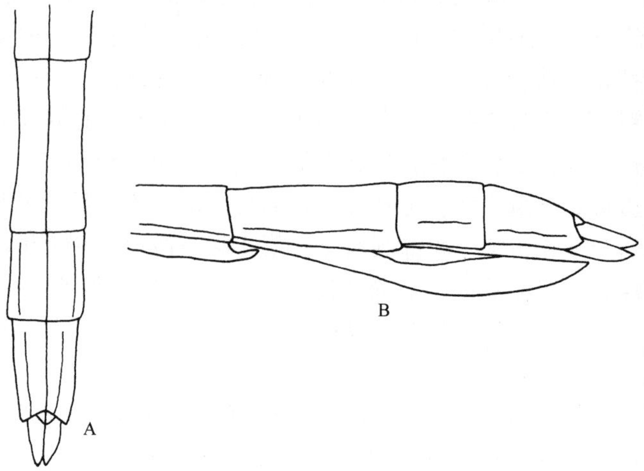

图 227 间齿短肛䗛 *Baculum interdentatum* Chen，♀
A. 腹端背观 B. 腹端侧观

雄性：未知。

体各部分长度（mm）：体长 125.0；前胸背板 5.2；中胸背板 26.5；后胸背板（含中节）26.0；中节 3.0；前足股节 38.0；中足股节 23.5；后足股节 26.5。

分布：河南（西峡老界岭、内乡宝天曼）。

219. 西峡短肛䗛 *Baculum xixiaense* Chen，1999（图 228）

Baculum xixiaense Chen，1999，*Insects of the Mountains Funiu and Dabie Regions*. 11.

雌性：体长 88mm。中型偏大。体光滑，背中央具纵脊。黄褐色。头椭圆形，后侧收缩，背中央具纵沟；眼圆凸，眼间具小角刺 1 对；触角短，分节明显，21 节，第 1 节长扁，背面具纵脊，长约为第 2 节的 4 倍。前胸背板近矩形，明显短于头部，背中央具十字形沟纹，横沟位于近中央，不达侧缘；中胸稍长于后胸（含中节）和中足股节，其后侧与后胸前后侧略增粗；中节长宽约相等。3 对足细长，前足股节腹外脊 4～5 枚齿，中、后足股节腹面内外脊近基处各具 1 齿，腹中脊近端部具较分散的齿 5～6 枚，胫节背腹面近端处具若干小刺。腹部圆筒形，端部 3 节收窄，屋脊状，第 8 节明显延长，臀节略长于第 9 节；肛上板小，不超过臀节；腹瓣舟形，近端部具纵脊，超过腹端；尾须圆锥形，略超过腹端。

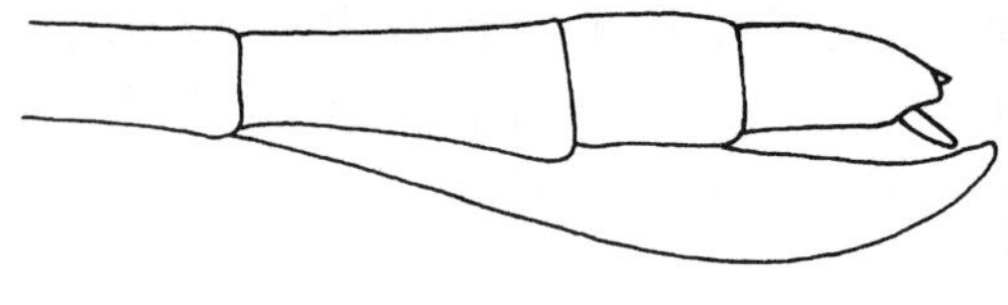
图 228 西峡短肛䗛 *Baculum xixiaense* Chen，♀
腹端侧观

雄性：未知。

体各部分长度（mm）：体长 88.0；前胸背板 3.0；中胸背板 18.0；后胸背板（含中节）16.0；中节 3.0；前足股节 26.0；中足股节

16.5；后足股节 19.0。

分布：河南（西峡）。

220. 短须短肛䗛 *Baculum brevicercatum* Chen，1999（图 229）

Baculum brevicercatum Chen，1999，*Insects of the Mountains Funiu and Dabie Regions.* 10.

雌性：体长 123mm。大型。光滑。体褐色，头与前胸背板色浅。头近似椭圆形，后侧收缩，背面不甚隆起；眼圆凸，眼后具宽褐纹，眼间具 1 对粗刺，中央具细白纹；触角短于前足股节，分节明显，15 节，第 1 节长扁，背面具纵脊，第 2 节短，约为第 1 节长的 1/3。前胸背板梯形，中央具十字形沟纹，横沟较短而弱，位于中央处；中胸后侧与后胸两端略粗，中胸略长于后胸（含中节）；中节横形。3 对足股节内外侧均具纵列近椭圆形斑，前足股节背内脊约具 12 枚黑齿，中足股节黄黑相间，略短于中胸背板，中、后足股节腹中脊具 1 纵列小齿，腹面内外脊近基处 1～2 枚齿，胫节腹内与中脊具成列小齿，第 1 跗节腹面具数枚小齿。腹部圆筒形，第 5 节往后渐窄，端部 3 节略侧扁，第 7 腹板后缘具尖形中突；臀节屋脊形，具纵脊，略长于第 9 节，远短于第 8 节，后缘中央具凹缘；肛上板小，不超过臀节侧后角；腹瓣舟形，具纵脊与侧脊，端尖，约伸达臀节端部；尾须短，扁锥形。

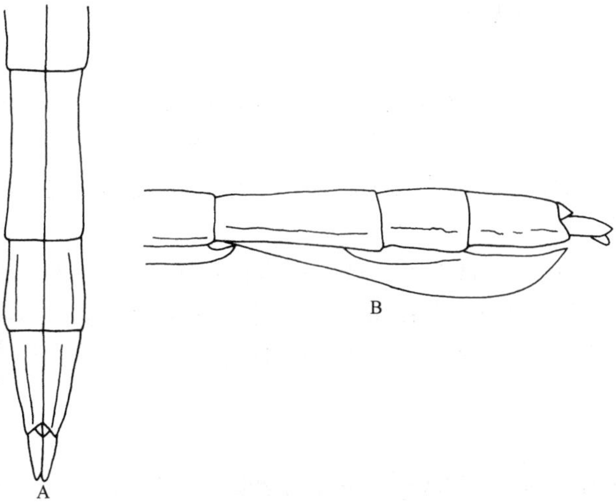

图 229 短须短肛䗛 *Baculum brevicercatum* Chen，♀
A. 腹端背观 B. 腹端侧观

雄性：未知。

体各部分长度（mm）：体长 123.0；前胸背板 5.0；中胸背板 24.5；后胸背板（含中节）23.0；中节 3.0；前足股节 40.0；中足股节 23.5；后足股节 28.0。

分布：河南（西峡老界岭）。

221. 蔡氏短肛䗛 *Baculum caii* Brock et Seow-Choen，2000（图 230）

Baculum caii Brock et Seow-Choen，2000，*Serangga.* 5（1）：139.

Baculum shenzhenense Chen et Chen，2000，*Acta Sci. Nat. Univ. Sunyatseni.* 39（6）：129～130. syn. nov.

雌性：体长 115～130mm。体大。杆状。体光滑，体背中央具细纵脊。黄褐色，眼间具黑纹。头亚卵形，后侧稍窄，后头具 3 条短纵沟；眼间具 1 对小圆窝，但无成对角刺；眼半球形；触角短于前足股节的 1/2，分节明显，25 节，第 1 节扁长，背面具纵脊，第 2 节柱形。前胸背板矩形，背中央具十字形沟纹，横沟约位于中央；中胸长于后胸（含中节），后侧加宽；中节约为后胸长的 1/4，1 对新月形凹窝位于近中央。3 对足细长，前股节背内脊自基部至端部 2/3 处有细齿 7 枚，腹外脊有 7～9 枚粗齿，中股节近基处内外腹脊各有 1 枚齿，后股节仅腹外脊具 1 枚小齿，腹中脊端部 6～7 枚小齿，胫节背腹脊近端处具少量小刺。

腹部圆筒形，第 8 节略短于后 2 节之和，臀节略长于第 9 节，端缘呈弧形凹入；肛上板半圆形，背面具中脊，略超过臀节端部；腹瓣舟形，稍超过腹端；尾须圆锥形，稍超过肛上板。

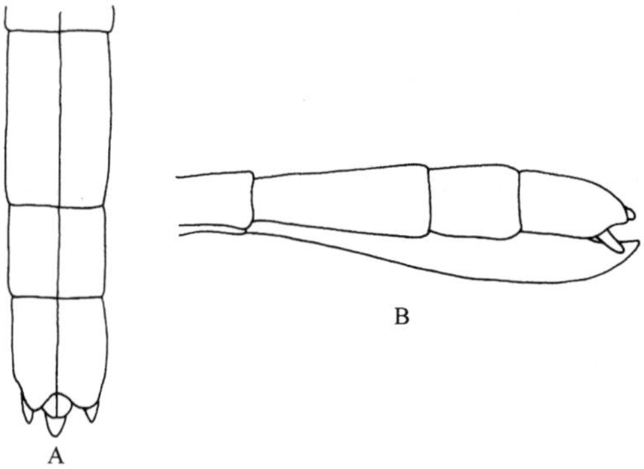

图 230 蔡氏短肛䗛 *Baculum caii* Brock et Seow-Choen，♀
A. 腹端背观 B. 腹端侧观

雄性：体长约 92～115mm。体较雌性细瘦。体大部为黑色与黄褐色，但头与前胸，触角基部 2 节，中、后足股节（端部除外）为黄色，腹端 3 节部分亦为黄色；中、后胸侧具浅纵线。3 对足细长，前股节远长于后股节，中、后股节端部腹中脊约 6～7 枚小齿；臀节开裂成两瓣，端背部几乎斜切；下生殖板端部较尖，伸达第 9 腹节端部；尾须略弯，不超过腹端。

体各部分长度（mm）：体长♀115.0～130.0，♂92.0～115.0；前胸背板♀3.5，♂3.0；中胸背板♀24.5～25.0，♂19.0；后胸背板♀17.0，♂13.0；前足股节♀44.0，♂44.0～50.0；中足股节♀28.0，♂31.0～33.0；后足股节♀32.0，♂35.0～38.5。

分布：香港，广东（深圳梧桐山）。

222. 聂拉木短肛䗛 *Baculum nyalamense* Chen，Shang et Pei，2000（图 231）

Baculum nyalamense Chen，Shang et Pei，2000，*Entomotaxonomia*.22（2）：98.

雌性：体长 110mm。体大，细杆状，光滑，无翅。体绿色，背中央具纵脊。头椭圆形，后侧较窄，与前胸背板约等宽，后头具 1 纵沟 2 侧沟，形成 4 个小瘤突；眼褐色，半球形，眼间有短钝角突 1 对；触角分节明显，约 24 节，约为前足股节长的 1/3，第 1 节椭圆形，具纵脊，第 2 节短柱形，约为第 1 节长的 1/4。前胸背板亚梯形，短于头部，中央具十字形沟纹，横沟不达侧缘，中胸窄并略长于后胸（含中节）；中节长宽约等，约为后胸长的 1/5。3 对足较长，仅中、后足腹中脊端部具 2 枚小齿，胫节端部具少量小刺；中足股节稍短于中胸背板，后足胫节略长于第 4 腹节，3 对足胫节腹中脊近基处扩展成薄片状。腹部圆筒形，腹端 3 节窄，呈屋脊状，第 8 节稍短于后 2 节之和，臀节长于第 9 节，后缘中央深凹，两侧端叶明显后伸；肛上板小，短于臀节端部；腹瓣舟形，端较尖，不超过腹端；尾须短柱形，略超过腹瓣端部。

雄性：未知。

体各部分长度（mm）：体长 110.0；前胸背板 3.6；中胸背板 21.5；后胸背板（含中节）18.5；中节 3.0；前足股节 29.0；中足股节 20.0；后足股节 26.0。

分布：西藏（聂拉木）。

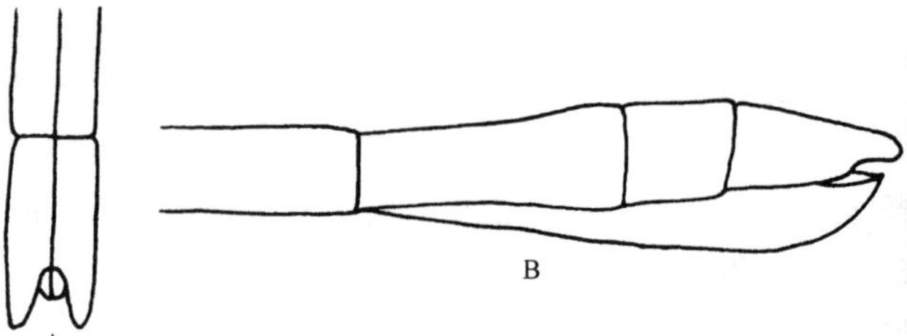

图 231 聂拉木短肛䗛 *Baculum nyalamense* Chen，Shang et Pei，♀
A. 腹端背观 B. 腹端侧观

223. 刺角短肛䗛 *Baculum spinicornum* Chen et He，2000（图 232）

Baculum spinicornum Chen et He，2000，*Acta Zootaxonomica Sinica.* 25（4）：396.

雄性：体长约 95 mm。体大。杆状。体黄褐色，眼后有 2 条褐纹。头与前胸披明显颗粒，体腹面颗粒稀且不规则。头宽卵形，略长于前胸背板，后头具 3 条纵沟，中央形成 2 个

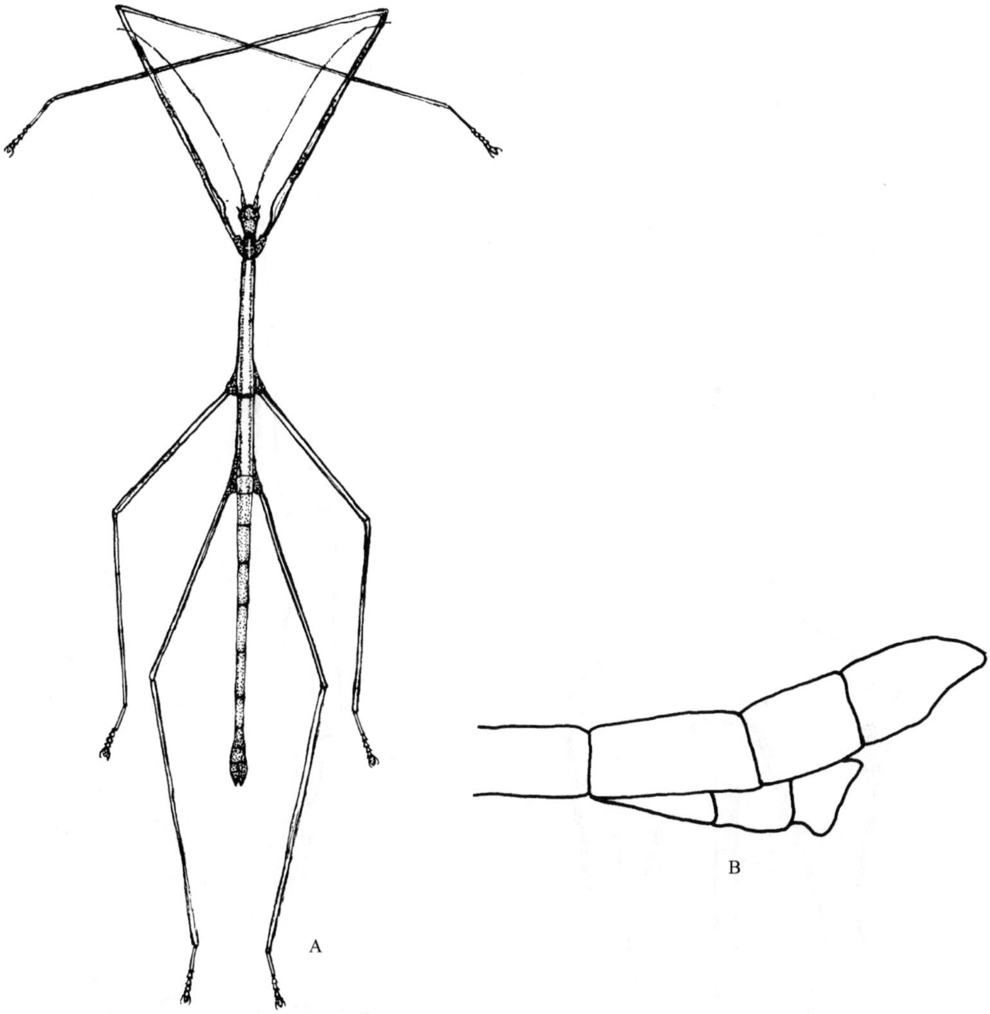

图 232　刺角短肛䗛 *Baculum spinicornum* Chen et He，♂

A. 整体　B. 腹端侧观

明显隆起，眼间具 2 个尖刺状角突；复眼半球形；触角远长于前足股节的 1/2，分节明显，24 节，除基部 2 节外，其余各节基部黄，端部褐色，第 1 节扁宽，第 2 节短柱形。前胸背板长方形，背中央具十字形沟纹，横沟不达侧缘；中、后胸侧方具 2 条深褐色纵带；中节长宽约等，1 对新月形凹窝位于中前方。3 对足细长，前足股节、胫节光滑无齿，脊上具整齐细毛；中、后足股节光滑、胫节脊上具均匀小刺。腹部细长，圆筒形，腹侧具 2 条褐纵带，端部 3 节加粗，第 2 ~7 节腹板后缘中部各具 2 突起；臀节与第 8 节约等长，端部开裂，背缘弧形斜切，内侧具小齿；下生殖板隆起，基部凹陷，具纵脊，不超过第 9 腹节端部；尾须圆

柱形，内弯，不超过腹端。

雌性：未知。

体各部分长度（mm）：体长 95.0；前胸背板 4.0；中胸背 23.0；后胸背板（含中节）15.6；中节 2.6；前足股节 47.0；中足股节 29.0；后足股节 36.0。

分布：广西（龙州、龙岗）。

224. 连县短肛䗛 *Baculum lianxianense* Chen，He et Chen，2000（图 233）

Baculum lianxianense Chen，He et Chen，2000，*Acta Sci. Nat. Univ. Sunyatseni.* 39（4）：128.

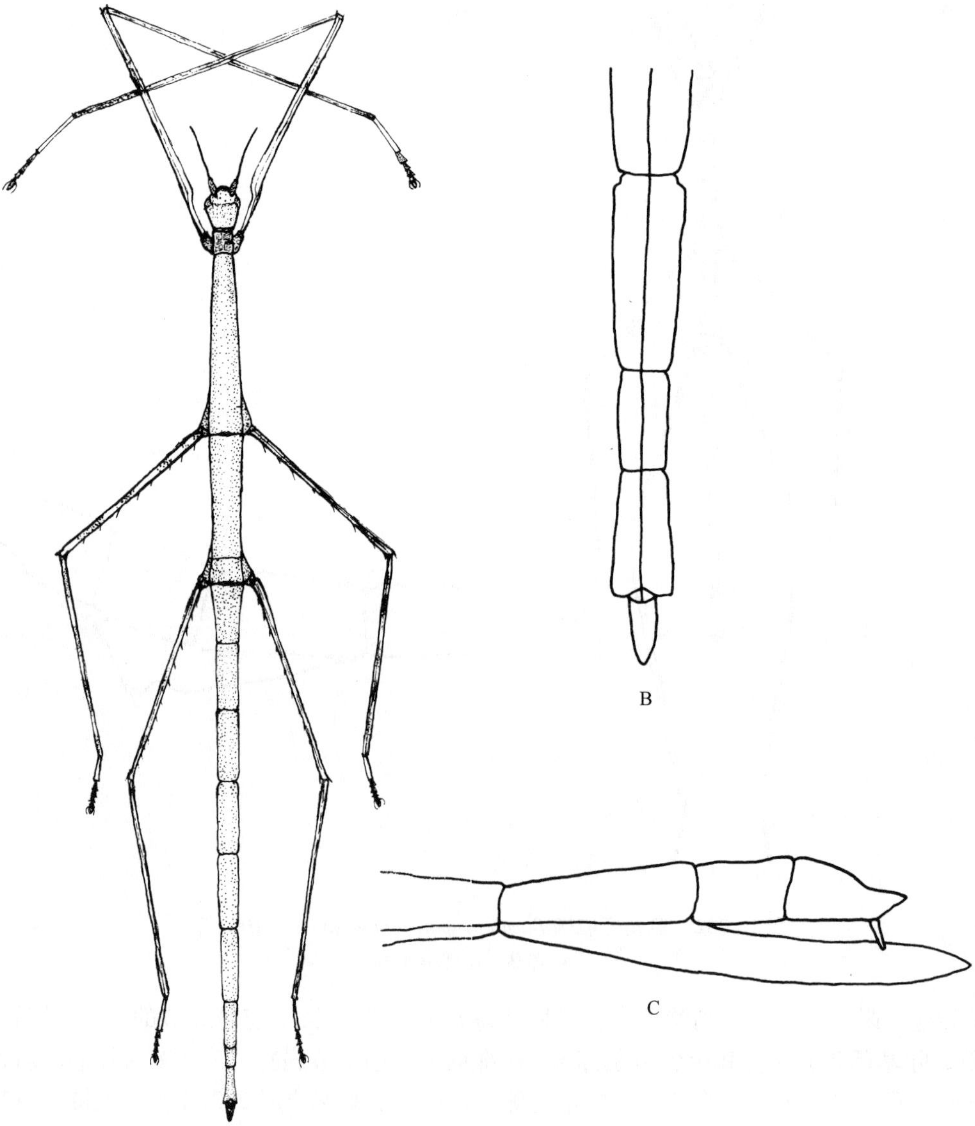

A B C

图 233 连县短肛䗛 *Baculum lianxianense* Chen，He et Chen，♀

A. 整体 B. 腹端背观 C. 腹端侧观

雌性：体长160mm左右。大型。体杆状且光滑。头与前胸黄褐色，两复眼间具1黄色宽横带。头宽卵形，背面隆起；眼圆凸；触角分节明显，24节，第1节扁宽，第2节短柱形。前胸背板长方形，短于头部，中央具十字形沟纹，横沟不达侧缘，沟后具2侧纵沟；胸与腹部背中央具纵脊，中、后胸后侧稍加宽；中节横形，1对新月形凹窝位于后方。3对足细长，各足股节内外侧具纵列较整齐的椭圆形斑，前足股节背内脊与腹外脊各具1列齿，中、后足股节腹内与外脊各具1列齿，腹中脊端部有5~7枚小齿的叶突，中足胫节背内脊近基部1/3处具3齿，腹内、中和外脊端部具2~4枚刺，胫节腹中脊基部成片状突起，后足胫节生齿刺情况与中足相似。腹部圆筒状，端部3节屋脊状，臀节长于第9节，短于第8节，后缘三角形凹入；肛上板半圆形，稍超过臀节；腹瓣舟形，端尖，远超过臀节；尾须圆柱状，端较尖，下伸。

雄性：未知。

体各部分长度（mm）：体长160.0；前胸背板4.4；中胸背板32.5；后胸背板（含中节）26.0；中节4.0；前足股节45.0；中足股节34.0；后足股节37.5。

分布：广东（连县大东山）。

225. 光泽短肛䗛 *Baculum politum* Chen et He，1997（图234）

Baculum politum Chen et He，1997，*Acta Zootaxonomica Sinica*. 22（1）：54.

雌性：体长121mm。体光滑亮泽。头与前胸及前、中足青褐色，余为褐色，头部有淡褐色纵纹。头前宽后窄，背部略隆起；眼圆突，眼间具淡色角刺1对；触角15节，短于前足股节的1/3，柄节扁长，长为宽的2倍，背面具宽脊；梗节短粗，短于柄节的1/3。前胸背板亚梯形，背中央具十字形沟纹，横沟位于中央稍后，不达边缘，横沟后有2条斜伸的侧沟；中胸至中节背中央具细纵脊；中胸背板后侧稍宽，略长于后胸加中节；后胸背板中央略收缩；中节横形，新月形凹陷不明显。前足股节长，背内脊近中央有4小齿；中、后足股节基部腹面内外脊各有1齿，腹中脊近端处有5~6小齿，胫节中下方具数列小刺。腹部光滑，第7腹板后缘中央有尖形中突1个；端部3节明显细缩，第8节最长，短于后两节之和，臀节稍长于第9腹节，具背脊，后缘稍内切，中央略凹入，端角钝；肛上板小，具背脊，略超过臀节侧端叶；腹瓣舟形，端稍尖，略超过腹端；尾须短柱形，端钝，明显长于肛上板。

雄性：体长122mm左右。细杆状。体光滑亮泽。体黄褐色，背纵脊不明显。头宽卵形，前宽后窄，具相间淡褐色与褐色条纹，背部略隆起；眼圆，外突，眼间光滑无角刺，但有一宽的淡褐色隆起，在隆起前后各有2个圆形凹窝；触角分节明显，14节。前胸背板长方形，背中央具十字形沟纹，横沟位于中央，不达边缘，横沟后有两条斜伸的侧沟，中胸背板后侧稍宽，略短于后胸背板加中节；中节横形，新月形凹窝不明显。前足股节背内脊基部1/2处具3~5齿，中、后足股节腹内、中、外脊上各有1列极小的齿，中、后足胫节腹内脊及中脊各具1列小刺齿，第1跗节腹面也具几枚刺。腹部细长，第8腹节后端与第9腹节加宽，臀节长于前节，但短于第8腹节，臀节端部开裂，内侧具黑色小齿，背面几乎平截，端缘斜切；下生殖板隆起，中央角脊状，背面具脊，端部开裂，圆钝，略隆起，略超过第9腹节末端；尾须长，圆柱状，端部圆钝，内弯，斜下伸，披短茸毛。

体各部分长度（mm）：体长♀121.0，♂122.0；前胸背板♀4.0，♂4.2；中胸背板♀25.0，♂25.0；后胸背板（含中节）♀23.5，♂26.0；中节♀2.4，♂2.4；前足股节

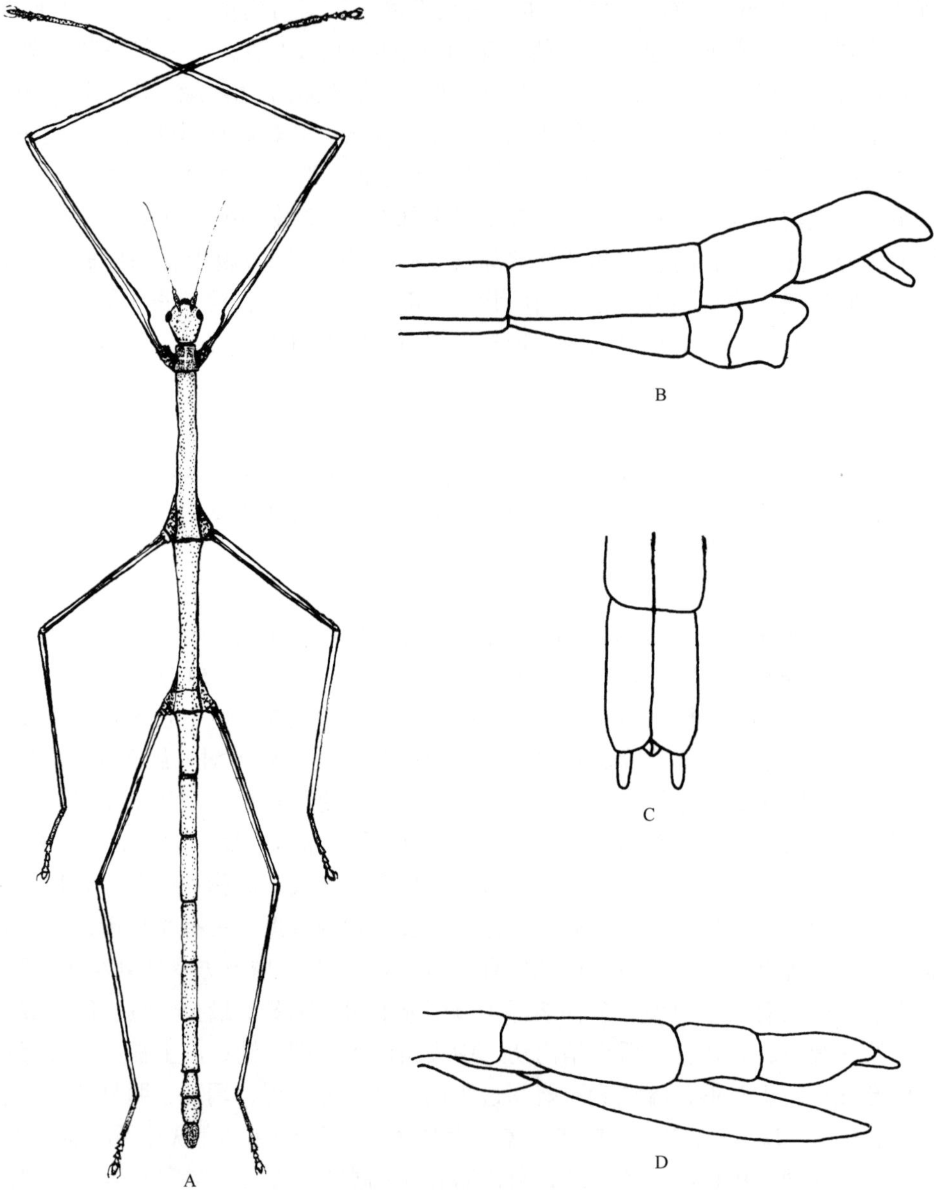

图 234 光泽短肛䗛 *Baculum politum* Chen et He，♀♂

A. 雄性整体 B. 雄性腹端侧观 C. 雌性腹端背观 D. 雌性腹端侧观

♀35. 5，♂36. 5；中足股节♀21. 0，♂23. 5；后足股节♀24. 5，♂27. 0；腹部♀63. 3；腹瓣♀9. 0。

卵：长 2. 33 mm，宽 1. 03 mm，高 1. 50mm。桶形，表面光滑，有光泽，黄褐色。具一柄盘状假球端，黄色，其与卵盖连接处有许多皱褶，皱褶下为黑色隆起，卵孔板长牡蛎形，约为卵长的 2/3，位于卵背中上部，卵孔位于卵孔板中后方，卵孔杯不明显，卵孔上方有一瘤突。中线明显，细长，未伸达后端。

分布：四川（汶川）、云南（元谋）。

226. 华蓥短肛䗛 *Baculum huayingense* Chen et He, 1997（图 235）

Baculum huayingense Chen et He, 1997, *Acta Zootaxonomica Sinica*. 22 (1): 55.

雌性：体长 89mm。中型。体光滑，披稀疏短毛。褐色。头略长于前胸，背面稍隆起，有 5 条纵沟；眼间有 1 对黑色角刺和 1 条黑纹；复眼半球形；触角柄节扁宽，背面有宽中脊，梗节短柱形，短于柄节长的 1/3。前胸背板长略大于宽，后缘浅弧形，中央具十字形沟纹，横沟短，不达侧缘；中胸明显长于后胸与中节之和，具背中脊；中节长宽约等，与前胸背板等长，约为后胸背板的 1/4。前股节腹外脊有 5～6 枚宽齿，背内脊少数小齿，腹中脊无明显齿，胫节基部处背脊有 1 枚齿；中股节短，基部腹面内、外脊具叶突，端部腹中脊具数齿，胫节基部腹中脊狭片状，基部腹内脊 1 粗齿，背内脊 3 粗齿；后足长于中足，除胫节基部背内脊有 2 枚粗齿与端部背脊有 1～2 枚刺外，其余生齿情况似中足。腹部圆筒形，第 2 节稍短，第 3～7 节较长、端部 3 节中，第 8 腹节略短于后 2 节之和，臀节具背脊，稍长于第 9 节，后缘几乎截形，中央略成三角形凹缘，背板侧角钝；肛上板小，具背脊；腹瓣舟形，端钝，端背中央具脊；尾须柱形，端部略窄，不超过腹端。

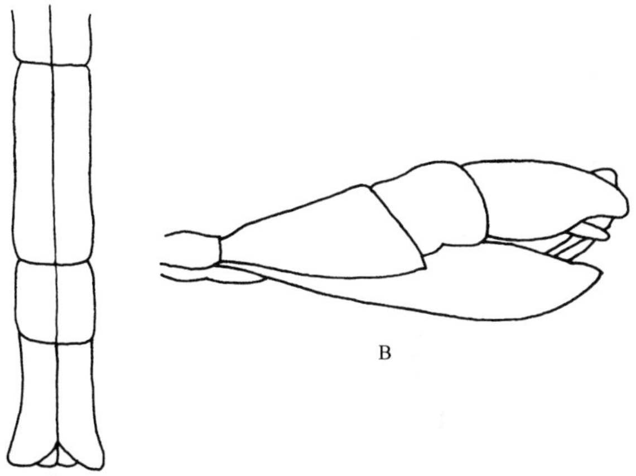

图 235　华蓥短肛䗛 *Baculum huayingense* Chen et He, ♀
A. 腹端背观　B. 腹端侧观

雄性：未知。

体各部分长度（mm）：体长 89.0；前胸背板 3.0；中胸背板 17.4；后胸背板（含中节）11.0；中节 3.0；前足股节 26.5；中足股节 15.5；后足股节 20.5。

卵：长 3.84mm，宽 0.57mm，高 1.26mm。长扁形，密披细颗粒，黄褐色，其间散布褐色卵毛，卵盖平，边缘明显，周围具刺片状突起，卵背中央具纵隆脊，两侧具纵隆线。卵孔板微凹，牡蛎形，位于卵背中部略靠下，约为卵长的 1/4，卵孔位于卵孔板下缘，卵孔杯成脊片状突出，卵孔上方成 1 纵隆脊。中线不明显，极短。卵腹中央具纵隆起。

分布：四川（华蓥）。

227. 白水江短肛䗛 *Baculum baishuijiangense* (Chen et He, 1992) comb. nov.（图 236）

Macellina baishuijiangia Chen, 1992, *Acta Ent. Sinica*. 35 (1): 72.

雄性：体长 76mm。细长形，体较匀称。体披稀疏细毛，具有丝绢光泽。体褐色，头浅黄色，复眼褐色，口须浅褐色，触角除基部两节为褐色外，其余为浅褐色，前胸背板 2 条横线与纵线处为灰白色，3 对足除基节、转节为褐色外，其余为绿或浅褐色。头较长，前宽后窄，略长于前胸背板，头顶较平，近前胸背板前缘稍隆起，颜面略向前倾；复眼圆形，突出，两复眼间有刺 1 对；触角丝状，约为前足股节之半，分节明显，共 14 节，柄节长，稍扁，背中央隆起，梗节短柱形，约为柄节长的 1/3，端节稍宽大。前胸背板长方形，略凹下，窄于头的基部，前缘两侧有不规则凹槽，背中线明显，前缘处与中央各有 1 横线；中胸

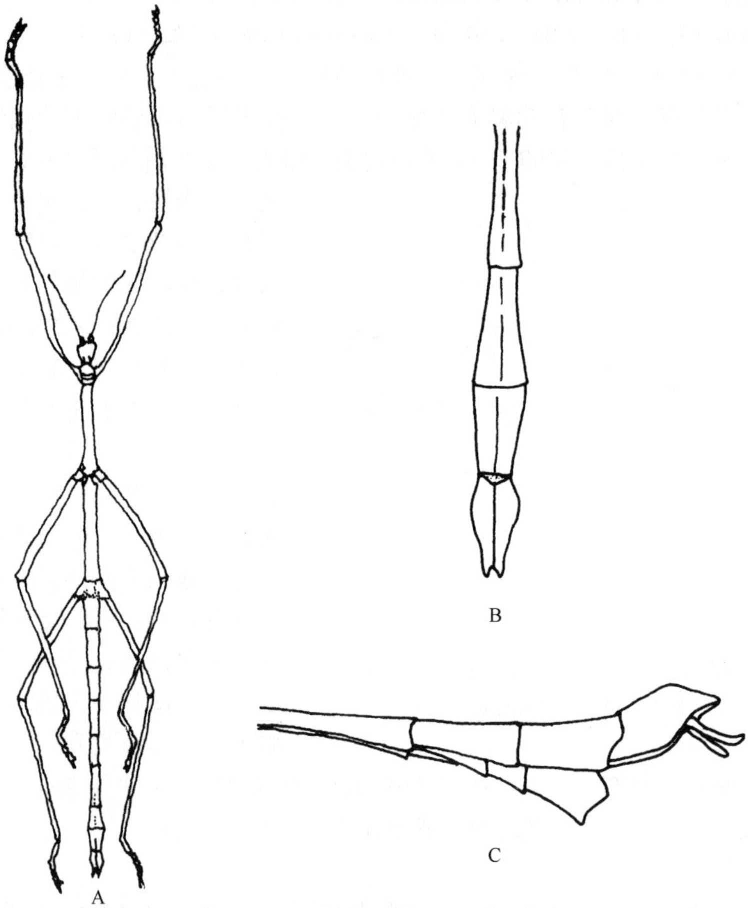

图 236 白水江短肛䗛 *Baculum baishuijiangense* Chen et He，♂
A. 整体 B. 腹端背观 C. 腹端侧观

背板长形，后端稍宽，其长度超过前胸背板的 5 倍，后胸背板加中节约与中胸背板等长；中节短，横形。3 对足细长，无齿，披细毛，前足股节稍短于中胸和后胸之和，其长为中胸背板的 1.8 倍，胫节细长，稍长于股节，中足股节微弯，约等于前胸和中胸之和，胫节稍长于股节，内侧有细刺 3 ~4 枚，第 1 跗节长于其余跗节之和；后足股节短于前 5 个腹节之和，胫节短于股节与第 1 腹节之和，内侧有细刺 4 ~5 枚。腹部 2 ~7 节明显延长，第 8 腹节后缘较宽，约为第 7 腹节的 2/3，第 9 腹节略短于第 8 腹节，臀节明显短于第 9 腹节，呈拱形，端部斜切，近中央有纵脊；下生殖板端宽，有裂口，呈截形，不超过第 9 腹节端缘；尾须略扁，密披细毛，斜伸于下后方，稍超过腹端。

雌性：未知。

体各部分长度（mm）：体长 76.0；前胸背板 2.9；中胸背板 16.0；后胸背板（含中节）15.0；中节 1.8；前足股节 34.8；中足股节 19.0；后足股节 23.0；腹部 43.5。

分布：甘肃（白水江自然保护区）。

228. 歪角短肛蛸 *Baculum obliquum* Chen et He，1995（图 237）

Baculum obliquum Chen et He，1995，*Acta Ent. Sinica*. 38（4）：346.

雌性：体长约 183 mm。体大。褐色。头宽，长于前胸，背面略拱起，头顶至后头有 1 纵沟；眼间有 1 对斜向前侧的角突，角突及其间横纹深褐色；眼圆，外突，长约为其后至头后缘的 1/3；触角短于前足股节之半，柄节扁长，基窄端稍加厚，端背略凸，梗节圆柱形，约为柄节长的 1/3，但短于鞭部第 1 节。前胸背板近似长方形，前缘与前侧缘略凹，有纵中沟，横沟位于中央，略成弧形，沟后有 1 对斜向外侧的浅纵沟；中胸背板长，后侧较宽，长约为前胸背板的 7.8 倍，后胸背板中央部分稍凹，后胸背板加中节约为中胸背板长的 1/3，中、后胸与中节具背中脊，至中节前脊中断；中节长宽约等，无明显新月形凹窝。3 对足长，前股节远长于中、后股节，背内脊与下外脊各具 1 列齿，胫节长于股节，腹外脊中下处生有细齿数枚，中股节稍短于后股节，下沿内外脊各有 1 列齿，下沿中脊端部具 4 ~ 5 枚齿的钝叶，胫节下沿内外脊各具 1 列细齿，胫节内上脊近端处具小齿 2 ~ 3 枚，下中脊中下部具数枚小齿。腹部远长于头、胸部之和，具背中脊，以第 5 节为最长，第 4 节、第 6 节与第 7 节次之，约等长；腹端 3 节中以第 8 节为最长，第 10 节（臀节）略长于第 9 节，第 9 与 10 节之和长于第 8 节，第 10 节屋脊形，后缘深凹，两侧端叶宽圆；肛上板小，背中脊明显，后缘弧形，约与侧端叶等长；腹瓣长舟形，端部尖矛形，远超过肛上板；尾须短柱形，端稍尖，超过肛上板。

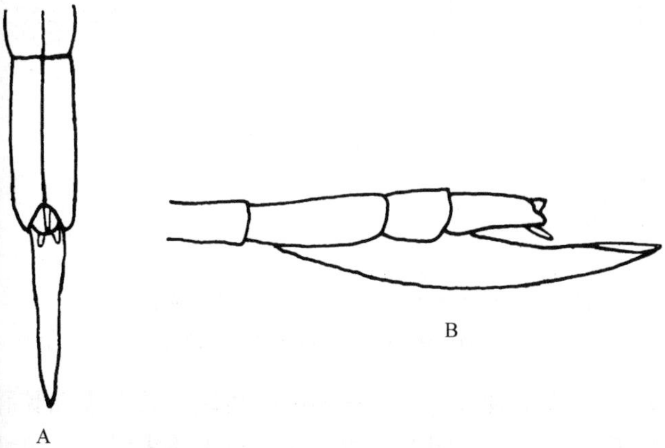

图 237 歪角短肛蛸 *Baculum obliquum* Chen et He，♀
A. 腹端背观 B. 腹端侧观

雄性：未知。

体各部分长度（mm）：体长 182.6；前胸背板 4.6；中胸背板 35.8；后胸背板（含中节）27.4；中节 4.4；前足股节 49.0；中足股节 36.5；后足股节 38.0；腹部 98.6；腹瓣 25.4。

卵：长 5.18mm，宽 1.19mm，高 2.0mm。长扁形，密披细颗粒，黄褐色，背、腹面黄色。卵盖上方具僧帽似的褐黄色突起，长 1.68mm，卵孔板上方中央隆起，两侧深凹，并具弧形脊线，卵孔板椭圆形，约为卵长的 1/4，位于卵背上半部，卵孔位于卵孔板的下缘，卵孔杯成脊片状突起，卵孔上方纵隆起。中线明显，成脊状隆起，伸达极区。中线两侧有多个瘤突，腹中脊隆起，与中线相对的位置也具隆脊与瘤突。

分布：广西（龙胜）、贵州（茂兰）。

229. 匙瓣短肛蛸 *Baculum spatulatum* Bi，1992（图 238）

Baculum spatulatum Bi，1992，*Insects of Wuling Mountains Area* . 68.

雌性：体长 96 ~ 100mm。体平滑。褐色。头短卵形，略长于前胸背板；复眼半球形，眼间具 1 对较大圆锥形刺；触角短于前股节，分节明显，23 节，基节大，扁椭圆形，长为宽的 2 倍，其长为第 2 节的 2.5 倍，第 2 节与第 3 节等长，但第 2 节较粗，端节较长，为第 2 节的

2倍，中段各节都较短。前胸背板较平滑，长方形，其长略大于宽，后端较宽，前缘略呈波形，后缘较平直，前横沟近前缘，较深切，伸至两侧边缘，中横沟位于中部之前，较浅，不伸至侧缘，中隆线向前至前横沟，被中横沟隔断，向后未伸至后缘；中胸较长，前窄后略宽，其长为前胸背板的5倍以上；背面具1条细纵沟；后胸为扁筒形，前、后端等宽，背面亦具1条细纵沟；后胸略短于中胸；中节长短于其宽。足较粗短，前足股节基部较弯曲，其长略短于胫节，其背侧与腹侧中隆线均具有稀少的齿；中足和后足股节均短于前足股节，在其腹侧中隆线端具数个齿和其胫节腹侧基部中隆线处具有1个弧形扩大的基片，无齿。腹部向后趋窄，具1条中纵沟，腹部第2节短于第3节，由此类推，第5节短于第6节，第7节则短于第6节，第9节、第10节更短，第9节短于或等于第10节，第9、10节之和约等于第8节长，最后3节具1条中隆线，略翘起；第10节背板后缘中央具小三角形凹入；肛上板明显伸出一点，与第10节后缘形成平切直线；腹瓣为长匙状，顶端较圆钝；尾须圆锥形，较短，不超出第9节背板后缘。

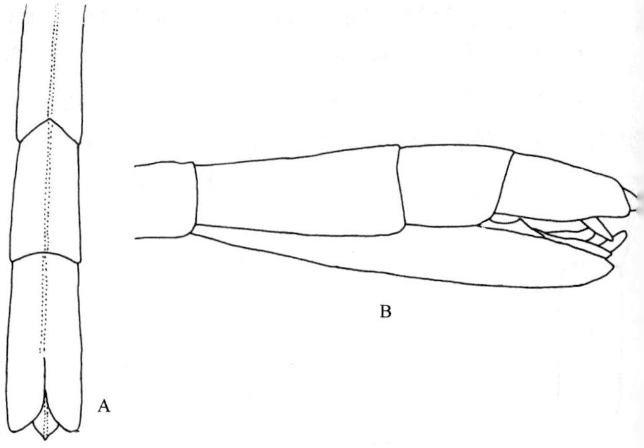

图238 匙瓣短肛䗛 *Baculum spatulatum* Bi，♀
A. 腹端背观 B. 腹端侧观（仿毕道英）

雄性：未知。

体各部分长度(mm)：体长96.0～100.0；前胸背板3.5；中胸背板20.0；后胸背板(含中节)17.0；中节3.2～4.0；前足股节34.5～37.0；中足股节21.0～23.5；后足股节26.5～27.0。

分布：贵州（江口梵净山），湖南（慈利）。

230. 隐脊短肛䗛 *Baculum asaphum* Chen et He，1992（图239）

Baculum asaphum Chen et He，1992，*Iconography of Forest Insects in Hunan.* 46.

雌性：体长85mm。体光滑。黄褐色。头宽卵形，光滑无角突；复眼褐色，圆形并外突，其长约为其后至头后缘的1/5；触角短于前足股节的1/3，第1节扁宽，长约为宽的2倍，背中有宽脊，第2节柱形，短于第1节的1/2。前胸背板长方形，中央稍前方两侧处略凹入，具中纵沟与横沟，横沟位于中央，中胸披疏毛，两侧几乎平行，长于后胸加中节之和，中、后胸背中脊不明显；中节长略大于宽，半月形凹窝位于中央稍后方。前足内沿背脊线近基部有细齿2枚，下沿外侧

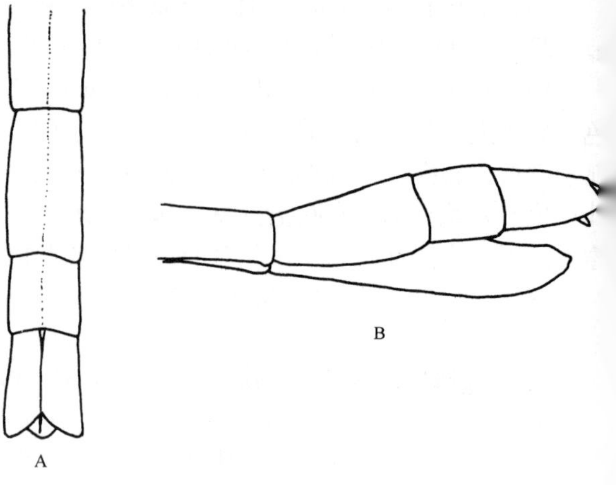

图239 隐脊短肛䗛 *Baculum asaphum* Chen et He，♀
A. 腹端背观 B. 腹端侧观

中央有齿 4 ~5 枚，中足股节端内中脊有小齿 4 ~5 枚，后足相同部位也有同样齿数，胫节端部和跗节褐绿色。腹部明显长于头、胸部之和，腹部各节中以第 5 节最长，第 9 背板约为第 8 背板的 1/2；第 7 腹板后缘的中突不明显；臀节长于第 9 节，其后缘中央凹入呈三角形，两侧斜切，具背中沟；肛上板略成三角形，约与臀节两侧叶等长，具背中脊；腹瓣舟形，超过臀节，近端部有背中脊；尾须短，稍外露。

雄性：未知。

体各部分长度（mm）：体长 85. 0；前胸背板 3. 2；中胸背板 19. 2；后胸背板（含中节）16. 0；中节 3. 8；前足股节 30. 0；中足股节 19. 5；后足股节 22. 5。

分布：湖南。

231. 疏齿短肛䗛 *Baculum sparsidentatum* Chen et He，1992（图 240）

Baculum sparsidentatum Chen et He，1992，*Iconography of Forest Insects in Hunan* . 46.

雌性：体长 92mm。头宽卵圆形，长于前胸，眼间有 1 对较短钝角突；复眼圆形外突，褐色，稍长于其后至头后缘的 1/3；触角长约为前足股节的 1/3，第 1 节扁宽，宽约为长的 1/2，第 2 节柱形，约为第 1 节长的 1/3。前胸背板具中纵沟与横沟，横沟位于中央，中、后胸两侧平行，近后端略加宽，背中脊极细，中胸背板长于后胸加中节之和；中节长宽约等，半月形凹窝位于中央。前足股节长于前胸加中胸之和，无齿列，中足股节约与后胸加中节等长，后股节约与前股节等长，后股节下沿近基部外侧有 1 齿，中、后足股节端内脊有数枚细齿。腹部长于头、胸部之和，以第 5 节最长，第 6 节与第 7 节约等长，第 7 腹板后缘无中突；第 8 节短于第 7 节，第 9 节最短，约为第 8 节长的 1/2，臀节稍长于第 9 节，屋脊形，有背中脊，后缘中央凹入，两侧斜切成三角形；肛上板后缘略成弧形，有背中脊，略短于臀节侧叶；腹瓣舟形，近端部具背中脊；尾须后伸，不超过臀节侧叶。

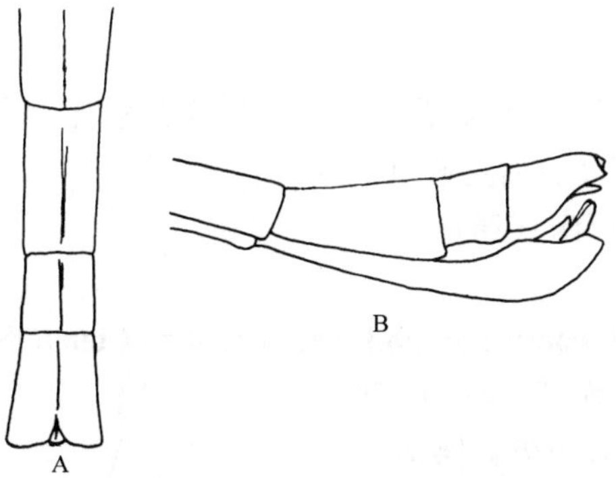

图 240 疏齿短肛䗛 *Baculum sparsidentatum* Chen et He，♀
A. 腹端背观 B. 腹端侧观

雄性：未知。

体各部分长度（mm）：体长 92. 0；前胸背板 2. 6；中胸背板 19. 0；后胸背板（含中节）15. 0；中节 2. 8；前足股节 25. 5；中足股节 16. 0；后足股节 24. 5。

分布：湖南。

232. 圆粒短肛䗛 *Baculum rotundum* Chen et He，1992（图 241）

Baculum rotundum Chen et He，1992，*Iconography of Forest Insects in Hunan* . 44.

雌性：体长 99mm。体黄褐色。全身密披圆形颗粒，但至腹部第 4 节后变稀，中胸至腹末有极细的背中脊，背中脊在中节前不远处至中节部分消失。头宽卵形，前宽后窄，无角突；眼褐色，圆形外突，约为其后至头后缘的 1/3. 5；触角第 1 节扁宽，长约为宽的 2. 5

倍，其上披稀颗粒和中脊，第 2 节短柱形。前胸背板长大于宽，前半部较窄，具中纵沟与横沟，横沟位于中央处，但不伸达两侧缘，横沟前后各有 2 条侧纵沟，但不相接，横沟后的两条呈“八”字形；中胸长于后胸加中节；后胸长约为中胸的 3/5；中节长宽略等，半月形凹窝位于中央处。中足股节略短于中胸背板，近基部下沿两侧加宽，并各具 1 小刺，上沿内外脊均具 1 排小齿，端内中脊有具 3～4 齿的扁叶突，胫节上沿内侧近端部具齿 2 枚；后股节长于中股节，上下沿内脊线均有 1 列稀疏齿列，股节端内中脊上有具 3～4 齿的扁叶突。腹部长于头、胸部之和，各腹节中以第 5 节最长，第 4 节与第 6 节约等长；第 7 腹板后缘中央具大而明显中突；端部 3 节中以第 8 节最长，第 9 节短于第 8 节的 1/2；臀节略长于第 9 节，后缘三角形内凹，两侧叶平截；肛上板约与两侧叶等长，臀节与肛上板均有明显背中脊；腹瓣舟形，与腹端 3 节等长，两侧及端部中央有脊；尾须短，稍外露。

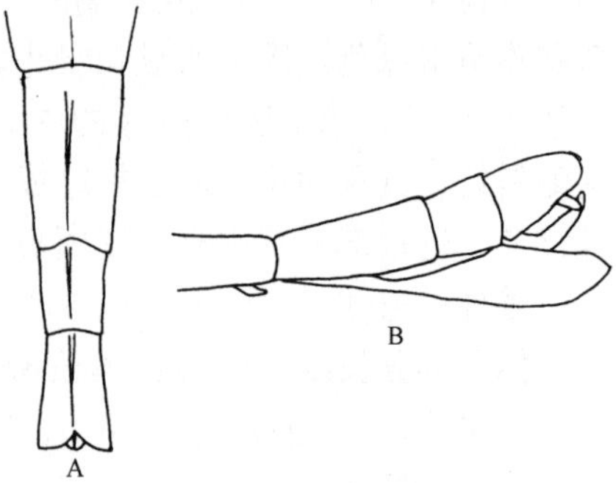

图 241 圆粒短肛䗛 *Baculum rotundum* Chen et He，♀
A. 腹端背观 B. 腹端侧观

雄性：未知。

体各部分长度（mm）：体长 99.0；前胸背板 3.2；中胸背板 19.4；后胸背板（含中节）15.2；中节 3.2；前足股节（缺失）；中足股节 17.5；后足股节 23.0。

分布：湖南、广西（上思），广东（清新），海南（通什）。

233. 硕短肛䗛 *Baculum arrogans* (Brunner, 1907) comb. nov. and new record to China（图 242）

Cuniculina arrogans Brunner, 1907, *Die Insektenfamilie der Phasmiden*. 204.

雌性：体长 135～176mm。头顶两眼间具 1 对角突。胸部光滑。前足股节远长于中、后足股节，其上下沿各有 1 列齿；中足股节基部下沿有 2 叶突，中、后足股节下端中脊上有 2～3 齿，中足胫节基部 1/3 处上沿有 2 个半圆形大叶突，下沿有 1 叶突，后足胫节基部 1/3 处有 2 叶突、下端有齿。臀节端部有凹缘，肛上板三角形；腹瓣舟形，非屋脊状。

体各部分长度（mm）：体长 135.0～176.0；中胸背板 25.0；后胸背板（含中节）23.0；中节 4.0；前足股节 34.0；中足股节 25.0；后足股节 28.0。

雄性：体长 112mm。体深褐至黑色，头栗色。眼间有 2 小角突，角突明显小于雌虫，角突与眼间为橘色；复眼大，圆形外突，眼大于其后至头后缘的 1/3；触角黑色，略短于前股节，第 1 节宽约为长的 1/3，第 2 节长约为第 1 节的 1/3。前胸背板浅褐色，短于头部，具纵沟及横沟，横沟位于中央，色浅；中、后胸光滑，中胸略长于后胸加中节之和，后端略宽；后胸背板两侧具黄色纵线，两端略宽；中节长大于宽，约为后胸背

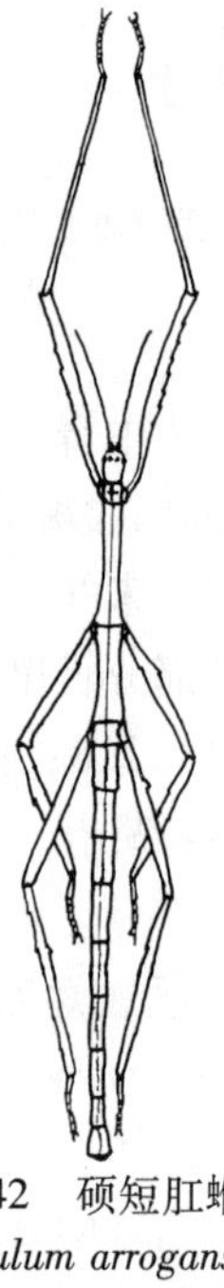

图 242 硕短肛䗛 *Baculum arrogans* (Brunner)，♀整体

板长的1/6，背中无脊，半月形凹窝位于前方。3对足细长，前股节远长于中、后足股节，中、后足股节下端内中脊具小齿3~4枚。腹部远长于头、胸部之和，以第5节为最长，第6节次之；腹端3节以臀节为最长，第8节略短；臀节分裂成两叶，端部1/3处收缩，下缘向上凹入，内缘具黑色小齿多枚；下生殖板端部钝，稍超过第8节后缘；尾须后伸，不超过臀节。

分布：湖南（宜章）；印度。

234. 黄线短肛蛸 *Baculum lineaticeps*(Brunner,1907) comb. nov. and new record to China

Clitumnus lineaticeps Brunner, 1907, *Die Insektenfamilie der Phasmiden.* 192.

雄性：体长61~69mm。体较小。褐色。头长，略平坦，眼后每侧有黄线直伸达前胸背板；触角稍长于前足股节的1/2。足细长，中股节长于前胸背板加中胸之和，中、后足股节下沿端部具3~4枚齿的窄形叶突。臀节端缘呈圆形。

雌性：未知。

体各部分长度（mm）：体长61.0~69.0；中胸背板15.0；后胸背板（含中节）13.0；中节2.5；前足股节30.0；中足股节21.0；后足股节27.0。

分布：湖南（道县）；斯里兰卡。

235. 泰短肛蛸 *Baculum thaii* Hausleithner, 1985, new record to China（图243）

Baculum thaii Hausleithner, 1985, *Ent. Z.*, 95 (15): 216.

雌性：体长105~138 mm。体大。黄绿至深褐色。头长卵形，至前胸处收缩；复眼小，圆而外突；眼间有1对扁形似鼠耳的角突；触角约为前足股节的一半或略短；第1节扁宽，背中央有宽脊，第2节较粗，第3节略长于第2节。前胸具纵中沟与横沟，中、后胸披短刚毛和极少量颗粒突，有背中脊；中胸略长于后胸加中节之和。前、后足股节均长于中足股节；各足均披整齐的毛；前足股节上下沿各具1排齿；中足股节基部上沿与下沿两侧均具扁叶突，胫节基部上沿与下沿内侧具叶突；后足股、胫节基部叶突明显小于中足上的叶突；各足第1附节长于其余4节之和。腹部明显长于头、胸之和，基部3节有少数颗粒突；端部3节以第8节最长，臀节次之，第9节最短，臀节背中央具纵沟，端缘略凹；肛上板不明显；腹瓣舟形，端部略尖，约与腹端3节等长，端部有中脊，产卵器稍外露；尾须短，斜向后方。

雄性：体长73~108 mm。体较雌性细瘦。前胸具纵中沟与横沟；中胸背板较长于后胸背板（含中节）。3对足细长，前足股节远长于中、后足股节。腹部长于头、胸部之和，腹端3节膨大，臀节分裂为两叶，下生殖板隆起。

体各部分长度（mm）：体长♀105.0~138.0，♂73.0~108.0；前胸背板♀3.0，♂3.0；中胸背板♀20.0~24.0，♂17.0~18.0；后胸背板（含中节）♀19.0~21.0，♂15.0~17.0；前足股节♀30.0~40.0，♂32.0~45.0；中足股节♀21.0~24.0，♂23.0~24.0；后足股节♀26.0~30.0，♂25.0~28.0。

分布：湖南（江永）；泰国。

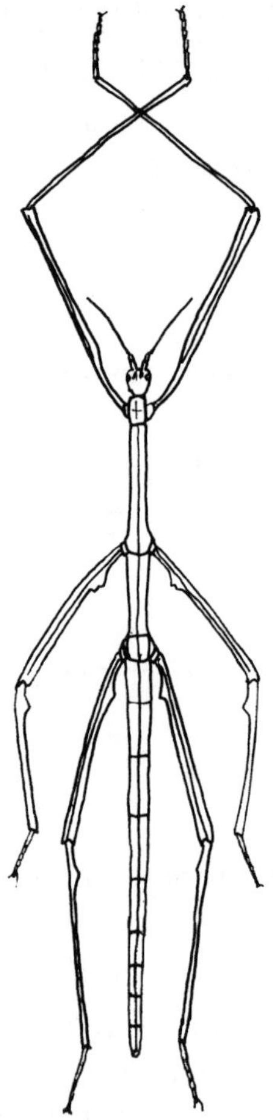

图 243　泰短肛䗛 *Baculum thaii* Hausleithner，♀整体

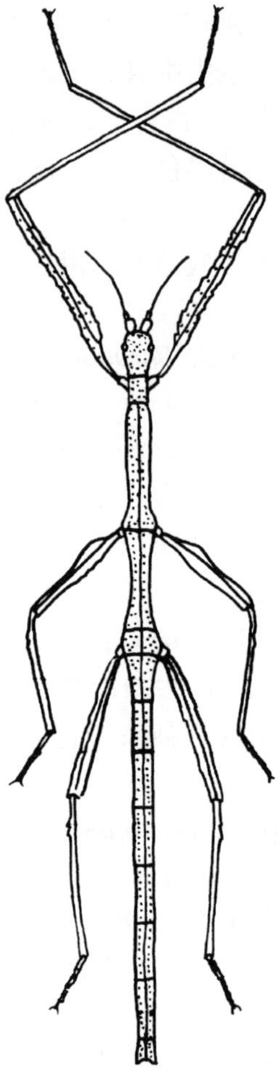

图 244　叶足短肛䗛 *Baculum porrectum*（Brunner）♀，整体

236. 叶足短肛䗛 *Baculum porrectum*（Brunner，1907）comb. nov. and new record to China（图 244）

Clitumnus porrectus Brunner，1907，*Die Insektenfamilie der Phasmiden.* 196.

雌性：体长 105～113mm。体较大。头与体披较大颗粒。头部眼间无角突；触角短于前股节的 1/2。前足股节上沿与下沿外脊线均有 1 排齿；中足股节短于中胸背板，上沿 2 脊线上各有 1 排 5～6 齿的齿列，基下 1/4 处两侧各有 1 显著叶突，下沿中脊线具 1 排刺；后足股节上沿有 2 排齿，每排 5～6 个，中、后足胫节基部 1/4 处有 2～3 个角形扁齿，后足的齿较小。腹部长，圆筒形，第 7 节腹板端部有尖突；臀节端部凹缘三角形；肛上板小；腹瓣舟形，具脊，端部较钝；尾须短，柱形，短于臀节。

雄性：未知。

体各部分长度（mm）：体长 105.0～113.0；中胸背板 21.0；后胸背板（含中节）16.0；中节 3.5；前足股节 29.0；中足股节 18.0；后足股节 23.0。

分布：湖南（江华）；印度，斯里兰卡。

237. 小短肛䗛 *Baculum obnoxium* (Brunner, 1907) comb. nov. and new record to China（图 245）

Cuniculina obnoxia Brunner, 1907, *Die Insektenfamilie der Phasmiden*. 199.

雄性：体长 62～78mm。体较小。杆状且光滑，并具细密横皱。体背中央具中脊。褐色。头长椭圆形，后头略收缩，长于前胸背板；两眼间略隆起但无角刺，隆起前后各有1 对圆形凹窝；复眼球形，突出；触角分节明显（部分断失）。前胸背板长方形，背中央具十字形沟纹，横沟不达边缘，中胸后端与后胸后端加宽；中节长大于宽，具中脊，1 对新月形凹窝不明显。3 对足细长，前足股节、胫节光滑无齿刺，中、后足股节光滑无齿刺，胫节近基处扩大成三角形片状突，端部背脊及腹脊具稀疏小刺。腹部细长，圆筒形，端部 3 节略粗，臀节长于前 2 节，端部深裂，背缘平直，后端弧形渐下伸，臀节侧叶侧观为直三角形；下生殖板略隆起，具纵脊，端尖，不达第 9 腹节端部；尾须短，略内弯，下伸。

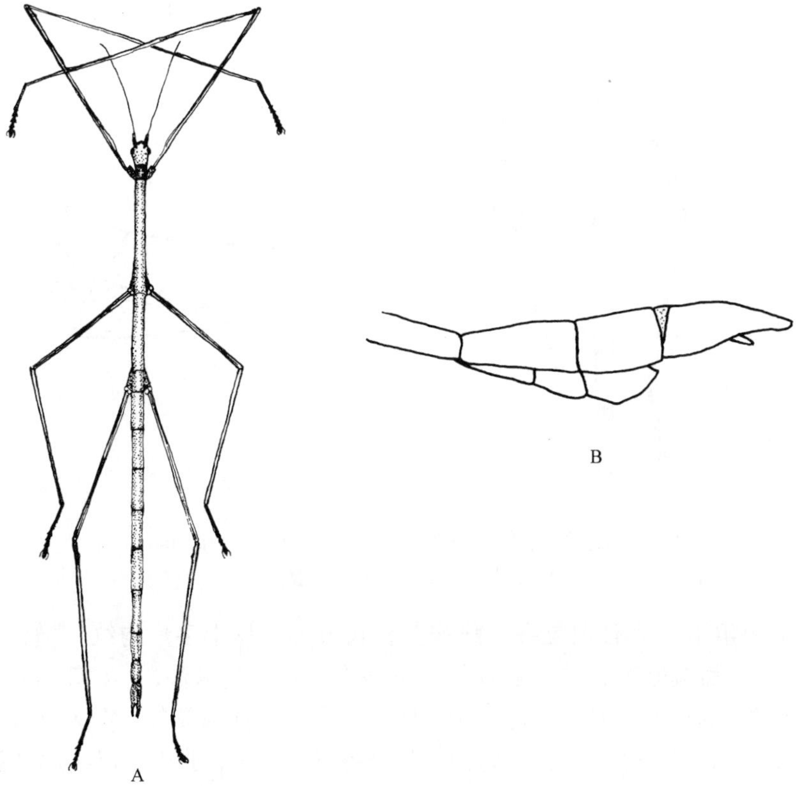

图 245　小短肛䗛 *Baculum obnoxium*（Brunner），♂
A. 整体　B. 腹端侧观

雌性：未知。

体各部分长度（mm）：体长 62.0～78.0；中胸背板 12.5；后胸背板（含中节）12.5；中节 2.0；前足股节 19.0；中足股节 10.5；后足股节 12.5。

分布：湖北（宣恩），西藏（樟木）；斯里兰卡。

238. 断脊短肛䗛，新种 *Baculum interruptum* sp. nov.（图 246）

雌性：体长 110mm 左右。全身密披颗粒突，自腹部第 6 节后变稀。体棕褐色。头部延长，背面平坦，后头略收缩，具浅纵沟；眼圆外突，眼间具 1 间断的横脊；触角分节明显

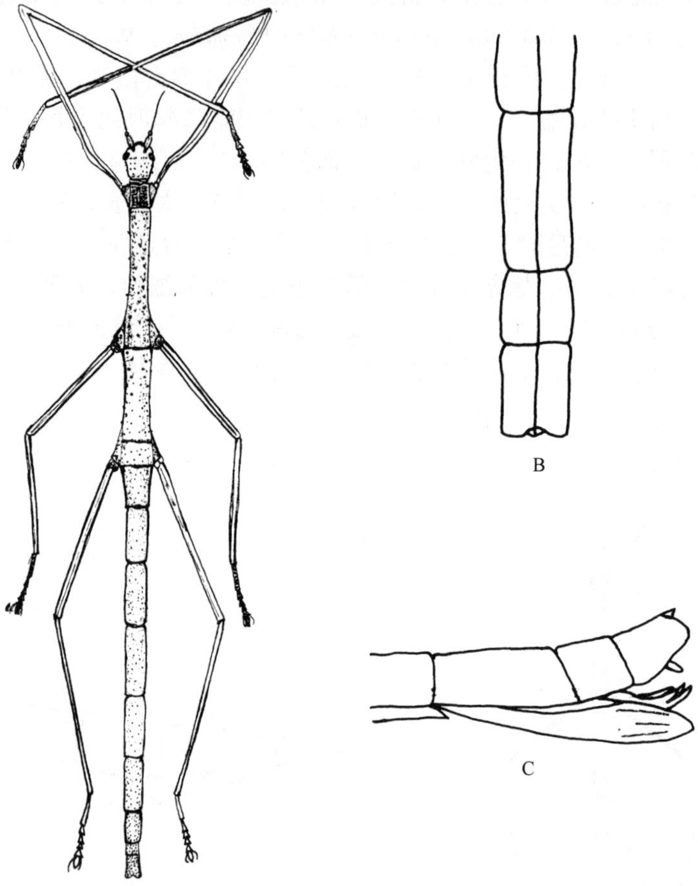

图 246 断脊短肛䗛，新种 *Baculum interruptum* sp. nov.，♀
A. 整体 B. 腹端背观 C. 腹端侧观

(部分断失)，触角第 1 节有颗粒突。前胸背板长方形，具十字形沟纹，横沟不伸达侧缘，中、后胸具中脊，后端略宽；中节亚梯形，宽略大于长，具纵沟，1 对新月形凹窝不明显。前足股节背内脊与腹外脊各具 1 列齿，中足股节腹内、外脊基部各具 1 大型叶突，并各具 1 列小齿，背内脊基部具 1 小型叶突，背内、外脊各具 1 列齿，腹中脊仅端部具数枚齿，中足胫节背内脊基部具 3 个相连的较大叶突，近端部具 3 个小型的齿突，背外脊端部具数枚小齿，腹内脊基部有 1～2 枚大叶突，腹内、外脊有均匀分布小齿数枚，后足股节背内、外脊，腹内、外脊均匀分布 1 列齿，腹中脊仅端部数齿，后足胫节背内脊基部具 2～3 枚大齿，近端部具数枚齿，腹内、外脊及背外脊端部均匀排列数枚小齿，中、后足胫节腹中脊基部成片状突出。腹部长筒形，腹部第 2～6 节背面具纵沟，其余具纵脊，第 7 腹板中突大而明显，圆锥状后伸；腹端 3 节以第 8 节最长，臀节次之，臀节后缘几平截，三角形凹入；肛上板小，短于臀节侧叶；腹瓣狭长，端钝，端部具纵脊，不超过腹端；尾须圆锥状，端尖，不超过臀节侧叶。

雄性：未知。

体各部分长度（mm）：体长 110.0；前胸背板 3.6；中胸背板 21.0；后胸背板（含中

节）18.5；中节 3.4；前足股节 33.0；中足股节 20.0；后足股节 25.5。

正模♀（IZAS），云南西双版纳易武（800～1 300m）；1958-XII-1，张毅然采。

新种与 *B. reginum*（Brunner，1907）近似，但新种头部两眼间无角刺，中足股节背内脊基部仅具小型叶突，中、后足股节腹中脊端部具数枚齿，腹部第 7 腹板具大而明显的中突等可相区别。

239. 尖突短肛䗛 *Baculum acutum* Chen et He，2004（图 247）

Baculum acutum Chen et He，2004，*Insects from Mt. Shiwandashan Area of Guangxi*. 47.

雌性：体长 101～106mm。体褐色，全身密披颗粒。头部延长，背面平坦，后头略收缩，具 3 短纵沟；眼圆，外突；触角短于前股节之半，分节明显，27 节，触角第 1 节扁平，背面具纵脊。前胸背板长方形，具十字形沟纹，横沟不伸达侧缘，中、后胸具背中脊，中胸后部及后胸两端略宽；中节梯形，宽略大于长，1 对新月形凹窝位于中部稍后。前足股节背内脊

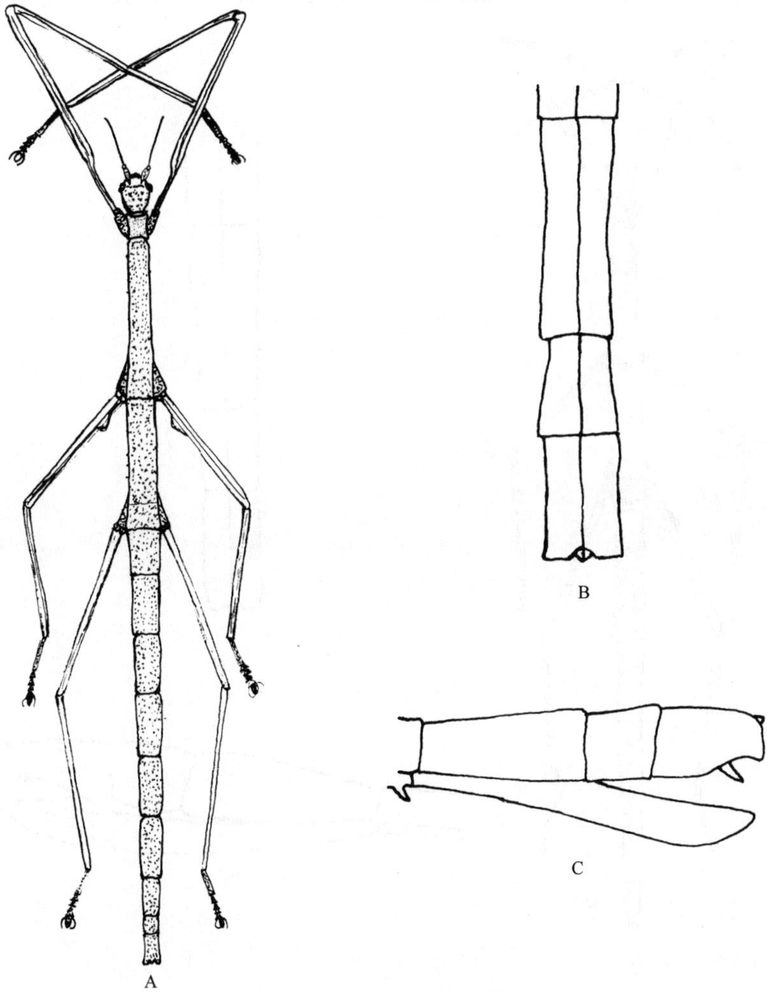

图 247　尖突短肛䗛 *Baculum acutum* Chen et He，♀
A. 整体　B. 腹端背观　C. 腹端侧观

与腹外脊各有1列锯齿；中、后足股节背内、外脊各具1列齿，内脊的齿大于外脊齿，腹中脊端部具数枚小齿，中足股节腹内脊基部具1叶突，中足胫节背内脊基部具2叶突，腹内脊基部1叶突，后足胫节背内脊基部1大型齿突，腹内、外脊端1/2处具数枚小齿。腹部长筒形，第2~5节具背纵沟，腹部第7节腹板中突大而明显，尖角状；腹端部3节呈屋脊状，以第8节最长，臀节次之，臀节后缘平截状，呈“U”形凹入；肛上板小，不超过臀节侧；腹瓣狭长，舟形，端尖，超过臀节端部；尾须圆锥状，端尖，不超过臀节端缘。

雄性：未知。

体各部分长度（mm）：体长101.0~105.5；前胸背板3.4；中胸背板21.0；后胸背板（含中节）17.0；中节3.0；前足股节30.0；中足股节19.0；后足股节25.0。

分布：云南（西双版纳勐腊、昆明），广西（大新），四川（峨眉山）。

240. 拟硕短肛䗛，新种 *Baculum pseudoarrogans* sp. nov.（图248）

雌性：体长144mm左右。体大型。杆状且光滑。褐色。体背具中脊。头椭圆形，背面

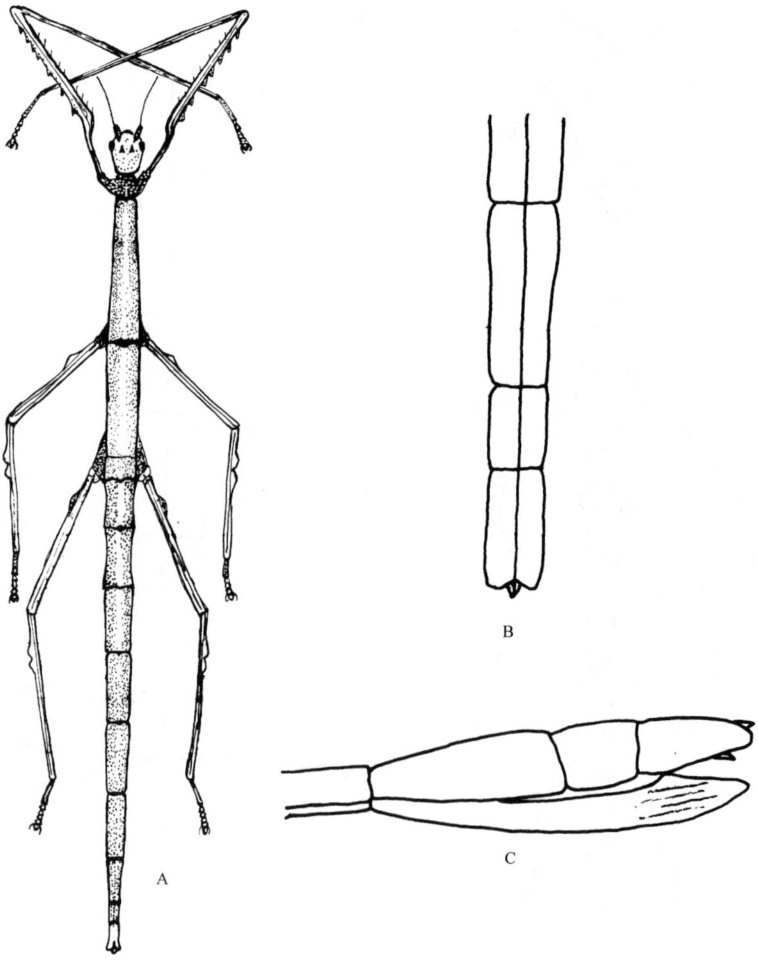

图248 拟硕短肛䗛，新种 *Baculum pseudoarrogans* sp. nov.，♀

A. 整体 B. 腹端背观 C. 腹端侧观

稍隆起，略长于前胸背板，后头无沟；眼半球形，外突；眼间有1对角刺；触角约伸达前足股节的1/3处，分节明显，26节，第1节扁宽，具背脊，第2节短柱状。前胸背板长方形，背中央具十字形沟纹，横沟不达侧缘，中胸后侧及后胸后侧略加宽；中节横阔，1对新月形凹窝位于中央，凹窝前有两伸达侧缘的弧线。足细长，前足股节背内脊与腹外脊各具1列齿，中足股节背内脊具0～1枚齿突，中足股节腹内、外脊基部各具1大型叶突，腹中脊端部具6～7枚齿，中足胫节背内脊基部1/3处具2相连的大型叶突，腹中脊基部片状，腹内、外脊端部1/2处排列小齿数枚，后足股节腹外脊基部具1叶突，腹内脊基部略扩大，腹中脊端部具6～8枚齿，后足胫节背内脊基部1/3处具2相连的大型叶突，端部具3～4枚刺，腹内、外脊端部具3～4枚刺。腹部长筒形，端部3节屋脊状，以第8节最长，臀节次之，臀节后缘"U"形凹入，端部几平截；肛上板大，成角状，具明显纵脊，超过侧叶端部；腹瓣舟形，端尖，端部1/3处具纵脊，近端部两侧外翻，不超过腹端；尾须圆柱状，后伸，不超过腹端。

雄性：未知。

体各部分长度（mm）：体长144.0；前胸背板4.0；中胸背板26.0；后胸背板（含中节）24.0；中节3.6；前足股节35.0；中足股节23.0；后足股节27.0。

正模♀（IZAS），云南西双版纳勐混（1 200～1 400m），1958-V-17，孟绪武采；副模1♀（IZAS），西双版纳勐宋（1 600m），1958-IV-24，王书永采。

新种与硕短肛䗛 *Baculum arrogans*（Brunner）相似，但新种腹瓣明显呈舟形，肛上板大，角状，超过臀节侧叶端部及腹瓣端尖等可相区别。

241. 长臀短肛䗛，新种 *Baculum longianalum* sp. nov.（图249）

雄性：体长69mm。中型。纤细而光滑。体黄褐色，从眼后直至腹部第7节两侧有1深褐色细带纹。头延长，光滑，背面平坦，后头中纵沟明显，侧纵沟浅，形成4个隆起；眼间光滑无角刺，但中间略隆起；触角约伸达前足股节的2/3处，分节明显，27节。前胸背板长方形，中央具十字形沟纹，中、后胸具细密横皱，中、后胸后端略宽；中节长远大于宽，具纵脊，1对新月形凹窝位中央靠后。3对足细长，前足股节、胫节光滑无齿刺，中、后足股节端部腹中脊具2～4枚小齿，胫节端部具小刺数枚。腹部细长，圆筒形，端部3节增粗，臀节长于前两节，基部具强隆脊，端部深裂，呈弧形下弯，末端略尖；下生殖板不隆起，端钝，浅裂，不达第9节后缘；尾须甚短，圆锥状，端尖，稍内弯，远不达腹端。

雌性：未知。

体各部分长度（mm）：体长69.0；前胸背板2.6；中胸背板16.8；后胸背板（含中节）12.6；中节2.2；前足股节29.5；中足股节17.0；后足股节23.0。

正模♂（IZAS），云南西双版纳（1 050～1 080m），1958-V-20，王书永采。

新种极似线纹短肛䗛 *B. lineatum* Liu et Cai，但新种腹部1～7节两侧具黑褐色细带纹，中、后足胫节具刺及下生殖板不隆起等可相区别。

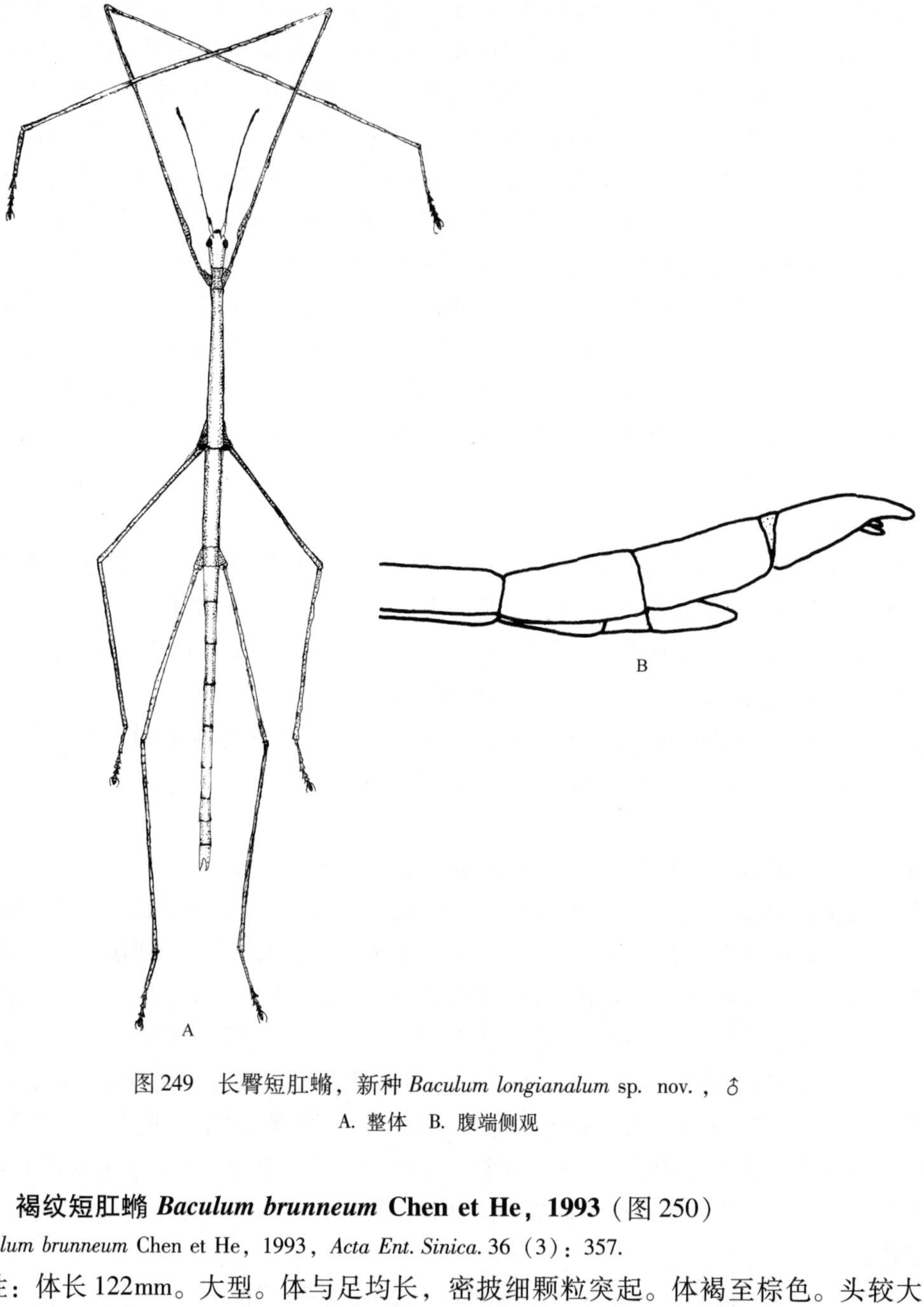

图 249　长臀短肛䗛，新种 *Baculum longianalum* sp. nov. , ♂

A. 整体　B. 腹端侧观

242. 褐纹短肛䗛 *Baculum brunneum* Chen et He，1993（图 250）

Baculum brunneum Chen et He，1993，*Acta Ent. Sinica*. 36（3）：357.

雌性：体长 122mm。大型。体与足均长，密披细颗粒突起。体褐至棕色。头较大，端宽基窄，头顶有 3 条由颗粒组成的纵纹；眼圆形，外突，长约为其后至头后缘的 1/3，眼后每侧有 1 条褐纹，眼间稍后方有 1 对黑色角突，角突的前后缘各有小形凹窝 1 对；触角约为前足股节长的 1/3.5，15 节，触角第 1 节扁宽，长约为宽的 2 倍，密披颗粒，背面有纵脊，第 2 节短柱形，约为第 1 节长的 1/3.5，第 3 节明显长于第 2 节，第 4 节稍短于第 2 节；自第 3 节以后各节略细，端节约与第 1 节等长，端部圆；下颚须 5 节，第 3、4 节约等长，远长于基部 2 节，端节略长于 3、4 节，端部圆；下唇须 3 节，自基部至端部逐渐延长，端节端部圆。前胸短于头部，长大于宽；背纵沟明显，横沟稍成弧形，位于中央处，不达两侧

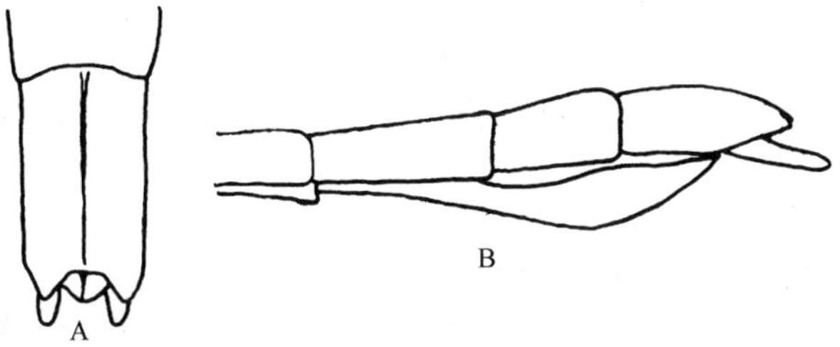

图 250　褐纹短肛䗛 *Baculum brunneum* Chen et He，♀
A. 腹端背观　B. 腹端侧观

缘；前胸背板前侧较窄，略平行，后侧向外倾斜，较宽；中胸背板后侧稍宽，密披均匀细颗粒；后胸背板略宽于中胸背板，长约为中胸的7/8，密披细颗粒；中节较短，宽大于长，新月形凹窝不明显；中、后胸背中央无明显纵脊，而有非连续的浅纵沟。3 对足长，前足股节略短于胫节，上脊线自中央至近基部处有 5 枚黑齿；中、后足下沿中脊线上有成排黑色小齿，下沿外脊线上近基部有 1 小形扁叶突，上沿内脊线有 1 ~ 2 枚齿，胫节下沿内中脊线上各有 1 排小齿；后足股节内侧有 1 列浅色椭圆形花纹。腹部长于头、胸部之和，披均匀细颗粒，以第 5 背板最长，第 7 腹板后缘中突较扁，超过该节腹板后缘；第 9 背板约为第 8 背板长的 1/2；第 10 背板长于第 9 背板，两侧叶角形，略钝，端缘呈宽弧形凹入；肛上板三角形，不超过第 9 背板两侧叶；腹瓣长舟形，略短于第 8 ~ 10 背板之和，不伸达肛上板，端尖，有纵脊；尾须扁，端尖，明显超过第 10 背板侧叶。

雄性：未知。

体各部分长度（mm）：体长 122.0；前胸背板 4.1；中胸背板 24.0；后胸背板（含中节）23.3；中节 2.3；前足股节 35.5；中足股节 22.0；后足股节 24.5。

分布：陕西（略阳）。

243. 荔波短肛䗛 *Baculum liboense* Chen et Ran，2002（图 251）

Baculum liboense Chen et Ran，2002，*Insects from Maolan Landscape*. 126.

雌性：体长 100mm。黄褐色。中、后胸腹侧披极稀粒突，体背中央具细纵脊。头椭圆，背面略隆起，后头具 3 短纵沟；眼圆突，眼间具较短粗角刺 1 对；触角第 1 节扁平，具纵脊，第 2 节短柱形，约为第 1 节长的 1/4。前胸背板长方形，中央具十字形横沟，横沟近中央，不达侧缘；中胸后侧稍宽，后胸（含中节）稍短于中胸；中节长宽约等，1 对新月形凹窝位于后半部。前股节背内、腹外脊各 1 列疏齿，中、后足股节两腹脊各具 1 ~ 2 枚小齿。腹部圆筒形，长于头、胸部之和，以第 5 节与第 6 节为最长，腹端 3 节呈屋脊状，第 9 节约为第 8 节长的 1/2，臀节略长于第 9 节，后缘向内斜切；肛上板略短于臀节端部；腹瓣舟形，产卵瓣外露，略超过腹端；尾须柱形，端窄。

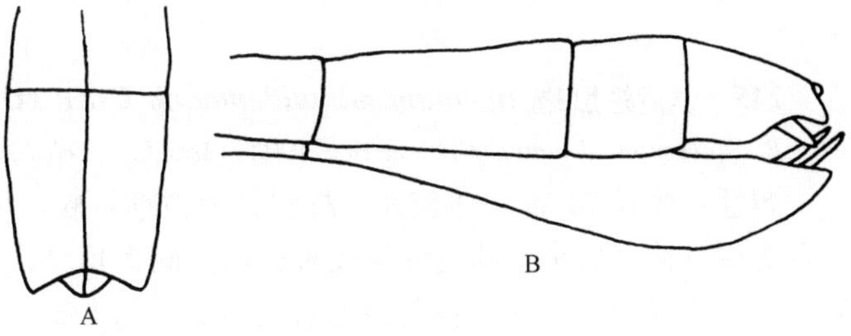

图 251　荔波短肛䗛 *Baculum liboense* Chen et Ran，♀
A. 腹端背观　B. 腹端侧观

雄性：未知。

体各部分长度（mm）：体长 100.0；前胸背板 3.8；中胸背板 20.5；后胸背板（含中节）16.5；中节 3.6；前足股节 36.0；中足股节 22.0；后足股节 28.0。

分布：贵州（荔波县茂兰）。

244. 茂兰短肛䗛 *Baculum maolanense* Chen et Ran, 2002（图 252）

Baculum maolanense Chen et Ran, 2002, *Insects from Maolan Landscape*. 127.

雌性：体长 118 mm。体大。长杆状。头与体背腹面披均匀粒突，背中央具纵脊。头宽卵形，披稀粒突，后头具 3 纵脊；眼圆突；触角第 1 节扁宽，具纵脊，第 2 节短，约为第 1 节长的 1/3。前胸背板梯形，披稀粒突，横沟位中央，不达侧缘；中胸后侧与后胸两端较宽，中胸较长于后胸（含中节）；中节约为后胸长的 1/4。中股节稍短于后股节，近基部内外腹脊各具 1 枚叶齿，内外背脊具成列锯齿，内齿显著大于外齿，近端部内外腹脊具小齿，胫节近基部背内脊 2～3 枚叶齿，腹内脊 1 叶齿；后股节背、腹脊具成列稀齿，腹内脊 1 叶齿；后股节背、腹脊具成列稀齿，胫节基部背内脊 2 齿，端部背脊具数小齿，中、后股节端部腹中脊具 5～6 枚小齿的突起，胫节基部腹中脊处呈薄片状。腹部长于头、胸部之和，自第 6 节后粒突减少，腹端 5 节具 2～3 条侧脊，第 7 腹板具明显中突；第 8 节超过第 9 节的 2 倍，臀节长于第 9 节，后侧加宽，呈宽叶状；肛上板小，短于臀节端部；腹瓣舟形，端稍钝，不超过臀节；尾须柱形，约与腹瓣端部平齐。

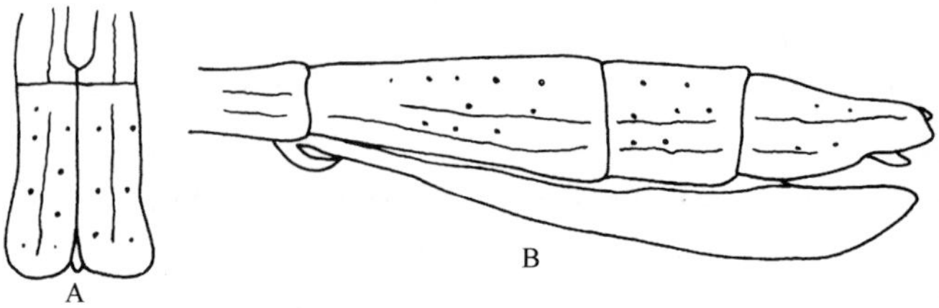

图 252　茂兰短肛䗛 *Baculum maolanense* Chen et Ran，♀
A. 腹端背观　B. 腹端侧观

雄性：未知。

体各部分长度（mm）：体长 118.0；前胸背板 3.8；中胸背板 23.0；后胸背板（含中节）18.8；中节 3.4；前足股节（缺损）；中足股节 20.0；后足股节 27.0。

分布：贵州（荔波县茂兰）。

245. 小齿短肛䗛 *Baculum minutidentatum* Chen et He, 1994（图 253）

Baculum minutidentatum Chen et He, 1994, *Acta Ent. Sinica*. 37 (2): 197.

雌性：体长 78mm。体较大。杆状且密披细颗粒。体绿至褐色。头宽并长于前胸，中纵沟自头中央伸至后头，两侧纵沟较短；两眼间无角突，但两触角间有 1 凹陷，上面有许多横皱；眼小，圆形，外突；触角约为前足股节长的 1/3，第 1 节扁宽，基窄端宽，长小于宽的 2 倍，背中脊较宽，第 2 节约为第 1 节长的 1/4，第 3 节约为第 2 节长的 2 倍，端节约与第 1 节等长；两对口须褐色，下颚须基部 2 节短，第 3、4 节较长，两节约等长，端节长约为第 4 节的 2 倍、端部窄；下唇须 3 节，以端节最长，第 2 节次之，第 2 节短于基节的 2 倍。前胸背板长大于宽，后半部稍宽，中纵沟不伸达后缘，横沟位于中央处，横沟前两侧有较深而宽的凹陷，中胸长约为前胸的 6 倍，后端稍宽，背中脊明显，后胸加中节之和约为中胸长的 6/7，中央部分稍窄，有背中脊；中节长宽约等，无背中脊，1 对新月形凹窝位于中央稍后方。3 对足较短，前足股节短于胫节，但明显长于中胸，下沿外脊线中央具小齿数枚；中、后足股节短于前足股节，中足股节基部下沿间具小齿；中、后足胫节中下方间具数小齿，中、后足股节端内脊叶突不明显，但生有小齿 3～5 枚，各足棱脊上生有整齐细毛，前足第 1 跗节明显长于余 4 节之和。腹部长于头、胸部之和，自基节至端节有背中脊，腹部以第 3

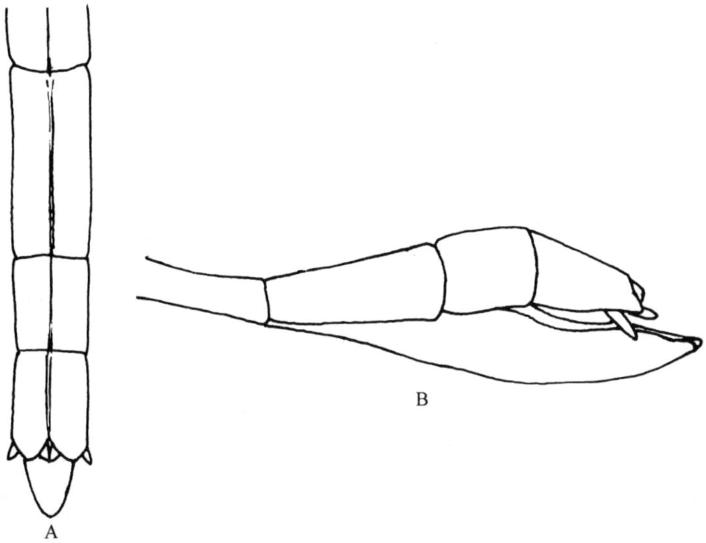

图 253 小齿短肛蛸 *Baculum minutidentatum* Chen et He，♀
A. 腹端背观 B. 腹端侧观

至第 6 节较其他节粗大，以第 5 至第 7 节最长，第 3、4 节次之，端部 3 节屋脊状，第 8 节与第 2 节约等长，第 9 节约为第 8 节长的 1/2，第 10 节稍长于第 9 节，其后缘中央呈角形凹入，两侧叶端缘弧形，背中央有纵沟；肛上板三角形，后缘略呈圆弧形，约与第 10 节侧叶等长；腹瓣舟形，超过肛上板，端缘较尖，端部 1/3 具明显中脊；尾须圆柱形，端部窄，稍超过第 10 节侧叶。

雄性：未知。

体各部分长度（mm）：体长 78.0；前胸背板 2.4；中胸背板 14.0；后胸背板（含中节）12.4；中节 2.4；前足股节 23.0；中足股节 14.0；后足股节 16.5；腹瓣 10.8。

卵：长 3.10 mm，宽 0.8 mm，高 1.83mm。长扁形，密披细颗粒，黑褐色，卵背中央突出，卵孔板凹入。卵盖平，上具颗粒，边缘明显具小的突起。卵背具纵隆脊，两侧凹入，卵孔板椭圆形，边缘明显，位于卵背中下部，约为卵长的 1/3，卵孔位于卵孔板下缘，卵孔杯脊片状突出，卵孔杯下具 1 红色瘤突。中线明显，隆起成 1 脊线，伸达极区。卵腹面具纵隆起，两侧凹陷。

分布：辽宁（桓仁），吉林。

246. 波密短肛蛸 *Baculum bomiense* Chen et He，1994（图 254）

Baculum bomiense Chen et He，1994，*Ent. Sinica.* 1（4）：311.

雄性：体长 74mm。中型。体细长而光滑。黄褐色，眼后具褐纵带。头椭圆形，眼间具 1 对粗刺；触角窝间有 1 横沟，头背有 1 纵沟，后头近纵沟处较隆起；触角第 1 节扁长，具纵脊，第 2 节短柱形，约为第 1 节长的 1/3。前胸背板约长方形，前、后侧有黑斑，胸光滑具细密横皱，中、后胸两端较宽，背中脊细，至中胸中部消失，中胸略长于后胸（含中节）；中节光滑，横形。3 对足细长，背面光滑，棱脊不明显，前股节腹面脊清楚，但无齿刺，中、后股节与前股节相似，唯胫节腹脊有少量刺组成的刺列。腹部第 2～7 节长筒形，第 8 节后至第 9 节增粗，臀节深裂，具背脊，端半部窄，后端钝，略下弯；下生殖板隆起，中央宽脊状，端略尖，约伸达第 9 节；尾须扁，匙状，中部稍内弯，腹面具脊，不达腹端。

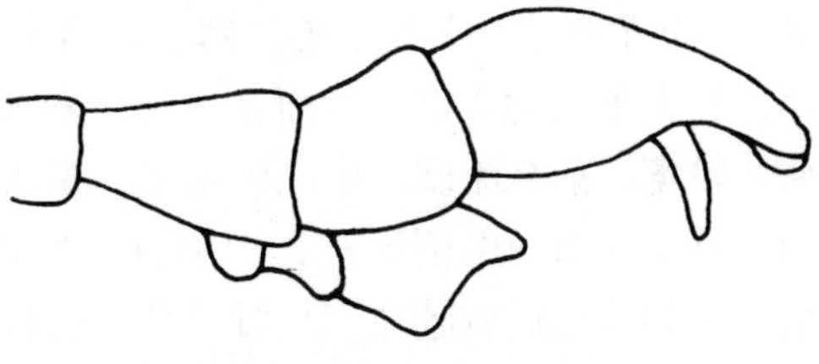

图 254 波密短肛蛸 *Baculum bomiense* Chen et He，♂
腹端侧观

雌性：未知。

体各部分长度（mm）：体长 74.0；前胸背板 3.9；中胸背板 14.6；后胸背板（含中节）13.8；中节 2.0；前足股节 31.5；中足股节 19.5；后足股节 24.0。

分布：西藏（波密易贡）。

247. 罗平短肛蛸 *Baculum luopingense* Chen et Yin, 1995（图 255）

Baculum luopingense Chen et Yin, 1995, *For. Res.*, 8: 10.

雌性：体长 94mm。体较大。杆状。褐色。全身密披圆形颗粒，至腹部第 3 节后变稀，中胸至腹端背面具细中脊。头卵形，背中央具细脊；眼圆外突，眼间无角刺；触角柄节宽扁，长大于宽的 2 倍，具背中脊。前胸背板近似矩形，后侧略宽，背面具十字形沟纹，横沟位中央；中胸长于后胸加中节之和；中节约为后胸长的 1/4。3 对足细长，前股节基部弯曲，背内与腹外脊各有 1 排黑色齿，中股节近基部腹脊内外各具 1 叶齿，胫节基部处背内脊具 1 齿，腹内脊具 2 齿，中、后足股节端部腹中脊具 1 ~2 齿的小叶突。腹部长于头、胸部之和，以第 5、6 节为最长，第 7 腹板后缘具明显中突；端部 3 节变狭，屋脊状，以第 8 节最长，臀节次之，臀节背板后缘略内凹，侧端叶圆钝；肛上板小；腹瓣舟形，端略尖，具背中脊，超过臀节中部，产卵器稍外露；尾须圆柱形，端尖，不超过臀节侧端叶。

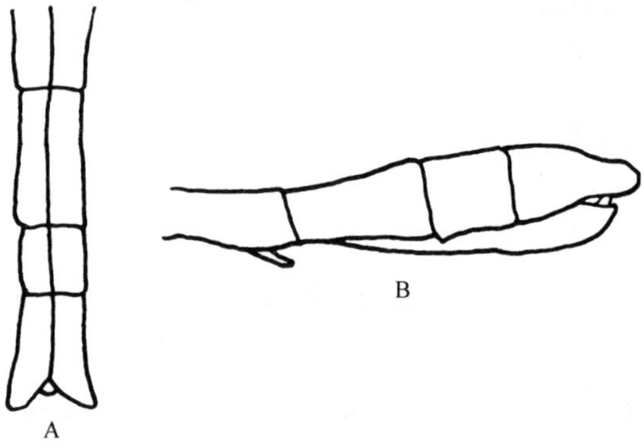

图 255 罗平短肛蛸 *Baculum luopingense* Chen et Yin, ♀
A. 腹端背观 B. 腹端侧观

雄性：未知。

体各部分长度（mm）：体长 94.0；前胸背板 3.4；中胸背板 18.0；后胸背板（含中节）16.0；中节 3.0；前足股节 27.0；中足股节 16.5；后足股节 21.5。

分布：云南（罗平）。

248. 岳西短肛蛸 *Baculum yuexiense* (Chen et He, 1993) comb. nov.（图 256）

Phobaeticus yuexiensis Chen et He, 1993, *J. Beijing For. Univ.*, 15 (4): 54.

雌性：体长 164mm。大型。体光滑。褐色。头长，前宽后窄，背面较平坦，每侧眼后至头后缘具深褐纵纹，眼间具 2 短角刺；头顶具 1 中纵沟，直伸至头后；中沟每侧各具 1 短侧纵沟，2 角刺前有 1 对浅形凹窝；触角超过前股节的 1/3，柄节长，两侧几乎平行，端部稍厚，长大于宽的 2 倍，背面具中脊，柄节短柱形，为梗节长的 1/4。前胸背板略短于头部，后侧较宽，前缘略凹，中纵沟明显，横沟位于中央，稍前弯，近前缘也具 1 横沟，后缘中沟两侧具 1 对斜向的侧纵沟；中胸背板后侧较宽大，背中央具浅纵脊，长约为前胸背板的 5 倍，中胸背板后侧较宽，具背中脊；后胸背板加中节约为中胸背板的 8/9，自基部至 1/3 处具中脊；中节长略短于宽，1 对新月形凹窝不清晰。3 对足长，前足股节远长于中、后足股节，并长于中胸背板，但短于其胫节，上沿内脊自基部至端部具 1 排 12 枚以上黑齿；中股

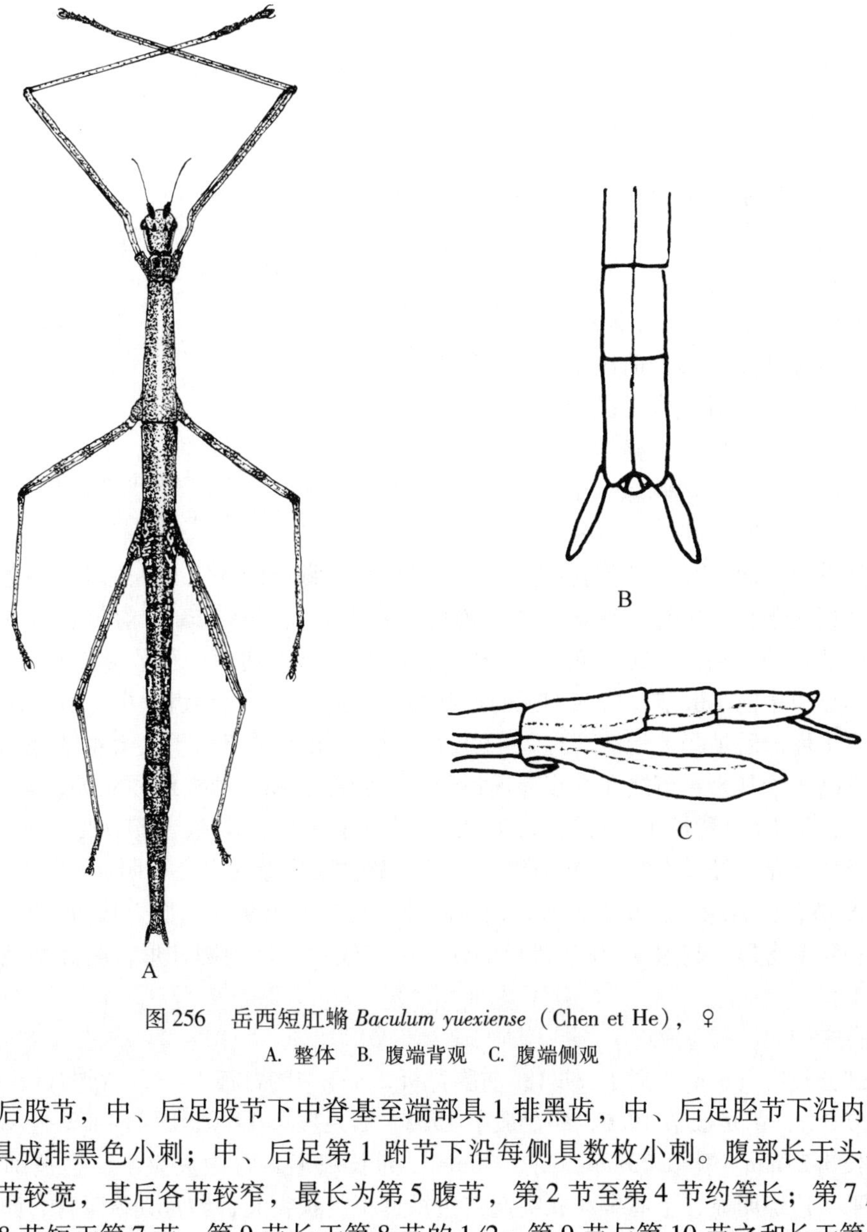

图 256 岳西短肛蛸 *Baculum yuexiense*（Chen et He），♀
A. 整体 B. 腹端背观 C. 腹端侧观

节稍短于后股节，中、后足股节下中脊基至端部具 1 排黑齿，中、后足胫节下沿内、中、外 3 脊线上具成排黑色小刺；中、后足第 1 跗节下沿每侧具数枚小刺。腹部长于头、胸部之和，前 5 节较宽，其后各节较窄，最长为第 5 腹节，第 2 节至第 4 节约等长；第 7 腹板中突明显；第 8 节短于第 7 节，第 9 节长于第 8 节的 1/2；第 9 节与第 10 节之和长于第 8 节，第 10 节略呈屋脊状，前端背中脊不清楚，后缘呈浅形凹入，两侧叶钝角形；肛上板端缘弧形，约与侧叶端缘等长，背中央具“八”形脊突；腹瓣长舟形，端尖、不超过肛上板端部，具 1 对侧脊，中央处至端部具中脊；尾须明显，基宽端尖，远超过肛上板。

雄性：未知。

体各部分长度（mm）：体长 164.0；前胸背板 6.4；中胸背板 34.0；后胸背板（含中节）30.8；中节 3.2；前足股节 46.0；中足股节 30.0；后足股节 33.0；腹部 85.8；腹瓣 16.6。

分布：安徽（岳西）。

249. 崇信短肛䗛 *Baculum chongxinense* Chen et He，1991（图 257）

Baculum chongxinense Chen et He，1991，*Sci. Sil. Sinicae.* 27（3）：220.

雌性：体长 77mm。中型。头椭圆形，长于前胸背板，背面略凸，头顶有 1 不太明显的纵沟；眼间稍后方有 1 对黑色短角突，触角间中央有 1 对凹陷；眼圆形，外突；触角第 1 节扁宽，端部宽于基部，长约为宽的 2 倍，背中央有脊，第 2 节短柱形，约为第 1 节长的 1/4。前胸背板长大于宽，后面较宽，似马鞍形，后缘稍成弧形，前缘稍凹入，纵中沟明显，沟后成脊，纵沟两侧有 2 条几乎平行的侧沟，横沟位于近中央处，略弯曲，不达侧缘；中胸背板长约为前胸的 6 倍，后侧稍宽大，密披细颗粒突起，背中脊明显；后胸加中节约为中胸长的 6/7，中央略窄，密披细颗粒突；中节宽稍大于长，中脊不明显，中央稍后方有 1 对新月形凹窝。前足长，中、后足较短，前足股节长于中胸，外缘下侧 3～4 枚齿，齿间距离较均匀，胫节显然长于股节，中、后足股节明显短于前足股节，端内侧无明显叶突，但有 1～2 枚小齿，中足股节基部 1/3 处内外侧各有 1 齿，后足胫节近端部有 2～3 枚齿，前足第 1 跗节长于其余 4 节之和，中、后足第 1 跗节略短于其余 4 节之和。腹部远长于头、胸部之和，密披细颗粒突，第 2～9 节背板中央有脊，第 10 节背板中央有纵沟，以第 5～7 腹节最长，第 3、4 节次之，第 9 节最短，第 2 节与第 8 节几乎等长，第 5、6 节等长，第 7 节腹板后缘的中突不明显；第 10 节长于第 9 节，第 10 节背板后缘呈三角形凹入，两侧叶钝，稍比肛上板长；肛上板短，端部成角形，背中有脊；腹瓣舟形，超过第 10 节背板侧叶，端部较尖；尾须圆柱形，端部略钝，略伸过肛上板。

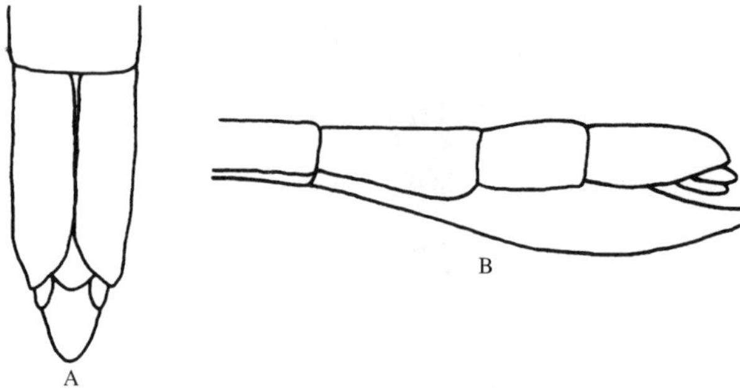

图 257 崇信短肛䗛 *Baculum chongxinense* Chen et He，♀
A. 腹端背观 B. 腹端侧观

雄性：未知。

体各部分长度（mm）：体长 77. 1；前胸背板 2. 4；中胸背板 14. 3；后胸背板（含中节）12. 4；中节 2. 4；前足股节 19. 6；中足股节 15. 2；后足股节 14. 0；腹部 44. 2。

卵：长 3. 27mm，宽 0. 73mm，高 1. 70mm。卵长扁形，背中央突出，密披细颗粒，黑色。卵盖平，边缘明显，上有颗粒状突起，边缘具小刺状突起，卵背具纵隆脊，卵孔板长椭圆形，位于卵背中下部，约为卵长的 1/4，卵孔板边缘明显，中央具 1 瘤突，卵孔位于卵孔板下缘，卵孔杯成脊片状突起，卵孔杯下具 1 黄褐色瘤突，光滑。中线明显，几伸达端部。卵腹面具纵隆脊，两侧深凹。

寄主：千金榆、辽东栎、椴树、山楂等 10 余种林木及经济林树种。

分布：甘肃（崇信）。

250. 晋南短肛䗛 *Baculum jinnanense* Chen，1992（图 258）

Baculum jinnanense Chen，1992，*J. Beijing For. Univ.*，1（1）：114.

雌性：体长 109mm。体大。光滑。黄褐色。头椭圆形，稍长于前胸背板，背面较平坦，

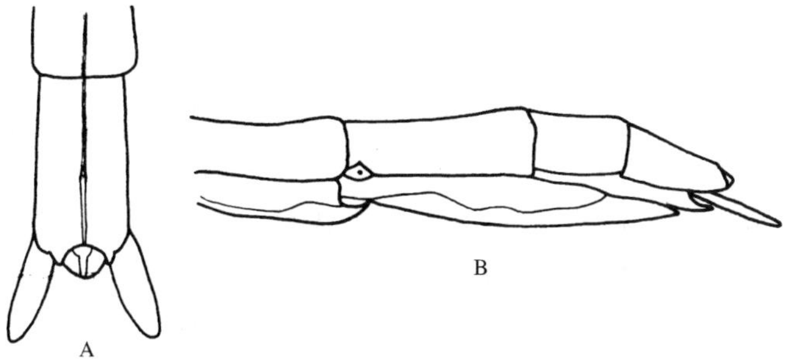

图 258　晋南短肛䗛 *Baculum jinnanense* Chen，♀
A. 腹端背观　B. 腹端侧观

头后每侧有 1 纵沟；眼间稍后方有 1 对角突，角突前有 1 对凹陷；眼圆形，外突，长约为其后至头后缘的 1/3；触角短，15 节，长约为前股节的 1/2.5，第 1 节扁宽，端部宽于基部，背中央略凸，第 2 节短柱形，短于第 1 节长的 1/2，第 3 节与第 1 节约等长。前胸背板光滑，长大于宽，后侧稍宽，具中纵沟，但不达后缘，横沟位于近中央处，两侧斜向前方，近后侧有弧形沟，中胸背板长约为前胸的 5.7 倍，后侧稍宽大，背中脊不明显；后胸背板加中节略短于中胸背板，后侧略宽，无背中脊；中节横形，1 对新月形凹窝位于中央稍后方。3 对足中等长，前股节远长于中胸，背内脊基至中部具 5 枚小齿，中、后足股节较短，腹中脊上疏生细齿，胫节腹下与中脊上也疏生细齿，中、后足第 1 跗节略短于其余 4 节之和。腹部长于头、胸部之和，端部 3 节较窄，以第 5 节最长，第 2 ~4 与 6 ~7 节约等长，第 7 节腹板后缘的中突端尖；第 8 节约与后两节之和等长，第 10 节呈屋脊形，后缘呈三角形凹入，两侧叶端部略尖，稍短于肛上板；肛上板端部截形，背中有脊；腹瓣舟形，不超过第 10 节背板侧叶，端部较尖；尾须扁长形，超过肛上板。

雄性：未知。

体各部分长度（mm）：体长 109.0；前胸背板 4.0；中胸背板 22.6；后胸背板（含中节）22.0；中节 2.0；前足股节 30.5；中足股节 19.5；后足股节 21.5；腹部 56.0；腹瓣 11.2。

分布：山西（虞乡）。

251. 台湾短肛䗛 *Baculum formosanum* Shiraki，1935（图 259）

Baculum formosanum Shiraki，1935，*Mem. Fac. Sci. Agric.*，26.

雌性：体长 130mm。体大。头长于前胸，背有纵沟，眼间具 1 对大刺，刺后有 1 对小圆形凹窝；眼小且圆，外突；触角第 1 节长于头刺，长为宽的 2.5 倍，两侧平行，端窄，略扁

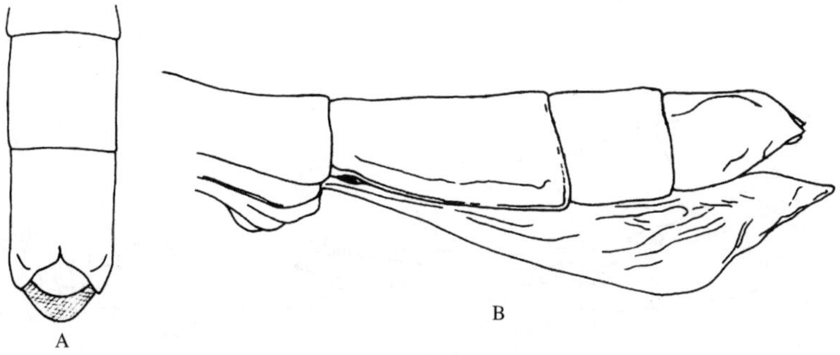

图 259　台湾短肛䗛 *Baculum formosanum* Shiraki，♀
A. 腹端背观　B. 腹端侧观（仿 Shiraki）

平，侧脊清楚。前胸背板较光滑，长较大于宽，后缘弧形前缘几乎成截形，中纵沟明显，后缘脊状，横沟略弯，位中央，横沟前后各有1对侧沟，但后面1对侧沟不平行，中胸背板长约为前胸的6倍，后侧宽大，披细粒突，具1纵脊与2带粒突的侧脊，后胸背板加中节约为中胸背板长的2/3，中间较窄，披细粒突，具纵脊与侧脊；中节横形，具纵脊，披少量粒突，1对新月形凹窝位于中央。足较短粗，前股节与胫节略短于中胸，无齿或齿列，中、后足股节较短于前股节，后半部腹端有2齿的叶突，无齿或齿列，胫节基腹面具叶突。腹部长于头、胸部之和，背面具纵脊，披细粒突，基部4节背板长于后5节，第6节与第5背板约等长，第7腹板端有1较大中突；臀节略长于第9节，端具三角形凹缘，侧端叶三角形，端尖，伸达肛上板端部；肛上板短，具纵脊，端圆；腹瓣舟形，端圆，超过肛上板。

雄性：未知。

体各部分长度（mm）：体长130.0；前胸背板4.5；中胸背板29.0；后胸背板（含中节）21.0；中节3.0；前足股节26.0；中足股节19.0；后足股节22.0；腹瓣12.8。

分布：台湾。

252. 颗粒短肛蟾 *Baculum granulatum* Shiraki, 1935（图260）

Baculum granulatum Shiraki, 1935, *Mem. Fac. Sci. Agric.*, 27.

雌性：体长128mm。长杆状。体披尖细粒突。头大，椭圆形，后侧窄，且有6行粒突，头顶与后头有少数粒突，中央2列至后略分叉，侧面2列至后面1/3处相连；眼圆，较小，也有不规则粒突；触角短，几伸达前股节中部，第1节扁宽，长约为宽的2倍，且披粒突有短纵脊，第2节扁窄，长为宽的1.5倍，与端节约等长，约为第1节长的1/4；下颚须圆筒形，第3节与第4节约等长。前胸背板有不规则粒突，甚短于头部，长略大于宽，中央具十字形沟纹，中央有2条亚纵沟，横沟前2沟平行，至后分叉；中胸背板有不规则粒突，后侧较宽，后胸背板稍宽，约为中胸背板长的3/5，披粒突；中节横形，有不规则粒突，中央稍后方有1对新月形凹窝。足甚长，前股节略短于胫节，背内脊具齿列，腹外脊具成列小齿，腹中脊无齿，中、后足股节有少量端齿，各脊具稀疏小齿，中足胫节近基部背内脊有2齿。腹部远长于头、胸部之和，披不规则粒突，以第5背板最长，第7腹板长，与第6节约等长，后缘具后伸三角形尖突，第9背板长约为第8节之半，臀节长于第9节，端缘截状，中央有小凹口；肛上板甚小，三角形，后缘截状，不超过臀节；腹瓣长舟形，后侧略宽，端钝，不超过肛上板；尾须细，较短，稍超过腹瓣。

雄性：未知。

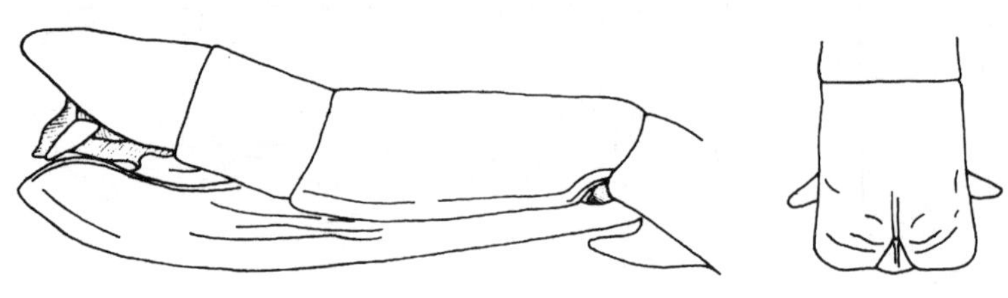

图260 颗粒短肛蟾 *Baculum granulatum* Shiraki，♀

A. 腹端侧观 B. 臀节背观（仿Shiraki）

体各部分长度（mm）：体长 128.0；前胸背板 4.2；中胸背板 26.5；后胸背板（含中节）20.2；中节 3.5；前足股节 36.0；中足股节 22.3；后足股节 29.2；腹瓣 12.6。

寄主：中华八角枫、洋紫荆、散尾葵、扶桑、玉米等。

分布：香港，台湾。

253. 细粒短肛䗛 *Baculum elaboratum*（Brunner，1907）comb. nov.

Clitumnus elaboratus Brunner，1907，*Die Insektenfamilie der Phasmiden*. 195.

雌性：体长 105mm。体披细密粒突。头球状。前股节背、腹面约有 10 齿，中股节基腹面两侧具许多小齿的叶突，后股节（缺失），中足胫节基部背面具 2 叶突。臀节截状，腹瓣舟形，密披粒突。

雄性：未知。

体各部分长度（mm）：体长 105.0；中胸背板 22.0；后胸背板（含中节）17.5；中节 3.0；前足股节 34.0；中足股节 20.0；后足股节（缺失）。

分布：广东（鼎湖山）；越南。

254. 异齿短肛䗛 *Baculum irregulariter-dentatum*（Brunner，1907）comb. nov.

Cuniculina irregulariter-dentata Brunner，1907，*Die Insektenfamilie der Phasmiden*. 202.

雌性：体长 90mm。褐色。头部隆起。胸光滑。中足股节长于中胸背板，腹脊中部前具 3 齿，外脊 1 齿，端部中央 2 脊或 3 齿，后股节腹面几乎无齿。臀节略具凹缘，肛上板甚小，腹瓣舟形，端钝。

雄性：未知。

体各部分长度（mm）：体长 90.0；中胸背板 19.0；后胸背板（含中节）15.5；中节 3.0；前足股节 26.0；中足股节 19.5；后足股节 22.0。

寄主：栎。

分布：河南（栾川、卢氏、灵宝、西峡、内乡、信阳）；日本。

255. 中华短肛䗛 *Baculum chinense*（Brunner，1907）comb. nov.

Cuniculina chinensis Brunner，1907，*Die Insektenfamilie der Phasmiden*. 202.

雌性：体长 110～125mm，雄 105mm。雌体大。胸部光滑。头背 2 刺。前股节背面少量齿，中股节腹脊前或后方常有齿，后股节腹中脊常有少量齿的齿列。臀节略具三角形凹缘；肛上板小，端圆；腹瓣尖细；尾须扁而钝；雄性头部无或有 2 刺，前股节背面具稀齿列或无齿，中、后足股节腹脊无齿；臀节端部三角形；下生殖板短，具脊。

体各部分长度（mm）：体长♀110～125.0，♂105.0；中胸背板♀23.0～25.5，♂23.0；后胸背板（含中节）♀22.0～24.0，♂19.0；中节♀7.0～7.0，♂6.0；前足股节♀30.0～35.0，♂30.0；中足股节♀21.0～24.0，♂20.0；后足股节♀23.0～26.0，♂24.0。

分布：江西，四川。

256. 环腹短肛䗛 *Baculum annuliventris* Chen et He，2004（图 261）

Baculum annuliventris Chen et He，2004，*Insects from Mt. Shiwandashan Area of Guangxi*. 48.

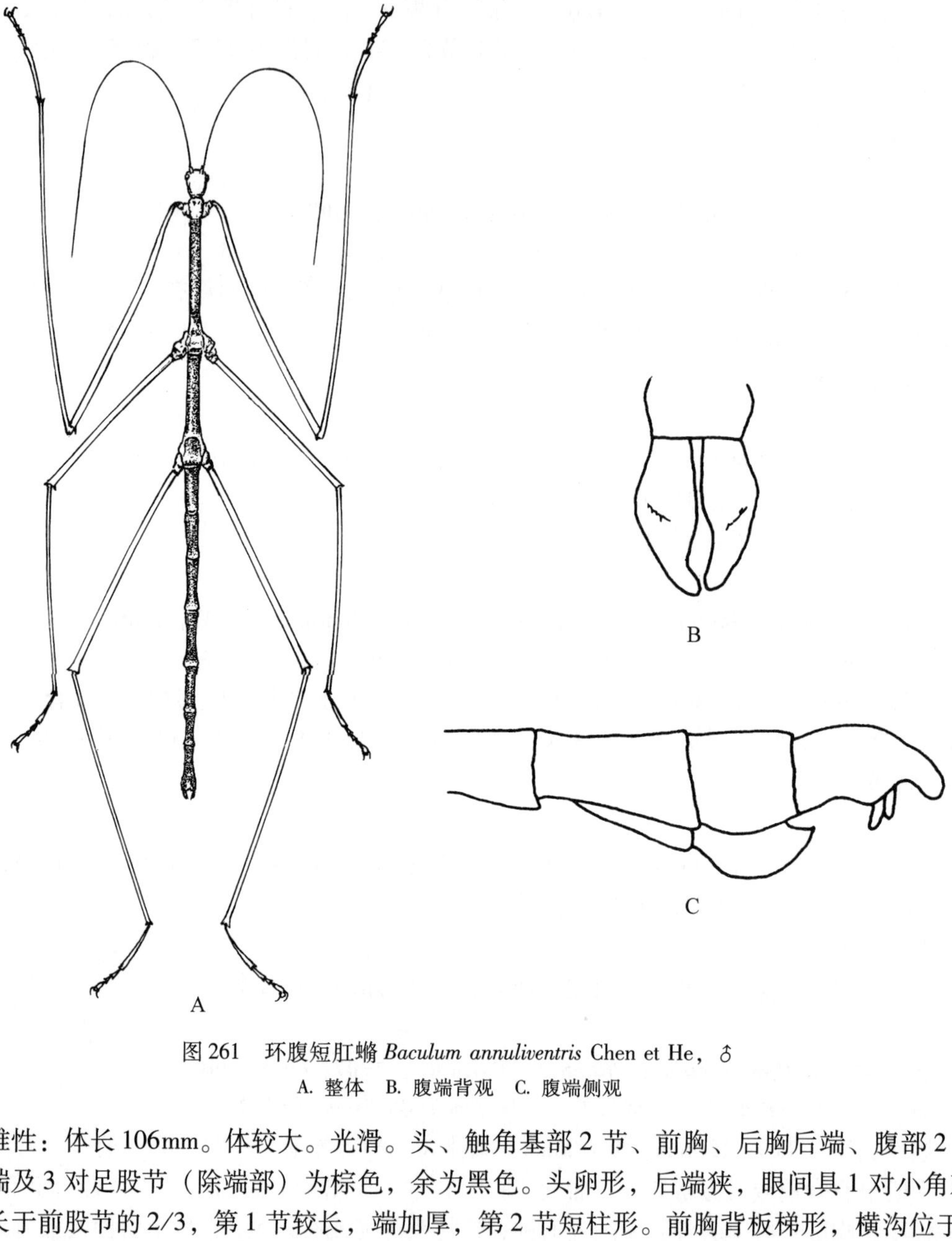

图 261　环腹短肛䗛 *Baculum annuliventris* Chen et He，♂

A. 整体　B. 腹端背观　C. 腹端侧观

雄性：体长 106mm。体较大。光滑。头、触角基部 2 节、前胸、后胸后端、腹部 2 ~ 9 节后端及 3 对足股节（除端部）为棕色，余为黑色。头卵形，后端狭，眼间具 1 对小角刺；触角长于前股节的 2/3，第 1 节较长，端加厚，第 2 节短柱形。前胸背板梯形，横沟位于中央，中、后胸前后端稍加宽，背面具细纵脊，后胸（含中节）稍短于中胸。3 对足细长，前股节伸达第 2 腹节，中股节长于头、前胸和中胸之和，中、后股节腹中脊端部约 4 ~ 5 枚小齿。臀节略长于第 9 腹节，后半叶呈三角形向下，端部内弯；下生殖板兜状，具纵脊，端尖，伸达臀节基部；尾须下伸，稍内弯。

雌性：未知。

体各部分长度（mm）：体长 106.0；前胸背板 3.0；中胸背板 25.0；后胸背板（含中节）21.0；中节 3.0；前足股节 49.0；中足股节 33.0；后足股节 42.0。

分布：广西（龙州三联）。

257. 康县短肛䗛 *Baculum kangxianense* Chen et Wang，2005（图 262）

Baculum kangxianense Chen et Wang，2005，*Insect Fauna of Middle-West Qinling Range and South Mountains of Gansu Province*. 96.

雌性：体长 82mm。中型偏大。黄褐色。体光滑，背中央具细纵脊。头亚卵形，背中央具 1 对圆形小窝，后头有 1 纵沟 2 侧沟；眼间具黑色短角 1 对；触角分节明显，20 节，短于前股节之半，第 1 节扁宽，具纵沟，第 2 节短柱形。前胸背板亚梯形，中央具十字形沟痕，横沟位中央，不达侧缘，中胸背板略长于后胸背板（含中节）；后胸约为中节的 4.3 倍；中节梯形。3 对足中等长，前股节背内脊有 7 ~ 8 枚小齿，腹外脊具 6 ~ 7 枚较大齿，中股节内外腹脊近基部各具 1 枚齿，中、后股节腹中脊端部各具 6 ~ 7 枚与4 ~ 5 枚小齿。腹端 3 节屋脊状，第 8 节稍短于后 2 节之和，臀节略长于第 9 节，后缘稍内切；肛上板短于臀节端部；腹瓣舟形，端较尖，稍超过腹端；尾须圆柱形，端窄，约与臀节端部齐平。

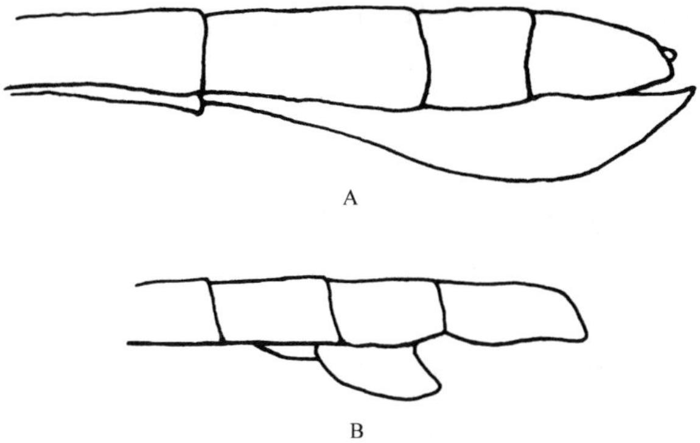

图 262　康县短肛䗛 *Baculum kangxianense* Chen et Wang，♀♂
A. 雌性腹端侧观　B. 雄性腹端侧观

雄性：体长 63mm。体比雌虫瘦小。中、后胸至腹部两侧具黑纵线，中、后足股节端部黑色。眼间无成对角刺；触角 21 节。中、后足股节腹中脊端部约具 3 小齿。腹部第 8 节与第 9 节约等长，臀节略长于前 2 节；下生殖板略超过第 9 腹节中部；尾须短小，略弯。

体各部分长度（mm）：体长♀82.0，♂63.0；前胸背板♀3.0，♂2.2；中胸背板♀17.0，♂12.0；后胸背板（含中节）♀16.0，♂11.4；中节♀3.0，♂2.0；前足股节♀22.5，♂25.0；中足股节♀14.5，♂17.0；后足股节♀17.0，♂21.0。

分布：甘肃（康县）。

258. 甘肃短肛䗛 *Baculum gansuense* Chen et Wang，2005（图 263）

Baculum gansuense Chen et Wang，2005，*Insect Fauna of Middle-West Qinling Range and South Mountains of Gansu Province*. 97.

雄性：体长 145mm。大型。体黄褐色，头背中央、触角基部 2 节以及眼后为褐色。头椭圆形，后头具 3 纵沟；眼间无或具小型锥角 1 对；近头顶中央具小形凹窝 1 对；触角第 1 节长约为第 2 节的 3 倍，第 3 节略长于第 1 节。前胸背板矩形，中央凹入，具十字形沟痕，横沟较凹入，不达侧缘；中、后胸后侧稍加宽，侧面具刻点与细皱，中胸背板略短于后胸背板（含中节）；中节短，亚梯形。3 对足细长，股节具不规则浅斑，前股节远长于中、后

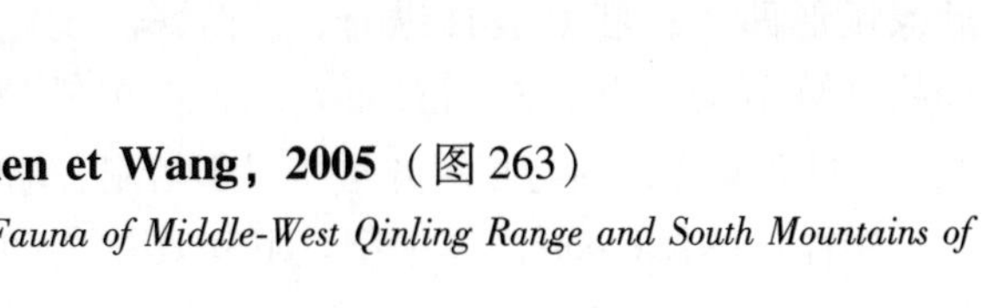

图 263　甘肃短肛䗛 *Baculum gansuense* Chen et Wang，♂
腹端侧观

股节，背纵脊自基至中部约11～12枚小齿，中、后股节背内脊近基部具2～3枚小齿，腹面3脊各具1列细齿，胫节腹面仅内、中脊具成列细齿。腹部圆筒形，第8节后端与第9节稍加宽，臀节变窄，屋脊状，与第8腹节约等长，较长于第9节，侧端叶较尖窄；下生殖板不超过第9节端部，腹面具纵脊，端部稍开裂；尾须扁尖，略超过腹端。

雌性：未知。

体各部分长度（mm）：体长145.0；前胸背板5.0；中胸背板29.0；后胸背板（含中节）30.5；中节4.6；前足股节51.0；中足股节31.5；后足股节36.0。

分布：甘肃（文县）。

259. 文县短肛蛸 *Baculum wenxianense* Chen et Wang，2005（图264）

Baculum wenxianense Chen et Wang，2005，*Insect Fauna of Middle-West Qinling Range and South Mountains of Gansu Province*，98.

雌性：体长130mm。大型。体光滑。褐色。头宽卵形，眼间隆起，具短角刺1对，眼后具纵纹；触角分节明显，16节，第1节扁宽，约为第2节长的3.5倍。前胸背板具十字形沟痕，横沟近中央，中胸后侧加宽，中胸约与后胸（含中节）等长；中节横形。前股节长，中、后股节近基部背内脊1齿，与之相对位置，内、外腹脊各具1齿，腹中脊端部约3齿，胫节腹内与中脊具少量刺。第7腹板具1短中突；腹端3节略呈屋脊状，臀节略长于第9腹节，具纵脊，后缘弧形凹入；肛上板具纵脊，稍超过臀节侧端叶；腹瓣舟形，端尖，具2侧脊，约与腹端齐平；尾须短扁，略超过腹端。

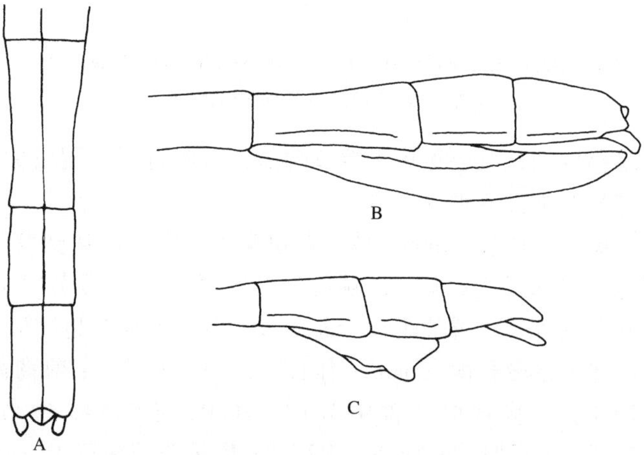

图264 文县短肛蛸 *Baculum wenxianense* Chen et Wang，♀♂
A. 雌性腹端背观 B. 雌性腹端侧观 C. 雄性腹端侧观

雄性：体长85mm。体中型。眼间具粗角刺1对；触角14节。前股节背内脊具1列小齿，中、后股节背内脊近基部具1小齿，腹中脊具1列细齿，胫节腹面内与中脊各有1列细齿。臀节端部尖三角形；下生殖板兜形，端部开裂，伸达臀节基部；尾细稍超过腹端。

体各部分长度（mm）：体长♀130.0，♂85.0；前胸背板♀5.0，♂3.0；中胸背板♀25.0，♂16.2；后胸背板（含中节）♀26.0，♂17.0；中节♀2.2，♂1.8；前足股节♀38.0，♂31.0；中足股节♀22.0，♂19.0；后足股节♀26.0，♂22.0。

分布：甘肃（文县）。

260. 小刺短肛蛸 *Baculum spinulosum* Chen et Wang，2005（图265）

Baculum spinulosum Chen et Wang，2005，*Insect Fauna of Middle-West Qinling Range and South Mountains of Gansu Province*. 99.

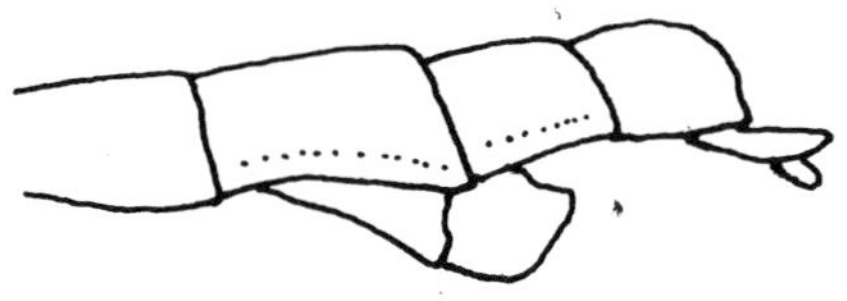

图 265　小刺短肛䗛 *Baculum spinulosum* Chen et Wang，♂ 腹端侧观

雄性：体长 79mm。中型。体光滑。黄褐色。头卵形，眼后具褐色纵纹，眼间具 1 对小刺形角突；触角分节明显，14 节，第 1 节扁长，约为第 2 节的 3 倍。前胸背板近梯形，中央具十字形沟痕，横沟位中央稍后方；中胸与后胸（含中节）等长；中节横宽。3 对足细长，前股节背内脊具 9 ~ 10 细齿 1 列，中、后股节无刺齿，胫节仅腹中与外脊具若干小刺。腹部圆筒形，第 8 节至第 9 节膨大，与臀节呈屋脊状，臀节宽短，略长于第 9 腹节，后缘几成直角下切；下生殖板兜形，伸达第 9 节中后方；尾须扁长，明显超过腹端。

雌性：未知。

体各部分长度（mm）：体长 79.0；前胸背板 3.0；中胸背板 16.0；后胸背板（含中节）16.0；中节 2.4；前足股节 29.0；中足股节 19.0；后足股节 24.0。

分布：甘肃（文县）。

261. 基氏短肛䗛 *Baculum perfida* Giglio-Tos，1914

Baculum perfida Giglio-Tos，1914，XXXI *Orthoptera*，*Rec. Indian Mus.*，8：419.

雌性：体长 110mm。体大。体披密粒突。浅棕色。后头窄，头顶散披稀粒突，触角间有 2 短扁角；触角短，第 1 节宽叶状，鞭节与头和前胸背板之和等长。前股节背与腹面具锯齿，中股节腹面近基部具钝三角形叶齿，其前端 2 枚刺，中脊端 4 枚齿，背脊中部 3 ~ 4 枚刺，后股节基部腹面无叶齿，中脊端部 4 枚齿，内脊 5 ~ 6 枚刺，外脊 3 ~ 5 枚刺，背中脊端 4 枚刺，前胫节背面基部 1 枚刺，中胫节基背面中脊有三角形叶齿，其前端也有 2 枚刺，但腹面无刺，中脊仅在基部隆起，后胫节背面 6 枚小刺，腹面无刺，中脊基部隆起。腹部第 7 节腹面后缘具扁形三角形中突；臀节端部呈宽双叶状，中央角形凹入；肛上板小形，端部截状且具脊；腹瓣扁舟形，端具脊，不超过腹端；尾须短，锥状。

雄性：未知。

体各部分长度（mm）：体长 110.0；前胸背板 4.0；中胸背板 21.0；后胸背板（含中节）18.0；中节 4.0；前足股节 33.0；中足股节 20.0；后足股节 25.0。

分布：西藏。

262. 藏短肛䗛 *Baculum rotungina* Giglio-Tos，1914

Baculum rotungina Giglio-Tos，1914，XXXI *Orthoptera*，*Rec. Indian Mus.*，8：418.

雌性：体长 50mm。较小。体细长。浅黄色。头稍扁，后侧窄，头顶灰色，触角内侧 2 脊分叉，两眼间具横脊；触角短，稍长于头与前胸背板之和，端节略呈暗色。前胸背板光滑，后缘两侧中央具黑色细线，其两侧和后角披褐色小瘤，中胸和后胸背板光滑，中、后胸侧板与足基节间为暗色，中、后胸腹板具很小粒突。前股节基背面有 4 枚小黑刺，小刺中部和前端为暗棕色，中股节稍内弯，与中胸背板约等长，背脊不明显膨大，其腹面两侧具淡褐色小刺，后股节构造与中股节相似，各胫节腹面两侧具稍分离的褐色小刺。臀节端部截状，略具凹缘，中央具三角形肛上板；腹瓣细长且扁，具脊，超过腹端；尾须短，尖锥形，与肛上板约等长。

雄性：未知。

体各部分长度（mm）：体长 50.0；前胸背板 2.0；中胸背板 11.0；后胸背板（含中节）7.0；中节 2.0；前足股节 17.0；中足股节 11.5；后足股节 13.5。

分布：西藏。

263. 天台短肛蛸 *Baculum tiantaiense* Zhou，1997

Baculum tiantaiensis Zhou，1997，*Wuyi Sci. J.*，13：6.

雌性：体长 78mm。中型。体光滑，中胸背板披稀疏的细颗粒突起。体绿褐色。头黄绿色，光滑，椭圆形，长于前胸，后头稍隆起，略宽于前胸；触角短，长约为前足股节的3/7，分节明显，23 节，第 1 节长方形，宽扁；端宽基狭，长大于宽的 2 倍，背中脊弱，第 2 节短，圆筒形，长约第 1 节的 1/4，第 3 节约为第 2 节长的 2 倍，端节稍短于第 1 节；眼小，半圆形，外突；两眼之间具浓黑的横条纹，无角突。前胸背板亚梯形，长大于宽，端部较狭缩，中央有十字形沟纹，横沟明显，不伸达侧缘，背中脊弱；中胸背板后侧略增粗，绿褐色，背中脊两侧各具 1 条淡色纵纹，后胸背板稍宽于中胸，背中脊两侧的淡色纵纹宽；中节甚短，长与宽约相等，无背中脊。腹部略长于头与胸部之和，具背中脊，第 10 节背板稍长于第 9 节背板，端部 1/3 黑色，中央呈三角形凹入，两侧叶端缘弧形；肛上板呈三角形，后缘平直，短于第 10 节背板两侧叶；腹瓣长，舟形，端缘较钝，伸达第 10 节末端水平处，端部 1/3 黑色；尾须短，圆锥形，端部尖，不超过第 10 节背板侧叶。

雄性：未知。

体各部分长度（mm）：体长 78.0；前胸背板 3.0；中胸背板 16.0；后胸背板 13.5；中节 2.5；前足股节 28.0；中足股节 19.0；后足股节 24.0。

卵：长约 3mm，高约 1mm。近似长方形，表面凹凸不平；黑褐色，具淡色条纹散布的小斑；卵孔板桃形，卵孔位于中央稍后方，卵盖平。

分布：浙江（天台山）。

264. 武夷山短肛蛸 *Baculum wuyishanense* Chen，1999（图 266）

Baculum wuyishanense Chen，1999，*Fauna of Insects*，*Fujian Prov. of China*. Vol. 1：72.

雄性：体长约 100mm。体大。杆状且光滑。体褐色，眼后各具 2 条粗细不等的黑纹，触角基部 2 节黄色，中胸背板黑色，近后端黄色，后胸背板黑色，沿纵中脊侧方具 2 条黄色纵纹，中、后胸腹面中央具黄色纵纹，腹部第 8～9 节后半部浅黄色。头长卵形，后侧较窄，后头处具 1 纵沟 2 侧沟，形成 4 个小瘤突；复眼半球形，眼间具甚小瘤突 1 对；触角 24 节，约伸达前足股节端部，第 1 节扁长，具纵脊，第 2 节短柱形，约为第 1 节长的 1/3.5，第 3 节略短于基部 2 节之和。前胸背板亚梯形，中央具十字形沟纹，横沟位于中央，其前方两侧浅凹；胸、腹部背中脊明显，中胸背板长于后胸背板（含中节）；中节长大于宽，约为后胸长的 1/5。3 对足细长，中足股节前伸长于头端，后足股节约伸达第 6

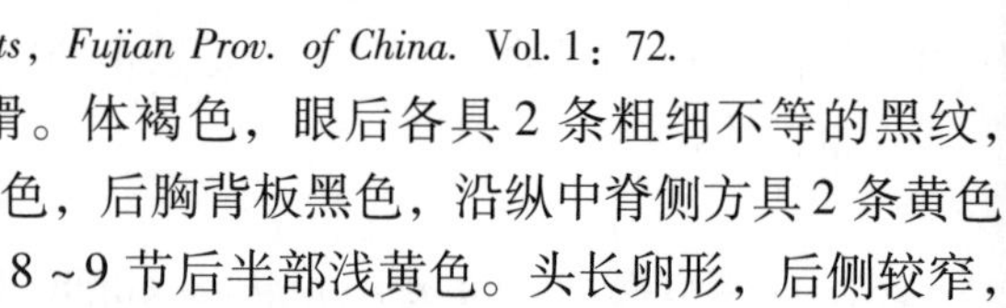

图 266　武夷山短肛蛸 *Baculum wuyishanense* Chen，♂
腹端侧观

腹节端部。腹部圆筒形，以第4~5节最长，两者约等长，腹端3节膨大，屋脊状，臀节约与第8节等长，并长于第9节，臀节分裂成两叶，端半部窄，稍向下弧弯；下生殖板兜状，具纵脊，端略尖，伸达臀节基部；尾须短，略内弯。

雌性：未知。

体各部分长度（mm）：体长100.0；中胸背板22.0；后胸背板（含中节）18.5；中节3.0；前足股节43.0；中足股节29.0；后足股节36.0。

分布：福建（武夷山）。

（四十四）拟短肛䗛属 *Parabaculum* Brock，1999

模式种：*Parabaculum pendleburyi* Brock，1999

本属与短肛䗛属 *Baculum* 十分近似。两性体形均细长。头长约为宽的2倍，触角短。前胸短于头部，中胸长，后胸短。股节具脊，前股节无锯齿，两性中、后股节有小端刺。雌臀节端部三角形凹入，雄性则分裂成两叶，尾须甚短，隐藏于臀节下。

本属分布于东洋区，我国已知1种。

265. 巫山拟短肛䗛 *Parabaculum wushanense*（Chen et He，1997）comb. nov.（图267）

Baculum wushanense Chen et He，1997，*Insects of the Three Gorge Reservoir Area of Yangtze River*. 116.

Baculum bifasciatum Chen et He，1997，*Insects of the Three Gorge Reservoir Area of Yangtze River*. 117. syn. nov.

雌性：体长96mm。体较大。杆状。体光滑，背中央具中脊。褐色。头椭圆形，背面几不隆起，略长于前胸背板；眼间无锥突，后头无沟；眼半球形，外突；触角分节明显，22节，约伸达前足股节的1/3处，第1节扁宽，具中脊；第2节短柱状；第3节短于第1节。前胸背板亚长方形，背中央具十字形沟纹，横沟不伸达侧缘；中胸后侧与后胸两端加宽；中节横宽，1对新月形凹窝位于后半部。足细长（后足断失），前足股节无齿叶；中足股节腹中脊端部具3~4枚小齿。腹部长筒形，端部3节屋脊状，以第8节最长，臀节次之；臀节后缘内切，略凹入；肛上板不超过侧叶端部；腹瓣舟形，不超过腹端，近端处具背脊；尾须几伸达腹端。

雄性：体长65mm。体中型。细杆状。黄褐色。中、后胸至腹部前数节侧缘有黄褐两色相间纵带。头椭圆形，光滑，略长于前胸背板；触角分节明显，21节，明显超过前足股节中央；眼间稍隆起，无角刺；后头稍收缩，具5条纵沟。前胸背板近似长方形，背面具十字形沟纹，横沟不伸达侧缘，中、后胸背板具细密横皱并具纵脊与侧脊；中节长大于宽，1对新月形凹窝位于后方。3对足细长，中、后足股节腹中脊端部具3~4枚小齿，胫节光滑具整齐细毛。腹部圆筒形，第8腹节侧扁，第9腹节端部稍加粗，臀节长于前节，端部裂开，背面微弧形，后缘几呈截状；下生殖板隆起状，端部裂开，伸达第9腹节端部；尾须甚短，稍内弯，不超过腹端。

体各部分长度（mm）：体长♀96.0，♂65.0；前胸背板♀3.0，♂2.2；中胸背板♀19.2，♂12.4；后胸背板（含中节）♀15.2，♂11.2；中节♀2.6，♂2.0；前足股节♀28.5，♂25.0；中足股节♀16.5，♂16.5；后足股节♀（缺失），♂20.0。

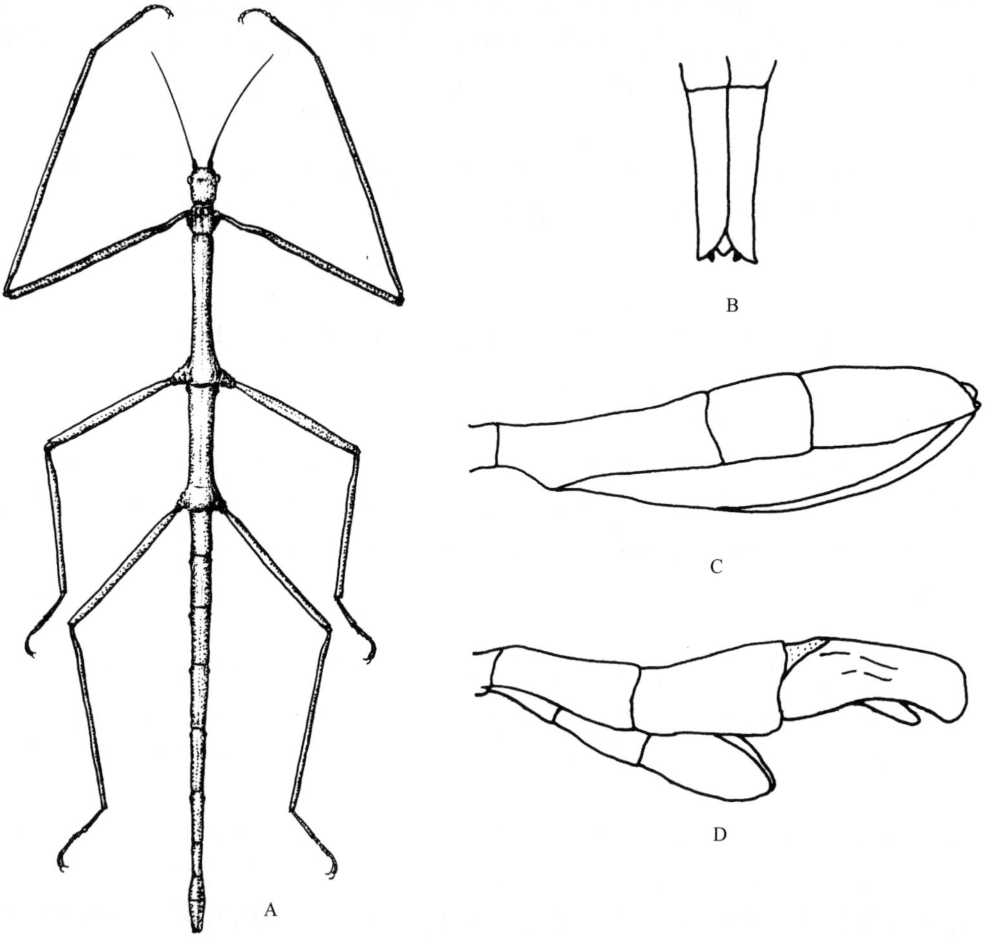

图 267　巫山拟短肛䗛 *Parabaculum wushanense*（Chen et He），♀♂
A. 雌性整体　B. 雌性腹端背观　C. 雌性腹端侧观　D. 雄性腹端侧观

卵：长 3.43 mm，宽 0.84 mm，高 1.68mm。较长，两侧扁平，深褐色，背面较凸，中央隆起，腹面平坦，中央凹入，表面具不规则脊，卵盖边缘有短脊。卵孔板椭圆形，位中央稍下方，边缘清楚，卵孔位于其底部，卵孔杯弧形。中线短。

分布：四川（巫山梨子坪、广元），河南（西峡、栾川），陕西（宁强）。

（四十五）长肛䗛属 *Entoria* Stål，1875

模式种：*Entoria denticornis* Stål 1875，designated by Kirby，1904

体细杆状。无翅。眼间具 2 刺、2 叶或无；触角分节明显，短于前足股节。中节远短于后胸背板，长宽约等。足较短，前股节横断面三角形，至少在基背面呈锯齿状，后足股节不超过第 6 腹节。雌臀节后缘凹入，肛上板长，与臀节背板分离；腹瓣与肛上板形成喙状；雄虫臀节分裂为两叶；下生殖板和尾须均短。

本属分布于东洋区及日本，我国已知 23 种，主要分布于福建和台湾。

长肛蛸属 *Entoria* Stål 分种检索表（雌性）

1. 前足股节下无锯齿 …… 2
　前足股节下有锯齿 …… 7
2. 臀节后缘"U"形凹入 …… 叶突长肛蛸 *E. laminata* Cai et Liu
　臀节后缘三角形凹入或截状 …… 3
3. 头有2刺或2叶角；腹瓣超过肛上板，若不超过，则臀节背板长于第9节背板 …… 4
　头无刺或叶角；腹瓣不超过肛上板 …… 6
4. 头有2叶角 …… 5
　头有2刺；腹瓣超过肛上板端部 …… 恒春长肛蛸 *E. koshunensis* Shiraki
5. 体较大，130～140mm；3对足较长，前股节齿少 …… 香港长肛蛸 *E. victoria* Brock et Seow-Choen
　体较小，约105mm；3对足较短，前股节齿多 …… 海南长肛蛸 *E. hainanensis* Cai et Liu
6. 前股节上无锯齿；臀节明显长于第9背板 …… 裸长肛蛸 *E. nuda* Brunner
　前股节基上方有锯齿；臀节背板约与第9背板等长 …… 石垣长肛蛸 *E. ishigakiensis* Shiraki
7. 头有2叶角 …… 8
　头有2刺 …… 10
8. 臀节背板侧缘斜直 …… 9
　臀节背板侧缘波形 …… 武夷长肛蛸 *E. wuyiensis* Cai et Liu
9. 臀节后缘三角形凹入；腹瓣不超过肛上板 …… 新竹长肛蛸 *E. shinchikuensis* Shiraki
　臀节后缘"U"形凹入；腹瓣超过肛上板 …… 百山祖长肛蛸 *E. baishanzuensis* Chen et He
10. 中、后足胫节无叶突 …… 11
　中、后足胫节有叶突 …… 14
11. 臀节后缘"U"形凹入 …… 四川长肛蛸 *E. sichuanensis* Cai et Liu
　臀节后缘三角形凹入 …… 12
12. 中足股节无叶突；臀节背板稍凹入 …… 旗山长肛蛸 *E. banshoryoensis* Shiraki
　中足股节具叶突；臀节背板明显凹入 …… 13
13. 中足股节基部有1叶突；臀节背板侧缘明显波形 …… 台北长肛蛸 *E. taihokuensis* Shiraki
　中足股节基部有1对叶突；臀节背板侧缘斜直 …… 福州长肛蛸 *E. fuzhouensis* Cai et Liu
14. 中足股节下有叶突 …… 15
　中足股节下无明显叶突 …… 基隆长肛蛸 *E. kiirunensis* Shiraki
15. 腹瓣超过肛上板端部 …… 16
　腹瓣不超过肛上板端部 …… 17
16. 中足股节有1对明显的亚基叶突；臀节背板截状；肛上板端部渐窄尖 …… 台东长肛蛸 *E. taitoensis* Shiraki
　中足股节后有1小齿；臀节背板三角形凹入；肛上板端部骤窄 …… 长瓣长肛蛸 *E. longiopercula* Shiraki
17. 中、后足股节上无齿、刺 …… 打狗长肛蛸 *E. takaoensis* Shiraki
　中、后足股节上有刺 …… 18
18. 臀节背板后缘略凹入 …… 铜门长肛蛸 *E. domonensis* Shiraki
　臀节背板后缘三角形凹入 …… 台湾长肛蛸 *E. formosana* Shiraki

长肛蛸属 *Entoria* Stål 分种检索表（雄性）

1. 头有2小瘤或刺 …… 2

头无小瘤或小刺 …………………………………………………………………… 4
2. 头有 2 小刺 …………………………………………………………………… 3
头有 2 小瘤 …………………………… 双突长肛蝻 *E. bitubercalata* Bi
3. 头侧面具黑纹 ………………………… 恒春长肛蝻 *E. koshunensis* Shiraki
头侧面无黑纹 ……………………… 香港长肛蝻 *E. victoria* Brock et Seow-Choen
4. 中胸至腹端具黄纵纹 …………………………………………………………… 5
中胸至腹端无黄纵纹 …………………………………………………………… 6
5. 大型，体长 104mm；股节端部黑色 ……………………… 细窄长肛蝻 *E. gracilis* Bi
中型，体长 70mm；股节端部非黑色 ……………………… 小长肛蝻 *E. humilis* Bi
6. 前胸背板横沟位于中后方 ……………………………… 裸长肛蝻 *E. nuda* Brunner
前胸背板横沟位于中央或其前 …………………………………………………… 7
7. 3 对足股节具黄斑 ……………………… 百山祖长肛蝻 *E. baishanzuensis* Chen et He
3 对足股节无黄斑 ……………………………………………………………… 8
8. 第 9 节背板与第 8 腹节约等长 ………………………………………………… 9
第 9 节背板明显短于第 8 腹节 ………………………………………………… 11
9. 第 9 节腹板明显长于第 8 腹节背板之半 ……………………………………… 10
第 9 节腹板明显短于第 8 腹节背板之半 ……………… 台东长肛蝻 *E. taitoensis* Shiraki
10. 触角第 1 节长约为宽的 2.5 倍 ……………… 石垣长肛蝻 *E. ishigakiensis* Shiraki
触角第 1 节长约为宽的 2 倍 ………………… 基隆长肛蝻 *E. kiirunensis* Shiraki
11. 体强烈线形；触角超过前足股节端部 ………………………………………… 12
体中度线形；触角不超过前足股节端部 ……………… 福建长肛蝻 *E. fujianensis* Cai et Liu
12. 中节 1 对新月形凹窝明显位于中后方 ………………………………………… 13
中节 1 对新月形凹窝位于中央 ………………… 台北长肛蝻 *E. taihokuensis* Shiraki
13. 头后方显著变窄 ……………………… 新竹长肛蝻 *E. shinchikuensis* Shiraki
头后方略窄 …………………………… 台湾长肛蝻 *E. formosana* Shiraki

266. 香港长肛蝻 *Entoria victoria* Brock et Seow-Choen，2000（图 268）

Entoria victoria Brock et Seow-Choen，2000，*Serangga*. 5（1）：134.

雌性：体长 130～140mm。雌性浅褐色，较光滑，头部，前胸背板浅黄色，带纹延伸至腹端；臀节深棕色，足黑色，但股节大部分为红棕色。头长于宽，略圆，头顶眼间有 1 对触角，触角明显短于前足股节，第 1 节宽，叶状，第 2 节短，但宽于其他节。前胸背板光滑，短于头部，中央凹入有脊，中胸背板长约为前胸背板的 5.5 倍，后胸背板稍短于中胸背板。足长，前股节有 1 列短齿，在中部以后齿小，前胫节背面有 2 尖突；中股节基部 1/4 处前与后有 1 大的叶突；中足胫节基部 1/3 处有 1 三角形叶突，各股节有成对端刺，后股节基部前下方有 1 叶突；后足胫节在端部 1/4 处背面有尖叶突。第 2 腹节长于中节，其后节也加长，第 8 节缩短，第 9 节与臀节短，臀节端部窄，中央凹入；肛上板窄长，且尖；腹瓣细长，伸达腹瓣端部；尾须短，端尖。

雄性：体长 100～114mm。深黑色。头稍长于前胸，有 1 对小刺；触角略超过前股节端部，基部 2 节浅黄色。前胸背板横沟位于前方 1/3 处，中胸背板长约为前胸背板的 9 倍，后胸背板略短于中胸背板。足长，光滑，各股节端有黑带，股节有成对端刺，中、后股节端部稍宽，有 4 个亚端刺。腹部细长，第 2～8 节长度相仿，第 8 节短于第 7 节之半，臀节略圆，

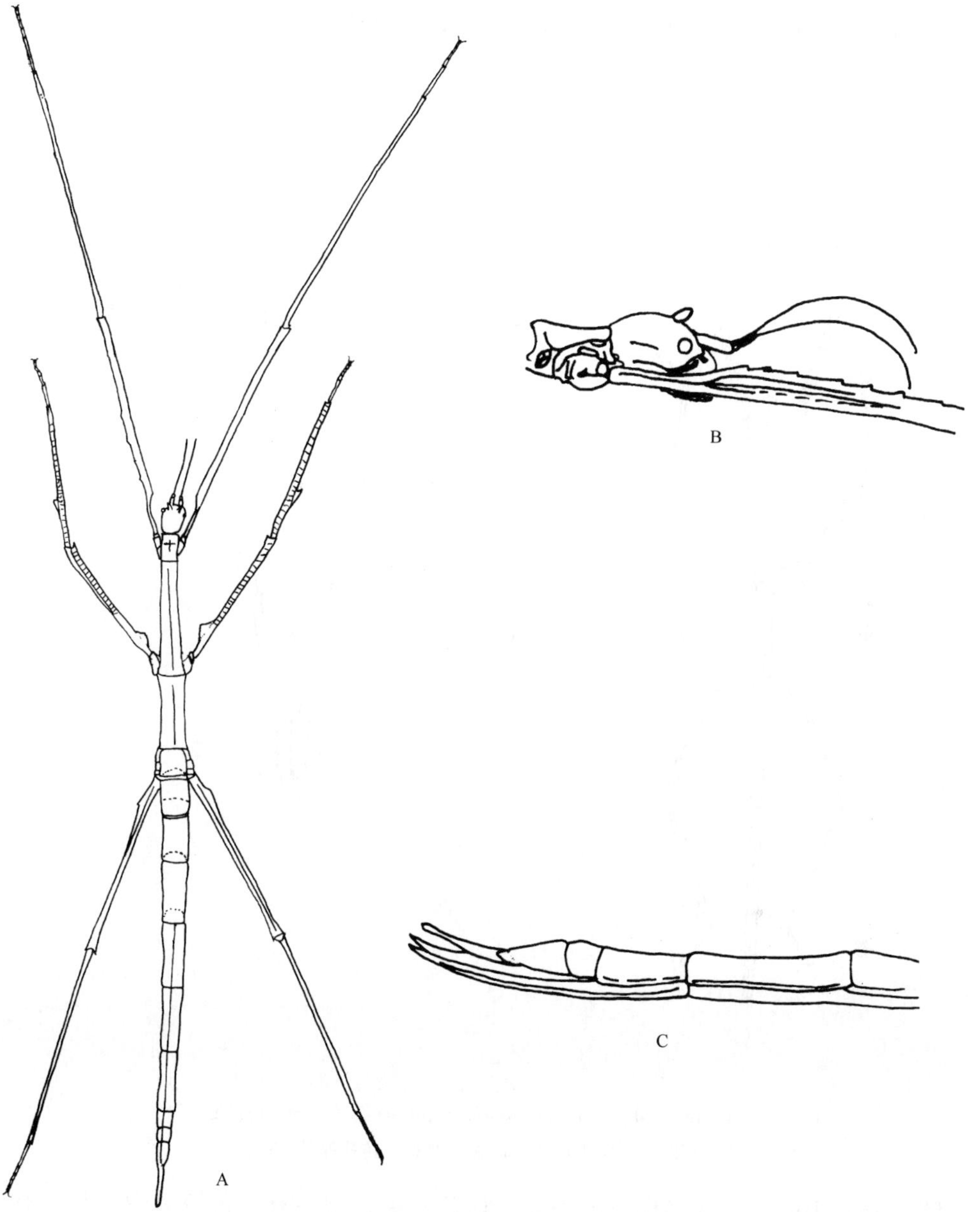

图 268　香港长肛蝌 *Entoria victoria* Brock et Seow-Choen，♀
A. 整体　B. 头部侧观　C. 腹端侧观（仿 Brock et Seow-Choen）

约与第 8 节等长，分裂成 2 叶；下生殖板宽，端圆，伸达第 9 节端部；尾须短，端圆。

体各部分长度（mm）：体长 ♀130.0～140.0，♂100.0～114.0；中胸背板 ♀22.0～24.0，♂25.0；后胸背板（含中节）♀24.0，♂24.0；前足股节 ♀40.0～46.0，♂52.0；中足股节 ♀28.0～29.0，♂33.0；后足股节 ♀33.0～37.0，♂41.0。

分布：香港。

267. 海南长肛蛸 *Entoria hainanensis* Cai et Liu，1990（图 269）

Entoria hainanensis Cai et Liu，1990，*Oriental Insects. Vol.* 24：418.

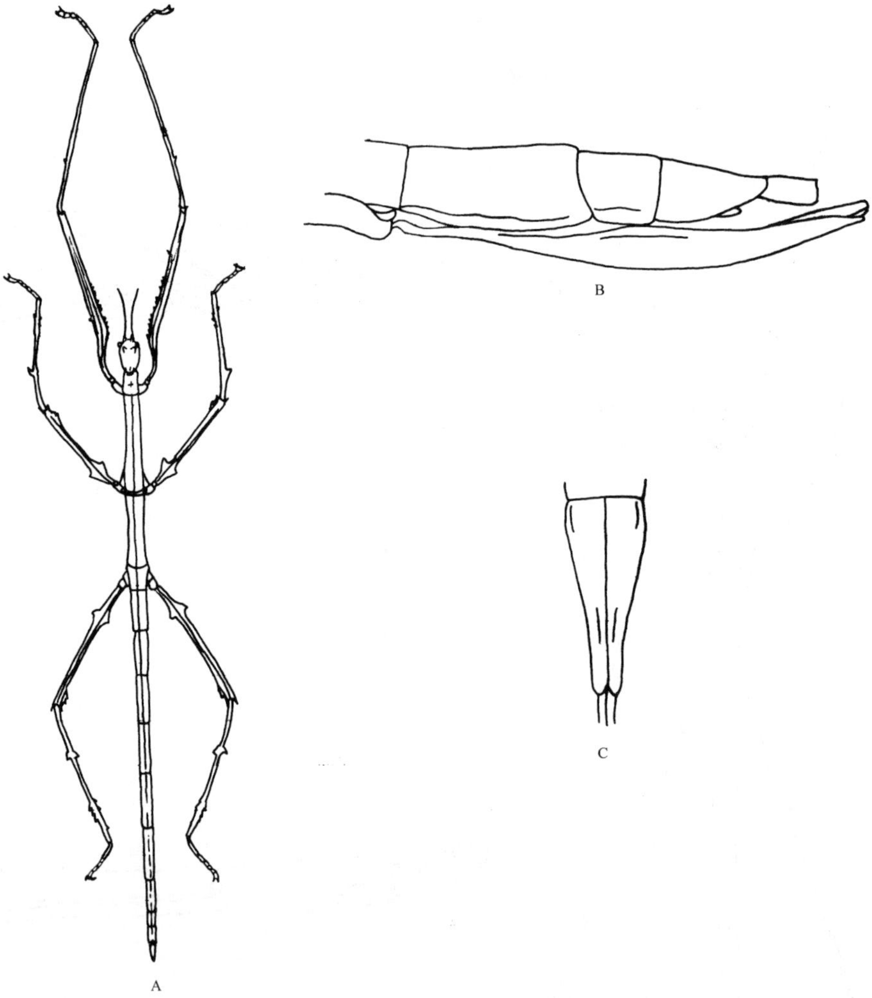

图 269　海南长肛蛸 *Entoria hainanensis* Cai et Liu，♀
A. 整体　B. 腹端侧观　C. 臀节背观（仿蔡保灵，刘胜利）

雌性：体长 105mm。体深棕色。头部有稀疏粒突，后头有 5 条短纵沟，并生有 1 对叶突，背脊明显；触角伸达前股节中部，具细毛，26 节，第 1 节扁呈椭圆形，第 2 节呈圆柱形，前窄，第 3 节长大于宽。前胸背板矩形，约为头长的 0.6 倍，中央具十字形沟痕，中、后胸圆筒形，具中纵脊；中节长宽约等。前股节背脊基半部有齿，腹外脊有 1 尖齿，前胫节近基部背脊有 1 小叶，中足股节内外腹脊有 1 对亚基叶，胫节也有 1 对叶突，腹中脊有 3 ~ 4 个叶齿，后股节基部处腹外脊有 1 齿，腹中脊有 3 端齿；后胫节背脊有 1 叶，近基部腹内脊有 1 ~ 2 叶，背脊近端部有 3 叶，腹内脊有 2 叶，腹中脊有 3 端刺。腹部圆筒形，向端部渐窄；第 8、9 与臀节之比约为 2. 3∶1∶1. 5；臀节后缘有深的三角形凹缘，侧端叶亚三角形，侧缘斜切；腹瓣光滑，具纵脊，产卵器超过腹瓣；略见尾须。

雄性：未知。

体各部分长度（mm）：体长 105. 0；前胸背板 3. 3；中胸背板 18. 0；后胸背板（含中节）

16.0；中节3.0；前足股节32.0；中足股节20.9；后足股节25.5。

分布：海南（海口），香港。

268. 四川长肛䗛 *Entoria sichuanensis* Cai et Liu，1990（图270）

Entoria sichuanensis Cai et Liu，1990，*Oriental Insects. Vol.* 24：420.

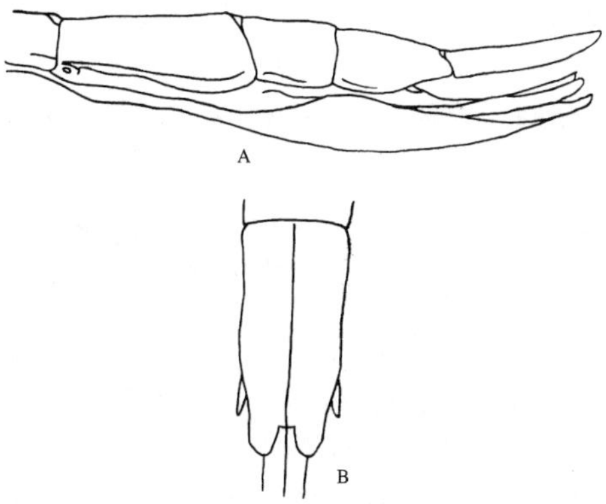

图270　四川长肛䗛 *Entoria sichuanensis* Cai et Liu，♀
A. 腹端侧观　B. 臀节背观（仿蔡保灵，刘胜利）

雌性：体长118mm。体上有规则斑纹。褐色。头椭圆形，后侧稍窄，眼间有2刺；触角第1节扁，椭圆形，第2节短，圆柱形。前胸背板梯形，约为头长的0.7倍，其前缘稍凹入；中横沟短，位中央；中、后胸后侧加粗，后胸中央处窄；中节长宽约等。中、后股节在背外脊具明显齿，中股节基背脊有较大刺，其腹和外脊有1对三角形叶突；胫节基部背脊有1叶，后足股节无显著叶突，其胫节腹内脊有4~7枚刺。腹部圆筒状，第8、9与臀节之比约为2.1∶1∶1.5；臀节后缘有“U”形凹缘，后缘斜切；腹瓣不超过肛上板端部，端半部有皱纹，产卵器短于腹瓣；尾须短，似叶状，具毛，端部略膨大。

雄性：未知。

体各部分长度（mm）：体长118.0；前胸背板4.0；中胸背板20.8；后胸背板（含中节）17.0；中节4.0；前足股节38.0；中足股节26.5；后足股节33.0。

分布：四川（成都）。

269. 旗山长肛䗛 *Entoria banshoryoensis* Shiraki，1935（图271）

Entoria banshoryoensis Shiraki，1935，*Mem. Fac. Sci. Agri.*，14：40.

雌性：体长110mm。头部强烈收缩，头顶有1对明显的角刺，略短于眼径；后头有3深沟；复眼小且圆，中央有1黑纵纹；触角超过前腹节长的2/3，第1节膨大，第2节稍短于第3节；下唇须细，第1节约为第2节长的2/3，第3节明显长于第2节；下颚须较细于下唇须，第3与4节等长，第5节稍长于第2节。前胸背板有少量粒突；中节长宽约等，小于后胸的1/3，其中前方有新月形凹窝。足较短，前股节基部2/3处背腹脊有齿列，但腹面齿较小；中、后足股节背面无齿，但腹面有1~2个不明显的端齿。腹部长，第5节与第6节等长，臀节稍长于第9节，约为第8节长的1/2，其后缘有凹缘，侧后叶波状，端叶呈三角形；肛上板很长，尖细，明显短于臀节与第9节之和或第8节；腹瓣细长，舟形，约与腹端4节等长，但不超过肛上板端部，产卵器伸出腹瓣外，但短于肛上板端部。

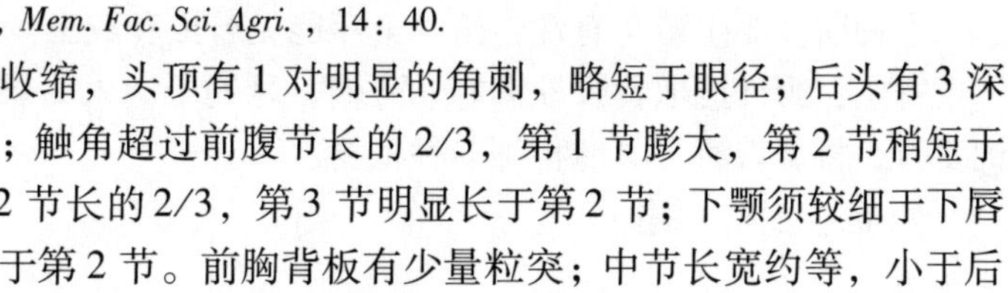

图271　旗山长肛䗛 *Entoria banshoryoensis* Shiraki，♀
A. 腹端侧观　B. 臀节背观（仿Shiraki）

雄性：未知。

体各部分长度（mm）：体长 110.0；前胸背板 4.0；中胸背板 19.0；后胸背板（含中节）15.4；中节 3.4；前足股节 32.5；中足股节 19.5；后足股节 25.0。

分布：台湾；日本。

270. 铜门长肛蝌 *Entoria domonensis* Shiraki，1935（图 272）

Entoria domonensis Shiraki，1935，*Mem. Fac. Sci. Agri.*，14：53.

雌性体长 75～140mm，雄性 68～82mm。本种与台湾长肛蝌 *E. formosana* Shiraki 极相似，但其中股节具背叶，中节新月形凹窝位于中前方。头侧黑色，有 2 灰色纵纹，头顶 2 角刺较短粗；触角超过前股节中部，第 1 节长为宽的 2 倍，在中前方加宽，第 2 节长为第 3 节的 1/2；下唇须扁，第 1 节为第 2 节长的 3/5，明显长于宽，第 2 节近似椭圆形，长为宽的 1.5 倍；下颚须宽与下唇须相仿，第 1 节稍长于第 2 节并与之等宽，第 4 节与第 5 节等长。前胸背板宽，中横沟位中后方，中胸背板长，长约为前胸背板的 4.5 倍，具纵脊与粒突，后胸背板长约为中胸背板的7/9；中节长宽约等，新月形凹窝位于中前方。足较粗壮，前股节齿列位于基部 2/3 处，较明显，背面有端叶；中、后足股节背面非锯齿状，但在内外脊各有 2 齿与 1 齿，中股节腹齿大成叶状，腹面基部有 2 个叶突，后股节外缘有 1 叶。腹部较短，第 5 节与第 6 节等长，臀节约为第 9 节长的 1.5 倍，略有凹缘，具中脊，侧缘非波状，侧叶较圆；腹瓣细长，舟形，不超过肛上板端部；肛上板短于前 2 节之和，为第 9 节长的 2 倍，端部较圆。

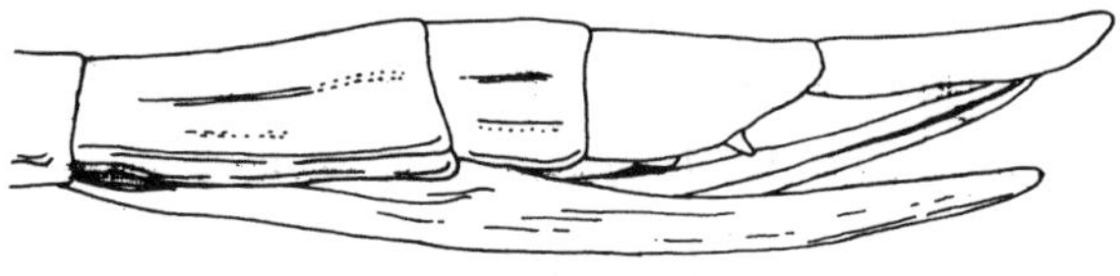

图 272 铜门长肛蝌 *Entoria domonensis* Shiraki，♀ 腹端侧观（仿 Shiraki）

体各部分长度（mm）：体长 140.0；前胸背板 4.2；中胸背板 17.2；后胸背板（含中节）14.0；中节 3.9；前足股节 30.0；中足股节 20.5；后足股节 25.5。

本种营孤雌生殖与有性生殖。全年能见若虫和成虫。

寄主：野外能取食长梗紫麻、野桐、悬钩子。人为饲养条件下，可食蔷薇科、壳斗科、锦葵科、桃金娘科、荨麻科等多种植物。

分布：台湾（铜门）。

271. 台湾长肛蝌 *Entoria formosana* Shiraki，1935（图 273）

Entoria formosana Shiraki，1935，*Mem. Fac. Sci. Agri.*，14：48.

雌性：体长 108～122mm。本种与台北长肛蝌 *E. taihokuensis* Shiraki 相似。头部 1 对角刺短窄且向前倾斜；触角短，超过前足股节中部，第 1 节长为宽的 2 倍，基部较窄，第 2 节短于第 3 节；下唇须较扁，第 1 节短于第 2 节的 1/2，第 2 节中央明显加宽，第 3 节与第 2 节等长；下颚须明显窄于下唇须，第 1 节长宽与第 2 节相似，第 4 节短于第 5 节。前胸背板宽，横沟位于中前方，中胸背板较长，纵脊与侧脊明显，披不规则稀疏粒突，后胸背板（含中节）长约为中胸背板的 4/5，披细疏粒突；中节长为后胸的 1/4，宽略大于长，中央具新月形凹窝。足较粗，前股节齿列与台北长肛蝌相似，但齿叶更大，背面的三角形中叶呈水平状，前股节端部背面有三角形叶突；中、后足股节背面无齿列，但在内外脊有1～2 小

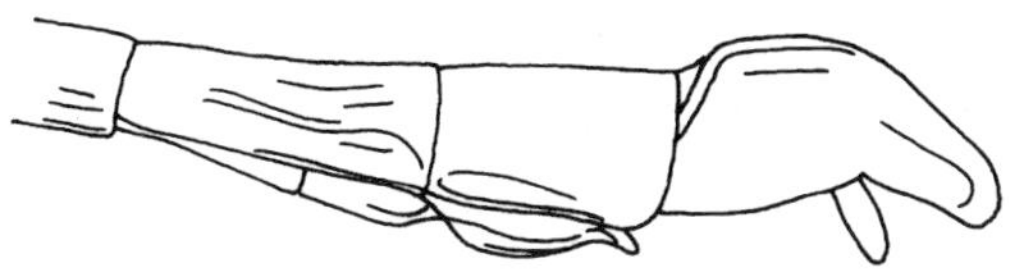

图 273 台湾长肛蝻 *Entoria formosana* Shiraki，♂ 腹端侧观（仿 Shiraki）

齿，中股节腹面 2 叶齿明显，中足胫节腹内脊有稀疏锯齿，近基部背外脊有 1 明显三角形叶突，后胫节基半部背内脊有 2 小叶突。腹部较长，第 5 节略长于第 4 节，臀节长约为第 9 节的 1.5 倍，后缘具三角形凹缘，具中脊，侧缘在中部后略呈弧形，端叶亚三角形；肛上板长，端较圆，短于前 2 节之和，但长于第 9 节的 2 倍；腹瓣细长，舟形，明显短于端部 4 节。

雄性：体长 72～87mm。细杆状。眼后无黑纵纹，头部无角刺，后头处有 3 条纵线；复眼圆突，长约为其后眼区的 1/3；触角第 1 节近似圆柱形，长约为宽的 3 倍；下唇须扁，第 1 节长略大于宽；下颚须明显窄于下唇须，第 1 节与第 2 节等长，第 5 节长约为第 4 节的 1.5 倍。前胸背板后侧加宽，中横沟位于中央稍前方，中、后胸背板具纵中脊；中节长约为宽的 2 倍，为后胸背板长的 1/4，新月形凹窝位于中后方。腹部长于头、胸部之和，第 9 节明显短于第 8 节，臀节略长于第 8 节，侧端叶短于基部，端部下弯，内面具齿；下生殖板拱起，不超过第 9 节端部。

体各部分长度（mm）：体长 ♀108.0～122.0，♂72.0～87.0；前胸背板 ♀4.1，♂3.2；中胸背板 ♀20.3，♂18.0；后胸背板（含中节） ♀16.0，♂15.3；前足股节 ♀35.0，♂（缺损）；中足股节 ♀21.3，♂（缺损）；后足股节 ♀28.3，♂29.0。

本种营有性生殖。人工饲养条件下可营孤雌生殖。若虫期 3～4 个月，有世代重叠现象，1 年发生 2～3 代。

寄主：蔷薇科、壳斗科、锦葵科、桃金娘科等。

分布：台湾，香港。

272. 石垣长肛蝻 *Entoria ishigakiensis* Shiraki，1935（图 274）

Entoria ishigakiensis Shiraki，1935，*Mem. Fac. Sci. Agri.*，14：32.

雌性：体长 95～108mm。头长大于宽，明显长于前胸，后头有 3 短纵沟，中央 1 条显著，眼至后缘有 2 条黑线，上面 1 条窄于下面；眼圆，中央有黑色横纹；触角伸达前股节中央，第 1 节扁，长为宽的 2 倍，基部窄，中部宽，端部较厚，侧缘具脊，并有 1 排细毛，中部有纵脊，第 2 节小，略呈圆柱形，端窄，约为第 1 节长的 1/4，第 3 节圆柱形，延长，为第 2 节长的 1.5 倍；下颚须圆柱形，第 2 节甚小，约为第 2 节的长 1/2，后 3 节中的任 1 节长于基部 2 节之和；下唇须扁，第 1 节长宽约等，端略宽，第 3 节多少尖形。前胸背板长为宽的 1.5 倍，横沟位中央，中胸背板后侧稍宽，明显长于后胸背板（含中央），具细中脊；后胸背板两侧平行，长于头与前胸之和，背中央具脊；中节

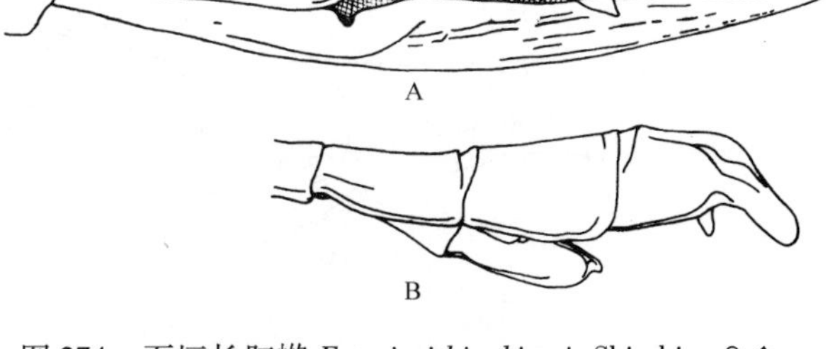

图 274 石垣长肛蝻 *Entoria ishigakiensis* Shiraki，♀♂
A. 雌性腹端侧观 B. 雄性腹端侧观（仿 Shiraki）

长于宽，约为后胸背板长的1/3，中央有明显新月形凹窝。足细长，前股节远长于中、后股节，背内脊基部有2~5枚短齿组成的齿列，中、后股节端部腹中脊有少量小齿。腹部长于头、胸部之和，背中央具细脊，至端部逐渐变窄，成尖形，第2节背板明显长于端部3节中的任1节，第3节约与第9节与臀节之和等长，臀节略长于第9节，中央具三角形凹缘；腹瓣尖长，约与腹端4节之和等长，但不超过肛上板。

雄性：体长80~93mm。体细长。头侧有2暗褐色纵纹，眼突；触角约为前股节长的2/3。前胸背板稍短于头部，长约为宽的2倍，横沟位中央，中胸背板后侧稍宽，后胸背板中央稍窄；中节长，约为宽的1.5倍，中部稍后有1对新月形凹窝。足细长，前股节无齿列。腹端部较宽大，背面具细中脊，第8节与第9节等长，臀节稍长于第8节，基部短三角形，端半部长，分裂成2叶，内侧具细齿；下生殖板约为第9腹板长的1.5倍，与第9背板约等长，拱起，端部窄，略尖，不超过第9节端部；尾须侧扁，多少呈三角形，端部稍钝。

体各部分长度（mm）：体长♀95.0~108.0，♂80.0~93.0；前胸背板♀3.5~4.0，♂3.2~3.5；中胸背板♀10.0~12.0，♂11.8~12.0；后胸背板（含中节）♀13.5~16.0，♂14.5~15.1；前足股节♀26.0~33.0，♂30.0~34.0；中足股节♀16.0~20.0，♂20.0~23.0；后足股节♀19.6~26.0，♂25.6~28.8。

分布：台湾；日本。

273. 基隆长肛蝽 *Entoria kiirunensis* Shiraki，1935（图275）

Entoria kiirunensis Shiraki，1935，*Mem. Fac. Sci. Agri.*，14：45.

雌性：体长126mm。体粗壮。头延长，后侧较窄，眼稍外突，眼间有1对短粗刺；触角第1节长为宽的2倍；下唇须扁，第1节略短于第2节之半，第3节长于第2节，两者几乎等宽；下颚须除端节圆柱形外，较扁，第1节稍长于第2节，第5节约为第3节或第4节长1.5倍。前胸背板较短，长为宽的1.5倍，后侧稍宽，横沟位中央，中胸背板长，有少量粒突，后胸背板较短，粒突稀少；中节短，横形，中后方有1对不明显的新月形凹窝。足较

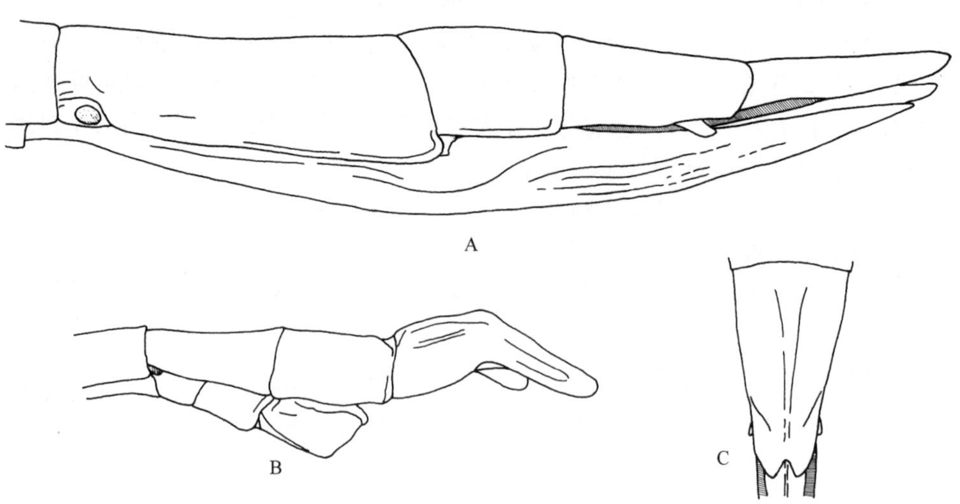

图275 基隆长肛蝽 *Entoria kiirunensis* Shiraki，♀♂
A. 雌性腹端侧观 B. 雄性腹端侧观 C. 雌性臀节背观（仿Shiraki）

长，前股节背面基半部锯齿状，腹面具小齿列，中、后足胫节背面有亚基叶。腹部长，第5节背板稍长于第6节或第7节背板，第9节背板短于第8节背板的1/2，并明显短于臀节，臀节后缘有三角形凹缘，侧端叶斜切；肛上板尖窄，略长于臀节；腹瓣窄长，舟形，端尖，产卵器超过腹瓣，但短于肛上板端部。

雄性：体长83mm。体细长。头无角刺，后侧较窄，背面有3纵沟；眼圆，较大；触角第1节长为宽的2倍，中央膨大，具纵脊，第3节约与第1节等长；下唇须较宽，扁平；下颚须明显窄于下唇须，基部较扁，第1节与第2节约等长，第5节长为第4节的1.5倍。前胸背板较短，中央具横沟，中、后胸较长；中节较长，但小于其宽的2倍，中后方有1对新月形凹窝。腹部第5节与第6节等长，第8背板稍长于第9节，但明显短于第7节，臀节端叶细长，内侧具细齿；下生殖板显著拱形，不超过臀节端部；尾须端部宽圆。

体各部分长度（mm）：体长♀126.0，♂83.0；前胸背板♀5.0，♂3.0；中胸背板♀23.1，♂17.8；后胸背板（含中节）♀16.6，♂14.8；前足股节♀39.0，♂33.7；中足股节♀24.8，♂（缺损）；后足股节♀29.8，♂27.8。

分布：台湾。

274. 恒春长肛蛸 *Entoria koshunensis* Shiraki，1935（图276）

Entoria koshunensis Shiraki，1935，*Mem. Fac. Sci. Agri.*，14：35.

雌性：体长125～134mm。体长杆状，较粗壮。眼间有1对粒突；眼小，长约为其后至头后缘的1/5；下唇须端节与第2节等长。前胸背板明显短于头部，长约为宽的1.5倍，多少具皱纹，中横沟位于中央稍前方。前股节背面基部1/4～1/3锯齿明显，前股节约为中股节长的1.5倍，后股节明显长于中股节，中、后股节腹中脊多少有齿，中足胫节中部前有1～2背齿。腹部长，约为胸部长的2倍，以第5背板最长，第9背板约为第8背板长的1/2，约为臀节长的3/4，臀节端缘三角形凹缘，后侧缘波状；肛上板细长，明显长于第8背板，端尖；腹瓣舟形，略长于端部4节之和，稍超过肛上板端部，产卵器不超过腹瓣；尾须小，略尖。

雄性：体长95～104mm。体远比雌虫细瘦。头侧有2条窄黑纹，头顶有1对较退化的小刺；眼适度外突；下唇须第2节为第1节长的2倍，但短于端节，下颚须第2节稍短于第1

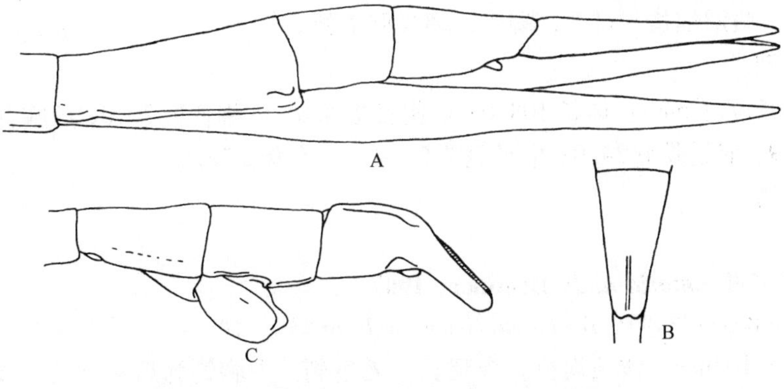

图276　恒春长肛蛸 *Entoria koshunensis* Shiraki，♀♂

A. 雌性腹端侧观　B. 雌性臀节背观　C. 雄性腹端侧观（仿Shiraki）

节，约为端节长的1/2，端节长于第3节。前胸背板后侧加宽，横沟位中央。足细长，股节上无齿列。腹部长于头、胸部之和，第9背板短于第8背板，臀节长，长于第9节的1.5倍，端叶窄长，明显长于基部，内侧有少量齿；下生殖板短，兜形，不超过第9节端部；尾须短，不超过臀节。

体各部分长度（mm）：体长♀125.0~134.0，♂95.0~104.0；前胸背板♀4.9~5.0，♂3.7~3.9；中胸背板♀20.0~20.5，♂17.5~21.0；后胸背板（含中节）♀16.2~16.4，♂15.6~17.8；前足股节♀34.0~37.0，♂36.6~40.0；中足股节♀23.0~23.2，♂24.7~28.0；后足股节♀29.0~30.0，♂31.5~35.0。

据台湾报道，本种卵期1.5~3个月，若虫期3~4个月，成虫全年可见，产卵量在100~200粒。

寄主：木芙蓉、葛藤、蝎子草和壳斗科、野桐属植物等。

分布：台湾。

275. 长瓣长肛䗛 *Entoria longiopercula* Shiraki，1935（图277）

Entoria longiopercula Shiraki，1935，*Mem. Fac. Sci. Agri.*，14：57.

雌性：体长108mm。头后收缩，眼间有1对短刺；眼圆，较大；触角伸达前股节中部，第1节长约为宽的2倍，中央前方加宽，第2节约为第1节长的1/4，第3节约与基部2节之和等长；下唇须稍扁，第1节约为第2节长2/3，第2节略短于端节；下颚须稍窄于下唇须，第1节长为第2节的2倍，第3节短于第2节的3倍，端节明显长于第4节，端部圆。中胸背板长，为前胸背板长的5倍，纵中脊细，披有少量粒突，后胸背板（含中节）长为前胸的4倍，具纵脊与粒突；中节长宽约等，与前胸等长，为后胸长的1/3，中央有1对新月形凹窝。足较长，前股节锯齿情况与台北长肛䗛相似，背面有水平方向的三角形叶突，中股节腹内脊有1小三角形的亚基叶突，端部有较明显腹中齿列，后股节端部有不甚明显的齿列，前足胫节背内脊近基半部中央有1小刺，中、后胫节背内脊有1三角形叶突，其端半部或2/3处腹内脊有疏齿列。腹部较短，第2背板短于端部2节之和，第8背板约与前2节之和等长，臀节稍长于第9节，后缘具三角形凹缘；肛上板略长于臀节，端部细窄；腹瓣细长，舟形，端尖，超过肛上板。

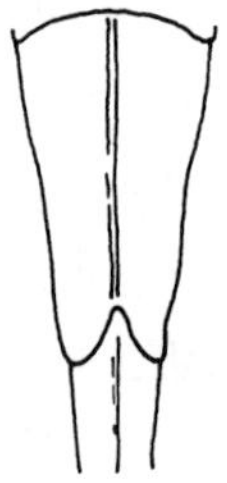

图277 长瓣长肛䗛 *Entoria longiopercula* Shiraki，♀ 臀节背观（仿Shiraki）

雄性：未知。

体各部分长度（mm）：体长108.0；前胸背板4.0；中胸背板20.0；后胸背板（含中节）16.0；中节3.9；前足股节34.0；中足股节22.0；后足股节28.0。

分布：台湾。

276. 裸长肛䗛 *Entoria nuda* Brunner，1907

Entoria nuda Brunner，1907，*Die Insektenfamilie der Phasmiden.*，208.

雌性：体长102mm。浅黄褐色。头延长，无角刺。中胸约为后胸（含中节）长的1.25倍；中节长为后胸长的1/4。前足股节背腹面无齿叶；中、后足股节端部腹中脊有3~4枚小齿，胫节无齿刺。臀节侧端叶短钝；腹瓣与肛上板形成喙状。

雄性：体长 95mm。后胸（含中节）为中胸长的 3/4；中节长为后胸长的 1/5。臀节长，基部分裂，端叶下弯，矛状，端部钝；下生殖板伸达第 9 节端部，略拱起。

体各部分长度（mm）：体长♀102.0，♂95.0；中胸背板♀18.0，♂20.0；后胸背板（含中节）♀14.5，♂15.0；中节♀4.0，♂2.5；前足股节♀29.0，♂37.0；中足股节♀19.0，♂24.0；后足股节♀24.0，♂30.0。

分布：台湾；日本。

277. 新竹长肛蛸 *Entoria shinchikuensis* Shiraki，1935（图 278）

Entoria shinchikuensis Shiraki，1935，*Mem. Fac. Sci. Agri.*，14：43.

雌性：体长约 107mm。头较窄，后侧收缩，后头 3 纵沟，头顶有 1 对显著叶突；眼圆突；触角伸达前足股节中央，第 1 节扁宽，具纵脊，椭圆形，长小于宽的 2 倍，第 2 节较小，长宽相等，约为第 1 节长的 1/4；下唇须较宽，第 1 节约为第 2 节长的 1/2，第 2 节近似椭圆形，约为第 3 节长的 2/3；下颚须基部明显扁平，第 1 节短于第 2 节，第 3 与 4 节等长，端节尖，约为第 4 节长的 2 倍。前胸背板较宽，后侧加宽，中横沟位于中央，纵中脊至后面不明显，中胸背板与后胸背板与台北长肛蛸相似；中节长宽约等，中前方有 1 对新月形凹窝。足细，前股节背腹面有明显齿列，中足股节腹面基部有 1 对叶突，背面有 2 齿，后股节腹外脊有 1 基叶，中、后足股节端部腹中脊齿不明显。腹部较短，第 5 与 6 节等长，臀节长于第 8 节的 1.5 倍，端缘具深的三角形凹缘，腹侧缘稍呈宽弧形，端叶较长，亚三角形；肛上板窄长，约为臀节长的 1.5 倍；腹瓣细长，舟形，明显短于端部 4 节之和；尾须较长，外露。

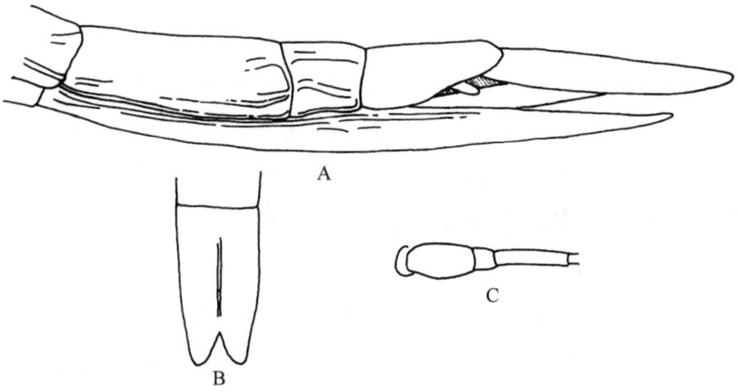

图 278　新竹长肛蛸 *Entoria shinchikuensis* Shiraki，♀
A. 腹端侧观　B. 臀节背观　C. 触角基部（仿 Shiraki）

雄性：体长 90mm。雄虫与台北长肛蛸很相似，但有下述不同：即眼卵形，不强烈外突；触角第 1 节更膨大，略短于第 3 节；下唇须第 2 节约为第 3 节长的 2/3；胸部短，特别是中胸甚短，中节 1 对新月形凹窝位于中央后方；腹部第 6 节与第 7 节背板约等长以及臀节侧端叶较长等。

体各部分长度（mm）：体长♀106.5，♂90.3；前胸背板♀4.0，♂3.0；中胸背板♀19.2，♂18.4；后胸背板（含中节）♀15.3，♂16.1；前足股节♀33.0，♂37.5；中足股节♀20.0，♂25.0；后足股节♀27.5，♂30.5。

分布：台湾。

278. 台北长肛蛸 *Entoria taihokuensis* Shiraki，1935（图 279）

Entoria taihokuensis Shiraki，1935，*Mem. Fac. Sci. Agri.*，14：41.

雌性：体长103mm。头后窄，头顶1对角刺比旗山长肛蛸更粗大；触角刚伸达前足股节中央，第1节长为宽的2倍，中后方加宽，第2节明显短于第3节，第3节长于第4节的2倍；下唇须较扁平，第1节约为第2节长的1/2，但两者等宽，第2节与第3节约等长；下颚须与下唇须约等宽，端节明显长于第4节。前胸、中胸和后胸背板情况与旗山长肛蛸相似；中节宽大于长，约为后胸长的1/4，中前方有1对新月形凹窝。足较粗，前足股节锯齿情况与旗山长肛蛸相似；中、后足股节背面略呈锯齿状，有1对三角形基齿，中股节腹内脊与后股节腹外脊各1齿，腹中脊有细齿，胫节无齿，但后胫节腹内脊略有齿列。腹部较短，第5节与第6节等长，臀节为第9节长的1.5倍，侧端叶大，呈三角形；肛上板窄长，明显短于端部2节之和，或短于第9节的2倍，端尖；腹瓣细长，舟形，明显短于端部4节之和。

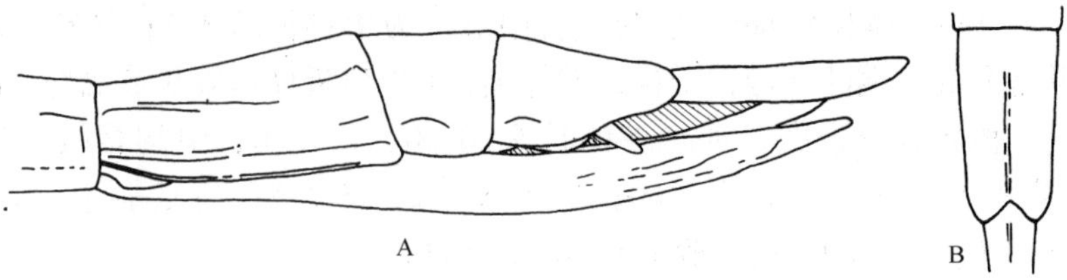

图279 台北长肛蛸 *Entoria taihokuensis* Shiraki，♀
A. 腹端侧观 B. 臀节背观（仿Shiraki）

雄性：体长96mm。体细杆状。头褐或暗褐色，有1对黄色侧线，头背较扁无角刺，后头有3条纵沟；眼圆突，有黑纵带；触角稍超过前股节端部，第1节长约为宽的2.5倍，并短于第3节，第2节长约为第1节的2/7；下唇须较窄且扁，第1节短于第2节之半，第3节稍长于第2节；下颚须长且窄于下唇须，第1节长于第2节，端节明显长于第4节，第3节与第4节等长。前胸背板略呈棕色，两侧平行，横沟位于中央，中、后胸背板暗棕色，侧缘有黄色窄条；中节较长，长大于宽，1对新月形凹窝位中央。3对足细长。腹部棕色，侧缘有黄色窄条，第5节背板明显长于第6节，第9背板略短于第8节，端部截状，臀节略长于第8节，侧端叶短于全长之半，端部向下弯，端内侧具齿；下生殖板兜状，端较尖。

体各部分长度（mm）：体长♀103.0，♂96.0；前胸背板♀4.0，♂3.5；中胸背板♀18.5，♂21.0；后胸背板（含中节）♀14.3，♂17.2；中节♀2.8，♂2.7；前足股节♀30.2，♂41.5；中足股节♀22.3，♂28.2；后足股节♀27.2，♂35.6。

分布：台湾。

279. 台东长肛蛸 *Entoria taitoensis* Shiraki，1935（图280）

Entoria taitoensis Shiraki，1935，*Mem. Fac. Sci. Agri.*，14：54.

雌性：体长114mm。体长。头顶有1对短刺；眼小；触角略超过前股节中部，第1节长为宽的2/3，中前方加宽，第2节短于第3节，第3节约为第4节长的2倍；下唇须很扁，第1节为第2节长之半，第2节长于第3节；下颚须稍扁于下唇须，第1节长于第2节，长小于宽，第3节稍长于基部2节之和。端节明显长于第4节。前胸背板较窄，中横沟位于中前方，披不规则稀疏粒突，后胸（含中节）约为前胸长的3.5倍，侧脊明显，披粒突；中节为后胸长的1/3，长小于宽，中央前方有1对新月形凹窝。足短，前足股节齿列情况与台北长肛蛸相似，背面小形端中叶三角形，中、后足股节无齿列，中足股节腹面有1对亚基叶，中、后足胫节背内脊与腹内脊各有1亚基叶，后足胫节生叶突情况似中足胫节，但明显要小，并且腹面叶突明显小于背面。腹部很长，第 5 腹板稍长于第 4 或第 6 背板，第 9 节约为臀节长的 2/3，第 2 节短于第 8 节，约为中节长的 1.5 倍，臀节后缘不凹入，侧缘略呈弧形；肛上板窄长，侧观似马刀状，并长于臀节；腹瓣长于肛上板，舟形，向端渐窄，呈尖形。

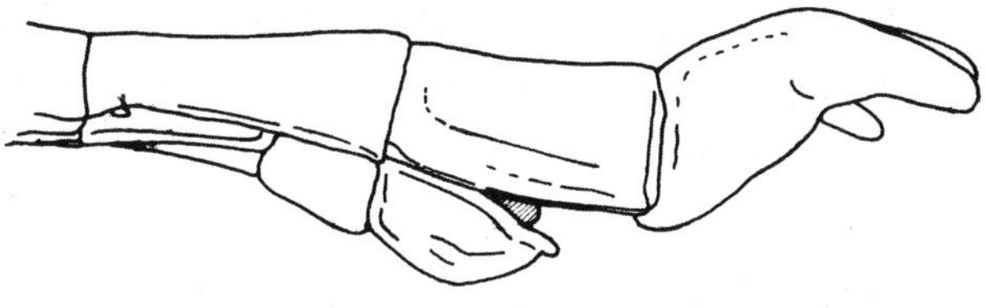

图 280　台东长肛蝌 *Entoria taitoensis* Shiraki，♂ 腹端侧观（仿 Shiraki）

雄性：体长 87mm。头无刺，背面凸，后头具 3 条纵沟；触角短于前股节端部，第 1 节长不到宽的 2 倍，约为第 2 节长的 2 倍，中部宽大，具不明显纵脊，第 3 节与第 1 节等长，为第 4 节长的 2 倍；下颚须基部较扁，第 1 节明显短于第 2 节，第 3 节约为第 2 节长的 0.5 倍，第 4 节为第 1 节长的 2 倍，或为端节长的 5/7；下唇须略宽于下颚须，第 1 节短于第 2 节之半，第 3 节长于第 2 节，略尖。前胸背板长小于宽之半，后半部加宽，中横沟位中央，亚中沟至后缘不清楚，中、后胸背板较长；中节长约为宽的 1.5 倍，中后方具新月形凹窝。腹部远长于头、胸部之和，第 2 背板长于中节的 2/3，与第 8 节等长，第 5 节长于第 6 节，臀节与第 8 节等长，侧端叶稍短于基部，内侧近端部 1/3 处有少量齿；下生殖板强烈拱起，兜状，略超过第 9 节中部；尾须短，端尖。

体各部分长度（mm）：体长 ♀114.0，♂87.0；前胸背板 ♀4.5，♂3.0；中胸背板 ♀20.2，♂18.0；后胸背板（含中节）♀16.8，♂15.0；前足股节 ♀32.8，♂35.0；中足股节 ♀20.7，♂21.5；后足股节 ♀28.0，♂27.0。

分布：台湾。

280. 打狗长肛蝌 *Entoria takaoensis* Shiraki，1935（图 281）

Entoria takaoensis Shiraki，1935，*Mem. Fac. Sci. Agri.*，14：51.

雌性：体长 110mm。头较宽，后侧明显变窄，侧缘略凸；眼较外突；触角长，伸达前股节长的 2/3，第 1 节宽大于长之半，基部收缩，外缘甚凸，第 2 节略短于第 3 节，长稍大于宽，第 3 节与后 2 节之和等长；下唇须较扁，第 1 节小于第 2 节长的 1/3，长约为宽的 2/3，第 2 节长约为宽的 2 倍，中部较宽，第 3 节明显长于第 2 节，两者等宽，至端部渐窄；下颚须稍窄于下唇须，第 1 节明显长于第 2 节，两者等宽，第 3 节长不到第 2 节的 2 倍，与第 4 节等长，第 5 节约为第 4 节长的 2 倍，端部渐窄。前胸背板长为宽的 1.5 倍，至后侧渐加宽，中横沟位于中央，中胸背板短，纵脊不明显，披很稀疏散生粒突，后胸背板（含中节）长于中胸背板的 4/5，纵脊明显，多少有粒突；中节长约为后胸的 1/4，长为宽的 2/3，1 对新月形凹窝位在中央。足生齿情况与台湾长肛蝌基本相似，但其齿列和叶突较小，中、后足股节背面非锯齿状。腹部似台湾长肛蝌，但第 5 背板长于第 6 或第 4 节，第 7 节与第 6 节等长，臀节背板中脊沟状。

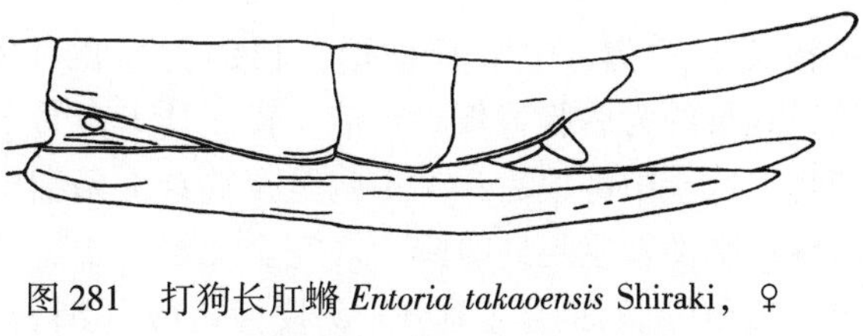

图 281　打狗长肛蝌 *Entoria takaoensis* Shiraki，♀ 腹端侧观（仿 Shiraki）

雄性：未知。

体各部分长度（mm）：体长：110.0；前胸背板 3.8；中胸背板 16.2；后胸背板（含中节）15.0；中节 3.0；前足股节 29.0；中足股节 18.2；后足股节 22.0。

分布：台湾。

281. 双突长肛蝣 *Entoria bituberculata* Bi，1993（图 282）

Entoria bituberculata Bi, 1993, *Animals of Longqi Mountain.* 35.

雄性：体长 85～88mm。体暗黑色，复眼之后各具 2 条粗细不等的黑纹，足黄褐色，中胸和后胸背板侧缘为淡黄色纵条纹，一直延伸至腹部。头长卵形，前宽后狭；复眼半球形，两眼之间偏后有 1 对明显的小突起；触角分节明显，未伸达前足股节的顶端。前胸背板为长方形，略短于头，其横沟位于中部偏后，中隆线形成不规则的中纵沟，中胸与后胸细长，后胸略粗，短于中胸，中节长方形，长大于宽，其长为后胸背板的 1/6，背面具 1 对新月形凹窝，位于中部偏后；从中胸至腹端具 1 条细窄中隆线；着生足处的胸部较膨大。完全无翅。前足股节基部弯曲并具隆线，中、后足股节顶端腹面具 2～3 枚小齿。腹部细长，长于头和胸部之和，腹部第 5 节最长，臀节略长于第 8 节，其背板端部之半具裂缝，两侧叶顶端狭，钝形，外侧具绒毛，内侧具细齿；第 9 节略膨大，短于第 8 节；下生殖板兜形，顶端较尖，腹面基部具隆线，其长刚达臀基部；尾须扁柱形，顶端钝。

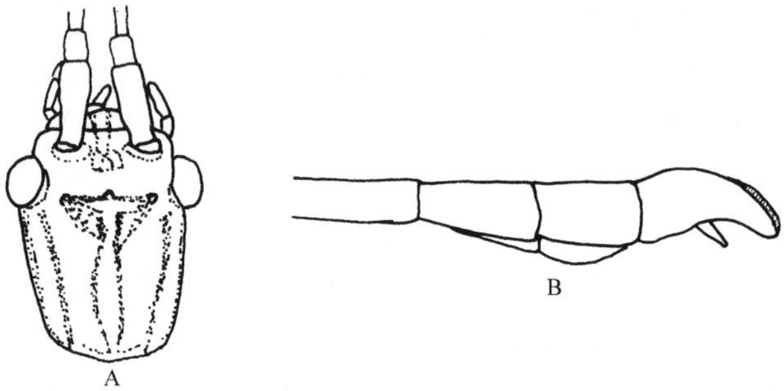

图 282　双突长肛蝣 *Entoria bituberculata* Bi，♂
A. 头部背观　B. 腹端侧观（仿毕道英）

雌性：未知。

体各部分长度（mm）：体长 85.0～88.0；中胸背板 21.5～23.0；后胸背板（含中节）18.5～19.5；中节 3.0。

分布：福建（将乐）。

282. 细狭长肛蝣 *Entoria gracilis* Bi，1993（图 283）

Entoria gracilis Bi, 1993, *Animals of Longqi Mountain* . 36.

雄性：体长 104mm。黄褐色，足为橙黄色，股节顶端和胫节为暗黑色，从中胸至腹末背板侧缘具 1 条淡黄色纵条纹。头长卵形，后端略狭；复眼半球形；触角较短，分节明显，未伸达前足股节顶端。前胸背板长大于宽，其中部偏后的两侧缘向外膨大，弧形，其横沟位于中部偏前，中隆线仅在沟前区成为不规则的中纵沟，其两侧各具 1 条凹沟；中、后胸细长，中胸长于后胸，中节长柱形，长约为宽的 1.6 倍，其长约为后胸背板 1/6 倍，背面具 1 对月形凹窝，位于中部偏后；从中胸至腹端具 1 条细中隆线；胸部着生足处略膨大。完全无翅。中、后足股节顶端腹面明显具 3～5 枚齿。腹部细长，长于头和胸部之和，腹部第 5 节最长；臀节长于

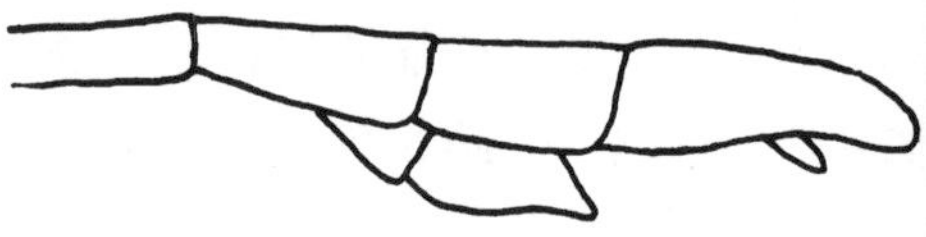

图 283　细狭长肛蝣 *Entoria gracilis* Bi，♂
腹端侧观（仿毕道英）

第 8 节，两者均长于第 9 节，臀节背板端部之半具裂缝，两侧叶顶部倾斜，外侧具细绒毛，内侧具细齿；下生殖板兜形，端部腹面具隆线，顶端为锐角圆弧形，其长仅达臀节基部；尾须圆柱形，端钝，伸向腹部外面。

雌性：未知。

体各部分长度（mm）：体长 104.0；中胸背板 23.0；后胸背板（含中节）19.0；中节 2.8；第 8 腹节 3.5；臀节 4.4。

分布：福建（将乐）。

283. 小长肛䗛 *Entoria humilis* Bi，1993（图 284）

Entoria humilis Bi，1993，*Animals of Longqi Mountain.* 37.

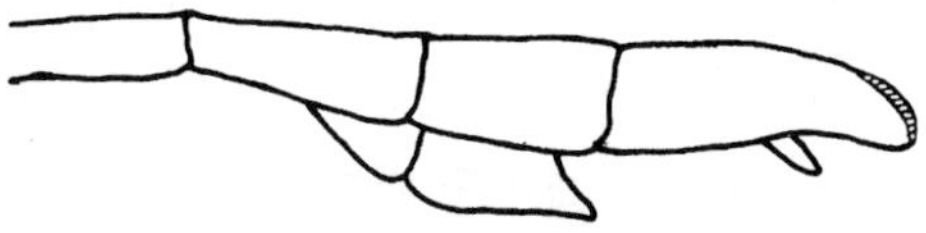

图 284　小长肛䗛 *Entoria humilis* Bi，♂ 腹端侧观（仿毕道英）

雄性：体长 70mm。体粗短。黄褐色，头与前胸背板为灰黄色，从中胸至腹末背板侧缘具 1 条淡黄色纵条纹。头长卵形，后端较窄；复眼间无瘤突；复眼半球形。前胸背板为长方形，略短于头，其横沟位于中部，中隆线成为不规则的纵中沟；中胸和后胸宽近相等，中胸长于后胸，中节长柱形，其长约为宽的 1.5 倍，为后胸背板长的 1/4，背面 1 对新月形凹窝位于中部偏后，从中胸至腹端具 1 条细中隆线，胸部着生足处较膨大。无翅。前足股节基部弯曲并具隆线，中、后足股节顶端腹面具 3 ~ 5 枚小齿。腹部细长，略长于头和胸部之和，腹部第 5 节最长，臀节短于第 8 腹节，约等于第 9 腹节，臀节端部垂直裂缝，后缘与侧下缘形成锐角，顶端钝形，外侧具细绒毛，内侧具细齿；下生殖板兜形，顶尖，具明显中隆线；尾须圆柱形，顶端钝形。

雌性：未知。

体各部分长度（mm）：体长 70.0；中胸背板 16.0；后胸背板（含中节）13.4；中节 2.5；第 8 腹节 2.5；臀节 2.3。

分布：福建（将乐）。

284. 福建长肛䗛 *Entoria fujianensis* Cai et Liu，1990（图 285）

Entoria fujianensis Cai et Liu，1990，*Oriental Insects. Vol.* 24：422.

雄性：体长 75mm。体淡绿褐色，有褐色斑点。头椭圆形，后头有 3 条明显的纵沟，光滑无刺；触角 24 节，伸达前足股节中部以远。前胸背板长度约为头长之 0.6 倍；后部较宽，中央有不甚明显，十字交叉的横沟与纵沟；中胸背板和后胸背板光滑，背脊黑色；中节中央向后，两侧各有 1 短横沟。足细长，前足光滑无刺，中足胫节端部腹面有几枚小刺，后足股节腹面脊有 3 枚小的端齿，后足胫节背面有 4 枚端刺，腹

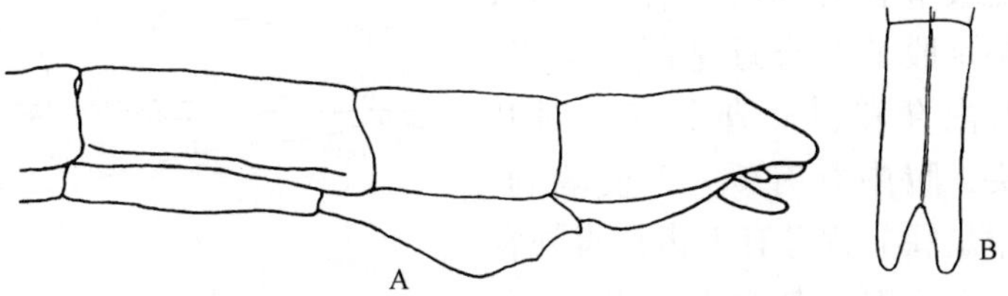

图 285　福建长肛䗛 *Entoria fujianensis* Cai et Liu，♂
A. 腹端侧观　B. 臀节侧观（仿蔡保灵，刘胜利）

中脊具 2 枚刺。腹部细长，第 8 节、第 9 节、第 10 节背板长度之比为 1.5∶1∶1.2；臀节背板后缘深凹；肛上板小，不易见；下生殖板端部尖，稍超过臀节基部；尾须渐尖，端部稍钝。

雌性：未知。

体各部分长度（mm）：体长 75.0；前胸背板 2.8；中胸背板 15.1；后胸背板（含中节）13.3；中节 2.5；前足股节 26.5；中足股节 17.0；后足股节 21.1。

分布：福建（福州）。

285. 武夷长肛䗛 *Entoria wuyiensis* Cai et Liu，1990（图 286）

Entoria wuyiensis Cai et Liu，1990，*Oriental Insects*. *Vol*. 24：419.

雌性：体长约 114mm。体暗褐色，有不规则的黑斑和毛。头椭圆形，眼间向后有 1 对较圆的叶状突。前胸背板短宽，长度约为头长的 0.6 倍，其前缘为隆起的脊，中央有横沟与纵沟呈十字交叉；中胸和后胸背板中间窄缩，较光滑，背中脊明显；中节长度与宽度相近。前股节之背脊和腹中脊均有锯齿状刺，中足股节背面有 2 枚叶状齿，中、后股节和胫节近基部腹面各有 1 对大的叶突。腹部细长，第 8、9、10 节背板长度之比为 2.2∶1∶1.6；臀节背板后缘呈三角形凹陷；腹瓣不达肛上板末端，其上有 2 枚黑色短刺，产卵瓣长，超过腹瓣末端；尾须矛形。

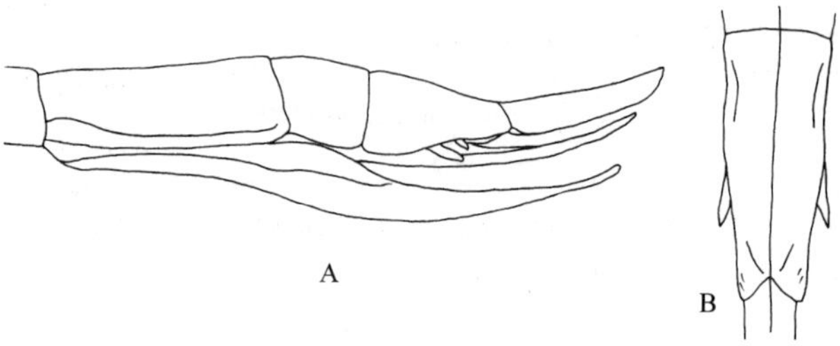

图 286 武夷长肛䗛 *Entoria wuyiensis* Cai et Liu，♀
A. 腹端侧观 B. 臀节背观（仿蔡保灵，刘胜利）

雄性：未知。

体各部分长度（mm）：体长 113.5；前胸 3.8；中胸背板 24.5；后胸背板（含中节）20.0；中节 3.7；前足股节 42.0；中足股节 29.1；后足股节 36.5。

分布：福建（武夷山）。

286. 福州长肛䗛 *Entoria fuzhouensis* Cai et Liu，1990（图 287）

Entoria fuzhouensis Cai et Liu，1990，*Oriental Insects*. *Vol*. 24：419.

雌性：体长 119mm。体光滑。褐色，有黑色斑纹。头椭圆形，后头有 3 纵沟，眼间有 1 对齿状刺；触角 26 节，伸达前足股节中部。前胸背板上横沟不达两侧缘，其两端向前弯曲，中节靠后中央有 1 对凹陷。前足股节背脊和腹外脊锯齿状，中足股节背脊近基部有 1 齿，腹内脊和腹外脊上有 1 对叶突，腹中脊有 6 ~ 7 枚端刺，中足胫节背脊有 1 齿，腹外脊上有 2 刺，其中 1 个在中部，另 1 个近端部，后足股节背面光滑，腹内脊有 1 不明显的

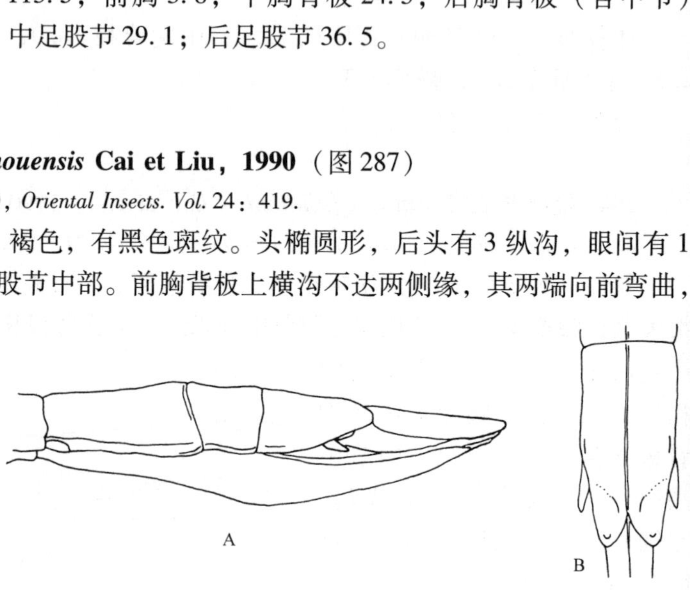

图 287 福州长肛䗛 *Entoria fuzhouensis* Cai et Liu，♀
A. 腹端侧观 B. 臀节背观（仿蔡保灵，刘胜利）

刺，腹内脊和腹外脊分别有5~6枚端齿。腹部光滑，第8、9、10腹节长度之比为2∶1∶1.5；臀节后缘三角形切入，侧缘斜截；腹瓣不达肛上板末端，腹瓣端半部多皱；尾须矛状，被刚毛，端部向上弯。

雄性：未知。

体各部分长度（mm）：体长119.0；前胸背板3.5；中胸背板21.8；后胸背板（含中节）18.0；中节4.7；前足股节34.4；中足股节24.2；后足股节29.4。

分布：福建（福州）。

287. 叶突长肛䗛 *Entoria laminata* Cai et Liu, 1990（图288）

Entoria laminata Cai et Liu 1990, *Oriental Insects. Vol.* 24: 421.

雌性：体长97mm。褐色，全身布满棕色斑纹和细颗粒。头椭圆形，后端明显窄缩，后头有3条纵沟，眼间有2个大的耳状叶突。前胸背板前缘稍向后凹，横沟与纵沟在中间呈十字形交叉，纵沟不甚明显，中胸和后胸后端宽，背脊较细但很明显；中节宽稍大于长。前足股节背面脊基半部锯齿状，腹外脊有几个钝齿，中足股节光滑无刺和齿，后足股节腹外脊和腹内脊近基部有1对明显的叶突，中足胫节和后足胫节背面近基部分别有1个和2个叶突，后足胫节腹内脊有4~5枚齿，腹外脊有2~3枚端刺。腹部圆筒状，后端尖，第8、9、10腹节长度之比为2∶1∶1.6；臀节背板后缘呈"U"字型凹缘；肛上板末端向上翘起；腹瓣不达肛上板末端，产卵瓣超出腹瓣；尾须扁，末端尖。

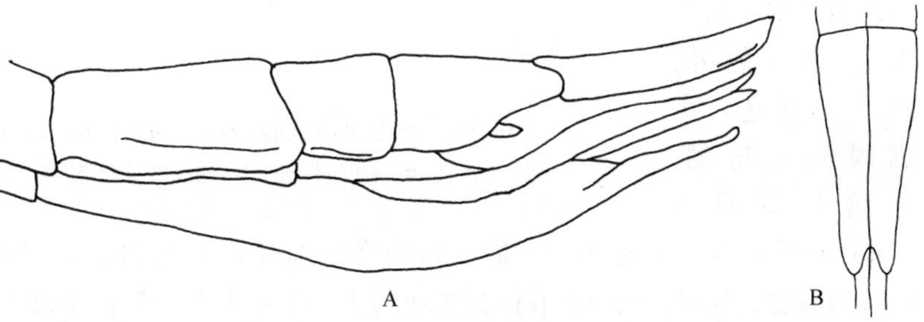

A　B

图288　叶突长肛䗛 *Entoria laminata* Cai et Liu，♀

A. 腹端侧观　B. 臀节背观（仿蔡保灵，刘胜利）

雄性：未知。

体各部分长度（mm）：体长97.0；前胸背板3.5；中胸背板18.2；后胸背板（含中节）16.1；中节4.4；前足股节34.0；中足股节23.8；后足股节27.6。

分布：福建（福州），香港。

288. 百山祖长肛䗛 *Entoria baishanzuensis* Chen et He, 1995（图289；图版3-5）

Entoria baishanzuensis Chen et He, 1995, *Insects of Baishanzu Mountain*, *E. China.* 63.

雌性：体长108mm。长杆状。体褐色，披短毛与少数粒突。中胸至腹端具背纵脊。头卵形，前宽后窄，背中央具1纵沟及2侧纵沟，后头形成4瘤突；眼间具1对叶突；触角丝状，25节，约伸达前股节中部，第1节扁宽，背面具纵脊，第2节短柱形。前胸背板亚梯形，后较宽，横沟位于中央稍前，纵沟仅前半部清楚，中胸背板长于后胸加中节之和，后侧稍宽；中节长略大于宽，约为后胸背板长的1/4。前足股节背内与腹外脊各具1排齿突，背外脊自基部至中部具少量齿突；中足内脊具1叶突，腹内脊具1排齿突，胫节中至端部背、腹脊具成排小齿；后足长齿情况与中足相仿。腹部圆筒形，端部渐窄，第8、9、10腹节背

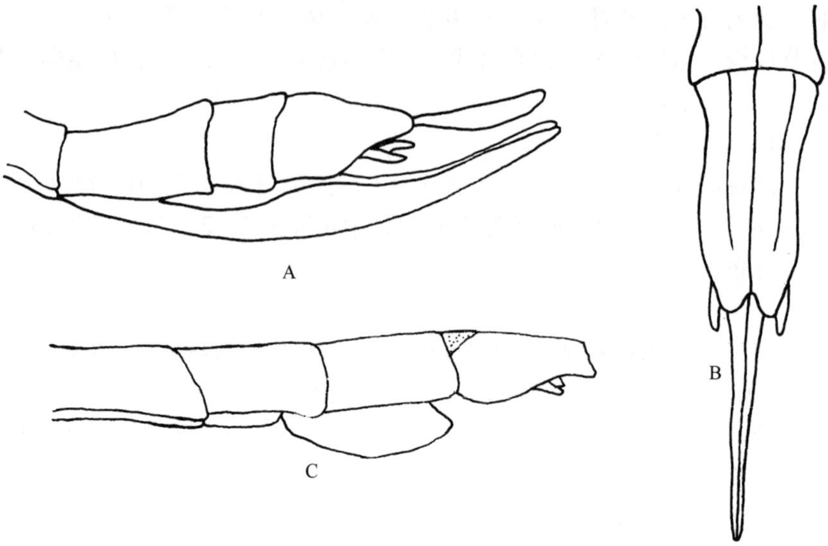

图 289 百山祖长肛蝽 *Entoria baishanzuensis* Chen et He，♀♂
A. 雌性腹端侧观 B. 雌性臀节背观 C. 雄性腹端侧观

板之比为 1.9∶1.0∶1.5；第 10 节背板后缘“U”形凹入，侧端叶略向外斜切；腹瓣略超过肛上板，产卵器不超过腹瓣端部；尾须矛形。

雄性：体长 72mm。细杆状。除头与前胸背板两侧及 3 对足股节部分为黄色外，其余为褐色。头部眼间无角刺；触角分节明显（部分缺损）。3 对足除中、后股节腹中脊端部具3～4 齿外，无其他外长物。腹端 3 节中以 8～9节较宽，第 8、9、10 节背板之比为 1.2∶1.0∶1.1，臀节（第 10 节）背板侧后角背缘向后斜切；下生殖板兜形，背具脊，超过第 9 节中部；尾须短柱形，中部略弯。

体各部分长度（mm）：体长 ♀108.0，♂72.0；前胸背板 ♀4.0，♂2.6；中胸背板 ♀18.8，♂16.0；后胸背板（含中节）♀16.0，♂15.0；中节 ♀4.0，♂2.8；前足股节 ♀32.0，♂28.0；中足股节 ♀21.5，♂20.0；后足股节 ♀27.0，♂23.0。

卵：长 5.46 mm，宽 1.26 mm，高 1.68 mm。长椭圆形，两侧较扁，灰褐色，具不规则黑斑，披短毛刺与细鳞。卵盖平坦，具短棘，边缘有片突，中央具短柄。卵孔板梨形，卵孔位于其底部，卵孔杯“U”形。中线褐色，远离后端，卵囊后端略倾斜。

分布：浙江（百山祖、泰顺乌岩岭）。

（四十六）润蝽属，新属 *Leiophasma* gen. nov.

模式种：云南润蝽 *Leiophasma yunnanense* sp. nov.

体中型。体表光滑。无翅。头延长，背面扁平；触角丝状，分节明显，短于前股节；前股节基部弯曲，腹中脊端部有细齿，中足股节约等于后胸与中节之和；中、后足股节端部腹中脊具小齿。臀节稍延长，近端处浅裂，腹瓣舟形，约伸达腹端；尾须短直，外露。

新属与外蝽属 *Ectentoria* Brunner 近似，主要区别为：体中型，前股节无锯齿，中股节长，约等于后胸与中节之和；中、后足股节端部腹中脊具少量小齿；臀节稍延长，浅裂；腹瓣舟形，约伸达腹端。

本属为我国特有，已知 1 种，分布云南。

289. 云南润蛸，新种 *Leiophasma yunnanense* sp. nov.（图 290）

雌性：体长 84mm。中型。杆状，体表光滑，具背中脊。褐色。头略延长，背面平坦，后侧稍收缩，后头处有 3 纵沟，形成 4 个瘤突；眼较大，半球形；触角短于前股节之半，分节明显为 22 节，第 1 节扁长，具纵沟，第 2 节短柱形。前胸背板长方形，前缘略凹，背中央具十字形沟纹，横沟后有 2 侧沟，中胸背板长于后胸（含中节），后胸长约为中节的 3 倍。3 对足中等长，前股节基部弯曲，端部腹中脊具细齿，中股节长约等于后胸（含中节），中、后足股节端部腹中脊具 5～6 枚小齿，后胫节近端处有数小刺。腹部圆筒形，长于头、胸部之和，端部 3 节屋脊状，具侧脊，臀节略延长，短于第 8 节，但长于第 9 节，中央近端处浅裂，端缘弧形；腹瓣舟形，具纵和侧脊，端稍尖，不超过臀节；尾须短柱形，端略尖。

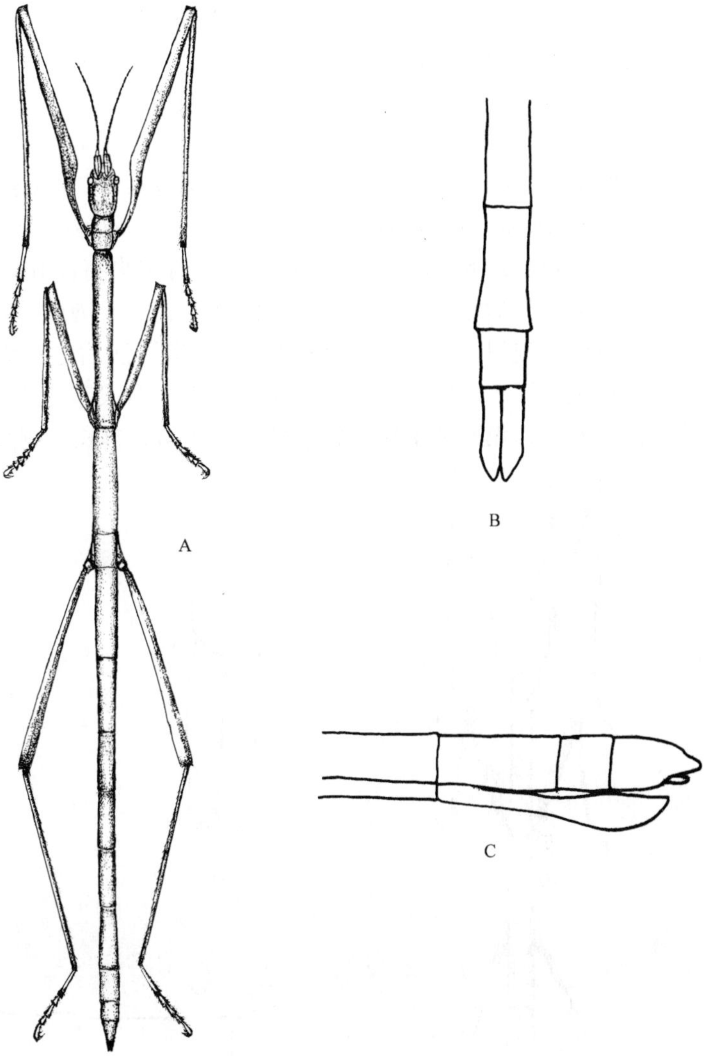

图 290　云南润蛸，新种 *Leiophasma yunnanense* sp. nov.，♀

A. 整体　B. 腹端背观　C. 腹端侧观

雄性：未知。

体各部分长度（mm）：体长 84.0；中胸背板 16.0；后胸背板（含中节）13.0；中节 3.2；前足股节 22.0；中足股节 13.0；后足股节 18.0。

正模♀（IZAS），云南中甸冲江河（2 900m），1984-VIII-7，副模♀（IZAS），云南维西犁地坪（3 100m），1984-VIII-14，王书永采。

（四十七）仿润蛸属，新属 *Paraleiophasma* gen. nov.

模式种：*Leptynia xinganensis* Chen et He，1993

体中型。体表光滑。无翅。头延长，背面扁平；触角丝状，短于前股节，前股节基部弯曲，端部腹中脊无细齿，中股节长约等于后胸（含中节），中、后足股节端部腹中脊具少量小齿。臀节延长，近中部深裂；腹瓣舟形，伸达臀节基部；尾须短，隐蔽；雄臀节开裂；下生殖板拱起；尾须短而略弯。

新属与润䗛属 *Leiophasma* 相近，主要区别在于前股节腹中脊端部无细齿；臀节延长，自中部深裂；腹瓣舟形，伸达臀节基部。

本属为我国特有，已知 1 种，分布于广西。

290. 兴安仿润䗛 *Paraleiophasma xinganense*（Chen et He，1993）comb. nov.（图 291）

Leptynia xinganensis Chen et He，1993，*J. Guangxi Acad. Sci.*，9（1）：36.

雌性：体长约 83mm。中型。体光滑；背中央有浅纵沟。头长于前胸，背面平坦；眼圆外突，长约为其后至头后的 1/4；触角 22 节，短于前股节，第 1 节扁宽，第 2 节短于第 1 节的1/4。前胸背板长方形，横沟位中央，纵沟不达后缘；中胸长于后胸（含中节）；中节长约为后胸的 1/3.5。前股节腹中脊光滑，中、后股节端部腹中脊具少量小齿。腹端 3 节最窄，屋脊状，以第 9 节最短，臀节延长，比第 8 节长，侧观似矛形，自中部开裂成两叶；腹

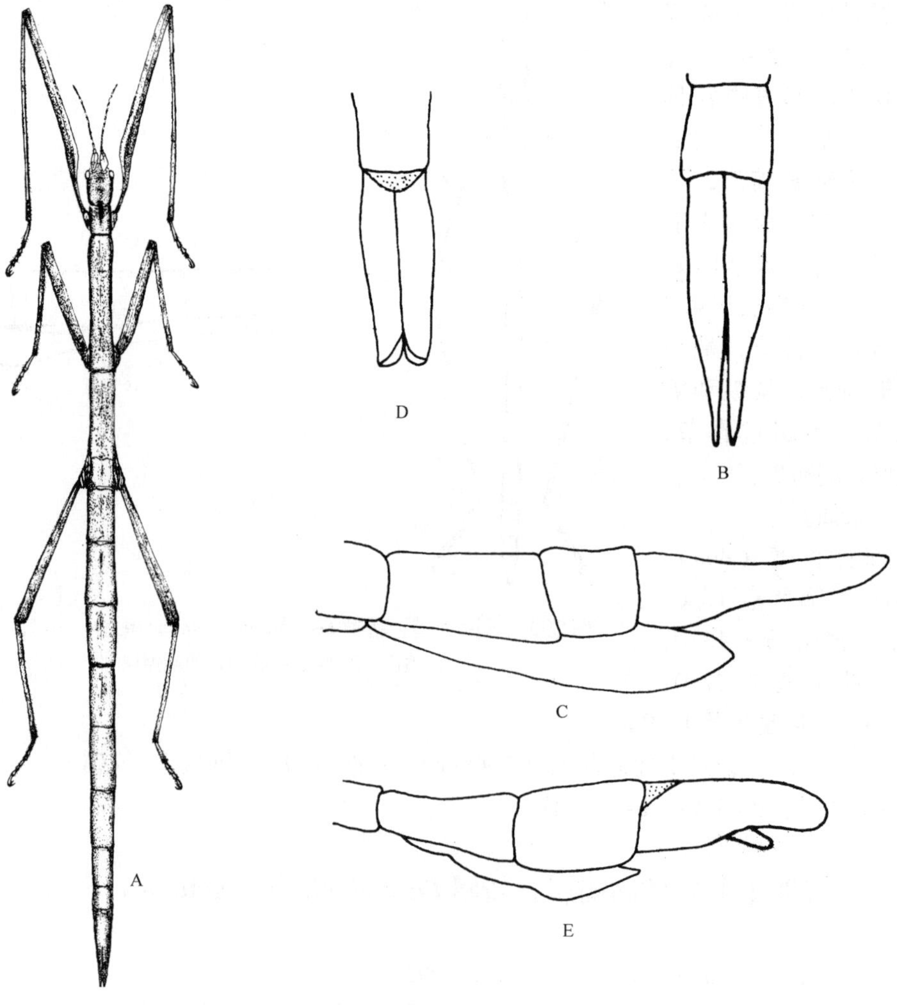

图 291 兴安仿润䗛 *Paraleiophasma xinganense*（Chen et He），♀♂

A. 雌性整体 B. 雌性腹端背观 C. 雌性腹端侧观 D. 雄性腹端背观 E. 雄性腹端侧观

瓣伸达臀节基部1/3处，端尖，端背中央具纵脊；尾须圆柱形，短且直。

雄性：长约63mm。体较雌性细瘦。触角22节。腹端以第8～9节较宽，两者约等长，臀节略长于第9节，端半部开裂；下生殖板拱起，端尖，约伸达臀节基部；尾须短，中部略弯。

体各部分长度（mm）：体长♀82.5，♂63.0；前胸背板♀2.6，♂2.2；中胸背板♀13.6，♂11.2；后胸背板（含中节）♀11.6，♂10.0；中节♀2.6，♂2.0；前足股节♀20.0，♂24.0；中足股节♀11.4，♂13.5；后足股节♀15.0，♂18.0；腹部♀49.0，♂36.0；腹瓣或下生殖板♀8.4，♂1.8。

寄主：凤尾竹。

分布：广西（兴安）。

（四十八）中蝓属，新属 *Mesentoria* gen. nov.

模式种：尖尾中蝓 *Mesentoria acuticaudata* sp. nov.

体中型。杆状，体表光滑。无翅。头延长，较扁平；触角分节明显，短于前股节之半；雄性则较长；前股节基部弯曲，中股节长或等于后胸（含中节），中、后股节端部腹中脊具少量小齿。臀节延长，端半部收缩，近基部或中部分裂成两叶；腹瓣矛形，较扁平，中央较膨大，超过臀节基部；尾须短。雄性臀节分裂成两叶，下生殖板拱形。

新属与迷蝓属 *Erringtonia* 及润蝓属 *Leiophasma* 相近，与前者主要区别在于体中型；前股节无锯齿，与后者主要区别在于臀节甚延长；腹瓣矛形。

本属为我国特有，共有5种，分布于四川和云南。

中蝓属 *Mesentoria* 分种检索表（雌性）

1. 体披褐色碎纹 ………………………………………………………… 2
   体无褐色碎纹 ………………………………………………………… 3
2. 体大型，长96mm；中、后足胫节中下部无刺 ………… **褐纹中蝓 *M. testacea* sp. nov.**
   体中型，长65mm；中、后足胫节中下部具刺 ………… **尖尾中蝓 *M. acuticaudata* sp. nov.**
3. 体长91mm；头长；眼后具褐纹；中、后足胫节中下部具刺 ………… **双带中蝓 *M. bifasciata* sp. nov.**
   头宽短；眼后无褐纹；中、后足胫节中下部无刺 ………………………… 4
4. 体长93mm；第8腹节长超出第9节的2倍；产卵瓣超过腹瓣 ……… **元谋中蝓 *M. yuanmouensis* sp. nov.**
   体长82mm；第8腹节长约为第9节的1.5倍；产卵瓣短于腹瓣 …… **盐边中蝓 *M. yanbianensis* sp. nov.**

中蝓属 *Mesentoria* 分种检索表（雄性）

1. 眼后具2条褐纹；触角27节；体两侧各有1条白色纵线 ……… **双带中蝓 *M. bifasciata* sp. nov.**
   眼后无褐纹；触角20节；体两侧无白色纵线 ……………… **尖尾中蝓 *M. acuticaudata* sp. nov.**

291. 尖尾中蝓，新种 *Mesentoria acuticaudata* sp. nov.（图292）

雌性：体长65mm。中型。体杆状，体表光滑，具背中脊。褐色。头延长，背面较扁平，近后头具3纵沟并形成瘤突；眼半球形，较大；触角分节明显，22节，短于前股节之半，第1节扁长，背具宽脊，第2节短柱形。前胸背板长方形，背中央具十字形沟纹，中胸

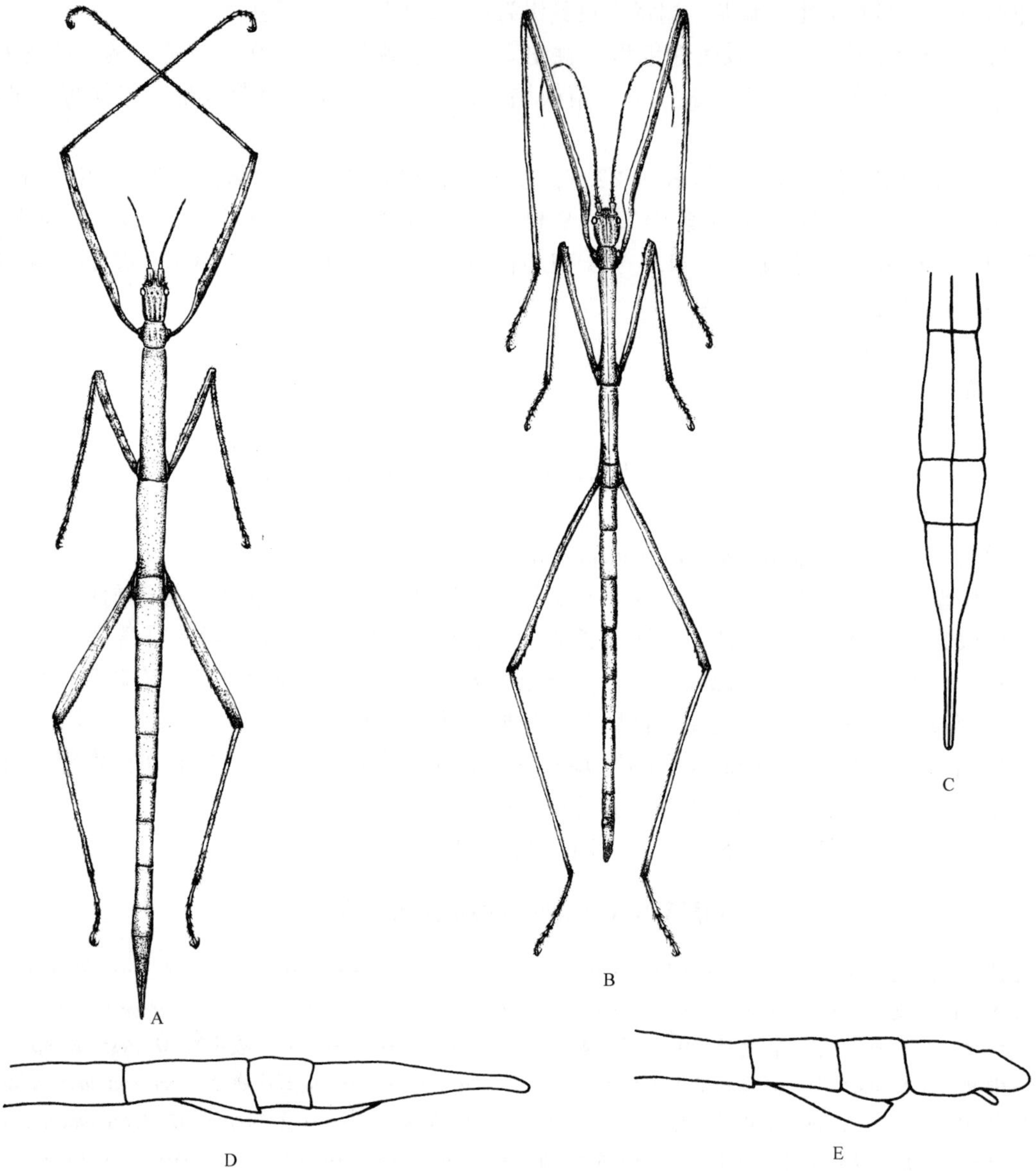

图 292　尖尾中䗛，新种 *Mesentoria acuticaudata* sp. nov.，♀♂
A. 雌性整体　B. 雄性整体　C. 雌性腹端背观　D. 雌性腹端侧观　E. 雄性腹端侧观

长于后胸（含中节），后胸长约为中节的 3/4。3 对足中等长，前股节基部弯曲，中股节约与后胸（含中节）等长，前股节端部腹中脊具细齿，中、后股节端部腹中脊具 6～7 小齿，胫节端部具数小刺。腹部圆桶形，长于头、胸部之和，腹端 3 节屋脊状，臀节甚延长，自中部处深裂，端半部收缩成剑状，端部略尖钝；腹瓣较扁平，中部膨大，端尖，伸达臀节基部；尾须短直，隐蔽。

雄性：体长 63mm。体细瘦。触角 20 节，约伸达前股节 2/3 处。臀节分裂为两叶，端背斜切，端圆；下生殖板拱形，后缘浅弧形，伸达第 9 节端部；尾须短，略弯。

体各部分长度（mm）：体长 ♀65.0，♂63.0；中胸背板 ♀12.0，♂10.6；后胸背板

（含中节）♀10.0，♂9.0；中节♀2.4，♂2.0；前足股节♀17.0，♂22.0；中足股节♀10.0，♂12.5；后足股节♀13.0，♂16.0；第8腹节♀3.4，♂2.0；第9腹节♀1.4，♂1.6；臀节♀5.8，♂3.0。

正模♀（IZAS），云南丽江玉湖（2 750m），1984-VII-23，李畅方采；副模2♂♂（IZAS），记载同正模，1984-VI-21，范建国采，1984-VII-24，李畅方采。

292. 盐边中䗛，新种 *Mesentoria yanbianensis* sp. nov.（图293）

雌性：体长82mm。中型偏大。杆状。体背光滑，腹面有稀疏较长刚毛。浅褐色。头椭圆形，前宽后窄，略长于前胸，背面光滑，后头具3纵沟，眼半球形；触角短于前股节，分节明显，22节，第1节扁长，端厚，背有宽纵脊，第2节短柱形，长约为第1节的1/4。前胸背板近梯形，中央具浅十字形沟纹，横沟位中央处，中胸背板具细纵脊，后胸（含中节）短于中胸；中节横形。3对足脊明显，前股节基部弯曲，中、后股节端部腹中脊具少量小齿。腹部圆筒形，第3~5节加宽，自第6节后渐窄，臀节甚为延长，剑状，近基部1/3处深裂；腹瓣矛状，较扁平，端尖，超过臀节基部；尾须锥状，端尖，约伸达腹瓣端部。

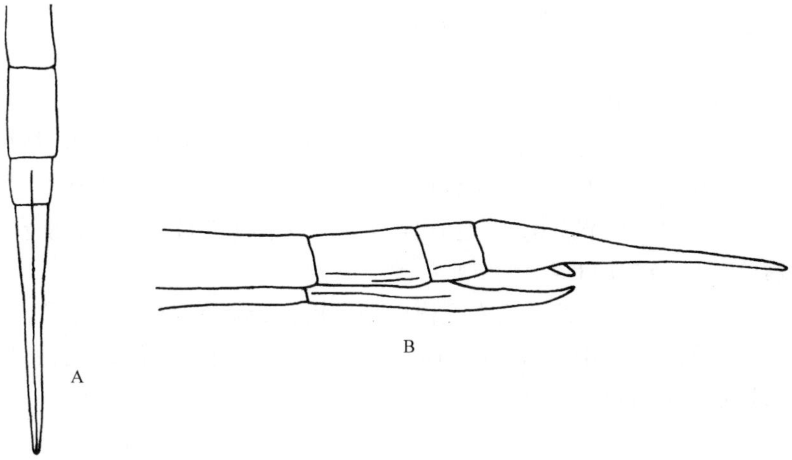

图293　盐边中䗛，新种 *Mesentoria yanbianensis* sp. nov.，♀
A. 腹端背观　B. 腹端侧观

雄性：未知。

体各部分长度（mm）：体长82.0；中胸背板16.0；后胸背板（含中节）12.5；中节2.0；前足股节23.0；中足股节15.0；后足股节16.0；第8腹节3.6；第9腹节2.2；臀节11.0。

正模♀（BJFU），四川盐边择木龙（1 900m），1995-XI-3，邓其祥采。

新种与尖尾中䗛 *M. acuticaudata* sp. nov. 近似，但体较粗大，臀节更为延长，及其形状不同等可相区别。

293. 褐纹中䗛，新种 *Mesentoria testacea* sp. nov.（图294）

雌性：体长96mm。中型偏大。杆状且光滑，体背中脊不明显。体褐色，具不规则花纹，头背面中央具褐纵线，眼后、头顶与触角第1节具宽褐色碎纹。头椭圆形，长于前胸，眼半球形；触角（部分缺损）短于前股节，分节明显，第1节扁宽，第2节短柱形，长约为第1节的1/4，第3节较长于前节。前胸背板近长方形，横沟位中央处，中胸前侧稍窄，后胸（含中节）短于中胸；中节约为后胸长的1/4。3对足脊明显，前股节光滑，远长于中、后股节，其基部弯曲，中、后股节端部腹中脊具少量小齿。腹部圆筒形，第2～5节增宽，自第6节后渐窄，端部3节中，第9背板短于第8节的1/2；臀节甚为延长，剑状，近基部处深裂；腹瓣矛状，较扁平，端尖，超过臀节基部的1/5；尾须锥状，超出腹瓣端部。

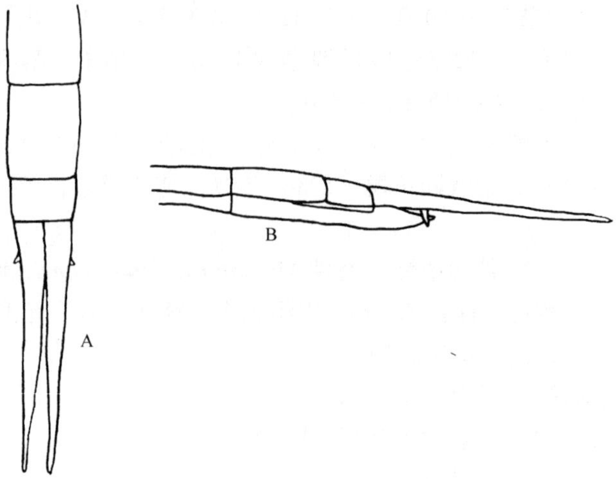

图294 褐纹中䗛，新种 *Mesentoria testacea* sp. nov.，♀
A. 腹端背观 B. 腹端侧观

雄性：未知。

体各部分长度（mm）：体长96.0；中胸背板19.0；后胸背板（含中节）15.0；中节3.0；前足股节27.0；中足股节17.0；后足股节22.0；第8腹节4.4；第9腹节2.0；臀节11.4。

正模♀（BJFU），云南元谋丙令林场，2005-XI-26，李巧采。

新种与尖尾中䗛 *M. acuticaudata* sp. nov. 近似，但体大，中、后足胫节光滑无刺，臀节形状不同等可相区别。

294. 双带中䗛，新种 *Mesentoria bifasciata* sp. nov.（图295）

雌性：体长91mm。体较大。杆状且光滑，背中脊不明显。体黄褐色。头较长，卵形，眼后各有1条褐色纵纹；眼小，略凸；触角（部分缺失）。前胸背板梯形，横沟位中央处，中胸背板前侧略窄；后胸背板（含中节）长约为中胸背板的5/6；中节长略大于宽。3对足细长，以前股节最长，后股节约与中股节等长，中、后股节端部腹内脊具细齿5～6枚，胫节中下部腹面具小刺。腹部圆筒形，长于头、胸部之和，至腹端4节逐渐变窄，以4～6节为长，第8节短于第9节的2倍；臀节延长似剑，近基部处开裂，其长约为前2节之和的2倍；腹瓣矛形，端尖，

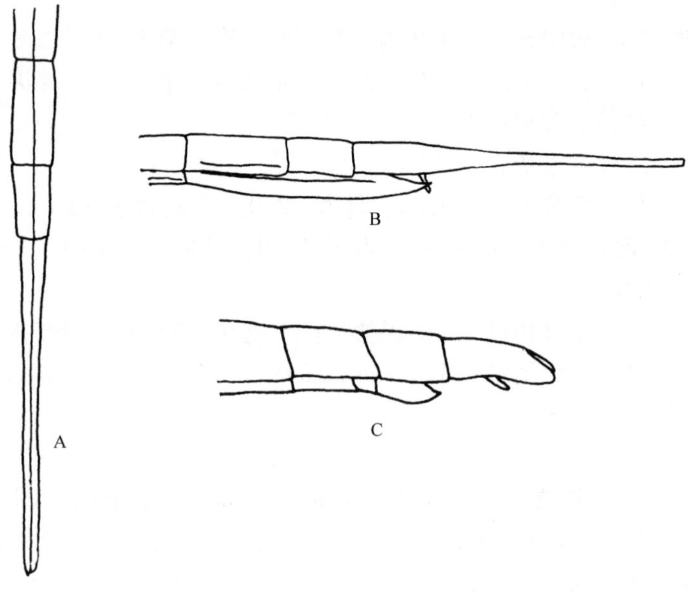

图295 双带中䗛，新种 *Mesentoria bifasciata* sp. nov.，♀♂
A. 雌性腹端背观 B. 雌性腹端侧观 C. 雄性腹端侧观

稍超过臀节基部；尾须短直，锥形，稍超过腹瓣端部。

雄性：体长60mm。体中型。细杆状且光滑。头后每侧1条褐色纵纹，前、中、后胸与第1腹节背中央褐色，体两侧具白色细纵纹，触角第1节浅灰白色，其余为褐色。头长卵形，头顶稍隆起，眼圆，凸出；触角远短于前股节，分节明显，27节，第1节扁长，近基部外侧内凹，第2节短柱形，远短于第1节，第3节较短于第1节。前胸背板矩形，横沟位中央，中胸略长于后胸（含中节）；中节约为后胸长的1/5.5。3对足细长，前股节最长，基部弯曲，中股节短于后股节，中、后股节腹中脊端部具4~5枚细齿。腹部圆筒形，以3~5节最长，腹端3节屋脊状，第8、9节较膨大，第8节略长于第9节，臀节较延长，端部开裂，外缘呈直线斜切；下生殖板兜状，端尖，约伸达臀节基部；尾须短，中部略弯曲。

体各部分长度（mm）：体长♀91.0，♂60.0；中胸背板♀18.0，♂15.0；后胸背板（含中节）♀15.0，♂13.0；中节♀2.0，♂2.0；前足股节♀29.0，♂28.0；中足股节♀17.0，♂17.0；后足股节♀18.0，♂22.0；第8腹节♀3.4，♂2.4；第9腹节♀2.0，♂2.0；臀节♀10.4，♂3.4。

正模♀（BJFU），副模2♂♂（BJFU），云南元谋物茂乡，2004-VII-23，赵志华采。

新种与褐纹中蛸 *M. testacea* sp. nov. 相近似，主要区别在于体上无褐纹，臀节形状明显不同。

295. 元谋中蛸，新种 *Mesentoria yuanmouensis* sp. nov.（图296）

雌性：体长93mm。体较大。杆状且光滑。背中脊不明显。体黄褐色。头较短宽，椭圆形，眼圆，较小，稍凸；触角短于前股节，分节明显（部分缺失），第1节扁宽，具中脊，第2节短柱形，远短于第1节。前胸背板短于头部，呈矩形，横沟位中央处；中胸前侧略窄，较长于后胸（含中节）；中节横形。3对足较长，以前股节最长，其基部弯曲，中股节稍短于后股节，中、后股节端部腹中脊具若干小齿，胫节则光滑无刺。腹部远长于头、胸部之和，至腹端4节明显变窄，端部3节屋脊状，以第9节最短，约为第8节的1/2；臀节延长似剑状，近基部开裂，其长约为前2节之和的2倍；腹瓣矛形，端尖，超过臀节基部，生殖瓣露于腹瓣外；尾须锥形，稍外露。

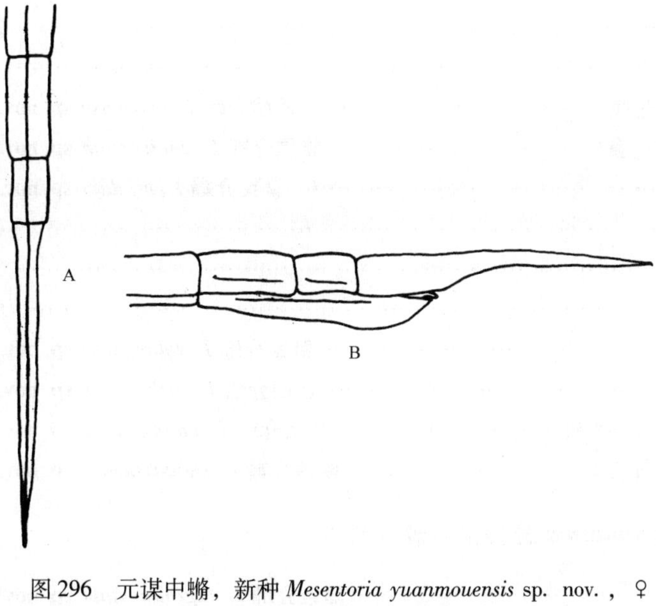

图296　元谋中蛸，新种 *Mesentoria yuanmouensis* sp. nov.，♀
A. 腹端背观　B. 腹端侧观

雄性：未知。

体各部分长度（mm）：体长93.0；中胸背板18.0；后胸背板（含中节）16.5；中节2.4；前足股节27.0；中足股节17.0；后足股节20.0；第8腹节4.2；第9腹节2.0；臀

节 12.2。

正模♀（BJFU），云南元谋老城乡，2004-VII-28，李巧采。

新种与双带中䗛 *M. bifasciata* sp. nov. 相近似，主要区别在于头短宽，眼后无褐纹，以及中、后足胫节无刺。

（四十九）介䗛属，新属 *Interphasma* gen. nov.

模式种：庐山介䗛 *Interphasma lushanense* sp. nov.

体中型。无翅。杆状。雌性体较粗糙，多具皱褶与粒突；雄性基本光滑。头稍延伸，背面较平坦，多具粒突，眼间具 1 对小角刺或无；触角分节明显，短于前股节之半；3 对足无明显刺齿，前股节基部弯曲，足隆线明显；中节（即第 1 腹节）与第 2 腹节背板横形。腹部多具纵皱，雄性第 2 腹节长大于宽，雌性臀节短，屋脊状，后缘几平截，第 7 腹节腹板多有中突；第 9 腹节背板后缘中央多具片状隆起；腹瓣舟形，约伸达腹端；尾须短柱形；雄性臀节分裂成两叶，下生殖板兜状，尾须内弯。

新属近似于短肛䗛属 *Baculum* Saussure 与厚䗛属 *Pachymorpha* Gray，与前者主要区别为 3 对足无明显刺齿，雌虫第 2 腹节背板横形，肛上板小，多不显露；与后者主要区别为雄虫臀节分裂成两叶。

本属为我国特有，现有 11 种，绝大多数分布于东洋界。

介䗛属 *Interphasma* 分种检索表（雌性）

1. 第 7 腹板后缘截状 …… 2
   第 7 腹板后缘尖 …… 3
2. 第 7 腹板后缘宽舌状；尾须短小，不超过腹端 …… **峨眉介䗛 *I. emeiense* sp. nov.**
   第 7 腹板后缘正常；尾须锥状，明显超过腹端 …… **锥尾介䗛 *I. conicercum* sp. nov.**
3. 第 7 腹板尖突分叉 …… **叉突介䗛 *I. bifidum* sp. nov.**
   第 7 腹板尖突不分叉 …… 4
4. 眼间具 1 对瘤状角突 …… 5
   眼间无角突 …… 6
5. 体短粗；臀节后缘浅凹 …… **卧龙介䗛 *I. wolongense* sp. nov.**
   体狭长；臀节后缘深凹 …… **庐山介䗛 *I. lushanense* sp. nov.**
6. 中、后胸背板粒突明显而密；第 7 腹板中突短钝 …… **广西介䗛 *I. guangxiense* sp. nov.**
   中、后胸背板粒突稀疏；第 7 腹板中突较长尖 …… **陕西介䗛 *I. shaanxinense* sp. nov.**

介䗛属 *Interphasma* 分种检索表（雄性）

1. 触角 20 节；后胸具 2 条黑色侧纵条 …… **黑条介䗛 *I. nigrolineatum* sp. nov.**
   后胸无明显色条 …… 2
2. 头部具明显粒突 …… 5
   头部无明显粒突 …… 3
3. 中胸背板披粒突 …… **峨眉介䗛 *I. emeiense* sp. nov.**

中胸背板光滑……………………………………………………………………………………………… 4

4. 臀节侧端叶狭长，呈指突状 ………………………………………… 庐山介蝻 *I. lushanense* **sp. nov.**

臀节侧端叶短，呈长方形 ………………………………………… 梵净介蝻 *I. fanjingense* **sp. nov.**

5. 臀节侧端叶短 ………………………………………………………… 锥尾介蝻 *I. conicercum* **sp. nov.**

臀节侧端叶较长………………………………………………………………………………………… 6

6. 眼后具黑纹；臀节外缘角状凹入 ………………………………… 陇南介蝻 *I. longnanense* **sp. nov.**

眼后无黑纹；臀节外缘直线斜切……………………………………………………………………… 7

7. 眼间隆起；头、胸部光滑 ………………………………………………… 叉突介蝻 *I. bifidum* **sp. nov.**

眼间平坦；头、胸部具粒突…………………………………………… 新疆介蝻 *I. xingjiangense* **sp. nov.**

296. 庐山介蝻，新种 *Interphasma lushanense* sp. nov.（图 297）

雌性：体长 64mm。中型。体短杆状。头与体披粒突，背中脊不明显。黄褐色，眼后有

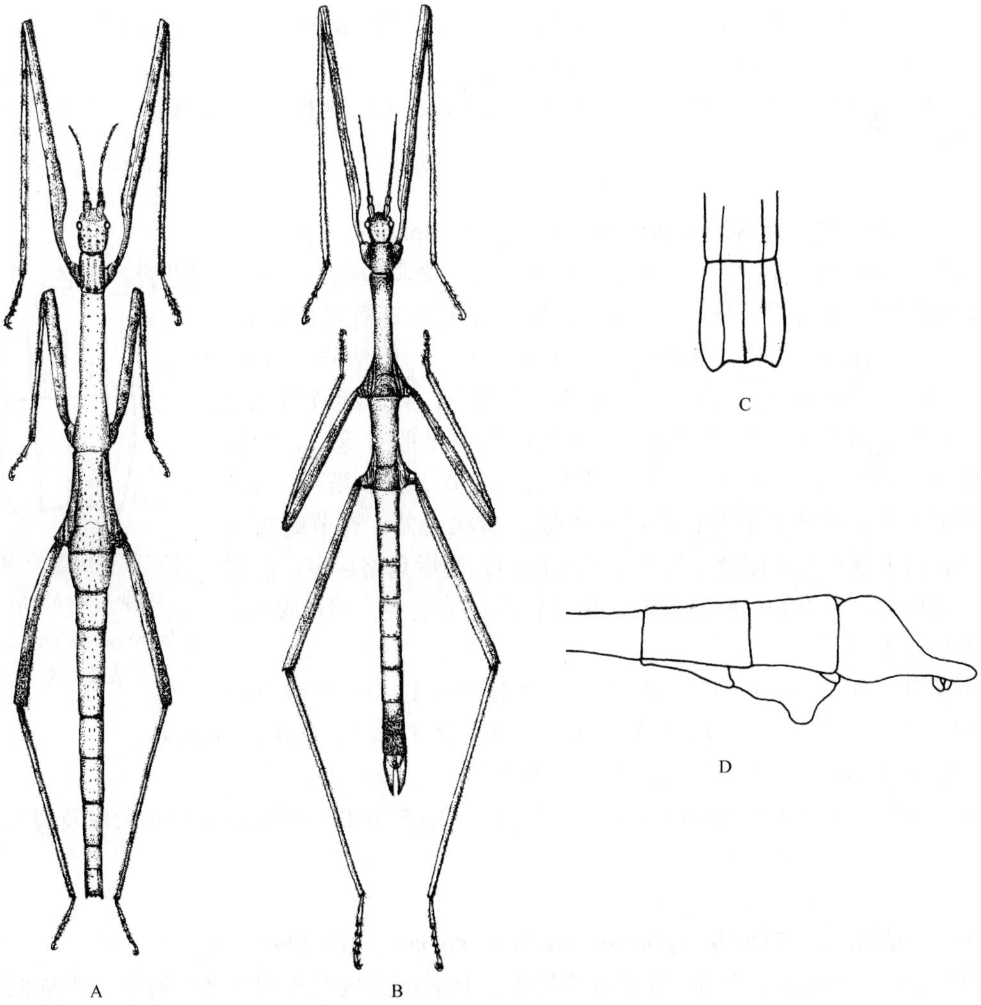

图 297　庐山介蝻，新种 *Interphasma lushanense* sp. nov.，♀♂

A. 雌性整体　B. 雄性整体　C. 雌性腹端背观　D. 雄性腹端侧观

褐纹。头椭圆形较扁，头后披稀粒突；眼较小，半球形，眼间具小瘤 1 对；触角分节明显，15 节，短于前足股节之半，第 1 节扁，椭圆形，背具纵脊，第 2 节长扁，略短。前胸背板稍长于头部，披稀粒突，背中央具十字形沟纹；中胸背板长于后胸（含中节），中、后胸背、侧板与腹面均具稀粒突；中节横形，长约为后胸的 1/3。3 对足隆线明显，无齿叶。腹部圆筒形，略长于头、胸部之和，第 2 腹节横形，第 7 腹节腹板后缘具中突，第 9 腹节背板后缘中央具片状隆起，腹端 3 节屋脊状，臀节约与第 9 节等长，后缘亚截形，侧端叶后伸；腹瓣舟形，端中央具脊，不超过腹端；尾须较扁，端略尖，约伸达臀节端部。

雄性：体长约 55mm。较雌性细瘦。体表光滑。触角 19 节，长于前足股节之半。腹部第 2 节长大于宽，7～9 节具侧脊，腹端 3 节屋脊状，稍膨大，臀节分裂成两叶，基部膨大，端半部显著窄缩；下生殖板兜状，具中脊，后缘弧状，伸达第 9 腹节端部；尾须弯曲，稍露。

体各部分长度（mm）：体长♀64.0，♂54.5；中胸背板♀14.0，♂11.6；后胸背板（含中节）♀10.0，♂8.6；中节♀2.4，♂2.0；前足股节♀23.0，♂24.0；中足股节♀14.0，♂15.0；后足股节♀18.5，♂19.0。

正模♀（IZAS），江西庐山，1935-Ⅷ-7，O. Piel 采，副模 1♂（IZAS），1935-Ⅷ-9，其余同正模。

297. 卧龙介蛸，新种 *Interphasma wolongense* sp. nov.（图 298）

雌性：体长 52mm。中型。体背除有纵脊外，尚具粒突与不整齐侧纵脊。褐色，3 对足具不规则黑纹。头窄于前胸，背面略平坦，后头具 2 横列稀粒突，侧面粒突小；眼圆，外突，眼间具深色小角突 1 对；触角分节明显，14 节，远短于前足股节，第 1 节扁卵形，具纵脊，胸、腹背与侧面具粒突，但至腹端 4 节粒突则稀疏；中胸约与中足股节等长，但长于后胸（含中节）；中节横形。3 对足无刺齿。第 2 腹节横形，第 7 腹板中突短钝，第 9 腹节背板后缘中央呈钝齿状后伸，臀节略短于第 9 节，具 1 纵脊与 2 侧脊，后缘中央稍内凹，侧后角略后突；腹瓣舟形，端中央具纵脊，不超过腹端；尾须柱形，端较尖，超过腹端。

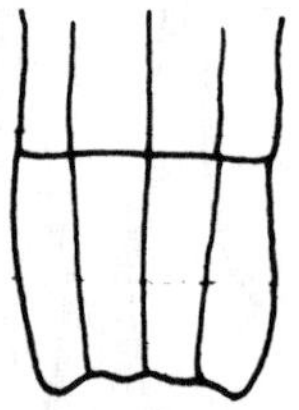

图 298 卧龙介蛸，新种 *Interphasma wolongense* sp. nov.，♀ 腹端背观

雄性：未知。

体各部分长度（mm）：体长 52.0；中胸背板 11.0；后胸背板（含中节）7.4；中节 1.8；前足股节 18.0；中足股节 11.0；后足股节 14.0。

正模♀（BJFU），四川卧龙英雄沟，1991-Ⅷ-21，李长安采。

新种与庐山介蛸 *I. lushanense* sp. nov. 相似，但体较短粗，后头粒突较粗大以及臀节侧后角内侧凹入等可相区别。

298. 峨眉介蛸，新种 *Interphasma emeiense* sp. nov.（图 299）

雌性：体长 60mm。中型。体除纵中脊外，具皱褶并披不规则粒突。褐色。头椭圆形背面较平坦，后头有大小不等较密粒突；眼间具小瘤状角突 1 对，其前有 1 横脊；触角分节明显，16 节。前胸背板粒突集中于中央与两侧，中、后胸背与侧面以及腹部具稀疏粒突与不规则纵皱；中节横形。3 对足无刺齿，中足股节约与中胸（含中节）等长。腹部第 7 腹板中突宽舌状，盖及腹瓣基部，腹端3节屋脊状，第8～9节背中央后缘具齿状隆起纵脊，臀节略短于第9节，后缘中央具凹口，两侧大于90°向内斜切；腹瓣舟形，中央具纵脊，伸达臀节中部；尾须短，不超过腹端。

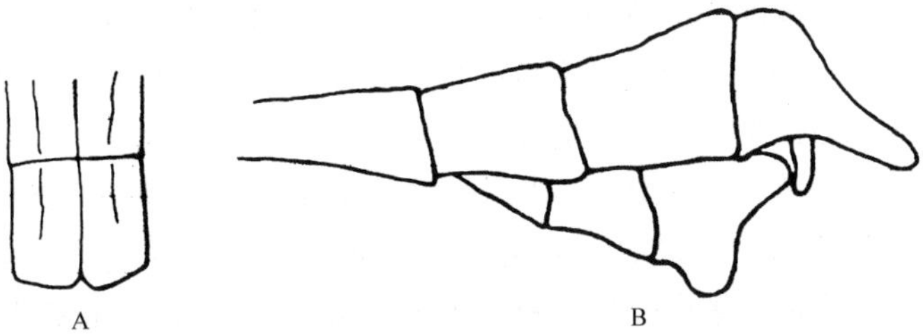

图299　峨眉介蝌，新种 *Interphasma emeiense* sp. nov.，♀♂
A. 雌性腹端背观　B. 雄性腹端侧观

雄性：体长59mm。体较雌性瘦长，光滑。眼间稍隆起，后头具少量粒突，胸部侧缘具稀粒突。体褐色，眼后与中胸侧缘具黑纵纹。触角19节。腹端3节屋脊状，第8～9节后缘中央隆起稍凹入，臀节长于前2节，分裂成两叶，背面几成直线斜切，侧端叶宽长；下生殖板端圆，伸达臀节基部；尾须中央折角下弯。

体各部分长度（mm）：体长♀60.0，♂59.0；中胸背板♀13.4，♂12.4；后胸背板（含中节）♀8.8，♂10.0；中节♀2.4，♂2.2；前足股节♀21.0，♂24.0；中足股节♀13.0，♂14.5；后足股节♀17.5，♂20.0。

正模♀（IZAS），四川峨眉山，1955-VI-30；副模2♂♂（IZAS），1955-XI-27，黄和金采；1♂（BJAU），采集地点同前，1998-VIII-10，杨定采。

新种与庐山介蝌 *I. lushanense* sp. nov. 相似，但新种第7腹节中突宽舌状，臀节后缘几成截形，雄性尾须呈折角状弯曲等可相区别。

299. 锥尾介蝌，新种 *Interphasma conicercum* sp. nov.（图300）

雌性：体长50mm。中型。体披稀疏粒突，中、后胸背中央具细纵沟，后胸与腹部具多行侧脊。黄褐色。头背面几乎平坦，后头处与侧面具稀疏粒突；触角短缺；前胸背板梯形，中央具十字形横沟，横沟位于中央稍后，近纵脊处具稀疏粒突，中、后胸及中节背板具不规则短纵脊与稀疏粒突；中节横形，短于后胸背板的1/3。3对足无刺齿，中足股节约与中胸等长。腹部圆筒形，第7腹板无中突；腹端3节屋脊状，逐节向后短缩，臀节具2侧脊，端缘具小凹口，侧缘浅弧状；腹瓣舟形，端部具纵脊，约伸达臀节端部；尾须锥状，明显超过腹端。

雄性：体长52mm。较雌性细瘦，体光滑。眼后具褐纵纹，中胸侧板黑色。后头具纵沟，粒突稀少，眼间稍隆起；触角17节。中节长宽约等，长约为后胸的1/3.5。中足股节约与中胸等长。腹端3节屋脊状较膨大，第8～9节具浅侧脊，臀节短于前2节，背中央大于90°向下斜切；侧端叶不明显；下生殖板端缘圆，具背中脊，伸达臀节基部；尾须内弯，中央向外成角状。

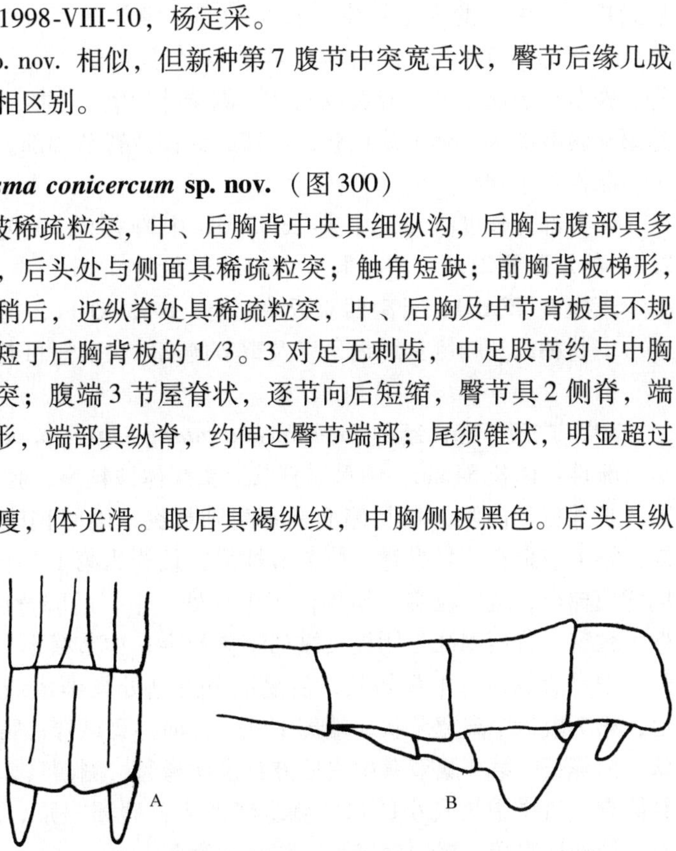

图300　锥尾介蝌，新种 *Interphasma conicercum* sp. nov.，♀♂
A. 雌性腹端背观　B. 雄性腹端侧观

体各部分长度（mm）：体长♀50.0，♂52.0；中胸背板♀12.0，♂11.0；后胸背板（含中节）♀8.8，♂9.0；中节♀2.0，♂2.0；前足股节♀（缺失），♂21.0；中足股节♀12.0，♂11.5；后足股节♀16.0，♂16.0。

正模♀（IZAS），四川峨眉山洗象池（1 800～2 000m），1957-Ⅷ-18，朱复兴采，副模2♂♂（IZAS），采地同正模，1957-Ⅷ-17～20，朱复兴、黄克仁采。

新种与峨眉介蝽 *I. emeiense* sp. nov. 相似，但新种第7腹板无中突，尾须锥状，明显外伸，雄性后头无明显粒突及臀节无明显窄的侧端叶。

300. 黑条介蝽，新种 *Interphasma nigrolineatum* sp. nov.（图301）

雄性：体长47mm。体瘦长。头与体披少量粒突。黄褐色，触角深褐色，眼前具黑纹，中胸与腹基部2节每侧具1黑色纵纹，3对足具不规则黑纹，腹部8～9节具黑纹。头长与前胸约等，后头具稀粒突，眼后具3～4颗粒突成纵列；触角20节，第1节扁长，背中央具宽脊，第2节柱形，略短；前胸无明显粒突，横沟位中央稍后，中胸背板与侧板粒突稀疏，近下侧近于纵列分布，后胸长大于中节的3倍；中节长宽约等。腹部圆筒状，端部3节膨大，屋脊状，第8～9节具4侧脊，臀节长于前2节，分裂成两叶，侧端叶尖短，下缘上凹；下生殖板拱起，端缘圆，约伸达第9腹节端部；尾须短柱状，内弯，约伸达臀节端部。

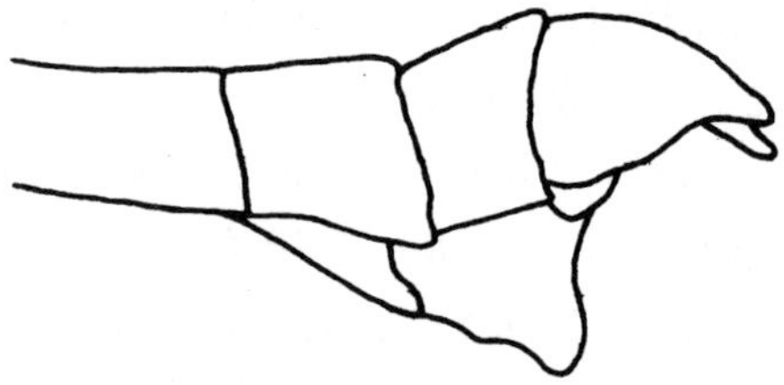

图301 黑条介蝽，新种 *Interphasma nigrolineatum* sp. nov.，♂ 腹端侧观

雌性：未知。

体各部分长度（mm）：体长47.0；中胸背板10.0；后胸背板（含中节）8.2；中节2.0；前足股节21.5；中足股节12.5；后足股节16.0。

正模♂（IZAS），云南西双版纳勐仑，1993-XI-11，杨龙龙采。

本新种以其胸侧具黑纵条以及臀节侧端叶尖而短可与其他种相区别。

301. 广西介蝽，新种 *Interphasma guangxiense* sp. nov.（图302）

雌性：体长54mm。中型。杆状。头与体披粒突，腹侧具不规则纵脊。体褐色。头椭圆形，长并宽于前胸，背与侧面具不规则粒突，眼间稍隆起；触角断缺，第1节扁宽，具纵脊，第2节柱形，长约为第1节长的2/3。前胸背板梯形，疏生粒突，横沟位于中央处，中、后胸背纵脊不明显，散生粒突，背板侧缘与侧板具纵列整齐粒突；中节横形。3对足无刺齿，中足股节约与中胸等长，后足股节近基处具细横皱。腹部圆筒形，第7腹板中突宽矛状，端部平钝，背面具2纵脊；腹端3节屋脊状，约等长，第9腹节背中央后方具齿状隆起，侧面具2纵脊，臀节具侧脊，后缘中央具小凹口，侧缘略凹入；腹瓣舟形，端半部具纵脊，约伸达腹端；尾须扁锥形，稍超过臀节。

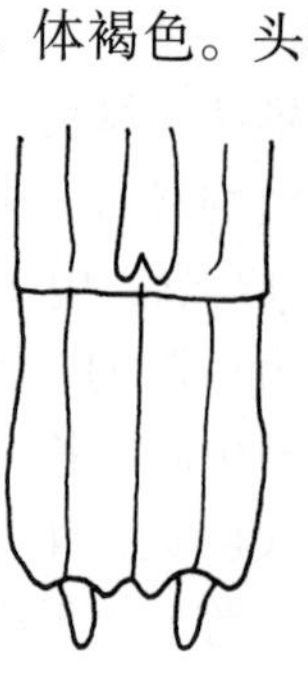

图302 广西介蝽，新种 *Interphasma guangxiense* sp. nov.，♀ 腹端背观

雄性：未知。

体各部分长度（mm）：体长54.0；中胸背板12.0；后胸背板

（含中节）7.8；中节 2.0；前足股节 20.0；中足股节 11.0；后足股节 15.0。

正模♀，广西田林浪平，1982-Ⅴ-28，杨集昆采。

新种近似于卧龙介蛸 *I. wolongense* sp. nov. 但新种眼间无成对瘤状角突，头部粒突较小，第 7 腹板中突端部平钝，背面具 2 纵脊可相区别。

302. 叉突介蛸，新种 *Interphasma bifidum* sp. nov.（图 303）

雌性：体长 55mm。中型。杆状。头、胸部披稀疏粒突，中胸至腹端背面具多条纵皱，尤以腹部明显。体青褐色，眼后及前足基节侧面具褐纹。头窄卵形，后缘几与前胸背板前侧等宽，背中央具纵沟，具对称深色粒突 6 个，眼圆凸，眼间较隆起，无角刺；触角短缺，第 1 节长，端厚，背面具宽脊，第 2 节柱形，约为第 1 节长的 1/3。前胸背板梯形，稍短于头部，边缘具稀疏粒突，中央具十字形沟纹，中胸后侧宽大，后胸背板（含中节）明显短于中胸，中、后胸均披稀疏粒突与少数不规则纵皱；中节横形。3 对足无刺齿。腹端宽短，自第 6 节后渐窄，约具 6 条纵皱，至腹端纵皱减少，第 7 腹板后缘中突呈叉状，第 9 节略短于臀节，背中央后缘具 1 对小齿突；臀节宽，具 1 纵脊 2 侧脊，端缘几成截状，中央处具小凹缘，侧后角外伸；腹瓣舟形，端背中央具纵脊，端钝，伸达臀节中部；尾须端尖，约伸至腹端。

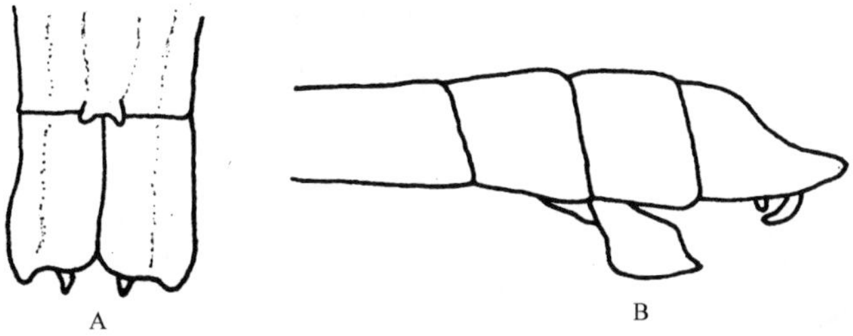

图 303　叉突介蛸，新种 *Interphasma bifidum* sp. nov.，♀♂
A. 雌性腹端背观　B. 雄性腹端侧观

雄性：体长 50mm。体细杆状。体基本光滑，腹部具少数纵皱。体褐色，3 对足绿色。眼间稍隆起，触角 18 节。第 2～9 腹节具浅纵皱，腹端 3 节加宽，第 8 节与第 9 节约等长，臀节长于前 2 节，近中部开裂成两叶，侧观基半宽几成直线斜切；下生殖板兜状，端缘弧形，几伸达第 9 节端部；尾须弯，中部较宽。

体各部分长度（mm）：体长♀55.0，♂50.0；中胸背板♀13.0，♂12.0；后胸背板（含中节）♀8.6，♂8.6；中节♀2.4，♂2.0；前足股节♀21.0，♂23.0；中足股节♀15.0，♂15.0；后足股节♀18.0，♂19.0。

正模♀（BJAU），副模 1♂（BJAU），四川峨眉山，1998-Ⅷ-16，杨定采。

新种以其中胸后侧明显加宽，第 7 腹板中突叉状与本属已知其他种均不同。

303. 陕西介蛸，新种 *Interphasma shaanxiense* sp. nov.（图 304）

雌性：体长 57mm。体中型。杆状。头与体披粒突，腹部背面具不规则纵皱，背中央纵脊。褐色。头椭圆形，近后头处具显著小粒突，眼圆凸，眼间具黑纹 1 对；触角短于前足股节，分节明显，15 节，第 1 节扁宽，具宽纵脊，第 2 节柱形，长于第 1 节之半。前胸背板矩形，其前缘窄于头宽，背面粒突稀不显凸，中央具十字形沟纹，横沟位中央稍后方，两侧不达边缘，中、后胸背板具少量粒突，中胸长于后胸（含中节）；中节横形，长约为后胸的 1/3。3 对足无齿刺。腹部背板具粒突，至第 5 节后渐稀少；各背板具不连续的纵皱，以第 6～8 节较密且显著；第 7 腹板后缘中突较短；腹端 3 节屋脊状，第 9 背板后缘具钝齿，臀节

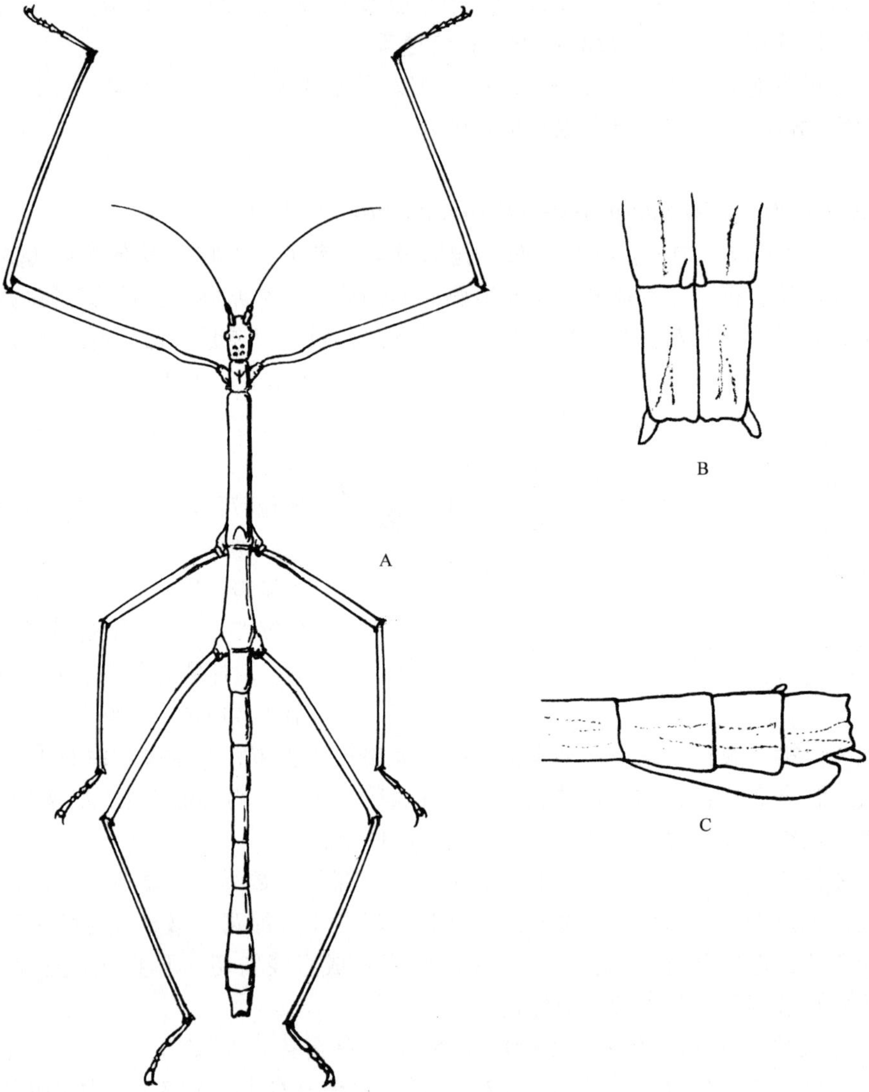

图 304　陕西介䗛，新种 *Interphasma shaanxiense* sp. nov.，♀
A. 整体　B. 腹端背观　C. 腹端侧观

与第 9 节约等长，具背与侧脊，后缘较直，中央具浅凹缘，侧端角稍后伸；腹瓣舟形，约伸达臀节中部，后缘弧状；尾须锥状，超过腹端。

雄性：未知。

体各部分长度（mm）：体长 57.0；中胸背板 13.0；后胸背板（含中节）8.6；中节 2.2；前足股节 21.0；中足股节 12.0；后足股节 16.5。

正模♀（BJAU），陕西洋县西沟，1996-Ⅷ-14，孙路采。

新种与广西介䗛 *I. guangxiense* sp. nov. 非常相似，主要区别在于中、后胸背板粒突稀少，第 7 腹板中突尖长，以及腹瓣端部钝可相区别。

304. 陇南介蛸，新种 *Interphasma longnanense* sp. nov.（图 305）

雄性：体长 50mm。体中型。杆状且光滑。体黄褐色，眼后各有 1 黑纵纹，足股节具不规则浅褐色纹。头宽卵形，眼间稍隆起，具 2 对褐点，后头无明显粒突；眼半球形；触角短于前股节，分节明显，17 节，第 1 节扁长，第 2 节柱形，短于第 1 节。前胸背板矩形，中央具十字形沟纹；中节长宽约等，约为后胸背板长的 1/4。3 对足具整齐细毛，中足股节长于中胸背板。腹部圆筒形，端部 3 节屋脊状，臀节长于前 2 节，背面浅弧形，近中央近直角下切，侧端叶宽舌状；下生殖板拱起，约伸达第 9 腹节端部；尾须中央近乎角状弯曲。

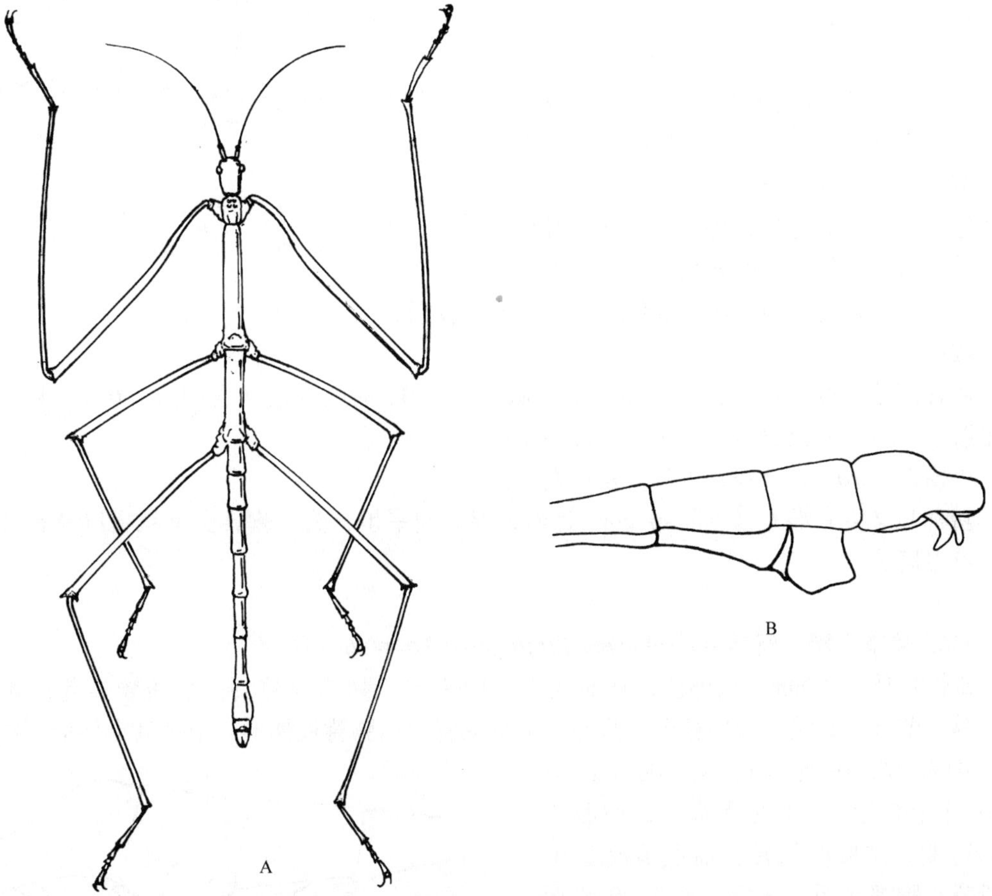

图 305　陇南介蛸，新种 *Interphasma longnanense* sp. nov.，♂

A. 整体　B. 腹端侧观

雌性：未知。

体各部分长度（mm）：体长 50.0；中胸背板 11.0；后胸背板（含中节）8.2；中节 1.6；前足股节 22.5；中足股节 14.0；后足股节 18.0。

正模♂（IZAS），甘肃康县法河林场（1 400m），1998-Ⅷ-14，陈军采。

新种与庐山介蛸 *I. lushanense* sp. nov. 与峨眉介蛸 *I. emeiense* sp. nov. 相似，但新种后头无明显粒突，触角 17 节，臀节形状不同等可相区分。

305. 新疆介䗛，新种 *Interphasma xinjiangense* sp. nov.（图 306）

雄性：体长 40mm。体中型。头与前中胸披少量粒突。头椭圆形，背面略平坦，具细纵脊；眼椭圆形，外突；触角第 1 节扁长，端厚，第 2 节柱形较短。前胸背板矩形，披少量粒突，中央具十字形沟纹，横沟位中央，中胸背板具少量深色粒突；中节长略短于宽。3 对足中等长，前股节无刺齿，稍长于后股节。腹端 3 节膨大，屋脊状，第 8 ~ 9 节约等长，除中纵脊外，各有 2 侧脊，臀节长于前 2 节，背侧近直线斜切；下生殖板兜状，具纵脊，伸达臀节基部；尾须内弯，不超过腹端。

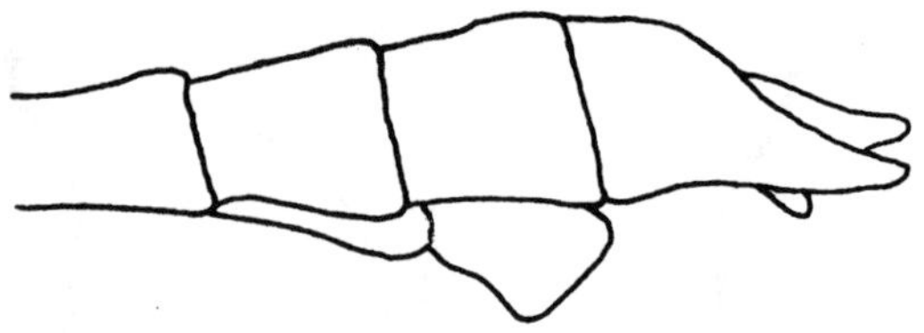

图 306 新疆介䗛，新种 *Interphasma xinjiangense* sp. nov.，♂ 腹端侧观

雌性：未知。

体各部分长度（mm）：体长 40.0；中胸背板 9.0；后胸背板（含中节）6.4；中节 1.6；前足股节 15.0；中足股节 10.0；后足股节 13.5。

正模♂（CAF），新疆，1957，采集人不详。

新种与叉突介䗛 *I. bififum* sp. nov. 近似，但眼间平坦，头、胸具少量粒突以及臀节外形不同可以区分。

306. 梵净介䗛，新种 *Interphasma fanjingense* sp. nov.（图 307）

雄性：体长 47mm。头卵圆，背面较平，后头披 2 列稀疏粒突；眼间较隆起；触角 18 节，第 1 节扁宽，第 2 节短柱形。胸部光滑具纵脊，前胸背板梯形，中央具十字形沟纹，横沟位中前方，中胸稍长于后胸（含中节）；中节横形。3 对足无齿刺，前股节基部弯曲，中股节较短，后股节略长于前股节。腹部无明显纵脊，第 8 ~ 9 节膨大，两者约等长，臀节分裂，较长于前 2 节，侧端叶略呈长方形；下生殖板兜状，背面具纵脊，端宽圆，约伸达臀节基部；尾须内弯。

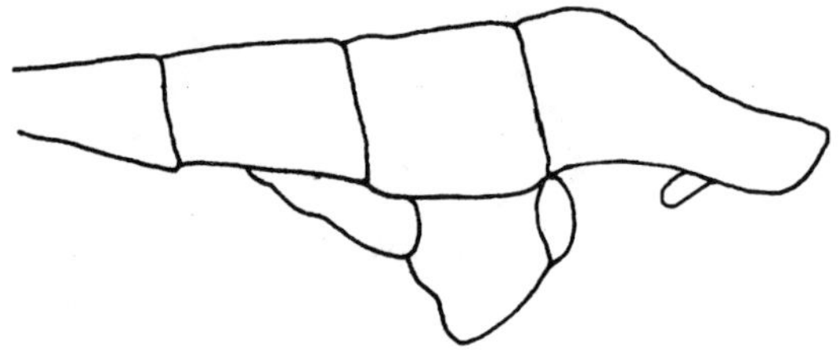

图 307 梵净介䗛，新种 *Interphasma fanjingense* sp. nov.，♂ 腹端侧观

雌性：未知。

体各部分长度（mm）：体长 47.0；中胸背板 10.0；后胸背板（含中节）7.0；中节 1.8；前足股节 14.0；中足股节 12.0；后足股节 17.0。

正模♂（BJFU），贵州梵净山，2002，徐芳玲采。

新种与庐山介䗛 *I. lushanense* sp. nov. 相似，但触角 18 节，臀节短宽，其侧端叶约呈长方形等可相区别。

（五十）佛䗛属 *Phryganistria* Stål，1875

模式种：*Phryganistria virgea* Westwood，1848

体大。细长。头球状，光滑，两性触角长于前股节，分节明显，第1节扁平。胸和腹部光滑，中节短于后胸的1/2。股节尖锐，前股节背、腹面锯齿状，中、后股节两侧具尖齿，腹中脊一般无齿，胫节长，稀有齿，跗节细长。雄性臀节长，侧扁，分裂，下生殖板拱起，不超过第9腹节；尾须短，圆筒形；雌臀节平坦，截状，略有凹缘，有肛上板；腹瓣长，矛状，远超过腹端。

本属分布于东洋区，共有3种，我国有2种。

佛䗛属 *Phryganistria* Stål 分种检索表（雄性）

1. 前股节背内脊锯齿约22～23枚齿 ······································ 广西佛䗛 ***Ph. guangxiensis* sp. nov.**
   前股节背内脊锯齿约13～15枚齿 ······································ 龙州佛䗛 ***Ph. longzhouensis* sp. nov.**

307. 广西佛䗛，新种 *Phryganistria guangxiensis* sp. nov.（图308）

雄性：体长176mm。体大，光滑，有光泽，具极退化的翅。体褐色，背纵脊不明显。

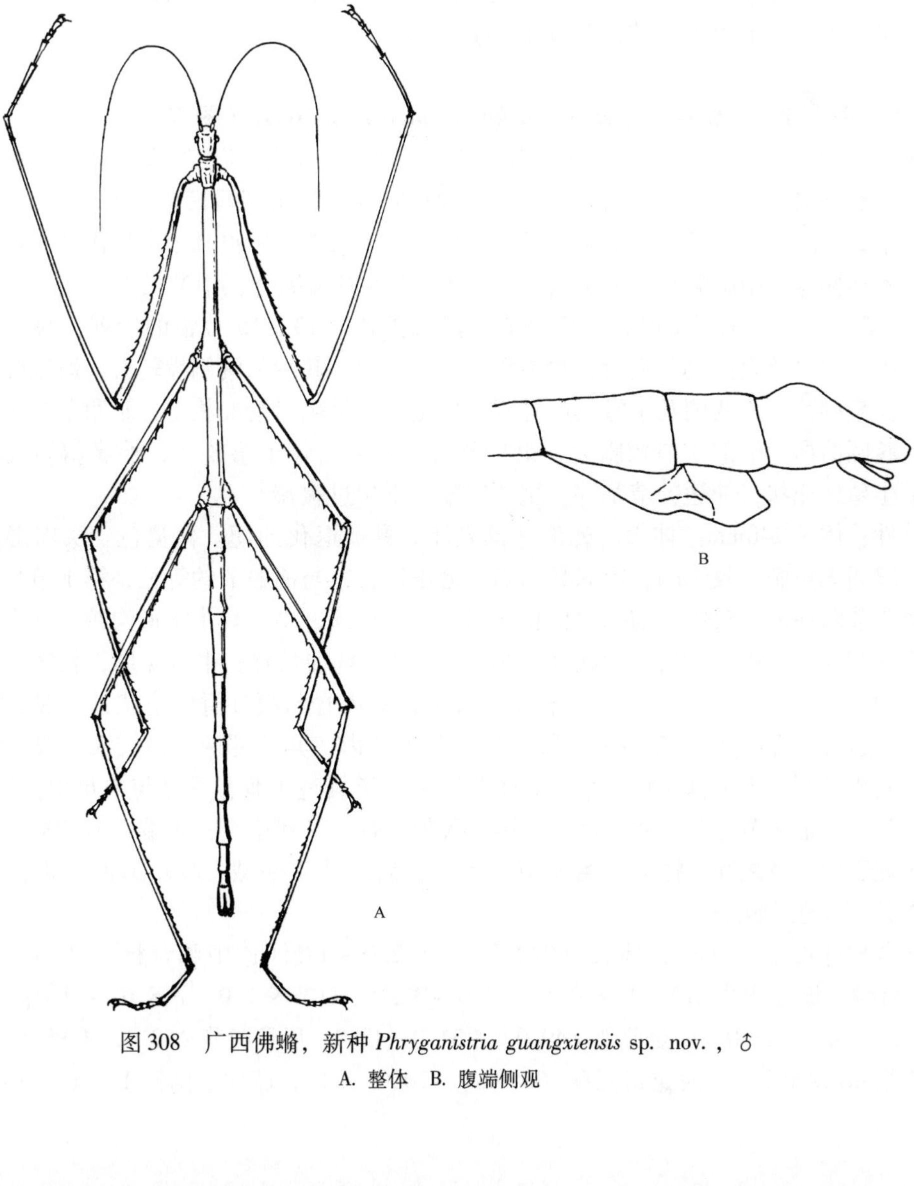

图308　广西佛䗛，新种 *Phryganistria guangxiensis* sp. nov.，♂
A. 整体　B. 腹端侧观

头卵形，后侧窄，无角刺；眼大，外突；触角长丝状，长于前股节，第 1 节长，端厚，第 2 节柱形，约为第 1 节之半。前胸背板近矩形，横沟约位于中央，中、后胸光滑且带光泽，中胸较长于后胸（含中节）；中节长大于宽，约短于后胸的 1/3。3 对足长，前股节略长于后股节，背内脊具 22 ~ 23 枚齿的锯齿列，中股节伸达第 3 腹节，其背面内外脊中央处各有1 ~ 2 齿，腹面内外脊具成列黑齿，腹中脊仅 2 ~ 3 枚小齿，腹面近端处有 1 ~ 2 枚大齿，后股节生齿情况与中股节相仿，中、后胫节背面有少量小刺，腹面 3 脊具成列小刺。腹圆筒形，端部 3 节膨大，臀节稍长于第 8 节，分裂为两叶，端较尖窄；下生殖板兜状，具纵脊，约伸达第 9 节端部；尾须略内弯，不超过腹端。

雌性：未知。

体各部分长度（mm）：体长 176.0；中胸背板 42.0；后胸背板（含中节）33.0；中节 7.0；前足股节 59.0；中足股节 46.0；后足股节 55.0。

正模♂（IZAS），广西那坡德孚（350m），2000-VI-19，李文柱采。

新种与 *Ph. virgea* Westwood 相似，但体较大，前股节腹脊无锯齿列，中、后股节腹中脊仅有少量小齿以及下生殖板较长等可相区别。

308. 龙州佛蝽，新种 *Phryganistria longzhouensis* sp. nov.（图 309）

雄性：体长 142 ~ 175mm。大型。体光滑并具光泽，背面具细纵脊。具极退化的翅。体褐色，眼后具褐纹。头卵形，后侧窄；无角刺；眼圆凸，眼间具凹陷；触角第 1 节长方形，端厚，第 2 节圆柱形，较短。前胸背板长方形，短于头部，中央具十字形沟纹，横沟位于前半部，不达侧缘；中胸略长于后胸（含中节），中央具细纵脊；中节长大于宽，约短于后胸的 4 倍。3 对足长，前股节略长于后股节，背内脊具约 13 ~ 15 枚齿的齿列，腹外脊近中部偶有 1 齿，中股节腹面具 2 列齿，腹中脊具几个疏齿，其端部两侧齿较大，股膝叶尖，胫节背脊具少量刺，腹面两侧及中脊具成排刺，后足与中足生齿情况相仿，基跗节长于其他 4 节之和。腹圆筒形，端部 3 节较膨大，第 9 节短，臀节略长于第 8 节，外缘斜切，侧后角指状；下生殖板兜状，伸达臀节基部；尾须端窄，不超过腹端。

雌性：体长 240mm。体大。光滑并具光泽。具极退化的翅。体褐色。头卵形，背面稍隆起；眼间无角刺；眼圆凸，眼间具凹陷；触角较长，与前股节约等长，第 1 节长方形，端厚，第 2 节圆柱形，较短。前胸背板长方形，短于头部，中央具十字形沟纹，横沟约位于中部，不达侧缘；中胸明显长于后胸（含中节），中央具细纵脊；中节梯形，长宽约等，约为后胸长的 1/4。3 对足长，前股节远长于后股节，背内脊与腹外脊锯齿状，中股节内外背脊各 2 ~ 3 枚疏齿，腹面脊具 2 齿列，腹中脊具几个疏齿，其端部两侧齿较大，股膝叶尖，胫节背脊具少量刺，近中部 1 齿较大，腹面两侧及中脊具整排刺，后足与中足生齿情况相仿，基跗节长于其他 4 节之和。腹圆筒形，第 7 腹板具较尖叉状中突；腹端 3 节较窄，第 8 节较长，稍短于后 2 节之和，臀节与第 9 节约等长，后缘几乎平截，具小形肛上板；尾须圆柱形，端窄，不超过腹端。

体各部分长度（mm）：体长♀240.0，♂142.0 ~ 175.0；中胸背板♀48.0，♂31.5 ~ 42.0；后胸背板（含中节）♀34.0，♂27.0 ~ 33.0；中节♀7.0，♂5.6. ~ 7.0；前足股节♀67.0，♂40.0 ~ 63.0；中足股节♀49.0，♂31.0 ~ 45.0；后足股节♀58.0，♂36.0 ~ 55.0。

正模♂（IZAS），广西龙州三联（350m），2000-VI-13，陈军；副模 1♂1♀（BJAU）广

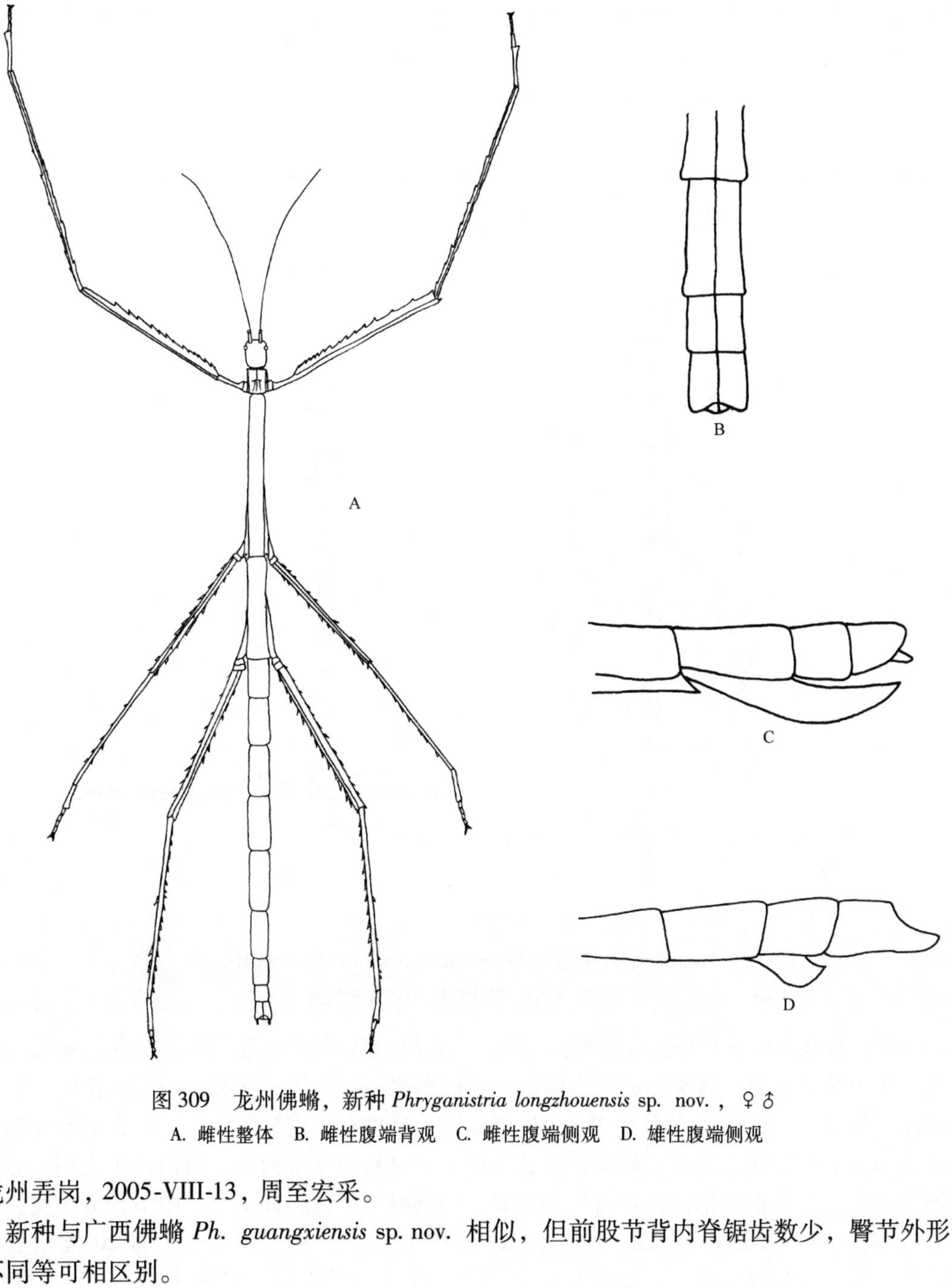

图 309　龙州佛䗛，新种 *Phryganistria longzhouensis* sp. nov.，♀♂
A. 雌性整体　B. 雌性腹端背观　C. 雌性腹端侧观　D. 雄性腹端侧观

西龙州弄岗，2005-VIII-13，周至宏采。

新种与广西佛䗛 *Ph. guangxiensis* sp. nov. 相似，但前股节背内脊锯齿数少，臀节外形明显不同等可相区别。

（五十一）长腹瓣䗛属 *Prosentoria* Brunner，1907

模式种：*Prosentoria arrogans* Brunner，1907

头长，后头具 2 瘤，眼间具刺或叶突；触角远短于前股节，第 1 节膨大。胸光滑。足细，前股节背面无刺齿，或略扩展，中、后足股节基本光滑。雄臀节略具小三角形凹缘，尾须直，端部稍弯钝，下生殖板拱起，侧扁，端尖，不超过第 9 腹节端部；雌臀节长为宽的 2 倍，截状或有凹缘；肛上板尖矛状，腹瓣扁长，矛状，远超过肛上板。

本属全球共 3 种，分布于东洋区，我国知 1 种。

309. 版纳长腹瓣蛸 *Prosentoria bannaensis* Chen et He，1997（图 310）

Prosentoria bannaensis Chen et He，1997，*Acta Ent. Sinica*. 40（2）：183.

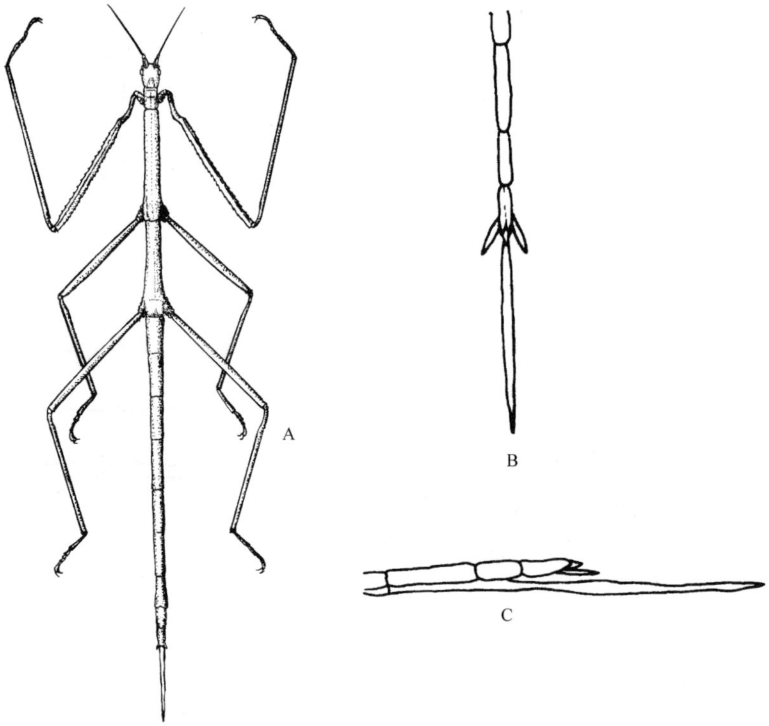

图 310　版纳长腹瓣蛸 *Prosentoria bannaensis* Chen et He，♀
A. 整体　B. 腹端背观　C. 腹端侧观

雌性：体长 94mm（不包括腹瓣）。细长。光滑，披稀疏短毛。体黄褐色。头长，背面平坦，中央具 1 纵沟，后头形成 4 个隆起；复眼深褐色，近圆形外突；眼间无角刺；触角分节明显，24 节，约为前股节长的 1/3，柄节扁宽，具中脊，梗节短柱形，约为柄节长的1/3；鞭节端部两节长于其余各节。前胸背板长方形，中央具十字形沟纹，横沟位中央稍后方，不达侧缘；中、后胸粗度相仿，背面具细中脊，中胸略长于后胸加中节；中节长大于宽，与前胸背板等长。3 对足细长，前足股节上内脊有 10 枚以上齿列，腹脊有 1 排 20 枚以上的齿列；中、后足股节端部腹中脊有细齿 4 ~6 枚。腹部至后端渐窄，以第 3 ~6 节最长；腹端 3 节以第 8 节最长，第 9 节与臀节约等长；臀节端缘略向内斜切，具背脊；肛上板小，三角形，明显超过臀节侧叶，具背脊；腹瓣长矛形，端尖，背中央具中脊，长于腹端 3 节之和的 2 倍；尾须长柱形，端尖，超过肛上板。

雄性：未知。

体各部分长度（mm）：体长 94. 0；前胸背板 3. 0；中胸背板 18. 4；后胸背板（含中节）16. 0；中节 3. 0；前足股节 28. 0；中足股节 19. 0；后足股节 22. 0；腹部 52. 8；腹瓣 19. 2。

分布：云南（西双版纳）。

（五十二）喙尾䗛属 *Rhamphophasma* Brunner，1893

模式种：*Rhamphophasma modestum* Brunner，1893

头扁长，无角刺或有 2 刺；两性触角短于前股节，前股节无齿叶，中足股节长于后胸与中节之和的 1.5 倍，雌性则稍长，无齿叶。雄臀节深裂，臀叶尖；雌臀节延长，尖或有凹缘；缺肛上板；腹瓣尖矛状，约伸达臀节端部；尾须隐蔽。

本属分布于东洋区及日本，我国有 2 种。

喙尾䗛属 *Rhamphophasma* Brunner 分种检索表（雄性）

1. 体长约 42mm；眼间有 2 瘤 ……………………………………………… 褐喙尾䗛 ***Rh. modestum*** **Brunner**
   体长约 86mm；眼间无瘤 ……………………………………………… 滇喙尾䗛 ***Rh. dianicum*** **Chen et He**

310. 褐喙尾䗛 *Rhamphophasma modestum* Brunner，1893（图 311）

Rhamphophasma modestum Brunner，1893，*Nev.*，93.

雌性：体长 75～99mm。体较大。杆状，背中央具中脊。体黄褐色。头卵形，背面稍隆

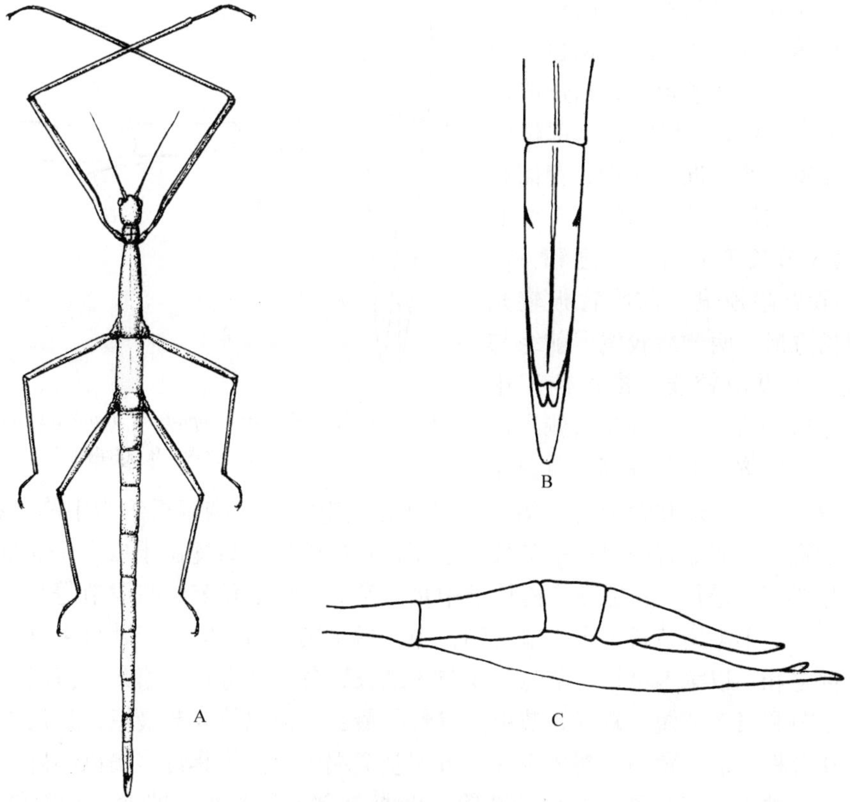

图 311　褐喙尾䗛 *Rhamphophasma modestum* Brunner，♀
A. 整体　B. 腹端背观　C. 腹端侧观

起；眼间无角刺；触角分节明显，略长于前足股节之半。前胸背板长方形，具十字形沟纹，中、后足股节腹中脊端部具3～4枚小齿，胫节端部具小刺。腹端3节较窄，腹部第8节较长，第9节约与臀节等长；肛上板与臀节愈合，端部略成凹缘；腹瓣长矛形，明显超过肛上板；尾须短。

雄性：体长42mm。头短，眼间有2瘤。第2腹节长小于宽的2倍，臀节分裂成2叶，端部波状，内侧具小刺齿；下生殖板圆凸；尾须短钝。

体各部分长度（mm）：体长♀75～99.0，♂42.0；中胸背板♀13.0，♂9.5；后胸背板（含中节）♀10.5，♂7.0；中节♀3.0，♂2.0；前足股节♀（缺失），♂20.0；中足股节♀12.0，♂12.5；后足股节♀16.0，♂16.0。

寄主：杉树、桦树等上百种植物。

分布：湖南，四川，贵州；缅甸，日本。

311. 滇喙尾䗛 *Rhamphophasma dianicum* Chen et He，1994（图312）

Rhamphophasma dianicum Chen et He，1994，*Acta Zootaxonomica Sinica*. 19（1）；104.

雄性：体长约86mm。体较大。细杆状，中、后胸与腹部具较整齐细密横皱。黄褐色。头长卵形，长于前胸，前宽后略窄，但宽于前胸背板，背面较平坦，后头有1横沟与2短纵沟；眼圆外突，眼长约为其后至头后缘的1/4.5；触角褐色，19节，节间分节明显，触角长，超过前足股节长的1/2，第1节扁宽，基部略收缩，端部加厚，两侧近于平行，背面有厚脊，第2节圆柱形，长约为第1节的1/2.7，第3节长于1与2节之和，与第4节分节界限模糊。前胸背板较光滑，近似长方形，两侧后较宽，前缘与侧缘凹入，中纵沟较浅，横沟位于中央，近侧缘略弯曲，后半部2条侧纵沟不明显；中、后胸背板有许多淡黄色小斑，中胸背板长约为前胸背板的5倍，背中央有浅中脊，后胸背板约为中胸背板的1/1.4，近后侧稍加宽，无明显背中脊；中节长大于宽，1对新月形凹窝位于后方1/3处。3对足细长，以前足股节为最长；后足股节稍长于中足股节，3对足胫节约与股节等长，3对足无任何齿状物，前足第1跗节长于余4节之和，中、后足第1跗节略短于其余4节之和。腹部长于头、胸部之和，以第1至第3节与第8节为最长，各节约等长，第2节稍短，与第4节约等长，第6节和第7节短，端部3节中，以臀节最长，但以第8节最短，其长约为第9节的1/2，第10背板矛形，背中央裂成两片，每侧基宽端尖、内缘具许多褐色小齿；下生殖板短于第7腹板，端尖，稍开裂，端部伸至第8背板基部；尾须短，略弯、端部细窄，近基部1/3处下伸。

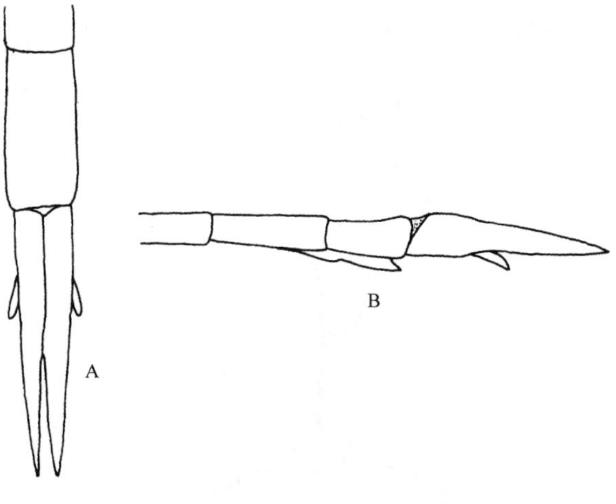

图312 滇喙尾䗛 *Rhamphophasma dianicum* Chen et He，♂
A. 腹端背观 B. 腹端侧观

雌性：未知。

体各部分长度（mm）：体长 86.2；前胸背板 3.2；中胸背板 16.6；后胸背板（含中节）14.2；中节 2.4；前足股节 28.0；中足股节 18.0；后足股节 21.5。

分布：云南（大理）。

□棘刺䗛族 Acanthoxylini

棘刺䗛族 Acanthoxylini 分属检索表

体光滑；头长扁；雌虫尾须长，矛形 ………………………………………… **光胸䗛属 *Clitarchus***

（五十三）光胸䗛属 *Clitarchus* Stål，1873

模式种：*Clitarchus laeviusculus* Stål，1875

体光滑或带皱纹。头扁长，触角分节明显，20～22 节，稍短于前股节。足细长。雄第 2 腹节长为宽的 2 倍，雌长则小于宽的 1.5 倍；雄臀节延长，侧扁，截状；尾须平钝；下生殖板拱起，短且圆；雌臀节扁，后缘圆，腹瓣尖矛形，略隆起，约伸达腹端；尾须长且直，矛形。

本属主要分布于大洋洲区，共计 7 种。据记载，我国有 1 种，但未见标本。

312. 大光胸䗛 *Clitarchus magnus* Brunner，1907

Clitarchus magnus Brunner, 1907, *Die Insektenfamilie der Phasmiden*. 237.

雌性：体长 132mm。头上有两刺，触角短缺；颊白色。胸部光滑。前股节背、腹面有齿列；中、后股节背面无齿，腹面两侧脊也无齿，仅腹中脊具成列齿。臀节长于第 9 节的 2 倍，端具凹缘；肛上板三角形；腹瓣矛状，稍呈脊状，几乎伸达腹端；尾须长矛形，扁平。

雄性：未知。

体各部分长度（mm）：体长 132.0；中胸背板 28.0；后胸背板（含中节）26.0；中节 4.0；前足股节（缺失）；中足股节 25.0；后足股节 29.0。

分布：上海。

□䗛族 Phasmatini

䗛族 Phasmatini 分属检索表

尾须很长，呈叶状，明显长于腹端 2 节之和 ………………………………… **叶尾䗛属 *Acrophylla***

（五十四）叶尾䗛属 *Acrophylla* Gray，1835

模式种：*Acrophylla chronus* Gray，1835

体细长，呈圆桶形。头长卵形，长大于宽，后侧窄；雄单眼常明显，雌则多少退化。中胸背板甚长，常具粒突或瘤。雄前翅矛形，后翅发达，或略具不规则黄斑；雌前翅短，长卵形，臀域黑褐色，稍带白斑。足甚细长，雄背面常有刺，雌前股节则呈锯齿状，中、后股节常有尖膝叶，下面有3列小刺，背中央常有1~2齿，前胫节几乎无刺，中、后胫节腹面有少量刺，雄性基跗节长于其余跗节之和，在雌则等长。雄臀节屋脊状，雌则平坦；尾须甚长，常膨大呈叶状，明显长于后2节之和；雄下生殖板拱起，短且端圆；雌腹瓣呈舟或矛状，超过或略长于腹部，腹板具两列粒突。

本属分布于大洋洲区和东洋区，共10种，我国有1种。

313. 四川叶尾䗛 *Acrophylla sichuanensis* Chen et He，2001（图313）

Acrophylla sichuanensis Chen et He，2001，*Entomol. J. E. China*. 10（1）：8.

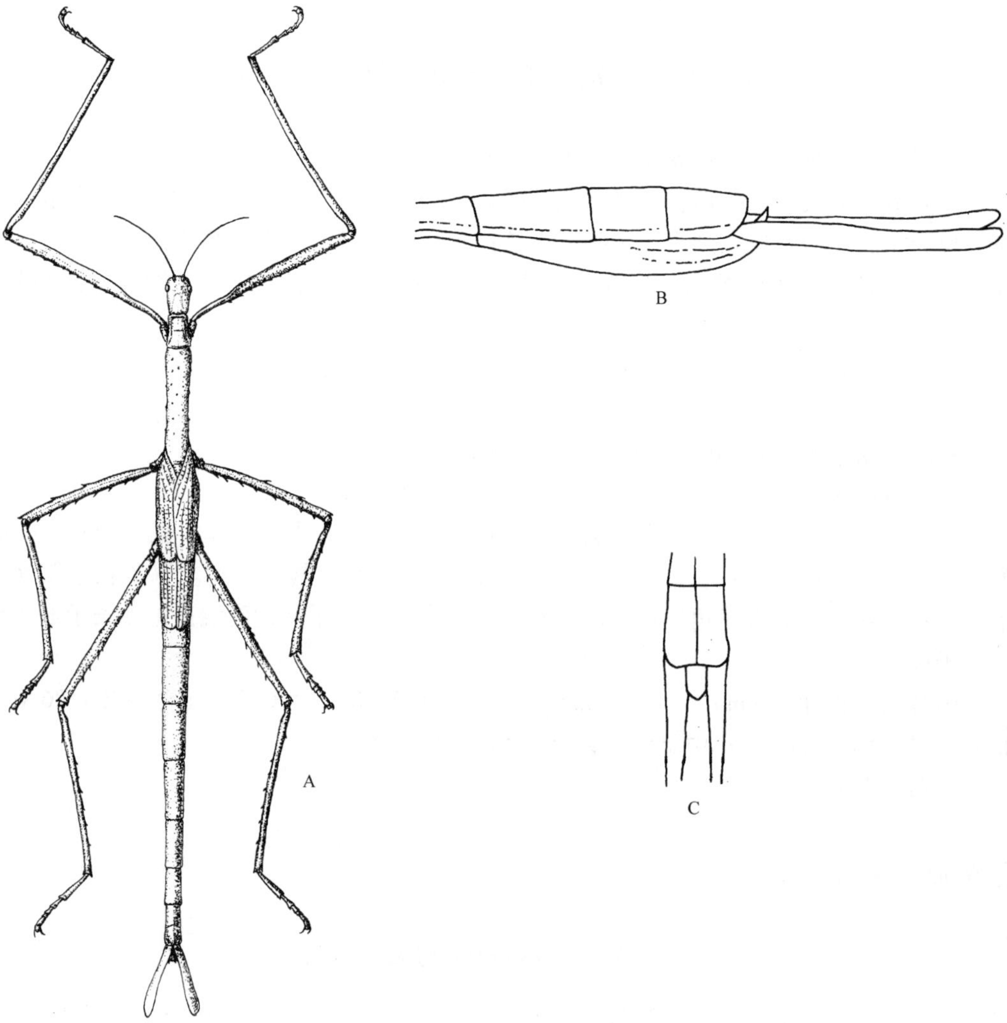

图313 四川叶尾䗛 *Acrophylla sichuanensis* Chen et He，♀

A. 整体 B. 腹端侧观 C. 臀节背观

雌性：体长约142mm。大型。杆状。中、后胸披少量不规则粒突。体暗褐色。头椭圆形，后头有3短纵沟，头顶具3单眼；触角短于前股节之半，约分28节；复眼较大，圆突。前胸背板梯状，中央有十字形沟纹，横沟近中央处；中胸背板无明显纵脊，疏生约4纵列粒突，每列约4~5粒，腹板有2纵列粒突，每列约7~8粒，后胸腹板2纵列粒突，每列约4

粒。复翅长卵形，伸达中节端部；后翅伸达第3腹节中央。3对足细长，前股节略长于后股节，背内脊与腹外脊各具1列锯齿（背齿大于腹齿），胫节无刺齿；中股节近中央内、外背脊各1齿，腹面3脊各1列齿，胫节近基部背内脊1齿，腹脊具数齿：后股节中央内、外背脊各1~2枚与0~2枚齿，腹面3纵脊各1列齿，胫节近基部背脊1齿，近端部背腹脊有数齿。腹部圆筒形，端部3节屋脊状，第8节较长，臀节与第9节约等长，后缘几成截状；腹瓣长舟形，略超过腹端；尾须长，扁叶状，约与腹端3节之和等长。

雄性：未知。

体各部分长度（mm）：体长142.0；中胸背板29.0；后胸背板（含中节）19.0；复翅23.0；后翅35.0；前足股节35.0；中足股节27.0；后足股节33.5。

分布：四川（雅安）。

□彪蝌族 Pharnaciini

彪蝌族 Pharnaciini 分属检索表

1. 雌虫腹瓣明显超过臀节 ………………………………………… 筒胸蝌属 *Phasmotaenia*
   雌虫腹瓣短，或刚超过臀节；仅雄虫有翅，或有时两性均无翅 …………………… 2
2. 头后圆形或隆起，常有2个突起的瘤；雄虫后翅大，足有很多刺 ………… 彪蝌属 *Pharnacia*
   头后不隆起；雄虫有大小不等的后翅；股节尤其是前股节有锯齿 ………… 足刺蝌属 *Phobaeticus*

（五十五）筒胸蝌属 *Phasmotaenia* Navas，1897

模式种：*Taeniosoma sanchezi* Bolivar，1897

大型种。体长。头无角刺，后侧甚窄；触角短于前股节，约30节，第2节短；中胸背板无披物，中央加宽，后胸背板与中节愈合，其长约为前胸背板的3倍。3对足股、胫节长，且有齿，中、后足胫节有时具叶突。前翅缺或小，后翅甚短。腹部细长，端部3节短，臀节端侧圆；腹瓣长，远超过腹端，产卵瓣细长而明显；尾须短。两性外观相似，但雄虫胸部不膨大，臀节端略具三角形凹缘，下生殖板宽端圆，中央有明显缺刻。

本属全球共3种，2种分布于菲律宾，1种分布于中国台湾。

314. 兰屿筒胸蝌 *Phasmotaenia lanyuhensis* Huang et Brock，2001（图314）

Phasmotaenia lanyuhensis Huang et Brock，2001，*J. Orthoptera Res.*，10（1）：44.

雌性：体长158~162mm。大型。杆状。两对翅短小。体浅褐至绿色，胸部具暗纹，各股节具棕色带，中足胫节有2带。头宽卵形，背面较凸，有3浅纵沟；触角短于前股节，23节，第1节与第3节长，第2节短柱形。前胸背板稍短于头部，呈矩形，中央具十字形沟纹，横沟位于中央；中胸背板长，具纵脊，前方1/3处膨大且隆起，后胸背板甚短于中胸背板，其长约为前胸背板的3倍；中节长于后胸。前翅很小，后翅甚短。3对足股、胫节多数脊上具齿列，且有端刺1对。腹部圆筒形，远长于头、胸部之和，端部3节窄，臀节略呈屋脊形，具中脊，与前节约等长，约为第8节长的2/3，端部略具三角形凹缘，肛上板明显；腹瓣长，远超过腹端，产卵瓣细长且明显；尾须圆柱形，端尖，略超过肛上板。

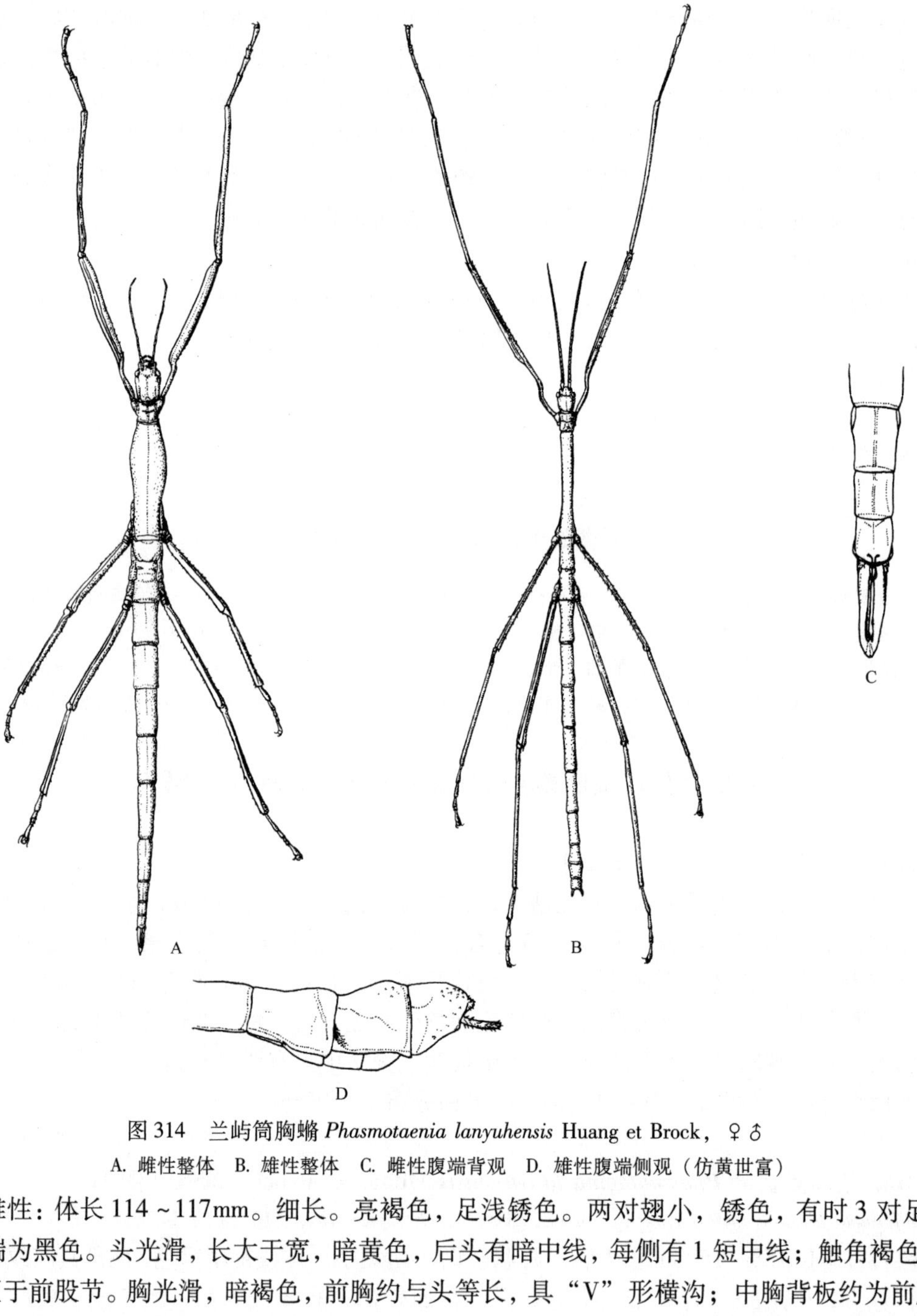

图 314 兰屿筒胸䗛 *Phasmotaenia lanyuhensis* Huang et Brock，♀♂

A. 雌性整体 B. 雄性整体 C. 雌性腹端背观 D. 雄性腹端侧观（仿黄世富）

雄性：体长 114～117mm。细长。亮褐色，足浅锈色。两对翅小，锈色，有时 3 对足股、胫节端为黑色。头光滑，长大于宽，暗黄色，后头有暗中线，每侧有 1 短中线；触角褐色，23 节，短于前股节。胸光滑，暗褐色，前胸约与头等长，具“V”形横沟；中胸背板约为前胸背板长的 5 倍，后胸短于中胸。前翅很小或无，后翅短小。足细长，有多列细齿，各股节有成对端刺。腹部光滑，暗棕色，臀节短，端部稍呈三角形凹入；下生殖板宽端圆，中央有缺刻，伸达第 9 腹节；尾须长，端圆。

体各部分长度（mm）：体长 ♀158.0～162.0，♂114.0～117.0；中胸背板 ♀31.0～34.0，♂22.5～25.0；后胸背板（含中节）♀17.0～18.0，♂13.5～14.5；中节 ♀9.0～9.5，♂6.5；前足股节 ♀43.0～47.0，♂38.0～42.0；中足股节 ♀30.0～34.0，♂27.0～30.0；

后足股节♀34.0～39.0，♂31.0～35.0。

卵：长4.0 mm，宽2.5 mm，高2.8 mm。卵囊光滑，近椭圆形，光滑。头端锥形，光滑，褐色，卵盖边缘深灰色或乳白色具深灰色斑纹。卵孔板长，乳白色，长3.0 mm，宽1.0mm，卵孔板深灰色，其周围加宽。

据在台湾观察，此虫营有性生殖。成虫出现于5～11月，卵孵化期长达6个月。

寄主：茄苳、木贼叶、木麻黄、四脉麻。

分布：台湾（兰屿）。

（五十六）足刺蛸属 *Phobaeticus* Brunner，1907

模式种：*Phobaeticus sobrinus* Brunner，1907

体大。头多少呈球状，触角较长，一般不超过前股节端部。胸光滑。足尤其前股节多齿，中、后股节腹中脊有成排齿。除少数种腹瓣远长于腹端外，一般短或伸达腹端；雄虫有时具发育程度不等的翅。

本属分布在东洋区，共计12种，我国有1种。

315. 白带足刺蛸 *Phobaeticus albus*（Chen et He，1990）comb. nov.（图315）

Baculum album Chen et He，1990，*J. Beijing For. Univ.*，12（4）：54.

Phobaeticus sichuanensis Liu et Cai，1993，*Acta Ent. Sinica.* 36（4）：469.

雄性：体长138.5～149mm。光滑，披稀疏短毛。体黄褐色，头背中央及眼后均为白色，腹部第7、8节背板侧下方有白斑。头长，前宽后窄，长于前胸背板。头部背面有褐纹5条，中央3条呈倒“山”字形；眼褐色，球形，外突，眼间具褐色短角突1对；触角22节，略超过前足股节长的1/2，第1节扁，端部加厚，长约为宽的2倍，第2节柱形，长于第1节的1/2，第3节约为第1节长的2倍，第4节约与第2节等长，自第11节起逐渐细长，端节钝；下颚须5节，基部2节最短，约等长；3、4节较长，等长；端节最长；下唇须3节，基节最短，端节最长；口须端节端部均为窄圆。前胸背板长形，前侧稍窄，后侧较宽，背中央有中纵沟，中横沟中央稍凹，至后与两条弧形侧沟相连，前胸背板约为中胸背板长的1/6；中胸背板约与后胸加中节之和等长，中胸背板后方中央有浅纵沟；后胸背板前后稍宽，中、后胸两侧具2排粗点刻，后胸前面1/4处背中央有细纵沟，其后为细密横皱所代替，横皱至中节前消失，中节直至腹背中央无脊、沟；中节横形，长约为后胸背板的1/8，新月形凹窝不明显。3对足细长，前足长，中、后足较粗短；前足股节远长于中、后足股节，其下沿外脊线中央有距离约等的小齿4～5枚，第1跗节长于其余4节之和；中、后足股节粗壮，中足股节稍短于后足股节，其下沿的内、中、外脊线上各有1排齿，胫节下沿的内、中脊线上有成排齿，胫节稍弯曲；后足股节，胫节齿列与中足相似，但胫节外脊线具1列疏齿，胫节略长于股节，前、中足第1跗节长于余4节之和，后足第1跗节较短。腹部稍长于头、胸部之和，以第4、5节最长，第9、10节最宽，第10腹节分裂成两侧叶，侧端叶基部2/3处宽，端部1/3处渐窄，端部钝圆，内缘具黑色密齿，下生殖板长于第9腹板，短于第8腹板，基部中央凸出，端部钝圆；尾须略扁，短于第10背板端部。

雌性：体长163～176mm（不包括腹瓣）。体较雄虫粗大，光滑。黄褐色，头部背面5

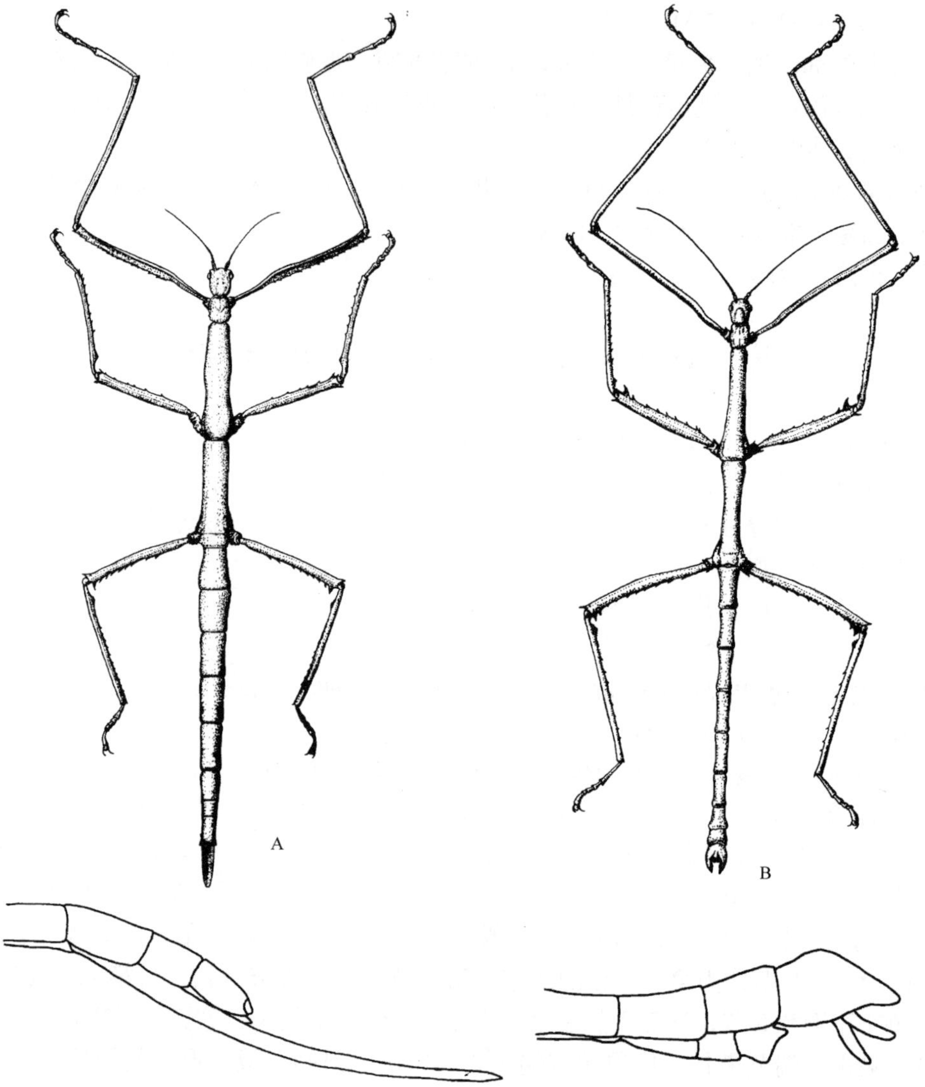

图 315 白带足刺䗛 *Phobaeticus albus*（Chen et He），♀♂
A. 雌性整体 B. 雄性整体 C. 雌性腹端侧观 D. 雄性腹端侧观

条褐纹与雄虫相同，眼间有 1 对褐色短角突；其后中央有 1 对圆形凹窝；触角间有横“8”形凹陷，眼长约为其后至头后缘的 1/4，触角 26 节，长约为前足股节的 1/3；第 1 节扁宽，长约为宽的 2 倍，背面有脊；第 2 节柱形，长约为第 1 节的 1/3，第 3 节长于第 2 节，以第 4 节最短，端节圆柱形，约与第 1 节等长；下颚须与下唇须和雄虫相似。前、中、后胸与雄虫相似，前胸背板约为中胸长的 1/5，中、后胸两侧刻点列与雄虫同，中胸背板微短于后胸加中节之和，中、后胸背面细中脊仅伸达中胸前 1/4 处，其后为细密横皱所替代，至后 1/4 及中节背面无纵脊；中节横形，宽小于其长的 1/2，新月形凹窝不明显。3 对足中，以前足最长，中、后足略短，前足股节上脊线与下沿外脊线各有 1 排黑齿，以上脊线 1 排为粗大；中、后足股节约等长，中足股、胫节下沿内、中、外脊线上各有 1 列细齿，后足股节端内侧有弯曲大齿 1 枚；各足第 1 跗节略短于余 4 节之和。腹部长于头、胸部之和，以基部 3 节最宽，端部3节最窄；以第4、5节最长，第8节最短；腹背中央无纵脊；第9背板屋脊形，略长于第8节，短于第7节，端缘凹入；肛上板后缘略成弧状，稍超过第9背板侧叶；第7腹板后缘的中突扁平，超过该腹板后缘；腹瓣长舟形，远超过肛上板，端部尖，中央有脊；尾须短，基宽端窄，略超过肛上板。

体各部分长度（mm）：体长♀163.0～176.0，♂138.5～149.0；中胸背板♀31.6，♂30.4；后胸背板（含中节）♀32.8，♂29.4；中节♀4.2，♂3.2；前足股节♀29.0，♂42.0；中足股节♀27.0，♂25.5；后足股节♀26.0，♂29.0。

卵：长3.36 mm，宽1.92 mm，高2.40mm。近椭圆形，灰色，具不规则黑色凹斑。卵盖光滑较平，其上具柱状球端。卵囊前端具光滑宽边，后端具两个明显钝瘤。卵孔板桃形，中部有深色桃形斑。中线清楚，不伸达后端。

此虫曾于1986年在四川省巫山县与1989年在忠县，危害多种林木与农作物，危害面积约13hm^2，严重时林木被食光。迄今，危害面积累计达3000hm^2 以上。

寄主：油桐、化香树、柏树、乌桕、青冈、麻柳、玉米、马铃薯等。

分布：四川，湖北。

（五十七）彪蛸属 *Pharnacia* Stål, 1877 （= *Tirachoidea* Brunner, 1893）

模式种：*Pharnacia ponderosa* Stål, 1877, by designation of Kirby, 1904

体光滑。雄细长，有翅，雌粗大，无翅。触角分节明显，雌性短于雄性，两性无单眼，后头有时球或锥状，具2瘤或2角。中胸背板长，侧缘光滑，中、后胸腹板光滑；中节约与后胸背板等长。雄前翅基部窄，几乎呈柄状，后翅发达或退化；雌前翅退缩，小呈鳞状。股节多少锯齿状。少数腹节上下常有叶突，雄臀节分裂为2叶，下生殖板凸起；雌侧缘有时膨大，尾须短，腹瓣舟形，不超过腹端。

本属分布于东洋区，共18种，我国有2种。

彪蛸属 *Pharnacia* Stål 分种检索表（雌性）

1\. 体长约240mm；触角长于前股节端部；前股节背脊仅外侧1列锯齿 ……………………………… 尖峰岭彪蛸 *Ph. jianfenglingensis* Bi

体长约215mm；触角短于前股节端部；前股节背脊两侧各1列锯齿 ……………………………… 金平彪蛸 *Ph. westwoodi* (Wood-Mason.)

316. 尖峰岭彪蛸 *Pharnacia jianfenglingensis* Bi, 1994（图316）

Pharnacia jianfenglingensis Bi, 1994, *Ent. J. E. China.* 3（1）：10.

雌性：体长243mm。体长而大，棍棒状，为蛸目昆虫中较大的一种。深褐或褐色。头、胸和腹部较平滑，缺刺。头背后部明显突起，缺单眼，复眼半球形，触角分节明显，其长略超过前足股节端部。前胸背板较短；中胸背板较长，其长约为前胸背板的6倍；中节略短于后胸背板。前足股节基部内侧凹窝状，并具隆线，背面隆线具1列锯齿，外侧具6个钝齿，腹面外缘亦具1列锯齿，内缘缺齿。中、后足股节背面和腹面的内、外缘隆线均各具1列锯齿，腹面中部亦具5～6锐齿。前足股节外侧膝片和中、后足股节内、外侧膝片均为锐刺状；前足胫节背面和腹面的外缘隆线均具1列小锯齿，外侧中部具1枚三角形大齿，在大齿的前、后各具有1列小齿；中、后足胫节背面和腹面的内、外缘隆线也各具1列锯齿，其背面内缘隆线近中部具1枚大齿；跗节5节；前足跗节缺齿，中、后足基跗节隆线具锯齿；爪较长，中垫较大，超过爪的中部。腹部较粗壮，臀节较短，与第9节合并之和长于或等于第8节，臀节背面具中隆线，其后缘为宽大的凹口，两侧略呈钝圆形突出；第7腹节的腹板后缘平切；腹瓣舟形，腹面具明显中隆线，顶端狭钝，略长于腹部末端；尾须较短，圆锥形，顶端略尖锐。

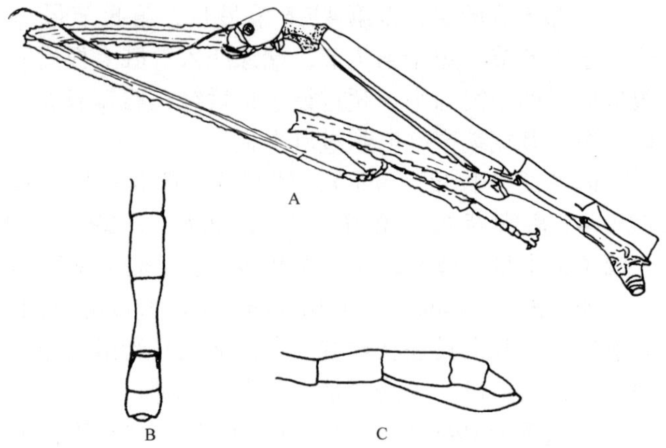

图316 尖峰岭彪蛸 *Pharnacia jianfenglingensis* Bi，♀
A. 头与胸部侧观 B. 腹端背观 C. 腹端侧观（仿毕道英）

雄性：未知。

体各部分长度（mm）：体长243.0；中胸背板71.0；后胸背板（含中节）34.0；中节16.0；前足股节56.0；中足股节45.0；后足股节53.0。

寄主：本种主要生活在大叶团花 *Anthocephalus chinensis*（Lamk.）Rich. et Walp. 和榄仁树 *Terminalia catappa* Linn. 上。

分布：海南（尖峰岭）。

317. 金平彪蛸 *Pharnacia westwoodi*（Wood-Mason，1875）comb. nov.（图317；图版3-6）

Phibalosoma westwoodi Wood-Mason，1875，*J. As. Soc. Beng.*，*Vol.* 44：216.

Tirachoidea westwoodi（Wood-Mason），1992，*Acta Zootaxonomica Sinica.* 17（2）：250.

雄性：体长154～180mm。体棕褐至黑褐色，股节、胫节端半部及虫体腹面、前翅前缘和近后缘有1斜带纹及后翅前缘基半部灰白色。头后部呈圆锥状隆起，顶端有2个左小右大不对称的瘤突；头近前端有丝状触角1对，较雌虫明显细长；头前端两侧有复眼1对，近圆球形，褐色；无单眼；中胸背板较后胸背板甚长。具翅，前翅短小，鳞片状，革质，基部窄而稍延伸似柄，近外侧中央隆起，端钝；后翅甚发达，膜质，伸达第6腹节中央。足甚细长，各足股、胫有排列整齐的锯齿状刺，刺尖斜向端部；前股节近似三棱形，两侧脊具强烈锯齿状刺，腹面脊无刺齿，近基部处突然细缩而无刺，内凹，当其前足向前伸直时，正好将头抱在中间；中、后足股节各脊均具刺列；前胫节腹脊光滑，中、后胫节背面正中央有1明显齿突，其顶端各有1椭圆形叶突；各足跗节发达，背面具片突；具爪，爪垫显著。腹部细，长筒形，第7腹节端半部渐粗，第8腹节甚膨大，在生殖季节尤其明显，膨大呈矛状突起，略似三角形；第9腹节中部较窄缩；臀节后端中央深裂，两侧叶突稍宽短，后端钝，内侧具齿；下生殖板短，后缘呈亚三角形，稍超过第9腹节中央；尾须较细，末端稍尖，微内弯，不超过腹端。

1头雄虫体重达3.2～3.5g，一次可作2～4m的短距离飞翔。

雌性：长207～222mm。体粗杆状。褐色。头宽卵形，头后甚隆起；复眼大，外突；触角丝状，短于前足股节。前胸背板长方形，略短于头部，背中央具纵沟，横沟位于中央稍前方；中胸背板明显长于后胸加中节之和；中节较长，长于后胸的1/2。3对足粗长，股节与胫节有多排齿，前股节背脊有2排齿，以内侧的1排为大，下外脊有1排齿，中足股节上有成排齿，下中脊具5～6枚齿，中、后足胫节中央上内脊具1叶突，前足股节短于胫节，中、

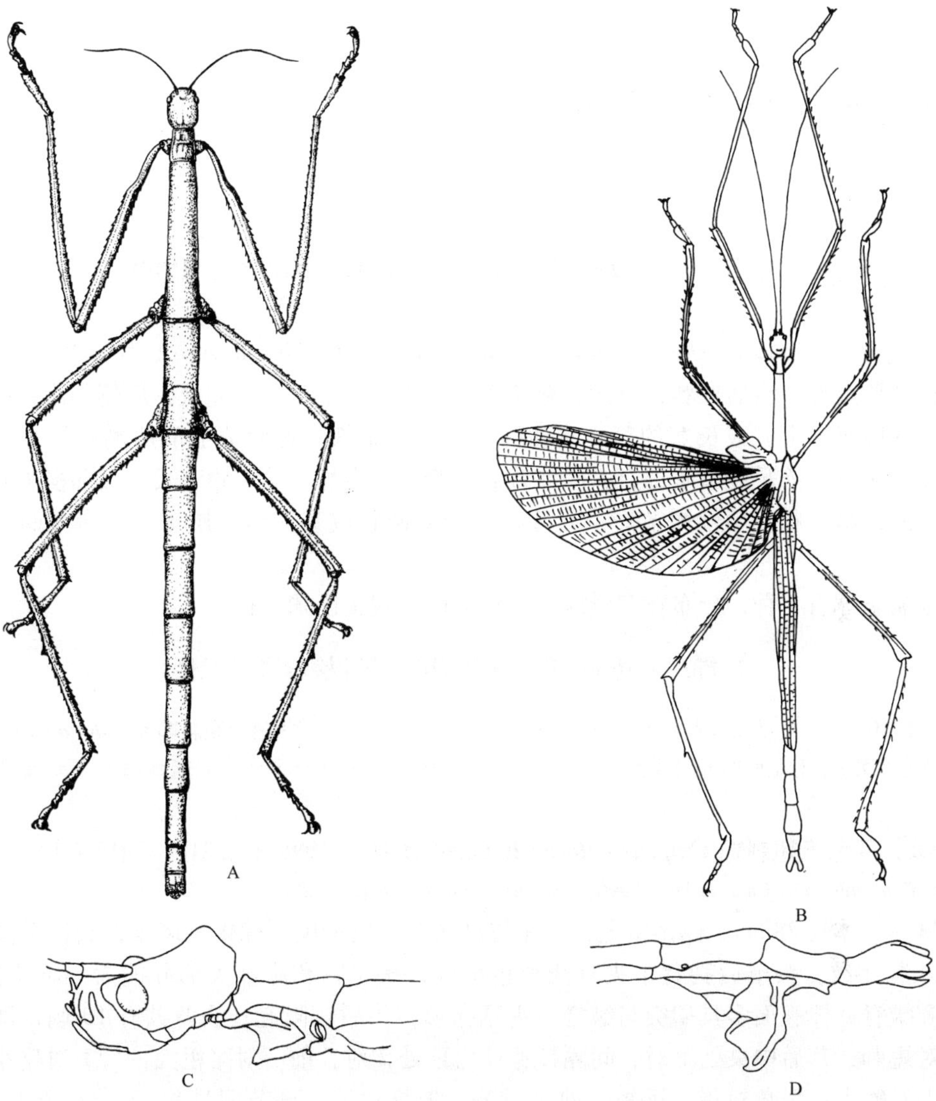

图 317　金平彪蛸 *Pharnacia westwoodi*（Wood-Mason），♀♂

A. 雌性整体　B. 雄性整体　C. 雄性头与胸部侧观　D. 雄性腹端侧观（B～D 仿刘胜利）

后足股节与各该胫节约等长，后股节长约等于前股节。腹部长筒形，长于头、胸部之和，腹部第 7 节腹面有 2 个扁形突起，腹端 3 节中以第 8 节为最长，臀节（第 10 腹节）背面具中脊，与第 9 节约等长，后缘中央凹入；肛上板后缘较直，短于臀节侧叶；腹瓣舟形，端钝，稍长于腹端，背中央至端部具中脊；尾须短直，超过臀节。

体各部分长度（mm）：体长 ♀207.0～222.0，♂154.0～180.0；中胸背板 ♀46.0，♂25.0；后胸背板（含中节）♀29.0，♂18.0；中节 ♀13.0；前足股节 ♀55.0，♂46.0；中足股节 ♀43.0，♂38.0；后足股节 ♀50.5，♂49.5。

分布：云南（金平），广西（博白），广东（封开）；越南，印度。

粗刺蛸亚科 Eurycanthinae

（五十八）刺蛸属 *Cnipsus* Redtenbacher，1908

模式种：*Cnipsus rhachis*（Saussure）［*Acanthoderus rhachis* Saussure ，1871］

体披刺与瘤。头后球状，具刺，触角短于或稍长于前足。前翅缺，后翅甚小，鳞状或退化。前胸腹板横形，或长宽约等；胸和腹具强刺。足细，各股节上下两侧有齿，腹中脊光滑，或具小刺，前足股节基部直，胫节背面两侧多少有齿，第 1 跗节长。腹部多少具脊，端窄，具刺或呈齿状，两性臀节短，有隆线，端部截状或具凹缘；尾须短，膨大而尖，雌则加粗。

本属全球有 4 种，分布在东洋区和大洋洲区，我国已知 2 种。

刺蛸属 *Cnipsus* Redtenbacher 分种检索表（雌性）

1. 头背有 10 刺；3 对足胫节具锯齿 ………………………………… **污色无翅刺蛸 *C. colorantis* Chen et He**
   头背有 8 刺；3 对足胫节光滑无齿 ………………………………………… **无翅刺蛸 *C. apteris* Liu et Cai**

318. 污色无翅刺蛸 *Cnipsus colorantis* Chen et He，1996（图 318；图版 4-1）

Cnipsus colorantis Chen et He，1996，*Acta Ent. Sinica*. 39（3）：286.

雌性：体长 28mm。体污黄色，身体与足具有分散不规则棕褐色斑纹，头顶至眼间具褐色“八”字纹，头至后胸背中央具浅黄色纵线，头、胸和腹部大部分披大小不均的刺突、瘤突和皱脊，体腹面多具瘤突与皱脊。头宽卵形，头后较隆起；头背共有 10 刺，即两眼间有 1 对短刺；其后中央处 1 对，间隔较宽；头顶处 2 对，前 1 对略粗大，后 1 对略小；近后头处 1 对略大；触角短粗，远短于前足股节，披细短毛，分节明显共 13 节，第 1 节扁宽，第 2 节短柱形。前胸背板近似梯形，近后缘中央具 1 对褐刺，前胸腹板横形。缺前、后翅。中胸背板前侧收缩，中央隆起，每侧具前小后大的 2 刺，中域有近乎对称的 8 对刺，近后面 1 对较大，后缘尚有 1 对短褐刺；后胸背板中域有 3 对粗刺，后缘有 1 对短褐刺，中节后缘中央有 1 对小刺。3 对足匀称，股、胫节略弯曲，前足股节基部直，足四棱形，腹中脊清楚，端部无明显刺和齿，3 对足股节各隆脊粗齿形，各足胫节背脊具不规则齿突，腹脊无明显齿形物。腹部略窄于胸部，腹部第 2 ~ 7 节各节后角尖叶形，第 2 ~ 5 节背板中央各有 4 对刺突，第 6 ~ 7 节刺突明显低矮且减少，第 8 ~ 9 节后面中脊处具成对片状突起；臀节中脊呈片状突起，后缘中央几乎平截，侧缘角状；腹瓣端缘略尖，略超过臀节基部，基侧有刺突，近端部具粗皱；尾须扁宽，有棱脊，略超过腹端。

雄性：未知。

体各部分长度（mm）：体长 28. 4；前胸背板 2. 0；中胸背板 5. 2；后胸背板（含中节）4. 4；前足股节 10. 2；中足股节 6. 0；后足股节 8. 2。

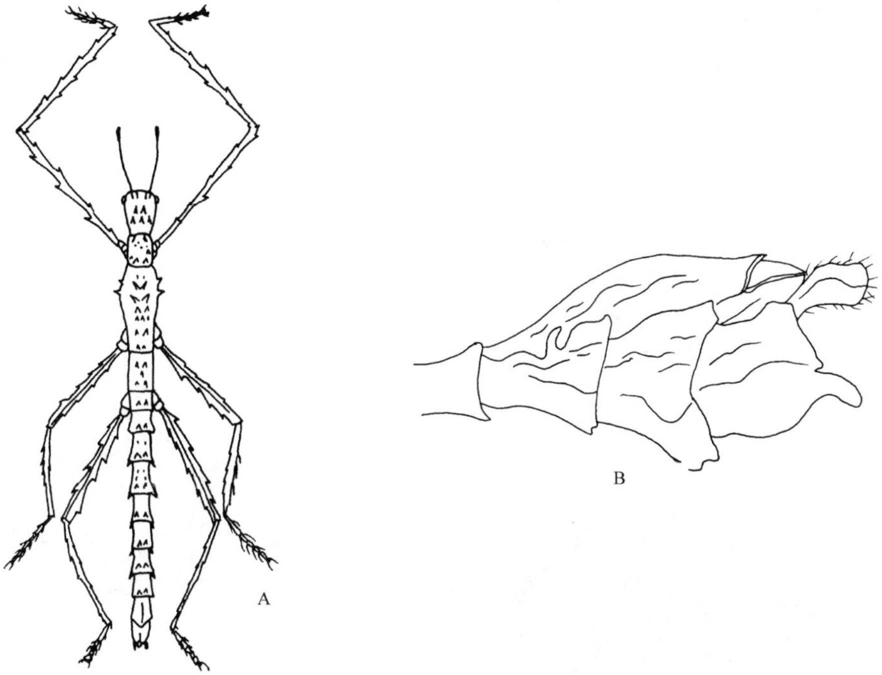

图 318　污色无翅刺蝽 *Cnipsus colorantis* Chen et He，♀
A. 整体　B. 腹端侧观

分布：云南（勐龙）。

319. 无翅刺蝽 *Cnipsus apteris* Liu et Cai，1992（图 319）

Cnipsus apteris Liu et Cai，1992，*Insects of the Hengduan Mountains Region.* 2：61.

雌性：体长 34mm。黄褐色，局部有不规则暗棕色斑纹。身体背面具参差不等的粗刺、稀疏瘤突和粗皱脊，体腹面具不规则皱脊，各节近后缘中央有 2 条短纵脊，向端部逐渐加强，各节后角宽齿状。头椭圆形，触角粗短，远短于前股节，生有稀疏刚毛，分节明显，14 节；无单眼；在两腹眼间具 1 对短粗刺，其后有 6 枚粗刺，头顶 4 枚明显粗大，后头两枚刺短小。前胸背板亚梯形，有较多瘤突，后半部中央有前小后大 4 枚刺；前胸腹板横宽；中胸背板前部中央有 4 枚较大粗刺，近后缘中央有 1 对短刺，侧缘中央前方有 1 明显刺齿；后胸背板中央有 4 枚刺，前面 1 对甚粗大，后面两个明显细小；中节近后缘有 2 枚短刺。前、后翅全无。足较细长，前股节基部几乎不弯曲，也不明显侧扁，具清楚光滑隆脊，稍波曲。中、后股节隆脊粗锯齿形，各足胫节光滑无明显刺齿。腹部各节背板后角突出，刺齿形，第 2～5 节背板近后缘中央各有前小后大 4 枚粗刺，第 6 节仅具 2 个刺状突，第 7 节上 2 短脊，第 8 节背板为 1 宽纵脊，其末端在近后缘处向前凹入，第 9 节后部中央脊强烈升起呈叶片状，其后顶端分叉呈双叶；臀节背板中央脊明显，后缘亚平截，粗锯齿状；第 7 腹节腹板 2 短纵脊强烈隆起后伸呈角状；腹瓣较宽短，中央脊明显，端部后两侧具粗隆脊，端部中央稍尖，略超过第 9 腹节；尾须较粗壮，几乎呈三棱形，稍超过腹端。

雄性：未知。

体各部分长度（mm）：体长 34.0；前胸背板 2.2；中胸背板 5.8；后胸背板（含中节）

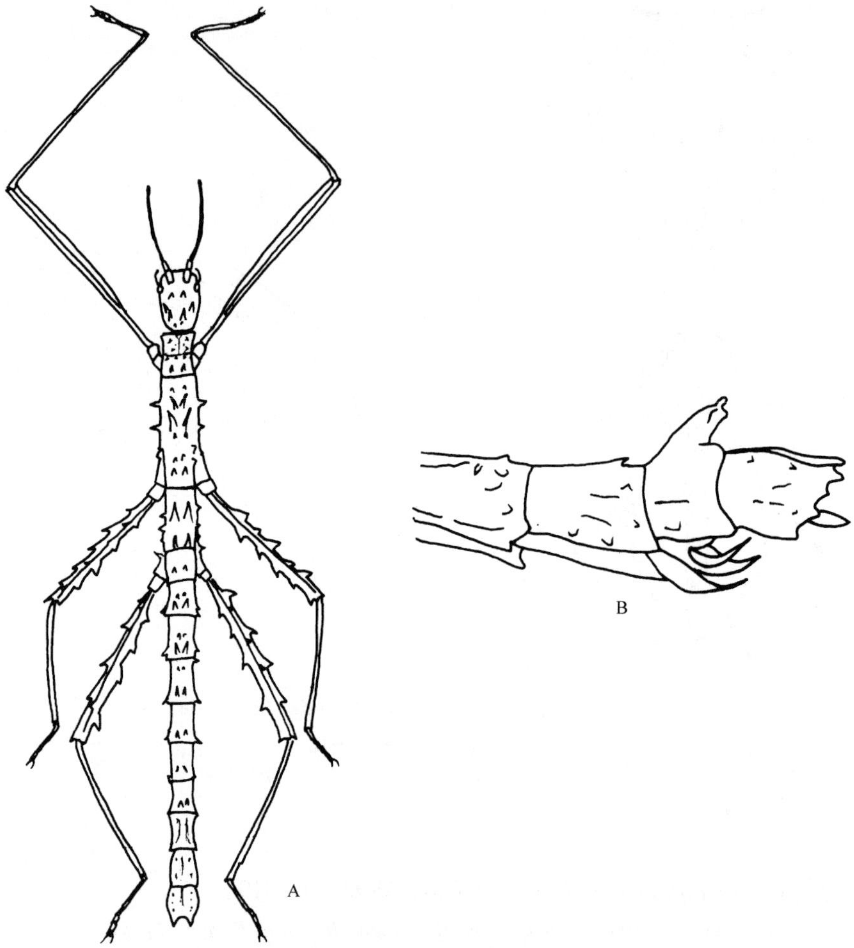

图 319　无翅刺䗛 *Cnipsus apteris* Liu et Cai，♀
A. 整体　B. 腹端侧观（仿刘胜利，蔡保灵）

4. 5；前足股节 12. 5；中足股节 8. 2；后足股节 10. 6。

分布：云南（泸水）。

宽颊蝻亚科 Platycraninae

颊宽于眼；后头平坦；具前、后翅；中、后足胫节腹中脊无刺或有小刺 …………… **大头蝻属 *Megacrania***

（五十九）大头蝻属 *Megacrania* Kaup，1871

模式种：*Megacrania phelaus*（Kaup）[*Platycrania phelaus* Westwood，1859]

雌性体大。头后不明显呈球状，常有弯曲印纹；触角膨大，稍超过前股节；缺单眼。前胸背板几为方形，腹板横形；中胸背板两侧几乎平行。前翅卵形，后翅长。各股节四棱形，膝叶钝，腹中脊端部具刺，中、后足胫节无刺齿，仅端部具小刺或无，第1跗节短，其上或有沟纹。腹瓣舟形，略超过腹端，产卵瓣稍外露；尾须短宽且扁，端部斜圆。

本属分布于东洋区和大洋洲区，我国知1种。

320. 津田氏大头蝻 *Megacrania tsudai* Shiraki，1932（图320；图版4-2）

Megacrania tsudai Shiraki，1932，*Dobutsugaku Zasshi.*，532.

雌性：体长98～110mm。体大型。粗杆状。具翅。体亮绿色，腹面浅黄色。头宽卵形，背面稍凸，中央有1浅纵沟，眼后各1侧沟；眼椭圆形，较小；颊宽；触角分节明显，23节，略超过前股节，第1节矩形，短厚，第2节短柱形。前胸背板梯形，略短于头部，中央有十字形沟纹，横沟近中央处；中胸背板长于前胸背板的2倍，其前方2/3处具不规则粒突，侧脊发达，具粒突。前翅宽卵形，伸达第2或3腹节；后翅较短，伸达第3或4腹节，其臀域白色略带浅绿或玫色。3对足股节粗短，侧面具椭圆形花纹，前股节腹中脊具1列齿，跗节第1节与5节长，中间3节较短；中、后股节端部腹中脊2齿，各足爪垫发达。腹部圆筒形，长于头、胸部之和，第8节至臀节略窄，各节约等长，臀节端缘略开裂，腹瓣舟形，具中脊，端尖，略超过腹端；尾须扁宽，稍短于腹瓣端部。

雄性：未知。

体各部分长度（mm）：体长98.0～110.0；前胸背板6.2；中胸背板15.0；后胸背板（含中节）13.0；前翅16.0；后翅23.0；前足股节23.0；中足股节13.0；后足股节15.0。

本种营孤雌生殖。成虫出现于3～12月。

寄主：野外主食林投，室内可食露兜树科植物。

分布：台湾（恒春、绿岛）。

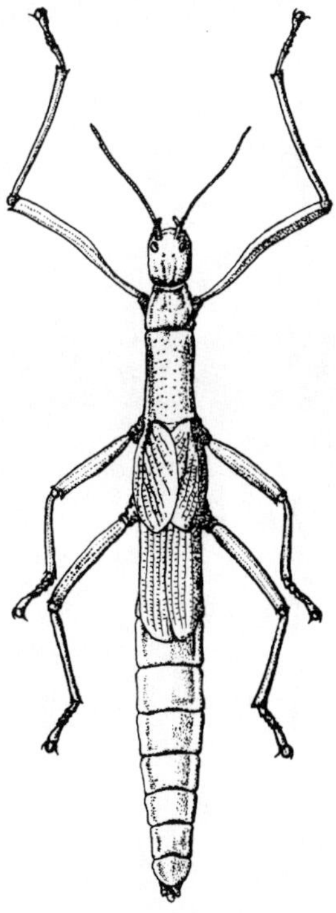

图320　津田氏大头蝻 *Megacrania tsudai* Shiraki，♀ 整体

胫棱亚目 Areolatae

三、杆蝌科 Bacillidae

第 1 腹节短于后胸背板，两者紧接，但不如在拟蝌科 Pseudophasmidae 完全愈合，本科无翅种类占很大比例。本科包括3 亚科，即杆蝌亚科 Bacillinae，异翅蝌亚科 Heteropteryginae（或瘤蝌亚科 Obrimminae）和美蝌亚科 Pygirhynchinae。我国迄今仅发现有杆蝌亚科 Bacillinae 与异翅蝌亚科 Heteropteryginae 的少数种类，共计 3 属 4 种。前者包括 1 属 Bacillus，后者包括 2 属，即瘤蝌属 *Pylaemenes* 与角胸蝌属 *Hoploclonia*。

杆蝌科 Bacillidae 分亚科检索表

1\. 触角短于前股节（*Xylica* 除外）；无翅 ………………………………………………………… **杆蝌亚科 Bacillinae**
触角明显长于前股节；有或无翅，若有翅或翅芽，则中、后足胫节端部每侧有 1 小刺，若全无翅芽，则中、后足胫节端部无刺，但前胸腹板有 2 个粗瘤 ……………………………… **异翅蝌亚科 Heteropteryginae**

杆䗛亚科 Bacillinae

（六十）杆䗛属 *Bacillus* Latreille，1825

模式种：*Phasma rossia* Latreille［*Bacillus rossia*（Rossi）Latreille］by monotype

体细长，筒状，雄性近乎线状。两性触角分节明显，短于前股节，雄触角减少则较短，第1节较扁，第3节非棱状。胸、腹部光滑，或具脊有颗粒。足细长，股节腹中脊无刺齿，侧脊无刺齿或有1~4枚齿，背脊不明显，胫节光滑，无齿叶等构造。

本属分布于古北区。据记载，我国仅有1种。

321. 小杆䗛 *Bacillus gracilis* Gray，1835

Bacteria gracilis Brunner，1839，*Hands.*，567；Westwood，*Cat. Phasma.* 28.

体长71mm。体线状，暗绿色，头较小，触角短，15节，基部2节宽而扁，其余为念珠状。胸，腹部细长且光滑。足较长。

未见本种标本。

分布：中国。

异翅䗛亚科 Heteropteryginae

异翅䗛亚科 Heteropteryginae 分族检索表

1. 触角基节无齿；胫节端部无刺齿；雌虫无肛上板，或与臀节愈合 ························ **瘤䗛族 Datamini**
   胫节端部有刺（*Heterocopus* Redt. 和 *Tisamenes* Stål 除外）；雌虫有肛上板，且与臀节分离；无翅种类 ······
   ··· **奥䗛族 Obrimini**

□瘤䗛族 Datamini

（六十一）瘤䗛属 *Pylaemenes* Stål，1875

模式种：*Pylaemenes coronatus*（de Haan）[*Phasma*（*Pachymorpha*）*coronatus* de Haan，1842] by designation of kirby，1904

体有粗皱纹，粗瘤与刺。雌虫略扁平，触角基节外侧有 1～3 枚齿，后头锥形隆起，披瘤与刺。中、后胸两侧几乎平行，其背板有粗中脊，侧缘具粗脊，中、后胸自纵脊至侧缘倾斜，后胸侧板近足基节前有大刺；雌虫腹部自中脊向外倾斜，每节后侧有 1 刺，中脊处有 2 刺，但中节则无侧刺；腹瓣长具脊；雄虫腹部细长，几为筒状，其腹端侧方，因其宽的背板而加宽，腹面则有圆凸的杯形器（poculum）；前股节具刺、瘤或光滑；中、后足股节背面有刺或瘤。

本属全世界不到 20 种，我国已知 2 种。

瘤䗛属 *Pylaemenes* Stål 分种检索表（雌性）

1. 腹部第 4～5 节背板中央隆起明显；臀节端弧形 ························ **广西瘤䗛 *P. guangxiensis* Bi et Li**
   腹部第 4～5 节背板中央隆起不明显；臀节端有凹缘 ················ **海南瘤䗛 *P. hainanensis* sp. nov.**

322. 广西瘤䗛 *Pylaemenes guangxiensis*（Bi et Li，1994）comb. nov.（图 321；图版 4-3）

Datames guangxiensis Bi et Li，1994，*Entomotaxonomica*. 16（4）：254.

Pylaemenes hongkongensis Brock et Seow-Choen，2000，*Serangga*. 5（1）：143. syn. nov.

雌性：体长 46mm。体粗短，两端较细中间粗。全身具瘤状颗粒，无刺。体黑褐色。后头呈圆锥形突起，顶端为圆弧形；颜面向后略倾斜，其背面为“八”字形隆线，其隆线端部各形成 1 个钝角状突起，颜面中央两侧各具 3 个突起，亦排成“八”字形；复眼小，半球形；触角丝状，其长略等于前足长，第 1 节较长，外侧具1～2 刺状突起，第 2 节扁圆形，小于第 1 节，第 3 节到顶端为圆柱形。前胸背板较短，侧隆线呈斜线，由颗粒组成，其近前缘中央具 2 个双突起；前胸腹板位于前足基节之间具 2 个粗糙圆形的瘤突；中胸背板较长，其长约为前胸背板的 2.4 倍；中隆线和侧隆线由颗粒连成，越近后端越不明显，其前缘中央

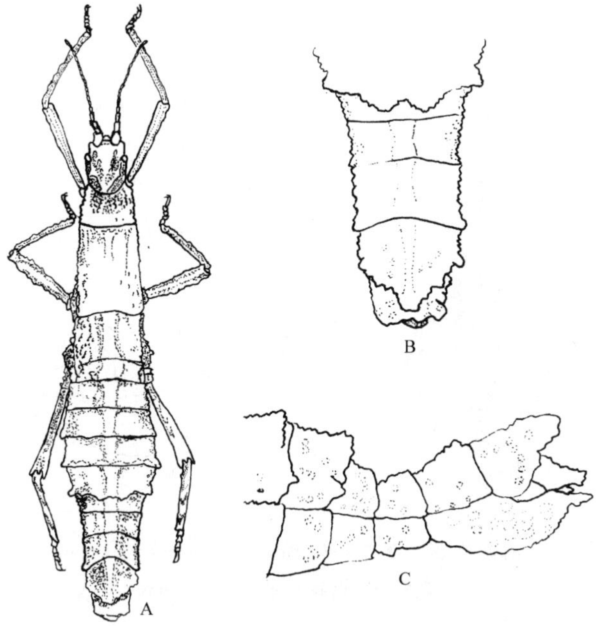

图 321　广西瘤蝌 *Pylaemenes guangxiensis*（Bi et Li），♀
A. 整体　B. 腹端背观　C. 腹端侧观（仿毕道英）

具 2 颗粒突起；中胸腹板前部中央具 1 个类似瘤突；后胸背板短于中胸背板，后胸背板长为中节的 2. 5 倍，颗粒较多，隆线不明显；中节横形较短。前、后翅均缺。前足股节基部内侧弯曲；中、后足股节 3 条隆线上均具 3 ~5 个突起：中后足胫节端无刺或具颗粒，顶端腹面具浅凹窝；跗节 5 节；爪简单。腹部第 2 ~5 节较粗壮，第 6 ~8 节较细，背面较凹，第 4、5 节背板后缘中央具双突；第 9 节背板向上呈角状翘起，腹部各节背板中央呈“X”形隆起，而第3 ~5 节侧板具明显的斜形突起；臀节四角形，位于第 9 节之下，后缘平弧形，侧后角为圆形，背面略凹；无肛上板；腹瓣兜形，略超过臀节端部。

雄性：未知。

体各部分长度（mm）：体长 46. 0；前胸背板 3. 5；中胸背板 8. 5；后胸背板（含中节）7. 0；中节 2. 0；前足股节 10. 0；中足股节 9. 0；后足股节 10. 5。

卵：长 3. 5 mm，宽 2. 59 mm，高 3. 15mm。圆桶形，黑色，表面具毛刺和小凹坑。卵盖稍隆起。卵孔板“U”形，具边，卵孔位于较下部。中线不甚清楚。

分布：广西（隆安、博白），广东（鼎湖山），香港。

323. 海南瘤蝌，新种 *Pylaemenes hainanensis* sp. nov.（图 322）

雌性：体较小。粗壮，后胸至腹部第 6 节宽大。体暗褐色。头顶有“V”形脊，每脊上 2 瘤，触角略短于前股节，其后具 2 对瘤，第 1 节宽大，每侧具 1 刺。前胸背板披粗瘤，横沟位中后方，中、后胸背面粗糙不平，中节短于后胸的 1/2。3 对足粗短，股节上有不规则瘤突。腹部第 2 ~5 节为最宽处，中节至第 8 腹节具“X”形纹，腹侧具瘤突，第 9 节背板向上隆起，后缘具后倾的脊突；臀节近长方形，后缘明显凹入，具突起；腹瓣短舟形，几伸达臀节，具 1 纵脊与 2 侧脊；尾须不外露。

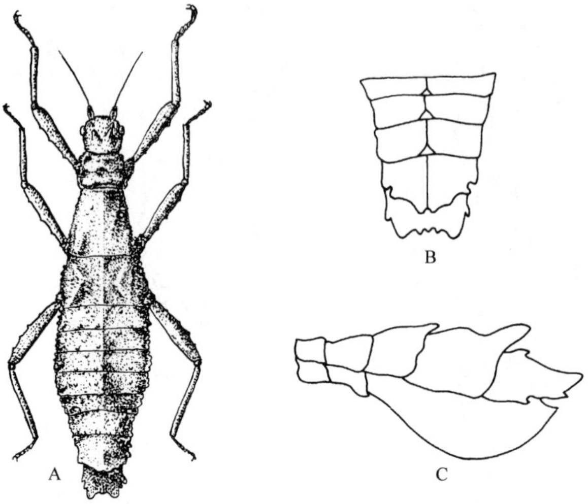

图 322 海南瘤蛸，新种 *Pylaemenes hainanensis* sp. nov. ，♀
A. 整体 B. 腹端背观 C. 腹端侧观

雄性：未知。

体各部分长度（mm）：体长 29.0；前胸背板 2.6；中胸背板 6.0；后胸背板（含中节）3.4；中节 1.6；前足股节 6.0；中足股节 5.0；后足股节 5.5。

正模♀（ZSU），海南尖峰岭，1983-XI-12，陈振耀。

新种与广西瘤蛸 *P. guangxiensis*（Bi et Li）近似，但除头部脊突外形与瘤数不同外，第 4~5 腹节后缘中央无明显双突，以及臀节后缘显凹等可相区别。

□奥蛸族 Obrimini

（六十二）角胸蛸属 *Hoploclonia* Stål，1875

模式种：*Hoploclonia gecko*（Westwood）[*Acanthoderus gecko* Westwood] by monotype

体一般粗短，有刺或粒突。头四方形，长于宽，披刺瘤或脊；触角稍短于前足，基节扁平，中胸背板前方有三角形凸起，常有刺齿。中、后胸背板具中纵脊，后胸背板短宽，雄虫有时后胸侧板显侧扁，雌虫具产卵器。

本属分布于东洋区，共计 18 种，我国有 1 种。

324. 龙脊角胸蛸 *Hoploclonia draconina*（Westwood，1848）comb. nov.（图 323；图版 4-4）

Phasma（*Pachymorpha*）*draconinum* Westwood，1848，*Cab. Orient. Entom.*，78.

Acanttoderus deplanatus Westwood，1859，*Cat. Orth. Ins. Brit. mus.*，I，*Phasma.* 52.

Tisamenus draconinus Stål，1875，*Rec. Orth.*，III，93；Kiby. 1904，*Syn. Cat. Orth.*，399.

Hoploclonia draconina Redtenbacher，1906，*Die Insektenfamilie der Phasmiden* .45；Brunner，1915，*Univ. Nebr. Studies.* XV，2：230.

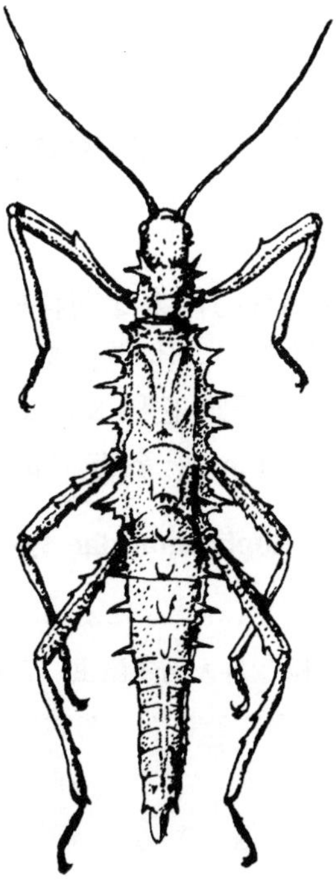

图 323　龙脊角胸蝽 *Hoploclonia draconina*（Westwood），♀
整体

雌性：体长 47 ~ 56mm；雄性 32mm。体粗短，胸宽大，腹细长；密披瘤或棘刺。体褐至黑色。头长方形，长大于宽，触角几乎伸达前胫节，第 1 节扁平，头顶约有 10 刺，以侧面 2 个较大。前胸背板具 1 对珊瑚状刺，前缘具刺列，中胸背板前方有较小三角形区，刺呈珊瑚状分支，后缘中间 2 刺基部相连，雌虫具脊，中胸腹板每侧有 3 ~ 4 瘤，后胸背板中央披 2 大刺瘤，中胸侧板有 4 强刺，后胸侧板有 2 强刺；雄后股节较粗，端部有刺，胫节一般无刺，雌后胫节多少有刺，第 1 跗节与第 5 跗节长，中间 3 节短。腹部第 2 ~ 4 节前侧有强刺，中央 1 刺较小，后方中央有 8 ~ 9 刺，两侧具瘤，雄虫臀节截状，肛上板具钝脊，端较圆，明显开裂；雌虫有产卵器；腹瓣具脊，尖喙状，稍超过腹端。

体各部分长度（mm）：体长 47 ~ 56；前胸背板 4.2 ~ 4.6；中胸背板 9.6 ~ 10.0；后胸背板（含中节）7.8 ~ 8.4；前足股节 11 ~ 13；后足股节 13 ~ 15。

分布：台湾（兰屿）；菲律宾，印度尼西亚，马来西亚。

四、拟䗛科 Pseudophasmatidae

拟䗛科又称棒䗛科 Bacunculidae，有的作为叶䗛科中一个亚科看待。第 1 腹节背板至少与后胸背板等长，本科种类比杆䗛科要多。本科包括 3 亚科，即拟䗛亚科 Pseudophasmatinae，柄翅䗛亚科 Aschiphasmatinae 和婆罗䗛亚科 Korinninae。本科我国仅有柄翅䗛亚科 Aschiphasmatinae 与拟䗛亚科 Pseudophasmatinae，各有 1 属 1 种，共计 2 种。

拟䗛科 Pseudophasmatidae 分亚科检索表

1. 爪具细栉齿；若有前翅，则呈柄状或锥状 ………………………………… **柄翅䗛亚科 Aschiphasmatinae**
   爪无细栉齿；若股节非四棱形，则有单眼，且为无翅昆虫，否则股节中脊有明显斑纹或齿，或前股节基部很扁；有翅或无翅 ……………………………………………………… **拟䗛亚科 Pseudophasmatinae**

柄翅䗛亚科 Aschiphasmatinae

（六十三）光䗛属 *Leurophasma* Bi，1995

模式种：*Leurophasma dolichocerca* Bi，1995

体中等大。体表光滑。前、后翅均缺。褐色。触角丝状，明显长于前足股节。前胸背板前缘两侧各具窄椭圆形凹窝；前胸腹板无突起；中节长于后胸背板。前足股节较直；中、后足胫节无刺，其顶端腹面各具三角形凹窝；跗节5节，爪的内侧具细齿，呈梳形。

本属为我国特有，仅1种，分布于西藏。

325. 长尾光䗛 *Leurophasma dolichocerca* Bi，1995（图324）

Leurophasma dolichocerca Bi，1995，*Acta Ent. Sinica.* 38（4）：452.

雄性：长50mm。体型中等。体表光滑，缺刺和齿突；体腹面、足及尾须等具绒毛。体褐黄色或褐黑色。头方圆形；复眼近半球形突出，位于头部侧面；触角丝状，长达腹部第4节。前胸背板长形，其前缘两侧各具狭椭圆形凹窝，背板长约为宽的2倍，长于后胸背板（不含中节），约等于中节长，横沟位于前胸背板的中部，并割断细中隆线；中节较长，长

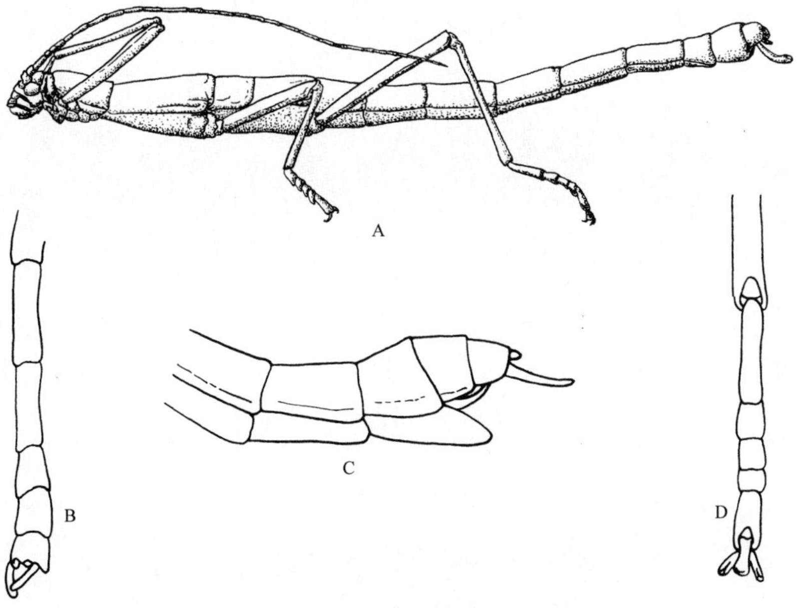

图324　长尾光䗛 *Leurophasma dolichocerca* Bi，♀♂

A. 雄性整体侧观　B. 雄性腹端背观　C. 雌性腹端侧观

D. 中、后足胫节端部腹观（仿毕道英）

为宽的2倍，其长大于后胸背板。前、后翅均缺。前足股节较直，圆弧形（横切面），其股节腹面较平，具内、外隆线；胫节圆筒形，跗节5节，爪的内侧具细齿，呈梳形；中、后足胫节顶端腹面具凹窝。腹部圆筒形，末端3节较短，臀节更短，其后缘中央深内凹，圆弧形，两侧角为菱角，背面具中隆线；肛上板露出较短，端部圆弧形；下生殖板较短，顶端圆弧形；尾须较长，圆柱形，端部略内弯，顶端为锐角形。

雌性：长65~68mm。体较大于雄性。臀节较短，后缘平截，两侧角为小三角形，背面具中隆线，其两边各具1个圆形凹陷；肛上板较短，圆弧形，顶端钝；腹瓣较短，腹面平直，中部之前两侧缘向顶端斜切，顶端平切，其长未到达臀节的中部；尾须较长，圆柱形，端部略微弯，顶端钝形，其长超出腹部末端，超出的部分为臀节的1.5倍。

体各部分长度（mm）：体长♀65.0~68.0，♂50.0；前胸背板♀5.5~6.0，♂4.0；中胸背板♀9.0~9.5，♂6.5；后胸背板（含中节）♀9.0~9.5，♂7.0；中节♀5.0~5.5，♂4.0；前足股节♀11.3~12.0，♂8.5；中足股节♀8.5~10.0，♂6.3；后足股节♀15.0~16.0，♂10.2。

分布：西藏（墨脱）。

拟蛸亚科 Pseudophasmatinae

（六十四）南华蛸属 *Nanhuaphasma* Chen et He，2002

模式种：*Nanhuaphasma hamicercum* Chen et He，2002

体中型。体表有光泽，密披短黄色绒毛。触角丝状，分节明显，明显长于前足。前胸背板宽大于长，其前缘两侧具椭圆形凹窝；中节远长于后胸背板。前足股节短略弯，无明显隆线；中、后足胫节无刺或齿，其顶端腹面具三角形凹窝；跗节5节，爪内侧无梳齿。

本属为我国特有，仅知1种，分布于南方。

326. 钩尾南华蛸 *Nanhuaphasma hamicercum* Chen et He，2002（图325）

Nanhuaphasma hamicercum Chen et He，2002，*Forest Insect of Hainan*. 100.

雄性：体长约38 mm。体表具光泽；头、体侧、足与尾须具较长绒毛，余披短黄绒毛。体黄褐色；触角基部2节及鞭部数节，前胸背板前、后缘，前足胫节端部及3对足跗节为褐色。头椭圆形；复眼半球形，外突；触角丝状，分节明显，长于前足端部，第1节基部扁形。前胸背板近于长方形，其前缘两侧各具1椭圆形凹窝，长小于宽，并短于后胸背板，与中节约等长；后胸背板（含中节）与中胸背板等长；中节长，其长约为后胸背板的2倍。缺前、后翅。前足股节短，略弧弯，背观圆弧形，腹面较平直，具浅内、外脊；胫节圆筒形；中足股节短，几伸达中节端部；后足股节伸达第4腹节端部；中、后足胫节端部腹面具三角形凹窝；跗节5节，爪内侧光滑。腹部背观半圆筒形，第4~7节略长，第8~9节侧面具斜沟；腹端3节较膨大，臀节略短于第9节，端缘圆弧形，侧缘弧形，中央具浅凹缘，内侧具多枚整齐褐齿；无肛上板；下生殖板端部弧形，伸达臀节基部；尾须圆柱状，较长，向上弯曲，端部具褐色钝齿，上翘似钩状。

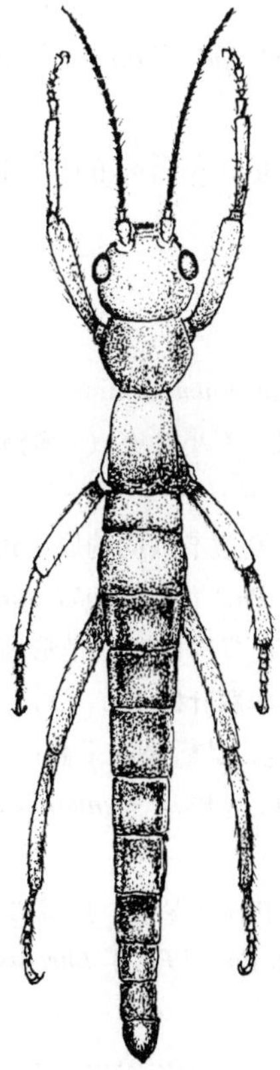

图325　钩尾南华蛸 *Nanhuaphasm hamicercum* Chen et He，♂整体

雌性：未知。

体各部分长度（mm）：体长38.0；前胸背板3.2；中胸背板4.8；后胸背板（含中节）4.8；中节3.2；前足股节6.0；中足股节4.2；后足股节7.4。

分布：海南（尖峰岭），广西（龙州）。

五、叶䗛科 Phylliidae

叶䗛一般为绿色，宽叶状，具良好的拟态。雌虫前翅叶状，常盖及后翅与腹大部，后翅常退缩或缺如；雄虫前翅较小，宽大的后翅露于体外。叶䗛主要生活在亚洲的湿热地区，个体数量很少。本科有 3 属，我国仅有 1 属，即叶䗛属 *Phyllium*，已知 10 种。

（六十五）叶䗛属 *Phyllium* Illiger, 1798

模式种：*Gryllus siccifolius* Linnaeus [*Phyllium siccifolium* Illiger], by designation of Rehn, 1904

体中至大型。体扁宽似叶状。头椭圆形，头顶稍平坦，光滑或具颗粒，单眼在雌虫常无，雄虫有时缺；雌虫触角短棒状，一般短于头长；雄虫为栉状或锯齿状，披长毛，约伸达腹部中央。口器咀嚼式。前胸较短近似三角形，中胸长大于宽。跗节 5 节。雄虫前翅革质，短窄，约如胸长，雌虫前翅发达，盖及腹部；后翅膜质，透明，雄虫后翅发达，臀域大，雌虫后翅退化或消失。各足股节，有时胫节呈叶状扩大。尾须扁短，不分节。根据胫节外侧有无发达的叶状构造，雄虫触角形状，本属可分为丽叶䗛亚属 *Pulchriphyllium* Griffini 和叶䗛亚属 *Phyllium* Illiger 两个亚属，我国前者有 2 种，后者有 8 种。

全世界叶䗛属已达 23 种，主要分布东起巴布亚新几内亚、西至塞舌尔的广阔湿热地带，我国已知 10 种，分布于南方省份。

叶䗛属 *Phyllium* Illiger 分种检索表

1. 雄虫触角最少基部 9 节栉状；胫节外侧具叶状构造（丽叶䗛亚属 *Pulchriphyllium* Griffini） ……………… 2
   雄虫触角多少锯齿状；胫节外侧无显著叶状构造，最多具窄边或近端部有 1 小叶突（叶䗛亚属 *Phyllium* Illiger） ……………… 3
2. 雌虫第 8 腹节侧缘呈弧形弯曲，后角向后不超过第 9 腹节后端；第 9 与 10 腹节共同构成三角形腹端；雄虫第 8 腹节后角稍突 ……………… **丽叶䗛 *Ph.* (*P.*) *pulchrifolium* Serville**
   雌虫第 8 腹节侧缘近斜直，后角呈阔叶状向后显著超过侧端，仅第 10 腹节构成亚三角形腹端；雄虫未知 ……………… **中华丽叶䗛 *Ph.* (*P.*) *sinensis* Liu**
3. 前股节外叶狭长，显著窄于内叶；雄虫触角 28 节；下生殖板明显短于宽，其后缘亚平截；雌虫未知 ……………… **滇叶䗛 *Ph.* (*Ph.*) *yunnanense* Liu et Cai**
   前股节外叶发达，明显大于或至少与内叶等宽 ……………… 4
4. 胫节外侧近端处有 1 明显小叶突；雌虫腹部强烈扁宽，第 7 腹节侧缘在中后方骤窄，腹瓣明显超过腹端；雄虫未知 ……………… **藏叶䗛 *Ph.* (*Ph.*) *tibetense* Liu et Cai**
   胫节简单，至多仅具窄边；腹瓣不伸达腹端 ……………… 5
5. 前股节外叶宽圆，多少呈椭圆形扩展 ……………… 6
   前股节外叶角状，几呈三角形扩展 ……………… 7
6. 前股节外叶明显宽于内叶；雌虫后翅发达，第 7 腹节侧缘弧形，第 8～10 节三节共同组成三角形腹端；

雄虫腹部窄椭圆形，第 4 腹节侧缘中央不明显角状；下生殖板长大于宽，后缘钝角状 ……………………………………………………………………………… **翔叶䗛 *Ph*.（*Ph*.）*westwoodi* Wood-Mason**

前股节外叶不明显宽于内叶；雌虫后翅退化，第 8 腹节侧缘弧形，第 9～10 节二节组成三角形腹端；雄虫腹部宽披针形，第 4 腹节侧缘中央明显角状；下生殖板长短于宽，后缘宽圆 ……………………………………………………………………………… **东方叶䗛 *Ph*.（*Ph*.）*siccifolium*（Linnaeus）**

7. 前股节外叶不明显宽于内叶；雌虫后翅退化；第 8 腹节侧缘弧形，第 9～10 节二节组成三角形腹端；雄虫腹部宽披针形；第 4 腹节侧缘中央明显角状；下生殖板长短于宽，后缘宽；腹部最宽处位于第 4 腹节中央，且明显呈角状；雌虫后翅超过第 6 腹节中央 ……………… **珍叶䗛 *Ph*.（*Ph*.）*rarum* Liu et Cai**

腹部最宽处不在第 4 腹节中央，非角状 …………………………………………………………… 8

8. 雄虫触角 26 节；第 5 腹节后端最宽；下生殖板末端稍尖；雌虫未知 ……………………………………………………………………………… **同叶䗛 *Ph*.（*Ph*.）*parum* Liu et Cai**

雌虫第 4 至 7 腹节几呈方形；第 8 腹节骤窄 …………………………………………………… 9

9. 雌虫 3 对足胫节端部背叶不发达；雄虫触角 25 节；第 7 腹节最宽 ……………………………………………………………………………… **泛叶䗛 *Ph*.（*Ph*.）*celebicum* de Haan**

雌虫 3 对足胫节端部背叶明显；雄虫未知 …………………… **独龙叶䗛 *Ph*.（*Ph*.）*drunganum* Yang**

327. 丽叶䗛 *Phyllium*（*Pulchriphyllium*）*pulchrifolium* Serville，1839（图 326；图版 4-5）

Phyllium pulchrifolium Serville，1839，*Hist. Nat. Orth.*，292.

Phyllium agathyrsus Gray，1843：122.

Phyllium magdelasus Lucus，1857：（3）5.

雌性体长 60～80mm；雄性 59～67mm。扁叶状。黄绿色。雌虫头宽卵形，触角棒状，9 节。前胸背板宽舌状，中胸背板倒梯形，侧缘具钝齿，侧板刺突明显。雌前翅宽卵形，伸达第 7 节腹节中央，后翅退化。前股节外叶明显宽于内叶，中股节内、外叶扩展，内叶具齿，略窄于外叶，后股节仅内叶扩展。腹部第 7 至第 8 节侧缘宽弧状，第 9 腹节明显收缩，与第 10 节组成三角形腹端；雄虫第 8 腹节后角稍外突。

体各部分长度（mm）：体长♀60～80，♂59～67；前胸背板♀5.4～6.0，♂4.4～4.5；前翅♀45.0～57.0，♂18.0；后翅♀40～46，♂46.0；前足股节♀20.0～21.0，♂14.0～15.0；后足股节♀16.0～20.0，♂13.0。

分布：福建；印度尼西亚，马来西亚，缅甸，印度，斯里兰卡，毛里求斯，塞舌尔。

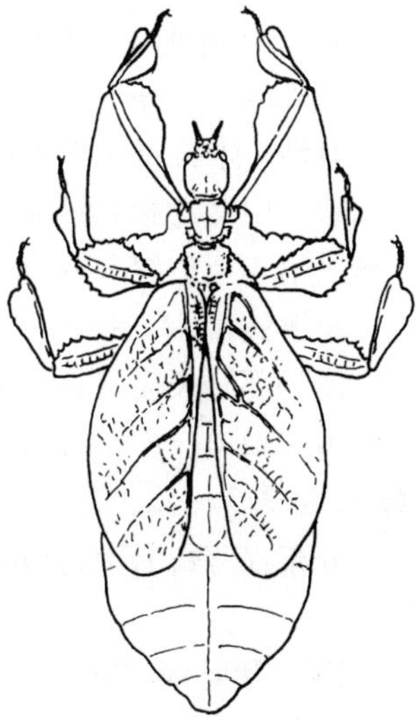

图 326　丽叶䗛 *Phyllium*（*Pulchriphyllium*）*pulchrifolium* Serville，♀整体

328. 中华丽叶䗛 *Phyllium*（*Pulchriphyllium*）*sinensis* Liu，1990（图版 5-1）

Phyllium（*Pulchriphyllium*）*sinensis*，Liu 1990，*Acta Entomol. Sinica.* 33（2）：227.

雌性：体长 78mm。黄褐色，腹部多黄绿色；各足胫节、跗节及腹部背、腹面中央棕褐至暗褐色。头扁圆；触角短于头长，浅棕色，共 9 节；眼半球形，棕色；无单眼，在眼和头顶间有 1 倒三角形浅凹。前胸背板宽舌状，长与宽几相等；中胸背板倒梯形，明显长于宽，前缘具光滑隆脊，其中央稍后凹，中央纵脊较宽，具横皱和瘤突，两侧缘隆脊的前半部有参差不齐的锯齿状突起，在后半部齿突渐弱至不明显；中胸侧板边缘有显著瘤突。前翅甚发达，革质，阔叶形，伸达第7腹节中央；后翅退化。前足股节两侧具发达叶突，其外叶突强烈扩展，亚三角形，显著宽于内叶，其外缘宽弧形，几光滑；其后缘有6枚较大齿突，内叶突仅在前腿节基部约1/4以远处突然扩展，端缘有4个明显钝齿突；前足胫节内、外两侧均有显著叶突，其端部宽，端缘稍凹入；中足股节叶突近圆形，内叶突边缘约有8个清楚的齿突；其外叶突基半部边缘较光滑，稍斜直，端半部边缘波曲，有3个齿突；中足胫节仅外叶突扩展，亚三角形；后足股节外侧不明显扩展，边缘光滑；其内侧基半部边缘有3个粗齿突，在中央以远突然扩展，近半圆形，边缘有6个明显齿突；后足胫节外叶突发达，近三角形，其端缘稍内曲；跗节5节。腹部极扁宽，近长方形，第8腹节后角强烈后伸，其末端宽圆，明显超过腹部末端，其后缘宽弓形，向前深弯曲；第9腹节侧缘横直，几与身体纵轴垂直，其后缘宽弧形，稍向前凹入；端节亚三角形，末端钝；腹瓣较短，末端尖，约伸达第9腹节基部1/3，产卵瓣较窄，伸达第10腹节中央。

雄性：未知。

体各部分长度（mm）：体长78.0；前胸背板4.2；中胸背板4.9；前足股节13.5；中足股节10.1；后足股节10.0。

分布：海南（尖峰岭）。

329. 泛叶螩 *Phyllium*（*Phyllium*）*celebicum* de Haan，1842（图版5-2）

Phyllium celebicum de Haan，1842，*Verhandl. Natuur. Gesch. Neder. Overz. Bezitt.*，111.

雌性：体长80～91mm；雄性59～67mm。扁叶状。雌性触角短，9节，雄性则为25节，长丝状；中胸背板具钝瘤。雄腹部亚棱形，以第7腹节为最宽。后翅伸达第7腹节。腹部近方形，第4至7腹节两侧缘几乎平行，第8腹节强烈收窄，与第9腹节至第10腹节共同组成三角形腹端。

体各部分长度（mm）：体长♀80～91，♂59～67；前胸背板♀4.8～5.4，♂2.8；前翅♀41.0～50.0，♂9.2；后翅♂43.0；前足股节♀16.2～20.2，♂11.2；后足股节♀14.5～16.5，♂9.3。

分布：广西，云南，贵州，海南；印度尼西亚，老挝，菲律宾，缅甸，印度，塞舌尔。

330. 翔叶螩 *Phyllium*（*Phyllium*）*westwoodi* Wood-Mason，1875（图327；图版5-3）

Phyllium westwoodi Wood-Mason，1875，*Journ. Asiatic Soc. Bengal*，218；Liu & Cai，1993，207.

本种与东方叶螩 *Phyllium*（*Phyllium*）*siccifolium*（L.）相近，甚至有人将其作为东方叶螩的同物异名处理。当初，描述本种的雌与雄性，分别采自印度与缅甸。Klante（1976）认为应作为独立种，Redtenbacher（1906）将这2种作为同名处理，Brock（1999）观察美国费城（Philadelphia）收藏的模式标本后，不认同为2个独立种。经刘胜利，蔡保灵（1993）研究，翔叶螩中胸背板侧缘齿突较弱；前股节外叶明显宽于内叶；由第8～10节3个腹节组成三角形腹端和雄性其他特征可将其两者明显区分。

体中型。叶状。绿色。雌头卵形，眼球状，突出；触角短棒状，短于头部。前胸背板近乎三角形，中央具十字形沟纹，中胸背板长方形。3对足股节扩展呈叶状，前股节外叶边缘有小齿，内叶边缘约5齿，中股节椭圆形扩展，内叶边缘5～6刺齿，外叶齿不明显，后股节内叶远大于外叶，边缘约6齿，中、后足胫节稍内弯。后翅发达，伸达第7腹节。腹部宽

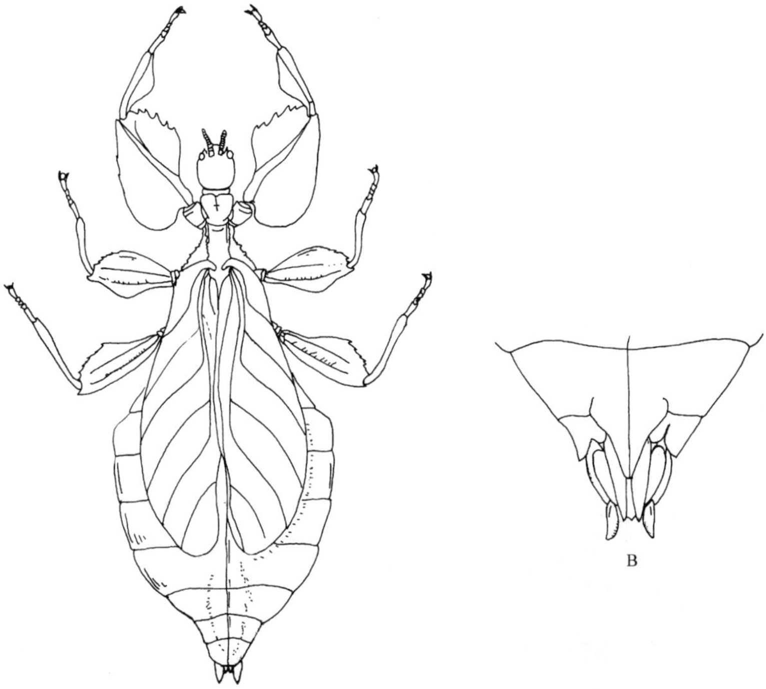

图 327 翔叶䗛 *Phyllium*（*Phyllium*）*westwoodi* Wood-Mason，♀
A. 整体 B. 腹端腹观

卵形，第 7 腹节侧缘弧形，第 8 节后明显变窄与后 2 节共同组成三角形腹端；腹瓣约伸达臀节中部，产卵瓣稍超过腹端；尾须端较尖，明显超过产卵瓣。雄腹部窄椭圆形，第 4 腹节侧缘中央不明显成角状，下生殖板较长，后缘钝角状。

体各部分长度（mm）：体长♀76.0，♂60.0；前胸背板♀6.0，♂3.56；前翅♀42.0，♂19.0；前足股节♀16.0，♂11.8；中足股节♀13.5，♂11.0；后足股节♀18.5，♂13.0；腹部（最宽处）♀31.0，♂15.0。

分布：广西；印度尼西亚，缅甸，印度。

331. 东方叶䗛 *Phyllium*（*Phyllium*）*siccifolium*（Linnaeus，1758）comb. nov.（图 328；图版 5-4）

Gryllus（*Mantis*）*siccifolium* Linnaeus，1758，*Syst. Nat.*，425

雌性：体长 65～98mm。体扁平呈叶状。绿色。雄虫触角长丝状且扁，超过前足。头和前胸背板较光滑，中胸背板侧缘有少量齿；前翅短，宽卵形，伸达第 3 腹节，后翅伸达第 8 腹节；雌前翅伸达第 7 腹节，后翅则退化。前股节内、外叶宽度相仿。第 8 腹节侧缘弧形，第 9 腹节和第 10 腹节组成三角形腹端。

雄性：体长 55～68mm。腹部宽披针形，第 4 腹节侧缘中央呈角状；下生殖板较短，后缘宽圆。

体各部分长度（mm）：体长♀65.0～98.0，♂55.0～68.0；前胸背板♀4.2～6.8，♂3.3～3.8；前翅♀40.0～63.0，♂15.0～25.0；后翅♀30.0，♂43.0～50.0；前足股节

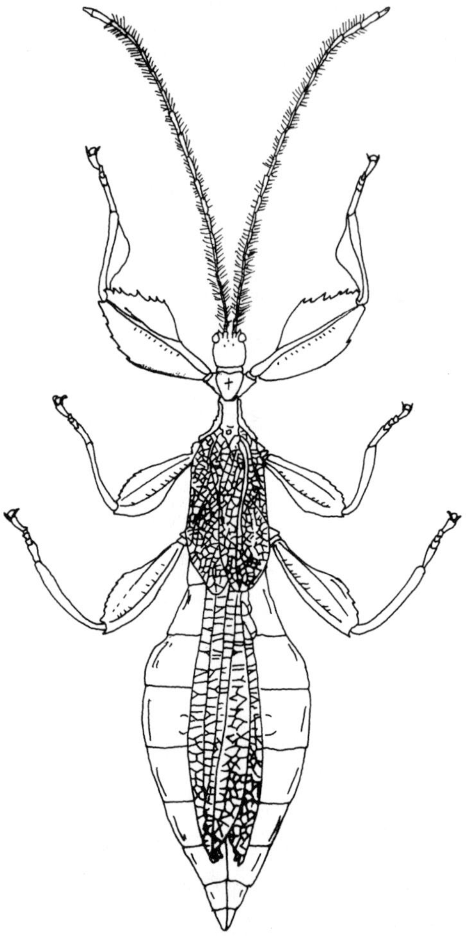

A

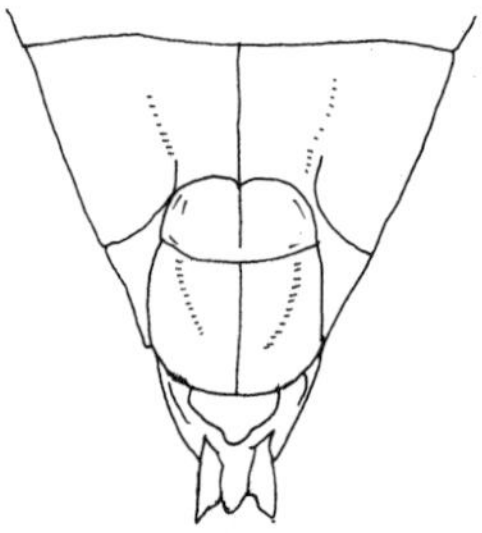

B

图 328 东方叶䗛 *Phyllium* (*Phyllium*) *siccifolium* (Linnaeus), ♂
A. 整体 B. 腹端腹观

♀12.0～20.0，♂11.5～13.5；后足股节♀12.5～24.0，♂11.8～15.5。

分布：海南，广西，江西；印度尼西亚，马来西亚，菲律宾，越南，泰国，印度，毛里求斯，巴布亚新几内亚，塞舌尔。

332. 独龙叶䗛 *Phyllium* (*Phyllium*) *drunganum* Yang，1995（图 329；图版 6-1）

Phyllium drunganum Yang，1995，*J. Yunnan Agric. Univ.*，10（1）：18

雌性：体长 75mm，宽 30mm。活体为叶绿色，久后为黄绿色。头部卵圆、端部较窄，复眼小而圆凸，无单眼；触角短粗，9 节，柄节宽大，梗节短小，第 3 节极长且内侧突出成角。前胸窄而小，背板长，倒梯形，具边框，中央凸凹不平，有背纵沟及横沟；中胸宽大，背板（包括侧板）多横皱及瘤突，侧缘呈刺状脊，中胸侧板斜展，呈三角形，密布刺突、边缘更显著。前翅长，伸达第 7 腹节后半部；后翅薄而透明，仅伸达第 6 腹节 1/3 处。前足股节背叶明显宽于腹叶，边缘具小刺齿，腹叶的内缘平直，前缘锯齿状（有 6 齿），中间的 1 枚齿很小；腹叶三角形与胫节约等长，背叶仅在胫节端部突出；中足股节腹叶宽于背叶，端半有 7 齿；胫节背缘近端部扩展成小叶突；后足股节腹叶宽于背叶，端半部有 6 齿；胫节背

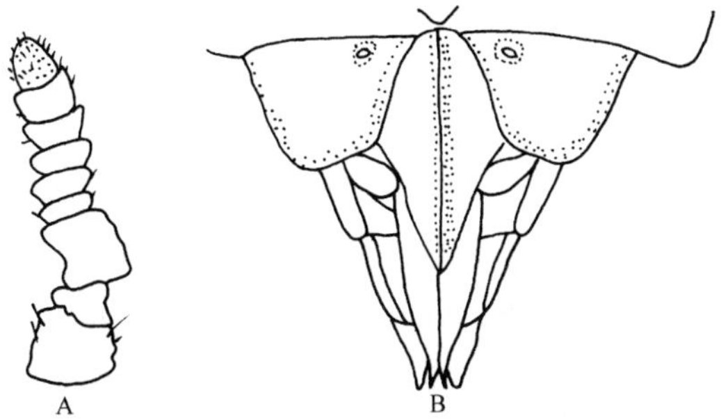

图 329　独龙叶䗛 *Phyllium*（*Phyllium*）*drunganum* Yang，♀
A. 触角侧观　B. 腹端腹观（仿杨集昆）

缘近端部形成小叶突。腹部第 4 节中部最宽，第 7 腹节后侧角圆突，第 8~10 节呈等边三角形；腹端腹面第 8 腹板的 1 对气门外有白环；腹瓣几伸达第 10 腹板中部，1 对产卵瓣的尖端稍露出于腹端；尾须则长于产卵瓣端部。

雄性：未知。

体各部分长度（mm）：体长 75.0；前胸背板 5.0；中胸背板 6.0；前足股节 16.0；中足股节 12.0；后足股节 14.0；前翅长 55mm，宽 15mm；腹部 50mm。

分布：云南（贡山）。

333. 同叶䗛 *Phyllium*（*Phyllium*）*parum* Liu et Cai，1993（图版 6-2）

Phyllium（*Phyllium*）*parum* Liu. 1993，*Acta Zootaxonomica Sinica*. 18（2）：207.

雄性：体长约 62mm。通常为浅绿色。头亚卵形，头顶略扁平，眼半球状，3 个单眼位于复眼间稍后方；触角发达，26 节，向后超过第 5 腹节中央，第 1 节最粗壮，横宽，第 2 节柱状，长与宽几乎相等，基部 2 节光滑，自第 3 节起渐侧扁，分节不断加长且端部稍膨大，披细密软毛，最后 2 节变短，约等长，具直密硬短毛，端节钝锥形。前胸背板舌状，近前缘有 1 波曲横沟，中域具十字形沟痕，腹板几光滑；中胸背板窄长，侧缘具宽脊，有不显著瘤突；中央纵脊隐约可见，近前缘有 1 后凹的显著短脊，中域具粗钝瘤突和横皱；侧板边缘具钝刺突，向端部渐消失；腹板中央脊突出，前部有不显著瘤突和横皱。前翅革质，大部不透明，后部半透明，末端伸达第 3 腹节中央；后翅甚发达，膜质透明，臀域很大，伸达腹端。前股节较扩展，外叶亚三角形，较宽于内叶，端缘有 3~4 枚小齿；内叶前缘有 5 枚粗大齿突；前胫节外侧无叶突，内叶扩展呈亚三角形；中股节长椭圆形，外缘中央仅 1 齿，内叶端缘有 6~7 枚刺齿；中、后胫节稍内曲，两侧仅具窄边；后股节窄椭圆形，外侧略加宽，边缘光滑，内叶宽弧形，端缘具 8~9 个齿突。腹部宽椭圆形，由基部至第 4 腹节中央逐渐加宽，其侧缘斜直，第 5 腹节后端最宽，第 6 腹节几乎不收缩，第 7 腹节侧缘弧形，第 8 腹节明显变窄，第 8~10 腹节侧缘几乎斜直，共同构成三角形腹端；下生殖板亚三角形，约伸达臀节中央；尾须超过腹端。

雌性：未知。

体各部分长度（mm）：体长 61.6；前胸背板 3.4；中胸背板 2.8；后胸背板（含中节）6.4；中节 2.4；前足股节 13.6；中足股节 10.2；后足股节 12.2。

分布：海南（白沙、大岭、那大）。

334. 滇叶䗛 *Phyllium*（*Phyllium*）*yunnanense* Liu et Cai，1993

Phyllium（*Phyllium*）*yunnanense* Liu，1993，*Acta Zootaxonomica Sinica*. 18（2）：210.

雄性：体长约 70mm。浅绿色，头，中、后足及前翅多为黄绿色，触角黄褐色，其中央以远各节端部 1 纵条纹及端部 2 节大部棕褐色。头近于球形，背面稍平坦，几光滑；眼半球形，单眼 3 个，呈正三角形排列在复眼间稍后方；触角发达，28 节，向后约伸达第 5 腹节中央；第 1 节最粗壮，第 2 节短柱形，基部 2 节几光滑，自第 3 节后明显侧扁，各节末端稍膨大，分节渐长，披细密长柔毛，次端节末端一侧呈齿状强烈突出，端节尖锥形，此 2 节披短密硬毛。前胸背板舌状，前缘微后凹，近前缘有 1 波曲横沟，侧缘脊光滑，中域有十字形沟痕，后缘无隆脊；其腹板无明显瘤突；中胸背板倒梯形，侧缘具明显齿突，近前缘有 1 后曲的短脊，中央纵脊可见，前部具横皱和瘤突，向端部渐消失；中胸侧板边缘有参差刺突；腹板中央隆脊显著，有粗钝瘤突。前翅革质，大部不透明，近后缘半透明，向后超过第 3 腹节中央；后翅发达，膜质透明，后端约伸达第 9 腹节中央。前股节呈长椭圆形扩展，外叶显著狭长，明显窄于内叶，边缘有 6～7 枚小齿，内叶前缘常有 5 枚显著齿突；前胫节外侧不扩展，内叶亚三角形；中股节中度扩展，外叶端缘常有 2～3 枚小齿，内叶端缘有齿 6～7 枚，中、后胫节不扁宽；后股节外侧不发达，仅内侧端半较扩展，边缘有 5～6 枚刺齿。腹部披针形，第 4 腹节中央前方角状，向后各节递次明显窄缩至腹端，第 7～10 腹节侧缘近于斜直，并形成三角形腹端；下生殖板宽大于长，后缘亚平截，约伸达臀节基部 1/3；尾须叶状，明显超过腹端。

雌性：未知。

体各部分长度（mm）：体长 69.4；前胸背板 3.4；中胸背板 2.5；后胸背板（含中节）6.8；中节 2.8；前足股节 15.5；中足股节 11.4；后足股节 12.6。

分布：云南（勐腊）。

335. 藏叶䗛 *Phyllium*（*Phyllium*）*tibetense* Liu et Cai，1993（图 330；图版 6-3）

Phyllium（*Phyllium*）*tibetense* Liu，1993，*Acta Zootaxonomica Sinica*. 18（2）：203.

雌性：体长约 107mm。大型。体黄绿色，头、胸、前翅、中足、后足及腹部中央常为黄褐色；腹面大部分浅绿色。头亚卵形，后端稍膨大，眼半球形，位于头近前端两侧；无单眼；触角棒状，短于头长，共 9 节；头顶较平坦，几光滑，后缘近于平直。前胸背板宽舌形，前缘略后凹，其中域有十字形沟痕；腹板有横皱和稀疏瘤突；中胸背板明显长大于宽，侧缘略平行，有参差刺突，近前缘有 1 后曲的弧形短脊，中央纵脊可见，前半部有稀疏瘤突，后半部几平滑；侧板边缘有不整齐显著刺突，向端部明显减弱；腹

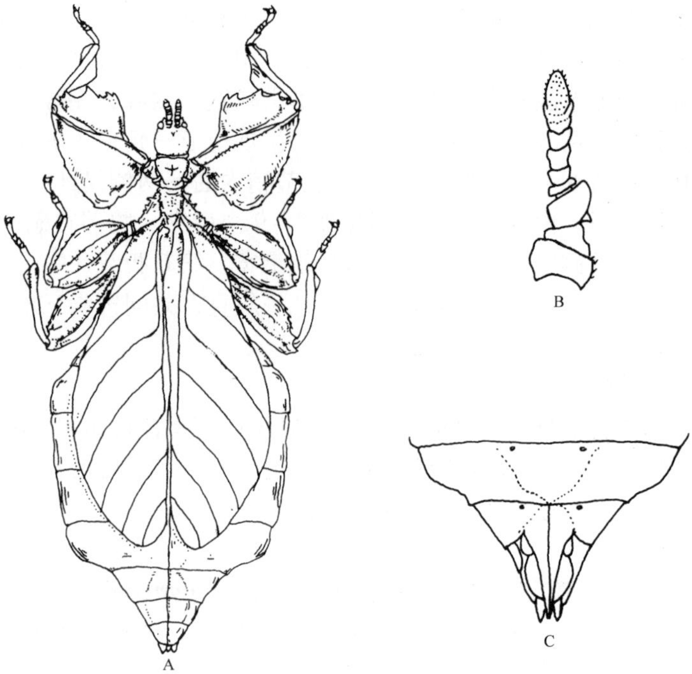

图 330 藏叶䗛 *Phyllium*（*Phyllium*）*tibetense* Liu et Cai，♀
A. 整体 B. 触角侧观 C. 腹端腹观（仿刘胜利）

板中央脊显著，有钝密瘤突。前翅椭圆形，伸达第7腹节中央；后翅较发达，约伸达第6腹节中央。前股节强烈扩展，外叶亚三角形，远宽于内叶，边缘有明显刺或齿；内叶前缘有5~6枚显著齿突；前胫节内叶三角形，外叶仅近端部有1明显小叶突；中股节椭圆形扩展，内叶端缘具5~6枚刺齿；外叶在中部常有1齿，中、后胫节稍内曲，外侧近端部均具小叶突；后股节内叶远较外叶发达，端缘常有5个齿突。腹部强烈扁宽，近方形，自基部至第4腹节中央渐宽，侧缘近于斜直，向后至第6腹节几乎不收缩，两侧缘几平行，第7腹节侧缘弧形，在中央之后突然窄缩，第8~10腹节侧缘斜直，共同组成三角形腹端，腹中央脊显著；腹瓣狭长，明显超过腹端，产卵瓣宽短，不达腹端；尾须窄叶状，稍超过腹瓣末端。

雄性：未知。

体各部分长度（mm）：体长106.5；前胸背板6.8；中胸背板6.0；后胸背板（含中节）7.3；中节3.0；前足股节25.2；中足股节19.2；后足股节22.0。

分布：西藏（墨脱）。

336. 珍叶䗛 *Phyllium*（*Phyllium*）*rarum* Liu et Cai，1993（图版6-4）

Phyllium（*Phyllium*）*rarum* Liu，1993，*Acta Zootaxonomica Sinica*. 18（2）：207.

雌性：体长约88mm。体黄绿色，头、胸、前翅及后足常为黄褐至暗褐色。头近于卵形，背面微隆起，几光滑，后部稍膨大，后缘中央有1小瘤突；眼半球状，无单眼；触角仅存基部3节，第1节横宽，亚梯形，第2节短小，盘状，第3节最粗壮，棱柱形，稍向内曲。前胸背板近于三角形，前缘稍后凹，近前缘有1波曲横沟，中域具十字形沟痕；腹板几无瘤突，但有明显横皱；中胸背板长方形，侧缘基部有明显瘤突，近前缘有1新月形短横脊，中央纵脊隐约可见，前半部有钝刺突，后半部渐光滑；侧板边缘具参差刺突，向端部变弱至消失；腹板基部中央有大小不等的瘤突。前翅宽大，革质，几不透明，中脉与肘脉接近，后端约伸达第7腹板中央；后翅膜质，透明，稍超过第6腹节中央。前股节甚扩展，外叶宽三角形，明显宽于内叶，端缘有4~5枚刺齿；内叶较狭长，前缘有5个明显齿突；前胫节外侧不扩展，内叶钝三角形；中足（全部缺失）；后股节长椭圆形，外叶不显著，边缘平滑；内叶端半部明显扩展，边缘锯齿状。腹部宽披针形，由基部至第4腹节中央不断增宽，此后至末端逐渐均匀收缩，至少由第7~10节形成三角形的腹端；腹瓣约伸达臀节中央，产卵瓣较宽，略超过腹端；尾须刀状，末端钝，稍过产卵瓣。

雄性：未知。

体各部分长度（mm）：体长88.1；前胸背板5.4；中胸背板5.0；后胸背板（含中节）7.2；中节3.4；前足股节19.3；中足股节（缺失）；后足股节16.5。

分布：广西（贺县）。

英 文 摘 要
(Abstract)
Phasmatodea

The stick and leaf insects belong to the order Phasmatodea which is mainly distributed in tropical and subtropical areas and consists of some largest and strange species now. Even though it is a comparatively small order with about 3000 species, but its systematic states and arregement have been less studied. Traditionally, the Phasmatodea is divided in the Areolatae and Anareolatae, depending on the presence or absence of an area apicalis, a small ventro-apical impression of the four postrior tibiae. According to J. C. Bradley and B. S. Galil, this work is an attempt to adapt the classification of the group by dividing to the six families, seventen subfamilies and thirtythree tribes. This present work deals with stick and leaf insects fauna of China. It contains two parts, the General Account and Systematic Account.

I. General Account

Chapter 1. Phylogeny and historical notes of Phasmatodea

Chapter 2. Morphology (External characters and internal anatomy)

Chapter 3. Biology (Adult, egg and nymph)

Chapter 4. Species diversity and geographical distribution

Chapter 5. Collecting and breeding of Phasmatodea

Chapter 6. The control and the economic importance of Phasmatodea

Chapter 7. Economic significance, protection and utilization of this insects

Chapter 8. Study of fossil of stick and leaf insects

II. Systematic Account

1. Heteronemiidae
    - Lonchodinae
    - Necrosciinae
    - Pachymorphinae
2. Phasmatidae
    - Phasmatinae
    - Eurycanthinae
    - Platycraninae
3. Bacillidae
    - Bacillinae
    - Heteropteryginae
4. Pseudophasmatidae
    - Aschiphasmatinae
    - Pseudophasmatinae
5. Phylliidae

In the Present monograph 336 species (including 76 new species) in total of the stick and leaf insects are described from China, which are grouped in 65 genera in 5 families. Besides the adult morphology descripions of every species, the morphology descriptions of eggs are included as possible as known. The geographical distribution, and if available, the biology, foodplants and habits are provided in the text. The original description and if have had, the synonyms and the nominal transitions of each taxon have been cited. The colour photos of some adult are given in the colour plates. Keys to Chinese suborders, families and subfamilies, tribes, genera and species are given. Type specimens depositary are also indicated under each new species.

BJFU Beijing Forestry University, Beijing

BJAU Beijing Agricultural University, Beijing

IZAS Institute of Zoology, Academic Sinica, Beijing

CAF Chinese Academy of Forestry, Beijing

NWSTUAF Northwest Sci-Tech University of Agriculture and Forestry, Yangling, Shaanxi

ZSU Zhongshan University, Guangzhou

Key to the families of Phasmatodea from China

1. Middle and hind tibiae with sunken areola on underside of apices (suborder Areolatae) ························ 2
   Middle and hind tibiae without sunken areola on underside of apices (suborder Anareolatae) ···················· 4
2. Median segment shorter than metanotum and not fused with it ·· **Bacillidae**
   Median segment as long as or longer than metanotum and fused with it ·· 3
3. Antennae long in both sexes; metanotum longer than wide; not leaf-like; margins of abdomen without lateral outgrowths ·· **Pseudophasmatidae**
   Antennae of female barely as long as head, those of male longer and bristly; metanotum not longer than wide; leaf-like dilations also on femora and sometimes tibiae; elytra of female covering almost entire abdomen, those of male scarcely longer than thorax ·· **Phylliidae**
4. Antennae filiform and indistinctly segmented, especially beyond middle, longer than fore femora and often longer than body length; if shorter than fore femora and distinctly jointed, then ventral edge of all femora smooth; ventral carina of middle and hind femora not evenly serrated, usually only with few distal teeth or unarmed ·· **Heteronemiidae**
   Antennae powerful and distinctly segmented, usually shorter than fore femora, and then female are distinctly serrated dorsobasally, or longer than fore femora, but never as long as body, and then ventral carina of middle and hind femora distinctly and evenly serrated ·· **Phasmatidae**

Key to the subfamilies of Heteronemiidae

1. Antennae distinctly segmented, usually shorter than fore femora; ventral edge of posterior femora unarmed ······ ·· **Pachymorphinae**
   Antennae filiform and indistinctly segmented, especially beyond middle, longer than fore femora, often longer than body length; ventral carina of 4 posterior femora not evenly serrated, usually only with few distal teeth or completely unarmed; mostly wingless; thin, stick-like insects ·· 2
2. Winged or wing rudiments; if wingless, then the mesonotum is longer than metanotum or at least anal segment of male is not split and bilobed and female without beak-shaped ovipositor ···························· **Necrosciinae**
   Wingless (except *Phantasca* Redt.); mesonotum usually shorter than metanotum; male anal segment split and bilobed, or at least with 2 finger-shaped, curved medioventral processes ···························· **Lonchodinae**

Key to the tribes of Lonchodinae

1. Anal segment of male split and extended into 2 lobes and with 2 finger-form processes on hind margin; female operculum simple .... **Lonchodini**
   Anal segment of male not truly split but merely with 2 weak but distinct finger-form processes on hind margin ; supra-anal plate of female often attached to anal segment without suture, anal segment and operculum elongate, latter bearing an ovipositor shaped like bird's beak .... **Neopromachini**

Key to the genera of Lonchodini

1. Middle femora longer than metanotum with median segment together 2
   Middle femora as long as or shorter than metanotum with median segment together 4
2. 2nd abdominal segment of female transverse or quadrate, and 1.5 x shorter than wide .... ***Neohirasea***
   2nd abdominal segment of female 1.5 or 2 x as long as wide, in male 2-3 x as long as wide 3
3. Ventral sides of middle and posterior femora distally with lamellae .... ***Phraortes***
   Ventral sides of middle and posterior femora distally with spines or teeth only, but without lamellae .... ***Lonchodes***
4. Mesosternum with longitudinal carina .... ***Carausius***
   Mesosternum without longitudinal carina .... ***Dixippus***

Gen. *Carausius*: Key to the species (Female)

1. Head without spines; tibiae unarmed and smooth .... ***C. jesuitae*** **Brunner**
   Head with two spines; tibiae with lamellae 2
2. Two lamellae of fore tibiae undatus .... ***C. undatus*** **Chen et He**
   Two lamellae of fore tibiae elliptical .... ***C. femoralis*** **Chen et He**

Gen. *Carausius*: Key to the species (Male)

1. Two small spines between eyes 2
   Two tuberculi between eyes .... ***C. thoracius*** **Chen et He**
2. Ventral side of meso- and metathorax other colour; granules of abdomen distinct ... ***C. lijiangensis*** **Chen et He**
   Ventral side of meso- and metathorax orange colour; granules of abdomen indistinct ... ***C. emeiensis*** **sp. nov.**

Carausius emeiensis **sp. nov.** (Fig. 26)

Male: Larger and stick-like, apterous with dorsal longitudinal carina. Body dark green, tergites of meso- and metathorax armed with yellowish granules irregularly. Head elliptical with short longitudinal sulci, occiput with small tuberculi; eyes rounded and prominent; with a pair of spines between eyes; antennae filiform and brown, much extending beyond fore femora, 1st joint rectangular, apex thick, 2nd one cylindrical. Pronotum rectangular, about as long as head, transverse sulcus placed near the middle; mesothorax longer than metathorax (with median segment); median segment longer than wide, about 1/3 as long as metathorax. Fore femur slightly longer than hind one, its base curved, 2 teeth on the ventro-exterior carina; 2 apico-ventral teeth of mid and hind femora respectively. Abdomen cylindrical, nearly as long as head and thorax together, 2 apical segment dilated, anal segment rather narrow, split into two lobes, its outer margin arcuatus; subgenital plate cucullated, with dorsal longitudinal carina, apex blunt, extending to hind part of 9th segment; cerci short, slightly bend and visible.

Female: Unknown.

Measurements(mm): Body 85.0, pronotum 3.0, mesonotum 20.0, metanotum (with median segment) 15.0, median segment 4.0, fore femur 21.0, mid femur 15.0, hind femur 18.0.

Holotype ♂ (IZAS), Mt. Emei Shan (800-1000mm), Sichuan Prov., 1957-VIII-30, Wang Zongyuan.

This new species is allied to *C. lijiangensis* Chen et He, but differs from latter by a pair of spines between eyes robust, abdomen without granules and shape of anal segment.

Gen. *Dixippus*: Key to the species(Female)

1. Two spines present between eyes ······ 2
   Two spines absent between eyes ······ 5
2. Body length about 50mm; 2 pairs of small tubercles near longitudinal sulci ······ ***D. parvus* Chen et He**
   Body length over 80mm; tubercles lacking near longitudinal sulci ······ 3
3. Head nearly rectangular ······ 4
   Head nearly rounded ······ ***D. huapingensis* Bi et Li**
4. Back of body covered with sparse granules; median elevation of sternite VII laminatus ······ ***D. paucigranulatus* Chen et Xu, sp. nov.**
   Back of body covered with dense granules; median elevation of sternite VII slightly exserted ······ ***D. guangdongensis* sp. nov.**
5. Occiput distinctly elevated; latero-posterior lobes of tergite of 7th abdominal segment extended ······ ***D. hainanensis* Chen et He**
   Occiput slightly elevated; latero-posterior lobes of tergite of 7th abdominal segment normal ······ ***D. bobaiensis* Chen**

Gen. *Dixippus*: Key to the species(Male)

1. Pronotum black ······ ***D. basalis* sp. nov.**
   Pronotum variable colour ······ 2
2. Eyes behind with white maculation ······ ***D. albopictus* sp. nov.**
   Eyes behind without white maculation ······ 3
3. Lateral sides of meso- and metathorax with yellowish stripes ······ ***D. huapingensis* Bi et Li**
   Lateral sides of meso- and metathorax without yellowish stripes ······ 4
4. Cerci slender ······ 5
   Cerci robust ······ ***D. guangdongensis* sp. nov.**
5. Apices of cerci rather flat ······ ***D. gracicercatus* sp. nov.**
   Apices of cerci normal ······ 6
6. Head yellow, thorax green; anal segment wide shortly ······ ***D. nigriantennatus* Chen et He**
   Head and thorax green; anal segment long narrowly ······ 7
7. Base of anal segment narrow; subgenital plate shorter than base of anal segment ··· ***D. hainanensis* Chen et He**
   Base of anal segment widened; subgenital plate longer than base of anal segment ······ ***D. bobaiensis* Chen**

***Dixippus guangdongensis* sp. nov.** (Fig. 34)

Female: Large sized, stick-like and apterous, with fine granules densely and dorsal longitudinal carina. Body fulvous. Head oval widely; eyes smaller, rounded and convex; with two spines between eyes; antennae filiform, longer than fore legs, 1st joint rectangular with thick apex, 2nd one cylindrical, about 1/2 as long as 1st one. Pronotum rectangular, a little shorter than head, transverse sulcus placed just before the middle, ends on meso- and metathorax broadened ; mesothorax longer than metathorax (with median segment); median segment transverse. Fore femora about as long as mesothorax and longer than hind ones, its base curved, ventro-exterior carinae with 2-3 lamellae teeth, both sides on mid and hind femora with 4 lamellae teeth. , ventral parts on mid and hind tibiae lamellatus basally. Abdomen cylindrical, 3 apical segments tectate, more or less dilated, 8th one being the. longest, anal segment about equal to 9th one, its latero-posterior horns short and rather pointed, hind margin in the middle emarginated, supra-anal plate wide shortly and with dorsal carina, slightly surpassing apex of anal segment; operculum cymbiform, with median and lateral carinae conspicuous, its apex nearly pointed, extending beyond abdominal apex nearly; cerci cylindrical, its apices narrow, slightly shorter than operculum.

Male: Medium sized. Much slender and longer than female. Head, prothorax, ends on meso- and metathorax and 3 pairs of legs green, other parts dark yellow. Head elliptical, two spines lack between eyes. Ends on meso- and metathorax broadened; median segment longer than wide, nearly 1/5.5 as long as metathorax. Fore femur longer than hind one, its base curved, ventro-exterior carina with 2 teeth, both distal ventral carinae with 3-5 teeth respectively on mid and hind femora. Abdomen cylindrical, shorter than head and thorax together, 3 apical segments dilated, anal segment wide shortly, split into two lobes, its outer margin truncate obliquely, nearly as long as 8th segment; subgenital plate cucullated, with dorsal carina, extending to the base of anal segment; cerci thick, the middle curved, exserted beneath. .

Measurements (mm): Body ♀ 105.0; ♂ 72.0, mesonotum ♀ 23.0; ♂ 17.0, metanotum (with median segment) ♀ 18.0; ♂ 13.0, median segment ♀ 3.0; ♂ 2.0, fore femur ♀ 23.0; ♂ 21.0, mid femur ♀ 16.0; ♂ 17.0, hind femur ♀ 18.0; ♂ 19.0.

Holotype ♀ (BJFU), Yingde Co., Guangdong Prov., 1992-VIII-5, Chen Shuchun, paratype 1 ♂ (ZSU), locality as holotype, 1985-VII-16-20, Yu Xiang.

This new species is allied to *D. huapingensis* Bi et Li, but differs from it by granules of body smaller, head oblong, 2 spines between eyes small and supra-anal plate surpassing the apex of anal segment.

Dixippus paucigranulatus **Chen et Xu, sp. nov.** (Fig. 35)

Female: Body larger, with brown and sparse granules, dorsal carina distinctly. Head oval; antennae filiform, 1st joint longer than 2nd one hairy sparsely; eyes rounded and prominent, in the middle of 2 eyes with a pair of small spines, its apex dark. Pronotum 2 x length of width, a cross-shaped sulci in the middle. Mesothorax gradually narrowed towards end and with sparse granules. Midfemur as long as metathorax (with median segment); median segment transverse, about 1/4 of metathorax, Three pairs of legs slender and elongate, base of fore femur curved ; ventro-interior carinae of four posterior femora with 2 apical teeth respectively; tibiae without outgrowths, 1st tarsus being the longest. Abdomen, cylindrical, 3rd to 6th abdominal segments about the same in length, 3 apical segments dilated slightly, 7th segment being the longest; anal segment (10th segment) emarginated triangularly, its apico-lateral lobes blunt slightly; supra-anal plate exceeding apex of anal segment, its apex a little concave, nearly truncate, apex of 7th sternite with a flat median elevation; operculum cymbiform, exceeding apex of anal segment, with median and lateral carinae distinctly; cerci short and straight.

Male: Unknown.

Measurements (mm): Body 92.0, mesonotum 22.0, metanotum (with median segment) 16.5, median segment 3.0, fore femur 23.0, mid femur 16.5, hind femur 19.5.

Holotype ♀ (BJFU), Tai Shun Co., Zhejiang Prov., 2005-VIII-5, Xu Jin.

This species is similar to *D. guangdongensis* sp. nov., but differs from it by body covered with sparse granules and median elevation of sternite VII flat widely.

***Dixippus gracicercatus* sp. nov.** (Fig. 36)

Male: Body larger, slender and stick-like, with even granules and dorsal longitudinal carina. Head and ends of meso- and metathorax green, antennae and the rest of body dark yellow, all legs dark green and hind sides on 9th abdominal segment with white marks. Head oval widely, with fine longitudinal sulcus; eyes rounded and convex; antennae filiform, extending beyond fore femora, 1st joint rectangular with thick apex, 2nd one cylindrical, about 1/2 as long as 1st one. Pronotum rectangular, with the transverse sulcus near the middle, ends of meso- and metathorax somewhat wide; median segment longer than wide, about 1/6 x length of metanotum. fore femora longer than hind ones, its base curved; ventro-exterior with 2 teeth, both sides on mid and hind femora with 3-4 small lamellae teeth. Abdomen cylindrical, slightly shorter than head and thorax together, 3 apical segments dilated, anal segment short widely, cleft into two lobes, its apical half part triangular with blunt apices, nearly as long as 8th tergite; subgenital plate cucullate, with dorsal carina, a little surpassing the base of anal segment; cerci slender narrowly, its middle part bend, apices depressed and decurved.

Female: Unknown.

Measurements (mm): Body 85.0, mesonotum 21.0, metanotum (with median segment) 16.5, median segment 2.4, fore femur 25.0, mid femur 19.0, hind femur 22.0.

Holotype ♂ (ZSU), Ruyuan Co., Mt. Tianjing Shan, Guangdong Prov., 1974-VI-6, Li Jiankui.

This new species is allied to *D. guangdongensis* sp. nov., but differs from the latter by head wider, 1st joint of antennae green, a few of teeth on the four posterior femora, a half apex of anal segment longer and cerci gracile distinctly.

***Dixippus albopictus* sp. nov.** (Fig. 37)

Male: Medium sized, slender and stick-like, apterus, with fine granules and dorsal longitudinal carina. Body brown, 3 pairs of legs and back of head with white marks, legs yellow except coxae and apecis of femora brown, both sides on meso- and metathorax with black lines, 8th-9th abdominal segments with white marks irregularly. Head oval widely, with fine longitudinal sulci; eyes rounded and convex ; antennae filiform, longer than fore legs, 1st joint rectangular with thick apex, 2nd one cylindrical shortly, about half as long as 1st one. Pronotum rectangular, transverse sulcus placed before the middle, its hind part with '八' short lateral sulci; ends on meso- and metathorax broadened, mesothorax longer than metathorax(with median segment); median segment transverse. Fore femora longer than hind ones, its base curved, ventro-exterior carinae with 2 teeth; both sides on mid and hind femora with 2 teeth. Abdomen cylindrical, slightly longer than head and thorax together, 3 apical segments dilated, 8th tergite as long as 9th one, anal segment longer than preceeding two segments, cleft into two lobes, its dorsal margin conspicuous concave, apical lobe long and pointed; subgenital plate cucullate with canina, rather plane, apex more or less truncate, reaching the base of anal segment; cerci cylindrical, the middle somewhat bend and apices narrow.

Female: Unknown.

Measurements (mm): Body 76.0, mesonotum 17.0, metanotum (with median segment) 13.0, median segment 2.2, fore femur 22.0, mid femur 16.0, hind femur 20.5.

Holotype ♂ (ZSU), Pingle Co., Guangxi Zhuang Aut. Reg., 1985-VI-13, Zhang Xuanda..

This new species is allied to *D. huapingensis* Bi et Li, but differs from the latter by head with white band, thorax with black longitudinal line, a few of teeth on all femora and different anal segment.

***Dixippus basalis* sp. nov.** (Fig. 38)

Male: Medium sized, slender, stick-like and apterous. Body covered with fine granules and dorsal longitudinal carina. Head, meso-and metathorax green, abdomen and 3 pairs of legs flavotestaceous expect coxae, apical portions of femora and tibiae black. Head oval shortly, with sparse granules and 3 fine longitudinal sulci; eyes rounded and convex; antennae filiform, longer than fore legs obviously, 1st joint rectangular with thick apex, 2nd one cylindrical shortly, about half as long as 1st one. Pronotum rectangular, transverse sulcus placed near the middle, its hind part with '八' short lateral sulci, ends on meso- and metathorax broadened, mesothorax longer than metathorax(with median segment); median segment about 1/5 x as long as metathorax. Fore femora longer than hind ones, its base curved, ventro-exterior carinae with 2 black teeth, both sides on mid and hind femora with 4-5 teeth(among them 2 ones larger). Abdomen cylindrical, slightly longer than head and thorax together, 3 apical segments dilated, 9th one being shortest, anal segment split into two lobes, longer than 8th one, its apico-lateral lobes obtuse shortly; subgenital plate with dorsal canina and cucullated, apex blunt narrowly, reaching to the base of anal segment; cerci rather long, near 1/3 apices curved and exserted vertically.

Female: Unknown.

Measurements (mm): Body 70.0, mesonotum 17.0, metanotum (with median segment) 12.0, median segment 2.0, fore femur 20.0, mid femur 16.0, hind femur 18.5.

Holotype ♂ (ZSU), Longmen Co., Mt. Nankun Shan, Guangdong Prov., 1987-VI-6-14, Lu Yongjun.

This new species is allied to *D. gracicercatus* sp. nov., but differs from the latter by pronotum and coxae of all legs black, longer and curvatus cerci distally and shape of anal segment.

Genus *Phraortes*: Key to the species (Female)

1. Head without 2 spines ······ 2
   Head with 2 spines ······ 6
2. Antennae with coloured rings ······ 3
   Antennae without coloured rings ······ 4
3. Antennae with black and white rings; median elevation of 7th sternite normal; operculum not exceeding supra-anal plate ······ ***Ph. similis*** **Chen et He**
   Antennae with brown rings; median elevation of 7th sternite concave; operculum exceeding supra-anal plate distinctly ······ ***Ph. longshengensis*** **Chen et He**
4. Middle and hind femora ventral carinae with a big triangular tooth ······ ***Ph. leishanensis*** **(Bi)**
   Middle and hind femora ventral carinae with lobes ······ 5
5. Cerci cylindrical, surpassing apex of operculum ······ ***Ph. liaoningensis*** **Chen et He**
   Cerci conical, nearly as long as operculum ······ ***Ph. gracilis*** **sp. nov.**
6. Hind margin of 7th sternite with a median elevation ······ 7
   Hind margin of 7th sternite without a median elevation ······ 16
7. Spines of head larger, apices acute ······ 8
   Spines of head rather smaller ······ 13
8. Body large size, over 100mm; yellowish brown in colour ······ 9
   Body median size, about 60-100mm; 3 pairs of legs rather mottled ······ ***Ph. speciosus*** **Chen et He**
9. Hind margin of 7th sternite with a big median elevation and flat crossly ······ ***Ph. grossa*** **sp. nov.**
   Hind margin of 7th sternite with a small median elevation ······ 10
10. 7th sternite with 2 small elevations; base of operculum with a vertical and flat lobe like tongue ······ ***Ph. gibba*** **sp. nov.**
    7th sternite hind margin with a small elevation; base of operculum without lobe ······ 11
11. Middle and hind femora on ventro-interior carinae with 1-3 teeth of triangle lobe ······ ***Ph. bilineatus*** **Chen et He**
    Middle and hind femora on ventro-interior with 3-4 teeth of triangle lobe ······ 12
12. Median elevation of 7th sternite shortly conical, tergite VIII shorter than the remaining two tergites together ······ ***Ph. fengkaiensis*** **Chen et Xu, sp. nov.**
    Median elevation of 7th sternite tuberculus, its tip with 2 horns, tergite VIII about as long as the remaining two tergites together ······ ***Ph. paracurvicaudatus*** **Chen et Xu, sp. nov.**
13. 7th sternite with a long, vertical and flat median elevation ······ ***Ph. formosanus*** **Shiraki**
    7th sternite with a small median elevation ······ 14
14. Basal tarsus with a big long and flat lobe; cerci short and unbent ······ ***Ph. granulatus*** **Chen et He**
    Basal tarsus with a small lobe; cerci curved ······ 15
15. Body with coarse and dense granules; supra-anal plate small ······ ***Ph. lianzhouensis*** **sp. nov.**
    Body with sparse granules; supra-anal plate much bigger ······ ***Ph. liannanensis*** **sp. nov.**
16. Head spines much larger ······ 17
    Head spines shorter and smaller ······ 18
17. Head elongate and elliptical; body yellowish brown ······ ***Ph. major*** **sp. nov.**
    Head rectangular and slightly flat; head and 3 pairs of legs yellowish green ······ ***Ph. biconiferus*** **(Bi)**
18. Hind margin of supra-anal plate obtuse and rounded, surpassing lateral lobes of anal segment ······ ***Ph. moganshanensis*** **Chen et He**

Hind margin of supra-anal plate truncate, about as long as lateral bobes of anal segment .... *Ph. brevipes* **Chen et He**

Genus *Phraortes*: Key to the species (Male)

1. Head and apex of pronotum and mid-hind thoraces green in colour 2
   Head and apex of pronotum and mid-hind thoraces other colour 11
2. Both sides of mid and hind thoraces with longitudinal lines 3
   Both sides of mid and hind thoraces without longitudinal lines 5
3. Both lateral lines yellow .... ***Ph. liannanensis* sp. nov.**
   Both lateral lines reddish brown 4
4. Head shorter, 8th-9th tergites of abdomen not expanded distinctly, latero-posterior lobes of anal segment narrow .... ***Ph. liaoningensis* Chen et He**
   Head longer and rectangular, 8th-9th tergites of abdomen expanded distinctly, latero-posterior lobes of anal segment slightly blunt .... ***Ph. bilineatus* Chen et He**
5. Anal segment narrow but not expanded 6
   Anal segment wider and expanded slightly 7
6. Cerci short and straight .... ***Ph. similis* Chen et He**
   Bases of cerci wide, apices pointed, link face to face 8
7. Anal segment expanded, apices pointed slightly 9
   Anal segment not expanded, apices obtuse .... ***Ph. gracilis* sp. nov.**
8. Latero-posterior lobes of anal segment long, hind margin blunt .... ***Ph. grossa* sp. nov.**
   Latero-posterior lobes of anal segment short, hind margin truncate obliquely .... ***Ph. clavicaudatus* sp. nov.**
9. Dorsal view of anal segment rounded; cerci incurved distinctly, apices acute and narrow .... ***Ph. sphaeroidalis* sp. nov.**
   Dosal view of anal segment walnut shape; cerci curved, apices acute and subulicorn 10
10. Ventral carinae of mid and hind femora with 3 to 5 teeth; bases of cerci thick and upright .... ***Ph. curvicaudatus* Bi**
    Ventral carinae of mid and hind femora with 2 teeth; cerci wider and flat .... ***Ph. paracurvicaudatus* Chen et Xu, sp. nov.**
11. Both sides of body with longitudinal lines 12
    Both sides of body without longitudinal lines 14
12. Both sides of body with dark lines 13
    Both sides of body with yellowish brown lines .... ***Ph. eurycerca* Chen et Xu, sp. nov.**
13. Cerci curved strongly, apices acute .... ***Ph. formosanus* Shiraki**
    Cerci cylindrical and flat, middle curved .... ***Ph. nigrocarinatus* Chen et He**
14. Apex of anal segment right-angled, its latero-posterior lobes acute .... ***Ph. corniformis* Chen et He**
    Apex of anal segment not right-angled 15
15. Cerci inner side near apices with 1 process .... ***Ph. miranda* sp. nov.**
    Cerci inner side lack process 16
16. Body yellowish-brown; latero-posterior lobes of anal segment blunt .... ***Ph. lianzhouensis* sp. nov.**
    Body green; latero-posterior lobes of anal segment acute 17
17. Body length 91mm; bases of cerci wider, near 1/3 apex curved .... ***Ph. jiangxiensis* Chen et Xu, sp. nov.**
    Body length 78mm, bases of cerci normal, near middle curved .... ***Ph. leishanensis* (Bi)**

Phraortes clavicaudatus **sp. nov.** (Fig. 43)

Male: Slender and stick-like, with granules and dorsal longitudinal carina. Head, pronotum, hind portions on meso- and metathorax and median segment green, tergites of 8th-9th abdominal segment with white maculations, apices of femora and tibiae black. Head oval widely, with dorsal longitudinal carina; eyes rounded and prominent, antennae filiform, longer than fore legs, 1st joint rectangular, apex thick, 2nd one cylindrical, nearly 1/2 x length of 1st one. Pronotum rectangular, transverse sulcus placed the middle, its hind part with '山' longitudinal sulcus; hind apex of mesothorax and two ends of metathorax dilated; mesothorax distinctly longer than metathorax (with median segment); median segment about 1/5 x as long as metathorax. Fore femur slightly longer than hind one, its base curved, 2 teeth on ventro-exterior carina, mid femur longer than metathorax, hind one extending to the base of 5th abdominal segment, both apico-ventral carinae with 4 teeth respectively (among them two teeth larger). Abdomen cylindrical, 3 terminal segments dilated, bent upward, anal segment longer than preceding two ones, split into 2 lobes, its latero-posterior lobes short, outer margin truncated obliquely; subgenital plate cucullated, with dorsal carina, extending to base of anal segment; cerci obviously curved, apices clavate.

Female: Unknown.

Measurements (mm): Body 82.0, mesonotum 21.0, metanotum (with median segment) 13.0, median segment 2.2, fore femur 25.0, mid femur19.0, hind femur 23.0.

Holotype ♂ (BJFU), Ruyang Co., Guangdong Prov., 2001-VII, Huang Shaobin,

This new species is allied to *Ph. grossa* sp. nov., but differs from it by anal segment blunt shortly and apex of cerci clavatus.

Phraortes major **sp. nov.** (Fig. 46)

Female: Large sized, stick-like, apterous with dorsal longitudinal carina. Body fulvus. Head elliptical with longitudinal carina; eyes rounded and prominent, 2 brown spines between eyes; antennae filiform, longer than fore legs, 1st joint rectangular, apex thick, 2nd one cylindrical shortly, about 2.6 x as long as 2nd one, shallow 'V'-shaped transverse sulcus of pronotum placed near the middle; hind portion of mesothorax and two apices of metathorax dilated, both segments covered with dense granules, metathorax (with median segment) slightly shorter than mesothorax; median segment transverse. The base of fore femur curved, ventro-exterior carina with 2-3 teeth, 4-5 lamellae teeth on both ventro-exterior carinae of four posterior femora respectively, hind femur a little shorter than fore one, extending to hind part of 4th abdominal segment, 3rd-4th abdominal segments with granules densely, 8th-9th segments slightly wide; anal segment slightly longer than 9th one, its hind margin emarginated; supra-anal plate with dorsal longitudinal carina, extending beyond latero-posterior lobes of anal segment; operculum cymbiform, with dorsal and lateral longitudinal carinae, slightly surpassing apex of abdomen; cerci cylindrical, tip narrow and curved inward.

Male: Unknown.

Measurements (mm): Body 125.0, mesonotum 27.0, metanotum (with median segment) 22.0, median segment 3.2, fore femur 27.0, mid femur 22.0, hind femur 25.0.

Holotype ♀ (BJFU), Lechang Co., Guangdong Prov., 2000-VII-23, Huang Shaobin.

This new species is allied to *Ph. formosanus* Shiraki, but differs from the latter by larger size, latero-posterior horns of anal segment comparatively pointed, without distinct midian evevation of sternite VII and supra-anal plate exceeding latero-posterior horns obviously.

***Phraortes gibba* sp. nov.** (Fig. 47)

Female: Larger sized, stick-like, apterous, with fine dorsal longitudinal carina. Body yellowish brown with irregular white maculations. Head oval, front part wide and with sulci; eyes rounded and prominent, 2 black spines between eyes; antennae long and filiform, distinctly extending beyond fore femora, 1st joint rectangular, apex thick, 2nd one cylindrical. Pronotum rectangular, transverse sulcus placed the middle, meso- and metathorax with dense granules, apices of both segments rather wide; metathorax shorter than mesothorax (with median segment); median segment transverse, about 1/4.5 x length of metathorax. Base of fore femur curved, its ventro-exterior carina with 2-3 teeth, mid femur slightly shorter than hind one, 3-4 lamellae teeth on its ventro-exterior carina. Abdomen cylindrical, 2nd tergite granulated, 2 apical segments rather dilated and tectiform; anal segment longer than 8th one, its hind margin emarginated; supra-anal plate with longitudinal carina, slightly extending beyond latero-posterior horns; operculum cymbiform, nearly reaching to tip of abdomen, its base with distinct gibba; cerci cylindrical, somewhat curved inward, tip narrow and exceeding to end of abdomen.

Male: Unknown.

Measurements (mm): Body 98.0, mesonotum 21.0, metanotum (with median segment) 16.4, median segment 3.0, fore femur 21.0, mid femur 15.0, hind femur 18.0.

Holotype ♀ (BJFU), Lechang Co., Guangdong Prov., 2000-VII-23, Huang Shaobin, paratype 1 ♀ (IZAS), Lianxian Co., Guangdong Prov., 1965-VI-26, Zhang Youwei.

This new species is allied to *Ph. formosanus* Shiraki, but differs from the latter by basal area of operculum below with saccate elevation distinctly.

***Phraortes eurycerca* Chen et Xu, sp. nov.** (Fig. 51)

Male: Body median-size, with distinctly dorsal longitudinal carina. Body brown, both sides of meso-meta thoraces with yellow longitudinal lines. Head oblong, eyes round and prominent; center between eyes slightly elevated; antennae filiform, 1st joint column and longer than 2nd one. Pronotum saddle with the median transverse sulcus at the middle, along carinae of meso- and metanotum granules compactly and both sides very sparse; mesothorax distinctly longer than metathorax; median segment about as long as wide. Fore femora curved at base, the apex black, 1st tarsus being the longest; middle and hind femora apices black and both sides of ventro-interior carinae with 2 or 3 small teeth respectively, middle femur longer than metathorax (with median segment). Abdomen cylindrical, three apical segments expanded slightly, latero-posterior lobes of anal segment (10th segment) obtuse and a little dilated; subgenital plate cucullate with longitudinal carina, surpassing base of anal segment; cerci broad and flat, 1/3 of apex curved.

Female: Unknown.

Measurement(mm): Body 81.0, head 3.0, mesonotum 19.0, metanotum 14.0, median segment 2.5, fore femora 22.0, middle femora 16.0, hind femora 20.0.

Holotype: 1 ♂ (CAU), Nanyue Co., Hunan Prov., 1963-VI-21, Yang Chikun.

This new species is similar to *Ph. bilineatus* Chen et He, but can be distinguished by head oblong, cerci broad and flat.

***Phraortes fengkaiensis* Chen et Xu, sp. nov.** (Fig. 52)

Female: Large-sized, wingless, body brown with dorsal longitudinal carina, covered with granules and white spots irregularly. Head rounded, occiput a little raised; eyes reddish brown and round; two spines between eyes ; antennae filiform and long, 1st joint rectangular and flat, 2nd joint columniform and short. Pronotum rectangular with the median transverse sulcus at the middle, transverse sulcus beneath with '八' sulci. mesothorax cylindraceous with fine granules, its both apices a little dilated; metathorax much wider than mesothorax; median segment transverse. Front femora curvatus at base, 1st tarsus with small lobe; middle and hind legs strong, the ventral carinae of four posterior femora with 2 triangular lobes distally, each lobe with 3-4 teeth, tibiae ventro-interior side with a lobe basally. Abdomen elongate and cylindraceous, both apical sides of 7th abdomen segment dilated; 8th segment nearly as long as 9th and anal segments together; apex of 7th sternite with median elevation; apico-lateral lobes of anal segment pointed; supra-anal plate truncate, a little incised medially; operculum scaphiform; cerci short and vertical, the apex pointed slightly, exceeding supra-anal plate.

Male: Unknown.

Measurement(mm): Body 121.5, pronotum 5.0, mesonotum 28.0, metanotum 21.0 (with median segment 4.0), fore femora 24.0, mid femora 18.0, hind femora 20.0.

Holotype ♀ (ZSU), Fengkai Co., Heishiding, Guangdong Prov., 1986-VII-4, Tan Kunzhi.

The species similar to *Ph. grossa* sp. nov., but distinguishable by the apex of 7th sternite with conical median elevation.

***Phraortes gracilis* sp. nov.** (Fig. 55)

Male: Slender and apterous, with granules and dorsal longitudinal carina. Body dark yellow, head, both apices of mesothorax, hind apex of metathorax, all femora and tibiae (apices black) dark green, ventro-lateral margins of 8th-9th abdominal segments with 2 white markings respectively. Head elliptical with longitudinal sulci; eyes rounded and prominent; antennae filiform, exceeding fore legs, 1st joint rectangular, apex thick, 2nd cylindrical, shorter than 1st one. Pronotum rectangular, transverse sulcus placed the middle, mesothorax slender, metathorax broadened, ends of thorax dilated; median segment as long as wide, about 1/5 x as long as metathorax (with median segment). Base of fore femur curved, 2 teeth on ventro-exterior carina apically, mid femur slightly shorter than hind one, 4 lamellae teeth on ventro-exterior carina. Abdomen cylindrical, 3 apical segments dilated, anal segment short widely, a little longer than 2 preceding ones, split into two lobes; subgenital plate cucullated, with longitudinal carina and apex blunt, extending to base of anal segment; cerci cylindrical and decurved vertically, its apices pointed.

Female: Large sized. apices of four posterior femora, fore femora and two apical abdominal segments with white markings. Two spines absent between eyes. Three pairs of legs moderately long, 3 teeth on ventro-exterior carina of fore femur, 3-5 lamellae teeth on ventro-exterior carinae of four posterior femora respectively. Abdomen cylindrical, 8th-9th apical segments dilated, anal segment tectatiform, with longitudinal carina, its latero-posterior lobes blunt; operculum cymbiform, with longitudinal carina and apex obtuse shortly; supra-anal plate extending beyond base of anal segment; cerci conical, reaching to the tip of operculum.

Measurements(mm): Body ♀ 102.0, ♂ 86.0; mesonotum ♀ 20.0, ♂ 20.8; metanotum (with median segment) ♀ 17.0, ♂ 14.6; median segment ♀ 3.2, ♂ 2.5; fore femur ♀ 22.0, ♂ 24.0; mid femur ♀ 16.0, ♂ 18.0; hind femur ♀ 18.0, ♂ 20.5.

Holotype ♀, paratypes 2 ♂♂ 2 ♀♀ (BJFU), Mt. Huayingshan (130m), Sichuan Prov., 1993-VII-27, Hu Guangwei, 1 ♂ (BJFU), Jiangjin Co., Sichuan Prov., 1991-VII-27, Cheng Qiangqiu. This new species is allied to *Ph. curvicaudatus* Bi, but differs from it by apex of anal segment blunt broadly and near apex of cerci rather flat.

***Phraortes paracurvicaudatus* Chen et Xu, sp. nov.** (Fig. 56)

Male: slender and stick-like. Body brown, head, two apices of mesothorax and metathorax and legs green. Eyes round and convex, middle between eyes elevated slightly; antennae filiform, 1st and 2nd joints cylindrical, 1st one longer than 2nd one. Pronotum with the median transverse sulcus at the middle; meso- and metanotum with granules; mesothorax slender, apex along dorsal carina with a pair of white spots; metathorax wider; median segment almost squareness, about 1/6 of metathorax. Basal portions of front femora curved, apices black, its ventro-interior canina with 2 teeth, front tibiae without lobe, 1st tarsus longer than the remainder, apices of middle and hind femora dark, both ventral carinae with 2 dark teeth distally. Abdomen cylindrical, 1st, 2nd, 3rd, 4th and 5th segments as the same length each other; three apical segments a little expand, both apices with white spots; dorsal view of anal segment semiglobate, latero-posterior lobes blunt; subgenital plate cucullate, surpassing base of anal segment; cerci flat and broad, over 1/2 of apices incurvate, conical.

Female: Large-sized, yellowish brown with granules. Head ellipitical; eyes rounded, 2 dark spines between eyes; antennae filiform and long with white rings. Pronotum with the median transverse sulcus at the middle, mesothorax cylindrical, the apex nearly as wide as metathorax; median segment longer than wide. Front femora curved at base, ventro-interior carina with 3-4 teeth; 1st tarsus expanded and lobed, ventro-interior carinae of middle and hind femora each with 4 apical teeth, base ventro-interior carinae of tibiae with flat lobes. Abdomen cylindrical, apex of 7th abdominal segment dilated, 8th abdominal segment about as long as 9th and anal segment together; 7th sternite with tuberculate median elevation, apex with 2 acute lateral horns; hind margin of anal segment incised, lateral lobe pointed; supra-anal plate distinct, tip almost truncate; operculum scaphiform, with longitudinal carina, nearly as long as supra-anal plate; cerci trochiformis, slightly surpassing supra-anal plate or operculum.

Measurement(mm): Body ♀ 122.5, ♂ 88.5; mesonotum ♀ 24.0, ♂ 20.0; metanotum ♀ 20.0, ♂ 16.0; median segment ♀ 4.0, ♂ 2.5; fore femora ♀ 25.0, ♂ 24.0; mid femora ♀ 18.0, ♂ 19.0; hind femora ♀ 21.5, ♂ 22.0.

Holotype ♂, paratype 1 ♂ (BJFU), Mt. Fanjingshan, Guizhou Prov., 2002, Xu Fangling; 1 ♀ (IZAS), 1988-VII-14, Wang Shuyong.

This new species similar to *Ph. curvicaudatus* Bi, but distinguishable by latero-distal lobe of anal segment broad shortly and blunt, middle of cerci normal.

***Phraortes jiangxiensis* sp. nov.** (Fig. 57)

Male: Slender and stick-like, with dense granules and dorsal longitudinal carina. Body green, three apical segments orange, two basal joints of antenna pale, apical portions of all femora, two apices of all tibiae and tarsi black.. Head oval widely, with median longitudinal carina; eyes rounded and prominent, antennae filiform, much longer than fore legs, 1st joint rectangular, apex thicker, 2nd one cylindrical, much shorter than 1st one. Pronotum rectangular, transverse sulcus placed just before the middle, posterior portion of mesothorax and two apcies of metathorax dilated, mesothorax distinctly longer than metathorax (with median segment); median segment about 1/5.5 x as long as metathorax. Fore femur about same length as hind one, its base curved, 1-2 teeth on ventro-exterior carina, mid femur longer than metathorax, hind one extending to the base of 6th abdominal segment, both apico-ventral carinae 4 teeth respectively (among them two teeth larger). Abdomen cylindrical, 3 terminal segments dilated, bend upward; anal segment longer than preceding two ones, split into two lobes, its latero-posterior horns short, outer margin arcuatus; subgenital plate cucullated, with dorsal carina, extending to base of anal segment; cerci obviously curved at middle, apices rather flat widely.

Female: Unknown.

Measurements (mm): Body 91.0, pronotum 3.2, mesonotum 22.0, metanotum (with median segment) 17.0, median segment 2.6, fore femur 25.0, mid femur 20.0, hind femur 25.0.

Holotype ♂ (BJFU), Mt. Jiulian, Jiangxi Prov., 2005-VI-3, Chen Chao.

This new species is allied to *Ph. paracurvicaudatus* sp. nov., but differs from it by head and thorax green, apico-dorsal lobes of anal segment arcuatus and apex of cerci flat widely.

***Phraortes liannanensis* sp. nov.** (Fig. 59)

Female: Larger and stick-like, apterous with granules and dorsal longitudinal carina. Body dark yellow. Head elliptical, slightly narrow behind; eyes rounded and prominent; 2 spines between eyes; antennae filiform, 1st joint rectangular, apex thick, 2nd one cylindrical, about 1/2.5 x as long as 1st one. Pronotum rectangular, transverse sulcus placed in the middle, meso- and metathorax behind broadened, mesothorax nearly 5 x as long as prothorax; metathorax (with median segment) shorter than mesothorax; median segment transverse, about 1/4 x length of metathorax. Fore femur longer than mid or hind ones, 2 teeth on ventro-exterior carina, lamellate teeth of interior and exterior carinae of four posterior femora, lamellae on ventro-medium carinae of tibiae basally. Abdomen cylindrical, slightly longer than head and thorax together, the longest being 3rd to 5th terga, about equal in length to each other, 7th sternite with median elevation, three apical segments tectiform, 8th segment about as long as 9th and anal segment together; anal segment longer than 9th one, hind margin sinuous emarginated; supra-anal plate rounded widely, surpassing tip of anal segment; operculum cymbiform, with longitudinal and lateral carinae, apex rather blunt, extending to tip of abdomen; cerci cylindrical.

Male: Linear and longer. Head, basal 2 joints of antennae, pronotum, lateral sides of meso- and metathorax and sternites yellow, terga of meso- and metathorax green, apices of all femora and tibiae black. Three apical segments of abdomen dilated, the longest being anal segment, its base wide and apex narrow, bend inward, split into two lobes; subgenital plate cucullated, with longitudinal carina, apex arcuatus, extending to base of anal segment; cerci decurved.

Measurements (mm): Body ♀95.0, ♂75.0; mesonotum ♀21.0, ♂18.0; metanotum (with median segment) ♀16.0, ♂13.0; median segment ♀3.0, ♂2.2; fore femur ♀21.5, ♂22.0; mid femur ♀15.0, ♂15.5; hind femur ♀17.0, ♂19.0.

Holotype ♀ (ZSU), paratype 1 ♂ (ZSU), Liannan Co., Guangdong Prov., 1994-VII-12-16, Chen Zhenyao.

This new species is allied to *Ph. formosanus* Shiraki, but differs from the latter by supra-anal plate long and distinguishable anal segment.

Phraortes lianzhouensis **sp. nov.** (Fig. 60)

Female: Large-sized, stick-like and apterous, body covered with granules except three apical segments. Body dark yellow. Head elliptical, slightly narrow behind, two brown spines between eyes; antennae filiform, 1st joint rectangular, apex thick, 2nd one cylindrical, shorter than 1st one. Pronotum rectanglular, transverse sulcus placed in the middle, hind sides of mesothorax and apices of metathorax broadened; metathorax (with median segment) a little shorter than mesothorax; median segment transverse, nearly 1/5.5 x as long as metathorax, with a pair of lacunae before the middle. Fore femur longer than mid or hind one, 2-3 teeth on ventro-exterior carina, mid femur as long as metathorax (with median segment), with tringle lamellae on both ventral carinae, also lamellae ventro-medium carinae of four posterior tibiae. Abdomen cylindrical, slightly longer than head and thorax together, 3rd-5th segments about equal in length each other, 6th one slightly longer than 2nd one, 7th sternite with median elevation, 3 apical segments tectiform, 8th one nearly as long as 9th and anal segments together, anal segment as long as 9th one, its hind margin truncate obliquely; supra-anal plate small; operculum cymbiform, with median and lateral carinae, apex rounded widely, slightly extending beyond tip of abdomen.

Male: Medium-sized, granulated. Body dark yellow, apices of three pairs of femora dark. 1-2 teeth on ventro-exterior carina, 2-3 lamellate teeth blunt and flat on four posterior femora respectively. Last 3 abdominal segments broadened; anal segment tringle, apex rounded narrowly; subgenital plate cucullated, reaching to base of anal segment; cerci curved inward strongly.

Measurements(mm): Body ♀ 104.0, ♂ 80.0; mesonotum ♀ 22.5, ♂ 19.0; metanotum(with median segment) ♀ 18.4, ♂ 14.8; median segment ♀ 3.0, ♂ 2.4; fore femur ♀ 22.5, ♂ 22.0; mid femur ♀ 17.0, ♂ 17.5; hind femur ♀ 19.5, ♂ 20.0.

Holotype ♀ (ZSU), paratype 1 ♂ (ZSU), Lianxian Co., Guangdong Prov., 1995-VII-4, by Zhu Libin, Chen Zhenyao.

This new species is allied to *Ph. liannanensis* sp. nov. but differs from it by granules on body dense, teeth and lobes of the four posterior femora and anal segment shape different, and supra-anal plate rather smaller.

***Phraortes sphaeroidalis* sp. nov.** (Fig. 61)

Male: Larger, stick-like, apterous, with granules and drosal longitudinal carina. Head, prothorax, mesothorax and metathorax bright green, others brownish yellow, 8th-9th abdominal segments with white maculations. Head oval widely, with fine longitudinal sulci, oppicut with tuberculi; eyes rounded and prominent; antennae exceeding fore femora, 1st joint rectangular, apex thick, 2nd one cylindrical, nearly 1/2 x as long as 1st one. Pronotum rectangular, transverse sulcus placed in the middle, end of mesothorax and both apices of metathorax broadened; metathorax(with median segment) about 3/4 x as long as mesothorax.; median segment longer than wide. Base of fore femur(in part broken off) curved, mid femur shorter than hind one, 2-3 teeth on ventro-exterior carinae of four posterior femora respectively. Abdomen cylindrical, slightly shorter than head and thorax together, its ventral portion rather flat, three apical segments dilated, 9th segment short, anal segment slightly longer than 8th one, spherical in dorsal view, tip slender narrowly; subgenital plate cucullated, apex rather pointed, reaching to base of anal segment; cerci cylindrical and curved inward obviously, apex slender sharply.

Female: Unknown.

Measurements(mm): Body 82.0, mesonotum 20.0, metanotum(with median segment) 15.0, median segment 2.4, fore femu(broken), mid femur 19.0, hind femur 23.0.

Holotype ♂ (ZSU), Yuanyang Co., Yunnan Prov., 1986-VIII-2, Tao Hong.

This new species is allied to *Ph. gracilis* sp. nov. but its prominent anal segment shape is different from other species in the genus.

***Phraortes grossa* sp. nov.** (Fig. 62)

Female: Large-sized, robust and stick-like, apterous and covered with granules and dorsal longitudinal carina. Meso- and metathorax, two apical abdominal segments and the four posterior femora with irregular white markings. Head elliptical widely, rather elevated, with median longitudinal sulcus; eyes rounded and prominent; 2 spines between eyes; antennae long and filiform, longer than fore femora, 1st joint rectangular, apex thick, 2nd one cylindrical, shorter than 1st one. Pronotum rectangular and with sparse granules, a little shorter than head, transverse and longitudinal sulci of crossing-form type, transverse sulcus placed in the middle, mesothorax longer than metathorax(with median segment), slightly wider behind; median segment transverse, about 1/5.5 x length of metathorax. Fore femur slightly longer than mid one, 1st tarsus lamellate, 3 teeth on ventro-exterior carina, mid femur shorter than hind one, 4 teeth lamellae on ventro-exterior, lamellae on ventro-medium carinae of four posterior tibiae. Abdomen cylindrical, distinctly longer than head and thorax together, granules sparse gradually from 2nd abdominal segment, apex of 7th sternite with saccate elevation, three apical segments tectiform, 8th segment longer than 9th and anal segments together, anal segment slightly longer than 9th one, hind margin emarginate, its latero-posterior horns pointed; supra-anal plate rather wider, with longitudinal carina; operculum cymbiform with longitudinal carina, tip slightly pointed; cerci conical, apices rather curved, almost reaching to end of abdomen.

Male: Median-sized, wingless and body with dense granules. Head and apices of pronotum, meso- and meta thoraces and three legs green, the remainder reddish brown. Head long and elliptical; eyes reddish brown and convex, irregular protuberances between eyes;. antennae filiform and long, not surpassing end of body. Front femora near base curved, apices insides without teeth. Pronotum with the median transverse sulcus at the middle, beneath median transverse sulcus with '八' shaped marking, meso- and metathoraces slender, apices expand slightly; along dorsal carina with 2 white spots. Middle femora longer than metathorax (with median segment), ventro-exterior carinae of four posterior femora with 3 apical teeth respectively. Abdomen cylindrical, apex of each segment with a pair of white dots along dorsal carina, last 3 abdominal segments broadened, both sides of hind margin of 7th, 8th and 9th abdominal segments with irregular white dots, anal segment dehiscent, its latero-posterior lobes long, hind margin blunt; subgenital plate cucullated, just exceeding 8th abdominal segment; cerci long and cylindrical, 1/2 of cerci incurved, apices a little expand downward, and link face to face.

Measurements(mm): Body ♀140.0, ♂86.00 ~ 99.0; mesonotum ♀29.5, ♂25.0; metanotum (with median segment) ♀24.5, ♂18.5; median segment ♀4.5, ♂3.0; fore femur ♀29.0, ♂27.0; mid femur ♀22.5, ♂20.0; hind femur ♀25.5, ♂24.0.

Holotype ♀ (BJFU), paratypes 6 ♀♀, 9 ♂♂ (BJFU), Taishun Co., (800m), Zhejiang Prov., 2005-VII-29, Xu Jin. 1 ♀ (IZAS), Chongan(800m), Fujian Prov., 1961-VII-15, Zhang Youwei..

This new species is allied to *Ph. gracilis* sp. nov., but body large, median segment shorter and hind margin of 7th sternite with saccate process.

Phraortes miranda sp. nov. (Fig. 63)

Male: Median-sized, stick-like, wingless, body with dense granules (granulated densely from mesonotum to tergite of segment VII, apical 3 segments rather smooth) and dorsal longitudinal carina. Body yellowish brown, apical portions of femora, dorsal and ventral carinae of all legs femora and tibiae, flagellum of antennae black, last 3 segments of abdomen castaneus, both sides segments VIII-IX with ligther markings. Head oval widely, back a little slightly raised, with sparse granules and about 5 sulci; eyes rounded and convex, double impressions between eyes; antennae filiform, longer than apices of legs, 1st joint rectangular, apex thick, 2nd one cylindrical, much shorter than 1st one. Pronotum rectangular and with sparse granules, about as long as head, transverse and longitudinal sulci of crossing-form type, transverse sulcus placed in the middle, beneath median transverse sulcus with 2 short lateral sulci, hind end of mesothorax and both apices of meso-and metathoraces slightly dilated, mesothorax slightly longer than metathorax (with median segment); median segment transverse, nearly 1/3.5 length of metathorax. 3 pairs of legs long moderately, fore femora near base curved, ventral carina with 3-4 small black denticles of lamella apically, mid fumer shorter, hind femur shorter than fore one, ventral intero-exterior carinae of four posterior femora with 4-5 black apical teeth of lamellae respectively. Abdomen cylindrical, slightly longer than head and thorax together, segments III-VI longer, last 3 segments broadened, shorter and swollen; anal segment broad shortly, split into 2 lobes, elevated in lateral view, latero-posterior lobes short, apex slightly blunt; subgenital plate cucullated, just extending base of anal segment; cerci cylindrical, middle of cerci incurved, inner side near apices obviously expanded.

Female: Unknown.

Measurements (mm): Body 55.0, pronotum 2.8, mesonotum 13.0, metanotum (with median segment) 9.0, median segment 2.0, fore femu 16.5, mid femur 11.5, hind femur 15.0, abdomen 30.0.

Holotype ♂ (IZAS), Longsheng Co., Guangxi Zhuang Aut. Reg., 2006-VIII-8, Lin Meiying.

This new species is allied to *Ph. gracilis* sp. nov. but its prominent cerci shape is different from other species in the genus.

Gen. *Lonchodes*: Key to the species (Male)

1. Dorsal carina of thorax distinct ······ 2
   Dorsal carina of thorax indistinct ······ 4
2. Thorax smooth; cerci slightly bend ······ ***L. illepidus* Brunner**
   Thorax more or less with granules; cerci obviously bend ······ 3
3. Head nearly quadrate; apico-lateral of anal segment obtuse ······ ***L. stomphax* Westwood**
   Head elongate; apico-lateral of anal segment trigonal and pointed ······ ***L. confucius* Westwood**
4. Thorax more or less orange coloured; cerci angled bend ······ ***L. bicolor* Brunner**
   Thorax orange coloured laterally; cerci arcuatus bend ······ ***L. chinensis* Brunner**

Gen. *Neohirasea*: Key to the species (Female)

1. Each segment of abdomen with spined-shaped elevations ······ ***N. hongkongensis* Brock et Seow-Choen**

Key to the species (Male)

1. A pair of spines on hind part of metanotum ······ ***N. guangdongensis* sp. nov.**
   A pair of spines on the middle of metanotum ······ ***N. hongkongensis* Brock et Seow-Choen**

***Neohirasea guangdongensis* sp. nov.** (Fig. 70)

Male: Medium size, stick-like, apterus. Brown in colour. Meso- and metathorax a little wide, last 3 abdominal segments dilated. Head longer than wide and smooth; eyes small; basal joint of antennae long and wide, 2nd joint rather short, cylindraceus. Prothorax longer than head, granulated sparsely, its front margin with 2 spines, mesothorax about 4 x length of prothorax, its front and mid parts with 2 spines respectively, front of mid spines with 2 spines apart from, pleura with 2 spines, notum near hind margin with 2 spines, its pleura with thick spine. Legs long moderately, without any teeth or lobes, front femur slightly longer than mid one, fore and mid femora ventral carinae with small spines distally. Abdomen lack spines, three terminal segments tectate and dilated, hind margin of anal segment emarginated slightly; subgenital plate cucullated, extending to base of anal segment, its hind margin truncated; cerci cryptic.

Female: Unknown.

Measurements(mm): Body 43.0, pronotum 3.0, mesonotum 11.0, metanotum (with median segment) 6.0, median segment 2.6, fore femur 13.0, mid femur 11.0, hind femur (broken off).

Holotype ♂ (ZSU), Fengkai Co., Guangdong Prov., 1984-X-8, Zhu Feng.

This new species is allied to *N. hongkongensis* Brock et Seow-Choen, but differs from it by hind margin of mesonotum lack spines, the front near median spines with a pair of spines.

Neopromachini

Gen. *Menexenus*

Menexenus Stål, 1875

M. rotuginus: Body length female 69mm, male 58mm. Body rugged and granulated, a pair of spines between eyes, spined with granules posteriorly in female, rather smooth of male, antennae long and filiform, with yellowish rings, most joints yellowish brown, apices light brown. Pronotum of female with thick granules, rather smooth in male; mesonotum of female compressed and carinatus, covered with sparse granules and rugae, hind margin with paired small tubercles; median segment shorter than 1/2 of mesonotum, sides spined, spines of male conical. Fore femora of female irregularly extended, indistinct in male, middle femora of female longer than metanotum with median segment together, dorso-lateral sides with 4 rounded lobed teeth, 2 distal lobes triangular ventrally, all tibiae extended and lobiform, middle femora of male with 4 small teeth dorsally, both sides with triangular teeth ventrally. Abdomen of female flat, with many rugae and thick granules, hind margins of 1st-5th segments spined, anterior margins of 6th-8th segments with blunt median tubercles, apex of anal segment deeply cleft; cerci of both sexes short, dilated and flat, apices truncate; operculum wide and cymbiform, tip truncate; subgenital plate cucullatus, apex rounded with carina.

Distribution: Xizang.

Key to the genera of Necrosciinae in China

1. Bases of fore femora straight ······ 2
   Bases of fore femora curved ······ 3
2. Fore and hind wings present; head smooth ······ ***Calvisia***
   Hind wings only and squamiform; head with spines ······ ***Acanthophasma***
3. Fore wings absent or small, leaf-like; hind wings absent or shortened ······ 4
   Fore wings distinct, rarely spined; hind wings more or less present ······ 17
4. Femora lamellae or spined ······ ***Spiniphasma***
   Femora without lamellae or spines ······ 5

5. Mesonotum near the middle with multispinous tuberculi ··· ***Paracentema***
Mesonotum near the middle without multispinous tuberculi ··· 6
6. Anal segment of female truncate, apex with teeth or lobes; mesonotum of male often spined ··· 7
Anal segment of female without teeth or lobes; mesonotum of both sexes smooth or granulated ··· 10
7. Metanotum fused with median segment ··· ***Pseudocentema***
Metanotum separated from median segment ··· 8
8. Hind wings absent ··· ***Paramenexenus***
Hind wings squamiform ··· 9
9. Head and abdomen without spines ··· ***Oxyartes***
Head and abdomen with spines ··· ***Qiongphasma***
10. Head behind rather elevated ··· 11
Head rather flat ··· 13
11. Head behind slightly elevated; hind wings squamiform ··· ***Dianphasma***
Head rather flat; hind wings absent ··· 12
12. Head with two conical processes; body with granules ··· ***Magalophasma***
Head without conical processes; body with granules and spines ··· ***Neososibia***
13. Ventro-median carinae of mid and hind femora with 1-2 teeth ··· 14
Ventro-median carinae of mid and hind femora without teeth ··· 15
14. Metanotum separated from median segment ··· ***Paramyronides***
Metanotum fused with median segment ··· ***Arthminotus***
15. Head long and flat; apices of mid and hind femora without teeth ··· ***Parasipyloidea***
Head short, slightly elevated; apices or outer sides of mid and hind femora with teeth ··· 16
16. Hind wings squamiform; metathorax longer than 2 x length of median segment ··· ***Paraprosceles***
Hind wings absent; metathorax shorter than 2 x length of median segment ··· ***Prosceles***
17. Tip of operculum emarginated or truncate ··· 18
Tip of operculum pointed or rounded ··· 23
18. Ocelli usually absent; tip of operculum slender and partly formed like a tube ··· ***Necroscia***
Tip of operculum pointed or rounded, not formed like a tube ··· 19
19. Ocelli usually present ··· ***Aruanoidea***
Ocelli usually absent ··· 20
20. Back of head flattened ··· 21
Back of head elevated or conical ··· 22
21. Thorax with granules ··· ***Asceles***
Thorax smooth ··· ***Trachythorax***
22. Mesonotum smooth, front narrowed, two blunt tubercles in the middle ··· ***Trachythorax***
Mesonotum longer, front normal; without two tubercles in the middle ··· ***Marmessoidea***
23. Head long and flattened; hind wings long ··· ***Sipyloidea***
Head rounded or conical ··· 24
24. Fore legs short; ovipositor invisible ··· 25
Fore legs normal; ovipositor visible ··· 26
25. Ocelli absent ··· ***Sosibia***
Ocelli present ··· ***Hemisosibia***
26. Back of head of female distinctly convex; latero-posterior horns of male anal segment pointed; cerci curved up-

ward ·· *Parasinophasma*

Back of head of female normal; latero-posterior horns of male anal segment blunt; cerci not curved upward ··· ·· 27

27. Anal segment of male elongate and curved; cerci variable ······································ *Sinophasma*

Anal segment of male shorter; cerci cylindrical and slightly incurvate ······································ *Micadina*

Gen. *Paracentema*

Paracentema Redtenbacher,1908

P. stephanus(Fig. 72;Pl. 2-2): Body length 60-70mm. Head rather flat, occiput with 6 tubercles, 2 spines absent between eyes. Pronotum with 2 spines anteriorly,2 turberculi in middle,mesonotum with carinae,granules or turberculi,fore and hind margins each 2 pairs of spines respectively,both sides of central part with variable number of larger and smaller spines,multispinous turbercles near the middle, metanotum carinatus and granulatus,2 pairs of spines in the middle. Tegmina and hind wings absent. Coxae of fore legs near pleura with spines,base of fore femora curved,without teeth. Abdomen with granules and tubercles,anterior and posterior parts with spine-like and squmiform tubercles respectively,hind margin of anal segment with blunt teeth; operculum cymbiform and apex pointed; cerci hidden beneath anal segment. Male smaller than female,body length 44-55mm. Last several segments with short ridges and granules, hind margins of terga with larger squamiform elevations,both sides of anal segment with 2 round teeth distally,2 small blunt teeth in the middle;cerci flat;subgenital plate long and apex rather pointed, surpassing hind part of 8th abdominal segment.

Distribution: Guangxi,Guangdong,Zhejiang,Hunan,Hong Kong; Vietnan.

Gen. *Pseudocentema*

Pseudocentema Chen et He,2002

P. bispinatum(Fig. 73) : Medium-sized and wingless. Body asperous mixed with granules, short spines and rugae. Head long and flat; antennae filiform and much longer than fore femora. Pronotum with several pairs of short spines and granules;front margin of mesonotum with 2 acanthoid tuberculi; median segment fused with metathorax. Base of fore femora curved, ventral carinae of mid and hind femora with a few small denticles distally. Many terga of abdomen covered with squamiform processes, apex of anal segment arcuatus incised; operculum flattened and cymbiform;. cerci depressed and broadened

Male: Unknown.

Distribution: Hainan.

Gen. *Dianphasma*

Dianphasma Chen et He,1997

D. microptera(Fig. 74) : Median size, cylindrical, moderately flat and narrowed behind, covered with fine hairs. Head, thorax and lst-3rd abdominal segments granulated densely. Head rather long, occiput swollen and granulated,without a pair of conical spines between eyes; antennae filiform,much longer than fore femora, dorsum of thorax and abdomen with longitudinal and lateral carinae, antero-lateral margins of pronotum distinctly concave; metanotum just the same as the median segment in length. Fore wings absent, hind wings short and squamiform,reaching the anterior margin of the median segment. Legs rather short, covered with fine hairs, without any teeth or lamellae, the base of fore femur curved inward. Posterior margins of the lst-8th abdominal terga with a central elevation respectively; anterior portion of 4th and 5th abdominal terga with a pair of tuberculi respectively, espicially the former more distinct; anal segment rather long, tip not pointed; operculum scoop-like, compressed, apex narrow and blunt, nearly extending to the middle of the anal segment; cerci straight, stout and short, slightly exceeding the apex of the anal segment.

Male: Unknown.

Distribution: Yunnan.

Gen. *Aruanoidea*: Key to the species

1. Tegmina with black maculations; hind wings translucid ············ ***A. inflexipes*** **Stoll**
   Tegmina without black maculations, hind wings infumated ············ 2
2. Ocelli distinct; latero-posterior horns of 9th segment extended backward like cerci ··· ***A. pseudocerca*** **sp. nov.**
   Ocelli lacking or obsoletus ············ 3
3. Mesonotum without distinct granules; apex of anal segment with 2 teeth ············ ***A. bidentata*** **sp. nov.**
   Mesonotum with distinct granules; apex of anal segment without teeth ············ 4
4. Mesonotum almost smooth ············ ***A. microptera*** **Redtenbacher**
   Mesonotum with distinct granules ············ ***A. mista*** **sp. nov.**

Aruanoidea mista **sp. nov.** (Fig. 75)

Male: Medium sized. Body green, prothorax light green, anterior half of mesothorax black, posterior half of metathorax, apices of mid femora and tibiae brown, antennae with many brown rings. Head elliptical widely, somewhat flattened above, with longitudinal sulci, both sides along sulcus with a row of sparse granules; eyes rounded and prominent; antennae longer than fore legs, 1st joint rectangular, apex thick, 2nd one cylindrical, rather short. Pronotum rectangular, transverse and longitudinal sulci crossing in the middle, a line consists of about 4 granules along dorsal longitudinal carina side respectively; mesonotum slightly shorter than metanotum (with median segment), both sides of longitudinal carina covered with a series 3-4 spines and 4-5 granules respectively, pleura of meso- and metanotum and sterna with small granules. Tegmina squamiform, elevated portion placed just before the middle, hindwings extending to middle of 7th abdominal segment, anal area infumatus. Three pair of legs long moderately and slender, mid femora short, fore femora slightly longer than hind ones. three apical segments tectiform, 8th segment as long as 9th one, fomer a little longer than anal segment; anal segment with dorsal longitudinal carina, hind margin somewhat concave; subgenital plate cucullatus, reaching to base of anal segment; cerci cylindrical, apex depressed and broad, exposed and visible.

Measurements (mm): Body 45.0, pronotum 2.4, mesonotum 6.6, metanotum (with median segment) 7.0, fore femur 14.5, mid femur 9.0, hind femur 13.0.

Female: Unknown.

Holotype ♂ (ZSU), Fengkai Co., Guangdong Prov., 1985-IX-10, De An.

This new species is allied to *A. falcata* Redtenbacher, but differs from it by shape of tegmen, anterior and posterior half of mesonotum covered with spines and granules respectively.

Aruanoidea pseudocerca **sp. nov.** (Fig. 76)

Male: Medium sized. Thin and slender. Body brown. Head wider and elliptical, flattened above, with longitudinal carina; eyes rounded and convex, with brown stripes, 3 ocelli distinct, its hind margin with '人'-shaped emargination; antennae long, apices of many joints with light rings, 1st joint depressed and long, apex thick, 2nd one cylindrical, a little short. Pronotum smooth and trapezoidal, transverse and longitudinal carinae crossing in the middle, transverse sulcus placed anterior half, also with short lateral sulci; mesonotum with a longitudinal and two lateral carinae, sparse granules forming line, middle and posterior portion of sternite with sparse granules, base of metapleuron with fulvescent marking. Tegmina squamiform, elevated portion placed posterior of middle, hindwings reaching the tip of 5th abdominal segment, anal area infumatus. Abdomen thin and rather long, three apical segments tectiform and dilated, 8th segment slightly longer than 9th one; anal segment rectangular, about as long as 8th one, its hind margin emarginate medially and dentatus, latero-posterior horns of 9th tergite slender, rursus exserted as cerci; subgenital plate cucullatus, extending to the base of anal segment; cerci cylindrical, slightly curved inward, apex narrowed.

Female: Unknown.

Measurements (mm): Body 55.0, pronotum 2.2, mesonotum 9.0, metanotum (with median segment) 6.6, fore femur 13.0, mid femur 10.0, hind femur 15.0.

Holotye ♂ (BJFU), paratypes 1 ♂ (BJFU), Mt. Jianfenling, Hainan Prov., 1981-VII-1-24, Gu Maobin, 1 ♂ (BJFU), Shixing Co., Chebaling, Guangdong Prov., 1990-IX-26, collector unknown.

This new species is allied to *A. microptera* Redtenbacher, but differs from the latter by tegmina brown, metapleura without white macula, latero-posterior lobes of tergite IX pointed and cercus-like extending backward.

Aruanoidea bidentata **sp. nov.** (Fig. 77)

Male: Medium sized. Stick-like and pterygote. The middle portion of antennae with 3-4 light rings, anterior margins of tegmina and hindwings yellow. Head wide and short, somewhat flattened above, eyes rounded and convex; antennae brown, longer than fore legs, 1st joint longer than 2nd one. Pronotum slightly rectangular and smooth, transverse and longitudinal sulci crossing in the middle, transverse sulcus placed anterior half; mesonotum with longitudinal median carina and sparse granules irregularly. Tegmina oval, elevated portions blunt, hind margin truncate obliquely, hindwings extending to 6th abdominal segment, fore margin near base yellow, coriaceus portion castaneus, anal area infumatus. Three pair of legs without spines or teeth, fore femora a littlle longer than hind ones. Abdomen cylindrical, ventral side rather flat, 8th segment a little dilated, anal segment slightly prominent, a little shorter than 9th segment, hind margin emarginate medially, each side with a tooth; supra-anal plate small, about extending to apex of anal segment; subgenital plate cucullatus, the middle with furrow, apex narrowed and blunt, extending to base of anal segment; cerci cylindrical, curved inward, exposed and visible.

Female: Larger than male. Posterior margin of anal segment truncate; supra-anal plate triangulate and exposed; operculum cymbiform, apex concave, about reaching to the tip of abdomen; cerci cylindrical, apex sharp, conspicuously surpassing abdominal apex.

Measurements (mm): Body ♀ 77.0, ♂ 65.0; mesonotum ♀ 14.0, ♂ 12.0; metanotum (with median segment) ♀ 10.0, ♂ 8.0; fore femur ♀ 20.5, ♂ 21.5; mid femur ♀ 14.0, ♂ 15.0; hind femur ♀ 19.5, ♂ 20.0.

Holotype ♂ (IZAS), Xishuangbanna (620-650m), Yunnan Prov., 1959-VI-10, Zhang Facai; paratypes 1 ♀ (IZAS), 1959-VII-8, Pu Fuji, locality same as holotype, 1 ♂ (IZAS), Mt. Jianfenling, Hainan Prov., 1982-XI-8, Liang Chengfeng.

This new species is allied to *A. planicercata* Redtenbacher, but differs from the latter by body rather larger, elevation of tegmen obtuse, cerci cylindrical and curved inwardly.

Gen. *Necroscia*: Key to the species

1. Ocelli distinct ········ ***N. flavescens*** **(Chen et He)**
   Ocelli absent or obsoletus ········ 2
2. Tegmina short widely; latero-distal lobes of anal segment thin and narrow ······ ***N. maculata*** **(Chen et Wang)**
   Tegmina long narrowly; latero-distal lobes of anal segment blunt ········ ***N. ovata*** **sp. nov.**

Necroscia ovata **sp. nov.** (Fig. 78)

Male: Medium sized. Stick-like and pterygote, thorax covered with sparse granules. Body brown, eyes behind, anterior margins of tegmina and hindwings with yellowish stripes, legs and wings mixed with maculations. Head elliptical and rather wider, flattened above, without distinct granules, also with longitudinal sulcus; occiput with small tuberculi; eyes rounded and prominent; antennae longer than fore legs, 1st joint rectangular, apex thick, 2nd cylindrical, shorter than 1st one. Pronotum rectangular, covered with very sparse granules, transverse sulcus placed before of middle, longitudinal carina of mesonotum elevated, with irregular granules which forming line near lateral side, also granulated on meso- and metapleura and sterna. Tegmina rather long, reaching to posterior part of middle of metathorax, elevated portion rather blunt, located at 1/3 of the base, hindwings extending to the middle of 6th abdominal segment, anal area infumatus, with irregular light markings. All femora without spines and teeth, base of fore femur curved, hind femur conspicuously longer than fore one, mid femur rather short. Abdomen obviously longer than head and thorax together, 8th-9th terminal segments dilated; anal segment narrower than preceding two segments distinctly, with dorsal longitudinal carina, its hind margin emarginate slightly; subgenital plate rather depressed, hind margin a little blunt, reaching to tip of 9th segment; cerci cylindrical, the middle slightly curved, extending beyond anal segment.

Female: Unknown.

Measurements (mm): Body 63.0, pronotum 4.0, mesonotum 11.0, metanotum (with median segment) 7.0, fore femur 18.5, mid femur 14.0, hind femur 21.0.

Holotype ♂ (ZSU), Shenzhen C., Guangdong Prov., paratypes 2 ♂♂ (ZSU), Longmen Co., Guangdong Prov., 1987-VI-9-14, Chen Yongjun; Liannan Co, Guangdong Prov., 1994-VII-16, Chen

Zhenyao.

This new species is allied to *N. maculata*(Chen et He), but differs from the latter by having longer tegmina and latero-distal lobes of anal segment normal.

Gen. *Asceles*: Key to the species(Female)

1. Medium-sized, about 65mm; mesothorax with granules; apex of mid femur not lobed .... ***A. clavatus* Chen et He**

   Larger, about over 80mm; mesothorax with spines; apex of mid femur lobed 2

2. Mesonotum with series of long spines orderly; latero-posterior horns of anal segment narrow .... ***A. longicauda*(Bi)**

   Mesonotum with irregular short spines; latero-posterior horns of anal segment lobed .... ***A. dilatatus* Chen et He**

Gen. *Asceles*: Key to the species(Male)

1. Anal segment long and decurved like duckbilled 2

   Anal segment normal, mesothorax blue; hind wings extending to 4th abdominal segment. .... ***A. caesius* Chen et He**

2. Mesonotum near longitudinal carina spined; anal segment about 3 x length of 9th segment .... ***A. longicauda* (Bi)**

   Mesonotum near longitudinal carina granulatus; anal segment about 4 x length of 9th segment .... ***A. quadriguttatus* Chen et He**

Gen. *Calvisia*

Calvisia Stål,1875

C. medogensis(Fig. 86): Attractive and beautiful species. Body, legs, tegmina and anal area of hind wings viridis anteriorly, margin of hind wing with 9 white triangular maculae, tegmen with a yellowish marking obviously, apices of femora and base of tibiae of 3 pairs of legs light yellow, abdomen of some male red, and tinged with brown ring bands. Male body length 53-55mm. Head globate and smooth; eyes oval and prominent; antennae long and filiform, reaching tip of abdomen. Pronotum shorter, its hind margin arched, slightly longer than wide, with transverse sulcus placed in front of middle; middle of mesonotum with 2 blunt conical spines; metathorax longer. All legs covered with fine hairs densely and without any teeth, fore femora longer than middle ones, its base rather straight, quadratus in transverse section. Tegmina short, not reaching middle of metathorax, hind wings longer, extending to 8th abdominal segment, anal area extending. Abdomen cylindrical, last 3 segments slightly dilated; anal segment short, nearly trapezoid, hind margin arcuatus, ventral side with a series of small black denticles; subgenital plate cucullatus, tip with 3 processes; cerci cylindrical, curved inward, apex pointed and hairy. Female larger than male, back of head a little elevated and smooth; eyes same as male; antennae longer and exceeding length of fore femora. Tegmina short and hind wings slightly surpassing tip of abdomen. Thorax and legs' characteristics same as male. Abdomen cylindrical, last several segments slender, anal segment shorter, slightly longer than 8th segment; operculum cymbiform, not reaching middle of anal segment; cerci cylindrical, apex extending upward, surpassing length of anal segment distinctly.

Distribution: Xizang.

Gen. *Micadina*: Key to the species (Male)

1. Anal segment distinctly longer than 8th segment; base of cerci straight, apex slightly curved inward ············ 6
   Anal segment not longer than or obviously shorter than 8th segment; base of cerci straight or curved ············ 2
2. Anal segment distinctly shorter than 8th segment; cerci much exceeding tip of anal segment ······················ 4
   Anal segment about as long as 8th segment ·· 3
3. Apex of anal segment emarginated distinctly; cerci curved inward ················ ***M. zhejiangensis* Chen et He**
   Apex of anal segment emarginated slightly; cerci straight ······························ ***M. phluctaenoides* Rehn**
4. Cerci slightly curved with rounded apex, hind half of anal segment flat narrowly and apex truncate ············ 5
   Cerci strongly curved inward, apex with a denticle; apex of anal segment arcuatus ········· ***M. sonani* Shiraki**
5. Lateral margin of 9th tergite distinctly arcuatus, the middle convex ····················· ***M. fujianensis* Liu et Cai**
   Lateral margin of 9th tergite slightly arcuatus, hind half slightly convex ·············· ***M. yingdeensis* Chen et He**
6. Cerci rather short, reaching to tip of anal segment; hind half of anal segment curved beneath obviously ······ 7
   Cerci longer, distinctly exceeding to tip of anal segment; hind half of anal segment beneath obliquely ········· ·· ***M. bilobata* Liu et Cai**
7. Hind half of anal segment nearly curved beneath and roll inward ·························· ***M. involuta* Günther**
   Hind half of anal segment completely curved beneath; lateral side of 9th tergite straight ························· ·· ***M. difficilis* Günther**

Gen. *Micadina*: Key to the species (Female)

1. Sternite of 7th abdominal segment with furcate process posteriorly ······················ ***M. conifera* Chen et He**
   Sternite of 7th abdominal segment without such process ·· 2
2. Cerci short, reaching to tip of anal segment ·· ***M. phluctaenoides* Rehn**
   Cerci long and distinctly exceeding tip of anal segment ··· 3
3. Hind margin of anal segment truncate, the middle indistinctly emarginate ······································ 4
   Hind margin of anal segment arcuatus, the middle distinctly emarginate ······································ 7
4. Operculum not reaching to middle of 9th tergite, apex rounded widely; supra-anal plate exceeding tip of anal segment ·· ***M. yingdeensis* Chen et He**
   Operculum reaching beyond to middle of 9th tergite ·· 5
5. Hind wings reaching to hind margin of 4th tergite; supra-anal plate extending beyond tip of anal segment ······ ·· ***M. sonani* Shiraki**
   Hind wings reaching to the middle of 6th tergite; supra-anal plate and tip of anal segment nearly equal in length ·· 6
6. Operculum tectated, extending to hind margin of 9th tergite ····················· ***M. zhejiangensis* Chen et He**
   Operculum not tectate, slightly extending to the middle of 9th tergite, apex rounded narrowly ················· ·· ***M. fujianensis* Liu et Cai**
7. Operculum a little exceeding hind margin of 8th tergite, ovipositor short and apex broad, extending to fore half of 9th tergite ·· ***M. brevioperculina* Bi**
   Operculum extending to middle or hind parts of 9th tergite, ovipositor long and apex pointed, extending to middle of anal segment ·· 8
8. Hind wings reaching to hind margin of 4th tergite; operculum extending to middle of 9th tergite ················· ·· ***M. brachyptera* Liu et Cai**
   Hind wings reaching to 5th or 6th tergite; operculum extending to tip of 9th tergite ···························· 9
9. Pronotum with transverse sulcus before 1/3 of fore half; tip of operculum pointed; lateral sides of anal segment lobed ·· ***M. bilobata* Liu et Cai**

Pronotum with transverse sulcus behind 1/3 of fore half; tip of operculum broad ; lateral sides of anal segment triangular ······ ***M. yasumatsu* Shiraki**

Gen. *Sinophasma*: Key to the species (Female)

1. Both sides of 8th abdominal segment extended, with lobed horns posteriorly ······ 2
   Both sides of 8th abdominal segment not extended, without lobed horns posteriorly ······ 4
2. Apex of 7th sternite with furcate lobed processes ······ ***S. unispinosum* Chen et Chen**
   7th sternite normal ······ 3
3. Cerci cylindrical ······ ***S. brevipenne* Günther**
   Cerci non-cylindrical, its apical half narrow strongly ······ ***S. hönei* Günther**
4. Cerci cylindrical ······ 6
   Cerci non-cylindrical ······ 5
5. Cerci conical, apex poined; 7th sternite normal ······ ***S. mirabile* Günther**
   Cerci extended, gradually pointed towards apex; 7th sternite extending backward to the middle of 8th one; ovipositor not reaching to hind margin of 9th abdominal segment ······ ***S. pseudomirabile* Chen et Chen**
6. Operculum reaching to fore margin of 9th abdominal segment, ovipositor extending hind margin of 9th segment ······ 7
   Operculum reaching to the middle of 9th abdominal segment, ovipositor extending to the middle or hind part of 9th segment ······ 10
7. Hind wings light yellow ······ 8
   Hind wings rose ······ 9
8. Head distinctly longer than wide; mesonotum without broad band; ovipositor convex ······ ***S. furcatum* Chen et He**
   Head rounded, about as long as wide; mesonotum with brownish band; ovipositor rhormboid ······ ***S. maculicruralis* Chen.**
9. Mesothorax with brown stripes; hind margin of anal segment concave shallowly ······ ***S. atratum* Chen et He**
   Mesothorax without brown stripes; hind margin of anal segment concave deeply ······ ***S. rosarum* sp. nov.**
10. Body stout and short; both sides of prothorax with black maculation ······ ***S. largum* Chen et Chen**
    Body thin and long; both sides of prothorax without black maculation ······ ***S. klapperichi* Günther**

Gen. *Sinophasma* :Key to the species (Male)

1. Cerci cylindrical ······ 5
   Cerci non-cylindrical; 9th abdominal segment and anal segment vertical each other, its lateral margin not extending towards to the ventral or outer sides ······ 2
2. 9th segment about 1.5 x length of 8th segment; anal segment above without conical process ······ 3
   9th segment about 2 x length of 8th segment, both segments equal in length; anal segment above with conical process medially; cerci coniferus, exserted forward ······ ***S. mirabile* Günther**
3. Apex of cerci wider ······ ***S. obvium* (Chen et He)**
   Apex of cerci pointed ······ 4
4. Middle of anal segment emarginate, both sides convex; cerci coniform and vertical beneath; subgenital plate without obviously horn-shaped process ······ ***S. hainanense* Liu**
   Middle of anal segment shallowly concave, apex with conical process; cerci '八'-shaped, apex gradually pointed; subgenital plate with 3 horn-shaped processes ······ ***S. pseudomirabile* Chen et Chen**
5. Tergite of anal segment with 1 or 3 thorns ······ 6
   Tergite of anal segment without thorns ······ 7

6. Tergite of anal segment with 1 thorn; 9th tergite convex ·························· ***S. unispinosum*** **Chen et Chen**

Tergite of anal segment with 3 thorns; 9th tergite curved at striaght angle ······ ***S. trispinosum*** **Chen et Chen**

7. 9th segment helmet-shaped in dorsal view; among 3 apical segments with 9th segment largest ················ 8

9th segment not helmet-shaped in dorsal view; among 3 apical segments with 9th segment longest ··········· 11

8. 9th segment with anal segment parallel, former bigger than latter ··· 9

9th segment with anal segment vertical each other, both segments about equal in length ····················· 10

9. Femora and fore portions of hind wings without maculation; lateral margins of 9th segment extended beneath; anal segment long narrowly, latero-distal labes blunt ··· ***S. hönei*** **Günther**

Femora and fore portions of hind wings with maculation; lateral margins of 9th segment normal ; anal segment long narrowly, latero-distal labes pointed ··· ***S. striatum*** **Chen et He**

10. Anal segment rather broad, apex not furcate, distal lobes slightly elevated ··········· ***S. brevipenne*** **Günther**

Anal segment rather long, apex furcate, distal lobes distinctly elevated ························ ***S. angulata*** **Liu**

11. Three apical segments being apex of 8th segment widest; apex narrower ································· 12

Three apical segments being apex of 9th segment widest or 8th segment nearly as broad as 9th one; apex normal ·· 14

12. 9th segment with anal segment nearly vertical ; both sides non-membranous; subgenital plate convex ······ 13

9th segment with anal segment at obtuse angle; both sides membranous; subgenital plate medially "T"-shaped ·· ***S. curvatum*** **Chen et He**

13. Apex of anal segment cleft shallowly, not reaching to the middle; subgenital plate reaching to apex of anal segment ·· ***S. klapperichi*** **Günther**

Apex of anal segment cleft deeply, exceeding to the middle; subgenital plate surpassing apex of anal segment ·· ***S. latisectum*** **Chen et Chen**

14. 9th segment with anal segment at straight angle, its lateral margins arcuatus ······························ 15

9th segment with anal segment at obtuse angle ·· 17

15. Anal segment nearly recangular, hind margin about truncate ·· 18

Anal segment short widely, nearly at straight angle downward, 2 lateral lobes 八-shaped ··················· 16

16. Latero-posterior horns of anal segment flat widely ····································· ***S. furcatum*** **Chen et He**

Latero-posterior horns of anal segment slender and long ································ ***S. jinxiuense*** **sp. nov.**

17. Subgenital plate with 2 asymmetrical processes ·· 19

Subgenital plate without processes ·· ***S. truncata*** **(Shiraki)**

18. Process of subgenital plate horn-shaped distally ·· ***S. largum*** **Chen et Chen**

Process of subgenital plate valvular distally ·· ***S. atratum*** **Chen et He**

19. Ventral sides of 9th segment extended downward; anal segment short widely; subgenital plate broad ··········· ··· ***S. maculicruralis*** **Chen et He**

Ventral sides of 9th segment normal; anal segment elongated; apex of subgenital plate clavate ··············· 20

20. Apex of anal segment pointed; subgenital plate not reaching to tip of abdomen ································· ·· ***S. biacuminatum*** **Chen et He**

Apex of anal segment tongue-like ; subgenital plate exceeding to tip of abdomen ··· ***S. rugicollis*** **Chen et He**

Sinophasma jinxiuense **sp. nov.** (Fig. 98)

Male: Medium sized. Slender, stick-like and pterygote. Head, wings and legs (apices of of fore and mid femora black) brown. Head rounded, slightly convex above, with fine longitudinal sulci;

eyes rounded and prominent; antennae long and filiform, 3rd joint longer than 1st one, flagellum with light rings. Pronotum a little shorter than head, with obscure granules, transverse and longitudinal sulci crossing in the middle, transverse sulcus placed 1/3 of anterior half; mesonotum with longitudinal carina and irregular granules densely. Tegmina squamiform, the elevated portion rather blunt, its margin with yellowish stripe, hindwings extending to base of 5th abdominal segment, anal area pink colour. Legs without spines or teeth, fore femur longer than mid one, slightly shorter than hind one. Three apical segments dilated, 9th segment rectangular in dorsal view, longer than 8th and anal segment; anal segment with decurved downward vertically, with longitudinal carina, its latero-posterior horns clavatus, with parallel sides, apex rather expanded and exserted; subgenital plate cucullatus, hind margin concave deeply; cerci cylindrical, somewhat curved inward.

Female: Unknown.

Measurements (mm): Body 48.0, mesonotum10.0, metanotum (with median segment) 5.6, fore femur 11.0, mid femur 10.0, hind femur 13.0.

Holotype ♂ (BJAU), Jinxiu Co., Mt. Dayaoshan, Guangxi Zhuang Aut. Reg., 1982-VI-13, Li Fashen.

This new species is allied to *S. furcatum* Chen et He, but differs from the latter by latero-posterior horns of anal segment clavate and parallel, hind margin of subgenital plate with arcuate emargination.

Sinophasma rosarum **sp. nov.** (Fig. 100)

Female: Medium sized. Stick-like and pterygote. Body green in colour, dorsal portion of head with 4 black stripes, 1 black stripe on pronotum, antennae black and with light markings. Head rounded, elevated above; eyes rounded and prominent, the middle with black marking; antennae long and filiform, extending to 4th abdominal segment, 1st joint rectangular, apex thick, 2nd one cylindrical, 3rd one longer than 2nd one. Pronotum rectangular, with indistinct granules, transverse and longitudinal sulci crossing in the middle, transverse sulcus placed 1/3 of anterior part; mesonotum with longitudinal carina, its dorsal and ventral portions with irregular granules. Tegmina squamiform, elevated portion black and rather blunt, hindwings reaching to the tip of 4th abdominal segment, anal area pink colour. Legs without spines or teeth. Abdomen cylindrical, 7th sternite with pointed median elevation, four terminal segments rather narrow and tectiform, 8th segment longer, the following segments rather shorter, about equal to each other in length, hind margin of anal segment emarginated; supra-anal plate small, not surpassing lateral lobi of anal segment; operculum short and carinatus; ovipositor conical, extending to tip of anal segment; cerci cylindrical, obviously extending beyond the tip of abdomen.

Male: Unknown.

Measurements (mm) Body 67.0, mesonotum 13.0, metanotum (with median segment) 8.4, fore femur 12.5, mid femur 9.0, hind femur 14.0.

Holotype ♀ (IZAS), Jinxiu Co., Mt. Shengtangshan (900-1 900m), Guangxi Zhuang Aut. Reg., 2000-VI-29, Li Wenzhu.

This new species is allied to *S. mirabile* Günther, but differs from the latter by anal area on tegmina roseate, elevation of sternite VII distinct and operculum shorter, not surpassing end of 9th abdominal segment.

Gen. *Parasinophasma*: Key to the species(Male)

1. Three ocelli distinct ··· 3
   Ocelli indistinct ··· 2
2. Cerci beneath with pointed process ··· ***P. guangdongense* sp. nov.**
   Cerci beneath without pointed process ··· ***P. henanense*(Bi et Wang)**
3. Eyes behind with black maculation; cerci rather flat ··· ***P. fanjingshanense* Chen et He**
   Eyes behind without black maculation; cerci cylindrical ··· ***P. hainanense* sp. nov.**

Gen. *Parasinophasma*: Key to the species(Female)

1. Back of head with 4 black longitudinal lines; anal segment longer than 9th abdominal one ··· ***P. fanjingshanense* Chen et He**
   Back of head without distinct black longitudinal lines; anal segment about as long as 9th abdominal one ··· ***P. hainanense*(Bi et Wang)**

***Parasinophasma guangdongense* sp. nov.** (Fig. 122)

Male: Medium sized. Slender and stick-like. Body rather smooth and brown colour. Head elliptical, occiput a little convex, with longitudinal sulci; eyes rounded and prominent, a brown '八'-shaped emargination between eyes; antennae filiform, much longer than fore femora, 2 basal joints light, others dark brown, 1st joint rectangular, 2nd one short and cylindrical. Pronotum rectangular, transverse sulcus placed anterior half, mesonotum longer than (with median segment) metanotum, with longitudinal carina. Tegmina squamiform, elevated portion rather pointed, hindwings reaching to the middle of 6th abdominal segment. Legs without spines or teeth, fore femora slightly longer than hind ones. Abdomen gradually widened from 7th segment to 9th one, anal segment slightly longer, a little shorter than 9th one, hind margin emarginate, its latero-distal lobes pointed; subgenital plate cucullatus, extending to base of anal segment; cerci expanded, apex uncinatus and curved upward, its middle with basal spine.

Female: Unknown.

Measurements(mm): Body 55.0, pronotum 2.0, mesonotum 8.2, metanotum (with median segment) 7.0, fore femur 15.5, mid femur10.0, hind femur 13.0.

Holotype ♂ (ZSU), Liannan Co. Mt. Dadongshan, Guangdong Prov., 1993-IX-10, Xu Jianming.

This new species is allied to *P. henanense*(Bi et Wang), but differs from the latter by shape of anal segment and cerci different obviously.

***Parasinophasma hainanense* sp. nov.** (Fig. 123)

Male: Medium sized. Slender and stick-like. Body brown. Head rounded, occiput rather convex, with longitudinal sulci; eyes rounded and prominent, with 3 distinct ocelli; antennae filiform, much longer than fore femora, 1st joint long, 2nd one cylilndrical, shorter than 1st one. Pronotum rectangular, a black '人' shaped marking in the middle, transverse sulcus placed anterior half, mesonotum slender and elongated, with longitudinal carina, without obvious granules. Tegmina short and broad, near anterior margin light brown, elevated portion near postero-median part, hindwings extending to the middle of 6th abdominal segment, anal area infumatus. Abdomen thin and long, three apical segments dilated, 8th segment slightly curved upward, 9th segment much longer than 8th segment and anal segment arcuatus curved, anal segment a little longer than 8th one, hind margin shallowly concave; subgenital plate cucullatus, extending to base of anal segment; cerci cylindrical, slightly curved upward, apex narrowed, exceeding the tip of abdomen.

Female: Unknown.

Measurements(mm): Body 51.0, pronotum 1.6, mesonotum 8.0, fore femur 19.0, mid femur 13.0, hind femur(broken).

Holotype ♂ (IZAS), Ledong Co., Hainan Prov., 1984-VIII-26, Chen Zhiqing.

This new species is allied to *P. fanjingshanense* Chen et He, but differs from it by head lack melanic longitudinal macula, cylindrical cerci curved upwards and hind margin of anal segment emarginated slightly.

Gen. *Marmessoidea*: Key to the species(Female)

1. Back of head normal; elevation of tegmina pointed ································ *M. bispinus*(**Redtenbacher**)
   Back of head raised strongly; elevation of tegmina normal ······················ *M. chinensis* **Redtenbacher**

Gen. *Megalophasma*

Megalophasma Bi, 1995

M. granulata(Fig. 125): Body stout and robust, apterous, granulated. Head rather flat, a little broader than the pronotum, occiput with varying sizes of distinct big or small granules; antennae long, nearly reaching to the apex of the front legs. Mesonotum longer than metanotum. Operculum of female scoop-like, without granules, not exceeding the supra-anal plate, but on the ventral surface with median carina and hair, the apical margin rounded narrowly and never pointed.

Male: Unknown.

Distribution: Xizang.

Gen. *Acanthophasma*

Acanthophasma Chen et He, 1992

A. varium(Fig. 126): Size medium, stick-like, body rugged, covered with spines and tuberculi. Tegmina lacking, only with squamiform hindwings. Head longer than wide, dorsum flat, occiput with 6 pairs of varying sizes big or small spines; antennae much longer than fore legs. Pronotum and mesonotum each with 3 pairs of spines near the longitudinal carina, lateral sides of mesonotum each nearly with 3-4 varying spines, metanotum about as long as median segment, apico-central part with 2 pairs of spines. All legs without teeth or spines, the base of fore femora almost straight. Tergite of median segment and abdominal segments I-VI with a median spine respectively, lateral side of each segment with obsute spine, tergites VII-VIII each with a small tubercle, sternites I-VIII each with two tuberculi, dorsum of anal segment nearly arcuatus, its posteroir margin truncate; subgenital plate cucullated, apex round, nearly reaching to the base of anal segment; cerci cylindraceus, a little curved.

Female: Unknown.

Distribution: Hunan.

Gen. *Paramyronides* : Key to the species(Female)

1. Thorax with irregular white maculae ………… *P. albopunctata* **Chen et He**
   Thorax without distinct white maculae ………… 2
2. Body clubbed; median segment separated from metathorax ………… *P. yunnanensis* **Chen et He**
   Body clubbed and flat; median segment fused with metathorax ………… *P. unidentatus* **Chen et He**

Gen. *Paramyronides* : Key to the species(Male)

1. Mesothorax light blue and with irregular white maculae ………… *P. albopunctata* **Chen et He**
   Mesothorax brown or green; without distinct white maculae ………… 2
2. Body length 80mm; 3 pairs of legs slender and longer, latero-posterior horns of anal segment pointed and long ………… *P. yunnanensis* **Chen et He**
   Body length under 70mm; 3 pairs of legs shorter, latero-posterior horns of anal segment blunt shortly or slightly long ………… 3
3. Hind margin of anal segment almost truncate, latero-posterior horns blunt shortly; cerci longer, surpassing apex of anal segment ………… *P. angusticauda* **Chen et Xu, sp. nov.**
   Hind margin of anal segment emarginate, latero-posterior horns short and thick, not surpassing abdominal apex ………… 4
4. Head with blackish lines laterally; hind margin of anal segment emarginate triangularly ………… *P. zayuensis* **Chen et Xu, sp. nov.**
   Head without blackish lines laterally; hind margin of anal segment arcuate emarginate ………… *P. unidentatus* **Chen et He**

Paramyronides angusticauda **Chen et Xu, sp. nov.** (Fig. 130)

Male: Medium sized. Body yellowish brown.. Head rectangular nearly, eye rounded and convex, its behind with one black band, along longitudinal median carina of body with one black line; antennae filiform, brown, longer than body, 1st joint depressed, 2nd cylindrical. Back of head with two black spots in the middle. Pronotum about longer than wide; mesonotum with sparse granules; metathorax (with median segment) shorter than mesothorax obviously; median segment smooth, longer than wide, about 1/3 x length of metathorax. Mid femur about as long as mesonotum, apex of femur dark, ventro-interior carinae of four posterior femora with a dark tooth respectively. Abdomen cylindrical, ratio of 2nd to 6th tergites approximately 1∶1∶1∶1∶1, from 7th to 10th segments gradually shortened towards apex. Three apical abdominal segments a little dilated, with irregular white spots, midian carina conspicuous; subgenital plate cucullate, not longer than 9th abdominal segment; lateral lobes of anal segment (10th segment) obliquely truncate; cerci extending beyond anal segement, curved inward slightly.

Female: Unknown.

Measurements(mm) : Body 54.0, head 3.0, mesonotum 11.5, metanotum (with median segment) 8.0, fore femur 14.0, mid femur 11.0, hind femur 8.0.

Holotype ♂ (IZAS), Motuo Co., (2050m), Xizang Aut. Reg., 1975-VIII-22, Huang Fusheng.

This species is similar to *P. yunnanensis* Chen et He, but can be separated by eye behind has one dark band and hind margin of anal segment almost truncate and cerci longer, exceeding apex of abdomen.

Paramyronides zayuensis **Chen et Xu, sp. nov.** (Fig. 131)

Male: Medium sized. Body yellowish brown, from occiput to abdomen apex with a dark carina, meso-metathorax with sparse spots. Head nearly oblong, eyes rounded and convex, behind it with two black bands; antennae filiform, longer than body, 1st joint depressed, 2nd cylindrical. Pronotum saddle shape, with transverse and longitudinal sulci crossing in the middle, both sides of median carina with two black lines; mesonotum a little shorter than middle femur; midian segment trapezoid, about 1/3 x length of metathorax, with two crescent foveolae. Fore femur curved at base, apex dark, without teeth. 1st tarsus long, about as long as remaining four tarsi together; ventro-interior carinae of four posterior femora with a dark tooth respectively; hind femora exceeding 4th abdominal segment backwardly. Anal segment split into two lobes, triangularly emarginated apically, insides of lateral lobes with many small teeth; subgenital plate cucullate, just reaching to base of anal segment; cerci short, cylindrical, hairy and curved inward,. not surpassing end of anal segment.

Female: Unknown.

Measurements (mm): Body 54.0, head 3.5, mesonotum 11.5, metanotum (with median segment) 8.0, fore femur 13.0, mid femur 12.0, hind femur 19.0.

Holotype ♂ (IZAS), Zayu Co., (2280m), Xizang Aut. Reg., 1973-VII-26, Huang Fusheng.

This species is similar to *P. unidentatus* Chen et He, but can be separated by eyes behind has two black bands and hind margin of anal segment triangularly incised.

Gen. *Parasipyloidea*: Key to the species

1. Mesonotum covered with transverse rugae and a few tubercles ································ ***P. rugulosa*** **sp. nov.**
   Mesonotum smooth ·· ***P. emeiensis*** **Chen et He**

Parasipyloidea rugulosa **sp. nov.** (Fig. 132)

Male: Medium sized. Body stick-like and apterous, covered with granules. Body brown, dosal portion of mesothorax and near lateral longitudinal carinae dark green. Head flattened with a few granules; eyes rounded and prominent; antennae long (in part broken off), 1st joint depressed and long, 2nd one cylindrical, about as long as 1/2 length of 1st one. Pronotum with sparse granules, transverse and longitudinal sulci crossing in the middle; mesonotum with transverse rugae and a few granules; metanotum (with median segment) nearly half of mesonotum; median segment almost as long as metanotum. Abdomen covered with sparse granules, with a longitudinal and two lateral longitudinal carinae. Three pairs of legs without spines or teeth, base of fore femur curved, hind femur slightly shorter than fore one, ventro-exterior carina expanded partly, 8th-9th abdominal segments dilated, anal segment narrowed, about as long as preceding one, both sides lamellate, its hind margin truncate; subgenital plate cucullatus, extending to base of anal segment; cerci depressed, short and conical.

Female: Unknown.

Measurements(mm): Body 48.0, mesonotum 11.0, metanotum (with median segment) 5.6, median segment 2.8, fore femur 13.0, mid femur (broken off), hind femur 12.0.

Holotype ♂ (IZAS), Menglong, Yunnan Prov., 1958-IV-24, Wang Shuyong.

This new species is allied to *P. shiva* Westwood, but differs from the latter by thorax not dilated, hind margin of anal segment truncate and shape of cerci also different.

Gen. *Arthminotus*

Arthminotus Bi, 1995

A. sinensis (Fig. 134): Body elongate and long, apterous, smooth, non-granulated. Head distinctly longer than wide; antennae long, distinctly longer than the length of the front legs, exceeding the base of the hind femora backwardly. Mesonotum long, distinctly longer than the pronotum and metanotum (with median segment) together; median segment entirely fused with metanotum together, transverse sulcus invisible. Hind legs comparatively long, exceeding the apex of abdomen. The last two tergites of abdomen together slightly longer than the preceding tergite, hind margin of the last tergite of abdomen slightly emarginated at the median carina; operculum very slightly cymbiform, apex sharply pointed, nearly as long as the 3 apical segment, but not reaching to the hind margin of the anal segment.

Male: Unknown.

Distribution: Xizang.

Gen. *Sipyloidea*: Key to the species

1. Femora of mid and hind beneath with teeth apically ······ 2
   Femora of mid and hind beneath without teeth apically ······ 3
2. Mesonotum smooth ······ ***S. amica* Bei-Bienko**
   Mesonotum granulatus ······ ***S. wuzhishanensis* (Chen et He)**
3. Tegmina rather broad, elevated portions pointed ······ ***S. adelpha* Günther**
   Elevated portions of tegmina blunt ······ 4
4. Middle of tegmina with 2 yellowish maculae ······ ***S. biplagiata* Redtenbacher**
   Middle of tegmina without yellowish maculae ······ 5
5. Apex of anal segment in female emarginated ······ 6
   Apex of anal segment in female not emarginated ······ 8
6. Mesonotum smooth ······ ***S. okunii* Shiraki**
   Mesonotum granulated ······ 7
7. Mesonotum with granules sparsely; cerci long ······ ***S. cavata* Chen et He**
   Mesonotum with granules densely; cerci short ······ ***S. brevicerca* sp. nov.**
8. Eyes behind with orange stripes ······ ***S. completa* Chen et He**
   Eyes behind lacking coloured stripes ······ 9
9. Mesonotum with dense granules ······ ***S. sipylus* Westwood**

Mesonotum with sparse granules ············ *S. shukayi* **Bi, Zhang et Lau**

***Sipyloidea brevicerca* sp. nov.** (Fig. 137)

Female: Medium sized. Stick-like and pterygote. Body green to brown in colour. Head short, slightly convex; eyes rounded and prominent, its posterior margin with orange stripes; antennae much longer than fore femora, 1st joint rectangular, 2nd one short and cylindrical. Pronotum smooth, transverse sulcus placed before of middle; mesonotum with longitudinal carina and dense granules, asperatus granules formed line. Elevated portions of tegmina slightly convex, its hind margin almost truncate, hindwings about reaching to the middle of 5th abdominal segment. Three pairs of legs shorter, without spines or teeth. Last 3 segments of abdomen tectiform, 8th segment longer than 9th one; anal segment nearly as long as 9th one, its posterior side narrowed, arcuatus concave shallowly; operculum cymbiform, nearly extending to the middle of anal segment; cerci cylindrical, slightly surpassing the tip of anal segment.

Male: Slender and long. Both sides of mesonotum with 2 thick longitudinal carinae respectively. Tegmina oval, hindwings reaching to anterior half of 5th abdominal segment. Last 3 segments dilated and tectiform; anal segment about as long as 9th segment, but shorter than 8th one, its hind margin shallowly concave; subgenital plate extending to anterior part of anal segment, its hind margin blunt; cerci cylindrical, extending beyond the tip of anal segment.

Measurements(mm): Body ♀70.0, ♂54.0; mesonotum ♀13.0, ♂11.6; metanotum (with median segment) ♀7.5, ♂6.0; fore femur 17.0, ♂21.5; mid femur ♀12.0, ♂15.5; hind femur ♀17.5, ♂20.0.

Holotype ♀ (IZAS), paratypes 1 ♂ (IZAS), Mt. Emei Shan(800-3 160m), Sichuan Prov., 1963-VIII-12, Zhang Xuezhong; 1 ♀ (BJFU), Mt. Huaying Shan(750m), Sichuan Prov., 1994-VI-19, Hu Guangwei.

This new species is allied to *S. cavata* Chen et He, but differs from it by body with dense granules, hind wings longer, hind margin of anal segment slightly concave and cerci short distinctly.

Gen. *Trachythorax*: Key to the species (Female)

1. Head behind flattened ············ *T. fuscocarinatus* **Chen et He**
   Head behind elevated ············ 2
2. Head with black maculae ············ *T. atrosignatus* **Brunner**
   Head without distinct black maculae ············ 3
3. Hind wings rather long, distinctly surpassing tip of abdomen ············ *T. longialatus* **Cai**
   Hind wings shorter, not surpassing tip of abdomen ············ *T. sexpunctatus* **Shiraki**

Gen. *Paramenexenus*: Key to the species (Female)

1. Hind margin of anal segment with 3 broad teeth; operculum distinctly longer than tip of abdomen ············ 2
   Hind margin of anal segment with 2 pointed teeth; operculum shorter than tip of abdomen ············ *P. yangi* **Chen et He**
2. 2 or 3 small distal spines on ventral carina of fore femur ············ *P. congnatus* **Chen et Chen**
   Small distal spines absent on ventral carina of fore femur ············ *P. operculatus* **Redtenbacher**

Gen. *Oxyartes*: Key to the species (Female)

1. Body robust: hind wings large distinctly; dorsal portions of 6th-7th abdominal segments distally with phylliform processes .... ***O. honestus*** **Redtenbacher**
   Body thin narrowly; hind wings small; abdomen without distinct processes 2
2. Mesonotum with 4 series of small spines .... ***O. guangdongsis*** **sp. nov.**
   Mesonotum with small tubercules 3
3. Hind margins of 8th-9th tergites of abdomen tubebculus .... ***O. dorsalis*** **sp. nov.**
   Hind margins of 8th-9th tergites of abdomen smooth .... ***O. yunnanus*** **sp. nov.**

Gen. *Oxyartes*: Key to the species (Male)

1. Tergites of abdomen with small tubercles .... ***O. dorsalis*** **sp. nov.**
   Tergites of abdomen without small tubercles .... ***O. yunnanus*** **sp. nov.**

Oxyartes yunnanus **sp. nov.** (Fig. 149)

Male: Stick-like and smooth. Body yellowish and with fine longitudinal carina. A row of sparse teeth along longitudinal median carina of mesothorax respectively, 7th-8th abdominal segments with 3 ridges. Head long and flattened, without spines or teeth, rough above, with a few granules and median carina; occiput with 6 tuberculi; eyes rounded and prominent; antennae long and filiform, 1st joint rectangular in dorsal view, apex thick, 2nd one cylindrical and shorter than 1st one. Pronotum nearly rectangular, a little widened in front, with transverse and longitudinal sulci crossing in the middle, transverse sulcus placed before the middle, along longitudinal carina with 2 lines of blackish spines, each line about 4-5 spines; metanotum slightly shorter than median segment. Tegmina lack, hindwings very small and squamiform. Base of fore femora curved, 3 spines on interior and extero-ventral carinae respectively, 2-4 spines on their correspoinding carinae of four posterior carinae respectively. Abdomen cylindrical, 7th-8th segments with 3 ridges, three apical segments dilated, the longest being 8th segment, anal segment a little shorter than 9th segment, tectiform and apex truncate, with 3 dorsal ridges; subgenital plate cucullatus, apex rounded, extending to base of anal segment; cerci short and cylindrical.

Female: Body much larger than male. Meso- and metathorax covered with irregular black granules. A pair of squamiform hindwings only present. 2-4 spines on interior and exterior carinae of all femora distally. Abdomen with 6-8 rows of longitudinal ridges, hind margin of 7th sternite emarginate, apex of anal segment with 3 denticles; operculum cymbiform, apex slightly concave inward; cerci depressed and short.

Measurements: Body ♀ 101.0, ♂ 63.0; mesonotum ♀ 23.0, ♂ 18.0; metanotum (with median segment) ♀ 15.0, ♂ 10.0; fore femur ♀ 21.0, ♂ 19.0; middle femur ♀ 15.0, ♂ 13.0; hind femur ♀ 21.0, ♂ 18.5.

Holotype ♂ (IZAS), paratype 1 ♀ (IZAS), Mengsong Co., (1600m), Xishuangbanna, Yunnan Prov., 1958-IV22-24, coll. Zhang Yiran & Meng Xuwu.

This new species is closely related to *O. spinulosus* Redtenbacher, but differs from the latter by body relatively small and spines on mesothorax arranged regularly.

***Oxyartes dorsalis* sp. nov.** (Fig. 150)

Male: Stick-like and smooth. Body colour yellowish brown. Two rows of sparse spines along longitudinal carina side, 8th-9th abdominal segments with 3 ridges. Head long and depressed, without spines or teeth, rough above, with longitudinal median sulcus; occiput tuberculate; eyes rounded and prominent; antennae long and filiform, 1st joint rectangular, 2nd one cylindrical and shorter than 1st one. Pronotum rectangular, with transverse and longitudinal sulci crossing in the middle, transverse sulcus placed before the middle; mesonotum and metanotum with longitudinal carinae, a line of 3-4 black spines along median carina side respectively, metanotum (with median segment) about half of mesonotum, also with longitudinal carina. Tegmina lack, hindwings small obviously and squamiform. Base of fore femora curved, 3 small apical spines on interior and extero-ventral carinae of all femora respectively. Abdomen cylindrical, small corrugated tuberculi on dorso-central portions of 1st-9th abdominal segments distally, 8th-9th segments with 3 longitudinal ridges. 3 apical segments dilated, the longest being at 8th segment, 9th one about 2/3 as long as preceding one; anal segment short, nearly half as long as 9th one, tectiform with longitudinal carina, apex shallowly concave; subgenital plate cucullatus, apex rounded; cerci short and cylindrical.

Female: Meso-and metathorax covered with irregular dark granules. A pair of hindwings only present. Abdomen with several lines of longitudinal ridges, small dsital horns on 1st-9th abdominal segments medially, among them being 8th-9th segments obvious, hind margin of 7th sternite emarginated; operculum boat-shaped, apex blunt, nearly reaching to the tip of abdomen; cerci depressed and short.

Measurements: Body ♀ 106.0, ♂ 82.0; mesonotum ♀ 29.0, ♂ 23.0; metanotum (with median segment) ♀ 15.0, ♂ 12.0; fore femur ♀ 22.0, ♂ 24.0; middle femur ♀ 16.0, ♂ 18.0; hind femur ♀ 23.0, ♂ 23.5.

Holotype ♂ (IZAS), paratype ♀ (IZAS), Xishuangbanna, Menglum (600m), Yunnan Prov., 1993-XI-11, coll. Yang Longlong & Xu Huaili.

This new species is similar to *O. yunnanus* sp. nov., but differs from the latter in small tuberculi on abdomen present centro-distally and the apex of anal segment with emargination shallowly.

***Oxyartes guangdongensis* sp. nov.** (Fig. 151)

Female: large sized and stick-like. Body colour brown. Scabrosus and meso- and metathorax with short spines, abdomen rugous. Head elliptical, rather flat above; occiput with 6 tuberculi; eyes semiglobate; antennae much longer than fore femora, 1st joint rectangular, 2nd one cylindrical shortly. Pronotum rectangular, with transverse and longitudinal sulci crossing in the middle, transverse sulcus placed front half; mesonotum covered with irregular longitudinal rugae and granules, with 4 lines of short spines; metanotum (with median segment) slightly longer than half of mesonotum, with well spread pointed granules, pleuron with approximately a line of short blunt spines. Tegmina absent, hindwings small, squamiform. Legs long moderately, fore femora nearly as long as hind ones, 2-3 small spines on interior and extero-ventral carinae of fore femur distally, 2-4 spines on corresponding carinae of four posterior femora. Abdomen cylindrical, a dorsal tubercule on postero-median part from median segment to 5th abdominal segments respectively, 7th sternite with double spines, several terminal abdominal segments with 6-8 lateral ridges, 9th tergite with small lamella medially, anal segment a little longer than 9th segment, its hind margin arcuatus, with 3 processes, also 1 longitudinal and 2 lateral ridges; operculum cymbiform, rather compressed, short and blunt, nearly reaching to the middle of anal segment; cerci short, not surpassing the tip of abdomen.

Male: Unknown.

Measurements: Body 105.0, mesonotum 26.0, metanotum (with median segment) 14.6, fore femur 24.0, mid femur 18.0, hind femur 24.5.

Holotype ♀ (ZSU), Fengkai Co., Guangdong Prov., 1986-VII-7, collector unknown.

This new species is allied to the *O. honestus* Redtenbacher. but differs from the latter in pronotum smooth, fore margin of mesonotum without spines, and tergites of abdominal segments I-V with tubercles.

Gen. *Prosceles*: Key to the species (Female)

1. Mesonotum with rather pointed granules; hind margin of anal segment nearly truncate ………… ***P. balteatus* Chen et He**
   Mesonotum with rather obtuse granules; hind margin of anal segment incised … ***P. guangxiensis* Chen et He**

Gen. *Paraprosceles*

Paraprosceles Chen et He, 2004

P. micropterus (Fig. 155): Robust. Body with logitudinal median carina, head, thorax and several segments of abdomen covered with fine granules densely, antennae, legs and operculum fine hairy. Head above rather flat and without spines or teeth; antennae filiform and much longer than fore femora. Median segment short than half of metathorax. Tegmina lacking, only a pair of hind wings, squamiform. Base of fore femora curved, both lateral carinae of mid and hind femora with a few denticles distally. Apex of anal segment nearly truncate; operculum cymbiform and underside more o less flattened.

Male: Unknown.

Distribution: Guangxi.

Gen. *Sosibia*: Key to the species (Female)

1. Mesonotum with spines and granules ………… ***S. medogensis* Chen et He**
   Mesonotum only with granules ………… 2
2. Body length about 90mm; head behind distinctly convex; granules of body rather thick and pointed ………… ***S. guangdongensis* Chen et Chen**
   Body length about 70mm; head behind reletively flat; granules of body small and blunt ………… ***S. truncata* Chen et Chen**

Gen. *Sosibia*: Key to the species (Male)

1. Hind wings very short, only extending to 1st abdominal segment ………… ***S. brachyptera* Chen et He**
   Hind wings relatively long, much longer than 1st abdominal segment ………… 2
2. Hind margins of hind wings yellow ………… 3
   Hind margins of hind wings uniform colour ………… 4

3. Head behind elevated and spined ······ *S. flavomarginata* **sp. nov.**
   Head behind flat and granulated ······ *S. yunnana* **sp. nov**
4. Tegmina short widely; apices of cerci pointed ······ *S. truncata* **Chen et Chen**
   Tegmina long narrowly; apices of cerci blunt ······ 5
5. Legs with bicolor markings; hind wings with maculae ······ *S. hainanensis* **Chen et He**
   Legs without markings; hind wings yellowish green ······ *S. cornuta* **sp. nov.**

***Sosibia flavomarginata* sp. nov.** (Fig. 156)

Male: Medium sized. Body stick-like and winged. Head and thorax covered with granules and spines. Head and mesothorax slightly greenish brown, other brown. Head rounded and prominent, vertex to occiput with over 10 varying sizes of big or small spines; eyes rounded and convex; antennae long and filiform, about extending to the tip of abdomen. near apex with several light rings, 1st joint long, apex thick, 2nd one rather short and cylindrical. Pronotum rectangular, transverse and longitudinal carinae crossing in the middle, transverse sulcus placed anterior part, 2 pointed granules in the middle, 4 short spines on hind margin, 2 longer spines near front part; metanotum with normal granules, also sparse pointed granules, 2 spines rather long near posterior margin. Tegmina wide and short, outer margin with yellowish margins, elevated portion rather blunt near the middle, hindwings reaching to 7th abdominal segment. Three pairs of legs without spines or teeth, fore femora a little shorter than hind ones. Abdomen slender and long, 3 final segments tectiform, 8th segment about as long as 9th one, anal segment slightly shorter than 9th one, hind margin slightly emarginate medially; subgenital plate cucullatus, extending to the middle of anal segment, apex narrowed; cerci short and cylindrical, setose, slightly exposed and visible.

Female: Unknown.

Measurements (mm): Body 56.0, mesonotum 8.4, metanotum (with median segment) 7.0, fore femur 13.0, mid femur 9.0, hind femur 15.0.

Holotype ♂ (BJFU), Mt. Jianfengling, Hainan Prov., 1983-V-21, Gu Maobin.

This new species is similar to *S. esepus* Westwood, but differs from it by head with varying sizes of big and small spines, hind margin of pronotum with 4 spines, the front area of mesonotum without distinct spines and 6th abdominal segment normal.

***Sosibia yunnana* sp. nov.** (Fig. 157)

Male: Medium sized. Stick-like and winged. Body colour brown, mesothorax dark green, 3 pairs of legs yellow mixed with markings. Head nearly rounded, short and wide, covered with obvious granules; eyes long and filiform, 1st joint rectangular, 2nd one cylindrical and shorter than 1st one. Pronotum trapezoidal, transverse and longitudinal sulci crossing in the middle, transverse sulcus placed anterior half, with irregularly granules sparsely; mesonotum with longitudinal carina and granules uniformly, each side with two ridges. Tegmina oval, elevated portion rather obtuse, posterior margin truncate obliquely, with yellowish margin, hindwings extending to the middle of 6th abdominal segment. Three pairs of legs without spines or teeth, fore femora a little shorter than hind ones.

Abdomen slender and long, 3 apical segments rather dilated, with a longitudinal median and lateral carinae, anal segment shorter than 9th one, its posterior margin nearly truncate, emarginate in centre; subgenital plate cucullatus, apex blunt, reaching to base of anal segment; cerci short, apex thick and exposed.

Female: Unknown.

Measurements(mm): Body 70.0, mesonotum 11.4, metanotum (with median segment) 8.6, fore femur 15.0, mid femur 10.0, hind femur 16.0.

Holotype ♂ (IZAS), Xishuangbanna(1600m), Yunnan Prov., 1958-IV-24, Zhang Yiran.

This new species is allied to *S. platycerca* Redtenbacher, but differs from the latter by colour of body different, tegmina with yellowish margin and apices of cerci dilated.

Sosibia cornuta **sp. nov.** (Fig. 158)

Male: Medium sized. Body yellowish brown, head above 3 black stripes and a black stripe on each eye behind, pronotum with a black interruptive stripe, mesonotum with irregular black maculations, yellowish on before elevated protions of tegmina and hindwings, longitudinal veins and apices of all femora brown. Head somewhat rectangular, longer than wide, without granules above obviously; eyes rounded and prominent; antennae long and filiform, 1st joint rectangular, apex thick and longer than 2nd one. Pronotum rectangular, slightly shorter than head, with a few granules, transverse sulcus placed 1/3 of anterior half, both sides with longitudinal ridges; mesonotum about 3 x length of pronotum, its dorsal and ventral sides covered with irregularly granules, with a longidudinal carina and 3-4 irregular longitudinal ridges; metathorax(with median segment) slightly longer than mesothorax. Tegmina oval, elevated portions blunt, hindwings extending to 8th abdominal segment. Three pairs of legs without spines or teeth, hind femora a little longer than fore ones. Three apical segments swollen, slightly tectiform, anal segment about as long as 8th one, with longitudinal carina, shorter than 9th one, hind margin almost truncate, each side with a horn-like process; subgenital plate rather flat, apex rounded, nearly reaching to the middle of anal segment; cerci cylindrical, apex rather expanded, slightly curved inward, extending beyond the tip of abdomen.

Female: Unknown.

Measurements(mm): Body 52.0, mesonotum 7.4, metanotum (with median segment) 8.0, fore femur 14.0, mid femur 10.0, hind femur 15.0.

Holotype ♂ (BJAU), Longzhou Co., Longgang(240m), 1982-V-20, Li Fasheng.

This new species is allied to *S. platycerca* Redtenbacher, but differs from the latter by tegmina oval, mesonotum comparatively short, its center lack yellowish maculation and the apex of cerci broader.

Hemisosibia **Redtenbacher**, 1908

Hemisosibia thoracica sp. nov. (new record genus to China) (Fig. 164)

Female: Larger and pterygote. Body colour brown and covered with a few granules. All legs with brown maculations, near apex of antennae with light rings, hindwings with irregular grescent markings, ventral side of thorax with few brown maculations occasionally. Head rounded, with irregular maculatios, occiput rather convex; antennae long and filiform, much longer than fore femora; eyes rounded and prominent, 3 ocelli orange between eyes. Pronotum smooth, with transverse and longitudinal sulci crossing in the middle, transverse sulcus placed 1/4 of anterior half; mesonotum with longitudinal carina, each side with 5-6 brown granules. Tegmina squamiform, elevated portions blunt, its outer margin with green markings, hindwings extending to the middle of 5th abdominal segment. Three pairs of legs without spines or teeth, fore femora short, expanded towards both sides, hind femora much longer than fore ones. Apical 3 segments of abdomen tectiform, anal segment slightly shorter than 8th one and much longer than 9th one, its hind margin almost truncate, emarginate in the middle; operculum navicular and compressed, apex pointed, reaching to middle of anal segment; cerci cylindrical, extending to the tip of abdomen.

Male: Unknown.

Measurements(mm): Body 90.0, mesonotum 14.0, metanotum (with median segment) 10.4, fore femur 11.0, mid femur 10.0, hind femur 17.0.

Holotype ♀, Mt. Jianfengling, Hainan Prov., 1974-XII-14, Li Fasheng.

This new species is allied to *H. incerta* Redtenbacher, but differs from it in having occiput raised slightly, fore femora very short and apex of operculum pointed.

Gen. *Neososibia*: Key to the species(Female)

1. Lateral sides of meso- and metathorax with a series of short spines ·············· ***N. guizhouensis* Chen et Ran**
   Lateral sides of meso- and metathorax with a series of granules ························ ***N. brevispina* Chen et He**

Gen. *Neososibia* : Key to the species(Male)

1. Ventral side of meso- and metathorax without spines; several basal abdominal segments without black stripes ··· ·· ***N. jinxiuensis* sp. nov.**
   Ventral side of meso- and metathorax with spines; several basal abdominal segments with black stripes ········ ·· ***N. guizhouensis* Chen et Ran**

***Neososibia jinxiuensis* sp. nov.** (Fig. 167)

Male: Body rather large. Stick-like and apterous, with dorsal median longitudinal carina. Body green in colour, both lateral sides of metathorax with black stripes. Head elliptical, rather flat above, occiput with 6 tuberculi; eyes rounded and convex; antennae long and filiform, extending to 8th abdominal segment, 1st joint rectangular, 2nd one cylindrical and short. Pronotum trapezoidal, transverse and longitudinal sulci crossing in the middle, transverse sulcus near the middle, mesonotum near longitudinal carina with 6 black spines, lateral margin only one spine, others with sparse granules, pleura with a few short spines, thickened towards posterior portion, metathorax (with median segment) about 1/2 length of mesothorax, only pleura armed with black short spines; median segment a little shorter than metathorax. Three pairs of legs long moderately, among them the shortest being mid femora, fore femora slightly longer than hind ones, interior and extero-ventral carinae of all femora with 2 teeth subbasally. Abdomen cylindrical, 3 apical segments dilated, with 3 longitudinal carinae, 8th segment about as long as 9th one, anal segment rather short, arched and hind margin almost truncate, emarginate in the middle; subgenital plate cucullatus, apex narrow, reaching to base of anal segment; cerci cylindrical, apex slender and exposed.

Female: Unknown

Measurements (mm): Body 84.4, pronotum 4.0, mesonotum 19.0, metanotum (with median segment) 9.2, median segment 4.0, fore femur 26.0, mid femur 19.0, hind femur 25.0.

Holotype ♂ (IZAS), Jinxiu Co., (1000m), Guangxi Zhuang Aut. Reg., 2000-VII-2, Li Wenzhu.

This new species resembles *N. guizhouensis* Chen et He, but differs from it by spines near on longitudinal carina of mesonotum less, its lateral margins almost without spines, meso- and metapleura with many short spines, but its ventral area lack spines, ventral carinae on all femora with a few spines distally and shape of anal segment also different.

Gen. *Spiniphasma*

Spiniphasma Chen et He, 2000

S. guangxiense (Fig. 168): Smaller and spined species. Body stick-like and apterous, rugged and covered with thick spines. Brown in colour. Head with double spines between eyes, 3 pairs of spines on posterior margin. Pronotum with 4 pairs of varying sized spines, mesothorax about 2 x length of metathorax (with median segment), middle and hind sides swollen and back humped, 7 pairs of spines along with longitudinal carina, metanotum much shorter than median segment, with 3 pairs of spines in variable length and several irregular spines; median segment transverse with 2 pairs spines. Legs shorter, base of fore femora a little curved and with a few blunt teeth, upper area of middle and hind coxae with spines. Abdomen rather flat, 2nd-5th segments with 2 pairs of spines, 6th-9th segments with a pair of spines respectively, each segment of abdomen with paired of leaf-like elevations near ventral side expect for anal segment, hind margin of anal segment subtruncate and small emargination in centre; operculum cymbiform and depressed, not exceeding tip of abdomen; cerci flat and tapered towards apex. Male longer than female. Mesothorax about 2.5 x length of Metathorax. both segments broadened and humped, 2 pairs of spines of abdominal segements II-V, 1 pairs of spines of tergites VI-IX respectively, also tergites II-IX near hind margins with paired spines; subgenital plate cucullatus, slightly surpassing base of anal segment; cerc; invisible.

Distribution: Guangxi.

Gen. *Qiongphasma*

Qiongphasma Chen et He, 2002

Q. jianfegense (Fig. 169): Body medium sized and stick-like. Head, thorax and abdominal segments mostly covered with spines. Tegmina lacking, only a pair of squamiform hind wings present. Head rather short and depressed with spines. Both ventral carinae of all legs with small teeth distally, base of fore femora curved. Abdomen with spines and tuberculi, anal segment above raised, apex shallowly emarginate; subgenital plate cucullatus; cerci short and curved inward slightly.

Female: Unknown.

Distribution: Hainan.

Key to the Tribes of Pachymorphinae

1. Anal segment in male truncate or slightly emarginate, that of female variable; antennae shorter than anterior femora; 2nd abdominal segment 2 x longer than wide; cerci sometimes elongate but never with dilated lobes; middle and posterior femora unarmed or rarely spinulose ························ **Ramulimi**

   Antennae as long as anterior femora or longer; cerci foliate-rounded; antennae femora dentate beneath ························ **Pachymorphini**

Pachymorphini

Gen. *Pachymorpha*: Key to the species(Female)

1. Two small tuberculi between eyes; cerci short and small, not reaching beyond abdominal apex ························ ***P. arguta* sp. nov.**

   Two tuberculi absent between eyes; cerci lanceolate, distinctly surpassing abdominal apex ························ ***P. belocerca* sp. nov.**

***Pachymorpha belocerca* sp. nov.** (Fig. 170)

Female: Medium-sized. Body stick-like, rugged. Fulvous in colour. Head and body with irregular granules, dorsal and ventral sides with a series of longitudinal carinae. Head longer and wider than pronotum, covered with irregular granules; antennae 15-segmented, 1st joint depressed and long, 2nd one cylindrical, about 1/3 x length of 1st one. Pronotum trapezoidal, with well proportioned granules, transverse and longitudinal sulci of crossing-form type, transverse sulcus placed before the middle, meso- and metanotum with sparse granules, each side with 2-3 of longitudinal ridges, its ventral side with 4 longitudinal ridges, longitudinal ridges of its pleura covered with sparse granules; median evelation of sternite VII rather pointed, covered with base of operculum. Apical 3 segments tectiform, 9th segment shorter, anal segment nearly as long as 8th one, apex triangularly emarginated; operculum with a longitudinal carina and 2 lateral carinae, apex pointed, not extending the tip of abdomen; cerci lanceolate, conspicuously surpassing the tip of abdomen.

Male: Unknown.

Measurements (mm): Body 50.0, mesonotum 11.4, metanotum (with median segment) 13.6, median segment 2.0, fore femur 16.0, mid femur 11.0, hind femur 14.0.

Holotype ♀ (BJFU), Chenggong Co., Yunnan Prov., 1940-VII-3, collector unknown.

This new species is allied to *P. finitima* Brunner, but differs from the latter by fore and middle femora lack any teeth and cerci acuminated.

***Pachymorpha arguta* sp. nov.** (Fig. 171)

Female: Rather larger and stick-like. Body covered with sparse granules and ventral portion rather flat. Brown in colour. Head longer and wider than pronotum; occiput with 3 longitudinal sulci and forming 4 tuberculi, covered with pubescence and irregular granules, two tuberculi between eyes; eyes rounded and rather depressed, 1st joint of antennae depressed and longer, with longitudinal carina, 2nd one cylindrical, about less 1/2 x length of 1st one (clavola broken off). Pronotum trapezoidal, its fore margin and longitudinal sulcus with asperous granules, transverse and longitudinal sulci crossing in the middle, transverse sulcus placed in the middle, with lateral sulci obliquely before transverse sulcus, basal half of mesonotum with dense granules, a series of rather pointed granules on meso- and metanotum; median segment transverse, nearly less 1/3 x length of metathorasx. Middle femur longer than mesothorax; 2-3 spines on the dorso-exterior carinae of mid femur from the base to the middle, also a few spines of tibiae apically. Abdomen with granules sparsely, each side with 3 series of lateral ridges, gradually narrowed towards from 5th segment to the tip, median elevation of 7th sternite acicular, 3 apical segments tectiform, anal segment longer than 9th one or shorter than 8th one, apex restricted, its hind margin triangularly emarginate; operculum naviculate, with a longitudinal carina and 2 lateral carinae, apex rather pointed, nearly extending to the tip of abdomen; cerci small shortly, not reaching end of anal segment.

Male: Unknown.

Measurements (mm): Body 74.0, mesonotum 13.4, metanotum (with median segment) 10.0, median segment 2.4, fore femur (broken off), mid femur 17.5, hind femur 23.0.

Holotype ♀ (IZAS), Xishuangbanna, Damenglong (650m), Yunnan Prov., 1958-VII-16, Zhang Yiran.

This new species is allied to *P. squalida* Gray, but differs from it by dody comprativeIy small, head with 2 tuberculi, head and body furnished with granules.

Key to the genera of Ramulini

1. 2nd abdominal segment in male 1.5 x shorter than wide, that segment in female transverse ··························· ***Parapachymorpha***
   2nd abdominal segment in both sexes 2 x as long as wide ··························· 2
2. Median segment fused with metanotum together; arolia of all legs large ··························· ***Zangphasma* gen. nov.**
   Median segment separated from metanotum; arolia of all legs normal ··························· 3
3. 2nd joint of antennae longer than wide ··························· ***Ramulus***
   2nd joint of antennae moniliform ··························· 4
4. Dorsal carinae of middle femora indistinct ··························· 5
   Dorsal carinae of middle femora distinct; latero-posterior part of tergite IX in male with pointed spine ··························· ***Macellina***
5. Thorax and abdomen tuberculated; femora and tibiae of legs with blunt teeth ··························· ***Paragongylopus***
   Thorax and abdomen smooth; femora and tibiae of legs without teeth ··························· ***Gongylopus***

Gen. *Gongylopus*

Gongylopus Brunner, 1907

G. adiposus (Fig. 172): Female body length 102mm. Body large, thorax and abdomen smooth. Dark olivaseus in colour. Head elongated, 2 spines between eyes; antennae long, basal joint dilated, 2nd joint very short. Dorsal sides of four posterior femora cylindrical, ventral part with blunt ridges, all tibiae cylindrical. Anal segment elongated, apex emarginate slightly; supra-anal plate distinctly small; opercululm lanceolate, compressed, tip pointed, reaching to tip of anal segment.

Male: Unknown.

Distribution: Yunnan.

Gen: *Paragongylopus*

Paragongylopus Chen et He, 1997

P. sinensis (Fig. 173; Pl. 3-3): Median sized and cylindrical. Body rugged, its dorsum and venter with irregular tuberculi, also longitudinal and lateral carinae; occiput and pronotum with small tuberculi sparsely, the others of body with short and blunt teeth. Head rather elongate, with 2 cone shape spines between eyes; antennae short, 1st joint dilated, 2nd joint small, 3rd joint clavatus irregularly. Fore and hind wings absent. Legs serratus; femora and tibiae with some obtuse teeth, fore femora carinatus distinctly, its base curved inward, femora and tibiae of four posterior legs without distinct carinae. Anal segment a little elongate, its posterior margin emarginate slightly; operculum compressed obviously, its posterior margin truncate nearly, not extending to the tip of abdomen; cerci short and depressed.

Male: Unknown.

Distribution: Guangxi.

Zangphasma gen. nov.

Type-species: *Zangphasma nyingchiense* sp. nov.

Body smaller, wingless, smooth and lack dorsal longitudinal carina. Back of head slightly raised, 2 obtuse spines between eyes; antennae distinctly segmented, shorter than fore femora, 2nd joint moniliform. Median segment fused with metanotum. All femora with four ridges in cross section, base of fore femora curved, medio-ventral carinae on the four posterior femora with a series of denticles, arolium of legs almost extending to apex of claw. Second abdominal segment less 2 x length of wide, the hind margin of the anal segment slightly emarginated; subgenital plate cucullated, reaching to base of anal segment; cerci cylindrical, distinctly curved.

This new genus is allied to *Leptynia* Pantel, but it is distinguished by medio-ventral carinae of the four posterior femora with a series of denticles, median segment entirely fused with metanotum, arolium of legs almost extending to apex of claw.

Distribution: China.

Zangphasma nyingchiense sp. nov. (Fig. 174)

Body rather small, apterous, stick-like and rather laevigatus. Head and thorax granulated, without longitudinal median carina. Head broad oval; antennae 12-segmented, distinctly shorter than length of the front femora, 1st joint rectangular, 2nd joint moniliform, about half of 1st one, 3rd one longer than basal 2 joints together; vertex with two blunt spines. Pronotum scutiform and granulated, its front magin forming rounded elavation; meso- and metanotum covered with granules until median segment, mesonotum a little longer than metanotum with median segment; metanotum entirely fused with median segment. Medio-ventral carinae on the four posterior femora with a series of denticles, arolium of legs almost extending to apex of claw. Abdomen smooth, non-granulated, 2nd abdominal segment longer than the wide, the hind margin of the anal segment slightly emarginated; subgenital plate cucullated, reaching to base of anal segment; cerci cylindrical, incurved and obviously extending beyond abdomen end..

Female: Unknown.

Measurements(mm): Body 39.0, pronotum 1.6, mesonotum 6.6, metanotum (with median segment) 6.0, fore femur 14.0, mid femur 8.0, hind femur 9.5.

Holotype ♂ (ZSU), Nyingchi Co., Xizang Aut. Reg., 1980-VIII-7, Liang Geqiu.

Gen. *Parapachymorpa*

Parapachymorpha Brunner, 1893

P. tetracantha (Fig. 175): Medium-sized and robust. Body covered with rugae, short spines and irregular granules. Head above with varying sized granules, vertex with 4 thick spines; antennae 15-segmented, 1st joint flat with longitudinal ridge. Pronotum trapezoid, posterior margin with 2 spines; mesothorax with irregular granules, hind part with dobule spines; median segment also with 2 spines posteriorly. Dorsal and ventral carinae of four posterior femora and tibiae with 3 blunt teeth respectively. Abdomen covered with granules and 6-8 lateral longitudinal ridges, tergites of 2nd-5th abdominal segments with 2 short spines respectively, median elevation of 7th sternite tongue-shaped posteriorly, hind margin of anal segment incised; operculum cymbiform with longitudinal and lateral carinae, not reaching to tip of abdomen; cerci conical, slightly visible.

Male: Unknown.

Distribution: Yunnan.

Gen. *Macellina*: Key to the species (Male)

1. Antennae 18-segmented; anterior femora less 1.5 x length of mesonotum; subgenital plate lanceolate ………… **M. souchongia (Westwood)**
   Antennae 19-segmented; anterior femora over 1.5 x length of mesonotum; subgenital plate non-lanceolate …… **M. digitata Chen et He**

Gen. *Ramulus*: Key to the species (Female)

1. Two tubercles between eyes ………… **R. bituberculata (Redtenbacher)**
   Two tubercles absent between eyes ………… 2
2. Tip of anal segment ensiform extended ………… **R. lanceus Liu et Cai**
   Tip of anal segment cuitellate extended ………… **R. scalpratus Liu et Cai**

Key to the subfamilies of Phasmatidae

1. Anterior femora rarely triangular in cross section, but if they are, then neither serrate nor dentate at base (Exception: apterous Cladoxerini); anterior femora usually with four distinct carinae ………… 2
   Anterior femora approximately triangular in cross section, serrate at least dorsobasally; either with wing rudiments or with mesonotum longer than metanotum; some small, apterous species in Burma and Indonesia with dorsobasally smooth fore femora, a short mesonotum, and anal segment of male cleft ………… **Phasmatinae**
2. Female operculum and elongate supra-anal plate form beak-shaped ovipositor, often attached without suture; posterior femora of male often thickened and armed ………… **Eurycanthinae**
   Female operculum and supra-anal plate do not form a beak-shaped ovipositor; hind femora of male never thickened or armed; cheeks broader than eye; tegmina and often wings short or wanting ………… **Platycraninae**

Key to the tribes of Phasmatinae

1. Both sexes alate or with wing rudiments; Cerci of female strongly flattened and widened or elongate and lanceolate; ocelli of male distinct ………… **Phasmatini**
   Both sexes, or at least female apterous ………… 2

2. Both sexes completely lacking organs of flight; median segment distinctly shorter than metanotum, usually much shorter ········ 3

Male alate; median segment of female almost or completely as long as metanotum ········ **Pharnaciini**

3. Asia ········ **Baculini**

Australia, New Zealand ········ **Acanthoxylini**

Key to the genera of Baculini

1. All legs serrate; operculum distinctly extending beyond the tip of abdomen ········ ***Phryganistria***

Femora of fore legs serrate or without teeth ········ 2

2. 1st abdominal segment of female transverse ········ ***Interphasma* gen. nov.**

1st abdominal segment of female normal ········ 3

3. Anal segment of female truncate or emarginate; supra-anal plate present or lacking ········ 4

Anal segment of female variable, short, long or lanceolate, emarginate or with long supra-anal plate ········ 5

4. Femora of fore legs serrate ········ ***Baculum***

Femora of fore legs unarmed ········ ***Parabaculum***

5. Anal segment emarginate, supra-anal plate long or absent ········ 6

Anal segment usually elongate, supra-anal plate lacking or short ········ 8

6. Head with two lobes or transverse carina; operculum much longer than anal segment ········ ***Prosentoria***

Head with two spines or lacking; operculum with apex of anal segment forming bird's beak ········ 7

7. Supra-anal plate lacking ········ ***Paraentoria***

Supra-anal plate present ········ ***Entoria***

8. Cerci of female long and pointed, lamellate ········ ***Paraclitumnus***

Cerci of female normal ········ 9

9. Tip of anal segment not cleft ········ ***Rhamphophasma***

Tip of anal segment cleft ········ 10

10. Anal segment much elongate, the 1/3 part of the base deeply cleft into two lobes; operculum lanceolate ········ ***Mesentoria* gen. nov.**

Anal segment slightly or much elongate, cleft distally or medially; operculum cymbiform ········ 11

11. Ventro-median carina of fore femur with small teeth; anal segment shorter, shallowly cleft near the apex; operculum nearly extending to the apex of anal segment ········ ***Leiophasma* gen. nov.**

Ventro-median carina of fore femur smooth; anal segment elongate, deeply cleft near the middle; operculum extending the base of anal segment ········ ***Paraleiophasma* gen. nov.**

Gen. *Paraentoria*: Key to the species (Female)

1. Lamellae of middle femur subbasally with a lobe, lobes of dorso-basal carina of hind femur and tibia distinct ········ ***P. lushanensis* Chen et He**

Lamellae of middle femur subbasally complex, lobes of dorso-basal carina of hind femur and tibia indistinct ········ ***P. sichuanensis* Chen et He**

Gen. *Paraclitumnus*: Key to the species (Female)

1. Two spines or tubercles between eyes ········ 2

Two spines or tubercles lacking between eyes ········ 3

2. Two thick spines between eyes; ventro-median carinae of four posterior femora without fine teeth ········ ***P. robinius* Cai**

Two small tubercles between eyes; ventro-median carinae of four posterior femora with a series of fine teeth ········ ***P. henanensis* Chen**

3. Head shorter and elevated; latero-distal lobe of anal segment blunt ················ ***P. apicalis*** **(Chen et He)**

   Head elongate and slightly flat ················ 4

4. Ventro-median carinae of four posterior femora with 6-7 teeth ················ ***P. bannaensis*** **Chen, Shang et Pei**

   Ventro-median carinae of four posterior femora with 1-2 teeth ················ ***P. nigrodentatus*** **(Chen et Yin)**

Gen. *Baculum*: Key to the species (Female)

1. Two spines or transverse carina between eyes ················ 2

   Two spines or transverse carina absent between eyes ················ 37

2. Sternite of 7th abdominal segment with median elevation ················ 3

   Sternite of 7th abdominal segment without median elevation or indistinct ················ 16

3. Head with two lamellae ················ ***B. phyllodeum*** **sp. nov.**

   Head with two spines ················ 4

4. Ventro-median carinae of four posterior femora smooth ················ ***B. hainanense*** **Chen et Li**

   Ventro-median carinae of four posterior femora with teeth ················ 5

5. Ventro-median carinae of four posterior femora with series of teeth ················ 6

   Ventro-median carinae of four posterior femora with only a few apical teeth ················ 12

6. Ventral internal and median carinae with series of small teeth ················ ***B. brevicercatum*** **Chen**

   Ventral internal and median carinae with a few apical teeth ················ 7

7. Three ventral carinae of four hind tibiae with series of blackish small spines ······ ***B. yuexiense*** **(Chen et He)**

   Internal and median carinae of four hind tibiae with spines ················ 8

8. Fore femora smooth ················ 9

   Dorsal or ventral carinae of fore femora with teeth ················ 10

9. Ventro-median carina of mid femur with a series of teeth ················ ***B. longicornis*** **(Chen et Wang)**

   Ventro-median carina of mid femur with about 3 teeth ················ ***B. wenxianense*** **Chen et Wang**

10. Dorso-internal carina of fore femur from base to middle with brown teeth, its ventral carinae smooth ················ ***B. jinnanense*** **Chen et He**

    Dorsal carinae of fore femur serrate, ventral carinae smooth ················ 11

11. Dorso-internal carina of fore femur from base to middle with 5 teeth; median elevation of sternite VII rather flat ················ ***B. brunneum*** **Chen et He**

    Dorso-internal carina of fore femur from base to middle with 9 larger teeth; median elevation of sternite VII nearly pointed ················ ***B. dolichocercatum*** **Bi et Wang**

12. Dorsal carinae of mid femur smooth ················ 13

    Dorsal carinae of mid femur with teeth, spines or lobes ················ 15

13. Fore femur smooth ················ ***B. formosanum*** **Shiraki**

    Fore femur with teeth ················ 14

14. Dorso-internal carina of fore femur with 7-9 small teeth ················ ***B. interdentatum*** **Chen**

    Dorso-internal carina of fore femur with 4 small teeth, from middle to apex of four posterior tibiae with several rows of small spines ················ ***B. politum*** **Chen et He**

15. Head a transverse carina; ventro-internal and external carinae of mid femur with large lamellae and series of fine teeth respectively ················ ***B. interruptum*** **sp. nov.**

    Head with 2 spines; ventro-external carina of mid femur with a lamella basally and 2 apical spines ················ ***B. perfidum*** **Giglio-Tos**

16. Lobes or teeth of 3 pairs of legs absent, only four posterior tibiae with a few spines ················ ***B. nyalanense*** **Chen, Shang et Pei**

Lobes or teeth of 3 pairs of legs present ········· 17

17. Dorsal carinae of fore femur with teeth ········· 18

Dorsal carinae of fore femur smooth ········· 20

18. Head with 2 lamellae ········· ***B. thaii*** **Hausiethner**

Head with 2 spines ········· 19

19. Dorsal and ventral carinae of fore femur unarmed ········· ***B. xiaguanense*** **sp. nov.**

Dorsal and ventral carinae of fore femur armed ········· 31

20. Ventro-external carina of femur with 4-5 teeth ········· ***B. xixianense*** **Chen**

Ventro-external carina of femur with teeth not as above-mentioned ········· 21

21. Dorsal carinae of fore femur serrate, ventral carinae smooth ········· 22

Dorsal and ventro-external carinae of fore femur with a row of teeth respectively ········· 24

22. Dorsal side of mid femur smooth ········· ***B. chinense*** **(Brunner)**

Dorsal side of mid femur serrate ········· 23

23. Cerci conical shortly, apex pointed and about as long as supra-anal plate ········· ***B. rotunginum*** **Giglio-Tos**

Cerci flat and wider, extending beyond apex of abdomen ········· ***B. versicolorum*** **Chen et Wang**

24. Operculum non- cymbiform ········· 25

Operculum cymbiform ········· 26

25. Large sized; operculum semicylindrical; ventral carinae of mid femur with 2 basal lobes ········· ***B. arrogans*** **(Brunner)**

Larger sized; operculum long and spoon shaped ········· ***B. spatulatum*** **Bi**

26. Ventro-internal and external carinae of mid femur with a basal tooth respectively ········· ***B. kangxianense*** **Chen et Wang**

Ventro-internal and external carinae of mid femur with teeth not as above-mentioned ········· 27

27. Ventro-internal and external carinae of mid femur with a row teeth respectively; operculum long and cymbiform, much exceeding supra-anal plate ········· ***B. obliquum*** **Chen et He**

Ventro-internal and external carinae of mid femur with lobes respectively; operculum cymbiform, not or slightly exceeding apex of abdomen ········· 28

28. Lateral sides of meso- and metathorax granulate sparsely ········· ***B. liboense*** **Chen et He**

Lateral sides of meso- and metathorax smooth ········· 29

29. Medium sized; median segment long equal wide in length ········· ***B. huayingense*** **Chen et He**

Large sized; median segment transverse ········· 30

30. Ventro-median carinae of four posterior femora with 6-8 small teeth apically ········· ***B. pseudoarrogans*** **sp. nov.**

Ventro-median carinae of four posterior femora with 2-3 small teeth apically ········· ***B. grandis*** **Chen et He**

31. Thorax smooth ········· 32

Thorax granulate densely ········· 35

32. Mid femora shorter than mesonotum ········· 33

Mid femora longer than mesonotum ········· 34

33. Internal and external carinae of mid femur without basal teeth ········· ***B. sparsidentatum*** **Chen et He**

Internal and external carinae of mid femur with basal teeth ········· ***B. femoratum*** **Chen**

34. Ventro-external carina of fore femur 3 teeth, ventro-internal carina with a wider basal tooth ········· ***B. brachycerum*** **Chen et He**

Fore femur smooth, ventro-internal and external carinae of mid femur with 3 and 1 teeth respectively ········· ***B. irregulariter-dentatum*** **(Brunner)**

35. Mid femora shorter than mesonotum, ventral carina of mid femur smooth except for median carina with a few small teeth ······ ***B. intersulcatum*** **Chen et He**
Mid femora longer than mesonotum, ventro-internal and external carinae with teeth or lobes except for median carina with several small teeth ······ 36
36. Head with 2 larger spines; antennae 23-segmented ······ ***B. granulosum*** **Chen et He**
Head with 2 short spines; antennae 16-segmented ······ ***B. chongxinense*** **Chen et He**
37. Median elevation of 7th sternite of abdomen distinct ······ 38
Median elevation of 7th sternite of abdomen indistinct ······ 43
38. Dorsal carinae of mid femur with teeth or lobes ······ 39
Dorsal carinae of mid femur smooth ······ ***B. luopingense*** **Chen et Yi**
39. Dorsal carinae of mid femur lobed ······ 40
Dorsal carinae of mid femur with teeth or spines ······ 42
40. Ventro-median carinae of four posterior femora with a series of teeth; median elevation of sternite VII dentiform ······ ***B. porrectum*** **(Brunner)**
Ventro-median carinae of four posterior femora with a few apical teeth ······ 41
41. Ventro-median carinae of mid femur with lamellate teeth ······ ***B. maolanense*** **Chen et He**
Ventro-median carinae of four posterior femora with a few apical teeth; median elevation of sternum VII acute ······ ***B. acutum*** **Chen et He**
42. Large sized; median elevation of sternite VII triangular extended ······ ***B. granulatum*** **Shiraki**
Medium sized; median elevation of sternite VII larger and distinct ······ ***B. rotundum*** **Chen et He**
43. Dorsal carinae of fore femur with teeth ······ 44
Dorsal carinae of fore femur smooth ······ 55
44. Dorsal carinae of mid femur with several teeth sparsely, ventro-median carinae of four posterior femora without apical teeth ······ ***B. paulum*** **Chen et He**
Dorsal carinae of mid femursmooth, ventro-median carinae of four posterior femora with apical teeth ······ 45
45. Ventro-median carina of mid femur with teeth ······ 46
Ventro-median carina of mid femur with teeth and lobes except for apical teeth ······ 47
46. Mid femora slightly longer than mesonotum; four posterior tibiae smooth ······ ***B. asaphum*** **Chen et He**
Mid femora shorter than mesonotum; four posterior tibiae with 1 black basal tooth, 0-1 apical tooth, ventral carinae with a few fine spines ······ ***B. vicinum*** **Chen et Li**
47. Mid femora shorter than mesonotum ······ 48
Mid femora longer than mesonotum ······ 51
48. Dorsal carinae of fore femur near basal half with 1-2 small teeth, ventral carinae smooth ······ ***B. maoershanense*** **Chen et He**
Dorsal and ventral carinae of fore femur with a row of teeth respectively ······ 49
49. Body granulate densely; dorsal side of mid tibiae with 2 basal lobes ······ ***B. elaboratum*** **(Brunner)**
Body smooth ······ 50
50. Yellow stripe absent from mesothorax to 5th abdominal segment; mid tibiae with small spines. ······ ***B. longmenense*** **sp. nov.**
Yellow stripe distinct from mesothorax to 5th abdominal segment; dorso-external carina of mid tibiae with 1-2 lobes basally, ventral side with also 2 apical spines ······ ***B. flavovittatum*** **Chen et He**
51. Medium sized; body covered with sparse hair and dense granules; ventro-internal and external carinae of mid femur with 1 basal tooth respectively ······ ***B. sparsihirtum*** **Chen et He**

Medium or large sized; body smooth ········ 52

52. Ventral carinae of mid femur with series of teeth ········ 54

Ventro-median carina of mid femur with a few teeth ········ 53

53. Dorsal carinae of mid tibia with 1-2 teeth basally ········ ***B. jinxiuense* sp. nov.**

Dorsal carinae of mid tibia unarmed ········ ***B. caii* Brock et Seow-Choen**

54. A black transverse band between eyes; operculum shorter than apex of anal segment, ventro-external carina of hind femur with a row of sparse teeth ········ ***B. giganteum* Chen et Li**

A yellow transverse band between eyes; operculum much longer than apex of anal segment, ventro-external and internal carinae of hind femur with a row of teeth respectively ········ ***B. lianxianense* Chen, He et Chen**

55. Ventral carinae of fore femur smooth ········ 56

Ventral carinae of fore femur with teeth or spines ········ 59

56. Lateral margins of pronotum granulate; ventro-median carina of mid femur with a series of sparse teeth distally ········ ***B. yongrenense* sp. nov.**

Pronotum smooth; ventro-median carina of mid femur with several apical teeth ········ 57

57. Median segment with longitudinal carina; ventro-median carina of mid femur 1-2 teeth apically, ventral carinae of mid tibia with a few apical teeth ········ ***B. tianmushanense* Chen et He**

Median segment without longitudinal carina; ventro-median carina of mid femur with over 3 teeth apically. ········ 58

58. Mid femora about as long as mesonotum; operculum not surpassing the tip of abdomen ········ ***B. trilineatum* sp. nov.**

Mid femora longer than mesonotum, operculum surpassing the tip of abdomen ········ ***B. jigongshanense* Chen et Li**

59. Thorax and abdomen without longitudinal carina ········ ***B. ecrinatum* Bi et Lian**

Thorax and abdomen with distinct longitudinal carina ········ 60

60. Latero-internal carina of mid femur with a large triangular tooth ········ ***B. inermum* Bi**

Latero-internal carina of mid femur without such above-mentioned tooth ········ 61

61. Ventro-internal and external carinae of mid femur serrate ········ ***B. bifarium* sp. nov.**

Ventro-internal and external carinae of mid femur without series of teeth ········ 62

62. Large sized, 3 pairs of legs slender and long, four posterior tibiae with basal teeth ········ ***B. pingliense* Chen et He**

Medium sized; 3 pairs of legs shorter, four posterior tibiae without basal teeth ········ ***B. minutidentatum* Chen et He**

Gen. *Baculum*: Key to the species(Male)

1. Head with 2 spines ········ 2

Head without 2 spines ········ 18

2. 2 spines of head lamellate ········ 3

2 spines of head normal ········ 4

3. 2 spines of head longer and flat; pronotum yellow ········ ***B. grandis* Chen et He**

2 spines of head shorter and cone shape; pronotum brown ········ ***B. phyllodeum* sp. nov.**

4. Ventro-median carinae of four posterior femora smooth and unarmed ········ 5

Ventro-median carinae of four posterior femora with distal teeth or series of teeth ········ 10

5. Front femora shorter than mesothorax and metathorax(with median segment) together ········ 6

Front femora longer than mesothorax and metathorax(with median segment) together ········ 8

6. Head with 2 thick spines; ventro-median carinae of four posterior femora serrate finely ························ ························ ***B. fusco-thoracicum* Liu et Cai**
   Head with 2 small spines ························ 7
7. Mesothorax about as long as metathorax (with median segment) ························ ***B. spinulosum* Chen et Wang**
   Mesothorax not as long as metathorax (with median segment) ························ ***B. chinense* (Brunner)**
8. Head with 2 long spines; sternites II-VII of abdomen with 2 processes posteriorly ························ ························ ***B. spinicornum* Chen et He**
   Head with 2 conical spines; sternites II-VII of abdomen without processes ························ 9
9. Subgenital plate broadened distally and split, not exceeding apex of 9th segment ························ ························ ***B. baishuijiangense* (Chen et He)**
   Subgenital plate pointed distally and entire, exceeding apex of 9th segment ························ ***B. bomiense* Chen et He**
10. Mesothorax shorter than metathorax(with median segment) ························ 11
    Mesothorax longer than metathorax(with median segment) ························ 15
11. Dorso-interior carinae of four posterior femora with teeth ························ ***B. gansuense* Chen et Wang**
    Dorso-interior carinae of four posterior femora unarmed ························ 12
12. Mediun sized; antennae 23 joints; ventro-median carinae of four posterior femora with 2-3 distal teeth ························ ························ ***B. nigrolineatum* Chen et He**
    Ventro-median carinae of four posterior femora with series of fine teeth ························ 13
13. Cerci flat ························ ***B. platycercatum* sp. nov.**
    Cerci cylindrical ························ 14
14. Ventro-median carinae of four posterior femora with a series of fine teeth ························ ***B. wenxianense* Chen et Wang**
    All ventral crinae of four posterior femora with series of fine teeth ························ ***B. longicornis* (Bi et Wang)**
15. Both sides of meso- and metathorax mixed brown with light green stripes ························ ***B. viridulum* Chen et Li**
    Both sides of meso- and metathorax not as above-mentioned colouration ························ 16
16. Ventral side of meso- and metathorax with yellowish stripe ························ ***B. wuyishanense* Chen et Li**
    Ventral side of meso- and metathorax without such stripe ························ 17
17. Head castaneus, orange spines and between eyes ························ ***B. arrogans* (Brunner)**
    Head brown, eyes beneath light yellow ························ ***B. xingshanense* Chen et He**
18. Ventro-median carinae of four posterior femora smooth and unarmed ························ 19
    Ventro-median carinae of four posterior femora with distal or a series of teeth ························ 20
19. large sized; mid and hind tibiae smooth ························ ***B. chinense* (Brunner)**
    Medium sized; mid and hind tibiae with sparse small spines ························ ***B. obnoxium* (Brunner)**
20. Ventro-median carinae of four posterior femora with a series of fine teeth ························ 21
    Ventro-median carinae of four posterior femora with only a few distal teeth ························ 22
21. Brown band eyes behind; ventro-median carinae of mid femora with a series of fine teeth ························ ························ ***B. dolichocercatum* Bi et Wang**
    Brown band absent eyes behind, all ventral carinae of mid femora with a series of teeth respectively ························ ························ ***B. politum* Chen et He**
22. Head uniform coloured ························ 23
    Eyes behind or beneath with different colouration ························ 34
23. Fore femora longer than or as long as meso- and metathorax(with median segment) together ························ 24
    Fore femora shorter than meso- and metathorax(with median segment) together ························ 30
24. large sized; yellowish band between eyes ························ ***B. fasciatum* Chen et He**

Medium sized, yellowish band absent between eyes ········· 25

25. Both sides of meso- and metathorax uniform colouration ········· ***B. wuzhishanense*** **Chen et Li**

Both sides of meso- and metathorax with different colouration ········· 26

26. Latero-distal lobes of anal segment long and pointed ········· ***B. longmenense*** **sp. nov.**

Latero-distal lobes of anal segment blunt shortly ········· 27

27. Meso- and metathorax to previous 8 abdominal segments with 3 stripes ········· ***B. trilineatum*** **sp. nov.**

Meso- and metathorax to previous 8 abdominal segments without 3 stripes ········· 28

28. Mesothorax about as long as metathorax (with median segment); latero-distal lobes of anal segment blunt shortly ········· ***B. jianfenlingense*** **sp. nov.**

Mesothorax not equal metathorax (with median segment) in length ········· 29

29. Body length about 100mm; fore femora black, four posterior femora yellow ········· ***B. caii*** **Brock et Seow-Choen**

Body length 70-88mm; femora of 3 pair of legs black ········· ***B. pingliense*** **Chen et He**

30. Antennae distinctly longer than fore femora, apex of anal segment digitiform ········· ***B. antennatum*** **Chen et Li**

Antennae shorter than fore femora ········· 31

31. Many segments of abdomen two colouration ········· ***B. annuliventris*** **sp. nov.**

Many segments of abdomen uniform colouration ········· 32

32. Ventral side of body with blackish stripes ········· ***B. jinxiuense*** **sp. nov.**

Ventral side of body without blackish stripes ········· 33

33. Both sides of meso- and metathorax to abdomen with blackish stripes ········· ***B. kangxianense*** **Chen et Wang**

Both sides of meso- and metathorax to abdomen without blackish stripes ········· ***B. nigrifactum*** **Chen et Li**

34. Mid and hind tibiae with small spines ········· 35

Mid and hind tibiae smooth ········· 38

35. Dorsal side of meso- and metathorax black; both sides of abdomen with blackish stripes ········· ***B. xinganense*** **Chen et He**

Dorsal side of meso- and metathorax not black; both sides of abdomen without blackish stripes ········· 36

36. Large sized; eyes beneath with yellow band ········· ***B. flavofasciatum*** **Chen et He**

Medium sized; eyes behind with a dark brown band ········· 37

37. Eyes behind with brown maculation; mid femora longer than mesothorax ········· ***B. tianmushanense*** **Chen et He**

Eyes to both sides of 7th abdominal segment with dark fine stripes; mid femora about as long as mesothorax ········· ***B. longianalum*** **sp. nov.**

38. Yellowish broad carina between eyes; hind margin of anal segment nearly truncate ········· ***B. jigongshanense*** **Chen et Li**

Carina absent between eyes ········· 39

39. Middle of subgenital plate with a obvious horn shaped process ········· ***B. lineatum*** **Liu et Cai**

Subgenital plate normal ········· 40

40. Apex of subgenital plate incised ········· ***B. brevianalum*** **sp. nov.**

Apex of subgenital plate entire ········· ***B. lineaticeps*** **(Brunner)**

Baculum jianfenglingense **sp. nov.** (Fig. 186)

Male: Larger and slender. Stick-like and rather laevigatus. Body yellowish brown, both sides of meso- and metathorax with light stripes. Head elliptical with longitudinal sulci, a little elevated, without spines, occiput tuberculated; antennae filiform and distinct segmented (in part broken off) 1st joint long, apex thick, 2nd one cylindrical, shorter than 1st one. Pronotum slightly shorter than head, with transverse sulcus and longitudinal sulcus crossing in the middle, transverse sulcus placed in the middle, not reaching to lateral margin, tergites of meso- and metathorax with longitudinal median carina, metathorax (with median segment) about same length as mesothorax. Fore femur long, mid femur extending to 3rd abdominal segment, 4-5 small black teeth on its ventro-medium carina. Abdomen cylindrical, 8th-9th segments dilated, 9th one rather short, anal segment longer than 8th one, split into two lobes, latero-distal lobe blunt shortly; subgenital plate with apex pointed, reaching to the base of anal segment; cerci cylindrical, slightly curved inward, apices narrowed, not extending to the tip of abdomen.

Female: Unknown.

Measurements (mm): Body 80.0, pronotum 2.2, mesonotum 16.4, metanotum (with median segment) 16.0, median segment 2.4, fore femur 36.0, mid femur 25.0, hind femur (broken off).

Holotype ♂ (IZAS), Mt. Jianfengling, Hainan Prov., 1982-VIII-21, Chen Zhiqing.

This new species is allied to *B. intersulcatum* Chen et He, but differs from the latter by dents on medio-ventral of mid femora rather dense distally, subgenital plate extending to the base of anal segment and its apico-lateral lobes obtuse shortly.

***Baculum platycercatum* sp. nov.** (Fig. 187)

Male: Larger and slender. Stick-like and smooth. Body yellowish except for both apices of meso- and metathorax and hind apices of many abdominal segments brown. Head elliptical, occiput with longitudinal sulci; antennae filiform and distinct segmented, 24 joints, 1st joint long, with longitudinal ridge, 2nd one cylindrical, much shorter than 1st one. Pronotum slightly shorter than head, with transverse sulcus and longitudinal sulcus crossing in the middle, transverse sulcus placed near the middle, both apices of meso- and metathorax slightly broadened, mesonotum longer than metanotum (with median segment); median segment a little longer than wide. Legs slender and long, fore femur longer than hind femur, ventro-median carinae of four posterior femora with about 3 teeth, from middle to apices of their tibiae with several small spines. Abdomen cylindrical, apical 3 segments tectiform, 9th segment short, anal segment slightly longer than 8th one, anal segment cleft two lobes, its apical lobe slender and narrow, with blunt apex; apex of subgenital plate pointed, reaching to the base of anal segment; cerci obviously flat, slightly curved inward, not extending to the tip of abdomen.

Female: Unknown.

Measurements (mm): Body 84.0, pronotum 2.5, mesonotum 19.0, metanotum (with median segment) 16.5, median segment 2.4, fore femur 37.0, mid femur 23.0, hind femur 31.0.

Holotype ♂ (BJFU), Taishun Co. (750m), Zhejiang Prov., 1998-XI-20, Bao Qimin; paratypes 2 ♂♂ (BJFU), same as holotype, 2005-VIII-4, Xu Jin.

This new species is allied to *B. viridulum* Chen et He, but differs from the latter by two spines between eyes frontwards oblique, subgenital plate pointed and longer, and body colour also different.

***Baculum xiaguanense* sp. nov.** (Fig. 188)

Female: Larger and slender. Stick-like and apterous. Body laevigatus with fine logitudinal median carina. Yellowish brown in colour. Head elliptical with 3 longitudinal sulci; eyes smaller, rounded and prominent, 2 spines between eyes, 1st joint of antennae (in part lost) depressed and phylliform, 2nd one cylindrical, much shorter than 1st one. Pronotum rectangular, shorter than head, with transverse sulcus and longitudinal sulcus of crossing-form type, transverse sulcus placed behind the middle; mesonotum rather long; metathorax (with median segment) about 5/6 length of mesothorax; median segment longer than wide. Fore femur longer than hind one, 3-4 teeth on ventro-medium carinae of four posterior femora respectively. Abdomen cylindrical, apical 3 segments slightly dilated and tectiform, 9th segment shorter, anal segment much shorter than 8th one, its latero-posterior horns blunt shortly, hind margin triangularly emarginate; supra-anal plate shorter than the tip of anal segment; operculum navicular, rather flat, about extending to the middle or hind parts of anal segment; cerci small, apex rather pointed.

Male: Unknown.

Measurements (mm): Body 90.0. pronotum 2.6. mesonotum 18.0, metanotum (with median segment) 15.0, median segment 2.6, fore femur 25.0, mid femur 16.5, hind femur 21.0.

Holotype ♀ (BJAU), Xiaguan C. (2 010m), Yunnan Prov., 1981-V-13. Li Fasheng.

This new species is allied to *B. obnoxium* (Brunner), but differs from it by body comparatively large, mesonotum longer than metanotum (with median segment) and medio-ventral carinae of the four posterior femora with 3-4 small teeth distally.

***Baculum jinxiuense* sp. nov.** (Fig. 189)

Female: Large-sized. Stick-like, apterous and laevigatus. Body yellowish brown, with dorsal longitudinal carina. Head elliptical and narrowed behind, 2 spines or lamellae absent between eyes, but black transverse band present; antennae distinctly segmented (in part lost), 1st joint depreesed, 2nd one short and cylindrical. Pronotum trapezoidal, with transverse sulcus and longitudinal sulcus crossing in the middle, transverse sulcus placed near the middle; mesothorax longer than metathorax (with median segment); median segment about 1/4.5 x length of metathorax. Fore femur slightly longer than hind femur, a series of teeth on its dorso- interior carina, 7-8 black teeth on its ventro-exterior carina, mid femur a little shorter than head, pro- and mesothorax together. 1-2 teeth on the ventro-exterior carinae subbasally of four posterior femora respectively, 8-9 teeth on their ventro-medium carinae near apices, a few teeth on both dorsal and ventral carinae of tibiae. Apical segments of abdomen tectiform, anal segment conspicuously extending beyond 9th segment, posterior margin triangularly emarginate; supra-anal plate with longitudinal ridge, slightly surpassing latero-distal lobe of anal segment; operculum navicular, apex pointed, slightly extending to the tip of abdomen; cerci short and cylindrical, not reaching to abdominal apex.

Male: Liner and slender. Head yellowish, pronotum light brown, lateral sides light in colour, 3 pairs of legs brown except four posterior femora dark brown, ventral side of body with black longitudinal line, light maculations on 8th-9th tergites. 3 pairs of legs long and slender, ventro-median carinae of four posterior femora about with 3 denticles distally. Apical margin of anal segmnt arcuatus and truncate obliquely; subgenital plate cucullatus, reaching to the apex of 9th segment; cerci cylindrical, slightly curved inward, apex narrowed, not reaching to the tip of abdomen.

Measurements(mm): Body ♀ 128.0, ♂ 122.0; pronotum ♀ 3.0, ♂ 3.0; mesonotum ♀ 25.0, ♂ 27.0; metanotum(with median segment) ♀ 22.0, ♂ 22.5; median segment ♀ 4.0, ♂ 3.0; fore femur ♀ 38.0, ♂ 43.0; mid femur ♀ 29.0, ♂ 39.0; hind femur ♀ 34.0, ♂ 44.0.

Holotype ♀ (IZAS), paratype 1 ♂ (IZAS), Jinxiu Co., luoxiang (450m), Guangxi Zhuang Aut. Reg., 2000-VII-1, Li Wenzhu and Yao Jian.

This new species is related to *B. maoershanense* Chen et He, but differs from the latter by dorsal and ventral sides on fore femur with series of teeth, four posterior femora with a few teeth and supra-anal plate small.

***Baculum longmenense* sp. nov.** (Fig. 190)

Female: Large-sized. Stick-like, smooth and apterous. Body yellowish brown, with dorsal longitudinal carina; black transverse band between eyes, antennae dark brown except for 1st joint yellowish brown. Head elliptical, narrowed behind, with dorsal longitudinal sulci; eyes rounded and prominent, 2 spines lack between eyes; antennae much longer than 1/2 x length of fore femora, distinctly segmented, 1st joint long narrowly, with longitudinal ridge, 2nd one short and cylindrical, about 1/5 x length of 1st one. Pronotum nearly trapezodal, slightly shorter than head, with transverse sulcus and longitudinal sulcus crossing in the middle, transverse sulcus not extending to lateral margins; mesothorax a little longer than metathorax(with median segment); median segment longer than wide, about 1/6 x length of metathorax. Fore femur distinctly longer than hind one, base curved, 9-10 teeth like serration on its dorso-interior carina, 4 teeth sparsely on ventro-exterior carina, 2 teeth subbasally on ventro-exterior carinae of four posterior femora near base respectively, 6-7 teeth on ventro-medium carina near apex, a few spines of dorsal and ventral carinae of tibiae. Abdomen cylindrical, longer than head and thorax together, apical 3 segments indistinctly dilated, slightly tectiform, 8th segment about same length as remaining 2 segments together, anal segment longer than 9th one, posterior margin emarginate; supra-anal plate with longitudinal ridge, slightly exceeding the tip of anal segment; operculum long and navicular, 1/3 apical portion with ridge, apex pointed, extending beyond the tip of abdomen.

Male: Liner with dorsal longitudinal carina. Head and thorax yellowish brown, meso- and metathorax, 3 pairs of legs and abdomen dark brown. Head elliptical, antennae 22-segmented. 2-3 teeth on ventro-medium carinae of four posterior femora. Final 3 segments of abdomen swollen, anal segment split into two lobes, much longer than preceding 2 segments, its apical part thin narrowly; subgenital plate cucullatus and with longitudinal carina, apex slightly pointed, a little extending beyond tip of anal segment; cerci short and cylindrical, slightly curved inward.

Measurements(mm): Body ♀ 117.0, ♂ 78.0; pronotum ♀ 4.0, ♂ 2.6; mesonotum ♀ 27.0, ♂ 16.4; metanotum(with median segment) ♀ 21.0, ♂ 14.0; median segment ♀ 3.0, ♂ 2.0; fore femur ♀36.0, ♂35.0; mid femur ♀24.0, ♂24.0; hind femur ♀28.0, ♂28.0.

Holotype ♀ (ZSU), paratype 1 ♂ (ZSU), Longmen Co., Mt. Nankun Shan, Guangdong Prov., 1987-VI-9-14, Zhang Gaoxian and Lu Yongjun.

This new species is related to *B. flavovittatum* Chen et Li and *B. jinxiuense* sp. nov., but differs from the former by dorsal and ventral carinae on fore femur only with 4-5 teeth of lines, ventral carinae of four posterior femora with 2 teeth respectively and tibiae without lamellae, it differs from the latter by a few of teeth on ventro-exterior carinae of fore femora, tibiae carinae lacking distinct lamellae dorsally and shape of anal segment.

***Baculum bifarium* sp. nov.** (Fig. 191)

Female: Large-sized and apterous. Body stick-like and smooth with fine dorsal longitudinal carina. Body and femora of 3 pairs of legs brown, tibiae and tarsi green. Head elliptical, narrowed behind; eyes rounded and prominent, a black band between eyes, but without spines; antennae much shorter than fore femora, 1st joint flattened and lamellate, 2nd one short and cylindrical, cospicuously shorter than 1st one. Pronotum trapezoidal, transverse sulcus and longitudinal sulcus of crossing-form type, transverse sulcus placed near the middle; mesothorax slightly longer than metathorax (with median segment); median segment about 1/4.5 x length of mesothorax. 5-8 teeth on interior and exterior carinae of four posterior femora, 5-6 teeth on ventro-median carina near apex, base of ventro-median carina of tibia cultellate, a few spines on both dorsal and ventral carinae. Abdomen cylindrical, anal segment tectiform, slightly longer than 9th segment, its posterior margin triangularly emarginate; supra-anal plate small and triangle, shorter than lateral lobe of anal segment; operculum cymbiform, apex pointed, a little surpassing the tip of abdomen; cerci short and cylindrical, extending beyond abdominal apex.

Male: Unknown.

Measurements (mm): Body 140.0, pronotum 3.0, mesonotum 27.0, metanotum (with median segment) 22.0, median segment 4.0, fore femur (undeveloped), mid femur 33.0, hind femur 38.0.

Holotype ♀ (IZAS), Jinxiu Co., luoxiang (450m), Guangxi Zhuang Aut. Reg., 2000-VII-1, Yao Jian.

This new species is similar to *B. operculatum* (Brunner), but differs from the latter by operculum shorter and surpassing abdomen apex slightly.

***Baculum yongrenense* sp. nov.** (Fig. 192)

Female: Large-sized and apterous. Body stick-like, almost smooth and with longitudinal median carina. Body brown in colour. Head elliptical, normal behind, eyes rounded and slightly convex; antennae distinctly segmented (in part lost), 1st joint flattened and long, 2nd one short and cylindrical, about 1/3 x length as long as 1st one. Pronotum trapezodial, covered with sparse granules, transverse and longitudinal sulci crossing in the middle, transverse sulcus just before the middle, mesonotum smooth, nearly as long as metathorax (with median segment); median segment transverse. Three pairs of legs long, fore femur without spines or teeth, a series of teeth sparsely on ventro-median carinae of four posterior femora, a row of teeth on ventro-interior and median carinae of tibiae respectively. Abdomen elongated and liner, anal segment longer than 9th segment, posterior magin emarginate triangularly; supra-anal plate larger, its hind margin sinuate convex, conspicuously extending beyond anal segment; operculum navicular, apex pointed, surpassing base of anal segment; cerci small cryptically.

Male: Unknown.

Measurements (mm): Body 118.0, pronotum 4.0, mesonotum 25.0, metanotum (with median segment) 24.0, median segment 2.6, fore femur 32.0, mid femur 24.0, hind femur 22.0.

Holotype ♀ (NWSTUAF), Yongren Co., Yunnan Prov., 1981-III-22, Chou Io and Jing Ruo.

This new species is similar to *B. siamense* (Brunner), but differs from the latter by pronotum covered with granules, medio-ventral carinae of the four posterior femora with a series of denticles sparsely, and ventral side of its tibiae with 2 rows of small denticles.

***Baculum phyllodeum* sp. nov.** (Fig. 193)

Female: Rather large and apterous. Stick-like, covered with granules and dorsal longitudinal carina, last 5 segments with lateral longitudinal carinae. Body brown. Head elliptical, covered with granules sparsely; eyes rounded and prominent, 2 lamellae between eyes, antennae segmented (in part lost) distinctly, 1st joint flat widely, with longitudinal carina and granules, 2nd one short and cylindrical, about 1/4 x length of 1st one. Pronotum trapezoidal, with granules and transverse and longitudinal sulci of crossing-form type, transverse sulcus placed in the middle, mesothorax a little longer than metathorax (with median segment); median segment almost as long as wide, about 1/4 length of metathorax. Three pairs of legs long moderately, fore femur slightly longer than hind one, a series of teeth on its dorso-interior and ventro-exterior carinae respectively, 2 lobes near the base of ventro-interior and ventro-exterior carinae of mid femur, its corresponding carinae with 4-5spines, 2 teeth of dorso-interior carina of tibia basally, a tooth on ventro-interior carina, 4-6 teeth distally on ventro-midian carinae of mid and hind femora, near base of ventro-interior carina with 2 spines, apices of four posterior tibiae with spines. Abdomen cylindrical, 7th sternite with short pointed median elevation, apical 3 segments tectiform, the greatest length being 8th segment, anal segment a little longer than 9th one, with longitudinal carina, its posterior margin truncate obliquely inward; supra-anal plate small; operculum navicular, rather compressed, slightly shorter than the tip of abdomen; cerci short and cylindrical, apex pointed, extending to the tip of operculum.

Male: Larger-sized and linear. Stick-like, wingless, smooth and with fine longitudinal median carina. Antennae dark brown, meso- and metanotum brown. Head elliptical, distinctly narrowed behind, two short cone shaped spines between eyes (left one obsoletus), antennae filiform, longer than half of fore femora, 24-segmented, 1st joint long and depressed, 2nd one short and cylindrical. Pronotum trapezoidal, with transverse and longitudinal sulci crossing in the middle, transverse sulcus near the middle, mesothorax slightly longer than metathorax (with median segment); median segment longer than wide, about 1/5 x length of metathorax. Legs long and slender, fore femora much longer than four posterior femora, mid femur longer than mesothorax, apical teeth absent on ventral carinae of four posterior femora, several small spines near apices of tibiae. Abdomen cylindrical, obviously loger than head and thorax together, 8th-9th segments swollen, anal segment longer than 8th one, split into 2 lobes, its posterior half slightly narrow; subgenital plate cucullated, apex pointed, about extending to base of anal segment; cerci cylindrical with narrow apices, nearly reaching tip of abdomen.

Measurements(mm): Body ♀ 92.0-106.0, ♂ 98.0; pronotum ♀ 3.0-3.4, ♂ 3.0; mesonotum ♀ 19.0-21.0, ♂ 20.4; metanotum(with median segment) ♀ 16.0-19.0, ♂ 18.6; median segment ♀ 3.0-4.0, ♂ 3.0; fore femur ♀ 24.5-28.0, ♂ 41.0; mid femur ♀ 16.0-18.0, ♂ 28.0; hind femur ♀ 21.0-23.0, ♂ 34.0.

Holotype ♀ (NWSTUAF), Yongren Co., Yunnan Prov., 1981-III-22, Chou Io, Jing Ruo. paratypes 1 ♀ (BJAU), Kunming C., Yunnan Prov., date and collector unknown, 1 ♂ (BJFU), Kunming C., 2006-X-1, Pan Yongzhi.

This new species is similar to *B. recessa*(Brunner), but differs from the latter by ventral carina of fore femur with a series of denticles, dorsal carina of mid femur without any teeth, dorsal and ventral carinae of four posterior femora furnished with small spines of lines proportionally.

***Baculum trilineatum* sp. nov.** (Fig. 194)

Male: Medium-sized and linear. Stick-like, wingless and with fine longitudinal median carina. Body smooth and yellowish brown, a black longitudinal stripe along longitudinal carina and lateral sides of meso- and metathorax to 8th abdominal segment respectively. Head elliptical, distinctly narrowed behind, without spines but elevated between eyes; antennae (in part lost) filiform, distinctly segmented, 1st joint long and depressed, 2nd one short and cylindrical. Pronotum trapezoidal, with transverse and longitudinal sulci crossing in the middle, transverse sulcus near the middle; mesothorax slightly longer than metathorax (with median segment); median segment longer than wide. Legs long and slender, fore femur without spines or teeth, mid femur longer than mesothorax, 4-5 apical teeth on ventro-median carinae of four posterior femora. Abdomen cylindrical, last 3 segments tectiform, anal segment a little longer than 8th one, its posterior half slender narrowly, apex rather pointed, inferior margin curved upward slghtly; subgenital plate cucullated, apex narrowed, about extending to hind margin of 9th segment; cerci(broken off).

Female: Larger and stick-like. Head long and narrow, a black band between eyes; antennae 24-segmented, much shorter than fore femora, 1st joint depreseed and phylliform, 2nd one short and cylindrical. Middle femur about as long as mesothorax, 5-6 teeth on ventro-median carinae of four posterior femora, a few spines of tibiae near apex. Apical 3 segments of abdomen tectiform, the greatest length being 8th segment, anal segment a little longer than 9th one, its latero-posterior lobes rather blunt; supra-anal plate small, shorter than the tip of abdomen; operculum cymbiform, extending to posterior half of anal segment; ovipositor exposed; cerci short, visible slightly.

Measurements(mm): Body ♀ 92.0, ♂ 68.0; pronotum ♀ 3.0, ♂ 2.2; mesonotum ♀ 18.0, ♂ 14.0; metanotum(with median segment) ♀ 14.0, ♂ 11.0; median segment ♀ 3.0, ♂ 2.0; fore femur ♀ 25.0, ♂ 27.0; mid femur ♀ 17.0, ♂ 18.0; hind femur ♀ 22.0, ♂ 23.0.

Holotype ♂ (NWSTUAF), paratypes 2 ♀ ♀ (NWSTUAF), Kunming C., Yunnan Prov., 1987-

X-20, Feng Jinian, Xue Zhenzhao, 1 ♀ (NWSTUAF), Tonghai Co., Yunnan Prov., 1981-III-25, Chou Io and Liu Mingtang.

This new species is allied to *B. nigrolineatum* Chen et He, but differs from it by two spines lack between eyes, anal segment long narrowly and its distinguished shape.

***Baculum brevianalum* sp. nov.** (Fig. 195)

Male: Medium-sized, stick-like and apterous. Body smooth, slender and with fine dorsal longitudinal carina. Body brown, head and prothorax yellowish, dorsal median part of head and eyes above with brown maculations, near longitudinal carina and lateral margin of meso- and metathorax with dark brown stripes, apices of all femora and tibiae brown, lateral sides of metanotum with yellowish stripes. Head widely oval, narrowed behind, without spines but with longitudinal median sulcus; eyes rounded and convex, arcuatus concavity shallowly between eyes; antennae filiform, longer than half of fore femora, 21-segmented, 1st joint long, apex thick with dorsal longitudinal ridge, 2nd one short and cylindrical, nearly 1/4 x length of 1st one. Pronotum rectangular, shorter than head, with transverse and longitudinal sulci crossing in the middle, transverse sulcus just before the middle; mesothorax slightly longer than metathorax (with median segment); median segment longer than wide, about 1/4 x length of mesothorax. Fore femur longer than hind one, its base curved, 3-4 teeth on ventro-median carinae of four posterior femora respectively. Abdomen cylindrical, slightly longer than head and thorax together, last 3 segments dilated and tectiform, the greatest length being 8th segment, anal segment about same length as 9th one, rather short and blunt, its dorsal margin rather straight, outer margin truncate obliquely; subgenital plate cucullatus, apex emarginate, extending to base of anal segment; cerci small shortly and cylindrical, tapered towards apex, the middle slightly curved.

Female: Unknown.

Measurements (mm): Body 63.0, pronotum 2.0, mesonotum 14.5, metanotum (with median segment) 11.0, median segment 2.2, fore femur 26.0, mid femur 16.0, hind femur 20.0.

Holotype ♂ (ZSU). Mt. Lohfau Shan, Guangdong Prov. 1935-VII-20, Tinkham.

This new species is allied to *B. trilineatum* sp. nov., but differs from the latter by abdomen without black lateral stripes and anal segment blunt shortly.

***Baculum interruptum* sp. nov.** (Fig. 246)

Female: Large-sized. Body dark brown with dorsal longitudinal carina. Granules gradually sparse after 6th abdominal segment, also granules on the first joint of antennae. Head elongated, dorsal portion flat, a little narrowed behind, occiput with longitudinal sulci shallowly, a interrupted transverse carina between eyes; eyes rounded and prominent; antennae distinctly segmented (in part lost). Pronotum rectangular, with transverse and longitudinal sulci crossing in the middle, transverse sulcus not extending to lateral margin, hind apices of meso- and metathorax slightly broadened; median segment nearly trapezoidal, a little wider than long, a pair of lacunae indistinct. A row of teeth on dorso-interior and ventro-exterior carinae of fore femur, double lobes and a row of spines on ventro-interior and ventro-exterior carinae, a few teeth of ventro-median carina near apex, 3 lobes of dorso-interior carina of tibia, 1-2 lobes on ventro-interior carina basally, its 3 ventral carinae with even teeth, 2-3 teeth basally on dorso-interior carina of hind tibia, a few teeth near apex, several teeth on ventral and dorsal carinae, lamellae on ventro-median carinae of four posterior tibiae. Abdomen elongated and cylindrical, 2nd-6th abdominal segments with longitudinal sulci dorsally, others with longitudinal carinae, median elevation of 7th sternite large and conical, apical 3 segments narrower, with 8th segment longest, anal segment shorter, its posterior margin nearly truncate, triangularly emarginate; supra-anal plate small, shorter than lateral lobes of anal segment; operculum cymbiform, apex blunt and with longitudinal ridge, not reaching the tip of abdomen; cerci lanceolate, apex pointed, not surpassing lateral lobes of anal segment.

Male: Unknown.

Measurements(mm): Body 110, pronotum 3.6, mesonotum 21.0, metanotun(with median segment) 18.5, median segment 3.4, front femora 33.0, middle femora 20.0, hind femora 25.5.

Holotype ♀ (IZAS), Xishuangbanna, Yiwu Co. (800-1 300m), Yunnan Prov., 1958-XII-1, collected by Zhang Yiran.

This new species is very similar to *B. reginum*(Brunner, 1907), but differs in the head without spines, the base of the intero-superior carinae of middle femora only with one small lamella, inferior median carina of four posterior femora with several apical teeth and 7th sternite of abdomen with a large median elevation.

***Baculum pseudoarrogans* sp. nov.** (Fig. 248)

Female: Large-sized. Stick-like, smooth and with dorsal longitudinal carina. Body brown. Head elliptical, elevated above, slightly longer than pronotum, 2 spines between eyes; occiput without sulci; eyes rounded and prominent; antennae 26-segmented, almost extending to 1/3 x length of fore femora, 1st joint depressed and wide, with ridge, 2nd one short and cylindrical. Pronotum rectangular, with transverse and longitudinal sulci crossing in the middle, transverse sulcus not extending lateral margin, meso-and metathorax wider behind; median segment transverse, a pair of lacunae in the middle. Legs linear and long, fore femur serrate along its dorso-interior and ventro-exterior carinae, mid femur with 0-1 tooth on dorso-interior carina, a lobe on its interior and ventro-exterior carinae respectively, 6-7 teeth on ventro-median carina apically, 2 lobes on dorso-interior carina of tibia, hind femur with a lobe on its ventro-exterior carina basally, 6-8 teeth on ventro-median carina, hind tibia with 2 linking lobes on dorso-interior carina subbasally, apex with 3-4 spines, also 3-4 spines on interior and ventro-exterior carinae. Abdomen cylindrical, apical 3 segments tectiform, 8th segment being longest, anal segment shorter, hind margin U-shaped emarginate and obliquely truncate; supra-anal plate rather large, corniform with distinct longitudinal ridge, extending beyond lateral lobe; operculum navicular, apex pointed, with longitudinal carina near apical 1/3 part, two sides eversible, not reaching the tip of abdomen.

Male: Unknown.

Measurements(mm): Body 144.0, pronotum 4.0, mesonotum 26.0, metanotum(with median segment) 24.0, median segment 3.6, fore femora 35.0, middle femora 23.0, hind femora 27.0.

Holotype ♀ (IZAS), Xishuangbanna, Menghum Co. (1 200-1 400m), Yunnan Prov., 1958-V-17, collected by Meng Xuwu, paratype 1 ♀ (IZAS), Xishuangbanna, Mengsong Co. (1 600m), Yunnan Prov., 1958-IV-24, collected by Wang Shuyong..

This new species is distinguished from *B. arrogans* (Brunner, 1907), but differs in the operculum distinctly naviculated and its apex pointed and the more teeth in the apical portion of inferior median carina of four posterior femora..

***Baculum longianalum* sp. nov.** (Fig. 249)

Male: Medium-sized, slender and smooth. Body yellowish brown, lateral dark brown lines eyes behind to 7th abdominal segment. Head elongate and smooth, flattened above; occiput with longitudinal median sulcus, lateral longitudinal culci shallow, also forming 4 tuberculi, 2 spines lack between eyes; antennae 27-segmented, about extending to the posterior half of fore femora. Pronotum rectangular, with transverse and longitudinal sulci crossing in the middle, meso- and metathorax rather wide behind, rugous transversely; median segment much longer than wide, a pair of lacunae in the middle of posterior margin. Legs slender and long, without spines or teeth on fore femora, 2-4 small spines on ventro-median carinae of four posterior femora apically, a few distal spines on tibiae. Abdomen long and linear, cylindrical, apical 2 segments broadened, anal segment longer than preceding two ones, the base with carina strongly, apex deeply cleft and slightly pointed; subgenital plate not elevated, apex blunt and cleft moderately, not reaching to posterior margin of 9th segment; cerci short obviously, broader at base, tapered towards tip, slightly curved inward, not quite extending to the tip of abdomen.

Female: Unknown.

Measurements (mm): Body 69.0, pronotum 2.6, mesonotum 16.8, metanotum (with median segment) 12.6, median segment 2.2, fore femora 29.5, middle femora 17.0, hind femora 23.0.

Holotype ♂ (IZAS), Xishuangbanna, Menghe Co. (1 050-1 080m), Yunnan Prov., 1958-V-20, collected by Wang Shuyong.

This new species is allied to *B. lineatum* Liu et Cai, but can be separated by the both sides of the 1st-7th tergites of abdominal segments with fine blackish brown stripes, four posterior tibiae with several small spines and subgenital plate not elevated.

Gen. *Parabaculum*

Parabaculum Brock, 1999

P. wushanense (Fig. 267): Body length female 96mm, male 65mm. Larger sized and stick-like. Body brown and smooth with median longitudinal carina. Head elliptical and a little longer than pronotum, back almost not elevated, 2 spines absent between eyes; eyes semiglobosus; antennae 22-segmented, about reaching to 1/3 x length of fore femora, basal joint depressed widely, 2nd one cylindrical shortly. Pronotum subrectangular, with transverse and longitudinal sulci crossing in the middle, transverse sulcus not extending to lateral margin, mesothorax behind and both apices of metathorax widened; median segment transverse. Legs slender and long, without any teeth or lobes on fore femora, ventro-middle carina of middle femora with 3-4 denticles. Abdomen cylindrical, last 3 segments tectate, the longest being 8th segment, anal segment slightly short, apex somewhat emarginated; supra-anal plate not surpassing its apico-lateral lobes; operculum cymbiform and carinatus near apex, not extending beyond tip of abdomen; cerci reaching to abdominal apex.

Male: Thinner than female. Mesothorax, metathorax and several apical segments tinged with yellow and brown stripes laterally. Head slightly longer than pronotum, antennae 21-segmented, distinctly extending beyond middle of fore femora. Pronotum nearly rectangular, with transverse and longitudinal sulci crossing in the middle, meso- and metanotum covered with fine transverse rugae densely, also with transverse and longitudinal ridges; median segment longer than wide. Legs long and slender, ventro-median carinae of four posterior femora with 3-4 teeth, tibiae smooth and hairy. Abdomen cylindrical, 8th segment compressed, apex of 9th segment a little dilated, anal segment longer than previous segment, tip cleft, hind margin nearly truncate; subgenital plate swollen, apex cleft, extending to tip of 9th segment; cerci very short, slightly curved inward, not exceeding tip of abdomen.

Distribution: Sichuan, Henan, Shaanxi.

Gen. *Entoria*: Key to the species (Female)

1. Fore femora beneath not serrate ······ 2
   Fore femora beneath serrate ······ 7
2. Posterior margin of 10th tergite U-shaped ······ ***E. laminata* Cai et Liu**
   Posterior margin of 10th tergite trianglarly incised or truncate ······ 3
3. Head with two spines or lamellae; operculum surpassing the tip of supra-anal plate; if not so, then 10th tergite longer than 9th tergite ······ 4
   Head without spines; operculum never surpassing the tip of supra-anal plate ······ 6
4. Head with two lamellae ······ 5
   Head with two spines; operculum surpassing the tip of supra-anal plate ······ ***E. koshunensis* Shiraki**
5. Body larger ;about 130-140mm; legs longer, fore femur with a few teeth ······ ***E. victoria* Brock et Seow-Choen**
   Body smaller; 105mm; legs shorter, fore femur with more teeth ······ ***E. hainanensis* Cai et Liu**
6. Fore femur not serrate; anal segment much longer than 9th tergite ······ ***E. nuda* Brunner**
   Fore femur above basally serrate; anal segment nearly as long as 9th tergite ······ ***E. ishigakiensis* Shiraki**
7. Head with two lamellae ······ 8
   Head with two spines ······ 10
8. Lateral margin of 10th tergite striaght obliquely ······ 9
   Lateral margin of 10th tergite sinuate ······ ***E. wuyiensis* Cai et Liu**
9. Hind margin of 10th tergite triangularly incised; operculum not surpassing supra-anal plate ······ ***E. shinchikuensis* Shiraki**
   Hind margin of 10th tergite U-shaped; operculum surpassing supra-anal plat ······ ***E. baishanzuensis* Chen et He**
10. Four posterior tibiae without lobes ······ 11
    Four posterior tibiae with lobes ······ 14
11. Posterior margin of 10th tergite U-shaped emarginate ······ ***E. sichuanensis* Cai et Liu**
    Posterior margin of 10th tergite triangularly emarginate ······ 12

12. Middle femur without lobes; 10th tergite slightly emarginate ············ *E. banshoryoensis* **Shiraki**

Middle femur with lobes; 10th tergite distinctly emarginate ············ 13

13. Middle femur with a basal lobe; lateral margin of 10th tergite distinctly sinuate ······ *E. taihokuensis* **Shiraki**

Middle femur with a pair of basal lobes; lateral margin of 10th tergite oblique ··· *E. fuzhouensis* **Cai et Liu**

14. Middle femur with lobes beneath ············ 15

Middle femur without distinct lobes beneath ············ *E. kiirunensis* **Shiraki**

15. Operculum extending beyond the tip of supra-anal plate ············ 16

Operculum not reaching to the tip of supra-anal plate ············ 17

16. middle femur with a pair of distinct subbasal lobes; anal tergite truncate; supra-anal plate gradually narrowed toward apex ············ *E. taitoensis* **Shiraki**

Middle femur with a small posterior tooth; anal tergite triangularly emarginate; supra-anal plate abruptly narrowed apically ············ *E. longiopercula* **Shiraki**

17. Middle and hind femora not spinose or serrate above ············ *E. takaoensis* **Shiraki**

Middle and hind femora spinose above ············ 18

18. Hind margin of 10th tergite slightly emarginate ············ *E. domonensis* **Shiraki**

Hind margin of 10th tergite triangularly incised ············ *E. formosana* **Shiraki**

Gen. *Entoria*: Key to the species (Male)

1. Head with two tubercles or spines ············ 2

Head without tubercles or spines ············ 4

2. Head with two spines ············ 3

Head with two tubercles ············ *E. bitubercalata* **Bi**

3. Lateral side of head with black band ············ *E. koshunensis* **Shiraki**

Lateral side of head without black band ············ *E. victoria* **Brock et Seow-Choen**

4. Mesothorax to abdomen apex with yellowish stripe ············ 5

Mesothorax to abdomen apex without yellowish stripe ············ 6

5. Large size, body length 104mm; apices of femora black ············ *E. gracilis* **Bi**

Medium size, body length 70mm; apices of femora plain ············ *E. humilis* **Bi**

6. Pronotum with a transverse sulcus behind the middle ············ *E. nuda* **Brunner**

Pronotum with a transverse sulcus in the middle or anterior ············ 7

7. All femora with yellowish bands ············ *E. baishanzuensis* **Chen et He**

All femora without yellowish bands ············ 8

8. 9th tergite nearly as long as 8th tergite ············ 9

9th tergite distinctly shorter than 8th tergite ············ 11

9. 9th tergite distinctly longer than the half of 8th tergite ············ 10

9th tergite distinctly shorter than the half of 8th tergite ············ *E. taitoensis* **Shiraki**

10. First joint of antenna about 2.5 x as long as wide ············ *E. ishigakiensis* **Shiraki**

First joint of antenna about 2 x as long as wide ············ *E. kiirunensis* **Shiraki**

11. Body strongly linear; antennae surpassing the apex of fore femora ············ 12

Body moderately linear; antennae not reaching to the apex of fore femora ············ *E. fujianensis* **Cai et Liu**

12. Median segment with two crescentic foveolae obviously behind the middle ············ 13

Median segment with two crescentic foveolae in the middle ············ *E. taihokuensis* **Shiraki**

13. Head obviously narrowed behind ············ *E. shinchikuensis* **Shiraki**

Head slightly narrowed behind ············ *E. formosana* **Shiraki**

Leiophasma gen. nov.

Type-species: *Leiophasma yunnanense* sp. nov.

Size medium, stick-like, apterous and smooth.. Head depressed and elongated slightly; antennae short, distinct segmented, shorter than the half of fore femora. Mesonotum longer than metanotum with median segment. Middle femora nearly as long as metanotum with median segment. Ventro-median carinae on all femora with a few denticles apically, hind tibiae near apex with several small spines. Anal segment a little elongated, cleft near the apex shallowly, its apex arcuatus; operculum cymbiform, apex pointed, nearly reaching to the apex of anal segment; cerci short, apex slightly pointed.

This new genus is allied to *Ectentoria* Brunner, but differs in the size medium, fore femora not serrated, middle femora nearly as long as metanotum with median segment, ventro-median carinae on the four posterior femora with a few denticles apically. Anal segment slightly elongate, cleft shallowly and operculum cymbiform, about reaching apex of anal segment.

Distribution: China.

***Leiophasma yunnanense* sp. nov.** (Fig. 290)

Female: Medium-sized, stick-like and smooth, with dorsal longitudinal carina. Body brown. Head slightly elongated and flat above, a little narrowed behind; occiput with 3 longitudinal sulci and 4 tuberculi; eyes rather larger and prominent; antennae 22-segmented, shorter than half of fore femora, 1st joint depressed, with longitudinal sulcus, 2nd one cylindrical shortly. Pronotum rectangular, anterior margin slightly concave, with transverse and longitudinal sulci crossing in the middle, 2 lateral sulci on transverse sulcus behind; mesothorax longer than metathorax (with median segment); metathorax about 3 x length of median segment. Legs long moderately, base of fore femur curved, fine distal teeth on ventro-median carina, mid femora about as long as metathorax (with median segment), 5-6 teeth on ventro-median carinae of four posterior femora apically, several small spines of hind tibiae near apices. Abdomen cylindrical, longer than head and thorax together, apical 3 segments tectiform and with lateral carinae, anal segment rather long, shorter than 8th segment but longer than 9th one, its apical margin shallow cleft medially; operculum navicular with longitudinal and lateral carinae, apex slightly sharp, not extending to anal segment; cerci short and cylindrical, apex a little pointed.

Male: Unknown.

Measurements (mm): Body 84.0, mesonotum 16.0, metanotum (with median segment) 13.0, median segment 3.2, fore femur 22.0, middle femur 13.0, hind fimur 18.0.

Holotype ♀ (IZAS), Zhongdian Co. (2 900m), Yunnan Prov., paratype 1 ♀ (IZAS), Weixi (3100m), Yunnan, 1984-VIII-8-14, coll. Wang Shuyong.

Paraleiophasma gen. nov.

Type-species: *Leptynia xinganensis* Chen et He, 1993

Size medium, stick-like, apterous and smooth. Head depressed, slightly elongated; antennae shorter than fore femora, distinct segmented. Ventro-median carinae of fore femora smooth, middle femora nearly as long as metanotum with median segment, the four posterior femora with a few denticles apically. Anal segment much longer, cleft near the middle deeply; operculum extending base of anal segment; cerci short and small. Male anal segment cleft; subgenital plate cucullated; cerci slightly curved.

Holotype ♀, paratypes 2 ♀♀ 5 ♂♂, Xingan Co. (1 700-2 000m), Guangxi Zhuang Aut. Reg., 1992-VIII-25, coll. Chen Shuchun.

Included species: *Paraleiophasma xinganense* (Chen et He, 1993) comb. nov. (Fig. 291)

This new genus is closely allied to the preceding new genus *Leiophasma*, but distinguished by anal segment much longer, near middle part cleft, operculum cymbiform, nearly reaching to the base of anal segment.

Distribution: China.

Mesentoria gen. nov.

Type-species: *Mesentoria acuticaudata* sp. nov.

Size medium, stick-like, apterous and smooth. Head slightly elongated with depressed dorsum; antennae shorter than fore femora, distinct segmented. Mesonotum longer than metanotum with median segment. Middle femora nearly as long as or longer than metanotum with median segment together. Ventro-median carinae on all femora with several denticles apically, the four posterior tibiae with a few spines. Abdominal segments VIII-X (anal segment) tectate, anal segment strongly elongated, cleft deeply at base, its apical half lanceolate, with acute apex; operculum rather complanatus, its apex pointed and the middle inflated, only extending to the base of anal segment; cerci small and short. Male anal segment split and bilobed; subgenital plate arcuatus.

This new genus is similar to *Erringtoria* Brunner and *Leiophasma* gen. nov., it differs from the former by size medium and fore femora without teeth; it differs from the latter by anal segment extraordinary elongated and operculum lanceolate.

Distribution: China.

Gen. *Mesentoria*: Key to the species (Female)

1. Body with brown maculation ········ 2
   Body uniform green or yellowish brown ········ 3
2. Larger sized, body length 96mm; spines of four posterior tibiae absent ········ ***M. testacea* sp. nov.**
   Medium sized, body length 65mm; spines of four posterior tibiae present ········ ***M. acuticaudata* sp. nov.**
3. Body length 91mm; head longer, eyes behind with brown maculation; spines of four posterior tibiae present ········ ***M. bifasciata* sp. nov.**
   Head wide shortly, eyes behind without brown maculation; spines of four posterior tibiae absent ········ 4
4. Body length 93mm; 8th abdominal segment about 2 x length of 9th one; valves exceeding apex of operculum ········ ***M. yuanmouensis* sp. nov.**
   Body length 82mm; 8th abdominal segment about 1.5 x length of 9th one; valves shorter than apex of operculum ········ ***M. yanbianensis* sp. nov.**

Gen. *Mesentoria*: Key to the species (Male)

1. Lateral side of body with white line; antenna 27 joints ········ ***M. bifasciata* sp. nov.**
   Lateral side of body without white line; antenna 20 joints ········ ***M. acuticaudata* sp. nov.**

Mesentoria acuticaudata **sp. nov.** (Fig. 292)

Female: Medium sized. Body stick-like, apterous, smooth and with dorsal longitudinal carina. Head elongated, rather flattened above; occiput with 3 longitudinal sulci and forming tuberculi, eyes semiglobose, rather larger; antennae distinctly segmented, 22 joints, shorter than half of fore femora, 1st joint depressed and long, with wide ridge, 2nd one short and cylindrical. Pronotum rectangular, with transverse and longitudinal sulci in the middle; mesothorax longer than metathorax (with median segment); metathorax about 3/4 x of median segment. Three pairs legs long moderately, base of fore femur curved, ventro-median carina of fore femur with fine teeth distally, mid femur about the same length as metathorax (with median segment), 6-7 small distal teeth on ventro-median carinae of four posterior femora, also several small spines on apices of tibiae distally. Abdomen cylindrical, longer than head and thorax together, apical 3 segments tectiform, anal segment much elongated, near the middle deeply split, its terminal part constricted and ensiform, apex slightly pointed; operculum rather compressed, the middle swollen, apex sharp, extending to base of anal segment; cerci short and straight, concealed.

Male: Body thin and slender. Antennae 20-segmented, about extending to 2/3 x length of fore femora. Anal segment split into two lobi, dorsal side distally truncate obliquely, with rounded apex; subgenital plate cucullatus, its hind margin arcuatus shallowly, reaching to the tip of 9th abdominal segment; cerci short, slightly curved.

Measurements (mm): Body ♀ 65.0, ♂ 63.0; mesonotum ♀ 12.0, ♂ 10.6; metanotum (with median segment) ♀ 10.0, ♂ 9.0; median segment ♀ 2.4, ♂ 2.0; fore femur ♀ 17.0, ♂ 22.0; middle femur ♀ 10.0, ♂ 12.5; hind femur ♀ 13.0, ♂ 16.0; 8th abdominal segment ♀ 3.4, ♂ 2.0; 9th abdominal segment ♀ 1.4, ♂ 1.6; anal segment ♀ 5.8, ♂ 3.0.

Holotype ♀ (IZAS), Lijiang Co. (2 750m), Yunnan Prov., 1984-VII-23, coll. Li Changfang, paratypes 2 ♂♂ (IZAS), same locality as holotype, 1984-VI-21-VII-24, coll. Fan Jianguo and Li Changfang.

Mesentoria yanbianensis **sp. nov.** (Fig. 293)

Female: Larger and stick-like. Body smooth and light brown, its ventral part with sparse setose. Head elliptical, narrowed behind, slightly longer than pronotum, smooth above, occiput with 3 longitudinal sulci; eyes semiglobose; antennae shorter than fore femora, distinctly segmented, 22 joints, 1st joint depressed and long, apex thick, with wide longitudinal ridge, 2nd one short and cylindrical, about 1/4 x as long as 1st one. Pronotum nearly trapezoidal, with transverse and longitudinal sulci in the middle shallowly, transverse sulcus near the middle; mesonotum with fine longitudinal carina; metathorax (with median segment) shorter than mesothorax; meidan segment transverse. Carinae of all femora conspicuous, base of fore femur curved, several teeth on ventro-median carinae of four posterior femora distally. Abdomen cylindrical, 3rd-5th segments widened, gradually narrowed towards 6th segment, anal segment much elongated and ensiform, near 1/3 of base deeply cleft; operculum lanceolate, rather depressed, apex pointed, extending beyond base of anal segment;

cerci conical, apex pointed, about reaching to the tip of operculum.

Male: Unknown.

Measurements(mm): Body 82.0, mesonotum 16.0, metanotum(with median segment) 12.5, median segment 2.0, fore femur 23.0, middle femur 15.0, hind femur 16.0, 8th abdominal segment 3.6, 9th abdominal segment 2.2, anal segment 11.0.

Holotype ♀ (BJFU), Yanbian Co. (1 900m), Sichuan Prov., 1995-XI-3, coll. Deng Qixiang.

This new species resembles the preceding new species *M. acuticaudata* sp. nov., but easily distingushable by its relatively larger size, anal segment much elongated and the shape also is different.

***Mesentoria testacea* sp. nov.** (Fig. 294)

Female: Larger and stick-like. Body smooth and light brown tinged with maculation, its dorsal longitudinal carina indistinct. Head elliptical, slightly longer than pronotum, smooth above, eyes semiglobose; antennae shorter than fore femora, distinctly segmented, 1st joint depressed widely, 2nd one short and cylindrical, about 1/4 x of 1st one. Pronotum nearly rectangular, with transverse and longitudinal sulci in the middle shallowly, transverse sulcus near the middle, metathorax(with median segment) shorter than mesothorax; meidan segment about 1/4 x length of metanotum. Carinae of all femora conspicuous, base of fore femur curved, several teeth on ventro-median carinae of four posterior femora distally. Abdomen cylindrical, 2nd-5th segments widened, gradually narrowed towards distal segment, anal segment much elongated and ensiform, near base deeply cleft; operculum lanceolate, rather depressed, apex pointed, extending beyond base of anal segment; cerci cone shaped, apex pointed, exceeding to the tip of operculum.

Male: Unknown.

Measurements(mm): Body 96.0, mesonotum 19.0, metanotum(with median segment) 15.0, median segment 3.0, fore femur 27.0, middle femur 17.0, hind femur 22.0, 8th abdominal segment 4.4, 9th abdominal segment 2.0, anal segment 11.4.

Holotype ♀ (BJFU), Yuanmou Co., Yunnan Prov., 2005-XI-26, coll. Li Qiao.

This new species resembles *M. acuticaudata* sp. nov., but easily distingushable by its relatively larger size, four posterior tibiae smooth and without spines, shape of anal segment also is different.

***Mesentoria bifasciata* sp. nov.** (Fig. 295)

Female: Larger sized. Body stick-like and elongate, smooth and dorsal longitudinal carina indistinct. Head elongated and oval; eyes small and convex slightly; eyes behind with a blue stripe respectively; antennae (broken off). Pronotum rectangular, with transverse and longitudinal sulci in the middle; mesothorax longer than metathorax; metathorax(with median segment) about 5/6 x length of mesothorax; median segment longer then than wide. 3 pairs of legs long moderately, base of fore femur curved, mid femur nearly as long as hind one, 5-6 small distal teeth on ventro-median carinae of four posterior femora, also several small spines from middle to apex of tibiae distally. Abdomen cylindrical, longer than head and thorax together, tapering gradually downwards, 4th-6th segments being the longest, tergite VIII much longer than tergite IX, final 3 segments tectiform, anal segment ensiform, much elongated, near the base deeply split, 2 x length in length of preceding two segments together, apex pointed; operculum rather compressed, the middle swollen, apex sharp, slightly exceedding base of anal segment; cerci short and straight, conical, a little surpassing apex of abdomen.

Male: Body medium sized, smooth, thin and slender. Eyes behind with a brown band, antennae 27-segmented, 1st joint depressed and long, its extero-lateral side inflected. Pronotum rectangular, transverse sulcus in the middle; midian segment about 1/5.5 x length of metathorax. Anal segment split into two lobi, its exterior side truncate obliquely, with rounded apex; subgenital plate cucullatus, its apex pointed, reaching base of anal segment; cerci short, slightly curved medially.

Measurements(mm): Body ♀91.0, ♂60.0; mesonotum ♀18.0, ♂15.0; metanotum(with median segment) ♀15.0, ♂13.0; median segment ♀2.0, ♂2.0; fore femur ♀29.0, ♂28.0; middle femur ♀17.0, ♂17.7; hind femur ♀18.0, ♂22.0; 8th abdominal segment ♀3.4, ♂2.4; 9th abdominal segment ♀2.0, ♂2.0; anal segment ♀10.4, ♂3.4.

Holotype ♀ (BJFU), paratypes 2 ♂♂ (BJFU), Yuanmou Co., Yunnan Prov., 2004-XII-23, coll. Chao Zhihua.

This new species allied to *M. testacea* sp. nov., but easily distingushable by body without brown maculation and shape of anal segment also is different.

***Mesentoria yuanmouensis* sp. nov.** (Fig. 296)

Female: Larger, stick-like and smooth. Body yellowish brown and dorsal longitudinal carina obscure. Head broader shortly, elliptical, slightly longer than pronotum, smooth above; eyes smaller, semiglobose; antennae shorter than fore femora, distinctly segmented, 1st joint depressed widely, longitudinal ridge obvious, 2nd one short and cylindrical, much shorter than 1st one. Pronotum nearly rectangular, shorter than head, with transverse and longitudinal sulci in the middle shallowly, transverse sulcus near the middle; metathorax(with median segment) shorter than mesothorax; median segment transverse. Three pairs of legs rather long, carinae of all femora conspicuous, base of fore femur curved, several fine teeth on ventro-median carinae of four posterior femora distally. Abdomen cylindrical, much longer than head and thorax together, final sereval segments added tapered, among them last 3 segments tectate, 9th segment being shortest, about half of 8st one, anal segment much elongated and ensiform, about 2 x length of preceding two segments together, near base deeply cleft; operculum lanceolate, rather depressed, apex pointed, extending beyond base of anal segment; valves surpassing apex of operculum; cerci exposed, conical and apex pointed.

Male: Unknown.

Measurements(mm): Body 93.0, mesonotum 18.0, metanotum(with median segment) 16.5, median segment 2.4, fore femur 27.0, middle femur 17.0, hind femur 20.0, 8th abdominal segment 4.2, 9th abdominal segment 2.0, anal segment 12.2.

Holotype ♀ (BJFU), Yuanmou Co., Yunnan Prov., 2005-XII-28, coll. Li Qiao.

This new species resembles *M. bifasciata* sp. nov., but easily distingushable by head wide shortly, eyes behind lacking brown maculation, four posterior tibiae smooth and without spines.

Interphasma gen. nov.

Type-species: *Interphasma lushanense* sp. nov.

Medium sized. Wingless and stick-like. Body rather rugged, rugosus and granulated in female; smooth in male. Head slightly elongated, back depressed, mostly with granules, 2 spines present or lack between eyes; antennae shorter than half of fore femora, distinctly segmented; all legs unarmed, base of fore femora curved, carinatus; tergites of median segment (1st abdominal segment) and segment II in female transverse. Abdomen with longitudinal rugae, segment II in male longer than wide, anal segment of female short, tectiform, its hind margin nearly truncated, sternite VII mostly with median elevation; tergite IX with lamellate elevation; operculum cymbiform, about reaching tip of abdomen; cerci short and cylindrical; anal segment of male split into 2 lobes, subgenital plate cucullated, cerci incurved.

This new genus is allied to *Baculum* Saussure and *Pachymorpha* Gray, it differs from the former by legs without distinct lamellae or teeth, tergite of 2nd abdominal segment transverse, supra-anal plate concealed. It differs from the latter by anal segment of male split and bilobed.

Distribution: China.

Gen. *Interphasma*: Key to the species (Female)

1. Hind margin of 7th sternite truncate ······ 2
   Hind margin of 7th sternite pointed ······ 3
2. Hind margin of 7th sternite tongue-shaped widely; cerci small shortly and not surpassing tip of abdomen ······ ***I. emeiens* sp. nov.**
   Hind margin of 7th sternite normal; cerci conical and distinctly surpassing tip of abdomen ······ ***I. conicercum* sp. nov.**
3. Median elevation of 7th sternite bifurcate ······ ***I. bifidum* sp. nov.**
   Median elevation of 7th sternite normal ······ 4
4. Two tubercles between eyes present ······ 5
   Two tubercles between eyes lacking ······ 6
5. Body shorter ; hind margin of anal segment concave shallowly ······ ***I. wolongense* sp. nov.**
   Body elongate; hind margin of anal segment concave deeply ······ ***I. lushanense* sp. nov.**
6. Granules of meso- and metanotum dense; median elevation of 7th sternite short and blunt ······ ***I. guangxiense* sp. nov.**
   Granules of meso- and metanotum sparse ; median elevation of 7th sternite longer and pointed ······ ***I. shaanxinse* sp. nov.**

Gen. *Interphasma*: Key to the species (Male)

1. Metathorax with two black stripes; antennae 20-segmented ······ ***I. nigrolineatum* sp. nov.**
   Metathorax uniform coloured ······ 2
2. Granules of head distinct ······ 5
   Granules of head indistinct ······ 3
3. Mesonotum granulated ······ ***I. emeiense* sp. nov.**
   Mesonotum smooth ······ 4
4. Latero-distal lobes of anal segment long narrowly and digitiform ······ ***I. lushanense* sp. nov.**

Latero-distal lobes of anal segment short and rectangular .... *I. fanjingense* **sp. nov.**
5. Latero-distal lobes of anal segment short .... *I. conicercum* **sp. nov.**
Latero-distal lobes of anal segment longer 6
6. Eyes behind with black maculation; outer margin of anal segment angled concave ... *I. longnanense* **sp. nov.**
Eyes behind uniform coloured; outer margin of anal segment truncate obliquely 7
7. Convex between eyes; head and thorax smooth .... *I. bifidum* **sp. nov.**
Flat between eyes; head and thorax with granules .... *I. xingjiangense* **sp. nov.**

***Interphasma lushanense* sp. nov.** (Fig. 297)

Female: Medium sized. Body shorter and stick-like, apterous. Head and body coverd with varying sizes of granules. Head elliptical and slightly depressed; occiput sparsely granulatus, eyes semiglobate, two small tuberculi between eyes; antennae shorter than fore femora, 15-segmented, 1st joint flat and oval, 2nd one rather short. Pronotum longer than head, with guanules; transverse sulcus and longitudinal sulcus crossing in the middle; mesontotum longer than metanotum with median segment, meso-and metathorax granulatus; median segment transverse. Carinae of legs obvious, without teeth or lobi. Abdomen a little longer than head and thorax together, with longitudinal carina and irregular rugae laterally, 2nd segment transverse; posterior margin of 7th sternite with median elevation; posterior margin 9th tergite with lamellate elevation. The last 3 segments tectiform, anal segment nearly as long as 9th one, its posterior margin nearly truncate, latero-distal lobi extending backwards; operculum cymbiform, dorsal side carinatus, not surpassing apex of abdomen; cerci rather flat, apex slightly pointed, nearly reaching apex of anal segment.

Male: Thinner than female. Body smooth. Antennae 19-segmented, longer than fore legs. 2nd abdominal segment longer than wide; segments VII-IX of abdomen with lateral carinae; final 3 segment slightly dilated, tectiform and split into 2 lobes, base broader, apical half obviously narrowed; subgenital plate cucullated with dorsal median ridge, its hind margin rounded; cerci hardly visible.

Measurements (mm): Body ♀ 64.0, ♂ 54.5; mesonotum ♀ 14.0, ♂ 11.6; metanotum (with median segment) ♀ 10.0, ♂ 8.6; median segment ♀ 2.4, ♂ 2.0; fore femur ♀ 23.0, ♂ 24.0; middle femur ♀ 14.0, ♂ 15.0; hind femur ♀ 18.5, ♂ 19.0.

Holotype ♀ (IZAS), Mt. Lushan, Jiangxi Prov., 1935-VIII-7, coll. O. Piel, paratype 1 ♂ (IZAS), 1935-VIII-9, locality same as holotype.

***Interphasma wolongense* sp. nov.** (Fig. 298)

Female: Medium sized. Body brown and 3 pairs of legs with irregular black maculations, dorsal portion of body with longitudinal carina, granules and lateral longitudinal carinae irregularly. Head narrower than pronotum; occiput with 2 rows of sparse granules transversely, lateral side granules smaller; eyes rounded and prominent, 2 small spines between eyes; antennae 14-segmented, much shorter than fore femora, 1st joint flat and oval, with longitudinal ridge. Dorsal and lateral sides of thorax and abdomen granulated, but sparse towards 4th abdominal segment; mesothorax about as long as mid femora and longer than metathorax (with median segment); median segment transverse. Legs without spines or teeth. 2nd abdominal segment transverse, median elevation of 7 sternite short and blunt, posterior margin of tergite of 9th segment serratus and extending backward; anal segment slightly shorter than 9th segment, with a longitudinal and 2 lateral carinae, posterior margin slightly emarginate, latero-posterior lobes slightly projecting backward; operculum cymbiform, with apical longitudinal median carina, not surpassing abdominal apex; cerci cylindrical, apex rather pointed, extending beyond the tip of abdomen.

Male: unknown.

Measurements (mm): Body 52.0, mesonotum 11.0, metanotum (with median segment) 7.4, fore femur 18.0, middle femur 11.0, hind fimur 14.0.

Holotype ♀ (BJFU), Wolong, Sichuan Prov., 1991-VIII-21, coll. Li Changan.

Allied to the preceding new species *I. lushanense* sp. nov., but distinguished from it by body robust and shorter, occiput asperses, latero-posterior lobes of anal segment emarginate.

***Interphasma emeiense* sp. nov.** (Fig. 299)

Female: Medium sized. Body brown, with longitudinal median carina, rugae and irregular granules. Head elliptical, dorsum rather flat; occiput with varying sizes of big or small granules densely, 2 tuberculi and a transverse carina between eyes; antennae 16-segmented, dense granules on central and lateral parts, sparse granules and irregular longitudinal rugae on lateral sides of meso- and metathorax and abdomen; median segment transverse. Legs without spines and teeth, mid femora about as long as mesothorax; median elevation of 7th sternite of abdomen linguiform boardly, covered the base of operculum, apical 3 segments tectiform, a elevated serratus longitudinal carina near the hind margin of the 8th-9th segments; anal segment slightly shorter than 9th one, posterior margin emarginate in center, truncate obliquely inward; operculum navicular, with longitudinal carina, extending middle of anal segment; cerci short, not surpassing tip of abdomen.

Male: Slender and smooth. A little elevated between eyes; occiput and lateral sides of thorax with sparse granules. Body brown, black stripes on lateral margins of mesothorax and behind eyes, antennae 19-segmented. Apical 3 segments of abdomen tectiform, dorso-median elevations of 8th-9th segments rather concave, anal segment slightly longer than preceding two segments, cleft into two lobes, striaght truncate obliquely dorsally, its latero-distal lobi long broadly; subgenital plate apex rounded, extending base of anal segment; cerci fractate decurved medially.

Measurements (mm): Body ♀ 60.0, ♂ 59.0; mesonotum ♀ 13.4, ♂ 12.4; metanotum (with median segment) ♀ 8.8, ♂ 10.0; median segment ♀ 2.4, ♂ 2.2; fore femur ♀ 21.0, ♂ 24.0; mid femur ♀ 13.0, ♂ 14.5; hind femur ♀ 17.5, ♂ 20.0.

Holotype ♀ (IZAS), Mt. Emei Shan, Sichuan Prov., 1955-VI-30, paratypes 2 ♂♂ (IZAS), date & locality same as holotype, coll. Wang Hejin, 1 ♂ (BJAU), locality same as holotype, 1988-VIII-10, coll. Yang Ding.

Resembles *I. lushanense* sp. nov., it may be separated from it by the median elevation of 7th sternite linguiform widely, posterior margin of anal segment nearly truncate; male cerci curved angulately.

Interphasma conicercum **sp. nov.** (Fig. 300)

Female: Medium sized. Yellowish brown. Body corved with sparse granules, with fine dorsal longitudinal carina, several lateral sulci on metathorax and abdomen. Head almost flat; occiput and its lateral sides with granules sparsely; antennae (in part broken). Pronotum trapezoidal, with transverse and longitudinal sulci crossing in the middle, transverse sulcus placed just behind the middle, sparse granules near longitudinal carina, also irregular short longitudinal carinae and sparse granules on meso- and metanotum and median segment; median segment transverse, shorter than 1/3 x length of metanotum. Legs without spines and teeth, mid fimur nearly as long as mesothorax. Abdomen cylindrical, median elevation of sternite VII lack, apical 3 segments tectiform, gradually shortened towards apex, anal segment with 2 lateral ridges, hind margin emarginate, lateral margin shallow arcuatus; operculum cymbiform, apex with longitudinal ridge, nearly extending to end of anal segment; cerci cone shaped, surpassing abdominal apex obviously.

Male: Linear and smooth, with black stripes behind eyes and mesopleuron black. Occiput with longitudinal sulci and sparse granules, slightly elevated between eyes; antennae 17-segmented. Median segment almost as long as wide. Mid femur nearly 1/3.5 x length of metathorax. Last 3 segments of abdomen rather dilated, 8th-9th segments with shallow lateral ridges; anal segment shorter than preceding two segments, outer margin nearly straight angle truncate downward obliquely, latero-distal lobes indistinct; subgenital plate apex rounded, with longitudinal carina, extending the base of anal segment; cerci curved inward, the middle horn-form.

Measurements (mm): : Body ♀ 50.0, ♂ 52.0; mesonotum ♀ 12.0, ♂ 11.0; metanotum (with median segment) ♀ 8.8, ♂ 9.0; median segment ♀ 2.0, ♂ 2.0; fore femur ♀ (broken off), ♂ 21.0; mid femur ♀ 12.0, ♂ 11.5; hind femur ♀ 16.0, ♂ 16.0.

Holotype ♀ (IZAS), Mt. Emei Shan (1 800-2 000m), Sichuan Prov., 1957-VIII-18, coll. Zhu Fu-xing, paratypes 2 ♂♂ (IZAS), locality same as holotype, 1957-VIII-17-20, coll. Zhu Fuxing & Huang Keren.

Allied to the *I. emeiense* sp. nov., but differs by female median elevation of 7th sternite absent, conical cerci much longer; male occiput without distinct granules, anal segment wider and shorter.

Interphasma nigrolineatum **sp. nov.** (Fig. 301)

Male: Linear. Body yellowish brown, antennae dark brown, front eyes with black maculation, lateral sides of mesothorax and 2 basal abdominal segments with black stripes, 3 pairs of legs with irregular blackish maculations and 8th-9th abdominal segments with black markings. Head and body covered with sparse granules, 3-4 granules of lines behind eyes; occiput with sparse granules. Head about the same length as prothorax; antennae 20-segmented, 1st joint depressed and long, with wide ridge, 2nd one cylindrical shortly. Prothorax granules indistinct, transverse sulcus placed just behind the meddle, notum and pleuron of mesothorax with sparse granules, near inferior side with longitudinal granules; metathorax over 3 x length of median segment; median segment nearly transverse. Abdomen cylindrical, apical 3 segments dilated and tectiform, 8th-9th segments with 4 lateral carinae;

anal segment longer than preceding two segments, split into two lobi, its latero-distal lobes pointed and short, inferior margin concave upward; subgenital plate elevated, apex rounded, nearly extending apex of 9th segment; cerci short and cylindrical, curved inward, almost reaching tip of anal segment.

Female: Unknown.

Measurements (mm): Body 47.0, mesonotum 10.0, metanotum (with median segment) 8.2, median segment 2.0, fore femur 21.5, mid femur 12.5, hind femur 16.0.

Holoype ♂ (IZAS), Xishuangbanna, Menglum Co., Yunnan Prov., 1993-IX-11, coll. Yang Longlong.

This new species is easily separated from the other species of the genus by lateral sides of thorax with black longitudinal lines, latero-distal lobi of anal segment pointed and short.

***Interphasma guangxiense* sp. nov.** (Fig. 302)

Female: Medium sized and stick-like. Body brown. Head and body covered with granules, lateral side of thorax with irregular granules. Elevated between eyes, antennae (in part lost), 1st joint depressed and wide, with longitudinal ridge, 2nd one cylindrical, about 2/3 x length of 1st one. Pronotum trapezoidal, with sparse granules, transverse sulcus placed in the middle; meso- and metathorax with sparse granules, dorsal longitudinal carina indistinct, lateral margin of notum and pleura with series of granules; median segment transverse. Legs without spines or teeth, mid femora nearly as long as mesothorax, hind femora near base with fine rugae transversely. Abdomen cylindrical, median elevation of 7th sternite lanceolate widely, apex blunt, with two dorsal longitudinal ridges, apical 3 segments tectiform, almost equal in length to each other, tooth-like elevation on dorso-median portion of 9th segment posteriorly, with two longitudinal carinae, anal segment with lateral carinae, hind margin emarginate, its lateral side slightly concave; operculum navicular, apical half with longitudinal ridge, nearly extending apex of abdomen; cerci flat and conical, a little surpassing anal segment.

Male: Unknown.

Measurements (mm): Body 54.0, mesonotum 12.0, metanotum (with median segment) 7.8, median segment 2.0, fore femur 20.0, mid femur 11.0, hind femur 15.0.

Holotype ♀, Tianlin Co., Guangxi Zhuang Aut. Reg., 1982-V-28, coll. Yan, Chikun.

Similar to *I. wolongense* sp. nov., but differs by two spines between eyes absent, apex of sternite of 7th abdominal segment blunt with two longitudinal carinae.

***Interphasma bifidum* sp. nov.** (Fig. 303)

Female: Medium sized and stick-like. Body chlorinated, with brown markings behind eyes and lateral sides of coxae of fore legs. Head and thorax covered with sparse granules, mesothorax to abdomen segment end with several longitudinal carinae. Head elliptical, its hind margin nearly as broad as the anterior part of pronotum, with longitudinal median sulcus, 6 dark tuberculi symmetrically on it, eyes rounded and convex, without spines, antennae (in part lost), 1st joint long, apex thick, with wide ridge, 2nd one cylindrical, about 1/3 x length of 1st one. Pronotum trapezoidal, slightly shorter than head, lateral margin with sparse granules, transverse and longitudinal sulci of crossing-form type, broadened behind mesothorax; metathorax (with median segment) shorter than mesothorax, meso- and metathorax covered with sparse granules and irregular longitudinal rugae; median segment transverse. Legs without spines and teeth. Abdomen cylindrical, apex short and wide, gradually narrowed towards apex, with 6 rows of longitudinal rugae and reduced towards apex, median elevation of 7th sternite furcated, 9th segment a little shorter than anal segment, its dorso-median posteriorly with paired teeth, anal segment broadened, with a longitudinal and two lateral carinae, apical margin almost truncate, emarginate in the middle, its latero-posterior horns produced outward; operculum cymbiform, apical half with longitudinal ridge, apex blunt, extending middle of anal segment; cerci apex pointed, about reaching end of abdomen.

Male: Linear. Body brown, legs green. Body smooth mainly, abdomen with a few longitudinal rugae. Antennae 18-segmented. 2nd-9th segments of abdomen with shallow longitudinal rugae, apical 3 segments broadened, 8th segment nearly as long as 9th one, anal segment longer than preceding 2 segments, cleft into two lobi medially, basal half wide and truncate obliquely; subgenital plate cucullated, apex arcuatus, nearly extending to apex of 9th segment, the middle rather wider.

Measurements (mm): Body ♀55.0, ♂50.0; mesonotum ♀13.0, ♂12.0; metanotum (with median segment) ♀8.6, ♂8.6; median segment ♀2.4, ♂2.0; fore femur ♀21.0, ♂23.0; mid femur ♀15.0, ♂15.0; hind femur ♀18.0, ♂19.0.

Holotype ♀ (BJAU), paratype 1 ♂ (BJAU), Mt. Emei Shan, Sichuan Prov., 1998-VIII-16, coll. Yang Di

A distinct species distinguished from other species of this genus by posterior part of mesothorax much wide and median elevation of 7th abdominal sternite bifurcate.

***Interphasma shaanxiense* sp. nov.** (Fig. 304)

Female: Medium sized, stick-like and with dorsal longidudinal carina. Body brown. Head and body covered with granules, dorsum of abdomen with irregular longitudinal rugae. Head elliptical, occiput with granules distinctly; eyes rounded and prominent, double blackish markings between eyes, antennae shorter than fore femora, 15-segmented, 1st joint depressed and wide, with longitudinal carina, 2nd one cylindrical, about half as long as 1st one. Pronotum trapezoidal, its anterior margin narrower than head, with sparse granules, transverse and longitudinal sulci crossing in the middle, transverse sulcus placed just behind the middle, but not extending to lateral margin, mesothorax longer than metathorax (with median segment); median segment transverse, about 1/3 x length of metathorax, meso- and metanotum with a few granules. Legs without spines or teeth. Abdomen with granules, gradually sparse towards 5th abdominal segment, all tergites with interruptive longtudinal rugae, among them 6th-8th segments dense distinctly, median elevation of 7th sternite rather short, apical 3 segments tectiform, hind margin of 9th tergite with obtuse teeth, anal segment slightly as long as 9th one, with dorsal and lateral carinae, hind margin almost truncate, the middle emarginate, its latero-distal horns produced backward; operculum navicular, nearly extending middle of anal segment; cerci coniform, surpassing apex of abdomen.

Male: Unknown.

Measurements(mm):Body 57.0,mesonotum 13.0,metanotum(with median segment)8.6, median segment 2.2,fore femur 21.0, mid femur 12.0, hind femur 16.5.

Holotype ♀ (BJAU), Yang Co., Shaanxi Prov., 1996-VIII-14, coll. Sun Lu.

Very similar to *I. guangxiense* sp. nov., but separated from the latter by granules of meso- and metathorax tergites sparse, median elevation of 7th sternite pointed and longer, and tip of operculum obtuse.

Interphasma longnanense **sp. nov.** (Fig. 305)

Male: Medium sized, stick-like and smooth. Body yellowish brown, black stripes behind eyes, femora with light brown markings irregularly. Head elliptical, a little elevated and with two pairs of blck spots between eyes, occiput granules indistinct; eyes semiglobose; antennae shorter than fore femora, 17-segmented, 1st joint depressed and long, 2nd one cylindrical, shorter than 1st one. Pronotum trapezoidal, transverse and longitudinal sulci of crossing-form type; median segment nearly as long as wide, about 1/4 x length of metanotum. 3 pairs of legs hairy, mid femora longer than mesonotum. Abdomen cylindrical, apical 3 segments tectiform, anal segment longer than preceding two segments, its dorsal side arcuatus shallowly, near the middle truncate below, its latero-distal lobes linguiform widely; subgenital plate elevated, about extending apex of 9th segment; cerci near the middle angled curved.

Female: Unknown.

Measurements(mm): Body 50.0, mesonotum11.0, metanotum(with median segment)8.2, median segment 1.6, fore femur 22.5, mid femur 14.0, hind femur 18.0.

Holoype ♂ (IZAS), Kang Co. (1 400m), Gansu Prov., 1998-VII-14, coll. Chen Jun.

Similar to *I. lushanense* sp. nov. and *I. emeiense* sp. nov., but differs in antennae 17-segmented, occiput without distinct granules, the shape of anal segment also different.

Interphasma xinjiangense **sp. nov.** (Fig. 306)

Male: Medium sized. Head, pro- and mesothorax covered with sparse granules. Head elliptical, back rather flat, with fine longitudinal carina; eyes oval and prominent; 1st joint of antennae depressed and long, apex thick, 2nd one cylindrical and short. Pronotum trapezoidal, with a few granules, transverse and longitudinal sulci crossing in the middle, transverse sulcus near the middle; mesonotum with some darker granules; median segment a little shorter than wide. Legs long moderately, fore femora without spines or teeth, slightly long than hind ones and the same length as middle ones. Apical 3 segments of abdomen dilated and tectiform, 8th-9th segments about equal in length, with a longitudinal median and two lateral carinae, anal segment longer than preceding two segments, its dorso-lateral side nearly truncate obliquely; subgenital plate cucullated, with longitudinal carina, extending base of anal segment; cerci curved inward, not surpassing tip of abdomen.

Female: Unknown.

Measurements(mm): Body 40.0, mesonotum 9.0, metanotum(with median segment) 6.4, median segment 1.6, fore femur 15.0, mid femur 15.0, hind femur 13.5.

Holotype ♂ (CAF), Xinjiang Aut. Reg., 1957, collector unknown.

Similar to *I. bifidum* sp. nov., but differs by head flattened between eyes, head and thorax covered with granules sparsely and shape of anal segment also different.

***Interphasma fanjingense* sp. nov.** (Fig. 307)

Male: Medium sized. Head elliptical, rather flat above; occiput covered with 2 rows of sparse granules, somewhat evelated between eyes; antennae 18-segmented, 1st joint depressed and wider, 2nd one cylindrical and short. Thorax smooth and with longitudinal carina, pronotum trapezoidal, with transverse sulcus and longitudinal sulcus crossing in the middle, transverse sulcus placed anterior half; mesothorax slightly longer than metathorax (with median segment); median segment almost as long as wide. Three pairs of legs without spines or teeth, mid femora rather short, hind femora slightly longer than fore ones. Abdomen without distinct longitudinal carina, 8th-9th segments dilated, about equal in length to each other, anal segment cleft into two lobi, a little longer than preceding two segments, its latero-distal lobe somewhat rectangular; subgenital plate cucullated, with dorsal longitudinal ridge, apex rounded and wide, about extending base of anal segment; cerci incurved.

Female: Unknown.

Measurements (mm): Body 47.0, mesonotum 10.0, metanotum (with median segment) 7.0, median segment 1.8, fore femur 14.0, mid femur 12.0, hind femur 17.0.

Holotype ♂ (BJFU). Mt. Fanjingshan, Guizhou Prov., 2002, coll. Xu Fangling.

similar to *I. lushanense* sp. nov. but differs in antennae 18-segmented, latero-distal lobi of anal segment short widely and more or less rectangular.

Gen. *Phryganistria*: Key to the species (Male)

1. Dorso-interior carina of fore femur about 22-23 small teeth ··························· ***Ph. guangxiensis* sp. nov.**
   Dorso-interior carina of fore femur about 13-15 small teeth ······················· ***Ph. longzhouensis* sp. nov.**

***Phryganistria guangxiensis* sp. nov.** (Fig. 308)

Male: large-sized, smooth and laevigatus, with obsoletus wings. Body brown in colour, dorsal longitudinal carina indistinct. Head elliptical, slightly narrowed behind, without spines; eyes larger and prominent; antennae long and filiform, reaching beyond fore femur, 1st joint long, apex thick, 2nd one cylindrical, about 1/2 x of 1st one. Pronotum nearly rectangular, transverse sulcus placed in the middle; mesothorax obviously longer than metathorax (with median segment); median segment longer than wide, about 1/3 x length of metathorax. Legs long, 22-23 teeth like serration on dorso-interior carina of fore femur, mid femur extending 3rd abdominal segment, 1-2 teeth of its dorso-interior and dorso-exterior carinae respectively, inner and outer carinae with series of small spines, 2-3 spines on its ventro-median carina, also 1-2 larger teeth near the apex ventrally, dentation of hind femur similar to mid one, four posterior tibiae with a few spines dorsally, ventral 3 carinae with series of spines. Abdomen cylindrical, apical 3 segments dilated, anal segment slightly longer than 8th segment, split into two lobes, apex pointed narrowly; subgenital plate cucullated, with longtudinal carina, extending tip of 9th segment; cerci slightly incurved, not reaching tip of abdomen.

Female: Unknown.

Measurements (mm): Body 176.0, mesonotum 42.0, metanotum (with median segment) 33.0, median segment 7.0, fore femur 59.0, mid femur 46.0, hind femur 55.0.

Holotype ♂ (IZAS), Napo Co., Defu (350m), Guangxi Zhuang Aut. Reg., 2000-VI-19, Li Wenzhu.

This new species resembles *Ph. virgea* Westwood, but differs from it by body larger, ventral carinae on fore femur without series of teeth, medio-ventral carina with a few teeth, and subgenital plate longer.

***Phryganistria longzhouensis* sp. nov.** (Fig. 309)

Male: Large-sized, smooth and laevigatus, with obsoletus wings and fine dorsal longitudinal carina. Body brown, behind eyes with brown maculations. Head elliptical, narrowed behind, without 2 spines; eyes rounded and prominent, concave between eyes; 1st joint of antennae rectangular, apex thick, 2nd one cylindrical, rather short. Pronotum oblong, shorter than head, with transverse sulcus and longitudinal sulcus crossing in the middle, transverse sulcus placed anterior half, not extending to lateral margin; mesothorax a little longer than metathorax (with median segment), with a fine longitudinal sulcus; median segment longer than wide, slightly 4 x length of metathorax. Legs long, fore femur longer than hind one, 13-15 teeth serration on dorso-interior carina, a tooth occasionally on ventro-exterior carina. 2 series of teeth of mid femur ventrally, a few teeth on ventro-medium carina, among them apical 2 teeth larger, genicular lobes of mid femur larger, a few teeth on dorsal carinae of tibiae, ventral 3 carinae with series of spines, dentations of hind legs similar to mid ones, basal tarsus longer than other 4 joints together. Abdomen cylindrical, apical 3 segments dilated, 9th segment short, anal segment slightly longer than 8th one, outer margin truncate obliquely, its latero-posterior horns digitiform; apices of cerci narrow, not extending to abdominal end; subgenital plate cucullated, reaching base of anal segment.

Female: Large and robust. Body brown, with indistinct fine longitudinal carina. Head longer than prothorax, back slightly elevated, with some brown stripes. Mesonotum obviously longer than metathorax (with median segment), median segment trapezoid. Legs slender and long, fore femur distinctly longer than hind one, serrated on dorso-interior and ventro-exterior carinae; 2 series of teeth of mid femur ventrally, a few teeth on ventro-medium carina, genicular lobes of mid femur larger, a few teeth on dorsal carinae of tibiae, among them one tooth rather larger, ventral 3 carinae with series of spines, dentations of hind legs similar to mid ones, basal tarsus longer than other 4 joints together. Abdomen cylindrical, sternite VII with cleft median elevation, apical 3 segments narrower, 8th segment being the longist, anal segment same length as 8th one, its hind margin almost truncate, apex with small supra-anal plate; operculum cymbiform, not extending abdominal apex; apices of cerci narrow.

Measurements (mm): Body ♀ 240.0, ♂ 142.0-175.0; mesonotum ♀ 48.0, ♂ 31.5-42.0; metanotum (with median segment) ♀ 34.0, ♂ 27.0-33.0; median segment ♀ 7.0, ♂ 5.6-7.0; fore femur

♀67.0, ♂40.0-63.0; mid femur ♀49.0, ♂31.0-45.0; hind femur ♀58.0, ♂36.0-55.0.

Holotype ♂ (IZAS), Longzhou Co., Sanlian (350m), Guangxi Zhuang Aut. Reg., 2000-VI-13, Chen Jun; paratypes 1 ♂ 1 ♀ (BJAU), locality same as holotype, 2005-VIII-13, Zhou Zhihong.

This new species is allied to *Ph. guangxiensis* sp. nov., but differs from it by13-14 teeth of dorso-interior carina of fore femur, shape of anal segment also different.

Gen. *Prosentoria*

Prosentoria Brunner, 1907

P. bannaensis (Fig. 310): Female body length 94mm. Slender and smooth, covered with sparse short hairs. Head long and back flattened; occiput with 4 tubercles; eyes nearly rounded and prominent, 2 spines absent between eyes; antennae 24- segmented, reaching to 1/3 x length of fore femora, basal joint broad with median ridge. Pronotum rectangular, with crossing sulcus in the middle, transverse sulcus near just behind of middle, not extending to lateral margins; mesothorax similar to metathorax in width, with fine longitudinal carina, slightly longer than metathorax (with median segment); median segment longer than wide, nearly same length as pronotum. Legs slender and long, inner carina of fore femur with series of over 20 teeth, ventro-median carinae of four posterior femora with 4-6 fine denticles. Abdomen gradually tapering towards apex, among last three segments, the longest being 7th abdominal segment, anal segment as long as 8th segment, apex truncate obliquely inward; supra-anal plate small and triangular, with dorsal carina, distinctly exceeding anal segment; operculum long and lanceolate, apex pointed with median longitudinal carina, surpassing 2 x length of last 3 segments together; cerci cylindrical, tip pointed and extending beyond supra-anal plate.

Male: Unknown.

Distribution: Yunnan.

Gen. *Rhamphophasma*: Key to the species (Male)

1. Body length 42mm; two tuberculi between eyes ············ ***Rh. modestum* Brunner**
   Body length 86mm; two tuberculi absent between eyes ············ ***Rh. dianicum* Chen et He**

Acanthoxylini

Body smooth; head long and flat; female cerci long and lanceolate ············ ***Clitarchus***

Gen. *Clitarchus*

Clitarchus Stål, 1873

C. magnus: Head with two spines. Thorax smooth. Dorsal and ventral sides of fore femora serrate, dorsal sides of four posterior femora without teeth, only its ventro-median carinae serrate. Anal segment longer than 2 x length of 9th segment, apex emarginated; supra-anal plate triangular; cerci lanceolate; operculum pointed and carinatus, almost extending tip of abdomen.

Male: Unknown.

Distribution: Shanghai.

Phasmatini

Cerci long and phylliform, obviously longer than 2 apical segments of abdomen together ············ ***Acrophylla***

Gen. *Acrophylla*

Acrophylla Gray, 1835

A. sichuanensis(Fig. 313) : Female body length 142mm. A few and irregular granules on meso- and metathorax; 3 ocelli on vertex; antennae 28-segmented. Pronotum with transverse sulcus in the middle; mesonotum with about 4 lines of granules sparsely, its sternite with 2 lines of granules. Tegmina oval, hindwings extending to middle of 3rd abdominal segment. Fore femur longer than hind one, serrate on its dorso-interior and ventro-exterior carinae, a tooth of middle femur near middle part on dorso-interior and dorso-exterior carinae respectively, its 3 ventral carinae serrate, 1-2 and 0-2 teeth of hind femur dorso-exterior and dorso-interior carinae respectively medially. Three apical segments of abdomen tectate, anal segment nearly as long as 8th segment, its apex almost truncate; operculum cymbiform, a little surpassing tip of abdomen; cerci long, flat and lamellate, about length of 3 apical segments together.

Male: Unknown.

Distribution: Sichuan.

Key to the genera of Pharnaciini

1. Operculum of female distinctly exceeding anal segment ························ ***Phasmotaenia***
   Operculum of female short or just exceeding anal segment; only male with organs of flight or sometimes both sexes lacking wings ························ 2
2. Head behind rounded or convex, often with 2 elevated tuberculi; wings of male large; legs with many spines ························ ***Pharnacia***
   Head behind normal; hind wings of male either small or larger; femora especially front ones serrate ························ ***Phobaeticus***

Gen. *Phasmotaenia*

Phasmotaenia Navas, 1897

Ph. lanyuhensis(Fig. 314): Female body length 162 mm. Robust, brown, smooth insect with some dark brown mottling. Tegmina tiny and pale brown; pre-anal part of hind wings rust, hindwings black. Head smooth, much longer than broad, brown with darker mottling; eyes small; antennae brown with 23 joints and shorter than fore femora, basal joint and 3rd joint long. Thorax smooth, brown color with some darker mottling. Pronotum shorter than head, conspicuous median depression and a pair of light lunate areolets on posterior half; mesonotum over 4 x length of pronotum, dilated, more conspicuously when alive; metanotum much shorter than mesonotum, longer than broad and about 3 x length of pronotum. Tegmina tiny, pale brown, hindwings short, pre-anal part of hind wings rust colored. Legs long and slender, with numerous small serrations and with more than four broad dark brown bands on all femora; also two bands present on mid tibiae, all femora with paired of apical spines. Abdomen smooth, long and dark brown; slightly narrower than thorax. 1st segment fused with metanotum, anal segment as long as the 9th segment and about two-thirds as long as 8th segment, last three segments much shorter than previous segments, end of anal segment rounded; cerci short, pointed at tip; operculum extending beyond abdomen by twice length of anal segment, tapered to a pointed tip; valves also extending well beyond anal segment, but not reaching tip of operculum. .

Male: Head smooth, much longer than broad, dark straw color, back of head with darker median line and two shortened lines either side. Antennae brown with 23 joints; shorter than length of fore femora. Thorax smooth, rust-brown color. Pronotum nearly as long as head, with a "V" shape transversal median sulcus; mesonotum about 5 x length of pronotum; metanotum shorter than mesonotum. Tegmina tiny or absent; hindwings small rust colored. Legs long, slender and with numerous tiny teeth like serrations, rust-brown color, sometimes with black apices on all femora and tibiae, all femora with paired of apical spines. Abdomen smooth, long and dark brown, anal segment short, end slightly triangular incised; cerci long, tip rounded; subgenital plate broad, rounded at tip which has large central incision, reaching end of 9th abdominal segment.

Distribution: Taiwan.

Gen. *Phobaeticus*

Phobaeticus Brunner, 1907

Ph. albus (Fig. 315) : Body length female 163-176mm (excluding operculum), male 139-149mm. Large sized, robust and stick-like, smooth. Body yellowish brown, back of head and eyes beneath, dorso-lateral sides of 8th-9th abdominal segments with white maculations. A pair of short spines between eyes occasionally, antennae slightly longer than 1/2 length of fore femora. Meso-thorax about as long as metathorax (with median segment). Ventro-anterior carina of fore femur with 5-7 teeth, a strong spines on four posterior femora distally, ventral sides of femora and tibiae armed with series of denticles. 8th abdominal segment behind and 9th segment broadened, anal segment in male cleft, apical 1/3 narrow, tip rounded and blunt, with teeth inside; subgenital plate cucullatus, reaching tip of 9th abdominal segment. Operculum in female very long; cerci short, slightly flat, not exceeding tip of abdomen.

Distribution: Sichuan.

Gen. *Pharnacia*: Key to the species (Female)

1. Body length approximately 240mm; antennae longer than the apices of fore femora; dorso-exterior carina of fore femur serrate ······ ***Ph. jianfenglingensis* Bi**

   Body length approximately 215mm; antennae shorter than the apices of fore femora; both dorsal carinae of fore femur serrate ······ ***Ph. westwoodi* (Wood-Mason.)**

Eurycanthinae

Gen. *Cnipsus*: Key to the species (Female)

1. Head above with 10 spines; all tibiae serrate ······ ***C. colorantis* Chen et He**

   Head above with 8 spines; all tibiae smooth and unarmed ······ ***C. apteris* Liu et Cai**

Platycraninae

Gen. *Megacrania*

Megacrania Kaup, 1871

M. tsudai (Fig. 320; Pl. 4-2): Female body length 98-110mm. Robust and pteryrous. Body green and ventral part light yellow. Head oval widely; genae broad, antennae 23-segmented. Pronotum trapezoidal, transverse sulcus near the middle, mesonotum longer, over 2 x length of pronotum, with lateral carinae and granules. Tegmina oval and broad, hind wings short, extending to 3rd or 4th abdominal segment, anal area white mottled light green or rose. All femora thick and shorter, lateral sides with oval markings, ventro-median carina of fore femur serrate, basal and 5th tarsi long; ventro-median carinae of four posterior femora 2 teeth, pulvilli of all legs developed. Abdomen cylindrical, longer than head and thorax together, narrowed from 8th abdominal segment to anal segment, nearly equal in length to each other; apex of anal segment slightly cleft; operculum cymbiform with median carina, slightly exceeding tip of abdomen; cerci flat and wide, a little shorter than tip of operculum.

Male: Unknown.

Distribution: Taiwan.

Key to the subfamilies of Bacillidae from China

1. Antennae shorter than anterior femora (except *Xylica* Karsch); apterous ································ **Bacillinae**
   Antennae distinctly longer than anterior femora; alate or apterous, if alate or with wing rudiments, then apical areas of middle and hind tibiae each with a small spine, if entirely without wing rudiments, then apical areas of middle and hind tibiae without spines but prosternum with 2 rough warts next to each other ······ **Heteropteryginae**

Bacillinae

Gen. *Bacillus*

Bacillus Latreille, 1825

B. gracilis: Body length 71mm. Medium size, slender and elongate. Dark green in colour. Head rather small, antennae shorter, 15-segmented, two basal joints broadened and flat, others moniliform. Thorax and abdomen smooth. Three of pairs legs long.

Distribution: China.

Key to the tribes of Heteropteryginae

1. Apex of tibiae unarmed; supra-anal plate of female wanting or not separated from 10th abdominal segment; basal antennae segments without teeth (except *Epidares* Redt.) ·· **Datamini**
   Apex of tibiae armed with spine (except *Heterocopus* Redt. and *Tisamenes* Stål), supra-anal plate of female obvious and clearly separated from 10th abdominal segment, lacking wing-rudiments ························ **Obrimini**

Datamini

Gen. *Pylaemenes*: Key to the species (Female)

1. Median extensions of tergites of 4th-5th abdominal segments distinct; apex of anal segment arched ·· *P. guangxiensis* **Bi et Li**
   Median extensions of tergites of 4th-5th abdominal segments indistinct; apex of anal segment emarginate ·· *P. hainanensis* **sp. nov**

***Pylaemenes hainanensis* sp. nov.** (Fig. 322)

Female: Smaller and robust. Body dark brown. Abdomen rather flattened, gradually widened towards metathorax to 6th abdominal segment. Vertex with a V-shaped carina, each carina with two tuberculi; antennae slightly shorter than fore femora, its posterior margin with two pairs of tuberculi, 1st joint broadened, each side with a spine. Pronotum covered with exasperatus tuberculi, transverse sulcus placed behind of middle, dorsal portion of meso- and metathorax rugged; median segment a little shorter than half of metathorax. Three pairs of legs thick and short, femora with irregular processes, the greatest width at 2nd-5th abdominal segments, X-shaped markings from median segment to tergite VIII, ventro-lateral parts with tuberculi, tergite IX elevated upward, its posterior margin with raised carina backward, anal segment nearly rectangular, hind margin conspicuously emarginate, with prosseses; operculum short and cymbiform with a longitudinal and two lateral carinae; cerci concealed.

Measurements (mm): Body 29.0, pronotum 2.6, mesonotum 6.0, metanotum (with median segment) 3.4, median segment 1.6, fore femur 6.0, mid femur 5.0, hind femur 5.5.

Male: Unknown.

Holotype ♀ (ZSU), Mt. Jianfenling, Hainan Prov., 1983-XI-12, Chen Zhenyao.

This new species is allied to *P. guangxiensis* (Bi et Li), but deffers from it by carinae form and tubercule number of head different, hind margins of 4th-5th abdominal segments biconvex indistinctly, anal segment obviously emarginated.

Obrimini

Gen. *Hoploclonia*

Hoploclonia Stål, 1875

H. draconina (Fig. 323; Pl. 4-4): Body length female 40mm, male 32mm. Body robust and short, thorax wide and abdomen linear. Brown or black, with dense tuberculi or spines, Head rectangular, longer than wide; antennae almost reaching to fore tibiae, vertex about with 10 spines, among them lateral side 2 spines larger. Pronotum with a pair of coralloid spines, fore margin with series of spines, smaller triangular area on the before mesonotum, and covered with coralloid rami, 2 spines of hind margin connected each other. Female body carinatus, mesosternum each side with 3-4 tubercles, metanotum with 2 large spine-like tubercles, meso- and metapleura covered with 4 and 2 strong spines respectively. Hind femora of male thicker, apex with spines, hind tibiae of female more or less armed with spines. Anterior sides of 2nd-4th abdominal segments with strong spines, a smaller spine in the middle, 8-9 spines near middle part posteriorly, both sides with tubercles, anal segment of male truncate, supra-anal plate with blunt ridge, apex rounded, obviously cleft, operculum with carina, apex pointed and beak-shaped, slightly exceeding tip of abdomen; ovipositor distinct.

Distribution: Taiwan; Philippines, Indonesia, Malaysia.

Key to the subfamilies of Pseudophasmatidae from China

1. Claws finely pectinate; if elytra present, filiform or awl-shaped ································ **Aschiphasmatinae**
   Claws not finely pectinate; femora indistinctly 4-carinae, then ocelli are present or insects are apterous, otherwise femora with distinctly marked or toothed middle carina, or anterior femora strongly compressed, especially at base, with or without flight organs ·· **Pseudophasmatinae**

Aschiphasmatinae

Gen. *Leurophasma*

Leurophasma Bi, 1995

L. dolichocerca (Fig. 324): Body length female 65-68mm, male 50mm. Medium-sized, wingless. Body smooth and yellow or pitchy, ventral portion of body, legs and cerci villose. Eyes semiglobose; antennae long and filiform, reaching to 4th abdominal segment. Pronotum rectangular, 2 x as long as wide or equal to median segment in length, both the antero-lateral margin with a pair of elliptical furrows, with transverse sulcus in the middle; median segment longer, about 2 x length of wide, longer than metanotum and united with it. Fore femora striaght, arcuatus in cross section, its ventral sides rather flat, tibiae cylindrical, tarsi 5-segmented, claw pectinate finely, apices of middle and hind tibiae with sunken areola. Abdomen cylindrical, three apical segments rather short, apex of anal segment deeply incised; apex of supra-anal plate arcuatus with dorsal longitudinal carina; subgenital plate shorter; cerci cylindrical, apices slightly curved inward and pointed. Apex of anal segment in female truncate, its both sides with a rounded cavity respectively; supra-anal plate shorter, apex blunt; cerci relatively long, apices slightly curved, exceeding 1.5 x length of anal segment; operculum shorter with ventral side straight, apex truncate, not reaching to the middle of anal segment.

Distribution: Xizang.

Pseudophasmatinae

Gen. *Nanhuaphasma*

Nanhuaphasma Chen et He, 2002

N. hamicercum (Fig. 325) : Rather small, smooth and wingless. Attractive and strange appearance. Head, lateral side of body, legs and cerci corved with villi. Head rounded, eyes semiglobosus; antennae filiform and longer than apex of fore legs, 1st joint flattened basally. Pronotum nearly rectangular and longer than metanotum or about as long as median segment, its fore margin with a pair of elliptical cavities; metanotum (with median segment) as long as mesonotum; median segment long, about 2 x length of metanotum. Fore femora short and slightly curved, arcuatus in dorsal view, ventral side straightened, with shallow inter and outer carinae, tibiae cylindrical, mid femora short, almost reaching to middle of median segment, hind femora nearly extending 4th abdominal segment, mid and hind tibiae undersides with triangular cavities apically, tarsi 5-segmented, claws not finely pectinate. Abdomen cylindrical, 4th-7th abdominal segments slightly long, lateral sides of 7th-9th segments with oblique sulci, apical 3 segments swollen, anal segment shorter than 9th segment, apex arcuatus and emarginate shallowly, inner side with brown teeth; supra-anal plate absent; apex of subgenital plate blunt and reaching base of anal segment; cerci cylindrical and longer, curved upward and unciform.

Female: Unknown.

Distribution: Guangxi, Hainan.

Phylliidae

Gen. *Phyllium*: key to the species

1. Outer side of tibia lobed; antennae of male with basal 9 joints comb-shaped at least ·· **subgen. *Pulchriphyllium***

   Outer side of tibia not lobed obviously, usually with narrow margin or a small lobe near apex ; antennae of male more or less comb-shaped ·························· **subgen. *Phyllium***

2. Lateral sides of 8th abdominal segment in female arcuatus curved, its hind horns not exceeding tip of 9th segment; 9th and anal segment together triangular in shape; hind horns of 8th segment in male slightly elevated ··········

………………………………………………………………………………… ***Ph.* (*P.*)*pulchrifolium*** **Serville**

Lateral sides of 8th abdominal segment in female nearly truncate obliquely, hind horns broad and lobed, dsitinctly exceeding tip of abdomen backward; only anal segment subtriangular in shape; male unknown …………………
………………………………………………………………………………………… ***Ph.* (*P.*)*sinensis*** **Liu**

3. Outer lobe of fore femur long narrowly, distinctly narrower than inner lobe; antennae of male 28-segmented; subgenital plate much shorter than wide, hind margin nearly subtruncate; female unknown ………………………
……………………………………………………………………………… ***Ph.* (*Ph.*)*yunnanense*** **Liu et Cai**

Outer lobe of fore femur developed, obviously wider than or as wide as inner lobe …………………………… 4

4. Outer side of tibia with a small subapical lobe; abdomen of female flat and broad strongly ;lateral margins of 7th abdominal segment suddenly narrowed behind of middle; operculum much extending beyond tip of abdomen; male unknown ………………………………………………………………………… ***Ph.* (*Ph.*)*tibetense*** **Liu et Cai**

Tibia simple, sometimes with narrow side; operculum not surpassing tip of abdomen ………………………… 5

5. Outer lobe of fore femur rounded widely, more or less elliptically extended ……………………………… 6

Outer lobe of fore femur angled, triangularly extended ……………………………………………………… 7

6. Outer lobe of fore femur distinctly wider than inner lobe; wings well developed; 8th-10th segments together triangular in shape; abdomen in male elliptical narrowly; subgenital plate longer than wide, hind margin angled and blunt
……………………………………………………………………………… ***Ph.* (*Ph.*)*westwoodi*** **Wood-Mason**

Outer lobe of fore femora indistinctly wider than inner lobe; wings obsoletus; 9th-10th segments together triangular in shape; abdomen in male lanceolatus; subgenital plate shorter than wide, hind margin rounded widely ………
……………………………………………………………………………… ***Ph.* (*Ph.*)*siccifolium*** **(Linnaeus)**

7. Abdomen the greatest width being middle of 4th segment, and angled distinctly; wings of female surpassing the middle of 6th segment ……………………………………………………… ***Ph.* (*Ph.*)*rarum*** **Liu et Cai**

Abdomen not as above-mentioned ……………………………………………………………………………… 8

8. Antennae of male 26-segmented; abdomen the greatest width being behind 5th abdominal segment; tip of subgenital plate slightly pointed; female unknown …………………………………… ***Ph.* (*Ph.*)*parum*** **Liu et Cai**

4th-7th abdominal segments together nearly rectangular, 8th segment suddenly narrowed ……………………… 9

9. Antennae of male 25-segmented; abdomen the greatest width being 7th abdominal segment; dorsal lobes of all tibiae in female undeveloped apically ……………………………………………… ***Ph.* (*Ph.*)*celebicum*** **de Hann**

Dorsal lobes of all tibiae in female distinct apically; male unknown ………… ***Ph.* (*Ph.*)*drunganum*** **Yang**

中文名索引

拉丁名索引

参 考 文 献

1. 包其敏等.2000.异尾华枝蝽生物学特性及防治. 森林病虫通讯,19(3):15~17

2. 包其敏等.2001. 浙江小异蝽生物学特性. 浙江林学院学报,2:166~169

3. 毕道英. 1989~1990. 华枝蝽属一新种. 昆虫学研究集刊, 9:151~154

4. 毕道英等. 1991. 短肛蝽属一新种. 昆虫学研究集刊, 10:103~105

5. 毕道英. 1991. 广西蝽目新种和新记录种记述. 昆虫学研究集刊, 10:106~108

6. 毕道英, 陈树椿, 何允恒. 1992. 蝽目. 见:黄复生主编. 西南武陵山地区昆虫. 北京:科学出版社, 66~72

7. 毕道英. 1992~1993. 西藏蝽目一新种记述. 昆虫学研究集刊, 11:81~84

8. 毕道英. 1993. 蝽目. 见:黄春梅主编. 龙栖山动物. 北京:中国林业出版社,35~40

9. 毕道英. 1994. 中国瘤蝽属一新种记述. 昆虫分类学报, 16(4):254~255

10. 毕道英. 1994. 海南彪蝽属一新种记述(蝽科:蝽亚科). 华东昆虫学报,3(1)10~12

11. 毕道英. 1995. 西藏蝽目三新属三新种记述. 昆虫学报, 38(4):452~457

12. 毕道英,王治国. 1998. 河南省蝽目昆虫三新种. 见:申效诚,时振亚主编. 伏牛山区昆虫(一). 北京:中国农业出版社,9~13

13. 毕道英,章伟年,刘绍基. 2001. 中国香港蝽目昆虫以及管蝽属的研究. 昆虫分类学报,23(4):253~258

14. 蔡保灵. 1987. 中国竹节虫名录及亚科检索表. 天津自然博物馆论文集,(4):26~30

15. 蔡保灵, 刘胜利. 1989. 中国竹节虫一新种及一新记录种(竹节虫目:异蝽科). 昆虫学报,32(3):322~324

16. 蔡保灵,刘胜利. 1993. 我国刺腿蝽属一新种. 昆虫学报,36(4):469~471

17. 蔡保灵, 陈树椿. 1999. 蝽目 Phasmatodea. 见:黄邦侃主编. 福建昆虫志(第一卷). 福州:福建科学技术出版社,62~73

18. 陈树椿,何允恒. 1985. 中国华枝蝽的种类和地理分布. 北京林学院学报,21(3):33~38

19. 陈树椿. 1986. 长肛蝽棒蝽属一新种(竹节虫目:蝽科). 昆虫学报, 29(4):401~404

20. 陈树椿. 1986. 中国华枝蝽属一新种. 昆虫学报, 29(1):85~88

21. 陈树椿,何允恒. 1987. 中国竹节虫新记录——棘蝽. 北京林业大学学报, 9(2):181

22. 陈树椿,何允恒 1989. 广西皮蝽属一新种. 动物分类学报, 14(3):340~342

23. 陈树椿. 1990. 博白长肛棒蝽 *Entoria bobaiensis* Chen 的雄性记述. 北京林业大学学报,12(2):129~130

24. 陈树椿. 1990. 白带短肛棒蝽——四川林木害虫一新种. 北京林业大学学报,12(4):54~55

25. 陈树椿, 何允恒. 1990,竹节虫的危害应引起足够重视,森林病虫通讯, 2:3

26. 陈树椿,何允恒. 1991. 中国皮蝽属四新种. 北京林业大学学报, 13(1):18~23

27. 陈树椿,何允恒. 1991. 危害我国林木的短肛蝽属三新种. 林业科学, 29(3):229~233

28. 陈树椿,何允恒. 1991. 贵州华枝蝽属一新种. 昆虫学报, 34(40):450~451

29. 陈树椿,何允恒. 1992. 英德跳蝽——广东林木害虫的一个新种. 林业科学研究,5(2):207~209

30. 陈树椿,何允恒. 1992. 瘦枝蝽属一新种记述(竹节虫目:异蝽科). 昆虫学报, 35(1):72~74

31. 陈树椿,王绯健. 1992. 竹节虫目. 见:萧刚柔主编. 中国森林昆虫. 北京:中国林业出版社,135~137

32. 陈树椿,何允恒. 1992. 蝽目:异蝽科,蝽科. 见:彭建文,刘友樵主编. 湖南森林昆虫图鉴. 长沙:湖南

科学技术出版社,42～49

33. 陈树椿. 1993. 湘、桂、陕危害林果的竹节虫一新记录种与两种异性的首次发现. 北京林业大学学报,15(2):87～89

34. 陈树椿,王缉健. 1993. 广西瘦枝䗛属一新种(竹节虫目:异䗛科). 昆虫学报, 36(4):472～474

35. 陈树椿,何允恒. 1993. 陕西短肛䗛属一新种. 昆虫学报, 36(3):357～358

36. 陈树椿,何允恒. 1993. 安徽足刺䗛属一新种(竹节虫目:䗛科). 北京林业大学学报,15(4):54～55

37. 陈树椿,何允恒. 1993. 广西猫儿山竹节虫目七新种记述. 广西科学院学报,9(1):34～45

38. 陈树椿,何允恒. 1994. 云南,广西竹节虫二新种记述(竹节虫目:䗛科,异䗛科). 动物分类学报,19(1): 104～107

39. 陈树椿,何允恒. 1994. 四川华枝䗛属一新种. 林业科学,30(2):124～125

40. 陈树椿,何允恒. 1994. 四川短肛䗛属一新种. 林业科学研究,7(3):311～312

41. 陈树椿,何允恒. 1994. 中国短肛䗛属两新种(竹节虫目:䗛科). 昆虫学报, 37(2):196～198

42. 陈树椿,何允恒. 1994. 中国异䗛科新记录属一无齿股䗛属及一新种记述. 北京林业大学学报,16(4):121～123

43. 陈树椿,张恒. 1994. 小齿短肛棒䗛生物学特性的研究. 吉林林业科技,2:21～23

44. 陈树椿. 1995. 中国竹节虫研究取得重大进展. 世界农业,第3期41～42

45. 陈树椿,何允恒. 1995. 海南瘤胸䗛属一新种. 动物分类学报, 20(2)

46. 陈树椿,何允恒. 1995. 广西短肛䗛属一新种. 昆虫学报, 38(4):458～459

47. 陈树椿,何允恒. 1995. 海南华枝䗛一新种(䗛目:异䗛科). 林业科学, 31(4):328～329

48. 陈树椿,何允恒. 1995. 中国股枝䗛属一新种. 北京林业大学学报, 17(3)67～68

49. 陈树椿,何允恒. 1995. 浙江天目山短肛䗛属两新种. 林业科学, 3(3):220～222

50. 陈树椿,何允恒. 1995. 云南股枝䗛属一新种. 林业科学研究, 8(6):658～659

51. 陈树椿,何允恒. 1995. 中国䗛目新属新种记述. 中国昆虫学会成立50周年论文集,21

52. 陈树椿,何允恒. 1995. 云南省短肛䗛属一新种记述. 林业科学研究专刊,10～11

53. 陈树椿,何允恒. 1995. 䗛目: 䗛科,异䗛科. 见:吴鸿主编. 华东百山祖昆虫. 北京:中国林业出版社,63～68

54. 陈树椿,何允恒. 1996. 云南蔷䗛属一新种. 北京林业大学学报, 18(4):41～42

55. 陈树椿,伊俊. 1996. 云南䗛科一新种. 北京林业大学学报, 18(1):59～60

56. 陈树椿,何允恒. 1996. 海南,四川两种竹节虫雄性的首次发现. 林业科学研究,9(6):664～665

57. 陈树椿,何允恒. 1997. 云南省异䗛科一新属一新种. 动物分类学报, 2(2)159～161

58. 陈树椿,何允恒. 1997. 四川省短肛䗛属二新种. 动物分类学报, 22(1):54～56

59. 陈树椿,何允恒. 1997. 广西异䗛科一新属一新种. 昆虫学报, 40(3):297～299

60. 陈树椿,何允恒. 1997. 云南省长腹瓣䗛属一新种. 昆虫学报, 40(2):183～184

61. 陈树椿,陈培昶. 1997. 广西异䗛科一新种. 广西科学,4(2):124～125

62. 陈树椿,何允恒. 1997. 䗛目: 䗛科,异䗛科. 见:杨星科主编. 长江三峡库区昆虫(上). 重庆: 重庆出版社,113～121

63. 陈树椿,何允恒. 1998. 䗛目: 䗛科,异䗛科. 见:吴鸿主编. 龙王山昆虫. 北京:中国林业出版社,47

64. 陈树椿,冉景丞. 1998. 䗛目: 叶䗛科,异䗛科,䗛科. 见:李子忠,金道超主编. 茂兰景观昆虫. 贵州:贵州科学技术出版社,123～128

65. 陈树椿,何允恒. 1998. 竹节虫目:异䗛科,䗛科. 见:吴鸿,潘承文主编. 天目山昆虫. 北京: 科学出版社,117～120

66. 陈树椿,陈培昶, 李岩. 1998. 三种华枝䗛的化学防治简报. 广西科学, 5(1):73～75

67. 陈树椿,王缉健. 1998. 广西为害林木的阿异䗛属一新种. 广西科学院学报,14(1):1～2

68. 陈树椿,王缉健. 1998. 蔷蝓属一新种和一新纪录种. 广西科学院学报. 14(2):15~16

69. 陈树椿. 1999. 中国珍稀昆虫图鉴. 北京:中国林业出版社,47~50

70. 陈树椿,李岩. 1999. 昆虫纲:竹节虫目. 见:郑乐怡,归鸿主编. 昆虫分类(上). 南京:南京师范大学出版社,282~297

71. 陈树椿, 陈培昶. 1999. 越南华枝蝓属一新种. 昆虫学报,42(3):300~302

72. 陈树椿, 陈培昶, 王缉健. 1999. 三种华枝蝓 *Sinophasma* spp. 断肢再生的研究. 昆虫学报,42(2):66~72

73. 陈树椿, 何允恒. 1999. 广西蝓目三新种纪述. 广西科学院学报. 15(2):84~86

74. 陈树椿. 1999. 竹节虫的生物学和生态学特性. 生物学通报,34(9):11~13

75. 陈树椿. 1999. 世界与中国最长的昆虫. 生物学通报,34(11):6

76. 陈树椿. 1999. 危害我国林业的竹节虫及生物学简介. 森林病虫通讯,5:34~37

77. 陈树椿, 李岩. 1999. 中国短肛蝓属卵的研究. 北京林业大学学报, 21(6):52~57

78. 陈树椿, 尚忠海. 1999. 河南伏牛山短肛蝓属四新种. 见:申效诚,裴海潮主编. 伏牛山南坡及大别山区昆虫. 北京:中国农业出版社,9~13

79. 陈树椿, 尚忠海. 1999. 蝓目: 蝓科,异蝓科. 见:申效诚,裴海潮主编. 伏牛山南坡及大别山区昆虫. 北京:中国农业出版社,221~222

80. 陈树椿,李岩. 1999. 鸡公山蝓目昆虫二新种. 见:申效诚,邓桂芬主编. 鸡公山区昆虫. 北京:中国农业出版社,7

81. 陈树椿,李岩. 1999. 蝓目: 异蝓科,蝓科. 见:申效诚,邓桂芬主编. 鸡公山区昆虫. 北京:中国农业出版社,47

82. 陈树椿, 何允恒. 2000. 广西十万大山蝓目三新种. 动物分类学报,25(4):395~397

83. 陈树椿, 何允恒. 2000. 华南异蝓科三新属二新种记述(蝓目:异蝓科). 见:张雅林主编. 昆虫分类区系研究. 北京:中国农业出版社. 31~35

84. 陈树椿, 陈振耀. 2000. 广东省健蝓属二新种. 中山大学学报,39(1):121~122

85. 陈树椿, 何允恒,陈振耀. 2000. 广东蝓目昆虫三新种. 中山大学学报,39(4):128~130

86. 陈树椿, 尚忠海, 裴海潮. 2000. 西藏,云南蝓目昆虫二新种记述. 昆虫分类学报,22(2):98~100

87. 陈树椿, 何允恒. 2000. 中国南方蝓目昆虫二新种. 昆虫分类学报,22(1):17~19

88. 陈树椿, 陈振耀. 2000. 广东省短肛蝓属一新种. 中山大学学报,39(6):129~130

89. 陈树椿. 2001. 蝓目昆虫的产卵方式. 昆虫知识,38(1):74

90. 陈树椿, 何允恒. 2001. 蝓目昆虫中国二新纪录属与二新种记述. 华东昆虫学报,10(1):8~10

91. 陈树椿, 何允恒. 2002. 川、滇竹异蝓属三新种(蝓目:异蝓科). 昆虫学报,第45卷,增刊,1~3

92. 陈树椿, 尚忠海. 2002. 越南短肛蝓属二新种. 昆虫学报,第45卷,增刊, 4~5

93. 陈树椿. 2002. 河南仿短肛蝓属一新种. 见:申效诚,赵永谦主编. 太行山及桐柏山区昆虫. 北京:中国农业出版社,11~12

94. 陈树椿. 2002. 蝓目: 蝓科,异蝓科. 见:申效诚,赵永谦主编. 太行山及桐柏山区昆虫. 北京:中国农业出版社,261

95. 陈树椿,何允恒,李岩. 2002. 蝓目. 见:黄复生主编. 海南森林昆虫. 北京:科学出版社,100~116

96. 陈树椿,何允恒. 2004. 竹节虫目:异蝓科. 见:杨星科主编. 西藏雅鲁藏布大峡谷昆虫. 北京:中国科学技术出版社,26~27

97. 陈树椿, 何允恒. 2004. 竹节虫目:拟蝓科,叶蝓科,异蝓科. 见:杨星科主编. 西藏雅鲁藏布大峡谷昆虫. 北京:中国科学技术出版社,138

98. 陈树椿, 何允恒. 2004. 蝓目:拟蝓科,蝓科,异蝓科. 见:杨星科主编. 广西十万大山地区昆虫. 北京:中国林业出版社,46~52

99. 陈树椿,何允恒,徐芳玲.2005. 蛸目:异蛸科,蛸科. 见:李子忠主编.梵净山景观昆虫.贵州:贵州科学技术出版社,74~82

100. 陈树椿,王洪建.2005. 蛸目:蛸科,异蛸科. 见:杨星科主编.秦岭西段及甘南地区昆虫.北京:科学出版社,95~101

101. 陈培昶,陈树椿.1997.中国重要竹节虫的鉴别、生物学及其防治. 北京林业大学学报,19(4):70~75

102. 陈培昶,陈树椿,王缉健. 1997. 斑腿华枝蛸的生物学研究. 广西农业科学,第4期,185~187

103. 陈培昶,陈树椿. 1997. 我国华枝蛸的种类及检索. 森林病虫通讯,(2):12~14

104. 陈培昶,陈树椿,王缉健. 1997. 拟异尾华枝蛸的取食量研究. 广西林业科学,26(3):123~125

105. 陈培昶,陈树椿. 1997. 华枝蛸属的种类及其地理分布. 昆虫学研究进展,264~267

106. 陈培昶,陈树椿,王缉健. 1997. 斑腿华枝蛸的取食量及其防治. 昆虫学研究进展,71~74

107. 陈培昶,陈树椿,王缉健. 1998. 广华枝蛸的取食量及其防治研究. 森林病虫通讯,4:10~12

108. 陈学新.1997. 昆虫生物地理学. 北京:中国林业出版社

109. 陈学新,何俊华,彩万志,杨集昆.2002. 昆虫界的"四不像"——新建"螳蛸目"昆虫简介. 昆虫知识,39(6):469~471

110. 池杏珍,陈培昶,陈树椿. 1997. 广西椎林中三种华枝蛸的识别和综合防治. 广西林业科学,26(4):187~188

111. 池杏珍,王缉健,陈培昶等. 1998. 拟异尾华枝蛸生物学的研究. 森林病虫通讯,(2):27~29

112. 黄世富. 2002. 台湾的竹节虫. 台北:大树文化事业公司,142

113. 江禹,刘维权等. 2002. 小齿短肛棒蛸实验室饲养及断肢再生能力的观察. 吉林农业大学学报,24(4):61~63

114. 李岩,陈树椿. 1998. 竹节虫的生物学和生态学研究现状. 北京林业大学学报,20(1):59~66

115. 李秀山等.2001. 崇信短肛棒蛸经济阈值研究. 中国森林病虫,6:7~8

116. 李秀山等.2002. 崇信短肛棒蛸生物学特性及防治方法研究. 林业科学,38(6):159~163

117. 梁爱萍. 1999. 六足总纲的系统发育与高级分类. 见:郑乐怡,归鸿主编. 昆虫分类(上). 南京:南京师范大学出版社,1~26

118. 刘胜利. 1987. 中国华枝蛸两新种记述(蛸目:异蛸科). 天津自然博物馆论文集,1~3

119. 刘胜利. 1990. 中国叶蛸属一新种. 昆虫学报,33(2):227~228

120. 刘胜利. 1992. 金平巨树蛸的发现和雄性描述. 动物分类学报,17(2):250~252

121. 刘胜利,蔡保灵. 1992. 竹节虫目:蛸科,异蛸科. 见:陈世骧主编. 横断山区昆虫(第一册). 北京:科学出版社,59~64

122. 刘胜利,蔡保灵. 1993. 中国叶蛸属记述. 动物分类学报,18(2):201~212

123. 刘胜利,蔡保灵. 1994. 中国小异蛸属三新种. 昆虫学报,37(1):87~89

124. 刘正忠,郑红军. 2007. 有害生物褐喙尾蛸在贵州的风险分析. 中国森林病虫,26(4):7~8

125.《山东林木昆虫志》编委会.1993. 竹节虫目. 山东林木昆虫志. 北京:中国林业出版社,20~22

126. 王桂清,周长虹. 2003. 小齿短肛棒蛸的发生与治理. 中国森林病虫,22(6):31~33

127. 王缉健,唐福娟. 1990. 博白长肛棒蛸的初步研究. 森林病虫通讯,2:3~4

128. 王缉健. 1990. 竹节虫的采集与饲养. 森林病虫通讯,3:33

129. 王缉健,唐福娟,1993. 腹指瘦枝蛸断肢再生的观察. 昆虫知识,30(6):353

130. 王缉健,陈树椿. 1995. 斑腿华枝蛸断肢再生的研究. 林业科学研究,第8卷专刊,181

131. 王缉健,陈树椿,何允恒. 1995. 广西竹节虫的研究. 广西林业科学,24(2):64~69

132. 王缉健. 1997.椎林竹节虫的天敌——黑卷尾. 广西林业,21

133. 王缉健,陈树椿. 1998. 黄色阿异蛸的生物学及其防治. 广西林业科学,27(2):77~79

134. 徐进. 2005,中国竹节虫的生物学研究进展. 中国森林病虫,24(3):25~29

135. 徐进. 2005,香港、澳门及台湾竹节虫名录. 见:任国栋,张润志和石福明主编. 昆虫分类与多样性. 74~77

136. 杨集昆. 1995. 云南产独龙叶蝌一新种记述. 云南农业大学学报, 10(1):18~21

137. 袁锋,刘铭汤,冯纪年. 1985. 关于安康地区平利县兴隆乡竹节虫的考察报告. 陕西省昆虫学会论文集,56

138. 张恒,许松月等. 1995. 小齿短肛棒蝌实验种群生命表的研究. 森林病虫通讯,4:10~11

139. 张恒,许松月等. 1996. 小齿短肛棒蝌食料选择和食量的研究. 森林病虫通讯,2:23~25

140. 张荣祖. 1979. 中国自然地理. 动物地理. 北京:科学出版社

141. 张荣祖. 1999. 中国动物地理. 北京:科学出版社

142. 郑作新,张荣祖,马世骏. 1959. 中国动物地理区划与中国昆虫地理区划(初稿). 北京:科学出版社

143. 周文豹. 1997. 中国短肛棒蝌属一新种. 武夷科学,13:6~7

144. Bei-Bienko G, Andrianova N S. 1959. On some Orthopteroid insects from the preserve forest Tinghushan in the Province Kwantung, South China. *Zool. Zhurn.* ,Moscow, 38:1813~1820

145. Bradley J C, Galil B S. 1977. The taxononomic arrangement of the Phasmatodea with keys to the subfamilies and tribes. Proc. Ent. Soc. Washington, 79 (2):176~208

146. Brock P D. 1999. Stick and leaf insects of Peninsular Malaysia and Singapore. Malaysian Nature Society, 222

147. Brock P D. 1999. The amazing world of stick and leaf-insects. *The Amateur Entomologists' Society*,165

148. Brock P D, Seow-Choen F. 2000. The stick insects (Insecta: Phasmida) of Hong Kong. Serangga,5(1):115~147

149. Brunner von Wattenwyl K, Redtenbacher J. 1906~1908 . Die insectenfamilie der Phasmiden. Leipzig, 590

150. Cai B L, Liu S L. 1990. Notes on Entoria(*Phasmatodea:Phasmatidae*) with descriptions of six new species from China. Oriental Insects, 24:415~425

151. Chen P C, Chen S C. 1996. A new species of *Sinophasma* from Guangxi,China. Journal of Beijing Forestry University, 5(2):88~90

152. Chen P C, Chen S C. 1998. A new species of *Sinophasma* from China. Entomologia Sinica,5(1):47~49

153. Chen S C. 1992. A new species of walking stick from Shanxi. Journal of Beijing Forestry University,1(1):114~116

154. Chen S C, Wang H J. 1993. Two new species of the genus *Baculum* from China (Phasmida:Phasmatidae). Journal of Beijing Forestry University, 2(1):41~44

155. Chen S C, He Y H. 1994. Two new species of stick insects from Xizang Aut. Reg. (Phasmatodea:Heteronemii-dae). Entomologia Sinica, 1(4):311~313

156. Chen S C, He Y H. 1996. Description of the previously unknown male Paramyronides unidentatus. Journal of Beijing Forestry University, 5(1):98~100

157. Chen S C, Chen P C. 1997. Description of two new species and one unknown female of the genus *Sinophasma* from Guangdong Prov. China. Journal of Beijing Forestry University, 6(2):93~99

158. Chen S C, He Y H, 1999. Pictorial handbook of rare and precious insects in China. China Forestry Publishing House,47~50

159. Clark J T. 1976a. The eggs of stick insects (Phasmida) a review with description of the eggs of eleven species. Sys. Ent. 1:95~105

160. Günther K. 1940. Neue stabheuschrecken(Phasmoiden) aus China. *Decheniana.* Bonn. 99b:237~248

161. Günther K. 1953. Uber die taxonomiche gliederrung und die geographische verbreitung der Inscktenordnungder Phasmatodea. Beitr. Ent. 3:541 ~ 563

162. Hausleithner B. 1985. Eine neue stabschrecke aus Thailand: *Baculum thaii* (Phasmatodea). Ent. Z. 95 (15):216 ~ 219

163. Huang S F, Brock P D. 2001. A new species of *Phasmotaenia* Navas (Phasmida: Phasmatidae) from Taiwan. J. Orthoptera Res. 10 (1):43 ~ 48

164. Richards O W, Davies R G. 1977. Imms' general textbook of entomology. Tenth Edition, Vol. 2: Classification and Biology, 562 ~ 571.

165. Kirby W F. 1904. A synonymic catalogue of Othoptera. Lond., Vol. I:317 ~ 423

166. Ren Dong. 1997. First record of fossil stick-insects from China with analyses of some paleobiological features (Phasmatodea: Hagiphasmatidae fam. nov.). Acta Zootaxonomica Sinica, 22(3):268 ~ 281

167. Rehn J A G. 1904. Studies in the orthopterous family Phasmida. Proceeding of the Academy of Natural Science of Philadelphia, 74 ~ 77

168. Shiraki T. 1935. Orthoptera of the Japanese Empire. Part 4. Phasmidae. Memoirs of the Faculty of Science and Agriculture, Taihoku Imperial University, 14 (3):71 ~ 78

169. Wu C F. 1935. Catalogue Insectorum Sinensium. Fan Memorial Institute of Biology, 49 ~ 57

170. Zompro O. 2005. A key to the genera of the Phasmatodea: Areolatae (Insect). Phasmid Studies, 12(1& 2):11 ~ 24

171. Zompro O. 2005. Inter- and intra-ordinal relationships of the Mantophasmatodea, with comments on the phylogeny of polyneopteran orders (Insecta: Polyneoptera). Mitt. Geol. – Palaont. Inst. Universitat, Hamburg, 89:85 ~ 116

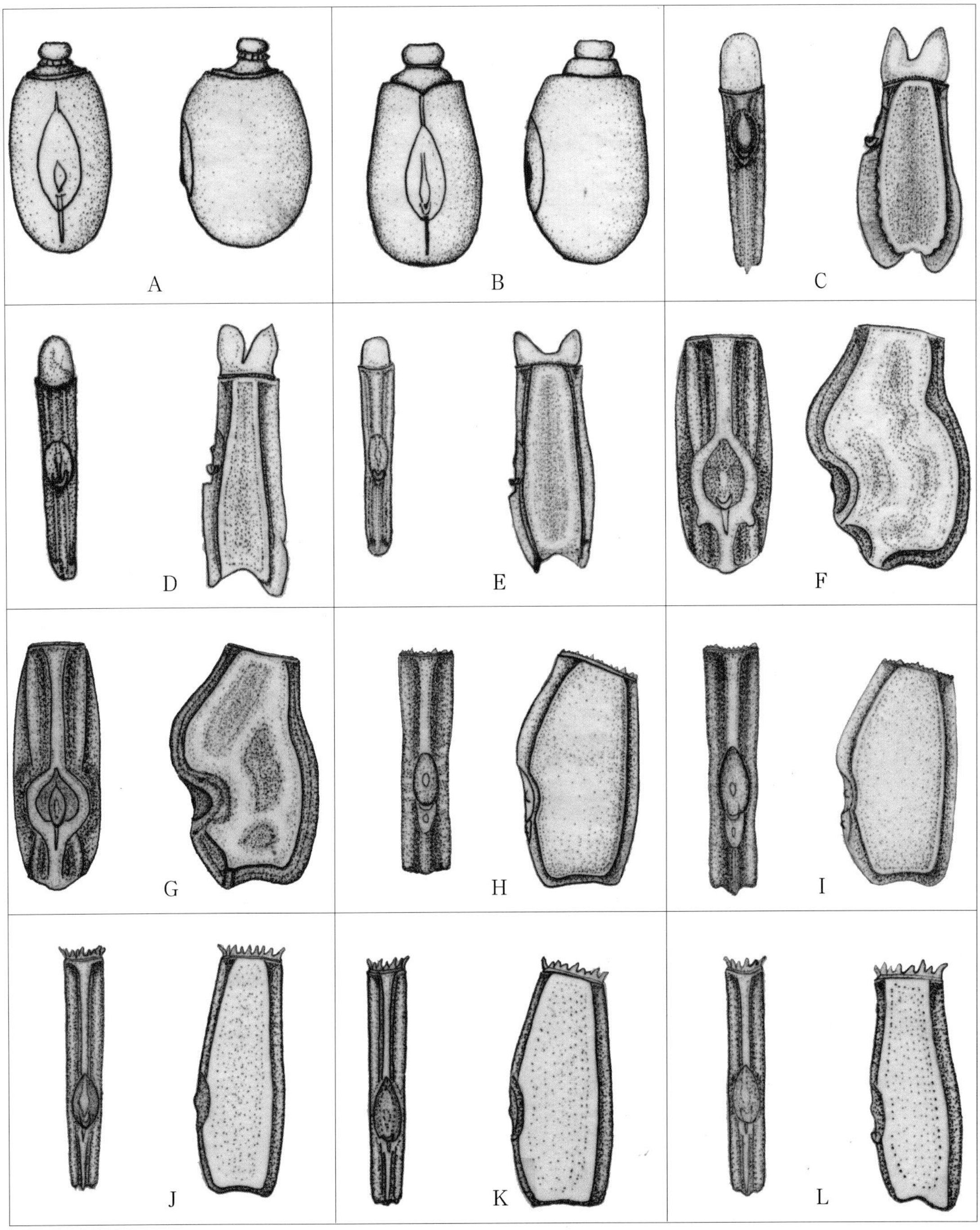

短肛䗛属卵特征图（左背观；右腹观）

A.光泽短肛䗛 *Baculum politum* Chen et He；B.长须短肛䗛 *Baculum dolichocercatum* Bi et Wang；C.歪角短肛䗛 *Baculum obliquum* Chen et He；D.黄纵条短肛䗛 *Baculum flavovittatum* Chen et Li；E.猫儿山短肛䗛 *Baculum maoershanense* Chen et He；F.断沟短肛䗛 *Baculum intersulcatum* Chen et He；G.鸡公山短肛䗛 *Baculum jigongshanense* Chen et Li；H.崇信短肛䗛 *Baculum chongxinense* Chen et He；I.小齿短肛䗛 *Baculum minutidentatum* Chen et He；J.平利短肛䗛 *Baculum pingliense* Chen et He；K.花角短肛䗛 *Baculum versicolorum* Chen et Wang；L.华蓥短肛䗛 *Baculum huayingense* Chen et He

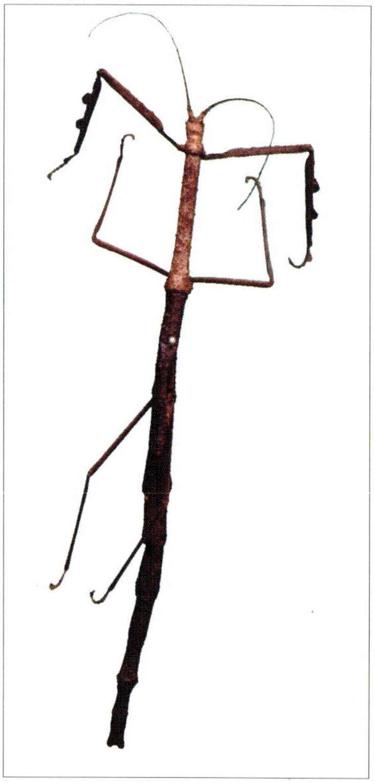

1.股叶竹异䗛 *Carausius femoralis*

2.冠花刺背䗛 *Paracentema stephanus*

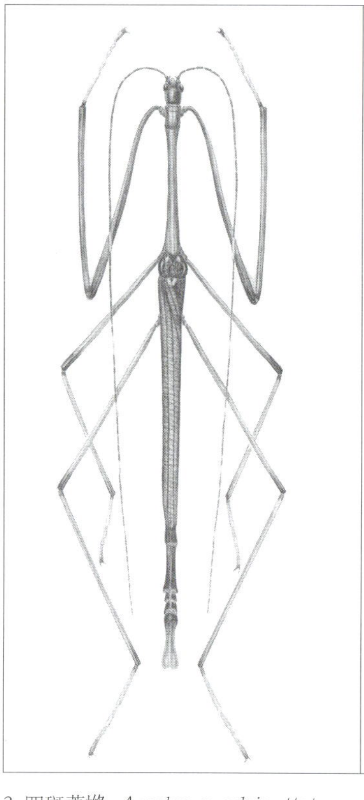

3.四斑蔷䗛 *Asceles quadriguttatus*

4.腹锥小异䗛 *Micadina conifera*

5.叉臀华枝䗛 *Sinophasma furcatum*

1.褐脊瘤胸䗛 *Trachythorax fuscocarinatus*

2.优刺异䗛 *Oxyartes honestus*

3.中华仿圆足䗛 *Paragongylopus sinensis*

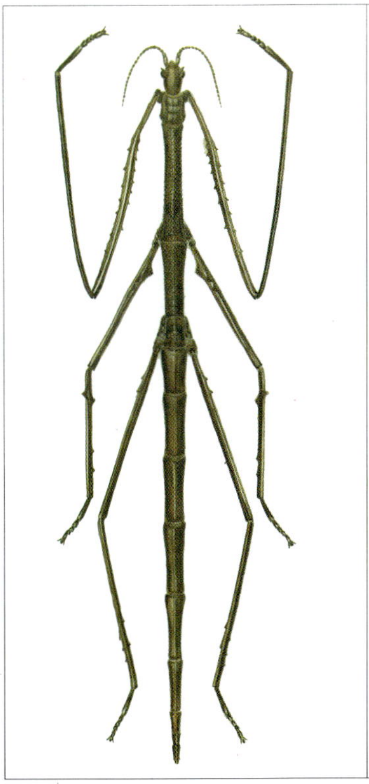
4.四川无肛䗛 *Paraentoria sichuanensis*

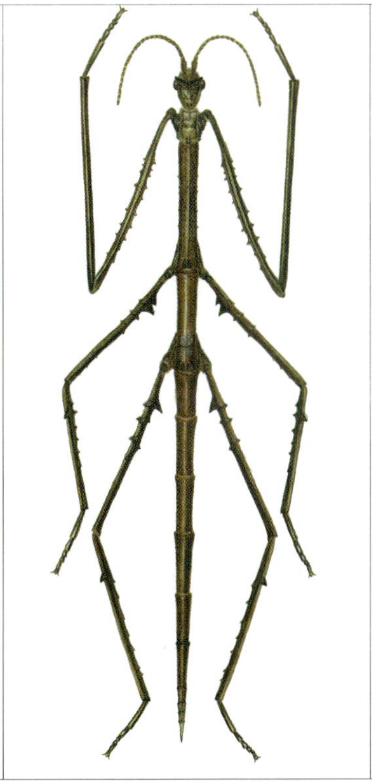
5.百山祖长肛䗛 *Entoria baishanzuensis*

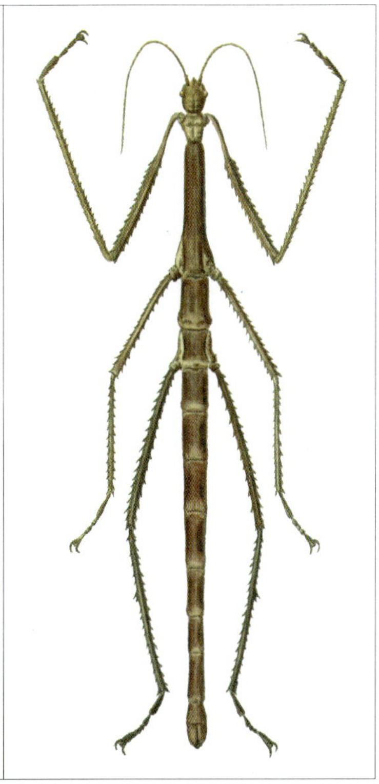
6.金平彪䗛 *Pharnacia westwoodi*

图版 4

1.污色无翅刺䗛 *Cnipsus colorantis*

2.津田氏大头䗛 *Megacrania tsudai*

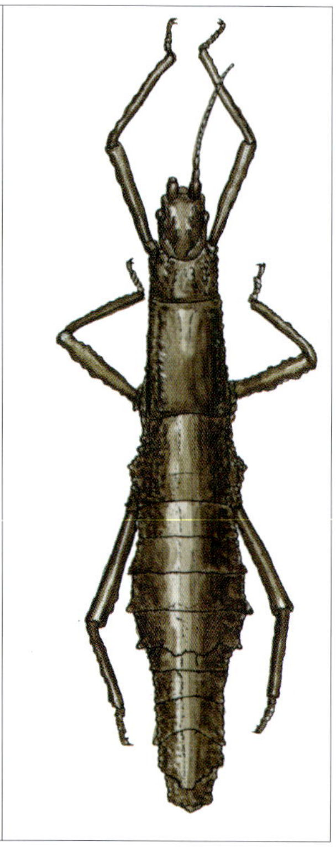

3.广西瘤䗛 *Pylaemenes guangxiensis*

4.龙脊角胸䗛 *Hoploclonia draconina*（仿黄世富）

5.丽叶䗛 *Phyllium*(*Pulchriphyllium*) *pulchrifolium*

1.中华丽叶䗛 *Phyllium(Pulchriphyllium) sinensis*

2.泛叶䗛 *Phyllium(Phyllium) celebicum*

3.翔叶䗛 *Phyllium(Phyllium) westwoodi*

4.东方叶䗛 *Phyllium(Phyllium) siccifolium*

图版 6

1. 独龙叶䗛 *Phyllium*(*Phyllium*) *drunganum*

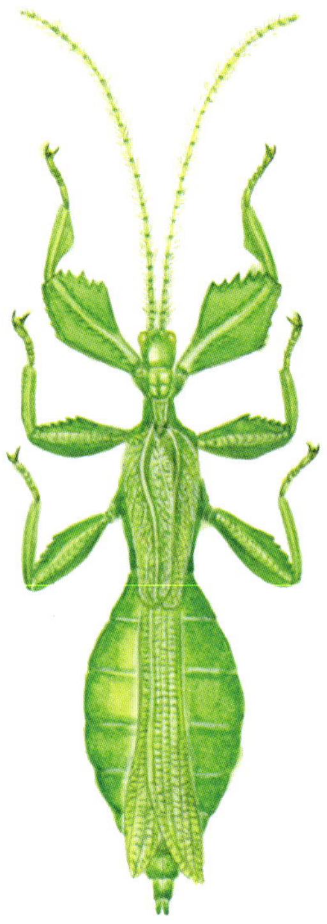

2. 同叶䗛 *Phyllium*(*Phyllium*) *parum*

3. 藏叶䗛 *Phyllium*(*Phyllium*) *tibetense*

4. 珍叶䗛 *Phyllium*(*Phyllium*) *rarum*

1.褐脊瘤胸䗛 *Trachythorax fuscocarinatus* 交配状

2.平利短肛䗛 *Baculum pingliense* 危害玉米

3.雷山皮䗛 *Phraortes leishanensis* 交配状

4.作者在林中采集

5.英德小异䗛 *Micadina yingdeensis* 危害后的黎蒴树

6.英德小异䗛 *Micadina yingdeensis* 的卵

1. 六斑瘤胸䗛 *Trachythorax sexpunctatus* 卵中钻出的寄生小蜂（仿黄世富）

2. 津田氏大头䗛 *Megacrania tsudai* 喷射防御液（仿黄世富）

3. 刺䗛(仿徐芳玲)

4. 粗壮皮䗛 *Phraortes grossa*

5. 英德小异䗛*Micadina yingdeensis*危害林区远眺

1.广西博白林场养虫实验室

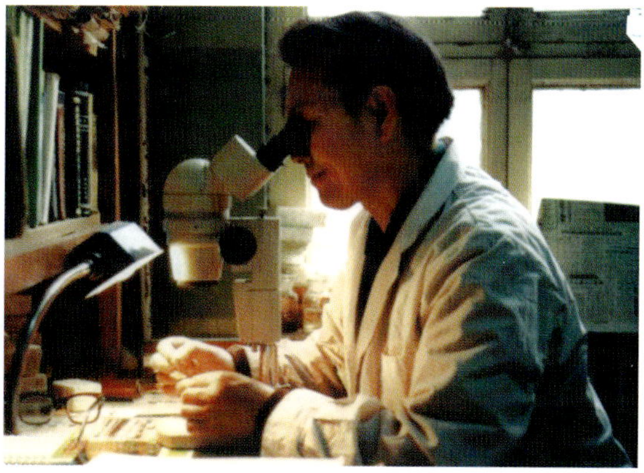

2.作者室内研究近况

3.黑带花蝽 *Yagesoidea nigrofasciata* 展翅状（仿黄世富）

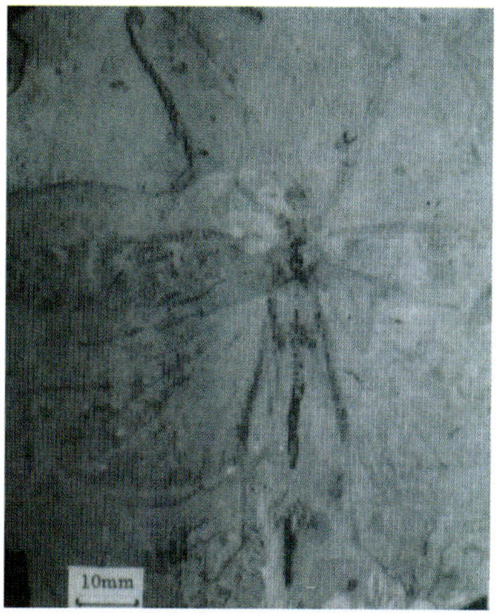

4.辽宁晚侏罗纪地层中的神蝽 *Hagiphasma paradoxa* 化石（仿任东）

5.东方叶蝽 *Phyllium*(*Phyllium*) *siccifolium*（仿 Unno）

6．世界上最长的竹节虫——齿足刺蝽 *Phobaeticus serratipes*（仿 Unno）

7.瓦腹华枝蝽 *Sinophasma hönei* 雄虫

图版 10

1.介蝽交配状

2.雷山皮蝽 *Phraortes leishanensis*

3.短肛蝽栖息树皮上（仿徐芳玲）

4.广华枝蝽 *Sinophasma largum* 取食状

5.龙门短肛蝽 *Baculum longmenense* 交配状

1.棉管䗛 *Sipyloidea sipylus* 若虫（仿徐芳玲）

2.蕨类植物上的棉管䗛 *Sipyloidea sipylus* （仿徐芳玲）

3.邻皮䗛 *Phraortes similis*（姚建提供）

4.斑腿华枝䗛 *Sinophasma maculicruralis* 不同龄期若虫食叶

5.龙门短肛䗛 *Baculum longmenense* 雄虫

1.英德小异䗛*Micadina yingdeensis*嗜食的黎蒴树林

3.生物宝库雅鲁藏布大峡谷（仿杨逸畴）

2.平利短肛䗛 *Baculum pingliense* 危害后的树木

4.被英德小异䗛*Micadina yingdeensis*危害致死的林地更新状